Wendehorst · 22. Auflage

Baustoffkunde

Wendehorst

Baustoffkunde

22. überarbeitete Auflage 1986

Begründet von Dipl.-Ing. R. Wendehorst,
vollständig neu bearbeitet von

Dr. Ing. Helmut Spruck

Curt R. Vincentz Verlag
Hannover

Herstellung: CW Niemeyer, Hameln
ISBN 3 87870 197-7

Vorwort zur 22. Auflage

Genau 10 Jahre sind vergangen, seitdem dieses Buch letztmals aktualisiert herauskam. Eine Neubearbeitung war dringend erforderlich; einerseits hat sich auf dem Gebiet der Baustoffe doch mancher Wandel ergeben, viele neue Produkte kamen auf den Markt, andere dagegen sind inzwischen verschwunden. Vor allem war aber zu berücksichtigen, daß in den letzten Jahren verschiedene technische Maßeinheiten neu definiert bzw. international eingeführt wurden. Schließlich gibt es auch im Normenwerk ständig Veränderungen, die berücksichtigt werden müssen.

Wie bereits in den früheren Jahren, so haben auch dieses Mal wieder eine Reihe von Fachleuten aus den jeweiligen Gebieten an der Zusammenstellung des Manuskriptes mitgewirkt. Den Bearbeitern sei an dieser Stelle noch einmal herzlich gedankt!

Es haben mitgewirkt:

Kapitel 2 „Holz und Holzwerkstoffe“
Arbeitsgemeinschaft Holz e. V., Düsseldorf
Desowag-Bayer Holzschutz GmbH, Düsseldorf

Kapitel 3 „Natürliche Bausteine“
Bundesverband der deutschen Ziegelindustrie e. V., Bonn

Kapitel 4 „Künstliche Bausteine und Bauplatten“
Bundesverband Kalksandindustrie e. V., Hannover
Bundesverband der deutschen Zementindustrie e. V., Köln
Dipl.-Ing. Peter Schmincke, Bauberatung Zement, Hannover

Kapitel 5 „Mörtel mit mineralischen Bindemitteln“
Bundesverband der deutschen Kalkindustrie e. V., Köln
Dr.-Ing. Jürgen Dahms, Eckernförde

Kapitel 6 „Beton“
Dipl.-Ing. P. Schmincke und Ing. (grad.) G. Lohmeyer
Bundesverband der deutschen Zementindustrie, Hannover

Kapitel 7 „Schallschutz“
Dr. Günter Venzke, Eckernförde

Kapitel 8 „Baulicher Wärme- und Brandschutz“
Dr.-Ing. H. Spruck, Eckernförde

Kapitel 9 „Sperrstoffe und Kitte“
Dr. Fritz M. Depke, Schermbeck

Kapitel 10 „Eisen und Stahlwerkstoffe“
Dr.-Ing. Jürgen Dahms, Eckernförde

Kapitel 11 ,,Nichteisenmetalle''
Beratender Ingenieur Hans Benninghoff, Neumünster
Kapitel 12 ,,Anstrichstoffe''
Chem.-Ing. Wilhelm O. Wallenfang, Krefeld
Kapitel 13 ,,Kunststoffe''
Dr. Hans-Jürgen Saechtling, Frankfurt
Kapitel 14 ,,Glas''
Dr.-Ing. H. Spruck in Zusammenarbeit mit Günter Weise
Industrieberatung Glas, Hamburg

Bei den Hinweisen auf Normen und Fachliteratur wurde gegenüber den früheren Auflagen dieses Buches eine Reduzierung durchgeführt. In den letzten Jahren hat sich das einschlägige Angebot gerade auf dem Gebiet der Baustoffe so sehr vergrößert, daß es schwerfällt, die wirklich wichtigsten Veröffentlichungen herauszuziehen. Andererseits ist es über die Baudokumentation Stuttgart sehr leicht möglich, die neuesten und aktuellsten Veröffentlichungen in Erfahrung zu bringen und auch die kompletten Texte abzurufen.

Guten Gewissens kann man feststellen, daß tatsächlich Generationen von Studenten der Baufach- und anderen Hochschulen dem ,,Wendehorst'' die Grundlagen ihrer Ausbildung verdanken, und auch heute noch greifen Praktiker gern auf dieses Buch zurück. Möge die neueste Auflage diese bewährte Tradition fortführen.

Helmut Spruck

Inhaltsverzeichnis

1 Chemische und physikalische Grundlagen

1.1 Grundbegriffe

1.1.1 Physik und Chemie (Körper und Stoff)

In das Gebiet der Physik gehören alle Vorgänge, bei denen Körper einen anderen Zustand, z. B. eine andere Form oder eine andere Lage, annehmen, ohne daß ihr Stoff sich ändert.

> *Beispiele:* Einrammen eines Pfahles. Erwärmen eines Körpers = Ausdehnen, Abkühlen eines Körpers = Zusammenziehen. Bei Mischung von Sand und Sägemehl sind die einzelnen Stoffteile gut zu unterscheiden und zu trennen; die Mischung, mit Wasser übergossen, macht die Trennung sichtbar.

Bei diesen Versuchen bleiben die stofflichen Eigenschaften unverändert; die Stoffe lassen sich auf physikalischem (z. B. mechanischem) Wege leicht wieder in ihren alten Zustand zurückverwandeln. Auch ein Wechsel des Aggregatzustandes (s. Abschn. 1.1.17) ist ein physikalischer Vorgang. Eine chemische Veränderung des Stoffes tritt dabei nicht ein (Eis – Wasser – Wasserdampf; Destillieren von Wasser).

In das Gebiet der Chemie gehören alle Vorgänge, bei denen neue Stoffe entstehen.

> *Beispiele:* Brennen, Löschen und Abbinden des Baukalks, Rosten des Eisens, Zerlegen von Wasser in Sauerstoff und Wasserstoff durch Elektrolyse (s. Abschn. 1.1.11).

Auch alle Verbrennungsvorgänge sind chemische Prozesse; denn die entstandene Asche ist ein anderer Stoff als der unverbrannte Gegenstand.

1.1.2 Gemenge, Elemente, Verbindungen

Man unterscheidet stofflich uneinheitlich zusammengesetzte Körper, die man physikalische Gemenge, Gemische oder Mischungen nennt, und stofflich einheitlich zusammengesetzte Körper, die man als chemische Elemente bzw. als chemische Verbindungen bezeichnet.

In einem physikalischen Gemenge bleibt der Stoff der einzelnen Bestandteile unverändert. Das Mischungsverhältnis ist beliebig.

> *Beispiele:* Gesteine, lose Korngemenge (Sand), Legierungen, Gasgemische (Luft), Flüssigkeitsgemische (Grog), Emulsionen (Milch), Nebel (Wassertröpfchen + Luft), Rauch (Gase + feste Bestandteile), Anstrichfarben (feste + flüssige Bestandteile), Lösungen (Meerwasser, Asphaltlack).

Gelöste Bestandteile scheiden sich beim Verdunsten der Flüssigkeit oft in Form von Kristallen ab.

Eine *chemische Verbindung* entsteht z. B. beim Verbrennen von Magnesiumband *(Abb. 1.1)*. Aus den chemischen Elementen Magnesium (Mg) und Sauerstoff (O) bildet sich Magnesiumasche = Magnesiumoxid (MgO) als chemische Verbindung. Weitere Beispiele chemischer Verbindungen: Kochsalz, Zucker, Wasser, Alkohol, Kohlendioxid (Kohlensäuregas).

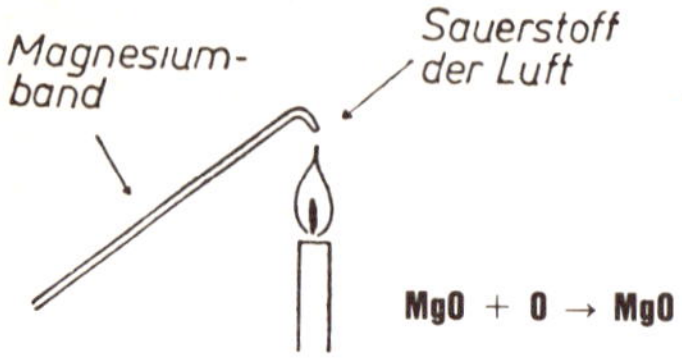

Abb. 1.1

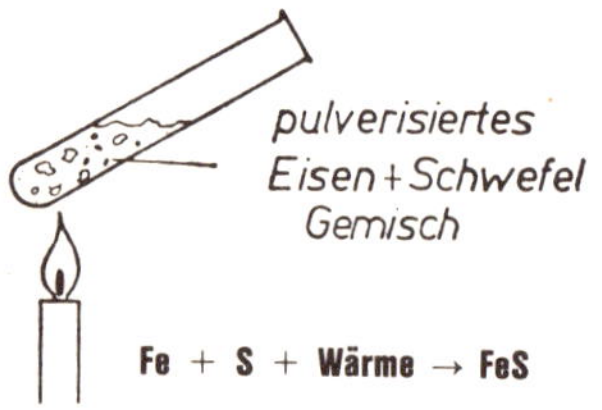

Abb. 1.2

Der Unterschied zwischen einem physikalischen Gemenge und einer chemischen Verbindung läßt sich an folgendem Beispiel besonders gut verdeutlichen:

Werden sieben Gewichtsteile Eisenpulver (Fe) und vier Gewichtsteile Schwefelpulver (S) innig miteinander vermischt, so sind die beiden Einzelbestandteile nicht mehr oder kaum noch mit dem bloßen Auge voneinander zu unterscheiden. Durch Ausschwemmen ist es aber möglich, die spezifisch schweren Eisenteilchen wieder von den spezifisch leichteren Schwefelteilchen zu trennen. Außerdem lassen sich die beiden Bestandteile mit Hilfe eines Magneten voneinander scheiden. Wenn man nun dieses Gemisch von Schwefel und Eisen in einem Reagenzglas erhitzt *(Abb. 1.2)*, so entsteht (unter Aufglühen) ein neuer Stoff, Schwefeleisen (FeS), in dem das Eisen und der Schwefel chemisch gebunden sind. Eine Trennung durch Ausschwemmen oder mit dem Magneten ist nun nicht mehr möglich.

Andere Wege zur Trennung der Bestandteile eines Gemenges sind: Filtration (bei Gemischen von Flüssigkeiten mit ungelösten Feststoffen), Destillation (bei Lösungen), Extraktion (bei Lösungen).

Zur Trennung der Bestandteile von chemischen Verbindungen sind die eben besprochenen physikalischen Methoden nicht geeignet. Eine Zersetzung von chemischen Verbindungen ist aber mit anderen physikalischen Verfahren (Elektrolyse, Aufspalten durch Erhitzen) und mit chemischen Mitteln möglich.

Die *chemischen Elemente* sind die Grundstoffe der Chemie. Sie lassen sich weder mit physikalischen Methoden – wenn man einmal von den kernphysikalischen Vorgängen (radioaktiver Zerfall; Atombombe, Atomkraftwerk) absieht – noch mit chemischen Mitteln weiter zerlegen. Beispiele für chemische Elemente sind: Blei (Pb), Kupfer (Cu), Eisen (Fe), Quecksilber (Hg), Schwefel (S), Phosphor (P), Stickstoff (N), Wasserstoff (H), Chlor (Cl).

In einer *chemischen Verbindung* sind verschiedene Stoffe zu einem neuen Stoff vereinigt. Verbindungen sind nach feststehenden Gewichtsverhältnissen aufgebaut.

1.1.3 Synthese und Analyse

Eine künstliche Zusammenführung von Elementen zu einer chemischen Verbindung bezeichnet man als *Synthese*. Der umgekehrte Vorgang, Zerlegung von

Verbindungen, wird als *Analyse* bezeichnet.

> *Beispiel:* Wird Quecksilberoxid (HgO) *(Abb. 1.3)* erhitzt, so wird es in seine Bestandteile Quecksilber (Hg) und Sauerstoff (O) zerlegt (Analyse): Der Sauerstoff wird in dem umgekehrten Reagenzglas aufgefangen, während sich das Quecksilber in dem erhitzten Reagenzglas niederschlägt.

Umgekehrt kann man aus Quecksilber und Sauerstoff wieder Quecksilberoxid aufbauen (Synthese). Siehe hierzu das Schema *Abb. 1.4.*

Die *qualitative* Analyse stellt fest, welche Stoffe in einer Verbindung enthalten sind. Die *quantitative* Analyse ermittelt die mengenmäßige Zusammensetzung der Verbindung.

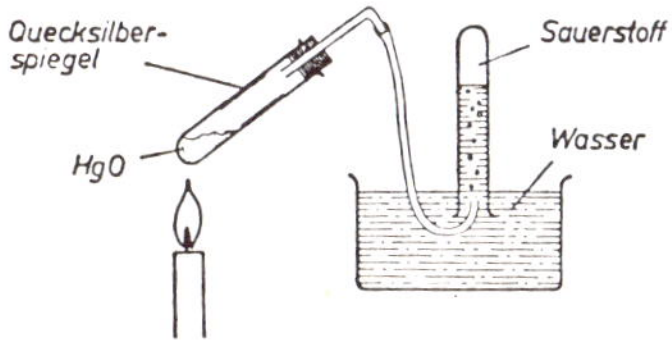

Abb. 1.3: HgO + Wärme → Hg + O

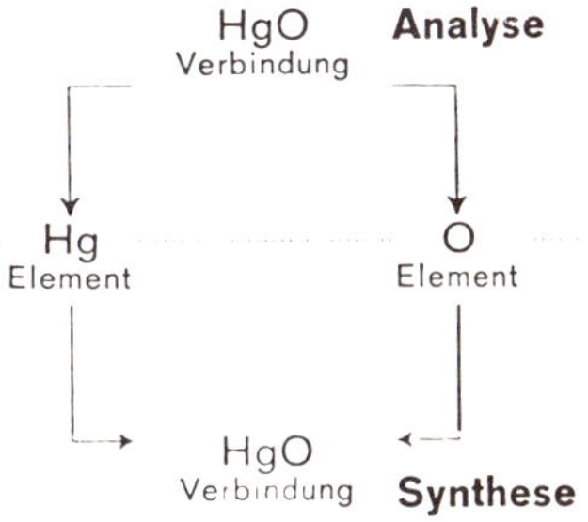

Abb. 1.4

Abb. 1.4 und 1.5 geben das Prinzip von Analyse und Synthese wieder

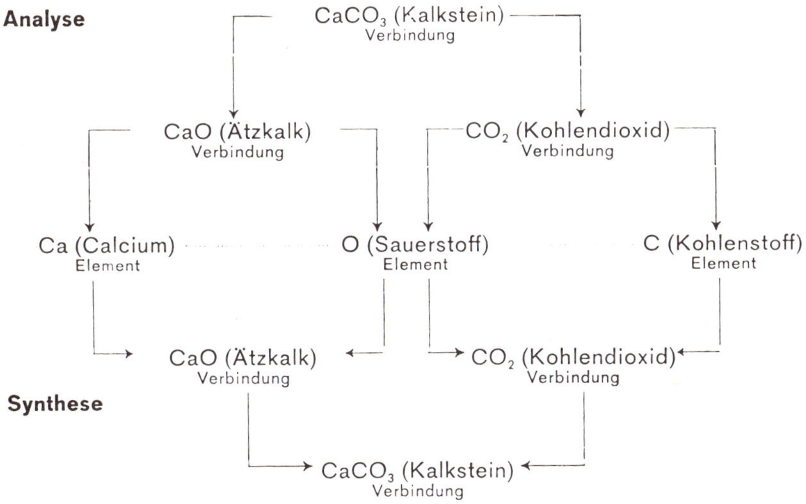

Abb. 1.5

Bei der Zerlegung von chemischen Verbindungen entstehen aber nicht immer chemische Elemente: Wird z. B. Kalkstein auf hohe Temperaturen erhitzt, so erhält man zwar zwei neue Stoffe, den festen Körper Branntkalk (CaO) und das Gas Kohlendioxid (CO_2); beide Stoffe sind aber keine Elemente, sondern Verbindungen und lassen sich deshalb noch weiter chemisch zerlegen. Erst die Stoffe Calcium (Ca), Sauerstoff (O) und Kohlenstoff (C) sind Elemente, die nicht weiter zerlegt werden können. Hierzu siehe das Schema *Abb. 1.5.*

1.1.4 Aufbau des Stoffes

Die chemischen Verbindungen sind aus chemischen Elementen (Grundstoffen) zusammengesetzt, bei denen man zwischen Metallen und Nichtmetallen unterscheidet. Die Grenze zwischen den Metallen und Nichtmetallen ist aber – ein gleiches gilt für viele andere Unterteilungen – nicht scharf.

Atome

Die Elemente sind aus chemisch gleichartigen Atomen zusammengesetzt. Das griechische Wort „atomos" bedeutet „unteilbar". Erst in neuerer Zeit hat man erkannt, daß die Atome nicht grundsätzlich unteilbar sind. Diejenigen Prozesse, die eine Aufspaltung von Atomen bewirken (Atombombe, Kernreaktor), gehören aber in das Gebiet der *Kernphysik.* Im Bereich der chemischen Reaktionen ist es weiterhin angebracht, an der alten Lehre von der Unteilbarkeit der Atome festzuhalten. Eine chemische Vereinigung ist also nur zwischen ganzen Atomen möglich; niemals können an ihr halbe, drittel usw. Atome beteiligt sein.

Die Atome haben einen Durchmesser von etwa einem zehnmillionstel Millimeter (10^{-7} mm). Auch die Masse der einzelnen Atome ist nur äußerst gering. Sie beträgt z. B. bei einem Wasserstoffatom lediglich $1{,}67 \cdot 10^{-24}$ g ($1 \cdot 10^{-1} = 0{,}1$; $1 \cdot 10^{-2} = 0{,}01$; $1 \cdot 10^{-3} = 0{,}001$ usw.). Das *Atomgewicht* des Chemikers ist aber relativ, d. h. eine *Verhältniszahl,* die angibt, wievielmal so schwer ein Atom des betrachteten chemischen Elementes ist wie ein Sauerstoffatom, dessen relatives Atomgewicht (auf Grund einer internationalen Festsetzung) genau 16 beträgt. Indem z. B. das Atomgewicht des Schwefels gleich 32 ist, so bedeutet das, daß ein Schwefelatom doppelt so viel wie ein Sauerstoffatom wiegt. (Neuerdings werden die Atomgewichte auf das Kohlenstoffisotop – über Isotope siehe Abschnitt 1.1.7.2 – ^{12}C = genau 12 bezogen, womit sich für Sauerstoff ein Atomgewicht von 15,999 ergibt.)

Moleküle

Die kleinsten gleichartigen Massenteilchen chemischer Verbindungen sind Moleküle. Diese sind bei den Verbindungen aus mindestens zwei chemisch verschiedenen Arten von Atomen aufgebaut. Moleküle können auch nur aus chemisch gleichartigen Atomen bestehen; es handelt sich dann aber nicht um Verbindungen, sondern um Elemente (s. Abschn. 1.1.8.1).

Die Moleküle haben einen Durchmesser von 10^{-6} bis 10^{-5} mm. Das *Molekulargewicht* ist gleich der Summe der Atomgewichte.

1.1.5 Chemische Elemente

Es gibt vermutlich 118 verschiedene chemische Elemente, von denen über 100 bekannt sind. In *Tab. 1.1* sind einige davon aufgeführt.

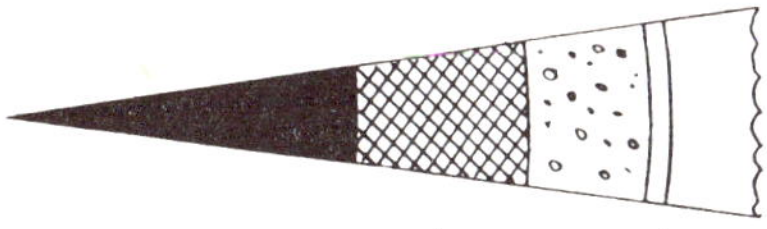

a = Siderosphäre (Fe, Ni); 3500 km
b = Chalkosphäre (Oxid-Sulfidschale); 1700 km
c = Lithosphäre (Gesteinsmantel); 1200 km
d = Hydrosphäre (Meer)
e = Atmosphäre (Lufthülle)

Abb. 1.6: Aufbau der Erdkugel

Die uns zugänglichen Teile der Erdrinde bestehen aus folgenden Zonen *(Abb. 1.6):* Lithosphäre (Gesteinsmantel der Erde), Hydrosphäre (Meere), Atmosphäre (Luft). An der Zusammensetzung dieser drei Zonen sind mit etwa 99 Gew.-% nur zehn Elemente beteiligt:

1. Sauerstoff	49,4
2. Silicium	25,8
3. Aluminium	7,5
4. Eisen	4,7
5. Calcium	3,4
6. Natrium	2,6
7. Kalium	2,4
8. Magnesium	1,9
9. Wasserstoff	0,9
10. Titan	0,6
	99,2

1.1.6 Chemische Zeichen und Formeln

Chemische Zeichen

Die Elemente werden mit dem ersten und teilweise noch einem weiteren Buchstaben ihrer lateinischen oder griechischen Namen abgekürzt; z. B. Eisen (Ferrum) mit Fe, Silber (Argentum) mit Ag, Sauerstoff (Oxygenium) mit O, Wasserstoff (Hydrogenium) mit H, Stickstoff (Nitrogenium) mit N, Kohlenstoff (Carbonium) mit C, Chlor (Chloros) mit Cl, Argon mit Ar.

Chemische Formeln

Setzt man die chemischen Zeichen der in einer Verbindung enthaltenen Elemente nebeneinander und gibt durch angehängte, tiefgesetzte Ziffern an, wie oft deren Atome in einem Molekül der Verbindung vertreten sind, so erhält man eine chemische Formel, z. B. CaO für Calciumoxid, H_2O für Wasser usw. Derartige Formeln deuten an, daß die betreffenden Elemente sich verbunden haben, aus welchen Grundstoffen die Verbindung besteht und in welchen Mengenverhältnissen die einzelnen Grundstoffe in ihr enthalten sind.

Bei obigen Beispielen befinden sich ein Atom Ca und ein Atom O in einem Molekül CaO bzw. zwei Atome H und ein Atom O in einem Molekül H_2O.

Chemische Gleichungen

Mit Hilfe der chemischen Zeichen und Formeln kann man chemische Vorgänge durch chemische Gleichungen wiedergeben.

1 Chemische und physikalische Grundlagen

Tab. 1.1: Wichtige chemische Elemente

	Gruppe	Ordnungszahl	Name	Chem. Zeichen	Atomgewicht (gerundet)	Wertigkeit
Nichtmetalle		1	Wasserstoff (Hydrogenium)	H	1,0	1
	Halogene	17	Chlor	Cl	35,5	1, 3, 4, 5, 7
		35	Brom	Br	79,9	1, 3, 5
		53	Jod	J	126,9	1, 3, 5, 7
		9	Fluor	F	19,0	1
	Sauerstoff	8	Sauerstoff (Oxygenium)	O	16,0	2
		16	Schwefel (Sulfur)	S	32,1	2, 4, 6
	Stickstoff	7	Stickstoff (Nitrogenium)	N	14,0	2, 3, 4, 5
		15	Phosphor	P	31,0	3, 4, 5
		33	Arsen	As	74,9	3, 5
		51	Antimon	Sb	121,8	3, 4, 5
	Kohlenstoff	6	Kohlenstoff (Carbonium)	C	12,0	4
		5	Bor	B	10,8	3, 4
		14	Silicium	Si	28,1	4
Leichtmetalle	Alkali-Metalle	19	Kalium	K	39,1	1
		11	Natrium	Na	23,0	1
	Erdalkalimetalle	20	Calcium	Ca	40,1	2
		56	Barium	Ba	137,4	2
		38	Strontium	Sr	87,6	2
		12	Magnesium	Mg	24,3	2
	Erdmetalle	13	Aluminium	Al	27,0	3
Schwermetalle	Unedle Schwermetalle	26	Eisen (Ferrum)	Fe	55,9	2, 3, 6
		25	Mangan	Mn	54,9	2, 3, 4, 5, 6, 7
		27	Kobalt	Co	58,9	2, 3, 4
		28	Nickel	Ni	58,7	2, 3
		24	Chrom	Cr	52,0	2, 3, 5, 6
		92	Uran	U	238,1	2, 4, 6
		30	Zink	Zn	65,4	2
		48	Cadmium	Cd	112,4	1, 2
		82	Blei (Plumbum)	Pb	207,2	2, 4
		50	Zinn (Stannum)	Sn	118,7	2, 4
	Halbedel- und Edelmetalle	29	Kupfer (Cuprum)	Cu	63,5	1, 2
		80	Quecksilber (Hydrargyrum)	Hg	200,6	1, 2
		47	Silber (Argentum)	Ag	107,9	1, 2, 3
		79	Gold (Aurum)	Au	197,0	1, 3
		78	Platin	Pt	195,1	2, 4, 6

> *Beispiel:* Die Verbrennung des Magnesiums, bei der Magnesium sich mit Sauerstoff verbindet, wird durch nachstehende Gleichung dargestellt:
>
> Mg + O = MgO

Die in den Vorgang eintretenden Stoffe stehen immer links, die entstandenen Stoffe rechts vom Gleichheitszeichen.

Statt des Gleichheitszeichens kann auch ein Pfeil stehen:
Mg + O → MgO

Soll zum Ausdruck gebracht werden, daß es sich um eine umkehrbare Reaktion handelt, dann setzt man einen Doppelpfeil mit entgegengesetzt zeigenden Spitzen.

So besagt die Gleichung Hg + O ⇄ HgO, daß sich hier zwei verschiedene chemische Vorgänge abspielen können, nämlich im Sinne des oberen Pfeils eine *Vereinigung,* im Sinne des unteren Pfeils eine *Zerlegung.*

Der Vorgang des Kalkbrennens wird in gleicher Weise durch nachstehende Gleichung dargestellt:

$CaCO_3$	⇄	CaO	+ CO_2
Kalkstein		gebrannter Kalk	Kohlendioxid

Bei einer Temperatur von rund 1000 °C verläuft der Vorgang im Sinne des oberen Pfeils, bei rund 600 °C im Sinne des unteren.

Für alle chemischen Vorgänge gilt das Grundgesetz von der Erhaltung des Stoffgewichts:

▶ Das Gesamtgewicht der Ausgangsstoffe ist gleich dem Gesamtgewicht der Endstoffe.

Es geht weder Stoff verloren, noch entsteht neuer Stoff aus dem Nichts.

1.1.7 Bau der Atome

1.1.7.1 Kern und Hülle; Ordnungszahlen

Zu Beginn dieses Jahrhunderts haben die Forscher *Ernest Rutherford* und *Niels Bohr* Vorstellungen über den Atomaufbau entwickelt, die trotz der inzwischen verfeinerten Theorie auch heute noch brauchbar und zudem recht anschaulich sind. Nach dem *Rutherford-Bohrschen* Atommodell besteht das Atom aus einem positiv geladenen *Kern,* um den sich in bestimmten Bahnen – als *Schalen* bezeichnet – negativ geladene Elektrizitätsteilchen – *Elektronen* genannt – wie Planeten um die Sonne bewegen.

Das Atom ist in seiner Gesamtheit elektrisch neutral; in seiner Hülle sind daher gerade soviel Elektronen vorhanden, daß die Summe ihrer negativen Ladungen numerisch gleich der gesamten positiven Kernladung ist. Die im Atomkern befindlichen, positiv geladenen Elementarteilchen bezeichnet man als *Protonen.* Die *Ordnungszahl* (Kernladungszahl oder Atomnummer) eines chemischen Elementes ist gleich der Anzahl Protonen im Atomkern und – dies bedingt die elektrische Neutralität des Gesamtatoms – gleich der Anzahl Elektronen in der Atomhülle.

Das Element mit der Ordnungszahl 1 ist Wasserstoff (H). Das Wasserstoffatom enthält dementsprechend in seinem Kern ein Proton und in seiner Hülle ein Elektron. Bei dem Helium (He), dem Element mit der Ordnungszahl zwei, befinden sich im Atomkern zwei Protonen und in der Atomhülle zwei Elektronen. Außerdem enthält der Heliumkern noch zwei elektrisch neutrale Elementarteilchen, *Neutronen* genannt, die gewissermaßen als Kitt fungieren, da sich die Protonen als Teilchen gleichsinniger elektrischer Ladung gegenseitig abstoßen.

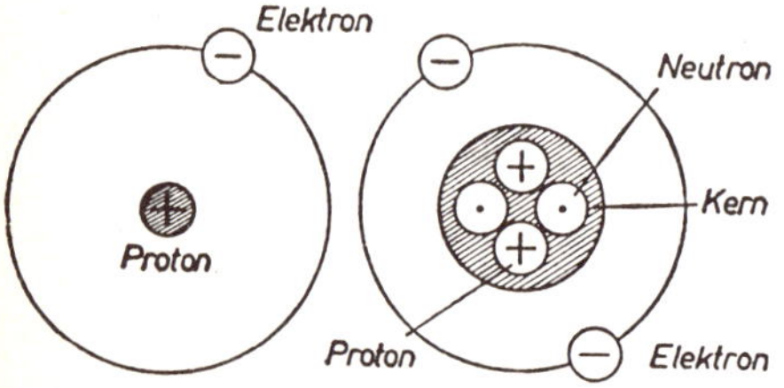

Abb. 1.7: Modell eines Wasserstoff- und eines Heliumatoms

Im Atom des Elements mit der Ordnungszahl 3, dem Lithium (Li), sind drei Protonen vorhanden, die von drei Elektronen umkreist werden. Auch im Lithiumkern befinden sich – ebenfalls in den Atomkernen aller weiteren Elemente – noch Neutronen.

Setzt man, wie üblich, die relative Masse des chemischen Elementes Sauerstoff (dessen Atomgewicht) als Bezugszahl gleich genau 16, so ist die relative Masse eines Neutrons gleich 1,0087, die eines Protons gleich 1,0073 und die eines Elektrons gleich 0,0005. Die Massen eines Neutrons und Protons unterscheiden sich also nur ganz wenig und sind praktisch gleich 1, während die Masse der Elektronen gegenüber der aus Neutronen + Protonen + Elektronen zusammengesetzten Masse des Gesamtatoms verschwindend klein ist.

Bemerkenswerterweise unterscheiden sich zwei aufeinanderfolgende Ordnungszahlen stets um den Betrag 1. Das würde bei der angenommenen Anzahl von ingesamt 118 chemischen Elementen bedeuten, daß als Ordnungszahlen alle ganzen Zahlen von 1 bis 118 vorkommen.

1.1.7.2 Isotopen; Massenzahlen

Auch für die Zahl der Neutronen gelten bestimmte Gesetzmäßigkeiten. Zum Unterschied von der Protonenzahl ist aber die Neutronenzahl nicht immer bei den einzelnen Atomen eines bestimmten chemischen Elementes gleich groß. So besteht z. B. das chemische Element Chlor zu rund 75 % aus Atomen mit je 18 Neutronen und zu rund 25 % aus Atomen mit je 20 Neutronen. Die Protonenzahl ist in beiden Fällen gleich 17 je Atom. Das chemische Element Bor mit der konstanten Protonenzahl von fünf je Atom ist aus rund 80 % Atomen mit je sechs Neutronen und rund 20 % Atomen mit je fünf Neutronen zusammengesetzt. Man bezeichnet derartige Atomarten, die in der Protonenzahl übereinstimmen, aber sich in der Neutronenzahl unterscheiden, als *Isotopen.*

Die verschiedene Neutronenzahl hat zur Folge, daß sich die Isotopen in ihren *physikalischen* Eigenschaften (spezifisches Gewicht, Schmelzpunkt, Siedepunkt usw.) unterscheiden. Die gleiche Protonenzahl = Elektronenzahl in der Atomhülle = Ordnungszahl wiederum bedingt, daß die Isotopen eines Elementes in ihren *chemischen* Eigenschaften übereinstimmen.

Zur formelmäßigen Unterscheidung der Isotopen dient die sogenannte *Massenzahl,* d. h. die Summe Protonenzahl + Neutronenzahl. Man setzt die Massenzahl gewöhnlich links oben neben das „Symbol" des betreffenden chemischen Grundstoffes, z. B.:

^{35}Cl = Isotop des Chlors mit der Massenzahl 35
^{37}Cl = Isotop des Chlors mit der Massenzahl 37
^{63}Cu = Isotop des Kupfers mit der Massenzahl 63
^{65}Cu = Isotop des Kupfers mit der Massenzahl 65

Nach unseren heutigen Kenntnissen setzen sich die meisten chemischen Elemente aus zwei oder mehr Isotopen zusammen. Dabei können einzelne Isotope verschiedener Elemente die gleiche Massenzahl aufweisen. So gibt es z. B. sowohl ein Titan-Isotop als auch ein Chrom-Isotop mit der Massenzahl 50. Aus der Massenzahl kann daher nicht ersehen werden, um welches chemische Element es sich handelt. Charakteristisch für ein chemisches Element ist die Ordnungs- oder Kernladungszahl.

Es liegt nahe, daß die unterschiedlichen Massenzahlen der Isotopen von Einfluß auf die Atomgewichte der chemischen Elemente sind. Am Beispiel des Chlors läßt sich das gut veranschaulichen: Wie bereits erwähnt wurde, ist das chemische Element Chlor (Ordnungszahl 17) ein Gemisch von 75 % eines Isotops mit der Neutronenzahl 18 (Massenzahl 17 + 18 = 35) und 25 % eines Isotops mit der Neutronenzahl 20 (Massenzahl 17 + 20 = 37). Berechnet man nun aus den prozentualen Anteilen dieser beiden Isotopen und deren Massenzahlen die „mittlere Massenzahl", so erhält man (75 · 35 + 25 · 37) : 100 = 35,50 in guter Übereinstimmung mit dem Atomgewicht von 35,46. Da sich die Isotopen eines Elementes chemisch nicht unterscheiden, bleibt ihr Mischungsverhältnis bei den chemischen Reaktionen unverändert. Der Chemiker kann daher die mittleren Atomgewichte als konstante Werte verwenden *(Tab. 1.2)*.

1.1.7.3 Atomhülle und Periodisches System

Es wurde bereits angeführt (s. Abschn. 1.1.7.1), daß die Atomhüllen um die Atomkerne aus *Elektronenschalen* bestehen. Insgesamt gibt es sieben solcher Schalen, die mit den Buchstaben K, L, M, N, O, P, Q bezeichnet werden.

Die Elemente der Ordnungszahlen 1 (Wasserstoff) und 2 (Helium) besitzen nur eine Elektronenschale, die K-Schale. Diese hat beim Heliumatom mit zwei Elektronen ihre maximale Auffüllung erreicht. Das Element der Ordnungszahl 3 (Lithium) benötigt daher für sein drittes Elektron eine zweite Schale. Diese L-Schale hat beim Element der Ordnungszahl 10 (Neon) mit acht Elektronen ihre maximale Besetzung erlangt. Bei dem Element der Ordnungszahl 11 (Natrium) ist deshalb das elfte Elektron in der M-Schale untergebracht. Die Bildung einer jeden weiteren Schale ist ebenfalls an die Voraussetzung geknüpft, daß in der vorhergehenden die Elektronenzahl von acht erreicht wurde. Von der M-Schale an tritt aber insofern eine Änderung ein, als die Zahl der Elektronen in der äußersten Schale nur bis zum Element der Ordnungszahl 20 (Calcium) in der angedeuteten Weise gleichmäßig zunimmt. Bei

Tabelle 1.2 Perioden-System der Elemente (Kurzperiodensystem)

(Die Lanthanide und Transurane sind in dieser Tabelle nicht aufgeführt)

Elektronen-schale	Periode	Gruppen-Nummer								
		a I b	a II b	a III b	a IV b	a V b	a VI b	a VII b	VIII	0
K	1.	1 (Ordnungszahl) **H** (Kurzzeichen) 1,008 (Atomgewicht)								2 **He** 4,00
L	2.	3 **Li** 6,94	4 **Be** 9,01	5 **B** 10,82	6 **C** 12,01	7 **N** 14,008	8 **O** 16,000	9 **F** 19,00		10 **Ne** 20,18
M	3.	11 **Na** 22,99	12 **Mg** 24,32	13 **Al** 26,98	14 **Si** 28,09	15 **P** 30,97	16 **S** 32,06	17 **Cl** 35,46		18 **Ar** 39,94
N	4.	19 **K** 39,10 29 **Cu** 63,54	20 **Ca** 40,08 30 **Zn** 65,38	21 **Sc** 44,96 31 **Ga** 69,72	22 **Ti** 47,90 32 **Ge** 72,60	23 **V** 50,95 33 **As** 74,91	24 **Cr** 52,01 34 **Se** 78,96	25 **Mn** 54,94 35 **Br** 97,92	26 **Fe** 55,85 27 **Co** 58,94 28 **Ni** 58,71	36 **Kr** 83,80
O	5.	37 **Rb** 85,48 47 **Ag** 107,88	38 **Sr** 87,63 48 **Cd** 112,41	39 **Y** 88,92 49 **In** 114,82	40 **Zr** 91,22 50 **Sn** 118,70	41 **Nb** 92,91 51 **Sb** 121,76	42 **Mo** 95,95 52 **Te** 127,61	43 **Tc** 99 53 **J** 126,91	44 **Ru** 101,1 45 **Rh** 102,91 46 **Pd** 106,4	54 **Xe** 131,30
P	6.	55 **Cs** 132,91 79 **Au** 197,0	56 **Ba** 137,36 80 **Hg** 200,61	57 **La** 138,92 81 **Tl** 204,39	72 **Hf** 178,50 82 **Pb** 207,21	73 **Ta** 180,95 83 **Bi** 209,00	74 **W** 183,86 84 **Po** 210	75 **Re** 186,22 85 **At** 210	76 **Os** 190,2 77 **Ir** 192,2 78 **Pt** 195,09	86 **Rn** 222
Q	7.	87 **Fr** 223	88 **Ra** 226,05	89 **Ac** 227	90 **Th** 232,05	91 **Pa** 231	92 **U** 238,07			

▬ Trennungslinie zwischen Metallen und Nichtmetallen

Tab. 1.3: Elektronenkonfiguration der Elemente 1 bis 20

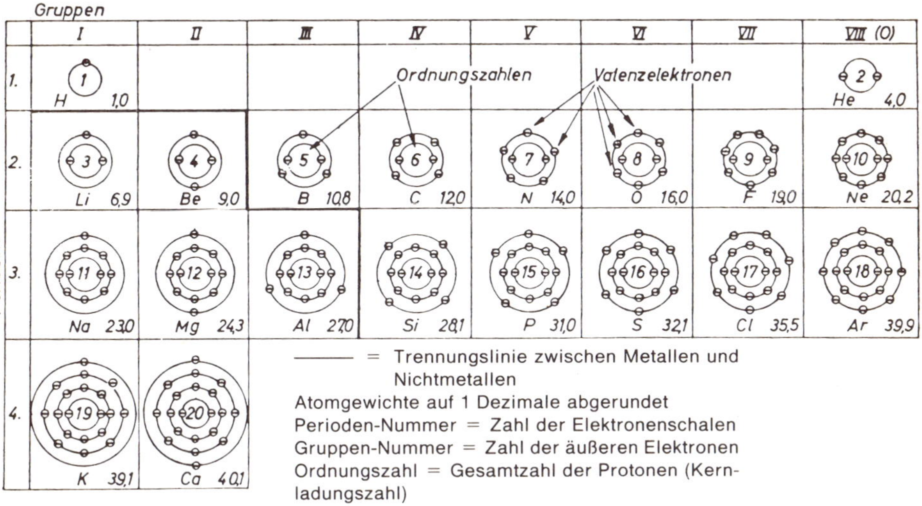

——— = Trennungslinie zwischen Metallen und Nichtmetallen
Atomgewichte auf 1 Dezimale abgerundet
Perioden-Nummer = Zahl der Elektronenschalen
Gruppen-Nummer = Zahl der äußeren Elektronen
Ordnungszahl = Gesamtzahl der Protonen (Kernladungszahl)

den nun folgenden zehn Elementen (Scandium bis Zink) behält die N-Schale zwei Elektronen (beim Chrom und Kupfer befinden sich in ihr sogar nur ein Elektron), während die M-Schale bis zu ihrer maximalen Sättigung mit 18 Elektronen aufgefüllt wird. Alsdann wachsen die Elektronen der N-Schale, vom Gallium an, schrittweise an, bis beim Krypton mit acht Außenelektronen wieder eine stabile Zwischenstufe erreicht ist, wonach sich die O-Schale bildet. Maximal kann die N-Schale aber sogar 32 Elektronen fassen.

Die *Tabelle 1.3* zeigt die Verteilung der Elektronen auf die einzelnen Schalen der Elemente 1 bis 20 (Wasserstoff bis Calcium). Vergleicht man nun diese Elektronenverteilungen mit der Stellung der chemischen Elemente im Periodischen System, so erkennt man:

a) Die Ordnungszahl ist, wie bereits in Abschn. 1.1.7.1 dargelegt wurde, gleich der Gesamtzahl der Elektronen.

b) Die Perioden-Nummer ist gleich der Anzahl der Elektronenschalen.

c) Die Gruppen-Nummer ist gleich der Zahl der in der äußersten Schale befindlichen Elektronen. (Diese Regel kennt allerdings bei den Elementen oberhalb der Ordnungszahl 20 eine Reihe von Ausnahmen, was damit zusammenhängt, daß bei dieser Einordnung auch noch andere Gesichtspunkte eine Rolle spielen.)

Tab. 1.2 zeigt das Perioden-System der Elemente in verkürzter Form (ohne die Lanthanide 58 bis 71 und Transurane ab 93).

1.1.8 Chemische Bindung

Die gasförmigen chemischen Elemente Helium, Neon, Argon, Krypton, Xenon und Radon vermögen keinerlei chemische Bindungen einzugehen und werden daher als *Edelgase* bezeichnet. Ihre Atomhüllen sind dadurch charakterisiert, daß die äußerste Elektronenschale acht (beim Helium zwei) Elektronen enthält (vgl. *Tab. 1.2* und *1.3)*. Nach einer hauptsächlich von *W. Kossel* und *G.N. Lewis* entwickelten Theorie hängt die Reaktionsfähigkeit aller übrigen Atome mit dem Bestreben zusammen, durch Vereinigung mit anderen Atomen ebenfalls stabile „Edelgaskonfigurationen" zu erreichen.

1.1.8.1 Atombindung

In Abschnitt 1.1.4 wurde dargelegt, daß die Moleküle die Bausteine chemischer Verbindungen sind, aber auch – es handelt sich dann um Elemente – aus chemisch gleichartigen Atomen zusammengesetzt sein können. Beispielsweise enthalten die Moleküle der gasförmigen Elemente Wasserstoff, Sauerstoff, Stickstoff, Fluor und Chlor je zwei Atome. Doch selbst bei den Edelgasen spricht man von Molekülen, obwohl diese nur aus je einem Atom bestehen.

Man kann sich die Vereinigung von zwei Wasserstoffatomen zu einem Molekül so vorstellen, daß beide Atome aus ihrem äußeren (und hier zugleich einzigen) Elektron ein „gemeinsames Elektronenpaar" – auch als „Dublett" bezeichnet – bilden *(Abb. 1.8)*. Dadurch erhalten die Wasserstoffatome die stabile Konfiguration des Edelgases Helium.

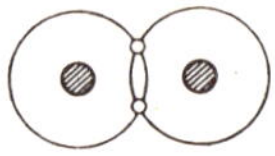

Abb. 1.8: He-Konfiguration der Atome im H_2-Molekül

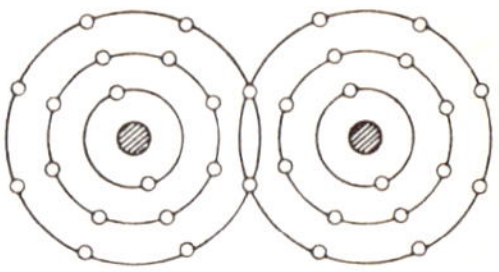

Abb. 1.9: Ar-Konfiguration der Atome im Cl_2-Molekül

Beim Chlormolekül besitzen beide Atome die Argonkonfiguration, die dadurch zustande kommt, daß die Chloratome aus ihren sieben Außenelektronen ein Dublett bilden und so eine aus acht Elektronen bestehende Außenschale (Achterschale) erhalten *(Abb. 1.9)*.

Die eben besprochenen Bindungsverhältnisse kann man auch durch einfachere *Elektronenformeln*, bei denen die Außenelektronen durch Punkte angedeutet werden, zum Ausdruck bringen. Für das Wasserstoff- und Chlormolekül erhält man dann:

$$\mathrm{H:H} \text{ bzw. } :\underset{..}{\overset{..}{\mathrm{Cl}}}:\underset{..}{\overset{..}{\mathrm{Cl}}}:$$

Beim Sauerstoff mit sechs Außenelektronen je Einzelatom sind zur Ausbildung der stabilen Achterschalen des Moleküls zwei gemeinsame Elektronenpaare erforderlich:

$$\underset{..}{\overset{..}{\mathrm{O}}}: + :\underset{..}{\overset{..}{\mathrm{O}}} \rightarrow \underset{..}{\overset{..}{\mathrm{O}}}::\underset{..}{\overset{..}{\mathrm{O}}}$$

Die beiden Sauerstoffatome sind also gewissermaßen durch eine „Doppelbindung" miteinander verknüpft. Stickstoff mit fünf Außenelektronen je Einzelatom benötigt sogar drei gemeinsame Elektronenpaare für die Achterschalen des Moleküls und somit eine „Dreifachbindung":

:Ṅ: + :Ṅ: → :N:::N:

Mit Hilfe von *Tab. 1.3* kann man herleiten, daß sowohl im Stickstoff- als auch im Sauerstoffmolekül die Atome die stabile Konfiguration des Edelgases Neon besitzen.

Diese durch das *gemeinsame Elektronenpaar* charakterisierte Art chemischer Bindungen bezeichnet man als *Atombindung* (unpolare Bindung, homöopolare Bindung, Kovalenz). Sie ist nicht nur, wie in den eben besprochenen Beispielen, zwischen Atomen gleicher chemischer Elemente möglich, sondern auch zwischen Atomen verschiedener Elemente. Die Atombindung ist die zwischen *Nichtmetallen* übliche chemische Bindung.

1.1.8.2 Ionenbindung

Beim Natriumchlorid (Kochsalz) erreicht das Natriumatom die zur stabilen Edelgaskonfiguration benötigte Achterschale dadurch, daß es an das Chloratom sein Außenelektron *abgibt*, wodurch das Chloratom ebenfalls eine Achterschale bekommt *(Abb. 1.10)*. Auf diese Weise erhält das Natrium die Neonkonfiguration und das Chlor – ebenso wie im Chlormolekül (s. Atombindung) – die Argonkonfiguration.

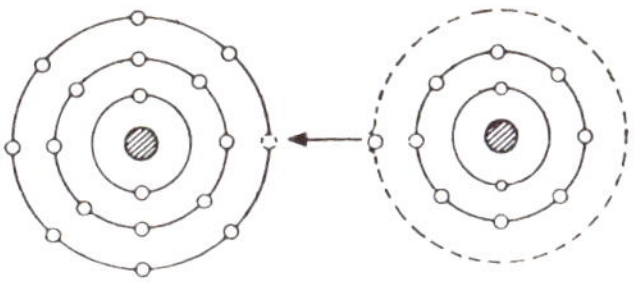

Abb. 1.10: Elektronenübergang vom Na zum Cl

Der Übertritt des negativ geladenen Elektrons vom Natrium zum Chlor hat zur Folge, daß das ursprünglich elektrisch neutrale Na-Atom eine positive elektrische Ladung erhält, während das gleichfalls ursprünglich elektrisch neutrale Cl-Atom eine negative elektrische Ladung bekommt. Man bezeichnet solche elektrisch geladenen Atome – in vielen Fällen sind es Atomgruppen – als *Ionen*, und zwar die mit positiver Ladung als *Kationen* und die negativ geladenen als *Anionen* (s. Abschn. 1.1.11).

Bei dieser durch *Elektronenübergang* gekennzeichneten chemischen Bindung handelt es sich um eine *Ionenbindung* (polare Bindung, heteropolare Bindung, Elektrovalenz). Sie ist die zwischen *Metall* und *Nichtmetall* übliche Bindungsart und kann ebenso wie die Atombindung, aber auch zugleich von dieser unterschieden, durch vereinfachte *Elektronenformeln* angedeutet werden. Für die Bildung von NaCl aus je einem Na- und Cl-Atom erhält man in dieser Darstellungsweise:

Na · + · C̤̈l: → [Na] + [:C̤̈l:]$^-$

Es ist üblich, bei derartigen Elektronenformeln alle ursprünglichen inneren Elektronenschalen auch dann unberücksichtigt zu lassen, wenn sie als zunächst zweitoberste Schalen durch Elektronenabgabe aus den ursprünglichen Außenschalen an Stelle von diesen selber zu Außenschalen werden.

Die Elektronenformel $[Na]^+[:\ddot{\underset{..}{Cl}}:]^-$ bringt also nicht zum Ausdruck, daß lediglich das Cl^--Ion eine Außenschale (von acht Elektronen) aufweist. Vielmehr enthält zwar das Na^+-Ion nicht mehr die (aus einem Elektron gebildete) Außenschale des elektrisch neutralen Na-Atoms, statt dessen ist aber die (aus acht Elektronen bestehende) zweitoberste Schale des Na-Atoms zur Außenschale des Na^+-Ions geworden. – Oft begnügt man sich bei solchen Formeln sogar damit, lediglich die zur Bindung benötigten Elektronen durch Punkte anzudeuten.

Ein weiteres Beispiel für die Ionenbindung ist das Calciumoxid (gebrannter Kalk). Hier gibt das Ca-Atom beide Außenelektronen an das O-Atom ab, wodurch ersteres zum zweifach positiv geladenen Ca^{2+}-Ion (Argonkonfiguration) und letzteres zum zweifach negativ geladenen O^{2-}-Ion (Neonkonfiguration) wird:

$$Ca: + \ddot{\underset{..}{O}}: \rightarrow [Ca]^{2+}[:\ddot{\underset{..}{O}}:]^{2-}$$

Zwischen Calcium und Sauerstoff befindet sich eine Doppelbindung. Man bezeichnet sie als „polare Doppelbindung" oder „doppelte Ionenbindung" – zur Unterscheidung von der „unpolaren Doppelbindung" oder „doppelten Atombindung", z.B. zwischen den beiden Atomen des Sauerstoffmoleküls oder auch zwischen dem Kohlenstoffatom und jedem der beiden Sauerstoffatome im Kohlendioxidmolekül (s. Atombindung).

1.1.8.3 Übergang zwischen Atom- und Ionenbindung

Wie oben angeführt wurde, kommen die zwischen Nichtmetallen üblichen Atombindungen durch gemeinsame Elektronenpaare zustande, während bei der Ionenbindung ein Elektronenübergang von Metall zum Nichtmetall stattfindet. Bei dieser Unterteilung ist allerdings zu berücksichtigen, daß die Grenze zwischen Atom- und Ionenbindung ausgesprochen fließend ist. Daher ist es oft in gleicher Weise berechtigt, eine chemische Bindung formelmäßig entweder als polar oder als unpolar zu kennzeichnen.

1.1.8.4 Metallbindung

Verbinden sich Natriumatome miteinander, so kann für sie eine stabile Edelgaskonfiguration nur dadurch erreicht werden, daß jedes der Atome sein Außenelektron abgibt:

$$Na\cdot + \cdot Na \rightarrow [Na]^+:[Na]^+$$

Die positiv geladenen Natriumionen (Neonkonfiguration) werden durch die zwischen ihnen befindlichen negativen Elektronen zusammengehalten. Hierbei ist die Anziehung zwischen Elektronen und Metallionen keineswegs nur auf zwei Atome beschränkt (im Dampfzustand gibt es allerdings auch aus zwei Natriumatomen gebildete Moleküle), sondern es kommt zur Ausbildung eines räumlichen *Metallgitters*. Bei diesem sind die Kationen von den Bindungselektronen wie von einem Gas umhüllt. Die leichte Beweglichkeit dieses „Elektronengases" bedingt die metallischen Eigenschaften, vor allem die gute elektrische Leitfähigkeit.

Bei den oben beschriebenen Ionenverbindungen kommt es ebenfalls zur Ausbildung von Raumgittern (Ionengitter), wobei aber auch hier im Dampfzustand einzelne kleine Moleküle (z.B. beim Natriumchlorid aus je einem Natrium- und Chloratom gebildet) auftreten. Bei den Atombindungen (siehe gleichfalls oben) sind Raumgitter (Atomgitter) nur selten vorhanden (Beispiel: Quarz); im allgemeinen handelt es sich um aus einzelnen Atomen gebildete Moleküle.

Die am Beispiel des Natriums beschriebene chemische Bindung wird als *Metallbindung* oder „metallische Bindung" bezeichnet.

Viele Metalle bilden beim einfachen Zusammenschmelzen Legierungen, die andere, oft viel wertvollere Eigenschaften als die einzelnen Ausgangsmetalle aufweisen. Man kann die technischen Eigenschaften bestimmter Metalle häufig schon durch kleine Zusätze anderer Metalle erheblich verbessern, was in sehr vielen Fällen auf *intermetallische Bindungen* zwischen den verschiedenen Metallen zurückzuführen ist. Als Beispiel sei das im reinen Zustand für viele Zwecke zu weiche Aluminium genannt, das durch geringe Kupfermengen härtbar wird. Bei Legierungen handelt es sich also nicht grundsätzlich nur um physikalische Gemenge.

1.1.9 Affinität und Wärmetönung

Das Bestreben bestimmter Stoffe, sich miteinander chemisch zu verbinden und dann vereinigt zu bleiben, hat man *chemische Affinität* genannt. Das Wort Affinität leitet sich aus der lateinischen Sprache her und bedeutet Verwandtschaft. Dementsprechend wird die Fähigkeit, sich chemisch zu vereinigen, auch gelegentlich als chemische Verwandtschaft bezeichnet. Dieser Ausdruck wird dennoch in dem ebenerwähnten Sinne besser nicht benutzt, da als „chemisch verwandt" auch solche Stoffe bezeichnet werden, die sich in ihren chemischen Eigenschaften weitgehend ähnlich sind. Zwischen derartigen Stoffen ist aber die chemische Affinität (im Sinne der Fähigkeit zur chemischen Vereinigung) oftmals viel weniger ausgeprägt als zwischen chemisch stark unterschiedlichen Stoffen.

Häufig läßt sich beobachten, daß Stoffe, zwischen denen eine große Affinität vorhanden ist, unter beträchtlicher Wärmeentwicklung miteinander reagieren (wie es z.B. bei Verbrennungsvorgängen der Fall ist). Man hat daher früher geglaubt, die Größe der Wärmetönung sei ein eindeutiges Maß für die Größe der Affinität. Dem widerspricht aber, daß es auch freiwillig verlaufende Reaktionen gibt, bei denen Wärme verbraucht wird. Trotzdem leistet die verhältnismäßig leicht durchführbare Bestimmung der Wärmetönung gute Dienste bei der Ermittlung der Affinität.

Reaktionen, bei denen Wärme entwickelt wird, bezeichnet man als *exotherm*. Bei benötigter Wärme sind die

Reaktionen *endotherm.* Eine endotherme Reaktion ist z.B. das Brennen von Kalk:

$CaCO_3$ + Wärme → CaO + CO_2

Das Löschen von Kalk ist hingegen eine exotherme Reaktion:

CaO + H_2O → $Ca(OH)_2$ + Wärme

1.1.10 Wertigkeit und Valenzstrichformeln

Zum Verständnis der chemischen Verbindungen ist es ferner wichtig zu wissen, daß sich die einzelnen Atome eines chemischen Elementes nicht mit beliebig vielen Atomen anderer Elemente vereinigen können. Vielmehr sind hier recht enge Grenzen gesetzt. Beispielsweise kann ein C-Atom nicht mehr als vier H- oder Cl-Atome bzw. höchstens zwei O-Atome an sich binden, und ein O-Atom kann sich mit nicht mehr als zwei H- oder Na-Atomen bzw. mit nur einem Mg- oder Ca-Atom vereinigen. Diese Begrenztheit wird verständlich, wenn man bedenkt, daß sich in der äußersten Elektronenschale des Atoms höchstens acht Elektronen befinden (vgl. Abschn. 1.1.7 und 1.1.8). Im Rahmen dieser Betrachtungsweise ist es unerheblich, daß es eine Reihe von chemischen Elementen gibt, die auch Elektronen der zweitäußersten Schale für die chemische Bindung zur Hilfe nehmen können. Eines dieser Elemente, das Osmium, kann Verbindungen der Formeln OsF_8 und OsO_4 – das sind acht Fluor- bzw. vier Sauerstoffatome je einem Osmiumatom – bilden. Damit ist aber die Maximalgrenze erreicht.

Deuten wir die chemischen Bindungen zwischen den Atomen durch Striche an, dann erhalten wir sogenannte *Valenzstrichformeln.* Beispielsweise können wir für Ammoniak (Bruttoformel: NH_3) folgende Valenzstrichformel schreiben:

```
  H
  |
H–N–H
```

Da jeder Valenzstrich eine *Valenz* oder *Wertigkeit* bedeutet, ist somit im Ammoniak der Wasserstoff einwertig und der Stickstoff dreiwertig. Aus der Valenzstrichformel des Kohlendioxids (Bruttoformel: CO_2)

O = C = O

geht hervor, daß hier der Sauerstoff zweiwertig und der Kohlenstoff vierwertig ist.

Offensichtlich ist beim Natriumchlorid (Bruttoformel: NaCl) sowohl das Natrium als auch das Chlor einwertig:

Na–Cl

Im Calciumoxid (CaO) hingegen ist sowohl das Calcium als auch der Sauerstoff zweiwertig:

Ca = O

Die Valenzstrichformeln werden auch als *Strukturformeln* oder „Konstitutionsformeln" bezeichnet, obwohl aus ihnen nicht die Art der chemischen Bindungen hervorgeht. Beispielsweise kann aus den obenangeführten vier Valenzstrichformeln nicht ersehen werden, daß es sich beim Ammoniak und Kohlendioxid um Atomverbindungen, beim Natriumchlorid und Calciumoxid aber um Ionenverbindungen handelt (s. Abschn. 1.1.8).

Im neueren Schrifttum wurden daher die Valenzstrichformeln weitgehend durch solche Strukturformeln oder Konstitutionsformeln verdrängt, in denen durch Striche lediglich die Atombindungen angedeutet werden. Man benutzt derartige „Bindungsformeln" (namentlich bei den vielen, dem Gebiet der organischen Chemie angehörenden Kohlenstoffverbindungen) an Stelle der schwerfälligeren Elektronenformeln (s. Abschn. 1.1.8). Als Beispiel sei das Schwefeldioxid gewählt. Hier befindet sich, wie bereits in Abschnitt 1.1.8.3 angeführt wurde, zwischen dem S-Atom und dem einen O-Atom eine unpolare Doppelbindung (doppelte Atombindung) und zwischen dem S-Atom und dem anderen O-Atom eine halbpolare Doppelbindung. Zur Charakterisierung dieser *Bindungsverhältnisse* sind folgende Bindungsformeln üblich:

$$O = \overset{+}{S} - \overset{-}{O} \text{ oder } O = S \rightarrow O$$

In der rechten Formel wird die halbpolare Doppelbindung durch einen Pfeil angedeutet, dessen Spitze auf den elektronegativen Bestandteil hinweist.

Die *Wertigkeit* der chemischen Elemente im Schwefeldioxid ist für den in der chemischen Formelsprache Ungeübten aber leichter aus der nachstehenden Valenzstrichformel ersichtlich:

$$O = S = O$$

Es kommt eben bei der Gestaltung der chemischen Formeln darauf an, was man mit ihnen hervorheben will.

Während verschiedene chemische Elemente in allen ihren Verbindungen immer die gleiche Wertigkeit besitzen, gibt es andererseits auch eine Reihe von chemischen Elementen, deren Wertigkeit variiert.

Es sind stets

einwertig:	H, Na, K
zweiwertig:	O, Mg, Ca, Sr, Ba, Zn
dreiwertig:	Al
vierwertig:	C, Si

Nach neueren Anschauungen soll allerdings der Sauerstoff im Kohlenmonoxid (CO) vierwertig sein, früher nahm man an, daß er auch in dieser Verbindung zweiwertig sei und hielt dementsprechend in ihr den Kohlenstoff für – ausnahmsweise – ebenfalls zweiwertig.

Zu den chemischen Elementen mit verschiedenen Wertigkeiten (in römischen Ziffern) gehören:

N (II bis V), P (III bis V), S (II, IV, VI), Cl (I, III bis V, VII), Cu (I, II), Hg (I, II), Pb (II, IV), Cr (II, III, V, VI), Mn (II bis VII), Fe (II, III, VI), Co (II, III, IV), Os (II bis IV, VIII).

In vielen Fällen ist die Wertigkeit der chemischen Elemente bereits aus den Bruttoformeln der chemischen Verbindungen mühelos erkennbar. Da z. B. H stets einwertig ist, leuchtet es ohne weiteres ein, daß in HCl das Chlor einwertig, in H_2S der Schwefel zweiwertig und in PH_3 der Phosphor dreiwertig ist. Andererseits gibt es aber auch eine Anzahl von chemischen Verbindungen, deren Bruttoformeln weniger aufschlußreich sind.

Tabelle 1.4 Wertigkeit gegenüber Wasserstoff und maximale Wertigkeit gegenüber Sauerstoff bei einigen chemischen Elementen

Gruppe des Period. Systems	Element	Wasserstoff-wertigkeit	Wasserstoffverbindung (Valenzstrichformel)	Sauerstoff-wertigkeit	Sauerstoffverbindung (Valenzstrichformel)
1	Na	I	Na—H	I	Na—O—Na
2	Ca	II	H—Ca—H	II	Ca=O
3	Al	III	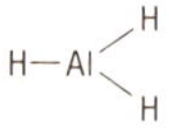	III	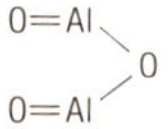
4	C	IV	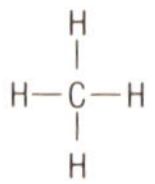	IV	O=C=O
5	N	III	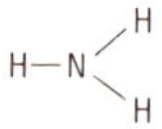	V	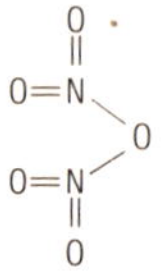
6	S	II	H—S—H	VI	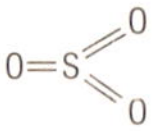
7	Cl	I	H—Cl	VII	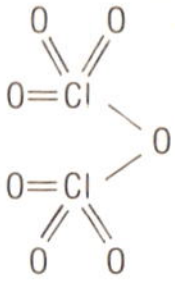

Bis zu einem gewissen Grade kann man die Wertigkeit aus den Gruppennummern des Periodischen Systems ersehen. Denn die Gruppennummern stimmen mit der maximalen Wertigkeit gegenüber Sauerstoff und bis zur vierten Gruppe auch mit der Wertigkeit gegenüber Wasserstoff überein, während sich bei der vierten bis achten Gruppe die Wertigkeit gegenüber Wasserstoff durch Subtraktion der Gruppennummer von der Zahl acht ergibt. Allerdings kennt diese Regel verschiedene Ausnahmen. Beispielsweise kann Kupfer, obgleich es in der ersten Gruppe des Periodischen Systems steht, gegenüber Sauerstoff auch zweiwertig sein, und von den Elementen der achten Gruppe sind nur Osmium und Ruthenium maximal achtwertig gegenüber Sauerstoff. In *Tab. 1.4* sind die Wasserstoffverbindungen und die der Maximalwertigkeit entsprechenden Sauerstoffverbindungen von je einem Element der ersten bis siebenten Gruppe aufgeführt.

1.1.11 Elektrolytische Dissoziation und Elektrolyse

In Abschnitt 1.1.8.4 war erwähnt worden, daß Metalle auf Grund der Beweglichkeit des im Metallgitter befindlichen Elektronengases eine große elektrische Leitfähigkeit besitzen. Demgegenüber ist reines Wasser ein nur sehr schlechter elektrischer Leiter. Löst man aber in Wasser eine Säure, eine Base oder ein Salz auf, so zeigt sich, daß die wäßrige Lösung eines solchen *Elektrolyten* den elektrischen Strom gut leitet. Im Gegensatz zur Leitung des elektrischen Stroms durch Metall ist aber der Elektrizitätstransport durch Elektrolytlösungen von chemischen Veränderungen begleitet.

Leitet man z. B. (unter Verwendung von Graphitelektroden) einen elektrischen Strom (es kommt nur Gleichstrom in Betracht) durch eine als Salzsäure bezeichnete wäßrige Lösung von Chlorwasserstoff, so entweicht an der negativen Elektrode, der *Kathode*, gasförmiger Wasserstoff, und an der positiven Elektrode, der *Anode*, entwickelt sich Chlorgas:

$2\,HCl \rightarrow H_2 + Cl_2$

Im einzelnen spielen sich nachstehend skizzierte Vorgänge ab.

a) Beim Auflösen in Wasser dissoziiert Chlorwasserstoff in positiv geladene Wasserstoff- und negativ geladene Chlorionen:
$HCl \rightarrow H^+ + Cl^-$

b) Das beim Anlegen der elektrischen Spannung entstehende elektrische Feld hat zur Folge, daß die H^+-Ionen von der negativ geladenen Kathode angezogen werden und hier je ein Elektron (e^-) aufnehmen,
$H^+ + e^- \rightarrow H$,
während die Cl^--Ionen zur positiv geladenen Anode wandern, um dort ihr überschüssiges Elektron abzugeben:
$Cl^- - e^- \rightarrow Cl$

c) Die unbeständigen H-Atome vereinigen sich zu den wegen ihrer Heliumkonfiguration beständigen H_2-Molekülen und die ebenfalls unbeständigen Cl-Atome zu Cl_2-Molekülen mit der beständigen Argonkonfiguration (s. Abschn. 1.1.8.1):
$2\,H \rightarrow H_2$ $\quad 2\,Cl \rightarrow Cl_2$.

Als nächstes Beispiel soll die verdünnte Schwefelsäure besprochen werden.

a) Die wäßrige Lösung von Schwefelsäure enthält Wasserstoff- und Sulfationen:
$H_2SO_4 \rightarrow 2\,H^+ + SO_4^{2-}$

b) Unter der Einwirkung des elektrischen Stroms werden die H^+-Ionen – wie bei der Salzsäure – an der Kathode in H-Atome umgewandelt, aus denen sich H_2-Moleküle bilden. Die SO_4^{2-}-Ionen wandern an die Anode und werden dort entladen:
$SO_4^{2-} - 2\,e^- \rightarrow SO_4$

c) Das SO_4 setzt sich mit Wasser zu Schwefelsäure und atomarem Sauerstoff um:
$SO_4 + H_2O \rightarrow H_2SO_4 + O$

d) Die O-Atome vereinigen sich zu O_2-Molekülen,
$2\,O \rightarrow O_2$,
während sich aus H_2SO_4 wieder H^+- und SO_4^{2-}-Ionen bilden.
Im Endeffekt wird also Wasser in Wasserstoff und Sauerstoff zersetzt,
$2\,H_2O \rightarrow 2\,H_2 + O_2$,
ohne daß sich die Schwefelsäuremenge verringert.

Man bezeichnet die oben besprochene Zerlegung der Elektrolyte durch Wasser in Ionen als *elektrolytische Dissoziation* und die weitere Zersetzung mit Hilfe des elektrischen Stroms als *Elektrolyse (Abb. 1.11).*

Da bei der Elektrolyse – diese ist auch bei Schmelzen möglich – an die negativ geladene Kathode die positiv geladenen Ionen wandern, werden diese *Kationen* genannt. *Anionen* sind die negativen Ionen, weil diese von der positiven Anode angezogen werden.

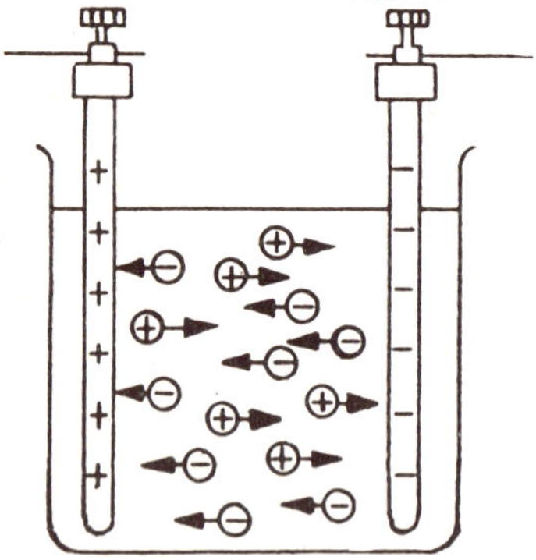

Abb. 1.11: Ionen-Wanderung im elektrischen Feld (schematisch)

Es sei nun noch auf folgendes hingewiesen: Man ist heute der Auffassung, daß im wäßrigen Medium keine H^+-Ionen (also Protonen [s. Abschn. 1.1.7.1]) vorliegen, sondern OH_3^+-Ionen. Diese „Hydronium"-Ionen sind „hydratisierte", d.h. an Wasser angelagerte Protonen:

$$[H^+] + H\!:\!\ddot{\underset{..}{O}}\!:\!H \rightarrow \left[\begin{array}{c} H \\ H\!:\!\ddot{\underset{..}{O}}\!:\!H \end{array}\right]^+$$

Der Kürze halber hat man aber weithin die Schreibweise H^+ beibehalten.

1.1.12 Elektrolyte

Wie bereits in Abschnitt 1.1.11 erwähnt wurde, gehören zu den Elektrolyten die Säuren, Basen und Salze.

1.1.12.1 Säuren

Die minimale elektrische Leitfähigkeit des reinen Wassers hängt damit zusammen, daß von ihm nur ein sehr geringer Anteil – in H^+- und OH^--Ionen – elektrolytisch dissoziiert ist. Da außerdem in reinem Wasser die Anzahl der H^+-Ionen gleich der Anzahl der OH^--Ionen ist, reagiert es chemisch neutral:

$H_2O \rightarrow H^+ + OH^-$

Löst man aber in Wasser eine Säure auf, so werden bei deren Dissoziation H^+-Ionen abgespalten, die nunmehr im Überschuß vorliegen. Die entstandene Lösung reagiert *sauer.*

Als Säuren bezeichnet man diejenigen Wasserstoffverbindungen, die in gelöstem Zustand mehr oder weniger in H^+-Ionen und negativ geladene Säurerest-Ionen dissoziiert sind. Von dem Grad der H^+-Ionenabspaltung hängt die Stärke der Säure ab.

Sehr starke Säuren:
$HClO_4$, $HClO_3$, HCl, HNO_3

Starke Säuren:
$HClO_2$, H_2SO_4

Mittelstarke Säuren:
H_3PO_4, HF, H_2SO_3

Schwache Säuren:
$HC_2H_3O_2$
(= CH_3COOH = Essigsäure), H_3PO_3

Sehr schwache Säuren:
HClO, H_2S, H_2CO_3, H_3BO_3, H_2SiO_3.

Über die Nomenklatur verschiedener Säuren siehe *Tab. 1.5.*

Säuren schmecken, wie schon der Name besagt, in der Regel sauer. Sauer reagierende Lösungen färben Lackmuspapier rot. Eine stärker saure Reaktion wird an der Blaufärbung von Kongopapier erkannt. Außerdem gibt es im Handel Indikatorpapiere, die eine genauere Bestimmung der Säurestärke (Acidität) gestatten.

Beispiele der Säurebildung

a) Vereinigung von Wasserstoff und Nichtmetall:

$$H_2 + Cl_2 \rightarrow 2\,HCl$$
$$H_2 + Br_2 \rightarrow 2\,HBr$$
$$H_2 + S \rightarrow H_2S$$

Tab. 1.5 Namen einiger Säuren und ihrer Salze

Formel der Säure	Name der Säure	Gruppenname der Salze
HF	Fluorwasserstoff (wäßrige Lösung: Flußsäure)	Fluoride
HCl	Chlorwasserstoff (wäßrige Lösung: Salzsäure)	Chloride
H_2S	Schwefelwasserstoff (wäßrige Lösung: Schwefelwasserstoffwasser)	Sulfide
HClO	hypochlorige oder unterchlorige Säure	Hypochlorite
$HClO_2$	chlorige Säure	Chlorite
$HClO_3$	Chlorsäure	Chlorate
$HClO_4$	Perchlor- oder Überchlorsäure	Perchlorate
H_3PO_2	hypophosphorige oder unterphosphorige Säure	Hypophosphite
H_3PO_3	phosphorige Säure	Phosphite
H_3PO_4	Orthophosphorsäure oder Phosphorsäure	Orthophosphate oder Phosphate
HPO_3	Metaphosphorsäure	Metaphosphate
$H_4P_2O_7$	Di- oder Pyrophosphorsäure	Di- oder Pyrophosphate
H_2SO_3	schweflige Säure	Sulfite
H_2SO_4	Schwefelsäure	Sulfate
$H_2S_2O_7$	Di- oder Pyroschwefelsäure	Di- oder Pyrosulfate
HNO_2	salpetrige Säure	Nitrite
HNO_3	Salpetersäure	Nitrate
H_3BO_3	Orthoborsäure oder Borsäure	Orthoborate oder Borate
HBO_2	Metaborsäure	Metaborate
H_4SiO_4	Orthokieselsäure	Orthosilicate
H_2SiO_3	Metakieselsäure	Metasilicate
H_2CO_3	Kohlensäure	Carbonate

b) Vereinigung von Wasser und Nichtmetalloxid:

$SO_3 + H_2O \rightarrow H_2SO_4$
$N_2O_5 + 2\,H_2O \rightarrow 2\,HNO_3$
$P_2O_5 + 3\,H_2O \rightarrow 2\,H_3PO_4$

Oxide, die mit Wasser Säuren bilden, nennt man *Säureanhydride.*

Ein- und mehrbasische Säuren

Einbasisch sind Säuren, die nur 1 H^+-Ion (pro Molekül) abspalten können:

$HNO_3 \rightarrow H^+ + NO_3^-$

In der Regel enthalten die einbasischen Säuren lediglich 1 H (Ausnahme: z.B. H_3PO_2).

Zweibasische Säuren sind in der Lage, 2 H^+-Ionen abzuspalten:

$H_2SO_4 \rightarrow H^+ + HSO_4^-$
$HSO_4^- \rightarrow H^+ + SO_4^{2-}$

Die Dissoziation der HSO_4^--Ionen ist aber unvollständig; in der Lösung von Schwefelsäure befinden sich daher nicht nur H^+- und SO_4^{2-}-Ionen, sondern auch HSO_4^--Ionen. – Die zweibasischen Säuren enthalten in der Regel 2 H (Ausnahme: H_3PO_3).

Dreibasische Säuren
können 3 H^+-Ionen abspalten:

$H_3PO_4 \rightarrow H^+ + H_2PO_4^-$
$H_2PO_4^- \rightarrow H^+ + HPO_4^{2-}$
$HPO_4^{2-} \rightarrow H^+ + PO_4^{3-}$

Die hier als Beispiel angeführte Phosphorsäure spaltet lediglich 1 H^+-Ion in erheblichem Umfange ab. Das Abspalten des zweiten und namentlich des dritten H^+-Ions erfolgt nur in geringem Ausmaß. – Die dreibasischen Säuren enthalten im allgemeinen 3 H.

Die am Beispiel von H_2SO_4 und H_3PO_4 gezeigte „stufenweise Dissoziation" findet bei allen mehrbasischen Säuren (und mehrsäurigen Basen) statt.

Für die Baustoffchemie sind folgende Säuren von besonderer Bedeutung: Schwefelsäure, schweflige Säure, Salpetersäure, Kohlensäure, Kieselsäure, Fluorokieselsäure (Kieselfluorwasserstoffsäure), Fluorwasserstoff, Chlorwasserstoff, Schwefelwasserstoff.

Schweflige Säure (H_2SO_3), Kohlensäure (H_2CO_3) und Fluorokieselsäure (H_2SiF_6) sind in reinem, wasserfreiem Zustand nicht existenzfähig. Sie würden bei ihrer Isolierung sofort in ihre Bildungskomponenten zerfallen:

$H_2SO_3 \rightarrow SO_2 + H_2O$
$H_2CO_3 \rightarrow CO_2 + H_2O$
$H_2SiF_6 \rightarrow SiF_4 + 2\,HF$

Eine Lösung von schwefliger Säure oder von Kohlensäure erhält man durch Einleiten des gasförmigen Anhydrids Schwefeldioxid (SO_2) bzw. Kohlendioxid (CO_2) in Wasser. Es setzen sich aber nur wenige Prozent des sich lösenden Schwefeldioxids mit dem Wasser zu schwefliger Säure (dissoziiert in H^+-, HSO_3^-- und SO_3^{2-}-Ionen) um. Von dem in Lösung gegangenen Kohlendioxid liegen sogar lediglich 0,1 % als Kohlensäure (dissoziiert in H^+-, HCO_3^-- und CO_3^{2-}-Ionen) vor.

Säuren greifen Baustoffe an, die Calciumcarbonat enthalten (Natur- und Kunststeine, Mörtel, Beton, Kalkfarbanstriche), und fördern das Rosten von Stahl.

1.1.12.2 Basen

Wie bereits erwähnt wurde, reagiert reines Wasser chemisch neutral, indem es die gleiche (minimale) Menge H^+- und OH^--Ionen enthält. Löst man jedoch in Wasser eine Base auf, so spaltet diese OH^--Ionen ab, und die sich bildende *Lauge,* die Lösung der Base, reagiert auf Grund des nun vorhandenen Überschusses an OH^--Ionen *basisch* oder *alkalisch.*

Als Basen bezeichnet man diejenigen Hydroxide, die in gelöstem Zustand mehr oder weniger in OH^--Ionen und positiv geladene Basenrest-Ionen dissoziiert sind. Von dem Grad der OH^--Ionenabspaltung hängt die Stärke der Base ab.

Sehr starke Basen:
KOH, $NaOH$, $Ba(OH)_2$
Starke Basen:
$Sr(OH)_2$, $Ca(OH)_2$
Mittelstarke Basen:
$AgOH$, $Mg(OH)_2$
Schwache Basen:
NH_4OH
Sehr schwache Basen:
$Al(OH)_3$, $Zn(OH)_2$, $Fe(OH)_3$

Laugen machen die Haut schlüpfrig und färben Lackmuspapier blau sowie (wenn die alkalische Reaktion nicht sehr schwach ist) Phenolphthaleinpapier rot. Bestimmte, im Handel erhältliche Indikatorpapiere ermöglichen eine genauere Ermittlung der Basenstärke (Alkalität).

Basen wirken (ebenso wie Säuren) häufig stark ätzend. Daher ist auf der Baustelle größte Vorsicht geboten, daß keine Teilchen von gelöschtem Kalk ($Ca[OH]_2$) ins Auge gelangen.

Beispiele der Basenbildung:

a) Zersetzung von Wasser durch Metall:
$2\,H_2O + 2\,Na \rightarrow 2\,NaOH + H_2$
$2\,H_2O + Ca \rightarrow Ca(OH)_2 + H_2$

b) Vereinigung von Wasser und Metalloxid:
$H_2O + Na_2O \rightarrow 2\,NaOH$
$H_2O + CaO \rightarrow Ca(OH)_2$

Bei der zuletzt aufgeführten Reaktion handelt es sich um das Löschen von gebranntem Kalk.

Man bezeichnet diejenigen Oxide, die mit Wasser Basen bilden, als *Basenanhydride.*

c) Vereinigung von Wasser und Ammoniak:
$H_2O + NH_3 \rightarrow NH_4OH$
Nach dieser Reaktionsgleichung ist auch Ammoniak ein Basenanhydrid.

Ein- und mehrsäurige Basen

Einsäurig sind Basen, die nur 1 OH^--Ion (pro Molekül) abspalten können:

$NaOH \rightarrow Na^+ + OH^-$

Zweisäurige Basen vermögen 2 OH^--Ionen abzuspalten:

$Ca(OH)_2 \rightarrow Ca(OH)^+ + OH^-$
$Ca(OH)^+ \rightarrow Ca^{2+} + OH^-$

Dreisäurige Basen sind in der Lage, 3 OH^--Ionen abzuspalten:

$Al(OH)_3 \rightarrow Al(OH)_2^+ + OH^-$
$Al(OH)_2^+ \rightarrow Al(OH)^{2+} + OH^-$
$Al(OH)^{2+} \rightarrow Al^{3+} + OH^-$

Ebenso wie bei den mehrbasischen Säuren findet auch bei den mehrsäurigen Basen eine stufenweise Dissoziation statt.

Für die *Baustoffchemie* sind folgende Basen von besonderer Bedeutung: Natriumhydroxid (Ätznatron), Kaliumhydroxid (Ätzkali), Calciumhydroxid (Ätzkalk, gelöschter Kalk), Ammoniumhydroxid.

Ammoniumhydroxid ist lediglich in Form seiner wäßrigen Lösung bekannt, die man durch Einleiten von gasförmigem NH_3 erhält. Aber nur ein geringer Prozentsatz des in Lösung gegangenen Ammoniaks liegt als (in NH_4^+- und OH^--Ionen dissoziiertes) Ammoniumhydroxid vor, das bei seiner Isolierung sofort in seine Bildungskomponenten zerfallen würde:

$$NH_4OH \rightarrow NH_3 + H_2O$$

Wir haben daher in der Base NH_4OH das Gegenstück zu den Säuren H_2SO_3 und H_2CO_3 (siehe weiter oben). – Nebenbei bemerkt, setzt die Alkalität einer Lösung von Ammoniak in Wasser nicht unbedingt die Existenz von NH_4OH voraus, sondern kann auch durch die Anlagerung von Protonen (H^+-Ionen) aus dem Wasser an NH_3 erklärt werden:

$$NH_3 + H_2O \rightarrow NH_4^+ + OH^-$$

Basen (z.B. frischer Kalkmörtel!) greifen manche Metalle und Farbstoffe an. Sie dienen zum Ablaugen alter Ölfarben- und Lackanstriche.

1.1.12.3 Salze

Salze sind chemische Verbindungen zwischen positiv geladenen Basenrest-Ionen und negativ geladenen Säurerest-Ionen (s. Abschn. 1.1.12.1 und 1.1.12.2). Sie leiten sich damit sowohl von den Säuren als auch von den Basen her.

In der Regel sind Salze starke Elektrolyten; d.h., daß sich in ihrer wäßrigen Lösung im allgemeinen kaum undissoziierte Salzmoleküle befinden. Die Löslichkeit der Salze in Wasser ist aber durchaus unterschiedlich.

In kaltem Wasser sind sehr leicht löslich:
$NaNO_3$, $ZnCl_2$, K_2CO_3
leicht löslich:
KNO_3, $BaCl_2$, Na_2CO_3
mäßig löslich:
$Ba(NO_3)_2$, K_2SO_4, $KClO_3$
schwer löslich:
$PbCl_2$, $CaSO_4$, $BaCO_3$
sehr schwer löslich:
$AgCl$, $BaSO_4$, HgS

Ein Teil der Salze ist in heißem Wasser wesentlich leichter löslich (z.B. KNO_3, auch $PbCl_2$). Überhaupt wird die Löslichkeit der Salze (wie auch anderer Stoffe) in der Regel mit steigender Temperatur größer. Verschiedene Salze (dies gilt ebenfalls für andere Stoffe) haben das Bestreben, aus der Luft Wasser aufzunehmen und zu zerfließen (z.B. $NaNO_3$). Man bezeichnet derartige Substanzen als *hygroskopisch.*

Da die Bauten sehr häufig durch Regen usw. mit Wasser in Berührung kommen, können bei ihnen nur minimal lösliche Materialien beständig sein.

Beispiele der Salzbildung:

a) Reaktionen zwischen Base und Säure:
$NaOH + HCl \rightarrow NaCl + H_2O$
$Ca(OH)_2 + 2\,HNO_3 \rightarrow Ca(NO_3)_2 + 2\,H_2O$
$2\,Al(OH)_3 + 3\,H_2SO_4 \rightarrow Al_2(SO_4)_3 + 6\,H_2O$

Bemerkenswert ist, daß $Al(OH)_3$ auch als Säure (Salze: Aluminate) wirken kann:

$NaOH + Al(OH)_3 \rightarrow NaH_2AlO_3 + H_2O$

Man bezeichnet derartige Hydroxide, die sowohl basische als auch saure Eigenschaften haben, als *amphoter*. Zu ihnen gehören noch u.a. $Zn(OH)_2$ (Salze: Zinkate), $Pb(OH)_2$ (Salze: Plumbite), auch $Cu(OH)_2$ (Salze: Cuprite) und $Fe(OH)_3$ (Salze: Ferrite).

Zweibasische Säuren können zwei Reihen von Salzen bilden:

$H_2SO_4 + KOH \rightarrow KHSO_4$ (Kaliumhydrogensulfat) $+ H_2O$
$H_2SO_4 + 2\ KOH \rightarrow K_2SO_4$ (normales* Kaliumsulfat) $+ 2\ H_2O$

Die noch Säurewasserstoff enthaltenden Hydrogensalze bezeichnet man auch als saure Salze und die Salze ohne Säurewasserstoff (sowie ohne OH, s. unten) als neutrale Salze. Diese Unterscheidung ist aber nicht unmißverständlich: Beispielsweise reagieren Lösungen von Na_2CO_3 (normales Natriumcarbonat) wie auch von $NaHCO_3$ (Natriumhydrogencarbonat, saures Natriumcarbonat) – bei letzterem allerdings nur sehr schwach – alkalisch.

Dreibasische Säuren bilden drei Reihen von Salzen:

NaH_2PO_4 (Natriumdihydrogenphosphat, primäres Natriumphosphat)
Na_2HPO_4 (Dinatriumhydrogenphosphat, sekundäres Natriumphosphat)
Na_3PO_4 (Trinatriumphosphat, tertiäres Natriumphosphat)

* Den Hinweis „normales" läßt man im allgemeinen fort.

Zweisäurige Basen vermögen zwei Reihen von Salzen zu bilden:

$Ca(OH)_2 + HCl \rightarrow Ca(OH)Cl$ (Calciumhydroxidchlorid) $+ H_2O$
$Ca(OH)_2 + 2\ HCl \rightarrow CaCl_2$ (normales Calciumchlorid) $+ 2\ H_2O$

Die noch OH enthaltenden Hydroxidsalze bezeichnet man auch als basische Salze und die Salze ohne OH (sowie ohne Säurewasserstoff) als neutrale Salze, was aber nichts über die Reaktion in wäßriger Lösung besagt (vgl. oben).

Dreisäurige Basen bilden drei Reihen von Salzen (mit 2 OH, mit 1 OH und ohne OH). Von diesen neigen die Salze mit 2 OH zur Abspaltung von Wasser:

$Bi(OH)_2Cl$ (Wismutdihydroxidchlorid) $\rightarrow$ $BiOCl$ (Wismutoxidchlorid) $+ H_2O$

Ob eine Säure einbasisch oder zweibasisch usw. ist, hängt von dem Bedarf an Base zur Bildung eines normalen (neutralen) Salzes ab. Entsprechendes gilt, bezogen auf den Bedarf an Säure, für einsäurige oder zweisäurige usw. Basen.

b) Reaktion zwischen Basenanhydrid und Säure:
$Na_2O + 2\ HNO_3 \rightarrow 2\ NaNO_3 + H_2O$
$MgO + H_2SO_4 \rightarrow MgSO_4 + H_2O$
$Al_2O_3 + 6\ HCl \rightarrow 2\ AlCl_3 + 3\ H_2O$

c) Reaktion zwischen Base und Säureanhydrid:
$2\ KOH + SO_2 \rightarrow K_2SO_3 + H_2O$
$Ca(OH)_2 + CO_2 \rightarrow CaCO_3 + H_2O$
$2\ NaOH + SiO_2 \rightarrow Na_2SiO_3 + H_2O$

d) Reaktion zwischen Metall und Säure:
$Fe + 2\ HCl \rightarrow FeCl_2 + H_2$

Den Auflösungsprozeß von Metall in Säure unter Wasserstoffentwicklung kann man auch so formulieren (e^- = Elektron):

$$\begin{array}{r} Fe \rightarrow Fe^{2+} + 2\,e^- \\ 2\,H^+ + 2\,e^- \rightarrow H_2 \\ \hline Fe + 2\,H^+ \rightarrow Fe^{2+} + H_2 \end{array}$$

Das Metall gibt also Elektronen an H^+-Ionen ab. Damit hängt es zusammen, daß nur solche Metalle in Säure unter *Wasserstoffentwicklung* gelöst werden können, die „unedler" als Wasserstoff sind. Diese Metalle sind in der elektrochemischen Spannungsreihe (s. Abschn. 1.1.29) vor dem Wasserstoff aufgeführt.

Mit Hilfe von konzentrierter Schwefelsäure, die stark oxidierend wirkt, kann aber selbst das Edelmetall Silber zersetzt werden:

$$\begin{array}{l} 2\,Ag + H_2SO_4 \rightarrow Ag_2O + H_2O + SO_2 \\ Ag_2O + H_2SO_4 \rightarrow Ag_2SO_4 + H_2O \\ \hline 2\,Ag + 2\,H_2SO_4 \rightarrow Ag_2SO_4 + 2\,H_2O + SO_2 \end{array}$$

Entsprechendes gilt für die ebenfalls stark oxidierende Salpetersäure:

$$Ag + 2\,HNO_3 \rightarrow AgNO_3 + H_2O + NO_2$$

e) Reaktion zwischen Metall und Base:

$$Zn + NaOH + H_2O \rightarrow NaHZnO_2 + H_2$$
$$2\,Al + 2\,NaOH + 4\,H_2O \rightarrow 2\,NaH_2AlO_3 + 3\,H_2,$$

Aus dem Zink bildet sich Zinkat, aus dem Aluminium entsteht Aluminat. Man vergleiche hiermit das, was oben unter a) über „amphoter" gesagt wurde.

Bautechnisch wichtig ist, daß von Calciumhydroxidlösung die „amphoteren" Metalle Aluminium, Zink und Blei, nicht aber Eisen und Kupfer, allmählich gelöst werden.

f) Reaktion zwischen Metall und Halogen:

$$Cu + Cl_2 \rightarrow CuCl_2$$
$$Hg + J_2 \rightarrow HgJ_2$$

Auch andere Nichtmetalle bilden mit Metallen Salze, z. B. Schwefel:

$$Fe + S \rightarrow FeS$$

g) Verdrängung einer Säure aus einem Salz durch eine andere Säure:

neue Salze

$$K_2CO_3 + 2\,HNO_3 \rightarrow 2\,KNO_3 + H_2O + CO_2 \uparrow$$
$$2\,NaCl + H_2SO_4 \rightarrow Na_2SO_4 + 2\,HCl \uparrow$$
$$Na_2SiO_3 + 2\,HCl \rightarrow 2\,NaCl + H_2SiO_3 \downarrow$$
$$Hg(NO_3)_2 + H_2S \rightarrow HgS \downarrow + 2\,HNO_3$$

Die hier angedeuteten chemischen Umsetzungen sind dadurch charakterisiert, daß bei ihnen ein gasförmiges (↑) bzw. schwerlösliches und damit aus wäßriger Phase als Niederschlag ausfallendes (↓) Reaktionsprodukt entsteht. Außerdem ist einem Teil der Beispiele zu entnehmen, daß diejenige Säure, die eine andere Säure aus einem Salz verdrängt, nicht unbedingt die stärkere sein muß: Obwohl Chlorwasserstoff (HCl) eine noch stärkere Säure als Schwefelsäure (H_2SO_4) ist, kann es aus z. B. Natriumchlorid (NaCl) durch konzentrierte Schwefelsäure als Gas ausgetrieben werden. Ferner wird aus einer wäßrigen Lösung von $Hg(NO_3)_2$, einem Quecksilbersalz der sehr starken Salpetersäure (HNO_3), durch die sehr schwache Säure Schwefelwasserstoff (H_2S) das sehr schwer lösliche Sulfid des Quecksilbers (HgS) gefällt.

h) Verdrängung einer Base aus einem Salz durch eine andere Base:

neue Salze

$NH_4Cl + KOH \rightarrow KCl + H_2O + NH_3\uparrow$

$MgSO_4 + 2\,NaOH \rightarrow Na_2SO_4 + Mg(OH)_2\downarrow$

$Na_2CO_3 + Ca(OH)_2 \rightarrow CaCO_3\downarrow + 2\,NaOH$

Bei den hier angedeuteten chemischen Umsetzungen entsteht ebenfalls ein gasförmiges bzw. schwerlösliches Reaktionsprodukt. Ferner geht aus dem zuletzt angeführten Beispiel hervor, daß auch diejenige Base, die eine andere Base aus einem Salz verdrängt, nicht unbedingt die stärkere sein muß: Versetzt man eine Lösung von Natriumcarbonat (Na_2CO_3) mit der Base Calciumhydroxid ($Ca[OH]_2$), so erhält man einen Niederschlag von schwerlöslichem Calciumcarbonat ($CaCO_3$) und eine Lösung von Natriumhydroxid (NaOH), das eine noch stärkere Base als Calciumhydroxid ist.

i) Reaktion zwischen zwei verschiedenen Salzen:

neue Salze

$HgSO_4 + 2\,NaCl \rightarrow HgCl_2\uparrow + Na_2SO_4$

$2\,AgNO_3 + CaCl_2 \rightarrow 2\,AgCl\downarrow + Ca(NO_3)_2$

$BaCl_2 + K_2SO_4 \rightarrow BaSO_4\downarrow + 2\,KCl$

Bei dem ersten Beispiel handelt es sich um das Erhitzen von Quecksilber(II)-sulfat ($HgSO_4$) mit Natriumchlorid (NaCl), wobei Quecksilber(II)-chlorid ($HgCl_2$), das in der Hitze als Dampf entweicht, und Natriumsulfat (Na_2SO_4) gebildet werden. $HgCl_2$ gehört, da es in wäßriger Lösung nur in geringem Umfang dissoziiert ist, zu den wenigen schwachen Elektrolyten unter den Salzen. – Die beiden anderen chemischen Umsetzungen sind Fällungsreaktionen aus wäßriger Phase: Vereinigt man eine Lösung von Silbernitrat ($AgNO_3$) mit einer Lösung von Calciumchlorid ($CaCl_2$), so erhält man sehr schwer lösliches Silberchlorid (AgCl) und eine Lösung von Calciumnitrat ($Ca[NO_3]_2$). Beim Vereinigen von einer Lösung von Bariumchlorid ($BaCl_2$) mit einer Lösung von Kaliumsulfat (K_2SO_4) bekommt man einen ebenfalls sehr schwer löslichen Niederschlag von Bariumsulfat ($BaSO_4$) und eine Lösung von Kaliumchlorid (KCl).

Kristallwasser

Dampft man wäßrige Lösungen von Salzen (auch von festen Säuren oder Basen) ein, so scheiden sich diese in Form von Kristallen ab, die in vielen Fällen chemisch angelagertes Wasser (Kristallwasser) enthalten. Die wäßrige Lösung eines Salzes mit Kristallwasser hat die gleichen Eigenschaften wie die des betreffenden Salzes ohne Kristallwasser.

Beispiele kristallwasserhaltiger Salze sind:

$Na_2B_4O_7 \cdot 10\,H_2O$
Natriumtetraborat-Dekahydrat (Borax)

$Na_2CO_3 \cdot 10\,H_2O$
Natriumcarbonat-Dekahydrat (Kristallsoda)

$CuSO_4 \cdot 5\,H_2O$
Kupfer(II)-sulfat-Pentahydrat (Kupfervitriol)

$MgSO_4 \cdot 7\,H_2O$
Magnesiumsulfat-Heptahydrat (Bittersalz)

$CaSO_4 \cdot 2\,H_2O$
Calciumsulfat-Dihydrat (Gips)

Erhitzt man die Kristalle von Calciumsulfat-Dihydrat auf etwa 100 °C, so zerfallen sie unter Verdampfung von Kristallwasser zu pulverförmigem Halbhydrat $CaSO_4 \cdot \frac{1}{2} H_2O$, das als „gebrannter Gips" bezeichnet wird. Wird diesem Gips wieder etwas Wasser zugeführt, so erhärtet der Brei alsbald durch erneute Bildung von Dihydratkristallen.

In vielen Fällen wirkt sich die Aufnahme von Kristallwasser für die Baustoffe schädigend aus. Da einige Salze unter großer Wasseraufnahme kristallisieren und an Volumen erheblich zunehmen, treiben sie dabei mit großem *Kristalldruck* die Baustoffe auseinander. Man kann hiermit den Vorgang beim Gefrieren vergleichen. Wenn Wasser in einen Stein eindringt und dort gefriert, dann übt es einen Druck auf seine Umschließungswände aus. Beim Übergang vom flüssigen in den festen Zustand nimmt sein Volumen um rund $^1/_{10}$ zu. Der Kraft, mit der diese Ausdehnung erfolgt, widersteht kein Stein.

Doppelsalze

Ein Doppelsalz ist eine chemische Verbindung zwischen zwei verschiedenen, einfach zusammengesetzten Salzen (sehr oft enthält es auch noch Kristallwasser), das sich aber in gelöstem Zustand wie ein Gemenge der beiden einfachen Salze verhält. So kann man z. B. in der wäßrigen Lösung von Kainit ($KCl \cdot MgSO_4 \cdot 3\,H_2O$) K- und Cl^--Ionen sowie Mg^{2+}- und SO_4^{2-}-Ionen nachweisen.

Weitere Beispiele von Doppelsalzen sind:

Carnallit
$KCl \cdot MgCl_2 \cdot 6\,H_2O$

Kalialaun
$K_2SO_4 \cdot Al_2(SO_4)_3 \cdot 24\,H_2O$

Mohrsches Salz
$(NH_4)_2SO_4 \cdot FeSO_4 \cdot 6\,H_2O$

Darapskit
$NaNO_3 \cdot Na_2SO_4 \cdot H_2O$

Dolomit
$CaCO_3 \cdot MgCO_3$

Auch für Verbindungen, die aus drei unterschiedlichen einfachen Salzen aufgebaut sind, wie z. B. Polyhalit $K_2SO_4 \cdot 2\,CaSO_4 \cdot MgSO_4 \cdot 2\,H_2O$, ist die Bezeichnung Doppelsalz gebräuchlich. Besser ist es aber, ein derartiges Salz als „Tripelsalz" zu bezeichnen.

Komplexsalze

Die Komplexsalze sind aus verschiedenen einfachen chemischen Verbindungen zusammengesetzt, zeigen aber in wäßriger Lösung – im Gegensatz zu den Doppelsalzen (s. oben) – nicht alle chemischen Reaktionen dieser Einzelbestandteile. Es sei jedoch bemerkt, daß die Grenze zwischen Doppelsalzen und Komplexsalzen sehr unscharf ist.

Ein typisches Komplexsalz ist das Kaliumhexacyanoferrat(II) $K_4[Fe(CN)_6]$ (ältere Bezeichnung: Kaliumferrocyanid), das man in Form seiner Lösung aus Eisen(II)-salzlösung und Kaliumcyanidlösung erhalten kann. Gibt man zu einer mit Kalilauge bis zur schwachen Trübung versetzten Eisen(II)-chloridlösung nur ein wenig Kaliumcyanidlösung hinzu, so bildet sich ein rotbrauner Niederschlag von Eisen(II)-cyanid:

$$FeCl_2 + 2\,KCN \rightarrow Fe(CN)_2 \downarrow + 2\,KCl$$

Ein Überschuß von Kaliumcyanid löst aber den Niederschlag bei schwachem

Erwärmen zu einer hellgelb gefärbten Lösung von Kaliumhexacyanoferrat(II):

$Fe(CN)_2 + 4\ KCN \rightarrow K_4[Fe(CN)_6]$

Dieses ist im gelösten Zustand in K^+-Ionen und $[Fe(CN)_6]^{4-}$-Ionen elektrolytisch dissoziiert, und man kann in der wäßrigen Lösung des reinen Salzes weder Fe^{2+}-Ionen noch CN^--Ionen (jedenfalls nicht bei Zimmertemperatur) chemisch nachweisen.

Kaliumhexacyanoferrat(II)-lösung dient als Reagenz auf Eisen(III)-salze. Mit diesem wird ein intensiv gefärbter Niederschlag von „Berliner Blau" gebildet:

$$4\ Fe^{3+} + 3\ [Fe(CN)_6]^{4-} \rightarrow Fe_4[Fe(CN)_6]_3 \downarrow$$

Komplexionen, die in wäßriger Lösung überhaupt nicht dissoziiert sind, kennt man ebensowenig wie völlig unlösliche Stoffe. Die Erfaßbarkeit der Einzelbestandteile von Komplexionen hängt von dem Dissoziationsgrad der Komplexionen und der Empfindlichkeit der Nachweismethoden ab.

1.1.13 Massenwirkungsgesetz

Wird Ammoniak in Wasser gelöst, so setzt sich ein Teil der NH_3-Moleküle mit H_2O-Molekülen zu NH_4^+- und OH^--Ionen um, was zur Folge hat, daß die Lösung alkalisch reagiert:

$$NH_3 + H_2O \rightarrow NH_4^+ + OH^-$$

Die Geschwindigkeit, mit der die Umsetzung verläuft, hängt von der Anzahl der Zusammenstöße zwischen den einzelnen NH_3- und H_2O-Molekülen pro Sekunde und damit von den Konzentrationen dieser Reaktionsbestandteile (durch eckige Klammern ausgedrückt) ab:

$$v = k \cdot [NH_3] \cdot [H_2O]$$

Der Proportionalitätsfaktor k hat, solange die Temperatur unverändert bleibt, einen festen Wert. Die Reaktionsgeschwindigkeit v ist dagegen nicht konstant, sondern nimmt vielmehr in dem Maße ab, in denen $[NH_3]$ und $[H_2O]$ infolge der Umsetzung kleiner werden.

Da die chemische Umsetzung des Ammoniaks mit dem Wasser nur unvollständig ist, handelt es sich um eine ausgesprochen „reversible", d. h. umkehrbare Reaktion. Für die Geschwindigkeit der im entgegengesetzten Sinne verlaufenden Umsetzung

$$NH_4^+ + OH^- \rightarrow NH_3 + H_2O$$

gilt nun in entsprechender Weise:

$$v' = k' \cdot [NH_4^+] \cdot [OH^-]$$

Im Gleichgewichtszustand, d. h. wenn sowohl $[NH_3]$ und $[H_2O]$ als auch $[NH_4^+]$ und $[OH^-]$ konstant bleiben, ist $v = v'$ und somit auch:

$$k \cdot [NH_3] \cdot [H_2O] = k' \cdot [NH_4^+] \cdot [OH^-]$$

Aus dieser Beziehung erhält man:

$$\frac{[NH_4^+ \cdot [OH^-]}{[NH_3] \cdot [H_2O]} = \frac{k}{k'} = K$$

K ist eine (temperaturabhängige) Gleichgewichtskonstante. Die (durch eckige Klammern ausgedrückten) Konzentrationen werden in Mol (Gramm-Menge dividiert durch das relative Molekular- bzw. Ionengewicht) pro Liter angegeben.

Bei gleichbleibendem Wert von K muß eine Erhöhung der Konzentration an NH_4^+-Ionen eine Erniedrigung der Konzentration an OH^--Ionen (gleichbedeutend mit einer Verringerung der Alkalität) zur Folge haben. In Übereinstimmung damit ist die Alkalität einer ammoniakalischen Lösung, die größere Mengen an Ammoniumchlorid enthält, so gering, daß Phenolphthaleinpapier nicht gerötet wird.

Als weiteres Beispiel sei die Ammoniaksynthese nach dem *Haber-Bosch*-Verfahren gewählt. Bei dieser umkehrbaren Reaktion werden 2 Moleküle Ammoniak aus 1 Molekül Stickstoff und 3 Molekülen Wasserstoff gebildet:

$$N_2 + 3\,H_2 \rightleftarrows 2\,NH_3$$

In bezug auf die Gleichgewichtsbedingung ist darauf zu achten, daß die Konzentration jeder Substanz so oft als Faktor gesetzt werden muß, wie Moleküle gemäß der Reaktionsgleichung beteiligt sind:

$$N_2 + H_2 + H_2 + H_2 \rightleftarrows NH_3 + NH_3$$

$$\frac{[N_2] \cdot [H_2] \cdot [H_2] \cdot [H_2]}{[NH_3] \cdot [NH_3]} = \frac{[N_2] \cdot [H_2]^3}{[NH_3]^2} = K$$

Es soll nun noch auf die Bedeutung des Massenwirkungsgesetzes bei Fällungsreaktionen (z.B. Silberchlorid) hingewiesen werden.

$$\underset{\text{gelöst}}{Ag^+ + Cl^-} \rightleftarrows \underset{\text{gelöst}}{AgCl} \rightleftarrows \underset{\text{fest}}{AgCl\downarrow}$$

In der gesättigten Lösung ist die Konzentration an molekular gelöstem AgCl – unabhängig von der Menge des noch vorhandenen festen AgCl ↓ – konstant und kann dann mit der Gleichgewichtskonstanten K zu einer neuen Konstanten L, dem „Löslichkeitsprodukt“, vereinigt werden:

$$[Ag^+] \cdot [Cl^-] = [AgCl] \cdot K = L$$

Erhöht man nun die Konzentration an Cl^--Ionen durch Zugabe von Salzsäure (gleichioniger Zusatz), so wird bei gleichbleibendem L die Konzentration an Ag^+ geringer, was eine Abscheidung von Silberchlorid zur Folge haben müßte. In Einklang damit beträgt die Löslichkeit von Silberchlorid (bei 20 °C) in reinem Wasser 1,5 mg/l, in 1%iger Salzsäure nur 0,2 mg/l.

In 1 l 5%iger Salzsäure lösen sich jedoch 3,5 mg und in 1 l 10%iger Salzsäure sogar über 50 mg Silberchlorid, was auf die Bildung von komplexer Silberchlorwasserstoffsäure zurückzuführen ist. – Aus diesem Beispiel geht hervor, daß es zur möglichst vollständigen Abscheidung eines Stoffes zweckmäßig ist, das Fällungsmittel im Überschuß anzuwenden, wobei aber ein größerer Überschuß schädlich sein kann.

Es sei nun noch kurz darauf hingewiesen, daß das Massenwirkungsgesetz in der besprochenen Art nur bei geringen bis mäßigen Konzentrationen der Reaktionsteilnehmer für genauere Berechnungen brauchbar ist. Bei höheren Konzentrationen sind Korrekturen erforderlich, die aber, solange es sich um mehr qualitative Betrachtungen handelt, außer acht gelassen werden können.

1.1.14 Wasserstoffionen-Konzentration

Die im folgenden angeführten Zahlenwerte beziehen sich auf eine Temperatur von 25 °C. Dieser Hinweis ist wichtig, da z. B. ganz reines Wasser einen pH-Wert von 7,4 bei 5 °C, 7,0 bei 25 °C, 6,6 bei 50 °C und 6,3 bei 80 °C hat, was mit der Temperaturabhängigkeit der Dissoziationskonstanten zusammenhängt.

Nach dem Massenwirkungsgesetz gilt für die (nur minimale) elektrolytische Dissoziation des Wassers in H^+- und OH^--Ionen folgende Beziehung:

$$\frac{[H^+] \cdot [OH^-]}{[H_2O]} = K = 1{,}8 \cdot 10^{-16}$$

Da 1000 cm^3 Wasser (bei 25 °C) 997 g wiegen und sein (relatives) Molekulargewicht gleich 18 ist, erhält man für $[H_2O]$ einen Wert von 997 : 18 = 55,3 Mol/l. Damit ergibt sich für das Ionenprodukt P des Wassers:

$$P = [H^+] \cdot [OH^-] = [H_2O] \cdot K = 55{,}3 \cdot 1{,}8 \cdot 10^{-16} = 1{,}0 \cdot 10^{-14}$$

Der Unterschied von $[H_2O]$ ist bei Wasser und verdünnten wäßrigen Lösungen nur geringfügig. Daher gilt auch für letztere:

$$P = [H^+] \cdot [OH^-] = 10^{-14}$$

Weil reines Wasser die gleiche Anzahl von H^+- und OH^--Ionen enthält und bei ihm somit $[H^+] = [OH^-]$ ist, gilt für seine Wasserstoffionen-Konzentration:

$$[H^+] \cdot [H^+] = 10^{-14} \text{ und } [H^+] = 10^{-7}$$

Das bedeutet, da es sich um 10^{-7} Mol/l handelt und 1 Mol H^+-Ionen 1 g wiegen, daß sich in 1 l = 1 kg Wasser nur 10^{-7} g = 0,0000001 g freie H^+-Ionen befinden.

Ist nun in einer Lösung $[H^+]$ kleiner als 10^{-7}, so muß (wegen der Konstanz von $[H^+] \cdot [OH^-] = 10^{-14}$) $[OH^-]$ größer als 10^{-7} sein; d. h., daß die Lösung alkalisch reagiert. Wenn umgekehrt in einer Lösung $[H^+]$ größer und damit $[OH^-]$ kleiner als 10^{-7} ist, reagiert sie sauer. $[H^+] = [OH^-] = 10^{-7}$ gilt für den „Neutralpunkt".

Es ist allgemein üblich, als Maß für die saure oder alkalische Reaktion den *pH-Wert* zu benutzen. Man versteht hierunter nach *S.P.L. Sörensen* (1909) den negativen dekadischen Logarithmus der Wasserstoffionen-Konzentration:

$$[H^+] = 10^{-pH} \quad pH = -\lg [H^+]$$

Entsprechend dieser Definition hat ganz reines Wasser einen *p*H-Wert von 7,0 (Neutralpunkt). Ein *p*H-Wert von weniger als 7 bedeutet saure Reaktion, ein *p*H-Wert von mehr als 7 alkalische Reaktion.

Bei *Tab. 1.6* handelt es sich um eine „Reaktionsskala" des *p*H-Bereichs von 0 bis 14. Hat eine Lösung einen *p*H-Wert von 0, so bedeutet das, daß sich in 1 l

Tab. 1.6: Reaktionsskala für $[H^+] \cdot [OH^-] = 10^{-14}$

	*p*H	$[H^+]$	$[OH^-]$
stark sauer	0	10^0 = 1	10^{-14}
	1	10^{-1} = 0,1	10^{-13}
	2	10^{-2} = 0,01	10^{-12}
mäßig sauer	3	10^{-3}	10^{-11}
schwach sauer	4	10^{-4}	10^{-10}
	5	10^{-5}	10^{-9}
	6	10^{-6}	10^{-8}
neutral	7	10^{-7}	10^{-7}
schwach alkalisch	8	10^{-8}	10^{-6}
	9	10^{-9}	10^{-5}
	10	10^{-10}	10^{-4}
mäßig alkalisch	11	10^{-11}	10^{-3}
stark alkalisch	12	10^{-12}	10^{-2} = 0,01
	13	10^{-13}	10^{-1} = 0,1
	14	10^{-14}	10^0 = 1

von ihr 10^0 = 1 Mol H^+-Ionen befinden. Diese Bedingung ist dann erfüllt, wenn 1 Mol einer sehr starken einbasischen Säure (z. B. HNO_3) in 1 l Wasser gelöst ist. Falls (in noch stärker sauren Lösungen) $[H^+]$ größer als 1 ist, wird der *p*H-Wert negativ. Ein *p*H-Wert von 14, entsprechend $[H^+] = 10^{-14}$ und $[OH^-] = 0$, liegt dann vor, wenn in 1 l Wasser 1 Mol einer sehr starken einsäurigen Base (z. B. KOH) gelöst ist. In einer noch stärker alkalisch reagierenden Lösung wird $[H^+]$ kleiner als 10^{-14} und damit der *p*H-Wert größer als 14. Allerdings werden selten *p*H-Angaben für Systeme benötigt, deren Wasserstoffionen-Konzentration größer als 1 oder kleiner als 10^{-14} ist.

1.1.15 Hydrolyse

Wie bereits weiter oben (s. Abschn. 1.1.12.3) erwähnt wurde, bezeichnet man Salze, die noch Säurewasserstoff enthalten, als saure Salze und solche, die noch OH enthalten, als basische Salze, während Elektrolyten ohne H (als Säurewasserstoff) und zugleich ohne OH neutrale Salze genannt werden. Diese Bezeichnungsweise bezieht sich jedoch nur auf die formelmäßige Zusammensetzung der ungelösten Salze und besagt daher noch nichts darüber, ob die wäßrige Lösung sauer, neutral oder alkalisch ist. Es ist also z. B. nicht so, daß die wäßrigen Lösungen neutraler Salze stets neutral reagieren, d. h. einen *p*H-Wert von 7 aufweisen; vielmehr ist hier diese Voraussetzung lediglich dann gegeben, wenn die dem Salz zugehörige Säure und Base von gleicher Stärke sind (wie es u. a. bei NaCl oder KNO_3 der Fall ist).

Löst man Zinkchlorid, ein Neutralsalz einer starken Säure und schwachen Base, in Wasser auf, so reagiert die erhaltene Lösung deutlich sauer. Das rührt daher, daß ein Teil der bei der Auflösung des Zinkchlorids entstehenden Zinkionen mit dem Wasser undissoziiertes Zinkhydroxid bildet, wodurch ein Überschuß an H^+-Ionen entsteht (vgl. Formel 1.1).

Formel 1.1

$$\underbrace{Zn^{2+} + 2\,Cl^-}_{\text{Salz}} + \underbrace{2\,H_2O}_{\text{Wasser}} \rightleftarrows \underbrace{Zn(OH)_2}_{\text{Base}} + \underbrace{2\,H^+ + 2\,Cl^-}_{\text{Säure}}$$

Formel 1.2

$$\underbrace{Na^+ + ClO^-}_{\text{Salz}} + \underbrace{H_2O}_{\text{Wasser}} \rightleftarrows \underbrace{Na^+ + OH^-}_{\text{Base}} + \underbrace{HClO}_{\text{Säure}}$$

Formel 1.3

$$\underbrace{Na^+ + HS^-}_{\text{Salz}} + \underbrace{H_2O}_{\text{Wasser}} \rightleftarrows \underbrace{Na^+ + OH^-}_{\text{Base}} + \underbrace{H_2S}_{\text{Säure}}$$

Formel 1.4

$$\text{Salz} + \text{Wasser} \underset{\text{Neutralis}}{\overset{\text{Hydrolyse}}{\rightleftarrows}} \text{Base} + \text{Säure}$$

Hingegen reagiert eine Lösung von Natriumhypochlorit, einem Neutralsalz einer schwachen Säure und starken Base, deutlich alkalisch, da ein Teil der Hypochloritionen mit dem Wasser undissoziierte Moleküle von unterchloriger Säure bildet und dadurch OH^--Ionen im Überschuß vorliegen (vgl. Formel 1.2 auf Seite 32).

Als Beispiel eines in wäßriger Lösung (allerdings nur schwach) alkalisch reagierenden „sauren Salzes" sei das Natriumhydrogensulfid angeführt. Aus einem Teil der Hydrogensulfidionen wird undissoziierter Schwefelwasserstoff gebildet, was einen (geringen) Überschuß an OH^--Ionen zur Folge hat (vgl. Formel 1.3 auf Seite 32).

Derartige als *Hydrolyse* bezeichneten Vorgänge erfolgen nach dem Schema: Salz + Wasser → Base + Säure. Es handelt sich daher bei ihnen um die Umkehrung der „Neutralisation" genannten Bildung von Salz + Wasser aus Base + Säure (vgl. Formel 1.4 auf Seite 32).

Der Hydrolyse unterliegen alle Salze schwächerer Säuren oder bzw. und Basen.

Aus einem Salz einer schwächeren Säure und zugleich einer schwächeren Base bilden sich in wäßriger Lösung sowohl undissoziierte Säure als auch undissoziierte Base. Verschiedene derartige Salze werden durch die Hydrolyse praktisch vollständig zersetzt. Als Beispiel sei das Aluminiumsulfid angeführt:

$$Al_2S_3 + 6\,H_2O \rightarrow 2\,Al(OH)_3\downarrow + 3\,H_2S\uparrow$$

Mit steigender Temperatur wird die Hydrolyse stärker. Kocht man z.B. eine Lösung von Aluminiumacetat (Salz der Essigsäure) so fällt alles Aluminium als Hydroxid und basisches Acetat aus. Beim Abkühlen löst sich durch Rückgang der Hydrolyse der Niederschlag (wenn auch durch „Altern" unvollständig) wieder auf.

1.1.16 Mol und Äquivalent

Als 1 Gramm-Atom (g-Atom) bezeichnet man diejenige Menge eines chemischen Elementes, die gleich seinem relativen Atomgewicht ist, wenn man dieses in g ausdrückt. So ist zum Beispiel 1 g-Atom gleich genau 16 g O oder rund 23 g Na.

In entsprechender Weise wird 1 Gramm-Molekül (g-Molekül) auf das relative Molekulargewicht und 1 Gramm-Ion (g-Ion) auf das relative Ionengewicht bezogen.

Unter dem Äquivalentgewicht (Verbindungsgewicht) versteht man das Atom-, Ionen- bzw. Molekulargewicht dividiert durch die Wertigkeit. Diese ist bei einbasischen Säuren und einsäurigen Basen gleich 1, bei zweibasischen Säuren und zweisäurigen Basen gleich 2, bei dreibasischen Säuren und dreisäurigen Basen gleich 3. Damit übereinstimmend sind z.B. Salze von einbasischen Säuren und zugleich einsäurigen Basen ebenfalls einwertig. Das gilt aber nicht grundsätzlich. Beispielsweise wird das als Oxidationsmittel in saurer Lösung verwendete Kaliumbromat ($KBrO_3$) als sechswertig betrachtet, da es 3 (zweiwertige) Sauerstoffatome abgibt:

$$KBrO_3 \rightarrow KBr + 3\,O$$

Dementsprechend ist das Äquivalentgewicht von $KBrO_3$ gleich seinem durch 6 dividierten Molekulargewicht. Dieses Beispiel zeigt, daß die Wertigkeit von der Art der Reaktion abhängt.

1 g-Molekül oder auch 1 g-Ion nennt man kürzer 1 Mol. Eine Lösung, die 1 Mol des gelösten Stoffes in 1 l enthält, bezeichnet man als 1 Molar (1 m). Befinden sich in ihr 0,2 Mol/l, dann ist sie 0,2 m.

Für 1 g-Äquivalent, das sich auf 1 g-Atom, 1 g-Ion oder 1 g-Molekül bezieht, ist die Abkürzung 1 Val gebräuchlich. Enthält eine Lösung 1 Val des gelösten Stoffes in 1 l, so ist sie 1 normal (1 n). Bei einer Konzentration von 0,5 Val/l wäre sie 0,5 n. Lösungen, die 1 n oder 0,5 n oder 0,2 n usw. sind, bezeichnet man als *Normallösungen*.

1.1.17 Aggregatzustände

Unter Aggregatzustand versteht man die Zustandsform eines Stoffes. Man unterscheidet dabei drei Grundformen: fest, flüssig, gasförmig.

Dabei muß man zwischen fest und flüssig noch Übergangsstufen unterscheiden *(Abb. 1.12)*.

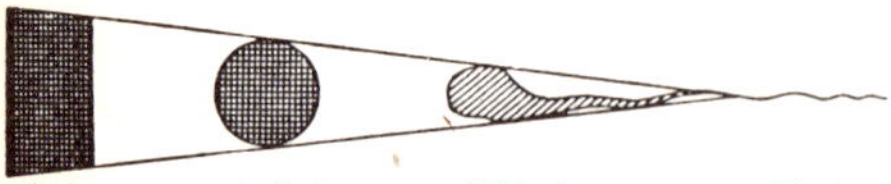

Abb. 1.12: Schematische Darstellung der Aggregatzustände

Diese Zwischenstufen stellen Gemenge aus festen und flüssigen Stoffen dar.

Die Temperatur, bei der eine feste Substanz flüssig wird, bezeichnet man als *Schmelzpunkt*. Die Temperatur, bei der eine Flüssigkeit vollständig in den gasförmigen Zustand übergeht, wird *Siedepunkt* genannt. Über diese beiden Begriffe siehe auch Abschnitt 1.1.24.

1.1.18 Disperse Systeme

Nach der Größe der dispergierten Teilchen unterscheidet man „echte Lösungen" (moleküldisperse Systeme), „kolloidale Lösungen" (kolloiddisperse Systeme) und „grobe Dispersionen" (grobdisperse Systeme), wobei allerdings zu bedenken ist, daß es weder zwischen den echten und kolloidalen Lösungen noch zwischen den kolloidalen Lösungen und groben Dispersionen eine scharfe Grenze gibt.

1.1.18.1 Echte Lösungen

Die Zerteilung geht so weit, daß der gelöste Stoff in einzelne Moleküle (z. B. bei Zucker) oder Ionen (z. B. bei Kochsalz) zerfallen ist. Die Lösung ist völlig klar und läuft durch alle Filter. Der Durchmesser der einzelnen Moleküle liegt unter 1 millionstel mm = 1 mμ.

1.1.18.2 Kolloidale Lösungen

In einer kolloidalen Lösung liegt der gelöste Stoff nicht als Moleküle oder Ionen, sondern als Molekülhaufen vor. Diese haben einen Durchmesser von 1 zehntausendstel bis 1 millionstel mm (100 bis 1 mμ) und können zwar nicht mit den gewöhnlichen Mikroskopen, wohl aber mit Hilfe von Spezialmikroskopen (Ultramikroskop, Elektronenmikroskop) sichtbar gemacht werden. Kolloidale Lösungen sind klar oder fast klar und laufen vollständig durch die im Laboratorium üblichen Papierfilter. Mit Hilfe besonders feinporiger „Ultrafilter" (pflanzliche, tierische oder künstliche Membranen) läßt sich jedoch bei kolloidalen Lösungen – im Gegensatz zu den echten Lösungen – der gelöste Stoff vom Lösungsmittel trennen; ersterer bleibt dann auf dem Filter zurück.

Kolloidale Lösungen von festen Stoffen bezeichnet man als *Suspensionen.* Die kolloidalen Lösungen von Flüssigkeiten werden *Emulsionen* genannt. Bei kolloidalen Einschlüssen von Luft oder anderen Gasen handelt es sich um *Schäume. Dispersionen* ist der Sammelbegriff, der Suspensionen, Emulsionen und Schäume umfaßt. Unter Dispersum versteht man den im Dispersionsmittel verteilten Stoff.

Ebenso wie das Dispersum kann auch das Dispersionsmittel fest, flüssig oder gasförmig sein. Allerdings gibt es keine kolloidalen Dispersionen von Gasen in Gasen, da die Gase in molekularer Verteilung vorliegen. Bereits Spuren von Kolloiden in flüssigen oder festen farblosen Dispersionsmitteln haben oft eine intensive Färbung zur Folge (z. B. beim Goldrubinglas). Eine Dispersion von festen Teilchen in Luft (oder einem anderen Gas) wird als *Rauch* bezeichnet; bei flüssigen Teilchen im gasförmigen Dispersionsmittel spricht man von *Nebel.* Leider werden diese beiden Begriffe nicht immer auseinandergehalten. So handelt es sich bei dem beim Löten auftretenden „Salmiaknebel" um Partikelchen festen Ammoniumchlorids (Salmiaks) und somit um Rauch, während die „Rauchende Salzsäure" des Handels im offenen Gefäß mit der Luftfeuchtigkeit Nebel aus feinsten Salzsäuretröpfchen bildet (sie raucht nur, wenn sie mit Ammoniakdämpfen zusammenkommt). Für kolloidale Lösungen in Luft hat sich der Ausdruck *Aerosol* eingebürgert. Kolloidale Lösungen mit Wasser als Dispersionsmittel werden als *Hydrosole* bezeichnet.

1.1.18.3 Grobe Dispersionen

Bei den grobdispersen Systemen haben die Schwebstoffe einen Teilchendurchmesser von mehr als 1 zehntausendstel mm = 100 mμ. Die Partikelchen können daher schon mit dem gewöhnlichen Mikroskop oder sogar mit dem bloßen Auge unterschieden werden. Auch werden die Teilchen bereits durch die im Laboratorium verwendeten Papierfilter zurückgehalten.

Die Unterteilung in Suspensionen, Emulsionen und Schäume, wie sie sich bei den kolloidalen Lösungen eingebürgert hat (siehe oben), gilt ebenso für die groben Dispersionen. Auf letztere sind auch die Begriffe Dispersum und Dispersionsmittel, ferner Rauch und Nebel sinngemäß zu übertragen.

1.1.19 Gasgesetze

Die Moleküle eines Gases können sich infolge des zwischen ihnen befindlichen erheblichen Zwischenraumes mit großer Geschwindigkeit durch den zur Verfügung stehenden Gesamtraum bewegen. Bei ihrer ungeordneten Bewegung prallen sie häufig gegeneinander sowie gegen die Gefäßwand, wodurch jedesmal nicht nur ihre Richtung, sondern auch ihre Geschwindigkeit geändert wird.

Das Aufprallen der Gasmoleküle auf die Wand des Gefäßes kann mit Hilfe eines Manometers als Druck gemessen werden. Dieser nimmt zu mit der Zahl der Gasmoleküle, die pro Sekunde auf die Gefäßwand auftreffen.

Es sollen nun einige quantitative Beziehungen behandelt werden. Die hierbei benutzten Formelsymbole haben folgende Bedeutung:

v = Volumen des Gases (Liter)
V = Volumen von 1 Mol (Molvolumen) des Gases (Liter/Mol)
p = Druck des Gases (Pa)
t = Celsius-Temperatur des Gases (°C)
$T = t + 273$ = absolute Temperatur des Gases (°K)

1.1.19.1 Gesetz von Boyle-Mariotte

Zwischen dem Druck und dem Volumen eines Gases fanden *R. Boyle* und *E. Mariotte* (1664 bzw. 1676) folgenden einfachen Zusammenhang:

► Bei unveränderter Temperatur bleibt das Produkt aus Druck und Volumen gleich groß.

Dieser Zusammenhang bedeutet formelmäßig:

$p \cdot v = \text{konstant}$ (bei t = konstant)

Bezeichnet p_1 den Druck bei dem Volumen v_1 und p_2 den Druck bei dem Volumen v_2, so gilt demnach (bei gleichbleibender Temperatur):

$p_1 \cdot v_1 = p_2 \cdot v_2 \qquad v_1 : v_2 = p_2 : p_1$

Verkleinert man also z. B. das Volumen einer bestimmten Gasmenge auf die Hälfte, so wird der Druck doppelt so groß.

1.1.19.2 Gesetz von Gay-Lussac

Wird ein Gas erwärmt, so hat es ebenso wie feste Körper und Flüssigkeiten – aber in viel stärkerem Maße – das Bestreben, sich auszudehnen. Nach einem Gesetz von *L. J. Gay-Lussac* (1802) gilt für die Abhängigkeit des Gasvolumens von der Temperatur:

► Erwärmt man ein Gas bei konstantem Druck, so dehnt es sich pro Grad Temperaturerhöhung um $^1/_{273}$ seines Volumens bei 0 °C aus.

Für das Volumen v bei der Temperatur t und das Volumen v_0 bei 0 °C gilt damit:

$$v = v_0 + \frac{v_0}{273} \cdot t = v_0\left(1 + \frac{t}{273}\right)$$

(bei konst. p)

Setzt man in diese Beziehung an Stelle der Celsius-Temperatur t die absolute Temperatur T ein, so erhält man wegen $t = T - 273$ den folgenden Ausdruck:

$$v = v_0\left(1 + \frac{T - 273}{273}\right) = \frac{v_0}{273} \cdot T$$

In gleicher Weise ergibt sich für das Volumen v' bei der Temperatur $t' = T' - 273$ die Beziehung:

$$v' = \frac{v_0}{273} \cdot T'$$

Für das Verhältnis $v' : v$ erhält man somit:

$v' : v = T' : T$

Kennt man also das Gasvolumen v bei der Temperatur T, so kann man – bei gleichbleibendem Druck – das Gasvolumen v' bei der Temperatur T' berechnen.

Wenn statt des Druckes das *Volumen konstant* ist, so gilt die sogenannte *Gasdruckformel,* nach welcher der Druck je Grad Temperaturerhöhung um $^1/_{273}$ seines Wertes bei 0°C zunimmt:

$$p = p_0 + \frac{p_0}{273} \cdot t = p_0\left(1 + \frac{t}{273}\right)$$

(bei konst. v)

Durch Einsetzen von T an Stelle von t ergibt sich:

$$p = \frac{p_0}{273} \cdot T \text{ und } p' : p = T' : T$$

1.1.19.3 Gesetz von Avogadro

Nach der Molekularhypothese von *A. Avogadro di Quaregna* (1811) enthalten alle Gase bei gleicher Temperatur und gleichem Druck in gleichen Raumteilen die gleiche Anzahl von Molekülen. Dementsprechend gilt für das Volumen von 1 Mol (vgl. Abschn. 1.1.16):

▶ Das Molvolumen eines jeden Gases ist bei gleicher Temperatur und gleichem Druck gleich groß.

Dieses Molvolumen beträgt bei einer Temperatur von 0°C und einem Druck p_0 von (760 mm Quecksilbersäule) = 1013,25 mbar oder 1,01 bar

$V_{0,p0}$ = 22,4 Liter/Mol

Anwendungsbeispiel:
Entsprechend der Reaktionsgleichung

$H_2 + Cl_2 \rightarrow 2\,HCl$

setzt sich 1 Mol Wasserstoff mit 1 Mol Chlor zu 2 Mol Chlorwasserstoff um. Das bedeutet nach dem Gesetz von *Avogadro,* daß bei gleichbleibender Temperatur sowie unverändertem Druck aus je 1 l Wasserstoff und Chlor 2 l Chlorwasserstoff entstehen.

1.1.19.4 Allgemeine Gasgleichung

Aus den oben behandelten Gesetzen von *Gay-Lussac, Boyle-Mariotte* und *Avogadro* ergibt sich eine Beziehung, die es in einfacher Weise gestattet, bei bekannter Temperatur und bekanntem Volumen den Druck oder bei bekannter Temperatur und bekanntem Druck das Volumen eines Gases zu ermitteln.

a) Bei konstanten p_0 von 1013,25 mbar oder 1,01 bar wird 1 Mol des Gases von 0°C auf die Temperatur t = T – 273 erwärmt, wobei sich das Ausgangsvolumen V_0 auf das Endvolumen V_t ausdehnt *(Gay-Lussac):*

$$V_{t,p0} = \frac{V_{0,p0}}{273} \cdot T$$

b) Bei gleichbleibender Temperatur werden Druck und Volumen variiert *(Boyle-Mariotte):*

$$p \cdot V_{t,p} = p_0 \cdot V_{t,p0} = \frac{p_0 \cdot V_{0,p0}}{273} \cdot T$$

Wenn man $V_{t,p}$ einfach als V bezeichnet und außerdem berücksichtigt, daß p_0 = 1,01 bar oder 1013,25 mbar und $V_{0,p0}$ (nach *Avogadro)* = 22,4 Liter/Mol ist, so erhält man folgenden Ausdruck:

$$p \cdot V = \frac{22{,}4}{273} \cdot T = R \cdot T$$

(T = früher 0 °C jetzt + K)

$R = \frac{22,4}{273} = 0,082$ Liter · Atm/Mol · Grad

wird als „allgemeine Gaskonstante" bezeichnet.

Man kann in die „allgemeine Gasgleichung" an Stelle des Molvolumens V (Liter/Mol) auch das auf eine beliebige Gasmenge m (Gramm) bezogene Volumen v (Liter) einsetzen und erhält dann, wenn M das Molekulargewicht (Gramm/Mol) bedeutet, folgende Beziehung:

$$p \cdot v = \frac{m}{M} \cdot R \cdot T$$

Rechenbeispiel: Es soll die Gramm-Menge von 210 l Kohlendioxid (CO_2) bei 18 °C und 740 mm Quecksilbersäule = 986,57 mbar berechnet werden.

M = Molekulargas	44 g/mol
$p = \frac{740}{760}$ (mm Hg-Säule) = 0,974 =	1 mbar
R = allgem. Gaskonstante	0,082 l
V = Liter	210 l/CO_2
T = 18° + 273° = 291 K (früher 18 °C)	291 K

1 mm Quecksilbersäule = 1,3332 mbar
760 mm Quecksilbersäule = 1013,25 mbar
740 mm Quecksilbersäule = 986,57 mbar

$$\boxed{m = \frac{M \cdot p \cdot V}{R \cdot t}} = \frac{44 \cdot 0974 \cdot 210}{0082 \cdot 291}$$

$$m = \frac{8999,76}{23,86} = 377 \text{ g}$$

Es sei nun noch darauf hingewiesen, daß es sich bei der allgemeinen Gasgleichung in der eben behandelten Form (das gleiche gilt auch für die vorher besprochenen Einzelgesetze) um ein Idealgesetz handelt, das nur bei verdünnten Gasen (im allgemeinen bis hinauf zu einem Druck von etwa 1 Pa) brauchbar ist. Bei komprimierten Gasen ist die Beziehung

$$p \cdot V = R \cdot T + B \cdot p$$

gebräuchlich, in der B eine von der Temperatur und Art des Gases abhängige Größe bedeutet.

1.1.20 Diffusion

Wird Wasser vorsichtig mit Alkohol überschichtet, so kann man eine deutliche Trennungsfläche zwischen beiden Flüssigkeiten erkennen, die aber allmählich verschwindet, weil das Wasser und der Alkohol das Bestreben haben, sich zu vermischen. Derartige Diffusion genannte Vorgänge des Durchdringens sind zwischen allen miteinander mischbaren Flüssigkeiten (auch Lösungen) und zwischen allen Gasen möglich, die sich in der Art oder Konzentration unterscheiden, und können auch – vor allem bei Gasen – durch poröse Wände erfolgen. Die Diffusion findet statt durch Bewegung von Ionen, Atomen, Molekülen oder Molekülgruppen.

Zu den alltäglichen Diffusionsvorgängen gehört das Lösen, ferner das Verdunsten und somit auch das Trocknen.

Schüttet man z. B. Kochsalz in Wasser, so bildet sich an der Oberfläche der Kristalle eine aus gesättigter Kochsalzlösung bestehende Schicht, und das

Konzentrationsgefälle zwischen dieser Schicht und dem zunächst noch kochsalzfreien Wasser ist die treibende Kraft für die Diffusion des gelösten Salzes aus der gesättigten Schicht weiter in die Flüssigkeit hinein. Dieser Diffusionsvorgang kommt zum Stillstand, sobald das Konzentrationsgefälle gleich Null wird, d.h. alles Wasser an gelöstem Kochsalz gesättigt ist.

Beim Verdunsten von Wasser ist die treibende Kraft das Konzentrationsgefälle zwischen der über dem Wasser befindlichen, mit Wasserdampf gesättigten Luftschicht und der Luft mit dem ursprünglichen Wasserdampfgehalt.

Je größer nun ein solches Konzentrationsgefälle ist, desto größer ist auch – bei sonst gleichbleibenden Bedingungen – die Diffusionsgeschwindigkeit.

Ferner wächst die Diffusionsgeschwindigkeit mit zunehmender Berührungsfläche zwischen den sich mischenden Medien. Aus diesem Grunde wird z.B. durch Pulverisieren von festen Substanzen deren Lösungsgeschwindigkeit erhöht. Ein weiterer Faktor, von dem die Diffusionsgeschwindigkeit abhängt, ist die Temperatur. Es gehört zu den alltäglichen Erfahrungen, daß z.B. das Lösen von festen Substanzen oder das Trocknen durch Wärme beschleunigt werden kann.

Das Diffusionsvermögen von Flüssigkeiten ist geringer als von Gasen. Die Diffusionsgeschwindigkeiten v_1 und v_2 zweier Gase verhalten sich bei gleichen äußeren Bedingungen umgekehrt wie die Quadratwurzeln aus ihren Molekulargewichten M_1 und M_2:

$$v_1 : v_2 = \sqrt{M_2 : M_1}$$

Dementsprechend diffundiert Wasserstoff als leichtestes Gas am schnellsten durch poröse Trennwände hindurch; ja selbst durch Metalle wie Eisen, Platin oder Palladium diffundiert er relativ leicht.

1.1.21 Rauminhalt, Raumgewicht, spezifisches Gewicht

Der *Rauminhalt* oder das Volumen V wird in mm^3, cm^3 (ml), dm^3 (l) oder m^3 ausgedrückt.

Bei gleichmäßig geformten Körpern (Würfel, Quader, Zylinder) ist der Rauminhalt durch Messen und Ausrechnen zu ermitteln *(Abb. 1.13)*.

Bei ungleichmäßig geformten Körpern wird der Rauminhalt am einfachsten dadurch ermittelt, daß man den Körper in ein mit Wasser gefülltes Meßgefäß eintaucht und das Volumen des von ihm verdrängten Wassers mißt *(Abb. 1.14)*.

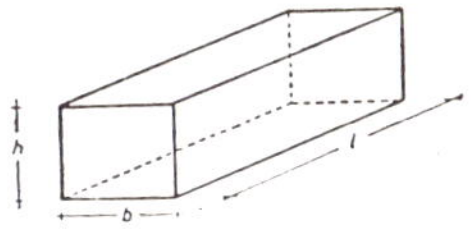

Abb. 1.13: $V = h \cdot b \cdot 1\ cm^3$

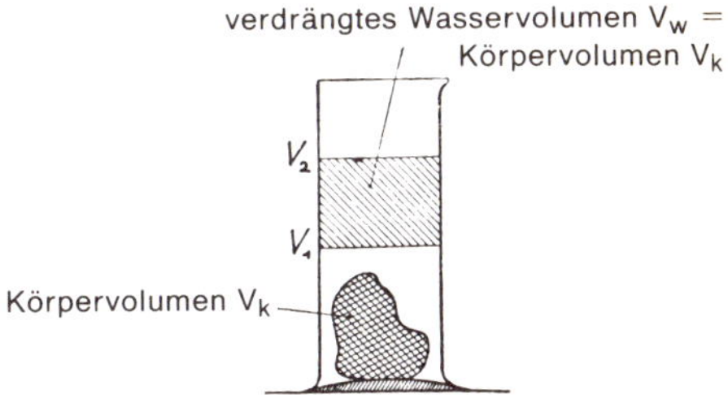

Abb. 1.14: $V_W = V_K = V_2 - V_1$

Falls der Körper aber porös sein sollte, muß er vorerst mit Wasser gesättigt werden oder er muß einen feinen Überzug aus Wachs oder Paraffin erhalten, damit kein Wasser in die vorhandenen Poren eindringen kann.

Die Rauminhaltsbestimmung kann auch genauer nach dem „Gesetz des *Archimedes*" erfolgen:

▶ Ein Körper verliert scheinbar soviel an Gewicht, wie die von ihm verdrängte Wassermenge wiegt.

Der Körper wird erst im wassergesättigten Zustand an der Luft gewogen (G_s), sodann im gleichen Zustand unter Wasser (G_{sw}) *(Abb. 1.15)*. Der Rauminhalt errechnet sich dann aus der Differenz beider Gewichte:

Rauminhalt $V = G_s - G_{sw}$

Raumgewicht = Rohwichte (γ) ist das Gewicht von 1 cm^3 des Körpers in g einschließlich Hohl- und Porenräumen*).

$$\gamma = \frac{G_{tr}}{G_s - G_{sw}}$$

G_{tr} = Trockengewicht des Gesamtkörpers

*) Neuerdings wird die Rohwichte (bzw. Reinwichte) in p/cm^3 angegeben. 1 p (Pond) ist diejenige *Kraft*, die eine Masse von 1 g infolge der Erdanziehung ausübt (genau: in Meereshöhe am 45. Breitengrad). Wird hingegen die *Masse* („Gewicht") in g/cm^3, kg/dm^3 bzw. t/m^3 angegeben, so sind hierfür jetzt die Begriffe *Rohdichte* (ϱ) bzw. *Reindichte* ($\varrho 0$) einzusetzen.

Als *spezifisches Gewicht* = Reinwichte (γ_0) bezeichnet man das Gewicht von 1 cm^3 des Körpers in g ohne Hohl- und Porenräume:

$$\gamma_0 = \frac{G}{V}$$

G = Gewicht des Gesamtkörpers

Steine und ähnliche feste Stoffe müssen vor Bestimmung des spezifischen Gewichtes, um jegliche Porenräume auszuschließen, so fein pulverisiert werden, daß jedes Körnchen durch ein Sieb von 900 Maschen/cm^2 geht. Dieser pulverisierte Stoff wird dann in ein Pyknometer eingefüllt, das vorher bis zu einem Null- oder Bezugsstrich der Skala mit Wasser aufgefüllt worden ist. Danach steigt das Wasser im Pyknometer, und an der Skala (Eichstriche) ist sofort die verdrängte Wassermenge abzulesen, die dem Volumen des eingefüllten Stoffes entspricht *(Abb. 1.16)*.

Als Flüssigkeit darf für Bindemittel nicht Wasser, sondern nur Benzol, Spiritus oder Petroleum verwendet werden.

Das spez. Gewicht von Flüssigkeiten wird mit dem Aräometer (Senkspindel) ermittelt; dieses taucht in Flüssigkeiten, die verschieden schwer sind, verschieden tief ein. Das spez. Gewicht liest man unmittelbar an der Skala ab *(Abb. 1.17)*.

Es gibt auch Spindeln, die so beschaffen sind, daß man unmittelbar den Prozentgehalt der Flüssigkeit an Alkohol, Zucker oder anderen gelösten Stoffen ablesen kann; diese nennt man Prozentaräometer. (Nachprüfung von bestimmten Lösungskonzentrationen von Holzschutzmitteln usw.).

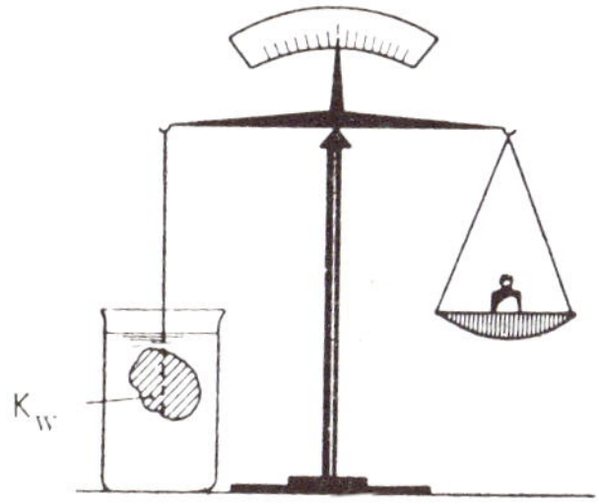

K_W = wassergesättigter Körper

Abb. 1.15: Auftriebsbestimmung nach Archimedes

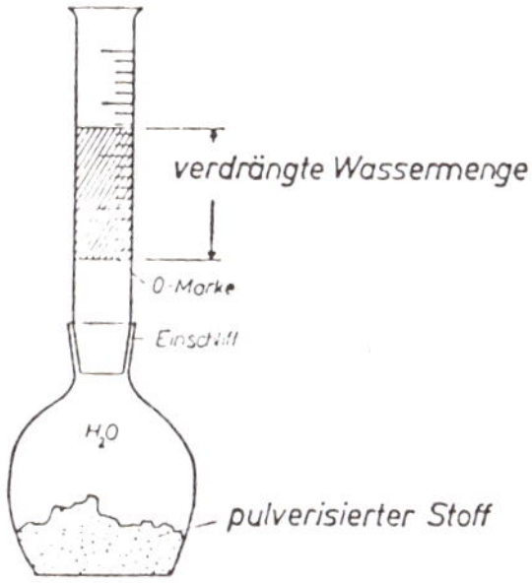

Abb. 1.16: Pyknometer

Abb. 1.17: Aräometer

Unter *Porosität* versteht man die Poren- und Hohlräume, die ein Baustoff enthält. Je weniger Poren ein Stoff hat, desto dichter ist er, desto größer ist auch seine Wärmeleitung und umgekehrt.

Der *Dichtigkeitsgrad* d ist der Quotient aus dem Raumgewicht (Rohwichte) γ und dem spezifischen Gewicht (Reinwichte) γ_0 : $d = \gamma/\gamma_0$

Der *Undichtigkeitsgrad* u ist der Inhalt der Hohlräume in der Raumeinheit:

$$u = 1 - \frac{\gamma}{\gamma_0} = 1 - d$$

Die *wahre Porosität* p ist:

$$p = (1 - \frac{\gamma}{\gamma_0}) \cdot 100 \text{ oder } u \cdot 100$$

Die *scheinbare Porosität* A_r ist die Wasseraufnahme bei normalem Luftdruck in Vol-%.

Für die Wärmeleitung eines Baustoffes ist die „wahre Porosität" maßgebend.

Durch Unterwasserlagerung ist der Poreninhalt eines Stoffes feststellbar; jedoch ist darauf zu achten, daß der Körper nur allmählich unter Wasser gebracht wird, damit die in den Poren enthaltene Luft entweichen kann. Man muß sich jedoch darüber klar sein, daß durch die Wasserlagerung immer nur ein Teil der Poren mit Wasser gefüllt wird, da abgeschlossene Poren und solche, die mit Luftresten gefüllt sind, kein Wasser aufnehmen können. Die aufgenommene Wassermenge ergibt die „scheinbare Porosität". Diese ist auch gemeint, wenn von Baustoffen eine Mindest- oder Höchstwasseraufnahme gefordert wird.

1.1.22 Wasseraufnahme und Wasserabgabe

Es bedeuten:

G_{tr} = Gewicht der lufttrockenen Probestücke

G_s = Gewicht der wassergesättigten Probestücke

γ = Raumgewicht des Materials

Die Wasseraufnahme A als wirkliche Gewichtszunahme in g bzw. kg erhält man aus:

$$A = G_s - G_{tr}$$

Für die Wasseraufnahme A_g in Gew.-%, bezogen auf das Trockengewicht, gilt die Beziehung:

$$A_g = \frac{G_s - G_{tr}}{G_{tr}} \cdot 100$$

Die Wasseraufnahme A_v in Vol-%, bezogen auf die trockenen Proben (scheinbare Porosität), berechnet sich aus der Formel:

$$A_v = \frac{\gamma\,(G_s - G_{tr})}{G_{tr}} \cdot 100 = \gamma \cdot A_g$$

Die Wasseraufnahme wird festgestellt nach 24stündiger Wasserlagerung, Wasserlagerung bis zur Gewichtskonstanz, zweistündigem Kochen in Wasser oder nach Wassersättigung unter Überdruck.

Wasseraufnahme unter Druck

Die Proben werden nach Feststellung der Trockengewichte solange unter Wasser im luftverdünnten Raum bei 20 mm Quecksilbersäule entlüftet, bis man keine Luftblasen mehr aufsteigen sieht und Gewichtskonstanz erreicht ist, was durch entsprechende Zwischenwägungen festgestellt wird. Das jeweilige Entlüften geschieht etwa drei Stunden lang. Bevor die Wägung erfolgt, sind die Proben etwa zwei Stunden lang unter Wasser bei normalem Luftdruck zu lagern. Danach werden die Proben ebenfalls unter Wasser lagernd einem Überdruck von Pe = 150 mbar 24 Stunden lang ausgesetzt, damit die anfänglich entlüfteten Versuchsstücke möglichst vollständig mit Wasser gesättigt werden. Es errechnen sich:

Die Wasseraufnahme unter Druck = A_d in g oder kg:

$$A_d = G_d - G_{tr}$$

(G_d = Gewicht der Probestücke in unter Druck wassergesättigtem Zustand)

Die Wasseraufnahme in Gew.-% = A_{dg}, bezogen auf das Trockengewicht G_{tr}:

$$A_{dg} = \frac{A_d}{G_{tr}} \cdot 100$$

Die Wasseraufnahme in Vol.-% = A_{dv}, bezogen auf die trockenen Proben (scheinbare Porosität):

$$A_{dv} = \frac{\gamma \cdot A_d}{G_{tr}} \cdot 100 = \gamma \cdot A_{dg}$$

Der Sättigungsbeiwert = S (Quotient aus der Wasseraufnahme A bei normalem Luftdruck und der Wasseraufnahme unter Druck):

$$S = \frac{A}{A_d}$$

Wasserabgabe

Die unter normalem Luftdruck wassergesättigten Proben werden in einem Exsikkator *(Abb. 1.18)* über konzentrierter Schwefelsäure (H_2SO_4) bei etwa 20 °C bis zur Gewichtskonstanz G_{at} getrocknet. Die Gewichtsveränderungen werden täglich durch Wägung ermittelt. Die Schwefelsäure muß von Zeit zu Zeit erneuert werden, da sie ja das Wasser aus der Probe aufnimmt.

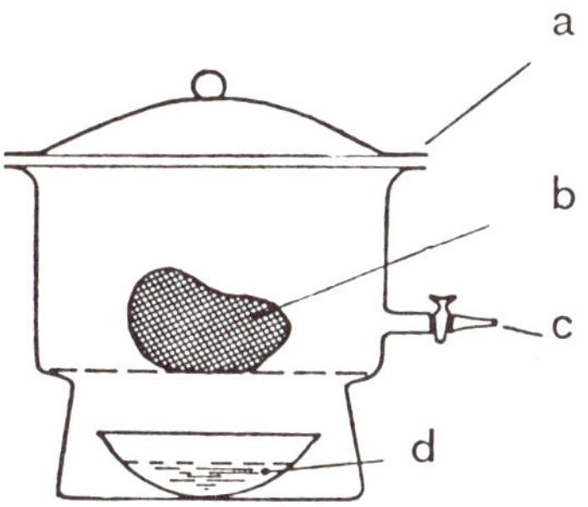

a = angeschliffener Deckel
b = zu trocknender Körper
c = Luftentzug
d = konz. Schwefelsäure

Abb. 1.18: Exsikkator

Die Wasserabgabe in Gew.-% = A'_g, bezogen auf das Trockengewicht, und die Wasserabgabe in Vol.-% = A'_v berechnen sich aus folgenden Formeln:

$$A'_g = \frac{A'}{G_{tr}} \cdot 100$$

$$A'_v = \gamma \cdot \frac{A'}{G_{tr}} \cdot 100 = \gamma \cdot A'_g$$

wobei $A' = G_s - G_{at}$ ist.

(G_s = Gewicht der unter normalem Luftdruck wassergesättigten Probestücke)

Kapillare Steighöhe

Die Prüfung der kapillaren Steighöhe von Steinen ist normenmäßig noch nicht festgelegt worden. Man kann zweckmäßig jedoch so verfahren, daß man Prismen aus den zu untersuchenden Stoffen herstellt und diese aufrechtstehend hochkant in eine Schale mit Wasser stellt und beobachtet, in welcher Zeit und bis zu welcher Höhe das Wasser in dem Körper hochsteigt *(Abb. 1.19)*.

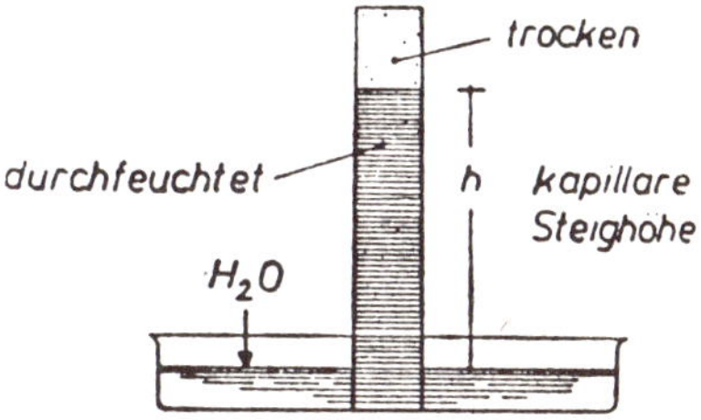

Abb. 1.19: Prüfung der kapillaren Steighöhe

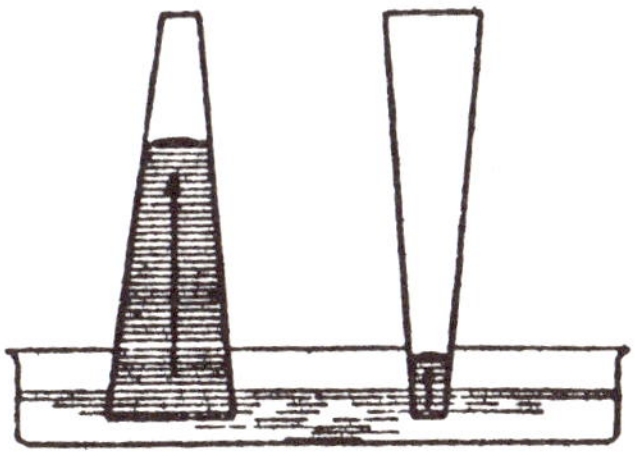

Abb. 1.20: Kapillare Steighöhe in kegeligen Hohlräumen

Auf die Durchfeuchtung der Baustoffe übt die Zueinanderlagerung verschieden großer Poren einen großen Einfluß aus.

Das Wasser steigt in kegeligen Hohlräumen und Poren stark an, wenn diese sich in Richtung des Wasservordringens verengen *(Abb. 1.20)*; es steigt dagegen wesentlich weniger an, wenn sie sich in Richtung des Wasservordringens erweitern.

▶ Dasselbe gilt auch für Baustoffe, bei denen feinporige und grobporige Schichten aneinandergelagert sind. Hier dringt stets das Wasser von den grobporigen in die feinporigen Schichten ein und nicht umgekehrt.

1.1.23 Wärmemenge und spezifische Wärme

(Wärmemenge und spezifische *Wärme)*

Nach der früheren Definition entsprach die Wärmemenge 1 cal bzw. 1 kcal derjenigen Wärmemenge, die 1 g Wasser um 1 °C (genauer von 14,5 °C auf 15,5 °C) erwärmt. Entsprechend bezog sich 1 kcal auf die Temperaturerhöhung von 1 kg Wasser um 1 °C.

1 cal = 4,1868 J ≈ 4,19 J
1 kcal = 4186,8 kJ

Die Umrechnung von früheren Angaben mit der Benennung cal/gK bzw. kcal/gK erfolgt gemäß den SI-Einheiten durch Multiplikation mit dem Faktor 4,19.

1 Joule (J) ist gleich der Arbeit, die verrichtet wird, wenn der Angriffspunkt der Kraft 1 N in Richtung der Kraft um 1 m verschoben wird. Früher galt: 1 kcal = 427 kpm (mechanisches Wärmeäquivalent). Heute gilt viel einfacher:

1 J = Einheit der thermischen Energie
1 Nm = Einheit der mechanischen Energie
1 Ws = Einheit der elektrischen Energie

Bezeichnet man die spezifische Wärme eines Stoffes mit c, seine Masse (in g) mit m, so ist die zur Erhöhung der Temperatur von t_1 auf t_2 erforderliche Wärmemenge Q (in J):

$$Q = c \cdot m \cdot (t_2 - t_1)$$

Q ist auch die Wärmemenge, die von demselben Körper bei der Abkühlung von t_2 auf t_1 abgegeben wird.

Aus *Tab. 1.7* sind einige mittlere spezifische Wärmen (zwischen 0° und 100 °C) ersichtlich.

Tab. 1.7: Mittlere spezifische Wärmen zwischen 0 °C und 100 °C in J/gk

	spez. Wärme		spez. Wärme
Luft	1,00	Eisen/Stahl	0,50–0,67
Wasser	4,19	Kupfer	0,38
Eis	2,10	Messing	0,39
Glycerin und Alkohol	2,43	Blei	0,13
Öle	1,90–2,10	Aluminium	0,88
Quecksilber	0,15	Holz	1,10–1,70
Glas	0,80		

1.1.24 Verdampfen und Schmelzen

1.1.24.1 Verdampfen

Jede Flüssigkeit kann durch Verdunsten oder Sieden in den gasförmigen Zustand übergehen. Verdampfen die Moleküle nur von der Oberfläche einer Flüssigkeit, so spricht man von *Verdunsten*. Beim *Sieden* erfolgt ein Verdampfen der Flüssigkeit von innen heraus.

Sieden tritt dann ein, wenn der Dampfdruck gleich dem äußeren Druck ist. Von diesem hängt die Temperatur ab, bei der das Sieden eintritt. Bei großem äußeren Druck hat man eine hohe, bei niedrigem äußeren Druck eine tiefe Siedetemperatur.

▶ Die Siedetemperatur (Siedepunkt) ist die höchste Temperatur, die eine Flüssigkeit bei dem gerade auf ihr lastenden Druck annehmen kann.

Unter dem normalen Siedepunkt versteht man die Siedetemperatur bei einem äußeren Druck von 760 mm Quecksilbersäule (100 °C für Wasser).

Die Verdampfungswärme ist diejenige Wärmemenge in J, die 1 g einer Flüssigkeit von Siedetemperatur in Dampf der gleichen Temperatur verwandelt. Sie beträgt für Wasser 2256,7 J/g.

Luftfreies Wasser kann über den Siedepunkt erhitzt werden, ohne zu sieden. Sobald aber dann plötzlich das Sieden beginnt, bildet sich explosionsartig Wasserdampf, weshalb ein derartiger „Siedeverzug" gefährlich werden kann. Der Siedeverzug kann verhindert werden durch Einlegen von spitzen und vor allem porösen Materialien (Siedesteinchen).

Das Verdichten von Dampf zur Flüssigkeit bezeichnet man als *Kondensation*. Die hierbei frei werdende Wärmemenge (Kondensationswärme) ist gleich der zur Verdampfung benötigten Wärmemenge (Verdampfungswärme).

1.1.24.2 Schmelzen

Bei genügender Wärmezufuhr gehen die festen Stoffe im allgemeinen in den flüssigen Zustand über; sie schmelzen. Die Temperatur, bei der dieser Übergang erfolgt, bezeichnet man als Schmelztemperatur oder *Schmelzpunkt*. Solange von einer festen Substanz nicht alles geschmolzen ist, kann die Temperatur, bei welcher der Schmelzpunkt liegt, nicht überschritten werden.

Der Schmelzpunkt ist abhängig von dem auf dem Körper lastenden Druck. Körper, die sich beim Schmelzen ausdehnen (z. B. Stearin, Schwefel), erfahren durch Vergrößerung des Drucks eine Erhöhung des Schmelzpunktes. Bei Körpern, die sich beim Schmelzen zusammenziehen (z. B. Eis), wird der Schmelzpunkt durch Erhöhung des Druckes erniedrigt.

Als Schmelzwärme bezeichnet man diejenige Wärmemenge in J, durch die 1 g eines festen Stoffes von Schmelztemperatur in Flüssigkeit der gleichen Temperatur verwandelt wird. Sie beträgt für Eis 334,9 J/g.

Den Übergang vom flüssigen in den festen Zustand nennt man Gefrieren oder *Erstarren*. Die hierbei frei werdende Wärmemenge (Erstarrungswärme) ist gleich der zum Schmelzen benötigten Wärmemenge (Schmelzwärme).

Tab. 1.8: Schmelztemperaturen in °C

	Schmelzpunkt		Schmelzpunkt
Quarz	2000	Aluminium	658
Eisen (rein)	1528	Zink	419
Stahl	1300–1440	Zinn	232
Gußeisen	1100–1200	Blei	327
Wolfram	3400	Weichlot	180
Kupfer	1081		

Tab. 1.8 gibt den normalen Schmelzpunkt (dieser ist zugleich der Gefrier- oder Erstarrungspunkt) einiger Stoffe an.

1.1.24.3 Einfluß gelöster Stoffe

Lösungen haben einen höheren Siedepunkt und niedrigeren Gefrierpunkt (= Schmelzpunkt) als die reinen Lösungsmittel. Diese Siedepunkterhöhung bzw. Gefrierpunkterniedrigung hängt von der Konzentration an Molekülen und Ionen des gelösten Stoffes ab.

Nach einem Gesetz von *F. M. Raoult* ist bei stärker verdünnten Lösungen die Siedepunkterhöhung bzw. Gefrierpunkterniedrigung Δt proportional der Molzahl n (Anzahl g-Moleküle und g-Ionen) des gelösten Stoffes in 1000 g Lösungsmittel:

$$\Delta t = E \cdot n$$

Der Proportionalitätsfaktor E hängt von der Siede- bzw. Gefriertemperatur und der Verdampfungs- bzw. Schmelzwärme des Lösungsmittels ab.

Für Wasser ist im Falle der Siedepunkterhöhung E = 0,51° und in bezug auf die Gefrierpunkterniedrigung E = 1,86°.

Rechenbeispiele

a) Gefragt wird nach der Siedepunkterhöhung einer Lösung von 0,3 Mol Rohrzucker (= Rübenzucker) in 1000 g Wasser. Da der gelöste Zucker nur als undissoziierte Moleküle vorliegt, ist n = 0,3. Mithin erhält man als Siedepunkterhöhung:

$$\Delta t = 0{,}51 \cdot 0{,}3 = 0{,}15°$$

b) Gesucht wird die Gefrierpunkterniedrigung einer Lösung von 0,005 Mol Natriumchlorid in 1000 g Wasser. Weil das Natriumchlorid als starker Elektrolyt so gut wie vollständig in Na^+- und Cl^--Ionen dissoziiert sein wird, ist $n = n_{Na^+} + n_{Cl^-} = 0{,}005 + 0{,}005 = 0{,}01$. Folglich ergibt sich für die Gefrierpunkterniedrigung:

$$\Delta t = 1{,}86 \cdot 0{,}01 = 0{,}019°$$

Messungen von Siedepunkterhöhungen und Gefrierpunkterniedrigungen dienen zur Bestimmung von Molekulargewichten und des Dissoziationsgrades gelöster Elektrolyten.

1.1.25 Festigkeit

Von allen Baukörpern wird allgemein eine ihrer Beanspruchung gemäße Festigkeit verlangt. Die nachstehend schematisch dargestellten verschiedenen Arten der Festigkeit werden mit besonderen Prüfmaschinen festgestellt.

F = Drucklast (N)
A = Druckfläche (mm)

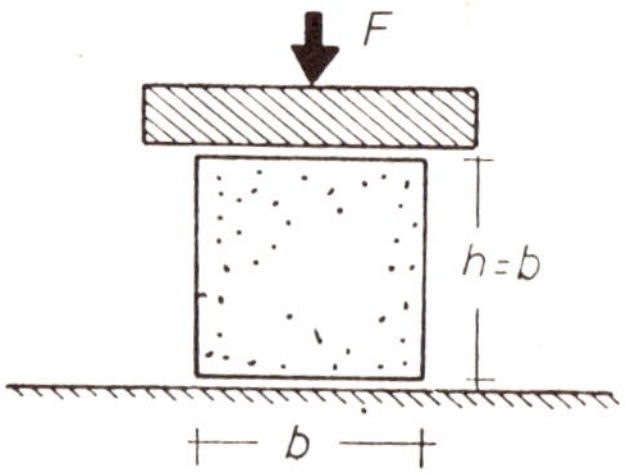

$$\sigma_d = -\frac{F}{A}$$

Abb. 1.21: Druckfestigkeit; hauptsächlich für Beton, Stahlbeton, Mauersteine, Holz, Stahl

$$\sigma_z = +\frac{F}{A}$$

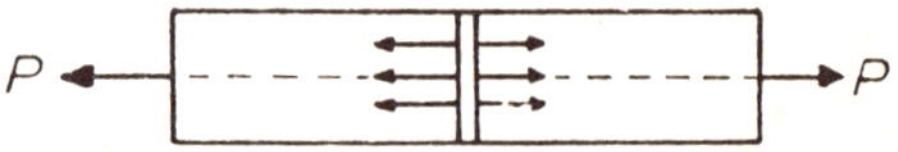

P = Zugkraft (N)
F = Zugfläche (mm)

Abb. 1.22: Zugfestigkeit; hauptsächlich für Holz und Stahl

$$\sigma_b + \frac{M}{W}; \; M = \frac{F \cdot l}{4}; \; W = \frac{b \cdot h^2}{6}$$

Biegedruckspannung = σ_{bd}

Biegezugspannung = σ_{bz}

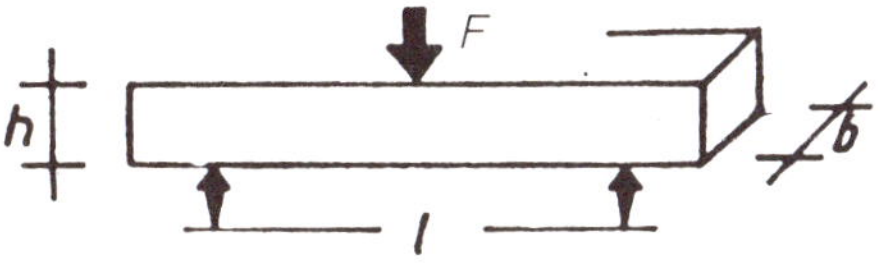

F = Zuglast
M = Biegemoment
l = Stützweite
W = Widerstandsmoment
b · h = Biegequerschnitt

Abb. 1.23: Biegefestigkeit; hauptsächlich für Holzbalken, Stahlträger, Stahlbeton- und Steindecken, Stahlbetonbalken und Unterzüge

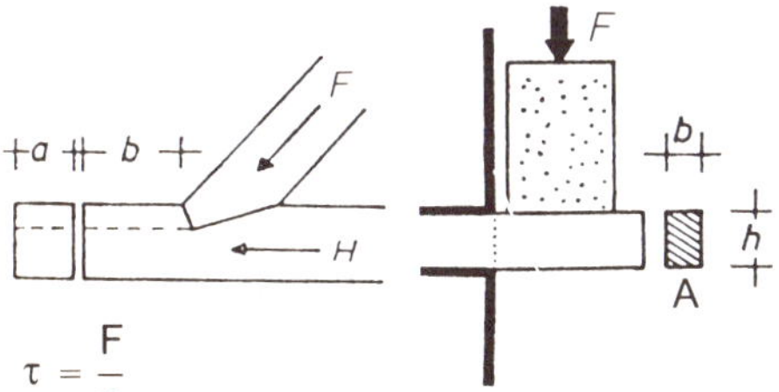

$$\tau = \frac{F}{P}$$

P = Druckkraft (kp)
F = Scherfläche (cm²)

Abb. 1.24: Scherfestigkeit; hauptsächlich für Konsolen, Nietverbindungen, Sparrenfüße usw.

Abb. 1.25: Verschleißfestigkeit; hauptsächlich bei Fußböden, Fußbodenbelägen, Treppenstufen usw.

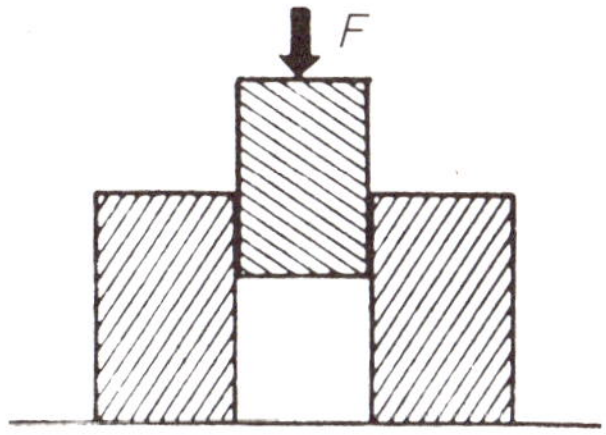

Abb. 1.26: Haftfestigkeit; hauptsächlich bei Mörtelhaftung, Plattenverkleidung usw.

1.1.26 Härte

Härte ist der Widerstand, den ein Körper dem Eindringen eines anderen entgegensetzt. Festigkeit dagegen ist der Widerstand, den ein Körper seiner Zertrümmerung entgegensetzt. Mit der Härte hängt auch der Widerstand gegen Abnutzung (bei Treppenstufen sehr zu beachten) zusammen.

Die *Mineralhärte* ist der Widerstand, den Mineralien der Trennung ihrer kleinsten Teilchen beim Ritzen entgegensetzen; sie wird bestimmt nach der *Mohs'schen* Härteskala, die zehn Härtegrade umfaßt. Beginnend mit dem weichsten Mineral 1, umfaßt die Skala folgende Mineralien:

Mohs'sche Härteskala:

1 Talk
2 Steinsalz oder Gips
3 Kalkspat
4 Flußspat
5 Apatit
6 Orthoklas
7 Quarz
8 Topas
9 Corund
10 Diamant

Jedes dieser Mineralien ritzt einen Körper vom vorausgehenden Härtegrad.

Die *Abnutzungshärte* kann auch zahlenmäßig im Laboratorium festgestellt werden, und zwar mit der Schleifscheibe nach DIN 52108 und mit dem Sandstrahlgebläse, das ebenfalls genormt ist. Die Abnutzung wird bestimmt in cm^3 des abgenutzten Stoffes je cm^2 der bearbeiteten Fläche. Beide Verfahren ergänzen sich, und eine Beurteilung ist nur möglich nach den Ergebnissen beider Untersuchungen.

Die *Druckhärte* von Metallen wird als *Brinellhärte* gemessen. Eine Stahlkugel von 10 mm Durchmesser wird mit einer bestimmten Last in den zu untersuchenden Stoff eingedrückt. Die Eindrucktiefe ist dann das Maß für die Härte des Stoffes *(Abb. 1.27)*.

1.1.27 Elastizität

Unter Elastizität eines Stoffes versteht man seine Fähigkeit, sich bei Zugbeanspruchung zu dehnen oder bei Druckbeanspruchung zusammenzudrücken und nach Beendigung der Beanspruchung wieder in die alte Lage zurückzukehren. Solange ein Stoff nach Aufhören der Kräftewirkung wieder in seine alte Lage zurückkehrt, ist die Elastizitätsgrenze nicht überschritten, die bei den verschiedenen Stoffen sehr unterschiedlich ist.

Völlig unelastische Körper gibt es nicht!

Beispielsweise ist Holz im grünen, d. h. frisch geschlagenen Zustand sehr elastisch; je mehr es jedoch austrocknet, desto spröder wird es.

1.1.28 Wärmedehnung

Die Körper erfahren durch Erwärmung eine Ausdehnung und durch Abkühlung eine Zusammenziehung. Je größer die Temperaturänderungen sind, desto größer werden auch die Größenänderungen. Ein Aufhalten oder auch nur Unterdrücken dieser Bewegungen ist bei festen Körpern nicht möglich, ohne sie zu zertrümmern. Bei den verschiedenen Baustoffen ist die Wärmedehnung (Rauminhaltsänderung) nicht von gleichem Ausmaß, und deshalb ist es wichtig, bei einer „festen" Verbindung (Putz auf Putzgrund, Stahl in Beton) stets darauf zu achten, daß ihre Wärmeausdehnungskoeffizienten gleich oder zumindest annähernd gleich sind.

Im Baufach ist eine „feste" Verbindung mehrerer Baustoffe miteinander außerordentlich häufig. So sind besonders die Außenwände und Flachdächer eines Gebäudes beträchtlichen Temperaturschwankungen unterworfen. Man muß mit Temperaturunterschieden zwischen der kältesten Winternacht und dem heißesten Sommer-Sonnenbrand rechnen, was in unseren Klimaten eine Differenz von etwa −30 °C bis +45 °C, d. h. 75 °C ausmacht. Ist ein Flachdach schwarz abgedeckt, so wird der Temperaturunterschied rund 80 °C betragen. Stahlbeton hat bei den im Freien vorkommenden Temperaturen eine Wärmeausdehnung von $11 \cdot 10^{-6}$ je lfdm und °C. Auf 10 m Dachlänge und 80 °C Wärmeunterschied ergibt sich somit eine Ausdehnung von $11 \cdot 10^{-6} \cdot 10 \cdot 80 = 8{,}8$ mm.

Damit diese Ausdehnung nicht zu Zerstörungen führt, kann man entweder den Beton möglichst elastisch machen oder Bewegungsspielraum schaffen (Dehnungsfugen) bzw. große Wärmeschwankungen verhüten (Wärmedämmung). Stahlbeton ist nur möglich, weil Stahl und Beton annähernd gleiche Wärmeausdehnungskoeffizienten besitzen.

1.1.29 Elektrochemische Spannungsreihe

Wenn man zwei verschiedene Metalle in angesäuertes Wasser taucht, so entsteht ein Stromfluß, ein *galvanisches Element.*

In der Baupraxis entsteht eine solche „Elementbildung" häufig unbeabsichtigt dort, wo zwei verschiedene Metalle (z. B. Zink und Eisen) zusammenstoßen, dicht beieinander liegen oder durch Wasser miteinander leitend verbunden werden. Da das Wasser in der Natur niemals chemisch rein ist, sondern schwach sauer (CO_2 aus der Luft) reagiert und auch Salze enthält, die ebenfalls als Elektrolyt wirken, sind die Voraussetzungen für eine Elementbildung stets vorhanden. Schon wenn man beispielsweise bei Dachdeckungen zwei verschiedene Metallbleche verwendet, so wird selbst dann, wenn beide Metalle gar nicht miteinander verbunden sind, ein Stromfluß entstehen, sobald diese Metalle bei Regen durch einen Wasserfilm miteinander leitend verbunden werden.

Werden z. B. Zink und Eisen durch angesäuertes Wasser leitend verbunden, so wird Zink, das in der Spannungsreihe *(Abb. 1.30)* links vom Eisen steht, zerstört. Werden dagegen Zinn und Eisen durch Wasser leitend verbunden, so wird das Eisen, das in der Spannungsreihe links vom Zinn steht, zerstört *(Abb. 1.28).*

Es ist eine bekannte Tatsache, daß ein verzinkter Eisendraht dort, wo der Zinküberzug beschädigt ist, nicht so stark rostet, wie wenn er nicht verzinkt wäre. Umgekehrt rostet jedoch verzinntes Eisen bei Beschädigung des Überzugs schneller als unverzinntes.

Normalpotential

Taucht man einen Zinkstab in eine Kupfersulfatlösung, so überzieht er sich mit Kupfer, weil das Zink bestrebt ist, an Kupferionen Elektronen abzugeben. Zink reduziert also die Kupferionen zu metallischem Kupfer. Taucht man aber umgekehrt einen Kupferstab in eine Zinksulfatlösung, so ist das Kupfer nicht imstande, Zinkionen zu Zink zu reduzieren.

Die Fähigkeit des Zinks, an Kupferionen Elektronen abzugeben, bedeutet, daß ein elektrischer Strom fließen kann und somit zwischen Zink und Kupfer eine elektrische Spannung (Potentialdifferenz) vorhanden ist. Ein Strom (ob Wasser, Gas, Wärme oder Elektrizität) fließt nur beim Vorhandensein eines Niveauunterschiedes.

Die Potentialdifferenz zwischen Zink und Kupfer läßt sich beim bloßen Eintauchen eines Zinkstabes in eine Kupfersulfatlösung nicht messen. Wenn man aber das Zinksystem vom Kupfersystem durch eine poröse Scheidewand trennt und den Zinkstab in eine Zinksulfatlösung sowie den Kupferstab in eine Kupfersulfatlösung stellt, so kann das Zink seine Elektronen nur auf dem Wege über einen Schließungsdraht an die Kupferionen abgeben.

Man kann hier durch Anlegen einer Gegenspannung an beiden Elektroden die Potentialdifferenz messen. Sie beträgt zwischen Zink und Kupfer 1,11 V, zwischen Kupfer und Silber 0,46 V, zwischen Zink und Eisen 0,32 V und zwischen Eisen und Zinn 0,30 V *(Abb. 1.29)*.

Von den in der elektrochemischen Spannungsreihe aufgeführten Elementen ist jedes weiter links *(Abb. 1.30)* oder jedes weiter oben *(Tab. 1.9)* stehende Element imstande, an die weiter rechts bzw. tieferstehenden Elemente Elektronen abzugeben. Stets wird dann bei diesem elektrochemischen Vorgang dasje-

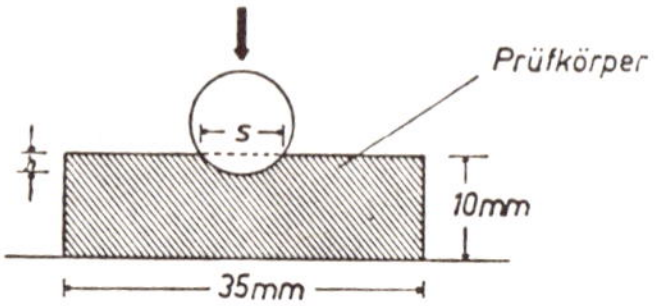

Abb. 1.27: Messung der Brinellhärte

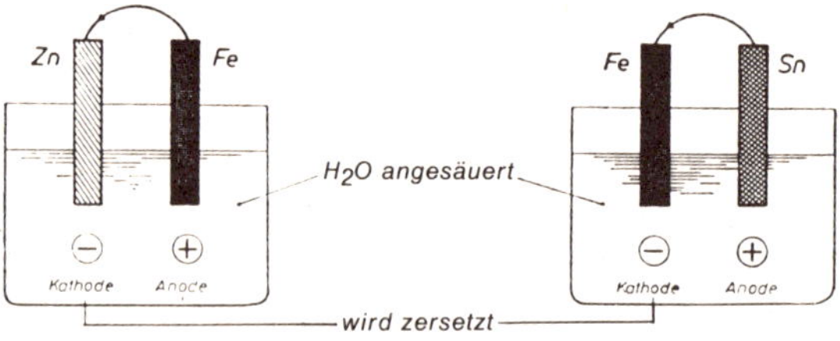

Abb. 1.28: Zersetzung von Zn bzw. Fe durch Spannungskorrosion

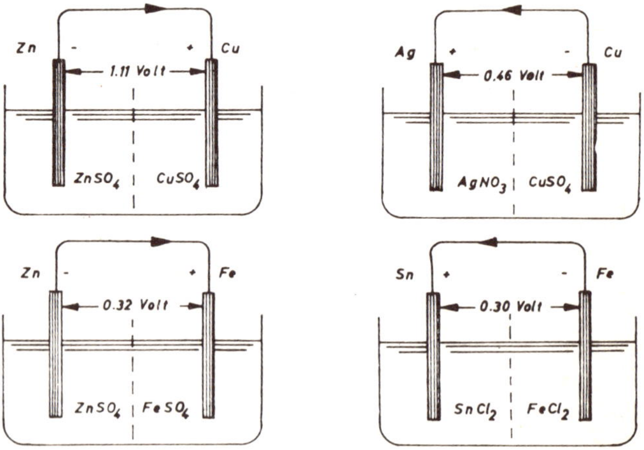

Abb. 1.29: Galvanische Elemente mit verschiedenen Potentialdifferenzen

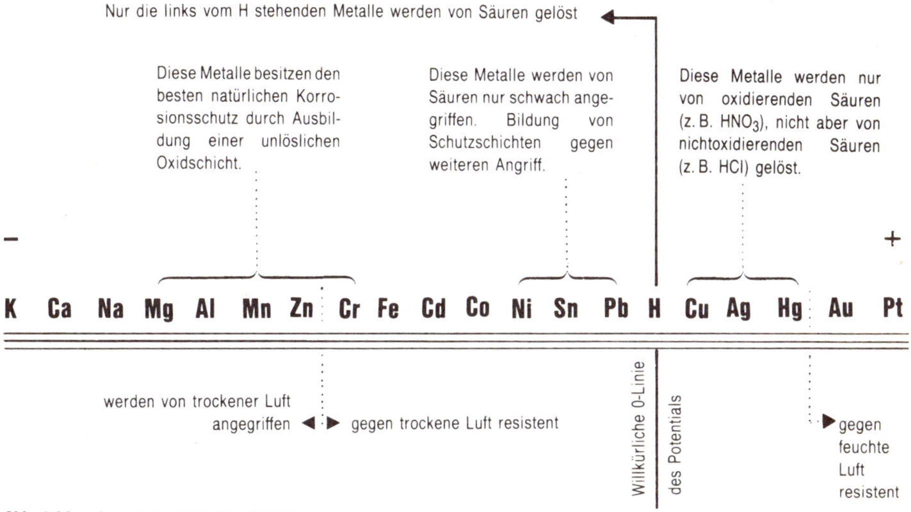

Abb. 1.30: Spannungsreihe der Metalle

nige der beiden Metalle zerstört, das in der Spannungsreihe weiter links (bzw. oben) steht und somit unedler ist.

Bei einem chemischen Vorgang gibt es keine Oxidation ohne gleichzeitige Reduktion und umgekehrt; denn ein Stoff muß ja die Elektronen abgeben und ein anderer sie aufnehmen. Starke Oxidationsmittel nehmen mit großer Intensität Elektronen auf, während starke Reduktionsmittel mit großer Bereitwilligkeit Elektronen abgeben.

In *Tab. 1.9* sind die Metalle geordnet nach ihrer Bereitschaft, in Kontakt mit wäßriger Lösung Elektronen abzugeben. Die an der Spitze der Tabelle aufgeführten (unedlen) Metalle lassen sich leicht oxidieren und sind demnach

Tab. 1.9: Normalpotentiale

Red.	⇄	Ox.	+	e^-	ε_0 (Volt)	Red.	⇄	Ox.	+	e^-	ε_0 (Volt)
K	⇄	K^+	+	e^-	– 2,92	Co	⇄	Co^{2+}	+	$2\,e^-$	– 0,28
Ca	⇄	Ca^{2+}	+	$2\,e^-$	– 2,76	Ni	⇄	Ni^{2+}	+	$2\,e^-$	– 0,25
Na	⇄	Na^+	+	e^-	– 2,71	Sn	⇄	Sn^{2+}	+	$2\,e^-$	– 0,14
Mg	⇄	Mg^{2+}	+	$2\,e^-$	– 2,34	Pb	⇄	Pb^{2+}	+	$2\,e^-$	– 0,13
Al	⇄	Al^{3+}	+	$3\,e^-$	– 1,67	H2	⇄	$2\,H^+$	+	$2\,e^-$	+ 0,00
Mn	⇄	Mn^{2+}	+	$2\,e^-$	– 1,05	Cu	⇄	Cu^{2+}	+	$2\,e^-$	+ 0,35
Zn	⇄	Zn^{2+}	+	$2\,e^-$	– 0,76	Ag	⇄	Ag^+	+	e^-	+ 0,81
Cr	⇄	Cr^{3+}	+	$3\,e^-$	– 0,51	Hg	⇄	Hg^{2+}	+	$2\,e^-$	+ 0,85
Fe	⇄	Fe^{2+}	+	$2\,e^-$	– 0,44	Au	⇄	Au^{3+}	+	$3\,e^-$	+ 1,38
Cd	⇄	Cd^{2+}	+	$2\,e^-$	– 0,40	Pt	⇄	Pt^{2+}	+	$2\,e^-$	+ 1,60

starke Reduktionsmittel. Die am Ende der Tabelle befindlichen (edlen) Metalle sind dagegen nur sehr schwer oxidierbar.

Eine Oxidation (= Entzug von Elektronen) kann auch ohne direkte Zuhilfenahme chemischer Stoffe *elektrisch* mit Hilfe einer *Anode* erfolgen (anodische Oxidation), da diese als positive Elektrode der Lösung Elektronen entzieht und sie an den positiven Pol der Stromquelle abführt.

1.2 Druckeinheiten

Eine wichtige, für die Flüssigkeiten und Gase typische Größe ist der in ihrem Inneren herrschende Druck.

Der Druck ist der Quotient aus der Kraft und der zur Kraftrichtung senkrecht liegenden Fläche.

Die Gleichung lautet:

$$\text{Druck } p = \frac{F}{A} = \frac{N}{m^2} \quad \begin{pmatrix} F = \text{Kraft} \\ A = \text{Fläche} \end{pmatrix}$$

Druckeinheit: 1 N/m^2 = 1 Pa (Pascal)

Für technische Zwecke ist die Einheit bar besser geeignet:

$$1 \text{ bar} = 10^5 \text{ Pa } (N/m^2)$$

sowie das im Wetterdienst gebräuchliche mbar (Millibar)

$$1 \text{ mbar} = 10^2 \text{ Pa}$$

Alle übrigen Druckeinheiten dürfen seit 1977 nicht mehr verwendet werden! Dies gilt vor allem auch für die technische Atmospäre:

Tab. 1.10: Umrechnung der Druckeinheiten

	Pa = N/m^2	bar	mbar	at	Torr
1 N/m^2	1	10^{-5}	0,01	$1{,}019716 \cdot 10^{-5}$	$0{,}750062 \cdot 10^{-2}$
1 bar	10^5	1	10^3	1,019716	750,062
1 mbar	100	10^{-3}	1	$1{,}0197 \cdot 10^{-3}$	0,750062
1 at	98066,5	0,980665	980,665	1	735,559
1 Torr	133,32	$1{,}333 \cdot 10^{-3}$	1,3332	$1{,}359510 \cdot 10^{-3}$	1

2 Holz und Holzwerkstoffe

Holz ist ein wichtiger Bau- und Werkstoff. Zu seinen Vorzügen gehören

- ▷ leichte Bearbeitbarkeit,
- ▷ hohe Festigkeit bei vergleichsweise geringem Gewicht,
- ▷ vergleichsweise gute Wärmedämmeigenschaften,
- ▷ Vielfalt in Farbe, Zeichnung und Dichte.

2.1 Struktur des Holzes

Viele Eigenschaften des Holzes sind anatomisch bedingt und erfordern zu ihrer Beherrschung eine genaue Kenntnis der Holzstruktur.

2.1.1 Makroskopischer Aufbau

Die Bildung des Holzes erfolgt durch eine teilungsfähige Gewebeschicht (Kambium), die den Baum in allen seinen Teilen unter der Rinde geschlossen umkleidet und nach außen Rindenzellen und nach innen Holzzellen abscheidet. Die Längsachsen dieser Zellen liegen parallel zur Stammachse und bezeichnen die Faserrichtung des Holzes. Rechtwinklig dazu verlaufen Zellbündel, die wegen ihrer Ausrichtung zum Stammzentrum als Markstrahlen (Holzstrahlen) bezeichnet werden.

Infolge der winterlichen Vegetationspause in unseren Breiten verläuft die Tätigkeit des Kambiums periodisch, so daß es zur Bildung von Jahrringen kommt, die ein augenfälliges Gefügemerkmal des Holzes darstellen. Innerhalb eines Jahrringes besteht das Holz entsprechend der unterschiedlichen Funktionen, die im Baum erfüllt werden müssen, aus verschiedenen Zellarten. Die Zellen sind zu Beginn der Vegetationsperiode dünnwandig und großlumig (Frühholz mit überwiegend Leitungsaufgaben) und werden gegen Ende der Vegetationsperiode dickwandig und englumig (Spätholz mit überwiegend Stützaufgaben).

Bei Nadelbäumen ist ein Jahrring an dem schroffen Wechsel vom dunkleren Spätholz des einen zum helleren Frühholz des folgenden Jahres erkennbar *(Abb. 2.1 a)*. Laubbäume werden hinsichtlich ihrer Jahrringstruktur in zwei Gruppen untergliedert: Zerstreutporige Laubhölzer (Buche, Erle u. a.) zeigen innerhalb eines Jahrringes nur geringfügige Veränderungen der Zelldurch-

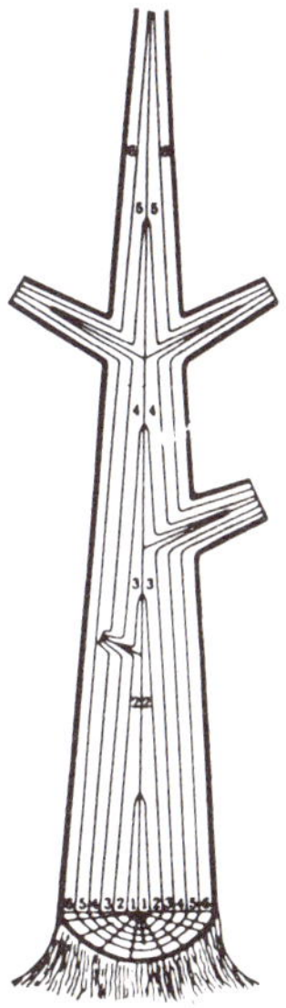

Abb. 2.1: Längsschnitt eines Baumes mit Veranschaulichung des Jahreszuwachses in Stamm und Ästen

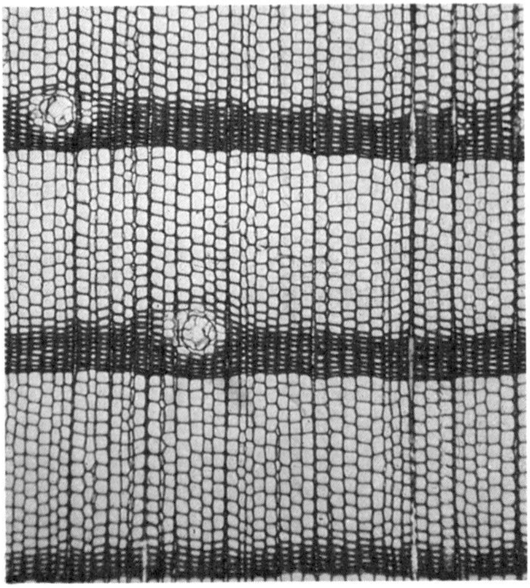

Abb. 2.1 a: Nadelholz (Fichte)

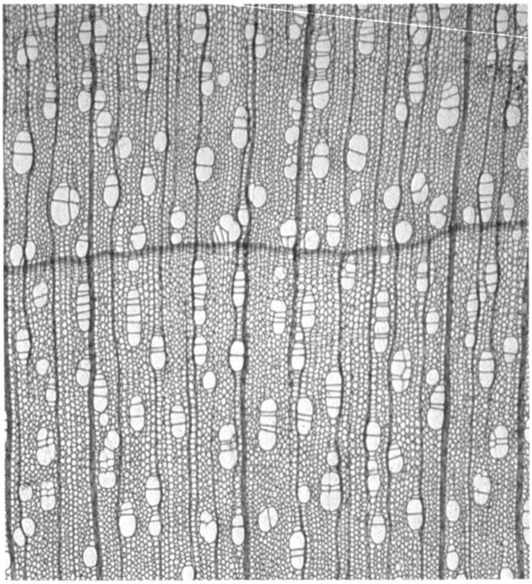

Abb. 2.1 b: Zerstreutporiges Laubholz (Buche)

Abb. 2.1 c: Ringporiges Laubholz (Eiche)

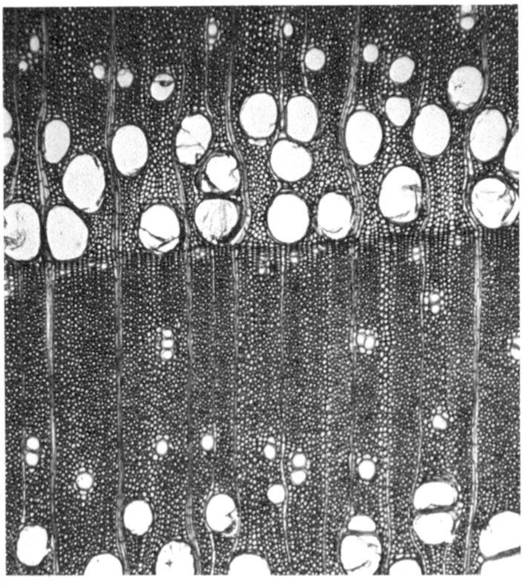

Abb. 2.1 d: Tropisches Laubholz (echtes Mahagoni)

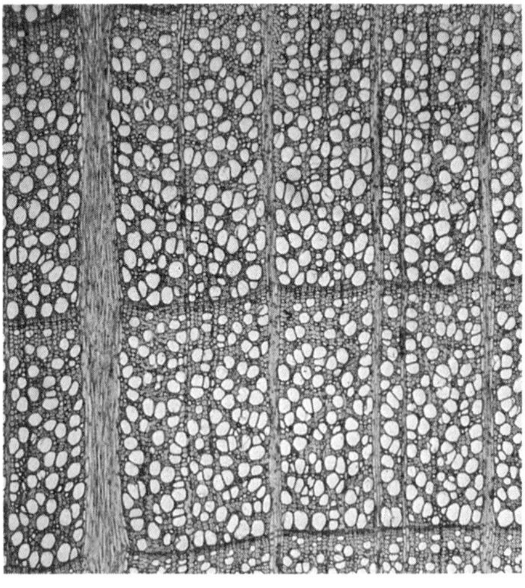

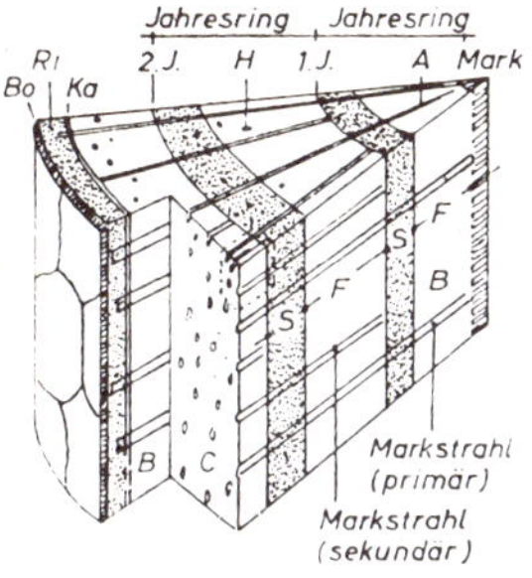

A = Hirn- oder Querschnitt
B = Spiegelschnitt
C = Tangentialschnitt

Ka = Kambium;
Ri = Rinde (Bast);
Bo = Borke;
H = Harzkanal;
F (Fr) = Frühholz;
S (Sp) = Spätholz;
M = Markstrahlen;
Ho = Hoftüpfel;
Zw = Zellwand

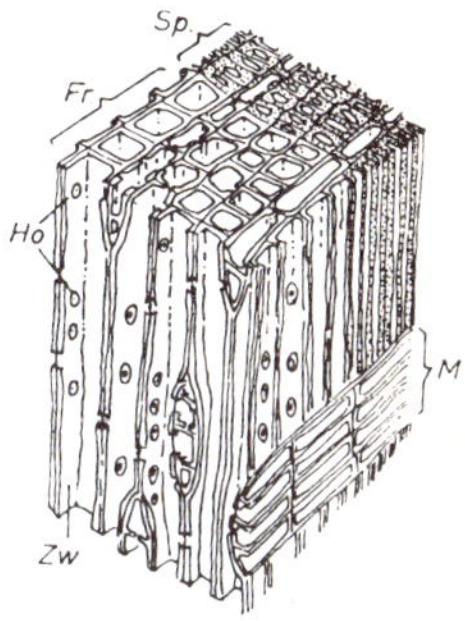

Abb. 2.3: Zellenaufbau eines Stammes

Abb. 2.4: Mikroskopisches Detail zu 2.3

messer *(Abb. 2.1 b)*. Ringporige Laubhölzer (Eiche, Esche u. a.) entwickeln im Frühjahr einen Kranz weitlumiger Gefäßbahnen, die bereits mit bloßem Auge sichtbar sind und zum Spätholz hin kleiner werden, wodurch sich die Jahrringgrenzen deutlich abheben *(Abb. 2.1 c)*. Viele tropische Baumarten besitzen aufgrund ganzjährig gleichbleibender Wachstumsbedingungen keine derartigen Jahrringgrenzen *(Abb. 2.1 d)*.

Die Jahrringbreite ist ein leicht erkennbarer Weiser z. B. für Gewicht und Festigkeit, innere Astigkeit und Gleichmäßigkeit des Holzes.

Das in seinem Grobaufbau durch Faserrichtung, Jahresringe und Markstrahlrichtung gekennzeichnete Holz zeigt in Abhängigkeit von der Schnittrichtung ein sehr verschiedenartiges Aussehen:

Der *Querschnitt* (Hirnschnitt) verläuft rechtwinklig zur Stammachse. Bei Verwendung einer Lupe sind die Markstrahlen linienförmig und die Zellen als feine Poren zu sehen (bei Eichenholz bereits mit bloßem Auge).

Der *Radialschnitt* (Spiegel- oder Riftschnitt) erfolgt achsen- und markstrahlparallel. Die Markstrahlen sind bei einigen Laubhölzern als glänzende, kurze Bänder (Spiegel) zu sehen, während sich die angeschnittenen Zellen als Rillen abzeichnen (teilweise erst nach einer Lupenvergrößerung).

Der *Tangentialschnitt* (Fladerschnitt) wird achsenparallel durch eine Tangente des Stammkreises geführt. Hierbei sind die quergeschnittenen Markstrahlen als schmale Spindeln zu erkennen (teilweise erst nach einer Lupenvergrößerung).

Da sich bei räumlicher Betrachtung die einzelnen Zuwachszonen Jahr für Jahr hutartig übereinanderlegen, erhält man in den drei Schnitten typische Bilder: Im Querschnitt haben die Jahrringe einen runden, ovalen oder unregelmäßigen Verlauf, im Radialschnitt sind es parallele Gerade und im Tangentialschnitt verzerrte parabelförmige Kurven (Flader).

Mit zunehmendem Lebensalter eines Baumes wird der innere Stammteil außer Funktion gesetzt, d.h. die lebenden Zellen sterben ab. Zudem werden bei zahlreichen Holzarten Farbstoffe sowie pilz- und insektenhemmende Substanzen eingelagert, so daß ein dunkler innerer Bereich *(Kernholz)* von einer helleren Randzone *(Splintholz)* unterschieden werden kann. Kernholzbäume sind z.B. Lärche, Kiefer, Eiche, Esche, Kirschbaum und zahlreiche Tropenhölzer wie Teak, Sipo u.a. Bäume ohne farbliche Differenzierung werden als Splint- und Reifholzbäume bezeichnet (Birke, Fichte, Tanne, Buche). Die Verkernung spielt nicht nur aufgrund der intensiven Verfärbung eine Rolle für die Holzverwendung, sondern sie beeinflußt auch in starkem Maße die Wegsamkeit für Holzschutzmittel (s. Abschn. 2.8.2) und die natürliche Dauerhaftigkeit des Holzes (s. Abschn. 2.2.7).

2.1.2 Mikroskopischer Aufbau

Neben der makroskopischen Struktur des Holzes bestimmt auch der mikroskopische Aufbau die Holzeigenschaften, so z.B. das hygroskopische Verhalten (s. Abschn. 2.2.2). Das Holz setzt sich aus Zellen verschiedener Art und Größe zusammen. Das Gewebe von Nadelhölzern ist einfach und gleichmäßig aufgebaut. Es besteht zu 90 % aus *Tracheiden.* Dies sind langgestreckte, tote Zellen mit polygonalem Querschnitt, die an den Enden spitz zulaufen. Ihre Länge beträgt 3 bis 5 mm ihr Durchmesser 20 bis 40 µm. Sie dienen der Festigkeit und dem Wassertransport. Zu diesem Zweck sind sie durch *Tüpfel* miteinander verbunden. Daneben gibt es dünnwandige *Parenchymzellen,* die der Speicherung dienen; solange sie funktionsfähig sind, enthalten sie lebendes Protoplasma. Zudem kommen im Holz vieler Nadelbäume (sowie einiger tropischer Laubbäume) längs und quer zur Stammachse verlaufende Harzkanäle vor. Frei von Harzgängen ist das Holz von Tanne, Eibe, Hemlock, Zeder und Sequoie.

Der Aufbau der Laubhölzer ist heterogener: Das Grundgewebe besteht aus Gefäßen (Tracheen) für die Wasserleitung, Parenchymzellen für die Speicherung und Fasern für die Festigung. Die einzelnen Gefäßglieder von 0,1 bis 0,7 mm Länge bilden zusammenhängende Röhren; ihre Durchmesser sind sehr unterschiedlich (0,01 bis 0,35 mm). Die Länge der Fasern beträgt rund 1 mm, ihr Durchmesser 10–30 µm.

Infolge des zellularen Aufbaues ist Holz ein poriger Körper, der sich durch die Differenzierung in drei anatomische Richtungen (axial, radial, tangential) zudem *anisotrop* verhält.

2.1.3 Chemische Zusammensetzung

Auch die chemische Zusammensetzung des Holzes ist nicht einheitlich. Das Grundgerüst der Zellwände besteht aus langgestreckten Zellulosemolekülen, die, zu fadenförmigen Strängen vereinigt und in schraubenartiger Windung um die Zellachse orientiert, die hohe Zugfestigkeit des Holzes bedingen. Ihr

Anteil an der Holztrockensubstanz beträgt 40 bis 60%. Ferner besteht die Zellwand aus Lignin (20 bis 30%), das zwischen die Zellulosemoleküle eingelagert wird und zur Erhöhung der Druckfestigkeit beiträgt. Weitere rund 20% der Holztrockensubstanz werden von Holzpolyosen eingenommen. Sie sind aus verschiedenartigen, zuckerähnlichen Stoffen meist kettenförmiger Struktur zusammengesetzt und dienen zur Verkittung der Zellwände. Neben diesen Hauptbaustoffen treten in den Zellhohlräumen und teils in den Zellwänden weitere Verbindungen in kleinen Mengen auf, wie z. B. Fette, Wachse, Harze, Eiweiße u. a.

2.2 Eigenschaften des Holzes

2.2.1 Rohdichte

Die Rohdichte des Holzes ist das Verhältnis von Gewicht zu Volumen (einschließlich der Porenräume) in g/cm³. Sie ist ein guter Weiser für viele Holzeigenschaften, z. B. Festigkeit, Elastizität, Härte. Da Gewicht und Volumen durch den Feuchtigkeitsgehalt des Holzes beeinflußt werden, erhält man vergleichbare Angaben nur bei jeweils gleichen Holzfeuchtigkeiten oder in Form der *Darrdichte* (Verhältnis von Darrgewicht zu Darrvolumen). Zwischen einzelnen Holzarten schwankt die Darrdichte von 0,1 (für Balsa) bis 1,3 (für Pockholz). Beträchtliche Streuungen treten auch zwischen verschiedenen Bäumen einer Holzart und selbst innerhalb eines Baumes auf. Die Rohdichte steigt mit wachsendem Spätholzanteil. Ferner spielt die Jahrringbreite eine gewisse Rolle, indem bei Nadelholz die Rohdichte mit zunehmender Jahrringbreite sinkt, bei ringporigen Laubbäumen dagegen ansteigt.

2.2.2 Feuchtigkeit

Von der Holzfeuchtigkeit hängen fast alle Festigkeitseigenschaften ab, ferner die Bearbeitbarkeit, das Schwinden und Quellen, die Resistenz gegen Pilzbefall u. a. Der Feuchtigkeitsgehalt errechnet sich als

$$u = \frac{G_u - G_d}{G_d} \cdot 100\,\%$$

und wird nach DIN 52183 bestimmt, wobei G_u das Naßgewicht bei der Feuchtigkeit u und G_d das Darrgewicht ist (z. B. u_{max} für Fichte $> 200\,\%$, für Buche $> 120\,\%$).

Unter natürlichen Bedingungen ist im Holz stets Wasser enthalten, und zwar in den Zellwänden, und bei höherem Feuchtigkeitsgehalt auch in den Zellhohlräumen.

Die Feuchtigkeitsaufnahme verläuft in folgender Weise: Das darrtrockene Holz nimmt aus der feuchten Luft Wasser auf und lagert es zwischen die Feinbauteile der Zellwand ein (gebundenes Wasser), die hierdurch auseinanderrücken. Das Holz nimmt somit an Volumen zu, es quillt, bis die Zellwände mit Wasser gesättigt sind (Fasersättigung bei rund 28% Holzfeuchte). Die weitere Feuchtigkeitsaufnahme erfolgt ohne Volumenzunahme, bis alle Zellhohlräume ausgefüllt sind (freies Wasser).

Die Feuchtigkeitsabgabe verläuft in umgekehrter Folge: Wenn das freie Wasser verdunstet ist und das gebundene Wasser zu entweichen beginnt, setzt die Schwindung des Holzes ein.

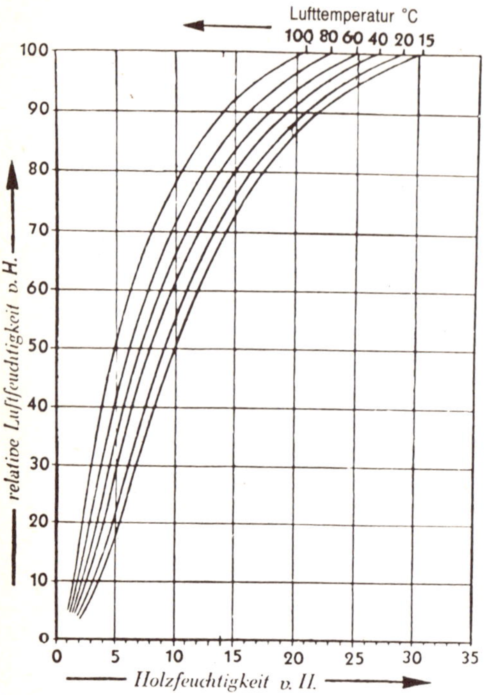

Abb. 2.5: Feuchtegleichgewichtskurven für Holz bei Temperaturen von +15 bis +100 °C

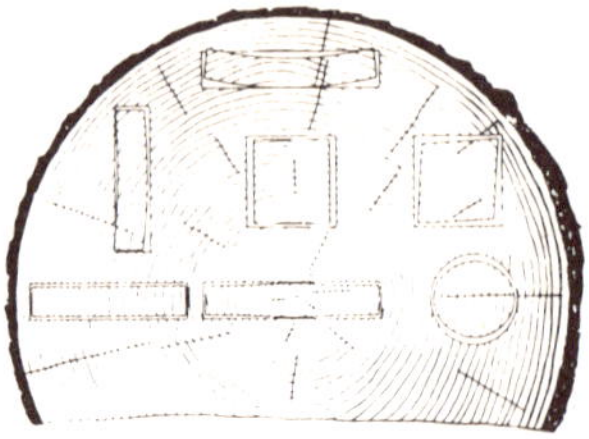

Abb. 2.6: Durch Schwindung bedingte Krümmung und Verzerrung von Querschnittkanten; die starke Ausprägung der Tangentialschwindung ist deutlich (nach US Forest Products Laboratory 1955)

Unterhalb der Fasersättigung bestehen gesetzmäßige Beziehungen zwischen Holzfeuchtigkeit, Luftfeuchtigkeit und Lufttemperatur (hygroskopisches Gleichgewicht): Ist das Holz feuchter, als es diesem Gleichgewicht entspricht, gibt es Feuchtigkeit ab; umgekehrt nimmt es Feuchtigkeit auf, wenn die Luftfeuchtigkeit höher ist als die entsprechende Gleichgewichtsholzfeuchte (z. B. beträgt die Holzausgleichsfeuchte bei 65 % rel. Luftfeuchtigkeit und 20 °C 12 % *(Abb. 2.5)*; in wasserdampfgesättigter Luft wird die Fasersättigung des Holzes erreicht.

Das Quellen und Schwinden bei Änderungen der Holzfeuchtigkeit unterhalb Fasersättigung verursacht das sog. Arbeiten des Holzes, d. h., es finden Veränderungen in den Abmessungen statt, die in den drei anatomischen Richtungen unterschiedlich groß sind. Das durchschnittliche Längsschwindmaß der europäischen Wirtschaftsholzarten liegt bei 0,4 %, das Radialschwindmaß bei 4 % und das Tangentialschwindmaß bei 8 % des Frischvolumens, d. h. bei Trocknung von Fasersättigung (u = 28 %) bis zum darrtrockenen Zustand (u = 0 %).

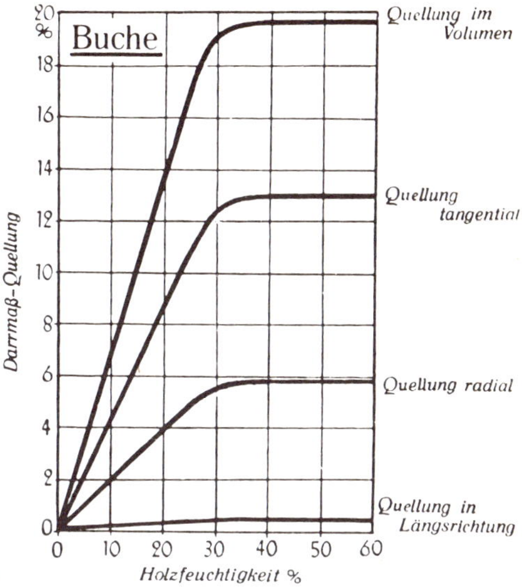

Abb. 2.7: Anisotropie der Quellmaße des Rotbuchenholzes

Das Arbeiten des Holzes wird vermindert, wenn die Holzfeuchtigkeit durch Trocknung an die Luftfeuchtigkeit des Raumes angepaßt wird, in dem das Holz verwendet werden soll (z. B. Bauholz 12 bis 18 %, Fenster, Außentüren 12 bis 15 %, Möbel, Innentüren, Parkett in zentralgeheizten Räumen 8 bis 10 %).

Die Holztrocknung wird auf natürlichem Weg oder mit Hilfe technischer Einrichtungen durchgeführt. Die natürliche Holztrocknung erfolgt im Freien oder in Schuppen durch Klimaeinwirkung bis zur Erreichung des hygroskopischen Gleichgewichts. Zur schnellen Abtrocknung und zur Erzielung von Holzfeuchtigkeiten unter 14 % ist eine technische Holztrocknung erforderlich, d. h. ein regel- und steuerbarer Feuchtigkeitsentzug im künstlich erzeugten Klima einer geschlossenen Trockenkammer.

Das Arbeiten des Holzes wird außer durch Trocknung auf die richtige Einbaufeuchte auch durch das sog. Absperren vermindert, indem Furniere miteinander oder mit einer Mittellage aus Vollholz verleimt werden, wobei die Faserrichtung der einzelnen Lagen um 90° versetzt ist (Abschn. 2.6); ausschlaggebend für dieses Verfahren ist die geringe Längsschwindung des Holzes.

2.2.3 Elastizität und Festigkeit

Die *Elastizität* des Holzes ist verhältnismäßig groß, so daß ein Holzbauteil auch nach hoher Belastung wieder seine ursprüngliche Form annimmt. Dieses Dehnungsvermögen wird durch den Elastizitätsmodul (E-Modul) angegeben (z. B. Stahl 200 000 N/mm², Holz in Faserrichtung 7000 bis 17 000 N/mm²,

Kautschuk 1 N/mm²), wobei ein hoher E-Modul eine geringe Elastizität bedeutet. Der E-Modul des Holzes steigt mit zunehmender Rohdichte an und fällt mit steigender Holzfeuchtigkeit und Temperatur ab. In Faserrichtung ist er am größten und in tangentialer Richtung am kleinsten. Erst wenn die Elastizitätsgrenze überschritten wird, treten irreversible plastische Veränderungen im Holz und Rißbildung ein.

Die maximal mögliche Spannung wird als Festigkeit bezeichnet und ist die zum Bruch führende Kraft, bezogen auf die Querschnittsfläche (N/mm²).

Die *Zugfestigkeit* des Holzes in Faserrichtung (Längszugfestigkeit) ist rund 10mal höher als die Zugfestigkeit quer zur Faser (Querzugfestigkeit) (und liegt zwischen 60 und 200 N/mm²).

Die *Längsdruckfestigkeit* des Holzes ist nur etwa halb so groß wie die Zugfestigkeit und liegt bei 30 bis 80 N/mm². Wird das Holz quer zur Faser belastet, erfolgt häufig kein Bruch, sondern lediglich eine Quetschung. Die Druckfestigkeit ist eng verwandt mit der Knickfestigkeit, die eine Rolle spielt, wenn die freie Knicklänge eines druckbelasteten Holzkörpers das mehr als 5,5fache seiner kürzeren Querschnittseite beträgt.

Die *Biegefestigkeit* des Holzes ist im Verhältnis zu seinem geringen Gewicht relativ hoch und bietet somit einen großen Vorteil in der Holzbauweise.

Die *Spaltfestigkeit* des Holzes ist mit der Querzugfestigkeit eng verwandt. Sie spielt besonders im Nagelbau eine Rolle. Zur Verhinderung des Aufspaltens ist eine bestimmte Nageldichte und Nageldicke einzuhalten. Als unspaltbar gilt Pockholz, als schwer spaltbar gelten Ebenholz, Palisander, Schwarzkiefer, Hainbuche u. a.

Auf seine *Scherfestigkeit* wird das Holz bei Holzverbindungen wie z. B. Schrauben-, Dübel-, Hakenplattenverbindungen u. a. beansprucht. Sie ist quer zur Faser wesentlich niedriger als in Faserrichtung (5 bis 13 N/mm²).

Die Festigkeit des Holzes und damit auch seine Tragfähigkeit hängt von verschiedenen Einflußgrößen ab:

Die Festigkeit nimmt zu mit steigender Rohdichte (Einfluß von Spätholz und Jahrringbreite s. Abschn. 2.2.1). Eine starke Astigkeit vermindert insbesondere die Zugfestigkeit. Außerdem sinkt die Festigkeit mit zunehmender Feuchtigkeit im hygroskopischen Bereich. Alle Festigkeitseigenschaften werden auch durch die Dauer der Beanspruchung beeinflußt; bei ruhender Langzeitbelastung erreichen sie nur 50 bis 65 % der Werte bei Kurzzeitbelastung. Alle diese Einflußgrößen sind in den für den Holzbau gültigen zulässigen Spannungen (DIN 1052) bereits berücksichtigt. Die Festigkeitsprüfungen von Bauholz erfolgen nach den Vorschriften in DIN 52180 bis 52191.

2.2.4 Härte und Abnutzungswiderstand

Die Härte des Holzes beeinflußt seine Bearbeitbarkeit. Sie steigt mit der Rohdichte, dem Spätholzanteil und mit zunehmender Austrocknung und ist bei Belastung in Faserrichtung (Hirnhärte) doppelt so groß wie quer zur Faser. Als hart bis sehr hart gelten Eiche, Esche,

Rotbuche, Pockholz u. a., als weich hingegen die Holzarten Fichte, Tanne, Douglasie, Lärche, Birke u. a.

Der Abnutzungswiderstand des Holzes beeinflußt seine Verwendbarkeit als Bodenbelag (Fußböden in Wohnräumen, Werk-, Güter- und Lagerhallen, Waggonböden und dgl.) und im Maschinenbau. Der Abnutzungswiderstand steigt mit zunehmender Rohdichte, Härte und Austrocknung.

2.2.5 Wärmeleitung

Holz besitzt aufgrund seiner porigen Struktur ein geringes Vermögen zur Wärmeleitung und somit gute wärmeschutztechnische Eigenschaften. Die Wärmeleitfähigkeit wird durch die Wärmeleitzahl ausgedrückt, die angibt, welche Wärmemenge in einer Stunde durch einen Würfel eines Stoffes von 1 m^3 hindurchströmt, wenn die Temperaturdifferenz der gegenüberliegenden Flächen 1 °C beträgt.

Die Wärmeleitfähigkeit für Holz beträgt 0,105 bis 0,33 W/mK. Die Wärmeleitfähigkeit des Holzes ist in Faserrichtung nahezu doppelt so groß wie quer zum Faserverlauf und steigt mit zunehmender Rohdichte und Holzfeuchtigkeit an.

2.2.6 Akustische Eigenschaften

Die guten akustischen Eigenschaften des Holzes sind bekannt. Für die Holzverwendung im Bauwesen wird das akustische Verhalten des Holzes nach zwei Gesichtspunkten beurteilt: Minderung der Schallenergie im Hallraum (Schallschluckung) und Minderung der Übertragung von Schallenergie in angrenzende Räume (Schalldämmung). Die relativ gute Aufnahme und Weiterleitung des Schalls in Holzbauteilen wirken sich ungünstig aus; Körperschalleitung läßt sich nur durch geeignete konstruktive Maßnahmen vermindern.

2.2.7 Dauerhaftigkeit

Das Kernholz zahlreicher Holzarten besitzt eine erhöhte natürliche Resistenz gegen atmosphärische Einflüsse, Pilze und Insekten. Sie beruht auf verschiedenen Holzinhaltsstoffen. Von hoher Resistenz, insbesondere gegen Pilzbefall, ist das Kernholz von Afzelia, Bongossi, Iroko, echtem Mahagoni, Makore, Robinie, Sequoie, Sipo, Teak u. a. Von mäßig hoher Resistenz ist das Kernholz von Douglasie, Eiche, Khaya-Mahagoni, Kiefer, Pitchpine, Sapelli u. a. Das Splintholz aller Holzarten besitzt keine erhöhte Resistenz. Die Beurteilung von Holz in bezug auf seine Dauerhaftigkeit erfolgt in Resistenzklassen 1 bis 5 nach DIN 68364.

2.2.8 Brandverhalten

Holz ist brennbar, kann aber mit Flammschutzmitteln (s. Abschn. 2.8.2) schwerentflammbar gemacht werden. Großdimensionierte Holzbauteile können sich im Brandfall günstiger verhalten als nichtbrennbare Materialien; hierfür sind folgende Eigenschaften maßgebend: Aufgrund der niedrigen Wärmeleitung des Holzes vermögen die Balkenaußenschichten das Balkeninnere längere Zeit gegen hohe Temperaturen abzuschirmen; wegen der geringen Wärmeausdehnung des Holzes verfor-

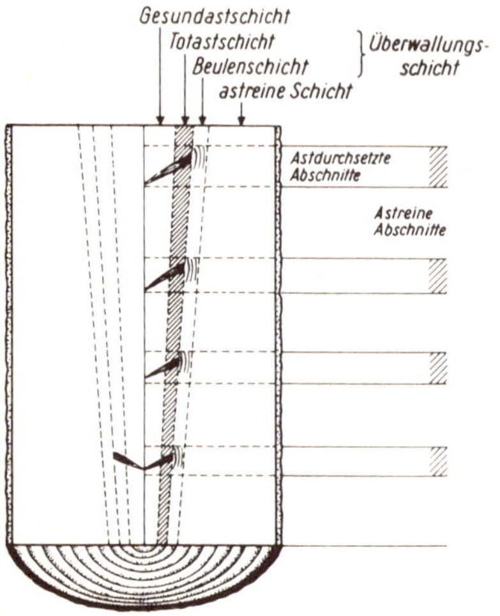

Abb. 2.8: Aufgliederung eines Stammstückes nach seinen Astverhältnissen (W. Knigge u. H. Schulz, Grundriß der Forstbenutzung, 1966)

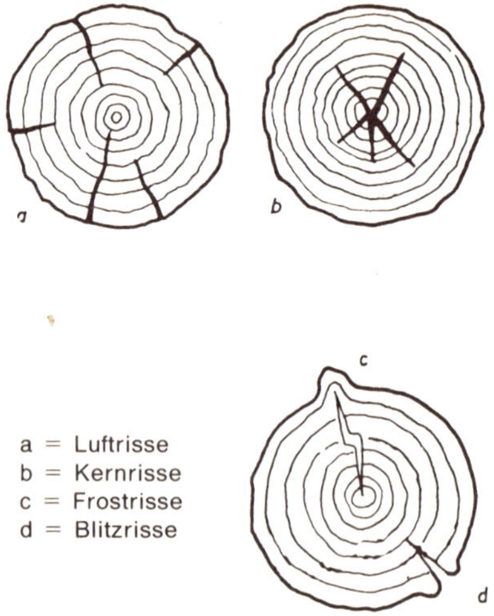

Abb. 2.10: Ring- oder Schalrisse

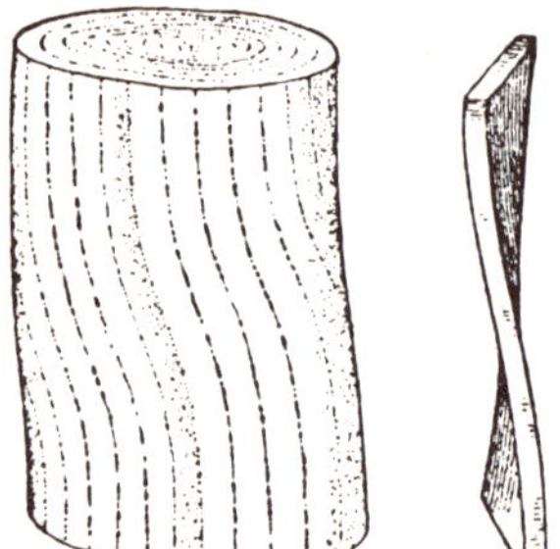

Abb. 2.9 (links): Drehwuchs; Wirkung auf Schnittware

(rechts): Einseitiger Wuchs nach links

men sich Träger und Stützen bei einer Temperaturerhöhung kaum; die Festigkeit des Holzes nimmt mit steigender Temperatur im Gegensatz zu Metallen und Kunststoffen nur langsam und kontinuierlich ab.

2.2.9 Optische Wirkung

Die optische Wirkung des Holzes wird durch seine Farbe und Zeichnung bestimmt. Die Farben des Holzes reichen von Weißlich-Gelb (z. B. Ahorn, Fichte, Abachi) über Gelbbraun/Rot (z. B. Eiche, Esche, Lärche, Afzelia, Makore), Grünlich (z. B. Robinie), Dunkelbraun (z. B. Nußbaum, Teak), Violett (z. B. Zwetschenbaum, Palisander) bis Schwarz (z. B. Ebenholz).

Die Zeichnung des Holzes erstreckt sich von schlicht und regelmäßig über gestreift, gewellt, geflammt bis zu lebhaft und unregelmäßig. Mit der Kombination von Farbe und Zeichnung ergeben sich vielfältige Möglichkeiten einer ästhetischen Wirkung des Holzes.

2.3 Abweichungen des Holzes von seiner normalen Beschaffenheit

Der Aufbau des Holzes schwankt aufgrund zahlreicher naturbedingter Einflüsse innerhalb bestimmter Grenzen. Abweichungen von der normalen Beschaffenheit gelten dann als Fehler, wenn sie die Verwendbarkeit des Holzes nachteilig beeinflussen. Bei der Sortierung des Holzes wird die Fehlerhaftigkeit als Gütefaktor entsprechend berücksichtigt.

2.3.1 Besonderheiten im Wuchs

Äste vermindern die Festigkeit von Holzbauteilen und beeinträchtigen durch ihr abweichendes Schwindverhalten die Oberflächenglätte. Andererseits können sie auch eine dekorative Wirkung ausüben.

Abholzigkeit, d.h. eine übernormal starke Abnahme des Baumdurchmessers, führt beim parallelen Einschnitt des Rundholzes zum Durchtrennen von vergleichsweise mehr Fasern als bei vollholzigen Stämmen und somit zu einer Festigkeitsminderung.

Das gleiche gilt für den *Drehwuchs,* d.h. für einen schraubigen Faserverlauf innerhalb eines Baumes. Darüber hinaus verziehen sich drehwüchsige Holzkörper bei Feuchtigkeitsänderungen windschief.

Weitere Wuchsfehler sind Abweichungen vom kreisförmigen Querschnitt durch Zwieselwuchs, Doppelkern, Unregelmäßigkeiten im Jahrringbau, exzentrisches Dickenwachstum und dgl. Damit verbunden ist bei Nadelbäumen häufig die *Rotholzbildung* (Druckholz, Rothärte, Nagelhärte, Buchs). Die Fehlerhaftigkeit des Druckholzes liegt in seinem erhöhten axialen Schwindmaß, seiner geringeren Zug- und Biegefestigkeit und seiner erhöhten Neigung zum Verwerfen. Bei Laubbäumen wird dagegen häufig exzentrisch *Zugholz* (Weißholz) angelegt, dessen Fehlerhaftigkeit auf seiner höheren Längsschwindung und verringerten Druck- und Biegefestigkeit beruht sowie auf Schwierigkeiten bei der Verleimung; diese werden durch eine rauhe, wollige Oberfläche verursacht.

Andere Holzfehler werden durch Wachstumsspannungen verursacht. Sie führen zu *Mark-, Stern-, Ring-* und *Schilferrissen.*

2.3.2 Abweichungen durch äußere Einflüsse

Äußere Einwirkungen, insbesondere Witterungseinflüsse, verursachen zahlreiche Holzfehler, z.T. bereits am stehenden Stamm. So kommt es durch Sturmeinwirkungen zu *Faserstauchungen* im mikroskopischen Bereich, die zu einer Festigkeitseinbuße führen können.

Mechanische Verletzungen des lebenden Baumes lösen *Wundüberwallungen* aus, deren Fehlerhaftigkeit darin besteht, daß die einstigen Wundstellen verfärbt sind und die Überwallungsschichten verbindungslos darauf liegen.

Durch Frost, Hitze oder Blitzschlag entstehen *Frost-, Trocken-* bzw. *Blitzrisse* im stehenden Baum.

Tab. 2.1: Nadelhölzer

Leitname	Weitere Handelsnamen	Farbe Splint	Farbe Kern	Witterungsbeständigkeit*) (nur für Kernholz)	Verwendung am oder im Bau	darrtrocken: Rohdichte g/cm³	Bemerkungen zur Verarbeitung
				einheimisch			
Douglasie	Douglas fir, Oregon fir, Oregon pine; Importqualitäten übertreffen einheimische D. in Feinjährigkeit	weiß	gelblich-braun	mäßig	Konstruktionsholz im Außen- und Innenbau; Schälholz	0,50	mäßig schwindend
Fichte	Rotfichte	weiß bis rötlich-gelb (ohne Kernfärbung)		keine	Konstruktionsholz für Hallentragwerke, Dachstühle, Wände; Ausstattungsholz für Verkleidungen, Dielen; Schälholz, Schalungsholz	0,43	mäßig schwindend
Kiefer	Föhre, Forle, Nordische K., Polnische K.	weiß	rötlich	mäßig	Konstruktionsholz im Außen- und Innenbau; Ausstattungsholz	0,47	mäßig schwindend
Lärche		gelblich	rötlich-braun	mäßig	Konstruktionsholz im Außen- und Innenbau; Ausstattungsholz	0,54	mäßig schwindend
Tanne	Weißtanne, Edeltanne mit Fichte als „Fi/Ta" gehandelt	gelblich-weiß bis rötlich-gelb (ohne Kernfärbung)		keine	Konstruktionsholz im Innenausbau	0,43	mäßig schwindend

*) Gilt für ungeschütztes Holz. Konstruktiver und chemischer Holzschutz verbessern die Witterungsbeständigkeit erheblich, z. B. bei Fichte/Tanne im Außenbau; Buchenschwellen

Tab. 2.1 (Fortsetzung)

ausländisch							
Hemlock	Hemlock-spruce	bräunlich-grau (ohne Kernfärbung)		keine	Konstruktionsholz im Innenausbau; Schälholz	0,46	mäßig schwindend, geruchlos
Oregon-Pine	s. Douglasie						
Parana-Pine	Araucarie, Brasilkiefer	gelblich	hellbraun, rot/braun gestreift	keine	Konstruktionsholz im Innenbau; Ausstattungsholz	0,50	mäßig schwindend
Pitch-Pine	Longleaf-P. (nur Kernware), von ähnl. Qualität ist Carolina-P.; auch als Pitch-Pine gehandelt; Red Pine (= Splintware)	gelblich	rötlich-braun	mäßig	Konstruktionsholz im Außen- und Innenbau für starke Beanspruchungen	0,63	mäßig schwindend, ziemlich säureresistent
Redwood	Sequoie	gelblich	hellrot, nachbräunend	ja	Konstruktionsholz im Außen- und Innenbau für geringe Beanspruchungen; Ausstattungsholz; Schälholz	0,37	gering schwindend, gutes Stehvermögen
Western Red Cedar	Thuja, Red cedar	weiß	rotbraun	ja	Konstruktionsholz im Innen- und Außenbau	0,34	gering schwindend, gutes Stehvermögen

*) Gilt für ungeschütztes Holz. Konstruktiver und chemischer Holzschutz verbessern die Witterungsbeständigkeit erheblich, z. B. bei Fichte/Tanne im Außenbau; Buchenschwellen

Tab. 2.2: Laubhölzer

Leitname	Weitere Handelsnamen	Farbe Splint	Farbe Kern	Witterungsbeständigkeit*) (nur für Kernholz)	Verwendung am oder im Bau	Rohdichte	Bemerkungen zur Verarbeitung
einheimisch							
Birke	Weißbirke, Maserbirke aus Finnland	gelblich-weiß bis rötlich-gelb (ohne Kernfärbung)		keine	Ausstattungsholz für Vertäfelungen, Möbel; Schälholz	0,58	mäßig schwindend, gut zu profilieren
Buche	Rotbuche	hellgrau mit gelblich-rötlicher Tönung (ohne Kernfärbung) bzw. wolkig-rotbraun (Rotkern)		keine	Konstruktionsholz im Innenausbau, Parkett; Schälholz; rotkernige B. für Wandverkleidungen	0,64	stark schwindend
Esche	Olivesche = gestreiftes Kernholz	weiß, sehr breit	grau bis oliv, wolkig gestreift	keine	Ausstattungsholz für Deckfurniere (auch Maserholz)	0,62	mäßig schwindend, sehr elastisch
Eiche	Sommereiche, Stieleiche, Traubeneiche, Wintereiche	grau	graubraun bis dunkelbraun	ja	Konstruktionsholz im Außen- und Innenbau, Parkett; Ausstattungsholz für hochwertige Deckfurniere	0,63	mäßig schwindend, Verfärbungen bei Eisenkontakt
Nußbaum	Walnuß, Deutscher, Französischer, Italienischer, Kaukasischer N.	grau	grau bis dunkelbraun	mäßig	Ausstattungsholz für Möbel, Täfelungen, Gestühl, Parkett	0,65	mäßig schwindend, gut zu drechseln
Pappel	Zitterpappel, Aspe, Espe	hellgrau bis gelblich-weiß (ohne Kernfärbung)		keine	Schälholz, Blindholz	0,45	mäßig schwindend
Rüster	Ulme	grau	grau- bis rotbraun	keine	Ausstattungsholz, massiv und furniert; Sitzmöbel	0,64	mäßig schwindend, unangenehmer Geruch

*) Gilt für ungeschütztes Holz. Konstruktiver und chemischer Holzschutz verbessern die Witterungsbeständigkeit erheblich, z. B. bei Fichte/Tanne im Außenbau; Buchenschwellen

Tab. 2.2 (Fortsetzung)

				ausländisch			
Abachi	Samba, Wawa	blaßgelb	helloliv	keine	Konstruktionsholz im Innenausbau für geringe Beanspruchung; Schälholz	0,35	gering schwindend, gutes Stehvermögen
Afzelia	Doussié	grau	hellbraun, rötlich nachdunkelnd	ja	Konstruktionsholz im Außen- und Innenbau für stärkere Beanspruchungen, für geringe Schwundtoleranzen	0,70	gering schwindend, gutes Stehvermögen, ziemlich säureresistent
Balsa		weiß	blaß rötlich	keine	Modellbauholz	0,12	gering schwindend, nicht nagel- und schraubfest, nur mit scharfen Werkzeugen bearbeitbar, bläueanfällig
Bongossi	Azobe, Ekki	hell rotbraun	tief rotbraun bis violett	ja	Konstruktionsholz im Land- und Wasserbau für besonders hohe Beanspruchungen	1,03	stark schwindend, schwer entflammbar, schwer leimbar, sehr hart, bohrmuschelresistent
Cordia		graubraun	oliv bis goldbraun	ja	Konstruktionsholz im Außen-, Innen- und Bootsbau	0,49	gering schwindend
Kambala	Iroko	grau	gelblich, olivbraun nachdunkelnd	ja	Konstruktionsholz im Außen- und Innenbau für stärkere Beanspruchungen	0,63	mäßig schwindend, gutes Stehvermögen

Tab. 2.2 (Fortsetzung)

Leitname	Weitere Handelsnamen	Farbe Splint	Farbe Kern	Witterungsbeständigkeit*) (nur für Kernholz)	Verwendung am oder im Bau	Rohdichte	Bemerkungen zur Verarbeitung
				ausländisch			
Khaya	Khaya-Mahagoni	graurosa	rotbraun	mäßig	Konstruktionsholz im Außen-, Innen- und Bootsbau; Ausstattungsholz; Schälholz	0,45	mäßig schwindend, gutes Stehvermögen, gut bearbeitbar
Lauan	Rotes Lauan, Red Lauan	graurosa	rotbraun	mäßig	Konstruktionsholz für geringe Beanspruchung im Innenausbau; Ausstattungsholz; Schälholz	0,46	mäßig schwindend
Limba	Frake	grau bis grünlich-gelb (ohne Kernfärbung)		keine	Konstruktionsholz im Innenausbau; Ausstattungsholz; Schälholz	0,52	mäßig schwindend, bläueanfällig
Mahagoni	Echtes M., Honduras-, Tabasco-, Nicaragua-M.	grau	rotbraun	ja	Konstruktionsholz im Außen- und Innenbau mit hoher Maß- und Formfestigkeit; Ausstattungsholz	0,49	gering schwindend, gutes Stehvermögen
Makoré	Baku	graurosa	hellrot, nachbräunend	ja	Konstruktionsholz im Außen-, Innen- und Bootsbau; Ausstattungsholz; Schälholz	0,62	mäßig schwindend, stumpfend, Reizungen der Schleimhäute und Augen durch Schleifstaub

*) Gilt für ungeschütztes Holz. Konstruktiver und chemischer Holzschutz verbessern die Witterungsbeständigkeit erheblich, z. B. bei Fichte/Tanne im Außenbau; Buchenschwellen

Tab. 2.2 (Fortsetzung)

				ausländisch			
Mansonia	Bete	weiß	helloliv bis violettbraun	ja	Konstruktionsholz im Außen- und Innenbau; Ausstattungsholz	0,57	mäßig schwindend, stärkeres Stumpfen, Schleifstaub gesundheitsschädigend
Meranti, Red	Dark Red M., Light Red M. s. Lauan						
Okoume	Gabun, Gabun-Mahagoni (kein echtes Mahagoni)	grau	blaß rosa, glänzend	keine	Ausstattungsholz	0,41	mäßig schwindend, leicht stumpfend
Palisander	Ostindisch P., Rio-P. (= Jacaranda)	gelblich	dunkelbraun bis violett	ja	Ausstattungsholz (z. Z. nur Furniere im Handel)	0,82	gering schwindend, gutes Stehvermögen
Sapelli	Aboudikro	grau	rotbraun, goldglänzend	mäßig	Konstruktionsholz im Außen- und Innenbau für mittlere Beanspruchungen; Ausstattungsholz	0,59	mäßig schwindend, Neigung zum Verwerfen
Sen		weiß	graugelb	keine	Ausstattungsholz für großflächige Möbel und Vertäfelungen	0,49	mäßig schwindend, zäh
Sipo	Utilie	rötlich-grau	rötlichbraun bis tiefbraunviolett	ja	Konstruktionsholz im Außen-, Innen- und Bootsbau; Ausstattungsholz	0,57	mäßig schwindend, gutes Stehvermögen, hart, jedoch gut bearbeitbar

Tab. 2.2 (Fortsetzung)

Leitname	Weitere Handelsnamen	Farbe Splint	Farbe Kern	Witterungsbeständigkeit*) (nur für Kernholz)	Verwendung am oder im Bau	Rohdichte	Bemerkungen zur Verarbeitung
			ausländisch				
Teak	Burma-, Siam-, Java-T.	grau	hell- bis dunkelbraun, mit schwarzen Adern	ja	Konstruktionsholz im Außen- und Innenbau für besonders hohe Anforderungen an Fugen- und Formfestigkeit; Ausstattungsholz	0,64	gering schwindend, sehr gutes Stehvermögen, gut zu drechseln, messern und schnitzen, Staub hautreizend
Tiama		rötlich-grau	hell rotbraun	mäßig	Konstruktionsholz im Außen- und Innenbau für mittlere Beanspruchungen; Ausstattungsholz; Schälholz	0,52	mäßig schwindend, Neigung zum Verwerfen
Wengé		grau-weiß	kaffeebraun	ja	Konstruktionsholz im Außen- und Innenbau für maßhaltiges Rahmenwerk, Parkett; Ausstattungsholz	0,75	gering schwindend, hart, jedoch ohne Schwierigkeit zu bearbeiten, gutes Stehvermögen

*) Gilt für ungeschütztes Holz. Konstruktiver und chemischer Holzschutz verbessern die Witterungsbeständigkeit erheblich, z. B. bei Fichte/Tanne im Außenbau; Buchenschwellen

2.3.3 Trocknungsfehler

Infolge unsachgemäßer Bedienung von Trocknungsanlagen können Verfärbungen am Holz auftreten und zu erheblichen Wertverlusten führen. Weitere Folgen sind Verdrehen, Verwerfen oder Verschalung (d.h. eine Versteifung der äußeren Holzschichten durch zu schnelle Trocknung nassen Holzes bei anfänglich noch feuchtem Kern; weitere Abtrocknung führt zu Innenrissen). Ferner können Zelleinbrüche (Kollaps) verursacht werden, die ebenfalls von Innenrissen begleitet sind.

2.4 Konstruktions- und Ausstattungshölzer

Die wichtigsten Eigenschaften einiger z.Z. gängiger einheimischer und ausländischer Nadel- und Laubholzarten sind den *Tab. 2.1* und *2.2* zu entnehmen; sie wurden zusammengestellt aus: *H. Gottwald,* Handelshölzer, F. Holzmann Verlag, Hamburg, 1958.

2.5 Bauholz als Handelsware

2.5.1 Handelsformen und Verwendungszweck

2.5.1.1 Rohbauhölzer und Schalung

Bauholz im herkömmlichen Sinne ist (soweit es sich nicht um Rundhölzer handelt) Schnittholz von quadratischem bzw. rechteckigem Querschnitt (Bretter, Bohlen, Balken, Latten usw.). Kanthölzer, deren größte Querschnittseite 20 cm und mehr beträgt, werden als Balken bezeichnet. Die für das Handelsgeschäft geltenden Sortierungsregeln besagen: Bauholz muß äußerlich gesund und fehlerfrei sein. Verfärbungen, Kern- und Trockenrisse, vereinzelt vorkommender Wurmbefall und leichte Ringschäle sind zulässig. Genormte Querschnittmaße (DIN 4074) für Kantholz und Balken sind: *Kantholz* z.B. 6/6, 8/16, 12/14, 16/18 cm. Balken sind z.B. 10/20, 12/24, 20/24 cm.

Bauholz-Schnittklassen. Nach der Nadelschnittholz-Sortierung des Handelsangebots gilt: Schnittklasse A darf an beliebigen Kanten in ganzer Länge Baumkante aufweisen, die, schräg gemessen, nicht mehr als ⅛ der größten Querschnittsabmessung (Höhe) beträgt; Schnittklasse B darf an allen Kanten in ganzer Länge Baumkante aufweisen, die, schräg gemessen, nicht mehr als ⅓ der größten Querschnittsabmessung beträgt; Schnittklasse C muß an allen Seiten in ganzer Länge mindestens von der Säge gestreift sein. Bei den Längen von mehr als 8 Meter darf der letzte halbe Meter bei A die Merkmale von B, bei B die Merkmale von C aufweisen.

Nach den für das Bauwesen maßgebenden Gütebedingungen für Bauschnittholz (DIN 4074) kommt hierzu die Sonderschnittklasse S ohne jede Baumkante, also absolut scharfkantig, während die Schnittklassen A (vollkantig), B (fehlkantig), C (sägegestreift) hinsichtlich der größten zulässigen Breite der Fehl-Baumkante mit den Schnittklassen A, B und C der handelsüblichen Sortierung übereinstimmen. Bezüglich der zulässigen Ausdehnung der Baumkante (auf jede Querschnittseite) bei A und B gegenüber der Handelssortierung besteht ein weitgehender Unterschied derart, daß nach DIN 4074 in jedem

Querschnitt bei A mindestens ⅔, bei B mindestens ⅓ jeder Querschnittseite von Baumkante frei sein muß.

Bauholz-Güteklassen können ohne kontrahierte Vereinbarung dem zuliefernden Händler nicht zur Verpflichtung gemacht werden. Nach den Güteeigenschaften richten sich aber die baupolizeilich zugelassenen Spannungen.

Die Gütebedingungen für Bauholz (DIN 4074) unterscheiden drei Güteklassen, und zwar:

I. Bauholz mit besonders hoher Tragfähigkeit,

II. Bauholz mit gewöhnlicher Tragfähigkeit und

III. Bauholz mit geringer Tragfähigkeit.

Sie bestimmen, welche Merkmale für jede dieser Güteklassen unzulässig und zulässig sind, enthalten Grenzwerte für Äste, Schrägfaserigkeit, Krümme und Jahrringbreite. – Die zulässigen Spannungen für Hölzer der drei Güteklassen sind in DIN 1052 (im Hochbau) und DIN 1074 (im Holzbrückenbau) festgelegt.

Schalbretter. Die geltende Nadel-Schnittholzsortierung scheidet ein Gebrauchssortiment dieses Namens, wie es in manchen alten Sortierungsgebräuchen enthalten war, nicht aus. Nach den üblichen Anforderungen an Schalbretter kommt die allgemeine Güteklasse IV in Frage. Diese Klasse darf große Baumkante haben. Es ist möglich, beim Kauf besonderer Ware für Schalzwecke je nach den Verbrauchsanforderungen zu vereinbaren, daß auf der schmalen Schnittseite ein bestimmtes Deckmaß vorhanden sein muß. Güte je nach Verwendungszweck. Wo Klasse IV nicht genügt, müßte III bestellt werden. Als Schalung kommen hauptsächlich Spundbretter 20, 24 und 30 mm in Frage; besäumte Bretter meist 15 bis 24 mm dick für Decken, Dach, Betonschalung u. ä.; Güteklassen je nach Verwendungszweck: Qualität III bis IV, Tanne/Fichte, 24 mm stark, Breiten von 8 bis 20 cm, Längen von 3 bis 4,50 m; gebündelt.

Listenholz ist Bauholz (vorwiegend Kantholz und Balken), das in bestimmten Abmessungen nach Holzliste oder -auszug bestellt wird, im Gegensatz zu dem auf Vorrat in anfallenden Längen und marktgängigen Querschnitten erzeugten Vorratsholz.

Vorratsholz ist Bauholz (überwiegend Kantholz und Balken), das in anfallenden Längen und üblichen (genormten bzw. Standard-) Querschnitten auf Vorrat geschnitten wird. Handelsübliche Länge von 3 m aufwärts; soweit nichts Besonderes vereinbart wurde, können 25 % der Stückzahl in Längen von 2,0 bis 2,8 m mitgeliefert werden. Der Handelsbrauch legt keine durchschnittliche Länge fest.

Bohlen sind Schnitthölzer, besäumt oder unbesäumt, von mehr als 35 mm, höchstens jedoch 100 mm Dicke und einer Breite von mehr als der doppelten Dicke. Häufig Qualität II bis III, Tanne/Fichte, als Gerüstbohlen, aber auch als Kanaldielen im Verbau. Im Kanal-, Straßen- und Brückenbau werden gern Bohlen von 60 mm verwendet.

Balken. Schnitthölzer (Kantholz) von quadratischem oder rechteckigem Querschnitt, deren kleinste Seite mindestens 10 cm und deren größte mindestens 20 cm beträgt.

Rundhölzer. Zopfdurchmesser ab 8 bis 12 cm; bei Längen von 2,5 bis 5 m als Stützen für Schalarbeiten; Verwendung im Tiefbau für Verbauabstützungen oder auch als Futterholz zwischen eingerammten Trägern.

Betonsteifen sind Rundhölzer in verschiedenen Bedarfslängen von 8 bis 15 cm Ø, die bei Betonarbeiten zum Absteifen der Schalung dienen.

Rohhobler. Bretter, nach Beschaffenheit und Abmessungen zur Herstellung von Hobeldielen geeignet. Keine Durchfalläste, Breite 10 bis 16 cm; hauptsächlich gefragt 10, 12 und 14 cm; maßhaltig in halbtrockenem Zustand.

Rahmen. Vierkanthölzer (Nadelschnittholz) mit Querschnitt von mehr als 32 cm^2, zu mindestens vier Stück aus einem Rundholz erzeugt; Güteklassen I und II; handelsüblich 3 bis 6 m lang; 10 % der Stückzahl unter 3 m zulässig.

Bauschwellen. Vielfach im Krangleisbau verwendet; hierfür meist Eichenholz, da sehr der Witterung und feuchtem Baugrund ausgesetzt. Lieferung nach Bestellung; Stärken 14 x 25 cm, oft nur zweiseitig besäumt.

Kantholz. Verwendung für Wände und Stürze, um Decken beizuschalen. 8 x 8 cm weniger, 8 x 10 cm bei den meisten Firmen üblich; Längen von 2,50 bis 4,50 m; Holzart Tanne/Fichte, weniger Kiefer; Qualität A, C.

Latten und Leisten für Bauzwecke sind Schnitthölzer, deren Querschnittmaße kleiner sind als die der Kanthölzer, Bretter und Bohlen (DIN 68365: Bauholz für Zimmerarbeit). Dachlatten werden auf Sparren als Unterkonstruktion für Dachziegel und Betondachsteine u.a. verwendet; eine Fehlkante (Baumkante) ist zulässig, die zur Traufe zeigen muß bei ansonsten breiter Auflage.

Rauhware. Sägerauhes Schnittholz (Bretter und Bohlen) ohne glättende oder sonstige Bearbeitung der Oberflächen.

Rauhspund. Schnittware mit bestimmten Gütemerkmalen, parallel besäumt, die nur an den Kanten bearbeitet, und zwar dort in der Regel mit Nut und Feder (bisweilen auch im Wechselfalz) versehen ist. In der Dicke ist Rauhspund meist egalisiert. Holzarten überwiegend Fichte/Tanne (meist 24 mm stark); Kiefer, seltener auch Lärche und Douglasie. Rauhspund wird vielfach als Dachhaut unter Schiefer- und Schindeldächern, bei Flachdächern mit minimalem Gefälle, u.a. verwendet.

Rammpfähle und *Wasserbaurundhölzer.* Nadelholzstämme, gesund und gerade; in Längen meist 8 bis 20 m und darüber; Mittendurchmesser 25 bis 45 cm, aber auch schwächer.

2.5.1.2 Hobelware und Platten

Hobelbretter/Leisten. Tanne/Fichte, Qualität 0 bis 3 bei Leisten I; Verwendung z.B. für Sichtbetonarbeiten, horizontale oder vertikale Verarbeitung; Leisten auch für Sichtbetonflächen, durch Einlegen von Dreikantleisten (keine abgebrochenen Ecken am Beton) und auch als Tropfnasen.

Hobeldielen. Nach geltender Sortierungsnorm ein- oder zweiseitig gehobelte, mit Nut und Feder (Spund), bisweilen auch mit Wechselfalz versehene oder glattkantig bearbeitete Bretter. Werden Hobeldielen auch noch mit einem Profil (Stab oder Fase) versehen, dann spricht man von Stab- bzw. Fasebrettern. Die Bezeichnung „Diele" findet hier auch für Dicken unter 35 mm Anwendung, während nach dem Sprachgebrauch darunter bei rauher Ware solche von 35 mm aufwärts verstanden werden. Die Berechnung von Hobeldielen erfolgt nach dem Federmaß.

Profilbretter sind ein am Bau immer mehr und breiter verwendetes Sortiment. Sie können aus fast allen Holzarten hergestellt werden. Handelsüblich geführt werden besonders solche aus Fichte/Tanne, Kiefer, Lärche, Redwood, Oregon Pine (Douglas Fir), kanadische Rotzeder, Sipo-Mahagoni, Red Pine. Profilbretter werden außen wie innen verwendet, z. B. Fassaden, Brüstungen, Wände, Decken.

Bei Außenverwendung ist ein Schutzanstrich erforderlich. Der erste Anstrich erfolgt zweckmäßig vor dem Anbringen. In Frage kommen hauptsächlich atmungsaktive, leicht nachzupflegende Imprägnierlasuren handelsüblicher Art. Lasuren ermöglichen fast jede gewünschte Farbwirkung, wobei das „Gesicht" des Holzes (Maserbild, Äste) erhalten bleibt. Bei Innenverwendung sollten die Profilbretter zuvor – durch mehrtägige Lagerung im temperierten Raum – dem Raumklima angepaßt werden. Ratsam ist, die Profilbretter-Verkleidungen zu hinterlüften, damit der notwendige Temperatur- und Feuchteausgleich gewährleistet ist. Für die Oberflächenbehandlung (besonders innen) kommen neben Lasurfarben verschiedene Lackierungen in Betracht (Anweisungen der Lackfirmen beachten). Auch Feuchträume wie Küche, Bad, Sauna usw. können mit Holz verkleidet werden.

Profilbretter finden auch Verwendung bei Sichtbeton (Strukturbeton).

Holzschalungsträger. Vorwiegend aus entsprechend sortierter Fichte; für alle Schalarten, Decken-, Wand-, Kletter-, Großflächen- und Rundschalung, auch für große Wandelemente und hohen Betondruck; Längen meist 2,40 bis 4,35 m, teils auch mit längenverstellbarer Verbindung für freitragende und weitgespannte Deckenschalung und -elemente. Es gibt auch Fabrikate, die aus Stahl und Holz kombiniert sind.

Spundbohlen aus Holz dienen zur Herstellung wasserdichter Wände (Spundwände). Spundbohlen sind meist 8 bis 16 bzw. 20 cm dick und 20 bis 30 cm breit. Sie werden grundsätzlich mit Nut und Feder versehen. Die Art der Spundung ist verschieden und richtet sich u. a. nach dem Verwendungszweck bzw. der Größe der Bauanlagen. Bemerkenswert ist, daß bei Spundbohlen im Gegensatz zu gespundeten Brettern (z. B. Fußbodenbrettern) die Feder (Spund) ein wenig länger sein muß, als die Nut tief ist, um einen unbedingt dichten Zusammenschluß von Nut und Spund zu gewährleisten. Verwendet werden Spundbohlen z. B. für Tiefbauarbeiten aller Bereiche, aber auch für Futtersilos (Gärfutterbehälter), Getreidesilos aus Holz usw. Als Holzarten für Spundbohlen kommen Nadelhölzer (vor allem Kiefer, gelegentlich auch Fichte) in Betracht.

Schalungstafeln, vorwiegend 50x150 cm, auch 50x75 und 50x200 cm; Tanne/Fichte verleimt; Verwendung für Wand- und Deckenschalung, aber auch häufig für Bauzäune und Absperrungen. Schalungsplatten werden auch für Sichtbetonarbeiten wie Balkonbrüstungen und für Fertigbauweise verwendet. Gute Einsatzmöglichkeiten, da wasserabstoßend und nicht werfend. Schalungstafeln vermeiden Holzverluste und ersparen Material, Montage- und Lohnkosten bei der Einschalungsarbeit. Aus (gehobelten) 22 bis 28 mm dicken Brettern in verschiedener Länge und Breite zusammengesetzt. Die Standardgröße ist 50x150 cm. Breitenverbindung der Bretter durch stumpfe fugenlose Leimung. Kantenprofile mit verschieden ausgeprägter Eisenarmierung, teils besonderer Eckenschutz; Oberflächen mit Schalöl, Kunstharz u.a. imprägniert. Schaltafeln gibt es auch aus Spezialsperrholz mit imprägnierter bzw. beharzter Oberfläche, Kanten- und Eckenschutz, filmbeschichtet usw.

Sperrholz als Baufurnierplatten nach DIN 1076 mit AW100-Verleimung aus Douglas Fir, Fichte, Kiefer, Birke und anderen Holzarten ist weitgehend koch- und wetterfest verleimt, universell verwendbar als Verschalung, Bauzaun usw. Es ist gekennzeichnet durch kreuzweise Verleimung der Sperrplatten und kann ohne Spaltgefahr direkt am Rand genagelt werden. Die Verleimung garantiert Dauerhaftigkeit auch unter extremen Witterungsbedingungen und erhöhter Belastung. Baufurnierplatten werden u.a. in Größen von 250x125 und 244x122 cm geliefert. Die Stärken von 6 bis 29 mm kommen allen Einsatzwünschen entgegen. Das Gewicht einer 16-mm-Platte beträgt z.B. nur 26 Kilogramm. Das günstige Stärke-Gewicht-Verhältnis bietet eine leichte Handhabung. Da bei der Verarbeitung nur wenig Rahmen und Versteifungen benötigt werden, verkürzen sich die Bau- und Arbeitszeiten.

Holzfaserplatten werden am Bau in drei Rohdichteklassen als poröse Faserplatten (0,35 g/cm³), mittelharte Faserplatte (0,35 bis 0,80 g/cm³), u. harte Faserplatten (über 0,80 g/cm³) verwendet. Poröse Faserplatten werden als Dämm- und Schallschluckplatten eingesetzt. Holzfaserplatten gibt es in mehreren Stärken auch mit veredelter Oberfläche für Verkleidungen, Möbel und Türen. Auch Platten mit eingefärbter Deckschicht werden angeboten. Ferner eine Mittelhartplatte als Bauplatte mit guter Dimensionsstabilität, geeignet für Decken, Trennwände, Unterböden und Fertigbauelemente.

Zu den „extraharten" Holzfaserplatten gehören solche mit ölgehärteter Oberfläche für Türen, Tore usw. Auch durchgehend spezialimprägnierte, wasserabstoßende, gut biegbare Betonschalungsplatten für alle Schalungsarbeiten, mehrmals verwendbar, sind mit Fertigstärken von 2 bis 8 mm am Markt, z.B. auch für Sichtbetonflächen.

Spanplatten. Die folgenden Spanplatten werden am Bau verwendet:
Spanplatten, hergestellt durch Verpressen von kleinen Teilen aus Holz und anderen Faserstoffen mit Bindemitteln, Holzspanplatten, deren Spanmaterial ausschließlich aus Holzspänen besteht, Flachpreßplatten, deren Späne über-

wiegend parallel zur Plattenebene liegen; sie werden einschichtig oder mehrschichtig mit geschliffenen oder ungeschliffenen Oberflächen hergestellt.

Strangpreßplatten, deren Späne überwiegend quer zur Herstellrichtung liegen. Strangpreßplatten werden als Vollplatten oder als Röhrenplatten hergestellt.

Nach Art der Oberfläche unterscheidet man Rohplatten, beschichtete Platten (Anstriche, Filme, Folien o. ä.) und beplankte Platten (Furniere, Holzfaserplatten, Kunststoffplatten, Asbestzementplatten u. a.).

Als Nenndicken werden vorzugsweise hergestellt: 6, 8, 10, 13, 16, 19, 22, 25, 28, 32, 36, 40, 45, 50, 60, 70 mm.

Nach Verleimungsart und Holzschutzmittelzusätzen werden unterschieden

V 20 zur Verwendung in Räumen mit niedriger Luftfeuchtigkeit,

V 100, beständig gegen hohe Luftfeuchtigkeit, und

V 100 G, beständig gegen hohe Luftfeuchtigkeit und mit Holzschutzmittel gegen holzzerstörende Pilze versehen.

2.5.1.3 Bauelemente und Sondersorten

Ingenieur-Holzbauteile. Dazu zählen die brettschichtverleimten lamellierten Normkonstruktionen (Binder, Träger) und die industriell gefertigten Nagelbinder der verschiedensten Herstellerverfahren. Zu ihren kostengünstigen Konstruktionsformen zählen Wellstegträger, Dreieckstrebenbau und Trigonitbauweise. Diese und andere Systeme werden typengeprüft. Für Nagelbinder werden überwiegend Fichten/Tannen-Bretter 24/30 bis 45 mm benötigt; möglichst Güteklasse I bis II. Für Leimbinder kommt so gut wie ausschließlich Fichte in Stärken 20, 24, 30 und 35 mm und Güteklassen 0, 1, 2 in Betracht. Der Trockenheitsgrad ist hier besonders wichtig.

Ausbauelemente. Anwendung z. B. als verschiebbare Trennwände in Wohn- und Bürohäusern (auch auszubauen zu Wandschränken). Für die Versteifungen sind vielfach Rahmenhölzer 4/6, 6/6, 6/8 cm gefragt. Die Vertäfelung kann vielfältig gestaltet sein (Profilbretter, Spanplatten, geschichtete Span- und Faserplatten, Tischlerplatten, Sperrholz, Verkleidungsplatten). Darüber hinaus finden sich im Handelsangebot mehr und mehr Wand- und Dachelemente, Fertigfenster, einhängefertige Türen, Wandpaneele, Wand- und Deckenverkleidungen, Fertigtreppen, Falttüren, Fertigparkette usw. Hierzu wird auf das individuelle Angebot der Holzhandlungen verwiesen bzw. auf andere Stichworte dieses Buchabschnitts.

Parkette und *Fertigparkette.* Dazu gehören nach DIN 280, Blatt 1 bis 3, Mosaikparkett, Stabparkett, Dämmparkett usw. Für fortschrittliches Fertigparkett liegt DIN 280, Blatt 5, im Entwurf vor. Fertigparkett ist ein industriell hergestelltes Fußbodenelement aus Holz oder einer Verbindung aus Holz, Holzwerkstoffen und anderen Baustoffen.

Die Oberseite besteht aus Holz, und es bedarf nach der Montage auf der Baustelle keines Schleifvorgangs und keiner Nachbehandlung einer Oberfläche. Fertigparkett-Elemente haben quadratische oder rechteckige Form. Das in- und ausländische Angebot geht über den Handel oder direkt an Verlegebetriebe. Die einzelnen Elemente sind meist durch Nut und Feder zu verbinden, gelegentlich durch Verkleben. Ansprüche an Holzbeschaffenheit und Trockenheit weitgehend wie in der Norm. Fertigparkett-Elemente müssen in jeder Richtung unter Berücksichtigung holztechnologischer Eigenschaften formstabil sein und schwimmend verlegt werden können, also selbsttragend sein. Verschiedene Unterlagen und Konstruktionen sind möglich, desgleichen Schüttungen, wobei in jedem Fall die Hinweise der Hersteller zu beachten sind.

Vorteile gegenüber dem konventionellen Parkett dürften hauptsächlich sein: Altbaurenovierung und Bereich der sonstigen Vorfertigung, z. B. Fertighäuser, denn hier können kürzere Verlegezeiten, die Möglichkeit baldiger Benutzung, Wegfall von Schleifen und Versiegeln besonders ins Gewicht fallen.

Gängige Abmessungen bisher: Rechteck lang (Dielen, Bohlen), 10 bis 26 mm dick, 100 bis 240 mm (Deckmaß) breit, ab 1200 mm (Deckmaß) lang. Entsprechend Rechteck kurz: 10–26, 200–400, ab 400 und Quadratform: 10–26, 200–650, 200–650.

Holzpflaster besteht aus genormten viereckigen oder runden Stirnholzklötzchen in verschiedener Stärke. Je nach Beschaffenheit und Verlegungsart spricht man von Holzpflaster, Stirnholzböden, Industrieparkett usw. Es wird in der Regel auf trockener sandiger Unterlage verlegt, meist mit Asphalt ausgegossen und gegen Witterungseinflüsse bzw. Verschleißbeanspruchung imprägniert und versiegelt.

Spaltenböden werden in der Landwirtschaft für Viehlaufställe als Fußboden verwendet. Sie bestehen aus Holzrosten, die aus etwa 12 bis 13 cm breiten Halbhölzern aus Hartholz (z. B. Bongossi) gebildet und mit z. B. 3,5 cm breiten Zwischenräumen (Spalten) über einer Vertiefung (Kotraum) verlegt werden. Spaltenböden ersparen die Einstreu und erfordern je Tier weniger Fläche als bei einem eingestreuten Laufstall.

Zäune und *Pergolen* aus Holz. Zur Einfriedung von Gärten in Siedlungsgebieten usw. ist der Scherenzaun, auch Jägerzaun genannt, aus gespaltenen Fichtenstämmchen (Halblatten) beliebt. Die Spielarten des Zauns gehen im übrigen von Flechtzäunen über Lattenzäune zu allen möglichen Formen der Naturzäune, auch mit horizontaler Rauhverbretterung, z. B. einfache Fichten-, Kiefern- und Lärchenbohlen, 14 bis 20 cm breit, 30 bis 40 mm dick. Pfähle und dünne Stangen in möglichst Naturrauhzustand sind das Baumaterial. Für Pergolen werden Kanthölzer, z. B. 10 x 12 und 10 x 10 cm, für Stützen (Pfosten), Pfetten (Querverbindungen) und Sparren (Verbindung obenauf) benutzt. Als Zubehör dienen handelsübliche Mauerhaken, Winkeleisen, Eisenschuhe für die Pfosten, Schlüsselschrauben und Nägel. Vielfach wird mit Holzschutzmitteln gefärbt. Für Lattenwände (Zäune für Pergolen) nimmt man u. a. gehobelte Latten, 2 x 5 cm.

Schindeln. Gesägt oder gespalten aus Fichte, Kiefer, kanadischer Rotzeder u. a.; wetterbeständig teils von Natur (Red Cedar), im übrigen durch Imprägnierung. Auch zum Selbstanbringen in

Bündeln beziehbar; für Dächer, Fassaden und auch als Innendekor. Auch Eiche und Lärche sind, da dauerhaft, gut für Schindeln geeignet, wenn auch wegen der modernen Imprägnierverfahren bei Nadelholz weniger üblich geworden.

2.6 Holzwerkstoffe

Unter dem Oberbegriff Holzwerkstoffe werden verschiedene industriell hergestellte Halbzeuge zusammengefaßt. Sie bestehen aus zerkleinertem Holz, das unter Druck und Hitze zu Platten oder Formteilen verpreßt wird. Nach dem Zerkleinerungsverfahren wird zwischen *Sperrholz* (aus Furnieren), *Spanholz* (aus Holzspänen) und *Faserholz* (aus Faserbündeln) unterschieden. Der Übergang vom Span- zum Faserholz ist fließend, da Faserholz auch zur Herstellung von Spanplatten benutzt wird. Durch die schubfeste Verbindung (Verleimung) fasergekreuzter Schichten wird die dem gewachsenen Holz anhaftende Anisotropie der elastomechanischen und physikalischen Eigenschaften ganz oder teilweise ausgeglichen. Dieser Ausgleich beruht auf dem sogenannten „Absperreffekt", der aber nur in der Plattenebene wirksam ist. Durch die Kombination von Holzwerkstoffen untereinander und mit anderen Werkstoffen entstehen Verbundwerkstoffe verschiedener Art.

2.6.1 Verfahrenstechnische Grundbegriffe

2.6.1.1 Sperrholz (Oberbegriff für Furnier- und Tischlerplatten)

Furnierplatten bestehen aus mindestens drei Lagen von Schälfurnieren, die vorzugsweise unter 90° Faserkreuzung miteinander verleimt werden und zur Mittelebene symmetrisch aufgebaut sind.

Tischlerplatten bestehen aus einer Mittellage, die beiderseits mit Schälfurnieren beplankt werden. Ihre Mittellagen bestehen entweder aus Holzleisten oder aus hochkant gestellten Furnieren. Man unterscheidet (nach DIN 68705):

Stäbchen-Mittellagen: (STAE)	plattenförmig aneinandergeleimte Furnierstäbchen bis 8 mm Dicke.
Stab-Mittellagen: (ST)	plattenförmig aneinandergeleimte Holzleisten von etwa 25, höchstens 30 mm Breite.
Streifen-Mittellagen: (SR)	plattenförmig dicht nebeneinanderliegende, jedoch nicht miteinander verleimte Holzleisten bis 30 mm Breite.

Tischlerplatten mit einer Mittellage und zwei Beplankungsfurnieren werden oft als „3fache Ti-Platten" bezeichnet; es gibt daneben auch 5fache Platten.

Sternholz (SN): Furnierplatten mit weniger als 90° Kreuzungswinkel, z. B. für Knotenplatten.

Schichtholz: Furnierplatten aus faserparallel verleimten Furnieren mit sehr hoher Längs-, aber geringer Querfestigkeit. Packungsdichte 7 bis 40 Furnierlagen je cm Plattendicke.

Preßsperrholz: Furnierplatten werden normalerweise bei Drücken bis 1,5 N/mm² hergestellt. Bei höherem Preßdruck erhält man Preßschichtholz mit einer der Verdichtung entsprechenden höheren Festigkeit.

Preßschichtholz – wie Preßsperrholz –: unter höheren Drücken erzeugtes Schichtholz für den Vorrichtungsbau und für elektrotechnische Zwecke (siehe hierzu DIN 7707).

Sperrholznormen: DIN 68705, Blatt 1: Begriffe, allgemeine Anforderungen, Gütesicherung, Prüfungen; DIN 68705, Blatt 2: Sperrholz für allgemeine Zwecke, Gütebedingungen; DIN 68705, Blatt 3: Bau-Furnierplatten, Gütebedingungen; DIN 68705, Blatt 4: Bau-Tischlerplatten, Gütebedingungen; DIN 68706 Sperrtüren; DIN 68708 Sperrholz, Begriffe; DIN 68709 Sperrholz-Klassifikation.

2.6.1.2 Holzspanplatten

Nach DIN 68761 sind Holzspanplatten „Holzwerkstoffe, die aus Spänen von Holz oder verholzten Rohstoffen mit Kunstharzen als Bindemittel hergestellt sind“. Unter „verholzten Rohstoffen“ werden die Stengel von Flachs, Hanf, Bagasse usw. verstanden. Die meist importierten Flachs-Spanplatten fallen also unter den Oberbegriff Spanplatten. Ihre Verwendung ist im Bauwesen durch DIN 68763 geregelt.

Nach der Verfahrenstechnik werden unterschieden:

Flachpreßplatten: Beim Einstreuen der Spanvliese kommen die beharzten Späne annähernd parallel zur Plattenebene zu liegen.

Strangpreßplatten: Die beharzten Späne liegen waagerecht in senkrecht stehenden, taktweise arbeitenden Pressen. In der fertigen Platte stehen die Späne annähernd senkrecht auf der Plattenfläche.

Strangpreßplatten dienen als Kernlage für Verbundelemente. Sie werden stets beidseitig mit Furnieren, Furnier- oder Faserplatten beplankt. Bis zu 20 mm Dicke werden Strangpreßplatten als „Vollplatten“, darüber als „Röhrenplatten“ mit Dicken bis zu 120 mm (für Wandelemente) hergestellt.

Normen: DIN 68760: Spanplatten-Nenndicken; DIN 68761: Flachpreßplatten für allgemeine Zwecke, FPY–Begriffe, Anforderungen, Prüfung; DIN 68762: Spanplatten für Sonderzwecke im Bauwesen; DIN 68763: Flachpreßplatten für das Bauwesen – Begriffe, Eigenschaften, Prüfung, Überwachung; DIN 68764: Bl. 1: Strangpreßplatten für das Bauwesen – Begriffe, Eigenschaften, Prüfung, Überwachung, Bl. 2: Strangpreßplatten für das Bauwesen – beplankte Strangpreßplatten für die Tafelbauart; DIN 68765: kunststoffbeschichtete dekorative Flachpreßplatten – Begriff, Anforderungen; DIN 68771: Unterböden aus Holzspanplatten.

2.6.1.3 Holzfaserplatten

Faserplatten werden im Naß-, Halbtrocken- und Trockenverfahren hergestellt. Beim Naßverfahren werden die Faservliese über Siebe entwässert, die sich auf der Plattenunterseite (Siebseite) markieren. Diese Platten sind nur einseitig glatt, während mit den beiden anderen Herstellverfahren zweiseitig glatte Platten herstellbar sind. Wenn die Faservliese drucklos getrocknet werden, erhält man Dämmplatten, unter Druck jedoch harte Holzfaserplatten. Man unterscheidet:

Poröse Holzfaserplatten (Wärmedämmung): Rohdichte von 230 bis 400 kg/m³.

Harte Holzfaserplatten: Rohdichte über 850 kg/m³.

Normen: DIN 68750: Holzfaserplatten, Gütebedingungen; DIN 68751: kunststoffbeschichtete dekorative Holzfaserplatten – Begriff, Anforderungen, Prüfung.

2.6.1.4 Holzwolle-Leichtbauplatten

Diese bestehen aus Holzwolle und mineralischen Bindemitteln. Ihrer Struktur nach gehören sie zu den Holzspanwerkstoffen, können aber nicht unter DIN 68761 eingeordnet werden, da deren Geltungsbereich auf organische Bindemittel (Kunstharze) beschränkt ist.

Normen: DIN 1101: Holzwolle-Leichtbauplatte – Maße, Anforderungen, Prüfungen; DIN 1102: Holzwolle-Leichtbauplatten – Verarbeitung; DIN 1104: Mehrschicht-Leichtbauplatten aus Schaumkunststoffen und Holzwolle.

2.6.2 Beständigkeitsbegriffe (Klimaeinwirkung)

Die Beständigkeit (Haltbarkeit) von Holzwerkstoffen hängt sowohl von den verwendeten Rohstoffen wie von der Verleimung ab. Bei jeder Feuchteänderung entstehen im Verband durch Quellbehinderung Schubspannungen, die von den Leimbrücken aufgenommen werden müssen. Diese Leimbrücken dürfen durch Feuchtigkeitseinflüsse nicht erweicht oder gelöst werden. Sie dürfen ferner durch örtliche Dehnungen und damit verbundene Überschreitungen der Bruchdehnungen nicht gesprengt werden. Die bei einer Feuchteaufnahme entstehenden Quelldruckspannungen werden infolge zunehmender Plastifizierung der Holzsubstanz rasch abgebaut. Schrumpfspannungen bei Trocknungsprozessen werden infolge der dann abnehmenden Plastifizierung bedeutend langsamer abgebaut als Quellspannungen. Scharfe Trocknungen sind daher gefährlicher als starke Durchfeuchtungen. Die bei Verleimungsprüfungen üblichen Lagerungen in kaltem, heißem oder kochendem Wasser stellen häufig eine mildere Beanspruchung der Proben dar als der im natürlichen Klima erzeugte Spannungswechsel. Die auf Prüfmethoden bezogenen, aus den Normen ausgemerzten, im Sprachgebrauch aber immer noch anzutreffenden Begriffe „feuchtfest, wasserfest" usw. sind mißverständlich. Die Beständigkeitsbegriffe müssen auf die Klimate bezogen werden. Man muß unterscheiden:

Außenklimate
a) Einsatz im Freien: Wechsel zwischen Regen und Sonnenschein, Wärme und Kälte
b) Einsatz unter (offenem) Dach: gegen Regen und Sonne geschützt, aber Wechsel von Temperatur und relativer Feuchtigkeit

Innenklimate c) Einsatz in geschlossenen Räumen mit häufig hoher, bis zu 100% ansteigender relativer Luftfeuchtigkeit (Bäder, Küchen)

d) Einsatz in geschlossenen, geheizten Wohnräumen mit meist mäßiger Luftfeuchte

Diesen vier Klimabeanspruchungen, deren Aggressivität in der Reihenfolge a → d abnimmt, werden in den Gütenormen für Sperrholz und Spanplatten bestimmte Verleimungsarten zugeordnet. Da Prüfungen im Wechselklima der langen Zeitdauer wegen für die Güteüberwachung ungeeignet sind, werden in den Gütenormen bestimmte Bindemittel vorgeschrieben, deren Beständigkeit erwiesen ist. Die Leimprüfung hat dann nur die Aufgabe, die ordnungsgemäße Härtung in der Leimfuge nachzuweisen. Hierfür kommt man mit Kurzprüfungen unter Wasser aus, die für jedes zugelassene Bindemittel vorgeschrieben werden.

Bei der Wahl der Verleimungen in Ausschreibungen ist in der Regel mit zwei Verleimungsarten auszukommen, den Verleimungen AW 100 (Sperrholz), V 100 (Flachpreßplatten), W 100 (Strangpreßplatten) für das Außenklima a) und den Verleimungen IF 20 (Sperrholz), V 20 und W 20 für das Innenklima d). Die Zahlen 20 und 100 kennzeichnen die Wassertemperatur, die bei Routineprüfungen anzuwenden ist.

Es ist ferner zu beachten, daß sich die Beständigkeitsgarantie der Plattenhersteller nur auf die Verleimungen bezieht. Wenn die Möglichkeit besteht, daß die Holzsubstanz der Platten durch tierische oder pflanzliche Schädlinge angegriffen wird, sind Holzschutzmaßnahmen notwendig. Pilzgeschützte Platten werden durch den Zusatzbuchstaben G gekennzeichnet, z.B. V 100 G (für flachgepreßte Bauspanplatten).

2.6.3 Gütesicherung von Holzwerkstoffen

Baustoffe für tragende und aussteifende Zwecke unterliegen einer bauaufsichtlich angeordneten Überwachungspflicht. Sie erstreckt sich auf die bauaufsichtlich „eingeführten" Normen DIN 68705, DIN 68763 und DIN 68764. Kernstück der Überwachung ist die im Herstellerwerk durchgeführte *Eigenüberwachung,* die eine laufende Betriebskontrolle erfordert. Die Überwachungspflicht erstreckt sich auf ausgewählte Beurteilungsmerkmale, z.B. Bindefestigkeit der Verleimungen, Festigkeiten, Quellungen, für die in den einschlägigen Gütenormen Schrankenwerte festgelegt sind. Die Kontrollergebnisse müssen statistisch ausgewertet und in Shewhart-Kontrollkarten registriert werden.

Die Kontrolltätigkeit beim Plattenhersteller wird im Rahmen einer *Fremdüberwachung* durch hierfür anerkannte Prüfinstitute stichprobenweise überprüft. Hierzu hat der Plattenhersteller Überwachungsverträge abzuschließen, die genehmigungspflichtig sind. Überwachte Erzeugnisse sind normgerecht zu kennzeichnen. Die Funktion der Fremdüberwachung kann von aner-

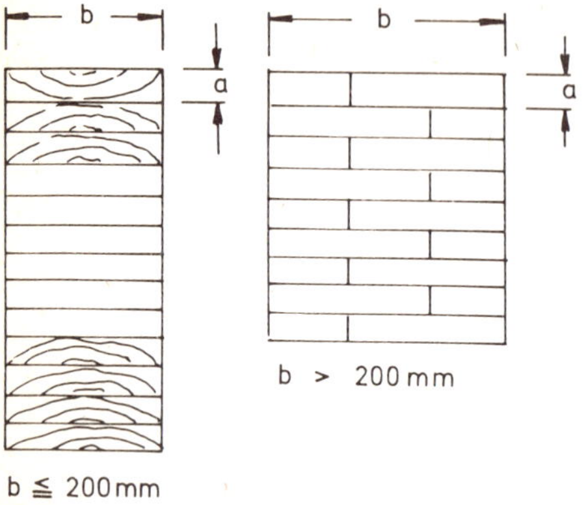

Abb. 2.11

kannten Gütegemeinschaften wahrgenommen werden, die in der Rechtsform des eingetragenen Vereins arbeiten. In Deutschland gibt es drei derartige Gütegemeinschaften, und zwar für Sperrholz-, Span- und Faserplatten.

Die Tätigkeit der privatrechtlichen Gütegemeinschaft geht über die bauaufsichtlich vorgeschriebenen Pflichten hinaus, denn sie überwachen auch die nicht bauaufsichtlich eingeführten und zugelassenen Holzwerkstoffe. Dazu gehören alle Platten „für allgemeine Zwecke", die keine tragenden und aussteifenden Funktionen haben. Die zu überwachenden Gütemerkmale stellen aber nur eine Auswahl aus den zur Beurteilung insgesamt in Frage kommenden Platteneigenschaften dar. Es kommt häufig vor, daß die überwachten Gütemerkmale für die Auswahl eines bestimmten Plattentyps nicht ausreichen, so daß Sondervereinbarungen zwischen Verbraucher und Hersteller erforderlich sind.

2.7 Brettschichtholz

Neben dem Vollholz, also dem aus dem gewachsenen Stamm geschnittenen Kantholz, gewinnt das aus aufeinandergeleimten Brettern (Lamellen) bestehende Brettschichtholz zunehmend an Bedeutung. Die Vorzüge des Brettschichtholzes, das vorwiegend für Stützen, Träger und Binder großer Abmessungen Verwendung findet, sind gegenüber dem Vollholz:

- ▷ Keine Begrenzung der Längen- und Querschnittabmessungen
- ▷ „Veredelung" des Holzes durch Beseitigung oder zumindest gleichmäßige Verteilung der die Festigkeit einschränkenden Wuchsfehler
- ▷ Vermeidung der Bildung von Trockenrissen
- ▷ Wirtschaftliche Herstellung von Elementen mit veränderlichem Querschnitt
- ▷ Herstellung beliebig gekrümmter (auch räumlich gekrümmter) Teile

Das Brettschichtholz wurde vor etwa 100 Jahren entwickelt, doch sind erst in den letzten Jahrzehnten die technologischen Voraussetzungen für die volle Ausnutzung der genannten Vorzüge geschaffen worden. Dazu gehörte vor allem die Entwicklung dauerhafter, wetterbeständiger Leime und die Industrialisierung der Fertigstellung, durch die eine Qualitätssteigerung und Kostensenkung erreicht wurden.

2.7.1 Leimarten

Heute werden fast ausschließlich härtbare (duroplastische) Kunstharzleime, und zwar überwiegend Harnstoff-

Formaldehydharz-Leime, und für Bauteile, die höherer Feuchtigkeit oder aggressiver Atmosphäre ausgesetzt sind, Resorcin-Formaldehydharz-Leime verwendet.

Querschnitte (vgl. *Abb. 2.11)*

Die Dicke d der Lamellen soll bei geraden Trägern höchstens 30 mm betragen. Bei gekrümmten Teilen müssen je nach Krümmungsradius dünnere Lamellen verwendet werden.

Die Anordnung der Bretter erfolgt so, daß bei den äußeren Lagen jeweils die „rechte" Seite außen liegt, während alle übrigen Lagen in gleicher Richtung, also „rechts auf links" angeordnet sind.

2.7.2 Herstellung

Die sägerauhen Bretter werden künstlich auf 12 bis 15 Gew.-% Feuchtigkeit heruntergetrocknet und in Längsrichtung mittels Keilzinkenverleimung zu einer „endlosen" Lamelle verbunden, die in den benötigten Längen gekappt wird. Anschließend erfolgt die Hobelung, die maschinelle Beleimung und das Einlegen in die entsprechend der Form des Elements verstellbare Preßvorrichtung. Das Aushärten des Leimes kann ohne oder mit Wärmezufuhr (über Heizplatten oder mittels eines Hochfrequenzfeldes) erfolgen. Anschließend erfolgen die Hobelung und der Abbund.

2.7.3 Normen, zulässige Beanspruchung

Die Bestimmungen für die Herstellung und die zulässige Beanspruchung sind in DIN 1052 – Holzbauwerke, Berechnung und Ausführung – enthalten. Die Fertigung ist nicht lizensiert, jedoch dürfen tragende Teile nur von Betrieben mit bauaufsichtlicher „Leimgenehmigung" hergestellt werden, die nur Betrieben erteilt wird, welche über die notwendigen Werkeinrichtungen und das Fachpersonal verfügen.

Die zulässigen Biegespannungen betragen für GK I nach DIN 4074 17,0 N/mm² und für GK II 11,0 N/mm² sowie für den Schub aus Querkraft 1,2 N/mm². Diese Werte liegen höher als die entsprechenden Spannungen für Vollholz. Bei allen übrigen Beanspruchungen wird kein Unterschied zwischen Vollholz und Brettschichtholz gemacht. Die zulässigen Spannungen für GK I dürfen auch dann in Anspruch genommen werden, wenn nur die entsprechend beanspruchten Lamellen dieser Güteklasse entsprechen.

2.8 Baulicher und chemischer Holzschutz

Das Holz kann als organisches Material durch biologische Schädlinge sowie durch Feuer geschädigt und zerstört werden. Überall da, wo baulich-handwerkliche Maßnahmen die Gefährdungsmöglichkeiten für verbautes Holz nicht mit ausreichender Sicherheit ausschließen können, soll zweckmäßig der chemische Holzschutz zusätzlich zur Anwendung kommen. Chemischer Holzschutz allein kann und soll bauliche Mängel und Fehler nicht ausgleichen.

Art und Ausmaß der Gefährdung richten sich nach der unterschiedlichen natürlichen Anfälligkeit der jeweiligen Holzart, der Holzstärke (Abmessung), der

Art der zu erwartenden Angreifer, den äußeren Bedingungen, Verwendungsweise des verbauten Holzes, ob es beispielsweise unter Dach gegen Niederschläge geschützt oder im Freien über der Erde der Witterung ausgesetzt oder in der Erde oder im Wasser ständig stark durchfeuchtet ist.

Aus sachlichen und ökonomischen Gründen muß die Schutzbehandlung dem jeweiligen Gefährdungsgrad entsprechend angepaßt werden, und zwar hinsichtlich der Verwendung des entsprechend geeigneten Schutzmittels und des Behandlungsverfahrens, um die erforderliche Schutzmittelmenge einbringen und in ausreichender Tiefe gleichmäßig verteilen zu können.

2.8.1 Baulicher Holzschutz

Die vorbeugenden baulichen Schutzmaßnahmen sollen eine schädliche Veränderung des Feuchtigkeitsgehalts des Holzes und der Holzwerkstoffe verhindern. Eine solche Veränderung kann nicht nur die Voraussetzungen für einen Pilzbefall schaffen, sondern auch infolge übermäßiger Verformungen der betroffenen Einzelteile Nachfolgeschäden am Bauwerk einleiten. Da die Feuchtigkeitseinwirkung direkt (z.B. Schlagregen, Kapillarleitung) wie aber auch indirekt (z.B. Tauwasserbildung infolge Dampfdiffusion) erfolgen kann, umfaßt der bauliche Holzschutz konstruktive und bauphysikalische Maßnahmen.

Nachfolgend sind einige Möglichkeiten der Feuchtigkeitseinwirkung und der zugehörenden vorbeugenden Maßnahmen aufgeführt. Spezielle Hinweise werden in DIN 68800, Blatt 2, „Holzschutz im Hochbau; vorbeugende bauliche Maßnahmen" gegeben.

2.8.1.1 Einbaufeuchtigkeit

Der Feuchtigkeitsgehalt des Holzes und der Holzwerkstoffe soll im Einbauzustand möglichst dem Mittelwert entsprechen, der während der späteren Nutzung zu erwarten ist; Angaben hierüber siehe DIN 1052, Blatt 1, Abschn. 3.2.1. Diese Feuchtigkeit ist nicht nur bei der Herstellung der Holzbauteile zu beachten; eine unzulässige Veränderung des Feuchtigkeitsgehalts darf auch während Transport, Lagerung und Montage nicht auftreten. Holzteile, die in allseitig geschlossenen, beheizten Bauwerken eingesetzt werden, sollten – auch bei entsprechenden Schutzmaßnahmen – nicht länger im Freien gelagert und während der Montage unverzüglich vor Niederschlägen geschützt werden. Bau- und Dämmstoffe in Holzbauteilen sind ebenfalls trocken einzubauen.

2.8.1.2 Nachträgliche Feuchtigkeitseinwirkung

Niederschläge

Niederschläge sollen vom Holz ferngehalten (z.B. durch große Dachüberstände, hinter die Fassade zurückspringende Einbauten, mindestens 30 cm Abstand zwischen Oberkante Erdboden und Unterkante Holzteil) bzw. – durch geeignete Profilgebung – schnell abgeleitet werden, ohne daß die Teile selbst sowie die angrenzenden Konstruktionen gefährdet werden. Insbesondere sind Vertiefungen zu vermeiden, in denen Wasser bei ständigem Kontakt mit dem Holz stehen kann.

Feuchtigkeitsübertragung aus angrenzenden Stoffen

Durch Sperrschichten (fugenlos oder mit verklebten Stößen) ist zu verhindern, daß Feuchtigkeit aus benachbarten Stoffen und Bauteilen in die Holzteile eindringen kann, z. B. unter dem Auflager von Holzbalken auf Mauerwerk und Beton, zwischen massiver Rohdecke und Fußboden aus Holz oder Holzwerkstoffen *(Abb. 2.12)*. Bei allseitig in feuchte Bauteile einbindenden Holzteilen (z. B. Balkenköpfe in Mauerwerk) muß Luft freien Zutritt zum Holz haben (mindestens 1 bis 2 cm Abstand zwischen beiden Materialien lassen und Sperrschicht nur unter dem Auflager anordnen).

Tauwasserbildung

Tauwasser kann auftreten

a) an der Bauteiloberfläche, wenn die Oberflächentemperatur unter die Taupunkttemperatur der angrenzenden Luft absinkt (Abhilfe durch ausreichende Bemessung des Wärmeschutzes an allen Stellen der Außenbauteile entsprechend den zu erwartenden extremen Klimaverhältnissen);

b) im Innern von Bauteilen, wenn der Diffusionswiderstand der einzelnen Schichten in Richtung des Dampfdruckgefälles nicht ausreichend abnimmt. Die rechnerische Abschätzung der Tauwassergefahr für eine gewählte Schichtenfolge innerhalb des Bauteils ist z. B. nach dem Verfahren von *Glaser* durchzuführen. Zulässige Tauwassermengen siehe DIN 68800, Blatt 2.

Abhilfe kann bei tauwassergefährdeten Konstruktionen z. B. durch eine Dampfbremse bzw. Dampfsperre mit ausreichendem Diffusionswiderstand in der Nähe der raumseitigen Oberfläche oder/und durch einen belüfteten Hohlraum zwischen Raumseite und der tauwassergefährdeten Schicht erfolgen *(Abb. 2.13)*.

2.8.2 Chemischer Holzschutz

2.8.2.1 Pflanzliche und tierische Holzschädlinge

Pflanzliche Holzschädlinge

Man unterscheidet parasitische an Bäumen und saprophytisch im toten Holz lebende Pilze.

Nur die zweite Gruppe wird hier behandelt, weil sie bei Bauholz auftritt.

Entwicklungsgang und -bedingungen

Pilze sind pflanzliche Organismen, die im Gegensatz zu den chlorophyll-(blattgrün-)haltigen Pflanzen nicht mit Hilfe des Sonnenlichts aus Kohlensäure und Wasser energiereiche organische Stoffe (Stärke, Eiweiß, Fett) aufbauen können (Assimilation), sondern solche organischen Stoffe benötigen, um sich zu entwickeln. Sie beziehen als Parasiten ihre Nährstoffe von der lebenden Substanz eines Wirtes oder ernähren sich als Saprophyten von abgestorbenen Pflanzenteilen. Die Grundform dieser Pilze sind schlauchförmige, durch

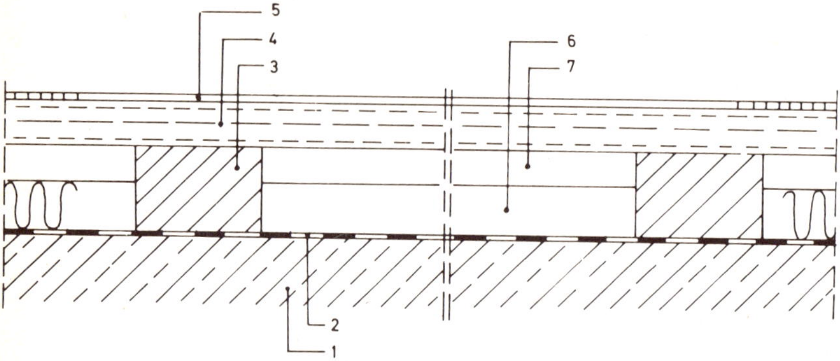

Abb. 2.12: Holzfußboden auf massiver Rohdecke (Beispiel): 1 Rohdecke, 2 Sperrschicht, 3 Lagerholz, 4 Holzspanplatte, mit Lagerholz verschraubt, 5 Belag, 6 Material zur Hohlraumdämpfung, 7 Hohlraum

Querwände gegliederte Zellfäden (Hyphen) von wenigen Tausendsteln Millimeter Durchmesser, die durch ständige Verzweigung ein mehr oder minder dichtes Geflecht oder gar watteartige Beläge auf dem Holz ausbilden. Der Holzabbau wird durch im Pilz gebildete Enzyme bewerkstelligt. Die bekannteste Erscheinungsform der Pilze sind die Fruchtkörper, die je nach Pilzart verschiedene Formen aufweisen: winzige Keulen, Konsolen, fleischige Platten

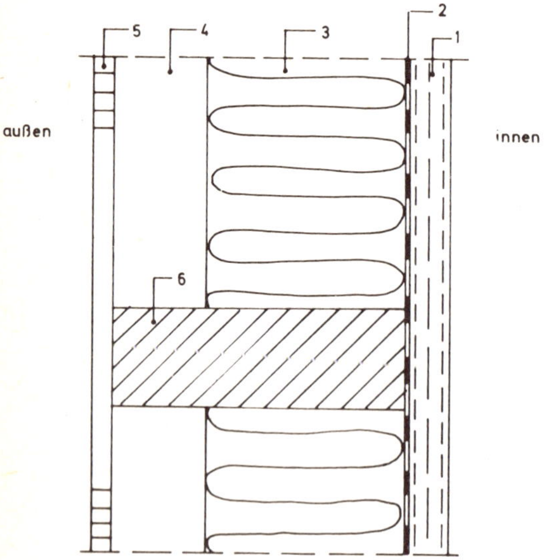

1 raumseitige Beplankung
2 Sperrschicht
3 Dämmschicht
4 unbelüfteter Hohlraum
5 Außenhaut
6 Vollholzstiel

Abb. 2.13: Wandaufbau, Prinzipbeispiel (waagerechter Schnitt)

oder – wie bei einem Steinpilz – gestielte Hüte. Der wesentliche Teil ist die sporenbildende Fruchtschicht (Hymenium).

Die Sporen – funktionell dem Samen höherer Pflanzen vergleichbar – sind mikroskopisch klein und für jede Pilzart charakteristisch. In Millionen werden sie gebildet und bleiben bei ungeeigneten Entwicklungsbedingungen jahrelang keimfähig. Außer durch Sporen können sich Pilze auch durch verschlepptes Mycel verbreiten. Auch Mycel bleibt bei für sein Wachstum ungünstigen Bedingungen, gewissermaßen in Trockenstarre, lange Zeit lebensfähig.

Einteilungsschema

Die Entwicklung der holzbewohnenden Pilze ist je nach Art unterschiedlich an bestimmte Temperaturbereiche und Feuchtigkeitsgehalte des Holzes gebunden *(Tab. 2.3)*.

Für den Baufachmann und Praktiker ist es sinnvoll, eine Einteilung der holzbewohnenden Pilze, wie es nachfolgend geschieht, nach leicht unterscheidbaren Erscheinungsformen und ihrem Auftreten am Holz und nicht nach morphologischen oder genetischen Gesichtspunkten vorzunehmen.

Dabei sollen einige die Schäden am Holz betreffenden Begriffe, die nicht immer eindeutig sind, in ihrer üblichen Bedeutung erklärt werden.

Destruktionsfäule = Holzstruktur zumeist durch Braunfäulepilze *(Merulius, Coniophora)* zerstört, die vorzugsweise Zellulose abbauen und das braune Lignin zurücklassen (Würfelbruch).

Korrosionsfäule = Holzstruktur großflächig oder lokal, nest- oder inselförmig zerstört, zumeist durch Weißfäulepilze *(Polystictus, Stereum)*.

Kernfäule = Kern- oder Reifholz (nicht sichtbare Verkernung, z. B. bei Fichte) durch sog. Substratpilze zerstört *(Lentinus, Lenzites)*.

Ringfäule = kernnahes Splintholz zerstört.

Oberflächenpilze = Pilze, die ein äußerlich sichtbares Mycel ausbilden (Hausfäulepilze).

Substratpilze = Pilze, deren Mycel sich nur im Holzinnern entwickelt (Kernfäuleerreger, z. B. *Lentinus, Lenzites)*.

Holzverfärbende Pilze
(Schimmel- und Bläuepilze)

ernähren sich von den Zellinhaltsstoffen des Holzes, ohne die Holzsubstanz (Zellulose und Lignin) anzugreifen. Durch gefärbte Hyphen oder Abbauprodukte bewirken sie lediglich eine wertmindernde Verfärbung des Holzes.

Bläuepilze können auch unter Anstrichen weiter wachsen und den Anstrichfilm durch hervorbrechende, sehr kleine, zahlreiche Fruchtkörper zerstören. Um solche Anstrichschäden zu verhüten, werden bläuewidrige Schutzmittel benutzt.

Holzzerstörende Pilze

treten als Ursache für Lagerfäulen und Hausfäulen auf.

Tab. 2.3: Die in Häusern hauptsächlich vorkommenden Schwammarten

Pilzart	Erreger botanische Bezeichnung	 deutsche Bezeichnung	Entwicklung	Zersetzungsbilder des Holzes	Günstige Wachstumstemperatur in °C	Günstiger Feuchtigkeitsgrad des Holzes in %	Wachstumsgeschwindigkeit in 10 Tagen bei versch. Temperaturen in cm	Stillstand des Zuwachses bei °C
echter Hausschwamm	*Merulius domesticus*	echter Hausschwamm	auf vorerkranktem (und gesundem) Holz	vollständig	18–22	20	5° = 1,3 10° = 2,4 14° = 4,0 18° = 5,5 22° = 6,0	26
andere Hausschwammarten	*Merulius minor*	kleiner Hausschwamm	auf vorerkranktem Holz	teilweise	22	etwa 20	14° = 1,9 –2,1 18° = 2,55–3,0 22° = 6,0	26
	Merulius sylvester	wilder Hausschwamm	auf vorerkranktem Holz	teilweise	24–27	etwa 22	14° = 3,2 18° = 4,6 27° = 6,8	34
	Merulius pinastri	gelbrandiger Hausschwamm	auf vorerkranktem Holz	teilweise	26	35–40	14° = 2,2 18° = 3,0 26° = 4,5	etwa 30
Naßfäule, Pilze	*Polyporus vaporarius*	weißer Porenschwamm	auf vorerkranktem Holz	fast vollständig	26	40	5° = 0,3 14° = 2,4 18° = 4,1 26° = 5,9	37
	Coniophora cerebella	brauner Warzenschwamm (Kellerschwamm)	auf gesundem Holz	fast vollständig	22–26	55	10° = etwa 4,0 14° = 8,0 26° = etwa 11,0	34
	Paxillus acheruntius	Muschelschwamm	auf vorerkranktem Holz	örtl. Verschwammung	26	35	8° = 1,0 26° = 5,5	28
Lagerfäule, Pilze	*Lenzites*-Arten	Blätterschwamm	auf gesundem Holz begünstigt den Befall durch die Pilze unter 1 und 2	Innenfäule, Schwunderscheinung	28–30	38	8° = 1,0 22° = 4,2 30° = 5,5	36–42
	Lentinus-Arten	Schuppenschwamm						
	verschied. *Poria*-Arten	Porenschwamm						

Lagerfäulen

werden durch Pilzarten hervorgerufen, die vorzugsweise an im Freien lagerndem oder auch verbautem Holz auftreten.

Hierzu gehören u. a. die *Ledersporlinge* der Gattung *Polystictus,* die vorzugsweise Laubholz befallen und eine typische Weißfäule verursachen. Ihre relativ dünnen, trockenen Fruchtkörper brechen in mehrseitigen Konsolen aus dem Holz.

Von den *Trametes*-Arten, die sich an Laub- und Nadelhölzern finden, ist die durch intensiven Fenchelgeruch ausgezeichnete *Fencheltramete (Trametes odorata Fr.)* als Erreger der Fichtenrotstreifigkeit von besonderer wirtschaftlicher Bedeutung.

Die größte Bedeutung als Schädlinge des lagernden und frei verbauten Holzes kommt den *Lentinus- und Lenzites*-Arten zu.

Sie sind häufig die Ursache umfangreicher Schäden, die als Kernfäule bei Masten, Schwellen, Pfählen, Grubenholz und auch in Häusern, beispielsweise Fensterrahmen mit großem Querschnitt, auftreten. Der *Schuppige Zähling (Lentinus lepideus F.)* findet sich nur an Nadelholz. Seine keilförmigen, zumeist gestielten Fruchtkörper tragen oberseits Schuppen.

Der Tannen- und der Zaunblättling

sind ebenfalls Nadelholzzerstörer. Die Fruchtkörper wachsen meistens aus Holzspalten und -rissen als korkige Leisten mit hell- bis dunkelbrauner Oberseite und blättriger Unterseite heraus.

Hausfäulen

Unter diesem Begriff faßt man Pilze zusammen, die am verbauten Holz in Wohnhäusern, Lagerräumen, Stallungen und anderen gedeckten Bauten auftreten.

Der *Echte Hausschwamm (Merulius lacrimans W.)* ist der gefährlichste dieser Gruppe. Er befällt vorzugsweise Nadelholz, kann aber auch Laubholz angreifen. Zunächst überzieht er das Holzwerk mit einem weißen watteartigen Mycelpolster, das häufig bei verschlechterten Lebensbedingungen gelbliche Zuwachszonen als sog. Hemmungszonen oder -farben erkennen läßt. Mit den sich im weiteren Entwicklungsverlauf ausbildenden graubraunen bis etwa 1 cm dick werdenden Mycelsträngen können weiter entfernte andere Holzteile erreicht werden. Damit kann der Pilz auch Mauerfugen durchwachsen. Die Mycelstränge sind in trockenem Zustand brüchig. Die Fruchtkörper werden normalerweise als flach dem Holz aufliegende fleischige Lappen ausgebildet, wachsen bei senkrechten Flächen aber auch konsolenartig aus dem Holz hervor. Junge Fruchtkörper zeigen einen weißen Wachstumsrand, hinter dem das Pilzgewebe sich zu der dunklen, schließlich netzartig gefalteten, sporentragenden rostbraunen Fruchtschicht umbildet.

Der Echte Hausschwamm ist deshalb besonders gefährlich, weil er Wasser durch den Abbau der Zellulose als Tröpfchen ausscheidet und damit auch trockenes Holz befeuchten kann. Hierauf bezieht sich auch die Bezeichnung „*lacrimans*“: der Tränende. Im Endzu-

Abb. 2.14: Echter Hausschwamm; Befall

Abb. 2.15: Mycel-Stränge des echten Hausschwammes

Abb. 2.16: Fruchtkörper des echten Hausschwammes

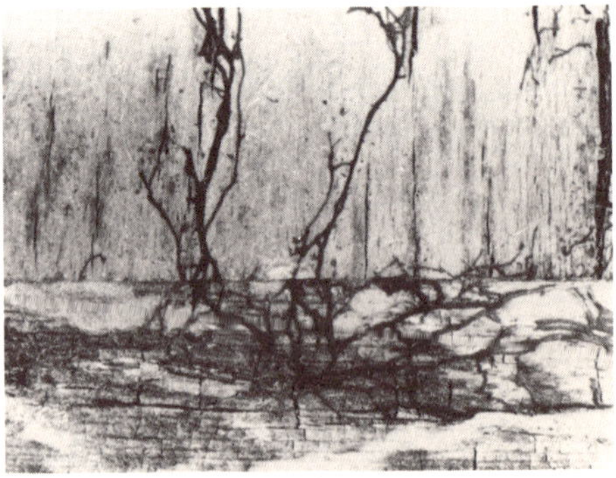

Abb. 2.17: Mycel-Stränge des Kellerschwammes

stand der Zerstörung zeigt das Holz typische Braunfäule mit würfelbrüchiger Oberfläche.

Der *Weiße Porenhausschwamm (Poria vaporia F.)* befällt vorwiegend Nadelholz mit hohem Feuchtigkeitsgehalt. Daher ist er auch im Freien an lagerndem Holz, im Erd/Luft-Bereich von Masten und Pfählen zu finden. In Hochbauten tritt er an Stützen mit Erdberührung, an Balkenköpfen im Mauerwerk auf oder an feucht eingebautem Holzwerk in Neubauten.

Die weißen, manchmal auch gelblichen Fruchtkörper sind selten. Sie liegen dem Holz als fleischige, unregelmäßige Polster auf, wachsen an senkrechten Holzflächen auch konsolartig hervor. Die sporenbildende Schicht wird von zahlreichen ungleich großen Röhren (Poren) gebildet. Er wird häufig mit dem Echten Hausschwamm verwechselt. Das Mycel bleibt bei *Poria* jedoch immer rein weiß. Als weitere Unterscheidungsmerkmale sind die nur bis etwa 4 mm dünnen weißbleibenden Mycelstränge, die auch in trockenem Zustand biegsam bleiben, zu nennen.

Der *Keller- oder Warzenschwamm (Coniophora cerebella Pers.)* kann nur sehr feuchtes Nadel- und Laubholz befallen, das er unter günstigen Bedingungen überaus schnell zerstört. In allen Erscheinungsformen unterscheidet er sich deutlich von den beiden erstgenannten Arten. Sein Mycel ist spärlich, zunächst gelblich, später dunkelbraun. Die dünnen schwarzbraunen Mycelstränge haften fest auf dem Holz. Die Fruchtkörper sind schmutzig weiße, später graubraune ledrige, krustenartige Gebilde mit warzenförmigen Erhöhungen (Warzenschwamm).

Die *Moderfäule* wird durch bestimmte niedere Pilze *(Ascomyceten)* an ständig stark durchfeuchteten Hölzern im Freien, z. B. Masten, Schwellen, Kühltürmen, verursacht. Charakteristisch ist für Moderfäuleerreger (u. a. *Chaetomium globosum)*, daß nur bestimmte Teile des Holzes (Sekundärwände der Zellen) von der äußeren Randzone aus angegriffen werden, wodurch diese Zone schwammig weich wird. Im trockenen Zustand erscheint die Oberfläche wie verkohlt und zeigt unregelmäßige Querrisse. Laubholz wird schneller zerstört als Nadelholz.

Tierische Holzschädlinge

Hierunter kommt den holzzerstörenden Insekten praktisch allein eine Bedeutung zu. Im Wasser sind gewisse Muscheln und Asseln als Holzzerstörer bekannt.

Sowohl der lebende Baum als auch frisch gefälltes oder lufttrockenes Holz werden von verschiedenen Insektenarten befallen. Den Baufachmann interessieren vor allem die Arten, die als Holzlagerschädlinge und Bauholzschädlinge auftreten.

Es gibt Arten, die nur Nadelholz, andere, die nur Laubholz und schließlich solche, die beide Holzarten angreifen.

Bei den Insekten unterscheidet man im Rahmen des Entwicklungsganges vier Stadien: Ei, Larve, Puppe, Vollinsekt. Im allgemeinen sind die Larven die eigent-

Abb. 2.18: Holzwespe

lichen Holzzerstörer. Das geflügelte Vollinsekt lebt nur kurze Zeit und sorgt durch Eiablage für Vermehrung und Ausbreitung.

Holzlagerschädlinge

befallen nur berindetes Frischholz und frisch verarbeitetes Bauholz.

Bockkäfer

Blauer Scheibenbock (Callidium violaceum) ist ein verbreiteter Holzlagerschädling, 1,0 bis 1,7 cm lang; er besitzt einen flachen und breiten Körperbau und eine metallisch blau schimmernde Farbe. Im Mai/Juni schlüpfen die Käfer aus ovalen, 4 bis 6 mm langen, glattrandigen Fluglöchern nach durchschnittlich zweijähriger Entwicklungsdauer der Larven und legen ihre Eier an frischem Laub- und Nadelholz ab. Aber auch recht trockenes, berindetes oder baumkantiges Holz auf Lagerplätzen und Dachböden kann belegt werden. Die Larven fressen flachgewundene Gänge zwischen Rinde und Splint, die mit braun-weiß gekörntem Fraßmehl ausgefüllt sind. Ein Wiederbefall im Dachstuhl ist so lange möglich, wie baumkantige Stellen vorhanden sind. Daher sind zur Bekämpfung alle Rindenteile zu entfernen.

Veränderlicher Scheibenbock (Phymathodes testaceus). Das Aussehen dieses Käfers variiert stark, wie der Name besagt. Man findet gelblich-bräunliche bis glänzend dunkelblaue Käfer. Diese Art ist kleiner als der Blaue Scheibenbock: 8 bis 14 mm. Der Körper ist schmal und gewölbt. Hinsichtlich Auftreten und Schadbild ähnelt der Veränderliche Scheibenbock dem Blauen Scheibenbock.

Holzwespen

Gelbe Riesenholzwespe (Sirex gigas) befällt nur saftfrisches Nadelholz, bevorzugt Fichte und Tanne. Diese auffälligen Insekten werden zwischen 1,5 und 4 cm groß. Die größeren Weibchen sind an ihrem Legestachel zu erkennen; Kopf, Fühler, Beine und Hinterleib sind gelb gefärbt. Die Männchen sind bis auf den orangefarbenen Hinterleib von schwärzlicher Farbe. Die walzenförmigen Larven mit Stummelfüßen und Hinterleibsdorn legen meist axial verlaufende, mit Bohrmehl festgestopfte Gänge an. Nach einer Entwicklungsdauer von zwei bis vier Jahren verlassen die Holzwespen das Holz durch kreisrunde, 5 bis 7 mm große Fluglöcher.

Blaue Fichtenholzwespe (Paururus juvencus) ist mit 1,5 bis 3 cm eine kleinere Art. Die Weibchen sind glänzend blauschwarz, die Männchen in der Mitte des Hinterleibes rötlich gefärbt. Das kreisrunde Flugloch mißt 2 bis 4 mm im Durchmesser.

Ameisen

Roßameise (Campotonus herculeanus) ist mit 15 bis 17 mm (geflügeltes Weibchen) die größte einheimische Ameisenart. Sie benutzt gesunde und pilzbefallene Nadelhölzer (vorzugsweise Kiefer) nicht als Nahrung, sondern als Wohnung und Bruthöhlen.

Termiten sind gefürchtete Holzzerstörer in den Subtropen und Tropen. Obwohl sie, ähnlich wie Ameisen, in sozial gegliederten Staaten leben und oft „weiße Ameisen" genannt werden, sind sie mit diesen nicht verwandt, sondern stehen den Schaben nahe. Entsprechend der lichtscheuen, verborgenen Lebensweise besitzen sie eine gelblich-weiße Körperfärbung. Die Grundlage des Termitenstaates sind die Geschlechtstiere, eine sehr fruchtbare Königin, die in ständiger Gemeinschaft mit einem König lebt. Außerdem unterscheidet man, nach ihren Funktionen gegliedert, Arbeiter, Soldaten und Ersatzgeschlechtstiere. Bei der Zerstörung von Holz durch Anlage von Gangsystemen bleibt die Oberfläche unberührt, so daß Schäden meist zu spät bemerkt werden. Termiten greifen auch andere organische Materialien an, z. B. Papier, Textilien, Leder u. a.

Gebäudeschädlinge

Bockkäfer

Hausbock (Hylotrupes bajulus). Er steht als Gebäudeschädling hinsichtlich Verbreitung und Gefährlichkeit an erster Stelle. Die Larve lebt nur in weitgehend trockenem Nadelholz.

Die Käfer besitzen einen gewölbten, weißlich behaarten Halsschild mit zwei glänzend schwarzen Höckern. Die Flügeldecken sind matt bräunlich bis schwarz gefärbt und zeigen eine mehr oder minder deutlich hervortretende querbindenartige Zeichnung. Die Weibchen, an der am Hinterleib hervorragenden Scheide der Legeröhre erkennbar, die bei der Eiablage bis zu etwa 20 mm ausgestülpt werden kann, sind 11 bis 25 mm, die Männchen 7 bis 17 mm groß.

Abb. 2.19: Hausbockeier

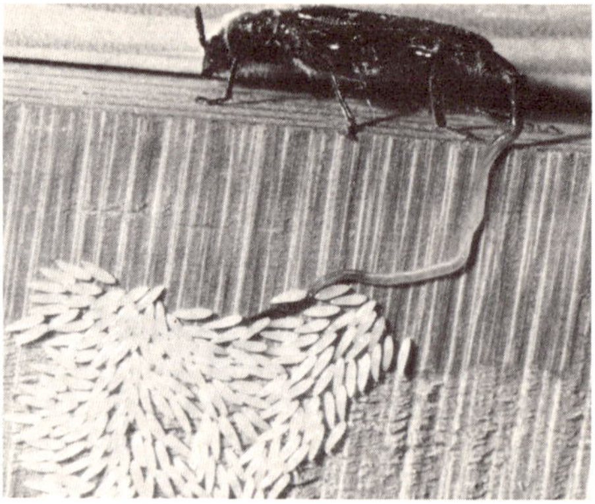

Abb. 2.20: Hausbockweibchen

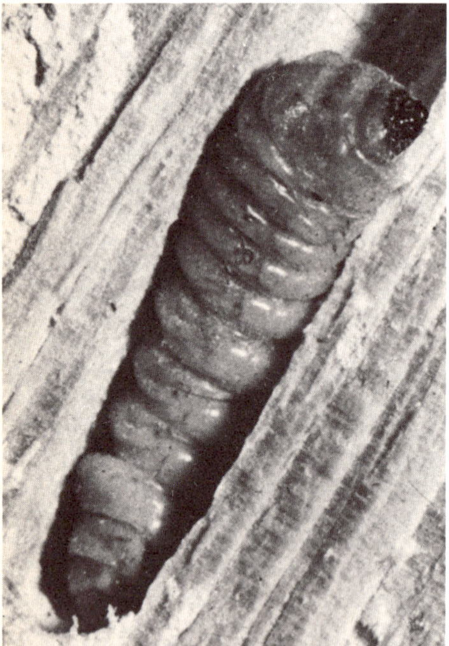

Abb. 2.21: Hausbocklarve

Abb. 2.22: Hausbockmännchen

Die Generationsdauer beträgt je nach Nährstoffgehalt des Holzes 2 bis 10, gewöhnlich jedoch 3 bis 5 Jahre. Das Flugloch ist oval, 4x7 mm groß und hat einen gefransten Rand. Zur Flugzeit im Juni bis August werden vom Weibchen 100 bis 300 Eier in Holzrissen und Spalten von Kiefer, Fichte und Tanne abgelegt.

Die sich entwickelnden abgeplatteten Larven (Holzwürmer) werden bis etwa 3 cm groß. Sie durchziehen bei einer Kiefer nur das Splintholz, bei nicht kernhaltigen Nadelhölzern (Fichte und Tanne) den gesamten Holzquerschnitt und lassen die äußerste Holzfläche unversehrt. In den ovalen Fraßgängen – mit Nagsel und Kotballen vollgestopft – sind die typischen wellenförmigen Nagespuren zu erkennen. Besonders anfällig ist Holzwerk in Räumen mit hoher Durchschnittstemperatur (Optimum 28 bis 29 °C) und Luftfeuchtigkeit (optimale Holzfeuchte 27 bis 28 %), z. B. Dachböden, Trockenräume mit Heizungsschächten *(Abb. 2.23 u. 2.24)*.

Nagekäfer

Gewöhnlicher Nagekäfer (Anobium punctatum). Diese Art zählt zu den meist verbreiteten Holzzerstörern im Holzwerk von Gebäuden einschl. Keller und Möbeln. Der Befall erstreckt sich auf Nadel- und Laubholz; bevorzugt wird Holz in feuchten Räumen. Die walzenförmigen rost- bis dunkelbraunen Käfer sind 2 bis 5 mm lang. Die Flügeldecken besitzen längsverlaufende feine Punktreihen. Der Körper ist seidenartig dicht behaart. Der Kopf wird von dem spitz nach oben gewölbten Halsschild auch seitlich kapuzenartig umschlossen.

Die Entwicklung der engerlingartig, bauchwärts eingekrümmten, vorne verdickten, bis etwa 6 mm langen Larven, der sog. kleinen Holzwürmer, beträgt zwei bis drei Jahre. Flugzeit ist April bis August. Das Weibchen legt 20 bis 40 Eier in Ritzen oder auch alten kreisrunden 1 bis 2 mm breiten Fluglöchern ab. Durch fortdauernden Neubefall wird das Holz bis zur völligen Vermulmung zerstört *(Abb. 2.25 u. 2.26)*.

Bunter Nagekäfer (Xestobium rufovillosum). Er ist mit 6 bis 8 mm Länge der größte Vertreter der Gattung. Er ist dunkelbraun gefärbt und trägt auf Flügeldecken und Halsschild unregelmäßige, aus graugelben Härchen bestehende Flecken. Die Flügeldecken zeigen keine Punktreihen. Während der Kopulationszeit (Mai bis Juni) lassen die Käfer ein tickendes Klopfgeräusch hören, wie bei anderen Arten dieser Gattung (daher auch Klopfkäfer genannt). Diese Art lebt gern in Eichensplint und anderen Laubhölzern, selten in Nadelholz. Verpilztes Holz fördert die Larvenentwicklung, die zwei bis drei Jahre dauert. Die durchschnittlich 4 mm großen, runden Fluglöcher finden sich vor allem im bodennah verbauten, der aufsteigenden Feuchtigkeit ausgesetzten Holzwerk.

Splintholzkäfer

Parkettkäfer (Lyctus linearis). Der langgestreckte flache Käfer wird 3 bis 7 mm lang und kommt in verschiedenen Braunabstufungen bis zu schwarzer Färbung vor. Der waagerecht gehaltene Kopf trägt vorgewölbte Augen. Die Flugzeit fällt in die Monate April bis August. Befallen wird der Splint stärkereicher

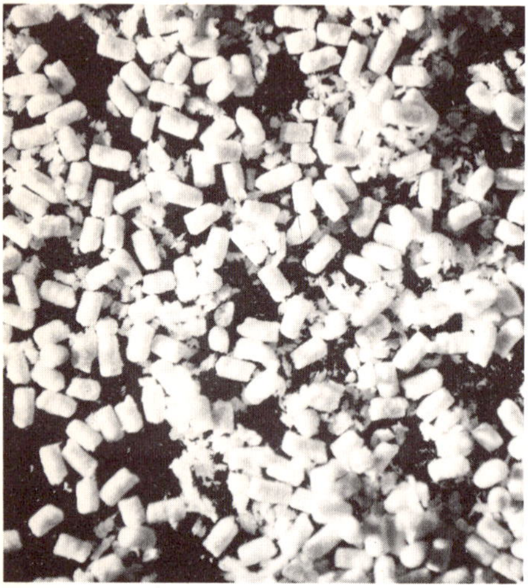

Abb. 2.23: Hausbocklarvenkitt

einheimischer Laubhölzer mit großer Gefäßweite, z. B. Eiche, Ulme und Esche, jedoch auch importiertes Laubholz wie Limba u. a. Die Larven sind – ähnlich den Anobienlarven – engerlingartig gekrümmt. Sie können sich als typische Trockenholzinsekten noch bei Holzfeuchten unter 10 % entwickeln. Die in Faserrichtung angelegten, mit feinstem Bohrmehl dicht angefüllten Fraßgänge sind kreisrund, ebenso wie die 1 bis 2 mm breiten Fluglöcher. Die Generation ist einjährig. Der Parkettkäfer ist – wie der Name sagt – in Parkettböden, aber auch in Möbeln, Vertäfelungen sowie im Furnier anzutreffen.

Der *Braune Splintholzkäfer (Lyctus brunneus)* wurde als wärmeliebender,

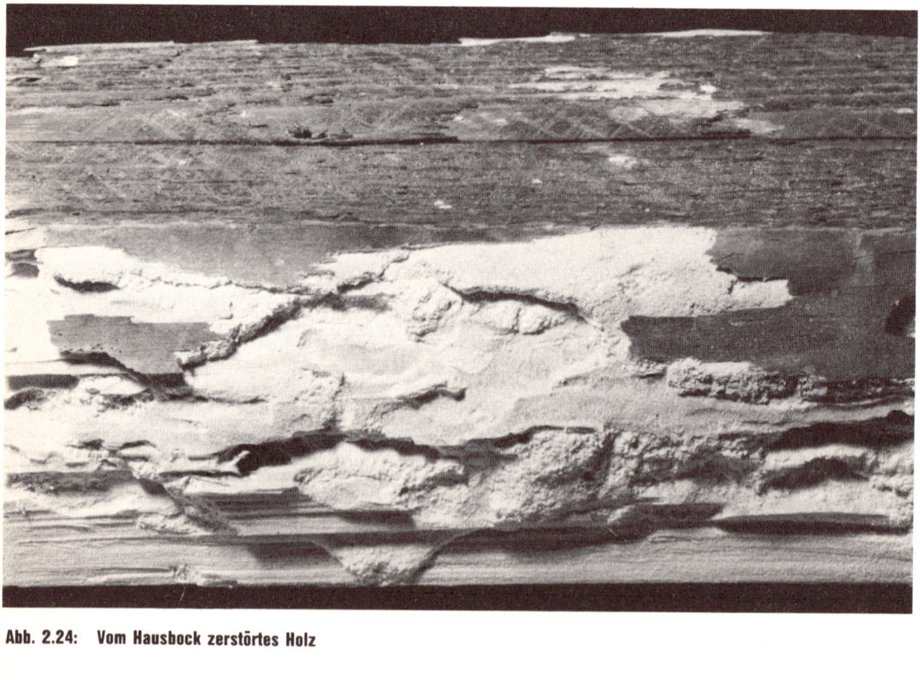

Abb. 2.24: Vom Hausbock zerstörtes Holz

weltweit bekannter und gefürchteter Holzschädling mit Limbaholz aus den Tropen eingeschleppt. Er ähnelt äußerlich und im Schadbild dem Parkettkäfer.

Im Meerwasser lebende Holzschädlinge

Schiffsbohrwurm (Teredo navalis). Dieser zu den Bohrmuscheln gehörende gefährliche Holzschädling tritt im Meerwasser der gemäßigten Zone bis zu einem Mindestsalzgehalt von etwa 7‰ auf. Er hat wurmförmige Gestalt und wird bei einer Dicke von 5 bis 10 mm etwa 20 cm lang. Die kreisrunden in allen Holzbereichen angelegten Bohrgänge verlaufen meist in Faserrichtung. Befallen werden sämtliche Holzarten.

Bohrassel (Limnoria lignorum), zu den Krebsen gehörig, 2 bis 4 mm groß, greift Holz von der Außenzone aus an.

2.8.2.2 Feuergefahr

Holz ist als organischer Baustoff brennbar. Bei Verwendung entsprechend großer Querschnitte kann Bauholz aber gegenüber nicht brennbaren Baustoffen (Stahl und Eisen) ein günstigeres Brandverhalten zeigen. Dieser Vorteil beruht darauf, daß Holz beispielsweise im Vergleich zu Baustahl ein sehr geringes Wärmeleitvermögen besitzt und die beim Brand außen verkohlende Schicht eine zusätzliche Isolierung und Wärmedämmung bewirkt.

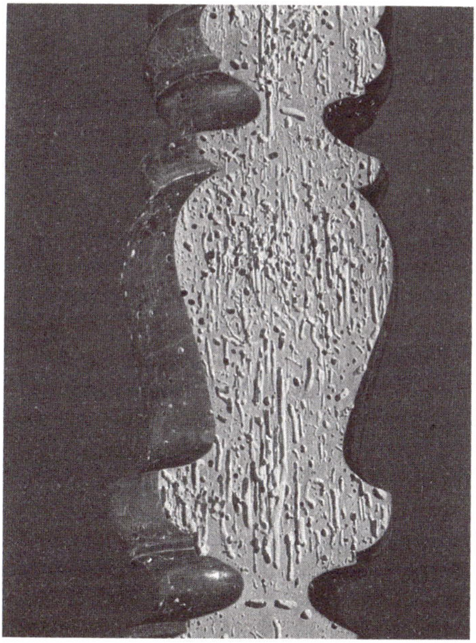

Abb. 2.25: Gewöhnlicher Nagekäfer-Befall

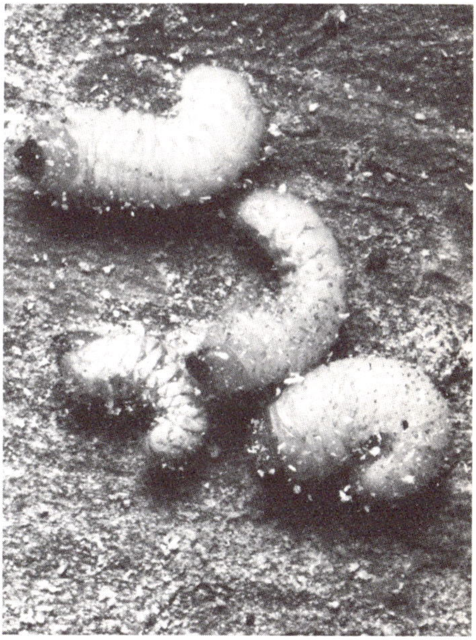

Abb. 2.26: Larven des gewöhnlichen Nagekäfers

Abb. 2.27: Brauner Splintholzkäfer

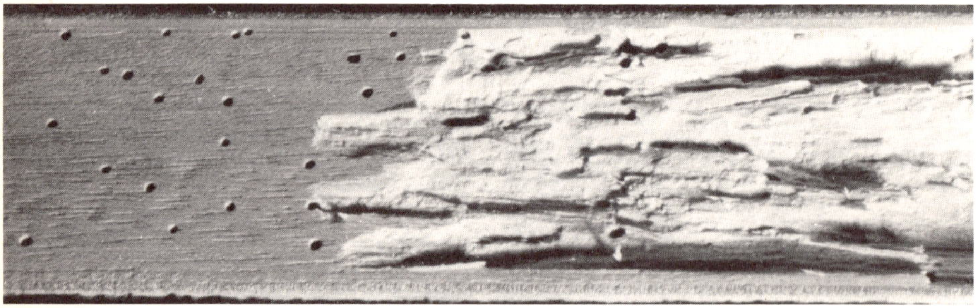

Abb. 2.28: Befall durch Splintholzkäfer in Furnierplatte

Die Feuerwiderstandsfähigkeit kann durch Feuerschutzmittel erhöht werden.

2.8.2.3 Holz- und Feuerschutzmittel

Holz- und Feuerschutzmittel unterliegen der amtlichen Zulassung (Prüfungs- und Zulassungszwang) durch das Institut für Bautechnik in Berlin. Sie erhalten ein Prüfzeichen. Dieses Vorgehen bezweckt, daß in der Praxis nur solche Mittel angewendet werden, deren Eignung nach festgelegten Mindestforderungen für ihre Wirksamkeit und hygienische Unbedenklichkeit den erstrebten Schutzerfolg im Interesse der baulichen Sicherheit für die Öffentlichkeit gewährleistet.

Nach DIN 52175 „Holzschutz; Begriffe, Grundlagen" unterscheidet man nach der Beschaffenheit der Holzschutzmittel:

- wasserlösliche Schutzmittel
- ölige Schutzmittel

- Öl/Salz-Gemische
- Emulsionen
- Schutzmittel anderer Beschaffenheit

Nach ihrer Wirkung, die durch Kurzzeichen (Prüfprädikate) im amtl. Verzeichnis der zugelassenen Schutzmittel des Instituts für Bautechnik gekennzeichnet ist – die Kurzzeichen müssen gemäß DIN 68800, Bl. 3, Abs. 3.4, auch auf Verpackung und Gebrauchsanweisung aufgeführt sein –, werden unterschieden:

– Schutzmittel gegen holzzerstörende Pilze	P	
– Schutzmittel gegen tierische Holzzerstörer	Iv Ib	als vorbeugend wirksame und als bekämpfend wirksame Mittel
– Schutzmittel zum Schwerentflammbarmachen des Holzes	F	(Feuerschutz)

Der Buchstabe „S" bedeutet, daß damit gekennzeichnete Mittel auch zum Streichen, Spritzen und Tauchen geeignet sind; ein „W" kennzeichnet ein Mittel, wenn es auch für Holz geeignet ist, das der Witterung (Feuchtigkeit) ausgesetzt ist. Ein Iv in Klammern (Iv) bedeutet, daß die vorbeugende Schutzwirkung gegen Insekten nur bei Tiefschutz gewährleistet ist.

Holzschutzmittel

sind meistens Gemische verschiedener chemischer Verbindungen, die einen optimalen Schutzeffekt gegen Pilze, Insekten und evtl. zur Herabsetzung der Entflammbarkeit bewirken sollen. Zur Verbesserung der technischen Eigenschaften werden zusätzliche Stoffe zur Herabsetzung der Korrosion gegenüber Metallen, zur Verbesserung des Netzvermögens und des Eindringens in das Holz, Verhütung der Kristallisation, Verstärkung des Dauerschutzes usw. verwendet. Viele Holzschutzmittel enthalten Stoffe, die in den gesetzlichen Vorschriften über den Verkehr mit Giften bzw. Lösungsmitteln aufgeführt sind. Diese Mittel dürfen nur mit einer eingehenden Gebrauchsanweisung und Belehrung über die bei unvorsichtigem Gebrauch vorhandenen Gefahren abgegeben werden.

Holzschutzmittel sind grundsätzlich so aufzubewahren, daß sie Unbefugten nicht zugänglich und für Haustiere nicht erreichbar sind.

Wasserlösliche Holzschutzmittel werden für trockenes (bis 20 % Holzfeuchte) und halbtrockenes Holz (bis 30 % Holzfeuchte) unter bestimmten Voraussetzungen, z. B. bei Anwendung im Trogtränkverfahren und hoher Lösungskonzentration, auch für frisches Holz verwendet. Ölige Schutzmittel sind nur für trockenes und halbtrockenes Holz geeignet.

Bei den wasserlöslichen Holzschutzmitteln sind zwei nach ihrer Verteilungsart im Holz und der Auslaugbarkeit durch Witterung und Bodenfeuchtigkeit verschiedene Gruppen zu unterscheiden: die mobilen (nicht fixierenden) und die fixierenden Salzgemische.

Die *mobilen* Salze, die keiner Auswaschbeanspruchung ausgesetzt werden dürfen, können bei entsprechender

Holzfeuchte – auch in Abhängigkeit von der Luftfeuchtigkeit – durch Diffusion tiefer in das Holz eindringen, solange dieser Vorgang durch das Konzentrationsgefälle ermöglicht wird. Diese Verteilung kann bei ungenügender Einbringmenge das Schutzsalz in der Randzone so sehr verdünnen, daß es unwirksam wird. Zu dieser Gruppe rechnen SF-, HF- und B-Salzgemische.

Als *fixierende* Salzgemische bezeichnet man solche, die nach dem Eindringen ihrer wäßrigen Lösung in das Holz unter Bildung schwer löslicher und damit auch schwer auslaugbarer Verbindungen chemisch umgesetzt werden. Zu diesen schwer auslaugbaren Salzen zählen: CF-, CFA- und CK-Salzgemische.

Ölige Holzschutzmittel werden in flüssiger, anwendungsfertiger Form geliefert. Entweder geht von der flüssigen Ölkomponente (z.B. Teeröl), die durch zusätzliche gelöste Wirkstoffe verstärkt werden kann, selbst eine wesentliche holzschützende Wirkung aus, oder öllösliche organische Wirkstoffe werden in mehr oder weniger unwirksamen Lösungsmitteln bzw. Lösungsmittelgemischen als Schleppmittel zum Einsatz gebracht.

Ölige Holzschutzmittel sind wasserunlöslich, wasserabweisend und deswegen vor allem für Holzwerk geeignet, das der Witterung und Bodenfeuchtigkeit ausgesetzt ist. Neben stark riechenden Produkten gibt es praktisch geruchlos auftrocknende, die auch eine Verwendung im Gebäudeinneren ohne Nachteil zulassen.

Es gibt färbende und nicht färbende Sorten. Nachanstriche mit Farbe oder Lack sind bei Teerölpräparaten nicht möglich. Andere teerölfreie Produkte, z.B. holzschützende, bläuewidrige Grundierungsmittel sind speziell für eine solche Nachbehandlung geeignet.

Feuerschutzmittel

dienen dem Zweck, die Entflammbarkeit von Holz und Holzwerkstoffen herabzusetzen und die Feuerwiderstandsdauer zu verlängern (s. DIN 4102). Man unterscheidet *wasserlösliche Feuerschutzmittel* mit evtl. zusätzlicher vorbeugender Wirkung gegen holzzerstörende Pilze und Insekten, die im Kesseldruckverfahren zur Anwendung kommen müssen, und *schaumschichtbildende Feuerschutzmittel,* die durch Streichen oder Spritzen aufgebracht werden und filmähnliche Deckschichten ergeben.

Gewisse schaumschichtbildende Feuerschutzmittel in einem festgelegten Anstrichsystem sind geeignet, auch bei unbewehrten Eisen- und Stahlkonstruktionen eine Verbesserung der Widerstandsfähigkeit gegen Feuer und Wärme nach DIN 4102 zu bewirken.

Sonderpräparate für die Vergütung von Holzwerkstoffen

Seitdem Holzwerkstoffe, insbesondere Spanplatten und Sperrholz, nicht nur für den Möbelsektor und Innenausbau, sondern auch auf dem Hochbausektor neue Einsatzgebiete erobert haben, hat sich die Notwendigkeit ergeben, Holzwerkstoffe für solche Einsatzzwecke gegen Fäulnispilze, evtl. auch tierische Schädlinge, insbesondere Termiten bei Verwendung in subtropischen und tropischen Ländern, und schließlich gegen Feuer durch eine Kernimprägnierung während der Fertigung zu schützen.

Zum Einsatz für diese Vergütung kommen Spezialprodukte, weil konventionelle Holz- und Feuerschutzmittel den besonderen Bedingungen bei der Herstellung von Holzwerkstoffen nicht entsprechen.

Sonderpräparate der erwähnten Art dürfen aus Gründen der Rentabilität den für die Herstellung von Holzwerkstoffen üblichen Betriebsvorgang nicht beeinträchtigen; sie müssen insbesondere mit allen Bindemitteln (Kunstharzleimen auf Basis Harnstoff-, Phenol-, Resorcin-, Melamin-Formaldehyd) verträglich, möglichst sogar mischbar sein. Nur wenige der maßgebenden Hersteller von Holzschutzmitteln haben aufgrund ihrer breiteren Forschungsbasis geeignete Sonderpräparate für den vorliegenden Zweck entwickelt.

Unter der Kennzeichnung „V 100-G" werden z. B. amtlich geprüfte wetterfeste Spanplatten – geschützt (G) gegen Fäulnispilze – bereits in größerem Umfang von der Spanplatten-Industrie für den Hochbau (Fertig- und Containerbau u. a.) geliefert.

Tab. 2.4 gibt eine Übersicht über chemische Zusammensetzung, Wirksamkeit und hauptsächlichste Verwendungsgebiete der einzelnen Schutzmittelgruppen.

2.8.2.4 Anwendungsverfahren (Einbringverfahren)

Erfolg und Wirkungsdauer einer Schutzbehandlung sind abhängig von der Wahl des geeigneten Schutzmittels und Einbringverfahrens. Aus technischen und wirtschaftlichen Gründen ist die Schutzbehandlung dem zu erwartenden jeweiligen Gefährdungsgrad des Holzes anzupassen.

Nach DIN 52175 „Holzschutz; Grundlage, Begriffe" unterscheidet man u. a. folgende Einbringverfahren:

Kesseldrucktränkung,
Diffusionstränkung,
Saftverdrängung,
} großtechnische Anwendungsverfahren

Trogtränkung,
im Sonderfall Einstelltränkung,
Tauchen,
Streichen, Spritzen
} handwerkliche Anwendungsverfahren

Weitere Verfahren:

Volltränkung,
Spartränkung,
Wechseldrucktränkung,
Vakuumtränkung,
Druck- und Drucksaugtränkung,
Trogsaug- und Trogdrucksaugtränkung
und Sonderverfahren

DIN 68800 „Holzschutz im Hochbau" enthält die wichtigsten Richtlinien für die sachgemäße Durchführung baulicher und chemischer Maßnahmen zur Erhaltung von Holz im Hochbau. Den nachfolgenden Ausführungen über Verfahren und erforderliche Schutzmittelmengen sind diese entsprechenden Richtlinien zugrunde gelegt.

Tab. 2.4: Holz- und Feuerschutzmittel

Schutzmittelgruppe	chem. Grundzusammensetzung	Wirksamkeit	Löslichkeit	Anwendungshinweise
				I. Salze
SF-Salze	Silicofluoride	P, Iv, S	über 20 %	Anwendungsbereich eingeschränkt; nicht für Holz, das der Nässe (Witterung) ausgesetzt ist. Enthalten Zusätze zur Herabsetzung der Korrosionswirkung gegen Eisen und Stahl. Nichteisenmetalle und Glas können angegriffen werden.
HF-Salze	Bifluoride	P, Iv, S z.T. Iv	über 20 %	Anwendungsbereich eingeschränkt; nicht für Holz, das der Nässe (Witterung) ausgesetzt ist. Die mit Ib gekennzeichneten Salze auch als Bekämpfungsmittel geeignet. Enthalten Zusätze zur Herabsetzung der Korrosionswirkung gegen Eisen und Stahl. Nichteisenmetalle und Glas können angegriffen werden. Ätzwirkung durch Fluorwasserstoffabgabe mehrere Monate anhaltend.
B-Salze	anorg. Borverbindungen	P, Iv, S	bis 20 %	Anwendungsbereich eingeschränkt; nicht für Holz, das der Nässe (Witterung) ausgesetzt ist. Hygienisch weitgehend unbedenklich; deshalb auch für Hölzer, auf denen Lebens- und Futtermittel gelagert werden.
CF-Salze normal	Alkalifluoride und Alkalibichromat	P, (Iv), W	bis 6 %	Anwendungsbereich nicht eingeschränkt; nicht zum Streichen, Spritzen, und Tauchen; teilweise schwer auslaugbar. Bei mittlerer Gefährdung durch Auslaugung ist Tiefschutz erforderlich.
hochlöslich		P, Iv, S, W	über 10 %	Anwendungsbereich nicht eingeschränkt; teilweise schwer auslaugbar. Geeignet bei mittlerer Gefährdung durch Auslaugung, falls Tierschutz erfolgt.
CK-Salze hochlöslich	Chromate, Kupfersalze mit Zusatz von Fluor- oder Borsalzen	P, Iv, S, W	über 10 %	Anwendungsbereich nicht eingeschränkt. Da schwer auslaugbar und gute moderfäulewidrige Wirkung, besonders geeignet für stark beanspruchte Hölzer (Kühlturm, Masten, Pfähle); vorzugsweise in großtechnischen Verfahren
CFA-Salze hochlöslich	Alkalifluoride, -arsenate und -bichromate	P, Iv, W	über 10 %	Anwendungsbereich eingeschränkt; nur für Holz, das im Freien mit und ohne Erdkontakt verbaut wird. Schwer auslaugbar. Besonders für nasse Hölzer mit starker Gefährdung durch Auslaugung. Tiefschutz erforderlich.

(Fortsetzung Tab. 2.4: Holz- und Feuerschutzmittel)

Schutzmittelgruppe	chem. Grundzusammensetzung	Wirksamkeit	Löslichkeit	Anwendungshinweise
				II. Ölige und ölartige Mittel
Teerölpräparate	Steinkohlenteerdestillate (Carbolineen)	P, (Iv), S, W	unverdünnt	Besonders für trockene Hölzer (< 20 % Feuchtigkeit, bezogen auf Darrgewicht); bei Tiefschutz sämtliche, bei Randschutz einige Iv; mehr oder weniger starker Eigengeruch, unterschiedliche Wirkungsdauer, meist kein Nachanstrich mit Farbe oder Lack möglich; allgemein geeignet für Hölzer, die der Nässe (Witterung) ausgesetzt sind; bei stärkerer Gefährdung ist Tiefschutz erforderlich.
	wie vor mit Zusatz anderer Öle und bzw. oder besonderer Wirkstoffe	P, Iv, W		
Mineralölprodukte	In Mineralöl gelöste org. pilz- und insektenwidrige Wirkstoffe	P, Iv, S, W z. T. Ib	unverdünnt	Besonders für trockene und halbtrockene Bauhölzer (< 30 % Feuchtigkeit, bezogen auf Darrgewicht); einzelne geruchschwach oder geruchlos trocknend; daher auch im Inneren von Wohnräumen geeignet, besonders zur Bekämpfung von Insekten. Auch für Hölzer, die der Witterung ausgesetzt sind. Bei starker Gefährdung ist Tiefschutz erforderlich.
				III. Sonderpräparate für Holzwerkstoffe
Ölartige und wasserlösliche Spezialprodukte	org. und anorg. Wirkstoffe, z. T. in gelöster Form	P, z. T. Iv	unverdünnt	Spezialprodukte, die nach unterschiedlichen Verarbeitungsvorschriften bei der Herstellung von Holzwerkstoffen eingesetzt werden.
				IV. Feuerschutzmittel
Salze	Vorwiegend anorg. Salzgemische, insb. der Phosphor- und Borsäure	F, z. T. außerdem P und Iv	bis etwa 15 %	Nur für Holz und holzhaltige Werkstoffe, die gegen Niederschläge geschützt sind. Großtechnische Verfahren (Kesseldruck) sind erforderlich.

(Fortsetzung Tab. 2.4: Holz- und Feuerschutzmittel)

Schutzmittelgruppe	chem. Grundzusammensetzung	Wirksamkeit	Löslichkeit	Anwendungshinweise
				IV. Feuerschutzmittel
Schaumschichtbildende Feuerschutzmittel	Vorwiegend org. Bestandteile	F, S	unverdünnt	Präparate, die bei der Einwirkung von Feuer auf den geschützten Flächen eine hitzeisolierende Schaumschicht ausbilden, werden verschärften Prüfbedingungen unterworfen und erfüllen erhöhte Anforderungen. Geeignet für Holz und holzhaltige Werkstoffe (Sperrholz, Span- und Faserplatten).

Hinsichtlich der Holzschutzmittelverteilung werden unterschieden:

Oberflächenschutz	– ohne wesentliche Eindringtiefe
Randschutz	– Eindringtiefe ca. 1 bis 6 mm
Tiefenschutz	– Eindringtiefe größer, 10 mm

Zur Erhöhung der Holzschutzmittelaufnahme werden die Hölzer z. T. vor der Behandlung „genadelt", d. h. mit Nadelwalzen aufgeschlossen.

Die großtechnischen Verfahren erfüllen im allgemeinen am besten die Forderungen, welche für einen möglichst wirksamen und dauerhaften Holzschutz erfüllt werden müssen, d. h. tiefes Eindringen des Schutzmittels und gleichmäßige Verteilung. Lediglich bei dämmschichtbildenden Feuerschutzmitteln wird wegen ihrer andersartigen Wirkungsweise ein Oberflächen-(Deck-)schutz angestrebt. Kernholz nimmt im Vergleich zu Splintholz weniger Schutzmittel auf, die Eindringtiefe ist gering. Bei schwer imprägnierbaren Holzarten (Fichte und Douglasie) sind die Verhältnisse ähnlich.

Für Bauholz im Hochbau werden dem Gefährdungsgrad entsprechend vorzugsweise handwerkliche Verfahren angewendet.

Kesseldruckverfahren. Die Behandlung erfolgt in geschlossenen druckfesten zylindrischen Tränkbehältern mittels Unter- und/oder Überdruck. Die wichtigsten Teile einer solchen Anlage sind: Imprägnierkessel, Vorratsbehälter für das Schutzmittel, Meßgefäß für die Ermittlung der Schutzmittelaufnahme nach der Tränkung sowie Pumpeinrichtungen.

Diffusionstränkung (Osmoseverfahren) setzt saftfrisches Holz voraus. Es wird vor allem benutzt, um bei schwer imprägnierbarem Holz, z. B. Fichte (insbesondere Masten), eine hohe Eindringtiefe zu erreichen. Auch Schnittholz – soweit saftfrisch oder genügend durchfeuchtet – läßt sich behandeln. Die weißgeschälten Rundhölzer oder Schnitthölzer werden mit Salzpasten bestrichen, dicht gestapelt und mit Dachpappe, Folien oder Planen gegen Feuchtigkeitsverlust luftdicht abgedeckt.

Die Holzfeuchte bewirkt, daß das Salz durch Diffusion im Sinne des Konzentrationsgefälles über den Splint hinaus teilweise in das Reif- und Kernholz eindringt. Je nach dem Querschnitt des Holzes sind Lagerzeiten im abgedeckten Zustand von mehreren Wochen notwendig.

Das Bandagenverfahren zur Lokalbehandlung von Gefahrenstellen ist eine Sonderform des Diffusionsverfahrens.

Saftverdrängung. Das von *Boucherie* 1838 entwickelte Verfahren läßt sich ebenfalls nur an saftfrischen berindeten Stämmen anwenden. Es ist besonders für die Behandlung von schwer imprägnierbaren Fichten- und Tannenstämmen geeignet, die als Leitungsmasten benutzt werden sollen. Die Stämme werden am Fußende mit einer flüssigkeitsdichten Kappe versehen, die mit einer Schlauchleitung verbunden ist. Die in einem 10 bis 15 m hohen Gefäß befindliche Tränklösung (ursprünglich benutzte *Boucherie* 1%ige Kupfersulfatlösung) wird mit Schlauchleitungen den einzelnen angeschlossenen Stämmen zugeführt, wobei der hydrostatische Druck dafür sorgt, daß der Baumsaft allmählich durch die Tränklösung ersetzt wird. Die Behandlung ist beendet, wenn am Zopfende Tränklösung in einer ausreichenden Konzentration abfließt. Das Trogsaugverfahren und das Trogdrucksaugverfahren stellen Varianten des Saftverdrängungsverfahrens dar; die Behandlungszeit ist dabei kürzer.

Die *Trogtränkung* ist unter den handwerklichen Verfahren die Behandlungsmethode, mit der die höchste Schutzmittelaufnahme zu erreichen ist. Die Hölzer werden hierbei lange Zeit, und zwar mehrere Stunden am Tage, durch entsprechende Vorrichtungen in der Schutzflüssigkeit untergetaucht gehalten, bei der Einstelltränkung von Pfählen und Pfosten mit den gefährdeten Enden eingestellt. Von Vorteil ist es, daß bei der Trogtränkung die Schutzmittelaufnahme chargenweise gemessen werden kann.

Die Heiß-Kalt-Trogtränkung wird insbesondere bei schwer tränkbaren Hölzern und bei Verwendung öliger Schutzmittel zur Abkürzung der Tränkdauer benutzt. Die bessere und schnellere Aufnahme kommt dadurch zustande, daß die Luft in der heißen Flüssigkeit durch Ausdehnung aus dem Holzgefüge entweicht und beim Abkühlen ein Sog entsteht, der das Schutzmittel ins Holz saugt.

Das *Tauchen* ist eine Behandlung des Holzes in schwimmendem Zustand. Die Tauchzeit beträgt 30 Minuten bis zu mehreren Stunden. Man erreicht im allgemeinen Schutzmittelaufnahmen, die zweimaligem Streichen oder Spritzen entsprechen. Gegenüber dem Streichen und Spritzen ist das Tauchen zeitsparend und bietet größere Sicherheit, weil die gesamte Holzoberfläche mit Rissen, Verzapfungen, Einschnitten usw. erfaßt wird.

Streichen und Spritzen sind die einfachsten Behandlungsmethoden. Um größere Schutzmittelmengen ins Holz zu bringen, sind entsprechend viele Arbeitsgänge erforderlich. Vor jedem weiteren Arbeitsgang muß so lange gewartet werden, bis die Holzoberfläche wieder genügend saugfähig ist, bei Salzlösungen wenige Stunden, bei Ölen meist länger (etwa 12 Stunden).

2.8.2.5 Holzschutzarbeiten

Holzschutzarbeiten müssen unter Berücksichtigung des Gefährdungsausmaßes nach Art und Umfang rechtzeitig und sorgfältig geplant und in technisch einwandfreier Form durchgeführt werden. Unter dieser Voraussetzung ist der wirtschaftliche Aufwand gerechtfertigt.

Da diese Arbeiten erhebliche technisch-handwerkliche Kenntnisse und Erfahrungen voraussetzen, sind nur Betriebe des holzverarbeitenden Handwerks oder spezielle Holzschutzbetriebe damit zu betrauen.

Ausschreibung

Der Ausschreibung von Holzschutzarbeiten sind die Verdingungsordnung für Bauleistungen (VOB), DIN 52175 „Holzschutz; Grundlagen, Begriffe", DIN 68800 „Holzschutz im Hochbau" und evtl. technische Vorschriften und Gütebedingungen des Holzschutzgewerbes zugrunde zu legen.

Es ist zu unterscheiden zwischen

1. vorbeugendem Schutz gegen Pilze (Fäulnis) P und Insekten Iv
2. wie zu 1., zusätzlich gegen Feuer P, Iv, F
3. Schutz ausschließlich gegen Feuer F
4. Bekämpfung pflanzlicher Holzschädlinge (Hausschwamm o. ä.) P
5. Bekämpfung tierischer Holzschädlinge (Hausbock, Anobien u. a.) Ib

Sollen die Holzschutzarbeiten vor dem Einbau erfolgen – das ist im allgemeinen anzustreben –, so sind zweckmäßig Öle oder schwer auslaugbare Holzschutzsalze mit dem Kennzeichen W zu verwenden. Nach dem Einbau des Holzes unter Dach können nicht auslaugbeständige Salze benützt werden. Feuerschutzmittel dürfen wegen ihrer Auslaugbarkeit grundsätzlich erst nach der Dacheindeckung zur Anwendung kommen.

Bei der Auswahl des für den jeweiligen Zweck am besten geeigneten Schutzmittels sind auch andere Eigenschaften, z. B. Farbe, Geruch, zu berücksichtigen. Grundforderung ist, die vorgeschriebene Schutzmittelmenge je m² Holzoberfläche bzw. m³ Holzmasse einzubringen. Über die nach *Tab. 2.5* der DIN 68800 anzuwendenden Mindestmengen hinaus können auch größere Schutzmittelmengen gefordert oder entspre-

Tab. 2.5: Mindest-Einbringmengen[1] bei Anwendung durch Streichen, Spritzen und Tauchen (nach DIN 68800, Blatt 3, Abs. 7)

Beanspruchung	Holzdicke	Einbringmengen[2]) wasserlösliche Mittel g/m²	ölige Mittel cm³/m²
Niederschlägen nicht ausgesetzt	≦ 4 cm	50	250
	≦ 8 cm	60	250
	> 8 cm	60	300
Niederschlägen ausgesetzt	≦ 4 cm	75	300
	> 4 cm	90	350
dauerndem Kontakt mit Erdfeuchtigkeit ausgesetzt	nur Kesseldruck- und Trogtränkung zulässig		

[1]) Diese Mindestmengen gelten für übliche Holzschutzmittel; bei Sonderpräparaten ist die im Prüfbescheid angegebene Menge maßgebend.
[2]) Bei kernreichen Holzarten wie Eiche, Kiefer, Lärche sind Unterschreitungen zulässig.

chend besonderen Gütebedingungen angeboten werden.

Für die Schutzleistung ist neben der eingebrachten Schutzstoffmenge die Eindringtiefe und die Schutzmittelverteilung von Bedeutung. Ob Randschutz oder Tiefschutz erreicht wird, ist in erster Linie von den Behandlungsverfahren abhängig, daneben aber auch von Eigenschaften der Schutzmittelgruppen. Eine bestimmte Eindringtiefe des Schutzmittels läßt sich generell nicht immer erreichen, weil sie nicht allein vom Mittel und seiner Verarbeitungsart, sondern von den unterschiedlichen Holzeigenschaften (Holzart, Kern/Splint, Feuchtigkeit) stark beeinflußt wird. Dieser Sachverhalt ist bei der Ausschreibung und Kontrolle zu berücksichtigen.

Der Auftraggeber soll sich das Recht vorbehalten, nach Ausführung der Arbeit eine gutachtliche Überprüfung durchführen zu lassen.

Angebot

Im Angebot sind klare Angaben zu fordern hinsichtlich

1. des für die Verarbeitung vorgesehenen Schutzmittels mit amtlichem Prüfzeichen, Prüfprädikaten und Name des Herstellers
2. des Behandlungsverfahrens; beim Streichen und Spritzen sind die Anzahl der Arbeitsgänge, beim Tauchen oder bei Trogtränkung die Tauch- oder Tränkzeiten anzugeben
3. der Einbringmenge in g (Salz) bzw. ml (Öl)/m² Holzoberfläche oder kg bzw. l/m³ Holzmasse. Bei Verwendung von Salzen muß die Lösungskonzentration genannt werden
4. der Art der Flächenberechnung, z. B. nach Einzelaufmaß, Holzliste

Der Angebotspreis soll nach Material- und Lohnkosten unterteilt sein und dazu getrennt die Kosten für alle Nebenleistungen, soweit sie zur Erfüllung des Auftrages notwendig sind, enthalten. Als Nebenleistungen kommen z. B. in Betracht: Vorhalten von Geräten und Rüstungen, Reinigungsarbeiten.

Bei Bekämpfungsmaßnahmen können Nebenleistungen erforderlich werden, die vor Arbeitsbeginn nicht erkennbar sind, z. B. Freilegen von eingebauten Holzteilen, um sie behandeln zu können, Aufnehmen der Dachdeckung.

Bei Schwammsanierungen kann trotz gründlicher Voruntersuchung die größere Ausdehnung des Befallsherdes Mehrarbeit erforderlich machen. Dieses für den Anbieter von vornherein nicht abschätzbare Risiko muß durch entsprechende vertragliche Abmachungen berücksichtigt werden. Nach Abschluß der Arbeit hat der Ausführende an dem Objekt in dauerhafter Form Angaben zu hinterlassen über Namen und Anschrift seines Unternehmens, den Namen des verarbeiteten Schutzmittels mit Prüfzeichen und -prädikaten, angewendetes Einbringverfahren, eingebrachte Menge sowie Monat und Jahr der Behandlung.

Güteüberwachung

Die Güteüberwachung dient dem Zweck, den Nachweis für eine sachgemäße Durchführung der laut Auftrag festgelegten Holzschutzarbeiten zu erbringen. Dieser Nachweis gilt als erbracht, wenn der ausführende Betrieb einer ausreichenden Eigen- und Fremdüberwachung unterliegt. Im Rahmen der Eigenüberwachung hat der die Arbeit ausführende Unternehmer Aufzeichnungen über Art und Umfang des betreffenden Objektes, des verwendeten Mittels mit Angabe des Prüfzeichens und der Prüfprädikate, über das Einbringverfahren und die eingebrachte Schutzmittelmenge anzufertigen. Diese Unterlagen sind auf Verlangen dem Auftraggeber und der die Fremdüberwachung vornehmenden Stelle vorzulegen. Die Fremdüberwachung erfolgt aufgrund eines mit einer anerkannten Prüfanstalt abgeschlossenen Überwachungsvertrages oder einer Mitgliedschaft bei einer anerkannten Gütegemeinschaft.

Besteht keine Fremdüberwachung, so kann der Auftraggeber entsprechend einer vorher getroffenen Vereinbarung eine gutachtliche Prüfung der betreffenden Arbeiten verlangen.

Die Wirkung einer Holzschutzbehandlung hängt in erster Linie von der eingebrachten Menge des Schutzstoffes, bezogen auf Holzoberfläche oder Holzmasse, und seiner Verteilung (Eindringtiefe) ab, bei Sanierungsarbeiten aber auch von der Sorgfalt der notwendigen Freilegungsarbeiten.

Die Überprüfung erstreckt sich auf qualitative und quantitative Kontrollen.

Bei der qualitativen Kontrolle wird eine Beurteilung der ausgeführten Arbeiten anhand der Arbeitsprotokolle, des äußeren Zustandes des imprägnierten Holzes und der Schutzmitteleindringtiefe (nach DIN 52161) ermöglicht.

Dabei ist zu beachten, daß die Eindringtiefe stark von der Art des Schutzmittels und der Holzart und Oberflächenbeschaffenheit, Holzfeuchte, Lage der Hölzer im Raum usw. abhängig ist und auf die eingebrachte Schutzmittelmenge keinen sicheren Rückschluß erlaubt.

Die quantitative Bestimmung der eingebrachten Schutzmittelmengen ist nur in entsprechend eingerichteten chemischen Laboratorien möglich (s. DIN 52161).

2.9 Fachliteratur
2.9.1 Normen

DIN-Nr.			(Ausgabe)	
	280	T 1	12. 70	Parkett; Parkettstäbe und Tafeln für Tafelparkett
	280	T 2	12. 70	Parkett; Mosaikparkettlamellen
	280	T 3	12. 70	Parkett; Parkettriemen
	280	T 4	6. 73	Parkett; Parkettdielen, Parkettplatten
	280	T 5	6. 73	Parkett; Fertigparkett-Elemente
	1052	T 1	10. 69	Holzbauwerke; Berechnung und Ausführung
	1052	T 2	10. 69	Holzbauwerke; Bestimmungen für Dübelverbindungen besonderer Bauart
E	1052	T 3	2. 79	Holzbauwerke, Holztafeln; Berechnung und Ausführung
			10. 69	Richtlinien für die Bemessung und Ausführung von Holzhäusern in Tafelbauart, Ergänzung zu DIN 1052, Teil 1
	1101		3. 80	Holzwolle-Leichtbauplatten; Maße, Anforderungen, Prüfung
	1102		3. 80	Holzwolle-Leichtbauplatten nach DIN 1101; Verarbeitung
	1104	T 1	3. 80	Mehrschicht-Leichtbauplatten aus Schaumkunststoffen und Holzwolle, Maße, Anforderungen, Prüfung
	1104	T 2	3. 80	Mehrschicht-Leichtbauplatten aus Schaumkunststoffen und Holzwolle; Verarbeitung
	4070	T 1	1. 58	Nadelholz; Querschnittsmaße und statische Werte für Schnittholz, Vorratskantholz und Dachlatten
	4070	T 2	10. 83	Nadelholz; Querschnittsmaße und statische Werte, Dimensions- und Listenware
	4071	T 1	4. 77	Ungehobelte Bretter und Bohlen aus Nadelholz; Maße
	4073	T 1	4. 77	Gehobelte Bretter und Bohlen aus Nadelholz; Maße
	4074	T 1	12. 58	Bauholz für Holzbauteile; Gütebedingungen für Bauschnittholz (Nadelholz) [5] *(En)*
	4074	T 2	12. 58	Bauholz für Holzbauteile; Gütebedingungen für Baurundholz (Nadelholz) *(En)*
	4076	T 3	1. 74	Blatt 1–5, Benennungen und Kurzzeichen auf dem Holzgebiet; Klebstoffe, Verleimungsarten, Beanspruchungsgruppen
	18334		10. 79	VOB Verdingungsordnung für Bauleistungen, Teil C: Allgem. techn. Vorschriften; Zimmer- und Holzarbeiten
	68360	T 1	5. 81	Holz für Tischlerarbeiten; Gütebedingungen bei Außenanwendung
	68360	T 2	5. 81	Holz für Tischlerarbeiten; Gütebedingungen bei Innenanwendung
	68365		11. 57	Bauholz für Zimmerarbeiten; Gütebedingungen [5]
	68705	T 2	7. 81	Sperrholz; Sperrholz für allgemeine Zwecke [5]
	68705	T 3	12. 81	Sperrholz; Bau-Furniersperrholz [5]
	68705	T 4	12. 81	Sperrholz; Bau-Stabsperrholz, Bau-Stäbchensperrholz [5]
	68705	T 5	10. 80	Sperrholz; Bau-Furniersperrholz aus Buche [5] *(En)*
	68754	T 1	2. 76	Harte und mittelharte Holzfaserplatten für das Bauwesen; Holzwerkstoffklasse 20
V	68761	T 1	8. 81	Spanplatten; Flachpreßplatten für allgemeine Zwecke; FPY-Platte
	68761	T 4	2. 82	Spanplatten; Flachpreßplatten für allgemeine Zwecke; FPO-Platte
	68762		3. 82	Spanplatten für Sonderzwecke im Bauwesen; Begriffe, Anforderungen, Prüfung
	68763		7. 80	Spanplatten; Flachpreßplatten für das Bauwesen, Begriffe, Eigenschaften, Prüfung, Überwachung [5] *(En)*
	68764	T 1	9. 73	Spanplatten; Strangpreßplatten für das Bauwesen; Begriffe, Eigenschaften, Prüfung, Überwachung [5]
	68764	T 2	9. 74	Spanplatten; Strangpreßplatten für das Bauwesen, Beplankte Strangpreßplatten für die Tafelbauart

68765	8. 81	Spanplatten; Kunststoffbeschichtete dekorative Flachpreßplatten für allgemeine Zwecke; Begriffe, Anforderungen, Prüfung [5]
68771	9. 73	Unterböden aus Holzspanplatten
		Richtlinien über die Verwendung von Spanplatten hinsichtlich der Vermeidung unzumutbarer Formaldehydkonzentrationen in der Raumluft (Fassung April 1980) und Anlage ,,Verzeichnis von Beschichtungen und Bekleidungen" und Anhang ,,Richtlinien über die Klassifizierung von Spanplatten" bezüglich der Formaldehydabgabe
68800		Holzschutz im Hochbau

2.9.2 Bücher und andere Veröffentlichungen

W. Bavendamm: ,,Der Hausschwamm und andere Bauholzpilze", G. Fischer Verlag KG, Stuttgart, 1969
H. Gottwald: ,,Handelshölzer", Ferd. Holzmann Verlag, Hamburg
H. Knodel: ,,Holzschutz am Bau", Bruderverlag, Karlsruhe
E. König: ,,Tierische und pflanzliche Holzschädlinge", DRW-Verlags-GmbH, Stuttgart, 1957
E. König: ,,Holz-Lexikon", DRW-Verlags-GmbH, Stuttgart, 1971
E. König: ,,Sortierung und Pflege von Rund- und Schnittholz", DRW-Verlags-GmbH, Stuttgart, 1970
Lehmann/Stolze: ,,Ingenieurholzbau", B. G. Teubner Verlagsgesellschaft, Stuttgart
Lueger: ,,Lexikon der Bautechnik", Bd. 10/11: Bautechnik, Dtsch. Verlagsanstalt, Stuttgart, 1969
Holzbau-Taschenbuch, Hrsg. *R. v. Halász,* Verlag von Wilh. Ernst & Sohn, Berlin, München
Holzschutzmittel-Verzeichnis, herausg. v. Institut für Bautechnik, Berlin 30, Reichpietschufer 72/76
Forschungsberichte Holz; Dtsch. Ingenieur-Verlag, Düsseldorf
Mitteilungen und Merkhefte der Dtsch. Gesellschaft für Holzforschung, München, Dtsch. Ingenieur-Verlag, Düsseldorf

3 Natürliche Bausteine

Natürliche Bausteine sind solche Steine, die aus den in der Natur vorkommenden Gesteinen gewonnen werden. Um sie als Bausteine verwenden zu können, müssen sie mehr oder weniger bearbeitet werden.

3.1 Einteilung und allgemeine Eigenschaften

3.1.1 Einteilung nach Verarbeitung und Entstehung

Verarbeitung

Bruchsteine sind natürliche Bausteine, die in Steinbrüchen gewonnen werden. Vom Steinmetz werden sie nicht oder nur geringfügig bearbeitet, und zwar nur soweit, daß sie lagerhaft in die Baumassen eingefügt werden können.

Werksteine sind ebenfalls in Steinbrüchen gewonnene und vom Steinmetz handwerks- und kunstgerecht zu einer bestimmten Form zu Bausteinen behauene Natursteine.

Findlinge (auch als Feldsteine bezeichnet) sind größere bzw. mittelgroße, unregelmäßige und meist abgerundete Natursteine. Mit ihnen läßt sich, auch wenn sie gesprengt oder aufgespalten sind, kein regelmäßiges Verbandsmauerwerk herstellen.

Entstehung

Erstarrungsgesteine. Aus glutflüssigem Zustand in der Tiefe (Tiefengesteine, z.B. Granit), in Spalten (Ganggesteine, z.B. Porphyr) oder an der Erdoberfläche (Ergußgesteine, z.B. Basaltlava) erstarrt.

Ablagerungsgesteine (Schichtgesteine). Mehr oder weniger geschichtet. Aus Lösungen ausgeschieden (Gips, Travertin), aus Trümmern älterer Gesteine (Sandstein), vulkanischen Auswurfstoffen (Tuff) oder Schaltierresten (Muschelkalk) verkittet, von lebenden Tieren aufgebaut (Korallenkalk), aus Pflanzenresten bestehend (Kohle), vom Winde zusammengeweht (Löß).

Umwandlungsgesteine (kristalline Schiefer). Schichtung wie Ablagerungs-, Mineralführung wie Erstarrungsgesteine (Gneis, Glimmerschiefer).

3.1.2 Wichtige eigenschaftsbestimmende Mineralien

Mineralien bestimmen die Art der Gesteine, die meist aus einem Gemenge mehrerer Mineralien bestehen. Farbe, Härte und Wetterbeständigkeit der Natursteine werden durch die Mineralführung bestimmt. Die wichtigsten sind:

Quarz (SiO_2). Meist farblos oder weißlich, fett- bis glasglänzend, muschelig brechend; am Stahl lebhaft funkend, mit dem Messer nicht ritzbar; sehr wetterbeständig; sehr hart.

Feldspate. Doppelsilicate mit ebenen Kristall- und Kristallbruchflächen, glasglänzend; mit dem Messer kaum zu schaben; nicht sehr wetterbeständig; verwittern zu Ton oder Muskovit. Die wichtigsten Formen sind:

Alkalifeldspat oder *Orthoklas* ($K[AlSi_3O_8]$ und $Na[AlSi_3O_8]$). Trübweiß, gelblich oder rötlich bis tiefrot. Hierher gehören auch der farblose Sanidin und der weiße Leuzit, die schnell verwittern.

Kalknatronfeldspat oder *Plagioklas* (Gemisch aus Ca- und $Na[AlSi_3O_8]$). Viele blattförmig aufeinanderliegende farblose oder weiße Kristalle. In diese Gruppe gehört auch der bläulich irisierende Labrador, ferner der weiße bis grünlichgraue Nephelin, der sich in Salzsäure löst und schnell verwittert.

Glimmer (Kaliglimmer = $KH_2[Al_3Si_3O_{12}]$ und Magnesiaglimmer = $KH_2[Al_3Si_3O_8] + n\ Mg_2SiO_4$) sind Silicate. Farblos (Muskovit) oder schwarz (Biotit), glänzend; in dünne Blättchen spaltbar, leicht mit dem Messer zu schaben. Muskovit verwittert im Gegensatz zu Biotit kaum, doch begünstigt auch er die Gesteinszerstörung, wenn er in zusammenhängenden Lagen auftritt.

Hornblende und *Augit* bestehen hauptsächlich aus Magnesiumsilicat ($MgSiO_3$). Dunkelgrün bis schwarz; mit dem Messer meist nicht schab-, aber ritzbar; wetterbeständig.

Olivin ist ein eisenhaltiges Magnesiumsilicat. Ölgrün, gelblich oder braun, durchscheinend; muschelig brechend, spröde; mit dem Messer kaum ritzbar; nicht wetterbeständig. Verwittert zu Serpentin.

Kalkspat (kohlensaurer Kalk $CaCO_3$). Farblos oder durch Beimengungen schwach gefärbt; braust mit Salzsäure kräftig auf; mit dem Messer leicht zu schaben; wetter-, aber nicht säurebeständig.

Dolomitspat (Kalkspat und Magnesit $MgCO_3$). Weißlich, selten gefärbt; braust mit Salzsäure in geschabtem oder erwärmtem Zustand ziemlich stark, sonst aber kaum auf; mit dem Messer schwer zu schaben; wetter-, aber nicht säurebeständig.

Gipsspat (schwefelsaurer Kalk $CaSO_4 \cdot 2\ H_2O$). Weiß, grau oder farblos; mit Salzsäure nicht aufbrausend, mit dem Fingernagel eben ritzbar*); nicht wetter- und säurebeständig.

Schwefelkies (Eisenkies, Pyrit FeS_2). Goldglänzend; SO_2-Geruch beim Glühen! Verwittert unter Bildung freier Schwefelsäure zu Brauneisen, das häßliche Flecken bildet und die Gesteinszerstörung begünstigt.

3.1.3 Bautechnisch wichtige Gesteinsmerkmale

Gefüge und Anordnung der Mineralien:

Gleichmäßig körnig: Grobes Korn mindert Festigkeit und Wetterbeständigkeit. Zackig oder lappig geformte Mineralien ergeben guten, solche mit ebenen oder abgerundeten Oberflächen schlechten Kornverband.

Dicht: Mineralien mit bloßem Auge nicht erkennbar.

Glasig: Mineralien auch mit dem Mikroskop nicht erkennbar.

Porphyrisch: Größere Kristalle oder Einsprenglinge in dichter Grundmasse („wie Blutwurst").

Oolithisch: Aus hirse- bis erbsengroßen Kügelchen zusammengesetzt („wie Fischrogen").

*) Anhydrit ($CaSO_4$) ist wesentlich härter (bis 3,5)

Schiefrig: Mineralien in einer Richtung angeordnet.

Geschichtet: Aus plattenförmigen Lagen zusammengesetzt.

Blasig: Von größeren, rundlichen Hohlräumen durchsetzt.

Porig: Feine Hohlräume zwischen den Mineralien. Von der Porosität hängen Wasseraufnahme, Luftdurchlässigkeit und Wärmeleitung ab.

Trümmerartig: Verkittete, wenigstens haselnußgroße, abgerundete oder kantige Gesteinstrümmer (wie Beton).

Sandsteinartig: Verkittete kleinere Gesteinstrümmer.

Schlammartig: Verkittete staubförmige Gesteinstrümmer.

Lose: Unverkittete Gesteinstrümmer.

Rohdichte (Raumgewicht). Ihr Verhältnis zur Reindichte (spezifisches Gewicht, Einheitsgewicht der reinen Gesteinsmasse ohne Hohlräume) heißt Dichtigkeitsgrad (s. Abschn. 1.1.21).

Härte (s. Abschn. 1.1.26). Sie bedingt den Abnutzungswiderstand, ist aber ohne Einfluß auf die

Festigkeit. Baulich wichtig sind nur Druck- und Schlagfestigkeit. Grundlegend für diese sind Mineralführung, etwaiges Bindemittel und Gefüge (s. Abschn. 1.1.25).

Bearbeitbarkeit. Abhängig von Mineralführung, Gefüge, Korngröße, Schichtung, Härte, Bergfeuchtigkeit.

Wetterbeständigkeit. Abhängig von Mineralführung, Gefüge, Schichtung, Porosität.

Säurebeständigkeit. Sie ist ebenso wie die

Feuerbeständigkeit abhängig von der Mineralführung.

3.1.4 Prüfverfahren

Man prüft die Natursteine dem Verwendungszweck entsprechend auf die genannten Eigenschaften nach DIN 52100 bis 52113. Hinsichtlich ihrer Wetterfestigkeit sind die Natursteine auf ihren Gehalt an löslichen oder aggressiven Bestandteilen durch eine chemische Untersuchung zu prüfen.

Die Eignung bezüglich der geplanten Verwendung ist durch eine mechanische und physikalische Untersuchung nachzuweisen (*Tab. 3.1*).

3.2 Die wichtigsten natürlichen Bausteine

3.2.1 Erstarrungsgesteine

Granit)*

Kennzeichen: Feldspat, Quarz, Glimmer; körnig. Quarz bestimmt die Härte, Feldspat die Farbe und Glimmer den Verwitterungsgrad.

Eigenschaften: Schwer, hart, fest, teilweise schwer zu bearbeiten, polierbar, wetterbeständig, zerspringt bei Bränden durch Löschwasser und einseitige Erhitzung.

Gute Anzeichen: Gleichmäßiges, kleines bis mittelgroßes Korn.

---

*) Manche Gesteine sind unter irreführenden Bezeichnungen im Handel. So sind „belgischer Granit" und „Eifelgranit" Kalksteine, „schwedischer Granit" Diabase oder Gabbro. „Odenwälder Syenit" ist ein Diorit. Andere Diorite und Diabase führen den Sammelnamen „Grünsteine".

Fehler: Angewitterter Feldspat (unreine, matte Farbe), viel Glimmer, vor allem in größeren Plättchen, grobes Korn, porige Beschaffenheit („Wassersöffer"), Schwefelkiesgehalt. Eingetretene Verwitterung erkennt man oft an rostig aussehenden Flecken und Adern, die sich über das ganze Gestein verteilen. Legt man einige Stücke in ein offenes Gefäß bis zur halben Höhe in Wasser und treten dann im Verlauf von 28 Tagen rostartige Verfärbungen auf gegenüber den trockengelagerten Vergleichsstücken, so ist mit Rostgefahr zu rechnen.

Syenit)*

Kennzeichen: Feldspat mit viel Hornblende oder Augit; daher dunkle Farbe, körnig; kein oder nur wenig Quarz.

Eigenschaften: Wie Granit, aber weicher, zäher, leichter zu bearbeiten. Als Baustein in allem dem Granit gleichzusetzen.

Gute Anzeichen: Viel Hornblende oder Augit; gleichmäßiges, kleines bis mittelgroßes Korn.

Fehler: Angewitterter Feldspat, viel Glimmer, mürbe Beschaffenheit, Gehalt an Schwefelkies oder Serpentin (grün, mit dem Messer schabbar).

Diorit)*

Kennzeichen: Feldspat, Hornblende und Glimmer oder Augit; grünlich, körnig. Braust im Gegensatz zu dem ähnlichen, aber meist helleren Diabas mit Salzsäure nicht auf.

Eigenschaften: Gute Anzeichen und Fehler wie bei Syenit.

Gabbro)*

Kennzeichen: Feldspat und Augit; dunkelgrau bis schwarz, meist grün und weiß gefleckt; körnig.

Eigenschaften: Wie Syenit, nur weniger beständig in der Feuchtigkeit; schwer zu bearbeiten.

Gute Anzeichen: Wie bei Syenit.

Fehler: Schiefrig; sonst wie bei Syenit.

Porphyr

(Ähnlich sind Porphyrit und Melaphyr; letzterer mit glasiger Grundmasse.)

Kennzeichen: Porphyrisches Gefüge.

Eigenschaften: Zäh, hart, leicht in Würfelform spaltbar, polierbar, wetterbeständig.

Gute Anzeichen: Viel Quarz, Hornblende oder Augit.

Fehler: Mit dem Messer ritzbare Grundmasse, mürbe Beschaffenheit, Tongeruch beim Anhauchen, Schwefelkiesgehalt.

Trachyt

(Ähnlich ist Andesit.)

Kennzeichen: Lichtgrau bis bräunlich, feinkörnig bis dicht, rauh; Bruch grobsplitterig, oft porphyrisch (Sanidineinsprenglinge).

Eigenschaften: Mittelfest, gut mörtelbindend, leicht zu bearbeiten, bei Abnut-

*) Manche Gesteine sind unter irreführenden Bezeichnungen im Handel. So sind „belgischer Granit" und „Eifelgranit" Kalksteine, „schwedischer Granit" Diabase oder Gabbro. „Odenwälder Syenit" ist ein Diorit. Andere Diorite und Diabase führen den Sammelnamen „Grünsteine".

zung rauh bleibend; nur wetterbeständig, wenn arm an Sanidinfeldspat (leicht verwitternde Feldspatart); nicht polierbar.

Gute Anzeichen: Dunkle Farbe (Hornblende!), gleichmäßiges Gefüge.

Fehler: Helle Farbe (Sanidin!), viel Glimmer, starke Porosität, stumpfes Aussehen. Das bekannteste Beispiel verwitternden Trachyts bietet der Kölner Dom.

Basalt

Kennzeichen: Dicht, grauschwarz bis bläulich; feinsplittriger, muscheliger Bruch, in der Regel kantige Säulenform.

Eigenschaften: Schwer, hart, spröde, kaum zu bearbeiten; stark wärmeleitend; im allgemeinen wetterbeständig; wird glatt bei Abnutzung; schmilzt i.M. bei 1200 °C.

Gute Anzeichen: Dunkle Farbe; glatter, muscheliger Bruch.

Fehler: Hellgraue Farbe, Olivingehalt, glasige Bestandteile, Tongeruch. Weißgraue, oft sternförmige Flecke, die besonders deutlich nach viertelstündigem Kochen in Salzsäure und anschließendem Einlegen in 5%ige Sodalösung hervortreten. Eckigkörniger, höckeriger Bruch und kreuz und quer laufende feine Risse kennzeichnen die an der Luft zerfallenden „Sonnenbrenner".

Basaltlava

Kennzeichen: Wie Basalt, aber porig bis blasig; meist nicht säulenförmig.

Eigenschaften: Ziemlich gut zu bearbeiten, schlecht wärmeleitend, wetterbeständig.

Fehler: Große, miteinander verbundene Hohlräume.

Diabas

Kennzeichen: Vorwiegend Feldspat und Augit. Deutsche Diabase sind grünlich, dem Diorit ähnlich, aber meist heller; die nordischen sind schwarz und weiß gefleckt. Viele Diabase brausen mit Salzsäure schwach auf.

Eigenschaften: Gute Anzeichen und Fehler wie bei Syenit. Politur auf deutschen Diabasen ist im Freien nicht haltbar.

Phonolith

Kennzeichen: Bruchstücke hellklingend (Name!); graugrün bis braun. Alle Übergänge von dichter, basaltartiger Form mit Fettglanz bis zu stark porigen, lavaähnlichen Abarten; ausgeprägte Absonderungsflächen, die die Gewinnung in Plattenform erleichtern.

Eigenschaften: Wie bei Basalt; bei den porigen Sorten wie bei Basaltlava.

Fehler: Neigung zu schiefriger Aufblätterung; Sonnenbrand wie bei Basalt.

3.2.2 Ablagerungsgesteine

Sandstein

Kieselige Sandsteine: Weiß bis graubraun; die Kohlensandsteine oft schwarz gesprenkelt, hart, sehr wetterbeständig, nicht feuerbeständig.

Tonige Sandsteine: Helle, wechselnde Farbe; Tongeruch beim Anhauchen; feuerbeständig, wenig fest. Nur dichte, kein Wasser aufsaugende Sorten sind wetterbeständig.

Kalkige und dolomitische Sandsteine: Meist gelblich bis grünlichgrau; mit Salzsäure aufbrausend; oft von Kalkspat schimmernde Bruchflächen, ziemlich weich, nicht feuerbeständig; vergänglich in Industriegebieten und an der Meeresküste.

Mergelige Sandsteine: In Eigenschaften und Kennzeichen zwischen beiden vorgenannten Arten stehend; meist minderwertig.

Eisenschüssige Sandsteine: Gelb, braun oder rot, oft geflammt; meist fest und wetterbeständig.

Grünsandsteine: Durch Glaukonit grün gefärbt; fest, meist durch Witterungseinflüsse verblassend oder fleckig werdend.

Sandsteine mit mehreren Bindemitteln sind häufig.

Kennzeichen und Eigenschaften: Vorwiegend Quarzkörnchen, verkittet durch ein Bindemittel, das die Farbe bestimmt.

Gute Anzeichen: Gleichmäßiges Korn; wenig andere Mineralien neben Quarz; Bindemittel ganz oder teilweise kieselig.

Fehler: Viel Feldspatkörner und Glimmer; kalkiges, toniges, mergeliges oder glaukonitisches Bindemittel ohne Beimengung von Kieselsäure; dünne, schiefrige Schichtung, Gallen von Ton oder Brauneisen, Schwefelkiesgehalt.

Grauwacke

Kennzeichen: Meist grau, sandsteinartig; enthält Bruchstücke verschiedener Mineralien und Gesteine.

Eigenschaften: Richten sich wie bei Sandstein nach dem Bindemittel. Sehr hart, kaum zu bearbeiten (Kleinpflaster, Schotter, Splitt).

Gute Anzeichen: Quarz stark vorherrschend; kieselige Bindemittel, grobkörniges Gefüge.

Fehler: Viel Tonschiefer- und Kalkbrocken; schwarze Farbe (Kohle), schiefriges Gefüge, Schwefelkiesgehalt.

Konglomerate

(Gefüge wie Kiesbeton. Beispiel: Nagelfluh) und

Breccien

(Gefüge wie Schotterbeton) sind baulich nur von örtlicher Bedeutung. Nagelfluh ist ein wetterbeständiger, in Süddeutschland sehr geschätzter Baustein. Er besteht aus abgerollten Stücken von Kalk, Sandstein und Erstarrungsgesteinen, die durch ein sandsteinartiges, eisenschüssiges Bindemittel verkittet sind, und hat helle, oft rötliche Färbung.

Tonschiefer

Kennzeichen: Grau bis schwarz, bläulich oder rotbraun; dichtes, erhärtetem Schlamm ähnliches Gefüge; ebenschiefrig, oft durch Glimmerschüppchen glänzend.

Eigenschaften: Leicht spaltbar, wasserdicht, wetter- und feuerbeständig, zug- und biegungsfest.

Gute Anzeichen: Viel Glimmer (Seidenglanz), sonnenbeständige Farbe, heller Klang.

Fehler: Matter Glanz, geringe Härte (unter 2,5; Fingernagelprobe!); starke Härteverminderung nach 24stündiger Wasserlagerung; poriges, lockeres oder sandiges Gefüge; Gehalt an Kalk (Säureprobe!), Kupfer- oder Schwefelkies (Glühprobe!), Kohle (tiefschwarzer, glanzloser Bruch), Bitumen (Geruch!), Eisenoxid. Steine aus den oberen Schichten („Tagsteine") sind unbrauchbar.

Vulkanische Tuffe

Kennzeichen: Gleichmäßig körnige oder porphyrische, aus vulkanischen Auswurfstoffen verkittete, helle, oft poröse Gesteine. Der Rochlitzer Porphyrtuff ist rot gefärbt.

Eigenschaften: Frisch gebrochen leicht zu bearbeiten, nachträglich erhärtend; wetterbeständig. Trachyttuff ist feuerbeständig.

Gutes Anzeichen: Kieseliges Bindemittel.

Fehler: Toniges, kalkiges oder mergeliges Bindemittel.

Quarzit

Kennzeichen: Körnig bis dicht, oft sandsteinähnlich; meist hell; mit dem Messer nicht ritzbar, am Stahl stark funkend.

Eigenschaften: Zäh, abnutzungsfest, sehr wetterbeständig; schwer zu bearbeiten, schlecht mörtelbindend.

Gutes Anzeichen: Dichtes Gefüge ohne erkennbare Schichtung.

Fehler: Stark schiefriges Gefüge.

Kalkstein

Marmor: Deutlich kristallin, körnig, spiegelnde Bruchflächen; schöne Farben, oft geadert, fest, polierbar, nicht feuerbeständig, in unserem Klima auch nicht wetterbeständig. Politur und Farbe verschwinden unter Einwirkung der im Regenwasser gelösten Säuren, welche die Oberfläche angreifen und aufrauhen.

Kohlenkalk (fälschlich „Belgischer Granit" genannt). Dicht, fest, sehr hart, polierbar, wetterbeständig.

Muschelkalk. Vorwiegend aus versteinerten Schaltierresten bestehend, meist einfarbig hell, schwer, hart, wetterbeständig.

Rogenstein. Oolithisches Gefüge (s. S. 112), hell bis rotbraun, gut zu bearbeiten, wetterbeständig.

Solnhofener Lithographenstein (Jurakalk). Gleichmäßig dichtes, feinkörniges Gefüge; hell; ziemlich widerstandsfähig gegen Abnutzung.

Kalktuff (Travertin). Mit meist bandförmig angeordneten Löchern; hellgelb bis hellbraun; fest, wärmedämmend. In Industrieluft nur beständig bei oft wiederholter Tränkung mit Wachs, Paraffin, Leinöl oder dgl.

Kennzeichen: Mit Salzsäure stark aufbrausend.

Gute Anzeichen: Körniges Gefüge (Lupe!), glänzende Bruchfläche; weiße, hellgraue, gelbliche, grünliche, rötliche Farbe.

Fehler: Erdiges Gefüge (Lupe!), matte Bruchfläche, schwärzliche oder bläuliche Färbung (gilt nicht für Marmor und manche Kalksteine wie Kohlenkalk und „Kirchheimer Blaubank"!); Tongeruch beim Anhauchen; Erweichen nach Wasserlagerung. Bei Marmor: Porige Beschaffenheit (Tinte zieht auf polierter Oberfläche ein); Schichtung, Knollen, Verschiebungen im Gestein (sogenannte „Harnische", kenntlich an spiegelglatter, streifiger Politur); stärkerer, ungleichmäßig verteilter Tongehalt.

Verwendung: Kalkstein ist nicht feuerbeständig, da CO_2 beim Erhitzen entweicht. Deshalb nicht für Treppenstufen und tragende Pfeiler verwenden; auch Meerwasser greift Kalkstein an.

Da Kalkstein chemisch angegriffen wird, sollte man ihn als Außenbaustoff in Industriegegenden, insbesondere bei feuchtem Klima, nicht verwenden, da der Säuregehalt der Industrieluft ihn allmählich zerstört. Ein guter Wetterschutz ist, neben wiederholter Tränkung mit Wachs, Paraffin oder Leinöl, das Fluatieren, d.h. Anstrich mit Silicofluoriden.

Dolomit

Kennzeichen: Kalksteinähnlich, aber schwerer und meist härter; im Stück mit kalter Salzsäure kaum, zerstoßen oder erwärmt ziemlich stark aufbrausend. Fühlt sich sandiger an als Kalkstein.

Eigenschaften: gute Anzeichen und Fehler wie bei Kalkstein.

Alabaster (Gips)

Kennzeichen: Kristallinisch körnig, mit dem Fingernagel noch ritzbar; hell, schön geadert.

Eigenschaften: Weich, leicht zu bearbeiten; nicht wetterbeständig.

3.2.3 Umwandlungsgesteine

Gneis (ähnlich ist Granulit).

Kennzeichen: Wie Granit, aber geschichtet.

Eigenschaften: Leicht spaltbar, bei Abnutzung rauh bleibend; nur wetterbeständig, wenn quarzreich; druckfest, wenn fehlerfrei.

Fehler: Lockere, sandige Beschaffenheit, krumme Schichten; viel Glimmer in zusammenhängenden Lagen.

Serpentin

Kennzeichen: Feinkörnig bis dicht, grün mit hellen Adern und Flecken, auch rot und geflammt; mit dem Messer schabbar.

Eigenschaften: Frisch gebrochen weich, leicht zu bearbeiten, polierbar; feuer-, nicht wetterbeständig (nur im Gebäudeinneren).
Von geringer bautechnischer Bedeutung sind:

Glimmerschiefer

Quarz und Glimmer in schiefrigen Lagen; silberweiß, grau, bräunlich oder grünlich; wetter- und feuerbeständig.

Chloritschiefer

Grün, fettglänzend; sehr weich; licht- und wetterbeständig.

Talkschiefer

Weißlich, sehr weich; wetter- und feuerbeständig.

Phyllit

Feinkörnig, dünnschiefrig, seidenglänzend; leicht spaltbar, weich; wetterbeständig.

Dachschiefer: Ton-, Chlorit-, Glimmerschiefer, Phyllit.
(DIN 52201 bis 52206).
Ein guter Dachschiefer soll folgende Eigenschaften haben:

a) *rissefrei* (Klangprobe durch Beklopfen); b) *kalkfrei* (Säureprobe am gepulverten Material); c) *frei von Schwefelkies* (FeS_2) (Glühprobe); d) *frei von Ton;* dieser muß silicatisiert sein; kein Tongeruch beim Anhauchen!; e) *frei von Bitumen* (kein Bitumengeruch beim Erhitzen); f) *frei von Kohle* (kein tiefschwarzer, stumpfer Bruch); g) *gut lochbar* (Probe mit Schieferdeckerhammer); h) *frostbeständig* (Probe nach DIN 52204); i) *hitzebeständig* (lufttrockene Probestücke dürfen nach 25maligem Erhitzen (je innerhalb 15 Minuten) und 1stündigem Halten auf 100°C mit anschließendem Abschrecken in Wasser von Zimmertemperatur keine äußerlich wahrnehmbaren Zerstörungen zeigen; k) *wetterfest* (Prüfung erfolgt derart, daß man in ein 25 cm hohes Gefäß aus Glas, in das man etwa 5 cm hoch schweflige Säure (H_2SO_3) gefüllt hat, je fünf trockene und wassersatte Probestücke von etwa 5 × 15 cm und 5 bis 7 mm Dicke mindestens 28 Tage lang bei 20°C auf einem Glasstab in 1 cm Abstand aufgereiht so hineinhängt, daß sie nicht in die Lösung eintauchen. Das Gefäß wird dicht verschlossen. Nach 14 Tagen ist die Säure zu erneuern. Guter Schiefer hält dieser Probe bis zu Monaten stand, schlechter wird schon nach Tagen matt und narbig, blättert ab oder zermürbt.); l) *biegefest* (Probe nach DIN 52205).

3.2.4 Gewichts- und Festigkeitszahlen

Die Druckfestigkeit der Natursteine schwankt, auch bei gleichartiger Mineralführung und gleichem Bindemittel, in weiten Grenzen. Gesetzmäßige Beziehungen zwischen Rohwichte und Druckfestigkeit bestehen nicht. Im allgemeinen nimmt die Festigkeit mit dem Verschwinden der Bruchfeuchtigkeit zu; durch Wasseraufnahme erleidet sie eine erhebliche Einbuße *(Tab. 3.1)*.

Bei sorgfältiger Verarbeitung mit gutem Zementmörtel hat Quadermauerwerk etwa 30 bis 50 %, Bruchsteinmauerwerk etwa 10 bis 20 % der Gesteinswürfel-

Tab. 3.1 Vorläufige Richtzahlen für die Auswahl und die Bewertung von Natursteinen nach DIN 52100

Gesteinsgruppen	Rohdichte (Raumgewicht) kg/m³ ϱ	Reindichte (spez. Gewicht) kg/dm² ϱ_0	wahre Porigkeit Raum %	Wasseraufnahme (DIN 52103) m/%	scheinbare Porigkeit Raum %	Druckfestigkeit des trockenen Gesteins N/mm²
Erstarrungsgesteine						
Granit, Syenit	2,60–2,80	2,62–2,85	0,4–1,5	0,2–0,5	0,4–1,4	160–240
Diorit, Gabbro	2,80–3,00	2,85–3,05	0,5–1,2	0,2–0,4	0,5–1,2	170–300
Porphyr (Quarzporphyr, Keratophyr, Porphyrit, Andesit)	2,55–2,80	2,58–2,83	0,4–1,8	0,2–0,7	0,4–1,8	180–300
Basalt, Melaphyr	2,95–3,00	3,00–3,15	0,2–0,9	0,1–0,3	0,2–0,8	250–400
Basaltlava	2,20–2,35	3,00–3,15	20–25	4–10	9–24	80–150
Diabas	2,80–2,90	2,85–2,95	0,3–1,1	0,1–0,4	0,3–1,0	180–250

festigkeit. Für die zulässige Druckspannung bei Mauerwerk aus natürlichen Steinen ist DIN 1053 maßgebend. Sie richtet sich nach der Art des Mauerwerks und des Bauteils, nach der Form der Beanspruchung und gegebenenfalls nach der nachgewiesenen Steinfestigkeit.

3.3 Verwendung

3.3.1 Hochbau

Bruchstein für aufgehendes Mauerwerk: Porige Steine, z. B. Sand-, Kalk-, Tuffstein, Porphyr, Trachyt, Grauwacke usw.

Bruchstein für Grund- und Kellermauern: Dichte Steine, z. B. Granit, Syenit, Diorit, Diabas, Phonolith, Basalt, Quarzit usw.

Werksteine: Alle lagerhaft bearbeiteten Gesteine. Basaltlava, Nagelfluh, manche Tuffsteine und Granite sind für reich gegliederte Bildhauerarbeiten ungeeignet.

Treppenstufen: Granit, Gneis, Porphyr, Trachyt, Basaltlava, Sandstein, Kohlenkalk, Marmor, Schiefer.

Schmucksteine, geschliffen und poliert: Im Freien Granit, Labradorsyenit, Diorit, Porphyr, harter Marmor, Kohlenkalk, Muschelkalk, Travertin. – Im Innern dieselben, außerdem Diabas, weicher Marmor, Serpentin, Alabaster, letzterer mit „Auftragspolitur" (Venetianer Seife und Kreide).

Fußbodenplatten: Solnhofener und Kirchheimer Kalksteinplatten (nur „Kernsteine"! „Randsteine" sind unbrauchbar), Phyllit, Marmor, Wesersandstein (besonders in Schlachthöfen und dgl.), Schiefer.

Dachdeckung: Ton-, Chlorit-, Glimmerschiefer, Phyllit, Wesersandstein.

Hochofengestelle: Glimmerschiefer, Talkschiefer.

Natursteinbekleidungen

Die Verwendung massiver Natursteine in der Außenwand bringt leider erhebliche Nachteile mit sich. Wegen ihrer großen Dichtigkeit und Wärmeleitfähigkeit sind sie ein schlechter Wärmedämmstoff. Im Winter sind daher Räume aus Natursteinwänden sehr kalt, im Sommer dementsprechend heiß.

Mit verbesserten Arbeitsgeräten und -methoden jedoch konnte der Naturstein nicht nur gespalten, sondern auch gesägt werden, wodurch es möglich wurde, den Stein in dünne Platten aufzuschneiden. In dieser Form kann er wegen seiner guten Wetterbeständigkeit und Wasserdichtigkeit auch als Außenmauerverblendung verwendet werden.

Die Verankerung und die Mörtelverbindung der Werkstücke mit dem Rohbau müssen festen und dauerhaften Halt gewährleisten. Jedes einzelne Werkstück (Platte) muß daher durch Hinterfüllen mit Mörtel fest mit dem Untergrund verbunden werden. In besonderen Fällen kann die Herstellung einer solchen Verbindung auch durch Mörtelstreifen oder Mörtelpunkte zweckmäßig sein.

Es hat sich in der Praxis jedoch gezeigt, daß die Hinterfüllung mit Mörtel nie vollflächig erfolgen kann, wie dies bei der Ansetztechnik von Fliesen, Kacheln oder Spaltriemchenbekleidungen der Fall ist, sondern daß fast immer mehr oder weniger großflächige Hohlräume entstehen. Selbst das Hintergießen der Platten mit flüssigem Mörtel bringt, wie die Praxis immer wieder zeigt, keine ausreichende Verbindung zwischen Wand und Platten zustande, weil eine richtige Verdichtung dieses Füllmörtels durch Stochern nicht erreicht werden kann.

Die Hohlräume hinter den Plattenbekleidungen können sich mit Wasser füllen, so daß es zu folgenden Schäden kommen kann:

a) *Abplatzen* durch Eisbildung;

b) *Ausblühungen,* weil durch den Wassertransport lösliche Salze aus der Hintermauerung und der Hintermörtelung in die Plattenfläche transportiert werden;

c) *Kondenswasserbildung,* die bei starker Sonneneinstrahlung – besonders bei dunklen und dichten Platten – zu erheblichen Dampfdrücken und somit häufig zum Abdrücken der Natursteinplatten führt.

Beim Versetzen der Platten auf Mörtelstreifen ist unbedingt darauf zu achten, daß die Mörtelstreifen stets *vertikal* angeordnet werden, weil sich sonst zwangsläufig ein Wasserstau (Wassersack) bilden würde.

Bei dieser Art der Außenwandverkleidung treten häufig folgende Schäden auf: Reißen der Platten, Verschieben aus ihrer fluchtrechten Lage und Herauskippen und Abstürzen aus der Fläche.

Die Ursachen für diese Schäden sind:

a) Kriechen und Schwinden der Bau-Unterkonstruktion.

b) Bei dem schnellen Bautempo heutzutage wird die Natursteinbekleidung oft zu früh angebracht und verfugt, so daß sich das Setzen des Maueruntergrundes oder der Unterkonstruktion auf die Bekleidung überträgt.

c) Ausdehnung der Platten durch Wärmeeinstrahlung und meist zu große Dehnungsfugenabstände (die statischen Dehnungsfugenabstände von 40 m sind entschieden zu groß).

d) Verschiedenartiger Untergrund: z. B. Stahlbeton/Mauerwerk, Mauerwerk/Gasbeton usw.

e) Einzelne Natursteinarten quellen bei Wasseraufnahme und werfen sich bei unterschiedlicher Austrocknung. Hierdurch werden starke Bewegungen verursacht, die die Verankerungen zu stark beanspruchen können.

f) Viele Natursteinbekleidungen sind sehr dicht, was für den Wetterschutz zwar sehr gut, für die Austrocknung des Gebäudes und die Dampfdiffusionsdurchlässigkeit von innen nach außen jedoch ein erheblicher Nachteil sein kann. Der früher sogar vorgeschlagene bituminöse Anstrich auf der Rückseite der Platten vor dem Verlegen ist aus Gründen des Unterbindens der Dampfdurchlässigkeit auf jeden Fall falsch und somit zu unterlassen (s. auch Kap. 8).

Um solche Schäden zu vermeiden, ist die moderne Architektur daher dazu übergegangen, für ihre schlanken Skelettkonstruktionen aus Stahl, Stahl- und Spannbeton *hinterlüftete Vorhangwände* zu verwenden, die sogenannten *curtain-walls.*

Diese Vorhangwände aus sehr dünnen Natursteinplatten werden von oben und unten be- und entlüftet, wie das beim Luftschichtmauerwerk der Fall ist. Die Platten werden also nicht schlüssig mit dem Mauerwerk durch Mörtel verbunden, sondern zwischen Wand und Außenverkleidung bleibt ein Zwischenraum. Außerdem wird die Bekleidungsfläche durch Dehnungsfugen in geringeren Abständen in kleinere, voneinander unabhängige Flächen unterteilt.

Die schwedischen Richtlinien, die das Forschungsinstitut der Steinindustrie in Stockholm für das Versetzen von ventilierten Fassadenbekleidungen aus Naturstein herausgegeben hat, gehen hinsichtlich der Methoden für die Plattenverankerung und der bauphysikalischen Überlegungen gegenüber deutschen und amerikanischen Auffassungen am weitesten.

Plattendimensionierung: Die Plattenstärke soll bei Granit, Gneis oder ähnlichem Gestein in der Regel 3 bis 4 cm, bei Marmor und Schiefer 3 cm betragen. Die Plattenfläche sollte mit Rücksicht auf das Gewicht sowie Handhabung und Halterung 1 m² nicht übersteigen.

Plattenhalterungsmaterial: Trage- und Halteeisen einschließlich Eisenstiften sind aus rostfreiem Stahl auszuführen.

Mörtelwahl: Zur Befestigung der Trage- und Halteeisen ist ein plastischer Zementmörtel i.M. 1:3 mit einem gleichmäßig gekörnten Sand (Maximalkorn 3 mm) zu verwenden. Für Mörtelflächen, einzelne Mörtelflächen, einzelne Mörtelpunkte und Fugenmörtel ist Zementmörtel 1:3 bzw. Kalkzementmörtel 1:2:6 in steifer Konsistenz mit einem Sand bis 2 mm Korngröße zu verwenden.

Fugenmaterial für weiche Fugen: Dehnungsfugen, sogenannte weiche, elastische Fugen, sollen mit weichem, plastischem und gleichmäßig wasserdichtem Material von gutem Haftvermögen und hoher Beständigkeit hergestellt werden. Derartige Materialien dürfen bei Wärme nicht fließen und bei Kälte nicht spröde werden.

Richtlinien und Normen über Natursteinbekleidungen: Es sei in diesem Zusammenhang besonders hingewiesen auf die DIN 18332 sowie die Richtlinien für das Versetzen und Verlegen von Naturwerksteinen, herausgegeben vom Deutschen Naturwerksteinverband. Außerdem sind die amerikanischen Standardvorschriften sowie die schwedischen Versetzrichtlinien für ventilierte Fassadenbekleidungen von besonderem Interesse.

3.3.2 Ingenieurbau

Wasserbau: Schwere, harte, wetterbeständige Gesteine, z.B. Granit, Syenit, Diorit, Basalt, Quarzit, Nagelfluh, Grauwacke, Kohlensandstein, gute Gneise und Porphyre. Als Belastungssteine für Sinkstücke kommen schwere Gesteine in kantigen Stücken von 15 bis 50 kg Gewicht, als Schüttsteine solche bis zu 200 kg Gewicht und darüber in Betracht.

Ufermauern, Böschungs- und *Buhnenpflaster:* Am besten Säulenbasalt. Geeignet sind ferner alle schweren, harten und schlagfesten Gesteine, die dem Wellenschlag und der Schleifwirkung des aufgewühlten Sandes ausreichend widerstehen.

Abdeckplatten: Granit, Basaltlava, kieselige Sandsteine.

Brückenbau: Für Strompfeiler siehe Wasserbau. Für Verblendung der Gewölbe, oberen Pfeilerteile und Widerlager vorwiegend feste Sand- und Kalksteine. Für Auflagersteine Granit und ähnlich feste Gesteine mit mindestens 700 kp/cm² Würfelfestigkeit.

Pflastersteine: Zähe, schlag- und abnutzungsfeste, wetterbeständige, rauhbleibende Gesteine, z.B. mittelkörniger Granit, Syenit, Gabbro, Diorit, Diabas, Porphyr, Melaphyr, Basaltlava, Grauwacke, harter Kohlensandstein. Basalt wird viel verwendet, neigt aber um so mehr zum Glattwerden, je feinkörniger er ist. Olivinhaltiger Basalt bleibt rauh.

Straßenschotter: Alle harten und mittelharten Gesteine. Ungeeignet für wassergebundenen Makadam sind Quarzite wegen des blendend weißen Staubes, ebenso alle Weichgesteine. Sie eignen sich nur für den Unterbau und für Straßendecken mit Bindemitteln.

Bordsteine: Hartgesteine, besonders Granit, und in Westdeutschland Basaltlava. Auch Grauwacke und harte Sandsteine.

Eisenbahnschotter: Hartgesteine, die kein Wasser aufsaugen und den Schlägen der Stopfhacke widerstehen; besonders Quarzit, Syenit, Diorit, Basalt, Quarzporphyr, Grauwacke. Korngröße 2 bis 7 cm.

3.4 Zerstörung und Schutz

3.4.1 Ursachen für die Zerstörung

a) Bearbeitungsschäden und Sprengrisse. Selbst feinste Haarrisse, die beim Kröneln oder Scharrieren der Oberfläche nicht zu vermeiden sind, begünstigen die Zerstörung.

b) Witterungseinflüsse: Einseitige Erwärmung durch Sonnenbestrahlung, Befeuchtung durch Regen und Schnee, sprengende Wirkung des Frostes, Winderosion.

c) Wasser, besonders solches mit Gehalt an Kohlensäure (auch im Regenwasser!) und anderen Gasen, und Wasserdampf: Erweichung toniger und mergeliger Bindemittel, Auflösung und chemische Zersetzung.

d) Pflanzenwuchs (Algen, Moose, Flechten, höhere Pflanzen): Sprengwirkung von Wurzeln und keimendem Samen oder Sporen, Feuchthaltung, organische Säuren.

e) Ammoniak (Mist, Jauche) und Humusboden: Bildung von Mauersalpeter ($Ca[NO_3]_2$) bei kalkhaltigen Steinen.

f) Rauchgase: Sie enthalten Schwefeldioxyd (SO_2), das in der Luft zu Schwefelsäureanhydrid (SO_3) oxidiert und mit Regenwasser Schwefelsäure (H_2SO_4) ergibt. Zerstörende Wirkung auf kalkhaltige Gesteine, besonders in Groß- und Industriestädten, in Tunneln und an Brücken über Eisenbahngleisen.

g) Ruß, Flugasche und Flugstaub aus industriellen Betrieben, Wirkung wie bei Rauchgasen.

h) Hohe Temperaturen (Brände): Besonders Granit und ähnliche Gesteine, Kalksteine, Dolomit, kalkhaltige Sandsteine und Basalt werden zerstört. Sandsteintreppen gelten als feuerhemmend*, andere Natursteintreppen nur, wenn sie unterseits und an den Wangen nach DIN 4102 feuerhemmend bekleidet sind.

i) Rostende Dübel und Klammern: Sprengwirkung.

k) Ungeeignete Mörtel: Falsche Wahl des Fugen- oder Mauermörtels können zu Schäden führen. Kalk- und Sandsteine können wasseraufsaugend sein. Diese Steine dürfen nicht mit wasserundurchlässigem Zementmörtel verarbeitet werden, da sich über den Fugen Wassersäcke bilden und die Steine sich mit Wasser anreichern. Durch Wärmeschwankungen entstehen durch Verdunsten und Gefrieren des Wassers Spannungen, die das Steingefüge lockern oder absprengen können. Die harten Zementmörtel führen bei weichen Steinen häufig auch zu Kantenabsprengungen. Eindringendes Zementwasser ruft auch häßliche Verfärbungen neben den Fugen hervor. Schädlich wirken ebenfalls manche Abbindebeschleuniger und Frostschutzmittel, die dem Mörtel zugesetzt werden, z. B. Chlorcalcium ($CaCl_2$), und der Gehalt an löslichen Salzen, besonders Sulfaten. Bei aufgehendem Mauerwerk von Hochbauten ist am besten nicht zu fetter Mörtel aus Kalkhydrat oder gut gepflegtem Sumpfkalk und mittelkörnigem Sand. Ausstreichen der Fugen mit Zementmörtel ist auch aus Schönheitsgründen abzulehnen.

Bei dichtem, hartem Gestein ist selbstverständlich der dichte und harte Zementmörtel zu verwenden. Es werden dann Kalkauslaugungen und Streifenbildung vermieden.

Bei Sandsteinen, die schwefelsaure, kalkige Bestandteile enthalten, darf man dem Mörtel weder Zement noch Traß zusetzen, da der Sandstein durch den Natrongehalt des Zementes und Trasses in kurzer Zeit zerfressen würde. Das im Mörtelwasser lösliche Natron dringt in den Sandstein ein und verbindet sich mit der Schwefelsäure des Sandsteinbindemittels zu Glaubersalz ($Na_2SO_4 \cdot 10\,H_2O$), das beim Austrocknen des Steins auskristallisiert und den Stein zerstört.

*) Vorherige Prüfung auf Hitzebeständigkeit ist zu empfehlen, weil es auch sehr hitzeempfindliche Sandsteine gibt.

3.4.2 Maßnahmen gegen die Zerstörung

a) *Schonende Behandlung* beim Gewinnen und Bearbeiten. Maschinelle Bearbeitung ist besser als Handarbeit.

b) *Sorgfältige Auswahl* der Gesteinsart, dem Verwendungszweck entsprechend. Friedhöfe (Grabsteine mit Jahreszahlen!) in der Umgebung des Bruchs und alte Gebäude in der Nähe des Bauorts beachten; Rauchgas-, Säure-, Hitze-, Frostbeständigkeit prüfen!

c) *Lagerhaftes Bearbeiten* und *Versetzen,* d. h. der Schichtung im Bruch entsprechend. Vom Bruchbesitzer verlangen, daß die Schichtung sofort nach dem Loslösen von der Bruchwand durch Farbanstrich bezeichnet wird.

d) *Glatte Flächen* durch Schleifen und Polieren.

e) *Trockenhalten:* Sperrschichten aus neutralen Stoffen, Abschrägungen, Wassernasen, Zinkabdeckung. Für sichtbare Abdeckungen freistehender Natursteinmauern sind ortsübliche Baustoffe, wie Steinplatten, Biberschwänze oder Schiefer, zu verwenden. In offener Landschaft oder bei Gartenmauern empfiehlt sich eine Schicht Kalkmörtel mit beiderseitigem schwachem Gefälle, auf der eine Strohlehmpackung aufgetragen wird. Darüber kommen zwei Lagen Rasenplaggen mit versetzten Fugen; Mauergewächse siedeln sich von selbst an, können aber auch angesät werden.

f) *Richtige Fugen.* Sie müssen dicht schließen und nicht an Stellen liegen, wo Gesimse usw. mit der lotrechten Fläche zusammenstoßen. Der Mörtel soll sie gleichmäßig füllen, aber nicht herausquellen.

g) *Reinigen* von Flugstaub, Ruß, Asche und Pflanzenwuchs. Weiche Bürsten, Wasser und Kernseife oder Dampfstrahl, keine Säuren verwenden! Drahtbürsten und Sandstrahlgebläse erzeugen rauhe, schnell verschmutzende Flächen, zerstören die natürliche Schutzschicht und beseitigen die gute Wirkung der Steinmetzarbeit.

i) *Anstriche* sind nur ein Notbehelf. Sie werden meist erst bei bereits angewittertem Gestein gebraucht. Man verwendet:

Säurefreie Teeröle. Sie schützen gut, färben aber das Gestein dunkel.

Erwärmtes (160 °C), *gebleichtes Leinöl.* Nur für porige Gesteine, z. B. Sandsteine*). Der anfängliche Fettglanz verschwindet mit der Zeit.

Porenschließende Stoffe, wie Wachs, Paraffin, Lapidensin, Lithurin E, Kautschukbutter, Schellacküberzüge, Polymerisatemulsionen usw. sind nicht von Dauerwirkung**). Manche Gesteine zerfallen („ersticken") unter einer luftabschließenden Deckschicht.

Chemisch wirkende Stoffe, wie Wasserglas, Lithurin M (früher *Keßlersches* Fluat), Testalin usw. sollen unlösliche Schichten unter der Gesteinsoberfläche bilden. Vorherige Probeanstriche sind nötig, da sie bei manchen Steinen Ausblühungen hervorrufen.

k) *Stoffverhüllende Putze* sollten, ebenso wie Ölfarbenanstriche, bei Natursteinen nicht angewendet werden.

l) *Verzinken* oder *Verbleien* von Stahldübeln und -klammern oder Verwendung von Nirostastählen.

m) *Feuerhemmende Bekleidung,* z. B. 1,5 cm starker Putz auf Berohrung, bei nicht feuerbeständigen Steintreppen (Marmor, Granit usw.) auf der Treppenunterseite.

---

*) Am Kölner Dom mit Erfolg verwendet.

**) Bei geschliffenem Muschelkalk und Travertin dienen Öl und Wachs gleichzeitig zum Hervorheben von Zeichnung und Farbe.

3.5 Fachliteratur
3.5.1 Normen

DIN 482	7. 64	Bordsteine; Naturstein
DIN 1053	11. 62	Mauerwerk; Berechnung und Ausführung Bbl. (9. 63) –; –, Erläuterungen
DIN 4102	2. 70	Bl. 2: Brandverhalten von Baustoffen u. Bauteilen; Begriffe, Anforderungen u. Prüfung von Bauteilen Bl. 3 –; – von Sonderbauteilen Bl. 4 –; Einreihung in die Begriffe
DIN 18330	12. 58	VOB, Teil C; Mauerarbeiten
DIN 18332	12. 58	–, –; Naturwerksteinarbeiten
DIN 18502	12. 65	Pflastersteine; Naturstein
DIN 18515	7. 70	Fassadenbekleidung aus Naturwerkstein, Betonwerkstein und keramischen Baustoffen; Richtlinien für die Ausführung
DIN 52100– DIN 52114		Prüfung von Natursteinen
DIN 52201– DIN 52206	8. 33	Dachschiefer: Begriff und Prüfverfahren

3.5.2 Bücher und andere Veröffentlichungen

Graf und *Göbel:* „Schutz der Bauwerke". Verlag W. Ernst & Sohn, Berlin.
Hirschwald: „Handbuch der bautechn. Gesteinsprüfung". Verlag Borntraeger, Berlin.
Hirschwald: „Leitsätze für die Beurteilung, zweckmäßige Auswahl und Bearbeitung natürlicher Bausteine", Verlag Borntraeger, Berlin.
Krüger: „Mineraltechnik für Bauingenieure". Allgem. Industrie-Verlag, Berlin.
Rathgen und *Koch:* „Verwitterung und Erhaltung von Werkstein". Verlag Zement und Beton GmbH, Berlin.
W. Schaupp: „Die Außenwand. Bekleidung, Wärmedämmung, Feuchtigkeitsschutz". Verlag Georg D.W. Callwey, München.
Merkblatt für Steinschutz. Zu beziehen durch Verwaltung der Staatl. Museen, Berlin C 2.

4 Künstliche Bausteine und Bauplatten

Künstliche Steine sind gleichmäßiger im Gefüge und haben die für den jeweiligen Verwendungszweck erwünschten, durch die Rohstoffwahl bedingten Eigenschaften in höherem Grade als die meisten Natursteine. Für viele Gegenden sind sie auch wirtschaftlicher, weil sie in der Nähe des Bauortes hergestellt werden können und nicht durch hohe Frachten verteuert werden.

Der Ziegelstein (ältester genormter Baustoff) hat auch in der modernen Architektur, insbesondere auch in Verbindung mit Beton und Stahl, seinen Platz durchaus behauptet. Allerdings brachte die leichtere Bauweise eine weitgehende Umstellung vom schweren Vollziegel zum wesentlich leichteren Lochziegel mit sich. Die gleiche Entwicklung hat sich ebenfalls bei den ungebrannten Kalksandsteinen vollzogen.

Ursprünglich wurde Kalksand-Vollsteinmauerwerk ausschließlich verputzt. Nach dem Ersten Weltkrieg jedoch begann man, die Ebenmäßigkeit und helle Färbung auch des Kalksandstein-Sichtmauerwerkes zu schätzen und architektonisch zu nutzen. Neuerdings werden auch farbig getönte Kalksandvollsteine verwendet.

Neben den aufgeführten künstlichen Bausteinen hat der Betonstein durch die Entwicklung der modernen Betontechnologie eine immer größere Bedeutung gewonnen. Betonerzeugnisse finden heute nicht nur für Wände, Decken und Dächer Verwendung, sondern auch im Straßen- und Verkehrsbau, in der Klärtechnik, im Behälterbau und vielen weiteren Sparten.

Ohne den Baustoff Beton wäre die moderne Entwicklung der Beton- und Stahlbetonfertigteile, der großformatigen Wandbauteile und Deckentafeln, der konstruktiven Fertigteile, Binder, Stützen usw. nicht möglich gewesen.

4.1 Gebrannte Steine und Tonwaren

Ziegel werden aus Lehm, Ton oder tonigen Massen gebrannt. Zu fette Rohstoffe müssen durch Zusatz von Sand, Ziegelmehl, Asche, Sägemehl oder ähnlichen Stoffen gemagert werden. Mauerziegel, Vollziegel und Lochziegel müssen den Gütebestimmungen nach DIN 105 entsprechen.

Ziegelton wird je nach seinen Eigenschaften durch Magern, Mischen, Schlämmen, Einsumpfen, Auswintern, Zerkleinern in Kollergängen, Walzwerken und Tonschneidern aufbereitet.

Man unterscheidet stranggepreßte Ziegel und sogenannte Handstrichziegel (richtiger: Maschinenhandstrichziegel), die auf besonderen, vertikal arbeitenden Formgebungsmaschinen hergestellt werden.

Daneben gibt es Trocken- oder Halbtrockenverpressung auf Stempelpressen. Sie werden an der Luft, in der Abhitze der Brennöfen oder im Heißluftstrom getrocknet und im Tunnelofen (früher Ring- und Zickzackofen) mit Kohle, Heizöl oder Gas gebrannt.

Eisenreiche Ziegeltone ergeben rote Mauerziegel und bläuliche Klinker, Tonmergel gelbliche Steine.

Magerung mit organischen Stoffen – Sägespänen, Braunkohlengrus, Torfmull – ergibt nach dem Brand der Steine leichte „Porenziegel".

Neuerdings werden Porenziegel unter Beimengung von Styropor oder ähnlichen Stoffen hergestellt. Bei dem Brennvorgang wird das Styropor zu über 99% ausgebrannt, ohne Rückstände zu hinterlassen; dadurch ist die Gefahr von Ausblühungen gebannt.

Gute Ziegel sind druckfest, wetter- und feuerbeständig, unempfindlich gegen chemische Einflüsse, luftdurchlässig, schlechte Wärmeleiter, wärmespeichernd, gut mörtelbindend. Sie sind handlich und wegen der schönen Farbwirkung und Flächengliederung für

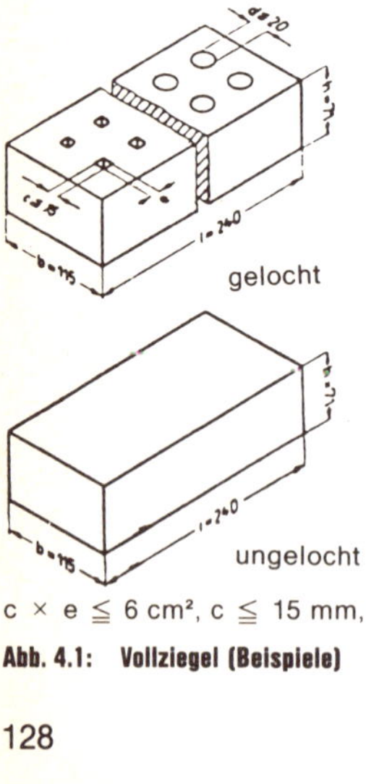

Mauerziegel E DIN 105, Teil 5 (11. 82)

Vollziegel und Hochlochziegel

c × e ≦ 6 cm², c ≦ 15 mm, d ≦ 20 mm

Abb. 4.1: Vollziegel (Beispiele)

Rohbau und Dachdeckung vorzüglich geeignet. Der Ziegel hat keine nachteiligen Eigenschaften und genügt in wirtschaftlicher, gesundheitlicher und statischer Beziehung allen Anforderungen des Wohnungsbaues.

Vormauerziegel und Klinker sollen frei von treibenden Einschlüssen sein, die durch Wasseraufnahme des gebrannten Kalkes ein Abblättern oder Absprengungen verursachen. Bei Verdacht oder Schäden, die bereits am Mauerwerk aufgetreten sind, kann eine Prüfung nach DIN 105, Teil 3, erfolgen.

Schädliche Beimengungen

Ziegeltone können wasserlösliche Salze, zumeist Sulfate und schädliche Beimengungen, wie Kalk und Schwefelkies, enthalten. Chloride kommen im *unvermauerten* Ziegel nicht vor, im *vermauerten* Ziegel ggf. durch unsachgemäßes Absäuern. Wasserlösliche Salze können zu Ausblühungen führen, die in der Regel nach kurzer Zeit von selbst wieder verschwinden. Durch Zusatz von Bariumcarbonat zum Ton kann ein Teil der wasserlöslichen Salze unlöslich gebunden werden.

Brennfehler

Schwind- und Brandrisse; Treibrisse (durch Steineinschlüsse, z. B. Kalkstein, Mergel); „verzogene" und „verschmorte" Steine sind zu scharf gebrannt, „bleiche" (helle) Steine sind zu schwach gebrannt (sogenannte „Bleicher" dürfen jedoch nicht mit „Weichbrand" verwechselt werden).

Schichtige Textur des Rohstoffes

hat niedrige Festigkeit und geringere Frostbeständigkeit des Ziegels zur

Folge; außerdem sind solche Ziegel sehr spröde.

Reduktionskerne, schwarze Kerne, geblähte Ziegel

Reduktionskerne entstehen bevorzugt bei solchen Materialien, die brennbare Bestandteile (z. B. Bitumen, Pyrite oder Kohle) enthalten. Schwarze Kerne sind vielfach die Ursache für mangelnde Frostbeständigkeit, Verfärbungen, Ausblühungen und Absprengungen.

Vanadiumausblühungen

Grüne Ausblühungen bei hellen und pastellfarbenen Verblendern infolge zu geringer Sinterung. Abhilfe ist durch chemische Zusätze möglich.

4.1.1 Mauerziegel und Klinker; Außenwand-Bauweisen

Ziegelarten nach DIN 105, Teil 1–5 (11. 82)

In der Neufassung der DIN 105, Teil 1–5, sind alle Bestimmungen über Mauerziegel zusammengefaßt. Die Teile 1 bis 5 sind nach Herstellung und Art unterteilt in:

Entwurf Teil 1, Nov. 82	Vollziegel und Hochlochziegel
Entwurf Teil 2, Nov. 82	Leichthochlochziegel
Entwurf Teil 3, Nov. 82	Hochfeste Ziegel und hochfeste Klinker
Entwurf Teil 4, Nov. 82	Keramikklinker
Entwurf Teil 5, Nov. 82	Leichtlanglochziegel und Leichtlangloch-Ziegelplatten

Nach der Form unterscheidet man:

▷ *Vollziegel* mit und ohne Lochung,
▷ *Hochlochziegel* senkrecht zur Lagerfläche und
▷ *Langlochziegel* parallel zur Lagerfläche gelocht.

Die Bezeichnung *Klinker* beinhaltet Ziegel, die bis zur Sinterung gebrannt wurden, eine Wasseraufnahme bis etwa 7 % aufweisen und daher frostbeständig sind.

Die Bezeichnung *Vormauerziegel* gilt für einfache Mauerziegel, die ebenfalls frostbeständig sind und deshalb ohne Außenputz als Sichtmauerwerk verarbeitet werden können.

Hintermauerziegel erfordern keine Frostbeständigkeit.

Ziegelarten

Man unterscheidet:

■ *Vollziegel* (ungelocht oder gelocht). Vollziegel gelocht sind Ziegel, deren Querschnitt durch Lochung senkrecht zur Lagerfläche bis 15 % gemindert sein darf.

■ *Hochlochziegel* sind senkrecht zur Lagerfläche gelochte Ziegel, sie können mit Lochung A, B oder C ausgeführt werden. Ziegel der Lochung C sind 5seitig geschlossen.

■ *Langlochziegel* sind parallel zur Lagerfläche gelocht.

■ *Mauertafelziegel* sind Ziegel, die für die Erstellung von Mauertafeln nach DIN 1053, Mauerwerk (Bauten aus Ziegelfertigbauteilen), Teil 4 (9. 78), bestimmt sind.

■ *Mauertafel-Leichtziegel* siehe DIN 105, Teil 2 (11. 82), und DIN 1053, Teil 4 (9. 78).

1. Vollziegel und Hochlochziegel

Mauerziegel sind Ziegel, die aus Ton, Lehm oder tonigen Massen mit oder ohne Zusatzstoffe geformt und gebrannt werden. Die Zusatzstoffe dürfen die Eigenschaften der Ziegel auch auf Dauer nicht nachteilig beeinflussen.

Rohdichte: gemäß *Tab. 4.3* zwischen 1,01 und 2,2 kg/dm³.
Druckfestigkeit: gemäß *Tab. 4.4* zwischen 2 und 28 N/mm².

2. Leichthochlochziegel

sind Ziegel, die ebenfalls aus Ton, Lehm oder tonigen Massen mit oder ohne Zusatzstoffe (porenbildende Stoffe) geformt und gebrannt werden.

Rohdichte: höchstens 1,0 kg/dm³.
Druckfestigkeit: 2 – 28 N/mm².

3. Hochfeste Ziegel und hochfeste Klinker

sind Baustoffe für tragendes und nicht tragendes Mauerwerk. Sie sind besonders geeignet zur Herstellung von hochbeanspruchten Außen- und Innenwänden; sie müssen frostbeständig sein. Die Frostprüfung ist nach DIN 52252 E, Teil 1 (10. 80), durchzuführen. Das Ergebnis der Frostprüfung nach dieser Norm kann in Ausnahmefällen bei bestimmten Anwendungsbereichen vom Verhalten in der Natur abweichen. Für diese Fälle stehen zur Beurteilung der Frostprüfverfahren Teil 2 oder Teil 3 vorgenannter DIN 52252 zur Verfügung.

Rohdichte: Die Ziegelrohdichten müssen für die jeweiligen Rohdichteklassen in den Bereichen von 1,01 bis 2,50 kg/dm³ liegen.

Druckfestigkeit: Diese muß mind. 36 bis 60 N/mm² betragen.

4. Keramikklinker

sind Ziegel, die aus hochwertigen, dichtbrennenden Tonen mit oder ohne Zusatzstoffe geformt und gebrannt werden. Sie sind frostbeständig und haben einen Massenanteil der Wasseraufnahme von höchstens 6 %.

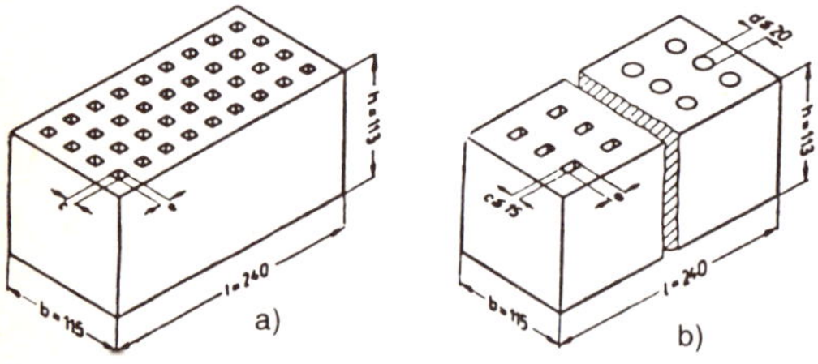

a) Hochlochziegel A (mindestens 36 Löcher auf Fläche 240 mm × 115 mm), c × e ≦ 2,5 cm²

b) Hochlochziegel B (mindestens 12 Löcher auf Fläche 240 mm × 115 mm), c × e ≦ 6 cm², c ≦ 15 mm, d ≦ 20 mm

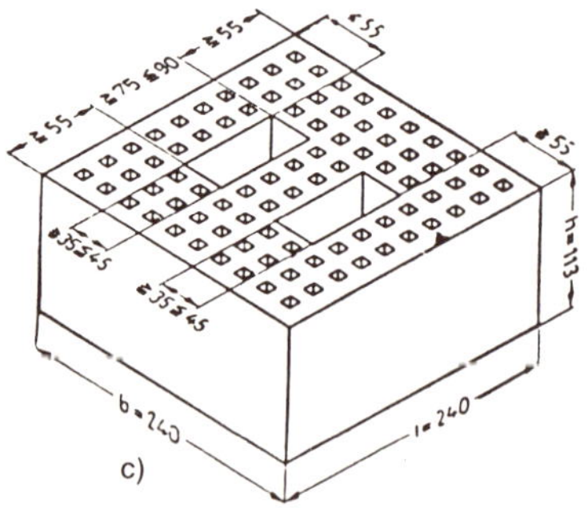

c) Griffschlitze für Hochlochziegel C (240 mm × 240 mm, 5seitig geschlossen).

Abb. 4.2: Hochlochziegel (Beispiele)

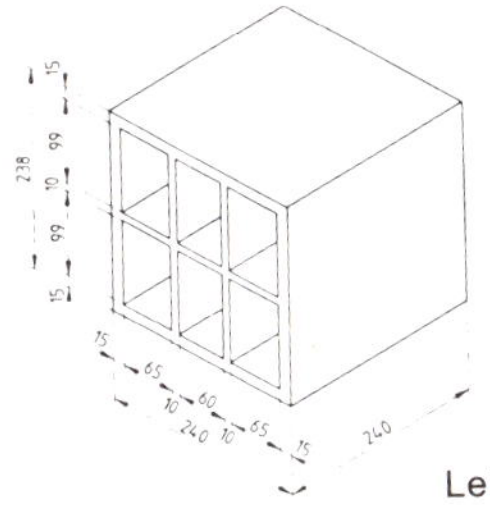

Leichtlanglochziegel

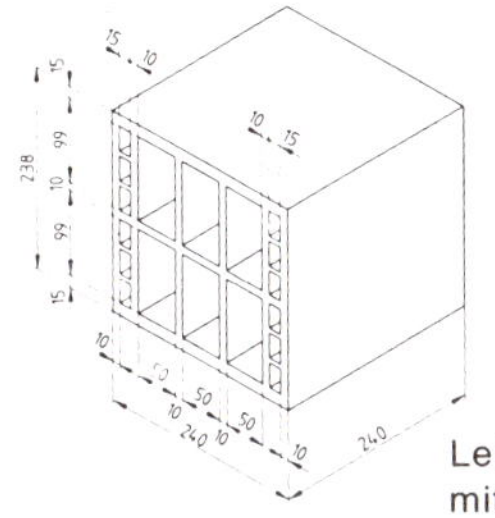

Leichtlanglochziegel 8 DF
mit doppelter Außenwand

Abb. 4.3: Langlochziegel (Beispiele)

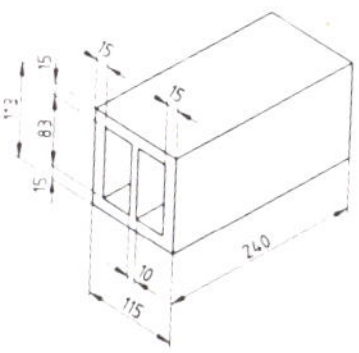

Leichtlanglochziegel 2 DF

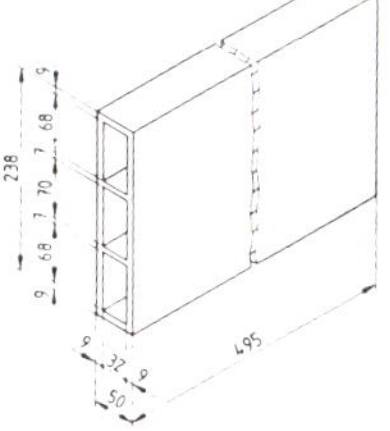

Leichtlanglochziegelplatte

Abb. 4.4: Langlochziegel

Rohdichte: Die Ziegelrohdichten müssen in den Grenzen zwischen 1,4 und 2,2 kg/dm³ liegen. Einzelwerte dürfen die Rohdichteklassenwerte um nicht mehr als 0,1 kg/dm³ unter- bzw. überschreiten.

Druckfestigkeit: Keramikklinker müssen eine mittlere Druckfestigkeit von mind. 75 N/mm² haben. Der kleinste Einzelwert muß mindestens 60 N/mm² betragen.

5. Leichtlanglochziegel und Leichtlanglochziegelplatten

Leichtlanglochziegel sind Baustoffe für tragendes und nicht tragendes Mauerwerk. Leichtlangloch-Ziegelplatten sind für nicht tragende Wände bestimmt.

Rohdichte: Die Ziegelrohdichten müssen in den Grenzen der jeweiligen Rohdichteklassen liegen, 0,41 bis 1,0 kg/dm³. Einzelwerte dürfen die Klassengrenzen um nicht mehr als 0,05 kg/dm³ unter- bzw. überschreiten.

Druckfestigkeit: Die in den Druckfestigkeitsklassen angegebenen Mittelwerte und kleinsten Einzelwerte von 2,0 bis 12,0 N/mm² dürfen nicht unterschritten werden.

Kennzeichnung

Sämtliche Ziegel (außer Ziegel für sichtbar bleibendes Mauerwerk) sind mit einem Werkzeichen (Herstellerzeichen) zu kennzeichnen.

Ferner müssen die versandbereiten Ziegel auf einer Längsseite eine mindestens 20 mm breite Farbkennzeichnung der Druckfestigkeitsklasse *(Tab. 4.4)* und eine Angabe über die Rohdichteklasse erhalten.

Tab. 4.1: Lochungsarten, Löcher und Stege nach DIN 105 Teil 1 (11.82) Vollziegel und Hochlochziegel

Art	Kurzzeichen	Löcher²) Gesamtlochquerschnitt in % der Lagerfläche¹)	Löcher²) Einzelquerschnitt cm²	Löcher²) Maße³) mm	Stege
Vollziegel	Mz	≦ 15	≦ 6 etwaige Grifflöcher nach Abschnitt 3.3.2	k ≦ 15 d ≦ 20 d' ≦ 18	Mindestdicke der Außenwandungen 10 mm. Bei Vormauerziegeln und Klinkern muß die Mindestdicke der Außenwandungen an den Sichtseiten 20 mm betragen.
Hochlochziegel mit Lochung A	HLzA	> 15 ≦ 50	≦ 2,5 etwaige Grifflöcher nach Abschnitt 3.3.2	keine Festlegungen	
Hochlochziegel mit Lochung B	HLzB	> 15 ≦ 50	≦ 6 etwaige Grifflöcher nach Abschnitt 3.3.2	k ≦ 15 d ≦ 20 d' ≦ 18	
Hochlochziegel mit Lochung C⁴)	HLzC	≦ 50	≦ 16	k ≦ 25 d ≦ 45 d' ≦ 35	
Langlochziegel	LLz	> 15 % der Querschnittsfläche	im Mörtelbereich Lochlänge f ≦ 85 mm; Lochbreite allg. e ≦ 40 mm, im Mörtelbereich e ≦ 15 mm	keine Vorschriften	Außenstege ≧ 15 mm, Innenstege ≧ 10 mm

¹) Lagerfläche = Länge × Breite des Ziegels. Bei Ziegeln mit Grifflöchern darf der Lochanteil 55 % betragen.
²) ausschließlich etwaiger Mörteltaschen
³) Hierbei bedeuten: k = kleinere Seitenlänge bei rechteckigen, d = Durchmesser bei kreisförmigen und d' = kleinerer Durchmesser oder kleinere Diagonale bei ellipsenförmigen oder rhombischen Lochquerschnitten.
⁴) 5seitig geschlossen, Dicke der Abdeckung ≧ 5 mm

Bezeichnung

Für die verschiedenen Ziegelarten gelten folgende Kurzzeichen:

Mz Vollziegel
HLz Hochlochziegel
LLz Langlochziegel
VMz Vormauer-Vollziegel
VHLz Vormauer-Hochlochziegel
KMz Vollklinker
KHLz Hochlochklinker
HLzT Mauertafelziegel

Formziegel und Handformziegel haben keine Kurzzeichen.
Frostbeständige Ziegel erhalten zum Kurzzeichen den Vorsatz V (VMz od. VHLz).

Bezeichnungsbeispiele:

Bezeichnung eines Vollziegels (Mz) der Druckfestigkeitsklasse 12, der Rohdichteklasse 1,8, der Länge l = 240 mm, der Breite b = 115 mm und der Höhe h = 113 mm (2 DF):

Ziegel DIN 105 Mz 12 – 1,8 – 2 DF

Tab. 4.2: Format-Kurzzeichen (Beispiele)

Format-Kurzzeichen		Maße bzw. l	b	h
Vorzugsgrößen von Mauerziegeln	1 DF (Dünnformat)	240	115	52
	NF (Normalformat)	240	115	71
	2 DF	240	115	113
	3 DF	240	175	113
	4 DF	240	240	113
	5 DF	240	300	113
	6 DF	240	365	113
	8 DF	240	240	238
	10 DF	240	300	238
	12 DF	240	365	238
	15 DF	365	300	238
	18 DF	365	365	238
	16 DF	490	240	238
	20 DF	490	300	238

Tab. 4.3: DIN 105, Teil 4, Ziegelrohdichte

Rohdichteklasse	Mittelwert der Ziegelrohdichte¹) kg/dm³
1,2	1,01 bis 1,20
1,4	1,21 bis 1,40
1,6	1,41 bis 1,60
1,8	1,61 bis 1,80
2,0	1,81 bis 2,00
2,2	2,01 bis 2,20

¹) Einzelwerte dürfen die Klassengrenzen um nicht mehr als 0,1 kg/dm³ unter- bzw. überschreiten.

Tab. 4.4: Druckfestigkeit

Druck-Festigkeitsklasse	Druckfestigkeit N/mm² Mittelwert	kleinster Einzelwert	Farbe
2	2,5	2,0	grün
4	5,0	4,0	blau
6	7,5	6,0	rot
12	15,0	12,0	ohne
20	25,0	20,0	gelb
28	35,0	28,0	braun

Leichtlanglochziegel und Leichtlanglochziegelplatten

Tab. 4.5: Ziegelarten, Löcher und Stege Entwurf DIN 105, Teil 5

Art	Kurzzeichen	Löcher¹) vermörtelbare Zone	Löcher¹) übriger Bereich	Stege und Außenwandungen
Leichtlanglochziegel	LLz	≦ 6 cm² k_v ≦ 15 mm	k ≦ 65 mm h' ≦ 100 mm	Außenwandungen ≧ 15 mm Im Bereich vermörtelbarer Zonen ≧ 10 mm Stege ≧ 10 mm
Leichtlanglochziegelplatten	LLp	–	beliebig	Außenwandungen ≧ 9 mm Stege ≧ 7 mm

¹) Hierin bedeutet:

k = kleinere Kantenlänge bei Rechtecklöchern
h' = größere Kantenlänge bei Rechtecklöchern (Höhe des Loches)
k_v = kleinere Kantenlänge bei Rechtecklöchern im Bereich der vermörtelbaren Zone

Bezeichnung eines Hochlochziegels (HLz) mit Lochung A der Druckfestigkeitsklasse 12, der Rohdichteklasse 1,2, der Länge l = 240 mm, der Breite b = 115 mm und der Höhe h = 113 mm (2 DF):

Ziegel DIN 105 HLzA 12 – 1,2 – 2 DF

Leichtlanglochziegelplatten

sind parallel zur Lagerfläche gelochte Ziegel. Sie sollen gerade und eben sein; die Lochung ist beliebig. Die Höhe der Platten ist größer als die Dicke. Die Außenwandungen müssen mind. 9 mm, die Stege mind. 7 mm dick sein. Druckfestigkeit und Ziegelrohdichte: *Tab. 4.6* und *4.7.*

Leichtziegel und Leichtziegelplatten

Leichtziegel und Leichthochlochziegel (nach DIN 18505) sind Ziegel mit Rohdichten ≦ 0,8 und ≦ 0,65 kg/dm³. Sie bieten eine entsprechend hohe Wärmedämmung. Leichtziegel werden auch als *Porenziegel* bezeichnet, wenn dem Rohstoff ausbrennbare Bestandteile (Sägemehl, Schaumkunststoffe u. ä.) zur Porosierung beigegeben werden. Leichtziegel und Leichthochlochziegel können für belastetes und unbelastetes Mauerwerk Verwendung finden *(Abb. 4.5).*

Leichtziegelplatten (nach DIN 18505) und *Tonhohlplatten* (nach DIN 278) *(Hourdis)* sind nicht belastbar und werden hauptsächlich für unbelastete leichte Trennwände verwandt. Zur Verbesserung des Mauergefüges oder zur Aufnahme von Bewehrungseisen können sie an den Längsseiten auch eine nut- und federartige Formgebung haben. Tonhohlplatten (Hourdis) sind an ihren Enden meist abgeschrägt.

Tab. 4.6: Druckfestigkeit

Druckfestigkeitsklasse-	Druckfestigkeit N/mm² Mittelwert	Druckfestigkeit N/mm² kleinster Einzelwert
2	2,5	2,0
4	5,0	4,0
6	7,5	6,0
12	15,0	12,0

Tab. 4.7: Ziegelrohdichte

Rohdichteklasse	Mittelwert der Ziegelrohdichte[1]) kg/dm³
0,5	0,41 bis 0,50
0,6	0,51 bis 0,60
0,7	0,61 bis 0,70
0,8	0,71 bis 0,80
0,9	0,81 bis 0,90
1,0	0,91 bis 1,00

[1]) Einzelwerte dürfen die Klassengrenzen um nicht mehr als 0,05 kg/dm³ unter- bzw. überschreiten.

Die Ziegel können auch gelocht werden; Lang- und Hochlochung sind zulässig. Die Leichtziegel müssen eine mittlere Druckfestigkeit von 2,5 N/mm² aufweisen. Bei Leichtziegeln gilt DIN 18505 für nichttragendes und DIN 105 für tragendes Mauerwerk.

Sturzformziegel

Formziegel *(Abb. 4.6)* werden für schlaff bewehrte Betonstürze verwendet; sie verbessern deren Wärmedämmung.

Flachstürze bestehen aus einem vorgefertigten bewehrten Zuggurt und erlangen in Zusammenwirkung mit einer Druckzone entweder aus Mauerwerk

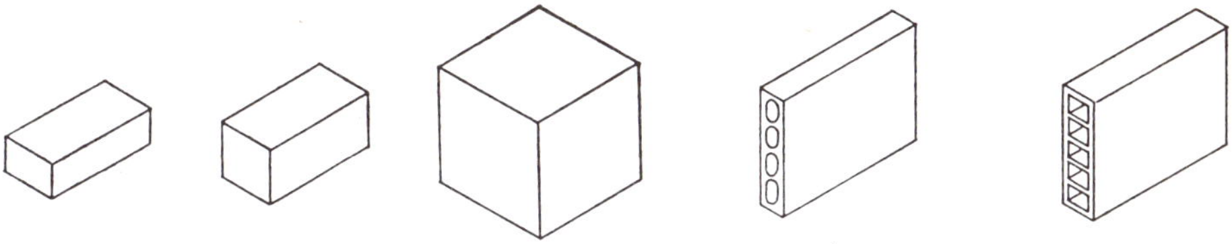

a b c d e

a bis c: Leichtziegel, porosiert; Vorzugsgrößen: 240/115–240/71–113–240 mm
d und e: Leichtziegelplatten (Lochung als Beispiel)
d = 320/60/240 mm; e = 320/80/240 mm

Abb. 4.5: Leichtziegel nach DIN 18505

oder Beton (z. B. Ringanker) ihre Tragfähigkeit. Der Zuggurt kann mit oder ohne Schalen aus gebranntem Ton, Leichtbeton oder ähnlichem vorgefertigt werden. Zur Bemessung wurden vorläufig Richtlinien für die Bemessung und Ausführung von schlaffbewehrten Flachstürzen erlassen, die in der Fassung vom September 1968 in verschiedenen Ländern bauaufsichtlich eingeführt wurden.

Mit anderen Formziegeln *(Abb. 4.7)* werden im Werk vorgespannte Ziegelstürze gefertigt (Spanntonbrett, Spannsturz u. a.). Für diese Stürze darf je nach Zulassung unter Umständen die Übermauerung und der Beton der darüberliegenden Decke als mittragend angesetzt werden. Es ergibt sich dann eine recht hohe Tragfähigkeit der Stürze.

4.1.2 Mauertafelziegel und Mauertafel-Leichtziegel, DIN 105 (11. 82)

Mauertafelziegel müssen Steinlängen von 247, 297, 373 oder 495 mm haben. Die Ziegel müssen gemäß *Abb. 4.9* im mittleren Bereich mind. einen Lochkanal von 50 bis 90 mm Länge und 30 bis 50 mm Breite und an den Stirnflächen

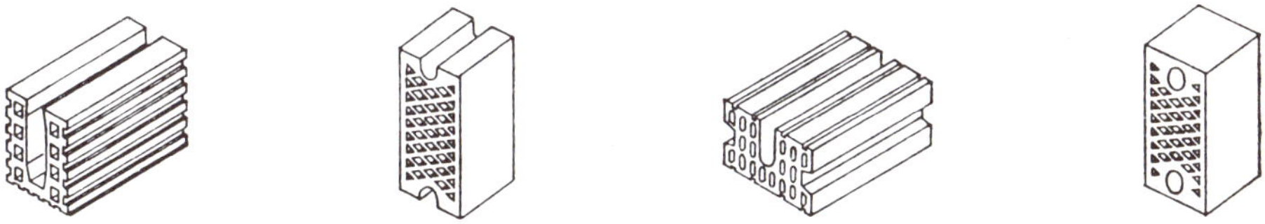

145—240/115/160 113/115/240 115—240/175/113 113/115/240

Abb. 4.6: (oben): Sturzformziegel

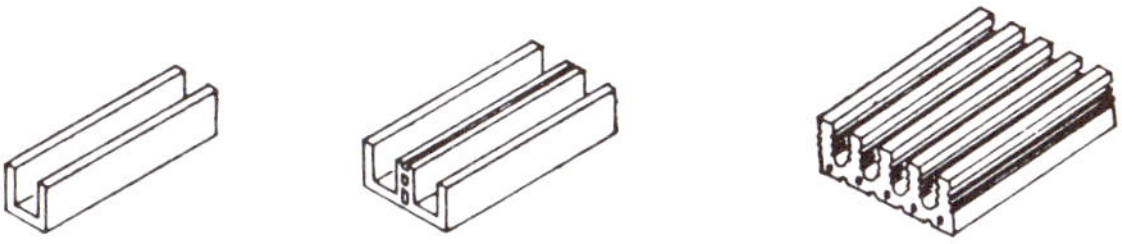

115—240/55/55 115—240/155/55 115—240/115—175/160

Abb. 4.7: (rechts): Formziegel für vorgespannte Stürze (Angaben in mm)

jeweils eine Aussparung von 30 bis 50 mm Breite und 25 bis 45 mm Tiefe haben.

Diese Lochkanäle sind so anzuordnen, daß sich bei den im Verband vermauerten Ziegeln senkrecht durchlaufende Kanäle für eine senkrechte Bewehrung ergeben *(Abb. 4.8)*, nach DIN 1053, Teil 4 (9. 78).

Druckfestigkeit: 2,8–28 N/mm²

Tab. 4.8: Ziegelrohdichte

Rohdichteklasse	Mittelwert der Ziegelrohdichte¹) kg/dm³
0,6	0,51 bis 0,60
0,7	0,61 bis 0,70
0,8	0,71 bis 0,80
0,9	0,81 bis 0,90
1,0	0,91 bis 1,00

¹) Einzelwerte dürfen die Klassengrenzen um nicht mehr als 0,05 kg/dm³ unter- bzw. überschreiten.

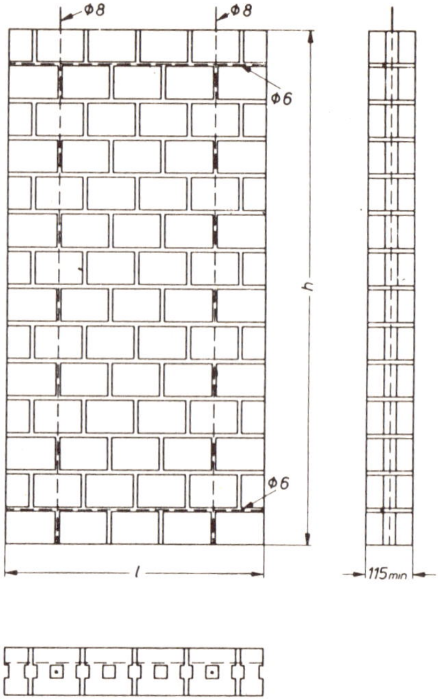

Abb. 4.8: Mauertafel (l < h) nach DIN 1053, Teil 4 (9. 78)

4.1.3 Klinker

Klinker sind Mauerziegel, die aus geeignetem Ton, oft mit Zusatz von mineralischen oder metallischen Flußmitteln, bis zum Schmelzen (Sintern) gebrannt werden.

Sie sind deshalb dicht, wenig oder gar nicht saugend, hell klingend, schwer, sehr druckfest, hart sowie frost- und säurebeständig. Wasserdicht sind sie nur bei risse- und porenfreier Oberfläche und vollkommener, am gleichmäßig dichten Bruch kenntlicher Durchsinterung. Farbe hell (Keramik-Klinker), rot bis blauschwarz. Von einem Vormauerklinker muß verlangt werden, daß er

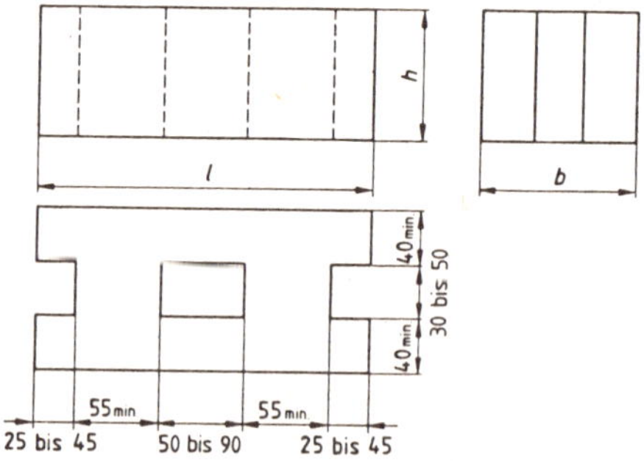

Abb. 4.9: Mauertafelziegel nach DIN 105 (11. 82)

oberflächlich gesintert (teilgesintert) ist, wenig Wasser aufnimmt und frei von Trocken- und Brandrissen ist.

Der Vollklinker (früher Hochbauklinker genannt) ist nach dem 1. Weltkrieg sehr häufig als Vormauerklinker im Hochbau verwendet worden. Durch unsachgemäßes Bauen sind jedoch bei Klinkerbauten häufig Schäden aufgetreten. Da der Klinkerbau etwas ganz anderes ist als der Ziegelrohbau, muß er demzufolge auch anders ausgeführt werden als dieser.

Die meisten Mißerfolge bei den Klinkerbauten sind nicht auf den Stein, sondern auf den Fugenmörtel zurückzuführen. Das Kriterium beim Klinkerbau bildet daher stets die Fuge. Wenn beim Ziegelrohbau die Fuge undicht ist, dann breitet sich das eingedrungene Wasser an der Vorderseite der ganzen Mauer aus; es wird jedoch in den Regenpausen durch den Wind aus allen Poren des Mauerwerkes wieder verdunstet.

Nicht so bei Klinkern. Das durch undichte Fugen eingedrungene Wasser kann sich nicht an der Vorderfläche der Wand ausbreiten, da ja die Klinker so gut wie kein Wasser aufnehmen. Die Folge ist, daß das eingedrungene Wasser bis in die Hintermauerung vordringt und somit die Innenseiten der Außenwände durchfeuchtet. Hieraus ersieht man, daß beim Klinkerbau nicht nur der Stein, sondern auch die Fugen vollkommen dicht sein müssen.

Klinkerarten

Man unterscheidet nach DIN 105: Verblender (Sammelbegriff für alle zur Verblendung geeigneten Ziegel und Klinker), Vollklinker, Hochlochklinker und Sparverblender, außerdem Kanalklinker nach DIN 4051, Pflasterklinker nach DIN 18503, Bodenklinkerplatten nach DIN 18158.

(Spaltplatten fallen unter die Gruppenbezeichnung „Keramische Baustoffe", z. B. Keramische Spaltplatten nach DIN 18166.)

Vollklinker KK, Entwurf DIN 105 (11. 82), Teil 4,

müssen dicht gebrannt (gesintert) und hart sein. Außerdem sollen sie frei sein von ausblühenden Salzen, die auf unverputztem Mauerwerk dauernd erkennbar sind. Sie werden ungelocht oder bis zu 15 % ihrer Lagerfläche gelocht hergestellt. Ziegelrohdichte zwischen 1,4 und 2,2 kg/dm³, bezogen auf die Scherbenrohdichte. Druckfestigkeit mindestens 75 N/mm².

DF = 240/115/52 mm
NF = 240/115/71 mm *(Tab. 4.2)*

Hochlochklinker KHKA, Entwurf DIN 105, Teil 4

gleichen in der Lochung den Hochlochziegeln und in der sonstigen Beschaffenheit den Hochbauklinkern. Ziegelrohdichte und Druckfestigkeit wie beim Vollklinker.

Verblendklinker

werden für Fassadenverkleidungen in reichhaltigen Farbsortierungen und in den verschiedensten Abmessungen geliefert. Unter „Norddeutsches Kurzformat" versteht man Verblender und Verkleidungsplatten der Formate

220/105/52 mm
220/ 30/52 mm
105/ 30/52 mm

Kanalklinker, DIN 4051 (8. 76)

dienen zur Herstellung gemauerter, meist eiförmiger Abwasserkanäle und runder Einsteigschächte.
Es eignen sich Kanalklinker A mit keilförmig zulaufenden Lagerflächen für Kopfgewölbe, Kanalklinker B mit stärkerer Keilform für Sohlgewölbe mit kleinem Radius, Kanalklinker C mit keilförmig zulaufenden Längsseiten für kreisförmige Schächte.

Abmessungen:

NFK	= 240/115/71 mm	Normalformat
A	= 240/115/67 mm 56	Keilklinker A für Kopfgewölbe
B	= 240/115/67 mm 46	Keilklinker B für Sohlgewölbe
C	= 240/115/71 mm 77	Schachtklinker C

Anforderungen: nach DIN 4051 (8. 76)

Druckfestigkeit:	Mittelwert min. 45 N/mm² Kleinstwert nicht unter 40 N/mm²
Scherbenrohdichte:	im Mittel mind. 1,9 kg/dm³
Wasseraufnahme:	max. 6 %
Frostbeständigkeit:	gefordert

Pflasterklinker, DIN 18503,

auch Straßenklinker genannt, müssen zäh, nicht splitternd und stoßfest sein. Bei ständiger Benutzung dürfen sie nicht glatt werden und sich kaum abnutzen.

Abmessungen: 240/115/52 und 240/118/52

Anforderungen nach DIN 18503 (8. 76):

Druckfestigkeit:	Mittelwert min. 80 N/mm² Einzelwert min. 70 N/mm²
Biegezugfestigkeit:	Mittelwert min. 10 N/mm² Einzelwert min. 8 N/mm²
Wasseraufnahme:	max. 6 %
Frostwiderstandsfähigkeit:	gefordert

Bodenklinkerplatten, Vornorm DIN 18158 (12. 78)

Außer Klinkerplatten und Spaltklinkern sind auch glatte, gerillte, gekuppte und genarbte Ziegel-Bodenplatten in meist rechteckiger Form im Handel. Die Kanten der Ansichtsflächen können gefast oder ungefast sein.

Anforderungen nach Vornorm DIN 18158 (12. 78):

Druckfestigkeit:	Mittelwert min. 150 N/mm²
Biegefestigkeit:	Mittelwert min. 20 N/mm² Einzelwert min. 15 N/mm²
Wasseraufnahme:	Mittelwert max. 3 % Einzelwert max. 4 %
Frostwiderstandsfähigkeit:	gefordert

Tab. 4.9: Abmessungen der Platten

Koordinierungs-maße (C)	Breite mm b	Länge mm a	Dicke mm s
300 × 300	290	290	10,15
250 × 250	240	240	20,25
125 × 250	115	240	30,35
200 × 200	194	194	oder
100 × 200	94	194	40

Klinkerspaltplatten, DIN 18166 (10. 74),

müssen säure- und frostbeständig sein. Die Oberfläche kann glatt, gehämmert, gekuppt oder geriffelt sein. Die Rückseite wird zur besseren Mörtelhaftung mit geraden oder schwalbenschwanzförmigen Rillen versehen. Spaltwandplatten werden paarweise Rücken an Rücken geformt und mit frostbeständiger, säurefester und stoßsicherer, haarrissefreier Glasur versehen. Erst bei der Verarbeitung werden die Platten durch Hammerschlag gespalten. Durch die schwalbenschwanzförmigen Rillen an der Rückseite ist eine dauerhafte Verbindung mit der Auflagewand gewährleistet.

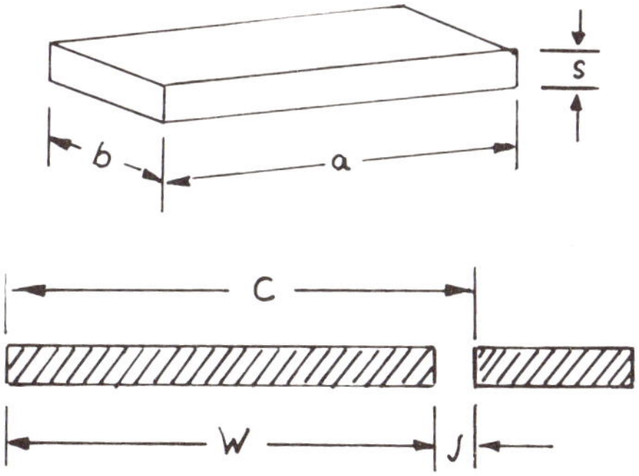

Abb. 4.10: Bodenklinkerplatten

Anforderungen nach DIN 18166

Biegefestigkeit:	Mittelwert min. 20/N mm² kleinster Einzelwert min. 17 N/mm²
Wasseraufnahme: von Spaltplatten mit hellem Scherben	im Mittel max. 3 Gew.-%
von Spaltplatten mit farbigem Scherben	im Mittel max. 6 Gew.-%

Tab. 4.10: Abmessungen der Platten (in mm)

Breite b	Länge a	Dicke s
115	240	meist
52	240	8 bis 30
73	240	nach Wahl des
94	194	Herstellers

Klinkerriemchen

Hierunter versteht man einen Sparverblendklinker, d.h. lange, schmale, *durchlochte* Riemchen. Auch sie sind in den verschiedensten Ausführungen und Abmessungen im Handel.

4.1.4 Konstruktion von Ziegelaußenwänden

Brenngrade und Wasseraufnahme von Mauerziegeln

Nachstehend sind die wichtigsten Eigenschaften der Ziegelscherben angeführt, die zum Verständnis der Funktion eines Außenwandbautyps erforderlich sind. Die im Handel befindlichen Mauerziegel weisen, grob unterschieden, fünf verschiedene Ziegelbrenngrade auf.

Hierbei kommt es nicht so sehr auf die doch unexakten „Brenngradbezeichnungen" an – denn die Brenngradhöhe ist vorwiegend vom Ton abhängig –, als vielmehr auf die Größe der schnell bestimmbaren Wasseraufnahme in Gew.-%, die bedauerlicherweise aus der DIN 105 weggefallen ist.

Die Kapillarleitfähigkeit ist bei niedrigem Ziegelbrenngrad am größten. Je höher der Ziegel gebrannt ist, desto dichter ist der Scherben und desto geringer die Saugfähigkeit.

Außenwände von Wohnräumen sollten möglichst aus Mauerziegeln mit über 8 Gew.-% Wasseraufnahme und mehr hergestellt werden, wodurch ein vernünftiger Wasserhaushalt und eine entsprechende Wärmedämmung erreicht werden.

Eine Wasseraufnahme kleiner als 6% gehörte früher zur Klinkerdefinition. In der neuen DIN 105, Teil 1 (11. 82), ist der Massenanteil der Wasseraufnahme bis etwa 7 Gew.-m% begrenzt.

Eine genaue Festlegung der fünf Brenngrade auf bestimmte Temperaturen stößt in vielfacher Hinsicht auf Schwierigkeiten, jedoch bestehen Relationen zwischen der Brennart der Ziegel einerseits und der Wasseraufnahme, der Druckfestigkeit und Rohdichte andererseits. Es ist erforderlich, diese so wichtigen Beziehungen und Daten durch entsprechende Untersuchungen zu klären.

Tab. 4.11: Wasseraufnahme von Mauerziegeln

Brenngrad	Wasseraufnahme in Gew.-%
	etwa
Weichbrand	10–22
Mittelbrand	8–14
Hartbrand	6– 8
Angeklinkertes Material	8
Klinker	0– 6

Bei der Bemessung und der Materialauswahl für die Konstruktion von Ziegelaußenwänden werden stets Überlegungen hinsichtlich der Wärmedämmung angestellt; leider wird jedoch der Wasserhaushalt der Wände gar nicht oder nur unvollkommen berücksichtigt.

Im gesamten Wasseraufnahmebereich von 1 bis 22 Gew.-% gibt es keine „zu wasserdurchlässigen Ziegel", jedoch eine erhebliche Anzahl „zu regendurchlässiger Wände". Wenn Wasseraufnahmefähigkeit, Wandbautyp sowie Mauer- und Fugenmörtel einander angepaßt sind, so läßt sich mit Ziegeln jeder Wasseraufnahmefähigkeit eine gute und einwandfrei trockene Wand herstellen.

► Bei der Konstruktion und der Errichtung von Ziegelaußenwänden müssen daher unter allen Umständen die wichtigen Eigenschaften des Mauerziegels, die große Aufnahme- und schnelle Abgabefähigkeit von Wasser, berücksichtigt und richtig eingesetzt werden.

Bei der Planung einer stark dem Schlagregen ausgesetzten Wand spielt es eine wesentliche Rolle, ob man den Minimal-Wärmedämmwert dieser Wand für das Wärmedämmgebiet II von 0,55 durch HLzA oder durch Mz mit 15% Lochanteil erreicht: Im ersteren Falle hat man für die Wasserspeicherung keine, im letzteren Falle jedoch eine beträchtliche Reserve. Als Außenschale sollte man hier daher einem VMz ohne oder mit 15 % Lochanteil den Vorzug geben.

Schlagregenschutz von Wänden, DIN 4108, Teil 3 (8. 81)

Durch Regen kann Wasser infolge von Kapillarwirkung in Außenmauerwerk eindringen. Bei Schlagregen kann überdies durch den Staudruck des Windes durch Spalten, Risse und fehlerhafte Stellen, insbesondere fehlerhaft hergestellte Fugen, Wasser in das Mauerwerk oder durch die Wandkonstruktion geleitet werden.

Zur Begrenzung der Wasseraufnahme von Außenwänden kommen folgende Maßnahmen in Betracht:

Abhaltung des Regens an der Außenfläche des wärmedämmenden Bauteils durch eine

1. wasserdichte Vorsatzschicht,
2. mit Luftabstand vorgesetzte Schicht (Vorhangfassade),
3. Vormauerschale mit Luftschicht oder
4. Aufbringen von wasserabweisenden oder wasserhemmenden Putzen auf der Außenoberfläche des Außenmauerwerks.

Zu beachten ist jedoch dabei, daß die Wasserabgabe von innen nach außen (Verdunstung) nicht beeinträchtigt wird.

Definition der Beanspruchung durch Schlagregen

Hierbei unterscheidet man nach DIN 4108, Teil 3 (8. 81), drei Beanspruchungsgruppen, wobei die örtlichen klimatischen Bedingungen (Regen, Wind) zu berücksichtigen sind:

Beanspruchungsgruppe I
(geringe Schlagregenbeanspruchung)

Gebiete mit Jahresniederschlagsmengen unter 600 mm und in besonders windgeschützter Lage.

Beanspruchungsgruppe II
(mittlere Schlagregenbeanspruchung)

Gebiete mit Jahresniederschlagsmengen von 600 bis 800 mm und in windgeschützter Lage.

Beanspruchungsgruppe III
(starke Schlagregenbeanspruchung)

Gebiete mit Jahresniederschlagsmengen über 800 mm.

Fugen und Anschlüsse

Der Schlagregenschutz von Gebäuden muß auch bei Fugen und Anschlüssen gesichert sein. Dies kann entweder durch Fugendichtungsmassen (s. DIN 18540, Teil 1) oder durch konstruktive Maßnahmen erreicht werden.

4.1.5 Außenwand-Typen (Ziegelwände)

Typ I: Einschaliges verputztes Ziegelmauerwerk

Dieses besteht aus Hintermauerziegeln, die in regelrechtem Verband gemauert werden. Hierfür verwendet man meist großformatige Hochloch- oder Blockziegel, die nicht *frostbeständig* sein müssen. Der Feuchteschutz wird vom Außenputz übernommen, der das Eindringen von Regenwasser hemmt, ohne den Feuchtigkeitsaustausch zu unterbinden. Der Außenputz muß zweilagig sein und darf keine bis auf den Putzgrund reichenden Risse aufweisen.

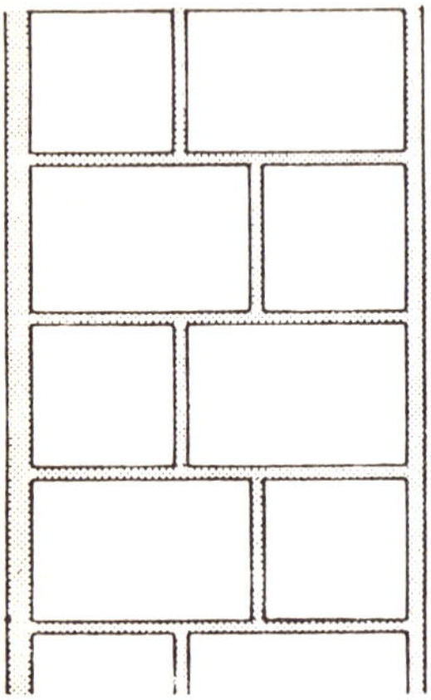

Abb. 4.11: Typ I: Einschaliges verputztes Ziegelmauerwerk

Die Mörtelart für die einzelnen Außenputzlagen richtet sich nach Standort und Klima (DIN 1053 und DIN 18550 sind zu beachten).

Typ II: Einschaliges Ziegel-Sichtmauerwerk
(Massiv- oder Ziegelvollwand)

Dieses ist ein einschaliges im Verband gemauertes Mauerwerk, bei dem die Sichtflächen unverputzt bleiben und die in den Sichtflächen liegenden Ziegel frostbeständig sein müssen. Hier übernimmt der gesamte Wandquerschnitt alle Aufgaben wie Lastabtrag, Wärme- und Feuchteschutz.

Diese Wandart kann aus Vollziegeln, gelochten Vollziegeln und Lochziegeln bestehen; sie ist also nicht zu verwechseln mit einer Vollziegelwand, die stets aus Vollziegeln besteht. Bei dieser sind die Verblendziegel des sichtbaren äußeren Wandbereichs in regelrechtem Verband mit den Mauerziegeln des inneren Wandbereichs vermauert (keine Funktionstrennung). Diese Art von Mauerwerk wird heute nur noch selten ausgeführt.

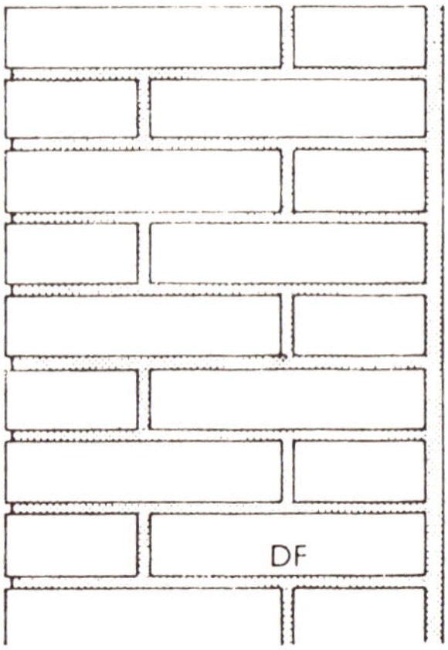

Abb. 4.12: Typ II: Einschaliges Ziegel-Sichtmauerwerk

Typ III: Zweischaliges Ziegel-Verblendmauerwerk
(ohne Luftschicht mit und ohne vermörtelter Schalenfuge)

Bei dieser Ausführungsart ist, im Gegensatz zum einschaligen Ziegel-Sichtmauerwerk, der Anteil des hochwertigen und teuren Verblendmaterials erheblich geringer. Für die Lastaufnahme darf hier nur die innere Schale in Rechnung gestellt werden.

Hier steht die äußere Verblendmauerwerksschale unmittelbar und ohne jeden Luftzwischenraum vor der tragenden Wandkonstruktion. Dieser Typ zeigt einen einfachen und klar überschaubaren Wasserhaushalt; sein Konstruktionsprinzip beruht auf der großen Wasserspeicherfähigkeit, die (bei gleichbleibender Wandstärke) mit ansteigendem, d.h. höherem Ziegelbrenngrad abnimmt.

Die Massivwand ist somit die Domäne des gut saugfähigen Ziegels mit kapillarer Leitfähigkeit: Die Wandkonstruktion ist um so trockener, je besser die kapillare Leitfähigkeit des Ziegels ist und je höher damit ihre Wasseraufnahmefähigkeit, aber auch die Abgabegeschwindigkeit von Wasser ist. Um diesen Wechsel von Wasseraufnahme und -abgabe nicht zu behindern, sollten keinesfalls angeklinkerte oder sogar Klinkersteine bzw. Sparverblender oder Wandplatten in Klinkerbranddichte (gegen nicht geklinkerte Sparverblender oder Spaltplatten ist dagegen nichts einzuwenden) als Vormauersteine verwendet werden. Die Fläche für die Verdunstung zuvor eingedrungener Regenfeuchtigkeit und das Abwandern der Wohnfeuchtigkeit von innen nach außen

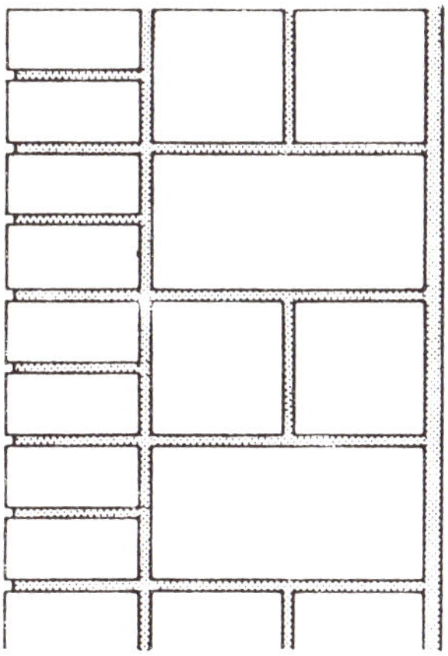

Abb. 4.13: Typ III: Ohne vermörtelte Schalenfuge

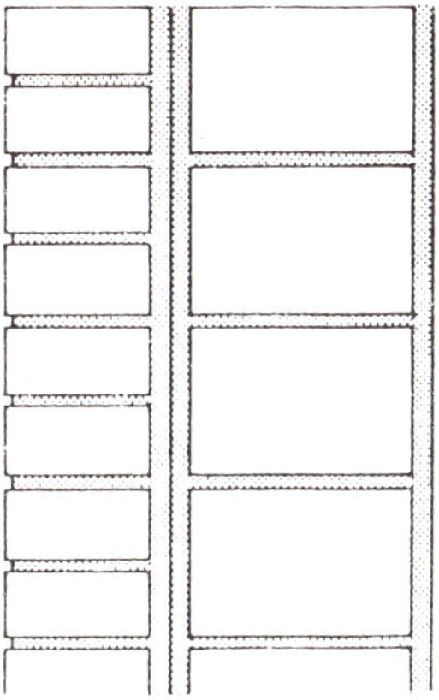

Abb. 4.14: Typ III a: Mit vermörtelter Schalenfuge

durch Dampfdiffusion verringert sich bei Platten- oder Klinkerverblendung auf den Fugenanteil, d.h. auf etwa 10 bis 20 % der gesamten Außenfläche.

Ebenfalls ist das Auftragen eines dichten Kunstharzanstriches von außen oder von innen nachteilig für die Funktion dieses Wandbautyps; das gleiche gilt für bituminöse Zwischenisolierungen.

Zweischaliges Mauerwerk ohne Schalenfuge sollte nur bei geringer Schlagregenbeanspruchung angewendet werden (s. Beanspruchungsgruppen der DIN 4108, Teil 3, *Tab. 1)*. Bei starker Schlagregenbeanspruchung sollte auf alle Fälle ein zweischaliges Ziegel-Sichtmauerwerk mit Schalenfuge Anwendung finden. Hier ist auf der Außenseite der Innenschale ein Putz der Mörtelgruppe II aufzutragen. Die Schalenfuge vor diesem Putz darf nicht zu dünn gewählt und muß mit einem gut plastischen Mörtel vergossen werden.

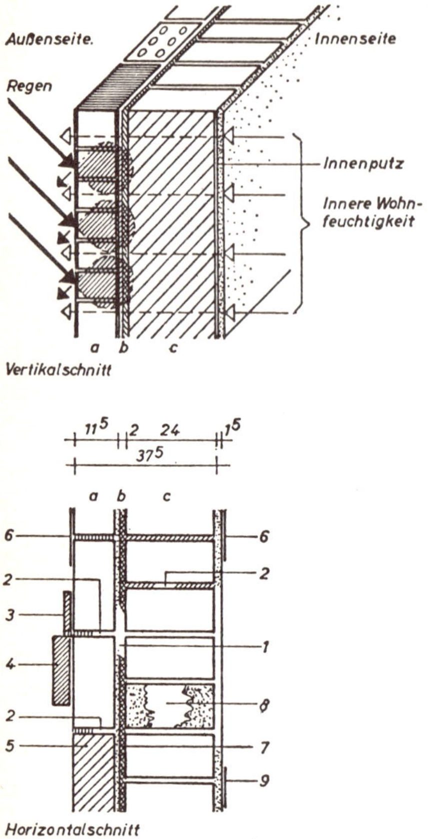

a = Verblendschale aus (VMZ) Vollziegeln oder gelochten Vollziegeln
b = Sperrschicht: 1 bis 1,5 cm Mörtelbewurf, nach Erhärtung Vormauern der Verblendung + 1 bis 1,5 cm Vertikalmörtelschicht der Verblendung, oder 1,5 cm Mörtelbewurf, in den die Verblendung frisch eingedrückt wird
c = Hintermauerung mit (MZ) Vollziegeln (auch KSV), gelocht, Vollziegeln, jeder Art von Lochziegeln oder anderem Steinmaterial

Funktionshemmend sind:

1: hohle Frontalfugen
2: hohle Stoßfugen
3: dichte Klinkerplatten
4: Sparklinker
5: Klinker
6: dichte Anstriche
7: Dampfsperren (Bitumenanstriche)
8: hohle Lager- und Stoßfugen
9: Kacheln

Abb. 4.15: Tpy III a: Zweischaliges Verblendmauerwerk ohne Luftschicht

Typ IV: Zweischaliges Ziegel-Verblendmauerwerk mit Luftschicht (Luftschichtmauerwerk)

Das zweischalige Mauerwerk mit durchgehender Luftschicht, auch Luftschichtmauerwerk genannt, wird vorwiegend dort ausgeführt, wo die Außenschale hohen Witterungsbeanspruchungen durch Regen und Wind ausgesetzt ist, z. B. in Küstengebieten und auf Meeresinseln.

Bei dieser Konstruktionsart dient die äußere Schale als Regenschürze, und bei richtiger Ausführung ist sichergestellt, daß die innere Wandschale trocken bleibt und der Wärmeschutz erhalten wird. Dabei ist es wichtig, den Zwischenraum zwischen Außen- und

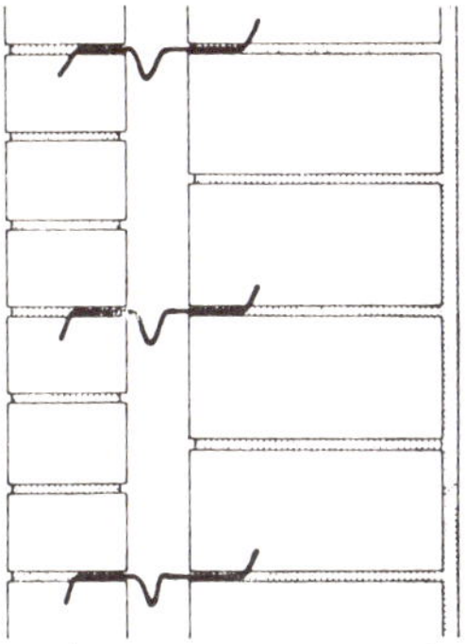

Abb. 4.16: Typ IV – Luftschichtmauerwerk ohne Wärmedämmung

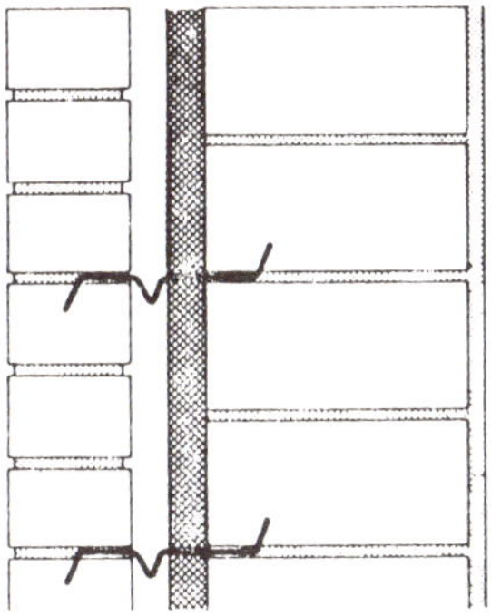

Abb. 4.17: Typ IVa – Luftschichtmauer mit zusätzlicher Wärmedämmung

Innenschale zu belüften, um eventuell durch die Verblendschale durchgeschlagenes Regenwasser abzuführen. Hier ist die Hintermauerungsschale am besten aus möglichst wasserspeicherungsfähigen Ziegeln auszuführen, da diese die konstant anfallende innere Wohnfeuchtigkeit an die Luftschicht abgeben.

Die äußere, d.h. Verblendschale kann sowohl aus Ziegeln als auch aus Klinkermaterial bestehen, ohne daß eine Funktionsstörung dieses Wandtyps auftreten kann.

Die äußere Schale ist in der Regel 11,5 cm dick. Die Dicke der inneren Schale richtet sich nach statischen und wärmetechnischen Erfordernissen. Nur die innere Schale darf für die Lastübertragung herangezogen werden. Bei der Berechnung des Wärmeschutzes dürfen beide Schalen, unter bestimmten Voraussetzungen auch die Luftschicht mitberücksichtigt werden. Die Breite der Luftschicht von 6 bis 7 cm verhindert ein Übergreifen von evtl. in die Außenschale eingedrungenem Wasser auf die Innenschale. Beide Schalen sind je Quadratmeter Fläche mit fünf nichtrostenden Drahtankern verbunden, die in der Mitte der Luftschicht v-förmig abgewinkelt oder mit einer Kunststoffscheibe versehen sind, zum Schutz gegen Wasserübertritt von der Außen- zur Innenschale.

Zur Erhöhung der Wärmedämmung einer zweischaligen Luftschichtwand kann zwischen beiden Schalen eine Dämmschicht angeordnet werden.

Beim Luftschichtmauerwerk dürfen jedoch zusätzliche Dämmschichten nicht auf der Innenseite der Außenschale angebracht werden, weil sonst die für das Raumklima günstige Wärmespeicherung der Wand entfällt. Die Luftschicht zwischen beiden Schalen verhindert am sichersten ein Durchtreten der Feuchtigkeit; sofern diese nach den Vorschriften der DIN 1053 belüftet ist, darf die Verblendschale und die Luftschicht bei der Berechnung des Wärmedurchgangswiderstandes mitberücksichtigt werden. Je 20 m^2 Wandfläche erfordern 150 cm^2 Zu- und Abluftöffnungen. Der Abstand beider Wandschalen darf 6 bis

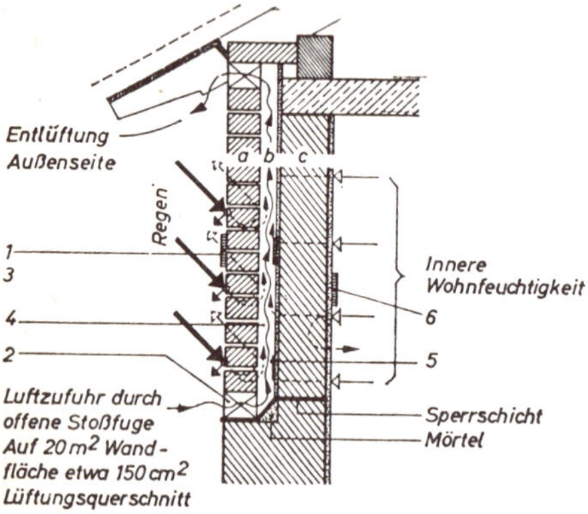

Luftschichtmauerwerk, Typ IV ohne, Typ IVa mit zusätzlicher Wärmedämmung

a = Verblendschale-Regenschürze aus (VMZ) Vollziegeln, gelochten Vollziegeln oder Klinkern
b = Luftschicht
c = Hintermauerung aus (MZ) jedem Ziegel-, Kalksandstein- oder anderem künstlichen Steinmaterial

Funktionshemmend sind:
1: dichte Anstriche (Putz, Klinker zulässig)
2: bei Fehlen Sattdampfdruck
3: dichter Putz ist falsch
4: Luftraumfüllung behindert Dampfdrainage
5: Schwarzanstrich ist falsch
6: dichter Putz oder Anstrich

Abb. 4.18: Typ IV: Zweischaliges Ziegel-Verblendmauerwerk mit Luftschicht

7 cm bzw. mit Dämmschicht 12 cm nicht überschreiten.

Nach DIN 1053, Teil 1, darf bei zweischaligem Verblendmauerwerk mit Luftschicht eine Verfüllung des Zwischenraumes als Kerndämmung nur nach hierfür vorgesehenen Normen durchgeführt werden oder bedarf eines besonderen Nachweises der Brauchbarkeit, z. B. durch allgemeine bauaufsichtliche Zulassung. Von einer solchen Maßnahme sollte man jedoch am besten Abstand nehmen.

Auch das Mauerwerk nach *Abb. 4.19*, Typ IVb, ist in gleicher Weise problembeladen, denn es entspricht ja im Prinzip dem Typ IV „Luftschichtmauerwerk", bei dem der Hohlraum mit einem Dämmstoff ausgefüllt ist. Auch diese Lösung sollte man vermeiden, da die fehlende Luftschicht zwischen Außenschale und Innenschale eine besondere Feuchtesperre zwischen beiden erforderlich macht. Diese Feuchtesperren behindern jedoch weitgehend die Dampfdiffusion von innen nach außen, so daß die Innenschale dann für eine zeitweise Feuchtespeicherung genügend aufnahmefähig und in der Lage sein muß, diese Feuchtigkeit auch schnell wieder abgeben zu können.

Mörtel

Im Zusammenhang mit dem zu wählenden Steinmaterial und dem Wandbautyp ist auch die Wahl des Mörtels (Mauer- und Fugenmörtel) von entsprechender Bedeutung. Leider werden die so notwendigen Mörtelanpassungen kaum noch beachtet, so daß auch hier daran erinnert werden muß, daß mit steigendem Ziegelbrenngrad (d.h. größerer Steinhärte) auch die Mörtelgruppe zu erhöhen ist.

Mauermörtel

In der DIN 1053 sind für Mauerwerk folgende Mörtelgruppen aufgeführt:

Mörtelgruppe I:

Nur bei Wänden, die gleich oder dicker als 24 cm sind, für höchstens zwei Vollgeschosse zulässig.

Mörtelgruppe II:

Eignet sich für alle belasteten Wände; auch im Kellergeschoß.

Mörtelgruppe III:

Wegen ihrer schlechten Verarbeitbarkeit für Mauerwerk weniger geeignet, vor allem nicht bei Leichtsteinen mit niedriger Eigenfestigkeit.

Die Festigkeit der Mörtelarten schwankt in weiten Grenzen und hängt sehr vom Kornaufbau des Sandes und den jeweiligen Erhärtungsbedingungen ab (s. Abschn. 5.3).

Richtwerte für die mittlere Druckfestigkeit nach 28 Tagen:

Mörtelgruppe	I	keine Grenzwerte
Mörtelgruppe	II	= 2,5 N/mm²
Mörtelgruppe	III	= 10,0 N/mm²

Für gewöhnlich wird ein Mischungsverhältnis von 1:4 nach Raumteilen ausreichen. Erhält man damit keinen kellengerechten Mörtel, so ist das meist auf schlechte Kornzusammensetzung zurückzuführen. Falsch ist es, eine bessere Verarbeitbarkeit durch mehr Bindemittelzugabe erreichen zu wollen, weil ein größerer Bindemittelgehalt stärkeren Schwund zur Folge hat. Einen gut verarbeitbaren Mörtel erhält man, wenn der Sand folgenden Kornaufbau hat: 10 bis 20 % Korn < 0,2 mm; 30 bis 40 % Korn 0,2–1 mm und 40 bis 60 % Korn 1–3 mm.

Zwischen Mörtelfestigkeit und Mauerwerksfestigkeit besteht eine deutliche Abhängigkeit, doch steigt die Tragfähigkeit der Wände nicht gleichmäßig mit der Druckfestigkeit des Mörtels an.

Hieraus folgert, daß die Mörtelfestigkeit stets der Steinfestigkeit angepaßt werden sollte.

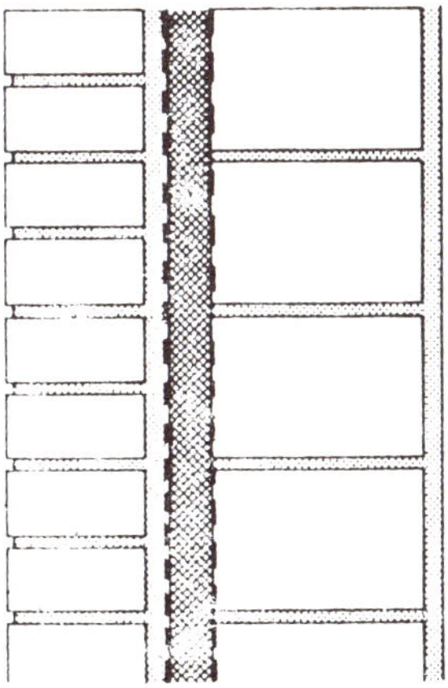

Anwendungsvorschriften:

DIN 1053 Mauerwerk
DIN 18330 Maurerarbeiten
DIN 4108 Wärmeschutz
DIN 4102 Brandschutz
DIN 4106 Wanddicken Wohnungsbau
DIN 1055 Lastannahmen

Abb. 4.19: Typ IV b: Zweischaliges Mauerwerk mit zusätzlicher Wärmedämmschicht

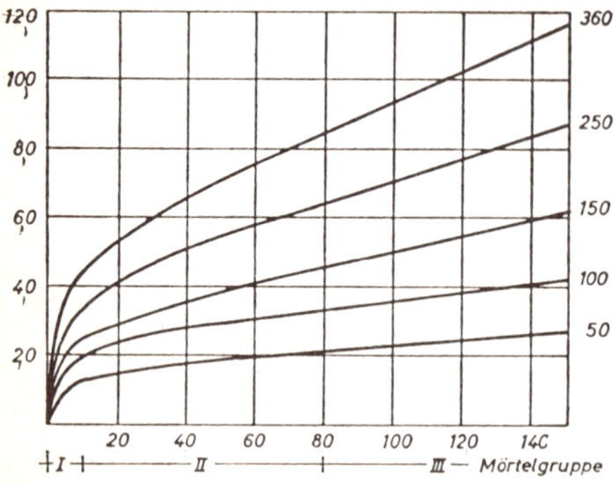

Abb. 4.20: Beziehung zwischen Mauerwerksfestigkeit und Festigkeit von Stein und Mörtel

Erhärtungsverhalten

Mörtel der Gruppe I steigert seine Festigkeit gleichmäßig, während die Mörtelgruppen II und III frühzeitig höhere Festigkeit erreichen.

Anpassung des Mauermörtels

Der Mörtel muß dem jeweiligen Ziegelmaterial angepaßt werden.

Mit steigender Scherbendichte ist auch die Mörtelgruppe zu erhöhen: weicher

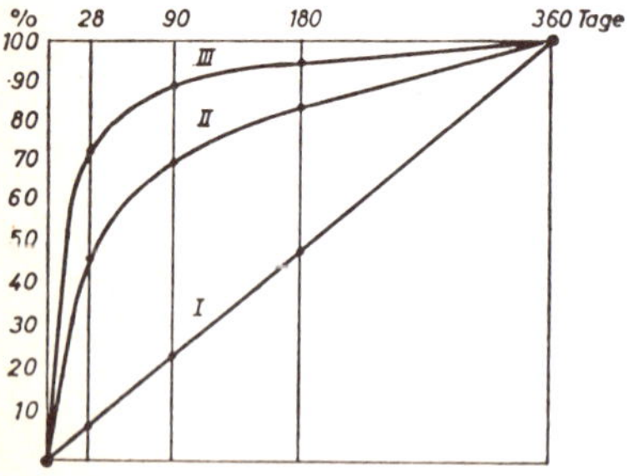

Abb. 4.21: Festigkeitsentwicklung der Mörtelgruppen I bis III. Druckfestigkeiten in % der nach 360 Tagen erreichbaren Druckfestigkeit

Ziegel / weicher Mörtel (d.h. nicht zu hart, nicht zu spröde und nicht zu fett); härtere Ziegel / härterer Mörtel.

Die Anpassung sollte in folgender Richtung geschehen:

Ziegel/Mauermörtel
Ziegel/Fugenmörtel
Mauermörtel/Fugenmörtel

Aus diesem Grunde ist auch die Vermauerung aller Ziegelbrenngrade mit ein und demselben Einheitsmörtel (Fertigmörtel) zu verwerfen.

Fugenmörtel

Als Fugenmörtel genügt bei üblichen Verblendsteinen, die selbst etwas saugfähig sind und begrenzte Wassermengen aufnehmen, ein Mörtel der Gruppe II, der leicht zu verdichten ist und bei geeignetem Kornaufbau des Sandes das Eindringen von Regenwasser ausreichend hemmt.

Das Größtkorn des Sandes für Mauer- und Fugenmörtel ist abhängig von der Fugendicke. Geeignet sind im allgemeinen folgende Sandgemische: für Mauermörtel: 0 bis 3 mm, für Fugenmörtel 0 bis 2 mm, wobei die Korngröße von 0 bis 0,2 mm zwischen 10 und 20 Gew.-% liegen muß.

Anpassung des Fugenmörtels

Ebenso wie der Mauermörtel der jeweiligen Scherbendichte angepaßt werden muß, trifft dies auch für den Fugenmörtel zu, und zwar:

a) Anpassung an die Scherbendichte bzw. die Kantenfestigkeit des Ziegels,

b) Anpassung an den Mauermörtel,

c) Anpassung der Abbindezeit: sie darf keinesfalls wesentlich kürzer sein als die Abbindezeit des Mauermörtels.

Zu a): Grundsätzlich ist bei geringer Ziegelkantenfestigkeit (Weichbrand) ein Fugenmörtel geringer Härte zu verwenden. Ein stets wiederkehrender Fehler der Baupraxis besteht darin, daß man bei einem weichen Ziegelmaterial einen zu harten Fugenmörtel verwendet. Da oft zu früh gefugt wird, kommt es dann zu Kantenpressungen, d.h. zum zu frühen Tragen auf zu festen und zu schmalen Fugenmörtelleisten, während der weichere Mauermörtel noch nicht einwandfrei erhärtet ist. Die Lagerflächenkanten scheren dann besonders bei weichem Scherben ab. Diese Schäden werden dann sehr häufig fälschlicherweise als Frostschäden der Ziegel angesehen. Mit steigendem Ziegelbrenngrad ist auch die Mörtelgruppe zu erhöhen. Für Klinker kommt nur Mörtelgruppe III, reiner Zementmörtel im Mischungsverhältnis von 1:3 nach Raumteilen, in Betracht.

Zu b): Der Fugenmörtel darf nicht wesentlich fetter sein als der Mauermörtel. Der schwach bis gut plastische Fugenmörtel wird in zwei Arbeitsgängen in die Fugen fest eingedrückt und beim zweiten Arbeitsgang mit Fugeisen oder Holzspatel gut verdichtet.

Zu c): Die Abbindezeit und Abbindegeschwindigkeit des Fugenmörtels soll möglichst der des Mauermörtels entsprechen: Je langsamer der Fugenmörtel abbindet, desto sicherer werden auch feine Kapillarrisse vermieden.

Fugenausbildung

Die Fugenauskratztiefe muß bei Ziegeln mindestens 15 mm betragen, bei Klinkern und angeklinkertem Material auf jeden Fall 20 mm oder mehr. Die Auskratzung muß scharfkantig erfolgen; außerdem ist auch das Ausbürsten der Mörtelkrümel nicht zu vergessen sowie das Vornässen der Fassade von unten nach oben, bis zur Wassersättigung der Ziegel- und Mörteloberflächen. Frische Fugen müssen durch Besprühen mit sauberem Wasser vor frühzeitiger Austrocknung geschützt werden.

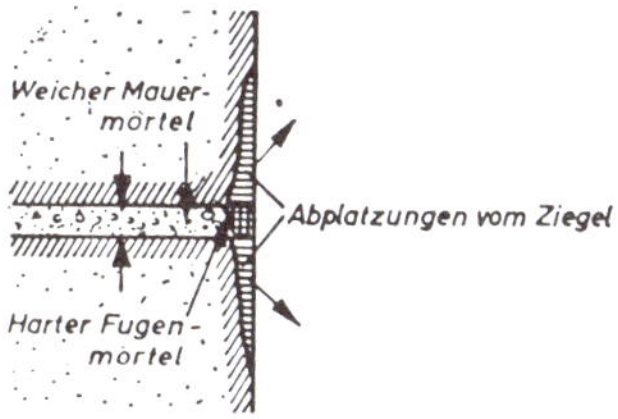

Abb. 4.22: Falsche Fugenausbildung

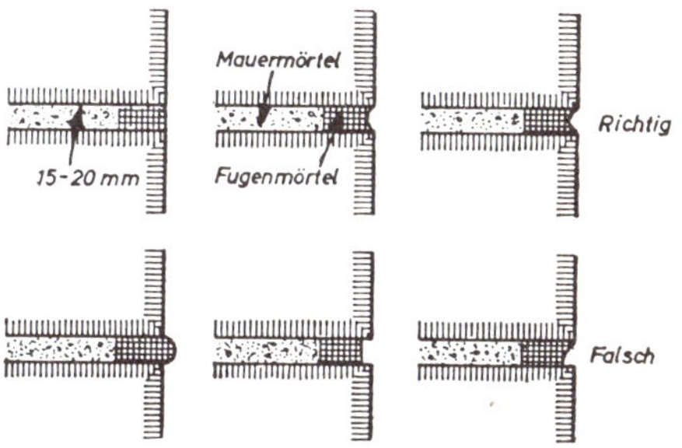

Abb. 4.23: (rechts): Fugenausbildung

4.1.6 Widerstandsfähigkeit gegen Schlagregen

Bei den vorstehend erläuterten Außenwandkonstruktionen der Typen I bis IV wurde auf das so wichtige Zusammenspiel zwischen Steinmaterial und Fuge hingewiesen sowie auf die Relationen zwischen Wasseraufnahme und Ziegelbrenngrad, die vorwiegend für die Schlagregensicherheit einer Außenwand von Bedeutung sind.

Die Beanspruchungen der einzelnen Wandbauarten und ihr Verhalten bei Schlagregen sind Gegenstand verschiedener Untersuchungen gewesen.*) Für die Durchführung künstlicher Bewitterungsversuche wird eine Regenmaschine verwendet.

Der sicherste Schutz gegen Schlagregen ist die Anordnung einer durchgehenden Luftschicht (Wandtyp IV). Wände mit Luftschichten sind daher in Gegenden mit häufig auftretendem heftigem Schlagregen, wie in den Küstengebieten, die übliche Bauart.

Wichtig ist bei dieser Wandkonstruktion nur, daß die innere Schale eine ausreichende Wärmedämmung besitzt, was ohne große Schwierigkeiten erreicht werden kann, wenn man die Innenschale mindestens 17,5 cm stark ausbildet und ein Steinmaterial wählt, das eine ausreichende Wärmedämmung besitzt. Falsch wäre es, die Luftschicht mit irgendeinem Dämmaterial, gleich welcher Art, lose oder in Plattenform auszufüllen, was in der Praxis immer wieder versucht und vorgeschlagen wird. Durch eine solche Ausfüllung wird die Drainagewirkung der Luftschicht unterbunden, die zur Entfeuchtung der die Luftschicht begrenzenden Mauerschalen sowie der Luftschicht selbst erforderlich ist.

Eine weitere Maßnahme, um der Durchfeuchtung einer Außenwand entgegenzuwirken, ist die Anordnung einer durchgehenden Sperrschicht zwischen der vorderen Verblendschale und der Hintermauerung (Typ III a). Wesentlich hierbei ist jedoch, daß diese Sperrschicht, die hier an die Stelle der Luftschicht getreten ist, einwandfrei auch als Sperrschicht ausgeführt wird.

Hier gibt es zwei verschiedene Ausführungsverfahren:

a) Die Hintermauerung wird vorgezogen und die 11,5 cm starke Verblendschale mit einem 1,5 bis 2 cm breiten Abstand vor die Hintermauerung vorgeblendet. Diese Breite von 1,5 bis 2 cm der sogen. Schalenfuge ist deswegen erforderlich, um sie *vollflächig* und *hohlraumfrei* vermörteln zu können, weil diese Schalenfuge als „Feuchtebremse" wirken soll. Diese vollfugig und haftschlüssig durchgehende Schalenfuge ist nur dann zu erreichen, wenn hierzu ein gießfähig hergerichteter Mauermörtel von sonst gleicher Zusammensetzung verarbeitet wird.

b) Die andere Art ist die Ausführung eines Verblendmauerwerks mit „Feuchtesperre", die dann anzuwenden ist, wenn wegen Dicke und Art der Innenschale diese für die zu

*) *O. Bröcker:* „Die Widerstandsfähigkeit von Außenwänden bei Beanspruchung durch Schlagregen" und *O. Meyer:* „Klinker und Fuge". Beides Dissertationsarbeiten an der TU Braunschweig.

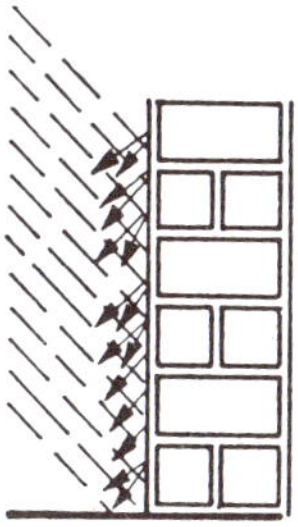

Abb. 4.24: Einschaliger Wandaufbau

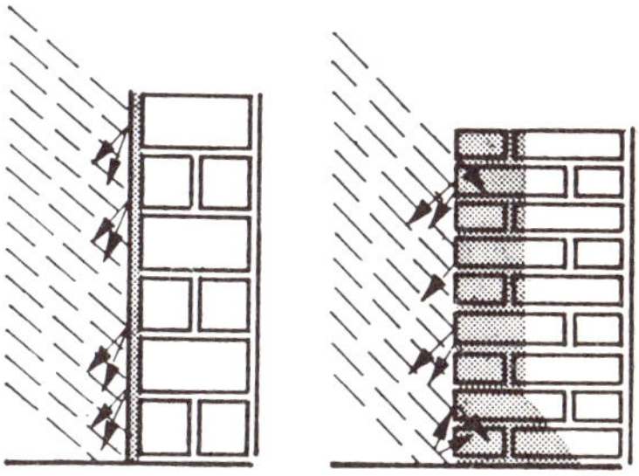

Abb. 4.25: Putz oder poröse ungesinterte Ziegelschicht

Eine Sperrschicht kann eine Mörtelsperrschicht (Wandbautyp II) oder eine Luftschicht (Wandbautyp IV) sein.

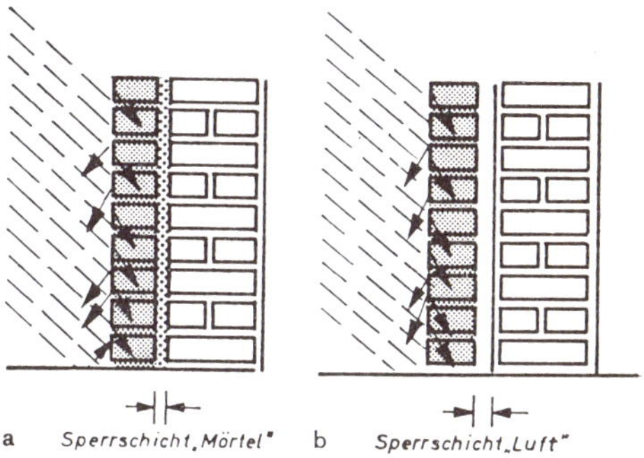

Abb. 4.26: Zweischaliger Wandaufbau

erwartende Regenbeanspruchung nicht genügend speicherfähig ist. Die „Feuchtesperre" soll aus einem Putz der Mörtelgruppe II 1 bis 1,5 cm dick auf die Hintermauerung aufgetragen werden. Die Schalenfuge vor dem Putz muß ebenso 1 bis 1,5 cm breit angelegt werden, damit sie dann gut vollflächig und haftschlüssig mit einem gießfähig hergerichteten Mauermörtel, wie unter a), verfüllt werden kann. Auf satte, hohlraumfreie Mörtelfüllung der Schalenfuge ist zu achten. Auf jeden Fall ist der häufig anzutreffende Bitumen-Schwarzanstrich auf der Feuchtesperre zu unterlassen, da dieser Sperranstrich sowohl den beim Ziegel so vorteilhaften kapillaren Wassertransport von innen an die Sichtfläche der Verblendschalen als auch die Austrocknung durch Dampfdiffusion verhindert.

c) Die Hintermauerung wird vorgezogen und ihre Vorderfläche abschnittsweise mit einem etwa 1 cm starken hydraulischen Kalkmörtelbewurf versehen und die Verblendschale sofort gegengemauert, wobei die Verblender in den noch plastischen Bewurf leicht eingedrückt werden. Dem Mörtel wird bei Bedarf oft ein geeignetes Dichtungsmittel zugesetzt, jedoch viel wichtiger ist, daß die Schalenfuge zwischen Vormauer- und Hintermauerschale dicht und nesterfrei sein muß.

d) Statt der unter a), b) und c) beschriebenen durchgehenden Putzschicht, die für ein regendichtes Massivmauerwerk unerläßlich ist, wird in der Praxis meist die Verblendschale ohne Sperrschicht (Putzmörtelbewurf) unmittelbar gegen die Hintermauerungsschale gemauert. Die entstehende Fuge zwischen Verblendschale und Hintermauerung wird dann vom Maurer mehr oder weniger lässig mit Mauermörtel mit Hilfe der Kellenkante hinterfüllt, wodurch selbstverständlich Hohlräume und Nesterbildungen entstehen. Ein solcherart ausgeführtes Außenmauerwerk ist, selbst bei 36,5 cm Stärke, im Küstengebiet auf keinen Fall schlagregensicher, wie es leider häufig in der Praxis festgestellt wurde.

Zum Beweis für die Schlagregenfestigkeit von nach a) und b) aufgeführten Außenwänden wurden im Institut der Öffentlichen Baustoffprüfstelle in Eckernförde zwei Mauerwerkskörper aufgeführt, und zwar die Verblendschale 11,5 cm stark aus Ziegelvollsteinen (Mittelbrand) und die Hintermauerungsschale 24 cm stark aus Leca-Steinen (Vollsteinen). Der Mauermörtel und der Fugenmörtel bestanden aus hydraulischem Kalkmörtel im Mischungsverhältnis von 1:3 nach Raumteilen. Der eine Mauerwerkskörper war ausgeführt wie unter b), der andere wie unter c) beschrieben wurde. Beide Probekörper wurden dann im Labor mit Schlagregen bei einer eingestellten Windstärke 8 (nach *Beaufort)* durch die Bewitterungsmaschine bewittert. Nach 16stündiger Dauerberegnung zeigte der zweite Mauerwerkskörper nach c) die ersten Durchfeuchtungen, während der Körper nach Ausführung b) nach 66 Stunden Dauerberegnung auf der Rückseite noch immer trocken war.

Die Regensicherheit eines Mauerwerks ist auch von der Lochung der Verblendsteine abhängig. Durch Versuche wurde gezeigt, daß Lochsteine unter Umständen eher zu Regendurchlässigkeit führen als Vollsteine, da sich das eindringende Wasser durch die Löcher den Weg bis zur Mauerrückseite sucht.

Gute Erfolge, die Regensicherheit eines Mauerwerks zu verbessern, können durch eine geeignete Siliconbehandlung erreicht werden. Die Mauerwerksflächen werden mit in flüchtigen Lösungsmitteln gelöstem Silicon besprüht. Diese hydrophoben (wasserabweisenden) Siliconate haben einen ausgezeichneten Abperleffekt. In der Schweiz durchgeführte Untersuchungen haben ergeben, daß ein voller Erfolg einer Siliconbehandlung dann erreicht wird, wenn die Steine bereits im Werk getränkt werden, und zwar mit einer etwa 2%igen Siliconlösung in einem organischen Lösungsmittel.

Es muß hier noch darauf hingewiesen werden, daß

a) bei bereits im Werk getränkten Ziegeln zu beachten ist, daß diese hinsichtlich ihrer Verarbeitbarkeit dichten Klinkern entsprechen, d.h. daß ein in seinem Wassergehalt entsprechend eingestellter Mörtel verwendet werden muß. Dadurch wird die Verarbeitbarkeit erschwert.

Tab. 4.12: Schlagregenwiderstand von Außenwänden

Wandbauart		Regensicherheit
Doppelschaliges Ziegelverblendmauerwerk mit Luftschicht		
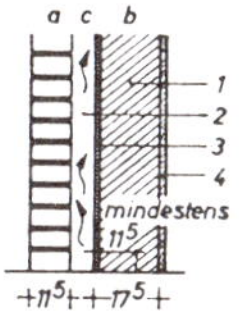	Außenschale a: frostbeständige, feinkapillare, gut Wasser aufsaugende und abgebende Steine: VMz (keine Lochsteine), KSV (Klinker möglich), Hüttensteine HS 100 und 150 (auch verputzt) Innenschale b: 1 = alle genormten Bausteine 2 = Sperrschicht 3 = Rapputz (kein Schwarzanstrich) 4 = Innenputz Sperrschicht c: Luftschicht (entlüften u. nicht ausfüllen)	I sehr gut
Doppelschaliges Ziegelverblendmauerwerk		
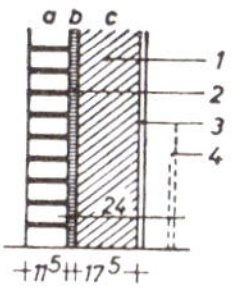	Außenschale a: wie I (auch verputzt, aber keine Klinker!) Innenschale c: 1 = alle genormten Bausteine 2 = Sperrschicht 3 = Innenputz 4 = erheblich besserer Regenwiderstand u. Wärmedämmung bei 24 cm Dicke Sperrschicht b: Mörtel	II gut (sehr gut bei 24-Innenschale)
1-schaliges Ziegelsichtmauerwerk		
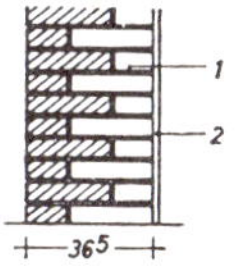	Außen: VMz wie I (keine Klinker!); bei Außenputz: MZ Innen: 1 = feinkapillare Steine: MZ, HLz, KSV, KSL, Hüttensteine 2 = Innenputz	III ausreichend
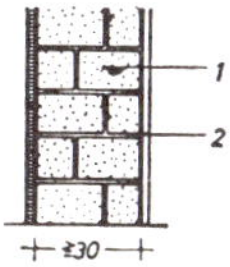	Außen: Putz nach DIN 1053, Abs. 4.2 Innen: 1 = Steine wie oben; Stärke nach Wärmeleitzahl 2 = Innenputz	
1-schaliges Mauerwerk		
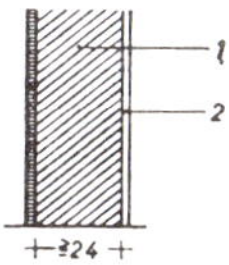	Außen: Putz nach DIN 1053, Abs. 4.2; auf jeden Fall mit wasserabweisenden Mitteln (Siliconanstrich) Innen: 1 = HLz, KSL, KS-Hohlblocksteine, Voll- und Hohlblocksteine aus Leichtbeton 2 = Innenputz Mauerwerksdicken unter 30 cm sind bedenklich, wenn sie nicht ganz besonders sorgfältig ausgeführt werden.	IV mäßig bis mangelhaft

b) nachträgliche Anwendung von Siliconen zur Fassadendichtung nur dann Sinn hat, wenn die Fassade fehlerfrei vermauert und verfugt ist. Siliconanstriche setzen die Saugfähigkeit des Ziegels bzw. der Mörtelfuge herab, ohne die Dampfdiffusion wesentlich zu unterbinden. Sie sind aber nicht in der Lage, Haarrisse und sonstige Vermauerungsfehler zu überdecken. Infolge solcher Risse und Fehler kann nach wie vor Wasser in das Mauerwerk eindringen. Da aber der Siliconanstrich die kapillare Leitfähigkeit des Ziegels unterbindet, wird die Rückverdunstung des eingedrungenen Wassers nach außen unterbunden, mindestens jedoch merklich verzögert, so daß es dadurch häufiger zu starken Wanddurchfeuchtungen kommt. Frostschäden sind nicht auszuschließen.

O. Bröcker kommt in seiner Arbeit „Die Widerstandsfähigkeit von Außenwänden bei Beanspruchung durch Schlagregen" zu Einstufungen und Bewertungen, wie sie der *Tab. 4.12* zu entnehmen sind.

4.1.7 Deckenziegel

Deckenziegel finden Verwendung bei der Herstellung von Decken verschiedenster Art. Hierbei unterscheidet man:

Deckenziegel statisch mitwirkend

nach DIN 4159 (4.78). *Abb. 4.27* zeigt eine Stahlsteindecke mit Ziegeln für vollvermörtelbare Stoßfugen. Statisch mitwirkende Deckenziegel dürfen keine die Festigkeit mindernden Risse oder Beschädigungen aufweisen. Die Grundfläche der Ziegel muß möglichst rechtwinklig und eben sein. Frostbeständigkeit wird nicht gefordert.

Die *Abb. 4.28* und *4.29* zeigen Formen statisch mitwirkender Deckenziegel mit je zwei Beispielen für die Lochung. *Tab. 4.14* gibt die geforderten Druckfestigkeiten an.

Abb. 4.27: Stahlsteindecke mit statisch mitwirkenden Dachziegeln für voll vermörtelbare Stoßfugen

a) für vollvermörtelte Stoßfugen
b) für teilvermörtelte Stoßfugen

a)

b)

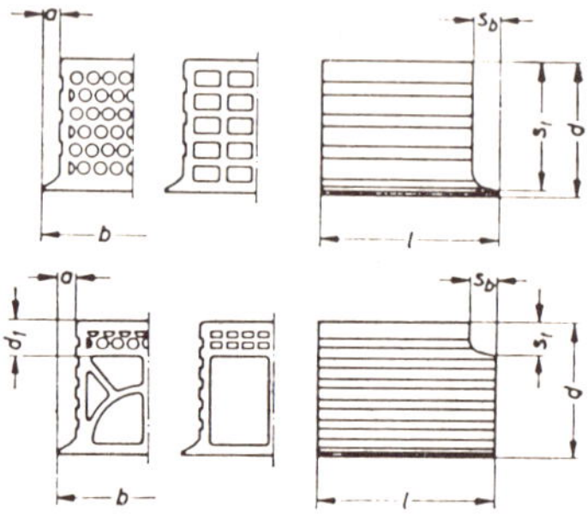

Abb. 4.28 und 4.29: Statisch mitwirkende Deckenziegel nach DIN 18505

Zu a) Deckenziegel für Stahlsteindecken mit *vollvermörtelten* Stoßfugen. Vollvermörtelte Stoßfugen sind dann erforderlich, wenn die Deckenziegel zur Druckübertragung im Bereich negativer Momente herangezogen werden.

Zu b) Deckenziegel für Stahlsteindecken mit *teilvermörtelten* Stoßfugen; bei diesen Ziegeln befinden sich die Fugenaussparungen und die Lochzone im oberen Bereich der Ziegel.

Die Stoßfugen werden mit Zementmörtel vermörtelt.

Deckenziegel statisch nicht mitwirkend

nach DIN 4160 (8.78); z.B. für Stahlbetonrippendecken. Die Dicke der Wan-

Tab. 4.13: Maße der Ziegel für Stahlsteindecken nach DIN 4159

A			B		
Breite *b*	Länge *l*	Höhe *So*	Breite *b*	Länge *l*	Höhe *So*
		90			115
		115			140
		140			165
250	166	165	250	166	190
	250	190		250	215
	330	215		333	240
	500[1])			500[1])	
		240			265
		265			290
		290			

A = für *vollvermörtelte* Stoßfugen ZSV[1])
B = für *teilvermörtelte* Stoßfugen ZST[1])
[1]) nur bei Decken ohne Querbewehrung

Tab. 4.14: Ziegel-Rohdichten und Ziegel-Druckfestigkeiten nach DIN 4159 (4. 78)

Rohdichte in kg/dm³	Druckfestigkeit in N/mm²	
	Mittelwert	kleinster Einzelwert
0,60	22,5	18,0
	22,5	18,0
0,80 1,00 1,20	30,0	24,0

Tab. 4.15: Maße der Ziegel für Stahlbetonrippendecken nach DIN 4159 (4. 78)

Breite *b*	Länge *l*	Dicke *So*
		115
		140
		165
333	166	190
500	250	215
625	333	240
		265
		290
		315
		340

Ziegel-Rohdichten und Druckfestigkeiten nach *Tab. 4.14*

[1]) Kurzzeichen

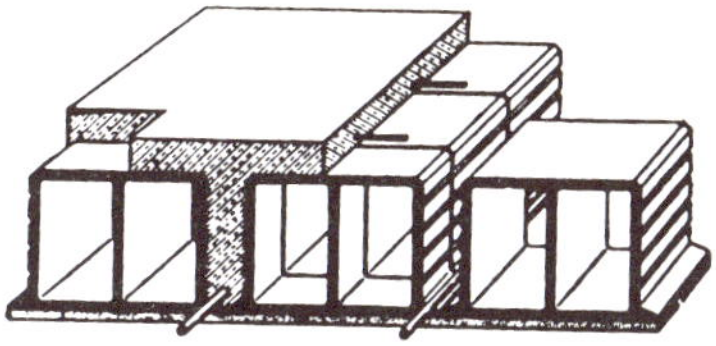

Abb. 4.30: Stahlbetonrippendecke mit statisch *nicht* mitwirkenden Deckenziegeln nach DIN 4160 (8.78)

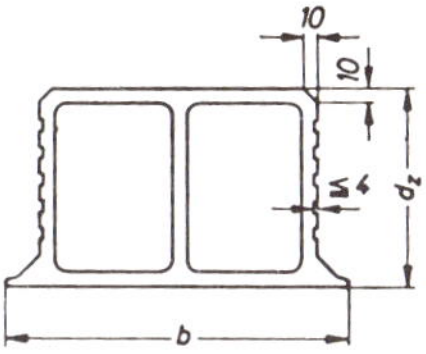

Abb. 4.31: Deckenziegel nach DIN 4160 (8.78)

dungen und Stege sowie Größe und Form der Löcher ist dem Hersteller überlassen. Frostbeständigkeit wird nicht gefordert.

Bei Stahlbetonrippendecken dienen die eingebauten Deckenziegel nur als Schalkörper, sie wirken statisch nicht mit.

Tonhohlplatten (Hourdis)

nach DIN 278 (9.78) sind gebrannte Lochziegelplatten von 50 bis 100 cm Länge, 20 bis 25 cm Breite und 3,5 bis 10 cm Höhe, die besonders als Deckenplatten zwischen Stahlträgern, aber auch für Zwischenwände Verwendung finden.

In der neuen DIN 4159 (4. 78), „Ziegel für Decken und Wandtafeln", werden solche Ziegel erfaßt, die sowohl für Decken- als auch für Wandtafeln, deren Anwendungen in den Richtlinien für Tafelbauten aus Ziegelfertigteilbau geregelt ist, verwendet werden können.

Ziegelmontagebau

Dieser hat zum Zweck, den Ziegel auch für industrialisierte Fertigbauverfahren nutzbar zu machen. Die Arbeit auf der Baustelle beschränkt sich hierbei nur auf das Montieren der vorgefertigten Bauteile. Für die Wirtschaftlichkeit der Vorfertigung ist es von größter Bedeutung, möglichst großformatige und leichte Ziegel zu verwenden.

Zur Erfüllung der bauphysikalischen Funktionen des Wärme-, Schall- und Feuchtigkeitsschutzes ist es anzustreben, daß die Wände – vor allem im Wohnungsbau – möglichst durchgehend aus Ziegelmaterial bestehen.

4.1.8 Dachziegel

Ziegelarten

Die verschiedenen Arten und Formen der Dachziegel sowie ihre Güteeigenschaften und die dazugehörigen Prüfverfahren sind in der DIN 456 (8. 76) erläutert. Sie werden in natürlicher Brennfarbe durchgehend gefärbt, engobiert, glasiert oder gedämpft hergestellt.

Nach der Art der Herstellung werden die Dachziegel unterteilt in:

Strangdachziegel: Biberschwanz-, Pfannen-, Strangfalzziegel; *Strangdachziegel* werden ohne oder mit Seitenverfalzung hergestellt.

Preßdachziegel: Falzziegel, Falzpfannen, Flachdachpfannen, Mönch und Nonne.

Zu beiden Ziegelarten werden nicht genormte Sonderziegel, wie Doppelkremper für S-Pfannen, Lüftungsziegel, Dunstrohrziegel, Ortgangziegel für Flachpfannen u. a., geliefert.

Dachziegel werden handelsüblich nach Sorte I und II unterschieden. Nur für Dachziegel der Sorte I ist die DIN 456 in allen Teilen bindend.

Preßdachziegel haben einen oder mehrere Kopf-, Fuß- und/oder Seitenfalze (z. B. Falzziegel, Flachdachpfannen) oder sind konisch geformt, ohne Verfalzung (z. B. Mönch und Nonne).

Maße

In der DIN 456 (8. 76) sind keine Abmessungen festgelegt. Dachziegel haben infolge der verschiedenen Modelle unterschiedliche Abmessungen. Bei Biberschwänzen sind die Breiten- und Längenmaße 155 x 375 und 180 x 380 mm zu bevorzugen. Die Maße der einzelnen Ziegel oder die mittleren Deckmaße dürfen von dem vom Hersteller angegebenen Deckmaßen um ± 2% abweichen.

Die Oberfläche der Dachziegel soll rissefrei sein. Engobe und Glasur müssen, wie der Ziegel selbst, witterungsbeständig sein.

Formziegel

Formziegel sind eine notwendige Ergänzung für die genormten regulären Dachziegel, um für die gedeckten Dachflächen einwandfreie Anschlüsse, Abschlüsse und Übergänge zu erzielen. Diese Formziegel sind nicht genormt und werden vom Hersteller nach seiner Wahl ausgeführt. Unter dem Begriff Formziegel sind folgende Formziegelarten einzureihen:

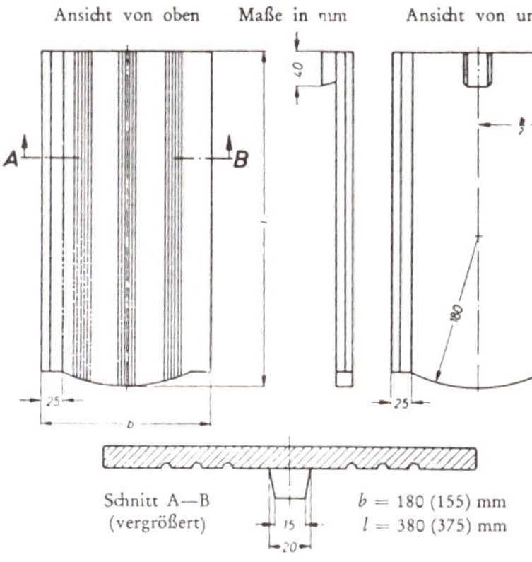

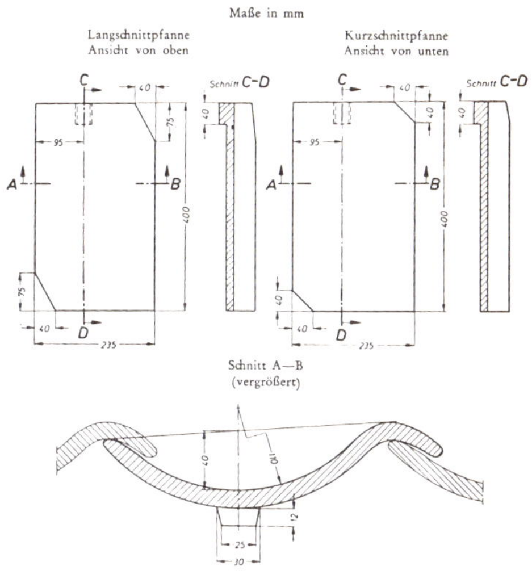

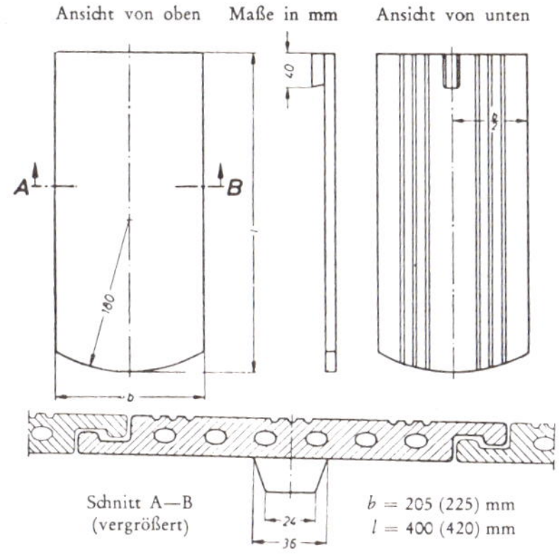

Biberschwanzziegel (oben links)
Hohlpfanne (oben rechts)
Strangfalzziegel (links)

Abb. 4.32: Strangdachziegel (Maße in mm)

First- und Gratziegel
Ortgangziegel
Kehlziegel
Wandanschlußziegel
Be- und Entlüftungsziegel
Durchlaßziegel
für Dunstrohre und Antennen

Dachneigungen

Die einzelnen Dachziegelarten sind an bestimmte Mindestdachneigungen gebunden. Außerdem ist die Lage des Gebäudes und seiner Dachflächen zu berücksichtigen sowie das örtliche Klima (Niederschlagsmengen).

	Ziegeldächer	Dachneigung
I	Flachdachpfannen	15–18°
II	Falzziegel	25–30°
	Falzpfannen	
	Reformpfannen	
III	Hohlpfannen	30–35°
IV	Biberschwanzziegel	
	Doppeldeckung	30–35°
	Kronendeckung	30–35°

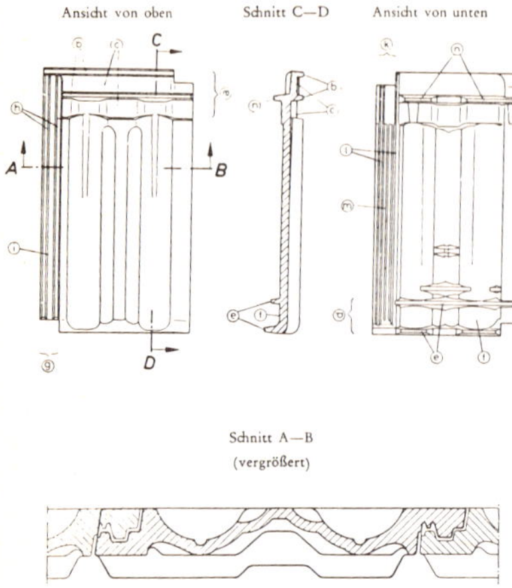

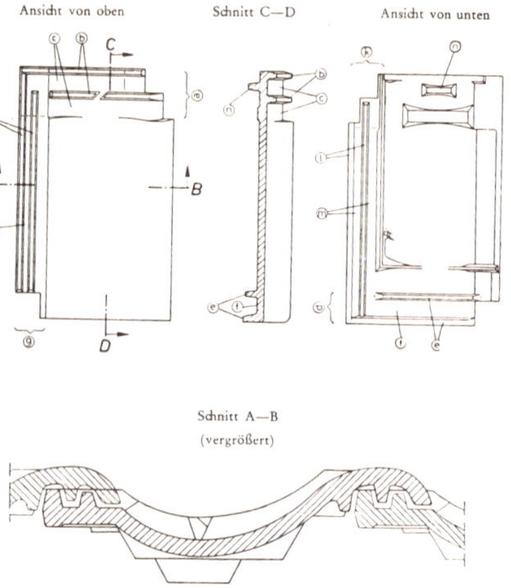

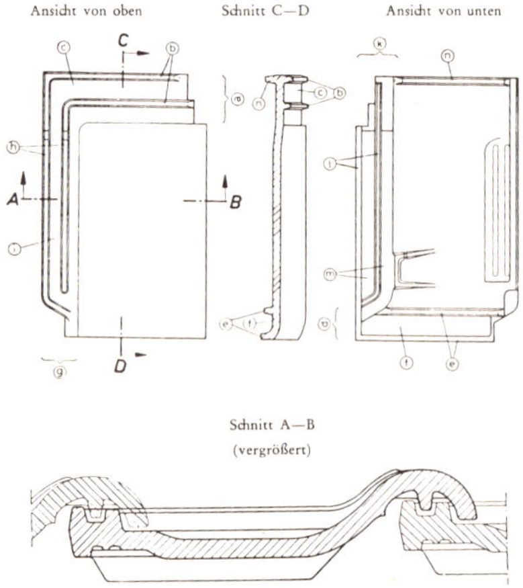

Falzziegel (oben links)
Falzpfanne (oben rechts)
Flachdachpfanne (rechts)

Abb. 4.33: Preßdachziegel (Maße in mm)

Bei Ziegeldächern mit Unterkonstruktion können die Dachneigungen um 5° geringer sein. Bei der Biberschwanzziegel-Doppeldeckung um 0° und bei der Hohlpfannendeckung um 10°.

Güteeigenschaften für Dachziegel der Sorte I:

Wasserundurchlässigkeit. Dachziegel müssen wasserundurchlässig sein. Sie gelten als wasserundurchlässig, wenn bei Prüfung nach DIN 456 ein Tropfenabfall nicht vor drei Stunden eintritt.

Frostbeständigkeit. Das bisherige Prüfverfahren nach DIN 52250 wird neu bearbeitet. Bis zur Einführung eines neuen Prüfverfahrens ist das Verhalten der Ziegel auf dem Dach maßgebend. Dachziegel, die in der Bruchfläche schiefriges Gefüge zeigen, sind in den meisten Fällen frostempfindlich.

Gehalt an ausblühfähigen Salzen. Ausblühfähige Salze, Mergel- und Kalkeinschlüsse sowie andere schädliche Stoffe dürfen nicht in solchen Mengen vorhanden sein, daß hierdurch Schäden entstehen können, durch welche die Regensicherheit der Dachziegel beeinträchtigt wird. Da jedoch der Gehalt an ausblühfähigen Salzen im Ziegel kein sicheres Maß für die Ausblühneigung mit Zerstörungsmöglichkeit gibt, ist eine Prüfung erst vorzunehmen, wenn am Dach Ausblühungen mit Beschädigungen aufgetreten sind.

Tab. 4.16: Tragfähigkeit

Lufttrockene Dachziegel müssen bei Prüfung nach DIN 456 mindestens folgende Tragfähigkeit erreichen:

Dachziegelart	Mittelwert aus 6 Versuchen	Kleinster Einzelwert
Preßdachziegel und Hohlpfanne	1,50 kN	1,20 kN
Biberschwänze und Strangfalzziegel	0,50 kN	0,40 kN

4.1.9 Schornsteinziegel

Radialziegel für freistehende Schornsteine sind nach DIN 1057 genormt. Die jeweiligen für die verschiedenen Schornsteinhalbmesser geeigneten Formate werden in drei unterschiedlichen, durch entsprechende Kerbung gekennzeichneten Größen hergestellt. Schornsteinziegel müssen die für Mauerziegel in DIN 105 bzw. die für Kalksandsteine in DIN 106 festgelegten Eigenschaften aufweisen.

4.1.10 Dränrohre

sind runde Rohre (DIN 1180), unglasiert, ohne Muffen aus kalk- und mergelfreiem Ton mit Strangpressen geformt. Mindestlängen 333 mm, Nennweiten von 40 bis 300 mm. Verwendung für Entwässerung von Wiesen, Mooren u.a.

4.1.11 Kabelschutzhauben

sind Halbrohre (DIN 279) mit hufeisenförmigem Querschnitt, die aus hochwertigem Ton scharf gebrannt wurden.

4.1.12 Drahtziegelgewebe

sind Drahtnetze mit aufgepreßten kreuzförmigen, durch Brennen verfestigten Tonkörperchen. Im Handel als Pliesterstreifen, Bahnen von 5 x 1 m und Geweberahmen. Putzträger für feuerbeständige Ummantelung von Holz und Stahl, Decken, Treppenuntersichten, Trennwänden usw.

4.1.13 Feuerbeständige Steine

haben einen höheren Schmelzpunkt als Mauerziegel und dienen deshalb zum Ausmauern von Feuerungen.

Schamottesteine. Aus feuerbeständigem Ton mit Zusatz von Schamottemehl, d.h. gemahlenem, gebranntem, gleichartigem Ton, bei hoher Temperatur gebrannt. Rost-, Ofen-, Futtersteine und Unterlegplatten für Wärmeröhren dienen zum Ausbau von Öfen und Herden. Die weichen, porigen Sorten sind feuerbeständiger, aber weniger säurebeständig als die festen, dichten.

Silica- und *Dinassteine.* Aus Quarzsand oder zerkleinertem Quarzsandstein mit Quarzmehl und wenig Ton gebrannt. Hochfeuerbeständig. Quarzschamottesteine enthalten außerdem Schamottemehl.

Magnesitsteine. Aus Magnesit ($MgCO_3$), der bei 1500 °C bis zur Sinterung gebrannt wird. Hochfeuerbeständig. Zum Ausfüttern von Schmelzöfen u. dgl.

4.1.14 Steinzeugrohre, -formstücke u.a. Bauteile nach DIN 1230, Teil 1–3 (9. 79)

Die Herstellung aus Steinzeugtonen erfolgt in einem Brennprozeß, der bis zur Sinterung geführt wird. Das Material zeichnet sich aus durch extreme Widerstandsfähigkeit gegen chemische Aggression, hohe Festigkeit und Dichtheit. Die durch Zugabe von Flußmitteln aufgebrachte Spat- oder Salzglasur ist eine Oberflächenvergütung, durch die die hydraulische Leistung und die Verschleißfestigkeit noch gesteigert werden.

Es werden hergestellt: Steinzeugrohre und Formstücke nach DIN 1230, Sohlschalen und Platten zum Auskleiden von Betonkanälen, Futtertröge, Rinnen und Schalen nach DIN 18902 für die Landwirtschaft, kunstgewerbliche und Gebrauchsartikel (Krüge usw.).

Rohre und Formstücke für die Kanalisation werden mit vorgefertigten Dichtungen aus Elastomeren (s. Abschn. 13.3.3) ausgerüstet; als Dichtmaterialien kommen Kautschuk- und Polyurethanelastomere zur Anwendung.

Bezeichnung eines Steinzeugrohres (R) von Nennweite 400, verstärkte Ausführung (V), Baulänge l_1 = 2000 mm, mit Steckmuffe K (l_1 = Regelbaulänge)

Rohr DIN 1230 – R 400 V x 2000 K

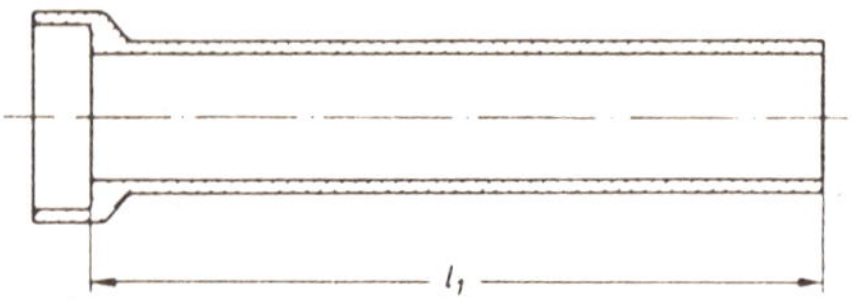

Abb. 4.34: Steinzeugrohr (R)

In der Kanalisation werden Steinzeugrohre meist als Muffenrohre verwendet. Abmessungen, Maße etc. sind in der DIN 1230, Teil 1, genormt.

Rohre und Formstücke mit *fest* mit der Muffe verbundenem oder mit *losem* Dichtelement. Steinzeugrohre werden meist als Muffenrohre für die Kanalisation verwendet. Die Rohre und Bauteile werden in der Regelausführung (N = Normalwanddicke) und in verstärkter Ausführung (V) geliefert. Die Nennweiten DN liegen zwischen 100 und 1000 mm und darüber.

Die Baulängen staffeln sich in Abhängigkeit von den Nennweiten. Die Dichtungen werden vom Rohrhersteller mit-

Rohre und Formstücke mit fest mit der Muffe verbundenem oder mit losem Dichtelement; a = Spitzende; b = Muffenende

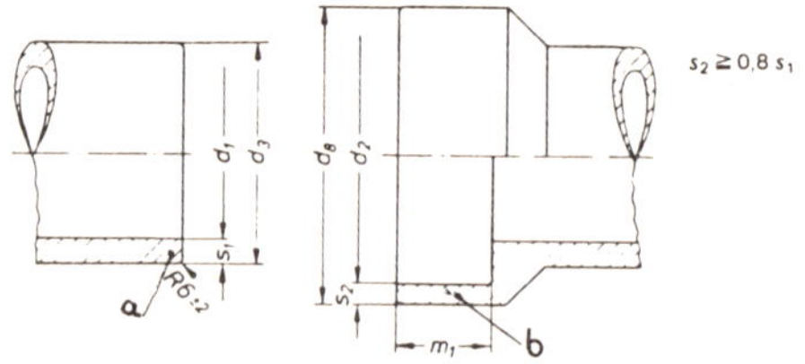

Abb. 4.35: Steckmuffe

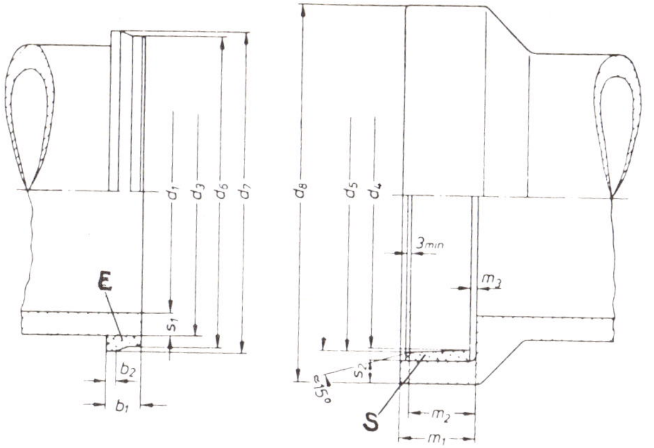

Abb. 4.36: Rohre mit Steckmuffe K

geliefert. Die Rohrleitungen müssen außer der Dichtheit eine ausreichende Elastizität aufweisen, um eine elastische (biegsame) Verlegung und Verformungen im Gebrauch zu ermöglichen.

Die Wasserdichtheit muß sichergestellt sein bei gleichzeitiger Wirkung von Scherkräften in der Rohrverbindung (DIN 4060). Chemische Beständigkeit der Rohrverbindungen und chemische Beständigkeit der Materialarten sind erforderlich sowie Temperaturwechsel- und Alterungsbeständigkeit.

Rohre mit fest mit der Muffe verbundenem Dichtelement (Steckmuffe) *(Abb. 4.35)*. Das Spitzende muß frei bleiben. Bei Rohren mit losem Dichtelement – Dichtringe aus Elastomeren nach DIN 4060, Teil 1 – sollen die Dichtringe vom Herstellerwerk der Rohre mitgeliefert werden.

Rohre mit Steckmuffe K *(Abb. 4.36)*. Das Dichtelement in der Muffe besteht aus *starrem* Ausgleichsmaterial (S), das am Spitzende aus *elastischem* Dicht- und Ausgleichsmaterial (E). (Die Steckmuffe K besteht aus zwei Dichtelementen, die am Spitzende des Rohres und in der Muffe eingebaut werden.)

Rohre mit *losem* Dichtelement (Dichtringe aus Elastomeren nach DIN 4060, Teil 1). Die Dichtringe sollen vom Herstellerwerk der Rohre mitgeliefert werden.

Steinzeug-Bogen (B) 15°, 30°, 45° und 90°

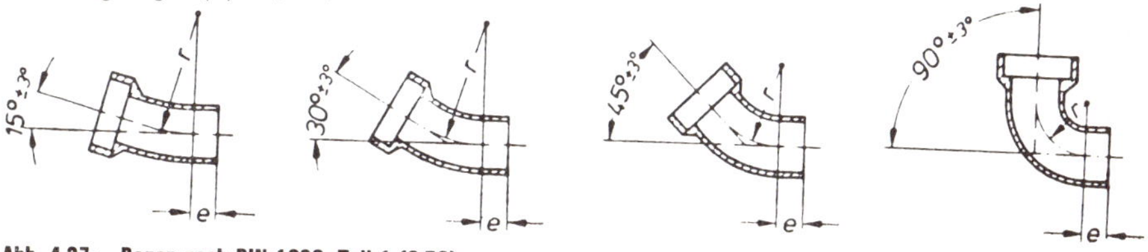

Abb. 4.37: Bogen nach DIN 1230, Teil 1 (9.79)

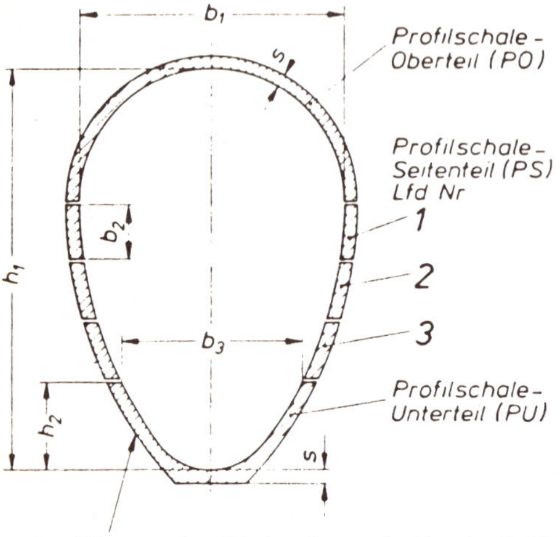

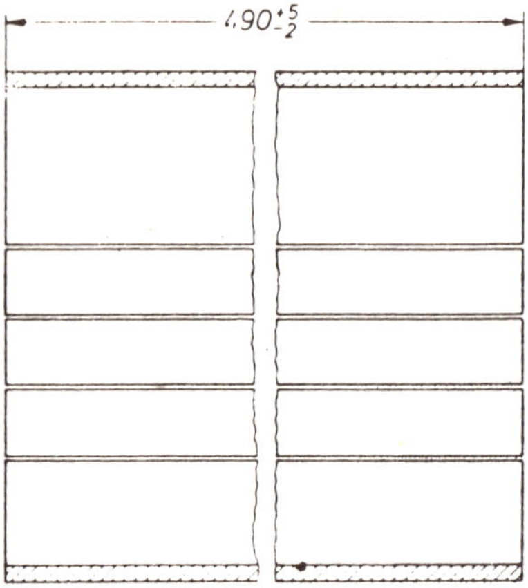

Dargestellt für Eiformkanal 1200 mm × 1800 mm
Bezeichnung eines Steinzeug-Profilschalen-Oberteiles (Stz – PO) für Eiformkanal 1200 mm × 1800 mm:
Profilschale DIN 1230 – Stz – PO – 1200 × 1800
Bezeichnung eines Steinzeug-Profilschalen-Seitenteiles (Stz – PS), lfd. Nr. 1, für Eiformkanal 1200 mm × 1800 mm:
Profilschale DIN 1230 – Stz – PS1 – 1200 × 1800
Bezeichnung eines Steinzeug-Profilschalen-Unterteiles (Stz – PU) für Eiformkanal 1200 mm × 1800 mm:
Profilschale DIN 1230 – Stz – PU – 1200 × 1800

Abb. 4.38: Profilschalen für Eiformkanäle

Für Rohre der Hausentwässerung (bis DN 200) wird die Steckmuffe (L) als Lippendichtring schon im Werk in die Muffe fest eingebaut.

4.1.15 Fliesen

Begriffe:

I. *Feinkeramik-Fliesen*
   a) Steingut
   b) Steinzeug

II. *Grobkeramik-Fliesen*
   a) Bodenklinkerplatten
   b) Spaltplatten
   c) Ziegel- und Klinkerriemchen

Feinkeramische Fliesen und Platten, die aus Ton, Kaolin, feingemahlenem Quarzsand, Kreide und anderen Rohstoffen mit einer Korngröße unter 0,1 mm mit Wasser aufbereitet werden, sind unter hohem Druck in Stahlformen gepreßt und nach sorgfältigem Trocknen bei über 1000 °C gebrannt. Nach diesem ersten Brand (Biskuitbrand), bei dem keine Sinterung erfolgt ist, erhält man einen Scherben mit einem Porenanteil zwischen 20 bis 30 %. Auf diesen porösen Scherben wird eine Glasurmasse aufgetragen, die in einem zweiten Brand (Glattbrand) zum Schmelzen gebracht wird.

Feinkeramische Fliesen mit *hoher* Wasseraufnahme sind gekennzeichnet durch einen feinkörnigen Scherben mit einer Wasseraufnahme von mehr als 10 Gew.-% und mit einer in einem zweiten Brand (Glattbrand) aufgebrachten Glasur.

Glasierte feinkeramische Fliesen mit *hoher* Wasseraufnahme sind geeignet zur Herstellung von hygienischen, feuchtigkeitsbeständigen, widerstandsfähigen, leicht zu reinigenden und zu desinfizierenden Belägen im Innenbereich von Bauten ohne Frostbeanspruchung.

Diese Fliesen werden nach Vornorm DIN 18155, Teil 1 (3. 76), bezeichnet als:

„Steingutfliesen" (STG).

Feinkeramische Fliesen mit *niedriger* Wasseraufnahme sind gekennzeichnet durch einen feinkörnigen, kristallinen, dichtgesinterten Scherben mit höchstens 2 Gew.-% Wasseraufnahme, durch Frostbeständigkeit und chem. Widerstandsfähigkeit.

Diese Fliesen werden nach Vornorm DIN 18155 bezeichnet als:

„Steinzeugfliesen" (unglasiert STZ – UGL, glasiert STZ – GL).

Sie sind geeignet zur Herstellung von feuchtigkeitsbeständigen, wasserabweisenden und gegen mechanische und chemische Beanspruchungen widerstandsfähigen sowie witterungs- und frostbeständigen Belägen im Innen- und Außenbereich von Bauten und Behälterauskleidungen.

4.1.16 Verlegen und Ansetzen von Fliesen und Platten

Bei waagerechten Flächen (Fußböden) spricht man von *Verlegen*, bei senkrechten Flächen (Wänden) von *Ansetzen*.

Ansetzen sowie Verlegen von Fliesen oder Platten können sowohl in dem herkömmlichen Mörtelbett-(Dickbett-)verfahren, als auch in dem moderneren Klebe-(Dünnbett-)verfahren erfolgen.

Dünnbett-Verfahren

Das Dünnbett hat nur eine Dicke von 2 bis 4 mm, so daß ein ebener Untergrund vorhanden sein muß sowie ebenflächige Platten von gleichmäßiger Dicke. Die Art des Klebers muß sich nach der Art des Untergrundes richten. Der Kleber wird mit einem Kammspachtel auf den Untergrund (Boden- oder Wandfläche) oder auf die Rückseite der Fliesen aufgetragen. Durch Anpressen, Anklopfen oder Zurechtschieben werden die Fliesen unter Druck mit dem Untergrund fest verbunden.

Auch hydraulische Klebemörtel finden als Dünnbettmörtel Verwendung. Dieser besteht aus Zement und Sand zu etwa gleichen Teilen und 1 bis 2% Kunststoffzusatz, der den frischen Mörtel geschmeidiger macht und vorzeitiges Austrocknen verhindert.

Dickbett-Verfahren

Beim Verlegen von Bodenfliesen muß der Untergrund fest sein und von Sand und sonstigen Mörtelresten gut gesäubert und angenäßt werden. Bei stark saugendem Untergrund ist es erforderlich, einen Spritzbewurf aus Zementmörtel 1:3 aufzubringen. Die Verlegung erfolgt in einem plastischen Zementmörtel 1:5, dessen Dicke nicht größer als 20 mm sein soll. Die maximale Sandkorngröße soll 3 mm nicht überschreiten. Fugen mit Zementbrei ausfüllen. Nach dem Verlegen den Boden reinigen und mit Nadelholzsägemehl abreiben.

Bodenfliesen

Boden- oder *Steinzeugfliesen* sind so dicht gesintert, daß sie wenig Wasser aufnehmen; sie bestehen aus einem nicht mehr saugenden feinkörnigen Scherben, sind hart, frost- und säurebeständig und nützen sich kaum ab. Sie werden hergestellt als glatte Bodenfliesen (einfarbig und mehrfarbig), als Bodenfliesen mit gerillter, genarbter, gekörnter u.a. Oberfläche (Gleitsicherheit), als Kleinmosaik aus kleinen, glatten Bodenfliesen und als Sockel oder Hohlkehlsockel, die nur zu den jeweiligen Bodenfliesen passen.

Wandfliesen

Wand- oder *Steingutfliesen* (früher Wandkacheln) bestehen aus einem weißen oder elfenbein bis gelb getönten, feinkörnigen, porigen und deshalb wassersaugenden Scherben mit einer im zweiten Brande aufgeschmolzenen ungefärbten oder gefärbten Glasur. Man unterscheidet: weiße, Elfenbein- und Industriewandfliesen; Majolika-Wandfliesen in beliebigen Farben, glänzend, matt, halbmatt, mit glatter oder auch gewellter Oberfläche; frost- und säurebeständige Wandfliesen mit Scherben geringer Porigkeit.

Die Wandfliesen dürfen beim Versetzen weder zu naß noch zu trocken sein; sie enthalten die richtige Wassermenge, wenn sie mehrere Stunden ins Wasser gelegt und etwa 1 Stunde vor dem Ansetzen wieder zum Abtropfen herausgeholt werden. *Frostsichere Wandfliesen mit gesintertem Scherben dürfen nicht getaucht werden.*

Da die Glasuren bleihaltig sind, darf zum Ansetzen der Platten kein Mörtel verwendet werden, in dem Sulfide enthalten sind, weil sonst das in der Glasur enthaltene Blei in schwarzes Bleisulfid verwandelt würde und die Platten häßliche Verfärbungen bekämen. Hochofenzement und Schlackensande sind deshalb nicht zu verwenden. Zum Ansetzen wird ein Zementmörtel (1:5) verwendet; da ein mit reinem Sand hergestellter Zementmörtel nicht geschmeidig genug ist, wird dem Mörtel etwas Lehm zugesetzt oder ein lehmhaltiger Sand verwendet. Die Festigkeit reicht trotz des Lehmgehaltes vollkommen aus. Kalk darf nach *Diekmann* (Kleine Baustofflehre) nicht zugesetzt werden. Zum Ausfugen nimmt man am besten weißen Portlandzement. Marmorgips darf nur dann verwendet werden, wenn keine Feuchtigkeit an die Platten gelangen kann.

4.1.17 Porzellanerzeugnisse

Porzellan ist ein Sammelbegriff für alle feinkeramischen Erzeugnisse ohne oder mit Beglasung (Porzellanwaschbecken, Heizkörper u.a.).

Glasuren sind aufgebrannte dünne Überzüge aus Glasgrundstoffen (Kaolin, Feldspatmehl, Quarzmehl, Glasmehl u.a.). Zur Färbung der Glasur und zugleich als Schmelzmittel werden Metalloxide zugesetzt. Rißfreiheit der Glasur ist nur dann gewährleistet, wenn diese den gleichen Wärmeausdehnungskoeffizienten hat wie die Scherben. Alle Glasuren, die außen verwendet werden oder mit Salzlaugen oder Säuren in Berührung kommen, müssen rißfrei sein. Haarrisse kann man bei hellen Glasuren durch Überstreichen mit einer Methylenblau-Lösung, bei dunklen Glasuren durch Überpudern mit Kreidestaub sehr gut sichtbar machen. Glasur darf beim Stoß mit einem 0,5-kg-Gewicht nicht abspringen.

Die Güte einer Glasur wird durch die Säureprobe festgestellt. Zu diesem Zweck werden einige gut entfettete Scherben in eine abgedichtete Glasglocke gehängt, in der sich eine Schale mit rauchender Salpetersäure befindet. Nach 24stündiger Einwirkung des Säuredampfes werden die Scherben herausgenommen. Nach Verdunstung des auf der Glasur befindlichen Säurehauches darf der Glasurglanz nicht abgenommen haben, keinesfalls jedoch darf ein weißer Beschlag auftreten.

4.2 Kalksandsteine

(genormt nach DIN 106, Teile 1 und 2, Ausgabe Sept./Nov. 1980)

Allgemeines und Herstellung

Kalksandsteine (KS-Steine) werden unterschieden als Voll-, Loch-, Block- und Hohlblocksteine. KS-Steine, die als Hintermauerwerk verwendet werden, sind in dem Teil 1 der DIN 106 und die als Vormauersteine oder Verblender verwendet werden, sind in dem Teil 2 der DIN 106 genormt.

Für die Steinherstellung der KS-Steine werden etwa 92 Masse-% eines meist hochprozentig kieselsäurehaltigen Natursandes mit 8 Masse-% gemahlenen ungelöschten Branntkalk verwendet. Diese beiden Ausgangsstoffe werden, mit Wasser innig gemischt, einem Reaktor zugeführt, in dem der Branntkalk zu Kalkhydrat in Gegenwart des Sandes in mehreren Stunden ablöscht. Nach nochmaligem innigen Mischen und Einstellen der gewünschten Preßfeuchte der Rohmasse wird diese in modernen mechanischen oder hydraulischen Pressen mit Preßdrucken bis 40 N/mm^2 zu den gewünschten Rohlingen als Voll- oder Lochstein bzw. Block- oder Hohlblockstein geformt. Diese Rohlinge haben bereits die Form und Abmessungen der endgültigen Steine. Die Rohlinge werden voll mechanisiert, meist elektronisch gesteuert, neben- und übereinander selbsttragend gestapelt auf Loren, die ihrerseits dann wiederum vollautomatisch in die Härtekessel verfahren werden. Die Leistung einer Presse beträgt je nach Format 8 bis 16 m^3 Steine pro Stunde.

In den Härtekesseln (Autoklaven) werden die Rohlinge einer Sattdampfatmosphäre bei meist 16 bar Überdruck entsprechend 202 °C bei Sattdampf für vier bis acht Stunden ausgesetzt. Hier vollzieht sich die eigentliche Reaktion zur Verfestigung der Steine. In dem basischen wäßrigen Medium bei rund 200 °C geht Kieselsäure aus dem Zuschlag in Lösung und reagiert mit dem Kalkhydrat zu Calciumhydrosilikat, der hochfesten Matrix in dem Kalksandstein gemäß

$$SiO_2 + Ca(OH)_2 + H_2O \xrightarrow[\text{Sattdampf}]{200\ °C} [(CaO)_x \cdot (SiO_2)_y \cdot (H_2O)_z]$$

Nach Abschluß der Reaktion in meist vier bis fünf Stunden werden die Härtekessel druckentlastet, die Loren mit den fertigen Steinen aus den Kesseln ausgezogen und die Steine für den Versand vorbereitet.

Der Versand kann erfolgen:

- ▷ als lose Verladung auf Lkw (meist früher üblich);
- ▷ als gestapelte tarafrei zu liefernde Ware auf einem Spezial-Lkw mit eigenem Absetzgerät;
- ▷ als stahlbandpaketierte Ware ohne oder mit Palette;
- ▷ als schrumpffolienverpackte Ware, meist auf Palette.

Der gesamte vollmechanisierte und -automatisierte Prozeß der Kalksandsteinfertigung von der Sandgewinnung bis zur Versandbereitschaft dauert neun bis zwölf Stunden.

4.2.1 Begriff

Kalksandsteine werden aus Kalk und kieselsäurehaltigen Zuschlägen hergestellt, nach innigem Mischen verdichtet, geformt und unter Dampfdruck gehärtet. Die Zuschlagarten sollen DIN 4226, Teil 1, entsprechen. Die Verwendung von Zuschlagarten nach DIN 4226, Teil 2, ist zulässig, soweit hierdurch die Eigenschaften der KS-Steine nicht ungünstig beeinflußt werden. Die Beigabe von Wirkstoffen und Farbstoffen ist zulässig.

Kalksandvormauersteine müssen die Anforderungen der Druckfestigkeitsklasse 12 erfüllen und sich bei der

Tab. 4.17: Grifföffnungen und Löcher in Kalksandsteinen nach DIN 106

Sp.	1	2	3	4	5	6	7		
Zeile	Steinart	Grifföffnung (≦ 50 cm²) Randabstand ≧ 50 mm	Gesamtquerschnitt Grifföffnung + Lochung	Querschnitt der Einzellöcher	Dicke der Abdeckung und Fläche des Durchstoßes	Anordnung der Löcher	Anordnung der Lochreihen senkrecht zur Wandebene bei KSL- und HbL-Steinen		
							Steinbreite (Wanddicke) mm	Lochreihen	BM Wo-Bescheid W 7 / 80
1	Vollstein	≦ 2 DF: keine Anforderung;	≦ 15 %	≦ 20 cm²	keine Anforderung	Zeile 1 u. 3: gleichmäßig verteilt; Zeile 2 u. 4: gleichmäßig verteilt u. versetzt	≦ 175 240 300 365 490	≧ 3 ≧ 4 ≧ 5 ≧ 6 ≧ 7	2 3 ≧ 3 ≧ 4 ≧ 5
2	Lochstein	> 2 DF: ≧ 1 Gr.-Ö;	> 15 %	schwach konisch verjüngt	Deckeldicke ≦ 5 mm; zulässiger Durchstoß ≦ 2,5 cm²/Loch				
3	Blockstein		≦ 15 %						
4	Hohlblockstein	≦ 5 DF: mindestens ≧ 2 Gr.-Ö	> 15 %						

Tab. 4.18: Abhängigkeit der Höhenmaße von Kalksandsteinen nach DIN 106

Mauerwerksrichtmaß (mm)

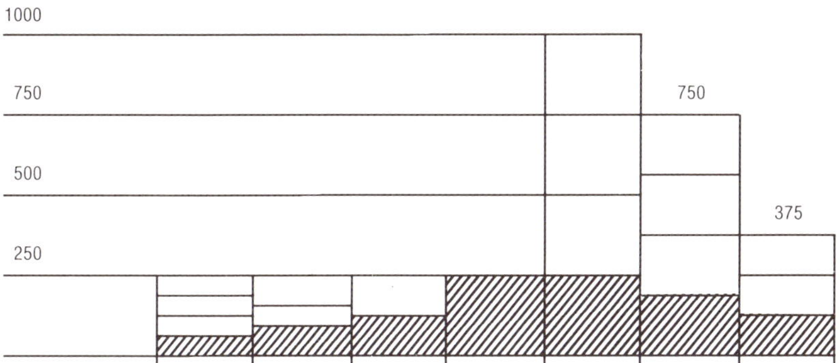

Steinhöhe	52	71	113	238	238	175	113	
Schichthöhe	62,5	83,3	125	250	250	187,5	125	mm

25fachen Frost-Tau-Wechselbeanspruchung des Frostversuches nach DIN 106 als frostbeständig erweisen.

Kalksandverblender müssen die Anforderungen der Festigkeitsklasse 20 erfüllen und sich bei 50facher Frost-Tau-Wechselbeanspruchung als frostbeständig erweisen. Für die Verblender gelten schärfere Anforderungen hinsichtlich der Maßtoleranzen. Für ihre Herstellung werden besonders ausgewählte Rohstoffe verwendet.

4.2.2 Anwendung

Kalksandsteine werden für tragendes und nichttragendes Mauerwerk verwendet, vorwiegend zur Erstellung von Außen- und Innenwänden. Hierbei gilt für tragende Wände DIN 1053, Teil 1, Ausgabe 1974, für nichttragende Trennwände DIN 4103, Ausgabe Juni 1950 bzw. deren in Vorbereitung befindliche Neuausgaben.

KS-Vormauersteine und KS-Verblender sind für Sichtmauerwerk bestimmt, an das Anforderungen nach Frostbeständigkeit gestellt werden. Mauerwerk aus KS-Vormauersteinen und KS-Verblendern kann naturfarbig belassen werden. Dann wird es zweckmäßig nur mit einer farblosen Imprägnierung behandelt. Es kann auch farbdeckend gestrichen werden. Wesentlich ist dabei eine gute Haftung der Farbe am Untergrund und eine

Tab. 4.19: Kalksandsteine, Maße (mm) nach DIN 106

		Länge[1][2]	Breite[1][2]	Höhe[1][2]
Vor- und Hintermauersteine	Verblender		115	52
		240	175	71
		300	240	113
		365	300	175
		490	365	238
			490	

[1]) Steine mit Mörteltaschen + 8 mm

[2]) KS-Vormauersteine und Verblender für nichttragende Verblendschalen:

Länge:	190	≦	290 mm
Breite:	90	≦	115 mm
Höhe:	40	≦	113 mm

gute Dampfdiffusionsfähigkeit des Anstrichs, der das natürliche feuchtigkeitstechnische Verhalten des Kalksandsteins hinsichtlich seiner Dampfdiffusionsfähigkeit nicht behindern soll.

4.2.3 Steinarten

Kalksandvoll- und -lochsteine mit Steinhöhen ≦ 113 mm unterscheiden sich hinsichtlich des zulässigen Lochflächenanteils einschließlich der Lochung durch Grifföffnungen. Bei Vollsteinen darf der Lochflächenanteil einschließlich Grifföffnungen, gemessen an der Bodenfläche (untere Lagerfläche), 15 % nicht übersteigen. Kalksandlochsteine sind fünfseitig geschlossen, abgesehen von durchgehenden Grifföffnungen mit einer Lochung senkrecht zur Lagerfläche.

Kalksandblock- und -hohlblocksteine sind Steine mit Steinhöhen > 113 mm. Für die Unterscheidung als Block- und Hohlblocksteine sowie die Charakterisierung der Lochung gelten die gleichen Kriterien wie für die KS-Voll- und -Lochsteine.

Griffhilfen sollen bei allen Steinen ≧ 2 DF angebracht werden. Griffhilfen dürfen auch als Grifftaschen in die Mörteltaschen einbezogen werden.

Mörteltaschen dürfen an Steinen angebracht werden. Sie sollen 15 mm tief sein und, gemessen an der Steinoberfläche, mindestens etwa über die halbe Steinbreite reichen. Bei einseitiger An-

Tab. 4.20: Zulässige Meßabweichungen (mm) von Kalksandsteinen nach DIN 106

	KS-Hintermauersteine	KS-Vormauersteine	Verblender
Einzelwerte	± 3	± 3	± 2
Mittelwerte	± 2	± 2	± 1
Ausnahmen			
Höhenmaß bei Steinen ≧ 2 DF			
Einzelwerte	± 4	± 4	–
Mittelwerte	± 3	± 3	–
Bei Steinen mit strukturierter(n) Oberfläche(n) senkrecht zu dieser(n)			
Einzelwerte	–	– 5	– 5
Mittelwerte	–	– 4	– 4

Tab. 4.21: Rohdichteklassen von Kalksandsteinen nach DIN 106

Verwendungszweck		Rohdichteklasse	Mittelwert der Stein-Rohdichte kg/dm³	Einzelwerte kg/dm³
Hintermauersteine		0,6	0,51 bis 0,60	
		0,7	0,61 bis 0,70	
		0,8	0,71 bis 0,80	
		0,9	0,81 bis 0,90	
	Vormauersteine und Verblender	1,0	0,91 bis 1,00	
		1,2	1,01 bis 1,20	± 0,1
		1,4	1,21 bis 1,40	
		1,6	1,41 bis 1,60	
		1,8	1,61 bis 1,80	
		2,0	1,81 bis 2,00	
		2,2	2,01 bis 2,20	

bringung nur an einer Stirnfläche des Steines soll ihre Tiefe 30 mm betragen.

Die detaillierte *Bemessung der Grifföffnungen und Lochung* zeigt *Tab. 4.17.* Sie gilt gleichermaßen für die Hintermauersteine und für die Vormauersteine und Verblender. Letztere werden nur als Voll- und Lochsteine hergestellt.

Bei *verminderter Lochreihenzahl* gemäß Spalte 8 der Tabelle gilt unabhängig von der Steinrohdichte für die Rohdichteklassen 1,0 bis 1,4 gemäß Bescheid des Bundesministers für Wohnungsbau die Wärmeleitzahl 0,77 W/m K anstelle der Werte in DIN 4108.

Maße und zulässige Maßabweichungen

Die Längen-, Breiten- und Höhenmaße für Kalksandsteine zeigt die *Tab. 4.19.* Sie können beliebig miteinander kombiniert werden und entsprechen der DIN 4172, Maßordnung im Hochbau. Ergänzungswerte mit abweichenden Maßen, z. B. für Ergänzungssteine, sind zulässig, wenn sie DIN 4172 entsprechen.

Die Fußnote 2 der *Tab. 4.19* gilt insbesondere für Schmuckformate zur Herstellung von nichttragenden Verblendschalen und für Steine mit aus gestalterischen Gründen strukturierter Oberfläche.

Die zulässigen Abweichungen der Maße zeigt *Tab. 4.20.* In *Tab. 4.18* ist die gegenseitige Abhängigkeit der Steinhöhenmaße bei Vermauerung nach DIN 1053 dargestellt.

Tab. 4.22: Formfaktoren in Abhängigkeit von der Probekörperhöhe von Kalksandsteinen nach DIN 106

$$\beta_{PR} = F/A = \frac{\text{Höchstkraft}}{\text{Fläche}} \qquad \beta_{ST} = \beta_{PR} \times f = \frac{\text{Druckfestigkeit}}{\text{des Probekörpers}} \times \text{Formfaktor}$$

Probekörperhöhe mm	Formfaktor f[2]
113[1]	1,0
175	1,1
238	1,2

[1]) bei DF 104 mm; bei NF 142 mm

[2]) gilt nur für Steine mit Druckfestigkeiten $\beta_{PR} \geqq 6$ N/mm²

Tab. 4.23: Druckfestigkeitklassen von Kalksandsteinen nach DIN 106

Verwendungszweck	Druckfestigkeitsklasse	Anforderungen an die Druckfestigkeit N/mm² Mittelwert	Kleinster Einzelwert
Hintermauersteine	4	5,0	4,0
Hintermauersteine	6	7,5	6,0
Hintermauersteine	8	10,0	8,0
Hintermauersteine, Vormauersteine	12	15,0	12,0
Hintermauersteine, Vormauersteine, Verblender	20	25,0	20,0
Hintermauersteine, Vormauersteine, Verblender	28	35,0	28,0
Hintermauersteine, Vormauersteine, Verblender	36	45,0	36,0
Hintermauersteine, Vormauersteine, Verblender	48	60,0	48,0
Hintermauersteine, Vormauersteine, Verblender	60	75,0	60,0

Steinrohdichten

KS-Steine werden hergestellt in den Rohdichteklassen 0,6 bis 2,2. Die Rohdichteklassen 0,6 bis 0,9 sind neu aufgenommen. Sie werden bisher nur von einzelnen Werken praktiziert. Wärmeleitzahlen für diese Rohdichteklassen sind noch nicht in DIN 4108, Teil 4, Wärmeschutz, genormt. Die Wärmeleitfähigkeiten dieser Rohdichteklassen werden bisher stoff- und herstellbetriebsspezifisch von dem BMWo festgelegt und im Bundesanzeiger veröffentlicht.

Steindruckfestigkeiten

Die Druckfestigkeitsanforderungen für die einzelnen Steindruckfestigkeitsklassen zeigt die *Tab. 4.23.* Neu eingeführt sind die Druckfestigkeitsklassen 36, 48, 60. Da diese noch nicht in DIN 1053 aufgenommen sind, hat der Bundesverband Kalksandsteinindustrie dafür eine „Allgemeine bauaufsichtliche Zulassung" des Instituts für Bautechnik, Berlin. Gleichzeitig ist in der Zulassung auch eine weitere Mörtelgruppe IIIa aufgenommen, die sich von der bisherigen höchsten Mörtelgruppe III durch eine noch höhere Mörtelfestigkeit von 20 statt bisher 10 N/mm² auszeichnet. Die zulässigen Spannungen, die von dem Mauerwerk aufgenommen werden, zeigt die *Tab. 4.24.*

Neu ist auch die Einführung eines Formfaktors für die Druckfestigkeit in Abhängigkeit von der Steinhöhe. Bekannt ist, daß die Druckfestigkeit eines Prüfkörpers abhängt von der Prüfkörperhöhe. Dieser Tatsache wird durch den Formfaktor Rechnung getragen. Dabei müssen zwei Voraussetzungen erfüllt sein:
- Die rein geometrische Abhängigkeit des Festigkeitswertes von der Prüfkörperhöhe muß nachgewiesen sein.
- Die Anwendung des Formfaktors auf die Steindruckfestigkeit darf die ge-

Tab. 4.24: Zulässige Spannungen in N/mm² von Kalksandsteinen nach DIN 106

Steinfestigkeitsklasse	Mörtelgruppe: I	II	IIa	III	IIIa
2	0,3	0,5	0,6	0,6	–
4	0,4	0,7	0,8	1,0	–
6 (+ 8)	0,6	0,9	1,0	1,2	–
12	0,8	1,2	1,4	1,6	–
20	1,0	1,6	1,9	2,2	–
28	–	2,2	2,5	3,0	–
36	–	–	–	3,3	3,5
48	–	–	–	3,6	4,0
60	–	–	–	4,0	4,6

Tab. 4.25: Güteüberwachung von Kalksandsteinen nach DIN 106

Überwachungsart	Eigenschaften	Anzahl der Proben je Format, Rohdichte und Druckfestigkeitsklasse und Fertigungsmaschine	Häufigkeit verteilt über den jeweiligen Prüfzeitraum zu entnehmen
Eigenüberwachung	Steinhöhe	3	täglich
	Masse, Steingewicht, Rohdichte, Druckfestigkeit	6	wöchentlich; mindestens alle 500 m³
Fremdüberwachung	Durchführung und Ergebnisse der Eigenüberwachung		2 x jährlich
	An Stichproben der Produktion: Masse, Rohdichte, Druckfestigkeit, ggf. Frostbeständigkeit	6	

forderte Sicherheit (vgl. DIN 18554) der zulässigen Spannung im Mauerwerk (vgl. DIN 1053) nicht gefährden.

Beide Anforderungen werden von Kalksandsteinen aller Festigkeitsklassen erfüllt und haben in dieser Festlegung der DIN 106 ihren Niederschlag gefunden.

Frostbeständigkeit

Frostbeständigkeitsanforderungen werden an die KS-Vormauersteine und KS-Verblender gestellt. Neu ist die Differenzierung der Frost-Tau-Wechselanzahl bei Vormauersteinen und Verblendern. Die Aussage über das Frostverhalten eines Mauersteines im Mauerwerk durch den Frostversuch gemäß DIN 106 mit 25fachem Frost-Tau-Wechsel gegenüber der natürlichen Beanspruchung eines Steines im Mauerwerk ist nicht immer voll befriedigend (siehe Fußnote zu dem Abschn. Frostbeständigkeit in den früheren Ausgaben der DIN 106). Dieser Tatsache ist die Neufassung der DIN 106 durch die Ein-

Tab. 4.26: Kurzbezeichnungen von Kalksandsteinen nach DIN 106

Format-Kurzzeichen¹)²)	Maße (mm) Länge	Breite	Höhe
1 DF (Dünnformat)	240	115	52
NF (Normalformat)	240	115	71
2 DF	240	115	113
3 DF	240	175	113
4 DF	240	240	113
5 DF	300	240	113
6 DF	365	240	113
8 DF	240	240	238
10 DF	300	240	238
12 DF	365	240	238
15 DF	365	300	238
16 DF	490	240	238
20 DF	490	300	238

¹) Hinter Kurzzeichen Wanddicke angeben
²) Bei nicht aufgeführten Maßkombinationen Länge × Breite (Wanddicke) × Höhe angeben

Tab. 4.27: Frostbeständigkeit von Kalksandsteinen nach DIN 106

Verwendungszweck		Frostbeständigkeit
Hintermauersteine		keine Anforderung
Vormauersteine	frostbeständig	25 F/T-Wechsel
Verblender	frostbeständig	50 F/T-Wechsel

führung eines verschärften Frostprüfverfahrens mit der doppelten Anzahl von Frost-Tau-Wechseln für KS-Verblender gerecht geworden.

Kurzbezeichnungen

Die Kurzbezeichnungen für die verschiedenen Kalksandsteinarten, Eigenschafts- und Formatkombinationen setzen sich wie folgt zusammen:

Angabe der DIN-Norm DIN 106
Angabe der Steinart

▷ Vollsteine und Vollblöcke KS
▷ Lochsteine und Hohlblöcke KSL

Angabe der Druckfestigkeitsklasse, z. B. 12
Angabe der Rohdichteklasse, z. B. 1,8

Angabe des Formats

▷ Für die meistgebräuchlichen Formatkombinationen gibt es Kurzzeichen, s. *Tab. 4.26*.
▷ Hinter dem Kurzzeichen ist, soweit es sich um Steine für Einsteinmauerwerk handelt, die gewünschte Wanddicke anzugeben, z. B. 30 cm.
▷ Bei nicht in der *Tab. 4.26* aufgeführten Maßkombinationen ist das Steinformat durch Zahlenwerte für Länge x Breite x Höhe anzugeben, wobei für Einsteinmauerwerk die Steinbreite die Wanddicke ist, z. B. 300 x 300 x 240.

Bezeichnung als Vormauerstein KS Vm
Bezeichnung als Verblender KS Vb

Güteüberwachung

Die Güteüberwachung der Kalksandsteine erfolgt überwiegend durch den Güteschutz Kalksandstein e. V. Der Güteschutz Kalksandstein e. V. ist durch das Institut für Bautechnik, Berlin, anerkannt und in allen Bundesländern auf dem Erlaßweg eingeführt.

Für die Durchführung der Überwachungstätigkeit gilt die DIN 18200. Die Anzahl der erforderlichen Prüfungen im Rahmen der Eigen- und Fremdüberwachung zeigt die *Tab. 4.25*.

4.2.4 Bauanwendung von Kalksandsteinen

Die bauanwendungstechnischen Anforderungen und die Einordnung von KS-Mauerwerk „ohne besonderen Nachweis" für bestimmte Anforderungen werden vorwiegend in den Bauanwendungsnormen geregelt.

DIN 1053, Teil 1	Mauerwerk, Berechnung und Ausführung
DIN 4103	Leichte Trennwände (zukünftig nichtbelastete Trennwände)

DIN 4108	Wärmeschutz im Hochbau
DIN 4109	Schallschutz
DIN 4102	Brandverhalten von Baustoffen und Bauteilen

4.2.5 Kalksandstein-Sichtmauerwerk

In den letzten Jahren ist immer häufiger auch unverputztes Kalksandstein-Sichtmauerwerk errichtet worden, das in architektonischer Hinsicht als gestaltendes Element seine Qualifikation bewiesen hat.

Kalksandsteine als hochwertige Vormauersteine (KS Vm) und Verblendsteine (KS Vb) für Sicht- und Verblendmauerwerk haben sich seit Jahrzehnten ausgezeichnet bewährt. Sie geben in den verschiedenen Formaten dem Architekten sowohl als weiße als auch als farbige Steine vielseitige Verwendungsmöglichkeiten. Die farbigen Steine sind als Verblender vorwiegend mit Eisenoxidpigmenten, Chromoxidgrün usw. eingefärbt und werden in glatter oder auch strukturierter Oberfläche verwendet.

4.2.6 Anstriche auf Kalksandstein-Sichtmauerwerk

Für Kalksandstein-Sichtmauerwerk, das der Wetterbeanspruchung ausgesetzt ist, müssen frostbeständige KS-Vormauersteine oder KS-Verblender verwendet werden. Es muß vollfugig gemauert sein. Der einwandfreie Haftschluß zwischen Stein und Mörtel ist ausschlaggebend für die Qualität des Sichtmauerwerks. Im Mörtelbett dürfen keine Lunker und Risse erkennbar sein.

An Außenanstriche sind besonders folgende Anforderungen zu stellen:

- ▷ hohe Haftfestigkeit auf dem Untergrund
- ▷ hohe Wasserdampfdurchlässigkeit
- ▷ geringe Wasserdurchlässigkeit

Für Außenanstriche auf Kalksandstein-Mauerwerk sind daher die nachfolgenden Anstrichsysteme geeignet, sofern der Anstrichstoffhersteller die obengenannten Eigenschaften und die Eignung für Kalksandstein-Mauerwerk ausdrücklich zusichert.

Für deckende Anstriche:

- ▷ Dispersionssilicatfarben
- ▷ Kunststoffdispersionsfarben
- ▷ Polymerisatharzfarben (lösungsmittelverdünnbar)
- ▷ Siloxanfarben
- ▷ Siloxanharzfarben

Für farblose Anstriche:

- ▷ Kieselsäure-Imprägniermittel
- ▷ Siliconharzlösungen
- ▷ Silanlösungen
- ▷ Siloxanlösungen

Vom Grundanstrich bis zum Schlußanstrich dürfen nur die Werkstoffe eines Anstrichsystems desselben Herstellers verwendet werden.

4.2.7 Putz auf Kalksandstein-Mauerwerk

Putzhaftung: Die richtige Zusammensetzung der Putzmörtelmischung und sorgfältige Behandlung des Putzuntergrundes sowie die zweckmäßige Putzoberflächenbehandlung sind bei der Putzausführung auf Kalksandstein-Mauerwerk ebenso wie bei sonstigen Mauersteinen von Bedeutung (siehe Abschn. 5).

Um eine einwandfreie Putzhaftung zu erreichen, müssen der Putzgrund von Mörtelresten und Staub befreit, die Steine gut angenäßt werden; außerdem ist vorher erforderlichenfalls ein Zementspritzbewurf im Mischungsverhältnis 1:3 aufzubringen. Dieser Spritzbewurf muß warzenförmig über die Gesamtfläche verteilt sein, um eine ausreichende Oberflächenvergrößerung und somit eine gute Putzhaftung zu erzielen.

4.3 Gasbeton-Blocksteine und Gasbeton-Bauplatten, unbewehrt

4.3.1 Gasbeton-Blocksteine, genormt nach DIN 4165, Ausgabe September 1982

Allgemeines, Begriff und Herstellung

Gasbeton-Blocksteine sind großformatige Vollsteine mit begrenzter Rohdichte. Sie sind genormt in der DIN 4165. Dampfgehärteter Gasbeton ist ein feinporiger Beton, der aus Zement und/oder Kalk und feingemahlenen oder feinkörnigen kieselsäurehaltigen Zuschlägen unter Verwendung von gasbildenden Zusätzen, Wasser und gegebenenfalls Zusatzmitteln hergestellt und in gespanntem Dampf gehärtet wird.

Gasbeton-Blocksteine werden hergestellt aus feinkörnigen oder feingemahlenen Sanden als Zuschlag und feingemahlenem Branntkalk und/oder Zement als Bindemittel, die in genau dosierten Mengen unter Zugabe von Wasser und Aluminium in feinstverteilter Form (als Treibmittel) gemischt werden. Durch eine Reaktion zwischen dem Aluminiumpulver und Kalk entsteht ein Treibgas – Wasserstoff –, das die Masse unter gleichzeitiger Andickung auftreibt zu der geforderten Porosität. Die so entstehende angesteifte Masse kann entschalt werden und wird mit Spezial-Drahtsägen in die gewünschten Steinformate geschnitten. Auf den Lorenböden werden die geschnittenen Rohlinge in Autoklaven verfahren und in diesen, ähnlich wie Kalksandsteine, unter Dampfdruck gehärtet.

Gasbeton-Blocksteine zeichnen sich aus durch ihr geringes Gewicht und eine sehr gute Wärmedämmung. Sie sind leicht zu bearbeiten durch Fräsen, Bohren und Nageln.

Anwendung

Gasbeton-Blocksteine werden für tragendes und nichttragendes Mauerwerk verwendet, vorwiegend zur Erstellung von Außenwänden und Innenwänden nach DIN 1053, Teil 1, Ausgabe 1974, und für nichttragende Trennwände nach DIN 4103, Ausgabe Juni 1950 bzw. deren in Vorbereitung befindlichen Neuausgaben. Sie sind besonders auch geeignet für leichte Trennwände nach DIN 1055, Teil 4, Abschn. 4, Ausgabe Juni 1971.

Gasbeton-Blockstein-Mauerwerk bedarf bei der Verwendung für Außenwände eines Außenputzes nach DIN 18550 oder eines anderen Wetterschutzes.

Formen und Maße

Gasbeton-Blocksteine sind rechteckig und ebenflächig. Die Stirnflächen können glatt sein, können aber auch mit Nuten, mit Mörteltaschen oder auch mit Nut und Feder versehen sein.

Die Abmessungen für Länge, Breite und Höhe, die beliebig miteinander gekoppelt werden dürfen, zeigt *Tab. 4.28.*

Tab. 4.28: Maße der Gasbeton-Blocksteine und zulässige Maßabweichungen

Länge[1]) ± 3	Breite ± 3	Höhe ± 3
240	115[2])	
300	175	115
365	240	175
490	300[3])	240
615	365[4])	

[1]) Für Steine mit Mörteltaschen kann und für Steine mit Nut- und Federausbildung muß das Steinmaß in Richtung der Mauerwerkslängsachse um 9 mm erhöht werden.

[2]) Aus produktionstechnischen Gründen auch 120 mm und 125 mm zulässig.

[3]) Gasbeton-Blocksteine dieser Breite, von 615 mm Länge und 240 mm Höhe sind nur in den Rohdichteklassen ≦ 0,6 zulässig.

[4]) Gasbeton-Blocksteine dieser Breite und der Länge von 615 mm sind zulässig:
bei der Höhe von 240 mm und der Rohdichteklasse ≦ 0,5,
bei der Höhe von 175 mm und der Rohdichteklasse ≦ 0,7,
bei der Höhe von 115 mm;
Gasbeton-Blocksteine dieser Breite und der Länge von 490 mm sind zulässig:
bei der Höhe von 240 mm und der Rohdichteklasse ≦ 0,7,
bei der Höhe von 175 mm.

Steinrohdichten und Steindruckfestigkeiten

Bei den Gasbeton-Blocksteinen sind die Steinrohdichteklassen und Steindruckfestigkeitsklassen in bestimmter, begrenzter Form miteinander gekoppelt *(Tab. 4.29)*. Bei den Steindruckfestigkeiten ist darauf hinzuweisen, daß ein zusätzlicher Formfaktor für die Steindruckfestigkeitsbestimmungen eingeführt wurde (vgl. auch bei Kalksandsteinen, Kapitel 4.2.3), der aber nur auf die Festigkeitsklassen G 4 und G 6 angewendet werden darf, s. *Tab. 4.30*.

Kurzbezeichnungen

Die Kurzbezeichnungen für die verschiedenen Gasbeton-Blocksteine setzen sich wie folgt zusammen:

Angabe der DIN-Norm	DIN 4165
Festigkeitsklasse	z. B. 4
Rohdichteklasse	z. B. 0,7
Formatangabe	z. B. 490 x 300 x 240
Angabe der Stirnflächenausbildung (nur wenn nicht glatt),	z. B. mit Nuten z. B. N.

Kennzeichnung

Jeder 10. Gasbeton-Blockstein ist mit der Festigkeitsklasse, der Rohdichteklasse und einem Herstellerkennzeichen zu versehen. Dieses kann durch Prägung erfolgen oder durch Stempelung mit Buchstaben, Ziffern und Zeichen in schwarzer Farbe. Es kann auch eine Farbstempelung erfolgen für Rohdichteklasse und Herstellerkennzeichen, wobei die Farbe die Druckfestigkeitsklasse kennzeichnet:

G 2	grün
G 4	blau
G 6	rot

Bei paketierter Ware genügt es, wenn die Verpackung oder ein im Paket außenliegender Stein gekennzeichnet wird.

Überwachung

Gasbeton-Blocksteine müssen einer Überwachung/Güteüberwachung unterzogen werden, bestehend aus einer Eigenüberwachung und einer Fremdüberwachung (vgl. DIN 18200).

Tab. 4.29: Festigkeitsklasse, Druckfestigkeit, Rohdichteklasse, Rohdichte

Festigkeitsklasse	Druckfestigkeit Mittelwert min. N/mm²	kleinster Einzelwert N/mm²	Rohdichteklasse	mittlere Rohdichte kg/dm³
G 2	2,5	2,0	0,4	0,31 bis 0,40
			0,5	0,41 bis 0,50
G 4	5,0	4,0	0,6	0,51 bis 0,60
			0,7	0,61 bis 0,70
			0,8	0,71 bis 0,80
G 6	7,5	6,0	0,7	0,61 bis 0,70
			0,8	0,71 bis 0,80

Tab. 4.30: Formfaktoren in Abhängigkeit von Festigkeitsklasse und Steinhöhe

Festigkeitsklasse	Steinhöhe mm	Formfaktor f
G 2	alle Höhen	1,0
G 4, G 6	115¹)	1,0
	175	1,1
	240	1,2

¹) auch 120 mm und 125 mm

Tab. 4.31: Maße von in Mörtel zu verlegenden Gasbeton-Bauplatten und zulässige Maßabweichungen

Länge ± 3	Dicke ± 3	Höhe ± 3
490	50	240
615	75	
	100	
	125	
	150	
	175	
	200	

Tab. 4.32: Maße von dünnfugig zu verlegenden Gasbeton-Bauplatten und zulässige Maßabweichungen

Länge ± 1,5	Dicke ± 1,5	Höhe ± 1,5
500	50	250
625	75	500
750	100	625
1000	125	
	150	
	175	
	200	

4.3.2 Gasbeton-Bauplatten, unbewehrt

4.3.2.1 Allgemeines, Begriff und Herstellung

Gasbeton-Bauplatten sind unbewehrte Bauplatten mit begrenzter Rohdichte. Sie sind genormt in DIN 4166, Ausgabe Dezember 1973. Begrifflich und herstellungsmäßig entsprechen sie den Blocksteinen aus Gasbeton (siehe Abschn. 4.3).

Anwendung

Gasbeton-Bauplatten werden verwendet für nichttragendes Mauerwerk, insbesondere für leichte Trennwände. Ihre Anwendung richtet sich nach DIN 4103, Ausgabe Juni 1950 bzw. deren in Vorbereitung befindlichen Neuausgaben.

Gestalt und Maße

Gasbeton-Bauplatten sollen rechteckig und ebenflächig sein. Sie werden hergestellt in Abmessungen für normalfugiges Mauerwerk mit Fugendicken von rd. 1 cm und für dünnfugig zu verlegendes Mauerwerk mit Fugendicken von rd. 1 mm.

Die Abmessungen und zulässigen Maßabweichungen zeigen die *Tab. 4.31* und *4.32.*

Tab. 4.33: Rohdichteklassen, Rohdichte

Rohdichteklasse	Rohdichte Mittelwert kg/dm³ max.	größter Einzelwert kg/dm³
0,5	0,50	0,55
0,6	0,60	0,65
0,7	0,70	0,75
0,8	0,80	0,85

Rohdichteklassen

Die Rohdichteklassen, die mittleren Rohdichten und die zulässigen größten Einzelwerte zeigt die *Tab. 4.33.*

Festigkeit, Biegefestigkeit

Gasbeton-Bauplatten müssen eine Biegefestigkeit von 0,4 N/mm² aufweisen (zur Sicherstellung der Handhabbarkeit). Druckfestigkeitsanforderungen werden nicht gestellt.

Kurzbezeichnung

Die Kurzbezeichnungen für die verschiedenen Gasbeton-Bauplatten setzen sich wie folgt zusammen:

Angabe der DIN-Norm	DIN 4165
Angabe der Rohdichte	z. B. 0,5
Formatangabe	z. B. 490 x 100 x 240

4.3.3 Gasbeton-Planblocksteine

4.3.3.1 Allgemeines, Begriff und Herstellung

Gasbeton-Planblocksteine dienen dem gleichen Verwendungszweck wie Gasbeton-Blocksteine. Sie unterscheiden sich von diesen durch ihre Abmessungen und zulässigen Maßabweichungen und werden anstatt in normaler Fugendicke von rd. 1 cm dünnfugig mit 1 bis 2 mm Fugendicke zum Mauerwerk verarbeitet.

Gasbeton-Planblockmauerwerk zeichnet sich bei der Verarbeitung durch seine weitaus größere Verarbeitungsgeschwindigkeit und damit seine entsprechend geringeren spezifischen Lohnkosten pro m³ Mauerwerk aus.

Gasbeton-Planblocksteine und das daraus herzustellende Mauerwerk ist noch nicht genormt. Es bestehen jedoch seit rd. einem Jahrzehnt zahlreiche bauaufsichtliche Zulassungen für Gasbeton-Planblocksteine einschließlich des daraus herzustellenden Mauerwerks.

Die Herstellung der Gasbeton-Planblocksteine erfolgt im gleichen Verfahren wie die Herstellung der Gasbeton-Blocksteine.

4.3.3.2 Anforderungen

Die Anforderungen, die an Gasbeton-Planblocksteine gestellt werden, sind

Tab. 4.34: Maße der Planblocksteine und zulässige Maßabweichungen

Länge ± 1,5 mm	Breite ± 1,5 mm	Höhe ± 1,0 mm
374	50	124
499	75	249
	100	
624	125	
	150	
749	175	
	200	
	250	
	300	

weitgehend gleich den Anforderungen, die an Gasbeton-Blocksteine gestellt werden. Sie werden in den jeweiligen bauaufsichtlichen Zulassungen detailliert beschrieben. Unterschiedlich sind sie gegenüber den Gasbeton-Blocksteinen hinsichtlich der Abmessungen und der zulässigen Maßabweichungen.

Eine Übersicht der Maße und zulässigen Maßabweichungen zeigt *Tab. 4.34*. Die Bestimmungen der jeweiligen Zulassung sind zu beachten.

Mauerwerk aus Gasbeton-Planblocksteinen dient den gleichen Verwendungszwecken wie Gasbeton-Blocksteinmauerwerk. Es wird dünnfugig mit für diesen Zweck zugelassenem ,,Dünnbett-Mörtel" errichtet. Die Anwendungsbestimmungen analog den Normen DIN 1053, DIN 4102, DIN 4108, DIN 4109 sind in den einzelnen bauaufsichtlichen Zulassungen enthalten.

4.3.3.3 Oberflächenbehandlung

Die äußeren Wandflächen aus Planblöcken sind in der gleichen Weise wie Mauerwerk aus Gasbetonblöcken zu verputzen.

Da Planblock-Wände bei guter Ausführung besonders eben sind, kann man für innere Wandflächen auch Putzverfahren mit dünnen Putzschichten nach den Vorschriften der Hersteller verwenden. Solche Dünnputze (Dicken bis etwa 5 mm) werden ohne Vorspritzen und Grundieren einlagig aufgetragen und ermöglichen einen schnellen Arbeitsfortschritt sowie Kosteneinsparungen.

4.3.4 Betonsteine

Hierzu rechnet man folgende Bausteine oder Bauteile:

Hüttensteine nach DIN 398

Hüttensteine werden aus Kalk, Schlackenmehl oder Zement, gemischt mit Schlackensand (gekörnter Hochofenschlacke), hergestellt. Die in Formen gepreßten Steine erhärten an der Luft, oder sie werden unter Dampf oder in kohlensäurehaltigen Abgasen gehärtet.

Nach Art und Form unterscheidet man:

Hüttenvollsteine HSV

sind ungelochte Mauersteine, deren Querschnitt durch Lochung senkrecht zur Lagerfläche bis 25 % gemindert sein darf.

Hüttenlochsteine HSL

sind fünfseitig geschlossene Mauersteine mit mehrseitiger Lochung senkrecht zur Lagerfläche.

Hüttenhohlblocksteine HHbl

sind großformatige, fünfseitig geschlossene Mauersteine mit Hohlräumen senkrecht zur Lagerfläche.

Vormauersteine müssen frostbeständig sein.

Frostbeständigkeit

wird gefordert von Hüttensteinen mit den Druckfestigkeiten 35,0 N/mm², 25,0 N/mm² und 15,0 N/mm², wenn diese als Vormauersteine verwendet werden sollen.

Rohdichte

bezieht sich auf das Raummaß einschließlich aller Hohlräume. Die Rohdichte der Hüttensteine ist in sechs Rohdichteklassen aufgegliedert.

Druckfestigkeit

Hüttensteine müssen spätestens 28 Tage nach der Herstellung die in *Tab. 4.35* angegebenen Druckfestigkeiten besitzen.

Kennzeichnung

Hüttensteine (außer Vormauersteine) sind nach ihrer Druckfestigkeit mindestens an jedem 200. Stein durch Farbmarkierung auf der Stirn- oder Längsseite zu kennzeichnen. Ferner ist mindestens jeder 200. Stein mit einem Herstellerkennzeichen zu versehen.

Bezeichnung

Hüttensteine sind in der Reihenfolge Form, Rohdichte, Druckfestigkeit, Format und DIN-Nummer zu bezeichnen.

Bezeichnung eines Hüttenlochsteines (HSL) mit einer Rohdichte von 1,60 kg/dm³, einer Druckfestigkeit von 15,0 MN/m² bzw. 15,0 N/mm² und des Formats 2DF: Hüttenlochstein HSL 1,6 – 15 – 2DF DIN 398.

Hohlblocksteine und T-Hohlsteine aus Beton, mit geschlossenem Gefüge nach DIN 18153

Hohlblocksteine und T-Hohlsteine *(Abb. 4.41)* aus Beton mit geschlossenem Gefüge sind insbesondere für Mauerwerk geeignet, an das bezüglich des Wärmeschutzes keine Anforderungen gestellt werden, z. B. Kellermauerwerk.

Betonhohlsteine sind großformatige, mit Hohlräumen senkrecht zur Lagerfläche versehene, 5seitig geschlossene Mauersteine aus Beton mit vorwiegend geschlossenem oder haufwerksporigem Gefüge aus mineralischen Zuschlagstoffen und hydraulischen Bindemitteln.

Nur Steine, die dieser Norm entsprechen, dürfen Betonhohlsteine nach DIN 18153, Blatt 1, genannt werden.

Rohdichten

Die Einteilung erfolgt nach DIN 18153 in vier Rohdichteklassen:

1,2   1,4   1,6   1,8

Druckfestigkeiten

Hohlblocksteine aus Beton müssen spätestens 28 Tage nach der Herstellung die in *Tab. 4.37* angegebenen Druckfestigkeiten erfüllen.

Tab. 4.35: Druckfestigkeit und Farbmarkierung von Hüttensteinen nach DIN 398

Druckfestigkeitsklasse	Druckfestigkeit N/mm²		Farbzeichen	DIN 398
	Mittelwert	Kleinster Einzelwert		
Hüttensteine	7,5	6,0	rot	HSV
	15,0	12,0	schwarz	HSL
	25,0	20,0	weiß	HHbl
	35,0	28,0	braun	

Tab. 4.36: Maße, Druckfestigkeiten und Gewichte von Hüttensteinen nach DIN 398 (6.76)

Form	Formate	Maße mm l	b	h	Höchstwerte der mittleren Steinrohdichte in kg/dm^3 2,00	1,80	1,60	1,40	1,20	1,00
					obere Werte: Druckfestigkeit (Mittelwerte) in MN/m^2 oder N/mm^2; untere Werte: Gewicht in kg					
Hütten-vollsteine HSV	Dünnformat DF	240	115	52	35,0 25,0 –	35,0 25,0 –	–	–	–	–
					3,0	2,7				
	Normalformat NF	240	115	71	35,0 25,0 15,0	35,0 25,0 15,0	25,0 15,0 –	–	–	–
					4,1	3,7	3,3	–		
	2 DF (=1½ NF)	240	115	113	–	35,0 25,0 15,0	25,0 15,0 –	–	–	–
						5,9	5,3			
	3 DF (=2¼ NF)	240	175	113	–	35,0 25,0 15,0	25,0 15,0 –	–	–	–
						9,0	8,0			
	5 DT (=3¾ NF)	240	300	113	–	35,0 25,0 15,0	25,0 15,0 –	–	–	–
						16,0	14,5			
Hütten-lochsteine HSL	2 DF (=1½ NF)	240	115	113	–	–	– 15,0 7,5	– 15,0 7,5	15,0 7,5	–
							5,3	4,6	4,0	
	3DF (=2¼ NF)	240	175	113	–	–	– 15,0 7,5	– 15,0 7,5	15,0 7,5	–
							8,0	7,0	6,0	
	5 DF (=3¾ NF)	240	300	113	–	–	– 15,0 7,5	– 15,0 7,5	15,0 7,5	–
							13,7	12,0	10,3	
Hütten-hohlblock-steine HHbl	30 a	240	300	238	–	–	– 15,0 7,5	– 15,0 7,5	15,0 7,5	15,0 7,5
							28,9	25,2	21,6	18,0
	30 b	240	300	175	–	–	– 15,0 7,5	– 15,0 7,5	15,0 7,5	15,0 7,5
							21,2	18,5	15,8	13,3
	24 a	365[3])	240	238	–	–	–	–	15,0 7,5	15,0 7,5
									26,7	22,1
	24 b	365[3])	240	175	–	–	–	–	15,0 7,5	15,0 7,5
									19,6	16,4
	17,5	365[3])	175	238	–	–	–	–	15,0 7,5	15,0 7,5
									19,4	16,2

[1]) Gerundet auf eine Stelle nach dem Komma.
[2]) Keine Normforderung, Anhaltswert für Baustellenprüfung.
Die angegebenen Gewichte beziehen sich auf das Trockengewicht + 5 M-% für den Feuchtigkeitsgehalt.
[3]) Mit Aussparungen zum Vermörteln auch 370 mm.

Form und Maße

Hohlblocksteine aus Beton haben die Form eines von Rechtecken begrenzten Körpers *(Abb. 4.40)*.

Die Stirnseiten der Steine können sowohl glatt ausgebildet als auch mit Aussparungen (Stirnnuten) zur Vermörtelung versehen sein *(Abb. 4.40, Bild 1–5)*.

Die Kammern der Steine sind symmetrisch anzuordnen.

T-Hohlsteine müssen der *Abb. 4.41* entsprechen.

Das Anbringen von Griffhilfen ist zulässig.

Die Anzahl der nebeneinander liegenden Kammern ist von der Steinbreite

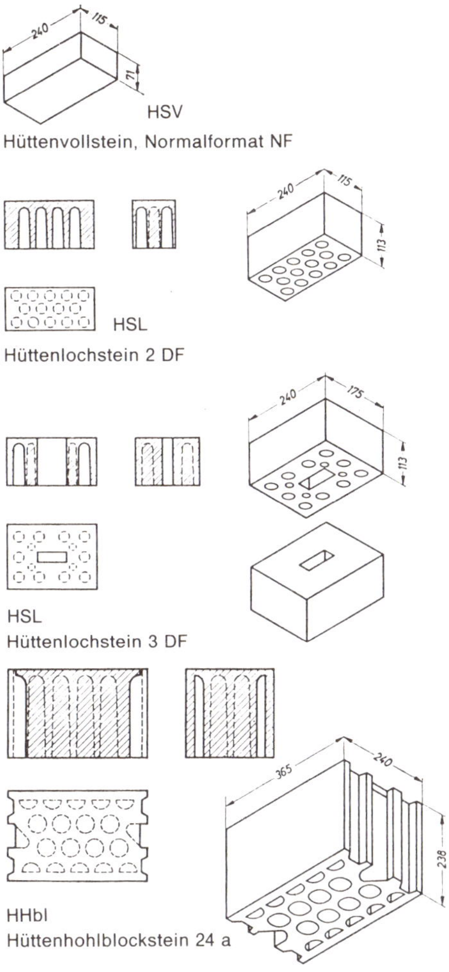

Abb. 4.39: Hüttensteine nach DIN 398, Bild 1–4

abhängig und wird durch die Bezeichnung 1K bis 4K gekennzeichnet.

Die kleinste Stegbreite beträgt 30 mm.

Die obere Kammerabdeckung beträgt 15 mm.

Die Formatkurzzeichen in *Tab. 4.38* geben zuerst die Steinbreite (Wanddicke) an bei einer Steinlänge von 490 mm und einer Steinhöhe von 238 mm.

Eine kürzere Steinlänge wird durch m = 365 und k = 240 mm und eine kleinere Steinhöhe durch x = 175 angegeben.

Bezeichnung

Hohlblocksteine aus Beton (Hbn) sind in der Reihenfolge: Benennung, DIN-Nummer, Anzahl der Kammern in Steinbreite, Festigkeitsklasse, Rohdichteklasse und Maße (Format-Kurzzeichen) zu bezeichnen.

Beispiel: Bezeichnung eines Dreikammer-Hohlblocksteins (3 K) aus Beton der Festigkeitsklasse Hbn 6, der Rohdichteklasse 1,6, der Maße für die Länge = 365 mm, für die Breite = 300 mm, für die Höhe = 238 mm (30):

Hohlblockstein
DIN 18153 – 3K Hbn 6 – 1,6 – 30 m

Tab. 4.37: Druckfestigkeit und Farbmarkierung von Hohlblock-Steinen nach DIN 18153 (Beton)

Druckfestigkeitsklasse	Druckfestigkeit N/mm²		Farbzeichen	DIN 18153
	Mittelwert	Kleinster Einzelwert		
Hbn 4	5,0	4,0	blau	
Hbn 6	7,5	6,0	rot	Hbn
Hbn 12	15,0	12,0	schwarz	

T-Hohlsteine (T) nach DIN 18153

Die angegebenen Stegdicken sind Mindestmaße. Die Anordnung weiterer Innenquerstege ist zulässig. Die zulässigen Abweichungen gelten für den einzelnen T-Hohlstein. Für Ergänzungssteine gilt Fußnote 2.

Bezeichnung eines T-Hohlsteines (T) von Höhe h = 238 mm mit einer Druckfestigkeit entsprechend Kennwert 50 aus Beton mit geschlossenem Gefüge (G) *(Abb. 4.41)*.

Zuschlagstoffe

Es dürfen nur mineralische Zuschlagstoffe nach DIN 4226 verwendet werden.

Tab. 4.38: Maße der Hohlblocksteine Hbn aus Beton nach DIN 18153

Form	Format-Kurzzeichen[1]	Länge l	Breite b	Höhe h
1 KHbn	17,5	490	175	238
und	17,5 x			175
2 KHbn	17,5 m	365		238
	17,5 m x			175
2 KHbn	24	490	240	238
und	24 x			175
3 KHbn	24 m	365		238
und	24 m x			175
4 HKbn	24 K	240		238
	24 K x			175
	30 x	490	300	175
	30 m	365	300	238
	30 m x			175
	30 K	240		238
	30 K x			175
3 KHbn	36,5 m x	365	365	175
und	36,5 K	240		238
4 KHbn	36,5 K x			175

[1]) Die Bezeichnung bezieht sich auf die Wanddicke (175 mm, 240 mm, 300 mm oder 365 mm), die Steinlänge (m = 365 mm [mittel], k = 240 mm [kurz]) und die Steinhöhe (x = 175 mm).

Porige Zuschlagstoffe (z.B. nach DIN 18151) dürfen zugesetzt werden.

Steinrohdichte und Gewicht

Die Steinrohdichte darf höchstens 1,60 kg/dm³ betragen. Das Gewicht der Steine darf 30 kg nicht überschreiten.

Druckfestigkeit

Die Steine müssen 28 Tage nach der Herstellung mindestens die in *Tab. 4.39* angegebenen Druckfestigkeiten besitzen.

Kennzeichnung

Mindestens jeder 30. Betonhohlstein ist auf einer Längsseite durch Nuten oder Farbzeichen deutlich zu kennzeichnen. Sind Steine durch Farbzeichen und Nuten gekennzeichnet, so gilt die Farbkennzeichnung.

a) Kennzeichnung durch Nuten

Bei Druckfestigkeit entsprechend

Kennwert 50: eine 20 mm breite, 5 mm tiefe und mindestens 40 mm lange lotrechte Nut.

Kennwert 75: zwei nebeneinanderliegende 20 mm breite, 5 mm tiefe, mindestens 40 mm lange lotrechte Nuten.

b) Kennzeichnung durch Farbzeichen

Bei Druckfestigkeit entsprechend

Kennwert 50: ein blauer Farbstrich senkrecht zur Lagerfläche des Steines.

Kennwert 75: ein roter Farbstrich senkrecht zur Lagerfläche des Steines.

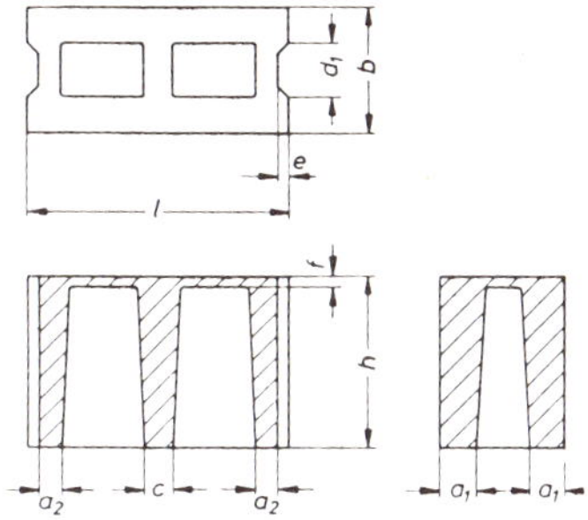

1: Einkammer-Hohlblockstein

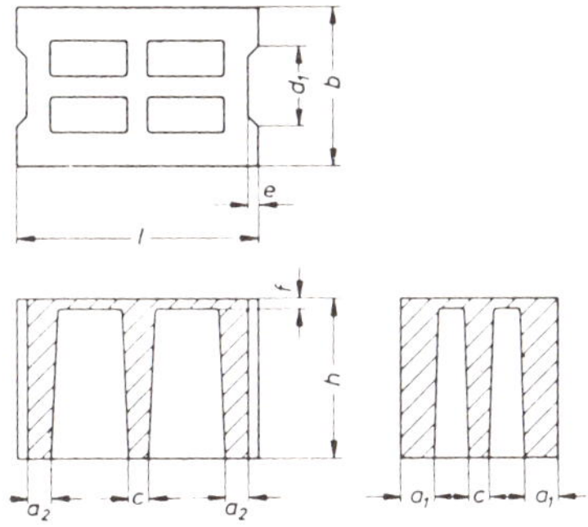

2: Zweikammer-Hohlblockstein

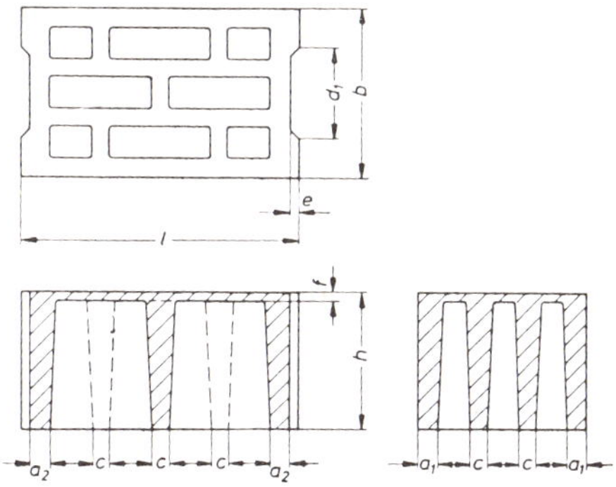

3: Dreikammer-Hohlblockstein

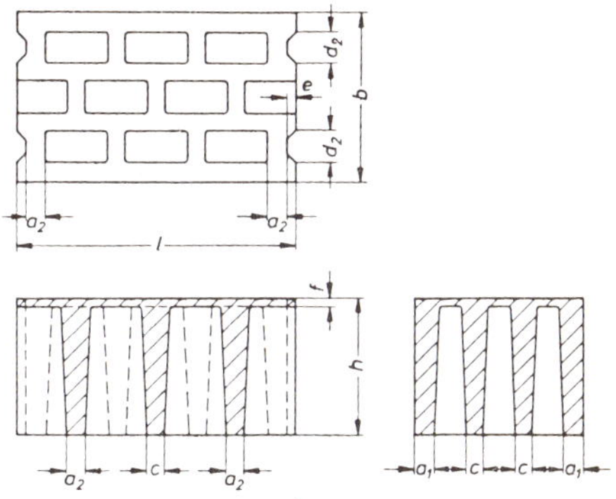

4: Dreikammer-Hohlblockstein mit unterbrochener Stoßfuge

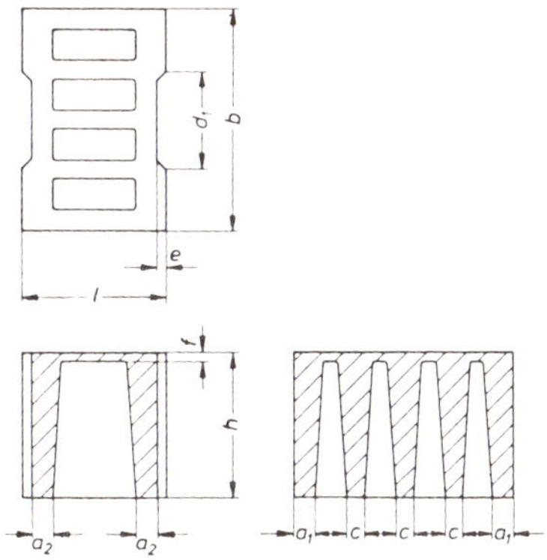

5: Vierkammer-Hohlblockstein

Abb. 4.40: Hbn Hohlblocksteine nach DIN 18153, Bild 1–5

Herstellerkennzeichen

Betonhohlsteine sind mindestens an jedem 30. Stein mit einem Herstellerkennzeichen zu versehen.

Hohlblocksteine aus Leichtbeton (Hbl) nach DIN 18151

Hohlblocksteine aus Leichtbeton Hbl sind großformatige, fünfseitig geschlossene, mit Kammern senkrecht zur La-

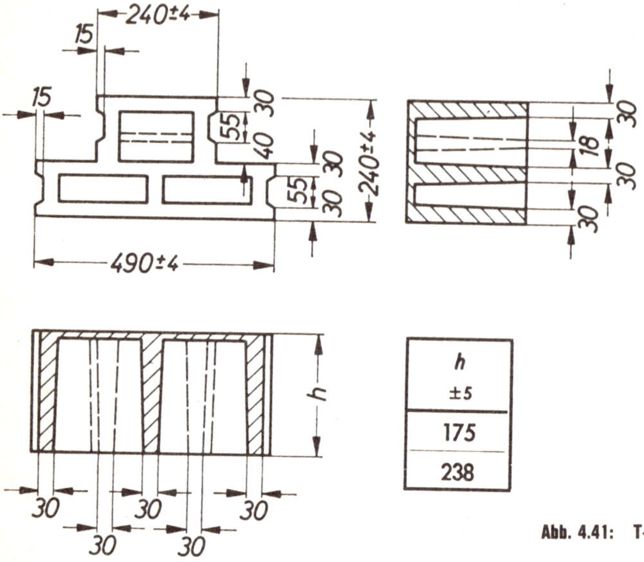

Abb. 4.41: T-Hohlstein nach DIN 18153

gerfläche versehene Mauersteine, hergestellt aus mineralischen Zuschlägen und hydraulischen Bindemitteln.

Zuschläge

Als Zuschläge dürfen nur solche Stoffe verwendet werden, die sich für die Herstellung von Leichtbeton eignen und DIN 4226, Teil 2, entsprechen oder für diesen Verwendungszweck bauaufsichtlich zugelassen sind.

Rohdichten

Die Einteilung erfolgt nach DIN 18151 in acht Rohdichteklassen:

0,5 0,6 0,7 0,8 0,9 1,0 1,2 1,4

Tab. 4.39

Festigkeitsklasse	Druckfestigkeit N/mm² Mittelwert	kleinster Einzelwert
4,0	5,0	4,0
6,0	7,5	6,0

Druckfestigkeiten

Hohlblocksteine aus Leichtbeton (Hbl) müssen spätestens 28 Tage nach der Herstellung die in *Tab. 4.40* angegebenen Druckfestigkeiten erfüllen.

Form und Maße

Hohlblocksteine aus Leichtbeton (Hbl) haben die Form eines von Rechtecken begrenzten Körpers. Die Stirnseiten der Steine sind im Regelfall mit Stirnseitennuten zur Vermörtelung versehen.

Die Kammern der Steine sind symmetrisch anzuordnen. Das Anbringen von Griffhilfen ist zulässig.

Die Anzahl der nebeneinander liegenden Kammern ist von der Steinbreite abhängig und wird durch die Bezeichnung 1 K bis 4 K gekennzeichnet.

Die kleinste Stegbreite beträgt 30 mm.

Tab. 4.40: Druckfestigkeit und Farbmarkierung von Hohlblocksteinen (Hbl) aus Leichtbeton nach DIN 18 151

Druckfestigkeits-klasse	Druckfestigkeit N/mm² Mittelwert	Kleinster Einzelwert	Farbzeichen	DIN 18151
Hbl 2	2,5	2,0	grün	
Hbl 4	5,0	4,0	blau	Hbl
Hbl 6	7,5	6,0	rot	

Im übrigen sind die Steinformen identisch mit denen der Hohlblocksteine in Beton Hbn nach DIN 18153 in *Abb. 4.40.*

Die Formatkurzzeichen in *Tab. 4.41* geben zuerst die Steinbreite (Wanddicke) an bei einer Steinlänge von 495 mm und einer Steinhöhe von 238 mm. Eine kürzere Steinlänge wird durch m = 370 mm und k = 245 mm und eine kleinere Steinhöhe durch x = 175 mm angegeben.

Vollsteine und Vollblöcke aus Leichtbeton

nach DIN 18152 (12.78)

Begriffe

Vollsteine sowie Vollblöcke aus Leichtbeton sind Mauersteine ohne Kammern, hergestellt aus mineralischen Zuschlägen und hydraulischen Bindemitteln.

Als *Vollsteine* (V) werden Mauersteine mit einer Höhe bis 115 mm,

als *Vollblöcke* (Vbl) werden Mauersteine mit einer Höhe von 238 mm bezeichnet.

Rohdichte

Vollsteine und Vollblöcke aus Leichtbeton gliedern sich in elf Rohdichteklassen:

0,5 0,6 0,7 0,8 0,9 1,0 1,2 1,4 1,6 1,8 2,0

Druckfestigkeit

Vollsteine und Vollblöcke aus Leichtbeton müssen spätestens 28 Tage nach der Herstellung mindestens die in *Tab. 4.42* angegebenen Anforderungen erfüllen.

Tab. 4.41: Maße der Hohlblocksteine Hbl aus Leichtbeton nach DIN 18151

Form	Format-Kurz-zeichen[1])	Länge l	Breite b	Höhe h
1 KHbl	17,5	495	175	238
und	17,5 x			175
2 KHbl	17,5 m	370		238
	17,5 m x			175
2 KHbl	24	495	240	238
und	24 x			175
3 KHbl	24 m	370	240	238
und	24 m x			175
4 KHbl	24 K	245		238
	24 K x			175
	30	495	300	238
	30 x		175	
	30 m	370		238
	30 m x			175
	30 K	245		238
	30 K x		175	
3 KHbl	36,5	495	365	238
und	36,5 x			175
4 HKbl	36,5 m	370		238
	36,5 m x			175
	36,5 K	245		238
	36,5 K x			175

[1]) Die Bezeichnung bezieht sich auf die Wanddicke (175 mm, 240 mm, 300 mm oder 365 mm), die Steinlänge (m = 370 mm [mittel], k = 245 mm [kurz] und die Steinhöhe x = 175 mm).

Tab. 4.42: Druckfestigkeit und Farbmarkierung von Vollsteinen und Vollblöcken aus Leichtbeton nach DIN 18152

Druckfestigkeitsklasse	Druckfestigkeit MN/m² oder N/mm²		Farbzeichen	DIN 18152
	Mittelwert	Kleinster Einzelwert		
V 2 Vbl 2	2,5	2,0	grün	Vollsteine
V 4 Vbl 4	5,0	4,0	blau	und
V 6 Vbl 6	7,5	6,0	rot	Vollblöcke
V 12 Vbl 12	15,0	12,0	schwarz	V und Vbl

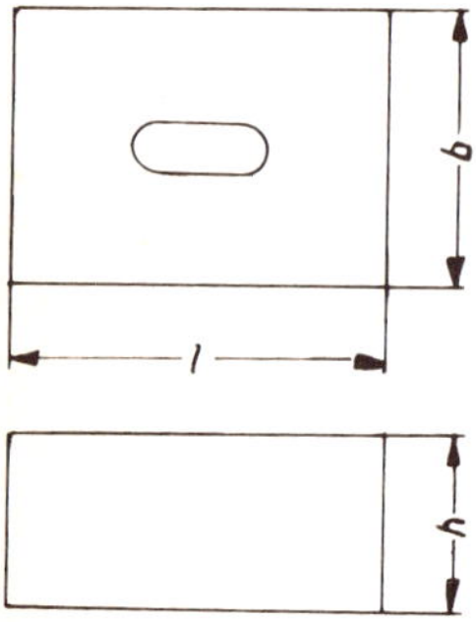

Abb. 4.42: Vollstein mit Griffschlitz

Beispiele für die Bezeichnung eines Vollsteins aus Leichtbeton

der Festigkeitsklasse	V 6
der Rohdichteklasse	1,2
der Maße für die Länge	= 240 mm
der Maße für die Breite	= 115 mm
der Maße für die Höhe	= 113 mm (2 DF)

Vollstein DIN 18152 – V 6 – 1,2 – 2 DF

für die Bezeichnung eines *Vollblocks* aus Leichtbeton

der Festigkeitsklasse	Vbl 2
der Rohdichteklasse	0,7
der Maße für die Länge	= 495 mm
der Maße für die Breite	= 240 mm
der Maße für die Höhe	= 238 mm (24) mit Schlitzen (S)

Vollblock DIN 18152 – 0,7 – 24 S

Form und Maße

Vollsteine und Vollblöcke aus Leichtbeton haben die Form eines von Rechtecken begrenzten Körpers. Die Stirnseiten von Vollblöcken sind im Regelfall mit Aussparungen zur Vermörtelung (Stirnseitennuten) versehen.

Bezeichnung:

Vollsteine aus Leichtbeton: V
Vollblöcke aus Leichtbeton: Vbl

Lochsteine aus Leichtbeton nach DIN 18149

Begriff

Lochsteine aus Leichtbeton sind in der Regel fünfseitig geschlossene, mit Lochungen senkrecht zur Lagerfläche ver-

Tab. 4.43: Vollstein

Format-Kurzzeichen DF	Maße Länge l	Breite b	Höhe h
1	240	115	52
1,3[1])			71
1,7			95
2			113
3		175	
5	300	240	115
6	365		
8	490[2])		
10		300	
6,8		240	95

[1]) 1,3 DF = NF
[2]) auch 495 mm, wenn der Stein mit Stirnseitennuten versehen ist.

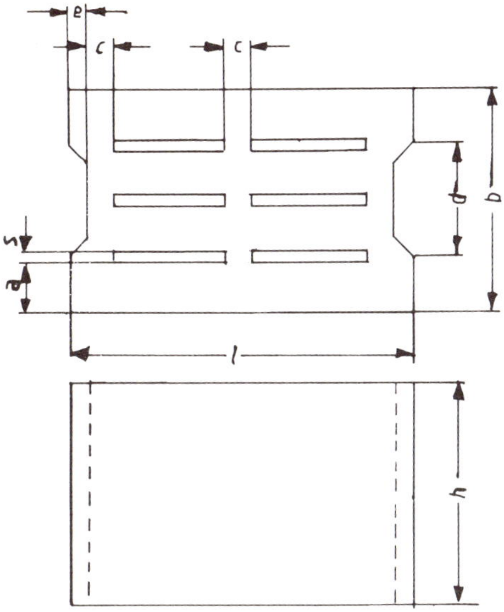

Abb. 4.43: Vollblock (geschlitzt) mit Stirnseitennut

Tab. 4.44: Vollblock

Format-Kurzzeichen	Maße Länge l	Breite b	Höhe h
17,5 k	245	175	238
24 k		240	
30 k		300	
36,5 k		365	
17,5 m	370	175	
24 m		240	
30 m		300	
36,5 m		365	
17,5	495	175	
24		240	
30		300	
36,5		365	

Tab. 4.45: Steinmaße

Format	Länge l	Breite b	Höhe h
2 DF (= 1½ NF)	240	115	113
3 DF (= 2¼ NF)		175	
5 DF (= 3¾ NF)		300	
6 DF (= 4½ NF)		365	

sehene Mauersteine im Einhandformat, hergestellt aus mineralischen Zuschlägen und hydraulischen Bindemitteln.

Nur Steine, die den Bestimmungen dieser Norm entsprechen, dürfen Lochsteine aus Leichtbeton nach DIN 18149 genannt werden.

Maße

Die Steinmaße der Leichtbeton-Lochsteine haben Formate von 2 DF bis 6 DF. Die Lochung muß über die Lagerfläche gleichmäßig verteilt sein. Ab Format 3 DF sind Griffschlitze erforderlich.

Rohdichten

Die Einteilung erfolgt nach DIN 18149 in acht Klassen:
0,6 0,7 0,8 0,9 1,0 1,2 1,4 1,8

Die Betonrohdichte darf 2,0 kg/dm³ nicht überschreiten.

Druckfestigkeit

Die Lochsteine aus Leichtbeton müssen spätestens 28 Tage nach der Herstellung mindestens die in *Tab. 4.46* angegebenen Druckfestigkeiten besitzen.

Beispiel: „Lochsteine aus Ziegelsplitt“

Die Zugabe quarzitischer Zuschläge ist durch das Hinzufügen des Buchstabens Q zu kennzeichnen,

Beispiel: „Lochsteine aus Ziegelsplitt Q“

Andere Steine sind „Lochsteine aus Leichtbeton mit gemischten Zuschlägen“.

Tab. 4.46: Druckfestigkeit und Farbmarkierung von Lochsteinen aus Leichtbeton nach DIN 18149

Druckfestigkeitsklasse	Druckfestigkeit N/mm²		Farbzeichen	DIN 18149
	Mittelwert	Kleinster Einzelwert		
LLB 50	5	4	blau	LLB
LLB 75	7,5	6	rot	Lochsteine aus
LLB 150	15	12	schwarz	Leichtbeton

Benennung

Lochsteine aus Leichtbeton dürfen nach einem der verwendeten Leichtzuschläge benannt werden, wenn der Anteil der anderen Zuschläge 15 Vol.-% des verdichteten Betons nicht überschreitet.

Hohlwandplatten aus Leichtbeton Hpl nach DIN 18148

Anwendungsbereich

Hohlwandplatten aus Leichtbeton finden Verwendung für die Herstellung von Wänden und Bauteilen, die überwiegend durch ihr Eigengewicht beansprucht werden.

Begriff

Hohlwandplatten aus Leichtbeton sind fünfseitig geschlossene Mauersteine mit Kammern senkrecht zur Lagerfläche, hergestellt aus mineralischen Zuschlägen und hydraulischen Bindemitteln.

Plattenmaße

In der Form entsprechen die Platten einem Einkammerstein:

Länge = 490 mm
Breite = 100 oder 115 mm
Länge = 238 bzw. 175 mm

Rohdichte

Hohlwandplatten aus Leichtbeton gliedern sich in sieben Klassen:

0,6 0,7 0,8 0,9 1,0 1,2 1,4

Druckfestigkeit

Hohlwandplatten aus Leichtbeton müssen spätestens 28 Tage nach der Herstellung eine Druckfestigkeit von:

2,5 N/mm² im Mittel,
min. 2,0 N/mm²-Einzelwert haben.

Bezeichnung

Hohlwandplatten aus Leichtbeton (Hpl) sind in der Reihenfolge Plattenrohdichte, Format und DIN-Nummer zu bezeichnen.

> *Bezeichnungsbeispiel:*
>
> Bezeichnung einer Hohlwandplatte aus Leichtbeton mit 0,80 kg/dm² Plattenrohdichte und Format 11,5:
>
> Hohlwandplatte aus Leichtbeton Hpl 0,8–11,5 DIN 18148.

Deckensteine

oder Deckenhohlkörper aus Leichtbeton werden nach DIN 4158 als Zwischenbauteile aus Beton für Stahlbeton- und Spannbetondecken bezeichnet.

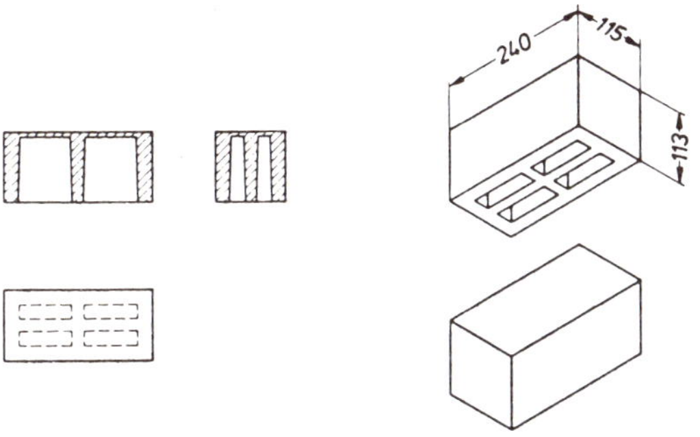

Lochstein aus Leichtbeton 2 DF

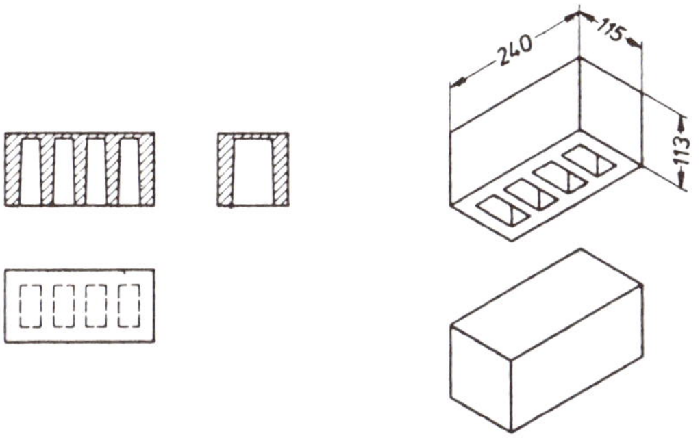

Lochstein aus Leichtbeton 2 DF

Abb. 4.44: Lochstein aus Leichtbeton 2 DF

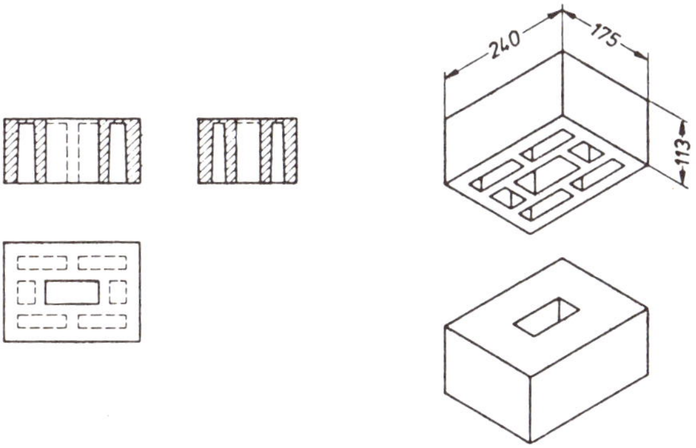

Lochstein aus Leichtbeton 3 DF

Abb. 4.45: Lochsteine aus Leichtbeton

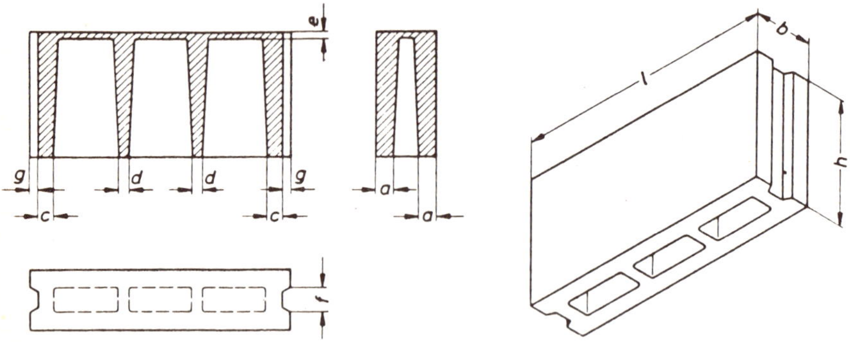

Abb. 4.46: Hohlwandplatten (Hpl)

Die DIN 4158 gilt für Zwischenbauteile aus Normal- und Leichtbeton, die

a) als statisch nicht mitwirkend für Balken- und Rippendecken,

b) als statisch mitwirkend für Rippendecken mit Rippen aus Ortbeton oder mit teilweise vorgefertigten Stahlbetonrippen verwendet werden.

Zwischenbauteile nach dieser Norm sind mit Hohlräumen versehene Körper und plattenförmige Bauteile aus Normal- oder Leichtbeton mit offenem oder geschlossenem Gefüge unter Verwendung mineralischer Zuschläge nach DIN 4226 und hydraulischer Bindemittel.

Statisch mitwirkende Zwischenbauteile dürfen nur mit rauher Oberfläche (offenem Gefüge) hergestellt werden.

Als Zwischenbauteile nach DIN 4158 dürfen nur solche Bauteile benannt werden, die den Festlegungen dieser Norm entsprechen.

Breiten

Die Breiten *b* sollen so gewählt werden, daß sich für die jeweiligen Decken die Balken- oder Rippenachsmaße 333, 500, 625 oder 750 mm, bei bewehrten Zwischenbauteilen für Stahlbetonbalkendecken auch 1000 oder 1250 mm, ergeben.

Längen

Die Regellängen *l* betragen 250 oder 333 mm; bewehrte Zwischenbauteile dürfen länger sein.

Dicken

Die Dicken *d* der Zwischenbauteile sollen so gewählt werden, daß sich Dicken der Rohdecken ab 120 mm in Abstufungen von je 20 mm ergeben.

Statisch nicht mitwirkende Zwischenbauteile

Formen

Die bildlichen Darstellungen sind Beispiele. Die angegebenen Mindestmaße (in mm) sind immer einzuhalten.

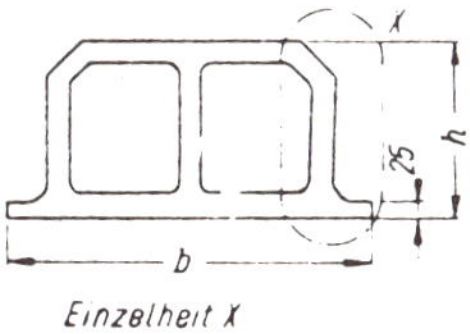

Abb. 4.47 a: Form A
für Stahlbetonrippendecken aus Ortbeton

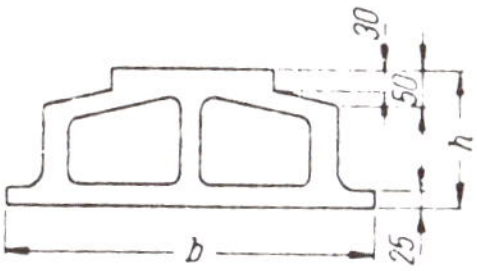

Abb. 4.47 b: Form B
für Stahlbetonbalkendecken aus Ortbeton mit verbreiterter Druckzone

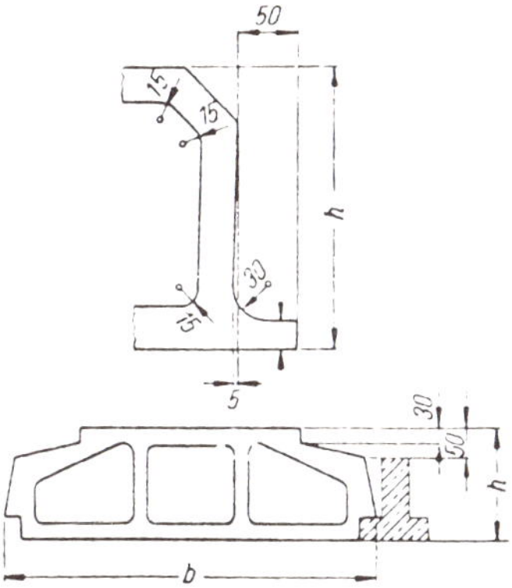

Abb. 4.47 c: Form C
für Stahlbetonbalkendecken mit verbreiterter Druckzone mit ganz oder teilweise vorgefertigten Balken

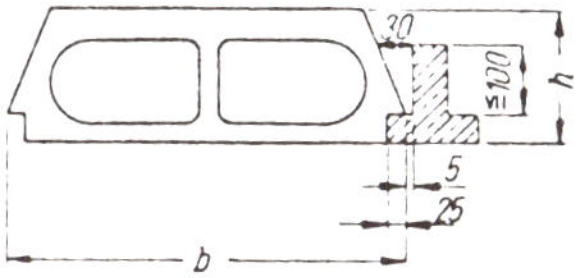

Abb. 4.47 d: Form D
für Stahlbetonbalken- oder -rippendecken mit ganz oder teilweise vorgefertigten Balken oder Rippen

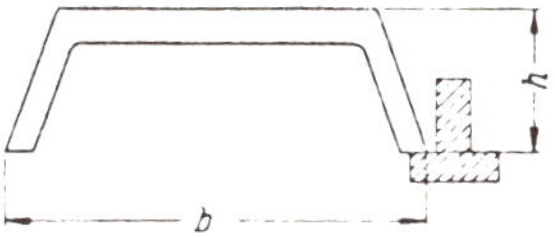

Abb. 4.47 e: Form E
für Stahlbetonbalken- oder -rippendecken mit ganz oder teilweise vorgefertigten Balken oder Rippen

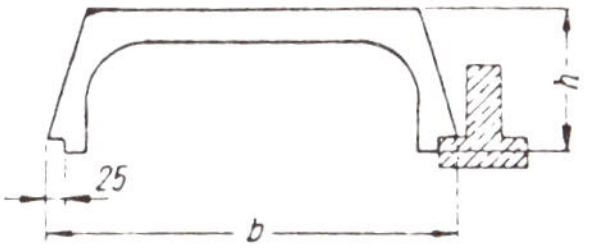

Abb. 4.47 f: Form F
für Stahlbetonbalken- oder -rippendecken mit ganz oder teilweise vorgefertigten Balken oder Rippen

Bezeichnung

Bezeichnung eines nicht mitwirkenden Zwischenbauteils der Form A mit Breite *b* = 440 mm, Länge *l* = 250 mm und Höhe *h* = 160 mm aus Leichtbeton LB:

Zwischenbauteil DIN 4158 A 440 x 250 x 160 – LB

Kennzeichnung

Die Zwischenbauteile sind mindestens an jedem 30. Stück mit einem Kennzeichen des Herstellers zu versehen.

Statisch mitwirkende Zwischenbauteile

Für statisch mitwirkende Zwischenbauteile *(Abb. 4.48)* gelten die Abschnitte 4.2 bis 4.5 der DIN 4158, soweit nichts anderes bestimmt ist.

Formen

Die bildlichen Darstellungen sind Beispiele. Die angegebenen Mindestmaße (in mm) sind immer einzuhalten.

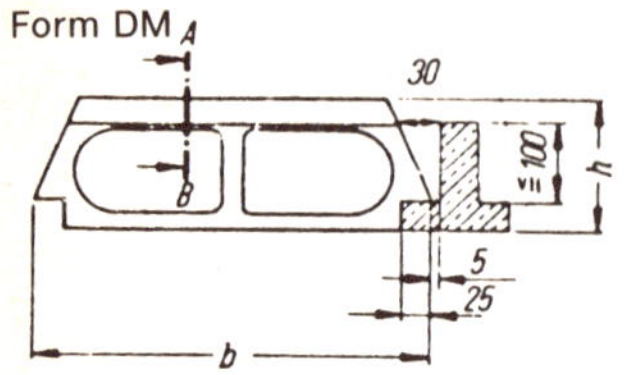

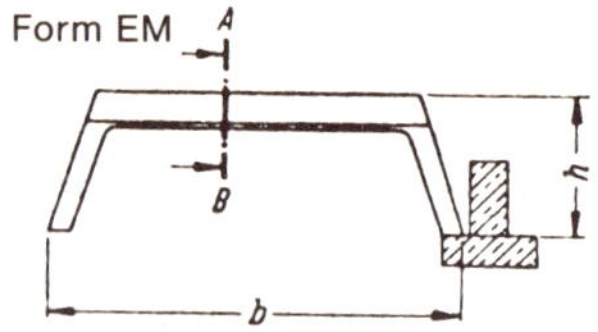

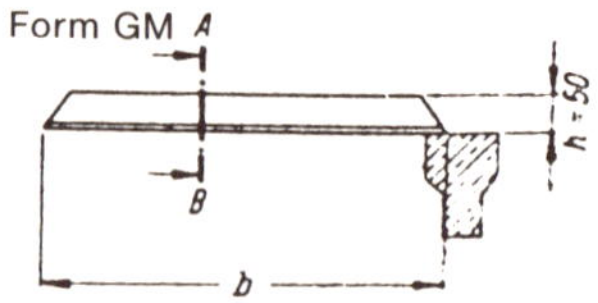

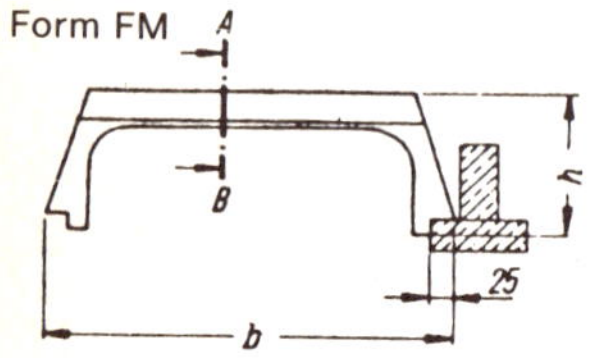

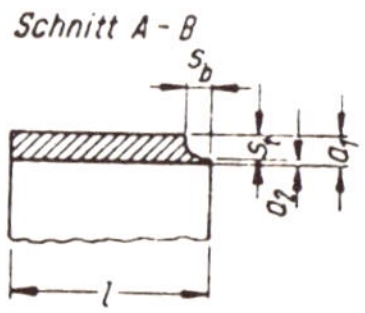

$s_t \geq \frac{h}{5} \geq 40$
$s_b \geq 40$
$a_1 = s_t + a_2 \geq 50$
$a_2 = 10$

Abb. 4.48: Statisch mitwirkende Zwischenbauteile für Stahlbetonrippendecken mit ganz oder teilweise vorgefertigten Rippen

Bezeichnung

Bezeichnung eines mitwirkenden (M) Zwischenbauteils der Form DM mit Breite b = 440 mm, Länge l = 230 mm und Höhe h = 180 mm aus Leichtbeton:

Zwischenbauteil DM DIN 4158 440 x 250 x 180 – LB

Kennzeichnung

Jedes 30. Zwischenbauteil ist mit einem Kennzeichen des Herstellers zu versehen.

Betonwerkstein

Hierunter fallen alle Betonwerksteine mit Vorsatzbeton, die werksteinmäßig bearbeitet oder geschliffen und poliert werden können. Der Vorsatzbeton besteht aus gewählten Natursteinkörnungen, oft auch mit Buntpigmenten (DIN 18500 ,,Betonwerkstein" und DIN 18333 ,,Betonwerksteinarbeiten"). Die Verwendung von Betonwerksteinen erstreckt sich auf alle Gebiete, für die auch Naturwerksteine verwendet werden, z. B. Fenster- und Türgewände, Gesimse, Tischplatten, Platten der verschiedensten Arten, Treppenstufen, Fassadenplatten, Brüstungen, Wasch- und abgesäuerten Beton.

Auch durch eine besondere Schalungsstruktur oder besonders ausgewählte Zuschlagstoffe kann die Sichtfläche gestaltet werden.

Beton-Entlüftungssteine

Diese werden für Baderäume, Speisekammern, landwirtschaftliche Räume, Heizungskeller usw. verwendet. Die Steine sind durch die schrägliegenden Lüftungsschlitze regensicher. Hinter den Lüftungsschlitzen befindet sich ein

Drahtgewebe als Schutz gegen Ungeziefer.

Beton-Bordsteine

Bordsteine aus Beton sind nach DIN 483 genormt.

Gehwegplatten aus Beton

werden nach DIN 485 aus Normenzementen und Zuschlagstoffen entweder *einschichtig* (durchgehend aus dem gleichen Beton) oder *zweischichtig* (Unterbeton und Vorsatzbeton) hergestellt.

Formen und Maße. Gehwegplatten werden hauptsächlich als quadratische Platten (Form A) hergestellt. Für das Verlegen mit versetzten Fugen werden zusätzlich halbe, d. h. rechteckige Platten und für die Diagonalverlegung Friesplatten (Form B), auch Bischofsmützen genannt, große Eckplatten (Form C) und kleine Eckplatten (nicht genormt) gefertigt.

Tab. 4.47: Abmessungen der Gehwegplatten in mm

Größe	a ±2	b ±2	c ±2	e ±2	s ±2
300	300	424	150	362	40
350	350	495	250	498	50
400	400	566	150	433	50
500	500	707	200	554	60

Bezeichnung: z. B. quadratische Gehwegplatten (A) der Größe 300 zweischichtig: „Gehwegplatte A 300 DIN 485" oder Friesplatte (B) der Größe 400 einschichtig: „Gehwegplatte B 400 DIN 485 – einschichtig".

Grenzsteine nach DIN 487 in drei und *Nummersteine* in vier verschiedenen Größen.

Prellsteine und *Raseneinfassungssteine* gehören ebenfalls hierzu.

Beton-Dachsteine

sind nach DIN 1115 bis 1119 genormt; sie werden aus Sand und Normenzement hergestellt. Das natürliche Zementgrau kann auch durch farbige Überzüge oder durchgehende Färbung abgewandelt werden, wobei nur zementechte Pigmente verwendet werden dürfen. Bei durchgehender Färbung soll der Pigmentzusatz 10 Gew.-% des Zementgehaltes der Mörtelmischung nicht übersteigen. Der Farbton darf sich im Laufe der Jahre nicht wesentlich verändern.

Neben den genormten Beton-Dachsteinen werden in sehr bedeutendem Umfange auch großformatige Dachsteine hergestellt, von denen für 1 m² Dachfläche nur neun bis zehn Steine benötigt werden.

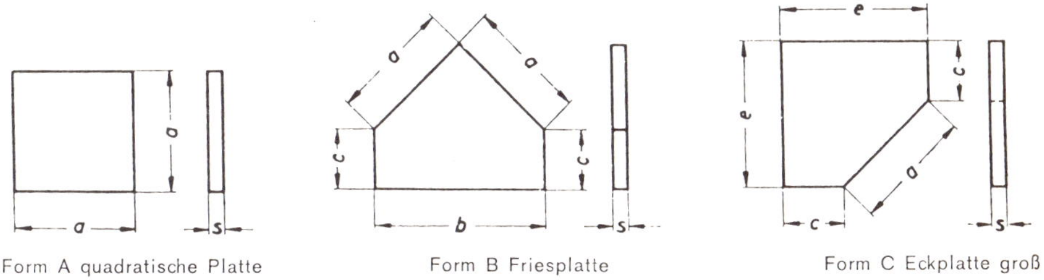

Abb. 4.49: Gehwegplatten aus Beton nach DIN 485

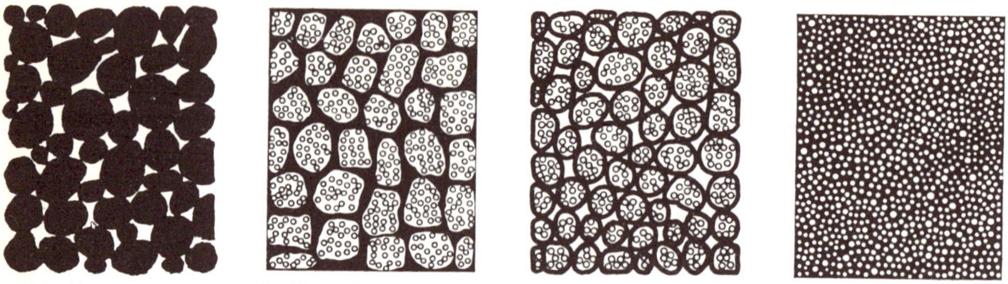

a: Haufwerksporigkeit
b: Korneigenporigkeit
c: Korneigen- und Haufwerksporigkeit
d: gleichmäßig poriges Gefüge

Abb. 4.50: Porigkeit von Leichtbeton

Je nach der Form unterscheidet man:

Biberschwänze, kleine und große (DIN 1116)
Falzdachsteine ohne und mit Kopfverschluß (DIN 1117)
Pfannen ohne und mit Falz (DIN 1118)
First- und Gratsteine (DIN 1119)

4.3.5 Leichtbetonsteine

Der Beton, dessen Anwendungsgebiet in erster Linie beim Ingenieurbau liegt, besitzt keine ausreichende Wärmedämmfähigkeit, die gerade im Hochbau, insbesondere jedoch im Wohnungsbau besonders wichtig ist.

Der älteste Vertreter des Leichtbetons ist der *Naturbimsbeton* in Form des *Schwemmsteins.* Nach *A. Hummel* ,,Beton-ABC" unterscheidet man bei den Leichtbetonen vier verschiedene Arten der Porigkeit:

Haufwerksporigkeit: Poren sind nur in den Zwischenräumen und zwischen den Zuschlägen vorhanden (Einkornbeton).

Korneigenporigkeit: Poren ausschließlich nur in den Zuschlägen, die durch einen dichten Mörtel satt verkittet sind (Ziegelsplittbeton, Lecabeton).

Korneigenporigkeit und *Haufwerksporigkeit:* Poren sowohl in dem Zuschlagstoff selbst sowie zwischen demselben (Bimsbeton).

Gleichmäßig poriges Gefüge: Poren gleichmäßig durch den ganzen Beton verteilt (Gas- und Schaumbeton).

Die Porigkeit nach a) erreicht man mit schweren Zuschlägen und durch geeigneten Kornaufbau, nach b) und c) nur durch Verwendung leichter, poriger Zuschläge, nach d) nur durch gas- oder schaumbildende Zusätze.

Hebel, Ytong oder Siporex sind Gasbetone nach DIN 4164, die aus Zement (bei Hebel Zement und Kalk), feinstgemahlenen kieselsäurehaltigen Sanden (bei Ytong werden auch andere Rohstoffe, wie Hochofenschlacke, Ölschieferasche u.a. verwendet) und Wasser unter Zusatz eines gasbildenden Mittels (Aluminium-Pulver) hergestellt und unter hohem Druck dampfgehärtet werden. Sie besitzen niedrige Trockenrohdichten, die sich zwischen 0,5 und 0,8 bewegen, sowie eine sehr gute Wärmedämmung. Sie sind sägbar und nagelbar.

4.3.6 Gipsbauplatten nach DIN 18180

Gipsbauplatten werden aus rasch versteifendem Gips (z. B. Stuckgips) hergestellt. Dieser Gips wird mit Wasser angemacht; dabei können zur Erzielung besonderer Eigenschaften beim fertigen Produkt entsprechende Zusätze (z. B. Porenbildner, Fasern) zugesetzt werden; darauf wird die Masse einem Formungsprozeß unterworfen und anschließend – meist künstlich – getrocknet. Beim Abbinden bildet sich dann ein chemisch dem natürlichen Gipsstein entsprechender fester Stoff.

Gipsbauplatten sind für den Ausbau bestimmt; sie dürfen einem länger während Angriff von Wasser nicht ausgesetzt werden, weil dadurch auf die Dauer ihr Gefüge zerstört werden würde. Eine nachteilige Beeinflussung der Gipsbauplatten durch hohe Luftfeuchtigkeit tritt ebenso wenig ein wie durch eine Durchfeuchtung, solange diese Einwirkungen nur vorübergehend bestehen und die Gipsplatten immer wieder Gelegenheit haben, zu trocknen. Dauernder hoher Feuchtigkeit, wie sie etwa in gewerblichen Waschküchen herrscht, sollten Gipsbauplatten nicht ausgesetzt werden.

4.3.6.1 Gipskartonplatten

Gipskartonplatten sind in DIN 18180 (8.78) genormt; es sind im wesentlichen aus Gips bestehende, meist großflächige Platten, deren Flächen und Längskanten mit einem festhaftenden Karton ummantelt sind. Nach dem Verwendungszweck werden folgende Plattenarten unterschieden:

a) *Bandgefertigte* und b) *werkmäßig* bearbeitete Gipskartonplatten.

Die DIN 18180 gilt für *bandgefertigte Gipskartonplatten*.

Gipskartonplatten werden insbesondere als Wand- und Deckenbekleidungen, als Beplankungen für Montagewände und für die Herstellung vorgefertigter Bauteile verwendet.

Gipskartonplatten nach DIN 18180 sind Platten, deren Kern im wesentlichen aus Gips besteht und deren Flächen und Längskanten mit einem festhaftenden, dem Verwendungszweck entsprechenden Karton ummantelt sind. Die Herstellung der Platten erfolgt als ein 1,25 m breites endloses Band, das auf gewünschte Länge und gegebenenfalls auch auf gewünschte Breite geschnitten wird.

Gipskartonplatten sind leicht zu bearbeiten durch Sägen, Schneiden, Fräsen, Bohren und durch Nageln, Schrauben und Leimen auf dem Untergrund zu befestigen.

Bandgefertigte Gipskartonplatten

Gipskarton-Bauplatten B – imprägniert (Kurzzeichen: GKB) dienen zum Befestigen auf flächiger Unterlage, zum Ansetzen als Wand-Trockenputz nach DIN 18181 (Vorteil: keine Wandfeuchtigkeit) und zur Herstellung von Gipskartonplatten nach D 18184. Von 12,5 mm Dicke an aufwärts bei baustellenmäßiger Verarbeitung zum Befestigen auf Unterkonstruktion für Wand- und Deckenbekleidungen nach DIN 18181, sowie zur Beplankung von Montagewänden nach DIN 18183 T1.

Gipskarton-Bauplatten B – imprägniert (Kurzzeichen GKBI) besitzen eine verzögerte Wasseraufnahme.

Gipskarton-Bauplatten F (Feuerschutzplatten, Kurzzeichen GKF) für Anwendungsbereiche der Gipskarton-Bauplatten B für Plattendicken von 12,5 mm und größer mit Anforderungen an die Feuerwiderstandsdauer der Bauteile (nach DIN 4102 Teil A) sowie für die Beplankung aussteifender Wände. Der Gipskern darf keine brennbaren Zuschläge enthalten.

Gipskarton-Bauplatten F – imprägniert (Kurzzeichen GKFI) haben eine verzögerte Wasseraufnahme und können für die Anwendungsbereiche der Gipskarton-Bauplatten B und F mit Plattendicken $\geqq$ 12,5 mm Verwendung finden.

Gipskarton-Putzträgerplatten (Kurzzeichen GKP). Diese Platten werden vorwiegend als Putzträger auf Unterkonstruktionen verwendet. Die Platten haben rechteckige geschlossene oder durchlochte Flächen; bei durchlochten Platten ist je 100 qcm Plattenfläche mind. ein Loch von 20 mm Durchmesser vorhanden. Die kartonummantelten Längskanten sind abgerundet.

Eine Übersicht über Abmessungen, Gewichte und sonstige Anforderungen an Gipskartonplatten gibt *Tabelle 4,23* in Anlehnung an DIN 18180. Diese Anforderungen müssen in Prüfungen erfüllt werden, für die in DIN 18180 die Verfahren festgelegt sind.

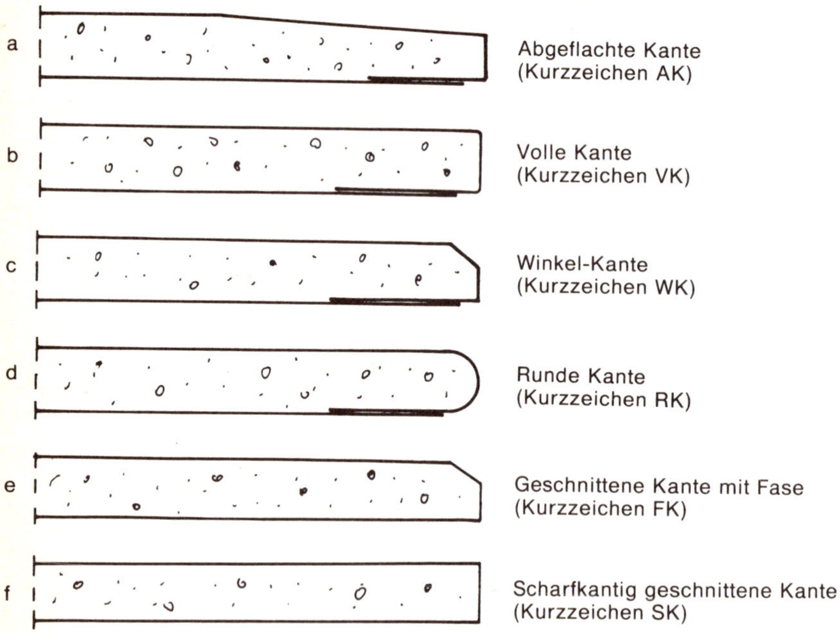

Abb. 4.51

Oberflächenbeschaffenheit

Bandgefertigte Gipskartonplatten haben rechteckig geschlossene Flächen. Die Sichtflächen sind glatt (eben) und ohne Strukturflächen (Erhebungen oder Vertiefungen).

Kanten

Bei den bandgefertigten Gipskartonplatten sind die Längskanten kartonummantelt. Die Querkanten der Platten sind maschinenschnittrauh oder scharfkantig geschnitten und lassen den Gipskarton sichtbar.

Die Abbildungen a – f zeigen die üblichen Anwendungsgebiete der bandgefertigten Gipskartonplatten:

a) Platten mit *abgeflachten* Kanten (AK) finden Verwendung bei verspachtelten Fugen. Das Abflachen dient zur Aufnahme der Fugenverspachtelung.
b) Platten mit voller Kante (VK) werden vorwiegend bei Trockenmontage ohne Verspachtelung verwendet.
c) Platten mit Winkelkanten (WK) finden vorwiegend bei Trockenmontage ohne Verspachtelung mit sichtbaren Längsstößen Verwendung.

Tab. 4.48: Maße und Gewichte bandgefertigter Gipskartonplatten nach DIN 18 180

Dicke mm ± 0,5	Breite mm ± 3	Länge mm ± 10	Flächenbezogenes Gewicht kg/m² GKB	GKF[1])	GKBj GKFi[1])	GKP
Gipskarton-Bauplatten B[6])						
		2000				
		2250				
9,5		2500	≦ 9,5	8–10	–	–
		2750				
		3000				
		3250				
		3500				
12,5		3750	≦ 12,5	10–13	10–13	–
	1250 [1])	4000				
		2000				
		2250				
15,0		2500	≦ 15	13–16	13–16	–
		2750				
		3000				
		2000				
18,0		2250	≦ 18	15–19	15–19	–
		2500				
		2500				
		2750				
25	600	3000	≦ 25	20–26	–	–
		3250				
		3500				
		1500				
9,5	400	2000	–	–	–	≦ 9,5

d) Platten mit runden Kanten (RK) werden vorwiegend bei Gipskarton-Putzträgerplatten angewendet.
e u. f) Bei Gipskarton-Zuschnittplatten (werkmäßig weiterbearbeitete Platten) können die Kanten scharfkantig (SK) oder gefast (FK) ausgebildet sein. An den geschnittenen Kanten liegt der Gipskern frei.

Kennzeichnung

Jede Gipskartonplatte ist mit dem Firmen- oder Markennamen, der DIN-Nummer, dem Kurzzeichen der Plattenart sowie der Baustoffklasse nach DIN 4102 Teil 1 zu kennzeichnen.
Ferner dem Prüfzeichen gemäß Prüfbescheid des Instituts für Bautechnik sowie einem Hinweis auf die fremdüberwachende Stelle. Die Kennzeichnung ist auf der Rückseite der Platten in Längsrichtung des Platten- und des Kartonfaserverlaufs in folgenden Farben anzubringen:

in Blau

bei Gipskarton-Bauplatten B (GKB)
bei Gipskarton-Bauplatten B imprägniert (GKBI)
bei Gipskarton-Putzträgerplatten (GKB)

in Rot
bei Gipskarton-Bauplatten F (GKF)
bei Gipskarton-Bauplatten F imprägniert (GKFI)

Beispiel:
Marke .... DIN 18180 GKF nicht brennbar DIN 4102 – A2 PA III ....[1])

[1]) Prüfzeichen und Hinweise auf die überwachende Stelle

Tab. 4.49: Schichtdicken für Verbundplatten

Gipskartonplatte [1]) Nenndicke S_1 mm	Dämmschicht [2]) Nenndicke S_2 mm
9,5	20
	30
12,5	20
	30
	40
	45
	60

[1]) Dickentoleranz nach DIN 18180
[2]) Dickentoleranz nach DIN 18164 Teil 1

Gipskarton-Verbundplatten (VB) nach DIN 18184
Begriff
Gipskarton-Verbundplatten (VB) nach DIN 18184 bestehen aus Gipskarton-Bauplatten nach DIN 18180 und damit werksmäßig verbundenen Dämmstoffplatten aus Polystyrol-Hartschaum (PS) oder Polyurethan-Hartschaum (PUR). Zwischen den Gipskarton-Bauplatten GKB und den Dämmstoffplatten können dampfbremsende Schichten angeordnet werden. Für die Herstellung von Gipskartonplatten müssen Gipskarton-Bauplatten nach DIN 18180 und Schaumkunststoffplatten nach DIN 18164 Teil 1 verwendet werden. Die Schichtdicken für die Verbundplatten sind der Tab. XXXX zu entnehmen.

Gipskarton-Verbundplatten sind in der Regel großformatig und rechtwinklig. Die Dämmschicht ist an den Längs- bzw. Querkanten nach Abb. XXXX a oder b anzuordnen, damit dichte Fugenstöße gesichert sind.

Abb. XXXX Schnitt durch eine Gipskarton-Verbundplatte mit beidseitigem und einseitigem Überstand.

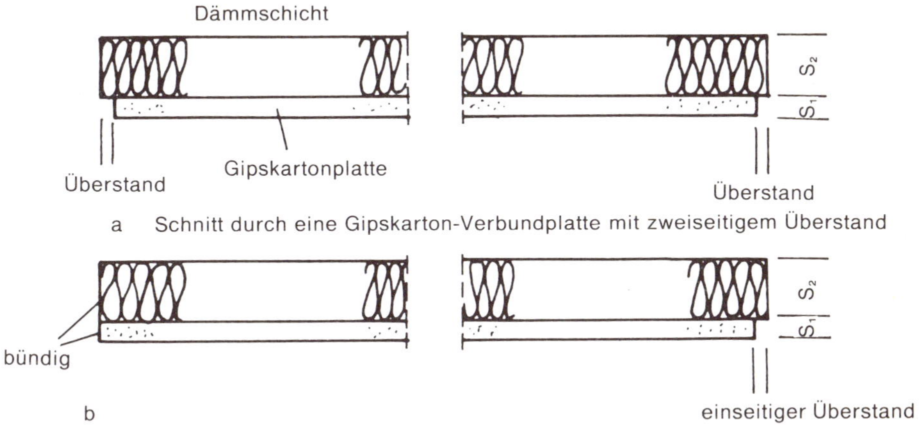

Abb. 4.52: Schnitt durch eine Gipskarton-Verbundplatte mit beidseitigem und einseitigem Überstand

Maße
Längen und Breiten der Gipskarton-Verbundplatten richten sich nach den Maßen der verwendeten Gipskarton-Bauplatten. Als Regelmaße für die Gipskarton-Verbundplatten (ohne Überstände) gelten:
Breite: 1250 mm ± 3 mm
Länge: 2500 mm ± 10 mm

Bezeichnung
Bezeichnungsbeispiel einer Gipskarton-Verbundplatte (VB) der Baustoffklasse B1 (schwerentflammbar) nach DIN 4102 Teil 1, bestehend aus einer Gipskarton-Bauplatte mit einer Dicke S_1 = 12,5 mm und einer Polystyrol-Hartschaumplatte (PS) mit einer Dicke S_2 = 30 mm (s. Tab. S. 8). (Kurzzeichen: VBPS-12.5 – 30 – B1):
Gipskarton-Verbundplatte
DIN 18184 – VBPS – 12.5 – 30 – B1

Gipskarton-Verbundplatten sind in folgender Reihenfolge zu kennzeichnen:

1. Norm: DIN 18184
2. Kurzzeichen: VBPS
3. Dicke der Gipskarton-Bauplatte: S_1
4. Dicke der Polystyrol-Hartschaumplatte: S_2
5. Baustoffklasse: B1 (schwerentflammbar)

Die Kennzeichnung von Gipskarton-Verbundplatten (VB) hat abriebfest in deutlich lesbarer Schrift mit dem Namen des Herstellers (nach vorstehender Reihenfolge 1 bis 5) und gegebenenfalls mit dem Prüf- sowie Überwachungszeichen zu erfolgen. Die Kennzeichnung verläuft dabei in Längsrichtung der Platten und der Kartonfasern.

Beispiel:
Kennzeichnung einer Gipskarton-Verbundplatte (VB) der Baustoffklasse B 1 (schwerentflammbar), bestehend aus einer Gipskarton-Bauplatte und einer Polystyrol-Hartschaumplatte (PS):

Name oder Zeichen des Herstellers
VBPS DIN 18184
DIN 4102 – B 1, PA III . . . .[1])
Überwachungszeichen.

Der Aufdruck ist in folgenden Farben auszuführen:

in *blauer* Schrift bei Verwendung von Polystyrol-Hartschaumplatten (PS)
in *roter* Schrift bei Polyurethan-Hartschaumplatten (PUR).

b. *Werkmäßig bearbeitete Gipskartonplatten*
Die bandgefertigten Gipskartonplatten können für bestimmte Anwendungszwecke werkmäßig weiterbearbeitet werden. Hierzu gehören:

Gipskarton-Zuschnittplatten
sind im Regelfall rechteckig zugeschnittene Platten für Wand- und Deckenbekleidung wie GKB, deren Maße von den Angaben der Tab. XXXX abweichen dürfen. Die Kanten können scharfkantig (SK) oder gefast (FK) sein. Siehe Abb. S. 5 e und f. Quadratische Gipskarton-Zuschnittplatten werden als Gipskarton-Kassetten bezeichnet.

Gipskarton-Lochplatten sind Gipskartonplatten mit durchgehenden Löchern verschiedener Form oder Schlitzen für dekorative und schallschluckende Wand- und Deckenbekleidungen. Quadratische Gipskarton-Lochplatten werden als Gipskarton-Lochkassetten bezeichnet. Rückseitig mit Faservlies beschichtete Gipskarton-Lochplatten werden Gipskarton-Schallschluckplatten genannt.

Weitere werkmäßig bearbeitete Gipskartonplatten können zur Dekoration oder für andere Zwecke durch festes Beschichten mit verschiedenen plastischen Massen oder Folien entstehen.

Die Art der Beschichtung hängt ab vom Verwendungszweck der Platten, z. B. PVC-Folien für Dekor-Zwecke, Alu-Folie für dampfsperrende oder reflektierende Zwecke, Bleifolie zum Schutz gegen elektromagnetische Strahlen, Polystyrol- oder Polyurethan-Hartschaumbeschichtung zur Wärmedämmung.

4.3.6.2 Wandbauplatten aus Gips

Wandbauplatten aus Gips sind in DIN 18163 genormt. Sie sind aus Gips hergestellt; Platten mit durch Zusätze erzeugtem porigen Gefüge werden Porengipsplatten genannt. Entsprechend ihrer Rohdichte werden die in *Tabelle 4.24* genannten Plattenarten unterschieden.

Wandbauplatten aus Gips haben ebene Flächen. Die Stoß- und Lagerflächen sind meist an je zwei Seiten mit Nuten bzw. Federn ausgestattet, es können auch nur Nuten angeordnet sein. Über Maße und Gewichte der Platten gibt *Tabelle 4.25* Aufschluß.

Wandbauplatten aus Gips werden insbesondere für leichte Trennwände verwendet, daneben für Ummantelungen, Vorsatzschalen, Ausfachungen u. ä. Wände aus diesen Platten werden entsprechend DIN 4103 mit durchgehenden waagerechten Fugen im Verband aufgebaut; für die Verbindung der Einzelplatten werden vornehmlich Fugen- und Spachtelgips (vielfach auch als ,,Kleber" bezeichnet) verwendet. Nach dem Verspachteln der Fugen sind die Wände im allgemeinen malerfertig; nur wenn eine absolut schattenfreie Wandfläche verlangt wird, ist der Auftrag einer nur 1 bis 3 mm dicken Gipsglättschicht erforderlich.

Wände aus Gips- und Porengips-Wandbauplatten nehmen überschüssige Raumluftfeuchtigkeit schnell auf, leiten sie gut weiter und geben sie auch unter stark wechselnden Bedingungen bei sinkender Luftfeuchtigkeit rasch wieder ab, ohne daß die Wände auch durch ständigen Wechsel ihre Festigkeit verlieren. In Räumen mit vorübergehend starkem Feuchtigkeitsanfall (z. B. Küchen und Bäder) können Gipswände ohne Bedenken eingebaut werden; es ist jedoch erforderlich, die Räume ausreichend zu lüften.

Gipsplattenwände bieten im Hinblick auf ihr verhältnismäßig niedriges Gewicht und ihre geringe Dicke einen beachtlichen Feuerschutz. Durch Versuche nach DIN 4102 (Ausg. 9. 1965) ist der Nachweis erbracht, daß Wände aus Gips- und Porengips-Wandbauplatten nach DIN 18163 bereits in 6 cm Dicke den Anforderungen der Feuerwiderstandsklasse F 90 entsprechen und damit „feuerbeständig" sind. Ab 8 cm Dicke erfüllen diese Wände die Anforderungen der Feuerwiderstandsklasse F 180 und sind somit „hochfeuerbeständig".

Die Luftschalldämmung von Gipsplattenwänden wird insbesondere vom Flächengewicht bestimmt; daneben wird sie u. a. von der Ausbildung der Randanschlüsse, der inneren Dämpfung und der Biegesteifigkeit beeinflußt. Das Diagramm in *Abb. 4.40* gibt einen Hinweis auf die Luftschalldämmung einschaliger Wände aus Gipsplatten.

4.3.6.3 Deckenplatten aus Gips

Deckenplatten aus Gips sind in DIN 18169 genormt. Nach der Begriffsbestimmung diese Normblatts handelt es sich dabei um vorgefertigte, trocken

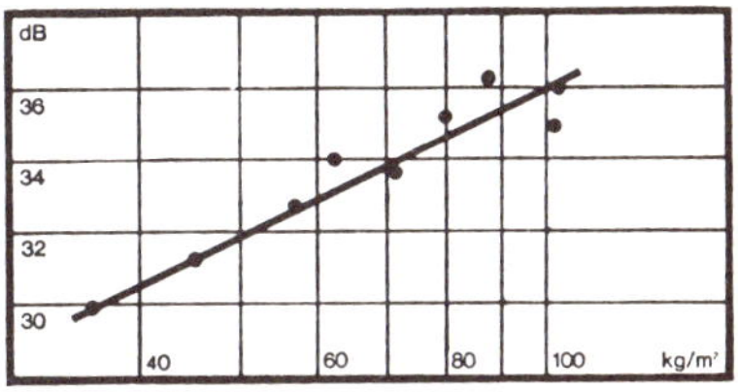

Abb. 4.53: Luftschalldämmung einschaliger Wände aus Gipsplatten

Tabelle 4.50: Art und Rohdichte von Wandbauplatten aus Gips nach DIN 18163

Plattenart	Platten-Rohdichte [1]) kg/dm³
Porengips-Wandbauplatte PW	über 0,6
Gips-Wandbauplatte	bis 0,7
Gips-Wandbauplatte MG [2])	über 0,7 bis 0,9
Gips-Wandbauplatte S	über 0,9 bis 1,2

[1]) bei 40 °C bis zur Gewichtskonstanz getrocknetes Material.

Tabelle 4.51: Maße und Gewichte von Wandbauplatten aus Gips nach DIN 18163

Maße in mm			Platten-Rohdichte in kg/dm³		
Dicke	Lg.	Höhe	0,7	0,9	1,2
+2 −1	±3	+2 −1	Plattengewicht in kg höchstens		
60			14,0	18,0	24,0
80			18,7	24,0	–
100	666	500	23,4	30,0	–
120			28,0	–	–

verlegbare Platten aus Gips mit einem Randwulst an der Rückseite. Die Platten dienen zur Herstellung von Unterdecken und Deckenbekleidungen. Nach Verwendung und Aufbau sind folgende Plattenarten zu unterscheiden:

- Deckenplatten mit geschlossener Gipsschale zur Verkleidung von Decken: *Trockenstuckplatten*;

- Deckenplatten mit durchgehenden Öffnungen in der Gipsschale, die ihrem Aufbau entsprechend für Schallschluckdecken oder für Lüftungsdecken verwendet werden können: *Schallschluckplatten* (mit schallschluckenden Einlagen), *Lüftungsplatten* (mit Öffnungen für den Luftdurchgang; sie können zusätzlich schallschluckende Einlagen haben);

- Deckenplatten mit geschlossener oder durchlochter Gipsschale und eingebauten Verbindungsteilen für Strahlungsheizungen: *Deckenheizplatten* .

Die Platten nach DIN 18169 müssen rechtwinklig und sollen quadratisch sein. Die Kantenlänge liegt meist bei 625 mm, die Dicke am Rand im allgemeinen bei 30 mm. An der Sichtseite sind die Platten geschlossen oder gelocht und glatt bzw. mit rillenartigen Profilen versehen; auch gibt es Platten, deren Sichtflächen mit einem in zahlreichen Mustern wählbaren Dekor versehen sind. Infolge der Abweichungen in der Oberflächengestaltung, der unterschiedlichen Anzahl und Größe der Löcher und der Verschiedenheit in den Abmessungen weisen die einzelnen Plattensorten voneinander abweichende Flächengewichte auf; meist liegt das Gewicht zwischen 14 und 18 kg/qm Unterdeckenfläche; 20 kg/qm dürfen nach der Norm nicht überschritten werden.

Die Schallschluckplatten besitzen einen beachtlichen Schallschluckgrad mit besonderer Wirksamkeit im Hauptstörungsbereich; der Schallschluckgrad muß bei einem Abstand von Rohdecke und Unterdecke zwischen 3 und 15 cm im Frequenzgebiet von 200 bis 3000 Hz in einem wenigstens 2 Oktaven breiten Bereich den Wert $\alpha_s = 0{,}5$ überschreiten.

Deckenplatten aus Gips sind nicht brennbar und tragen wegen der mikroporigen Struktur des abgebundenen Gipses trotz ihrer augenscheinlich glatten und dichten Oberfläche zur Regulierung der Raumluftfeuchtigkeit bei. Zur Verwendung in Räumen mit ständig hoher Luftfeuchtigkeit werden Spezialplatten hergestellt.

4.3.6.4 Gips-Deckenkörper

Gips-Deckenkörper sind Bauelemente in Doppeltrapez-, Keil- oder Sechseckform mit glatten geschlossenen oder durchlochten Sichtflächen für stark profilierte Deckenbekleidungen; das Gewicht liegt bei etwa 20 kg/qm.

4.4 Fachliteratur

4.4.1 Normen gebrannte Bausteine, Bauplatten und Tonwaren

Ein * bedeutet, daß das Normblatt im Entwurf vorliegt.

DIN-Nr.	(Ausgabe)	
278	(4. 38)	Tonhohlplatten (Hourdis)
279	(6. 69)	Kabelschutzhauben
456	(5. 58)	Dachziegel; Güteeigenschaften, Prüfverfahren
1053	(11. 74)	Mauerwerk; Berechnung und Ausführung
1055		Bl. 1–6 Lastannahmen für Bauten
1057	(8. 69)	Mauersteine für freistehende Schornsteine
1180	(11. 71)	Dränrohre aus Ton; Maße, Anforderungen, Prüfung
4051	(11. 55)	Kanalklinker; Maße, Gütebestimmungen
		Bbl. (7. 65) –; Anwendungsbeispiele
4102		Brandverhalten von Baustoffen und Bauteilen (siehe Kap. Brandschutz)
4103	(6. 50)	Leichte Trennwände; Richtlinien für die Ausführung
4106	(5. 53)	Wanddicken für Wohnungsbauten; Decken als Balken auf zwei Stützen, rechtwinklig zur Mittelwand gespannt
4108		Wärmeschutz im Hochbau (s. Kap. Wärmeschutz)
4109		Bl. 1–5 Schallschutz im Hochbau (s. Kap. Schallschutz)
4159*	(4. 71)	Ziegel für Decken und Wandtafeln, statisch mitwirkend
4160	(2. 62)	–; statisch nicht mitwirkend
4172	(7. 55)	Maßordnung im Hochbau
V 18155	(3. 76)	Teil 1–4 Keramische Wand- und Bodenfliesen
V 18158	(12. 78)	Bodenklinkerplatten
18160		Bl. 1 (12. 62) Feuerungsanlagen; Hausschornsteine, Bemessung und Ausführung
		Bl. 2 (2. 63) –; Verbindungsstücke
		Bl. 5 (10. 68) –; Einrichtungen für das Reinigen von Hausschornsteinen
		Bl. 6 (8. 68) –; Prüfgrundsätze für Hausschornsteine
18166	(10. 74)	Keramische Spaltplatten
18330	(12. 58)	–; Mauerarbeiten
18338	(12. 58)	–; Dachdeckungsarbeiten
18503	(8. 81)	Pflasterklinker
18902	(9. 63)	Bl. 1 Krippen und Tröge; Krippenteile und Einzeltröge aus Steinzeug
18908	(9. 70)	Fußböden für Stallanlagen, Spaltenböden; Maße, Anforderungen, Verlegung

4.4.2 Normen ungebrannte und gebrannte Bausteine, Bauplatten und Tonwaren

Ein * bedeutet, daß das Normblatt im Entwurf vorliegt.

Gebrannte Baustoffe

DIN-Nr.	(Ausgabe)	
105	(11. 82)	Teil 1 Vollziegel und Hochlochziegel
105	(11. 82)	Teil 2 Leichthochlochziegel
105	(11. 82)	Teil 3 Hochfeste Ziegel und hochfeste Klinker
E 105*	(11. 82)	Teil 4 Keramikklinker
E 105*	(11. 82)	Teil 5 Leichtlanglochziegel und Leichtlangloch-Ziegelplatten
1081	(8. 70)	Feuerfeste Baustoffe; feuerfeste Rechtecksteine, Maße
1082	(8. 70)	–; feuerfeste Halb- und Ganzwölber, Maße
		Bbl. –; –, Verwendungsbeispiele

1089	(11. 70)	Bl. 1 –; Koksofensteine; kalkgebundene Silikasteine, Anforderungen und Prüfung
		Bl. 2 (12. 56) –; –; Gütewerte von Quarzschamottesteinen
1230	(9. 79)	Teil 1 Steinzeug für die Kanalisation; Rohre und Formstücke mit Muffe
		Teil 2 Steinzeug für die Kanalisation; Rohre und Formstücke mit Muffe
		Teil 3 Steinzeug für die Kanalisation; Rohre und Formstücke mit Muffe
		Teil 6* Steinzeug für die Kanalisation; Rohre und Formstücke mit glatten Enden
		Teil 7* Steinzeug für die Kanalisation; Rohre und Formstücke mit glatten Enden

Ungebrannte Baustoffe

DIN-Nr.	(Ausgabe)	
106	(4. 69)	Bl. 1 Kalksandsteine; Voll-, Loch- und Hohlblocksteine
274	(10. 36)	Asbestzement-Dachplatten und -Tafeln
398	(7. 65)	Hüttensteine; Voll- und Lochsteine
457	(9. 64)	Bl. 1–3 Kabelkanal-Formsteine aus Beton
483	(9. 63)	Bordsteine; Beton
485	(8. 66)	Gehwegplatten aus Beton
487	(3. 71)	Grenzsteine, Nummersteine; Beton
1045	(1. 72)	Beton- und Stahlbetonbau; Bemessung und Ausführung
1115	(7. 50)	Betondachsteine; Güte, Prüfung, Überwachung und Lieferbedingungen
1213	(9. 64)	Aufsätze für Straßen- und Hofabläufe; Baugrundsätze, Tragfähigkeit und Prüfung
1229	(9. 64)	Schachtabdeckungen für Entwässerungsanlagen; Baugrundsätze, Tragfähigkeit, Prüfung
		Bl. 1* (1. 72) –; Klassifizierung, Baugrundsätze
		Bl. 2* (1. 72) –; Prüfgrundsätze
1236	(1. 62)	Blatt 1 und 2 Hofabläufe aus Beton
1999		Blatt 1–3 Benzinabscheider
		Blatt 1 (11. 59)
		Blatt 2 (9. 58)
		Blatt 3 (1. 56)
4027	(4. 44)	Bimsbeton-Hohldielen für Dächer
4028	(10. 38)	Stahlbeton-Hohldielen; Bestimmung für Herstellung und Verlegung
4032*	(12. 71)	Betonrohre und -formstücke; Maße, technische Lieferbedingungen
		Bl. 1 (9. 60) Rohre und Formstücke aus Beton; Abmessungen, Herstell- und Gütebestimmungen, Prüfung
		Bl. 2 (4. 59) –; technische Lieferbedingungen
		Bbl. (7. 39) –; Richtlinien für die Beförderung
4034	(10. 73)	Schachtringe
4035	(12. 68)	Stahlbetonrohre
4036	(5. 39)	Stahlbetondruckrohre
4037	(5. 39)	Stahlbetondruckrohre
4040	(1. 57)	Fettabscheider
4041	(1. 57)	Fettabscheider
4042	(2. 59)	Fettabscheider
4052		Blatt 1–4 Straßenabläufe
		Blatt 1 (11. 52)
		Blatt 2 (11. 52)
		Blatt 3 (10. 43)
		Blatt 4 (8. 73)
4158	(3. 71)	Zwischenbauteile aus Beton für Stahlbeton- und Spannbetondecken
4223	(9. 58)	Bewehrte Dach- und Deckenplatten aus dampfgehärtetem Gas- und Schaumbeton
4228	(10. 64)	Spannbetonmaste
4234	(1. 53)	Stahlbetonmaste
4281	(3. 66)	Beton für Entwässerungsgegenstände

18331	(12. 58)	–; Beton- und Stahlbetonarbeiten
18333	(12. 58)	–; Betonwerksteinarbeiten
18500	(11. 63)	–; Betonwerkstein; Güte, Prüfung, Überwachung
18501	(9. 64)	Pflastersteine; Beton
18907	(10. 70)	Bl. 4 Fußböden für Stallanlagen; zementgebundene Beläge (Platten und Estriche; Maße, Anforderungen, Verlegung)

Gasbeton

DIN-Nr.	(Ausgabe)	
4164	(10. 51)	Gas- und Schaumbeton; Herstellung, Verwendung und Prüfung, Richtlinien
4165	(2. 59)	Wandbausteine aus dampfgehärtetem Gas- und Schaumbeton
4166	(2. 59)	Wandbauplatten aus dampfgehärtetem Gas- und Schaumbeton

Gipsbauplatten

DIN-Nr.	(Ausgabe)	
18163	(5. 66)	Wandbauplatten aus Gips
18169	(12. 62)	Deckenplatten aus Gips
18180	(6. 67)	Gipskartonplatten; Arten, Anforderungen, Prüfung
18181	(1. 69)	– im Hochbau; Richtlinien für die Verarbeitung
18183*	(2. 70)	Leichtwände aus Gipskartonplatten und Gipskarton-Wandbautafeln
18306	(12. 58)	VOB, Teil C; Abwasserkanalarbeiten

Leichtbeton

DIN-Nr.	(Ausgabe)	
18150	(1. 64)	Hausschornsteine; Formstücke aus Leichtbeton
18151	(7. 60)	Hohlblocksteine aus Leichtbeton
18152	(7. 71)	Vollsteine aus Leichtbeton
18153	(9. 68)	Bl. 1 (Vornorm) Hohlblocksteine und T-Hohlsteine aus Beton mit geschlossenem Gefüge
18162	(5. 54)	Wandplatten aus Leichtbeton, unbewehrt

4.4.3 Bücher und andere Veröffentlichungen

„Betonstein-Jahrbuch". Bauverlag GmbH, Wiesbaden.
O. Bröcker: „Die Widerstandsfähigkeit von Außenwänden bei Beanspruchung durch Schlagregen". Dissertation an der TH Braunschweig 1954.
„DIN-Taschenbuch 5", Beton- und Stahlbeton-Fertigteil-Normen. Beuth-Vertrieb GmbH, Berlin.
„Hbl-Handbuch Rationeller Mauerwerksbau mit Hohlblock- und Vollsteinen". Beton-Verlag GmbH, Düsseldorf.
P. Maack: „Über heutige Mißerfolge im (Wohn-)Hausbau und ihre Vermeidung".
A. Meyer: „Betonwaren für den Straßenbau". Bauverlag GmbH, Wiesbaden.
O. Meyer: „Klinker und Fuge. Untersuchungen zur Klinkerfuge und des Fugenmörtels". Dissertation an der TH Braunschweig 1933 (im Verlag der Tonindustriezeitung).
Roll: „Erläuterungen zu den Bestimmungen über Steinstahldecken". Verlag W. Ernst & Sohn, Berlin.
Ziegel-Bautaschenbuch. Krausskopf-Verlag, Wiesbaden.

5 Mörtel mit mineralischen Bindemitteln

5.1 Allgemeines

Mörtel sind in der Regel zusammengesetzt aus einem Bindemittel, Sand und Wasser. Zur Beeinflussung bestimmter Eigenschaften werden den Mörteln häufig noch Zusätze zugegeben. Verwendet werden Mörtel für die Herstellung von Mauerwerk, Putz und Estrichen, daneben aber auch in einer Reihe anderer Fälle wie z. B. als Vergußmörtel für Einpreßarbeiten zum Ausbessern und zum Verlegen und Verfugen von Platten. Ihre Eigenschaften und Zusammensetzungen richten sich nach dem jeweiligen Anwendungsfall.

Je nach Art des mineralischen Bindemittels unterscheidet man Gipsmörtel, Gipskalkmörtel, Anhydridmörtel, Anhydridkalkmörtel, Kalkmörtel, Kalkzementmörtel, Putz- und Mauerbindermörtel und Zementmörtel. Neben den hier genannten Bindemitteln gibt es an mineralischen Bindemitteln noch den Magnesitbinder für die Herstellung von Magnesia-Estrichen und den Mischbinder nach DIN 4207. Für bestimmte Anwendungen wie z. B. Kunstharzputze kommen auch Kunstharze als Bindemittel zum Einsatz.

Nach der Rohdichte unterscheidet man Normalmörtel und Leichtmörtel. Normalmörtel sind Mörtel mit Zuschlägen aus Sand mineralischen Ursprungs. Leichtmörtel sind Mörtel mit einer Trockenrohdichte $\leqq$ 1 kg/dm³ mit Leichtzuschlägen und/oder Luftporen.

Nach dem Ort der Herstellung unterscheidet man Baustellen- und Werkmörtel.

Die Anforderungen an die verschiedenen Mörtel sind in den Anwendungsnormen wie z. B. für Mauermörtel in DIN 1053, für Putzmörtel in DIN 18550 und für Estrichmörtel in DIN 18560 festgelegt.

5.2 Ausgangsstoffe

5.2.1 Bindemittel

5.2.1.1 Baugipse

Die als Bindemittel im Bauwesen verwendeten Baugipse bestehen vorwiegend aus einer oder mehreren Hydratstufen des Calciumsulfats. Sie werden aus dem in der Natur anstehenden Gipsstein ($CaSO_4 \cdot 2\,H_2O$, Calciumsulfat-Dihydrat) oder aus anderen gipsreichen Rohstoffen – z. B. Nebenprodukten der chemischen Industrie – in geeigneten, auf das jeweils verwendete Rohmaterial und die zu erzeugende Gipssorte abgestimmten Aufbereitungs- und thermischen Entwässerungsverfahren (Brennen) hergestellt. Eine Übersicht über die einzelnen Hydratstufen des Calciumsulfats enthält *Tab. 5.1*.

Baugipse sind in DIN 1168 genormt. Nach dieser Norm werden unterschieden: „Baugipse ohne werkseitig beigegebene Zusätze" und „Baugipse mit werkseitig beigegebenen Zusätzen".

Baugipse mit werkseitig beigegebenen Zusätzen sind *Stuckgips* und *Putzgips*.

Stuckgips besteht überwiegend aus Calciumsulfat-Halbhydrat und versteift rasch. Der Versteifungsbeginn liegt zwischen 8 und 25 Minuten. Stuckgips wird verwendet für die Herstellung von Innenputzen, Stuck-, Form- und Rabitzarbeiten sowie für Gipsbauplatten.

Putzgips besteht aus einer oder mehreren Hydratstufen des Calciumsulfats wie z.B. Halbhydrat, Anhydrid III und Anhydrid II. Er beginnt früher zu versteifen, ist aber länger als Stuckgips bear-

Tab. 5.1: Übersicht über die Hydratstufen des Calciumsulfats

Chemische Formel	Hydratstufe (Phase) Bezeichnung	Form	technische Entstehungstemperatur °C
$CaSO_4 \cdot 2\,H_2O$	Calciumsulfat-Dihydrat		
$CaSO_4 \cdot \frac{1}{2}\,H_2O$	Calciumsulfat-Halbhydrat	α	100
		β	125
$CaSO_4$	Anhydrit III	α	110
		β	290
$CaSO_4$	Anhydrit II		300–500[1])
$CaSO_4$	Anhydrit I		ca. 1200[2])

[1]) Bei etwa 900–1050° C bildet sich durch thermische Zersetzung von $CaSO_4$ in geringer Menge CaO und SO_3.
[2]) Technisch ohne Bedeutung.

Tab. 5.2: Anforderungen an Baugipse

Baugipssorte	Kornfeinheit Rückstand auf Drahtsiebboden nach DIN 4188 Blatt 1: 3,15 %	1,25 %	0,2 %	Versteifungsbeginn Minuten	Biegezugfestigkeit N/mm²	Druckfestigkeit N/mm²	Härte N/mm²
Stuckgips	0	0	≦ 12	8 bis 25[1])	≧ 2,5	–	≧ 10
Putzgips	0	–	–	≧ 3	≧ 2,5	–	≧ 10
Fertigputzgips	0	–	–	≧ 25	≧ 1,0	≧ 2,5	–
Haftputzgips	0	–	–	≧ 25	≧ 1,0	≧ 2,5	–
Maschinenputzgips	0	–	–	≧ 25	≧ 1,0	≧ 2,5	–
Ansetzgips	0	–	–	≧ 25	≧ 2,5	≧ 6,0	–
Fugengips	0	0	≦ 1	≧ 25	≧ 1,5	≧ 3,0	–
Spachtelgips	0	0	≦ 2	≧ 15	≧ 1,0	≧ 2,5	–

[1]) Bei werksmäßiger Weiterverarbeitung, z.B. zu Gipsbauplatten, darf der Versteifungsbeginn früher eintreten.

Tab. 5.3: Festigkeitsanforderungen für Anhydritbinder (gemagert) der vorgesehenen Neufassung von DIN 4208

Festigkeitsklasse	Druckfestigkeit N/mm² mindestens				Biegezugfestigkeit N/mm² mindestens			
	3 Tage		28 Tage		3 Tage		28 Tage	
Kurzzeichen	Mittelwert	Einzelwert	Mittelwert	Einzelwert	Mittelwert	Einzelwert	Mittelwert	Einzelwert
AB 5	2,5	2,0	6	5	0,7	0,5	1,5	1,2
AB 20	10,0	8,0	25	20	2,0	1,6	4,5	4,0
AB 25	12,0	10,0	30	25	2,5	2,0	5,0	4,5

beitungsfähig. Putzgips wird verwendet für die Herstellung von Innenputzen sowie für Rabitzarbeiten.

Zur Erzielung bestimmter Eigenschaften dürfen im Werk Zusätze in Form von Stellmitteln – das sind Zusatzmittel zur Regelung z.B. der Konsistenz, Verarbeitungszeit und der Haftung – und/oder Füllstoffe (das sind Feinstoffe wie Sand, Quarzmehl oder Faserstoffe) beigegeben werden. Derartige Baugipse bezeichnet man als „Baugipse mit werkseitig beigegebenen Zusätzen".

Der Anteil an Dehydratationsprodukten des Calciumsulfat-Dihydrates muß mindestens 50 Gewichtsprozent betragen. Dieser Anteil besteht überwiegend aus Stuckgips und/oder Putzgips.

Je nach Anwendungsfall werden unterschieden: Fertigputzgips, Haftputzgips, Maschinenputzgips, Ansetzgips, Fugengips und Spachtelgips.

Fertigputzgips versteift langsam und wird für Innenputze verwendet. Haftputzgips wird vorzugsweise für einlagige Innenputze verwendet. Maschinenputzgips wird insbesondere für Innenputze eingesetzt, die unter Verwendung von Putzmaschinen hergestellt werden. Ansetzgips, Fugengips und Spachtelgips versteifen langsam, weisen ein erhöhtes Wasserrückhaltevermögen auf und werden vor allem zum Ansetzen, zum Verbinden bzw. zum Verspachteln von Gipskartonplatten und Gipsbauplatten verwendet.

Die Baugipse müssen bestimmten Anforderungen an Kornfeinheit, Versteifungsbeginn, Biegezug- und Druckfestigkeit und Härte erfüllen. Die Anforderungen an sie nach DIN 1168 Teil 2 sind in *Tab. 5.2* zusammengestellt.

Baugips kann in Säcken oder lose in Silos und Containern geliefert werden. Säcke, oder bei loser Anlieferung der Lieferschein, müssen normgerecht gekennzeichnet sein. Die Überwachung erfolgt in der Regel über Güteschutzgemeinschaften. Das Zeichen dieser Überwachung zeigt *Abb. 5.1.*

Abb. 5.1: Gütezeichen für Gipserzeugnisse

5.2.1.2 Anhydridbinder

Anhydridbinder wird durch gemeinsames Vermahlen von Anhydrid und Anreger oder durch Vermischen von gemahlenem Anhydrid und Anreger hergestellt. Dafür kann natürlicher und synthetischer Anhydrid verwendet werden. Als Anreger werden basische Stoffe wie z.B. Baukalk und Portlandzement (höchstens 7 Gew.-%), salzartige Stoffe wie z.B. Sulfate (höchstens 3 Gew.-%) oder beider Gemische (höchstens 5 Gew.-%) verwendet.

Anhydridbinder ist in DIN 4208 genormt. Die nach DIN 4208, Entwurf September 1982, vorgesehenen Festigkeitsklassen und Anforderungen gehen aus *Tab. 5.3* hervor. Wegen einer möglichen Treibgefahr darf Anhydridbinder mit hydraulischen Bindemitteln wie z.B. Zement nicht vermischt werden.

5.2.1.3 Baukalk

Baukalke werden durch Brennen unterhalb der Sintergrenze aus Kalkstein, Dolomitstein, mergeligem Kalkstein,

Tabelle 5.4: Anforderungen an Baukalke nach DIN 1060 T 1

1	2	3	4	5	6	7	8	9	10	11	12
Handelsform der Baukalkart	Chemische Zusammensetzung[1]) Massenanteil in %				Kornfeinheit[2]) Rückstand	Ergiebigkeit je 10 kg Kalk	Verarbeitbarkeit	Raumbeständigkeit[3]) Prüfung		Druckfestigkeit nach	
	CaO + MgO	MgO	CO_2	SO_3	Massenanteil in %	dm^3	Eindringmaß mm	im Wärmeschrank	bei Wasserlagerung	7 Tagen N/mm^2	28 Tagen N/mm^2
1 Weißfeinkalk	≥ 80,0	≤ 10,0	≤ 7,0	≤ 2,0	0[4]) auf Drahtsiebboden DIN 4188-0,63; ≤ 10[4]) auf Drahtsiebboden DIN 4188-0,1	≥ 26,0	–	×	–	–	–
2 Weißstückkalk	≥ 80,0	≤ 10,0	≤ 7,0	≤ 2,0		≥ 26,0	–	×	–	–	–
3 Weißkalkhydrat	≥ 80,0	≤ 10,0	≤ 7,0	≤ 2,0		–	–	×	–	–	–
4 Carbidkalkhydrat	≥ 80,0	≤ 10,0	≤ 7,0	≤ 2,0		–	–	×	–	–	–
5 Weißkalkteig	≥ 80,0	≤ 10,0	≤ 7,0	≤ 2,0		–	–	×	–	–	–
6 Carbidkalkteig	≥ 80,0	≤ 10,0	≤ 7,0	≤ 2,0		–	–	×	–	–	–
7 Dolomitfeinkalk	≥ 80,0	≥ 10,0	≤ 7,0	≤ 2,0		≥ 26,0	–	×	–	–	–
8 Dolomitkalkhydrat	≥ 80,0	≥ 10,0	≤ 7,0	≤ 2,0		–	–	×	–	–	–
9 Wasserfeinkalk	≥ 70,0	–	≤ 7,0	≤ 2,0		≥ 26,0	–	×	×	–	–
10 Wasserkalkhydrat	≥ 70,0	–	≤ 7,0	≤ 2,0		–	–	×	×	–	–
11 hydraulischer Kalk	–	–	≤ 12,0	≤ 4,0[6])		–	–	–	×	–	≥ 2
12 hochhydraulischer Kalk	–	–	–	≤ 4,0[6])		–	≥ 12 ≤ 60	–	×	≥ 2,5	≥ 5 ≤ 15[5])

[1]) Bei Feinkalk und Stückkalk im Anlieferungszustand, bei Kalkhydraten und Kalkteig bezogen auf wasser- und hydratwasserfreie Substanz.
[2]) Bei Stückkalk entfällt der Nachweis der Kornfeinheit; bei Kalkteig bezieht sich die Angabe auf die Trockensubstanz. Der Anteil der Trockensubstanz ist anzugeben.
[3]) Welche Prüfung zum Nachweis der Raumbeständigkeit bestanden werden muß, ist durch das Symbol × gekennzeichnet.
[4]) Siehe Abschnitt 5.3.
[5]) Für hochhydraulische Kalke mit einer Schüttdichte ≤ 0,90 kg/dm^3 gilt als oberer Grenzwert 20 N/mm^2.
[6]) Werte bis 7,0 % werden zugelassen, wenn die Prüfung der Raumbeständigkeit nach DIN 1060 Teil 3, Ausgabe November 1982, Abschnitt 8.4, bestanden ist.

Kalksteinmergel bei teilweiser Zugabe latent-hydraulischer Stoffe hergestellt. Aufgrund des Erhärtungsverhaltens und der Zusammensetzung unterscheidet man verschiedene Baukalkarten. Baukalke mit hohem Gehalt an Kalk und Magnesia erhärten nach dem Anmachen mit Wasser bei Gegenwart von Wasser vorwiegend durch Aufnahme von Kohlendioxid aus der Luft (Carbonaterhärtung) und werden daher als Luftkalke bezeichnet. Mit zunehmendem Gehalt an Kieselsäure, Tonerde und Eisenoxiden vermögen die Baukalke nach dem Anmachen mit Wasser und einer mehrtägigen Lagerung an der Luft auch unter Wasser zu erhärten, rascher zu erhärten und höhere Festigkeiten zu erreichen als Luftkalk.

Baukalke sind in DIN 1060 genormt. Die wesentlichen Handelsformen, ihre Zusammensetzungen und Anforderungen gehen aus *Tab. 5.4* hervor.

Zu den reinen Luftkalken gehören der aus möglichst reinem kohlensaurem Kalk ($CaCO_3$) gewonnene Weißkalk und der aus dolomitischem Gestein ($CaCO_3 \cdot MgCO_3$) gewonnene Dolomitkalk. Wasserkalk wird aus mergeligem Kalkstein gewonnen und erhärtet durch Carbonaterhärtung und durch hydraulische Erhärtung. Hydraulischer und hochhydraulischer Kalk werden aus Kalkstein, Dolomitstein oder Kalksteinmergel unter teilweisem Zusatz von latent-hydraulischen Stoffen hergestellt. Sie erhärten vorwiegend hydraulisch.

Die Überwachung erfolgt in der Regel über die Gütegemeinschaft der Deutschen Kalkindustrie e.V. Das Zeichen der Überwachung zeigt *Abb. 5.2.*

Abb. 5.2: Baukalk-Gütezeichen für Erzeugnisse, die von einer anerkannten Prüfanstalt geprüft werden

5.2.1.4 Zement

Zement ist ein feingemahlenes hydraulisches Bindemittel; das ist ein Bindemittel, das – mit Wasser angemacht – an der Luft und unter Wasser erhärtet und fest bleibt. Zement unterscheidet sich von anderen hydraulischen Bindemitteln unter anderem durch eine höhere Druckfestigkeit.

Zement ist in DIN 1164 genormt. Nach dieser Norm werden unterschieden Portlandzement (PZ), Eisenportlandzement (EPZ), Hochofenzement (HOZ) und Traßzement (TrZ). Daneben gibt es auch bauaufsichtlich als gleichwertig zugelassene Zemente. Hauptbestandteile des Zements sind Portlandzementklinker und gegebenenfalls Hüttensand bzw. Traß. Nebenbestandteil ist unter anderem das zur Regelung des Erstarrens zugesetzte Calciumsulfat.

Der Portlandzementklinker wird durch Brennen mindestens bis zur Sinterung aus den Rohstoffen Calciumoxid, Siliciumdioxid und zum geringen Teil Aluminiumoxid, Eisenoxid und anderen Oxiden hergestellt. Der für Eisenportlandzement und Hochofenzement verwendete Hüttensand ist Kalk-/Tonerde, silikatische, schnell abgekühlte Hochofenschlacke, die feingemahlen latenthydraulisch ist.

Tab. 5.5: Druckfestigkeitsanforderungen für Zement nach DIN 1164

Festigkeitsklasse		Druckfestigkeit in N/mm^2 nach 2 Tagen min.	7 Tagen min.	28 Tagen min.	max.
Z 25	–	–	10	25	45
Z 35	L	–	18	35	55
	F	10	–		
Z 45	L	10	–	45	65
	F	20	–		
Z 55	–	30	–	55	–

[1]) Nur für Zement mit niedriger Hydrationswärme.

Tab. 5.6: Korngruppe/Lieferkörnung und Kornzusammensetzung aus DIN 4226 T 1

		1	2	3	4	5	6	7	8	9	10	11
		Durchgang in Gew.-% durch das Prüfsieb nach DIN 4188 Teil 1					nach DIN 4187 Teil 2					
	Korngruppe/ Lieferkörnung	mm 0,125	0,25	0,5	1	2	4	8	16	31,5	63	90
1	0/1	[2])	[2])	[2])	≧ 85	100						
2	0/2 a	[2])	≦ 25[2])	≦ 60[2])		≧ 90	100					
3	0/2 b	[2])	[2])	≦ 75[2])		≧ 90	100					
4	0/4 a	[2])	[2])	≦ 60[2])		55 bis 85[3])	≧ 90	100				
5	0/4 b	[2])	[2])	≦ 60[2])			≧ 90	100				

Tab. 5.7: Mörtelzusammensetzung, Mischungsverhältnisse für Normalmörtel in Raumteilen aus DIN 1053 E

	1	2	3	4	5	6	7
	Mörtelgruppe	Luftkalk und Wasserkalk Kalkteig	Kalkhydrat	Hydraul. Kalk	Hochhydraulischer Kalk, Putz- und Mauerbinder	Zement	Sand[1]) aus natürlichem Gestein
1		1					1
2	I		1				3
3				1			3
4					1		4,5
5		1,5				1	8
6	II		2			1	8
7				2		1	8
8					1		3
9	II a		1			1	6
10					2	1	6
11	III					1	4

[1]) Die Werte des Sandanteils beziehen sich auf den lagerfeuchten Zustand.
[2]) Auf Anfrage hat der Hersteller Mittelwert und Streubereich bekanntgegeben.
[3]) Der Streubereich darf 20 Gew.-% nicht überschreiten.

Die wichtigste Eigenschaft des Zements ist seine Druckfestigkeit. *Tab. 5.5* enthält die Druckfestigkeitsanforderungen für Zement nach DIN 1164. Weitere Eigenschaften, die in DIN 1164 festgelegt sind, sind u. a. das Erstarren, die Raumbeständigkeit und die Mahlfeinheit. Wegen der noch erforderlichen Verarbeitung z. B. des Mörtels darf das Ansteifen nicht unmittelbar nach dem Mischen beginnen. Aus diesem Grunde fordert die DIN 1164 für alle Zemente, daß der Erstarrungsbeginn nicht früher als eine Stunde und das Erstarrungsende nicht später als 12 Stunden nach dem Anmischen mit Wasser eintreten darf. Der Zement muß so fein gemahlen sein, daß seine spezifische Oberfläche, geprüft mit dem Luftdurchlässigkeitsverfahren, im allgemeinen 2200 cm^2/g nicht unterschreitet. Von baupraktischer Bedeutung ist auch, daß die Zemente raumbeständig sind und kein Kalktreiben, Magnesiatreiben oder Gipstreiben aufweisen. Die Überwachung der Zemente erfolgt über die Überwachungsgemeinschaft des Vereins Deutscher Zementwerke e.V. mit dem Zeichen entsprechend *Abb. 5.3.*

Abb. 5.3: Kennzeichen für die Überwachung und Zeichen der Überwachungsgemeinschaft: Verein Deutscher Zementwerke

Die Lagerung kann die Zementeigenschaften wesentlich beeinflussen. Ungeschützter Zement nimmt auch aus der Luft Feuchtigkeit und Kohlensäure auf. Dies kann zur Klumpenbildung und Festigkeitsminderung führen. Zement sollte deshalb vor Luft und Feuchtigkeit geschützt gelagert werden. Die Lagerungsdauer in normalen Säcken sollte bei Zementen mit mittlerer Erhärtungsgeschwindigkeit etwa zwei Monate nicht überschreiten.

5.2.1.5 Putz- und Mauerbinder

Putz- und Mauerbinder ist ein werkmäßig hergestelltes fein gemahlenes mineralisches, hydraulisches Bindemittel für Mauer- und Putzmörtel. Seine Hauptbestandteile sind Zement nach DIN 1164 und Gesteinsmehl, Kalkhydrat nach DIN 1060 und Zusätze zur Verbesserung der Verarbeitbarkeit. Putz- und Mauerbinder erhärtet mit Wasser angemischt sowohl an der Luft als auch unter Wasser und bleibt auch unter Wasser fest.

Putz- und Mauerbinder muß DIN 4211 entsprechen. Hierin sind Anforderungen an die Raumbeständigkeit, den Sulfatgehalt, die Mahlfeinheit, das Erstarren, die Verarbeitbarkeit und die Druckfestigkeit gestellt. Unter anderem wird gefordert, daß die spezifische Oberfläche bei Prüfung mit dem Luftdurchlässigkeitsverfahren mindestens 3000 cm^2/g beträgt, daß das Erstarren bei Prüfungen mit dem Nadelgerät nach DIN 1164 frühestens eine Stunde nach dem Anmischen beginnt und spätestens 24 Stunden nach dem Anmischen beendet ist, daß das Eindringmaß als Maß für die Verarbeitbarkeit mindestens 12 mm beträgt und 60 mm nicht überschreitet und daß die 28-Tage-Druckfestigkeit zwischen 5 und 15 N/mm^2 liegt.

Tab. 5.8: Anforderungen an die Druckfestigkeit von Mörteln der Gruppen II bis IIIa im Alter von 28 Tagen (geprüft nach DIN 18555 T3) aus DIN 1053 E

1	2	3
	Mindestdruckfestigkeit Mittelwert	
Mörtelgruppe	bei Güteprüfungen N/mm²	bei Eignungsprüfungen N/mm²
II	2,5	3,5
IIa	5	7
III	10	11
IIIa	20	25

Tab. 5.9: Putzmörtelgruppen nach DIN 18550 T 1

Putzmörtelgruppe[1])	Art der Bindemittel
P I	Luftkalke[2]), Wasserkalke, hydraulische Kalke
P II	hochhydraulische Kalke, Putz- und Mauerbinder, Kalk-Zement-Gemische
P III	Zemente
P IV	Baugipse ohne und mit Anteilen an Baukalk
P V	Anhydritbinder ohne und mit Anteilen an Baukalk

[1]) Eine weitergehende Aufgliederung der Putzmörtelgruppen siehe DIN 18550 Teil 2, Tab. 3.
[2]) Ein begrenzter Zementzusatz ist zulässig.

5.2.2 Mörtelsand

Als Sand für Baumörtel werden vorwiegend mineralische Sande im Sinne von DIN 4226 verwendet. Hiernach handelt es sich um Korngruppen/Lieferkörnungen mit einem Größtkorn bis 4 mm. Bei Natursanden wie Flußsanden, Grubensanden, Dünen- und Seesanden spricht man allgemein von Sand, bei gebrochenem Korn von Brechsand oder Edelbrechsand.

Mörtelsande sollen in der Regel möglichst gemischkörnig sein. Hierzu können die Sande aus verschiedenen Korngruppen zusammengesetzt werden. Anforderungen an Korngruppen zeigt in einem Ausschnitt aus Tabelle 1 der DIN 4226 *Tab. 5.6.*

Mörtelsande dürfen keine schädlichen Bestandteile enthalten, wie z. B. größere Mengen an abschlämmbaren Bestandteilen, an Stoffen, die stark Wasser aufnehmen und quellen und an Stoffen, die die Erhärtung des Mörtels nennenswert beeinflussen. Als abschlämmbare Bestandteile werden entsprechend DIN 4226 Kornanteile unter 0,063 bezeichnet.

Je nach Anwendungsgebiet werden an die Mörtelsande zusätzliche Anforderungen gestellt. Ist bei Sanden für Mauermörtel der Anteil an abschlämmbaren Bestandteilen größer als 8 Gew.-% oder wird bei der Prüfung nach DIN 4226 Teil 3 (Prüfung mit Natronlauge) eine tiefgelbe, bräunliche oder rötliche Verfärbung festgestellt, so muß die Brauchbarkeit des Zuschlags bei der Herstellung von Mörtel der Gruppen II, IIa, III und IIIa durch eine Eignungsprüfung nachgewiesen werden.

Sande für Putzmörtel sind besonders günstig, wenn deren Masseanteil an Körnung 0–0,25 mm zwischen 10 und 30 % liegt. Auch für Putzmörtel sind abschlämmbare Bestandteile schädlich, wenn es sich um Ton oder Lehm handelt und wenn sie die Zuschlagkörner festhaftend umhüllen oder in Knollenform vorliegen. Ein Massenanteil der Mörtelsande an abschlämmbaren Bestandteilen ist nicht zu beanstanden, wenn er bei der Prüfung nach dem Absetzversuch nach DIN 4226 Teil 3 unter 5 % liegt.

Stark wasseraufnehmende und dabei quellende Körner (z.B. aus Braunkohle), Knollen aus weichem Mergel, Ton oder Kreide sowie Stoffe, die sich chemisch verändern (z.B. Schwefelkies) dürfen nicht enthalten sein, weil sie im Putz zu Reiberscheinungen oder Verfärbungen führen können.

Der Gehalt an fein verteilten, schädlichen Bestandteilen organischen Ursprungs ist als unbedenklich anzusehen, wenn bei der Prüfung nach DIN 4226 Teil 3 die Flüssigkeit nach einer Versuchsdauer von 24 Stunden farblos bis tief gelb bleibt. Färbt sich auch hier die überstehende Lauge bräunlich oder rötlich, so ist eine Eignungsprüfung erforderlich, wenn der Sand für die Mörtelgruppen PIc, PII, PIII, PIV oder PV verwendet werden soll (siehe Abschnitt 5.4.2 Putzmörtel). Weitere Anforderungen an Sande für Putzmörtel werden noch an die wasserlöslichen Salze, die zur Ausblühung führen können, sowie an die Sulfatgehalte gestellt.

Edelputze enthalten als Zuschlag in der Regel nach Art und Kornabstufung besonders ausgewählte Sandzusammensetzungen.

Für Zementestriche nach DIN 18560 werden auch Zuschläge mit einem Größtkorn über 4 mm (Kiese, Splitte) verwendet.

Allgemein sollten Zuschläge für Estriche auch DIN 4226 entsprechen; dazu sollte der Zuschlag möglichst grobkörnig (günstiger Sieblinienbereich nach DIN 1045) und der Anteil an abschlämmbaren Bestandteilen möglichst gering sein. Das Zuschlaggrößtkorn soll bei einer Estrichdicke bis 30 mm 8 mm und bei Estrichdicken über 40 mm 16 mm nicht überschreiten.

Für Hartstoffestriche wie z.B. für Industrieböden werden besonders harte Zuschläge, sogenannte Hartstoffe, verwendet. Zur Anwendung kommen die Hartstoffgruppen A, M, KS (siehe DIN 1100).

5.2.3 Anmachwasser

Das Anmachwasser ergibt sich aus der Oberflächenfeuchtigkeit der Zuschläge und dem Zugabewasser, das beim Mischen zugegeben wird. Die Oberflächenfeuchtigkeit des Zuschlags ergibt sich aus der gesamten Feuchtigkeit des Zuschlags abzüglich der Kernfeuchtigkeit, die sich im Innern der Zuschlagkörner befindet und sich auf die Eigenschaften des Mörtels nicht auswirkt.

Als Zugabewasser wird in der Regel Leitungswasser verwendet; daneben sind aber auch die meisten in der Natur vorkommenden Wässer geeignet, wie z.B. Regenwasser, Grundwasser, Moorwasser und nicht durch Industrieabwässer verunreinigtes Flußwasser.

Nicht geeignet als Zugabewasser sind stark verunreinigte Wässer, die das Erhärten oder bestimmte Eigenschaften des erhärteten Mörtels ungünstig beeinflussen, wie z.B. öl-, fett- oder zuckerhaltige Wässer. Die Brauchbarkeit des Zugabewassers kann in Zweifelsfällen durch einen Erstarrungsversuch nach DIN 1164 überprüft werden.

Tab. 5.10: Mischungsverhältnisse in Raumteilen nach DIN 18 550 T 2

Zeile	Mörtelgruppe		Mörtelart	Baukalke DIN 1060 Teil 1: Luftkalk Wasserkalk – Kalkteig	Baukalke DIN 1060 Teil 1: Luftkalk Wasserkalk – Kalkhydrat	hydraulischer Kalk	hochhydraulischer Kalk	Putz- und Mauerbinder DIN 4211	Zement DIN 1164 Teil 1	Baugipse ohne werksseitig beigegebene Zusätze DIN 1168 Teil 1 – Stuckgips	Baugipse ohne werksseitig beigegebene Zusätze DIN 1168 Teil 1 – Putzgips	Anhydritbinder DIN 4208	Sand[1])
1	P I	a	Luftkalkmörtel	1,0[3])									3,5 bis 4,5
2	P I	a			1,0[3])								3,0 bis 4,0
3	P I	b	Wasserkalkmörtel	1,0									3,5 bis 4,5
4	P I	b			1,0								3,0 bis 4,0
5	P I	c	Mörtel mit hydraulischem Kalk			1,0							3,0 bis 4,0
6	P II	a	Mörtel mit hydraulischem Kalk, Mörtel mit Putz- und Mauerbinder				1,0 oder	1,0					3,0 bis 4,0
7	P II	b	Kalkzementmörtel	1,5 oder 2,0					1,0				9,0 bis 11,0
8	P III	a	Zementmörtel mit Zusatz von Kalkhydrat		≦ 0,5				2,0				6,0 bis 8,0
9	P III	b	Zementmörtel						1,0				3,0 bis 4,0
10	P IV	a	Gipsmörtel							1,0[2])			–
11	P IV	b	Gipssandmörtel							1,0[2]) oder	1,0[2])		1,0 bis 3,0
12	P IV	c	Gipskalkmörtel	1,0 oder	1,0					0,5 bis 1,0 oder	1,0 bis 2,0		3,0 bis 4,0
13	P IV	d	Kalkgipsmörtel	1,0 oder	1,0					0,1 bis 0,2 oder	0,2 bis 0,5		3,0 bis 4,0
14	P V	a	Anhydritmörtel									1,0	≦ 2,5
15	P V	b	Anhydritkalkmörtel	1,0 oder	1,5							3,0	12,0

[1]) Die Werte dieser Tabelle gelten nur für mineralische Zuschläge mit dichtem Gefüge.

[2]) Um die Geschmeidigkeit zu verbessern, kann Weißkalk in geringen Mengen, zur Regelung der Versteifungszeiten können Verzögerer zugesetzt werden.

[3]) Ein begrenzter Zementzusatz ist zulässig.

5.2.4 Mörtelzusätze

Es kommen sowohl Zusatzstoffe als auch Zusatzmittel zur Anwendung. Allgemein dürfen Zusätze keinen schädigenden Einfluß auf den Mörtel ausüben, d. h. sie dürfen das Erhärten des Bindemittels, die Festigkeit und die Beständigkeit des Mörtels sowie gegebenenfalls den Korrosionsschutz von Bewehrung oder stählernen Verankerungen im Mörtel nicht beeinträchtigen. Zusatzstoffe sind fein aufgeteilte Stoffe, die die Mörteleigenschaften beeinflussen und im Gegensatz zu den Zusatzmitteln in größerer Menge zugegeben werden. Für Mauermörtel dürfen nur Stoffe nach DIN 1060, DIN 4226 Teil 1, DIN 51043 und solche mit Prüfzeichen verwendet werden. Für Putze, die eingefärbt werden sollen, ist darauf zu achten, daß nur Zusätze aus lichtechten, kalkechten und zementechten Pigmenten verwendet werden (siehe DIN 53237). Sie sind nur in solchen Mengen zuzugeben, daß ein nachteiliger Einfluß auf den Putz unterbleibt.

Zusatzmittel sind Zusätze, die Mörteleigenschaften durch chemische und/oder physikalische Wirkung ändern und in geringer Menge zugegeben werden, wie z. B. Luftporenbildner, Verflüssiger, Dichtungsmittel, Erstarrungsbeschleuniger und Verzögerer sowie Stabilisatoren. Weiter gibt es Zusatzmittel, die den Haftverbund zwischen Mörtel und Stein günstig beeinflussen. Für Mauerwerk mit Bewehrung oder mit stählernen Verankerungen dürfen nur Betonzusatzmittel mit Prüfzeichen verwendet werden. Für Putzmörtel ist zu beachten, daß bestimmte Arten von Zusatzmitteln, wie z. B. hydrophobierende Zusatzmittel, die nachfolgenden Schichten auf dem Putz, wie übliche Anstriche und Beläge, in deren Haftung beeinträchtigen können. Vor Verwendung eines Zusatzmittels sollte stets eine Mörteleignungsprüfung durchgeführt werden.

5.3 Herstellung

Der Mörtel kann auf der Baustelle oder in einem Mörtelwerk hergestellt werden. Die traditionelle Herstellung des Mörtels – das Mischen auf der Baustelle – ist bundesweit zurückgegangen. Der Anteil des Baustellenmörtels am Gesamtvolumen Mauer- und Putzmörtel wird heute auf noch 10 bis 20 % geschätzt.

Bindemittel, Zusatzstoffe und Zusatzmittel müssen trocken und vor Witterungseinflüssen geschützt gelagert werden. Der Zuschlag darf bei der Lagerung nicht verunreinigt werden. In der Regel wird der Mörtel auf der Baustelle noch nach Raumteilen (siehe *Tab. 5.7* und *Tab. 5.10)* zusammengesetzt. Die Ausgangsstoffe müssen so lange gemischt werden, bis ein gleichmäßiges Gemisch entstanden ist. Die angegebenen Mischungsverhältnisse liefern dann gut verarbeitbare Mörtel mit ausreichenden Festmörteleigenschaften.

Nur selten werden Baustellenmörtel aufgrund von Eignungsprüfungen zusammengesetzt. Mörtel nach Eignungsprüfungen werden heute fast ausschließlich als Werkmörtel nach DIN 18557 – Werkmörtel – hergestellt. Die DIN regelt die werkmäßige Herstellung von Mauer- und Putzmörtel sowie deren Überwachung und Lieferung.

Nach den Lieferformen der Werkmörtelnorm werden Werk-Trockenmörtel, Werk-Vormörtel und Werk-Frischmörtel unterschieden.

Werk-Trockenmörtel ist ein Gemisch der Ausgangsstoffe, also der verschiedenen Bindemittel (Sand und Zusätze), das auf der Baustelle durch ausschließliche Zugabe einer vom Hersteller anzugebenden Menge Wasser und durch Mischen verarbeitbar gemacht wird. Der Werk-Trockenmörtel wird in einem Zwangsmischer chargenweise oder in kontinuierlich arbeitenden Mischern gemischt. Der Sand muß vorher getrocknet werden.

Werk-Vormörtel, auch als Werk-Naßmörtel bezeichnet, ist ein Gemisch aus Zuschlägen und Luft- bzw. Wasserkalken als Bindemittel, dem auf der Baustelle noch Wasser und gegebenenfalls, z. B. zur Erreichung der Mörtelgruppe II oder IIa, Zement zugegeben wird. Der Kalk wird als Feinkalk oder als Kalkhydrat über Durchlaufmischer mit dem feuchten Sand vermischt. In dieser Zusammensetzung ist der Vormörtel auf der Baustelle mehrere Tage lagerfähig, wenn er einigermaßen vor vorzeitiger Carbonatisierung, z. B. durch Abdecken mit Folie, geschützt wird.

Werk-Frischmörtel ist ein gebrauchsfähiger Mörtel, der in verarbeitbarer Konsistenz auf die Baustelle geliefert wird. Er wird in der Regel über Transportbetonwerke ausgeliefert und auch in den üblichen Mischanlagen eines Transportbetonwerkes gemischt.

Grundsätzlich wird Werk-Frischmörtel unter Zugabe von Luft in der Größenordnung von 180–220 Liter/m³ hergestellt. Die Luft wird entweder durch vorgefertigten Schaum oder durch Verwendung von LP-Mitteln eingeleitet.

Der Werk-Frischmörtel ist immer ein Zementmörtel. Er wird in den Mörtelgruppen II, IIa und III hergestellt. Mit Hilfe von verzögernden Zusatzmitteln (VZ) wird angestrebt, den gelieferten Mörtel für mindestens 36 Stunden verarbeitbar zu halten. Nach dem Verarbeiten, d. h. in der Mörtelfuge oder an der Wand, erhärtet der Mörtel sehr viel rascher.

5.4 Mörtelarten
5.4.1 Mauermörtel
5.4.1.1 Allgemeines

Mauermörtel ist ein Gemisch von Zuschlag, Bindemittel und Wasser, gegebenenfalls auch Zusatzstoffen und Zusatzmitteln. Der Mörtel soll zwischen den Steinen die Hohlräume ausfüllen und eine kraftschlüssige Verbindung, überwiegend zur Übertragung von Druckkräften, herstellen. Daneben hat der Mörtel Aufgaben der Dichtigkeit, des Schutzes vor Witterungseinflüssen und der Beständigkeit zu übernehmen.

Mörtel für Mauerwerk im Sinne von DIN 1053 muß den Anforderungen dieser Norm entsprechen. Zur Zeit gilt noch die Fassung von DIN 1053 Nov. 1974. Seit mehreren Jahren arbeitet ein Ausschuß an der Aufstellung eines Teils 2 der DIN 1053, der ein Mauerwerk nach Eignungsprüfung beinhaltet. Den Mörtel betreffend werden voraussichtlich in Zukunft im Teil 1 von DIN 1053 die sogenannten Rezeptmörtel verankert sein. Teil 2 (7.84) enthält die Mörtel nach Eignungsprüfung.

5.4.1.2 Mörtelarten

Als Mörtelarten werden nach den Normentwürfen in Zukunft unterschieden:

▷ Normalmörtel,
▷ Leichtmörtel und
▷ Dünnbettmörtel.

Normalmörtel sind baustellengefertigte Mörtel oder Werkmörtel mit Zuschlägen aus Sand mineralischen Ursprungs nach DIN 4226 Teil 1.

Leichtmörtel sind Mörtel mit einer Trockenrohdichte $\leqq$ 1 kg/dm³, die als Werkmörtel angeliefert werden, mit Leichtzuschlägen nach DIN 4226 Teil 2.

Dünnbettmörtel sind Mörtel der Gruppe III, die als Werk-Trockenmörtel angeliefert werden und aus Sand, mineralischen Ursprungs nach DIN 4226 Teil 1 mit einem Größtkorn $\leqq$ 1 mm, Zement nach DIN 1164 sowie Zusätzen bestehen. Die organischen Bestandteile dürfen 2 Gew.-% nicht überschreiten.

5.4.1.3 Mörtelgruppen

Die Mauermörtel werden in die Mörtelgruppen I, II, II a, III und III a eingeteilt. Leichtmauermörtel soll nach dem Entwurf von DIN 1053 in die Gruppen L_1, L_2, L_3 unterschieden werden.

Die Zusammensetzung der Mörtelgruppen für Normalmörtel ergibt sich ohne besonderen Nachweis aus *Tab. 5.7* nach einem Entwurf für DIN 1053 Teil 1.

Für Mörtel der Gruppen II, II a, III und III a, die in ihrer Zusammensetzung nicht der *Tab. 5.7* entsprechen, sind Eignungsprüfungen durchzuführen. Dabei muß die Mörteldruckfestigkeit der *Tab. 5.8* entsprechen. Mörtel der Gruppe III a soll in seiner Zusammensetzung den Anforderungen der Gruppe III in *Tab. 5.7* entsprechen. Die höhere Festigkeit soll durch Auswahl geeigneter Sande erreicht werden.

Für Werk-Mörtel, die nach DIN 18557 hergestellt, geliefert und überwacht werden, gelten die Werte der Spalte 3 in *Tab. 5.8* als Richtwerte. Außerdem werden Anforderungen an die Haftscherfestigkeit gestellt.

Leichtmörtel müssen in der Druckfestigkeit den Anforderungen der Gruppe II a entsprechen; außerdem müssen sie zusätzliche Anforderungen an den Querdehnungsmodul und die Rohdichte erfüllen, was durch eine Eignungsprüfung nachzuweisen ist.

5.4.1.4 Anwendung

Mörtel unterschiedlicher Arten und Gruppen dürfen auf einer Baustelle nur gemeinsam verwendet werden, wenn sichergestellt ist, daß keine Verwechslung möglich ist. Außerdem sind folgende Beschränkungen zu beachten:

Mörtel der Gruppe I sind nur zulässig bis zu maximal zwei Vollgeschossen, bei Wanddicken d $\geqq$ 24 cm, wobei bei zweischaligen Wänden mit oder ohne durchgehende Luftschicht als Wanddicke die Dicke der inneren Wandschale gilt. Mörtel der Gruppe I sind nicht zulässig für Gewölbe, bewehrtes Mauerwerk und Kellermauerwerk.

Die Mörtelgruppen II und II a sind nicht zulässig für Gewölbe und bewehrtes Mauerwerk.

Für die Mörtelgruppen III und III a gibt es keine Beschränkung.

5.4.2 Putzmörtel

5.4.2.1 Allgemeines

Naoh DIN 18550 Teil 1 – Putz – Begriffe und Anforderungen – ist Putz ein an Wänden und Decken ein- oder mehrlagig in bestimmter Dicke aufgetragener Belag aus Putzmörtel oder Beschichtungsstoffen, der seine endgültigen Eigenschaften erst durch Verfestigung am Baukörper erreicht.

5.4.2.2 Mörtelarten

Nach der Art der Bindemittel werden Putze mit mineralischen Bindemitteln und Putze mit organischen Bindemitteln (Kunstharzputze) unterschieden. Für Putze mit mineralischen Bindemitteln werden Putzmörtel und für Putze mit organischen Bindemitteln Beschichtungsstoffe verwendet. Beide können auch in Verbindung miteinander angewendet werden, wobei in der Regel Putze mit mineralischen Bindemitteln als sogenannte Unterputze und Putze mit organischen Bindemitteln als Oberputze zur Anwendung kommen. Im Verbund wirken sie dann als Putzsystem.

5.4.2.3 Mörtelgruppen

Putzmörtel werden entsprechend *Tab. 5.9* den Putzmörtelgruppen P I – P V zugeordnet, wenn sie die dort angeführten mineralischen Bindemittel enthalten und bestimmte auf Erfahrung gründende Mischungsverhältnisse – Bindemittel zu Zuschlag – aufweisen (siehe *Tab. 5.10* aus DIN 18550 Teil 2).

Beschichtungsstoffe für die Herstellung von Kunstharzputzen bestehen aus organischen Bindemitteln in Form von Dispersionen oder Lösungen und Füllstoffen mit überwiegendem Kornanteil $\geqq$ 0,25 mm. Sie werden im Werk gefertigt und verarbeitungsfähig geliefert (weitere Einzelheiten s. DIN 18558). Die Beschichtungsstofftypen für Kunstharzputze gehen aus *Tab. 5.11* hervor.

5.4.2.4 Putzarten

Aus Putzmörtel werden Putze hergestellt, die entweder allgemeinen Anforderungen oder zusätzlichen Anforderungen genügen. Zu den zusätzlichen Anforderungen gehören Putze wie wasserhemmender Putz, wasserabweisender Putz, Außenputz mit erhöhter Festigkeit, Innenwandputz mit erhöhter Abtriebfestigkeit, Innenwand- und Innendeckenputz für Feuchträume, Wärmedämmputz, Putz als Brandschutzbekleidung und Putz mit erhöhter Strahlungsabsorption.

Bundesweit werden unterschiedliche Putzweisen, die sich besonders durch verschiedene Oberflächenbearbeitungen auszeichnen, unterschieden. Hierzu gehören: geriebener Putz, gefilzter Putz, geglätteter Putz, Kellenputz, Kratzputz, Spritzputz, Rollputz.

5.4.2.5 Putzsystem

Das Putzsystem und die Wahl der Putzmörtelart richten sich nach den Anforderungen an den Putz, nach Festigkeit, Verformungsvermögen, Saugfähigkeit und Oberflächenbeschaffenheit des Putzgrundes und bei Außenputzen nach

Tab. 5.11: Beschichtungsstoff-Typen für Kunstharzputze

Beschichtungsstoff-Typ	für Kunstharzputz als
P Org 1	Außen- und Innenputz
P Org 2	Innenputz

Normen

DIN 1053	Teil 1	Mauerwerk; Berechnung und Ausführung
	Teil 2	Mauerwerk; Mauerwerk nach Eignungsprüfung; Berechnung und Ausführung
DIN 1060	Teil 1	Baukalk; Begriffe, Anforderungen, Lieferung, Überwachung
	Teil 3	Baukalk; Physikalische Prüfverfahren
DIN 1164		Portland-, Eisenportland-, Hochofen- und Traßzement
DIN 4108	Teil 3	Wärmeschutz im Hochbau; Klimabedingter Feuchteschutz; Anforderungen und Hinweise für Planung und Ausführung
DIN 4211		Putz- und Mauerbinder
DIN 18550	Teil 1	Putz; Begriffe und Anforderungen
	Teil 2	Putz; Putze aus Mörteln mit mineralischen Bindemitteln; Ausführung
DIN 18555	Teil 1	Prüfung von Mörteln mit mineralischen Bindemitteln; Allgemeines, Probenahme, Prüfmörtel
	Teil 2	Prüfung von Mörteln mit mineralischen Bindemitteln; Frischmörtel mit dichten Zuschlägen; Bestimmung der Konsistenz, der Rohdichte und des Luftgehalts
	Teil 3	Prüfung von Mörteln mit mineralischen Bindemitteln; Festmörtel; Bestimmung der Biegezugfestigkeit, Druckfestigkeit und Rohdichte
DIN 18557		Werkmörtel; Herstellung, Überwachung und Lieferung
DIN 18558		Kunstharzputze; Putze mit organischen Bindemitteln; Begriffe, Anforderungen, Ausführungen
DIN 50014		Klimate und ihre technische Anwendung; Normalklimate
DIN 52617		(z. Z. Entwurf) Bestimmung des Wasseraufnahmekoeffizienten von Baustoffen

den witterungsbedingten Einwirkungen. Die zu stellenden Anforderungen sind stets vom Putzsystem in seiner Gesamtheit zu erfüllen, wobei der Nachweis der Eigenschaften durch Bewährung oder anhand von Eignungsprüfungen erfolgen kann. Die Eigenschaften der verschiedenen Putzlagen eines Systems sollen dabei so aufeinander abgestimmt sein, daß die in den Berührungsflächen der einzelnen Putzlagen und des Putzgrundes z. B. durch Schwinden oder durch Temperaturdehnungen auftretenden Spannungen aufgenommen werden können. Diese Forderung kann bei Putzen mit mineralischen Bindemitteln im allgemeinen dann als erfüllt angesehen werden, wenn die Festigkeit des Oberputzes geringer als die Festigkeit des Unterputzes ist oder beide Lagen gleich fest sind.

In den *Tab. 5.12 bis 5.15* sind bewährte Putzsysteme für verschiedene Anwendungsbereiche angegeben.

Bei Anwendung dieser Putzsysteme und entsprechend fachgerechter Ausführung können die genannten Anforderungen an den Putz ohne weiteren Nachweis als erfüllt angesehen werden.

Sollen andere Putzsysteme angewendet werden, so sind Eignungsprüfungen für das vorgesehene Putzsystem durchzuführen. Hiermit sind die für den speziellen Anwendungsbereich geforderten Eigenschaften nachzuweisen.

5.4.3 Estrichmörtel

Estrichmörtel dienen zur Herstellung von Bodenbelägen; das sind Beläge, die auf einen tragfähigen Untergrund, wie z. B. auf eine Betondecke oder eine andere Tragschicht, oder eine daraufliegende Trenn- oder Dämmschicht aufgebracht werden und die mit einem weiteren Belag versehen oder nach dem Erhärten ohne weiteren Belag genutzt werden können.

Tab. 5.12: Putzsysteme für Außenputze

Zeile	Anforderung bzw. Putzanwendung	Mörtelgruppe bzw. Beschichtungsstoff-Typ für Unterputz	Oberputz¹)	Zusatzmittel²)
1	ohne besondere Anforderung	–	P I	
2		P I	P I	
3		–	P II	
4		P II	P I	
5		P II	P II	
6		P II	P Org 1	
7		–	P Org 1³)	
8		–	P III	
9	wasserhemmend	P I	P I	erforderlich
10		–	P I c	erforderlich
11		–	P II	
12		P II	P I	
13		P II	P II	
14		P II	P Org 1	
15		–	P Org 1³)	
16		–	P III³)	
17	wasserabweisend⁵)	P I c	P I	erforderlich
18		P II	P I	erforderlich
19		–	P I c⁴)	erforderlich²)
20		–	P II⁴)	
21		P II	P II	erforderlich
22		P II	P Org 1	
23		–	P Org 1³)	
24		–	P III³)	
25	erhöhte Festigkeit	–	P II	
26		P II	P II	
27		P II	P Org 1	
28		–	P Org 1³)	
29		–	P III	
30	Kellerwand-Außenputz	–	P III	
31	Außensockelputz	–	P III	
32		P III	P III	
33		P III	P Org 1	
34		–	P Org 1³)	

¹) Oberputze können mit abschließender Oberflächengestaltung oder ohne diese ausgeführt werden (z. B. bei zu beschichtenden Flächen).

²) Eignungsnachweis erforderlich (siehe DIN 18550 Teil 2 [1.85], Abschn. 3.4).

³) Nur bei Beton mit geschlossenem Gefüge als Putzgrund.

⁴) Nur mit Eignungsnachweis am Putzsystem zulässig.

⁵) Oberputze mit geriebener Struktur können besondere Maßnahmen erforderlich machen.

Tab. 5.13: Putzsysteme für Außendeckenputze

	Mörtelgruppe bzw. Beschichtungsstoff-Typ bei Decken ohne bzw. mit Putzträger		
Zeile	Einbettung des Putzträgers	Unterputz	Oberputz¹)
1	–	P II	P I
2	P II	P II	P I
3	–	P II	P II
4	P II	P II	P II
5	–	P II	P IV²)
6	P II	P II	P IV²)
7	–	P II	P Org 1
8	P II	P II	P Org 1
9	–	–	P III
10	–	P III	P III
11	P III	P III	P II
12	P III	P II	P II
13	–	P III	P Org 1
14	P III	P III	P Org 1
15	P III	P II	P Org 1
16	–	–	P IV²)
17	P IV²)	–	P IV²)
18	–	P IV²)	P IV²)
19	P IV²)	P IV²)	P IV²)
20	–	–	P Org 1³)

¹) Oberputze können mit abschließender Oberflächengestaltung oder ohne diese ausgeführt werden (z. B. bei zu beschichtenden Flächen).
²) Nur an feuchtigkeitsgeschützten Flächen.
³) Nur bei Beton mit geschlossenem Gefüge als Putzgrund.

Nach der Konstruktion unterscheidet man

Verbundestrich, das ist ein mit dem tragenden Untergrund verbundener Estrich. Hierbei ist besonderer Wert auf eine gute Haftung zu legen.

Estrich auf Trennschicht, das ist ein vom tragenden Untergrund durch eine dünne Zwischenlage, z.B. aus Kunststoffolie oder Pappe, getrennter Estrich.

Schwimmender Estrich oder Estrich auf Dämmschicht, das ist ein vom Untergrund und von seitlich angrenzenden Bauteilen durch eine Dämmschicht getrennter Estrich.

Ein schwimmender Estrich kann auch beheizt werden. Er wird dann als Heizestrich bezeichnet. Nach der Art des für den Estrichmörtel verwendeten Bindemittels unterscheidet man:

▷ Anhydritestrich (AE)
▷ Gußasphaltestrich (GE)
▷ Magnesiaestrich (ME)
▷ Zementestrich (ZE).

Für Estriche zu beachtende Festlegungen sind enthalten in:

DIN 18560 Teil 1 – Estriche im Bauwesen – Begriffe, allgemeine Anforderungen, Prüfung.

DIN 18560 Teil 2 – Estriche im Bauwesen – Estriche auf Dämmschicht (schwimmende Estriche).

DIN 18560 Teil 3 – Estriche im Bauwesen – Verbundestriche.

Tab. 5.14: Putzsysteme für Innenwandputze

Zeile	Anforderungen bzw. Putzanwendung	Mörtelgruppe bzw. Beschichtungsstoff-Typ für Unterputz	Oberputz²)³)
1		–	P I a, b
2	nur geringe	P I a, b	P I a, b
3	Beanspruchung	P II	P I a, b, P IV d
4		P IV	P I a, b, P IV d
5		–	P I c
6		P I c	P I c
7		–	P II
8		P II	P I c, P II, P IV a, b, c P V, P Org 1, P Org 2
9	übliche Beanspruchung⁴)	–	P III
10		P III	P I c, P II, P III, P Org 1, P Org 2
11		–	P IV a, b, c
12		P IV a, b, c	P IV a, b, c, P Org 1, P Org 2
13		–	P V
14		P V	P V, P Org 1, P Org 2
15		–	P Org 1, P Org 2⁵)
16		–	P I
17		P I	P I
18		–	P II
19	Feuchträume⁶)	P II	P I, P II, P Org 1
20		–	P III
21		P III	P II, P III, P Org 1
22		–	P Org 1⁵)

²)³)⁴)⁵)⁶) vgl. Tab. 5.15

DIN 18560 Teil 4 – Estriche im Bauwesen – Estriche auf Trennschicht.

DIN 18560 Teil 5 – Estriche im Bauwesen – zementgebundene Hartstoffestriche.

DIN 18353 – VOB Teil C: Allgemeine technische Vorschriften für Bauleistungen, Estricharbeiten.

Die größte bautechnische Bedeutung haben die Zementestriche. Zementestriche müssen eben sein und bestimmte Anforderungen an Druckfestigkeit, Biegezugfestigkeit und gegebenenfalls auch Abnutzungswiderstand erfüllen. *Tab. 5.16* enthält die Festigkeitsanforderung für Zementestriche nach DIN 18560 Teil 1 und für zementgebundene Hartstoffestriche nach DIN 18560 Teil 5.

5.4.4 Sonstige Mörtel

In den vorangegangenen Kapiteln wurden nur Mauermörtel, Putzmörtel und Estrichmörtel behandelt. Daneben gibt es eine Reihe weiterer, im Bauwesen wichtiger Mörtel mit mineralischen Bindemitteln. Hierzu gehören z. B. im Stahlbetonbau: Mörtel für Fugen bei Fertigteilen und Zwischenbauteilen. Im Spannbetonbau: Einpreßmörtel für die Spannkanäle. Im Hoch-, Tief-, Grund-, Wasser- und Bergbau: Injektionsmörtel

Tab. 5.15: Putzsysteme für Innendeckenputze[1])

Zeile	Anforderung bzw. Putzanwendung	Mörtelgruppe bzw. Beschichtungsstoff-Typ für Unterputz	Oberputz[2])[3])
1		–	P I a, b,
2	nur geringe	P I a, b	P I a, b
3	Beanspruchung	P II	P I a, b, P IV d
4		P IV	P I a, b, P IV d
5		–	P I c
6		P I c	P I c
7		–	P II
8		P II	P I c, P II, P IV a, b, c, P Org 1, P Org 2
9	übliche Beanspruchung[4])	–	P IV a, b, c
10		P IV, a, b, c	P IVa, b, c, P Org 1, P Org 2
11		–	P V
12		P V	P V, P Org 1, P Org 2
13		–	P Org 1[5]), P Org 2[5])
14		–	P I
15		P I	P I
16		–	P II
17	Feuchträume[6])	P II	P Org 1, P I, P II
18		–	P III
19		P III	P II, P III, P Org 1
20		–	P Org 1[5])

[1]) Bei Innendeckenputzen auf Putzträgern ist gegebenenfalls der Putzträger vor dem Aufbringen des Unterputzes in Mörtel einzubetten. Als Mörtel ist mindestens Mörtel gleicher Festigkeit wie für den Unterputz zu verwenden.

[2]) Bei mehreren genannten Mörtelgruppen ist jeweils nur eine als Oberputz zu verwenden.

[3]) Oberputze können mit abschließender Oberflächengestaltung oder ohne diese ausgeführt werden (z. B. bei zu beschichtenden Flächen).

[4]) Schließt die Anwendung bei geringer Beanspruchung ein.

[5]) Nur bei Beton mit geschlossenem Gefüge als Putzgrund.

[6]) Hierzu zählen nicht häusliche Küchen und Bäder (siehe Abschn. 4.2.3.3).

für Einpressungen zum Verfestigen oder Abdichten. Für das Herstellen von Fliesen und Plattenbelägen: Ansetz-, Verlege- und Fugenmörtel. Weiter gibt es Mörtel für die Beschichtung von Stahl- und Gußrohrleitungen.

5.5 Mörtelprüfung

Die Prüfung von Mörteln mit mineralischen Bindemitteln ist in DIN 18555 geregelt. Zur leichteren Handhabung und schnelleren Überarbeitung sind die einzelnen Prüfverfahren in gesonderten Teilen aufgeführt.

Bisher sind erschienen:

Teil 1

Prüfung von Mörtel mit mineralischen Bindemitteln; Allgemeines, Probenahme, Prüfmörtel.

Teil 2

Prüfung von Mörtel mit mineralischen Bindemitteln; Frischmörtel mit dichten Zuschlägen, Bestimmung von Rohdichte, Konsistenz und Luftgehalt.

Teil 3

Prüfung von Mörtel mit mineralischen Bindemitteln; Festmörtel, Bestimmung

Tab. 5.16: Zementestriche, Festigkeitsklassen (nach DIN 18560 T 1)

	Güteprüfung			Eignungsprüfung
	Druckfestigkeit		Biegezugfestigkeit	Druckfestigkeit
Festigkeitsklasse Kurzzeichen	Kleinster Einzelwert (Nennfestigkeit) N/mm²	Mittelwert jeder Serie (Serienfestigkeit) N/mm²	Mittelwert jeder Serie (Serienfestigkeit) N/mm²	Richtwert N/mm²
ZE 12	≧ 12	≧ 15	≧ 3	18
ZE 20	≧ 20	≧ 25	≧ 4	30
ZE 30	≧ 30	≧ 35	≧ 5	40
ZE 40[1])	≧ 40	≧ 45	≧ 6	50
ZE 50[1])	≧ 50	≧ 55	≧ 7	60
ZE 55 M[1])[2])	≧ 55	≧ 70	≧ 11	80
ZE 65 A[1])[2])	≧ 65	≧ 75	≧ 9	80
ZE 65 KS[1])[2])				

[1]) Eignungsprüfung erforderlich (siehe Abschn. 5.2.2, 2. Absatz).
[2]) Hartstoffgruppe nach DIN 1100.

von Biegezugfestigkeit, Druckfestigkeit und Rohdichte.

Folgende Prüfverfahren werden zur Zeit im Normenausschuß bearbeitet bzw. liegen im Entwurf vor:

Bestimmung der Längs- und Querdehnung sowie von Verformungskenngrößen von Mauermörtel im statischen Druckversuch.

Bestimmung der Haftscherfestigkeit von Mauermörtel.

Bestimmung des Wasserrückhaltevermögens.

Die Bestimmung des Wasseraufnahmekoeffizienten von Mörtel soll in DIN 52617 mitgeregelt werden.

Fachliteratur

Piepenburg, W.: Mörtel, Mauerwerk, Putz, Eigenschaften – Arbeitsregeln – Maßnahmen gegen Bauschäden. Bauverlag GmbH, 6. Aufl., Wiesbaden/Berlin 1970.

Oppermann, B.: Zur Neufassung der Baukalk-Norm DIN 1060. Zement-Kalk-Gips 36 (1983), Nr. 5.

Irmschler, H.-J. und *H.-G. Meyer:* Neue Baustoffe und Bauarten im Mauerwerksbau, Mauerwerk-Kalender 1983. Verlag von Wilhelm Ernst & Sohn, Berlin 1983.

Manns, W. und *R. Schönfelder:* Der Einfluß von Mörtelzusatzmitteln auf die Festigkeit von Mauermörtel. Ziegelindustrie ZI International 1979, Nr. 2.

Contag, M., D. Freese und *O. Goltz:* Werkmörtel im Mauerwerksbau, Mauerwerk-Kalender 1981, Verlag von Wilhelm Ernst & Sohn, Berlin 1981.

Aktuelle Entwicklungen auf dem Gebiet der Putze. Betonwerk + Fertigteil-Technik, 46 (1980) H. 8.

Schimmelwitz, P.: Anmerkungen zur Überarbeitung der Putznorm. Mauerwerk-Kalender 1982. Verlag von Wilhelm Ernst & Sohn, Berlin 1982.

Manns, W.: Die neue Estrichnorm DIN 18560. Boden-Wand-Decke 1982, H. 10.

Hummel, A.: Die Baumörtel Betonkalender 1973, II. Teil, S. 43/57, Verlag von Wilhelm Ernst & Sohn, Berlin/München/Düsseldorf.

Dahms, J.: Entwicklungstendenzen aus dem Mörtelsektor Betoninformation 23 (1983), H. 6.

Dahms, J.: Werk-Frischmörtel, Begriff, Ausgangsstoffe, Verfahren. Beton 34 (1984), H. 4., S. 142/145.

6 Beton

Beton ist ein künstlicher Baustoff, der aus einem Gemisch von Zement, Zuschlag und Wasser durch Erhärten des Zement-Wasser-Gemisches entsteht. Der Zement ist das Bindemittel. Unter Zuschlag versteht man im allgemeinen Sand und Kies oder Splitt. Darüber hinaus kann dem Beton zur Beeinflussung oder Änderung bestimmter Eigenschaften ein Zusatzstoff oder Zusatzmittel beigegeben werden.

Für die Herstellung von gutem Beton sind nicht nur die Auswahl der einzelnen Stoffe und deren Zusammensetzung von Bedeutung, sondern genauso wichtig ist eine fachgerechte Herstellung, Verarbeitung und Nachbehandlung des Betons. Umfassende Stoffkenntnisse sind deshalb auf kaum einem Gebiet der Baustoffkunde so nötig wie hier. Zielbewußte Forschung führte zu einer Weiterentwicklung und damit zur heutigen Bedeutung des Baustoffs Beton und des Stahlbetons.

6.1 Bindemittel

Bindemittel für Beton sind Zemente nach DIN 1164. Für unbewehrten Beton der niedrigsten Festigkeitsklasse kann auch Mischbinder nach DIN 4207 verwendet werden.

6.1.1 Normzemente

Angaben über Begriffe, Bestandteile, Anforderungen, Lieferungen und Güteüberwachung der Zemente sind in der Norm DIN 1164 festgelegt.

DIN 1164 Portland-, Eisenportland-, Hochofen- und Traßzement

Teil 1: Begriffe, Bestandteile, Anforderungen, Lieferung
Teil 2: Überwachung (Güteüberwachung)
Teil 3: Bestimmung der Zusammensetzung
Teil 4: Bestimmung der Mahlfeinheit
Teil 5: Bestimmung der Erstarrungszeiten mit dem Nadelgerät
Teil 6: Bestimmung der Raumbeständigkeit mit dem Kochversuch
Teil 7: Bestimmung der Festigkeit
Teil 8: Bestimmung der Hydratationswärme mit dem Lösungskalorimeter

Zement ist ein feingemahlenes hydraulisches Bindemittel für Mörtel und Beton. Mit Wasser angemacht erhärtet der Zement sowohl an der Luft als auch unter Wasser. Er bleibt unter Wasser fest. Zement muß raumbeständig sein sowie nach 2 oder 7 Tagen und nach 28 Tagen eine bestimmte Druckfestigkeit erreichen. Durch seine große Druckfestigkeit unterscheidet sich der Zement von anderen hydraulischen Bindemitteln.

Der Rohstoff für die Zementherstellung ist Kalkmergel. Dieser besteht aus etwa drei Teilen Kalkstein $CaCO_3$ und einem Teil Ton. Der Ton enthält Tonerde Al_2O_3, Kieselsäure SiO_2, Eisenoxid Fe_2O_3 und Hydratwasser H_2O. Nach dem Trocknen und Mahlen wird der Kalkmergel als fein aufgeteilte homogene Mischung bei einer Temperatur um 1450 °C bis zur Sinterung gebrannt. Dabei entsteht der Portlandzementklinker.

Tab. 6.1: Hauptbestandteile der Normzemente

	PZ	EPZ	HOZ	TrZ
Bestandteile	(Masse-%)			
Portlandzementklinker	100	94–65	64–20	80–60
Hüttensand	–	6–35	36–80	–
Traß	–	–	–	20–40

Tab. 6.2: Chemische Zusammensetzung in Masse-%

	PZ	EPZ	HOZ	TrZ
CaO	61 –69	52 –66	43 –60	43 –58
SiO_2	18 –24	19 –26	23 –32	25 –28
$Al_2O_3 + TiO_2$	4 – 8	4 –10	6 –14	6 – 9
$Fe_2O_3 + Mn_2O_3$	1 – 4	1 – 4	0,5– 3	2,5– 3,5
MgO	0,5– 4	0,5– 5	1 – 9,5	1 – 3
SO_3	2 – 3,5	2 – 4	1 – 4,5	2 – 3

Tab. 6.3: Festigkeitsklassen der Zemente

Festigkeitsklasse		Druckfestigkeit in N/mm² nach 2 Tagen mindestens	7 Tagen mindestens	28 Tagen mindestens	höchstens
Z 25[1]		–	10	25	45
Z 35	L[2]	–	18	35	55
	F[2]	10	–		
Z 45	L[2]	10	–	45	65
	F[2]	20	–		
Z 55		30	–	55	–

[1]) Festigkeitsklasse Z 25 nur für Zement mit niedriger Hydratationswärme und/oder hohem Sulfatwiderstand. Die Herstellung erfolgt nur in wenigen Werken.

[2]) Zemente mit langsamerer Anfangserhärtung erhalten die Zusatzbezeichnung L. Zemente mit höherer Anfangsfestigkeit erhalten die Zusatzbezeichnung F (frühe Festigkeit).

6.1.1.1 Zementarten

Als Normzemente gelten nur vier Zemente:

- ▷ Portlandzement
- ▷ Eisenportlandzement
- ▷ Hochofenzement
- ▷ Traßzement

Portlandzement PZ

Der Portlandzementklinker wird in einer Zementmühle fein gemahlen. Zur Regelung des Erstarrens wird Calciumsulfat in Form von Gipsstein oder Anhydrit zugemahlen. Dieses durch werkmäßiges Feinmahlen erhaltene Produkt ist Portlandzement.

Eisenportlandzement EPZ

Zur Veränderung der Zementeigenschaften kann dem Portlandzementklinker beim Mahlen außerdem Hüttensand zugesetzt werden. Hüttensand ist in fein vermahlenem Zustand ein latent hydraulischer Stoff. Er entsteht aus der beim Eisenhüttenbetrieb anfallenden feuerflüssigen Hochofenschlacke durch schnelles Abkühlen. Hüttensand ist also granulierte (gekörnte) Hochofenschlacke, die kalkreich und nicht sauer sein soll.

Durch gemeinsames werkmäßiges Feinmahlen von höchstens 35 Masse-% Hüttensand zu mindestens 65 Masse-% Portlandzementklinker unter Zusatz von Calciumsulfat entsteht Eisenportlandzement.

Hochofenzement HOZ

Bei einer größeren Menge an Zumahlung von Hüttensand (36 bis 80 Masse-%) zum Portlandzementklinker entsteht durch gemeinsames werkmäßiges Feinmahlen unter Zusatz von Calciumsulfat der Hochofenzement. Dieser enthält also mindestens 20 Masse-% Portlandzementklinker, höchstens aber 64 Masse-%.

Traßzement TrZ

Als anderer Bestandteil des Zements kann beim Mahlen des Portlandzementklinkers statt Hüttensand auch Traß zugesetzt werden. Traß ist ein natürlicher, puzzolanischer Stoff, der vulkanischen Auswurfmassen entstammt. Traß hat ebenfalls latent hydraulische Eigenschaften. Er muß der DIN 51043 entsprechen.

Traßzement wird hergestellt durch gemeinsames, werkmäßiges Feinmahlen von Portlandzementklinker und 20 bis 40 Masse-% Traß unter Zusatz von Calciumsulfat.

6.1.1.2 Zusammensetzung der Zemente

Die Hauptbestandteile des Zements sind Portlandzementklinker und gegebenenfalls Hüttensand oder Traß. Nebenbestandteil des Zements ist das zur Regelung des Erstarrens zuzusetzende Calciumsulfat in Form von Gipsstein $CaSO_4 \cdot 2\,H_2O$ oder in Form von Anhydrit $CaSO_4$.

Die Hauptbestandteile der Normzemente sind in *Tab. 6.1* zusammengestellt.

Die chemische Zusammensetzung der Zemente schwankt in bestimmten Bereichen und ist unterschiedlich bei den einzelnen Zementarten *(Tab. 6.2)*.

6.1.1.3 Festigkeitsklassen der Zemente

Die Normzemente werden in vier Festigkeitsklassen, Z 25, Z 35, Z 45 und Z 55, hergestellt. Die Festigkeiten werden an Prismen von 4 × 4 × 16 cm Größe nach einem bestimmten Verfahren geprüft, welches in der Norm DIN 1164 Teil 7 festgelegt ist. Dafür wird eine Mörtelmischung aus 1 Gewichtsanteil Zement + 3 Gewichtsanteilen Normsand + 0,50 Gewichtsteilen Wasser hergestellt. Die Mittelwerte aus der Prüfung von sechs Prismenhälften müssen die Festigkeitsbedingungen der *Tab. 6.3* erfüllen.

Die Mindestfestigkeiten der Zemente dürfen bei den Prüfungen im Alter von 2 bzw. 7 und 28 Tagen nicht unterschritten werden. Außerdem sind die 28-Tage-Festigkeiten mit einer Spanne von 20 N/mm² auch nach oben begrenzt, mit Ausnahme des Z 55, bei dem es keine obere Begrenzung der Festigkeit gibt. Damit die Festigkeiten nicht unter- oder überschritten werden, müssen die Zementwerke die durchschnittliche 28-Tage-Druckfestigkeit auf etwa die Mitte zwischen der unteren und oberen Grenze der entsprechenden Festig-

Tab. 6.4: Anteil der genormten und amtlich zugelassenen Zemente in Prozent der Gesamtproduktion

Zemente	PZ	EPZ	HOZ	Sonstiges	Gesamt
Z 25	–	–	–	0,2	0,2
Z 35 L	0,4	–	13,9	0,6	14,9
Z 35 F	48,7	7,6	–	1,4	57,7
Z 45 L	0,9	–	2,0	–	2,9
Z 45 F	20,7	0,2	–	–	20,9
Z 55	3,4	–	–	–	3,4
Gesamt	74,1	7,8	15,9	2,2	100

Tab. 6.5: Eigenschaften der Normzemente

Zemente		Entwicklung der Hydratationswärme	Entwicklung der Festigkeit	Nacherhärtung
Z 25		sehr langsam	sehr langsam	stark
Z 35	L	langsam	langsam	stark
	F	normal	normal	normal
Z 45	L	normal	normal	stark
	F	schnell	schnell	gering
Z 55		sehr schnell	sehr schnell	sehr gering

Tab. 6.6: Anwendungsmöglichkeit der Zemente

Zement	Anwendungsbeispiele
Z 25	Massenbeton
Z 35 L	Massige Bauteile, Betonieren bei warmer Witterung
Z 35 F	Alle üblichen Bauteile bei normalen Anforderungen im Hoch- und Tiefbau
Z 45 L	Massige Bauteile mit höheren Endfestigkeiten
Z 45 F	Bauteile mit kurzen Ausschalfristen, Fertigteile, Betonieren bei niedrigen Temperaturen
Z 55	Bauteile mit extrem kurzen Ausschalfristen, Spannbeton-Fertigteile

keitsklasse einstellen. Das bedeutet, daß man in der Praxis mit der mittleren Zementnormdruckfestigkeit rechnen kann.

Die Verwendung der Zementarten und Festigkeitsklassen ist recht unterschiedlich. Aufschluß darüber gibt die *Tab. 6.4,* in der die prozentualen Anteile der Zemente von der gesamten Zementherstellung in der Bundesrepublik angegeben sind.

6.1.1.4 Eigenschaften der Zemente

Bedingt durch die unterschiedlichen Zusammensetzungen und die verschiedenen Festigkeitsklassen sind die Eigenschaften der Zemente nicht gleich, sondern ebenfalls unterschiedlich. Einige wesentlichen Eigenschaften sind dadurch an die Zementfestigkeitsklasse gebunden. In *Tab. 6.5* werden diese Eigenschaften gegenübergestellt.

Aus diesen Eigenschaften ergeben sich bestimmte Anwendungsbereiche der einzelnen Zemente. Aufgrund der unterschiedlichen Entwicklung der Hydratationswärme beim Erstarren und Erhärten des Zements und durch die damit etwa parallel verlaufende Entwicklung der Festigkeit ist die Eignung des einzelnen Zements für den jeweiligen Anwendungszweck erkennbar. In *Tab. 6.6* werden die Zemente mit einigen typischen Anwendungsmöglichkeiten zusammengestellt.

Tab. 6.7: Spezifische Oberfläche des Zements

Feinheitsstandard	Spezifische Oberfläche in cm^2/g	z. B. Zement
grob	< 2800	PZ 35
mittel	2800 – 4000	HOZ 35
fein	> 4000	PZ 55
sehr fein	5000 – 7000	

Die höheren Festigkeitsklassen der Zemente werden erreicht durch sorgfältige Auswahl günstiger Rohstoffe, durch schärferes Brennen des Zementklinkers und besonders durch feineres Mahlen des Zements. Die höhere Festigkeitsklasse ergibt vor allen Dingen eine höhere Frühfestigkeit des Zements. Da die langsamer erhärtenden Zemente der niedrigen Festigkeitsklassen aber eine starke Nacherhärtung über das Alter von 28 Tagen hinaus haben, unterscheiden sich die Endfestigkeiten nach langer Zeit nur unwesentlich. Die Auswahl einer höheren Zementfestigkeitsklasse wird also bestimmt durch die Frühfestigkeit, weniger durch die Endfestigkeit.

Mahlfeinheit der Zemente

Alle Bestandteile des Zements werden in der Zementmühle fein gemahlen. Die dabei entstehende Korngröße ist von Einfluß auf die Verarbeitung und das Erhärten des Zements. Mit fein gemahlenen Zementen erhält man im allgemeinen einen geschmeidigeren und weniger blutenden Beton als mit grob gemahlenen Zementen. Da die feinere Mahlung die Vergrößerung der spezifischen Kornoberfläche bewirkt, erhärten solche Zemente aus sonst gleichen Rohstoffen schneller.

Die Mahlfeinheit des Zements wird durch die spezifische Oberfläche gekennzeichnet. Sie wird mit dem Luftdurchlässigkeitsverfahren nach DIN 1164 Teil 4 bestimmt. Die spezifische Oberfläche des Zements in cm^2/g wird aus der Luftdurchlässigkeit eines Zementbettes errechnet und muß mindestens 2200 cm^2/g betragen. Für Sonderfälle darf auch ein Zement mit einer spezifischen Oberfläche von mindestens 2000 cm^2/g verwendet werden, wie z. B. bei der Herstellung von Asbestzement oder Schleuderbeton. Bei der Einteilung der Zemente kann man etwa die in *Tab. 6.7* angegebenen Durchschnittswerte für den Feinheitsstandard zugrunde legen.

Erstarren und Erhärten der Zemente

Der Zement wird nach dem Anrühren mit Wasser dieses Wasser ganz oder zum Teil binden; somit wird der Zementleim im Laufe der Zeit deutlich steifer und schwerer verarbeitbar. Diesen für die Verarbeitung wichtigen Zeitpunkt nennt man den Erstarrungsbeginn. Er ist von mehreren Einflüssen abhängig, besonders von der Temperatur, vom Wasserzementwert und von der Art des Zements. Das Erstarren des Zements wird geprüft mit dem Nadelgerät nach DIN 1164 Teil 5. Der frühere Eindrückversuch mit einer Bleistifthülse ist veraltet. Das Erstarren des Zements darf frühestens eine Stunde nach dem Anmachen mit Wasser beginnen und muß

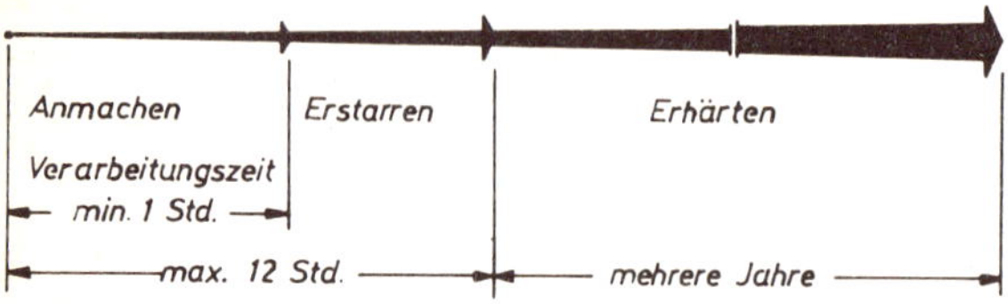

Abb. 6.1: Erstarren und Erhärten des Zements

spätestens 12 Stunden nach dem Anmachen beendet sein. Das Erstarrungsende hat für die Praxis keine weitere Bedeutung, da sich an das Erstarren direkt das Erhärten des Zements anschließt. Die Erhärtung schreitet fort und ist in der Zunahme der Festigkeit meßbar. Die Verfestigung des Zements, also der Übergang vom plastischen in den festen Zustand, wird durch *Abb. 6.1* klar. Die Begriffe ,,Erstarren" und ,,Erhärten" ersetzen die alte Bezeichnung ,,Abbinden" des Zements. Es gibt somit keine Zemente, die als ,,Schnellbinder" bezeichnet werden, sondern nur solche, die man als Schnellerstarrer oder Schnellerhärter bezeichnet. Die hochwertigen Zemente der Festigkeitsklassen Z 45 F und Z 55 sind schnellerhärtende Zemente. Alle Normzemente sind normalerstarrende Zemente.

Raumbeständigkeit der Zemente

Zement muß raumbeständig sein. Er darf während des Erhärtens seinen Rauminhalt nicht vergrößern, da sonst Spannungen entstehen würden, die zu Rissen führen. Die Raumbeständigkeit wird nach DIN 1164 Teil 6 beim Kochversuch geprüft. Zement gilt als raumbeständig, wenn der aus ihm hergestellte Kuchen nach zweistündigem Kochen noch scharfkantig und rißfrei ist und sich nicht erheblich verkrümmt hat. Die Wölbung des Kuchens darf einen Stich von höchstens 2 mm haben.

Hydratationswärme der Zemente

Der Zement bindet das ihm zur Verfügung gestellte Wasser vollständig oder nur zum Teil. Diese Wasserbindung wird als Hydratation bezeichnet. Die

Tab. 6.8: Hydratationswärme verschiedener Zemente in J/g

Zemente	Alter in Tagen			
	1	3	7	28
Zement Z 25 und Z 35 L (mit geringerer Hydratationswärme)	60–175	125–250	150–300	200–375
Zement Z 35 F und Z 45 L (mit normaler Hydratationswärme)	125–200	200–335	275–375	300–425
Zement Z 45 F und Z 55 (mit höherer Hydratationswärme)	200–275	300–350	325–375	375–425

Tab. 6.9: Hoher Sulfatwiderstand von Zement HS

Zementart		Bedingung
Portlandzement HS	(z. B. PZ 35 F – HS)	$\leqq$ 3 Masse-% C_3A und $\leqq$ 5 Masse-% Al_2O_3
Hochofenzement HS	(z. B. HOZ 35 L – HS)	$\geqq$ 70 Masse-% Hüttensand

Hydratation ist ein chemischer Vorgang, bei dem Wärme frei wird. Diese Wärme ist die Hydratationswärme. Früher wurde sie als Abbindewärme bezeichnet. Das ist jedoch nicht zutreffend, da die hauptsächliche Wärmeentwicklung erst nach dem Ende des Erstarrens einsetzt. Die Wärmeentwicklung wird gemessen in J/g (Joule je Gramm Zement).

Da eine schnelle und hohe Wärmeentwicklung der Zemente nicht immer erwünscht ist, sieht die DIN 1164 auch Zemente mit niedriger Hydratationswärme vor. Dieses sind Zemente, die nach dem Lösungswärmeverfahren entsprechend DIN 1164 Teil 8 in den ersten sieben Tagen eine Wärmemenge von höchstens 270 J/g entwickeln dürfen. Es kommen dafür in Frage die Zemente der Festigkeitsklassen Z25 und gegebenenfalls Z35 L. Zemente mit niedriger Hydratationswärme haben im allgemeinen eine langsamere Anfangserhärtung zur Folge und bieten dann eine bessere Nacherhärtung. In *Tab. 6.8* werden verschiedene Zemente mit ihrer Hydratationswärme gegenübergestellt.

Zemente mit niedrigerer Hydratationswärme erhalten als Zusatzbezeichnung die Kennbuchstaben NW. Diese Bedingungen werden vor allen Dingen erfüllt von den hüttensandreichen Hochofenzementen. Auch modulierte Portlandzemente mit niedriger Hydratationswärme werden angeboten.

Sulfatwiderstand der Zemente

Der Beton ist häufig chemischen Angriffen ausgesetzt. Dabei findet man vor allen Dingen Säureangriffe oder Sulfatangriffe. Aufgrund einer besonderen Zusammensetzung ist es möglich, Zemente mit hohem Sulfatwiderstand herzustellen. Zemente, die diese Bedingungen erfüllen, erhalten als Zusatzbezeichnung die Kennbuchstaben HS. Sie sind stets zu verwenden, wenn der Sulfatgehalt in angreifenden Wässern mehr als 400 mg/l oder in angreifenden Böden mehr als 3000 mg/kg beträgt.

Niedriger wirksamer Alkaligehalt der Zemente

In einigen Bereichen Norddeutschlands (besonders im südöstlichen Schleswig-Holstein) kommen Zuschläge vor, die alkaliempfindliche Bestandteile enthalten. Solche Bestandteile sind Opalsandstein und poröser reaktionsfähiger Flint. Hierbei kann es unter ungünstigen Umständen und unter Einwirkung von Feuchtigkeit zu einer chemischen Reaktion zwischen den Zuschlägen und den Alkalien des Zements kommen. Bei dieser Alkalireaktion entsteht eine Volumenvermehrung, das sogen. Alkalitreiben; es bilden sich Ausscheidungen, Abplatzungen und Risse.

Bei Verwendung dieser Zuschläge kann es daher erforderlich sein, Zemente mit niedrigem wirksamen Alkaligehalt zu verwenden. Diese Zemente erhalten die zusätzlichen Kennbuchstaben NA.

Als NA-Zemente gelten:

a) Portlandzement mit einem Gesamtalkaligehalt von höchstens 0,60 Masse-% Na_2O – Äquivalent,
b) Hochofenzement mit mindestens 65 Masse-% Hüttensand und einem Gesamtalkaligehalt von höchstens 2,00 Masse-% Na_2O – Äquivalent,

Tab. 6.10: Dichten der Zemente und deren Hauptbestandteile in kg/dm³ bzw. g/cm³

Zemente	ρ_z	Hauptbestandteile	ρ
Portlandzement Portlandzement HS	3,10 3,22	Zementklinker	2,95–3,15
Eisenportlandzement Hochofenzement	3,04 3,00	Hüttensand	2,90
Traßzement	2,93	Traß	2,35

Tab. 6.11: Bezeichnungen der Zemente

Kurzzeichen	Bedeutung des Kurzzeichens
PZ	Portlandzement
EPZ	Eisenportlandzement
HOZ	Hochofenzement
TrZ	Traßzement
L	Zement mit langsamerer Anfangserhärtung
F	Zement mit höherer Anfangsfestigkeit
Zemente mit besonderen Eigenschaften	
HS	Zement mit hohem Sulfatwiderstand
NW	Zement mit niedriger Hydratationswärme
NA	Zement mit niedrigem wirksamen Alkaligehalt

Tab. 6.12: Kennfarben für die Festigkeitsklassen

Festigkeitsklassen der Zemente	Kennfarbe	Farbe des Aufdrucks
25	violett	schwarz
35 L	hellbraun	schwarz
35 F		rot
45 L	grün	schwarz
45 F		rot
55	rot	schwarz

c) Hochofenzement mit mindestens 50 Masse-% Hüttensand und einem Gesamtalkaligehalt von höchstens 1,10 Masse-% Na_2O – Äquivalent.

NA-Zemente werden beispielsweise wie nachstehend bezeichnet:

Zement PZ 35 F DIN 1164 – NA
Zement HOZ 35 L DIN 1164 – NA

Dichte der Zemente

Die Dichte ρ_z des Zements ist für die Berechnung von Betonmischungen erforderlich.

Die Schüttdichte von Zement hat keine große Bedeutung, da eine raummäßige Zugabe von losem Zement nicht mehr erfolgen darf. Sie schwankt sehr stark und ist abhängig von dem Luftgehalt, der sich zwischen den einzelnen Zementkörnchen befindet. Die Schüttdichte von lose eingefülltem Zement beträgt etwa 0,9 bis 1,2 kg/dm³ und die Schüttdichte von eingerütteltem Zement etwa 1,6 bis 1,9 kg/dm³.

Farbe der Zemente

Die Farbe der Zemente gibt keinen Aufschluß über die Verwendbarkeit und die Festigkeit. Die Farbe des Zements ist abhängig von der Farbe der Rohstoffe und von dem Fertigungsverfahren. Sie hat nichts zu tun mit der Qualität des Zements. Für Weißzemente ist ein besonderes Herstellungsverfahren notwendig (s. Sonderzemente Abschn. 6.1.2).

Vermischbarkeit der Zemente

Alle Normzemente können miteinander vermischt werden, ohne daß Schäden zu befürchten sind. Da jedoch die Normzemente unterschiedliche Eigenschaften haben, wird man ein Vermischen der Zemente vermeiden.

6.1.1.5 Bezeichnung und Kennzeichnung der Zemente

Aus den verschiedenen Zementarten, den Festigkeitsklassen und den besonderen Anforderungen an Zemente nach DIN 1164 ergeben sich verschiedene Bezeichnungen, die zu verwenden sind. Die Zemente werden nach diesen Bezeichnungen bestellt und geliefert. In der *Tab. 6.11* sind sämtliche Bezeichnungen noch einmal zusammengestellt.

Angaben für die Kennzeichnung der Zemente

Die Zementsäcke bzw. Lieferscheine müssen folgende Angaben enthalten:

- ▶ Zementart: Portlandzement PZ, Eisenportlandzement EPZ, Hochofenzement HOZ, Traßzement TrZ
- ▶ Festigkeitsklasse: 25, 35 L, 35 F, 45 L, 45 F, 55 nach DIN 1164
- ▷ Zusatzbezeichnung für besondere Eigenschaften: NW für Zement mit niedriger Hydratationswärme, HS für Zement mit hohem Sulfatwiderstand, NA für Zement mit niedrigem wirksamen Alkaligehalt
- ▷ Lieferwerk und gegebenenfalls weitere Kennzeichnung
- ▷ Kennzeichnung für die Überwachung *(s. Abb. 6.2)*
- ▷ Gewicht: Bruttogewicht des Zementsacks oder Nettogewicht des losen Zements
- ▷ Lieferscheine für losen Zement; außerdem: Tag und Stunde der Lieferung, polizeiliches Kennzeichen des Fahrzeugs, Auftraggeber, Auftragsnummer und Empfänger
- ▷ Die Zementsäcke müssen farbig gekennzeichnet sein *(Tab. 6.12)*.

Bei jeder Lieferung von losem Zement wird außer dem Lieferschein noch ein farbiges, witterungsfestes Blatt zum Anheften am Silo mitgegeben. Diese Siloanheftblätter haben die gleichen Kennfarben und die gleichen Farben der Aufdrucke wie die Zementsäcke. Das Kennzeichen für die Güteüberwa-

Beispiele für die Bezeichnungen der Zemente

6.1 Ein Portlandzement mit einer 28-Tage-Druckfestigkeit von mindestens 35 N/mm² und höchstens 55 N/mm² sowie mit einer Druckfestigkeit von mindestens 10 N/mm² nach 2 Tagen erhält die Bezeichnung:
Zement DIN 1164 – PZ 35 F.

6.2 Ein C_3A-armer Portlandzement mit einer 28-Tage-Druckfestigkeit von mindestens 35 N/mm² und höchstens 55 N/mm² sowie mit einer Druckfestigkeit von mindestens 10 N/mm² nach 2 Tagen wird bezeichnet mit:
Zement DIN 1164 – PZ 35 F – HS.

6.3 Ein Hochofenzement mit niedriger Hydratationswärme bei einer 28-Tage-Druckfestigkeit von mindestens 35 N/mm² und höchstens 55 N/mm² heißt:
Zement DIN 1164 – HOZ 35 L – NW.

6.4 Ein Eisenportlandzement mit einer 28-Tage-Druckfestigkeit von mindestens 45 N/mm² und höchstens 65 N/mm² sowie mit einer Druckfestigkeit von mindestens 10 N/mm² nach 2 Tagen wird bezeichnet mit:
Zement DIN 1164 – EPZ 45 L.

chung und das Warenzeichen für die Mitgliedswerke des Vereins Deutscher Zementwerke wird in *Abb. 6.2* dargestellt.

6.1.1.6 Lieferung der Zemente

Zement wird entweder als loser Zement oder als Sackzement geliefert. Bei Lieferung von losem Zement ist das Gewicht maßgebend, das durch den Wiegeschein des Lieferwerks ausgewiesen wird. Loser Zement darf nur in sauberen und von Rückständen früherer Lieferungen freien Transportbehältern geliefert werden. Er darf auch während des Transportes nicht verunreinigt werden. Sackzement wird in Papiersäcken angeliefert. Das Bruttogewicht eines gefüllten Zementsacks beträgt 50 kg. Abweichungen von diesem Bruttogewicht bis zu 2% können nicht beanstandet werden.

Zur Wahrung etwaiger Gewährleistungsansprüche sollte der Käufer von jeder Lieferung nach Eintreffen des Zements unter Hinzuziehung eines Zeugen eine Probe entnehmen. Bei losem Zement muß die Probe vor der Übergabe entnommen werden. Sie muß wenigstens 5 kg betragen. Die Probe aus Zementsäcken muß sich aus Teilproben von 1 bis 2 kg zusammensetzen. Die Teilproben müssen aus der Mitte der Sackfüllung von mindestens fünf unversehrten Säcken entnommen sein. Die Teilproben werden zu einer Durchschnittsprobe von rund 5 kg durch sorgfältiges Mischen vereinigt. Die Probe ist luftdicht verschlossen aufzubewahren und beweiskräftig durch folgende Angaben zu kennzeichnen: Lieferwerk, Tag und Stunde der Anlieferung, Zementart, Festigkeitsklasse, gegebenenfalls Zusatzbezeichnung für besondere Eigenschaften, Tag und Stunde der Probenahme, Ort und Art der Lagerung und zusätzlich bei losem Zement Nummer des Zementlieferscheines. Die Zementproben sind erforderlich, da aus dem späteren Befund von Betonprobekörpern sowie des fertigen Bauwerks nicht mehr auf die Beschaffenheit des verwendeten Zements geschlossen werden kann.

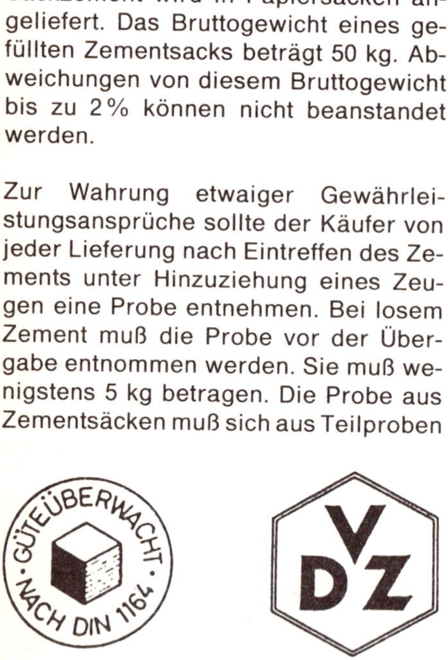

Abb. 6.2: Kennzeichen für die Überwachung und Zeichen der Überwachungsgemeinschaft: Verein Deutscher Zementwerke

6.1.1.7 Überwachung, Gütenachweis

Überwachung der Zemente

Die Einhaltung der in DIN 1164 geforderten Zusammensetzungen und Eigenschaften des Zements ist durch die Güteüberwachung nach DIN 1164 Teil 2 nachzuprüfen. Die Güteüberwachung besteht aus Eigenüberwachung und Fremdüberwachung. Die dazu erforderlichen Prüfungen sind in Teil 3 bis Teil 8 der DIN 1164 festgelegt. Die Prüfung gilt jeweils als bestanden, wenn die erforderlichen Grenzwerte nicht über- bzw. unterschritten werden.

Die Eigenüberwachung der Zemente hat der Zementhersteller im Werk durchzuführen. Die Ergebnisse der Eigenüberwachung werden aufgezeichnet und statistisch ausgewertet. Für die Durchführung der Eigenüberwachung haben die Zementwerke eigene Laboratorien mit den erforderlichen Einrichtungen.

Die Fremdüberwachung wird durch den Verein Deutscher Zementwerke e. V. in Düsseldorf (VDZ) als anerkannte Überwachungsgemeinschaft durchgeführt. Die Überwachungsgemeinschaft hat die Eigenüberwachung des Werks durch Einsichtnahme in die Prüfergebnisse der Eigenüberwachung nachzuprüfen. Außerdem sind je nach Zementart und Festigkeitsklasse während der Zeit, in der der betreffende Zement hergestellt wird, zur Nachprüfung der festgelegten Bedingungen verschiedene Prüfungen durchzuführen.

Kennzeichen für die Überwachung

Zement, der nach DIN 1164 überwacht wird und den Anforderungen der DIN 1164 entspricht, ist auf der Verpackung oder bei loser Lieferung auf dem Lieferschein durch das Zeichen „Überwacht DIN 1164" sowie durch das Zeichen der Überwachungsgemeinschaft (VDZ) dauerhaft zu kennzeichnen *(Abb. 6.2).*

Gütenachweis der Zemente

Bei jeder Lieferung von Zement ist zu prüfen, ob die Angaben auf der Verpackung bzw. dem Lieferschein über Art, Festigkeitsklasse und Güteüberwachung des Zements den Angaben der bautechnischen Unterlagen entsprechen. Weitere Prüfungen sind für den Gütenachweis der Zemente auf den Baustellen oder in Betonwerken nicht erforderlich, da durch die Überwachung der Zemente in den Zementwerken sämtliche erforderlichen Prüfungen schon durchgeführt wurden. Zur Wahrung etwaiger Gewährleistungsansprüche ist jedoch eine Rückstellprobe sicherzustellen (s. Abschn. 6.1.1.6).

6.1.2 Sonderzemente

Bei den Sonderzementen sollte beachtet werden, daß hierbei verschiedene Gruppen zu unterscheiden sind. Die genormten und auch die zugelassenen Zemente dürfen entsprechend ihren besonderen Eigenschaften für Beton und Stahlbeton verwendet werden. Nichtzugelassene Zemente dürfen für tragende Bauteile nicht verwendet werden. In besonderen Fällen kann jedoch eine auf den Einzelfall bezogene Zulassung beantragt werden.

6.1.2.1 Genormte Zemente mit besonderen Eigenschaften

Zemente mit hohem Sulfatwiderstand

Diese Zemente wurden schon im Abschn. 6.1.1.4 beschrieben, und in *Tab. 6.9* wurden die Forderungen der DIN 1164 zusammengestellt. Es gibt hierbei zwei Gruppen, nämlich Portlandzemente und Hochofenzemente mit der Zusatzbezeichnung HS (hoher Sulfatwiderstand). Die Portlandzemente HS werden im allgemeinen in den Festigkeitsklassen Z 35 F und Z 45 F hergestellt, während die Hochofenzemente HS meist den Festigkeitsklassen Z 25 und Z 35 L angehören.

Die Zemente HS werden geliefert unter folgenden Markenbezeichnungen:

Hochofenzemente, z.B.: Aquadur, Aquafirm, Aquament, Contra-Therm, HOZ-Spezial, Montafirm, Montanit u.a.

Portlandzemente, z.B.: Antisulfat, Dur-Atherm, Sulfadur, Sulfament, Sulfawitt, Sulfex, Sulfofirm u.a.

Die Verwendung eines Zements mit hohem Sulfatwiderstand ist immer dann in DIN 1045 vorgeschrieben, wenn der Beton dem Angriff von Wasser mit einem Sulfatgehalt von mehr als 400 mg SO_4 je Liter oder von Böden mit mehr als 3000 mg SO_4 je kg ausgesetzt wird. Bei Meerwasser ist trotz des hohen Sulfatgehalts die Verwendung von Zement mit hohem Sulfatwiderstand nicht erforderlich.

Zemente mit niedriger Hydratationswärme

In Abschn. 6.1.1.4 wurde bereits die Hydratationswärme der Zemente näher erläutert *(s. Tab. 6.8).* Die Anforderungen an Zemente mit niedriger Hydratationswärme sind in DIN 1164 festgelegt. Zemente, die diese Anforderungen erfüllen, erhalten die Zusatzbezeichnung NW (niedrige Wärmeentwicklung). Zemente NW sind meistens hüttensandreiche Hochofenzemente der Festigkeitsklassen Z 25 und Z 35 L.

Die Verwendung eines Zements mit niedriger Hydratationswärme ist erforderlich bei Massenbeton oder bei dicken Bauteilen, die bei hohen Außentemperaturen betoniert werden.

Zemente mit niedrigem wirksamen Alkaligehalt

Ein niedriger wirksamer Alkaligehalt ist eine besondere Eigenschaft eines Zements. In Abschn. 6.1.1.4 wurden die Bedingungen aufgezählt, die diese Zemente erfüllen müssen, damit bei alkaliempfindlichen Zuschlägen und ungünstigen Umständen keine Schädigungen des Betons eintreten. NA-Zemente können sowohl Portlandzemente der Festigkeitsklassen Z 35 F und Z 45 F sein als auch Hochofenzemente der Festigkeitsklassen Z 25 und Z 35 L.

Weißzement

Weißzement wird als Portlandzement PZ 45 F entsprechend der DIN 1164 hergestellt und unter der Bezeichnung Dyckerhoff-Weiß geliefert. Weißzement ist also ein Normzement und hat die gleichen betontechnischen Eigenschaften (z.B. Festigkeit, Erstarrungsverhalten, Verarbeitbarkeit, Korrosionsschutz, Schwinden, Kriechen) wie entsprechend grauer Portlandzement. Es sind damit alle Festigkeitsklassen für Beton, Stahlbeton und Spannbeton herstellbar.

Für Weißzement ist neben der Verwendung ausgesuchter Rohstoffe auch ein spezielles Herstellungsverfahren erforderlich. Die Bildung der dunkelfarbigen Bestandteile des Klinkers wird unterdrückt. Zum Mahlen werden besonders ausgestattete Zementmühlen verwendet.

Weißzement wird vorwiegend für Sichtbeton bei Konstruktionen aus Beton, Stahlbeton und Spannbeton sowohl als

Ortbeton wie auch für Fertigteile und Betonwerksteine verwendet, außerdem für wetterfeste Anstriche, Putze, Fugen, Terrazzo usw.

Zement mit hydrophoben Eigenschaften

Hydrophober Zement (wasserabstoßender Zement) ist ein Portlandzement PZ 45 F entsprechend DIN 1164. Beim Mahlen des Zementklinkers werden in der Zementmühle besondere hydrophobe Substanzen zugesetzt. Dabei wird jedes Zementkörnchen mit einer sehr feinen, wasserabstoßenden Hülle überzogen. Erst beim Mischvorgang wird diese Hülle zerrissen und die Oberfläche des Zementkorns für die Reaktion mit dem Anmachwasser freigelegt.

Hydrophober Zement wird mit der Bezeichnung Pectacrete geliefert. Er wird verwendet für Bodenverfestigungen mit Zement im Straßenbau, Wegebau, Kanalbau usw. Hydrophober Zement ist praktisch unbegrenzt lagerfähig; auch eine ungeschützte Lagerung auf der Baustelle ist möglich.

Zement für den Straßenbau

Zemente für den Bau von Fahrbahndecken aus Beton müssen „ZTV Beton 78 – Zusätzliche Technische Vorschriften und Richtlinien für den Bau von Fahrbahndecken aus Beton" mit der „Zweiten Änderung bzw. Ergänzungen Ausgabe 1982" entsprechen:

Für die Herstellung der Decken sind Portland-, Eisenportland- oder Hochofenzement nach DIN 1164 zu verwenden. Portland- und Eisenportlandzement müssen mindestens der Festigkeitsklasse Z 35, Hochofenzement der Festigkeitsklasse Z 45 L entsprechen.

Über die Anforderungen der DIN 1164 hinaus gelten für Zemente der Festigkeitsklasse Z 35 und bei Verwendung von Z 45 – ausgenommen Z 45 F für frühhochfesten Beton – folgende Anforderungen:

▶ Die Mahlfeinheit bestimmt als spezifische Oberfläche nach DIN 1164 Teil 4, darf 4000 cm^2/g nicht überschreiten.

▶ Das Erstarren bei 20 °C darf bei der Prüfung nach DIN 1164 Teil 5, in Abweichung von DIN 1164 Teil 1, Abschn. 4.2 frühestens 2 Stunden nach dem Anmachen beginnen.

▶ Das Erstarren bei 30 °C darf bei der Prüfung frühestens 1 Stunde nach dem Anmachen beginnen.

Die Prüfung auf Erstarren bei 30 °C ist sinngemäß nach DIN 1164 Teil 5 durchzuführen, wobei jedoch Zement und Wasser und die Prüfgeräte zu Beginn eine Temperatur von 30 (± 1) °C aufweisen müssen. Ferner muß die für die Prüfung des Erstarrens hergestellte Probe bis zum Ende des Versuchs in einem Behälter mit dicht verschlossenem Deckel über Wasser bei 30 (± 1) °C lagern. Sie darf für die Prüfung mit dem Nadelgerät nur kurzzeitig dem Behälter entnommen werden.

▶ Die zu liefernden Zementmengen müssen eine gleichmäßige Beschaffenheit aufweisen.

▶ Die im Rahmen der DIN 1164 Teil 2 durchzuführende Eigen- und Fremdüberwachung muß auch die Prüfung der vorstehenden Anforderungen einschließen.

Zement für Spannbeton mit sofortigem Verbund

Hierfür dürfen alle Zemente nach DIN 1164 der Festigkeitsklassen Z 45 und Z 55 sowie Portland- und Eisenportlandzement der Festigkeitsklasse Z 35 F verwendet werden (s. DIN 4227 Teil 1 Spannbeton, Bauteile aus Normalbeton, Ausg. Dez. 1979).

Zement für das Einpressen von Zementmörtel in Spannkanäle

Für den Einpreßmörtel zum Einpressen in Spannkanäle (Hüllrohre) im Spannbetonbau bei Vorspannung mit nachträglichem Verbund dürfen nur Zemente verwendet werden, die folgenden Anforderungen genügen:

Portlandzemente nach DIN 1164, die mindestens der Festigkeitsklasse Z 35 F entsprechen.

Der Zement ist in Säcken zu je 50 kg (± 1 kg) zu liefern, er darf – vom Tage der Werkslieferung gerechnet – nicht älter als drei Wochen sein, er muß bis zur Verwendung in einem geschlossenen Raum, gegen Feuchtigkeit geschützt gelagert werden.

Es sind für die Zusammensetzung und die Verwendbarkeit des Einpreßmörtels Eignungsprüfungen durchzuführen (s. DIN 4227 Teil 5 Spannbeton, Einpressen von Zementmörtel in Spannkanäle, Ausg. Dez. 1979).

6.1.2.2 Zugelassene Zemente mit besonderen Eigenschaften

Die Zemente dieses Abschnittes sind nicht genormt, werden aber in Anlehnung an die Zementnorm DIN 1164 geprüft und haben eine besondere Zulassung vom Institut für Bautechnik Berlin.

Flugaschezement

Flugaschezement Z 35 L enthält außer Zementklinker bis zu 30 Masse-% Flugasche. Die Flugasche entsteht beim Verbrennen von Steinkohlenstaub in Kraftwerken. Sie wird in Elektrofiltern abgeschieden. Flugaschezement entspricht außer der Zusammensetzung der DIN 1164. Einsatzgebiete besonders im Wasserbau und Tunnelbau.

Ölschieferzement

Ölschieferzement Z 35 F enthält außer Zementklinker 20 bis 30 Masse-% Ölschiefermineralien. Sie werden fein gemahlen und in einer besonderen Ofenanlage gebrannt. Dieser Zement entspricht der DIN 1164, mit Ausnahme der Zusammensetzung. Er ist sehr fein gemahlen und hat eine Oberfläche > 4000 cm²/g. Ölschieferzement ist auch für Spannbeton zugelassen, nicht jedoch für Einpreßmörtel.

Traßhochofenzement

Traßhochofenzement Z 35 L besteht aus Zementklinker und bis zu 25 Masse-% Traß sowie bis zu 50 Masse-% Hüttensand. Außer der Zusammensetzung erfüllt der Traßhochofenzement die Bedingungen der DIN 1164. Die Mahlfeinheit beträgt 4000 bis 5000 cm²/g; der Zement ist also relativ fein gemahlen. Die Dichte liegt bei 2,8 bis 2,9 kg/cm³.

Die Verwendung von Traßhochofenzement kann bei massigen Bauteilen und im Wasserbau erfolgen.

Schnellzement

Schnellzement Z 35 F erstarrt und erhärtet sehr schnell. Es ist ein kalkreicher Portlandzement mit erhöhtem Gehalt an Aluminat und zusätzlichem Fluorgehalt. Er wird im Ausland auch als ,,Regulated Set Cement" oder ,,Jet-Cement" bezeichnet. Schnellzement kann für schnell auszuführende Reparaturen verwendet werden. Er ist nur für nichttragende, untergeordnete Bauteile zugelassen und darf nicht bei Warmbehandlung verwendet werden. Ein Mischen mit anderen Normzementen ist nicht zulässig.

6.1.2.3 Nichtzugelassene Zemente mit besonderen Eigenschaften

Phonolithzement

Dieser Zement wird von einem Werk hergestellt durch gemeinsames werkmäßiges Vermahlen von 70 Masse-% Portlandzementklinker und 30 Masse-% bei 400 °C getempertem Phonolith. Zement Z 35 F ,,Phonolithzement" darf für Beton nach DIN 1045 unter den gleichen Bedingungen wie Traßzement verwendet werden. Für Spannbeton ist ,,Phonolithzement" nicht zugelassen.

Vulkanzement

Zu mindestens 70 Masse-% Portlandzementklinker werden bis zu 30 Masse-% Lava aus der Eifel als latent hydraulischer Stoff zugemahlen. Zement Z 35 F ,,Vulkanzement VKZ" entspricht mit Ausnahme der Zusammensetzung DIN 1164. Er kann wie Traßzement für Beton- und Stahlbetonkonstruktionen eingesetzt werden.

Tiefbohrzement

Tiefbohrzemente (Bohrlochzemente) dienen zum Auskleiden von tiefen Bohrlöchern für die Erdöl- und Erdgasgewinnung. Es sind Portland- und Puzzolanzemente, die mit stark verzögernden Zusätzen auch bei höheren Temperaturen (bis 150 °C) und unter hohem Druck (bis 1000 bar) normal erstarren. Tiefbohrzemente sind nicht genormt.

Tonerdeschmelzzement

Tonerdeschmelzzement ist der einzige erwähnenswerte, für tragende Bauteile jedoch nicht zugelassene Zement mit besonderen Eigenschaften. Der Tonerdeschmelzzement TSZ besteht aus feingemahlener, vollständig kristallisierter Schlacke mit Tonerde. Die Schlacke fällt bei der Herstellung eines Sonderroheisens durch Verschmelzen von Bauxit und Kalkstein im Hochofen an. Die dabei entstehende Kalk-Aluminat-Schmelze wird nach dem Abkühlen gebrochen und zu Tonerdeschmelzzement TSZ vermahlen. Tonerdeschmelzzement enthält im Unterschied zu allen anderen bisher genannten Zementen keinen Portlandzementklinker. Die chemische Zusammensetzung ist in *Tab. 6.14* angegeben.

Tab. 6.13: Chemische Zusammensetzung von Tonerdeschmelzzement in Masse-%

SiO_2	6 - 9
$Al_2O_3+TiO_2$	46 - 53
FeO	0,4 - 1
MnO	≈ 0,3
CaO	37 - 42
MgO	1,5 - 2
S	≈ 1
SO_3	≈ 0,4

Tonerdeschmelzzement ist ein normal erstarrender, jedoch schnell erhärtender Zement. Er entwickelt beim Erhärten schnell und viel Wärme. Tonerdeschmelzzement ist kein „Löffelbinder". Einen solchen Schnellerstarrer erhält man erst durch Mischen von Tonerdeschmelzzement mit Portlandzement.

Aufgrund seiner Zusammensetzung hat Tonerdeschmelzzement einen sehr hohen Schmelzpunkt und ist für feuerfeste Arbeiten sehr gut geeignet.

Seit 1962 ist Tonerdeschmelzzement für tragende Bauteile aus Beton, Stahlbeton und Spannbeton nicht mehr zugelassen.

6.1.2.4 Sonstige Zemente

Alle anderen Zemente, die in den vorstehenden Abschnitten nicht genannt wurden, haben kaum eine Bedeutung oder werden nicht mehr hergestellt (z. B. Erzzement oder Ferrarizement, Naturzement, Quellzement, Sulfathüttenzement, Thuramentzement).

Keine Zemente sind die nachstehenden Bindemittel, die früher so bezeichnet wurden, z. B.: Blitzzement, Dämmer, englischer Zement, Fixzement, Keenezement, Kraterzement, Magnesiazement, Magnesitzement, Marmorzement, Phosphatzement, Romanzement, Sorelzement.

6.1.3 Mischbinder

Für unbewehrten Beton der niedrigsten Festigkeitsklasse B 5 darf Mischbinder nach DIN 4207 verwendet werden. Dafür sind jedoch vor der Bauausführung besondere Eignungsprüfungen durchzuführen. Mischbinder haben für den Betonbau keine Bedeutung; für den Straßenbau sind sie nicht zugelassen.

Benennungen, Begriffserklärung, Eigenschaften und Prüfverfahren von Mischbindern siehe Abschn. 5.2.2.

6.2 Betonzuschlag

6.2.1 Arten und Bezeichnungen der Zuschläge

Begriffe

Zuschlag nach DIN 4226 Teil 1 ist ein Gemenge (Haufwerk) von ungebrochenen und/oder gebrochenen Körnern aus natürlichen und/oder künstlichen mineralischen Stoffen. Er besteht aus etwa gleich oder verschieden großen Körnern mit dichtem Gefüge.

Die Zuschläge werden unterschieden nach Stoffart und Korngruppen.

Zuschlag aus natürlichem Gestein

Hierzu gehören gebrochene und ungebrochene dichte Zuschläge aus Gruben, Flüssen, Seen und Steinbrüchen.

Künstlich hergestellter Zuschlag

Hierzu rechnen künstlich hergestellte gebrochene und ungebrochene dichte Zuschläge, wie z. B. Hochofenschlacke, Schmelzschlacke oder Hochofenschlackensand.

Bezeichnung

Die Bezeichnung erfolgt durch die Prüfkorngrößen. Sie kann durch eine Bezeichnung nach *Tab. 6.14* und durch eine stoffliche oder Herkunftsbezeichnung ergänzt werden.

Ein Gemenge von Sand und Kies (bzw. Splitt) wird als Kiessand (bzw. Splitt-Sand-Gemisch) bezeichnet.

Tab. 6.14: Zusätzliche Bezeichnung des Zuschlags

Zuschlag mit Kleinstkorn mm	Größtkorn mm	Zusätzliche Bezeichnung für ungebrochenen Zuschlag		gebrochenen Zuschlag	
–	0,25	Feinst-	Sand	Feinst-	Brechsand
–	1	Fein-		Fein-	
1	4	Grob-		Grob-	
4	32	Kies		Splitt	
32	63	Grobkies		Schotter	

In DIN 4226 werden die Zuschläge unterschieden nach

- Regelanforderungen
- erhöhte Anforderungen (Kennbuchstabe „e")
- verminderte Anforderungen (Kennbuchstabe „v").

Beispiel 6.5
Bezeichnungen des Zuschlags bei *erhöhten* Anforderungen:

Zuschlag mit dichtem Gefüge der Korngruppe 8/16, der über die Regelanforderungen hinaus erhöhte Anforderungen an den Widerstand gegen Frost erfüllt:

Zuschlag DIN 4226 – 8/16 – eF

Zuschlag der Korngruppe 16/32 mit erhöhten Anforderungen an den Widerstand gegen Frost und Taumittel:

Zuschlag DIN 4226 – 16/32 – eFT

Zuschlag mit erhöhten Anforderungen an den Anteil quellfähiger Bestandteile organischen Ursprungs:

Zuschlag DIN 4226 – 0/2 – eQ

Zuschlag mit erhöhten Anforderungen an den Gehalt wasserlöslicher Chloride für Spannbeton mit sofortigem Verbund:

Zuschlag DIN 4226 – 8/16 – eCl

Zuschlag mit erhöhten Anforderungen an die Kornform bei Edelsplitt

Zuschlag DIN 4226 – 8/16 – eK

Beispiel 6.6
Bezeichnungen des Zuschlags bei *verminderten* Anforderungen:

Zuschlag mit dichtem Gefüge der Korngruppe 0/2, der die Regelanforderungen hinsichtlich der abschlämmbaren Bestandteile nicht erfüllt:

Zuschlag DIN 4226 – 0/2 – vA

Zuschlag der Korngruppe 16/32 mit verminderten Anforderungen an die Kornform:

Zuschlag DIN 4226 – 16/32 – vK

Zuschlag mit verminderten Anforderungen an die Festigkeit:

Zuschlag DIN 4226 – 8/16 – vD

Zuschlag mit verminderten Anforderungen an den Widerstand gegen Frost:

Zuschlag DIN 4226 – 8/32 – vF

Zuschlag mit verminderten Anforderungen an feinverteilte Stoffe organischen Ursprungs:

Zuschlag DIN 4226 – 0/2 – vO

Zuschlag mit verminderten Anforderungen an den Gehalt an Sulfaten:

Zuschlag DIN 4226 – 0/32 – vS

Zuschlag mit verminderten Anforderungen an den Gehalt an wasserlöslichem Chlorid:

Zuschlag DIN 4226 – 2/8 – vCl

Tab. 6.15: Richtwerte für die Begrenzung des Gehalts an abschlämmbaren Bestandteilen im Zuschlag

Korngruppe/Lieferkörnung mm	Gehalt an abschlämmbaren Bestandteilen in Masse-% höchstens
0/1, 0/2, 0/4	4,0
1/2, 1/4, 2/4	3,0
2/8, 4/8	2,0
2/16, 4/16, 4/32,	1,0
8/16, 8/32, 16/32, 32/63	0,5

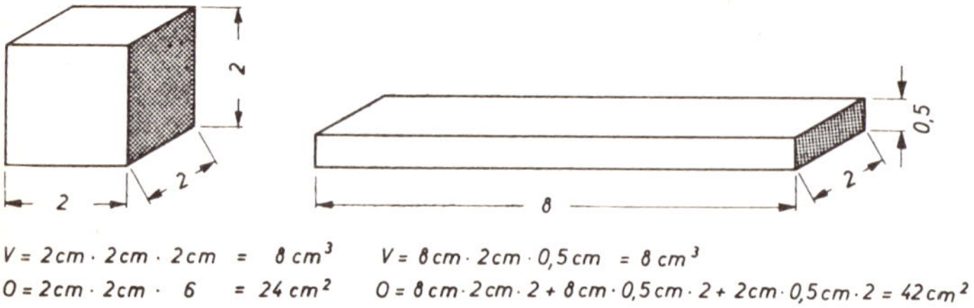

Abb. 6.3: Einfluß der Kornform auf die Kornoberfläche bei gleichem Rauminhalt

Liegen erhöhte oder verminderte Anforderungen vor, muß das zusätzlich durch die entsprechende Kennzeichnung vermerkt werden.

6.2.2 Kornform des Zuschlags

Die Form der Zuschlagkörner soll möglichst gedrungen (kugelig, würfelig) sein. Ein Korn gilt als ungünstig geformt, wenn sein Verhältnis von Länge zu Dicke (nicht Breite) größer als 3:1 ist. Der Anteil ungünstig geformter Körner (besonders flacher oder länglicher Körner) soll im Zuschlag über 8 mm nicht mehr als 50 Gew.-% betragen.

Die Bestimmung der Anteile kann mit der Kornform-Schieblehre erfolgen. Die Form der Zuschlagkörner hat einen entscheidenden Einfluß auf den Zementleimbedarf bei der Betonherstellung.

Danach hat ein plattiges oder längliches Korn eine größere Oberfläche als ein rundes Korn; es braucht also mehr Zementleim *(Abb. 6.3)*.

Gedrungene Körner lassen sich im Gegensatz zu plattigen Körnern im Frischbeton besser verdichten.

6.2.3 Festigkeit des Zuschlags

Die Körner des Zuschlags müssen so fest sein, daß sie die Herstellung eines Betons mit den geforderten Eigenschaften gestatten. Diese Forderung wird von natürlich entstandenem Sand und Kies oder daraus durch Brechen gewonnenem Zuschlag wegen der vorausgegangenen aussondernden Beanspruchung durch die Natur im allgemeinen erfüllt.

Damit sind verwitterte, schiefrige, tonige und weiche Gesteine ungeeignet.

Eine ausreichende Festigkeit läßt sich durch Ritzen mit einem Messer oder durch einen leichten Hammerschlag (Zuschlagstein auf eine feste Unterlage legen) feststellen.

6.2.4 Widerstand des Zuschlags gegen Frost

Der Widerstand eines Zuschlags gegen Frost muß für den vorgesehenen Verwendungszweck ausreichend sein. Wegen der vorausgegangenen aussondernden Beanspruchung enthalten natürlich entstandener Sand und Kies und daraus durch Brechen gewonnener Zuschlag meist nur wenige frostanfällige Zuschlagkörner.

Gefährdet sind Zuschläge, die rasch Wasser saugen (Prüfung durch Aufsetzen eines Wassertropfens auf das trockene Korn).

Im Zweifelsfall ist der Zuschlag bei Verwendung für Beton, der häufigen Frost-Tau-Wechseln im stark durchfeuchteten Zustand ausgesetzt ist („starke Frosteinwirkung"), im Labor nach DIN 4226 Teil 3, Abschn. 3.5.1, zu prüfen (Gefrieren unter Wasser).

Ist der Zuschlag im Beton häufigen Frost-Tau-Wechseln bei mäßiger Durchfeuchtung ausgesetzt („mäßige Frosteinwirkung"), so ist er im Zweifelsfall nach DIN 4226 Teil 3, Abschn. 3.5.2, im Labor zu prüfen (Gefrieren an der Luft).

6.2.5 Schädliche Bestandteile des Zuschlags

Als schädliche Bestandteile des Zuschlags gelten Stoffe, die das Erstarren oder das Erhärten des Betons und Mörtels stören, die Festigkeit oder die Dichtigkeit des Betons herabsetzen, zu Absprengungen führen oder den Korrosionsschutz der Bewehrung beeinträchtigen. Schädlich können je nach Menge und Verteilung u. a. wirken: abschlämmbare Bestandteile; Stoffe organischen Ursprungs; erhärtungsstörende Stoffe, bestimmte Schwefelverbindungen, erweichende, quellende sowie treibende Bestandteile, z. B. Glimmer oder Opalsandstein (Alkalireaktion); korrosionsfördernde Stoffe wie z. B. Chloride. Besonders im südöstlichen Schleswig-Holstein kommt ein grüner, glaukonithaltiger Opalsandstein vor. Dieses Gestein verwittert schnell, ist nicht frostbeständig, da es ein hohes Wasseraufnahmevermögen besitzt, und hat eine niedrige Kornrohdichte. Der Opalgehalt dieser Steine führt zu dem sogenannten Alkalitreiben im Beton (s. Abschn. 6.1.1.4: Niedriger wirksamer Alkaligehalt der Zemente).

6.2.5.1 Abschlämmbare Bestandteile

Abschlämmbare Bestandteile können im Zuschlag fein verteilt oder als Knollen vorhanden sein oder an den Zuschlagkörnern haften. Stofflich handelt es sich dabei im allgemeinen um tonige Substanzen oder um sehr feines Gesteinsmehl. Abschlämmbare Bestandteile können schädlich wirken, wenn sie in großer Menge vorhanden sind, am Gesteinskorn fest anhaften und sich nicht leicht abreiben lassen oder als Knollen bei der Betonaufbereitung nicht völlig zerrieben werden.

Durch den Absetzversuch können Anhaltswerte für den Gehalt an abschlämmbaren Bestandteilen ermittelt werden. Sie dürfen die Richtwerte der *Tab. 6.15* nicht überschreiten.

Beim Absetzversuch werden 500 g mäßig feuchter oder lufttrockener Zuschlag bis 4 mm in einem Meßglas von 1000 cm^3 Inhalt bis zur Marke von etwa 750 cm^3 mit Wasser aufgefüllt *(Abb. 6.4)*. Der Inhalt wird dreimal im Abstand von 20 Minuten kräftig geschüttelt und dann nach einer Stunde die abgesetzte Schlämmeschicht V_s [cm^3] abgelesen.

Das Trockengewicht G_a in Masse-% errechnet sich bei Verwendung von 500 g luftgetrocknetem Zuschlag zu

$$Ga \approx \frac{V_s \cdot 0{,}6 \cdot 100}{500} = V_s \cdot 0{,}12 \text{ [Masse-\%]}$$

Das Mittel aus zwei Versuchen ist maßgebend.

> *Beispiel 6.7*
> Bestimmung der abschlämmbaren Bestandteile
>
> Einwaage 500 g
> Schlämmeschicht V_s nach 1 Std. Absetzzeit: V_s = 20 cm^3
>
> Trockengewicht in Masse-% der abschlämmbaren Bestandteile bezogen auf die Einwaage: $G_a = V_s \cdot 0{,}12 = 20 \cdot 0{,}12 = 2{,}4$ Masse-%

6.2.5.2 Stoffe organischen Ursprungs

Humose und sonstige organische Bestandteile können in fein verteilter Form das Erhärten des Betons und Mörtels stören und in körniger Form Verfärbungen oder durch Quellen Absprengungen an der Oberfläche des Betons hervorrufen (wie z.B. braunkohleartige Teile).

Einen Hinweis auf das Vorhandensein von fein verteilten, das Erhärten störenden organischen Stoffen gibt die Untersuchung des Zuschlags mit Natronlauge.

Abb. 6.4: Nachweis von abschlämmbaren Stoffen durch den Absatzversuch

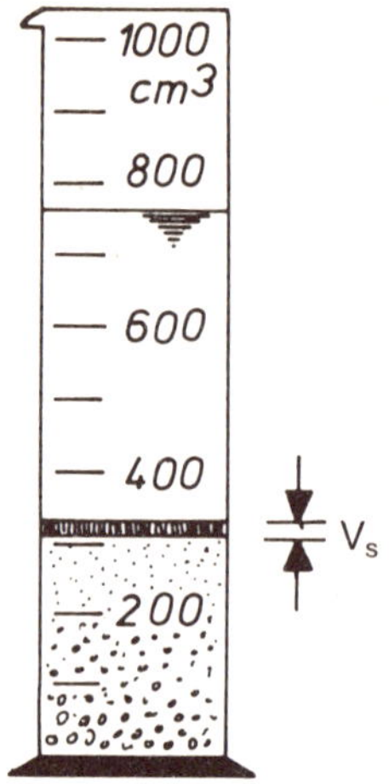

Dazu wird eine Klarglasflasche von etwa 300 cm^3 Volumen mit Markringen für 130 cm^3 und 200 cm^3 Inhalt versehen. Der Zuschlag bis höchstens 8 mm Korngröße wird bis zur Meßmarke 130 cm^3 eingefüllt und anschließend bis zur Meßmarke 200 cm^3 mit 3 %iger Natronlauge übergossen. Der Inhalt der verschlossenen Flasche wird kräftig durchgeschüttelt und bleibt 24 Stunden stehen.

Bei farbloser bis hellgelber Flüssigkeit sind mit großer Wahrscheinlichkeit keine wesentlichen Mengen organischer Bestandteile vorhanden. Bei tiefgelber, bräunlicher oder rötlicher Farbe ist Vorsicht geboten, sofern die Färbung nicht zweifelsfrei von wenigen gröberen organischen Teilen herrührt. Im Zweifelsfall ist mit dem betreffenden Zuschlag eine Eignungsprüfung mit Beton nach DIN 1045 bzw. DIN 1048 durchzuführen.

6.2.5.3 Erhärtungsstörende Stoffe

Zuckerähnliche Stoffe oder lösliche Salze können die Erhärtung des Betons stören. Vergleichsversuche durch Eignungsprüfungen mit Beton nach DIN 1045 bzw. DIN 1048 müssen im Beton den Unschädlichkeitsnachweis erbringen.

Schwefelverbindungen, alkalilösliche Kieselsäure und stahlangreifende Stoffe sind für Stahlbeton je nach Anteil ebenfalls schädlich. Im Zweifelsfall ist ein chemisches Labor einzuschalten.

6.2.6 Kornrohdichte des Zuschlags

Die Dichte ist das Verhältnis von Stoffgewicht zur Volumeneinheit, gemessen in g/cm^3 oder kg/dm^3 oder t/m^3.

Bei der Kornrohdichte (früher Raumgewicht) ist es das Gewicht der Volumeneinheit ohne Haufwerksporen einschließlich der Eigenporen (Lufteinschlüsse in einem Zuschlagkorn). Zur zielsicheren Betonberechnung ist die Kenntnis der Kornrohdichte des Zuschlags erforderlich. Mit ausreichender Genauigkeit für die Praxis wird eine genau abgewogene trockene Menge m_d des Zuschlags (etwa 1000 g) in einem 1000-cm^3-Meßzylinder, der mit genau 500 cm^3 Wasser gefüllt ist, geschüttet. Luftblasen an den Zuschlagkörnern sind durch Klopfen am Zylinder zu entfernen. Aus dem abgelesenen Gesamtvolumen V (cm^3) errechnet sich die Kornrohdichte ϱ_g nach dem Verdrängungsverfahren zu

$$\varrho_g = \frac{m_d}{V - 500} \, [g/cm^3]$$

Das Mittel aus drei Versuchen ist maßgebend.

> *Beispiel 6.8*
> Bestimmung der Kornrohdichte
>
> Zuschlaggewicht, trocken m_d = 980 g
> Volumen Wasser + Zuschlag = 872 cm^3
> Volumen Wasser = 500 cm^3
> Volumen Zuschlag V_g = 372 cm^3
>
> Rohdichte: $\varrho_g = m_d/V_g \, [g/cm^3]$
>
> $$\varrho_g = \frac{980}{372} = 2{,}64 \, g/cm^3$$

6.2.7 Korngruppen – Zuschlaggemische

Eine Korngruppe umfaßt Korngrößen zwischen zwei Prüfkorngrößen; sie wird durch diese Prüfkorngröße bezeichnet.

Ein Zuschlaggemisch ist ein Gemenge aus mehreren Korngruppen. Es wird durch eine obere und eine untere Prüfkorngröße bezeichnet.

Prüfsiebe sind:

Maschensiebe: 0,25 mm, 0,5 mm, 1 mm, 2 mm

Quadratlochsiebe: 4 mm, 8 mm, 16 mm, 31,5 mm, 63 mm

Korngruppen sind:

0/1, 0/2a, 0/2b, 0/4a, 0/4b, 0/8, 0/16, 0/32, 0/63 mm
1/2, 1/4 mm
2/4, 2/8, 2/16 mm
4/8, 4/16, 4/32 mm
8/16, 8/32 mm
16/32 mm
32/63 mm

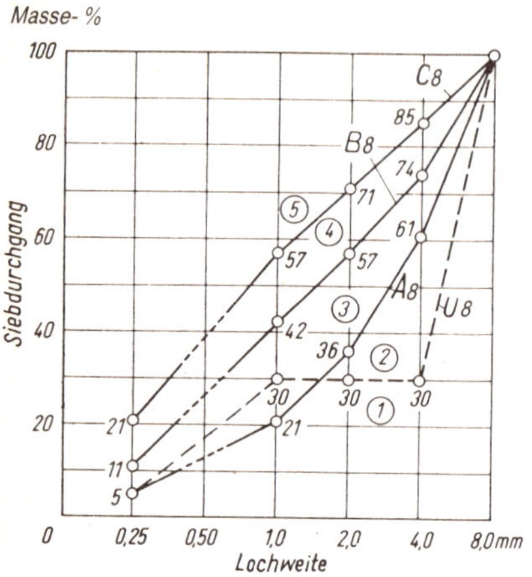

Abb. 6.5: Sieblinien mit einem Größtkorn von 8 mm

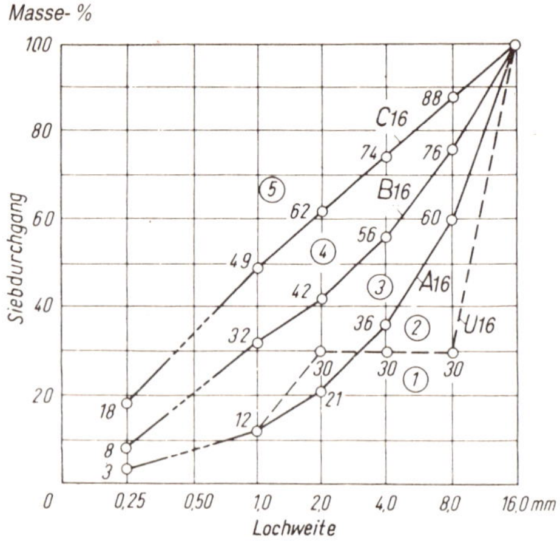

Abb. 6.6: Sieblinien mit einem Größtkorn von 16 mm

gebräuchliche *Korngruppen* sind:

0/2, 0/4 mm
2/8, 4,8 mm
8/16, 8/32 mm
16/32 mm

Unterkorn ist der Anteil, der bei der Prüfsiebung durch das untere Prüfsieb der jeweiligen Korngruppe hindurchfällt. Überkorn ist der Anteil, der auf dem entsprechenden oberen Prüfsieb liegenbleibt.

Der zulässige Anteil an Unterkorn beträgt nach DIN 4226 jeweils 15 Masse-%, und zwar für Zuschlag mit dichtem Gefüge bei allen Korngruppen ab 1 mm und für Zuschlag mit porigem Gefüge bei allen Korngruppen ab 2 mm.

Der zulässige Anteil an Überkorn beträgt nach DIN 4226 jeweils 10 Masse-%, für Zuschlag mit dichtem Gefüge bei 1 mm jedoch 15 Masse-%.

6.2.8 Sieblinien für Betonzuschläge

Das Zuschlaggemisch soll möglichst grobkörnig und hohlraumarm sein. Das Größtkorn ist so zu wählen, wie Mischen, Fördern, Einbringen und Verarbeiten des Betons dies zulassen; seine Nenngröße darf ein Drittel der kleinsten Bauteilabmessung nicht überschreiten. Bei engliegender Bewehrung oder geringer Betondeckung soll der überwiegende Teil des Zuschlags kleiner als der Abstand der Bewehrungsstäbe untereinander und von der Schalung sein.

Durch Anwendung sogenannter ,,Sieblinien" kann die Forderung ,,grobkörnig und hohlraumarm" leichter erfüllt werden. Auf der Waagerechten (Abszisse) werden die Lochdurchmesser der Prüfsiebe im gleichen Abstand aufgetragen; auf der Senkrechten (Ordinate) gleiche Teile für den ,,Siebdurchgang" in Masse-%. Die Sieblinie ist eine Summenlinie; sie beginnt bei 0 und endet bei 100 % und gibt über jedem Lochdurchmesser den prozentualen Anteil des Gesamtgemisches an, der durch das betreffende Sieb hindurchfällt.

Beispiel 6.9 Sieblinie B32

8 %	fallen durch das Sieb	0,25	mm
28 %	fallen durch das Sieb	1	mm
37 %	fallen durch das Sieb	2	mm
47 %	fallen durch das Sieb	4	mm
62 %	fallen durch das Sieb	8	mm
80 %	fallen durch das Sieb	16	mm
100 %	fallen durch das Sieb	31,5	mm

Sieblinien, bei denen sich von Prüfsieb zu Prüfsieb eine Veränderung ergibt, nennt man „stetige Sieblinien". Dies sind die Regelsieblinien A, B und C. Die Ziffer hinter dem Buchstaben gibt das Größtkorn an. A 16 ist z. B. die Sieblinie A mit dem Größtkorn von 16 mm.

Es gibt vier Darstellungen für verschiedenes Größtkorn:

bis 8 mm Größtkorn *(Abb. 6.5)*
bis 16 mm Größtkorn *(Abb. 6.6)*
bis 32 mm Größtkorn *(Abb. 6.7)*
bis 63 mm Größtkorn *(Abb. 6.8)*

Die in der Praxis verwendeten Kornzusammensetzungen liegen im allgemeinen zwischen den Regelsieblinien. Die Sieblinien A und B begrenzen den „günstigen" Bereich (3); zwischen B und C liegt der „brauchbare" Bereich (4).

Fehlen einzelne Korngruppen, so spricht man von einer „unstetigen Sieblinie" oder „Ausfallkörnung". Eine oder mehrere mittlere Korngruppen fallen dabei aus. Solche Linien sollen zwischen den Sieblinien U und C der *Abb. 6.5* bis *6.8* verlaufen.

Auf der Baustelle kann man sich eine vorgegebene Sieblinie aus einzelnen Korngruppen mit Hilfe der Durchgangsprozente zusammenstellen.

Beispiele für Kornzusammensetzungen

Grundsätzlich ist eine Sieblinie entsprechend den Erfordernissen der Baustelle – Bewehrungsdichte, Bauteilabmessung, Geräte zur Betonförderung, Kornbeschaffenheit – vorzugeben. Mit der vorgegebenen Sieblinie werden dann

Beispiel 6.10
Zusammensetzung des Betonzuschlags aus zwei Korngruppen mit 16 mm Größtkorn

Ein Korngemenge ist nach der Sieblinie im Bereich A16/B16, dargestellt in *Abb. 6.9,* aus den Korngruppen 0/4 mm und 4/16 mm zusammenzusetzen. Danach müssen 50 % Sand 0/4 mm und 50 % Kies 4/16 mm verwendet werden.

Beispiel 6.11
Zusammensetzung des Betonzuschlags aus vier Korngruppen mit 32 mm Größtkorn

Ein Korngemenge ist nach der Sieblinie im Bereich A32/B32, dargestellt in *Abb. 6.10,* aus den Korngruppen 0/4 mm, 4/8 mm, 8/16 mm und 16/32 mm zusammenzusetzen.

Aus der Darstellung ergeben sich folgende Anteile:

40 %	0/4 mm
10 %	4/8 mm
25 %	8/16 mm
25 %	16/32 mm
100 %	

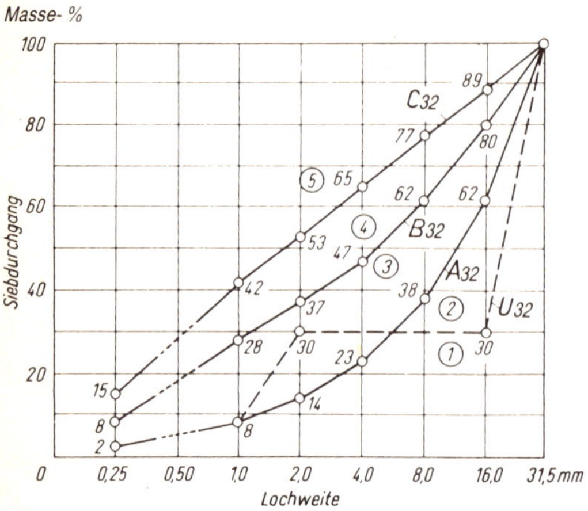

Abb. 6.7: Sieblinien mit einem Größtkorn von 32 mm

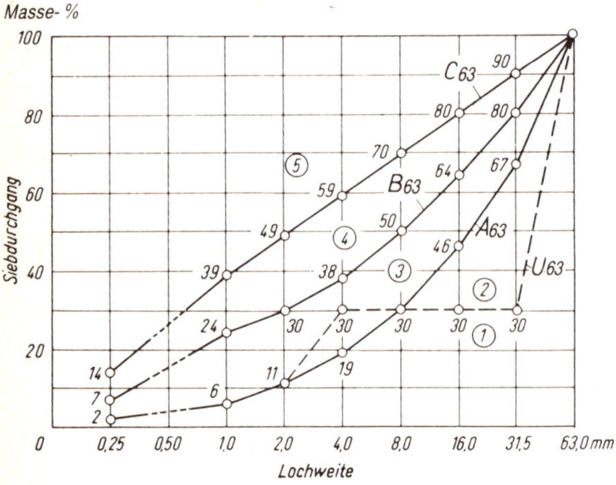

Abb. 6.8: Sieblinien mit einem Größtkorn von 63 mm

Eignungsversuche gemacht und die Brauchbarkeit der Betonzusammensetzung überprüft.

Bei dieser einfachen, durch Ablesen aus der Sieblinie zu ermittelnden Kornzusammensetzung wird vorausgesetzt, daß die einzelnen Korngruppen möglichst geringe Anteile von Über- und Unterkorn haben. Dies ist vor allem bei den Korngruppen bis 8 mm zu beachten. Verschiebungen der Sieblinie oberhalb des Korndurchmessers von 8 mm wirken sich auf die Betoneigenschaften nur wenig aus.

Sogenannte ,,Idealsieblinien'' kann man sich wie folgt selbst herstellen:

Auf der Waagerechten werden die Prüfsiebe im gleichen Abstand aufgetragen.

Abb. 6.9: Sieblinie zu Beispiel 6.10

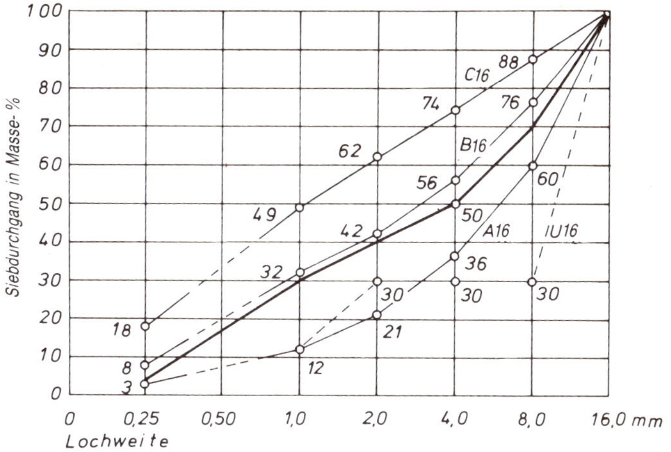

Abb. 6.10: Sieblinie zu Beispiel 6.11

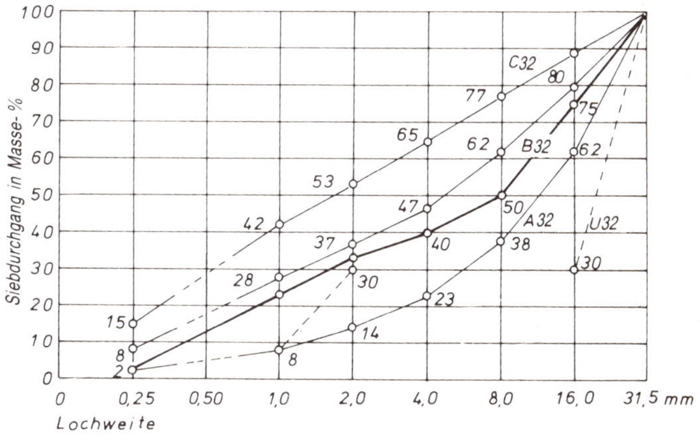

Auf der Senkrechten wird beim Größtkorn 100 % angesetzt. Das nächstkleinere Sieb erhält 71 %, das nächstkleinere 50 %, das nächstkleinere 35 %, das nächstkleinere 25 % usw. Damit erhält man Sieblinien, die immer im günstigen Bereich zwischen den Regelsieblinien A und B liegen. Man merke sich: bei Größtkorn 100 %, das nächstkleinere Sieb hat 71 %, dann kommt die Hälfte von 100 %, dann die Hälfte von 71 % usw. *(Abb. 6.12)*.

Daraus kann man die Anteile der einzelnen Korngruppen entsprechend den Durchgangsprozenten wieder ermitteln und die Anteile zusammensetzen.

Berechnungen von Sieblinien sowie Verbesserungsverfahren, rechnerisch

Beispiel 6.12
Zusammensetzung des Betonzuschlags aus fünf Korngruppen mit 32 mm Größtkorn

Ein Korngemenge ist nach der Regelsieblinie B 32, dargestellt in *Abb. 6.7*, aus fünf Korngruppen: 0/2 mm, 2/4 mm, 4/8 mm, 8/16 mm und 16/32 mm, zusammenzusetzen.

Aus der *Abb. 6.7* ergeben sich folgende Anteile:

37 %	0/2 mm
10 %	2/4 mm
15 %	4/8 mm
18 %	8/16 mm
20 %	16/32 mm
100 %	

Beispiel 6.13
Zusammensetzung des Betonzuschlags als Ausfallkörnung mit 32 mm Größtkorn

Ein Korngemenge ist nach einer Ausfallkörnung aus den drei Korngruppen 0/2 mm, 8/16 mm und 16/32 mm, nach *Abb. 6.11*, zusammenzusetzen.

Folgende Anteile ergeben sich aus einem Versuch: Die Korngruppen 8/16 mm und 16/32 mm werden je zur Hälfte in einem 10-l-Eimer gut vermengt bis zur 10-l-Marke eingefüllt. Aus einem zweiten Eimer, der mit Wasser bis zur 10-l-Marke gefüllt ist, wird Wasser in die Hohlräume des Gesteins im ersten Eimer gefüllt, bis die Steine gerade mit Wasser bedeckt sind.

Die im Wassereimer fehlende Wassermenge, z. B. 3,5 l, bedeutet, daß 35 % Sand 0/2 mm notwendig sind, um die Zwickel zwischen dem Kies auszufüllen.

Die Kornzusammensetzung ist dann folgende:

35 %	Sand	0/2 mm
32,5 %	Kies	8/16 mm
32,5 %	Kies	16/32 mm
100 %		

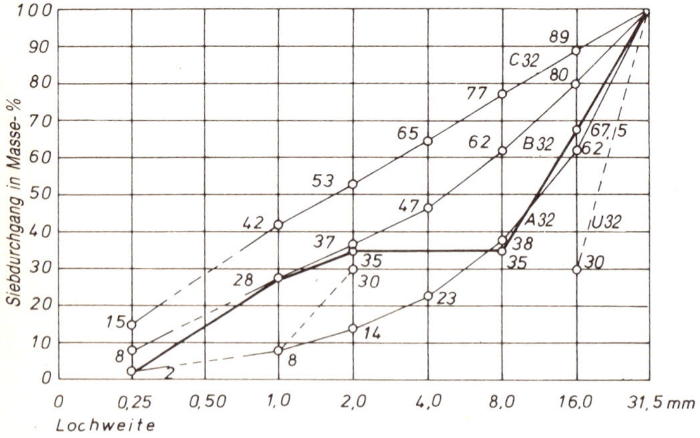

Abb. 6.11: Sieblinie zu Beispiel 6.13

Abb. 6.12: **Idealsieblinien für 8 mm bis 16 mm und 32 mm Größtkorn**

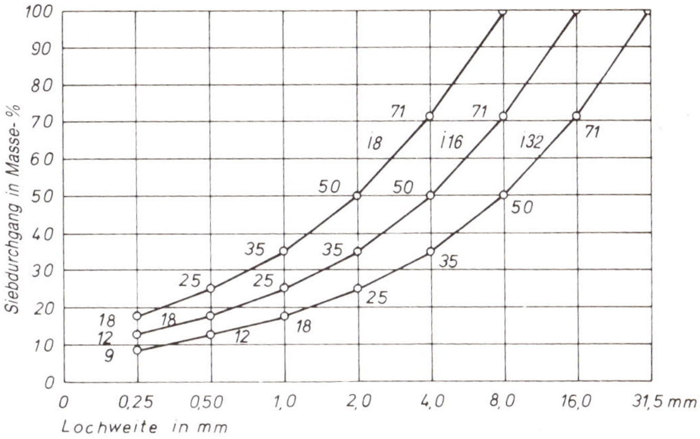

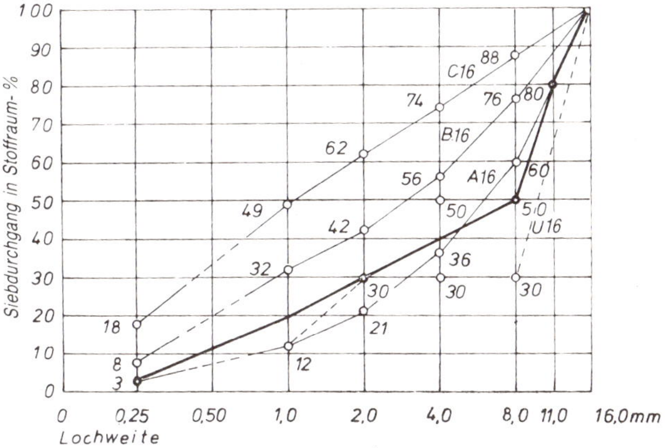

Abb. 6.13: **Sieblinie zu Beispiel 6.14**

oder graphisch, sind im allgemeinen nicht nötig.

Nach der Ermittlung der Anteile wird zur Probesiebung eine bestimmte Menge Zuschlag getrocknet, zusammengesetzt, gemischt und abgesiebt und so die tatsächliche Sieblinie überprüft.

Bei Zuschlag, der aus Korngruppen mit wesentlich unterschiedlicher Gesteinsrohdichte zusammengesetzt wird, werden die Sieblinien nicht auf Masseprozente, sondern auf Stoffraumprozente bezogen.

6.2.9 Siebversuch für Betonzuschläge

Siebversuche sollen die Anteile der einzelnen Korngrößen in einem Zuschlaggemenge so genau wie möglich erge-

Beispiel 6.14 Korngemenge mit sehr unterschiedlichen Rohdichten

Für einen Straßenbeton soll die Kornzusammensetzung aus drei Korngruppen – 0/2 mm Natursand, 2/8 mm Naturkies, 8/11 mm Basalt-Edelsplitt, 11/16 mm Basalt-Edelsplitt – (nach *Abb. 6.13)* vorgenommen werden.

Die Kornrohdichte des Natursandes ist 2,64 kg/dm³, und die des Edelsplitts ist 2,9 kg/dm³. Die Stoffraumprozente ergeben sich aus der Sieblinendarstellung mit einem Größtkorn von 16 mm. Nach der ZTV Beton 78 kann die Sieblinie im Sandbereich in der oberen Hälfte des günstigen Bereichs verlaufen. Die Stoffraumanteile sind dann:

0/2 mm	30 %	8/11 mm	30 %
2/8 mm	20 %	11/16 mm	20 %

Zum Abwiegen der einzelnen Korngruppen müssen die Stoffraumprozente mit der Kornrohdichte der einzelnen Korngruppen auf Masseprozente umgerechnet werden.

30 Stoffraum-%	0/2 mm	0,3 × 2,64	= 0,792 MT,	= 28,6 Masse-%
20 Stoffraum-%	2/8 mm	0,2 × 2,64	= 0,528 MT,	= 19,0 Masse-%
30 Stoffraum-%	8/11 mm	0,3 × 2,90	= 0,870 MT,	= 31,4 Masse-%
20 Stoffraum-%	11/16 mm	0,2 × 2,90	= 0,580 MT,	= 21,0 Masse-%
			2,770 MT	= 100,0 Masse-%

Es ergeben sich Unterschiede gegenüber den Stoffraumprozenten, die aber meist unbedeutend sind.

Tab. 6.16: Probemenge

Zuschlaggemische und Korngruppen mit einem Größtkorn bis mm	Probemenge bei Zuschlägen mit dichtem Gefüge kg	porigem Gefüge kg
2	10	5
8	20	10
32	30	15
63	40	–

Tab. 6.17: Prüfgutmenge je Siebung

Zuschlaggemische und Korngruppen mit einem Größtkorn bis mm	Prüfgutmenge je Siebung bei Zuschlag von dichtem Gefüge mindestens g	porigem Gefüge mindestens g
2	500	–
8	2000	1000
16	3500	2000
32	5000	2500
63	10000	–

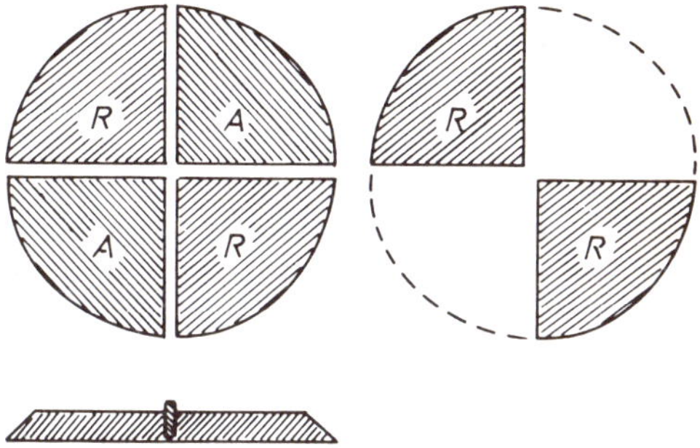

Abb. 6.14: Probenteilung nach DIN 4226 Teil 3

ben. Dazu ist neben einer ordnungsgemäßen Siebung eine vernünftige Probenahme am wichtigsten. Durch die Probenahme muß gewährleistet sein, daß die Prüfgutmenge die gleiche Kornzusammensetzung wie der Zuschlag beim Betonieren hat. Die Probemenge, die an verschiedenen Stellen des Zuschlagvorrats entnommen werden soll – teils am Böschungsfuß, an der Böschungsmitte und an der Böschungsspitze –, muß mindestens das Vierfache der in *Tab. 6.16* angegebenen Mengen sein.

Diese vierfache Menge der *Tab. 6.16* wird auf einer sauberen Unterlage kreisförmig flach ausgebreitet. Das Haufwerk wird dann geviertelt. Zwei gegenüberliegende Kreisviertel (A) werden einschließlich der staubförmigen Bestandteile entfernt. Mit den verbleibenden Vierteln (R) wird ein neuer Kreis gebildet und ebenso verfahren, bis die in *Tab. 6.16* angegebenen Mengen etwa erreicht sind *(Abb. 6.14)*.

Vor einer Siebung wird das Zuschlagmaterial getrocknet. Die Prüfgutmenge *(Tab. 6.17)* erhält man durch Probenteilung wie bei der Ermittlung der Probemenge. Maßgebend ist das Mittel aus drei Siebungen.

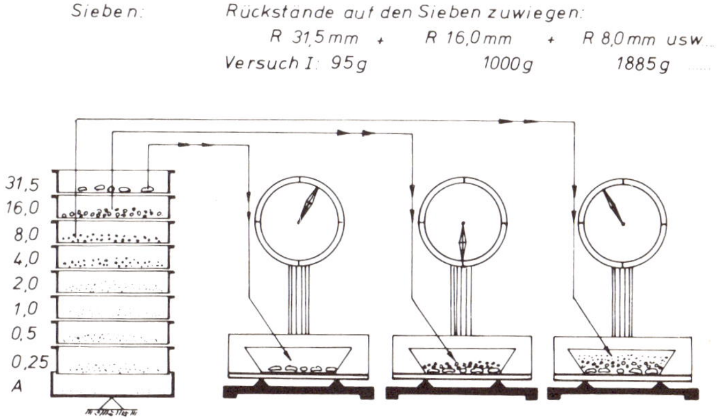

Abb. 6.15: Siebversuch

Beispiel 6.15 Siebversuch

In den vorbereiteten Siebsatz (von unten nach oben:

Auffangkasten, Prüfsiebe 0,25 – 0,5 – 1,0 – 2,0 – 4,0 – 8,0 – 16,0 – 31,5 – 63 mm) wird die getrocknete Prüfgutmenge hineingeschüttet. Durch Rütteln, Schocken oder Schütteln werden die einzelnen Korngrößen als Rückstände auf den Sieben ermittelt *(Abb. 6.15)*.

6.2.10 Kennwerte für die Kornverteilung

Die Aufzeichnung von Sieblinien erfolgt zum Vergleich der gewählten Sieblinie mit den Regelsieblinien.

Die im Siebversuch ermittelte Sieblinie zeichnet man auf und vergleicht ihre Lage mit den Regelsieblinien.

Da die Kornzusammensetzung eines Zuschlaggemisches maßgebend für den Wasseranspruch ist, hat man zur schnelleren Beurteilung eines Korngemisches sogenannte Kennwerte geschaffen: Körnungsziffer, Durchgangswert (D-Summe), F-Wert (Hummel), Feinheitsmodul (Abrams), Sieblinienflächen oder Wasseranspruchszahlen. Korngemische unterschiedlicher Sieblinie, aber mit gleichem Kennwert, ha-

Beispiel 6.16
Durchführung des Siebversuchs

Beginnend beim Rückstand des obersten Siebes werden alle Rückstände nacheinander auf eine Waage gegeben *(Abb. 6.15)*, und der Zuwachs an Gewicht entsprechend der Siebgröße in der *Tab. 6.18* unter der Rubrik „Rückstand" in g eingetragen. Als erste Kontrolle muß die Waage nach Entleerung des Auffangkastens die gesamte Prüfgutmenge anzeigen. Zeile 1 der *Tab. 6.18* zeigt die Summierung der Rückstände.

Da die Sieblinien nur die Durchgangsprozente anzeigen, müssen auf Zeile 2 die Rückstandsprozente errechnet werden, jeweils bezogen auf die Prüfgutmenge. Ist der Rückstand eines Siebes = 100 %, dann ist der Durchgang an dieser Stelle = 0 %. Umgekehrt: bei 0 % Rückstand ist der Durchgang 100 %. Daraus ergeben sich für Zeile 3 die Durchgangsprozente als Ergänzung des Rückstandes auf 100 %. Alles, was oben hineingeschüttet wurde, geht durch die Siebe durch, bzw. bleibt auf einem der Siebe liegen. Die Summe dieser Anteile ist immer 100 %. Die Durchgangsprozente können dann in das Raster an dem betreffenden Sieb eingetragen und die Punkte durch einen Linienzug verbunden werden *(Abb. 6.16)*.

Tab. 6.18: Siebversuch (zu Beispiel 6.16)

Versuch	Gesamtrückstand		Rückstand in g auf dem Sieb								
	g		0,25	0,5	1,0	2,0	4,0	8,0	16,0	31,5	63,0
Probe – Kennzeichen/Korngruppe......											Versuch mit 5000 g
I	5010		4850	4100	3590	3140	2650	1885	1000	95	
II	4990		4850	4100	3600	3155	2650	1910	995	100	
III	5000		4855	4110	3610	3150	2655	1905	1000	105	
Zeile 1: Summe		g	14555	12310	10800	9445	7955	5700	2995	300	
Zeile 2: Rückstand		%	97	82	72	63	53	38	20	2	
Zeile 3: Durchgang		%	3	18	28	37	47	62	80	98	100

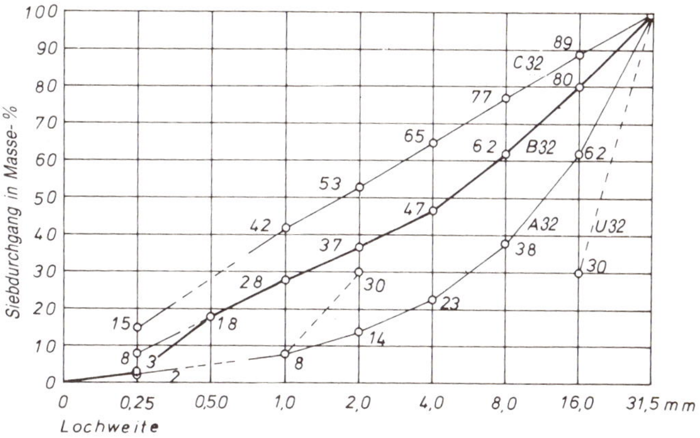

Abb. 6.16: Sieblinie zu Tab. 6.18

ben auch etwa den gleichen Wasseranspruch.

Die Körnungsziffer ist die Summe der Siebrückstände des vollständigen Siebsatzes in Prozenten, dividiert durch 100. Die D-Summe ist die Summe aller Siebdurchgänge in Prozenten, ebenfalls bei Berücksichtigung von neun Sieben.

6.2.11 Wasseranspruch der Zuschläge

Im Frischbeton müssen die Zuschläge zur Erzielung einer Beweglichkeit (Verarbeitbarkeit) mit Wasser umhüllt werden; d. h.: jedes Korn muß eine Wasserhülle erhalten.

Jedes Zuschlagkorn hat eine bestimmte Oberfläche. Viele kleine Körner (Sand) haben eine größere „spezifische" Oberfläche als die gleiche Gewichtsmenge grober Körner.

1 kg Zuschlag der Sieblinie A 32 (grobes Korn) hat ca. 0,9 m² Oberfläche
1 kg Zuschlag der Sieblinie B 32 (mittleres Korn) hat ca. 2,7 m² Oberfläche
1 kg Zuschlag der Sieblinie C 32 (feines Korn) hat ca. 4,4 m² Oberfläche

Abb. 6.17 veranschaulicht den Zusammenhang zwischen Korngröße und Kornoberfläche. Die Schnittflächen müssen bei kleineren „Körnern" eben-

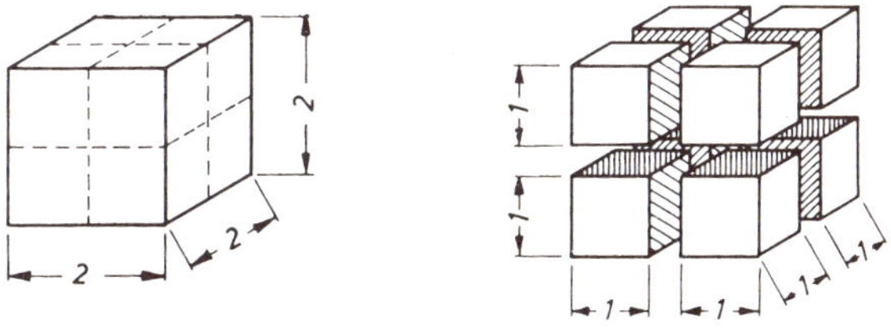

$V = 2\ cm \cdot 2\ cm \cdot 2\ cm = 8\ cm^3$
$O = 2\ cm \cdot 2\ cm \cdot 6 = 24\ cm^2$

$V = 1\ cm \cdot 1\ cm \cdot 1\ cm \cdot 8 = 8\ cm^3$
$O = 1\ cm \cdot 1\ cm \cdot 6 \cdot 8 = 48\ cm^2$

Abb. 6.17: Einfluß der Korngröße auf die Kornoberfläche bei gleichem Rauminhalt

Beispiel 6.17
Ermittlung der Körnungsziffer und des Durchgangswertes für die Regelsieblinie B 32

Siebweite in mm	Durchgang in %	Rückstand in %
0,25	8	92
0,50	18	82
1	28	72
2	37	63
4	47	53
8	62	38
16	80	20
31,5	100	0
63	100	0
Durchgangswert	480	420

Körnungsziffer 420/100 = 4,20

Beispiel 6.18
Ermittlung der Körnungsziffer und des Durchgangswertes für die Sieblinie des Siebversuchs (Abschn. 6.2.9)

Siebweite in mm	Durchgang in %	Rückstand in %
0,25	3	97
0,50	18	82
1	28	72
2	37	63
4	47	53
8	62	38
16	80	20
31,5	98	2
63	100	0
Durchgangswert	473	427

Körnungsziffer 427/100 = 4,27

falls mit Wasser benetzt werden, um die Beweglichkeit zu erreichen.

Neben der Korngröße hat auch die Kornform ihren Einfluß auf den Wasseranspruch des Korngemenges. Nach Abschn. 6.2.2 haben flache, platte Zuschläge eine größere Oberfläche und damit ebenfalls einen größeren Wasseranspruch als runde bzw. kubische Körner.

Da ein höherer Wasseranspruch auch eine größere Zementmenge bedeutet, wird man die Kornzusammensetzung nach einem möglichst geringen Wasseranspruch vornehmen, d.h. soviel grobes, kubisches bzw. rundes Korn wie möglich verwenden.

6.2.12 Mehlkorn

Bei gewaschenen Zuschlägen können durch das abfließende Wasser die mehlfeinen Stoffe abgeschwemmt werden.

Zur besseren Verarbeitbarkeit eines jeden Betons, zur Herstellung eines wasserundurchlässigen Betons und zur Verbesserung von Sichtbetonflächen ist eine optimale Mehlkornmenge erforderlich. Das Mehlkorn im Frischbeton besteht aus Zement und Feinstanteil bis 0,25 mm. Richtwerte für den Mehlkornanteil sind in Abhängigkeit vom verwendeten Größtkorn in *Tab. 6.19* dargestellt.

Falls der hergestellte Beton zum Entmischen neigt, muß das fehlende Mehlkorn durch Zugabe von Zement, Gesteinsmehl oder Betonzusatzstoffen ergänzt werden. Feinsande können dafür ungeeignet sein.

Tab. 6.19 Richtwerte für den Mehlkorngehalt

Größtkorn des Zuschlaggemisches mm	Mehlkorngehalt in 1 m^3 verdichteten Betons kg
8	≈ 525
16	≈ 450
32	≈ 400
63	≈ 325

Beispiel 6.19

Oberflächenfeuchte von Sand 0/2 mm

Zuschlaggewicht feucht m_h in g = 1000
Zuschlaggewicht trocken m_d in g = 945

Feuchtigkeit

$$f = 100 \cdot \frac{m_h - m_d}{m_d} \text{ in Masse-\%}$$

$$f = 100 \cdot \frac{1000-945}{945} = 5{,}8 \text{ Masse-\%}$$

6.2.13 Oberflächenfeuchte des Betonzuschlags

Der Betonzuschlag enthält meistens Wasser. Es wird als Oberflächenfeuchte bezeichnet und in Masseprozent der trockenen Zuschläge angegeben.

Da die Einhaltung des Wasserzementwertes für die Qualität des Betons außerordentlich wichtig ist, muß der Anteil des Wassers im Zuschlag bekannt sein.

Zur Bestimmung der Oberflächenfeuchte des Zuschlags durch Trocknen und Wägen werden 1000 g Zuschlag bei 0/8 mm und 3000 g bei Zuschlag größer als 8 mm feucht gewogen und dann getrocknet (Blech, Sonne). Anschließend wird wieder gewogen. Die Gewichtsdifferenz ist der Wasserverlust, der in Masse-% angegeben wird.

Zuschläge bis 8 mm können auch mit dem C-M-Gerät und Zuschlaggemenge bis 32 mm mit dem A-M-Gerät der Firma Riedel De Haën AG auf ihre Oberflächenfeuchte untersucht werden.

6.2.14 Güteüberwachung

Die ordnungsgemäße Herstellung von Betonzuschlag ist durch eine Überwachung, die aus Eigen- und Fremdüberwachung besteht, nachzuprüfen.

Eigenüberwachung: Werke, die Zuschläge in getrennten Körnungen und/oder werkgemischten Betonzuschlag herstellen, haben sich ständig davon zu überzeugen, daß die für ihren Zuschlag geforderten Eigenschaften und die Anforderungen an ihr Werk eingehalten werden.

Die erforderlichen Prüfungen sind nach DIN 4226 Teil 4 durchzuführen.

Fremdüberwachung: Die Eigenüberwachung ist durch eine anerkannte Überwachungsgemeinschaft oder aufgrund eines Überwachungsvertrages durch eine dafür anerkannte Prüfstelle nachzuprüfen.

Die Fremdüberwachung ist mindestens einmal innerhalb von sechs Monaten durchzuführen. Von den Prüfungen sind Protokolle und Prüfzeugnisse anzufertigen. Die überwachten Werke müssen auf ihren Lieferscheinen den Vermerk: „Überwacht DIN 4226 Teil 1" unter Angabe der überwachenden Stelle tragen. Für tragende Bauteile aus Beton und Stahlbeton dürfen nur überwachte Zuschläge verwendet werden.

6.3 Betonzusätze

Bei den Betonzusätzen ist zu unterscheiden zwischen *Betonzusatzmitteln* und *Betonzusatzstoffen.*

Betonzusatzmittel sind nach DIN 1045 solche Betonzusätze, die durch chemische oder physikalische Wirkung oder durch beide die Betoneigenschaften ändern, wie z. B. die Verarbeitbarkeit, das Erstarren oder das Erhärten des Betons. Als Volumenanteil des Betons sind sie ohne Bedeutung, da die Zugabe in geringen Mengen erfolgt.

Betonzusatzstoffe sind nach DIN 1045 fein aufgeteilte Betonzusätze, die bestimmte Betoneigenschaften beeinflussen. Als Volumenbestandteile des Betons sind sie zu berücksichtigen, denn die Zugabe erfolgt in größeren Mengen.

6.3.1 Betonzusatzmittel

Nach DIN 1045 dürfen für Beton und Zementmörtel nur Zusatzmittel mit gültigem Prüfzeichen und nur unter den im Prüfbescheid angegebenen Bedingungen verwendet werden. Die Prüfzeichen werden erteilt vom Institut für Bautechnik in Berlin für folgende Zusatzmittel:

- ▷ Betonverflüssiger und Fließmittel — BV
- ▷ Luftporenbildner — LP
- ▷ Betondichtungsmittel — DM
- ▷ Erstarrungsverzögerer — VZ
- ▷ Erstarrungsbeschleuniger (auch Frostschutzmittel genannt) — BE
- ▷ Einpreßhilfen — EH
- ▷ Stabilisierer — ST

Bei der Prüfung wird die Wirkung des Betonzusatzmittels nur bedingt erfaßt. Es sind daher für jeden Fall der Anwendung mit der für den Beton vorgesehenen Betonzusammensetzung und der vorgesehenen Zugabemenge stets Eignungsprüfungen durchzuführen. Die größte zulässige Zusatzmenge und die empfohlene Zusatzmenge werden angegeben. Die Gebrauchsanweisungen sind zu beachten. Betonzusatzmittel für Stahlbeton- und Spannbetonarbeiten dürfen grundsätzlich keine Chloride enthalten. Die Eignung für Spannbeton muß im Prüfbescheid geregelt sein.

6.3.1.1 Betonverflüssiger BV

Von einem Betonverflüssiger BV dürfen folgende Wirkungen erwartet werden:

- ▷ Verminderung des Wasseranspruchs und damit
- ▷ Erhöhung der Festigkeit sowie
- ▷ Verbesserung der Verarbeitbarkeit des Betons.

Die Oberflächenspannung des Wassers wird durch Betonverflüssiger BV herabgesetzt und/oder die Gleitfähigkeit zwischen den einzelnen Bestandteilen erhöht. Zement und Zuschlag werden intensiver vom Wasser benetzt.

Der Beton wird geschmeidiger, und es entsteht eine gleichmäßigere Mischung. Die Entmischungsgefahr wird verringert; der Beton ist verdichtungswilliger; die Wasserundurchlässigkeit kann verbessert werden, ebenso der Frostwiderstand des Betons. Fließmittel sind hochwirksame Verflüssiger. Sie ermöglichen die Herstellung von Fließbeton, von weichem Beton mit geringem Wassergehalt und von frühhochfestem Beton mit niedrigem Wasserzementwert.

Nachteilige Wirkungen von Betonverflüssigern und Fließmitteln können sein: Einführung zusätzlicher Luftblasen, die dann eine geringere Festigkeit des Betons bewirken; verzögernde Wirkung.

Die Dosierung erfolgt nach Gebrauchsanleitung und Eignungsprüfung innerhalb der im Prüfbericht angegebenen Grenzen. Bei Betonverflüssigern beträgt die Zugabemenge 1 bis 8 cm^3 je kg Zement, bei Fließmitteln 8 bis 30 cm^3 je kg Zement. Die Kennfarbe der Verpackung ist gelb.

6.3.1.2 Luftporenbildner LP

Nach DIN 1045 wird für Beton, der häufig mit Tausalzen in Berührung kommt und Frost-Wechseln ausgesetzt wird, ein bestimmter Luftporengehalt gefordert *(s. Tab. 6.38)*. Dafür sind luftporenbildende Zusatzmittel in solcher Menge zuzusetzen, daß dieser Luftporengehalt im Frischbeton erreicht wird.

Bei Zusatz eines Luftporenbildners LP zum Beton wird folgende Wirkung erwartet:

- ▷ Einführung kleiner, gleichmäßig verteilter Luftporen in den Beton; dadurch
- ▷ Erhöhung des Frost- und Tausalzwiderstandes
- ▷ Verbesserung der Verarbeitbarkeit

In den Frischbeton werden kleinste, in sich geschlossene Luftbläschen (Ø $<$ 0,3 mm) eingeführt. Diese bleiben im Festbeton als Mikroporen erhalten. Die Mikroporen unterbrechen die Saugwirkung der Kapillaren, vermindern dadurch das Eindringen des Wassers und erhöhen den Frostwiderstand und den Tausalzwiderstand des Festbetons.

Nachteilige Wirkungen können sein: Erhöhtes Schwindmaß beim Austrocknen des Betons; Verringerung der Endfestigkeit durch übermäßigen Luftporengehalt.

Die Dosierung erfolgt entsprechend dem Prüfbescheid, der Gebrauchsanweisung und der Eignungsprüfung in Mengen von 0,5 bis 2 cm^3 LP je kg Zement. Der Luftporengehalt ist beim Betonieren regelmäßig nach DIN 1048 durch das Druckausgleichsverfahren zu prüfen (s. Abschn. 6.7.1.5). Die Luftporenbildung kann durch hohe Außentemperaturen und unterschiedlich lange Mischzeiten beeinflußt werden. Die Kennfarbe der Verpackung ist Blau.

6.3.1.3 Betondichtungsmittel DM

Betondichtungsmittel sollen die Wasseraufnahme des Betons bzw. das Eindringen von Wasser in den Beton vermindern. Es ist aber zu erwähnen, daß die Herstellung eines wasserundurchlässigen Betons nach DIN 1045 ohne Dichtungsmittel vorgesehen ist.

Durch die Zugabe eines Betondichtungsmittels DM wird die Oberflächenspannung des Anmachwassers herabgesetzt (vgl. Abschn. 6.3.1.1 Betonverflüssiger BV). Wasserabweisende Zusätze sollen außerdem eine Verstopfung des Kapillarsystems bewirken.

Die Zusammensetzung für einen wasserundurchlässigen Beton und die Verarbeitung müssen den betontechnologischen Anforderungen entsprechen. Ein schlecht zusammengesetzter Beton kann auch trotz Zugabe eines Betondichtungsmittels nicht „wasserdicht" werden.

Nachteilige Wirkungen können sein: starke Lufteinführung in den Beton; dadurch Verringerung der Festigkeit;

Nachlassen der porenverstopfenden Wirkung.

Die Dosierung erfolgt nach Prüfbescheid, Gebrauchsanweisung und Eignungsprüfung mit etwa 3 bis 40 cm^3 DM je kg Zement. Die Kennfarbe der Verpackung ist Braun.

6.3.1.4 Erstarrungsverzögerer VZ

Besondere Verhältnisse erfordern unter Umständen die Verwendung von Erstarrungsverzögerern VZ, die chemisch wirken. Als Wirkung wird erwartet:

- ▷ Deutliche Verlängerung der Erstarrungszeit durch Verzögerung der Hydratation des Zements,
- ▷ Verlangsamung der Temperaturentwicklung und
- ▷ Abbau von Temperaturspitzen beim Erhärten des Betons.

Der Einsatz eines Erstarrungsverzögerers VZ ist angebracht, wenn größere Betonabschnitte ohne Arbeitsfugen betoniert werden sollen oder wenn bei hohen Außentemperaturen betoniert wird. Die Gefahr von Temperaturrissen bei massigen Bauteilen wird verringert. Der Beton kann längere Zeit verarbeitet, nachverdichtet und abgezogen werden. Der Frischbeton ist stark der Gefahr des Austrocknens ausgesetzt; gute Nachbehandlung ist daher wichtig. Der Beton muß nachverdichtet werden. Erstarrungsverzögerer sind auch besonders bei Transportbeton geeignet.

Mögliche nachteilige Wirkungen: Die verzögernde Wirkung kann in eine beschleunigende Wirkung „umschlagen". Veränderte Außentemperaturen oder andere Ausgangsstoffe bewirken starke Verschiebungen des Erstarrungs- und Erhärtungsverlaufs.

Die Dosierung muß entsprechend dem Prüfbescheid, den Eignungsprüfungen und den Gebrauchsanweisungen erfolgen. Die Mengen liegen im allgemeinen bei 3 bis 30 cm^3 VZ je kg Zement. Die Kennfarbe der Verpackung ist Rot.

6.3.1.5 Erstarrungsbeschleuniger BE

Die Erstarrungsbeschleuniger BE ermöglichen die Herstellung von Mörtel und Beton mit erhöhten Frühfestigkeiten. Der Einsatz von Beschleunigern erfolgt nur in außergewöhnlichen Fällen. Die Erstarrungsbeschleuniger BE wirken chemisch.

Durch die Anregung der Hydratation des Zements wird das Erstarren und die Anfangserhärtung von Mörtel und Beton beschleunigt. Starke Entwicklung der Hydratationswärme.

Erstarrungsbeschleuniger BE können eingesetzt werden bei Reparaturarbeiten, bei Abdichtungen gegen Wasserdurchbruch im Tiefbau, bei frühbegehbaren Estrichen oder für Arbeiten bei niedrigen Temperaturen. Bei Verwendung als „Frostschutzmittel" im Winter sollte der Frischbeton oder Mörtel eine Temperatur von mindestens +5 °C haben. Für Stahl- und Spannbeton sind nur wenige Beschleuniger BE zugelassen; sie müssen chloridfrei sein.

Nachteilige Wirkungen können sein: Die beschleunigende Wirkung kann in eine verzögernde Wirkung „umschlagen". Die Endfestigkeit kann niedriger ausfallen.

Die Dosierung erfolgt entsprechend dem Prüfbescheid, der Gebrauchsanweisung und der Eignungsprüfung in Mengen von 5 bis 50 cm^3 BE je kg Zement. Die Kennfarbe der Verpackung ist Grün.

6.3.1.6 Einpreßhilfen EH

Die Einpreßhilfen für Einpreßmörtel werden nur zum Verpressen von Spannkanälen im Spannbeton verwendet. Sie haben folgende Wirkungen:

Die Einpreßhilfen machen den Einpreßmörtel geschmeidig, vermindern den Wasserbedarf, verbessern das Fließvermögen, verhindern das Absetzen infolge Sedimentation und Schrumpfen. Der frische Mörtel wird geringfügig aufgetrieben, so daß eine hohlraumfreie Füllung des Spannkanals und eine Umhüllung der Spannstähle ermöglicht wird.

Der Einpreßmörtel muß eine ausreichend lange Verarbeitungszeit haben und frostbeständig sein. Mögliche nachteilige Wirkungen durch mangelhaftes Auspressen oder zu geringes Aufquellen müssen ausgeschlossen sein. DIN 4227 Teil 5 „Spannbeton, Einpressen von Zementmörtel in Spannkanäle", Ausgabe Dezember 1979, ist zu beachten.

Die Dosierung erfolgt nach Prüfbescheid, Eignungsprüfung und Gebrauchsanweisung mit etwa 10 cm^3 je kg Zement.

6.3.1.7 Stabilisierer ST

Durch Stabilisierer wird der innere Zusammenhalt des Betons vergrößert, da die Eigenschaften des Wassers verändert werden. Das Anmachwasser wird sowohl zäh und klebrig wie Öl als auch sehr schlüpfrig und gleitfähig. Damit wird die Betonmischung sämiger und leichter verarbeitbar. Die Neigung des Betons zum Entmischen und zum Wasserabstoßen (Bluten) wird stark verringert.

Dadurch entstehen Vorteile bei der Herstellung von

- ▷ Pumpbeton
- ▷ Leichtbeton
- ▷ Sichtbeton
- ▷ Spritzbeton
- ▷ Betonwaren

Mögliche nachteilige Wirkungen: Bei Überdosierung können Luftporen eingeführt werden, der Feinmörtel klebt sehr stark, dadurch schlechtere Verarbeitkeit.

Die Dosierung des Pulvers muß nach Prüfbericht, Gebrauchsanweisung und Eignungsprüfung direkt in den Mischer, nicht ins Anmachwasser, erfolgen. Die erforderliche Menge liegt zwischen 0,1 und 2 kg je m^3 Beton.

6.3.1.8 Gütenachweis für Betonzusatzmittel

Vor Verwendung von Betonzusatzmitteln ist festzustellen, ob die Kennfarbe der Verpackung stimmt und das Zusatzmittel ein gültiges Prüfzeichen besitzt. Voraussetzung für ihre Anwendung ist eine Eignungsprüfung für den mit dem Zusatzmittel herzustellenden Beton, da die technologische Eignung von der Art des Betons und dem verwendeten Zement stark abhängig ist. Auch haben die Temperaturen einen großen Einfluß.

6.3.2 Betonzusatzstoffe

Nach DIN 1045 dürfen Betonzusatzstoffe dem Beton zugesetzt werden, wenn sie das Erhärten des Zements, die Festigkeit und die Beständigkeit des Betons sowie den Korrosionsschutz der Bewehrung nicht beeinträchtigen. Betonzusatzstoffe sind für Spannbeton nicht zugelassen. Sie müssen der Zuschlagnorm DIN 4226 oder einer dafür vorgesehenen Norm entsprechen (z. B. Traßnorm DIN 51043). Andernfalls muß eine allgemeine bauaufsichtliche Zulassung vorliegen, oder es muß ein Prüfzeichen vom Institut für Bautechnik in Berlin erteilt sein. Eine klare Unterscheidung der verschiedenen Betonzusatzstoffe ist nicht immer möglich, soll jedoch durch Aufteilung in folgende Gruppen versucht werden:

- ▷ mehlkornartige latent hydraulische Zusatzstoffe
- ▷ mehlkornartige, nicht hydraulische Zusatzstoffe
- ▷ Zusatzstoffe mit organischen Bestandteilen

6.3.2.1 Mehlkornartige, latent hydraulische Zusatzstoffe

Mehlkornartige, latent hydraulische Zusatzstoffe sind z. B. Traß, Thurament oder Elektrofilter-Flugasche.

Traß

Traß ist feingemahlener Tuffstein, der vulkanischen Auswurfmassen entstammt. Er ist ein mehlfeiner puzzolanischer Zusatzstoff mit latent hydraulischen Eigenschaften. Die latent hydraulischen Eigenschaften werden erst in Verbindung mit dem Zement wirksam. Traß kann dem Beton zugesetzt werden, ist aber kein selbständiges Bindemittel.

Traß ist in DIN 51043 genormt und hat die in *Tab. 6.20* angegebenen technischen Daten und chemische Zusammensetzung.

Traß darf bei Bauteilen aus Beton oder Stahlbeton, die zum Schutz gegen vorzeitiges Austrocknen länger feucht gehalten werden können und müssen, zugesetzt werden.

Hierbei sind Eignungsprüfungen stets erforderlich. Eine Anrechnung von Traß auf den Wasserzementwert ist nicht zulässig. Ohne Anrechnung darf jedoch Traß zur Ergänzung des Mehlkorngehalts dem Beton zugesetzt werden.

Durch die große spezifische Oberfläche besitzt Traß ein gutes Wasserhaltevermögen und verhindert das Bluten im Beton. Traß ist imstande, das bei der Hydratation des Zements freiwerdende

Tab. 6.20: Technische Daten und chemische Zusammensetzung für Traß

Technische Daten		Chemische Zusammensetzung	
Dichte in g/cm³	2,3–2,4	Siliciumdioxid SiO_2	52–56 %
Schüttdichte, lose	0,8–0,9	Aluminiumdioxid Al_2O_3	18–20 %
Schüttdichte, gerüttelt	1,0–1,1	Alkalien	5– 7 %
Mahlfeinheit		Eisenoxid Fe_2O_3	3– 5 %
Rückstand 0,09 mm Sieb	4–8 %	Calciumoxid CaO	3– 5 %
Spez. Oberfl. in cm²/g	6000–10000	Hydratwasser	> 7 %

Kalkhydrat zu binden. Die bei der Kalkbindung entstehenden Neubildungen bewirken eine Verstopfung der Poren im Zementstein. Durch Traß wird der statische Elastizitätsmodul verringert und die Elastizität erhöht. Der Beton ist dadurch weniger rißgefährdet.

Anwendungsgebiete sind: Massenbeton, Wasserbauten, wasserundurchlässiger Beton, Beton in angreifenden Wässern, Pumpbeton, Sichtbeton.

Thurament

Thurament besteht aus gekörnter (granulierter), basischer, latent hydraulischer Hochofenschlacke, die fein gemahlen wird. Durch Feinmahlung werden die latent hydraulischen Eigenschaften aufgeschlossen.

Eine Anrechnung von Thurament auf den Wasserzementwert ist bei tragenden Bauteilen aus Stahlbeton nicht zulässig.

Anwendung: a) Massige Bauteile, die länger feucht gehalten werden können, z. B. Fundamente, Widerlager, Pfeiler, Talsperren, Wehre; b) Beton in betonschädlichen Wässern und Böden im Sinne der DIN 4030.

Elektrofilter-Flugasche

Elektrofilter-Flugasche ist ein Betonzusatzstoff, der aus den nichtbrennbaren Bestandteilen der Steinkohle besteht. Diese Steinkohlen-Flugasche wird im Elektrofilter in Kraftwerken gewonnen. Elektrofilter-Flugasche ist ein graues, mehlkornartiges, rundkugeliges Feinmineral und ist kein selbständiges Bindemittel, hat aber latent hydraulische Eigenschaften. Die Lieferung erfolgt unter Bezeichnungen wie z. B. EFA-Füller u. a.

Die chemische Zusammensetzung zeigt, daß der Hauptbestandteil Siliciumdioxid SiO_2 (Kieselsäureanhydrid) ist.

Bei einer Zulassung für Beton und Stahlbeton müssen folgende Anforderungen an die Eigenschaften eingehalten werden:

- ▷ Gehalt an glasigen Bestandteilen mindestens 95 Masse-%
- ▷ Glühverlust höchstens 5 Masse-%
- ▷ SO_3-Gehalt höchstens 4 Masse-%
- ▷ Cl-Gehalt höchstens 0,1 Masse-%
- ▷ Spezifische Oberfläche nach *Blaine* mindestens 3000 cm²/g
- ▷ Erstarrungsbeginn mit Portlandzement frühestens 1 Std.
- ▷ Erstarrungsende mit Portlandzement spätestens 12 Std.
- ▷ Raumbeständigkeit wie bei Zement

Zugelassene Elektrofilter-Flugaschen dürfen im Beton- und Stahlbetonbau, nicht aber im Spannbetonbau verwen-

Tab. 6.21: Chemische Zusammensetzung für Elektrofilter-Flugasche

Siliciumdioxid	SiO_2	45–55 %
Aluminiumdioxid	$Al2O_3$	25–30 %
Eisenoxid	$Fe2O_3$	5–15 %
Calciumoxid	CaO	2– 7 %
Magnesiumoxid	MgO	2– 3 %
Titandioxid	TiO_2	0– 1 %
Schwefeltrioxid	SO_3	0,5– 3 %
Glühverlust		0– 3 %

det werden. Eignungsprüfungen sind hierbei für jede Betonsorte durchzuführen. Eine Anrechnung auf den Wasser-Zementwert ist nicht zulässig.

Eine Anwendung ist dort zweckmäßig, wo außer einer Erhöhung des Mehlkorngehalts im Beton eine Verringerung des Wasseranspruchs, Verbesserung der Verarbeitbarkeit, Verhinderung der Entmischung, Herabsetzung der Wärmeentwicklung und Erhöhung der Wasserundurchlässigkeit erreicht werden soll.

6.3.2.2 Mehlkornartige, nicht hydraulische Zusatzstoffe

Feine Gesteinsmehle, die nicht hydraulisch sind und dem Beton nur zur Erhöhung des Mehlkorngehalts beigegeben werden, galten bisher nicht als Zusatzstoffe. Diese Gesteinsmehle dienen als Füllstoff im Beton und verbessern unter Umständen die Wasserundurchlässigkeit. Sie müssen DIN 4226 (Zuschlag) entsprechen oder benötigen ebenfalls ein Prüfzeichen vom Institut für Bautechnik in Berlin.

Bentonit

Bentonit ist ein Ton aus Verwitterungsprodukten saurer, vulkanischer Glastuffe, der durch Windverblasung weiter entfernter Vulkane als Ablagerung in Seen und Flüssen entstanden ist. Der Name wurde abgeleitet von den Tonvorkommen bei Fort Benton in den USA. Bentonit enthält außer dem Hauptmineral Montmorillonit weitere Begleitmineralien wie Quarz, Glimmer, Feldspat, Pyrit, Kalk u.a.

Außer in Form von Suspensionen als stabilisierende Flüssigkeit für die Herstellung unverrohrter Bohrungen, für Rohrdurchpressungen und für die Schlitzwandbauweise kann Bentonit auch als Zusatz zu Beton verwendet werden. Ein Zusatz von 0,5 % bis maximal 3 % des Zementgewichts zu Beton macht den Beton geschmeidiger. Der Beton ist dadurch besser pumpbar und weniger entmischbar. Bei höherer Dosierung ist mit Festigkeitsabfall zu rechnen; außerdem nehmen der Frost- und Tausalzwiderstand des Betons ab.

Bei Zementinjektionen führt die Zugabe von Bentonit (2 bis 3 % zum Zementgewicht) zu einer starken Erhöhung der Fließgrenze und Viskosität der Schlämme. Dadurch ist es möglich, auch größere Hohlräume schneller und wirksamer zu schließen.

Pigmente (Körperfarben)

Pigment nennt man ein Farbpulver, das durch und durch aus Farbstoff besteht. Farben auf einem Farbträger sind für Beton nicht brauchbar. Pigmente sind relativ feinkörnig mit einer Korngröße von meist 0,1 bis 1,0 µm. Sie müssen zementecht sein, d.h. im alkalischen Medium des Betons beständig sein. Es werden fast ausschließlich synthetisch hergestellte Pigmente verwendet. Sie sind hydrophil, lassen sich also leicht benetzen.

Die Dosierung erfolgt im allgemeinen zwischen 0,5 und 5 % des Zementgewichts und wirkt sich meistens nicht nachteilig auf die Betonfestigkeit aus. Die Zugabe aller Stoffe muß gleichmäßig erfolgen, ebenso muß die Mischzeit gleich und ausreichend lang sein.

Bei einer Dosierung bis zu 10% des Zementgewichts ist mit einer Erhöhung des Wasseranspruchs nicht zu rechnen. Pigmente sind auf den Mehlkorngehalt des Betons anzurechnen.

Bei Verwendung heller Pigmente ist der Einsatz von weißem Zement empfehlenswert, wenn nicht sogar erforderlich. Gelber Beton muß mit Weißzement hergestellt werden. Weißer Beton sollte außer mit Weißzement mit Weißpigmenten hergestellt werden; er bleibt auch bei Nässe hell. Bei Beton mit Wärme- und Dampfbehandlung ist Vorsicht geboten, da nicht alle Pigmente temperaturbeständig sind. Durch das Austreiben von Kristallwasser kann ein Farbumschlag eintreten.

Eignungsprüfungen sind zur sicheren Erzielung der gewünschten Farbwirkung immer erforderlich.

Als Zementfarben kommen hauptsächlich folgende anorganische Pigmente in Frage:

Weiß:	Titandioxid, Litophone
Gelb:	Eisenoxidgelb, Nickeltitangelb, Neapelgelb
Rot:	Eisenoxidrot
Braun:	Eisenoxidbraun
Schwarz:	Eisenoxidschwarz, Manganschwarz (Mangandioxid), Ruß
Grün:	Chromoxidgrün, Chromoxidhydratgrün
Blau:	Ultramarinblau, Manganblau (Bariummanganat und Bariumsulfat)
Violett:	Ultramarinviolett (Natrium-Aluminium-Silicate)

Bei der Verarbeitung ist zu beachten, daß die Pigmente zum Teil giftig sind.

6.3.2.3 Zusatzstoffe mit organischen Bestandteilen

Kunstharzdispersionen

Als Zusatzstoffe mit organischen Bestandteilen kommen zunächst nur Kunstharzdispersionen in Frage. Die Anwendung der Dispersionen erfolgt wegen des relativ hohen Preises vorwiegend für Mörtel und weniger für Beton.

Kunstharzdispersionen erfordern bei der Verwendung für Beton immer ein Prüfzeichen vom Institut für Bautechnik in Berlin. Sie sind nicht mineralisch und enthalten in größeren Mengen organische Bestandteile. Aufgrund der Zugabemenge gehören Kunstharzdispersionen nicht zur Gruppe der Zusatzmittel und sind daher als Zusatzstoffe zu betrachten. Die Zugabemenge liegt zwischen 5 bis 15% des Zementgewichts oder bei $\approx 1,5\%$ des Betongewichts.

Einheitliche Eigenschaften der Kunstharzdispersionen können nicht angegeben werden, da zahlreiche Typen vorhanden sind.

Außerdem werden die Kunststoffe zum Teil modifiziert durch Zugabe von Stabilisierern oder Verdickungsmitteln.

Folgende Eigenschaften können durch Zugabe von Kunstharzdispersionen eventuell verändert werden:

Verbesserung der Verarbeitbarkeit des Frischbetons, der Zug- und Biegezugfestigkeit des Betons und der Haftung auf vorhandenem Beton; Erhöhung der Elastizität, der Abriebfestigkeit und des Porengehalts im Beton; Verringerung der Druckfestigkeit, der Naßfestigkeit und des Schrumpfens; Erhöhung des Schwindens und des Kriechens.

Zur Einhaltung des Wasserzementwertes ist das Dispersionswasser der Menge des Zugabewassers zuzurechnen.

6.3.2.4 Gütenachweis für Betonzusatzstoffe

Vor Anwendung von Betonzusatzstoffen ist im Zweifelsfall zu prüfen, ob sie den Anforderungen nach DIN 1045 entsprechen und ein gültiges Prüfzeichen vom Institut für Bautechnik in Berlin besitzen. Betonzusatzstoffe dürfen dem Beton nur zugegeben werden, wenn sie das Erhärten des Zements, die Festigkeit und die Beständigkeit des Betons sowie den Korrosionsschutz der Bewehrung nicht beeinträchtigen. Dazu sind gegebenenfalls Eignungsprüfungen durchzuführen. Bei Verwendung von latent hydraulischen Betonzusatzstoffen und von Kunstharzdispersionen werden Eignungsprüfungen vorgeschrieben.

6.4 Zugabewasser

Zugabewasser ist das Wasser, welches zum Zement und zum Zuschlag bei der Betonherstellung in den Mischer zugegeben wird, damit man einen verarbeitbaren Beton erhält. Der Zement braucht das Wasser außerdem zum Erhärten.

Nach DIN 1045 ist als Zugabewasser das in der Natur vorkommende Wasser geeignet, soweit es nicht Bestandteile enthält, die das Erhärten oder andere Eigenschaften des Betons ungünstig beeinflussen oder den Korrosionsschutz der Bewehrung beeinträchtigen. Im Zweifelsfall ist eine Untersuchung über seine Eignung zur Betonherstellung erforderlich.

Leitungswasser ist immer geeignet.

Eignungsnachweis

Viel bedeutungsvoller als die Qualität ist für die Betonherstellung die Menge des Wassers. Selbst ein Wasser, welches bei dauernder Einwirkung auf den erhärteten Beton als angreifend bezeichnet werden muß, kann als Zugabewasser geeignet sein. Ungünstigen-

Abb. 6.18: Gefüge von Zementstein aus Portland-Zement Z 35 F, w/z = 0,80, Hydrationsdauer 12 Tage

falls verursacht das Zugabewasser einen einmaligen chemischen Angriff im Frischbeton. Bei einer Eignungsprüfung an zwei Parallelversuchen mit Leitungswasser und mit dem in Frage kommenden Wasser kann man nach dem Erhärten des Betons bei der Druckfestigkeitsprüfung eine eventuelle Festigkeitsminderung erkennen. Durch höhere Zementzugabe kann ein Ausgleich erfolgen.

6.5 Baustoff Beton

6.5.1 Zusammenwirken der Ausgangsstoffe

Beton ist ein Gemisch aus drei Stoffen: Zement, Zuschlag, Wasser. Daraus kann man steifen oder weichen Frischbeton herstellen, kann aber je nach Mischungsverhältnis der einzelnen Ausgangsstoffe auch ganz unterschiedliche Festbetoneigenschaften erzielen.

Bei der Zusammensetzung des Betons will man aber eine den Baustellenverhältnissen angepaßte Verarbeitbarkeit und gleichzeitig eine bestimmte Festbetoneigenschaft erreichen.

Als Gedankenmodell ist für die Betonherstellung das Dreistoffsystem schwierig, da es sehr schwer ist, aus drei Stoffen einen Beton mit ganz bestimmten Eigenschaften herzustellen. Ein Zweistoffsystem ist leichter zu erfassen und der Beton zielsicherer herzustellen:

Zement und Wasser ergeben den Zementleim. Der Zementleim umhüllt die Zuschläge im Frischbeton und ermöglicht je nach Menge des Zementleims die gewünschte Verarbeitbarkeit des Frischbetons. Je nach Konzentration des Zementleims entsteht nach der Erhärtung ein mehr oder minder guter Zementstein, der die Zuschläge zu Beton verklebt. Die zwei Stoffe sind also: Zementleim + Zuschlag.

6.5.2 Zementleim – Zementstein

Zement und Wasser bilden im frischen Zustand den Zementleim. Durch den chemischen Vorgang der Hydratation entsteht aus dem flüssigen Zementleim über das „Erstarren" der erhärtete Zementstein des Festbetons. Diesen Vorgang kann man in drei Hydratationsstufen einteilen:

Stufe I: Frischbeton

Durch die Zugabe von Wasser gehen Teile des Zements (Sulfatträger Gips, Anhydrit usw.) in Lösung und bilden einen feinen Belag um die Zementkörner. Dadurch kann das Wasser nicht mit dem Zementklinker reagieren. In dieser sogenannten Ruheperiode ist der Beton weich, transportierbar und einbaufähig. Gegen Ende dieser Ruheperiode bilden sich aus den Lösungsprodukten des Sulfatträgers Kristalle: das Erstarren des Betons beginnt; volkstümliche Bezeichnung: „Beton zieht an".

Stufe II: Junger Beton

Durch die Kristallbildung des Sulfatträgers wird der Weg des Anmachwassers zu den Zementkörnern (Klinker) frei; das Wasser kann in die Zementkörner eindringen und mit diesen reagieren. Aus dieser Reaktion entstehen faserförmige Stäbchen, das sog. langfaserige Calciumsilicathydrat, welches aus dem

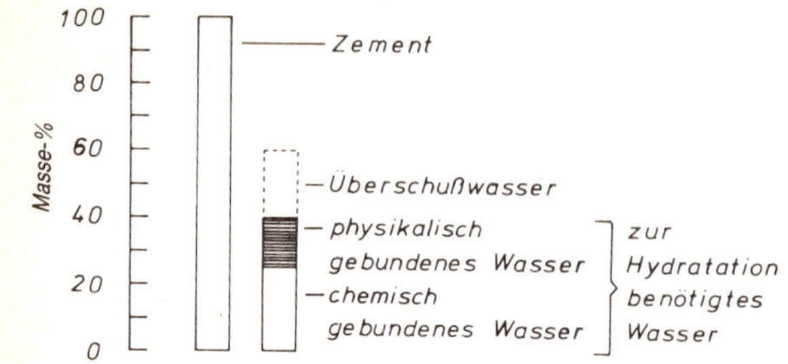

Abb. 6.19: Wasserbindung des Zements

Zementkorn in den mit Anmachwasser gefüllten Raum zwischen den Zementkörnern hineinwächst und sich mit den Produkten des Nachbarzementkorns verzahnt. Dadurch entsteht ein Grundgefüge relativ geringer Festigkeit.

In dieser Phase ist der Zementstein empfindlich gegen Abkühlung und Austrocknung (Rißgefahr – Nachbehandlung!).

Stufe III: Erhärteter Beton

Aus dem Grundgefüge entsteht ein stabiles Gefüge, welches Zementstein genannt wird. Das feste Gefüge entsteht durch weiteres Eindringen von Wasser in die Zementkörner. Es bilden sich kurzfaserige Calciumsilicathydrate, die zwischen die Hohlräume der langfaserigen Calciumsilicathydrate hineinwachsen. Dieser Vorgang ist nur möglich, wenn Wasser vorhanden ist. Im Kern des Betons ist das immer der Fall. An der Betonoberfläche darf das Wasser nicht verdunsten. Bindet dieser Zementstein Zuschläge unterschiedlicher Größe in sein Gefüge mit ein, dann haben wir Festbeton, dessen Eigenschaften (Festigkeit, Dichte, Widerstandsfähigkeit usw.) von der Qualität des Zementsteins abhängt.

6.5.3 Wasserzementwert

Die Konzentration des Zementleims, also das Gewichtsverhältnis Wasser zu Zement, wird auch Wasserzementwert genannt. Dieser Wasserzementwert und die Qualität des Zementleimgrundstoffs, nämlich des Zements (Z 25 bis Z 55), beeinflussen die Festigkeit des Zementsteins. Da der Zementstein die Verbindung zwischen den einzelnen Zuschlagkörnern im Beton herstellt, ist die Festigkeit eines Betons abhängig vom Wasserzementwert und von der Zementfestigkeit *(1. Grundgesetz der Betontechnologie)*. Dabei werden gute Zuschläge beliebiger Zusammensetzung und eine einwandfreie Verarbeitung und Nachbehandlung des Betons vorausgesetzt.

Bei der Hydratation werden ungefähr 40 % des Zementgewichts an Wasser chemisch und physikalisch gebunden. Dies entspricht einem Wasserzementwert von $w/z = 0{,}40$; man nennt ihn auch den „idealen" Wasserzementwert. In der Praxis liegen die Wasserzementwerte zwischen 0,42 und 0,75. Das über 40 % hinaus im Leim befindliche Wasser ist Überschußwasser und bildet im erstarrten Zementleim, also im Zement-

Beispiel 6.20
Wasserzementwert für Beton B 15

Ein Beton B I der Festigkeitsklasse B 15 soll nach Eignungsprüfung mit einem PZ 35 F hergestellt werden. Die erforderliche Betondruckfestigkeit der Eignungswürfel muß 15 + 5 + Vorhaltemaß (5 N/mm²) = 25 N/mm² betragen.

Der erforderliche Wasserzementwert ergibt sich aus *Abb. 6.20,* indem die geforderte Festigkeit von 25 N/mm² auf der senkrechten Achse mit der Kurve des verwendeten Zements PZ 35 zum Schnitt gebracht wird und an der waagerechten Achse der Wasserzementwert dann abgelesen werden kann: w/z = 0,72.

Beispiel 6.21
Wasserzementwert für Beton B 25

Ein Beton B I der Festigkeitsklasse B 25 soll nach Eignungsprüfung mit einer Festigkeit von 25 + 5 + Vorhaltemaß (5 N/mm²) = 35 N/mm² und mit einem PZ 35 F hergestellt werden.

Nach dem obengenannten Verfahren ergibt sich der Wasserzementwert: w/z = 0,58.

stein, verästelte Poren und Kapillaren mit Durchmessern von 1/100 bis 1/1000 mm *(Abb. 6.19).*

Je größer ihre Anzahl und ihr Durchmesser ist, um so schlechter ist die Festigkeit des Betons, da die Luft – wie bei einem Schwamm – keine Druckfestigkeit übertragen kann. Ein hoher Wasserzementwert verschlechtert alle Eigenschaften des Betons, ein geringer verbessert sie. Deshalb werden die Eigenschaften eines Betons durch die Einhaltung eines bestimmten, maximal zulässigen Wasserzementwerts erreicht:

z. B.	Wasserundurchlässigkeit	w/z ≦ 0,60
	Frostwiderstand	w/z ≦ 0,60
	Widerstand gegen sehr starken chemischen Angriff	w/z ≦ 0,50

Die Festigkeit des Betons ist abhängig vom Wasserzementwert, gleichzeitig aber auch von der Zementfestigkeit. Die Kurven in *Abb. 6.20* ermöglichen eine bestimmte Betonfestigkeit in Abhängigkeit vom Wasserzementwert und von der Zementfestigkeit zielsicher zu erreichen.

Aus den Beispielen ist ersichtlich, daß man zum Erreichen einer bestimmten Festigkeit zwei Wege gehen kann:

Ein niedriger Wasserzementwert mit einem Zement der Festigkeitsklasse Z 35

Beispiel 6.22
Wasserzementwert für Beton B 35

Ein Beton B II der Festigkeitsklasse B 35 soll nach Eignungsprüfung mit einem PZ 35 F hergestellt werden.

Die geforderte Serienfestigkeit der Eignungswürfel muß 35 + 5 + Vorhaltemaß (etwa 5 N/mm²) = 45 N/mm² betragen. Der erforderliche Wasserzementwert ist dann: w/z = 0,47.

Beispiel 6.23
Wasserzementwert für Beton B 45

Ein Beton B II der Festigkeitsklasse B 45 soll nach Eignungsprüfung mit einem PZ 55 hergestellt werden.

Die geforderte Serienfestigkeit der Eignungswürfel muß 45 + 5 + Vorhaltemaß (etwa 3 N/mm²) = 53 N/mm² betragen. Der erforderliche Wasserzementwert ist dann: w/z = 0,56.

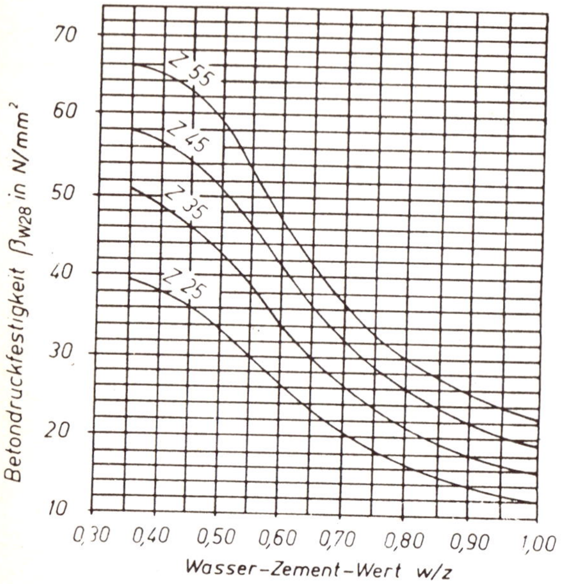

Abb. 6.20: Abhängigkeit der Würfeldruckfestigkeit β_{W28} des Betons vom Wasserzementwert w/z und von der Festigkeitsklasse des Zements

ergibt die gleiche Festigkeit wie ein im Rahmen der Bestimmungen höherer Wasserzementwert mit einem Zement einer höheren Festigkeitsklasse, z. B. Z 55.

Im allgemeinen bestimmt die Wirtschaftlichkeit bei der Betonherstellung die Entscheidung, welcher Zement mit welchem Wasserzementwert genommen werden muß.

6.5.4 Konsistenz

Der Frischbeton besteht aus Zementleim (Zement und Wasser), der das Gestein umhüllt. Ist viel Leim vorhanden, d. h. wird jedes Korn mit einer dickeren Leimschicht umhüllt, ist der Beton weich. Ist nur soviel Leim vorhanden, daß die einzelnen Körner gerade mit einer dünnen Schicht umhüllt werden, dann ist der Beton steif. Jeder Frischbeton muß die Konsistenz – Verarbeitbarkeit – haben, die es ermöglicht, ihn in die erwünschte Form fehlerfrei einzubauen. Dabei ist die Arbeitsweise des Mischers, die Art der Förderung des Betons und seine Verdichtung wie auch die Abmessung der Schalung und der Bewehrungsanteil für die Wahl der Konsistenz zu berücksichtigen. Grobe Kornzusammensetzungen benötigen weniger Leim als feine Körner, da die spezifische Oberfläche des Zuschlaggemenges mit kleiner werdendem Korndurchmesser zunimmt. Die Konsistenz eines Betons ist also abhängig von der Leimmenge, und diese ist wiederum abhängig von der Kornzusammensetzung des Zuschlags *(2. Grundgesetz der Betontechnologie)*.

Häufig wird der Wasserzementwert mit der Konsistenz des Betons in Verbindung gebracht. Zweifellos hat ein niedriger Wasserzementwert eine steife „Viskosität" des Leims zur Folge, die Konsistenz des Betons wird davon jedoch nur unwesentlich beeinflußt. Dafür ist in jedem Fall die Leimmenge und nicht die „Viskosität" des Leims maßgebend.

Man unterscheidet vier Konsistenzbereiche:

K 1 = steifer Beton
K 2 = plastischer Beton
K 3 = weicher Beton
Fließbeton

Flüssiger Beton darf nicht mehr verarbeitet werden, mit der einen Ausnahme, daß die weichere Konsistenz nur durch spezielle Zusatzmittel erreicht wird. Dieser neuerdings als „Fließbeton" bezeichnete, sehr weiche Beton kann mit wesentlich geringerem Verdichtungsaufwand eingebracht werden und erreicht trotzdem die gleichen Festbetoneigenschaften wie der Ausgangsbeton.

Die Verarbeitungsvorschriften der Zusatzmittelhersteller und die „Richtlinien für die Herstellung und Verarbeitung von Fließbeton" (Mai 1974) müssen beachtet werden.

Beton ist in möglichst gleichmäßiger Konsistenz herzustellen. Das Prüfen der Konsistenz kann mit dem Feststellen des Ausbreitmaßes oder des Verdichtungsmaßes erfolgen (siehe Abschnitt 6.7.1.1). Die zulässigen Konsistenzbereiche sind in *Tab. 6.22* aufgeführt.

6.5.5 Wasseranspruch

Mit Zement und erdfeuchtem Zuschlag bleibt der Frischbeton ein krümeliges Gemenge. Erst die Wasserzugabe ermöglicht es, einen zusammenhängenden, bildsamen Frischbeton herzustellen.

Tab. 6.22: Konsistenzbereiche des Frischbetons

Konsistenzbereich	Eigenschaften des Feinmörtels	Eigenschaften des Frischbetons beim Schütten	Verdichtungsmaß v	Ausbreitmaß cm	Verdichtungsart
K 1 steifer Beton	etwas nasser als erdfeucht	noch lose	1,45 bis 1,26	-	kräftig wirkende Rüttler oder kräftiges Stampfen in dünner Schüttlage
K 2 plastischer Beton	weich	schollig bis knapp zusammenhängend	1,25 bis 1,11	$\leqq 40$	Rütteln oder kräftiges Stochern und Stampfen
K 3 weicher Beton	flüssig	schwach fließend	1,10 bis 1,04	41 bis 50	Rütteln oder Stochern
Fließbeton	flüssig	fließend	1,03 bis 1,00	51 bis 60	Stochern oder leichtes Rütteln

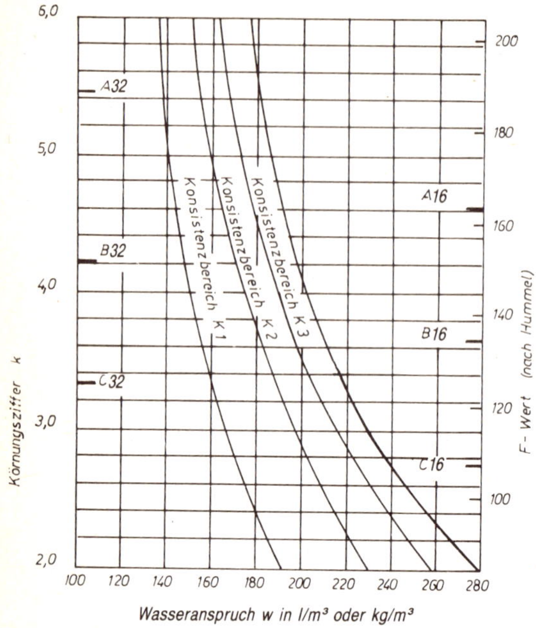

Abb. 6.21: Wasseranspruch für 1 m³ verdichteten Beton: w in l/m³ oder kg/m³

Dabei benötigen weiche Betone und Betone aus feinen Zuschlägen erfahrungsgemäß wesentlich mehr Wasser als steife Betone und solche mit groben Zuschlägen.

Aus vielen Versuchen mit unterschiedlichsten Kornzusammensetzungen und bei verschiedenen Konsistenzen hat man den Wasseranspruch im Bereich der üblichen Zementmengen zwischen 240 und 350 kg je m³ Beton ermittelt.

In *Tab. 6.23* kann man zu den einzelnen Regelsieblinien und ihren zugehörigen Körnungsziffern den ungefähren Gesamtwasseranspruch w in l oder kg je m³ Beton in Abhängigkeit der gewünschten Konsistenz entnehmen. Die Kurven in *Abb. 6.21* ergeben für jede beliebige Körnungsziffer (k) und für jeden Konsistenzbereich (K) den Gesamtwasseranspruch w in l/m³ oder kg/m³ Beton.

Aus dem Verlauf der Kurven *(Abb. 6.21)* ist klar zu erkennen, daß mit steigender Körnungsziffer, d. h. gröber werdendem Zuschlag, und steifer werdender Konsistenz der Wasseranspruch kleiner wird. Der Wasserbedarf wird jedoch größer, wenn die Konsistenz weicher und das Korn feiner wird, d. h. eine kleinere Körnungsziffer vorliegt.

Bei der Verwendung gebrochener Zuschläge erhöht sich der Wasseranspruch wegen der größeren spezifischen Oberfläche um 5 bis 10 %.

Beispiel 6.24
Wasseranspruch w
für 1 m³ verdichteten Beton

Die Sieblinie aus der Absiebung (Abschn. 6.2.9) ergibt eine Körnungsziffer von k = 4,27.

Zur Herstellung der Konsistenz K 1 bis K 3 werden folgende Gesamtwassermengen w je m³ verdichteten Betons in kg oder l aus den Kurven *Abb. 6.21* ermittelt.

K 1 erfordert etwa 158 kg
K 2 erfordert etwa 175 kg
K 3 erfordert etwa 190 kg

Diese Zahlen können nur Anhaltswerte zur Vorausberechnung einer Mischung sein. Sie sind bei jeder Eignungsprüfung zu kontrollieren.

6.5.6 Betonfestigkeitsklassen

Der Beton wird nach seiner bei der Güteprüfung im Alter von 28 Tagen an Würfeln mit 20 cm Kantenlänge ermittelten Druckfestigkeit in Festigkeitsklassen B 5 bis B 55 eingeteilt *(Tab. 6.24)*.

Man unterscheidet dabei Nennfestigkeit und Serienfestigkeit. Die Nennfestigkeit β_{WN} ist die Mindestdruckfestigkeit β_{W28} eines jeden Würfels nach 28 Tagen. Die Serienfestigkeit β_{WS} ist der Mindestwert für die mittlere Druckfestigkeit β_{WM} jeder Würfelserie. Eine Serie besteht dabei aus drei Würfeln von 20 cm Kantenlänge. Diese drei Würfel einer Serie müssen aus drei verschiedenen Misch-

Tab. 6.23: Gesamtwasseranspruch w in l oder kg für 1 m³ frischen, verdichteten Beton für die Konsistenzbereiche K 1, K 2 und K 3; Beton mit Zuschlaggemischen nach den Regelsieblinien A, B und C (nach Walz)

Konsistenzbereich		A 8	B 8	C 8	A 16	B 16	C 16	A 32	B 32	C 32	A 63	B 63	C 63
K 1	Mitte¹)	160	180	200	140	160	185	135	155	175	125	140	165
	von	158	177	196	138	158	182	132	151	172	122	139	162
	bis	168	186	207	147	166	190	138	159	178	127	146	170
K 2	Mitte¹)	175	195	215	155	175	200	145	165	190	135	155	175
	von	168	186	208	147	167	191	138	160	179	128	147	171
	bis	188	207	231	166	188	213	155	177	202	145	165	193
K 3	Mitte¹)	195	215	240	175	195	220	165	185	215	150	175	200
	von	190	210	233	168	190	215	157	181	205	147	168	193
	bis	202	224	248	179	203	229	169	194	221	157	180	209
Körnungsziffer k		3,64	2,89	2,27	4,61	3,66	2,75	5,48	4,20	3,30	6,15	4,92	3,72

¹) auf 5 kg und 10 kg gerundete Werte

Tab. 6.24: Festigkeitsklassen des Betons und ihre Anwendungen

Betongruppe	Betonfestigkeitsklasse	Nennfestigkeit β_{WN} N/mm²	Serienfestigkeit β_{WS} N/mm²	Herstellung nach	Anwendung
Beton B I	B 5	5	8	Abschn. 6.5.5 DIN 1045	Nur für unbewehrten Beton
	B 10	10	15		
	B 15	15	20		Für unbewehrten und bewehrten Beton
	B 25	25	30		
Beton B II	B 35	35	40	Abschn. 6.5.6 DIN 1045	
	B 45	45	50		
	B 55	55	60		

> *Beispiel 6.25*
> Einordnung in eine Festigkeitsklasse
>
> Drei Würfel haben die Festigkeiten 25, 30 und 35 N/mm². Das Mittel der Serienfestigkeit liegt dann bei 30 N/mm², und der Beton entspricht der Betonfestigkeitsklasse B 25, da auch der Mindestwert für die Druckfestigkeit von 25 N/mm² erreicht ist.

füllungen stammen. Bei Transportbeton – soweit möglich – aus verschiedenen Lieferungen derselben Festigkeitsklasse. Die Betone der Festigkeitsklasse B 5 und B 10 sind nur für unbewehrten Beton vorgesehen. Beton der Festigkeitsklasse B 55 ist vor allem der werkmäßigen Herstellung von Fertigteilen in Betonwerken vorbehalten.

Während die Nennfestigkeit in ihrer Zahl der Betonfestigkeitsklasse B entspricht, ist die Serienfestigkeit (bis auf den B 5) stets 5 N/mm² höher als die Nennfestigkeit. Es muß also das Mittel aus drei Würfeln um 5 N/mm² über der Nennfestigkeit liegen.

6.5.7 Betongruppen

Beton B I

Beton B I ist eine Kurzbezeichnung für Beton der Festigkeitsklassen B5 bis B25.

Für die Zusammensetzung von Beton der Festigkeitsklassen B5 bis einschließlich B25 (Beton B I) sind Bedingungen gemäß DIN 1045, Abschn. 6.5.5, zu beachten. Die für eine bestimmte Festigkeitsklasse erforderliche Zusammensetzung muß entweder nach *Tab. 6.25* oder aufgrund einer vorherigen Eignungsprüfung festgelegt werden.

Beton B II

Beton B II ist eine Kurzbezeichnung für Beton der Festigkeitsklassen B35 und höher, sowie für Betone mit besonderen Eigenschaften. Für die Zusammensetzung sind die Bedingungen für die Herstellung von Beton B II (DIN 1045, Abschn. 6.5.6) zu beachten. Die für eine bestimmte Festigkeitsklasse erforderliche Betonzusammensetzung ist stets aufgrund einer Eignungsprüfung festzulegen. Wegen der besonderen Anforderungen müssen bei der Herstellung und Verarbeitung von Beton B II die Baustelleneinrichtung, das Baustellenpersonal und die Überwachung der DIN 1045 bzw. DIN 1084 entsprechen. Das bedeutet: für Beton B II ist stets eine Eigenüberwachung und eine Fremdüberwachung erforderlich (siehe Abschn. 6.8.4).

6.5.8 Betonarten

Der Beton wird nach der DIN 1045 grundsätzlich in folgende Arten unterteilt:

Nach der Rohdichte werden unterschieden:

- *Leichtbeton* ist Beton mit einer Rohdichte von höchstens 2,0 t/m³.
- *Normalbeton* ist Beton mit einer Rohdichte von mehr als 2,0 t/m³ und höchstens 2,8 t/m³. In allen Fällen, wo keine Verwechslung mit Leichtbeton oder Schwerbeton möglich ist, wird er als Beton bezeichnet.

■ *Schwerbeton* ist Beton mit einer Rohdichte von mehr als 2,8 t/m³.

Nach dem Ort der Herstellung oder der Verwendung oder dem Erhärtungszustand werden unterschieden:

■ *Baustellenbeton* ist Beton, dessen Bestandteile auf der Baustelle zugegeben und gemischt werden. Als Baustellenbeton gilt auch Beton, der von einer Baustelle (nicht Bauhof) eines Unternehmens bzw. einer Arbeitsgemeinschaft an eine bis drei benachbarte Baustellen desselben Unternehmens oder derselben Arbeitsgemeinschaft übergeben wird. Als benachbart gelten Baustellen mit einer Luftlinienentfernung bis zu etwa 5 km von der Mischstelle.

■ *Transportbeton* ist Beton, dessen Bestandteile außerhalb der Baustelle zugemessen werden und der in Fahrzeugen an der Baustelle in einbaufertigem Zustand übergeben wird.

Werkgemischter Transportbeton ist Beton, der im Werk fertig gemischt und in Fahrzeugen zur Baustelle gebracht wird.

Fahrzeuggemischter Transportbeton ist Beton, der während der Fahrt oder nach Eintreffen auf der Baustelle im Mischfahrzeug gemischt wird.

■ *Frischbeton* heißt der Beton, solange er verarbeitet werden kann.

■ *Festbeton* heißt der Beton, sobald er erhärtet ist.

■ *Ortbeton* ist Beton, der als Frischbeton in Bauteile in ihrer endgültigen Lage eingebracht wird und dort erhärtet.

6.6 Zusammensetzen von Beton

Die Grundforderung für das Zusammensetzen von Beton lautet:

Der Beton muß so zusammengesetzt werden, daß er als Frischbeton verarbeitbar ist und als Festbeton die geforderte Eigenschaft erreicht sowie den Stahleinlagen ausreichend Schutz vor Korrosion bietet.

6.6.1 Zusammensetzen von Beton B I

Für die Zusammensetzung von Beton der Festigkeitsklassen B 5 bis einschließlich B 25 sind die Bedingungen der DIN 1045, Abschn. 6.5.5, zu beachten. Danach muß die erforderliche Zusammensetzung entweder nach der *Tab. 6.25* unter Berücksichtigung der Forderungen gemäß DIN 1045, Abschn. 6.5.5.1, erfolgen oder aufgrund einer vorherigen Eignungsprüfung festgelegt werden.

6.6.1.1 Zusammensetzen von Beton B I ohne Eignungsprüfung

Beton der Festigkeitsklassen B 5 bis B 25 darf nach *Tab. 6.26* und den anschließenden Angaben zusammengesetzt werden. Wenn dabei keine Betonzusätze verwendet werden, sind Eignungsprüfungen nicht erforderlich.

Zementgehalt

Der erforderliche Zementgehalt für Beton B 5 bis B 25 ist in *Tab. 6.25* festgelegt.

Der Zementgehalt nach *Tab. 6.25* muß vergrößert werden bei

▷ Zement der Festigkeitsklasse Z 25 um 15 %

Tab. 6.25: Mindestzementgehalt für Beton B I bei Zuschlag mit 32 mm Größtkorn und Zement Z 35

Festigkeitsklasse des Betons	Sieblinienbereich des Zuschlags		Mindestzementgehalt in kg je m³ verdichteten Beton für Konsistenzbereich K 1¹)	K 2	K 3
B 5¹)	günstig	A/B	140	160	–
	brauchbar	B/C	160	180	–
B 10¹)	günstig	A/B	190	210	230
	brauchbar	B/C	210	230	260
B 15	günstig	A/B	240	270	300
	brauchbar	B/C	270	300	330
B 25	günstig	A/B	280	310	340
	brauchbar	B/C	310	340	380

¹) Nur für unbewehrten Beton

Tab. 6.26: Betonrezepte für 1 m³ Beton B I ohne Eignungsprüfung

Betonfestigkeitsklasse	Konsistenzbereich	Sieblinienbereich des Zuschlags	Zementgehalt Z 35 F in kg je m³	Zuschlaggehalt in kg je m³ bei feuchtem Zuschlag	Wasserzugabe
B 15	K 1	A/B 16	265	1955	95
		B/C 16	300	1885	105
		A/B 32	240	2010	90
		B/C 32	270	1945	95
	K 2	A/B 16	300	1870	120
		B/C 16	330	1810	130
		A/B 32	270	1925	115
		B/C 32	300	1865	120
	K 3	A/B 16	330	1800	140
		B/C 16	365	1725	150
		A/B 32	300	1860	130
		B/C 32	330	1795	135
B 25	K 1	A/B 16	310	1920	95
		B/C 16	340	1855	105
		A/B 32	280	1975	90
		B/C 32	310	1915	95
	K 2	A/B 16	340	1840	120
		B/C 16	375	1770	130
		A/B 32	310	1895	115
		B/C 32	340	1830	120
	K 3	A/B 16	375	1755	140
		B/C 16	420	1680	150
		A/B 32	340	1830	130
		B/C 32	380	1760	135

- einem Größtkorn des Zuschlags von 16 mm um 10 %
- einem Größtkorn des Zuschlags von 8 mm um 20 %

Er darf verringert werden bei

- Zement der Festigkeitsklasse Z 45 und Z 55 um höchstens 10 %
- einem Größtkorn des Zuschlags von 63 mm um höchstens 10 %
- Stahlbeton jedoch nicht unter 240 kg/m³

Die Betonfestigkeitsklassen B 5 und B 10 sowie die Konsistenz K 1 dürfen nur für unbewehrten Beton verwendet werden. Somit verbleibt für den bewehrten Beton noch der stark umrandete Teil der *Tab. 6.25.*

Beispiele für den Mindestzementgehalt bei Beton B I nach Tab. 6.25

Beispiel 6.26 Beton B 15 mit Zuschlaggemisch A 32 / B 32 und Zement Z 35; Konsistenz K 2: Mindestzementgehalt: 270 kg je m³ Beton.

Beispiel 6.27 Beton B 25 mit Zuschlaggemisch B 32 / C 32 und Zement Z 35; Konsistenz K 3: Mindestzementgehalt: 380 kg je m³ Beton.

Beispiel 6.28 Beton B 15 mit Zuschlaggemisch A 16 / B 16 und Zement Z 35; Konsistenz K 3: Mindestzementgehalt: 300 + 10 % = 330 kg je m³ Beton.

Beispiel 6.29 Beton B 25 mit Zuschlaggemisch B 8 / C 8 und Zement Z 45; Konsistenz K 2: Mindestzementgehalt: 340 + (20 % – 10 %) = 374 kg je m³ Beton.

Beispiel 6.30 Beton B 15 mit Zuschlaggemisch A 63 / B 63 und Zement Z 25; Konsistenz K 3: Mindestzementgehalt: 300 + (15 % – 10 %) = 315 kg je m³ Beton.

Zuschlaggemisch

Für B 5 und B 10 darf ungetrennter Betonzuschlag verwendet werden, sofern der Zuschlag den Anforderungen der DIN 4226 und die Kornzusammensetzung den Anforderungen der DIN 1045 entsprechen.

Für B 15 und B 25 muß der Betonzuschlag wenigstens nach 2 Korngruppen getrennt angeliefert und getrennt gelagert werden. Eine Korngruppe soll im Bereich 0 bis 4 mm liegen. Die Zuschläge sind an der Mischmaschine derart zuzugeben, daß die geforderte Zusammensetzung des Gemisches entsteht.

Die Sieblinie des Zuschlags muß zwischen den Sieblinien A und B liegen (Bereich 3), wenn die Zusammensetzung günstig sein soll und wenn der für den günstigen Sieblinienbereich angegebene Mindestzementgehalt angewendet wird. Eine Sieblinie des Zuschlags im brauchbaren Bereich muß zwischen den Sieblinien B und C liegen (Bereich 2).

An Stelle getrennter Korngruppen darf bei einem Größtkorn bis zu 32 mm auch werkgemischter Betonzuschlag verwendet werden, wenn seine Kornzusammensetzung den gleichen Bedingungen entspricht.

Konsistenz

Die Konsistenz des Frischbetons ist unter Berücksichtigung der Verarbeitungsbedingungen am Bau vor Beginn festzulegen und während des Betonierens nicht zu verändern.

Betonrezepte

Unter Berücksichtigung der Mindestzementgehalte nach *Tab. 6.25* und aller Forderungen der DIN 1045 werden in *Tab. 6.26* für Beton B 15 und B 25 Betonrezepte aufgeführt. Abhängig von der Betonfestigkeitsklasse, dem Konsistenzbereich und dem Sieblinienbereich des Zuschlags sind Mindestzementgehalte und Richtwerte für den Zuschlaggehalt und die erforderliche Wasserzugabe in kg für einen Kubikmeter verdichteten Beton angegeben. Als Oberflächenfeuchte des Zuschlags wurden angenommen für

Sand 0/4 mm etwa 6 Masse-%
Kies 4/16 mm etwa 2 Masse-%
Kies 16/32 mm etwa 1 Masse-%

Unter der Voraussetzung einwandfreier Herstellung, Verarbeitung und Nachbehandlung des Betons werden mit diesen Betonrezepten mit Sicherheit die Forderungen der DIN 1045 eingehalten. Für Betone mit besonderen Eigenschaften und Sonderbetone gelten die Betonrezepte jedoch nicht. Zur Festlegung der genauen Wasserzugabe ist die Konsistenz zu prüfen. Änderungen in der Wasserzugabe können erforderlich werden und bis zu ± 10 kg je m³ (= 10 l je m³) ausmachen.

6.6.1.2 Zusammensetzen von Beton B I mit Eignungsprüfung

Für Beton B I, der nicht nach *Tab. 6.25* zusammengesetzt wird, muß der Zementgehalt aufgrund einer Eignungs-

Tab. 6.27: Vorhaltemaß und mittlere Druckfestigkeit bei Eignungsprüfungen für Beton B I

Betonfestigkeitsklasse	Serienfestigkeit β_{ws} N/mm²	Vorhaltemaß N/mm²	Mittlere Druckfestigkeit bei Eignungsprüfung N/mm²
B 5	8	≧ 3	≧ 11
B 10	15	≧ 5	≧ 20
B 15	20	≧ 5	≧ 25
B 25	30	≧ 5	≧ 35

Tab. 6.28: Mindestzementgehalt bei Beton B I

Beton	Festigkeitsklasse des Zements	Mindestzementgehalt in kg/m³
unbewehrter Beton	Z 25 ... Z 55	100
Stahlbeton	Z 25	280
	Z 35 ... Z 55	240
Außenbauteile	Z 35	300
	Z 43 ... Z 55	270 (s. Abschn. 6.10)

Tab. 6.29: Obere Grenzen der Konsistenzbereiche bei Eignungsprüfungen für Beton B I

Konsistenz	Verdichtungsmaß v	Ausbreitungsmaß a in cm
K 1 steifer Beton	1,30 ... 1,26	–
K 2 plastischer Beton	1,15 ... 1,11	39 ... 40
K 3 weicher Beton	1,06 ... 1,04	48 ... 50
Fließbeton	–	56 ... 60

prüfung festgelegt werden. Eignungsprüfungen sind außerdem erforderlich, wenn zur Herstellung des Betons Mischbinder (nur bei B5) oder Betonzusatzmittel verwendet werden. Bei Verarbeitung von Betonzusatzstoffen, die nicht mineralisch sind oder die auf den Bindemittelgehalt angerechnet werden sollen, sind ebenfalls Eignungsprüfungen erforderlich. Ebenso bei Transportbeton B I, auch wenn dieser nach *Tab. 6.25* zusammengesetzt wurde.

Die Eignungsprüfung soll sicherstellen, daß der Beton mit der vorgesehenen Zusammensetzung unter den Verhältnissen der betreffenden Baustelle die geforderten Eigenschaften erreicht. Dazu ist erforderlich, daß zeitig genug vor Ausführung der Bauarbeiten mit den in Aussicht genommenen Ausgangsstoffen eine Probemischung hergestellt wird. Daraus sind dann mindestens drei Probekörper anzufertigen und zu prüfen.

Bei der Eignungsprüfung sind bestimmte Anforderungen hinsichtlich Betondruckfestigkeit und Konsistenz zu erfüllen. Der Mittelwert der Druckfestigkeit von drei Würfeln muß die Serienfestigkeit β_{ws} um ein zusätzliches Vorhaltemaß überschreiten *(Tab. 6.27)*.

Zementgehalt

Der Zementgehalt bei Beton B I mit Eignungsprüfung darf bei unbewehrtem Beton und bei Stahlbeton mit Rücksicht auf den Korrosionsschutz der Stahleinlagen die Mindestwerte der *Tab. 6.28* nicht unterschreiten.

Zuschlaggemisch

Für die Kornzusammensetzung des Zuschlags gilt hier das gleiche wie bei Beton B I ohne Eignungsprüfung. Darüber hinaus dürfen jedoch außer den stetigen Sieblinien auch Ausfallkörnungen verwendet werden. Es muß sichergestellt sein, daß die bei der Eignungsprüfung verwendete Kornzusammensetzung des Zuschlaggemisches auch bei der Herstellung des Betons eingehalten wird.

Konsistenz des Betons

Die Konsistenz des Betons B I muß bei der Eignungsprüfung an der oberen Grenze des gewählten Konsistenzbereichs liegen *(Tab. 6.29)*. Es soll damit sichergestellt sein, daß später bei der Ausführung nicht mit weicherem Beton als bei der Eignungsprüfung gearbeitet wird.

6.6.2 Zusammensetzen von Beton B II

Für die Zusammensetzung von Beton B II der Festigkeitsklassen B 35 bis B 55 sind die Bedingungen der DIN 1045 Abschn. 6.5.6 zu berücksichtigen. Beton B II darf nur auf solchen Baustellen hergestellt oder verarbeitet werden, bei denen die Eigenüberwachung durchgeführt wird und die Voraussetzungen für die Fremdüberwachung erfüllt sind. Dazu ist ein besonderer Nachweis erforderlich. Bei Beton B II sind stets Eignungsprüfungen durchzuführen. Bestimmte Vorhaltemaße für Druckfestigkeit oder Konsistenz sind nicht vorgeschrieben.

Zementgehalt

Der erforderliche Zementgehalt für Beton B 35 bis B 55 ist aufgrund der Eignungsprüfung festzulegen. Die Grenzwerte der *Tab. 6.30* dürfen wegen des

Tab. 6.30: Grenzwerte für Zementgehalt und Wasserzementwert bei Stahlbeton B II

Beton	Festigkeitsklasse des Zements	Mindestzementgehalt (kg/m³)	Höchstzulässiger w/z-Wert
Stahlbeton	Z 25	280	0,65
	Z 35, Z 45, Z 55	240	0,75
Außen-bauteile	Z 35	300	0,60 (siehe Abschn. 6.10)
	Z 45, Z 55	270	

Korrosionsschutzes auch hier nicht unterschritten werden.

Zuschlaggemisch

Für Beton B35 bis B55 muß der Betonzuschlag bei 32 mm Größtkorn wenigstens nach drei Korngruppen, bei 16 oder 8 mm Größtkorn oder bei Ausfallkörnungen wenigstens nach zwei Korngruppen getrennt angeliefert, gelagert und zugegeben werden. Eine Korngruppe muß im Bereich 0 bis 2 mm liegen. Die Verwendung von werkgemischtem Zuschlag ist nicht zulässig. Bestimmte Sieblinienbereiche sind nicht vorgeschrieben. Der Betonzuschlag, seine Aufteilung nach Korngruppen und die Kornzusammensetzung des Zuschlaggemisches müssen aber bei der Herstellung des Betons der Eignungsprüfung entsprechen.

Konsistenz

Die Konsistenz wird bei der Eignungsprüfung unter Berücksichtigung der Verarbeitungsbedingungen festgelegt. Erweist sich der Beton mit dieser Konsistenz für einzelne schwierige Betonierabschnitte als nicht ausreichend verarbeitbar und soll daher der Wassergehalt erhöht werden, so muß der Zementanteil im gleichen Gewichtsverhältnis zwischen Wasser und Zement wie vorher vergrößert werden. Beides muß in der Mischmaschine geschehen.

Wasserzementwert

Der Beton darf mit keinem größeren Wasserzementwert hergestellt werden, als es durch die Eignungsprüfung festgelegt worden ist. Bei Stahlbeton darf der Wasserzementwert wegen des Korrosionsschutzes der Stahleinlagen die Grenzwerte der *Tab. 6.30* nicht überschreiten. Der Grenzwert für den Zementgehalt darf nicht unterschritten werden.

6.6.3 Stoffraumrechnung

Vor Durchführung der Eignungsprüfungen kann man die Mengen der Betonbestandteile rechnerisch ermitteln. Dazu dient die Stoffraumrechnung. Beton besteht aus Zement Z, Zuschlaggestein G und Wasser W und enthält trotz Verdichtung ein unbestimmtes Maß an Luftporen P. Diese vier Stoffe füllen einen entsprechenden Raum aus und bilden zusammen das Volumen von einem Kubikmeter Beton (= 1000 dm³).

$$V_z + V_g + V_w + V_p = 1000 \text{ dm}^3$$

Das Volumen des Zements V_z erhält man aus dem Zementgewicht z, bezogen auf die Dichte des Zements

$$V_z = \frac{z}{\varrho_z} \text{ [dm}^3\text{]}$$

Entsprechend ist es beim Zuschlaggestein $V_g = g/\varrho_g$. Hierbei ist ϱ_g die Rohdichte des Zuschlags. Damit erhält man die Gleichung

$$\frac{z}{\varrho_z} + \frac{g}{\varrho_g} + \frac{w}{\varrho_w} + p = 1000 \text{ dm}^3$$

Für Beton B I mit Eignungsprüfung und für Beton B II werden außer den Grenzwerten keine bestimmten Zementgehalte vorgeschrieben. Der Zementgehalt kann also unter Berücksichtigung der Grenzwerte frei bestimmt werden. Man hat es demnach nur mit unbekannten Größten zu tun. Sie sind jedoch der Reihe nach bestimmbar.

Der Wassergehalt w

Der Wassergehalt w im Beton ist abhängig von der geforderten Konsistenz des Betons und von dem Wasseranspruch des Zuschlags. Mit *Abb. 6.21* oder *Tab. 6.23* (Abschn. 6.5.5) wird der Wasseranspruch des Betons in kg/m³ oder l/m³ bestimmt.

Der Wasserzementwert w/z

Der Wasserzementwert w/z und die Normfestigkeit des Zements bestimmen im wesentlichen die Druckfestigkeit des Betons. Aufgrund der engen Beziehung zwischen Wasserzementwert w/z, Normfestigkeit des Zements und der Druckfestigkeit des Betons hat Prof. *Walz* ein Diagramm entwickelt (vgl. *Abb. 6.20).* Damit kann der Wasserzementwert bestimmt werden.

Der Zementgehalt z

Der Zementgehalt z kann bestimmt werden, wenn von einem feststehenden Wassergehalt w und einem erforderlichen Wasserzementwert w/z ausgegangen werden kann. Man erhält den Zementgehalt z aus dem Wassergehalt w, geteilt durch den Wasserzementwert w/z:

$$z = \frac{w}{w/z} \text{ in kg je m}^3$$

Beispiele für den erforderlichen Zementgehalt

Beispiel 6.31 Für einen Beton B 25 mit einem Zuschlag der Körnungsziffer k = 3,65 benötigt man für die Konsistenz K 3 nach *Tab. 6.23* etwa 195 l Wasser. Bei einem erforderlichen Wasserzementwert w/z = 0,58 (Beispiel 6.21) errechnet sich der Zementgehalt wie folgt: z = 195/0,58 = 336 kg Zement je m³ Beton.

Beispiel 6.32 Für einen Beton B 35 wurde ein Wasserzementwert w/z = 0,47 bestimmt (Beispiel 6.22). Der Wasseranspruch kann für eine Körnungsziffer k = 4,22 mit etwa 160 l bei Konsistenz K 2 angenommen werden. Zementgehalt: z = 160/0,47 = 340 kg Zement je m³ Beton.

Der Luftporengehalt p

Trotz sorgfältiger Verdichtung werden Luftporen im Beton verbleiben. Im allgemeinen liegt der Luftporengehalt bei Beton mit 32 mm Größtkorn etwa zwischen 1 bis 2 Vol.-%. Bei feinkörnigem Beton kann der Luftporengehalt bis zu 6 Vol.-% ansteigen. Bei Zugabe von luftporenbildenden Zusatzmitteln (für Frost- und Tausalzwiderstand) wird der Luftporengehalt durch kugelige Mikroporen künstlich erhöht. Ein bestimmter Luftporengehalt ist dann nachzuweisen (vgl. *Tab. 6.38,* Abschn. 6.10.2).

1 Vol.-% Luftporen entsprechen in 1 m³ Beton = 10 l = 10 dm³. Bei LP-Gehalten, die über 3 % liegen, ist der Wasserzementwert anzugeben als

$$w/z = \frac{w + p_ü}{z}$$

Der Zuschlaggehalt g

Der Zuschlaggehalt g errechnet sich aus der Stoffraumgleichung durch Umformen:

$V_g = 1000 - V_z - w - p$ in dm³

Das Zuschlaggewicht g erhält man bei Berücksichtigung der Dichten

$$\frac{g}{\varrho_g} = 1000 - \frac{z}{\varrho_z} - w - p \text{ in dm}^3$$

$$g = \varrho_g\,(1000 - \frac{z}{\varrho_z} - w - p) \text{ in kg}$$

Beispiele zur Stoffraumrechnung

Beispiel 6.33 Mit folgenden Angaben soll die Ermittlung des Zuschlaggehalts g für 1 m³ verdichteten Beton durchgeführt werden: Zementgehalt z = 300 kg; Dichte des Zements ϱ_z = 3,0 kg/dm³; Wassergehalt w = 180 l = 180 kg; Luftporengehalt p = 1,5 Vol.-% = 15 l; Rohdichte des Zuschlags ϱ_z = 2,60 kg/dm³.

Zement	z = 300 kg	$V_z = z/\varrho_z$ = 300/3,0	= 100 dm³
Wasser	w = 180 kg	$V_w = w/\varrho_w$ = 180/1,0	= 180 dm³
Luftporen	p = 0 kg	V_p = 1,5 %	= 15 dm³
	z + w + p = 480 kg	$V_z + V_w + V_p$	= 295 dm³
Zuschlagvolumen		V_g = 1000 – 295	= 705 dm³
Zuschlag	g = 1835 kg	($g = V_g \cdot \varrho_g$ = 705 · 2,60 = 1835 kg)	
Beton	b = 2315 kg	$V_b = V_z + V_w + V_p + V_g$ = 1 m³	= 1000 dm³
Betonrohdichte	ϱ_b = 2,315 kg/dm³		

Für 1 m³ Beton werden an Zuschlag g = 1835 kg benötigt.

Die Berechnung des Zuschlags g mit der Gleichung liefert dasselbe Ergebnis:

$$g = \varrho_g \cdot (1000 - \frac{z}{\varrho_z} - w - p)$$

$$g = 2{,}60 \cdot (1000 - \frac{300}{3{,}0} - 180 - 15)$$

$$g = 2{,}60 \cdot (1000 - 295) = 2{,}60 \cdot 705 = 1835 \text{ kg Zuschlag}$$

Beispiel 6.34 Für einen Beton B 25 sollen bei Berücksichtigung der gegebenen Werte der Zuschlaggehalt und die Betonrohdichte berechnet werden (vergl. Beispiel 6.31).

Zementgehalt z = 336 kg, Dichte des Zements ϱ_z = 3,1 kg/dm³; Wassergehalt w = 195 l; Luftporengehalt p = 3 Vol.-%; Rohdichte des Zuschlags ϱ_g = 2,65 kg/dm³

Zement	z = 336 kg	z/ϱ_z = 336/3,1	= 108 dm³
Wasser	w = 195 kg	w = 195/1,0	= 195 dm³
Luftporen	p = 0 kg	p = 3 Vol.-%	= 30 dm³
			333 dm³
Zuschlag	g = 1770 kg	$V_g \cdot \varrho_g$ = 667 · 2,65	= 667 dm³
Beton	b = 2301 kg;	ϱ_b = 2,301 kg/dm³	V = 1000 dm³

Beispiel 6.35 Der Zuschlaggehalt und die Rohdichte eines Betons B 35 (vergl. Beispiel 6.32) sollen für folgende Angaben berechnet werden:

Zementgehalt z = 340 kg; Dichte des Zements ϱ_z = 3,0 kg/dm³; Wassergehalt w = 160 l; Luftporengehalt p = 1 Vol.-%; Rohdichte des Zuschlags ϱ_g = 2,63 kg/dm³.

Zement	z = 340 kg	z/ϱ_z = 340/3,0	= 114 dm³
Wasser	w = 160 kg	w = 160/1,0	= 160 dm³
Luftporen	p = 0 kg	p = 1 Vol.-%	= 10 dm³
			284 dm³
Zuschlag	g = 1885 kg	$V_g \cdot \varrho_g$ = 716 · 2,63	= 716 dm³
Beton	b = 2385 kg;	ϱ_b = 2,385 kg/dm³	V = 1000 dm³

Beispiel 6.36 Für einen Beton B 35 sind die einzelnen Bestandteile zu bestimmen. Vorgesehen ist die Konsistenz K 2 mit einem Verdichtungsmaß v ≈ 1,20, Kornzusammensetzung Sieblinie B 32, Portlandzement PZ 35 F mit Dichte ϱ_z = 3,1 kg/dm³.

Der Zuschlag wird aus drei Korngruppen zusammengesetzt für Sieblinie B 32, Rohdichte ϱ_g = 2,60 kg/dm³

37 Masse-% 0/2 mm
25 Masse-% 2/8 mm
28 Masse-% 8/32 mm

Das Gesamtgemisch daraus ergibt beim Siebversuch folgende Anteile (vergl. Beispiel 6.18, Abschn. 6.2.10):

Siebgröße	Durchgang in Masse-%	Rückstand in Masse-%
0,25 mm	3	97
0,50 mm	18	82
1 mm	28	72
2 mm	37	63
4 mm	47	53
8 mm	62	38
16 mm	80	20
32 mm	98	2
0/32 mm	373	427

Körnungsziffer k = 427 : 100 = 4,27

Mit der Körnungsziffer k = 4,27 ergibt sich nach Abb. 6.21 für die Konsistenz K 2 im mittleren Bereich (v ≈ 1,20) ein Wasseranspruch von w = 160 kg/m³.

Für den Beton B 35 soll eine Festigkeit von β_{W28} = 44 N/mm² bei der Eignungsprüfung erreicht werden. Damit ergibt sich aus *Abb. 6.20* für Zement Z 35 ein erforderlicher Wasserzementwert von w/z = 0,48.

Der Zementgehalt errechnet sich damit zu z = 160/0,48 = 334 kg/m³.
Mit einem angenommenen Luftporengehalt von p = 1,5 Vol.-% = 15 l/m³ kann die Stoffraumrechnung zur Bestimmung des Zuschlaggehaltes g durchgeführt werden.

$$g = \varrho_g \cdot (1000 - \frac{z}{\varrho_z} - w - p)$$

$$g = 2{,}60 \cdot (1000 - \frac{334}{3{,}1} - 160 - 15) = 2{,}60\,(1000 - 108 - 160 - 15)$$

$$g = 2{,}60 \cdot 717 = 1865 \text{ kg/m}^3$$

Der Zuschlag wird entsprechend den Masse-% für die einzelnen Korngruppen geteilt. Damit können dann die einzelnen Bestandteile des Betons insgesamt angegeben werden:

1 m³ frischer verdichteter Beton enthält:

Zement	= 334 kg/m³		
Wasser	= 160 kg/m³		
Zuschlag	= 1865 kg/m³, davon	37 Masse-% 0/2 mm =	690 kg/m³
		25 Masse-% 2/8 mm =	466 kg/m³
		38 Masse-% 8/32 mm =	709 kg/m³
			1865 kg/m³

Frischbetonrohdichte ϱ_b = 2359 kg/m³ = 2,359 kg/dm³

Da der Zuschlag auf der Baustelle nicht trocken abgewogen wird, sondern eine bestimmte Oberflächenfeuchte besitzt, ist das Gewicht der Oberflächenfeuchte beim Abwiegen des Zuschlags zu berücksichtigen. Um die gleiche Menge ist auch die Wasserzugabe zu verringern. Die Ermittlung der Oberflächenfeuchte ergab folgende Werte:
6 Masse-% Feuchte beim Sand 0/2 mm,
3 Masse-% Feuchte beim Kiessand 2/8 mm,
1 Masse-% Feuchte beim Kies 8/32 mm.

Zusammensetzung von 1 m³ Beton:

(1) Bestandteile		(2) Zusammensetzung bei trockenen Stoffen in kg/m³	(3) Oberflächen-feuchte in %	(4) Oberflächen-feuchte in kg/m³ (2) · (3) : 100	(5) Zusammensetzung bei feuchten Stoffen in kg/m³ (2) + (4)
Zement		334	0	0	334
Zuschlag	0/2 mm	690	6	41	731
	2/8 mm	466	3	14	480
	8/32 mm	709	1	7	716
Wasser		160		62	98
Frischbeton		2359 kg			2359 kg

Mit den rechnerisch ermittelten Mengen der einzelnen Betonbestandteile wird zunächst eine Eignungsprüfung durchgeführt. Wenn dabei hinsichtlich Verarbeitung und Eigenschaften die Eignung des Betons nachgewiesen wurde, kann mit der Betonherstellung begonnen werden.

Betonmenge und Bestandteile für die Herstellung der Probewürfel bei der Eignungsprüfung:

Zur ordnungsgemäßen Herstellung von drei Probewürfeln und einer Aufsatzkastenfüllung werden (3 + 1) · 8 l = 32 l Frischbeton benötigt. Besser ist es jedoch, 50 l Frischbeton zu mischen, damit die Betonmenge nicht zu gering ist. Die Angaben je m³ Beton sind deshalb mit 0,050 zu multiplizieren und man erhält:

Zement		334 kg · 0,050	= 16,7 kg
Zuschlag	0/2	731 kg · 0,050	= 36,5 kg
	2/8	480 kg · 0,050	= 24,0 kg
	8/32	716 kg · 0,050	= 35,8 kg
Wasser		98 kg · 0,050	= 4,9 kg

6.7 Prüfen von Beton

Für das Prüfen von Beton ist die DIN 1048 – Prüfverfahren für Beton – maßgebend. Es ist zu unterscheiden zwischen Frischbetonprüfungen und Festbetonprüfungen, die entweder an gesondert hergestellten Probekörpern oder direkt an fertigen Bauteilen und Baugliedern durchgeführt werden. Die Durchführung der Prüfungen dient dem Gütenachweis und der Güteüberwachung. Es soll dadurch sichergestellt werden, daß der Beton und die Bauteile aus Beton die geforderten Güteeigenschaften besitzen, damit die Standsicherheit und Schadensfreiheit der Bauwerke gewährleistet ist.

In diesem Abschnitt werden die erforderlichen Prüfungen beschrieben. Die Anzahl und Häufigkeit der Prüfungen mit den Anforderungen werden im nächsten Abschnitt aufgeführt.

6.7.1 Frischbetonprüfungen

Für die Eignungsprüfungen muß der Beton aus den Stoffen hergestellt werden, die für das Bauwerk vorgesehen sind. Die Herkunft der verwendeten Stoffe und die Zusammensetzung des Frischbetons müssen schriftlich festgehalten werden. Für die Güte- und Erhärtungsprüfung ist der Beton an der Einbaustelle zu entnehmen und in der Nähe der Entnahmestelle zu prüfen bzw. zu Probekörpern zu verarbeiten.

Für jede Prüfung sind jeweils 3 Proben bzw. 3 Probekörper erforderlich, soweit nicht in DIN 1045 anderes bestimmt ist. In jedem Falle ist mehr Beton zu entnehmen, als für die Durchführung der Prüfungen erforderlich ist.

6.7.1.1 Konsistenzprüfungen

Das Konsistenzmaß des Frischbetons ist mit dem Verdichtungsversuch oder

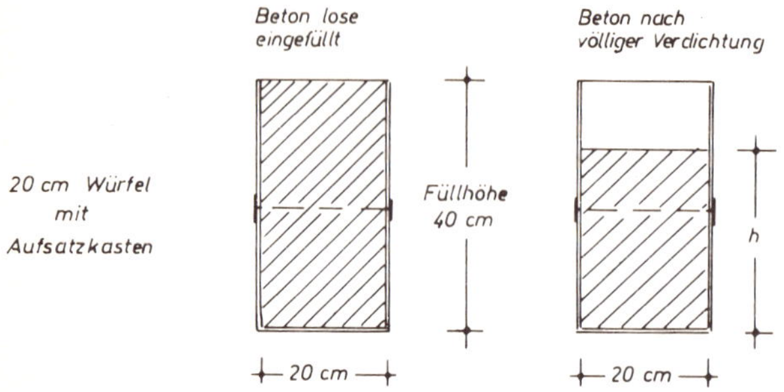

Abb. 6.22: Verdichtungsversuch nach Walz

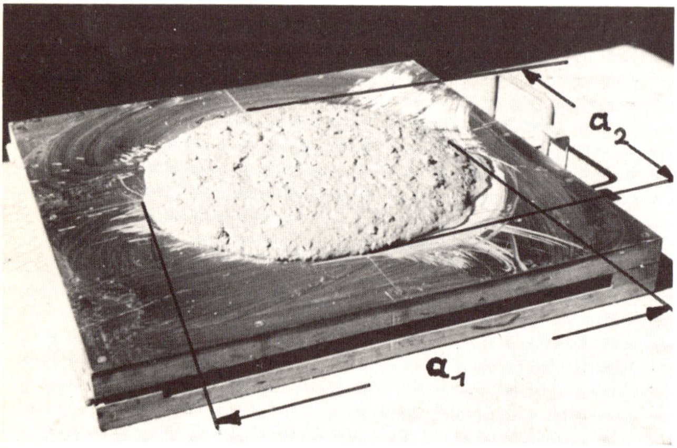

Abb. 6.23 a: Ausbreittisch

Abb. 6.23 b: Geräte zur Bestimmung des Ausbreitmaßes

dem Ausbreitversuch zu bestimmen. Für die Eignungs- und Güteprüfung ist das gleiche Verfahren anzuwenden.

Verdichtungsversuch

Mit dem Verdichtungsversuch können die drei Konsistenzbereiche – K 1 steifer Beton, K 2 plastischer Beton und K 3 weicher Beton – geprüft werden. Dazu wird ein 40 cm hoher, oben offener Blechkasten mit 20 cm x 20 cm Grundfläche verwendet. Statt dessen kann auch eine 20-cm-Würfelform mit Aufsatzkasten benutzt werden.

In den sauberen, feucht ausgewischten Behälter wird gut gemischter Beton mit einer trapezförmigen Kelle (etwa 16 cm lang und etwa 10 cm breit) reihum von den einzelnen Behälterkanten aus über eine Längsseite der Kelle in den Behälter gekippt, bis dieser gehäuft gefüllt ist. Danach wird zunächst der überstehende Beton ohne Verdichtungseinwirkung abgestrichen und sodann durch Rütteln solange verdichtet, bis der Beton nicht mehr weiter zusammensackt. Als Konsistenzmaß gilt das Verdichtungsmaß

$$v = \frac{40}{h} = \frac{40}{40 - s}$$

Hierbei ist s der Abstand der verdichteten Betonoberfläche vom Behälterrand. Das Maß s wird in cm in den vier Ecken des Behälters gemessen und gemittelt *(Abb. 6.23)*.

Das Setzmaß s wird um so größer sein, je steifer der Beton ist; um so größer ist dann auch das Verdichtungsmaß v:

K 1 steifer Beton:
s = 12,4 bis 8,2 cm;
v = 1,45 bis 1,26

K 2 plastischer Beton:
s = 8,1 bis 3,9 cm;
v = 1,25 bis 1,11

K 3 weicher Beton:
s = 3,8 bis 1,5 cm;
v = 1,10 bis 1,04

Fließbeton:
s = 1,4 bis 0 cm
v = 1,03 bis 1,0

Weicher Beton und Fließbeton sind nur ungenau meßbar. Hierfür ist das Ausbreitmaß besser geeignet.

Ausbreitversuch

Mit dem Ausbreitversuch können die Konsistenzbereiche K 2 plastischer Beton und K 3 weicher Beton sowie besonders der Fließbeton geprüft werden. Die Feststellung des Ausbreitmaßes bei steifem Beton ist nicht möglich. Der Ausbreitversuch wird auf dem genormten, 70 × 70 cm großen Ausbreittisch *(Abb. 6.23)* vorgenommen.

Der Ausbreittisch ist waagerecht und unnachgiebig aufzustellen. Vor Beginn jedes Versuchs sind Tischplatte und Innenfläche der Form feucht abzuwischen. In die mittig auf die Tischplatte gestellte Form wird der Beton mit der Kelle in etwa zwei gleich hohe Schichten eingefüllt und mit dem Holzstampfer durch 10 Stöße je Schicht leicht verdichtet. Eine halbe Minute nach dem bündigen Abziehen des Betons wird die Form hochgezogen. Hierauf wird die Tischplatte am Handgriff in etwa 15 Sekunden 15mal bis zum Anschlag angehoben und frei fallengelassen. Dabei breitet sich der Beton aus.

Das arithmetische Mittel zweier Messungen parallel zu den Tischkanten gilt als Ausbreitmaß a.

K 1 steifer Beton	–
K 2 plastischer Beton	$a \leqq 40$ cm
K 3 weicher Beton	$a = 41$ bis 50 cm
Fließbeton	$a = 51$ bis 60 cm

6.7.1.2 Wasserzementwertprüfungen

Der Wasserzementwert kann aus den Mischungsanteilen Wasser und Zement errechnet werden. Da die genaue Wassermenge wegen der feuchten Zuschläge oft nicht bekannt ist, kann zur Überwachung der Wasserzementwert direkt durch den Darrversuch oder den *Thaulow*-Versuch ermittelt werden.

Darrversuch zur Bestimmung des Wasserzementwertes

In ein geeignetes Gefäß werden etwa 10 kg Frischbeton ($m_{b,h}$) eingewogen und sofort unter ständigem Rühren rasch und scharf getrocknet, bis keine Klumpen mehr zu beobachten sind. Nach dem Abkühlen des Trockenguts wird erneut gewogen ($m_{b,d}$). Der entstandene Gewichtsverlust entspricht dem Wassergehalt m_w des eingewogenen Frischbetons ($m_{b,h}$). Er ist auf 10 g = 0,01 kg gerundet anzugeben. Der Wasserzementwert w/z errechnet sich aus der Gleichung

$$w/z = \frac{1000 \cdot \varrho_{b,h} \cdot m_w}{z \cdot m_{b,h}}$$

$\varrho_{b,h}$ = Rohdichte des Frischbetons in kg/dm³
m_w = Wassergehalt des Frischbetons in kg
z = Zementgehalt je m³ Frischbeton in kg/m³
$m_{b,h}$ = Gewicht des eingewogenen Frischbetons in kg

Thaulow-Versuch zur Bestimmung des Wasserzementwertes

Das Verfahren ist nur geeignet für Betone mit nichtsaugenden Zuschlägen, also z.B. nicht für Beton mit Leichtzuschlägen. Außerdem werden neben der Zementmenge auch die Dichte des Zements ϱ_z und außer der Zuschlagmenge die Rohdichte des Zuschlags ϱ_g als bekannt vorausgesetzt.

In einem vorher angefeuchteten, formsteifen Meßtopf von mindestens 8 dm³ Fassungsvermögen wird die Betonmenge $m_{b,h}$ (etwa 10 kg) eingewogen. Sodann wird Wasser bis etwa fingerbreit unter dem Topfrand zugegossen und der Topfinhalt so lange umgerührt, bis keine Luftblasen mehr austreten. Der Topf wird auf die Waage gestellt und randvoll mit Wasser aufgefüllt. Durch Überschieben einer durchsichtigen Ab-

Beispiel 6.37
Bestimmung des Wasserzementwertes

Ein Beton hat eine Frischbetonrohdichte von $\varrho_{b,h} = 2{,}350$ kg/dm³ und enthält an Zement z = 310 kg/m³. Der eingewogene Frischbeton wiegt $m_{b,h} = 10{,}0$ kg; der getrocknete Beton jedoch nur noch 9,17 kg.

$$m_w = 10{,}0 - 9{,}17 = 0{,}83 \text{ kg}$$

$$w/z = \frac{1000 \cdot \varrho_{b,h} \cdot m_w}{z \cdot m_{b,h}} = \frac{1000 \cdot 2{,}350 \cdot 0{,}83}{310 \cdot 10{,}0} = 0{,}63$$

deckplatte wird die Füllung kontrolliert (keine Luftblasen unter der Platte!) und das Gewicht T des Topfinhalts festgestellt. Die Gewichte sind auf 10 g = 0,01 kg gerundet anzugeben. Der Wasserzement w/z errechnet sich aus der Gleichung (auf drei Dezimalstellen genau):

$$w/z = \frac{m_{b,h}}{T - V} \cdot (u_z + u_g \cdot k) - (1 + k)$$

$m_{b,h}$ = Gewicht des eingewogenen Frischbetons in kg
T = Gewicht des Topfinhalts (Beton + Wasser) in kg
V = Wasserfassungsvermögen des Topfes in kg
(T – V) = Gewicht des entlüfteten Frischbetons im Wasser in kg
k = Gewichtsverhältnis der trockenen Zuschläge zum Zement

$$u_z = \frac{\varrho_z - 1}{\varrho_z} \qquad u_g = \frac{\varrho_g - 1}{\varrho_g}$$

ϱ_z = Dichte des Zements in kg/dm³
ϱ_g = Rohdichte des Zuschlags in kg/dm³

6.7.1.3 Bestimmung der Rohdichte

Die Rohdichte des Frischbetons wird beim Anfertigen von Probekörpern in Formen unmittelbar nach dem Abziehen der freien Oberfläche des verdichteten Betons bestimmt.

Die Rohdichte $\varrho_{b,h}$ ergibt sich zu

$\varrho_{b,h} = m_{b,h}/V$ in kg/dm³

$m_{b,h}$ = Masse (das Gewicht) des in der Form enthaltenen Betons in kg
V = der vom Beton eingenommene Raum (Volumen) in dm³

Die Masse $m_{b,h}$ (das Gewicht) des Betons wird festgestellt durch Wiegen der leeren Form und der mit Beton gefüllten Form (auf 100 g genau). Das Volumen V der Form wird durch Ausmessen des Hohlraums (auf 1 mm genau) oder durch Wiegen der leeren Form und der mit Wasser gefüllten Form festgestellt. Die Rohdichte wird auf zwei Dezimalstellen gerundet angegeben.

6.7.1.4 Zementgehaltsprüfungen

Rechnerische Bestimmung des Zementgehalts

Der Zementgehalt in 1 m³ verdichteten Beton kann aus den abgemessenen Mengen der Bestandteile einer Mischerfüllung und der Rohdichte des Betons berechnet werden mit der Gleichung

$$z = \frac{1000 \cdot \varrho_{b,h} \cdot z_1}{(z_1 + g_1 + w_1)} \text{ in kg/m}^3$$

$\varrho_{b,h}$ = Rohdichte des Frischbetons in kg/dm³
z_1 = abgewogene Zementmenge in der Mischerfüllung in kg
g_1 = abgewogene Zuschlagmenge in der Mischerfüllung in kg
w_1 = abgewogene Wassermenge in der Mischerfüllung in kg

Kastenprobe zur Bestimmung des Zementgehalts

Eine Mischerfüllung mit bekannter Zementzugabe wird in einen Kasten mit leicht bestimmbarem Rauminhalt geschüttet und anschließend wie im Bauwerk verdichtet. Der Rauminhalt des Betons wird durch Stichmaß von oben ausgemessen *(Abb. 6.24)*. Der Zement-

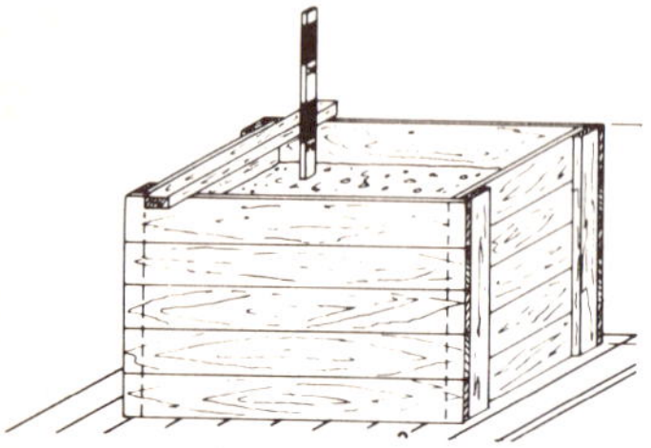

Abb. 6.24: Zementgehaltsprüfung mit der Kastenprobe

gehalt für 1 m³ Beton errechnet sich mit der Gleichung

$z = z_1 / V_1$ in kg/m³

z_1 = abgewogene Zementmenge in der Mischerfüllung in kg

V_1 = Raum in m³, den die Mischerfüllung einnimmt.

> *Beispiel 6.38*
> Bestimmung des Zementgehalts
>
> Eine Mischerfüllung in einem Kasten von 1,0 × 0,5 m Grundfläche nimmt eine Höhe von 31 cm ein. Im Mischer wurden für eine Mischerfüllung 50 kg Zement verwendet.
> $z = z_1/V_1 = 50 / 1{,}0 \cdot 0{,}5 \cdot 0{,}31 = 323$ kg/m³
>
> 1 m³ verdichteter Beton enthält also 323 kg Zement.

6.7.1.5 Luftporengehaltsprüfung

Der Luftporengehalt von Frischbeton aus Zuschlägen mit dichtem Gefüge kann durch das Druckausgleichsverfahren geprüft werden. Für die Beurteilung der Wirkung von luftporenbildenden Zusatzmitteln ist es notwendig, bei dem Versuch auch die Rohdichte des im Druckgefäß verdichteten Betons festzustellen. Die Rohdichte sollte genauso groß sein wie die Rohdichte des Betons in den Formen für die Druckfestigkeitsprüfung.

Der Luftporengehalt des Frischbetons wird mit handelsüblichen, justierten Druckgeräten gemessen. Die Frischbetonprobe wird in das Druckgefäß (8 dm³) eingebracht und darin vollständig auf dem Rütteltisch verdichtet; niemals mit Innenrüttlern. Nach dem Verdichten ist der Beton bündig mit dem Gefäßrand abzuziehen und zur Bestimmung der Rohdichte das Gewicht des Inhalts festzustellen. Das weitere Vorgehen richtet sich nach der für das Gerät gültigen Gebrauchsanweisung.

In den Geräten wird eine bestimmte Raummenge Beton (i.a. 8 dm³) durch eine bestimmte Raummenge Druckluft von gegebenem Druck zusammengedrückt. Hierbei entsteht ein vom Luftporengehalt des Betons abhängiger Druckverlust. Die Geräte zeigen unmittelbar den Luftporengehalt in % des Betonvolumens an. Die Genauigkeit der Anzeige ist von Zeit zu Zeit nachzuprüfen.

6.7.2 Festbetonprüfungen an gesondert hergestellten Probekörpern

Für die Probenahme und die Probemenge gilt hier das bei Abschn. 6.7.1 Gesagte ebenfalls.

Die kleinste Abmessung des Probekörpers soll im allgemeinen mindestens das Vierfache der Abmessung des Größtkorns der verwendeten Zuschläge betragen.

Zum Herstellen der Probekörper sind im allgemeinen zerlegbare Formen aus Gußeisen oder Stahl oder Kunststoff, die im Handel erhältlich sind, zu verwenden. Sie müssen eine ebene Bodenplatte haben, ausreichend formsteif, rüttelfest und dichtschließend sein. Ihre Innenflächen müssen glatt sein, gegenüberstehende Seitenplatten müssen parallel und eben sein.

6.7.2.1 Druckfestigkeitsprüfung

Die Druckfestigkeit des Betons ist nachzuweisen. Sie wird im allgemeinen an 28 Tage alten Würfeln von 20 cm Kantenlänge oder auch an Zylindern von 15 cm Durchmesser und 30 cm Höhe ermittelt.

Andere Würfel von 10, 15 oder 30 cm Kantenlänge oder Zylinder von 10, 20 oder 30 cm Durchmesser mit einer Höhe gleich dem doppelten Durchmesser sind ebenfalls zulässig. Die ermittelten Druckfestigkeiten werden stets auf den 200-mm-Würfel bezogen. Das Druckfestigkeitsverhältnis ist in solchen Fällen an mindestens sechs Körpern je Probekörperart nachzuweisen.

Herstellen der Probekörper

Vor dem Einbringen des Betons sind die Innenflächen der Formen mit Trennmittel zu behandeln. Der Aufsatzrahmen ist aufzusetzen. Der Beton ist etwa bis zum oberen Rand des Aufsatzrahmens einzufüllen und möglichst in gleicher Weise wie der Beton des Bauteils vollständig zu verdichten. Innenrüttler sind in der Mitte der Form senkrecht einzutauchen, Innenrüttler mit kleinem Flaschendurchmesser ($\leqq$ 35 mm) bei 20- und 30-cm-Würfeln zusätzlich in den vier Ecken. Der Rüttler ist jeweils einmal bis etwa 2 cm über dem Boden einzuführen, so lange in dieser Stellung zu belassen, bis das Austreten von größeren Luftblasen deutlich nachgelassen hat, und dann so langsam zu ziehen, daß sich der von der Rüttelflasche erzeugte Hohlraum wieder schließt. Leichtbeton und Beton mit luftporenbildenden Zusatzmitteln dürfen nicht mit Innenrüttlern verdichtet werden. Hierfür und für steifen Beton ist das Verdichten auf dem Rütteltisch zu empfehlen.

Umrechnung der Ergebnisse der Druckfestigkeitsprüfung

Wenn kein Verhältniswert durch eine Eignungsprüfung ermittelt wurde, darf bei Normalbeton von der 7-Tage- auf die 28-Tage-Würfeldruckfestigkeit wie folgt geschlossen werden:

Z 25	$\beta_{W28} = 1{,}4 \cdot \beta_{W7}$	Z 35 F und Z 45 L	$\beta_{W28} = 1{,}2 \cdot \beta_{W7}$
Z 35 L	$\beta_{W28} = 1{,}3 \cdot \beta_{W7}$	Z 45 F und Z 55	$\beta_{W28} = 1{,}1 \cdot \beta_{W7}$

Bei gleichartiger Lagerung darf die Druckfestigkeit von 200-mm-Würfeln β_{W200} aus der an 150-mm-Würfeln oder an Zylindern gemessenen Druckfestigkeit abgeleitet werden:

150-mm-Würfel	$\beta_{W200} = 0{,}95 \cdot \beta_{W150}$ mm	
Zylinder $\varnothing = 150$ mm, h = 300 mm	bei $\leqq$ B 15: $\beta_{W200} = 1{,}25 \cdot \beta_C$	bei $\geqq$ B 25: $\beta_{W200} = 1{,}18 \cdot \beta_C$

Sofort nach dem Verdichten des Betons ist der Aufsatzrahmen abzunehmen und der über die Form überstehende Beton abzustreichen. Danach ist die Betonoberfläche mit einem Stahllineal bündig mit den Formenrändern so abzuziehen, daß sie möglichst eben und glatt wird.

Jeder Probekörper muß unmittelbar nach der Herstellung so deutlich gekennzeichnet sein, daß Verwechslungen ausgeschlossen und nachträgliche Änderungen erkennbar sind. Die Kennzeichnung soll das Datum des Herstellungstages enthalten.

Lagern der Probekörper

Die Probekörper sind während des Erstarrens des Betons vor Erschütterungen zu bewahren. Nach genügender Erhärtung, in der Regel nach etwa 24 Stunden, sind die Probekörper vorsichtig zu entformen, wobei sie zunächst noch weitere 24 Stunden abgedeckt auf der Bodenplatte bleiben können, falls dies notwendig ist.

Für die *Eignungsprüfung* und *Güteprüfung* sind die Probekörper sofort nach dem Herstellen, vor Zugluft geschützt, in einem geschlossenen Raum mit einer Lufttemperatur von + 15 bis + 22 °C aufzubewahren. Sie sind dort vor Feuchtigkeitsverlust zu schützen und nach dem Entformen auf einem Lattenrost bei der angegebenen Temperatur unter Wasser, in einer Feuchtkammer oder in ständig naß zu haltendem Sand oder Sägemehl zu lagern. Bei Probekörpern aus Leichtbeton mit stark saugenden Zuschlägen ist eine Feuchtigkeitsaufnahme zu verhindern. Eine Lagerung mit feuchten Tüchern ist zu empfehlen.

Die Feuchtlagerung ist nach 7tägiger Erhärtung abzubrechen, die Probekörper sind dann entweder sofort zu prüfen (7-Tage-Druckfestigkeit) oder bei späterer Prüfung trocken auf einem Lattenrost im Lagerraum zu belassen.

Für die *Erhärtungsprüfung* sind die Probekörper zunächst in der Form und

Beispiele zur Bestimmung der Druckfestigkeit

Beispiel 6.39 Für einen Würfel mit Seitenlängen von 201 × 200 mm wird bei der Druckfestigkeitsprüfung eine Bruchlast von 1240 kN erreicht.
$\beta_D = 1000 \cdot F_u/A = 1000 \cdot 1240/201 \cdot 200 = 30{,}9$ N/mm²

Beispiel 6.40 Für eine Würfelserie aus 3 Probekörpern wird die Druckfestigkeitsprüfung durchgeführt

	Seitenlänge a · b · h (mm)	Fläche (mm²)	Volumen (dm³)	Gewicht (kg)	Rohdichte (kg/dm³)	Druckfestigkeit (N/mm²)
1	201 · 200 · 200	40200	8,04	18,9	2,35	30,9 = 31
2	199 · 200 · 201	39800	8,00	18,7	2,34	29,1 = 29
3	200 · 200 · 201	40000	8,04	19,1	2,37	32,4 = 32
Mittelwerte					2,36	31

Die durchschnittliche Rohdichte der Würfelserie liegt bei $\varrho_{b,d} = 2{,}36$ kg/dm³, mittlere Druckfestigkeit $\beta_{Wm} = 31$ N/mm², Mindestwert für die Druckfestigkeit $\beta_{W28} = 29$ N/mm². Die Festigkeitsklasse B 25 ist damit erreicht.

dann entformt so zu lagern und nachzubehandeln, daß ihr Wärme- und Feuchtigkeitsaustausch möglichst dem des Bauwerksbetons entspricht, für den sie maßgebend sein sollen.

Vorbereiten der Probekörper für die Prüfung

Vor jeder Festigkeitsprüfung ist festzustellen, ob die zu belastenden Flächen des Probekörpers parallel sind und keine größere Abweichung von der Ebenflächigkeit als 0,1 mm aufweisen. Unebene oder nicht parallele Flächen müssen naß abgeschliffen werden oder erhalten dünne Abgleichsschichten.

Für die Festigkeitsprüfung sind Druckprüfmaschinen nach DIN 51223 zu verwenden, über deren Zuverlässigkeit eine höchstens zwei Jahre alte Bescheinigung einer staatlichen Prüfanstalt (Eichamt) vorliegt.

Der Probekörper ist genau mittig auf die untere Druckplatte der Prüfmaschine zu stellen und wird senkrecht zur Herstellrichtung des Probekörpers geprüft. Die Last ist dann stetig mit vorgeschriebener Prüfgeschwindigkeit zu steigern, bis die Höchstlast erreicht ist. Die Druckfestigkeit errechnet sich dann aus der Gleichung

$$\beta_D = 1000 \cdot F_u/A \text{ in N/mm}^2$$

β_D = Druckfestigkeit des Betons auf ganze N/mm² gerundet
F_u = Höchstlast in kN
A = Druckfläche in mm², berechnet aus den in halber Höhe des Prüfkörpers auf 1 mm genau gemessenen Seitenlängen

6.7.2.2 Biegezugfestigkeitsprüfung

Die Biegezugfestigkeit des Betons wird für den Nachweis der Güte des Betons in DIN 1045 nicht gefordert. Die Biegezugfestigkeit kann man aus der Betondruckfestigkeit rechnerisch ableiten, da eine bestimmte Zugehörigkeit besteht:

$$\beta_{BZ} \approx \sqrt[3]{\beta_D^2} \text{ in N/mm}^2$$

β_{BZ} = Biegezugfestigkeit in N/mm²
β_D = Druckfestigkeit am Probewürfel mit 200 mm Kantenlänge in N/mm²

Sie wird erforderlichenfalls an balkenförmigen Probekörpern ermittelt.

Bei der Belastung durch zwei Einzellasten sind entweder Balken von 150 × 150 × 700 mm oder Balken von 200 × 200 × 900 mm zu wählen. Aus der Bruchlast erhält man die Biegezugfestigkeit zu

$$\beta_{BZ} = 1000\, F_u \cdot \frac{l}{b \cdot h^2} \text{ in N/mm}^2$$

F_u = Höchstlast in kN
l = Stützweite des Balkens in mm
b = Breite des Balkens in mm
h = Mittlere Höhe des Balkens im Bruchquerschnitt in mm

Herstellen der Probekörper

Hierfür gilt das gleiche wie das in Abschn. 6.7.2.1 für die Herstellung der Probekörper bei der Druckfestigkeitsprüfung Gesagte. Der Innenrüttler ist jedoch beim 700-mm-Balken an mindestens vier Stellen in der Mittelachse der Balkenform schräg einzusetzen.

Lagern der Probekörper

Im Gegensatz zur Lagerung der Probekörper für die Druckfestigkeitsprüfung

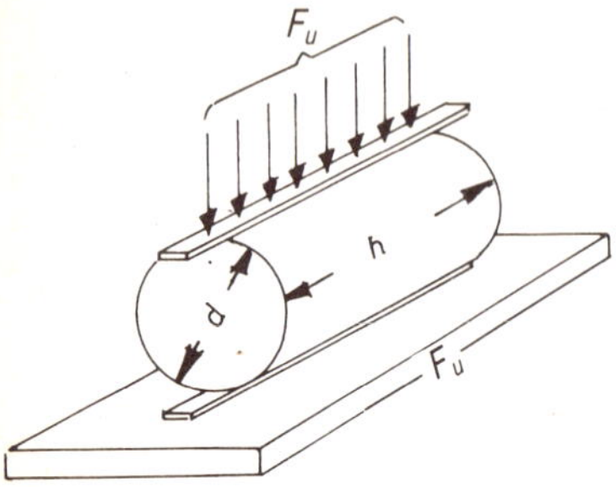

Abb. 6.25: Spaltzugfestigkeitsprüfung am Betonzylinder

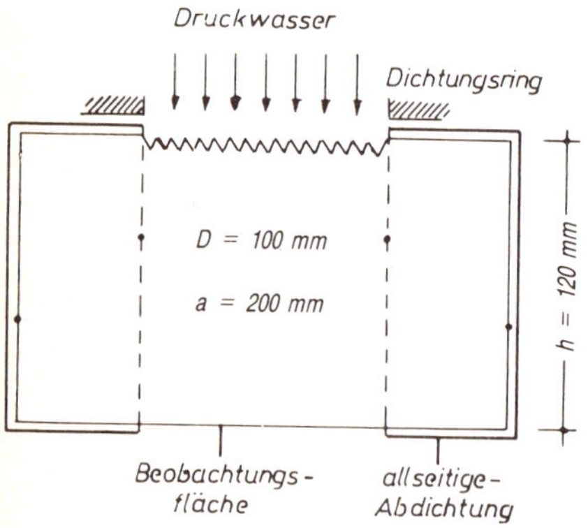

Abb. 6.26: Wasserdurchlässigkeitsprüfung an Platten 120 × 200 × 200 mm

lagern die Probekörper für die Biegezugprüfung bis zum Prüftag unter Wasser. Vorheriges Trocknen würde die Prüfergebnisse verschlechtern.

Vorbereiten der Probekörper für die Prüfung

Für die Biegezugprüfung dürfen bei kleinen Unebenheiten anstelle von Abgleichschichten auch 5 mm dicke und mindestens 20 mm breite Gummistreifen der Härte (50 ± 5) Shore A nach DIN 53505 verwendet werden. Die Last ist so auf den Balken zu übertragen, daß die Biegedruckzone von der Balkenseite gebildet wird, die beim Betonieren des Balkens oben lag.

6.7.2.3 Spaltzugfestigkeitsprüfung

Die Spaltzugfestigkeitsprüfung ist eine neueingeführte Prüfung, die aber ebenfalls nicht von DIN 1045 für den Nachweis der Güte des Betons vorgeschrieben ist. Sie ersetzt die Biegezugfestigkeitsprüfung.

Die Prüfung erfolgt in der Regel an Zylindern mit 15 cm Durchmesser und 30 cm Höhe, wie sie auch für die Druckfestigkeitsprüfung verwendet werden können *(Abb. 6.25)*.

Die Herstellung und Lagerung der Probekörper erfolgt wie bei der Biegezugfestigkeitsprüfung. Zur Prüfung wird der Zylinder in eine Druckprüfmaschine gelegt und längs zweier gegenüberliegender Mantellinien belastet. Zwischen die Druckplatten der Prüfmaschine und den Probekörper sind dabei 10 mm breite und 5 mm dicke Streifen aus Hartfilz einzulegen. Aus der erreichten Höchstlast ergibt sich die Spaltzugfestigkeit zu

$$\beta_{SZ} = \frac{640 \cdot F_u}{d \cdot h} \text{ in N/mm}^2$$

β_{SZ} = Spaltzugfestigkeit in N/mm²
F_u = Höchstlast in kN
d = Durchmesser des Prüfkörpers in mm
h = Länge des Prüfkörpers in mm

Der Vorteil der Spaltzugfestigkeitsprüfung liegt vor allem darin, daß Probekörper mit den gleichen Abmessungen und die gleiche Prüfmaschine wie bei der Druckfestigkeitsprüfung verwendet werden können.

6.7.2.4 Wasserundurchlässigkeitsprüfung

Die Wasserundurchlässigkeitsprüfung wird vorzugsweise an plattenförmigen Probekörpern von 200 mm × 200 mm × 120 mm Kantenlänge geprüft *(Abb. 6.26)*.

Außer passenden Formen können für die Herstellung der quadratischen Platten die Würfelformen verwendet werden. In diese ist vor dem Einbringen des Betons ein 80 mm dickes Stahlfutter seitlich einzustellen. Die Platten werden dann senkrechtstehend betoniert.

Für die Herstellung und Lagerung der Probekörper gilt hier das gleiche wie bei der Biegezugfestigkeitsprüfung.

Die Prüfung der Probekörper beginnt in der Regel im Alter von 28 Tagen. Auf die Probekörper wirkt zuerst 48 Stunden lang ein Wasserdruck von 0,1 N/mm², dann wirken nacheinander je 24 Stunden lang Drücke von 0,3 N/mm² und 0,7 N/mm². Der Enddruck von 0,7 N/mm² ≙ 7 bar entspricht dem Druck einer Wassersäule von 70 m Höhe.

Unmittelbar nach der Prüfung werden die Probekörper in der Druckpresse mittig aufgespalten durch aufgelegte Rundstahlstäbe. Sobald die Spaltfläche etwas abgetrocknet ist, sind die größte Eindringtiefe und die Verteilung des eingedrungenen Wassers festzustellen.

6.7.3 Festbetonprüfungen an fertigen Bauwerken und Baugliedern

In Sonderfällen, z. B. wenn keine Ergebnisse von Druckfestigkeitsprüfungen vorliegen oder die Ergebnisse ungenügend waren oder sonst erhebliche Zweifel an der Betonfestigkeit im Bauwerk bestehen, kann es nötig werden, die Betondruckfestigkeit am fertigen Bauteil durch Entnahme von Probekörpern aus dem Bauwerk oder/und durch zerstörungsfreie Prüfung zu bestimmen. Dabei sind Alter und Erhärtungsbedingungen (Temperatur, Feuchtigkeit) des Bauwerkbetons zu berücksichtigen.

Für die Festlegung von Art und Umfang und für die Bewertung der Ergebnisse dieser Prüfungen ist in der Regel ein Sachverständiger hinzuzuziehen.

6.7.3.1 Prüfen des Betons an Probekörpern aus Baugliedern

Probekörper zum Prüfen der Druckfestigkeit und Spaltzugfestigkeit werden frühestens nach 28 Tagen als Bohrkerne entnommen. Im allgemeinen werden Bohrkerne mit 15 cm Durchmesser gewählt. Die Höhe soll nicht kleiner als das 0,9fache und nicht größer als das 1,1–2fache des Durchmessers sein. Probekörper, bei denen Stahleinlagen während des Versuchs die Verformung des Probekörpers verhindern, dürfen nicht verwendet werden. Einzelheiten sind in DIN 1048 Teil 2 festgelegt.

Die Bohrkerne für die Druckfestigkeitsprüfung müssen ebene und parallele Druckflächen haben. Die Druckflächen sollen möglichst auf einer Schleifmaschine unter Zufuhr von Wasser planparallel abgeschliffen werden. Unebenheiten dürfen nicht größer als 0,1 mm sein. Bei größeren Abbrüchen an den Kanten der Bohrkerne ist ein Abgleichen der Druckflächen mit Zementmör-

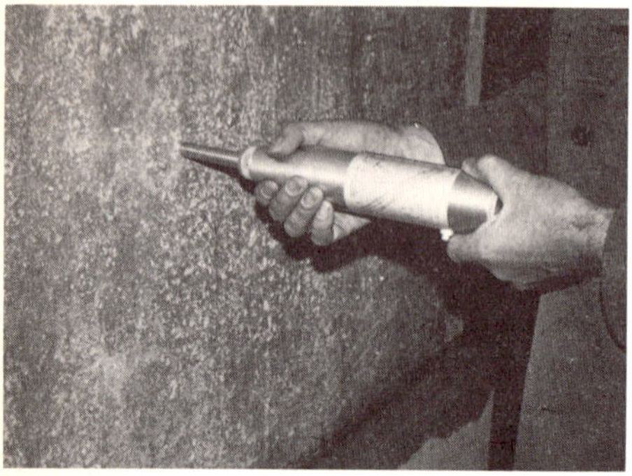

Abb. 6.27: Prüfen der Betondruckfestigkeit mit dem Rückprallhammer

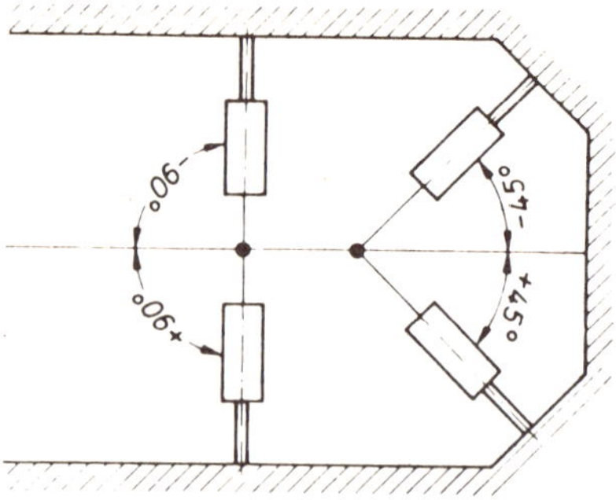

Abb. 6.27 a: Abweichen von der Schlagrichtung

tel (1 Gewichtsteil Zement Z 45 F oder Z 55 und 1 Gewichtsteil feiner, scharfer, quarzreicher Sand 0/1 mm) erforderlich. Der knapp plastische Mörtel wird auf eine ebene, schwach geölte, waagerecht und fest liegende dicke Spiegelglas- oder Stahlplatte aufgebracht.

Nach dem Eindrücken des Bohrkerns soll die Mörtelschicht möglichst nicht dicker als 5 mm sein. Der Bohrkern muß lotrecht stehen. Nach etwa 24 Stunden wird der Bohrkern durch waagerechtes Abschieben oder durch Abdrehen von der Unterlage abgelöst. Die zweite Druckfläche wird auf gleiche Weise abgeglichen. Nach etwa 24 Stunden wird der Bohrkern wieder gelöst und auf feuchtes Gewebe gesetzt. Der Ausgleichsmörtel ist stets vor dem Austrocknen zu schützen. Nach weiteren zwei Tagen werden die Bohrkerne mindestens sieben Tage lang in Raumluft bei 15 bis 22 °C gelagert, damit die Bohrkerne lufttrocken sind. Danach erfolgt die Druckfestigkeitsprüfung.

6.7.3.2 Prüfen des Betons mit einem Betonprüfhammer

Zerstörungsfreie Prüfungen zur Feststellung der Betondruckfestigkeit durch Rückprallhammer *(Schmidt*scher Hammer) *(Abb. 6.27)* oder durch Kugelschlaghammer sind im allgemeinen nur als Ergänzung zu den zerstörenden Prüfungen anzuwenden. Um einen Anhalt über die Festigkeit des Betons im Bauwerk zu einem bestimmten Zeitpunkt und damit auch für die Ausschalfristen zu erhalten, genügt die zerstörungsfreie Schlagprüfung. Einzelheiten der Prüfung sind in DIN 1048 Teil 2 festgelegt.

Zur Prüfung werden entschalte, lufttrockene, ebene Flächen benutzt, die jedoch beliebig geneigt sein können. Die Prüffläche muß von lose anhaftenden Teilen gereinigt werden. Bei erheblichen Unebenheiten, z. B. infolge rauher Schalung, ist die Fläche mit einem Schmirgelstein zu glätten. Bei waagerechten Betonoberflächen, z. B. Betondecken, muß die oberste Schicht mit einem elektrischen Schleifgerät bis zu einer Tiefe von 5 bis 10 mm abgeschliffen werden. Bei sehr dünnen Betonteilen, wie z. B. Platten von weniger als 120 mm Dicke, kann die Prüfung falsche Werte liefern. Die Prüfstellen sollen von Kanten einen Abstand von mindestens 40 mm haben.

Bei der Prüfung ist zu beachten, daß der Schlagbolzen möglichst genau rechtwinklig auf die Betonfläche aufgesetzt wird. An jeder Meßstelle sollten zehn Prüfschläge ausgeführt werden. Die Schläge sind möglichst gleichmäßig auf die Prüffläche zu verteilen mit gegenseitigen Abständen von mindestens 30 mm.

Tab. 6.31: Korrekturwerte (Skf) für nichtwaagerechte Schläge nach Abb. 6.27 a (Zwischenwerte dürfen eingeschaltet werden)

Meßstellenwert R_m Skalenteile	Korrekturwerte in Skt bei Abweichen der Schlagrichtung von der Waagerechten um + 90°	+ 45°	− 45°	− 90°
20	− 6	− 4	+ 2	+ 3
30	− 5	− 3	+ 2	+ 3
40	− 4	− 3	+ 2	+ 2
50	− 3	− 2	+ 1	+ 2
60	− 2	− 2	+ 1	+ 2

Tab. 6.31 a: Mittlere Rückprallstrecken und vergleichbare Betonfestigkeitsklassen nach DIN 1045

Betonfestigkeitsklasse	Mindestwert für jede Meßstelle R_m Skalenteile	Mindestwert für jeden Prüfbereich $\bar{R}_m$ Skalenteile
B 10	26	30
B 15	30	33
B 25	35	38
B 35	40	43
B 45	44	47
B 55	48	51

Mit den zehn Rückprallwerten R wird der Meßstellenwert als Mittelwert R_m errechnet. Die Schlagrichtung für nicht waagerechte Schläge wird berücksichtigt durch Korrekturwerte der *Tab. 6.31* entsprechend *Abb. 6.27 a*. Es ist mindestens die dreifache Anzahl von Meßstellen gegenüber der erforderlichen Anzahl von Probekörpern zu prüfen. Bei nicht oder nicht ordnungsgemäß durchgeführten Güteprüfungen an Probekörpern genügen Rückprallprüfungen allein nur dann, wenn folgende Bedingungen erfüllt sind:

- ▷ der eingebaute Beton ist Normalbeton mittlerer Zusammensetzung,
- ▷ der Zementgehalt beträgt wahrscheinlich 250 bis 350 kg Zement je m^3,
- ▷ Einbau und Verarbeitung erfolgte in üblicher Weise,
- ▷ das Alter zum Zeitpunkt der Prüfung liegt zwischen 28 und 90 Tagen,
- ▷ die Dicke des zu untersuchenden Betons in Schlagrichtung beträgt mindestens 120 mm.

Aus drei Meßstellenwerten R_m (3 × 10 Rückprallwerte R) wird ein Mittelwert $\bar{R}_m$ für jeden Prüfbereich gebildet. Es ist mindestens die dreifache Anzahl von Meßstellen gegenüber der nach DIN 1045 erforderlichen Probekörperanzahl zu prüfen. Die für die Betonfestigkeitsklassen erforderlichen Meßstellenwerte R_m und Mindestwerte $\bar{R}_m$ für jeden Prüfbereich sind in *Tab. 6.31 a* zusammengestellt.

Durch die Prüfung des Betons mit einem Betonprüfhammer kann vor allem die Erhärtung des Bauwerkbetons zur Festlegung der Ausschalfristen überprüft werden.

6.8 Gütenachweis und Überwachung bei Beton

Der Gütenachweis hat nach DIN 1045, Abschn. 7, zu erfolgen. Es soll dadurch nachgewiesen werden, daß die Güte des Betons für Baustellen den Anforderungen der Norm entspricht. Für die Durchführung und Auswertung der vorgeschriebenen Prüfungen ist der Bauleiter des Unternehmens verantwortlich.

Die Überwachung durch die Prüfstellen E und F ist nur für Beton B II erforderlich. Sie erfolgt nach DIN 1084, Teil 1 bis 3, und besteht aus Eigenüberwachung und Fremdüberwachung.

6.8.1 Gütenachweis für Beton B I

Der Gütenachweis für Beton besteht aus drei Prüfungen:

Eignungsprüfung – Güteprüfung – Erhärtungsprüfung.

- ▷ Eignungsprüfungen sind bei Beton B I nur in bestimmten Fällen erforderlich (s. Abschn. 6.8.1.1).
- ▷ Güteprüfungen sind bei Beton B I immer durchzuführen, und zwar unabhängig davon, ob Eignungsprüfungen durchgeführt werden oder nicht (s. Abschn. 6.8.1.2).
- ▷ Erhärtungsprüfungen können im allgemeinen entfallen und sind bei normalen Fällen nicht erforderlich (s. Abschn. 6.8.1.3).

6.8.1.1 Eignungsprüfung für Beton B I

Vor der Verwendung des Betons kann mit einer Eignungsprüfung festgestellt werden, welche Zusammensetzung der Beton haben muß, damit die geforderten Eigenschaften unter den Verhältnissen der betreffenden Baustelle sicher erreicht werden. Dabei sind immer die Betondruckfestigkeit und die Konsistenz zu prüfen.

Eignungsprüfungen sind durchzuführen,

- ▷ wenn der Beton nicht nach *Tab. 6.25* zusammengesetzt ist;
- ▷ wenn Betonzusatzmittel verwendet werden;
- ▷ wenn Betonzusatzstoffe verwendet werden, die nicht mineralisch sind oder die auf den Bindemittelgehalt angerechnet werden sollen;
- ▷ wenn Beton B 5 mit Mischbinder hergestellt wird.

Eignungsprüfungen können entfallen,

- ▷ wenn der Beton nach *Tab. 6.25* zusammengesetzt ist;
- ▷ wenn Transportbeton verwendet wird (Eignungsprüfungen im Werk!);
- ▷ wenn unter gleichen Arbeitsverhältnissen für Beton gleicher Zusammensetzung und aus den gleichen Stoffen die geforderten Eigenschaften bei früheren Prüfungen sicher erreicht wurden.

Anzahl der Probekörper

Für jede bei der Eignungsprüfung angesetzte Mischung und für jedes vorgesehene Prüfalter sind mindestens drei Probekörper zu prüfen.

Anforderungen

Bei der Eignungsprüfung muß die geforderte Serienfestigkeit um ein Vorhalte-

Tab. 6.32: Vorhaltemaß und Mittelwert der Druckfestigkeit

Betonfestigkeitsklasse	Serienfestigkeit β_{WS} in N/mm²	Vorhaltemaß in N/mm²	Mittelwert der Druckfestigkeit bei Eignungsprüfungen in N/mm²
B 5	8	≧ 3	≧ 11
B 10	15	≧ 5	≧ 20
B 15	20	≧ 5	≧ 25
B 25	30	≧ 5	≧ 35

maß überschritten werden, damit bei der Güteprüfung des Baustellenbetons die geforderte Druckfestigkeit mit Sicherheit erreicht wird.

Das Vorhaltemaß beträgt für Beton B 5 mindestens 3 N/mm², für Beton B 10 bis B 25 mindestens 5 N/mm². Der Mittelwert der Druckfestigkeit jeder Würfelserie muß daher die Werte der *Tab. 6.32* erreichen.

Der Mittelwert der Druckfestigkeit muß bei der Eignungsprüfung mit einer Konsistenz erreicht werden, die an der oberen (weicheren) Grenze des gewählten Konsistenzbereichs liegt. Dadurch soll sichergestellt sein, daß der Baustellenbeton bei der Ausführung auf der Baustelle nicht weicher verarbeitet wird, als es bei der Eignungsprüfung geschah *(Tab. 6.29)*.

6.8.1.2 Güteprüfung für Beton B I

Während der Bauausführung muß durch die Güteprüfung der Nachweis erbracht werden, daß der für den Einbau hergestellte Beton die geforderten Eigenschaften erreicht. Bei jeder Lieferung von Bindemitteln ist zu prüfen, ob die Angaben über Art, Festigkeitsklasse und Güteüberwachung auf der Verpackung bzw. dem Lieferschein den Angaben der bautechnischen Unterlagen entsprechen. Bei Betonzusatzmitteln und Betonzusatzstoffen ist festzustellen, ob die Verpackung bzw. der Lieferschein ein gültiges Prüfzeichen trägt. Der Betonzuschlag ist laufend nach Augenschein auf Kornzusammensetzung und schädliche Bestandteile zu prüfen. In Zweifelsfällen sind eingehende Untersuchungen nötig, Siebversuche sind bei der ersten Lieferung und bei jedem Wechsel des Herstellwerks erforderlich, wenn der Beton nach Eignungsprüfung hergestellt wird. Erfolgt die Zusammensetzung des Betons nach *Tab. 6.25* mit Zuschlägen im besonders guten Bereich, so ist dies ebenfalls durch Siebversuche nachzuweisen. Die Betonproben für die Güteprüfung sind für jede Prüfung der Konsistenz und für jeden Probekörper aus einer anderen Mischerfüllung zufällig und etwa gleichmäßig über die Betonierzeit verteilt zu nehmen.

Der Umfang der Güteprüfung am Beton ist *Tab. 6.33* zu entnehmen. Der Zementgehalt muß dabei mindestens den Werten der *Tab. 6.28* oder dem bei der Eignungsprüfung festgelegten Wert entsprechen. Die Druckfestigkeit muß mindestens die Werte der *Tab. 6.24* erreichen, und die Konsistenz muß in den Konsistenzbereichen der *Tab. 6.22* liegen.

Tab. 6.33: Umfang und Häufigkeit der Güteprüfungen bei Beton B I

Prüfung	Beton	Häufigkeit
Zementgehalt	je Betonsorte	beim ersten Einbringen, dann in angemessenen Zeitabständen
Konsistenz	je Betonsorte	beim ersten Einbringen, dann beim Herstellen der Probekörper
Druckfestigkeit	je Betonsorte bei B 15 und B 25 und bei tragenden Wänden und Stützen aus B 5 und B 10	3 Probekörper je 500 m³ Beton oder je Geschoß oder je 7 aufeinanderfolgende Betoniertage

Tab. 6.34: Anhaltswerte für Ausschalfristen

Zementfestigkeitsklasse	Seitliche Schalung der Balken, Schalung der Wände und Stützen Tage	Schalung der Deckenplatten Tage	Stützung der Balken und weitgespannten Deckenplatten Tage
Z 25	4	10	28
Z 35 L	3	8	20
Z 35 F und Z 45 L	2	5	10
Z 45 F und Z 55	1	3	6

6.8.1.3 Erhärtungsprüfung für Beton B I

Während der Erhärtungszeit kann die Erhärtungsprüfung einen Anhalt über die Festigkeit des Betons im Bauwerk zu einem bestimmten Zeitpunkt geben. Das kann für die Ausschalfrist von Bedeutung sein. Die Erhärtung kann durch zerstörungsfreie Prüfung am Bauwerk mit einem Betonprüfhammer (s. Abschn. 6.7.3.2) oder an Probekörpern (s. Abschn. 6.7.2.1) durchgeführt werden. Dafür sind dann mindestens drei Probekörper herzustellen, die unter Bauwerksbedingungen zu lagern sind. Es ist aber zu empfehlen, eine größere Anzahl von Probekörpern anzufertigen, damit die Festigkeitsprüfung bei ungenügendem Ergebnis zu einem späteren Zeitpunkt an drei weiteren Probekörpern wiederholt werden kann.

Anhaltswerte für Ausschalfristen sind in *Tab. 6.34* wiedergegeben. Die Ausschalfristen sind gegenüber der Tabelle zu vergrößern und unter Umständen zu verdoppeln, wenn die Betontemperatur in der Erhärtungszeit überwiegend unter + 5°C lag.

6.8.2 Gütenachweis für Beton B II

Der Gütenachweis für Beton besteht aus drei Prüfungen:

Eignungsprüfung – Güteprüfung – Erhärtungsprüfung.

Eignungsprüfungen und Güteprüfungen sind für Beton B II stets durchzuführen.

Erhärtungsprüfungen können auch bei Beton B II im allgemeinen entfallen. Oft wird es jedoch zweckmäßig sein, Probekörper für Erhärtungsprüfungen herzustellen (s. Abschn. 6.8.1.3).

6.8.2.1 Eignungsprüfung für Beton B II

Vor der Verwendung des Betons wird mit der Eignungsprüfung festgestellt, welche Zusammensetzung der Beton haben muß, damit die geforderten Eigenschaften des Betons unter den Verhältnissen der betreffenden Baustelle sicher erreicht werden. Dabei sind immer die Betondruckfestigkeit, die Konsistenz und der Wasserzementwert zu prüfen.

Eignungsprüfungen sind bei Beton B II stets für jede Betonsorte durchzuführen. Neue Eignungsprüfungen sind erforderlich, wenn sich die Ausgangsstoffe des Betons oder die Verhältnisse auf der Baustelle, die bei der vorgesehenen Eignungsprüfung zugrunde lagen, wesentlich geändert haben.

Anzahl der Probekörper

Für jede bei der Eignungsprüfung angesetzte Mischung und für jedes vorgesehene Prüfalter sind mindestens drei Probekörper zu prüfen.

Anforderungen

Bei der Eignungsprüfung muß die geforderte Serienfestigkeit um ein Vorhaltemaß überschritten werden, damit bei der Güteprüfung des Baustellenbetons die geforderte Druckfestigkeit mit Sicherheit erreicht wird. Es bleibt dem Unternehmer überlassen, das Vorhaltemaß nach seinen Erfahrungen unter Berücksichtigung des zu erwartenden Streubereichs zu wählen.

Während der Bauausführung dient die Güteprüfung dem Nachweis, daß der für den Einbau hergestellte Beton die geforderten Eigenschaften erreicht. Der Umfang der Güteprüfung ist *Tab. 6.35* zu entnehmen.

6.8.2.3 Erhärtungsprüfung für Beton B II

Für Beton B II gilt hier das gleiche wie für Beton B I in Abschn. 6.8.1.3.

6.8.3 Gütenachweis für Beton mit besonderen Eigenschaften

6.8.3.1 Eignungsprüfung für Beton mit besonderen Eigenschaften

Vor der Verwendung des Betons sind auch bei Beton mit besonderen Eigenschaften stets Eignungsprüfungen erforderlich. Sie können jedoch entfallen bei wasserundurchlässigem Beton, Beton mit hohem Frostwiderstand und Beton mit hohem Widerstand gegen

Tab. 6.35: Umfang und Häufigkeit der Güteprüfungen bei Beton B II

Prüfung	Beton	Häufigkeit
Wasserzementwert	je Betonsorte	beim ersten Einbringen; dann etwa einmal je Betoniertag
Konsistenz	je Betonsorte	beim ersten Einbringen; beim Herstellen der Probekörper
Druckfestigkeit	je Betonsorte	sechs Probekörper¹) je 500 m^3 Beton oder je Geschoß oder je sieben aufeinanderfolgende Betoniertage

¹) Die Hälfte der geforderten Prüfungen kann durch die doppelte Zahl von w/z-Wert-Prüfungen ersetzt werden.

schwachen chemischen Angriff bei geringerer Festigkeitsklasse als B 35, wenn er unter den Bedingungen für Beton B I hergestellt wird.

6.8.3.2 Güteprüfung für Beton mit besonderen Eigenschaften

Während der Bauausführung sind zusätzlich zu den bei Beton B I oder Beton B II erforderlichen Güteprüfungen weitere Prüfungen durchzuführen. Der Umfang der Prüfungen ist im Einzelfall festzulegen. Als Anhalt dient *Tab. 6.36.*

6.8.4 Überwachung von Beton

Nur für die Herstellung und Verarbeitung von Beton B II ist eine Güteüberwachung erforderlich. Die für den *Gütenachweis* durchzuführenden Prüfungen werden durch die *Überwachung* kontrolliert. Die Überwachung besteht aus Eigenüberwachung und Fremdüberwachung. Maßgebend hierfür ist DIN 1084, Teile 1 bis 3.

6.8.4.1 Eigenüberwachung

Die Eigenüberwachung ist von dem Unternehmen durchzuführen. Der Bauleiter des Unternehmens ist dafür verantwortlich. Die Durchführung erfolgt durch das Fachpersonal der Baustelle in Verbindung mit der ständigen Betonprüfstelle nach DIN 1045 (Betonprüfstelle E). Die Leitung der Betonprüfstelle E geschieht durch einen Betonfachmann, der die für diese Tätigkeit notwendigen erweiterten betontechnologischen Kenntnisse durch eine Bescheinigung nachzuweisen hat. Jedes Unternehmen, welches sich mit der Herstellung und Verarbeitung von Beton B II beschäftigt, muß über eine ständige Betonprüfstelle E verfügen oder sich vertraglich von einer Betonprüfstelle E überwachen lassen; Betonfertigteilwerke und Transportbetonwerke benötigen diese Betonprüfstelle immer.

Der Umfang der Prüfungen im Rahmen der gesamten Eigenüberwachung ist *Tab. 6.37* zu entnehmen.

Die Ergebnisse der Prüfungen sind aufzuzeichnen und mindestens fünf Jahre vom Unternehmen aufzubewahren. Nach Möglichkeit sollte eine statistische Auswertung nach DIN 1084 Teil 1 bis 3 Abschn. 2.2 erfolgen. Verschiedene Prüfungen können dann verringert werden.

Statistische Auswertung der Druckfestigkeitsprüfungen

Nach DIN 1045 muß die mittlere Druckfestigkeit von drei aufeinanderfolgenden Probekörpern mindestens die Serienfestigkeit der *Tab. 6.32* erreichen (z.B. 40 N/mm² bei B 35). Die Druck-

Tab. 6.36: Zusätzliche Prüfungen bei Beton mit besonderen Eigenschaften

Prüfung	Beton	Häufigkeit
Luftporengehalt im Frischbeton	Beton mit hohem Frostwiderstand	Einmal je Betoniertag
	Beton mit hohem Frost- und Tausalzwiderstand	
Wasserundurchlässigkeit am Festbeton	Wasserundurchlässiger Beton	Drei Probekörper je 500 m³ Beton
	Beton mit hohem Widerstand gegen chemische Angriffe	oder je Bauabschnitt oder je sieben aufeinanderfolgende Betoniertage

stigkeit jedes einzelnen Würfels muß mindestens der Nennfestigkeit entsprechen (z. B. 35 N/mm² bei B 35). Bei jeweils neun aufeinanderfolgenden Probekörpern darf einer die Nennfestigkeit unterschreiten, jedoch um höchstens 20 %. Dabei muß jeder mögliche Mittelwert von drei aufeinanderfolgenden Probekörpern die Serienfestigkeit erreichen.

Von diesen Forderungen der DIN 1045 darf hinsichtlich der Anzahl der Proben und der Ermittlung der Ergebnisse abgewichen werden, wenn durch statistische Auswertung nachgewiesen wurde und für die weiteren Prüfungen nachgewiesen wird, daß die 5-%-Fraktile der Grundgesamtheit der Druckfestigkeitsergebnisse von Beton annähernd gleicher Zusammensetzung und Herstellung die Nennfestigkeit nicht unterschreitet. Darunter versteht man, daß bei statistischer Auswertung der Druckfestigkeitsergebnisse höchstens 5 % aller Prüfergebnisse unter der Nennfestigkeit liegen dürfen. 95 % aller Prüfergebnisse überschreiten die Nennfestigkeit (z. B. 35 N/mm² bei B 35). Zu diesem Nachweis sind die Ergebnisse von 35 aufeinanderfolgend hergestellten Probekörpern auszuwerten.

6.8.4.2 Fremdüberwachung

Die Ergebnisse der Eigenüberwachung sind durch die Fremdüberwachung mindestens zweimal jährlich nachzuprüfen. Die Fremdüberwachung erfolgt durch eine anerkannte Güteschutzgemeinschaft oder aufgrund eines Überwachungsvertrages durch eine für die Fremdüberwachung anerkannte Prüfstelle (Betonprüfstelle F). Der Bauleiter des Unternehmens hat verantwortlich dafür zu sorgen, daß die Fremdüberwachung durchgeführt wird.

6.9 Bereitung und Einbau von Beton

6.9.1 Herstellen von Beton

Nicht nur das Berechnen von Betonmischungen und das Beachten aller Forderungen für die Ausgangsstoffe sind wichtig; auch eine ordnungsgemäße Herstellung, d. h. das genaue Abwiegen und ausreichende Mischen der Ausgangsstoffe sind notwendig.

6.9.1.1 Anlieferung und Lagerung der Ausgangsstoffe

Zement

Zement wird lose in Silofahrzeugen oder gepackt in Säcken zu 50 kg angeliefert. Unterschiedliche Sackfarben kennzeichnen die einzelnen Festigkeitsklassen (s. Abschn. 6.1.1.5). Die farbigen Begleitscheine bei losem Zement sind gut sichtbar am Silo anzubringen, da sie die schnellste Kontrolle für den im Silo befindlichen Zement sind.

Zemente verschiedener Festigkeitsklassen und Zusammensetzung können, soweit sie der DIN 1164 entsprechen, im Silo nacheinander, unbeschadet etwaiger Reste, gelagert werden.

Da Zement und Wasser miteinander reagieren, müssen sowohl Sackzement als auch Silozement trocken gelagert werden.

Knollig gewordene Zemente dürfen nicht verarbeitet werden. Sie sind kein Bindemittel mehr. Zur Wahrung etwaiger Gewährleistungsansprüche sind

Tab. 6.37: Umfang der Prüfungen im Rahmen der Eigenüberwachung von Beton B II auf Baustellen (nach DIN 1084 Teil 1)

1	2	3	4
Gegenstand der Prüfung	Prüfungen	Anforderungen	Häufigkeit
Ausgangsstoffe			
Zement	Lieferschein und Verpackungsaufdruck bzw. Silozettel (ggf. auch Plomben)	Kennzeichnung (Art, Festigkeitsklasse und Nachweis der Güteüberwachung) für Zement nach DIN 1164	Jede Lieferung
Betonzuschlag	Lieferschein	Bezeichnung, Nachweis der Güteüberwachung nach DIN 4226	Jede Lieferung
	Nach Augenschein auf Zuschlagart, Kornzusammensetzung, Gesteinsbeschaffenheit und schädliche Bestandteile (z. B. Ton, Kreide, Kalk, Kohle)	Einhaltung der Bestimmungen von DIN 4226 (Übereinstimmung mit der bestellten Korngruppe, Kornform, ausreichende Kornfestigkeit, keine Verschmutzungen)	Jede Lieferung
	Kornzusammensetzung durch Siebversuch	Einhaltung der Kornzusammensetzung nach DIN 1045, Abschnitte 6.2.2 und 7.3	Bei der ersten Lieferung, in angemessenen Zeitabständen, bei Wechsel des Herstellwerks
Betonzusatzstoffe	Lieferschein und ggf. Verpackungsaufdruck	Bezeichnung, ggf. Prüfzeichen und erforderlichenfalls Nachweis der Güteüberwachung	Jede Lieferung
Betonzusatzmittel	Lieferschein und Verpackungsaufdruck	Bezeichnung, Prüfzeichen und Nachweis der Güteüberwachung	Jede Lieferung
	Nach Augenschein	Keine auffälligen Veränderungen	Laufend
Zugabewasser	Auf erstarrungs- und erhärtungsstörende Bestandteile	Keine erstarrungs- und erhärtungsstörenden Bestandteile	Nur, wenn kein Leitungswasser verwendet wird und Verdacht auf störende Verunreinigung besteht

1. Forts. der Tab. 6.37

1	2	3	4
Gegenstand der Prüfung	Prüfungen	Anforderungen	Häufigkeit
Baustellenbeton			
Beton	Eignungsprüfung nach DIN 1045 Abschn. 7.4.2.1	Die jeweils verlangten Betoneigenschaften müssen sicher erreicht sein	Vor Beginn der Betonarbeiten und wenn sich die Ausgangsstoffe des Betons oder die Verhältnisse auf der Baustelle wesentlich verändern
Frischbeton	Konsistenz nach Augenschein	Einhaltung der auf Grund der Eignungsprüfung festgelegten Konsistenz	Jede Mischung
	Konsistenzmaß nach DIN 1048	Einhaltung des auf Grund der Eignungsprüfung festgelegten Konsistenzmaßes	Beim ersten Einbringen jeder Betonsorte; in angemessenen Zeitabständen; bei Herstellung der Probekörper für Festigkeitsprüfungen
	Wasserzementwert nach DIN 1048 Teil 1	Der auf Grund der Eignungsprüfung festgelegte auf β_{WS} (s. DIN 1045, Tab. 1) bezogene w/z-Wert darf vom Mittelwert dreier aufeinanderfolgender Wertbestimmungen nicht, von Einzelwerten um höchstens 10 % überschritten werden (DIN 1045, Abschn. 7.4.3.3)	Beim ersten Einbringen jeder Betonsorte und einmal je Betoniertag
Festbeton	Druckfestigkeit nach DIN 1048	Nachweis der Druckfestigkeit nach DIN 1045, Abschn. 7.4.3.5.2 oder statistische Auswertung	Für jede Betonsorte 2 Serien von je 3 Probekörpern je 500 m^3 einer Festigkeitsklasse bzw. je Geschoß im Hochbau bzw. je 7 Betoniertage. Die Hälfte der Festigkeitsprüfungen darf durch die doppelte Anzahl von w/z-Wertbestimmungen ersetzt werden
	Ggf. besondere Eigenschaften	Ggf. Nachweis der geforderten besonderen Eigenschaften nach DIN 1045 Abschn. 6.5.7	Nach Vereinbarung

2. Forts. der Tab. 6.37

1	2	3	4
Gegenstand der Prüfung	Prüfungen	Anforderungen	Häufigkeit
Transportbeton bei Verwendung auf der Baustelle			
Frischbeton	Lieferschein	Vollständigkeit der Angaben nach DIN 1045 Abschn. 5.5.3	Jede Lieferung bei Übergabe
	Konsistenz nach Augenschein	Einhaltung der bestellten Konsistenz	Jede Lieferung bei Übergabe
	Konsistenz nach DIN 1048	Einhaltung des auf dem Lieferschein angegebenen Konsistenzmaßes	Bei Übergabe der ersten Lieferung jeder Betonsorte und bei Herstellung der Probekörper für die Festigkeitsprüfung
	Wasserzementwert nach DIN 1048 Teil 1	Der aufgrund der Eignungsprüfung festgelegte auf β_{ws} bezogene w/z-Wert darf vom Mittelwert dreier aufeinander folgender w/z-Wert-Bestimmungen nicht von Einzelwerten um höchstens 10 % überschritten werden (DIN 1045, Abschn. 7.4.3.3)	Im Falle der Anrechnung von w/z-Wert-Prüfungen als Ersatz für Festigkeitsprüfungen nach Abschn. 2.2.6 DIN 1084 und Abschn. 7.4.3.5.1 DIN 1045 ist der w/z-Wert zu bestimmen; es darf für die Ermittlung des Festigkeitswertes der Mittelwert aus zwei zusammengehörigen w/z-Wert-Bestimmungen zugrunde gelegt werden
Festbeton	Druckfestigkeit nach DIN 1048 an den bei der Übergabe des Betons entnommenen Proben. DIN 1045 Abschn. 7.4.3.5.1 Absatz 3 darf angewendet werden	Nachweis der Druckfestigkeit nach DIN 1045 Abschn. 7.4.3.5.2 oder statistische Auswertung	Für jede Betonsorte 2 Serien von je 3 Probekörpern je 500 m³ einer Festigkeitsklasse bzw. je Geschoß im Hochbau bzw. je 7 Betoniertage. Die Hälfte der Festigkeitsprüfungen darf durch die doppelte Anzahl von w/z-Wert-Bestimmungen ersetzt werden
	Ggf. besondere Eigenschaften	Ggf. Nachweis der geforderten besonderen Eigenschaften nach DIN 1045 Abschn. 6.5.7	Nach Vereinbarung
	Vorliegen einer Förder-, Verarbeitungs- und Nachbehandlungsanweisung	Einhaltung der Anforderungen nach DIN 1045 Abschn. 4.3, 9 und 10	In angemessenen Zeitabständen

3. Forts. der Tab. 6.37

Herstellen, Fördern, Verarbeiten und Nachbehandeln des Betons

Schriftliche Anweisung	Vorliegen einer Herstellungs-, Förder-, Verarbeitungs- und Nachbehandlungsanweisung	Einhaltung der Anforderung nach DIN 1045 Abschn. 4.3, 9.1 und 10	In angemessenen Zeitabständen
Technische Einrichtungen			
Abmeßvorrichtung für den Zement	Funktionskontrolle[1])	Einhaltung des Sollgewichts mit einer Genauigkeit von 3 %	Bei Beginn der Betonarbeiten, dann mindestens monatlich
Abmeßvorrichtung für den Betonzuschlag	Funktionskontrolle[1])	Einhaltung des Sollgegewichts mit einer Genauigkeit von 3 %	Bei Beginn der Betonarbeiten, dann mindestens monatlich. Bei Zugabe nach Raumteilen je Betoniertag und nach jeder Änderung der Geräteeinstellung
Abmeßvorrichtung für die Betonzusatzstoffe	Funktionskontrolle[1])	Einhaltung des Sollgewichts mit einer Genauigkeit von 3 %	Bei Beginn der Betonarbeiten, dann mindestens monatlich, bei Zugabe nach Raumteilen je Betoniertag
Abmeßvorrichtung für die Betonzusatzmittel	Funktionskontrolle	Einhaltung des Sollgewichts oder der Sollmenge mit einer Genauigkeit von 3 %	Mindestens je Betoniertag
Abmeßvorrichtung für das Zugabewasser	Funktionskontrolle[1])	Einhaltung der Sollmenge mit einer Genauigkeit von 3 %	Bei Beginn der Betonarbeiten, dann mindestens monatlich
Mischwerkzeuge	Funktionskontrolle	Ausreichende Höhe der Schnecke, einwandfreies Arbeiten	Bei Beginn der Betonarbeiten, dann mindestens monatlich
Verdichtungsgeräte	Funktionskontrolle	Einwandfreies Arbeiten	Bei Beginn der Betonarbeiten, dann mindestens monatlich
Meß- und Laborgeräte	Funktionskontrolle	Ausreichende Meßgenauigkeit	Bei Inbetriebnahme, dann in angemessenen Zeitabständen
Ggf. eigene oder angemietete Fahrzeuge mit Rührwerk oder Mischfahrzeuge für den Transport von Beton	Ausreichende Einweisung der Fahrer durch die Prüfstelle E	Einhaltung der Bestimmung von DIN 1045 Abschn. 5.4.6, 9.3.2 und 9.4	Bei Inbetriebnahme, dann in angemessenen Zeitabständen

[1]) Durch Sichtprüfung ist das einwandfreie Arbeiten mindestens wöchentlich festzustellen.

Mischtafel

Für ___ l Mischerinhalt

Betongruppe ___

Betonfestigkeitsklasse B ___

Zement: Art-Festigkeitsklasse ___

Konsistenz K ___

Wasserzementwert w/z ___

Gesamtwassergehalt w ___ kg

	kg/m³	kg/Mischung
Zementmenge		
Wasserzugabe		
Zuschlag (feucht) 0/2		
2/8		
8/16		
16/32		
Zusatzstoff		
Art:		
Zusatzmittel		
Art:		

Abb. 6.28: Mischtafel

Rückstellproben von 5 kg unter Zeugen zu entnehmen, die Dosen luftdicht zu verschließen, zu kennzeichnen und so lange aufzuheben, bis kein Zweifel an einem ordnungsgemäßen Erhärtungsverlauf mehr besteht.

Betonzuschläge

Bei der Anlieferung und Lagerung sind Betonzuschläge vor Verunreinigung zu schützen. Die Pritschen der Transportfahrzeuge müssen sauber sein. Auf der Baustelle muß eine Verschmutzung des Zuschlags sowie ein Ver- oder Entmischen vermieden werden. Die Lagerflächen für Zuschlag sind im Gefälle anzulegen und zu befestigen. Die Trennwände der Lagerboxen müssen standfest und in ausreichender Höhe errichtet werden. Das Lagergut in den einzelnen Boxen ist zu kennzeichnen.

Wasser

Es muß beim Aufbau der Mischanlage beachtet werden, daß Wasser in ausreichender Menge und Güte zur Verfügung steht. Um den Füllvorgang des Mischers abzukürzen, sind notfalls Vorratsbehälter und Hochdruckpumpen vorzusehen.

Zusatzmittel

Die Zusatzmittelgebinde müssen so gelagert werden, daß die Beschriftung über den Inhalt lesbar bleibt. Flüssige Zusatzmittel sind frostsicher aufzubewahren.

Zusatzstoffe

Je nach Art der Zusatzstoffe sind diese so zu lagern, daß sie ihre Eigenschaften nicht verändern bzw. ihre Verwendung störungsfrei erfolgt. (Mehlfeine Stoffe in Silos lagern!)

6.9.1.2 Abmessen und Mischen der Ausgangsstoffe

Kleine Betonarbeiten

Das nachstehend beschriebene Verfahren ist nur geeignet für nichttragende Bauteile, also für Betonarbeiten untergeordneter Bedeutung.

Werden die Ausgangsstoffe nicht gewogen, so empfiehlt sich folgender Mischvorgang:

Zement und Wasser werden im Gewichtsverhältnis 1 GT Wasser zu 2 GT Zement (Zement in ganzen oder halben Säcken zu 50 kg bzw. 25 kg, Wasser in

Eimern mit Litereinteilung) in den Mischer gegeben und daraus ein Zementleim hergestellt. Der Wasserzementwert beträgt dann w/z = 0,50.

Diesem Leim wird so lange naturfeuchter Zuschlag in Einzelkörnungen (Faustregel: ¼ Sand 0/2 mm, ¼ Kies 2/8 mm, ½ Kies 8/32 mm) zugegeben, bis die gewünschte Verarbeitbarkeit erreicht ist. Einfacher ist es, mit werkgemischtem Zuschlag 0/32 mm zu arbeiten. Kommt viel Zuschlag zum Leim, dann ist der Beton steif (kein Wasser zusätzlich zugeben!); kommt weniger Zuschlag in den Leim, ist der Beton weich. Der Wasserzementwert erhöht sich durch die Oberflächenfeuchte des Zuschlags geringfügig. Die Mischzeit darf nicht zu kurz bemessen werden.

Es ist zweckmäßig, schon vor Zugabe des Zements etwas Kies in den Mischer zu geben, damit an den Mischerwandungen kein Zement festklebt.

Normale Betonarbeiten

Die über die Stoffraumrechnung ermittelte Zusammensetzung einer Mischerfüllung und der Zementgehalt in kg/m³ verdichteten Betons sind an der Mischstelle deutlich lesbar anzuschlagen *(Abb. 6.28).*

Der Anschlag muß enthalten:

a) Festigkeitsklasse des Betons,
b) Art, Festigkeitsklasse und Menge des Zements,
c) Art und Menge des Zuschlags, gegebenenfalls Menge der getrennt zuzugebenden Korngruppenanteile oder Angabe „werkgemischter Betonzuschlag",
d) Konsistenzmaß des Frischbetons,
e) gegebenenfalls Art und Menge von Betonzusatzmitteln und Betonzusatzstoffen;

für Beton B II außerdem:

f) Wasserzementwert,
g) Gesamtwassergehalt (einschließlich Zugabewasser und Oberflächenfeuchtigkeit).

Der Zement ist nach Gewicht mit einer Genauigkeit von ± 3 % zuzugeben.

Zuschlag sollte möglichst nach Gewicht, ebenfalls mit einer Genauigkeit von ± 3 %, zugegeben werden. Wird nach Raumteilen zugegeben, so ist das Gewicht der abgemessenen Korngruppen häufig nachzuprüfen, da unterschiedliche Oberflächenfeuchte Schwankungen bei der Dosierung verursacht.

Wiegeeinrichtungen sollten öfters überprüft werden.

Das Wasser ist mit einer Genauigkeit von ± 3 % der abzumessenden Menge zuzugeben. Die höchstzulässige Wassermenge richtet sich beim Beton B I nach der einzuhaltenden Konsistenz und beim Beton B II nach dem festgelegten Wasserzementwert. Die Oberflächenfeuchte der Zuschläge ist dabei stets zu berücksichtigen.

Die Ausgangsstoffe müssen in Betonmischern, die für die jeweilige Betonzusammensetzung geeignet sind, so lange gemischt werden, bis ein gleichmäßiges Gemisch entstanden ist. Die Mischzeiten betragen bei Mischern mit besonders guter Mischwirkung (z.B. geprüfte Zwangsmischer) wenigstens ½ Minute, bei allen übrigen Mischern mindestens 1 Minute.

6.9.2 Fördern des Betons

Frischbeton ist während der Förderung vor dem Entmischen und schädlichen Witterungseinflüssen zu schützen. Die Förderart muß sich nach der Konsistenz richten; oder umgekehrt.

6.9.2.1 Förderband

Mit einem Förderband kann nicht jeder Beton gefördert werden. Betonkonsistenz und Neigung des Bandes beeinflussen die Fördermöglichkeit. Ein steil stehendes Band transportiert weder einen weichen noch einen krümeligen Beton. Dafür eignet sich nur ein steifplastischer Beton. Um Entmischungen am Bandende zu vermeiden, ist ein Prallblech und ein Abstreifer vorzusehen. Das Prallblech soll ein zu weites Abwerfen der groben Körner und der Abstreifer das Anhaften von Zementleim am Band verhindern *(Abb. 6.30)*. Förderbänder sollten möglichst in Schütttrichter entleeren.

6.9.2.2 Krankübel

Weicher und plastischer Beton eignet sich für das Fördern im Krankübel. Wegen des Hebens und Senkens ist ein größerer Zeitaufwand für den Betoniervorgang erforderlich als beim Betonieren mit der Pumpe. Bei vollen Kübeln muß die Tragfähigkeit des Krans entsprechend der Ausladung beachtet werden. Kübel mit kleinen Entleerungsöffnungen eignen sich nicht für steifen Beton.

6.9.2.3 Pumpen

Bei größeren Betonmengen je Betonierabschnitt läßt sich der Beton am wirtschaftlichsten durch Betonpumpen einbringen. Voraussetzung dafür ist die Anpassung der Betonzusammensetzung an die Art der Pumpe, die ihrerseits einwandfrei gewartet sein muß.

Man verwendet Ein- oder Doppelkolbenpumpen, die hydraulisch gesteuert werden, bzw. Rotorpumpen.

Bei der Betonzusammensetzung muß darauf geachtet werden, daß gerade soviel Mörtel und Feinstteile in der Mischung vorhanden sind und die Konsistenz gerade so steif ist, daß die groben Zuschläge innerhalb der Rohrleitung im Mörtel eingebettet bleiben und nicht an der Rohrwandung reiben. Der Beton darf andererseits nicht zu klebrig wer-

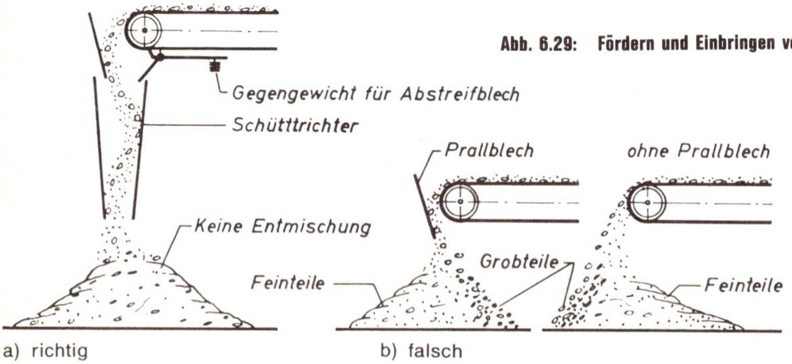

Abb. 6.29: Fördern und Einbringen von Beton

den, weil auch dadurch die Reibung im Rohr erhöht wird. Die Rohre müssen frei von alten Betonresten sein; ihre Stöße müssen dicht sein, damit der Zementleim nicht verlorengeht. Bei Betonierbeginn ist erst mit fetten Mörtelmischungen oder mit Zementleim zu fahren, um die Gleitfähigkeit der Rohre zu erhöhen. Bei Stockungen im Betonierbetrieb ist der Beton im Rohr mit Unterbrechung in Bewegung zu halten. Besondere Betonzusatzstoffe bzw. Betonzusatzmittel können die Pumpfähigkeit verbessern.

6.9.3 Einbau des Betons

Frischbeton muß so eingebaut werden, daß er als Festbeton den geforderten Eigenschaften entspricht.

6.9.3.1 Einbringen

In Wänden und Stützen ist der Beton in Lagen von 30 bis 50 cm einzubringen. Er muß so verteilt werden, daß eine weitere Verteilung mit dem Rüttler nicht notwendig wird. Schüttrohre verringern die freie Fallhöhe, verhindern dadurch die Nesterbildung und die Verschmutzung der Schalung bei Sichtbeton. Die Steiggeschwindigkeit muß sich der Schalungskonstruktion anpassen. Unterbrechungen des Betoniervorganges sind bei Sichtbeton nachteilig, da sich die Absätze abzeichnen. Daher muß die Schalung bei Sichtbeton kräftiger ausgebildet sein. Bei Decken darf der Beton nicht zu hoch herunterfallen, weil dadurch die Schalung beschädigt werden kann. Für eine gleichmäßige Verteilung vor der Verdichtung ist auch hier zu sorgen.

Die Verschmutzung von Bewehrung, Einbauteilen und Schalungsflächen späterer Betonierabschnitte ist zu vermeiden.

6.9.3.2 Verdichten

Lose geschütteter Beton enthält Luft, und der Zuschlag hat nicht seine dichteste Lagerung. Um eine möglichst vollständige Entlüftung und die dichteste Lagerung aller Frischbetonbestandteile zu erreichen, ist der Beton je nach Konsistenz durch hochfrequente Schwingungen, durch Schocken, Stampfen, Stochern, aber auch durch Klopfen an der Schalung zu verdichten.

Bereits beim Entwurf der Mischung muß beachtet werden, welche Verdichtung aufgrund der Bauteilabmessung, der Bewehrung, des Größtkornes, der vorhandenen Geräte, der Schalung u.a. möglich ist. Es darf kein Beton unverdichtet bleiben.

Hochfrequenzrüttler: Durch hochfrequente Schwingungen soll der Mörtel beweglich gemacht werden, damit die größeren Zuschläge unter der Schwerkraft in ihre dichteste Lagerung kommen. Die Rüttelenergie und der Zeitaufwand müssen der Konsistenz angepaßt werden. Um wirtschaftlich zu arbeiten, muß mit einem Minimum an Zeit die beste Verdichtung erreicht werden. Dafür sind höhere Frequenzen zweckmäßig. Diese erhöhen den Schalungsdruck, weshalb die Schalung dann stabiler ausgeführt werden muß.

Innenrüttler (Tauchrüttler, Flaschenrüttler) müssen schnell eingetaucht und so tief geführt werden, daß sie in die untere Lage hineinreichen und die Betonierschichten vernadeln. Da dann die oberste Zone der zuletzt geschütteten Schicht noch nicht verdichtet ist, kann die Luft beim langsamen Ziehen des Rüttlers nach oben entweichen. Die Rüttelflasche muß regelmäßig eingetaucht werden. Sie darf nicht zu dicht an die Schalung geführt werden. Der Beton ist solange zu verdichten, bis das Aufsteigen von Luftblasen merklich nachläßt und sich an der Oberfläche eine Feinmörtelschicht gebildet hat. Betontechnologisch gut zusammengesetzter Beton kann sich durch zu langes Rütteln nicht entmischen.

Hochfrequente Schalungsrüttler können die Arbeit des Innenrüttlers unterstützen. Sie sollten bei Sichtbeton nicht zu lange rütteln, da dadurch die Feinstteile nach außen gepumpt werden, was zu Netzrissen an der Betonoberfläche führen kann. Schalungsklopfer eignen sich bei Sichtbeton besser.

Hochfrequente Oberflächenrüttler eignen sich bei Deckenbeton steifer Konsistenz, bei Betonfußböden und Betonfahrbahnen sowie bei Estrichen. Straßenfertiger haben je nach Vortriebsgeschwindigkeit eine Verdichtungswirkung bis zu 30 cm Tiefe. Handgeführte Oberflächenrüttler sollte man nur bis max. 15 cm Schichtdicke verwenden. Auch Fließbeton muß leicht verdichtet werden.

Dem Nachverdichten des Betons kommt wegen der Qualitätsverbesserung bei Sichtbeton und wasserundurchlässigem Beton besondere Bedeutung zu. Frischbeton kann stets so lange und beliebig oft verdichtet werden, wie der Beton unter der hochfrequenten Schwingung wieder beweglich wird und sich bei Verwendung von Innenrüttlern das Loch beim langsamen Herausziehen wieder schließt. Das Nachverdichten sollte nach dem Absetzen des Betons erfolgen, weil dadurch Fehlstellen durch Wasserabsonderungen unter groben Zuschlägen, der Bewehrung und längs der Schalung beseitigt werden.

Von Hand oder mit maschinellen Stampfern verdichteter Beton sollte nur untergeordnete Bedeutung haben.

6.9.3.3 Arbeitsfugen

Arbeitsfugen können aus bautechnischen Gründen, bei Betriebsstörungen oder bei Witterungsumständen notwendig werden. An diesen Fugen muß die Belastung kraftschlüssig übertragen werden. Sie müssen bei wasserundurchlässigem Beton dicht sein.

Die Anordnung der Fugen sollte möglichst vor Baubeginn festgelegt werden. Dann sind die Herstellung von Sichtbeton, die Bewehrungsführung und die Herstellung eines wasserundurchlässigen Betons u.a. einfacher. Die Fugen können lotrechte oder waagerechte Flächen haben. Eine Verbundwirkung kann durch Aufrauhen der Fläche erfolgen. Grundsätzlich sollte der Zementleim oder die Schlämme am älteren Beton entfernt werden. Dies kann durch Bürsten oder mit einem Wasser-Preßluft-Gemisch erfolgen.

Alter Beton an der Fuge muß mit Wasser rechtzeitig angefeuchtet werden. Dadurch wird dem Anschlußbeton kein Wasser entzogen, und es vermindern sich die unterschiedlichen Schwindspannungen. Bei Wänden und Stützen eignet sich das Aufbringen einer mörtelreichen Schicht von ca. 15 cm. Die gleiche Betonqualität wird erreicht, wenn man bei der normalen Mischung nur den Anteil der groben Zuschläge vermindert.

Bei Estrichen erfolgt ein Einbürsten des Estrichmörtels in den lange vorgefeuchteten Unterbeton.

Die Verdichtung längs der Arbeitsfugen ist sowohl im ersten Betoniervorgang wie auch im Anschlußbeton besonders sorgfältig vorzunehmen.

6.9.3.4 Betondeckung

Die Betondeckung schützt die Stahleinlagen gegen Korrosion. Für einen wirksamen Korrosionsschutz sind im wesentlichen zwei Bedingungen zu erfüllen:

- ▷ ausreichend große Betondeckung der Bewehrung,
- ▷ satte Umhüllung der Bewehrung durch dichten Beton.

Der stark basische Zustand des Betons kann jedoch im Laufe der Zeit beim Einwirken von Kohlensäure aus der Luft abgebaut werden. Die Randzone des Betons wird mehr und mehr neutralisiert. In trockenen Beton kann auch Sauerstoff eindringen. Tritt nun noch Wasser hinzu, kann die Korrosion beginnen. Dieses ist die vereinfachte Darstellung der Korrosion von Stahl in Beton. Es sind also für eine Stahlkorrosion der Reihe nach drei Voraussetzungen erforderlich:

- ▷ Einwirken von Luftkohlensäure zum Abbau des basischen Zustandes,
- ▷ Eindringen von Luftsauerstoff in die Poren des Betons,
- ▷ Aufsaugen von Wasser zum Ingangsetzen der Korrosion.

Stets trockener Beton oder stets nasser Beton bietet keine Voraussetzungen für eine Stahlkorrosion. Die zwischen trocken und naß wechselnden Verhältnisse bei unseren Witterungsbedingungen ermöglichen jedoch eine Korrosion, wenn kein ausreichender Schutz des Stahls vorhanden ist. Die Betondeckung der Bewehrung muß also ausreichend dick und dicht sein.

Die Maße der Betondeckung sind im Konstruktionsbüro festzulegen. Die Betondeckung gilt für die Bewehrungsstäbe, die der Außenfläche am nächsten liegen, z. B. für die Bügel. Die erforderlichen Maße sind abhängig vom Stabdurchmesser der Bewehrung *(Tab. 6.37a)* und von den Umweltbedingungen *(Tab. 6.37b)*. Festgelegt sind diese Maße in DIN 1045 „Beton und Stahlbeton".

Für Außenbauteile, die unmittelbar der Witterung ausgesetzt sind, ist zu dem Mindestmaß min c der Betondeckung nach *Tab. 10* der DIN 1045 ein Sicherheitsabstand Δ c hinzuzurechnen. Daraus ergibt sich das Nennmaß c_N der Betondeckung.

$$c_N = \min c + \Delta c$$

Tab. 6.37 a: Mindestmaße für die Betondeckung der Bewehrung, bezogen auf den Stabdurchmesser

Stab	(mm)	≤ 12	14/16/18	20/22	25/28	28
Betondeckung	(cm)	1,0	1,5	2,0	2,5	3,0

Tab. 6.37 b: Mindestmaße für die Betondeckung der Bewehrung, bezogen auf die Umweltbedingungen (DIN 1045, Tab. 10)

Umweltbedingungen	Ortbeton und Fertigteile B 15 allgemein (cm)	Ortbeton und Fertigteile B 15 Flächentragwerke[1]) (cm)	Ortbeton und Fertigteile ≧ B 25 allgemein (cm)	Ortbeton und Fertigteile ≧ B 25 Flächentragwerke[1]) (cm)	Werkmäßig hergestellte Fertigteile ≧ B 35 (cm)
❶ Bauteile in geschlossenen Räumen (s. auch 3.), z. B. in Wohnungen (einschl. Küche, Bad, Waschküche), Büroräumen, Schulen, Krankenhäusern, Verkaufsstätten; Bauteile, die ständig unter Wasser oder trocken sind; Dächer mit einer wasserdichten Dachhaut für die Seite, auf der die Dachhaut liegt	2,0	1,5	1,5	1,0	1,0
❷ Bauteile im Freien; Bauteile, zu denen die Außenluft ständig Zugang hat, z. B. in offenen Hallen, verschließbaren Garagen	2,5[2])	2,0[2])	2,0	1,5	1,5

[1]) Flächentragwerke im Sinne dieser Tabelle sind: Platten (auch von Rippendecken), Stahlsteindecken, Scheiben, Schalen, Faltwerke, Wände.

[2]) B 15 ist im Freien nach der „Richtlinie zur Verbesserung der Dauerhaftigkeit von Außenbauteilen aus Stahlbeton" nicht mehr zulässig.

Der Sicherheitsabstand Δc soll im allgemeinen 1,0 cm betragen.

Das Nennmaß c_N ist bei der Ermittlung der Maße für die Biegeformen und für die Abstandhalter zugrunde zu legen. Es ist auf den Bewehrungszeichnungen anzugeben, z. B. in folgender Weise:
Betondeckung (Nennmaß) $c_N = 3{,}0$ cm.

Beim Biegen und Verlegen der Bewehrung sind folgende Maßnahmen zu beachten:

▷ Maße der Betondeckung und Außenmaße der Biegeformen auf den Bewehrungszeichnungen prüfen.

▷ Die ersten gebogenen Stäbe jeder Position auf Außen- und Paßmaß kontrollieren.

▷ Mindest-Stababstände einhalten.

▷ Rüttellücken anordnen.

▷ Genügende Steifigkeit der Bewehrung durch ausreichend viele Bindestellen, Montagestäbe, Abstandböcke oder Unterstützungskörbe.

▷ Ausreichend feste und kippsichere Abstandhalter mit genügend großen Aufstandflächen.

▷ Nennmaß c_N der Betondeckung auch an geschalten Betonoberflächen einhalten.

Forts. der Tab. 6.37 b

Umweltbedingungen	Ortbeton und Fertigteile				Werkmäßig hergestellte Fertigteile
	B 15		≧ B 25		≧ B 35
	allgemein (cm)	Flächentragwerke[1]) (cm)	allgemein (cm)	Flächentragwerke[1]) (cm)	(cm)
❸ Bauteile in geschlossenen Räumen mit hoher Luftfeuchtigkeit, z. B. in gewerblichen Küchen, Bädern, Wäschereien Feuchträumen von Hallenbädern, Viehställen; Bauteile in Wasserwechselzone oder bei starker Tauwasserbildung; Bauteile bei schwachem chemischen Angriff (DIN 4030)	3,0[3])	2,5[3])	2,5	2,0	2,0
❹ Bauteile in besonders rostfördernder Umwelt, z. B. ständige Einwirkung angreifender Gase, Tausalze, starker chemischer Angriff nach DIN 4030	4,0[4])	3,5[4])	3,5[4])	3,0[4])	3,0

[3]) Bei schwachem chemischen Angriff ist wegen w/z ≦ 0,60 mindestens B 25 erforderlich.
[4]) Bei starkem chemischen Angriff ist wegen w/z ≦ 0,50 mindestens B 35 erforderlich.

▷ Abstandböcke und Unterstützungskörbe nicht auf die untere Schalung stellen oder gegen Korrosion schützen (z. B. durch Beschichtungen oder Kappen aus Kunststoff).

6.9.4 Nachbehandlung

Unter Nachbehandlung versteht man den Schutz des jungen Betons bis zum ausreichenden Erhärten. Ein wesentlicher Teil der Nachbehandlung ist der Schutz gegen Austrocknen. Während der Erhärtung des Betons wird Wasser vom Zement gebunden. Daher ist darauf zu achten, daß das erforderliche Wasser nicht verdunstet, bevor es vom Zement gebunden werden kann. Bei vorzeitiger Verdunstung würden Kapillarporen entstehen. Das Gefüge bliebe poröser, die Festigkeit würde geringer ausfallen, die Dauerhaftigkeit wäre nicht ausreichend. Hell werdende Betonflächen sind so weit ausgetrocknet, daß in Oberflächennähe keine weitere Erhärtung stattfinden kann: Der Beton ist „verdurstet“. Wenn gut zusammengesetzter Beton wegen Wasserverdunstung nicht ausreichend erhärten kann, ist er nicht dauerhafter als schlechter Beton.

Daher muß Beton bis zum genügenden Erhärten gegen zu schnelles Austrocknen geschützt werden. Diesem Schützen des Betons dient die Nachbehandlung. Dafür kommen verschiedene Möglichkeiten in Frage.

Art der Nachbehandlung

Die wirksamste Nachbehandlung des Betons ist die Lagerung unter Wasser. Diese Maßnahme ist jedoch nur in Ausnahmefällen möglich. Als praktisch ausführbar können folgende Verfahren empfohlen werden, und zwar in der Reihenfolge abnehmender Wirksamkeit:

▷ Bauteile in Schalung stehen lassen (saugende Schalung feucht halten).
▷ Betonflächen mit Folie abdecken (Durchlüftung zwischen Beton und Folie vermeiden).
▷ Wasserhaltende Abdeckungen aufbringen (ständig feucht halten oder mit Folie abdecken).
▷ Flüssige Nachbehandlungsmittel aufsprühen (mindestens 150 g/m²; Haftung für spätere Oberflächenbehandlung beachten).
▷ Betonflächen mit Wasser besprühen (flächendeckend und ununterbrochen sprühen, nicht spritzen).

Für die Praxis kann das Kombinieren zweier Verfahren sinnvoll und wirtschaftlich sein, z. B.:

▶ lotrechte Flächen (Wände):
zunächst in der Schalung stehen lassen, dann sofort nach dem Ausschalen mit Folie abhängen,

▶ waagerechte Flächen (befahrene Decken):
sofort nach der Bearbeitung der Oberfläche ein Nachbehandlungsmittel auf-

Tab. 6.37 c: Dauer der Nachbehandlung in Tagen für Außenbauteile aus Beton (nach der Richtlinie zur Nachbehandlung von Beton)

Umgebungsbedingungen	Temperaturbereich	Festigkeitsentwicklung des Betons		
		schnell	**mittel**	**langsam**
			w/z = 0,50 ... 0,60 Z 55, Z 45, Z 45 F	w/z = 0,50 ... 0,60 Z 35 L
		w/z < 0,50 Z 55, Z 45 F	w/z < 0,50 Z 35 L	w/z < 0,50 Z 35 L-NW
günstig vor Sonne und Wind geschützt, relative Luftfeuchte ≧ 80 %	≧ 10° C < 10° C	1 2	2 4	2 4
normal mittlere Sonnen- und Windeinwirkung, relative Luftfeuchte ≧ 50 %	≧ 10° C < 10° C	1 2	3 6	4 8
ungünstig Starke Sonnen- und Windeinwirkung, relative Luftfeuchte < 50 %	≧ 10° C < 10° C	2 4	4 8	5 10

sprühen, dann vor der ersten Nacht mit Folie oder Matten abdecken.

Dauer der Nachbehandlung

Die Dauer des Nachbehandelns für Außenteile aus Beton ist abhängig von

- ▷ Umgebungsbedingungen
- ▷ Beton- bzw. Lufttemperatur
- ▷ Festigkeitsentwicklung des Betons

Aus *Tab. 6.37c* ist die erforderliche Dauer abzulesen.

6.10 Betone mit besonderen Eigenschaften

6.10.1 Wasserundurchlässiger Beton

Wasserundurchlässiger Beton für Bauteile mit einer Dicke von etwa 10 bis 40 cm muß so dicht sein, daß die größte Wassereindringtiefe bei der Prüfung nach DIN 1048 (Mittel von drei Prüfkörpern) 5 cm nicht überschreitet. Seine Anwendungsgebiete findet der wasserundurchlässige Beton bei Wasserbehältern, Wassertürmen, Badebecken, Kläranlagen, Wannen im Grundwasser, Rohrleitungen, Staumauern, Uferbefestigungen.

Für die Herstellung von wasserundurchlässigem Beton der Festigkeitsklassen B35 und höher gelten die Bedingungen für Beton B II der DIN 1045. Wasserundurchlässiger Beton der Festigkeitsklasse B 25 darf auch unter den Bedingungen für Beton B I hergestellt werden. Im allgemeinen entspricht der wasserundurchlässige Beton mindestens einer Festigkeitsklasse von B25.

6.10.1.1 Zusammensetzung des Betons

Bei der Herstellung eines wasserundurchlässigen Betons müssen die Zuschläge den Anforderungen der DIN 4226 entsprechen. Die Kornzusammensetzung ist so zu wählen, daß der Feinstsand 0/0,25 mm höchstens 4 %, die Korngruppe 0/2 mm etwa 30 bis 33 % beträgt. Die Verwendung einer Ausfallkörnung ist vorteilhaft. Bei Beton B I muß das Zuschlaggemisch 0/32 oder 0/16 mm im günstigen Bereich liegen. Bei nicht betonangreifenden Wässern sind alle Normzemente und solche, die amtlich zugelassen sind, verwendbar. Bevorzugt werden Zemente, die einen sämigen (nicht „kurzen") Feinmörtel ergeben.

Der Zementgehalt wird entsprechend der Eignungsprüfung bei Beton B II 300 bis 350 kg je m^3 betragen. Bei Beton B I mit Zuschlaggemisch im günstigen Bereich beträgt bei 0/32 mm der Zementgehalt 350 kg je m^3 und bei 0/16 mm mindestens 400 kg je m^3. Bei Bauteilen von etwa 10 bis 40 cm Dicke darf der Wasserzementwert 0,60 und bei dicken Bauteilen 0,70 nicht überschreiten. Zur Berücksichtigung der Streuungen auf der Baustelle ist bei der Bauausführung der Wasserzementwert um etwa 0,05 niedriger einzustellen.

Der Beton muß eine bestimmte Menge an Mehlkorn enthalten, damit er gut verarbeitbar ist und ein geschlossenes Gefüge erhält. Richtwerte für den Mehlkorngehalt: bei 16 mm Größtkorn ca. 450 kg je m^3, bei 32 mm ca. 400 kg je m^3. Der Mehlkorngehalt soll auf das für die Verarbeitung notwendige Maß beschränkt werden.

Zusatzmittel können lediglich Hilfen bei der Herstellung des wasserundurchlässigen Betons sein. Einen schlecht zusammengesetzten Beton können sie nicht verbessern. Betonverflüssiger (BV) und Dichtungsmittel (DM) können den Wasserbedarf ermäßigen und erhöhen damit die Dichte und die Festigkeit des Betons. Verzögerer (VZ) ermöglichen, eventuell ohne Arbeitsfugen auszukommen. Rechtzeitige Eignungsversuche sind bei Verwendung von Zusatzmitteln immer erforderlich.

6.10.1.2 Einbringen des Betons

Die Schichthöhe soll höchstens 40 cm betragen. Nach dem Rütteln darf kein Wasser auf diesen Schichten stehenbleiben. Bei Schütthöhen größer als 2 m sind Schüttrohre o. ä. zu verwenden. Eine gleichmäßige Verdichtung mit Innenrüttlern ist erforderlich. Zur Vermeidung von Lufteinschlüssen muß der Rüttler schnell bis in die vorher betonierte Schicht eintauchen und dann langsam gezogen werden. Sandreicher und zu weicher Beton entmischt sich bei zu langem Rütteln. Dadurch kann schichtweise eine Konzentration von Feinstteilen auftreten. Die Wasserundurchlässigkeit kann durch Nachrütteln des Betons (je nach Temperatur des Frischbetons 1 bis 5 Stunden nach dem ersten Verdichten) wesentlich verbessert werden.

Der Beton ist grundsätzlich vor vorzeitigem Austrocknen zu schützen. Er muß 7 Tage, besser 14 Tage, naß nachbehandelt werden. Auch sofort nach dem Ausschalen aufgebrachte Schutzanstriche, Sprühfilme oder aufgelegte Folien verhindern die Verdunstung und sind für die Nachbehandlung gut. Der junge Beton ist vor Erschütterungen zu schützen. Grundsätzlich muß der Beton mit großer Sorgfalt gleichmäßig hergestellt und eingebracht werden. Bei Becken ist es zweckmäßig, die Sohle und Wände in einem Arbeitsgang herzustellen.

Um das Auslaufen von Zementleim aus dem Beton zu verhindern, ist eine dichte Schalung zu verwenden. Besondere Schalungsanker (mit Konen und Mittelscheibe) verhindern eine Durchlässigkeit im Bereich der Schalungsanker. Kunststoffröhrchen mit Rödeldrähten sind nicht geeignet, da ein sorgfältiges Schließen dieser Öffnungen sehr schwierig ist.

6.10.1.3 Konstruktive Hinweise

Die Verwendung von wasserundurchlässigem Beton hat nur Sinn, wenn auch in statischer Hinsicht die Rißsicherheit gewährleistet ist. Bei großer Beanspruchung der Bauteile sollte nach Zustand I (nicht gerissene Zugzone) bemessen werden. Aufteilen der Bewehrung in kleinere Querschnitte zur Verhinderung sichtbarer Risse ist zweckmäßig; gegebenenfalls ist auch die Anordnung eines engmaschigen Gewebes auf der statischen Bewehrung von Vorteil. Die Anzahl der Arbeitsfugen ist so gering wie möglich zu halten. Die unvermeidlichen Arbeitsfugen sind gemeinsam mit den Statikern schon bei der Konstruktion festzulegen. Dabei ist es günstig, wenn Arbeitsfugeneinlagen aus PVC-Fugenbändern oder Blechen verwendet werden. Grundsätzlich muß bei Bauwerken aus wasserundurchlässigem Beton auch die Arbeitsfuge wasserundurchlässig sein. PVC-Dehnungsfugenbänder sind vor der Berührung mit Teer- oder Bitumenprodukten zu schützen, da sie sonst verspröden und unwirksam werden. Die Betonüberdeckung der Bewehrung ist entsprechend den Umweltbedingungen zu wählen.

6.10.2 Beton mit hohem Frostwiderstand

Beton, der im durchfeuchteten Zustand häufigen und schroffen Frost-Tau-Wechseln ausgesetzt wird, muß mit hohem Frostwiderstand hergestellt werden.

Die Zerstörung des Betons erfolgt durch das Gefrieren des Wassers, welches in den Beton eingedrungen ist. Sind die Kapillaren mit Wasser gefüllt und gefriert dieses Wasser, so dehnt es sich um rund 9 % seines Volumens aus und sprengt durch diesen Eisdruck die Kapillaren, in denen es sich befindet, auseinander. Dadurch wird die Oberfläche des Betons zerstört. Die wirksamste Maßnahme daher ist, den Beton so dicht wie möglich herzustellen und, wenn nötig, durch besondere Schutzanstriche vor einer Durchfeuchtung zu schützen.

6.10.2.1 Zusammensetzung des Betons

Da ein Beton mit einem hohen Frostwiderstand grundsätzlich ein wasserundurchlässiger Beton sein muß, gilt hinsichtlich der Zusammensetzung des Betons auch hier Abschn. 6.10.1.1.

Tab. 6.38: Luftgehalt im Frischbeton

Größtkorn des Zuschlaggemisches mm	Mittlerer Luftgehalt Vol.-%[1])
8	$\geqq$ 5,0
16	$\geqq$ 4,0
32	$\geqq$ 3,5
63	$\geqq$ 3,0

[1]) Einzelwerte dürfen diese Anforderung um höchstens 0,5 % überschreiten.

Insbesondere ist zu beachten, daß die Zuschläge selbst frostbeständig sind. Ein Nachweis über frostbeständige Zuschläge kann nach DIN 4226, Teil 3, erfolgen. Der Wasserzementwert darf 0,60 nicht überschreiten. Er darf bei massigen Bauteilen bis zu 0,70 betragen, wenn luftporenbildende Zusatzmittel in solchen Mengen zugegeben werden, daß der Luftgehalt im Frischbeton den Werten der *Tab. 6.38* entspricht und wenn die Bauteile nicht mit Tausalz in Berührung kommen.

Der in *Tab. 6.38* angegebene Luftgehalt ist – abgesehen von sehr steifem Beton – auch bei kleineren Wasserzementwerten als 0,60 unerläßlich, wenn der Beton häufig mit Tausalz in Berührung kommt und Frost-Tau-Wechseln ausgesetzt wird.

Beton mit hohem Frostwiderstand und geringerer Festigkeitsklasse als B 35 darf auch unter den Bedingungen für Beton B I hergestellt werden, wenn der Zementgehalt bei Zuschlaggemischen von 0 bis 16 mm mindestens 400 kg/m³, bei Zuschlaggemischen von 0 bis 32 mm mindestens 350 kg/m³ beträgt und wenn die Kornzusammensetzung des Zuschlaggemisches im günstigen Bereich liegt.

6.10.2.2 Einbringen des Betons

Für das Einbringen eines Betons mit hohem Frostwiderstand gilt das gleiche wie für wasserundurchlässigen Beton in Abschn. 6.10.1.2.

6.10.2.3 Schutzmaßnahmen für den Beton

Tausalz- und frostgefährdeter Beton kann durch entsprechende Oberflächenbehandlung vor Schädigungen geschützt werden, wenn er keine Mikroporen durch luftporenbildende Zusatzmittel enthält.

Imprägnierungen verhindern das Eindringen und damit das Gefrieren des Wassers innerhalb des Betons und schützen ihn so vor Schädigungen. Eine Imprägnierung mit Leinölfirnis war bei vernünftigem wirtschaftlichen Aufwand eine wirkungsvolle Maßnahme. Der trockene Beton wird im allgemeinen zweimal damit gestrichen. Als Grundierung wird ein durch Schwerbenzin, Lackbenzin oder Terpentinöl im Verhältnis 1:1 verdünntes Gemisch aufgetragen. Beim zweiten Anstrich verwendet man reinen Leinölfirnis für den jungen Beton und verdünnten Leinölfirnis für den alten Beton. Zweckmäßig wird auch Beton mit Mikroporen in dieser Weise geschützt, wenn er im Herbst hergestellt wurde und bereits im ersten Winter Tausalzen ausgesetzt werden soll.

Imprägnierungen mit Silan oder Epoxidharz können auf den noch jungen Beton aufgebracht werden. Damit wird der Frostwiderstand des Betons erhöht. Das gilt besonders für Betone, die bis zur ersten Frostbeanspruchung noch nicht austrocknen können. Zu empfehlen sind Silan-Imprägnierungen besonders für Waschbetonflächen.

6.10.3 Beton mit hohem Widerstand gegen chemische Angriffe

Die Widerstandsfähigkeit des Betons gegen chemische Angriffe hängt weitgehend von seiner Dichtigkeit ab. Der Beton muß daher mindestens so dicht sein, daß die größte Wassereindringtiefe bei der Prüfung nach DIN 1048 (Mittel von drei Prüfungen) bei schwachem Angriff nicht mehr als 5 cm und bei starkem Angriff nicht mehr als 3 cm beträgt.

6.10.3.1 Ermittlung der Angriffsgrade nach DIN 4030

Wässer können den Beton angreifen, wenn sie freie Säuren, Sulfate, Magnesiumsalze, Ammoniumsalze oder bestimmte organische Verbindungen enthalten oder wenn sie besonders weich sind.

Die chemische Untersuchung von Wässern vorwiegend natürlicher Zusam-

Tab. 6.39: Grenzwerte zur Beurteilung des Angriffsgrades von Wässern vorwiegend natürlicher Zusammensetzung

Angreifende Bestandteile	Angriffsgrade schwach	stark	sehr stark
pH-Wert	6,5–5,5	5,5–4,5	< 4,5
kalklösende Kohlensäure nach *Heyer* in mg/l (CO_2)	15–30	30–60*)	> 60*)
Ammonium in mg/l (NH_4^+)	15–30	30–60	> 60
Magnesium in mg/l (Mg^{2+})	100–300	300–1500	> 1500
Sulfat in mg/l (SO_4^{2-})	200–600	600–3000	> 3000

*) Neuere Forschungen des VDZ zeigen, daß die Grenze für CO_2 von 60 auf 100 mg/l erhöht werden kann.

mensetzung umfaßt nach DIN 4030 folgende Bestimmungen:

Es müssen untersucht werden:

pH-Wert
Magnesium (Mg^{2+})
Geruch
Ammonium (NH_4^+)
Kaliumpermanganatverbrauch
Sulfat (SO_4^{2-})
Gesamthärte
Chlorid (Cl^-)
Carbonathärte
kalklösende Kohlensäure
Nichtcarbonathärte
nach *Heyer* (CO_2)

Maßgebend für die Beurteilung des Wassers ist der jeweils höchste Angriffsgrad nach der *Tab. 6.39,* auch wenn er nur von einem Wert der Zeilen 1 bis 5 erreicht wird.

Bei einem Kaliumpermanganatverbrauch von über 50 mg/l ist eine weitere Untersuchung (z.B. auf Sulfide, schädliche Bestandteile) erforderlich.

Liegen zwei oder mehr Werte im oberen Viertel eines Bereichs (beim pH-Wert im unteren Viertel), so erhöht sich der Angriffsgrad um eine Stufe.

Diese Erhöhung gilt jedoch nicht für Meerwasser und ähnlich zusammengesetze Wässer, da dichter Beton dem Meerwasser trotz seines sehr hohen Mg- und SO_4-Gehalts widersteht. Wegen des hohen Chloridgehalts muß zum Korrosionsschutz der Bewehrung hier die Betondeckung auf wenigstens 5 cm erhöht werden.

Bei der Beurteilung von natürlichen Wässern auf ihre angreifende Wirkung sind neben den Grenzwerten der *Tab. 6.39* die Bodenverhältnisse und die Bauwerksabmessungen zu berücksichtigen.

Mit einem verstärkten Angriff ist außerdem zu rechnen bei:

- höherer Temperatur des Wassers,
- höherem Druck,
- mechanischem Abrieb durch schnell strömendes Wasser.

Mit einem verringerten Angriff kann gerechnet werden bei:

- niedriger Temperatur des Wassers,
- geringer Wassermenge, die sich praktisch nicht bewegt,
- Beton, der in wenig durchlässigen Böden eingebaut wird,
- Beton, der frühestens 28 Tage nach Herstellung dem angreifenden Wasser ausgesetzt wird,
- Betonkörpern, deren Abmessungen auf der Angriffsseite bewußt über das erforderliche Maß hinaus vergrößert werden.

6.10.3.2 Zusammensetzung des Betons

Beton mit hohem Widerstand gegen chemische Angriffe ist stets als wasserundurchlässiger Beton herzustellen. Dafür sind außer anderen Forderungen bestimmte Wasserzementwerte einzuhalten. Zur Berücksichtigung der Streuung auf der Baustelle ist bei der Bauausführung der Wasserzementwert um 0,05 niedriger einzustellen. Es ist die Kornzusammensetzung im günstigen Bereich oder eine Ausfallkörnung mit geringem Wasseranspruch zu wählen. Als Richtwerte für den Mehlkorngehalt gelten bei 32 mm Größtkorn 400 kg je m³, bei 16 mm Größtkorn 450 kg je m³.

Bei Sulfatangriffen mit über 400 mg SO_4 je Liter sind Zemente mit hohem Sulfatwiderstand zu verwenden. Dieses sind Zemente mit der Zusatzbezeichnung HS, beispielsweise HOZ 35 L-HS oder PZ 35 F-HS.

Bei „schwachem" chemischen Angriff darf die größte Wassereindringtiefe, geprüft nach DIN 1048, nicht mehr als 5 cm betragen. Der Wasserzementwert soll höchstens 0,60 − 0,05 = 0,55 sein. Die Betonüberdeckung der Bewehrung ist mit ≧ 3 cm zu wählen. Bei reinem Gipsangriff kann der Wasserzementwert bis 0,65 erhöht werden. Bei Meerwasser sind alle Zemente geeignet.

Bei „starkem" Angriff darf die größte Eindringtiefe, gemessen nach DIN 1048, 3 cm nicht überschreiten. Der Wasserzementwert sollte höchstens 0,50 − 0,05 = 0,45 betragen. Bei Sulfatgehalt über 400 mg SO_4 pro Liter ist ebenfalls Zement mit hohem Sulfatwiderstand zu verwenden.

Bei reinem Gipsangriff ist ein Wasserzementwert bis 0,55 zulässig. Die Betonüberdeckung der Bewehrung sollte mindestens 4 cm betragen.

6.10.3.3 Einbringen des Betons

Für Beton mit hohem Widerstand gegen chemische Angriffe sind ebenfalls die Maßnahmen für die Herstellung eines wasserundurchlässigen Betons anzuwenden.

Der Beton darf nur in Lagen bis 40 cm eingebracht werden. Nach dem Rütteln darf kein Wasser auf diesen Schichten stehen. Eine gleichmäßige, vollständige Rüttelverdichtung des Frischbetons ist erforderlich; ein Nachverdichten des Betons verbessert ihn wesentlich. Der Schutz vor Austrocknung muß mindestens 7 Tage lang durchgeführt werden, besser 14 Tage. Arbeitsfugen sollten vermieden werden; notfalls sind Verzögerer (VZ) zu verwenden. Lassen sich Arbeitsfugen nicht vermeiden, sind sie besonders sorgfältig auszubilden und zu behandeln.

6.10.3.4 Konstruktive Hinweise

Falls Stahlbeton auf der Zugseite angegriffen wird, ist möglichst nach Zustand I zu bemessen. Eine dichte Schalung ist unerläßlich, um das Auslaufen von Zementleim zu verhindern. Als Abstandhalter für die Bewehrung sollten solche aus Kunststoff nicht verwendet werden, da zwischen dem Beton und dem Kunststoff keine Verbindung möglich ist und das aggressive Wasser an diesen Abstandhaltern entlang zur Bewehrung durchsickern kann.

6.10.3.5 Schutzmaßnahmen für den Beton

Da jeder Beton mit zunehmendem Alter dichter wird, die Hydratation also fortschreitet und die Kapillarporen mit dem Zementgel zuwachsen, sollte man jeden Beton so spät wie möglich dem angreifenden Wasser aussetzen. Dies kann man durch verschiedene Maßnahmen erreichen. Ist eine Grundwasserhaltung vorhanden, so sollte man diese so lange wie möglich laufen lassen. Bei kleineren Bauteilen kann man den Schutz durch eine Folie auf der Unterseite des Baukörpers oder durch einen Sperranstrich auf streichbaren Flächen erreichen. Auch ein Ausfüllen des Arbeitsraumes mit einem wasserundurchlässigen Material (z.B. Ton oder Lehm) verhindert eine Berührung des Betons mit dem angreifenden Wasser.

Im Falle saurer Angriffe kann man das Fundament oder das Bauteil mit einer Kalksteinschüttung umgeben, um so dem sauren Angriff durch reichliches Kalkangebot zu begegnen.

Der billigste Schutz ist häufig die Vergrößerung der Abmessungen der Bauteile um wenige Zentimeter, so daß das angreifende Wasser diese Schicht zunächst zersetzen kann. Die zersetzte Schicht bildet dann einen guten Schutz des Betons vor weiteren Angriffen.

6.10.4 Beton mit hohem Abnutzwiderstand

Beton, der besonders starker mechanischer Beanspruchung ausgesetzt wird, muß einen hohen Abnutzwiderstand aufweisen und mindestens der Festigkeitsklasse B35 entsprechen. Starke mechanische Beanspruchungen entstehen z.B. durch starken Verkehr, durch rutschendes Schüttgut, durch häufige Stöße oder durch Bewegungen von schweren Gegenständen, durch stark strömendes und Feststoffe führendes Wasser u.a.m.

6.10.4.1 Zusammensetzung des Betons

Der Zementgehalt sollte bei Betonen mit hohem Abnutzwiderstand nicht zu hoch sein, zum Beispiel bei einem Größtkorn von 32 mm nicht über 350 kg je m^3 Beton.

Beton, der beim Verarbeiten Wasser absondert, ist ungeeignet für diese Beanspruchung. Der Zuschlag bis 4 mm Korngröße muß überwiegend aus Quarz oder aus Stoffen mindestens gleicher Härte bestehen, das gröbere Korn aus Gestein oder künstlichen Stoffen mit hohem Verschleißwiderstand. Bei besonders hoher Beanspruchung sind Hartstoffe zu verwenden. Die Körner aller Zuschlagarten sollten mäßig rauhe Oberfläche und gedrungene Gestalt haben. Das Zuschlaggemisch soll möglichst grobkörnig sein (Sieblinie nahe der Sieblinie A oder bei Ausfallkörnungen zwischen den Sieblinien B und U).

6.10.4.2 Einbringen des Betons

Für hohen Abnutzwiderstand ist ein möglichst steifer Beton herzustellen, damit sich beim Rütteln die obere Schicht nicht mit Zementschlämme oder Wasser anreichert. Der steife Beton erfordert naturgemäß eine wesentlich höhere Rüttelverdichtung, als es bei weichen Betonen der Fall ist. Da unter Umständen gebrochener Zuschlag verwendet wird, erschwert auch dieses die Verdichtungsarbeit. Das sollte bei der Bemessung der Verdichtungsgeräte berücksichtigt werden. Der Beton muß nach der Herstellung wenigstens sieben Tage lang feucht gehalten werden.

6.10.5 Beton mit ausreichendem Widerstand gegen Hitze

Beton darf Gebrauchstemperaturen von mehr als 250 °C über längere Zeit nicht ausgesetzt werden. Für Beton, der Temperaturen bis zu 250 °C ausgesetzt werden soll, ist ein Zuschlag zu verwenden, der eine möglichst kleine Wärmedehnung besitzt (z.B. bestimmte Kalksteine oder Hochofenschlacke). Nach dem Verdichten ist der Beton mindestens sieben Tage lang feucht zu halten und danach bis zur ersten Erhitzung im Betrieb langsam auszutrocknen. Wenn häufige, schroffe Temperaturwechsel auftreten, sind besondere Maßnahmen zu ergreifen (z.B. Verkleidung mit feuerfestem Mauerwerk und Anordnung von Wärmedämmschichten, z.B. Luftschichten). Die Herstellung von feuerfestem Beton ist bei Verwendung von Tonerdeschmelzzement und geeigneten Zuschlägen aus Schamottesteinen möglich.

6.10.6 Beton für Unterwasserschüttung

In besonderen Fällen muß ein Beton auch unter Wasser eingebracht werden. Dies erfolgt entweder durch Schüttrohre mit aufgesetztem Schütttrichter, die in der senkrechten Richtung beweglich sind, oder man verwendet Pumpbeton und hält dabei das Ende der Pumpleitung an die Stelle, an die der Beton eingebracht werden soll.

Naturgemäß muß der Beton dann bestimmte Eigenschaften besitzen.

6.10.6.1 Zusammensetzung des Betons

Beton für Unterwasserschüttung muß, da er sich unter Wasser ausbreiten soll, im allgemeinen ein Ausbreitmaß von etwa 45 bis 50 cm haben. Der Wasserzementwert darf 0,60 nicht überschreiten; er muß kleiner sein, wenn Betongüte oder chemische Angriffe es erfordern. Die Zementmenge muß bei Zuschlaggemischen mit einem Größtkorn von 32 mm mindestens 350 kg je m^3 fertigen Beton betragen. Es ist nach Möglichkeit rundes, gedrungenes Kiesmaterial zu verwenden. Zu bevorzugen sind Kornzusammensetzungen mit stetigen Sieblinien, die etwa in der Mitte des günstigen Bereichs liegen. Die Konsistenz der Mischung soll möglichst gleichmäßig sein. Um den Zusammenhang des Betons zu ermöglichen, sind Gesteinsmehle dem Beton zuzusetzen, denn der Mehlkorngehalt muß ausreichend groß sein.

6.10.6.2 Einbringen des Betons

Der Beton für Unterwasserschüttungen muß beim Einbringen als zusammenhängende Masse fließen, damit er auch ohne Verdichtung ein geschlossenes Gefüge erhält.

Der Beton darf niemals durch das Wasser geschüttet werden. Trichterrohre bzw. das Ende der Schlauchleitung müssen sich stets im Beton befinden. Bei Trichtern ist darauf zu achten, daß das Ende des Schüttrohres weit genug im Beton steht, damit der im Trichter befindliche Beton nicht abreißt und durch Wassereinbrüche die Qualität des Betons verschlechtert wird. Außerdem ist dafür zu sorgen, daß nie in fließendes Wasser betoniert wird, da sich dabei ein Auswaschen des Zements nicht vermeiden läßt.

6.10.7 Dauerhafter Beton für Außenbauteile

Seit einiger Zeit treten an Außenbauteilen, die unmittelbar der Witterung ausgesetzt sind, öfters Mängel auf. Es kann vor allem das Rosten der oberflächennahen Bewehrung festgestellt werden.

Zunächst sind Rostfahnen oder Risse auf der Betonoberfläche sichtbar. Später kommt es zu Abplatzungen der Betondeckung über den rostenden Bewehrungen. Diese Mängel müssen nicht entstehen; sie können vermieden werden.

Erforderlich ist eine ausreichend große Betondeckung mit satter Umhüllung der Bewehrung durch dichten Beton. In der „Richtlinie zur Verbesserung der Dauerhaftigkeit von Außenbauteilen aus Stahlbeton", die eine Ergänzende Bestimmung zu DIN 1045 ist, werden zusätzliche Forderungen gestellt:

- ▷ erhöhte Betondeckung der Bewehrung im allgemeinen um 1 cm,
- ▷ gründliche und ausreichend lang wirkende Nachbehandlung des Betons *(Tab. 6.37c)*,
- ▷ geeignete Betonzusammensetzung.

Für die Betonzusammensetzung gelten folgende Angaben:

- ▷ mindestens Betonfestigkeitsklasse B 25,
- ▷ Wasserzementwert w/z $\leq$ 0,60,
- ▷ Konsistenz: in der Regel weicher Beton mit Ausbreitmaß a = 45 ± 3 cm,
- ▷ Zementgehalt in der Regel mindestens 300 kg/m³.

Abweichungen im Zementgehalt bis auf 270 kg/m³ sind möglich, wenn Zement Z 45 oder Z 55 verwendet wird oder wenn der Beton unter einer ständigen Überwachung hergestellt, eingebaut und nachbehandelt wird. Die Überwachung muß als Beton B II nach DIN 1084 erfolgen.

6.11 Mängel und deren Verhütung

Baumängel können nachträglich bei Gebäuden und Bauwerken sehr hohe Kosten verursachen. Es muß deshalb die Aufgabe der Planenden und Ausführenden sein, Mängel jeder Art zu vermeiden.

6.11.1 Risse

Risse im Beton sind nicht notwendig. Auch wenn die weitverbreitete Meinung herrscht, daß Beton grundsätzlich reißt und man diese Risse nur durch eine enge Unterteilung in Dehnungsfugen vermeiden kann, so stimmt dies nur bedingt.

Man kann Risse im Beton durch geeignete Maßnahmen auf ein Minimum herunterdrücken bzw. sogar ganz vermeiden.

Es müssen dabei nur konsequent alle Maßnahmen, die die Rißgefahr mindern, befolgt werden. Grundsätzlich kann man vier Rißarten unterscheiden:

Frühschwindrisse, Temperaturrisse, Schwindrisse und Setzungsrisse.

Die letzteren haben mit dem Baustoff Beton nichts zu tun. Ihre Ursache ist im Untergrund bzw. in der Statik zu suchen.

Alle anderen Risse entstehen schon im jungen Beton. Bis zum Erstarren des Zementleims kommt es zu einer Umlagerung der Feinstteile und dem Wasser. Der leichtere Stoff, das Wasser, steigt nach oben, und der Zement, als wesentlichster Anteil der Feinststoffe, sinkt nach unten. Durch die groben Zuschläge, durch Schalungsanker und Abstandhalter wird das Wasser am Aufsteigen gehindert. Es bilden sich darunter Wassersäcke, also Gefügestörungen. Je mehr Zementleim der Beton enthält, um so mehr Wasser ist vorhanden, um so größer ist aber auch die Gefahr von Gefügestörungen.

Die Volumenverminderung des Zementsteins gegenüber dem Zementleim trägt ebenfalls zu Gefügestörungen bei. Bei vollständiger Hydratation entsteht eine Volumenverminderung von etwa 6 cm^3 je 100 g Zement gegenüber der ursprünglichen Zementleimmenge. Dieses „innere" Schrumpfen ist unvermeidlich.

Die Rißneigung des Betons wird verhindert durch:

- ▷ eine Kornzusammensetzung, die einen geringen Wasseranspruch hat,
- ▷ Zemente mit geringer Wärmeentwicklung, niedrige Frischbetontemperatur,
- ▷ niedrigen Wasserzementwert,
- ▷ Nachverdichten des Frischbetons,
- ▷ 7tägiges Feuchthalten des Betons oder Maßnahmen, die eine Wasserverdunstung unterbinden,
- ▷ Vermeiden von Abkühlungen mit mehr als 15 K.

6.11.1.1 Schwindrisse

Schwindrisse im Beton entstehen durch Wasserentzug.

Im Frischbeton nennt man sie Frühschwindrisse, während man im Festbeton ganz allgemein von Schwindrissen spricht.

Frühschwindrisse bilden sich im frisch eingebrachten, verdichteten Beton während der einsetzenden Erhärtung. Sie gehen im allgemeinen von der Oberseite der Betonfläche aus und sind meistens nur wenige Zentimeter tief. Sie beginnen immer als Haarriß und sind im allgemeinen nicht länger als 2 m. Sie gehen auch niemals vom glatten Rand aus, sondern beginnen irgendwo in der Mitte der Platte. Zu Beginn sind sie meistens so fein, daß sie bei oberflächlicher Beobachtung nicht sofort bemerkt werden. Abkühlung in der Nacht kann ihre Breite aber merklich vergrößern. Die Ursachen sind Verdunstung von Zugabewasser, Abkühlung und inneres Schrumpfen des Betons. Die Volumenminderung ist die Grundvoraussetzung für Frühschwindrisse. Hinzu kommt die sogenannte „Klebkraft" des Betons. Die Größe der Klebkraft ist abhängig vor allem von der Art und Menge der Feinstteile im Beton.

Haben die Zuschläge einen hohen Anteil an abschlämmbaren Stoffen, steigert sich die Klebkraft und damit die Neigung zu Frühschwindrissen. Langes Mischen kann das gleiche bewirken. Die Erhöhung der Klebkraft entsteht dann durch den Abrieb der Zuschläge bzw. durch den Abrieb des Zementgels, welches sich um das Zementkorn gebildet hat.

Man vermeidet Frühschwindrisse, indem man abriebfestes Gestein, welches möglichst frei von abschlämmbaren Bestandteilen ist, verwendet. Nach dem Einbau des Betons muß die Verdunstung des Zugabewassers verhindert werden. Dies ist vor allem in der wärmeren Jahreszeit und bei trockener, stark bewegter Luft erforderlich. Sollten sich dennoch Frühschwindrisse bilden, so schließt man sie während des Entstehens, indem man den noch bildsamen Beton anklopft oder nachverdichtet. Frühschwindrisse in bereits erhärtetem Beton können durch Einreiben einer Zementschlämme geschlossen werden. Das Mischungsverhältnis soll dann 2,5 bis 3 kg Zement auf 1 Liter Wasser sein. Der Zusatz eines Betonverflüssigers ist zweckmäßig. Der bereits ausgetrocknete Riß ist gut vorzunässen und die dann eingebrachte Schlämme ausreichend lange feucht zu halten.

Jeder poröse Stoff, so auch Beton, nimmt Feuchtigkeit auf und gibt sie bei Austrocknung mehr oder weniger wieder ab. Da der Beton Kapillarporen enthält, hat auch er die Möglichkeit einer Wasseraufnahme und Wasserabgabe. Auch bei dem so starr erscheinenden Beton ist dies mit einer Volumenvergrößerung bzw. -minderung verbunden.

Über die Vorgänge im Beton, die diese sichtbaren Veränderungen bewirken, ist sich die Wissenschaft noch nicht einig. Fest steht nur, daß feuchter Beton quillt und sich beim Austrocknen zusammenzieht. Könnte der Beton sich frei ohne jede Behinderung bei dieser Verkürzung zusammenziehen, dann gäbe es keine Risse. Reibung am Boden bzw. das Zusammenwirken der Bauteile läßt diese notwendige Beweglichkeit nicht zu. Es kommt zur Überschreitung der Betonzugspannung, die dann zum Riß führt. Zur Verhinderung der Risse muß die Volumenminderung unterbunden bzw. so klein wie möglich gehalten oder eine freie Verschieblichkeit geschaffen werden. Da sich der Zementstein verkürzt und nicht der Zuschlag, müssen Zementleim, Kornzusammensetzung und Wasserverdunstung so beeinflußt werden, daß die Verkürzung auf ein Minimum reduziert wird. Durch wenige, sehr dünne und mit einem konzentrierten Leim versehene Leimstellen ist dies möglich nach der These: Beton ist verleimter Zuschlag.

Die Zuschläge sind so grob wie gerade noch verarbeitbar zusammenzusetzen. Sie müssen mit einem Minimum an Mörtel (Zement, Wasser und Sand) umhüllt werden, und der Wasserzementwert seinerseits muß wieder so niedrig wie möglich gehalten werden. Der Beton ist dann so steif wie möglich mit guten Verdichtungsgeräten einzubauen. Gleichzeitig ist jedes vorzeitige Austrocknen des Betons zu verhindern.

Läßt sich der Mörtelanteil wegen beispielsweise dichter Bewehrung und der damit erforderlichen weicheren Konsistenz nicht auf ein Minimum herabdrücken, dann ist eine Nachverdichtung des Betons unerläßlich. Jeder Beton, auch der bereits erstarrende, läßt sich so lange nachverdichten, solange der Beton unter dem Einfluß der hochfrequenten Schwingungen wieder beweglich wird und sich die durch den Innenrüttler entstehenden Löcher beim langsamen Herausziehen wieder schließen.

6.11.1.2 Temperaturrisse

Bei den Temperaturrissen muß man zwischen Rissen an dünngliedrigen Bauteilen und Rissen bei Massenbeton unterscheiden.

Jeder Baustoff zieht sich bei Abkühlung zusammen und dehnt sich bei Erwärmung aus. Auch der Beton. Seine Temperaturdehnzahl ist $\alpha_T = 10^{-5}\ K^{-1}$.

Tab. 6.40: Verfärbungen bei Sichtbeton

Wirkung	Ursache	Gegenmaßnahme
Beton		
Wolken oder örtliche Flecken	Verunreinigung im Zuschlag	Gewaschene Zuschläge verwenden
	Sedimentation im Zementleim	Niedrigen Wasserzementwert mit mittelfein gemahlenen Zementen herstellen; Gesteinsmehle zusetzen
	Rütteln in der Nähe der Schalung	Keine Schalungsrüttler verwenden oder mit dem Innenrüttler weit genug von der Schalung entfernt bleiben
Sichtbare farbliche Absätze	Unterbrechungen im Betoniervorgang	Schalung zügig ohne jede Unterbrechung füllen; die Schalung muß so stabil ausgebildet sein, daß jeder Betondruck aufgenommen wird
	Veränderung des w/z-Wertes	Einhaltung eines gleichmäßigen w/z-Wertes
	Veränderung des Sandgehalts oder der Herkunft des Sandes	Sandanteil und Herkunft niemals ändern
Schichtweise Farbunterschiede	Unterschiedliche Nachbehandlung und Austrocknung der Betonflächen	Flächen stets gleichmäßig behandeln
	Ausblühen auf der Oberfläche	Fläche erst leicht abtrocknen lassen und dann schützen
Farbunregelmäßigkeiten	Andersfarbiger Beton in den Konenlöchern und bei Ausbesserungen	Dem Flickmörtel muß soviel Weißzement zugesetzt werden, daß er nach dem Erhärten und in trockenem Zustand der Farbe des hinter der Schalung erhärteten Betons gleichkommt
Abzeichnen der Bewehrung	Weicher Beton läßt die Bewehrung länger schwingen; Feinststoffanreicherung im Bereich der Bewehrung	Steiferen Beton einbauen; Bewehrung gegen Schwingungen sichern
Schalung		
Flecken	Verunreinigung infolge Trennmittels	Nur abtrocknende Trennmittel auf Kunststoffbasis verwenden Nur einwandfrei hergestellte Tafeln verwenden Schalung gründlich reinigen und mit lufttrocknendem Trennmittel vorbehandeln und schützen
Farbunterschiede	Unterschiedliches Saugvermögen der Schalung (alt/neu bzw. Sommer/Winter) ergeben ungleichmäßige Verfärbungen; ungleichmäßig belichtete Bretter und Schaltafeln verursachen diese Farbunterschiede	Schaltafeln nur gleichmäßig der Sonne aussetzen; Vorbehandlung der neuen Schalung mit Zementleim, der sofort wieder abgekratzt werden kann, oder Versiegeln der Schalung

Ist z. B. das Dach nicht frei verschieblich gelagert, reißt es entweder selbst oder erzeugt Risse im aufgehenden Mauerwerk. Dies läßt sich durch konstruktive Maßnahmen wie freie Auflagerung, Vermeidung von Zwangspannungen und richtige Erfassung der möglichen Temperaturunterschiede bei der Statik

> *Beispiel 6.41*
> Längenänderung des Betons durch Abkühlen
>
> Ein 30 m langes Betondach wird um 40 °C gegenüber seiner Ausgangstemperatur abgekühlt. Es zieht sich dann zusammen um
>
> $$\Delta_L = \alpha_T \cdot \Delta_T \cdot L_0 = \frac{1}{100\,000} \times 40 \times 30\,000 = 12 \text{ mm}$$
>
> Δ_L = Längenänderung [mm]
> α_T = Temperaturdehnzahl [Kelvin^{-1}]
> Δ_T = Temperaturdifferenz [Kelvin]
> L_0 = Bauteillänge [mm]

vermeiden. Schon bei der Herstellung von Betonbauteilen entstehen Temperaturrisse.

Beim Erwärmen, infolge der freiwerdenden Hydratationswärme, dehnt sich der junge Beton aus. Da er das im allgemeinen nicht ungehindert kann, staucht sich das Gefüge. Durch Abkühlung will sich das Bauteil wieder verkürzen. Auch das ist nach der Stauchung nicht ungehindert möglich.

Zemente mit niedriger Hydratationswärme, geringer Frischbetontemperatur sowie ein Verhindern der Aufheizung von Schalflächen durch Sonneneinstrahlung halten die Wärmedehnung des Frischbetons gering.

Beim Massenbeton entstehen die Risse ebenfalls durch Temperaturunterschiede. Man unterscheidet Schalenrisse und Spaltenrisse. Erstere können vermieden werden, wenn Temperaturunterschiede zwischen Kern und Außenschale nicht größer als 15 K werden. Als Maßnahmen eignen sich niedrige Frischbetontemperatur, Erzeugung einer möglichst geringen Hydratationswärme und eine erhöhte Dämmwirkung der Schalung.

Die Spaltenrisse entstehen durch Ausdehnung des jungen Betons infolge der sich entwickelnden Hydratationswärme und der dann nachfolgenden langsamen Abkühlung des bereits wesentlich härteren Betons. Diese Risse können vermieden werden durch eine möglichst niedrige Frischbetontemperatur, durch eine geringe Hydratationswärme und durch eine Angleichung der Temperatur des bereits erhärteten Betons an die Temperaturentwicklung des Frischbetons. Dabei sollen sich beide Bauteile etwa gleichmäßig erwärmen. Sie können sich bei der Abkühlung entsprechend gemeinsam verkürzen.

6.11.2 Sichtbetonschäden

Sichtbetonschäden können durch die Schalung oder durch den Beton selbst entstehen. Sie äußern sich meistens in Verfärbungen bei sonst einwandfreier Oberfläche oder durch ausgesprochene Oberflächenschäden.

6.11.2.1 Verfärbungen

Die *Tab. 6.40* gibt die Ursachen für ungewollte Verfärbungen in der Betonoberfläche an sowie die möglichen Gegenmaßnahmen zur Verhinderung derartiger Schäden.

6.11.2.2 Oberflächenschäden

Die *Tab. 6.41* gibt die Ursachen für ungewollte Oberflächenschäden bei Sichtbeton an sowie die Möglichkeiten, diese zu vermeiden.

Tab. 6.41: Oberflächenschäden bei Sichtbeton

Wirkung	Ursache	Gegenmaßnahme
Beton		
Nester	Entmischungsneigung des Betons	Steiferen Beton einbauen; Mehlkornanteil beachten
	Unvollständige Verdichtung	Gleichmäßiger verdichten
Luftblasen	Zu steife Mischung, geringe Rüttelwirkung	Beton plastischer zusammensetzen; höhere Rüttelfrequenz wählen; von unten nach oben rütteln
	Wasserschlieren durch Entmischen des Betons	Steiferen Beton einbauen
Absanden	Zu magere Mischung	Mindestens 330 kg Zement je m³ Beton; Mehlkornregel beachten
	Verdursten der Oberfläche	Nachbehandlung der Oberfläche durch Sprühfilme
Netzrisse	Zu fette Mischung	Weniger Mehlkorn verwenden; keine hochfrequenten Schalungsrüttler anbringen; Schalungsklopfer wirken besser
Risse	Unter der Bewehrung von Säulen und Wänden infolge Setzen des Betons	Nachverdichten
Schalung		
Nester	Auslaufen des Zementleims aus der undichten Schalung	Schalung abdichten; vor Betonierbeginn langfristig wässern (8 – 12 Stunden)
Luftblasen	Geölte Schalung läßt Blasen aus dem Beton nicht aufsteigen	Lufttrocknende Trennmittel verwenden; Rüttler schnell eintauchen und langsam ziehen, so daß Blasen durch unverdichteten Beton nach oben aufsteigen können
Absanden der Oberfläche	Trennmittelkonzentration nicht eingehalten	Richtige Dosierung der Trennmittel beachten; Trennmittel dünner auftragen
Kantenabplatzungen	Quellen von trockener Schalung	Schalung vor der Betonierung feucht halten oder mit Kunststoffanstrich versehen (keine Wasseraufnahmen mehr)
	Auslaufen von Zementleim	Schaumstoff in die Stöße einlegen
Krumme Kanten und Flächen	Abweichungen von der Flucht	Steifere Schalungen verwenden

6.11.3 Waschbetonschäden

Da sich Schäden im Waschbeton nur sehr schlecht reparieren lassen, sollte man sich vor Beginn der Arbeiten über die möglichen Folgen einer schlechten Ausführung im klaren sein.

Tab. 6.42 gibt die Erscheinungsformen, die Ursachen und die Gegenmaßnahmen bei Waschbetonschäden an.

6.11.4 Tausalzschäden

Durch Tausalze, wie sie bei der Schnee- und Eisbeseitigung häufig angewendet werden, können auf Betonoberflächen Abwitterungen entstehen. Diese sogenannten Tausalzschäden entstehen durch physikalische Vorgänge beim Auftauen des Eises auf den Betonflächen. Beton enthält in seinen Kapillaren Wasser infolge Regen oder Schnee-

Tab. 6.42: Waschbetonschäden

Wirkung	Ursache	Gegenmaßnahme
Ungleichmäßiges Aussehen	Ungünstige Sieblinie	Sandarme Zusammensetzung verwenden; Ausfallkörnung vorteilhaft
	Zuviel Über- bzw. Unterkorn	Nur güteüberwachte Zuschläge verwenden
	Zu große Schütthöhe	Beton nur in Lagen von 30 bis 50 cm einbringen; Wand füllen und dann erst rütteln; nur Innenrüttler verwenden
	Ungleichmäßiges Auswaschen	Beton immer im gleichen Alter auswaschen; immer die gleichen Geräte und Verfahren anwenden
	Nester infolge schlechter Verdichtung	Innenrüttler in dichten Abständen anwenden; besondere Plastifizierer für Waschbetonvorsatz verwenden
	Ungleichmäßiges Aufstreichen des Kontaktverzögerers	Abtrocknende Kontaktverzögerer verwenden
	Nester infolge des Auslaufens von Zementleim	Dichte Schalung herstellen
	Unsachgemäße Farbauswahl der Zuschläge	Probewände vor Baubeginn herstellen
	Wandernde Verzögerer infolge zu langen Rüttelns	Nur kurze Rüttelzeit; Plastifizierer für Waschbetonvorsatz verwenden
Verfärbungen	Unsauberer Zuschlag	Güteüberwachten Zuschlag verwenden
	Unsauberer Kontaktverzögerer	Nur einwandfreie Kontaktverzögerer verwenden; bei Papier auf trockene Lagerung achten
Kornabplatzungen	Unsachgemäßes Auswaschen	Vorsichtig und nicht zu früh auswaschen
	Tausalzschäden	Dem Beton LP-Mittel zusetzen; Flächen mit UV-beständigen Mitteln versiegeln
	Vermischen des Kontaktverzögerers mit der Mischung	Abtrocknende Kontaktverzögerer verwenden; kürzere Rüttelzeiten; Papiersorten entsprechend der Korngröße verwenden
	Bei Waschbeton Vorsatzkörnung größer als 32 mm	Besondere Fertigungsmethoden beachten; die üblichen Arbeitsmethoden sind nur für Körnungen bis 32 mm möglich

matsch. Bildet sich auf der Betonfläche Eis, so schmilzt dieses beim Aufstreuen des Salzes. Dabei wird dem Beton Wärme entzogen, und es entstehen im Beton schlagartig niedrigere Temperaturen, die bis auf −20 °C absinken können. Dadurch gefriert das Wasser in den Kapillarporen und will sich um etwa 9 % seines Volumens ausdehnen. Da die Sprengwirkung des Eises aber wesentlich größer als die Festigkeit des Zementsteins ist, kommt es zu Abplatzungen in der obersten Zone der Betonfläche. Diese Schäden können auch bei Bespritzen der Betonfläche mit Tausalzlösung entstehen (Schrammborde, Brückenpfeiler und Widerlager, Garagenvorplätze).

Da einfache, auf die praktischen Verhältnisse übertragbare Prüfverfahren nicht zur Verfügung stehen, müssen zur Gewährleistung dieser Eigenschaften Richtlinien für die Zusammensetzung,

Tab. 6.43: Schäden bei Betonplatten

Ursache	Gegenmaßnahme
Nachgeben des Untergrundes	Bessere Verdichtung des Untergrundes (Wassergehalt, Kornzusammensetzung, Vermörtelung des Untergrundes); Überbeanspruchung vermeiden
Durchfeuchtung des Untergrundes	Ableitung des Wassers in Seitengräben
Pumpen der Platten	Gute Fugenabdichtung; Vermörtelung der obersten Zone des Untergrundes
Frühschwindrisse im jungen Beton	Verringerung der Feinstanteile im Beton; gute Naßnachbehandlung
Schwindrisse im Beton	Schwindarmen Beton herstellen; Verringerung des Sandanteils bis auf die zur Erzielung des Deckenschlusses notwendige Menge; ausreichende Naßnachbehandlung; Scheinfugen anordnen
Temperaturrisse im Beton	Vermeidung plötzlicher Abkühlung von jungem Beton; Fugen rechtzeitig einschneiden oder sofort in den Frischbeton einrütteln
Querschnittsschwächung durch unsachgemäße Verdichtung des Frischbetons	Die Verdichtungswirkung muß durch die ganze Betonschicht gehen; Beton bei Oberflächenrüttlern notfalls in zwei Lagen einbringen
Einspringende Ecken	An einspringenden Ecken Scheinfugen anordnen
Arbeitsfugen	Sauberer Abschluß an Arbeitsfugen durch Preßfugen; überschüssigen Beton nicht in das Nachbarfeld werfen

Herstellung und Nachbehandlung des Betons beachtet werden. Die Zuschläge müssen frostbeständig und weitgehend frei von lehmigen, tonigen und glimmerhaltigen Bestandteilen sein.

Ein im gemäßigten Klima frostbeständiger Beton erfordert wasserundurchlässigen Zementstein. Der Wasserzementwert sollte etwa 0,55 und bei ausreichendem LP-Gehalt 0,65 nicht überschreiten. Beton mit hohem Tausalzwiderstand erfordert stets einen auf die Feinmörtelmenge abgestimmten Gehalt an feinen Luftporen und eine Beschränkung des Mehlkorngehalts. Auch im Spätherbst fachgerecht hergestellter Straßenbeton erfährt im ersten Winter praktisch keine störenden Abwitterungen, wenn er bis zur ersten Tausalzbeanspruchung bereits eine hohe Festigkeit erreicht hat und wenigstens einen Teil seines herstellungsbedingten Überschußwassers abgeben konnte.

Betonwaren mit hohem Frost-Tausalz-Widerstand erfordern einen erhöhten Zementgehalt, einen möglichst kleinen Wasserzementwert und eine Begrenzung des Mehlkorngehalts auf die Mindestwerte.

Durch ein Imprägnieren mit Epoxidharzlösung kann der Tausalzwiderstand von jungem Beton und von Betonwaren noch vergrößert und die Lebensdauer alter, ohne ausreichenden LP-Gehalt hergestellter Betondecken verlängert werden. Siehe auch Abschn. 6.10.2.

6.11.5 Plattenbrüche bei Betonstraßen

Die Ursachen von Plattenbrüchen bei Betonflächen können sehr unterschiedlich sein. Deshalb soll *Tab. 6.43* die Ursachen und die möglichen Gegenmaßnahmen gegenüberstellen.

Tab. 6.44: Schäden bei Estrichen

Wirkung	Ursache	Gegenmaßnahmen
Verbundestrich		
Klappern bzw. Lösen vom Untergrund	Falsche Abstufung zum Untergrund	Ein Estrich (E 30) darf nie auf einen Tragbeton B 15 aufgebracht werden; die Festigkeitsabstufung muß regelmäßig sein
	Schlechte Vorbereitung des Untergrundes	Der Untergrund muß gereinigt (das Zuschlagkorn ist dazu freizulegen) und mindestens 24 Std. angefeuchtet werden
	Geringe Dicke des Estrichs	Ein normal beanspruchter Estrich soll mindestens 3 cm dick sein
	Falsche Zusammensetzung des Estrichs	Estrich ist nach betontechnologischen Überlegungen zusammenzusetzen (Stoffraumrechnung); Zuschlag 0/8 mm muß stetig aufgebaut sein
	Falsches Einbringen des Estrichs	Die erste Lage soll etwas weicher sein und mit dem Besen eingefegt werden (Staubbindung); der Estrich muß gerüttelt werden
	Fehlende Nachbehandlung	Estrich ist mind. 7 Tage feucht zu halten und vor starken Wärmeunterschieden zu schützen
	Zu kleine Flächen	Im Estrich sind nur Fugen wie im Unterbeton anzuordnen
Risse	Sandreiche Mischung	Zuviel Sandanteile ergeben schwindreiche Mischungen und damit Rißgefahr; Korn 0/8 mm verwenden
	Schlechtes Feuchthalten des Untergrundes	Unterbeton mindestens 24 Std. vorher feucht halten
	Schlechte Verdichtung	Jeder gute Beton muß maschinell verdichtet werden; besonders der Estrich
	Schlechte Nachbehandlung	Mind. 7 Tage, besser 14 Tage die Estrichfläche feucht halten
Absanden der Oberfläche	Falsche Zusammensetzung: zuwenig Zement, zuviel Sand	Mischungsverhältnis muß berechnet werden
	Falsches Einbringen	Zu weich eingebrachter Estrich sondert oben Wasser ab und hat schlechtere Oberflächenfestigkeit
	Fehlende Nachbehandlung	Verdursten der Oberfläche (keine Hydratation des Zements) ergibt geringere Oberflächenfestigkeit
	Zu frühe Beanspruchung	Estrich darf erst nach ausreichendem Erhärten begangen werden; abhängig von der Zementfestigkeitsklasse
	Zu starke Beanspruchung	Estrich darf nicht stärker beansprucht werden, als es seine Festigkeitsklasse (Güte) erlaubt

Forts. der Tab. 6.44

Wirkung	Ursache	Gegenmaßnahme
Schwimmender Estrich		
Anheben der Ecken	Falsche Zusammensetzung der Mischung	Mischungsverhältnis muß berechnet werden (Stoffraumrechnung)
	Fehlende Nachbehandlung	Mind. 7 Tage feucht halten (Abdecken mit Folien)
Risse	Falsche Zusammensetzung der Mischung	Korn 0/8 mm verwenden
	Fehlende Rüttelverdichtung	Auch schwimmender Estrich muß mit Oberflächenrüttlern verdichtet werden, oder Fließestrich einbauen
	Fehlende Nachbehandlung	Mind. 7 Tage feucht halten (Abdeckung mit Folien)
Plattenbrüche	Ungeeignete Dämmstoffe	Nur die zugelassenen Dämmstoffe verwenden
	Fehlende Rüttelverdichtung	Nur durch Rütteln wird steifer Estrichbeton fest und tragfähig, oder Fließestrich einbauen
	Zu dünne Schichten	Die Mindestdicke ist 35 mm; sie ist abhängig von der Zusammendrückung der Dämmschicht
	Zu frühe Belastung	Estrich darf erst nach ausreichender Erhärtung voll belastet werden; bei PZ 35 nicht vor 2 Wochen, bei PZ 45 nicht vor 10 Tagen
	Zu starke Belastung	Bei zu starken Einzellasten brechen die dünnen Platten
Absanden der Oberfläche	Zu geringer Zementgehalt	Estrichbeton ist nach betontechnologischen Grundsätzen zusammenzusetzen
	Fehlende Nachbehandlung	Mind. 7 Tage feucht halten (Abdecken durch Folien)
Schallübertragung	Dämmaterial ungeeignet	Nur zugelassenes Dämmaterial verwenden; fehlerfrei verlegen
	Schallbrücken an den Wänden, Türen, Rohrleitungen	Der Estrich muß „schwimmen", d. h., er darf an keiner Stelle Verbindung mit anderen festen Bauteilen haben
Wärmeübertragung	Dämmaterial ungeeignet	Nur zugelassenes Dämmaterial verwenden

6.11.6 Estrichschäden

Da der Estrichherstellung im allgemeinen zuwenig Beachtung geschenkt wird, werden Estrichschäden auch künftig entstehen. Estrich ist ein stark beanspruchter Feinbetonüberzug, der sorgfältiger hergestellt und verdichtet werden müßte als der Beton selbst.

Die *Tab. 6.44* soll – getrennt in Verbundestrich und schwimmenden Estrich – die hauptsächlichsten Schäden, ihre Ursachen und die Maßnahmen zur Vermeidung aufzeigen.

6.11.7 Chemische Einwirkung auf Beton und sein Schutz

Flüssige Chemikalien oder in Wasser gelöste chemische Stoffe können in konzentrierter Form den Beton zerstören. Die *Tab. 6.45* gibt Richtwerte für Widerstandsmerkmale ausgehärteter Schutzüberzugstoffe an.

Tab. 6.45: Richtwerte für Widerstandsmerkmale ausgehärteter Schutzüberzugsstoffe[1])

a		b	c	d	e	f	g	h	i	k	l	m	n
		Schutzüberzugsstoffe	bituminöse Stoffe[2])		Kunstharzlösungen			Kunstharz-dispersion	Reaktionsharze			Reaktionsharze mit Teerpech	
einwirkende Stoffe			Bitumen	Teerpech	Chlorkautschuk	PVC-Kopolymerisat	chlorsulfoniertes Polyäthylen (CSP)	Polyvinylidenchlorid (PVDC)	ungesättigter Polyester (UP)	Epoxid (EP)	Polyurethan (PU)	Epoxidharz	Polyurethan
Gruppe		Art											
1	Wasser und sauer reagierende Stoffe	Wasser bis 30 °C, Moorwasser, aggressives CO_2, Sulfatlösungen, Tausalzlösungen	+	+	+	+	+	+	+	+	+	+	+
2		Wasser von 30 °C bis 60 °C	+	+	+	(+)	+	+	+	+	+	+	+
3		Ammoniumsalzlösungen	+	+	+	+	+	(+)	+	+	+	+	+
4		verdünnte Mineralsäuren (bis pH = 1)	+	+	(+)	(+)	+	+	+	+	(+)	+	+
5		stärkere Mineralsäuren	–	–	–	–	+	(+)	+	–	–	(+)	–
6		niedere organische Säuren	(+)	(+)	(+)	–	(+)	+	(+)	(+)	(+)	(+)	(+)
7		Fettsäuren	–	(+)	(+)	(+)	(+)	(+)	+	(+)	(+)	(+)	(+)
8	Laugen	Ammoniakwässer	+	+	+	+	+	(+)	(+)	+	+	+	+
9		verdünnte Laugen (bis pH = 13)	+	(+)	+	+	+	+	(+)	+	(+)	+	(+)
10		stärkere Laugen	–	–	(+)	+	+	+	(+)	+	–	(+)	–
11	Öle und Treibstoffe	pflanzliche und tierische Fette und Öle	–	–	–	–	–	+	+	+	+	+	+
12		Schmieröle	–	(+)	+	(+)	+	+	+	+	+	+	+
13		Heizöle[3])	–	–	(+)	+	–	+	+	+	+	+	+
14		Benzinkohlenwasserstoffe	–	–	+	(+)	–	+	+	+	+	+	(+)
15		Benzolkohlenwasserstoffe	–	–	–	–	–	–	(+)	+	–	–	–
16		Teeröle	–	–	–	–	–	(+)	–	–	–	–	–

Zur Kennzeichnung der Schutzüberzugsstoffe enthält die Tafel auch Stoffe, die nicht Beton, wohl aber bestimmte Schutzüberzugsstoffe angreifen.
Zeichenerklärung: + widerstandsfähig, (+) bedingt widerstandsfähig, – nicht widerstandsfähig

[1]) bei gleichzeitiger UV-Einstrahlung (Freibewitterung) teilweise anstelle von widerstandsfähig nur bedingt widerstandsfähig
[2]) bei gleichzeitiger UV-Einstrahlung (Freibewitterung) Mindestschichtdicke 0,5 mm
[3]) Schutzüberzugsstoffe, die für den Innenschutz von Auffangbehältern für Heizöl verwendet werden sollen, bedürfen der Zulassung des Prüfausschusses für Sicherungsgegenstände bei Lagerung grundwasserschädigender Flüssigkeiten beim Institut für Bautechnik in Berlin.

6.12 Fachliteratur
6.12.1 Normen

DIN 1045	12. 78	Beton- und Stahlbeton; Bemessung und Ausführung
DIN 1048	12. 78	Teil 1 Prüfverfahren für Beton; Frischbeton, Festbeton gesondert hergestellter Probekörper
	2. 76	Teil 2 –; Bestimmung der Druckfestigkeit von Festbeton in Bauwerken und Bauteilen
	12. 78	Vornorm: Teil 4 –; Bestimmung der Druckfestigkeit von Festbeton in Bauwerken und Bauteilen; Anwendung von Bezugsgeraden und Auswertung mit besonderen Verfahren
DIN 1075	4. 81	Betonbrücken; Bemessung und Ausführung
DIN 1084	12. 78	Teil 1 –; Güteüberwachung im Beton- und Stahlbeton; Beton B II auf Baustellen
	12. 78	Teil 2 –; Fertigteile
	12. 78	Teil 3 –; Transportbeton
DIN 1100	5. 79	Hartstoffe für zementgebundene Hartstoffestriche
DIN 1115	5. 77	Betondachsteine; Anforderungen, Prüfung, Überwachung
DIN 1164	11. 78	Teil 1 –; Portland-, Eisenportland-, Hochofen- und Traßzement; Begriffe, Bestandteile, Anforderungen, Lieferung
	11. 78	Teil 2 –; Güteüberwachung
	11. 78	Teil 3 –; Bestimmung der Zusammensetzung
	11. 78	Teil 4 –; — Mahlfeinheit
	11. 78	Teil 5 –; — Erstarrungszeiten mit dem Nadelgerät
	11. 78	Teil 6 –; — Raumbeständigkeit mit dem Kochversuch
	11. 78	Teil 7 –; — Festigkeit
	11. 78	Teil 8 –; — Hydratationswärme mit dem Lösungskalorimeter
DIN 4030	11. 69	Beurteilung betonangreifender Wässer, Böden und Gase
DIN 4031	3. 78	Wasserdruckhaltende bituminöse Abdichtungen für Bauwerke; Richtlinien für Bemessung und Ausführung
DIN 4032	1. 81	Betonrohre und Formstücke; Maße, Technische Lieferbedingungen
DIN 4102	5. 81	Brandverhalten von Baustoffen und Bauteilen, Baustoffe
DIN 4108	8. 81	Wärmeschutz im Hochbau
DIN 4109	9. 62	Schallschutz im Hochbau
DIN 4126	5. 81	Entwurf: Schlitzwände; Ortbetonschlitzwände; Konstruktion und Ausführung
DIN 4187	4. 74	Bl. 1 Siebböden; Lochplatten für Prüfsiebe, Rundlochung
		Bl. 2 –; Quadratlochung
		Bl. 3 –; Technische Lieferbedingungen
DIN 4188	10. 77	Siebböden, Drahtsiebböden für Analysensiebe
DIN 4207	2. 72	Mischbinder
DIN 4219	12. 79	Leichtbeton und Stahlleichtbeton mit geschlossenem Gefüge
DIN 4226	12. 71	Zuschlag für Beton; Zuschlag mit dichtem Gefüge; Begriffe; Bezeichnung, Anforderung und Überwachung
	11. 80	Entwurf: Teil 1 –; –; Begriffe und Anforderungen
DIN 4227	12. 79	Spannbeton
DIN 4235	12. 78	Verdichten von Beton durch Rütteln
DIN 18331	10. 79	VOB; Beton und Stahlbetonarbeiten
DIN 18551	7. 79	Spritzbeton; Herstellung und Prüfung
DIN 18555	1. 72	Mörtel aus mineralischen Bindemitteln; Prüfung
DIN 18557	10. 80	Entwurf: Werkmörtel; Herstellung, Überwachung und Lieferung
DIN 25413	3. 76	Klassifikation von Betonen nach Elementanteilen bei Verwendung zur Neutronenabschirmung

DIN 51043	8. 79	Traß; Anforderungen, Prüfung
DIN 52114	11. 72	Bestimmung der Kornform bei Schüttgütern mit der Kornform-Schieblehre
DIN 52170	2. 80	Bestimmung der Zusammensetzung von erhärtetem Beton
DIN 52171	7. 42	Stoffmengen und Mischungsverhältnis im Frischmörtel und -beton
DIN 52449	2. 79	Bestimmung des Mischungsverhältnisses von kalkhaltigem Mörtel im unverarbeiteten Zustand
DIN 55302	11. 70	Statistische Auswertungsverfahren, Häufigkeitsverteilung, Mittelwert und Streuung
DIN 55303	5. 78	Entwurf: Teil 2 –; Statistische Auswertung von Daten; Schätz- und Testverfahren für Mittelwerte und Varianten

6.12.2 Bücher u. a. Veröffentlichungen

AGI-Arbeitsblätter der Arbeitsgemeinschaft Industriebau e. V.; Curt R. Vincentz Verlag, Hannover.

Albrecht/Mannherz: „Zusatzmittel, Anstrichstoffe, Hilfsstoffe für Beton und Mörtel"; Bauverlag GmbH, Wiesbaden und Berlin.

Basalla: „Baupraktische Betontechnologie"; Bauverlag GmbH, Wiesbaden und Berlin.

Bauberatung Zement: „Beton – Herstellung nach Norm"; Beton-Verlag GmbH, Düsseldorf.

Beton-Kalender; Verlag Wilhelm Ernst und Sohn, Berlin – München – Düsseldorf.

Beton-Handbuch, Leitsätze für die Bauüberwachung und Bauausführung; Herausgeber Deutscher Beton-Verein.

Betontechnische Berichte; Forschungsinstitut der Zementindustrie, Düsseldorf, Beton-Verlag GmbH, Düsseldorf.

Biczók: „Betonkorrosion, Betonschutz"; Bauverlag GmbH, Wiesbaden und Berlin.

Bonzel, Bub, Funk: „Erläuterungen zu den Stahlbetonbestimmungen"; Verlag Wilhelm Ernst und Sohn, Berlin – München – Düsseldorf.

Czernin: „Zementchemie für Bauingenieure"; Bauverlag GmbH, Wiesbaden und Berlin.

Lohmeyer: „Stahlbetonbau – Bemessung, Konstruktion, Ausführung"; Verlag B. G. Teubner, Stuttgart.

Rapp: „Technik des Sichtbetons"; Beton-Verlag GmbH, Düsseldorf.

„Straßenbau von A bis Z"; Forschungsgesellschaft für das Straßenwesen e. V., Köln, Erich Schmidt Verlag, Bielefeld.

Weber, Schwara, Soller: „Guter Beton – Ratschläge für die richtige Betonherstellung"; Herausgeber Bundesverband der Deutschen Zementindustrie e. V., Köln.

Zement-Merkblätter; Herausgeber Bundesverband der Deutschen Zementindustrie e. V., Köln.

Zementtaschenbuch; Herausgeber Verein Deutscher Zementwerke e. V., Düsseldorf.

Abbildungsnachweis zu Kapitel 6:

Abb. 2, 3, 17, 24: Guter Beton
5, 6, 7, 8: DIN 1045
12: Soller
18: Dr. Richartz
20: Walz
21: Zement- und Betonlaboratorium, Beckum
19, 22, 25, 26, 27: BDZ

7 Schallschutz

Unter Schallschutz versteht man alle die Maßnahmen, die geeignet sind, aus der Nachbarschaft an das Ohr eines Hörers gelangenden unerwünschten Schall zu verringern. Im wesentlichen sind dies bauliche Maßnahmen, um in Nachbarräumen erzeugten Störschall abzudämmen oder auch um die Störschallstärke in dem Raum zu vermindern, in welchem sich der Hörer aufhält, z.B. durch Schallabsorption oder Kapselung von Geräuschquellen.

7.1 Was ist Schall, und wie wird er beschrieben?

Unter Schall versteht man mechanische Schwingungen oder Wellen in einem elastischen Medium. Breiten sie sich in Luft aus, spricht man von *Luftschall,* bei Ausbreitung in festen Körpern oder Gebäudeteilen von *Körperschall.* Außer der *Schallstärke* oder der *Amplitude* interessiert beim Schall aber auch seine Zusammensetzung nach der *Tonhöhe* oder *Frequenz.* Unter Frequenz versteht man die Zahl der Schwingungen pro Sekunde, wofür man die Einheit Hertz (Hz) benutzt. Schall, der aus nur einer einzigen Frequenz besteht, also zeitlich sinusförmigen Verlauf hat, bezeichnet man als reinen Ton. Er kommt in der Natur kaum vor, er wird lediglich für Meßzwecke künstlich erzeugt. Die Vokale der menschlichen Sprache z. B. sowie der meiste Musikinstrumentenschall sind eine Überlagerung von Tönen mit ganzzahligem Frequenzverhältnis. Solche Schallvorgänge bezeichnet man als Klänge, sie sind periodisch, d. h., sie wiederholen sich im Rhythmus des Grundtons. Unperiodischen Schall oder solchen, der aus einer großen Menge von Teiltönen zusammengesetzt ist, die nicht in einfachem Frequenzverhältnis stehen, bezeichnet man als Geräusch. Sehr häufig treten auch Mischungen aus Klängen und Geräuschen in Erscheinung.

Der *Trittschall* gehört zu den Geräuschen. Unter Trittschall versteht man alle Arten von unmittelbarer Körperschallanregung von Bauteilen, im allgemeinen von Fußböden. Es sind dies Gehgeräusche, Fallenlassen von Gegenständen auf den Fußboden, Möbelrücken und dgl. So erzeugter Körperschall wird dann als Luftschall in den darunterliegenden Raum abgestrahlt.

Das jugendliche menschliche Ohr nimmt Schall in einem Bereich von etwa 20–20000 Hz wahr. Auf dem baulichen Schallschutzsektor interessiert man sich aber nur für den Bereich von 100–3200 Hz, da unter 100 Hz die Empfindlichkeit des Ohres mit fallender Frequenz stark nachläßt und oberhalb 3200 Hz die Schalldämmung aller Bauteile sehr groß, die Stärke von Frequenzanteilen oberhalb 3200 Hz dagegen sehr gering wird. Entsprechendes gilt für den Trittschall.

Zur vollständigen Beschreibung eines sog. stationären, d. h. im Mittel gleichmäßig andauernden Schallvorganges gehört *erstens* die Frequenzzusammensetzung. Sie wird für Schallschutzzwecke im allgemeinen durch eine Oktav- oder Dritteloktav-(Terz-)Analyse bestimmt. Dabei wird die Luftschallschwingung durch ein Mikrophon in eine elektrische Spannungsschwankung umgewandelt und diese durch elektrische Filter von einer Oktave oder Terz Durchlaßbreite lückenlos im interessierenden Frequenzbereich in einzelne Tonhöhenbereiche zerlegt. In diesen Filterbereichen wird dann einzeln die Stärke des Schallanteils elektrisch zur Anzeige gebracht. Man bezeichnet die Darstellung der Amplituden der einzelnen Schallkomponenten in Abhängigkeit von der Tonhöhe als *Frequenz-* oder *Schallspektrum*. Bei periodischen Vorgängen besteht das Spektrum aus einzelnen senkrechten Linien, deren Länge die Amplitude bei der betreffenden Teilfrequenz anzeigt. Bei unperiodischem Schall rücken diese Linien so dicht zusammen, daß man von einem kontinuierlichen Spektrum spricht.

Beim Luftschall schwingen die Luftteilchen in Richtung der Schallfortpflanzung. Da sie Luftverdichtungen und -verdünnungen hervorrufen, spricht man von Dichtewellen. Unter Wellenlänge versteht man bei einem periodischen Schwingungsvorgang den räumlichen Abstand der Punkte gleichen zeitlichen Schwingungszustands und gleicher Zustandsänderungsrichtung (Phase). Die Wellenlänge λ hängt mit der Frequenz f und der Schallfortpflanzungs-Geschwindigkeit in Luft c zusammen nach der Formel $\lambda = c/f$.

Beim Körperschall können in begrenzten Festkörpern (Platte, Stab) verschiedene Schwingungsarten auftreten. Für den Schallschutz sind in erster Linie die Biegeschwingungen von Bedeutung. Bei dieser Wellenart schwingen die Teilchen des Festkörpers senkrecht zur Wellenfortpflanzungsrichtung, also z. B. bei einer Platte senkrecht zu ihrer Flächenausdehnung.

Die Stärke eines Schalls als *zweite* Bestimmungsgröße wird normalerweise über den *Schalldruck* erfaßt, sei es im gesamten Frequenzbereich gleichzeitig oder aber auch in den obengenannten Frequenzteilbereichen (Oktave oder Terz). Schalldruck ist der Wechseldruck (Druck- oder Dichteschwankung), der die Stärke eines Schalles bestimmt und der sich dem statischen Druck (z. B. dem atmosphärischen Luftdruck) überlagert. Der Schalldruck wird in Mikrobar oder in Newton/m² gemessen (1 N/m² = 10 µbar).

Da sich die im täglichen Leben auftretenden Schalldrücke bis zu 5 Zehnerpotenzen unterscheiden können, wird der Schalldruck oder die Schallstärke vorzugsweise als Schallpegel L gekennzeichnet. Hierunter versteht man den zehnfachen dekadischen Logarithmus des Verhältnisses: Quadrat des jeweiligen Schalldruckes p zu dem Quadrat des etwa bei 1000 Hz eben noch hörbaren Bezugsschalldruckes $p_0 = 2 \times 10^{-4}$ µbar.

$$L = 10 \lg \frac{p^2}{p_0{}^2}$$

Dieser Schallpegel wird in Dezibel (dB) angegeben. Wie schon erwähnt, ist das Ohr im unteren Tonbereich unempfindlicher als für Frequenzen im mittleren und oberen Bereich; um so unempfindlicher, je tiefer die Frequenz und je leiser ein Geräusch ist. Um dieses zu berücksichtigen, können in den Verstärker eines Schallpegelmessers Bewertungsfilter eingeschaltet werden. Man spricht von der sogenannten A-Bewertung, die damit gemessenen *A-bewerteten Schallpegel* werden in dB(A) angegeben. Daneben gibt es noch für Sonderzwecke eine B- und eine C-Bewertung. Im baulichen Schallschutz wird, wie überhaupt in der Lärmbekämpfung, hauptsächlich mit der A-Bewertung gemessen. Das dB(A) ist an die Stelle des früheren DIN-Phon getreten und wird international als objektive Maßeinheit für Geräuschpegel benutzt. dB(A) und DIN-Phon unterscheiden sich bei den meisten Geräuschen nur geringfügig voneinander. In *Tab. 7.1* sind die Geräuschpegel für eine Reihe bekannter Geräuschsituationen zusammengestellt.

Tab. 7.1

dB(A)	Geräuschart
0	Hörschwelle
10– 20	Hintergrundgeräusch bei äußerst ruhiger Umgebung
20– 30	Hintergrundgeräusch in geschlossenen Räumen bei sehr ruhiger Umgebung, Atemgeräusch, Blätterrauschen bei ganz schwachem Wind und in sonst ruhiger Umgebung
40– 50	Straßenlärm in Räumen bei geschlossenen Fenstern und Türen und bei Straßen mit mäßigem Verkehr
55– 65	Mittlere Unterhaltungslautstärke in etwa 1 m Abstand, „Zimmerlautstärke" von Rundfunk und Fernsehdarbietungen
60– 95	Klavier in Wohnräumen
70– 85	Pkw im Freien in 7 m Abstand bei mittlerer bis voller Leistung
> 90	Bei Dauereinwirkung Gehörschäden
80–100	Fortissimo in Konzertsälen bei großem Orchester, Diskotheken
100–120	Schiffsmaschinenräume bei voller Maschinenleistung, unterhalb eines Flugzeugs in 50 m Höhe nach dem Start
120	Schmerzgrenze des Gehörs

7.2 Luftschallschutz

7.2.1 Messung, Darstellung und Bewertung der Luftschalldämmung

Treffen Luftschallwellen auf eine Trennwand oder Decke zwischen zwei Räumen auf, so regen sie Wand oder Decke zu Biegeschwingungen an, die dann im benachbarten Raum wieder als Luftschall abgestrahlt werden. Man bezeichnet das Verhältnis der auf die Wand oder Decke auffallenden Schallleistung zu der in den Nachbarraum abgestrahlten als Schalldämmung und den zehnfachen dekadischen Logarithmus dieses Verhältnisses als *Schalldämmaß R (R* im Prüfstand gemessen, *R'* am Bau gemessen). Auch das Schalldämmaß wird in Dezibel angegeben.

Die Schalldämmung ist von der Frequenz abhängig. Sie nimmt, von Sonderfällen abgesehen, mit steigender Frequenz zu. Die vollständige Beschreibung der Schalldämmung eines Bauteiles wird daher immer eine Kurve sein, die die Abhängigkeit der Schalldämmung von der Frequenz darstellt. Diese Kurve ist das Ergebnis einer Messung. Die normgerechte Durchführung einer Dämmungsmessung ist in DIN 52210 Bl. 1 beschrieben.

In *Abb. 7.1* sind einige Beispiele für Schalldämmungskurven wiedergegeben. Ganz allgemein wird die Messung durch Ermittlung der Schallpegel diesseits und jenseits der zu prüfenden

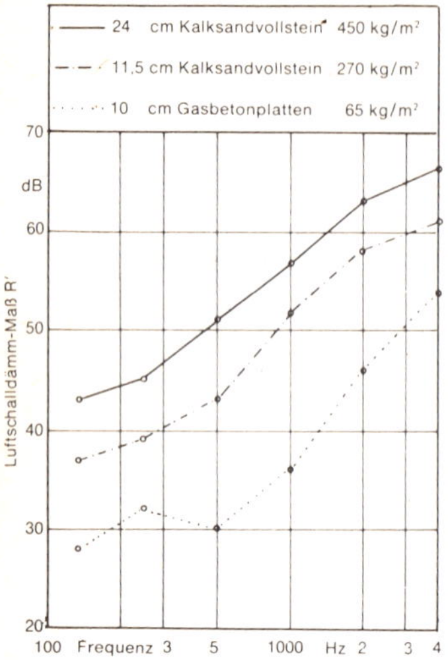

Abb. 7.1: Luftschalldämmung von Wänden

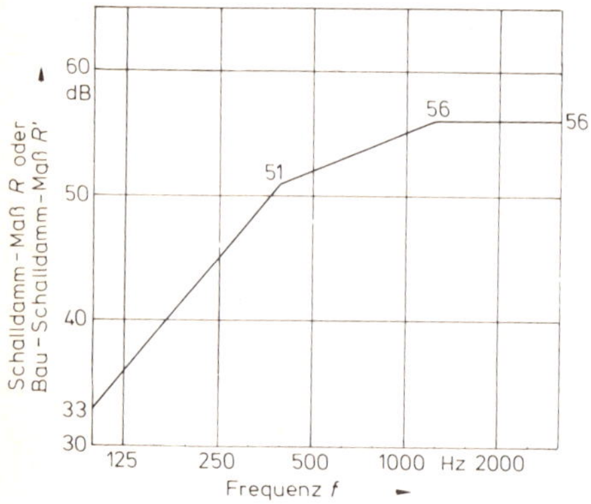

Abb. 7.2: Bezugskurve zur Berechnung des Schalldämmaßes

Wand oder Decke in einem Prüfstand oder am Bau vorgenommen, wenn in einem der beiden Räume eine Schallquelle betätigt wird. Um die Frequenzabhängigkeit der Dämmung zu erfassen, sendet die Schallquelle, meist ein Lautsprecher, Geräusche verschiedener Tonhöhe aus. Diese Geräusche haben eine Frequenzbandbreite von einer Oktave (Frequenzverhältnis 1:2) oder einer Dritteloktave (Terz) und sind in ihrer Mittenfrequenz in Terz- oder Oktavschritten einstellbar. Mit Hilfe von Meßmikrophonen wird der mittlere Schalldruck in beiden Räumen gemessen und daraus die Schallpegeldifferenz ermittelt. Diese Pegeldifferenz wird dann noch mit der Schallabsorption des „leisen" Raumes korrigiert.

Für viele Anwendungszwecke ist eine Gesamtbewertung der Schalldämmung über den interessierenden Frequenzbereich von 100 bis 3150 Hz mit 16 Dämmmaßwerten bei Terzschritten in Form einer Einzahlangabe nötig. Ursprünglich hat man den arithmetischen Mittelwert aus den 16 Dämmaßwerten gebildet und so eine mittlere Luftschalldämmung definiert. Bei der Bildung des mittleren Schalldämmaßes wurde jedoch die unterschiedliche Empfindlichkeit des menschlichen Ohres für tiefe und hohe Frequenzen nicht berücksichtigt. Außerdem hatte diese Mittelung den Nachteil, daß beliebig niedrige Schalldämmwerte eines Frequenzgebietes durch beliebig hohe Werte in einer anderen Frequenzlage kompensiert werden konnten, was nicht dem Gehöreindruck entspricht.

Man hat daher eine Soll- oder Bezugskurve für die Luftschalldämmung festgelegt, die in ihrem Frequenzverlauf etwa der A-Bewertungskurve (s. Abschn. 7.1) entspricht und somit den Eigenschaften des menschlichen Ohres Rechnung trägt. Die durch Vergleich mit der Bezugskurve ermittelte Einzahlangabe des Schalldämmaßes wird *Luft-*

schallschutzmaß (LSM) genannt. Wurden in DIN 4109 Bl. 2 noch zwei Sollkurven festgelegt, nämlich für Messungen in einem Prüfstand und für Messungen am Bau, ist in einer aufgrund internationaler Normung als Bl. 4 zu DIN 52210 erstellten Neufassung der Einzahlangaben die Bezugskurve für Prüfstandsmessung fortgefallen *(Abb. 7.2)*.

Das Luftschallschutzmaß wird durch Vergleich der Meßkurve mit der Bezugskurve nach *Abb. 7.2* ermittelt. Dazu wird die Bezugskurve gegenüber der Meßkurve parallel zu sich selbst in Ordinatenrichtung um ganze dB so weit verschoben, daß die mittlere Unterschreitung der Bezugskurve durch die Meßkurve so groß wie möglich wird, jedoch nicht mehr als 2,0 dB beträgt. Der Betrag, um den die Bezugskurve hierbei verschoben wird, ist das Luftschallschutzmaß LSM.

Bei einer Verschiebung nach oben ist das Luftschallschutzmaß positiv, bei einer Verschiebung nach unten negativ. Die mittlere Unterschreitung wird bestimmt, indem man die einzelnen Unterschreitungen der verschobenen Bezugskurve bei den jeweiligen Meßfrequenzen summiert. Überschreitungen der Bezugskurve werden nicht berücksichtigt. Bei Messungen mit Terzfiltern in Terzabständen werden die Unterschreitungen bei den Frequenzen 100 Hz und 3150 Hz mit ihrem halben Wert eingesetzt und die Summe aller Unterschreitungen wird durch n − 1 = 15 geteilt, wobei n die Anzahl der Meßfrequenzen ist.

Die durch die Lage der Bezugskurve bedingte Einteilung der Schalldämmungen in solche mit positivem und solche mit negativem LSM ist etwas Willkürliches und hängt mit den Mindestanforderungen für Wohnungstrennwände zusammen. Man hat auf der Basis der gleichen Bezugskurve noch ein zweites Einzahlmaß für die Schalldämmung definiert, und zwar das ,,bewertete Schalldämmaß R_w''. Das bewertete Schalldämmaß R_w wird wie das Luftschallschutzmaß durch Vergleich der Meßkurve mit der Bezugskurve nach *Abb. 7.2* ermittelt. Der Ordinatenwert der verschobenen Bezugskurve bei 500 Hz ist das bewertete Schalldämmaß R_w.

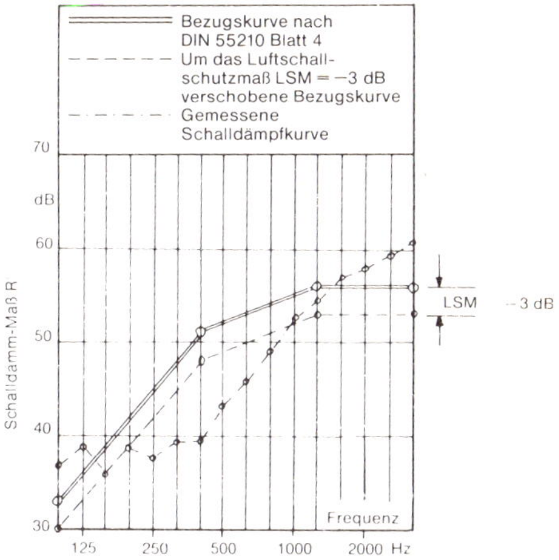

Abb. 7.3: Beispiel zur Berechnung des Luftschallschutzmaßes

Zwischen dem Luftschallschutzmaß LSM und dem bewerteten Schalldämmmaß R_w besteht die Beziehung:

$R_w = \text{LSM} + 52\ \text{dB}$

Bei Bewertung einer Messung des Bauschalldämmaßes *R'* wird das bewertete Bauschalldämmaß mit R'_w bezeichnet.

7.2.2 Anforderungen an den Luftschallschutz und Nachweis ausreichenden Luftschallschutzes

Mit Hilfe des Luftschallschutzmaßes sind nun in DIN 4109 Bl. 2, Tabelle 1, die Mindestanforderungen zusammengestellt, die bei Wohnungstrennwänden und -decken in Mehrfamilienhäusern erfüllt sein müssen. Die dort festgelegten Werte sind von den für den Hochbau zuständigen Länderministerien als verbindlich erklärt worden. Ihre Einhaltung kann vom Bauherrn und vom Mieter als selbstverständlich angesehen werden.

Stellt z. B. ein Mieter nach dem Einzug einen Verstoß gegen die Schallschutzmindestforderungen fest, kann er Mietminderung fordern.

Die Festlegung der Bezugskurve und des Schallschutzmaßes von 0 dB als Mindestforderung ist willkürlich. Sie stellt einen Kompromiß dar zwischen der Forderung nach möglichst hohem Schallschutz und vertretbarem bautechnischem Aufwand.

Die erwähnte Tabelle aus DIN 4109 ist als *Tab. 7.2* abgedruckt. Das LSM darf

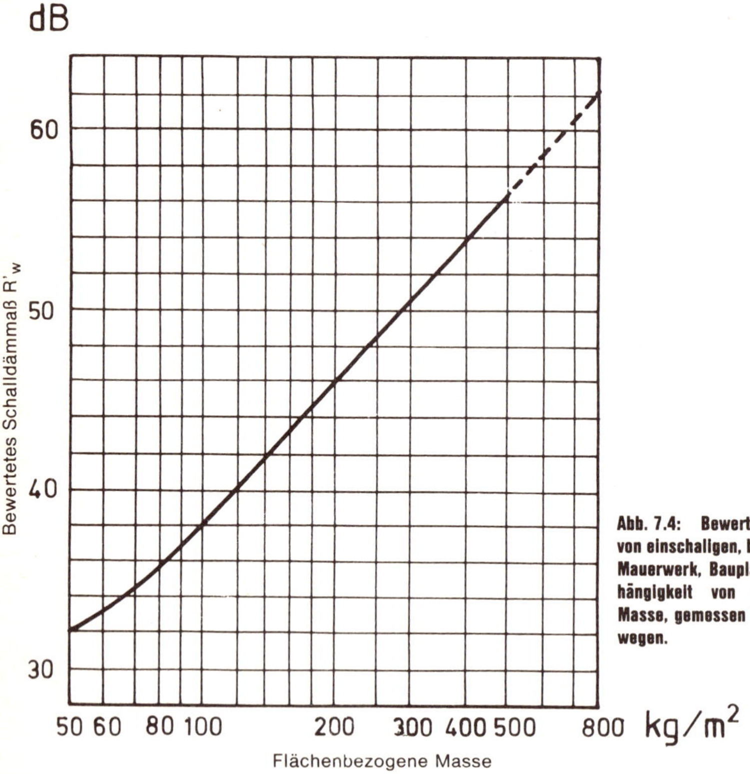

Abb. 7.4: Bewertetes Schalldämmaß R'_w von einschaligen, biegesteifen Wänden aus Mauerwerk, Bauplatten oder Beton in Abhängigkeit von der flächenbezogenen Masse, gemessen bei bauüblichen Nebenwegen.

danach 0 dB nicht unterschreiten. Für Decken und Wände über oder neben Durchfahrten usw. wird ein LSM von ≧ 3 dB verlangt, desgleichen für Haus- bzw. Wohnungstrennwände zwischen Einfamilienreihen- und Einfamiliendoppelhäusern. Die höheren Mindestforderungen bei Durchfahrten erklären sich natürlich durch den höheren Lärmanfall. Über die Gründe für ein LSM ≧ 3 dB bei Reihenhäusern usw. wird im Abschnitt Flankenübertragung eingegangen.

Sehr viel höhere Mindestforderungen mit einem LSM von ≧ 10 dB werden an Decken und Wände gestellt, die Gaststätten, Lichtspieltheater, Gewerbebetriebe und dgl. von Wohn- oder fremden Arbeitsräumen trennen. Ähnliche Forderungen gelten für Trennflächen in Hotels, Gasthäusern und Krankenhäusern zwischen „lauten" und ruhebedürftigen Räumen.

Neben den Mindestanforderungen werden in der genannten Quelle auch Vorschläge für einen erhöhten Schallschutz gemacht. Bei erhöhtem Schallschutz soll in allen Fällen ein LSM von mehr als 3 dB erreicht werden. Schließlich enthält die Tabelle auch noch Angaben über die Anforderungen, die an den Trittschallschutz zu stellen sind. Hierauf wird in einem späteren Abschnitt zurückgekommen.

Von entscheidender Wichtigkeit für den Bauplaner ist nun die Frage, welche Baukonstruktionen die erwähnten Anforderungen erfüllen. Hier ist in DIN 4109 Bl. 3 eine Großzahl von Ausführungsbeispielen zusammengestellt. In dieser Zusammenstellung ist die überwiegende Mehrzahl aller heute gebräuchlichen Wand- und Deckenausführungen enthalten. Werden Baukonstruktionen für den Wohnungsbau vorgesehen, die nicht durch ein Beispiel in DIN 4109 Bl. 3 abgedeckt sind, ist der Nachweis ausreichenden Schallschutzes durch eine *Eignungsprüfung* zu erbringen.

Solche Eignungsprüfungen werden in besonderen Prüfständen und von besonders dafür qualifizierten Prüfstellen vorgenommen. Außerdem hat eine Nachprüfung am Bau stattzufinden. Neben den Eignungsprüfungen gibt es noch *Güteprüfungen* in ausgeführten Bauten. Ihre Ergebnisse gelten lediglich für die Beurteilung des akustischen Verhaltens des untersuchten Bauteiles in Verbindung mit dem betreffenden Bauwerk. Die Vereinbarungen über Eignungs-, Güte- und Baumusterprüfungen sind in DIN 52210 Bl. 3 festgelegt.

Da Blatt 2 von DIN 4109, in dem die Mindestforderungen an den Schallschutz zusammengestellt sind, bereits aus dem Jahre 1962 stammt, ist eine Neufassung in Arbeit, die voraussichtlich 1986 erscheinen wird und bei der voraussichtlich für den Mindestschallschutz höhere Werte verlangt werden.

Ferner wird in Anlehnung an die internationale Norm (ISO 717) das LSM gestrichen und nur noch das bewertete Schalldämmaß R_w verwendet werden. Dabei sollen auch die Halbbewertungen der Eckfrequenzen (s. o.) fortfallen, und die Pegelsumme soll durch 16 geteilt werden.

Tab. 7.2: Luft- und Trittschallschutz von Decken, Luftschallschutz von Wänden; Mindestanforderungen und Vorschläge für einen erhöhten Schallschutz bei Aufenthaltsräumen (nach DIN 4109, Blatt 2)

		Bauteile	Mindestanforderungen[1])			Vorschläge für einen erhöhten Schallschutz		
			Luft-schall-schutz-maß LSM in dB	Trittschallschutzmaß TSM in dB		Luft-schall-schutz-maß LSM in dB	Trittschallschutzmaß TSM in dB	
				unmittelbar[1])	≧ 2 Jahre nach Fertigstellung des Baues		unmittelbar[1])	≧ 2 Jahre nach Fertigstellung des Baues
Geschoßhäuser mit Aufenthaltsräumen (Wohnungen und Arbeitsräume)								
1	Decken	Decken unter nicht nutzbaren Dachräumen	–			–		
2		Decken unter nutzbaren Dachräumen, z. B. unter Trockenböden, Waschküchen, Bodenkammern und ihren Zugängen	0	3	0	≧ 3	≧ 13	≧ 10
3		Wohnungstrenndecken und Decken zwischen fremden Arbeitsräumen	0	3[2])	0[2])	≧ 3	≧ 13[2])	≧ 10[2])
4		Decken über Kellern, Hausfluren, Treppenräumen unter Aufenthaltsräumen	0	3[3])	0[3])	≧ 3	≧ 13[3])	≧ 10[3])
5		Decken über Durchfahrten, Einfahrten von Sammelgaragen u. ä. unter Aufenthaltsräumen	3[4])	3[3])	0[3])	≧ 3[4])	≧ 13[3])	≧ 10[3])
6		Decken unter Terrassen, Loggien und Laubengängen über Aufenthaltsräumen	–	3	0	–	≧ 13	≧ 10
7		Decken unter Laubengängen	–	3[3])	0[3])	–	≧ 13[3])	≧ 10[3])
8		Decken zweigeschossiger Wohneinheiten	–	3[3])	0[3])	0	≧ 13[3])	≧ 10[3])
9	Wände	Wohnungstrennwände[3]) und Wände zwischen fremden Arbeitsräumen	0	–		≧ 3	–	
10		Treppenraumwände und Wände neben Hausfluren	0	–		≧ 3	–	
11		Wände neben Durchfahrten, Einfahrten von Sammelgaragen u. ä.	3[4])	–		≧ 3[4])	–	
Einfamilienhäuser[5])								
12		Decken in Einfamilien-Reihen- und Einfamilien-Doppelhäusern	–	3[3])	0[3])	≧ 0	≧ 13[3])	≧ 10[3])
13		Decken in frei stehenden Einfamilienhäusern	–	–		≧ 0	≧ 3	≧ 0
14		Haustrennwände (Wohnungstrennwände)[3]) zwischen Einfamilien-Reihen- und Einfamilien-Doppelhäusern	3	–		≧ 3	–	
Gaststätten, Lichtspieltheater, Gewerbebetriebe und dgl., die an Wohnungen oder fremde Arbeitsräume grenzen								
15		Decken	10[6])	20[7])	20[7])	> 10[6])	> 20[7])	> 20[7])
16		Wände[8])	10[6])	–		> 10[6])		–

Forts. Tab. 7.2

Nr.	Bauteile	Mindestanforderungen[1]) Luftschallschutzmaß LSM in dB	Mindestanforderungen[1]) Trittschallschutzmaß TSM in dB: unmittelbar[1])	Mindestanforderungen[1]) Trittschallschutzmaß TSM in dB: ≧ 2 Jahre nach Fertigstellung des Baues	Vorschläge für einen erhöhten Schallschutz: Luftschallschutzmaß LSM in dB	Vorschläge für einen erhöhten Schallschutz: Trittschallschutzmaß TSM in dB: unmittelbar[1])	Vorschläge für einen erhöhten Schallschutz: Trittschallschutzmaß TSM in dB: ≧ 2 Jahre nach Fertigstellung des Baues
Hotels, Gasthäuser, Krankenhäuser							
17	Decken zwischen „ruhigen Räumen" (Übernachtungs- und Krankenräume) und „lauten Räumen" (Gasträume, Küchen und dgl.)	10[6])	20[7])	20[7])	> 10[6])	> 20[7])	> 20[7])
18	Wände entsprechend Zeile 17	10[6])	–		> 10[6])	–	
19	Decken zwischen „ruhigen Räumen" (Übernachtungs- und Krankenräume einschl. der zugehörigen Flure)	0	3	0	≧ 3	≧ 13	≧ 10
20	Wände entsprechend Zeile 19	– 3[9])	–		≧ 0	–	
Schulen[10])							
21	Decken zwischen Unterrichtsräumen und dgl. einschl. der Flure	3	13	10	–		
22	Wände zwischen Unterrichtsräumen und dgl.	3	–		–		
23	Wände zwischen Unterrichtsräumen und Fluren bzw. Treppenräumen	0	–		–		

[1]) Die Werte dieser Spalte enthalten einen Sicherheitszuschlag von 3 dB für eine etwaige Alterung der Trittschalldämmschichten im Laufe der Zeit.

[2]) Bei Decken zwischen Aborten, Bädern und Arbeitsküchen als Schutz gegen waagerechte und schräge Trittschallübertragung.

[3]) Nur wegen der waagerechten und schrägen Trittschallübertragung in fremde Aufenthaltsräume.

[4]) Sind Durchfahrten zugleich Verkehrswege, soll ein Sachverständiger hinzugezogen werden; Anforderungen ggf. höher.

[5]) Ein guter Luft- und Trittschallschutz kann bei Einfamilien-Reihen- und Einfamilien-Doppelhäusern am zweckmäßigsten durch eine über die gesamte Gebäudetiefe und -höhe verlaufende Trennfuge erreicht werden.

[6]) Das Luftschallschutzmaß *LSM* ≧ 10 dB kann in der Regel nicht durch Verbesserung des Luftschallschutzes der Trennflächen allein, sondern nur durch gleichzeitige Minderung der Flankenübertragung erreicht werden. Es empfiehlt sich, dafür einen Sachverständigen hinzuzuziehen.

[7]) Gemessen in Richtung der Lärmausbreitung; z. B. in Gaststätten durch Trittschallanregung des Fußbodens und Messung in der darüber liegenden Wohnung.

[8]) Für Wände zwischen Gaststätten usw. und der eigenen Wohnung des Inhabers gelten die Werte als Empfehlung.

[9]) Kann mit 11,5 cm dicken Wänden bei einem Gewicht einschließlich beiderseitigem Putz von mindestens 250 kg/m² erreicht werden.

[10]) Siehe auch DIN 18031 „Hygiene im Schulbau, Leitsätze".

7.2.3 Das Luftschalldämmverhalten von Wänden und Decken

Schon in den Anfängen der Bauakustik hat man festgestellt, daß eine Wand oder Decke um so besser dämmt, je schwerer, also auch je dicker sie ist. Ferner ergab sich aus den Messungen, daß im allgemeinen die Luftschalldämmung mit der Frequenz zunimmt. *Abb. 7.4* zeigt die Abhängigkeit einschaliger Wände oder Decken von der flächenbezogenen Masse.

In *Abb. 7.1* ist die Schalldämmung in Abhängigkeit von der Frequenz für verschieden schwere Wände aufgetragen. Dabei fällt auf, daß die Schalldämmung der beiden schwereren Wände verhältnismäßig gleichförmig mit der Frequenz ansteigt, während die bedeutend leichtere Gasbetonwand einen Einbruch im mittleren Frequenzbereich aufweist.

Wie schon erwähnt, wird eine Wand durch den auftreffenden Luftschall zu (erzwungenen) Biegeschwingungen angeregt. Nun gibt es für jede Wand eine charakteristische Frequenz f_g, bei der die Wellenlänge des auftreffenden Luftschalls mit der Länge der freien Biegewellen eines Bauteils übereinstimmt. (Sog. freie Biegewellen werden erregt durch punkt- oder linienförmige Kräfte, die auf die Wand einwirken, besonders auch von den Flächenrändern her.)

Bei homogenen Platten errechnet sich diese Frequenz angenähert zu

$$f_g \approx \frac{60}{d} \sqrt{\frac{\varrho}{E_{dyn}}} \text{ in Hz}$$

Hierin ist

E_{dyn} = dynamischer Elastizitätsmodul des Baustoffs in MN/m²
d = Wanddicke in m
ϱ = Dichte des Baustoffs in kg/m³

Um das Ausrechnen der Grenzfrequenz zu vereinfachen, kann man aus *Tab. 7.3* die Grenzfrequenz f_{go} verschiedener Wände von 1 cm Dicke entnehmen. Die gesuchte Grenzfrequenz f_g ist dann:

$$f_g = \frac{f_{go}}{d} \text{ (}d\text{ in cm)}$$

Als Beispiel sei die Grenzfrequenz einer 10 cm dicken Wand aus Poren-(Gas-)Beton errechnet. Wir erhalten $f_g = 4500/10 = 450$ Hz. Ein Vergleich mit *Abb. 7.1* zeigt, daß tatsächlich die Schalldämmungskurve in der Nähe dieser Frequenz einen Einbruch hat. Oberhalb f_g steigt das Schalldämmaß dann wieder gleichmäßig an. Die Grenz- oder Koinzidenzfrequenz und die Verschlechterung der Schalldämmung bei dieser Frequenz hängen also miteinander zusammen. Aber noch eine andere Tatsache ist wichtig: Unterhalb f_g strahlt eine Wand so gut wie gar keinen Schall ab. Das ist von großem Einfluß auf die Schalldämmung und ist das entscheidende Merkmal der biegeweichen Vorsatzschalen.

Man unterscheidet nun *biegeweiche* und *biegesteife* Wände mit Hilfe der erwähnten Grenzfrequenz, je nachdem, ob bei ihnen f_g oberhalb oder unterhalb 2000 Hz liegt. Zu den biegeweichen Wänden – meist Schalen genannt –, die in der Regel nur als Doppelwände oder Vorsatzschalen verwendet werden, gehören z. B. Gipskartonplatten, verputzte

Holzwolleleichtbauplatten, Sperrholz bis 10 mm, Stahlblech bis 3 mm Dicke, Putzschichten auf Putzträger, Rabitz usw. Wegen der erwähnten Eigenschaften der Luftschalldämmung verwendet man zur Erzielung eines Mindestschallschutzes für Trennflächen allgemein nur schwere und daher biegesteife Wände, die aber so schwer sein müssen, daß ihre Grenzfrequenz an der unteren Grenze des bauakustischen Frequenzbereiches, also bei 100 Hz, liegt. Das sind Wände und Decken von wenigstens 250 kg/m² Flächengewicht. Man vermeidet möglichst biegesteife leichte Wände. Oder aber man geht zu Wandkombinationen über, man setzt also eine biegeweiche Schale vor eine biegesteife Wand unzureichender Schalldämmung *(Abb. 7.6)* oder man hängt z. B. eine biegeweiche Unterdecke unter eine biegesteife Decke. Eine andere Möglichkeit sind zweischalige biegeweiche Wände aus den obenerwähnten Baustoffen *(Abb. 7.7)*.

Bei Verwendung biegeweicher Wandelemente ist erstens zu beachten, daß der Luftraum zwischen Vorsatzschale und biegesteifer Schale bzw. der Luftraum zwischen den beiden biegeweichen Schalen eine Mindestdicke von 6 cm je nach Plattenmaterial haben muß, da Platten und Luftpolster eine akustisch-mechanische Resonanz ergeben, bei der eine solche Wand eine sehr geringe Dämmung aufweist. Durch genügend großen Wandabstand und genügend schwere Platten muß diese Frequenz unterhalb 100 Hz gelegt werden (vgl. DIN 4109 Bl. 5, *Tab. 1)*. Ferner ist noch zu beachten, daß die Dämmwirkung biegeweicher Schalen um so schlechter ist, je mehr *Schallbrücken* zwischen beiden Elementen vorhanden sind. Man befestigt also die beiden Schalen an voneinander getrennten Stielen bzw. man muß bei Vorsatzschalen einen bestimmten Zwischenraum für die Latten einhalten, wenigstens 50 cm. Lattengitter sind unzweckmäßig. Und drittens soll schließlich der Hohlraum bei Schalenkonstruktionen mit einem schallschluckenden Material wie Mineralfasermatten oder -platten ausgefüllt sein, um mit solchen Konstruktio-

Tab. 7.3: Grenzfrequenzen f_{go} verschiedener Wände von 1 cm Dicke

Wandmaterial	Flächengewicht bei 1 cm Dicke in kg/m²	Grenzfrequenz f_{go} in Hz
Mauerwerk	17	1400
Beton	22	1400
Gips	10	3000
Glas	25	1100
Sperrholz	8	1800
Spanplatten	6	3600
Fichtenholz (quer-längs)	7	1600–1100
Stahl	75	1200
Blei	113	4800
Porenbeton	7	4500
Aluminium	27	1100

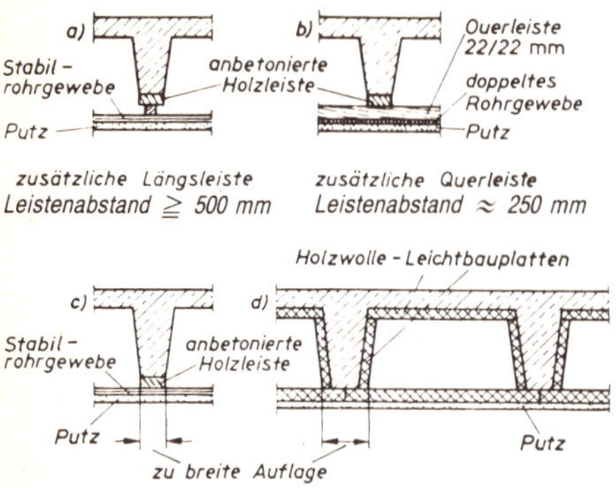

Abb. 7.5: Günstige (a, b) und ungünstige (c, d) Befestigung von biegeweichen Unterdecken an Plattenbalken- oder Stahlbeton-Rippendecken

nen größtmögliche Dämmwirkung zu erzielen. Übrigens gehören auch schwimmende Estriche zu den Maßnahmen, um die Luftschalldämmung von Decken zu erhöhen. Schwimmende Estriche sind zwar bei Beton keine biegeweichen, sondern biegesteife Schalen, aber da auch an den Rändern jede Art von Schallbrücken vermieden wird, wirken sie wie biegeweiche Vorsatzschalen. Zweischalige Konstruktionen aus relativ leichten biegesteifen Schalen genügen ohne besondere Zusatzmaßnahmen in der Regel nicht den Mindestforderungen für den Schallschutz im Wohnungsbau.

7.2.4 Ausführungsbeispiele für Wände und Decken mit ausreichendem Schallschutz

In DIN 4109 Bl. 3 sind Beispiele für Decken und Wände mit ausreichendem Luftschallschutz, d.h. einem LSM $\geqq$ 0, gruppenweise zusammengestellt. Die Angaben setzen sorgfältige Bauausführung voraus, ferner dürfen die Bauteile keine Löcher, Öffnungen oder Poren aufweisen. Porige Baustoffe müssen entsprechend verputzt sein. Bei Anwendung dieser Beispiele sind keine Eignungsprüfungen erforderlich. Es werden auch Beispiele für einen erhöhten Schallschutz, also LSM $\geqq$ 3 dB, angeführt.

Die *Massivdecken* werden in die Gruppen I und II eingeteilt. Bei der Gruppe I sind Luftschall- und Trittschallschutz unzureichend. Sie müssen besondere Deckenauflagen erhalten, die beides genügend heraufsetzen. Bei Deckengruppe II ist durch Auflagen lediglich für einen ausreichenden Trittschallschutz zu sorgen.

Zu den Decken der Gruppe I gehören:

Stahlbetondecken nach DIN 1045 aus Kiesbeton von mindestens 100 mm Dicke

Stahlbetonrippendecken nach DIN 1045
a) mit Hohlkörpern aus Leichtbeton
b) mit statisch mitwirkenden oder nicht mitwirkenden Deckenziegeln

Stahlbetonfertigbalkendecken nach DIN 4233 und 4225

Decken zwischen Doppel-T-Trägern und mit Stahlbetonhohldielen nach DIN 4028

Zur Deckengruppe II gehören:

Stahlbetonplatten wie oben, aber von 140 mm Mindestdicke
Stahlbetonrippendecken ohne Füllkörper mit Unterdecke
gestelzte Decken zwischen Doppel-T-Trägern mit Unterdecke
Decken der Gruppe I, aber mit einer Unterdecke

An der Deckenunterseite ganzflächig anbetonierte und verputzte Holzwolleleichtbauplatten, harte Kunststoffplatten und dgl. sind unzulässig, da sie zwar den Wärmeschutz erhöhen, die Schalldämmung aber beträchtlich herabsetzen. Das gleiche gilt übrigens auch für Wände.

In DIN 4109 Bl. 3, *Tab. 1*, sind die Arten von Deckenauflagen zusammengestellt, die neben ausreichendem Trittschallschutz auch die Luftschalldämmung für die Decken der Gruppe I so weit erhöhen, daß die Mindestforderung LSM $\geqq$ 0 dB erfüllt wird. Wesentlich ist bei allen Bauarten, daß als Dämmschicht oder Unterlagsschicht ein Faserstoff- oder Schaumstoffmaterial verwandt wird, das genügend weichelastisch ist. Die dynamische Steifigkeit dieses Materials, gemessen nach DIN 52214, darf den Wert von 30 MN/m^3 nicht überschreiten. Ferner darf es in zusammengedrücktem Zustand, also unter der üblichen Belastung durch Estrichplatte und Mobiliar, nicht dünner als 7,5 mm, bei Asphaltestrich nicht dünner als 6 mm sein. Sandschüttungen sind als Estrichunterlage unbrauchbar. Die Deckschicht kann ein schwimmender Estrich aus Beton, Asphalt oder Anhydrit sein, aber auch eine Lage genügend dicker Holzwolleleichtbauplatten, Platten aus Blähkorkschrot usw. Über die Deckenauflagen, die für die Gruppe II nur den Trittschallschutz gewährleisten müssen, s. Abschn. 7.3. Für die Deckengruppe II sind auch die Deckenauflagen nach DIN 4109 Bl. 3, *Tab. 1*, verwendbar; sie ergeben dann einen erhöhten Schallschutz.

Bei der Verwendung von Unterdecken ist zu beachten, daß sie aus biegeweichem Material bestehen müssen. Es kommen in Frage: 15-mm-Putz auf einem biegeweichen Putzträger, z.B. Holzwolleleichtbauplatten, Rohr- oder Ziegeldrahtgewebe. Ferner Gipsplatten von mindestens 8 mm, höchstens 18 mm, und Drahtputzdecken. Unterdecken dürfen nicht starr an der tragenden Decke befestigt werden. Zur Befestigung durch Latten vgl. *Abb. 7.5.* Es kommt darauf an, daß der Schallbrückenquerschnitt der Befestigung so klein wie möglich ist. Ferner müssen Unterdecken fugenfrei verlegt werden.

Holzbalkendecken werden heutzutage kaum noch bei Neubauten von Mehrfamilienhäusern verwendet, deswegen seien sie hier nur kurz behandelt. Sollen sie ausreichenden Schallschutz bieten, genügt es nicht, daß die Dielen unmittelbar auf die Holzbalken genagelt werden und die untere Schale ganzflächig an der Balkenunterseite anliegt. Man muß also entweder die Dielen auf elastisch unterlegten besonderen Lagerhölzern verlegen, oder man muß die untere Schale sorgfältig als abgehängte Unterdecke ausbilden. Konstruktionsbeispiele für Holzbalkendecken mit ausreichendem Schallschutz finden sich ebenfalls in DIN 4109 Bl. 3.

Einschalige Wände mit ausreichendem Schallschutz ohne besonderen Nachweis sind in *Tab. 7.4* zusammengestellt. Es sind dort für die verschiedenen Wandmaterialien, Ziegelarten und Betonwände die Mindestdicken und die dazugehörigen Wandgewichte mit Putz angegeben, und zwar für Wandgewichte über 400 kg/m^2 und solche zwi-

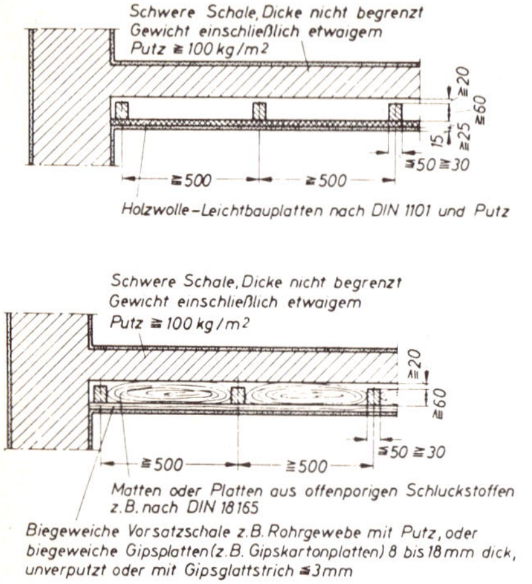

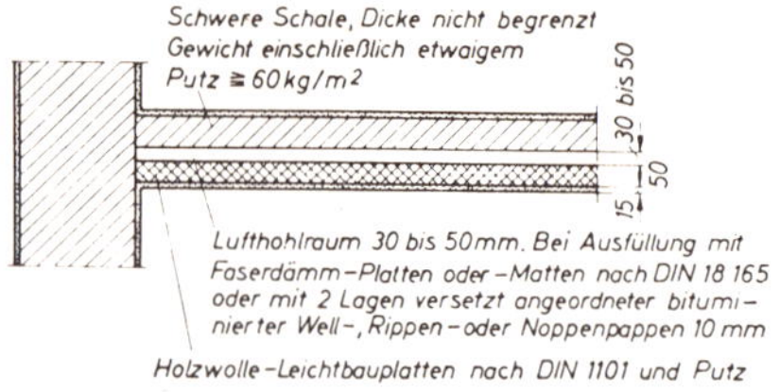

Abb. 7.6: Zweischalige Wände mit schwerer Schale und biegeweicher Vorsatzschale. Die Latten können unmittelbar an die schwere Schale genagelt werden, wenn diese mit Putz mindestens 200 kg/m² wiegt.

schen 350 und 400 kg/m². Für die untere Wandgewichtsklasse gelten zur Erfüllung der Mindestforderungen bestimmte Bedingungen, die an die flankierenden Bauteile, Decken und Wände, gestellt werden müssen (s. auch Abschn. 7.2.6).

Über die Bauweise von *zweischaligen Wänden* wurde in Abschn. 7.2.4 bereits das Wichtigste gesagt. Beispiele für schwere Schalen mit leichten biegeweichen Vorsatzschalen sind in *Abb. 7.6* gegeben, für zweischalige leichte Trennwände aus biegeweichen Schalen in *Abb. 7.7.*

Die Dämmung von zweischaligen Wänden aus Gipskartonplatten kann erhöht werden, wenn jede Schale aus zwei Platten besteht, die ohne Zwischenraum, aber nur punktweise miteinander befestigt, also nicht verklebt sein dürfen.

Wände aus zwei schweren Schalen bieten bei Schalengewichten von über 100 kg/m² ohne komplizierte Spezialmaßnahmen wie körperschalldämmende Umrandungen keinen größeren Schallschutz als Einfachwände gleichen Gesamtgewichts. Leichtere biegesteife Doppelwände sind schallmäßig unzureichend. Für Einfamilienreihenhäuser und Einfamiliendoppelhäuser, bei denen für die Haustrennwände ein erhöhtes Schallschutzmaß von 3 dB gefordert wird, haben sich schwere Schalen mit durchgehender Trennfuge bewährt. Es ist aber darauf zu achten, daß die Trennfuge durch sämtliche Decken sowie auch durch die Außenwände verlaufen muß. Andernfalls ist für Reihenhäuser usw. kein ausreichender Schallschutz gewährleistet. Die Trennfuge von 2 bis 3 cm Dicke muß entweder sorgfältig mit Lehren aufgemauert werden oder mit federndem Plattenmaterial (Styropor, Holzwolleleichtbauplatten und dgl.) gefüllt werden. Schallbrücken aus Mörtel oder Bauschutt verringern die Dämmwirkung des Luftspalts beträchtlich.

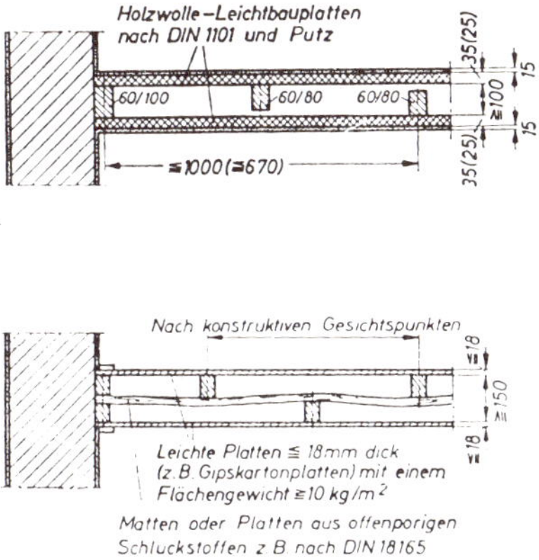

Abb. 7.7: Zweischalige leichte Trennwände aus biegeweichen Schalen

Ein LSM von $\geqq$ 3 dB läßt sich mit Decken der Gruppe II erreichen, wenn sie zusätzlich mit einem guten schwimmenden Estrich belegt sind. Wände müssen ein Flächengewicht von wenigstens 480 kg/m² haben oder eine zusätzliche durchgehende Trennfuge erhalten. Auch eine Konstruktion aus einer schweren Schale von wenigstens 5 cm Dicke und 200 kg/m² mit einer biegeweichen Vorsatzschale erfüllt die Anforderungen erhöhten Schallschutzes.

7.2.5 Türen und Fenster

Bei Türen und Fenstern ist die Schalldämmung einmal bestimmt durch die Bauart des Türblattes bzw. durch die Glasscheibe. Hierfür gelten die gleichen Gesetzmäßigkeiten wie bei Wänden. Wegen des geringen Gewichts von Türblättern und Glasscheiben ist im allgemeinen auch die Schalldämmung von Türen und Fenstern gering, verglichen mit normal gebauten Wänden.

Da aber Türen und meist auch Fenster zu öffnen sein müssen, ist die Schalldämmung durch die Güte der Randdichtung mitbestimmt.

7.2.5.1 Türen

Ein besonderes Problem bei Türen ist die rundum laufende Dichtung, die eine Schwelle erfordert. Muß die Schwelle entfallen, wie z.B. bei Krankenzimmern, sind Sonderkonstruktionen an der unteren Türkante vorzusehen, die eine Falzdichtung in der Schwelle ersetzen. Eine normale Holztür ohne besondere Dichtung und ohne Schwelle, wie sie im Wohnungsbau üblich ist, erreicht kaum mehr als 15 dB Luftschalldämmung. Ist das Türblatt etwas schwerer oder doppelschalig ohne stärkere Aussteifung und wird eine ringsum laufende gute Dichtung verwendet, lassen sich Dämmwerte bis zu 30 dB erreichen. Mit gut dichtenden Doppeltüren und schallabsorbierender Umrandung zwischen den Türen erreicht man Dämmungen bis über 40 dB. Gute doppelwandige Stahltüren mit doppelter ringsum laufender Falzdichtung und zusätzlicher Anpreßkraft durch Verriegelung erreichen Dämmwerte, die einer 1-Stein-Ziegelwand gleichkommen. Solche Türen werden in Rundfunkstudios und dgl. verwendet.

Türen geringerer Dämmung, als sie die Wand besitzt, in der sie eingebaut werden, setzen die Gesamtschalldämmung herab. Wie groß diese Verringerung ist, kann Formeln und Nomogrammen in DIN 4109 Bl. 5 entnommen werden.

Tab. 7.4: Mindestdicken einschaliger Wände[1]) mit Luftschallschutzmaßen ≧ 0 dB (nach DIN 4109)

Zeile	Normblatt-Nr.	Bezeichnung		Rohdichte kg/dm^3	Wandgewichte ≧ 400 kg/m^2		
					Mindestdicken ohne Putz mm	Wandgewicht mit Putz[2]) kg/m^2	
Mauerwerk aus Voll-, Loch- und Hohlblocksteinen, beiderseits 15 mm dick verputzt							
1	DIN 105	Lochziegel, Vollziegel		1,0[3])	**365**	**450**	1
2				1,2[3])	**300**	**445**	2
3				1,4[3])	**240**	**405**	3
4		Vollziegel		1,8	**240**	**485**	4
5		Hochbauklinker		1,9	**240**	**505**	5
6	DIN 106 Blatt 1	Kalksand-Hohlblocksteine		1,0[3])	–	–	6
7				1,2[3])	**300**	**440**	7
8		Kalksand-Lochsteine		1,2[3])	**300**	**445**	8
9				1,4[3])	**240**	**405**	9
10				1,6[3])	**240**	**440**	10
11		Kalksand-Vollsteine		1,6	**240**	**440**	11
12				1,8	**240**	**485**	12
13				2,0	**240**	**530**	13
14	DIN 398	Hüttensteine		1,8	**240**	**485**	14
15		Hüttenhartsteine		1,9	**240**	**505**	15
16	DIN 18 151	Zwei- oder Dreikammer-Hohlblock-steine	umgekehrt vermauert, Hohlräume satt mit Sand gefüllt	1,0[5])	**300**	**420**	16
17				1,2[5])	**300**	**460**	17
18				1,4[5])	**240**	**410**	18
19				1,6[5])	**240**	**440**	19
20			ohne Sandfüllung	1,0[5])	**365[4])**	**400**	20
21				1,2[5])	–	–	21
22				1,4[5])	–	–	22
23				1,6[5])	**300**	**430**	23

Forts. Tab. 7.4

Zeile	Normblatt-Nr.	Bezeichnung	Rohdichte kg/dm³	Wandgewichte ≧ 400 kg/m²		
				Mindestdicken ohne Putz mm	Wandgewicht mit Putz²) kg/m²	
24	DIN 18152	Leichtbeton-Vollsteine	0,8	**365**	**405**	24
25			1,0	**365**	**450**	25
26			1,2	**300**	**445**	26
27			1,4	**240**	**405**	27
28			1,6	**240**	**440**	28
29	DIN 4165	Gasbeton- und Schaumbetonsteine	0,6	–	–	29
30			0,8	**490**	**485**	30
Leichtbetone und Betone in fugenlosen Wänden und geschoßhohen Platten, beiderseits 15 mm dick verputzt						
31	DIN 4164	Gas- und Schaumbeton	0,6	–	–	31
32			0,8	**437,5**	**400**	32
33	DIN 4232	Bims-, Steinkohlenschlacken-, Ziegelsplittbeton o. ä.	0,8	**437,5**	**400**	33
34			1,0	**375**	**425**	34
35			1,2	**312,5**	**425**	35
36			1,4	**250**	**400**	36
37			1,6	**250**	**450**	37
38			1,7	**250**	**475**	38
39		Haufwerkporiger Beton aus nicht porigen Zuschlagstoffen, z. B. Kies	1,5	**250**	**425**	39
40			1,7	**250**	**475**	40
41			1,9	**187,5⁶)**	**405**	41
42	DIN 1047	Kies- oder Splittbeton mit geschlossenem Gefüge	2,2	**187,5⁶)**	**460**	42

¹) Die Wände der Zeilen 1 bis 42 sind feuerbeständig (siehe DIN 4102) und als Wohnungstrenn- und Treppenraumwände in allen Wärmedämmgebieten ausreichend wärmedämmend (siehe jedoch Fußnote 4).
²) Die Gewichte sind ohne Zuschläge für Feuchtigkeit u. ä. ermittelt und weichen deshalb von den sich nach DIN 1055 ergebenden Gewichten ab. Für den beiderseitigen Putz sind 50 kg/m² berücksichtigt.
³) Rohdichte, bezogen auf den ganzen Stein, einschl. Hohlräume.
⁴) Steine für diese Wanddicken nicht genormt.
⁵) Rohdichte, bezogen auf den Beton ohne Hohlräume.
⁶) Diese Wände bedürfen als Wohnungstrenn- oder Treppenraumwände einer zusätzlichen Wärmedämmschicht.

7.2.5.2 Fenster

Die Schalldämmung von Fenstern interessiert hauptsächlich bei starkem Lärmanfall von draußen. Mitunter werden aber auch schalldämmende Sichtfenster zwischen zwei Räumen angebracht. Für Doppelverglasungen gelten die gleichen Regeln wie für zweischalige Wände. Die Grundresonanz sollte auch hier unter 100 Hz liegen. Das bedingt bei Scheiben normaler Dicke einen Luftraum von mindestens etwa 10 cm zwischen den Scheiben. Verbundfenster aus Isolierglas dämmen wegen ihres geringen Scheibenabstandes nicht viel mehr als Einfachscheibenfenster. Eine schallabsorbierende Randauskleidung zwischen den Scheiben erhöht die Schalldämmung beträchtlich. In *Tab. 7.5* sind die Schalldämmungen verschiedener Fensterbauarten größenordnungsmäßig zusammengestellt.

Von Ziffer 2.2 bis 5.3 müssen die Falzdichtungen weichfedernd, dauerelastisch und alterungsbeständig sein.

Bei Fenstern üblicher Glasdicke hängt die Schalldämmung vom Schalleinfallswinkel ab. Sie ist kleiner bei schrägem Einfall als bei senkrechtem. Ein Fenster wird sich also z. B. in oberen Stockwerken gegen Straßenlärm anders verhalten als in unteren.

7.2.6 Flankenübertragung, Nebenwegübertragung

Trifft diffuser, d. h. auf alle Fortbewegungsrichtungen gleichmäßig verteilter Luftschall, wie es in geschlossenen Räumen angenähert der Fall ist, auf eine Trennfläche zwischen zwei Räumen, so wird er nicht nur von dieser Trennfläche in den Nachbarraum übertragen, sondern er dringt auch als Körperschall in die flankierenden Bauteile

Tab. 7.5: Ausführungsbeispiele für Fenster mit ihren bewerteten Schalldämmaßen R_w

	R_w in dB	Fensterart	Lichter Scheibenabstand in mm	Gesamtscheibendicke in mm
1	20–25	Keine besonderen Anforderungen an Fensterart, Scheibenabstand und -dicke		
2.1	30	Kastenfenster	Keine Anforderungen an	
2.2	30	Verbundfenster	Scheibenabstand und -dicke	
2.3	30	Einfachfenster mit Isolierverglasung	8–12	8
3.1	35	Kastenfenster	Keine Anforderungen	
3.2	35	Verbundfenster	60	6
3.3	35	Verbundfenster	40	8
3.4	35	Einfachfenster mit Isolierverglasung	Isolierglas mit $R_w \geqq 37$ dB	
4.1	40	Kastenfenster	100	8
4.2	40	Kastenfenster	80	10
4.3	40	Verbundfenster	80	10
4.4	40	Verbundfenster	60	14
5.1	45	Doppelfenster	150	8
5.2	45	mit getrennten	120	10
5.3	45	Rahmen	100	12

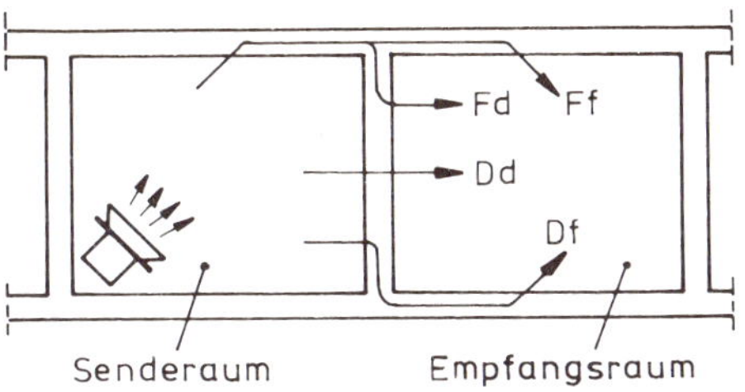

Abb. 7.8

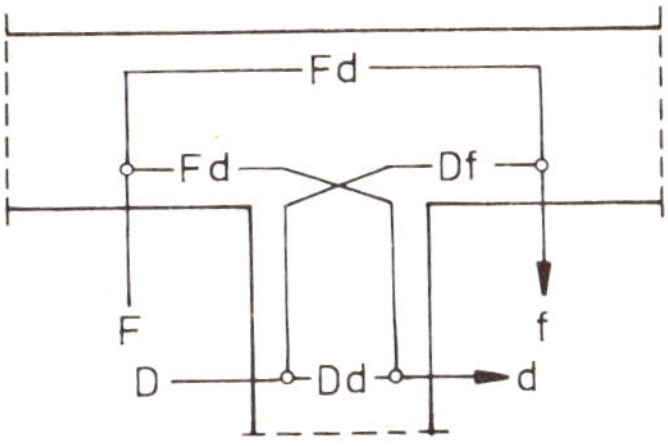

Abb. 7.9

Die verschiedenen Wege der Schallübertragung zwischen zwei Räumen mit Kurzzeichen für die Ein- und Austrittsflächen. Abb. 7.8 schematische Darstellung, Abb. 7.9 Zusammenwirken der verschiedenen Wege. (Mit den Großbuchstaben werden die Eintrittsflächen im Senderaum, mit den Kleinbuchstaben die Austrittsflächen im Empfangsraum gekennzeichnet.)

ein und wird von diesen abgestrahlt. Ebenso werden in dem „lauten Raum", also dem Raum mit der Schallquelle, auch die flankierenden Bauteile, Wände und Decken, zum Schwingen angeregt, und über die Kanten überträgt sich der Körperschall auf die flankierenden Flächen im Nachbarraum. Und schließlich dringt auch Körperschall von flankierenden Bauteilen in die Trennfläche ein und wird von dieser abgestrahlt. Es sind also insgesamt vier mögliche Wege, die der Schall von einem Raum in den anderen nehmen kann. Flankenübertragung sind also die Wege Fd, Ff und Df in *Abb. 7.9* ohne Dd. Die Flankenübertragung kann über das Schall-Längsdämmaß (Entwurf DIN 52217, Entwurf DIN 52210, Teil 7) in besonderen Prüfständen ermittelt werden, wenn die Verzweigungsdämmung (s. u.) null oder geringfügig ist. Wieweit die einzelnen Wege anteilmäßig an der Gesamtschallübertragung von dem einen Raum in den anderen beteiligt sind, hängt von den flächenbezogenen Massen der einzelnen Bauteile ab. Mit zunehmendem Flächengewicht der Trennwand z. B. wird von einem bewerteten Luftschalldämmaß von etwa 52 dB an aufwärts etwa ebensoviel Schall über die Nebenwege übertragen wie durch die Trennwand. Es hat also dann kaum mehr Zweck, die Trennwand noch weiter zu verstärken: Die Schalldämmung nimmt nicht zu. Insbesondere leichte flankierende Wände auf schweren Decken können deren Dämmung erheblich verändern, da sie stärker angeregt werden und auch besser abstrahlen als schwerere Wände. Aus diesem Grunde wird auch für Trennwände mit Gewichten von 350 bis 400 kg/m² gefordert, daß die flankierenden biegesteifen Bauteile ein Flächengewicht von neuerdings mindestens 300 kg/m² haben müssen, wenn die Trennwände den Mindestschallschutzforderungen im Wohnungsbau genügen sollen.

Die Flankenübertragung ist ein besonderer Fall der *Nebenwegübertragung.* Unter Nebenwegübertragung versteht man jede Form der Luftschallübertragung zwischen zwei aneinander angrenzenden Räumen, die nicht über die Trennwand oder Trenndecke vor sich geht. Sie umfaßt z.B. auch die Übertragung durch Undichtheiten, Lüftungsanlagen, Rohrleitungen u.ä. Solche Nebenwege kommen z.B. bei Sammelheizungen vor, bei denen die Steigerohrleitungen nicht in geschlossenen Kanälen, sondern von Raum zu Raum frei durch die Geschoßdecken geführt sind, ohne daß die Durchführungen dauerhaft elastisch abgedichtet sind.

Der Körperschall, der in einer flankierenden Raumbegrenzung durch auftreffenden Luftschall erzeugt wird und sich z.B. auf die benachbarten Raumbegrenzungen jenseits der Trennfläche überträgt, wird bei dem Übergang über den Verzweigungspunkt von flankierender und Trennwand durch Schallverteilung, Reflexion und sonstige Verluste verringert, und zwar um so mehr, je mehr Bauteile an einer solchen Verzweigungsstelle beteiligt und je unterschiedlicher die einzelnen Bauteile sind. Bei einem Reihenhaus dagegen sind sehr viel weniger Bauteile (Wände und Decken) an solchen Verzweigungen beteiligt, die dadurch bedingten Verluste bei der Flankenübertragung von einem Reihenhaus zum nächsten sind also erheblich kleiner als bei einem Mehretagenhaus. Damit erklärt sich auch der für Trennflächen von Reihen- und Einfamiliendoppelhäusern verlangte erhöhte Mindestschallschutz. Gerade bei diesen Arten von Häusern ist eine durchgehende Trennfuge das sicherste Mittel, um einwandfreie Schalldämmungsverhältnisse zu gewährleisten.

7.3 Trittschallschutz

7.3.1. Messung, Darstellung und Bewertung des Trittschallschutzes

Der Trittschallschutz wird mit Hilfe eines Normhammerwerkes ermittelt. Dieses besteht aus fünf im Abstand von je 10 cm in einer Reihe angeordneten Stahlzylindern von 30 mm Durchmesser und 500 g Masse, die mit einer Frequenz von 10 pro Sekunde nacheinander aus 40 mm Höhe auf den zu prüfenden Fußboden bzw. die Decke frei fallen. Das so entstehende, ziemlich gleichmäßige und konstante Geräusch wird im Raum unter der Decke mittels eines Schallpegelmessers registriert, und zwar wieder über einen Satz von Terz- oder Oktavfiltern, mit Hilfe dessen die Frequenzabhängigkeit, also die spektrale Zusammensetzung des Hammerwerkgeräusches, im Raum unter der zu prüfenden Decke in Halboktav- oder Terzschritten ermittelt wird.

Der Schallpegel im Empfangsraum, also beim Trittschall in dem Raum, der unter der zu untersuchenden Decke mit dem Trittschallhammerwerk liegt, hängt, wie bei der Bestimmung der Luftschalldämmung, davon ab, wie groß die Schallabsorption ist. Da man ja aber einen von der Schallabsorption im Meßraum unabhängigen Wert für den Trittschall haben muß, wird der gemessene Pegel noch mit einem Korrekturglied versehen, das die Schallabsorption berücksichtigt. Diese wird durch eine Nachhallmessung ermittelt (s. Abschn. 7.4). Der so korrigierte Pegel wird Normtrittschallpegel genannt (L_n).

Der Normtrittschallpegel wird ebenso wie das Schalldämmaß in Dezibel angegeben. Meßtechnisch besteht aber insofern ein Unterschied zwischen den beiderseitigen Meßverfahren, als bei der Schalldämmungsmessung nur das Verhältnis der Schalldrücke in den beiden Räumen oder die Schalldruckpegeldifferenz benötigt wird, während der Trittschallpegel absolut bestimmt werden muß als 10 lg $\frac{p^2}{p_0^2}$, wobei p_0 der Bezugsschallpegel ist (s. Abschn. 7.1). Schalldruckmesser oder Schallpegelmesser für Trittschall müssen von der Physikalisch-Technischen Bundesanstalt kalibriert sein.

In *Abb. 7.10* sind die Normtrittschallkurven einer Leerdecke und einer Decke mit schwimmendem Estrich als Beispiel aufgezeichnet. Man sieht deutlich, wie das Spektrum der Leerdecke, bei dem der Trittschallpegel mit der Frequenz ansteigt, also sehr lautstarke hohe Frequenzen enthält, durch den Einfluß des schwimmenden Estrichs in seinem Frequenzverlauf vollständig geändert wird. Mit dem Ohr nimmt man im Raum unter einem schwimmenden Estrich nur noch ein leises, dumpfes Geräusch wahr, während das gleiche Hammerwerk, auf der Leerdecke betätigt, hell und klirrend klingt, was ja auch die Störwirkung des Geräusches kennzeichnet.

Wie beim Luftschallschutz wird auch beim Trittschall eine Einzahlbewertung vorgenommen. Es liegt in der Natur der Sache, daß die Bezugskurve beim Trittschall eine Art Höchstgrenze darstellt, während sie für die Luftschalldämmung

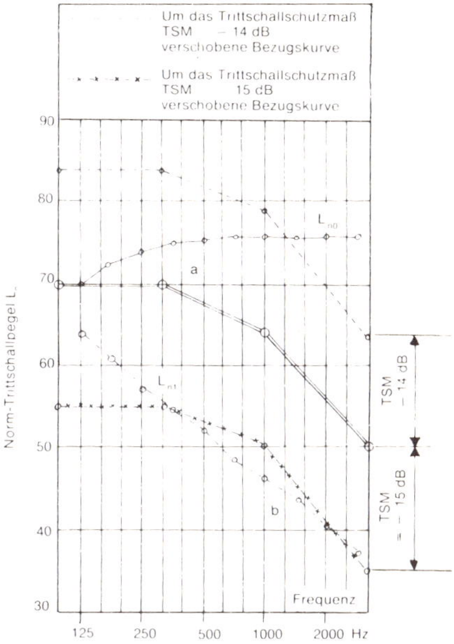

Kurve a: Meßwerte für den Normtrittschallpegel L_{n0} einer Vollbetonplattendecke, 125 mm dick, unterseitig verputzt, ohne Deckenauflage.
TSM = – 14 dB

Kurve b: Meßwerte für den Normtrittschallpegel L_{n1} der Decke nach a mit Deckenauflage (40 mm Zementestrich auf Faserschicht 20/15-I, DIN 18165).
TSM = + 15 dB

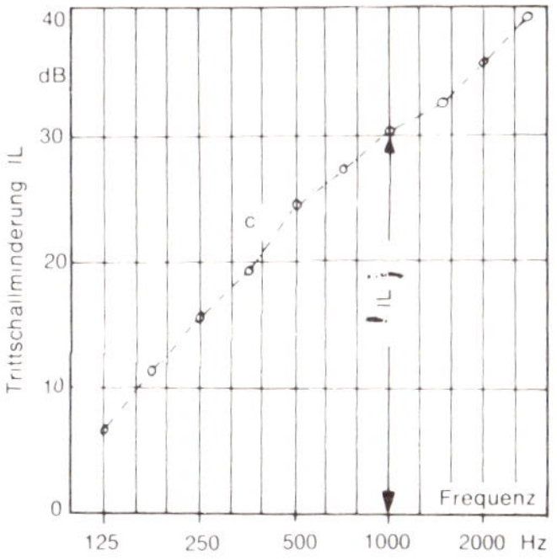

Kurve c: Trittschallminderung ΔL durch den schwimmenden Estrich.
$\Delta L = L_{n0} - L_{n1}$

Abb. 7.10: Beispiel für die Ermittlung der Trittschallschutzmaße einer Betonplattendecke mit und ohne schwimmenden Estrich und der Trittschallminderung durch den Estrich.

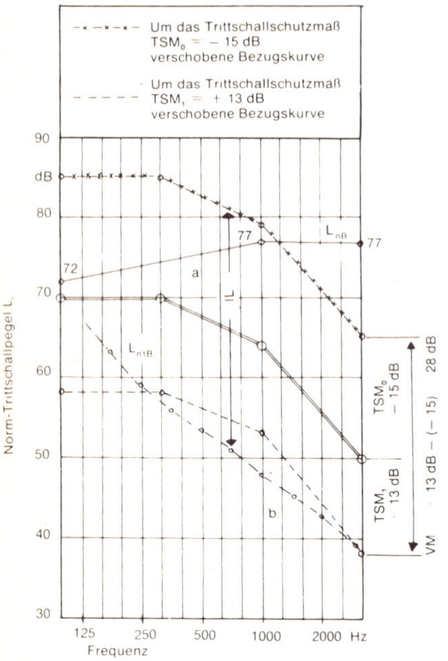

Kurve a: Normtrittschallpegel L_{nB} der Bezugsdecke nach DIN 52210 Bl. 4, Tab. 5.
$TSM_0 = -15$ dB

Kurve b: Normtrittschallpegel L_{n1B} für die Bezugsdecke mit Deckenauflage, errechnet aus Kurve a in Abb. 11 und Kurve c in Abb. 10 (Trittschallminderung ΔL auf einer beliebigen einschaligen Decke ermittelt).

$L_{n1B} = L_{nB} - \Delta L$
$TSM_1 = +13$ dB
$VM = TSM_1 - TSM_0$
$= +13 - (-15) = 28$ dB

Abb. 7.11: Bestimmung des Verbesserungsmaßes VM des Trittschallschutzes für eine Deckenauflage mit einer Trittschallminderung ΔL nach Kurve c in Abb. 7.10.

eine Art untere Grenze ist. Auch bei der Trittschallbezugskurve wurden wieder die unterschiedlichen Ohrempfindlichkeiten für hohe und tiefe Töne berücksichtigt, die höheren Frequenzen des Trittschallspektrums werden entsprechend ihrer Lästigkeit sehr viel schärfer beurteilt, die Bezugskurve fällt nach hohen Frequenzen stark ab. Sie beginnt mit einem waagerechten Verlauf von 70 dB bei 100 Hz und sinkt bis 50 dB bei 3200 Hz. In *Abb. 7.10* ist ihr Verlauf mit eingezeichnet.

Das Verfahren zur Ermittlung des Trittschallschutzmaßes TSM entspricht dem beim LSM. Die Bezugskurve wird um soviel in Ordinatenrichtung nach oben oder nach unten verschoben, bis die mittlere Überschreitung gerade 2,0 dB beträgt. Die Größe der Verschiebung ist dann TSM in dB.

Bei einer Verschiebung nach unten ist das Trittschallschutzmaß positiv, bei einer Verschiebung nach oben negativ. Die mittlere Überschreitung wird bestimmt, indem man die einzelnen Überschreitungen der (verschobenen) Bezugskurve bei den jeweiligen Meßfrequenzen summiert. Bei Messungen mit Oktavfiltern in Halboktavschritten werden die Überschreitungen bei allen Meßfrequenzen mit ihrem vollen Wert eingesetzt, und die Summe wird durch n = 10 geteilt, wobei n die Anzahl der Meßfrequenzen ist. Bei Messungen mit Terzfiltern in Terzabständen werden die Überschreitungen bei den Frequenzen 100 und 3150 Hz mit ihrem halben Wert eingesetzt und die Summe aller Überschreitungen wird durch n – 1 = 15 geteilt.

Eine zweite Einzahlangabe wird zur Kennzeichnung und Bewertung der Trittschallwirkung von Deckenauflagen benutzt, nämlich das Verbesserungsmaß VM. Ein Beispiel für den Berechnungsgang eines Verbesserungsmaßes ist in DIN 4109 Bl. 5 gegeben. Nimmt man das Beispiel der *Abb. 7.10*, nämlich einer 12,5-cm-Vollbetonplattendecke mit einem 40-mm-Zementestrich auf einer Faserdämmschicht (20/15-I nach DIN 18165), so ergibt sich aus den Differenzen der Normtrittschallpegel ohne und mit Deckenauflage die in *Abb. 7.10* dargestellte Kurve c der Trittschallminderung ΔL. Wie in *Abb. 7.11* gezeigt, wird aus einer Bezugsleerdecke mit einem TSM_0 von − 15 dB durch Abziehen der oben ermittelten ΔL-Werte eine Trittschallkurve der Bezugsdecke mit Deckenauflage rechnerisch abgeleitet und deren TSM_1 bestimmt. Dann ist das Verbesserungsmaß

$$VM = TSM_1 - TSM_0 = TSM_1 + 15 \text{ dB}$$

Im Gegensatz zur Trittschallminderung ΔL durch Deckenauflagen hängt das Trittschallverbesserungsmaß VM in gewissem Umfang vom Normtrittschallpegel der Massivdecke ohne Auflage ab. Damit übereinstimmende Ergebnisse für VM in verschiedenen Prüfständen erhalten werden, ist es notwendig, die gemessenen ΔL-Werte für die Einzahlberechnung auf eine Bezugsdecke zu beziehen.

Für die Einzahlbewertung von Massivdecken wird im allgemeinen das Trittschallschutzmaß benutzt. Massivdecken werden jedoch selten ohne Deckenauflage verwendet. Deshalb wird eine für die Anwendung geeignetere Bewertung von Massivdecken durch Berücksichtigung der Wirkung einer Bezugsdeckenauflage erreicht. Das so ermittelte äquivalente Trittschallschutzmaß TSM_{aeq} der Massivdecke ohne Deckenauflage kann zur Berechnung des TSM dieser Decke mit einer beliebigen Deckenauflage mit bekanntem VM benutzt werden. Näheres in DIN 52210, Teil 4.

7.3.2 Anforderungen

Die Mindestanforderungen an den Trittschallschutz sind in *Tab. 7.2* enthalten. Für Decken in Geschoßhäusern wird durchgehend ein TSM ≧ + 3 dB gefordert, und zwar unmittelbar nach Fertigstellung des Baues. Nach zwei Jahren soll dann noch ein TSM ≧ 0 nachweisbar sein, da Estrichdämmschichten und Gehbeläge sich im Laufe der Zeit durch Belastung und Beanspruchung verfestigen. Für einen erhöhten Trittschallschutz werden TSM ≧ 13 dB bzw. ≧ 10 dB nach zwei Jahren vorgeschlagen. Für die Trittschallausbreitung aus Gaststätten, Kinos, Gewerbebetrieben und dgl., die an Wohnungen oder fremde Arbeitsräume grenzen, werden Trittschallschutzmaße in der Größenordnung von + 20 dB gefordert, dgl. für Decken zwischen ruhigen und lauten Räumen in Krankenhäusern und Hotels.

Die Anforderungen an Deckenauflagen lassen sich auch mit Hilfe des Verbesserungsmaßes festlegen. Es gelten folgende Mindestanforderungen:

Massivdeckengruppe	VM
I	24 dB
II	19 dB

Wie beim Luftschallschutz werden auch die Mindestforderungen für den Trittschallschutz bei einer Neuauflage von DIN 4109 höher liegen. In Angleichung an die internationale Norm ISO 717 wird das Trittschallschutzmaß gestrichen und bei Festlegung auf Terzpegel in Terzabständen bei Trittschallmessungen die Bezugskurve um 8 dB zu kleineren Werten hin parallel verschoben werden. Die Pegel der Eckfrequenzen werden mit vollem Wert eingesetzt und der bewertete Normtrittschallpegel als Einzahlangabe festgelegt werden.

7.3.3 Schwimmende Estriche, weiche Gehbeläge

Der schwimmende Estrich ist noch immer die Art von Deckenauflage, die bei richtiger Ausführung alle Anforderungen an den Trittschallschutz wie auch an den zusätzlichen Luftschallschutz erfüllt. Für einen wirksamen schwimmenden Estrich ist eine Dämmschichtunterlage mit einer dynamischen Steifigkeit von $\leqq$ 30 MN/m³ notwendig und eine

Tab. 7.6: Festigkeiten und Dicken einschichtiger schwimmender Estriche nach DIN 4109 Bl. 4, auf Dämmstoffen nach DIN 18164 und DIN 18165

Spalte	1		2	3	4	5[3])	6	7
			Festigkeiten[4]) nach 28 Tagen in 10^5 N/m² Mittelwerte mindestens			Estrichdicken[5]) in mm mindestens		
Zeile	Estricharten (einschichtig)		Biegezugfestigkeit		Druckfestigkeit	bei einer Zusammendrückung der Dämmschichten $(d_L - d_B)$[6]) in mm		
			am Prisma	im Bau	am Prisma	bis 7	über 7 bis 12	über 12
1	Zementestrich		40	25	225	35	40	45
2	Anhydritestrich		50	30	250	30[7])	35	40
3	Gips-	ungemagert	50	30	250	30[7])	35	40
4	estrich	gemagert	40	25	180	35	40	45
5	Magnesiaestrich (siehe auch DIN 272)		40	25	100	35	40	45
						$d_L - d_B$ in mm		
6	Gußasphaltestrich		siehe Abschnitt 5.3.5			bis 5	über 5 bis 8	
						20	25	

[1]) Die Dicke zusätzlich aufgebrachter Schichten, z. B. solcher mit anderen Mischungsverhältnissen, wie dünne Oberschichten nach Art von Glättschichten, die den Estrich als Unterlage für Beläge oder als Nutzboden besser geeignet machen sollen, ist bei einem Vergleich mit den in der Tabelle angegebenen Mindestdicken nicht zu berücksichtigen.

[2]) DIN 18164 – Schaumkunststoffe als Dämmstoffe für den Hochbau.
DIN 18165 – Faserdämmstoffe für den Hochbau.

[3]) Die Spalte 5 gilt auch für zweilagige Dämmschichten mit druckverteilender Oberschicht, z. B. nach Blatt 3, Tabelle 1, Nr. 1.2, und für einlagige Korkschrot- und Gummischrotmatten nach Blatt 3, Tab. 2, Nr. 1.2.

[4]) Der kleinste Einzelwert darf 20 % unter dem Mittelwert liegen.

[5]) Bei Estrichdicken $\geqq$ 30 mm ist eine örtliche Unterschreitung der Mindestdicke von $\leqq$ 5 mm zulässig; der Mittelwert aus mindestens zehn Proben darf die in den Spalten 5 bis 7 angegebenen Werte jedoch nicht unterschreiten. Bei geringeren Estrichdicken ist auch eine örtliche Unterschreitung unzulässig.

[6]) Die Zusammendrückung der Dämmschichten ergibt sich aus dem Unterschied zwischen der Lieferdicke (z. B. d_L = 20 mm) und der Dicke unter Belastung (z. B. d_B = 15 mm). Sie ist aus der Kennzeichnung der Dämmstoffe (z. B. 20/15) ersichtlich.

[7]) 5 mm dünner, wenn die Zusammendrückung der Dämmschichten $\leqq$ 5 mm ist.

Mindestdicke in belastetem Zustand von 7 mm. Die ausreichende Weichheit von solchen Faserdämmstoffen oder auch weichen Kunststoffschäumen muß durch ständige Kontrolle ihrer dynamischen Steifigkeit nachgewiesen werden.

Richtlinien für die Ausführung von schwimmenden Estrichen sind in DIN 4109 Bl. 4 gegeben. *Tab. 7.6* enthält die Festigkeiten und Dicken einschichtiger schwimmender Estriche und bezieht sich auf sechs Arten von Estrichmaterialien. Die wichtigste Eigenschaft eines schwimmenden Estrichs und besonders wichtig bei Zementestrichen ist die Vermeidung von Schallbrücken zur Decke darunter und zu den Wänden. Nachfolgend sind die wichtigsten Regeln für die Verlegung von schwimmenden Betonestrichen zusammengestellt:

❶ Die Dämmschicht muß fugenlos verlegt sein und darf nicht beim Aufbringen der Estrichmasse durch Schubkarren und dgl. beschädigt werden.

❷ Die Dämmschicht muß lückenlos und wasserdicht abgedeckt sein mit genügend fester Bitumenpappe oder mit entsprechenden Plastikfolien. Die Bahnen müssen weitgehend überlappen. Das Abdeckmaterial muß so fest sein, daß es beim Betonieren nicht in Fugen der Dämmschicht gedrückt werden kann und Schallbrücken bildet.

❸ Die Dämmschicht muß bis Oberkante Estrichplatte an den Wänden und sonstigen Einbauten wie durchgehenden Rohren und dgl. hochgezogen werden, die Estrichplatte muß allseitig vollkommen frei schwingen können (*Abb. 7.12* und *7.13*).

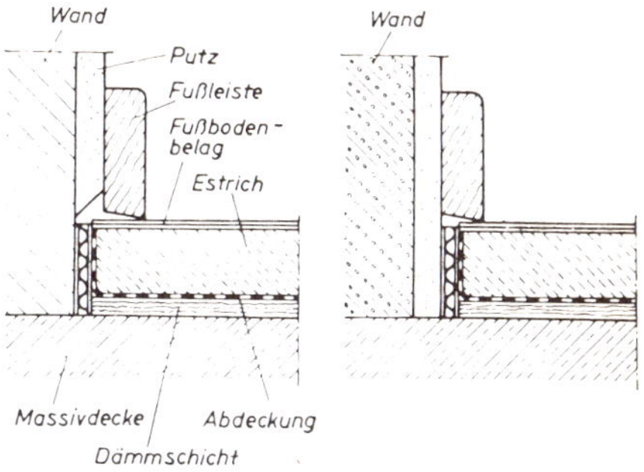

Ausführung links: Putz bis Oberfläche Fußboden
Ausführung rechts: Putz bis Oberfläche Massivdecke; bei porigen Wandbausteinen (z. B. aus Bims- oder Ziegelsplitbeton) ist die rechte Ausführung zu wählen

Abb. 7.12: Wandanschlüsse bei schwimmenden Estrichen

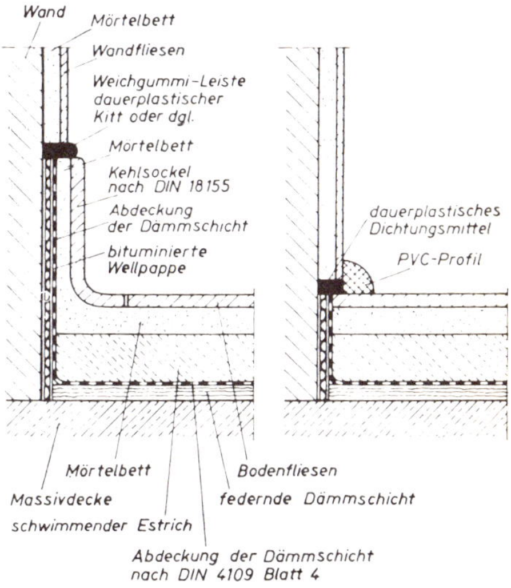

Ausführung links: mit Kehlsockel
Ausführung rechts: ohne Kehlsockel

Abb. 7.13: Schwimmender Estrich in Räumen mit Massivfußböden

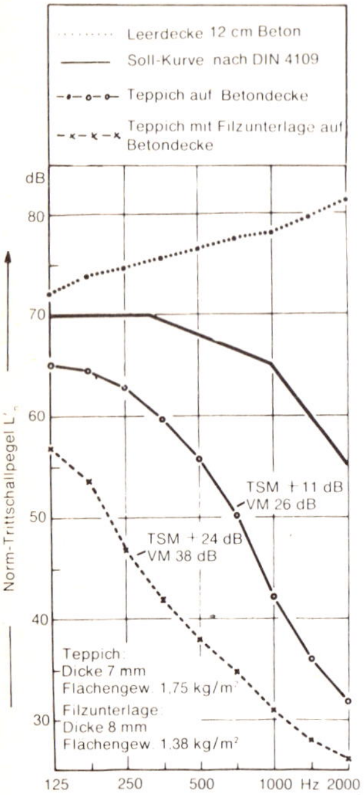

Abb. 7.14: Trittschallverhalten eines Teppichs (Schlingenware) ohne und mit Filzunterlage

❹ Für Auswahl geeigneter Zuschlagstoffe (Korngröße) und für richtige Betonmischung muß gesorgt werden, damit sich keine Risse bilden oder sich die Ecken der Estriche nach oben wölben.

❺ Die Flächenausdehnung eines Estrichs darf keinesfalls 30 m² überschreiten, andernfalls müssen Fugen vorgesehen werden.

❻ Es dürfen keine Rohrleitungen in der Dämmschicht oder in der Estrichplatte verlegt werden.

❼ Der Estrich ist in der ersten Woche nach Verlegung ständig ausreichend feucht zu halten.

Entsprechende Regeln gelten auch für die Verlegung von Estrichen aus anderen Materialien wie Anhydrit, Asphalt, Gips usw.

Die obengenannte Bedingung für die Steifigkeit der Dämmschicht gilt für Deckenauflagen bei Massivdecken der Deckengruppe I. Bei Auflagen für Decken der Gruppe II kann auch eine steifere Dämmschicht unter dem Estrich verlegt werden, aber maximal nur bis 90 MN/m³.

Der größte Teil der heute verwendeten federnden Gehbeläge sind Teppichböden. Daneben werden auch einschichtige Beläge aus Korklinoleum, Preßkork oder Gummi verwendet. Mehrschichtige Gehbeläge, z. B. Linoleum und Kunststoffe auf Filzpappe, Schaumstoff und dgl., sind auch möglich. Teppichböden liefern immer dann einen ausreichenden Schallschutz, wenn deren Florhöhe wenigstens 5 mm beträgt. Hoher Trittschallschutz kann erreicht werden durch eine Unterlagsschicht aus Waffelfilz oder Schaumstoffen unter den Teppichböden *(Abb. 7.14)*. Bei der Auswahl der Gehbeläge spielt heute die Frage der Pflegeleichtigkeit eine entscheidende Rolle.

Unmittelbar auf die Decke aufgebrachte Beläge wie Linoleum, Kunststoffe, Hartfaserplatten, Steinholz, Leichtbetonestriche, Zement-, Gips- oder Asphaltestriche, Fliesen und dgl. bilden keinen ausreichenden Trittschallschutz.

7.4 Schallabsorption und Raumakustik

Während die Schallabsorption in unmittelbarem Zusammenhang mit dem Schallschutz steht, da der Schallpegel in einem Raum von ihr abhängt, hat die Raumakustik nur insofern etwas damit zu tun, als sie den Zusammenhang zwischen Schallabsorption, Raumvolumen, Schallpegel und Nachhallzeit beschreibt. Das wesentliche Anwendungsgebiet der Raumakustik ist jedoch die Hörsamkeit von Auditorien, und es soll daher darauf hier nur in groben Zügen eingegangen werden.

Zuerst einige Definitionen: Unter Schallabsorption (früher auch Schallschluckung genannt) versteht man den Verlust an Schallenergie bei der Reflexion an den Begrenzungsflächen oder an Gegenständen oder Personen eines Raumes und bei der Ausbreitung in Luft. Unter dem Schallabsorptionsgrad α versteht man das Verhältnis der nichtreflektierten zur auffallenden Schallenergie. Bei vollständiger Reflexion ist $\alpha = 0$, bei vollständiger Absorption ist $\alpha = 1$. Der Schallabsorptionsgrad wird hauptsächlich im Hallraum ermittelt. Der Nachhall, die Abnahme der Schallenergie nach beendeter Schallsendung, wird in einem Raum mit gut reflektierenden Wänden mit und ohne Prüfmaterial registriert. Quantitativ wird der Nachhall durch die Nachhallzeit T gekennzeichnet. Es ist die Zeitspanne, während der der Schallpegel nach Beenden der Schallsendung um 60 dB fällt bzw. der Schalldruck auf 1/1000 seines Anfangswertes zurückgeht. Aus der Nachhallzeit *T* und dem Rauminhalt ergibt sich die äquivalente Absorptionsfläche *A*. Dies ist die Schallabsorptionsfläche mit dem Schallabsorptionsgrad $\alpha = 1$, die den gleichen Anteil der Schallenergie schlucken würde wie die gesamte Oberfläche des Raumes und der in ihm befindlichen Gegenstände und Personen. Die äquivalente Absorptionsfläche *A* in m², die Nachhallzeit *T* in Sekunden und das Volumen eines Raumes *V* in m³ hängen bei nicht zu großer Absorption miteinander nach der Formel

$$A = \frac{0{,}16 \cdot V}{T}\ \mathrm{m}^2$$

zusammen, nach dem Begründer der Raumakustik, *W. C. Sabine,* auch Sabine-Formel genannt.

Unter Benutzung dieser Formel und mit Hilfe einer Messung der Nachhallzeit wird bei Schalldämmaß- und Normtrittschallpegelmessungen das in Abschn. 7.2 und 7.3 erwähnte Korrekturglied errechnet, das die Schallabsorption des Meßraumes berücksichtigt.

Die Minderung ΔL des Schallpegels, die in einem Raum durch Anbringen von schallschluckenden Stoffen oder Konstruktionen gegenüber dem unbehandelten Raum erreicht wird, errechnet sich zu

$$\Delta L = 10 \lg \frac{A_2}{A_1} = 10 \lg \frac{T_1}{T_2} \text{ in dB.}$$

Der Index 1 gilt für den Zustand des unbehandelten, der Index 2 für den Zustand des behandelten Raumes.

Damit Schallabsorptionsmaterialien und -anordnungen sinnvoll für Lärmbekämpfungszwecke und zur Optimierung des Nachhalls in Auditorien verwendet werden können, müssen deren Eigenschaften bekannt sein. Man unterscheidet folgende Gruppen von flächenhaften Schallabsorbern:

- ▷ poröse Schichten
- ▷ Loch- und Schlitzabsorber
- ▷ mitschwingende Platten

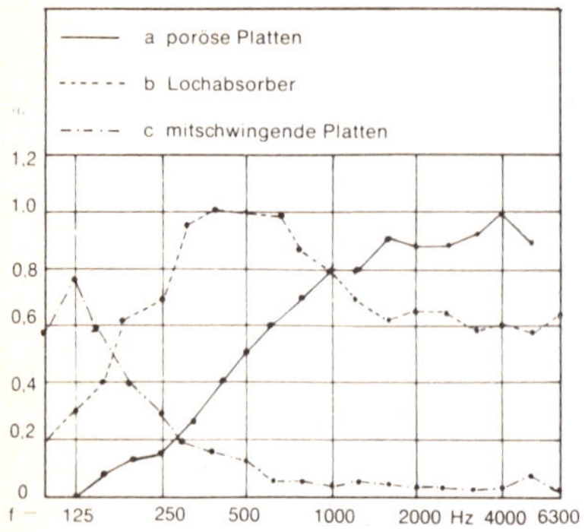

Abb. 7.15: Frequenzabhängigkeit des Schallabsorptionsgrades von drei Absorbertypen

Zu den porösen Schichten gehören die handelsüblichen, aus gepreßten Mineralfasern oder Holzfasern hergestellten Platten, ferner Leichtspanplatten mit poröser Deckschicht sowie Teppiche und poröse Vorhänge. Lochabsorber sind in der Regel gelochte Gipskarton-, Sperrholz-, Asbest-, Zement- oder Blechplatten mit einem Lochungsgrad bis etwa 20%. Auch Hochlochziegel werden viel verwendet. Schlitzabsorber sind meist Holzverbretterungen oder Metallamellen mit offenen Schlitzen. Loch- und Schlitzabsorber werden zur Erzielung größerer Wirksamkeit rückseitig mit porösen Materialien belegt. Mitschwingende Absorptionsanordnungen sind meist Holz- oder Spanplattenpaneele, die mit luft- oder faserstoffgefülltem Abstand auf den Raumbegrenzungen angebracht werden.

Der Schallabsorptionsgrad aller Materialien und Anordnungen ist im allgemeinen stark frequenzabhängig. Deswegen wird er in Abhängigkeit von der Frequenz ermittelt und als Kurve aufgetragen. Der Frequenzgang des Absorptionsgrades der drei Hauptgruppen (s.o.) weist charakteristische Unterschiede auf, wie *Abb. 7.15* für typische Vertreter der drei Gruppen zeigt. Die mitschwingenden Paneele absorbieren hauptsächlich im Frequenzbereich 100 bis 200 Hz und haben ein Absorptionsmaximum entsprechend ihrer mechanischen Masse-Luftpolster-Resonanz. Auch Loch- und Schlitzabsorber sind Resonatoren, ihr Absorptionsgrad steigt bis zu einem Maximum an, das je nach Lochungs- oder Schlitzungsgrad höher oder tiefer im mittleren Frequenzbereich liegt, um oberhalb wieder abzufallen. Poröse Schichten haben einen Absorptionsgrad, der je nach ihrer Schichtdicke tiefer oder höher im Frequenzbereich steil ansteigt, um dann bis zur oberen Frequenzgrenze etwa gleiche Werte zu behalten. Der Absorptionsgrad handelsüblicher poröser Platten liegt im oberen Frequenzbereich, je nach Material und Dicke zwischen 0,8 und 1,0.

Bauübliche Flächen wie Beton, verputztes Mauerwerk, Rabitz und dgl. haben im unteren Frequenzbereich nur geringe Absorptionsgrade, die bei höheren Frequenzen auf 0,05–0,07 ansteigen. Der Absorptionsgrad von Zuhörern auf Gestühl in geschlossener Fläche liegt bei 0,8 für den mittleren Frequenzbereich. Die Schallabsorption einzeln stehender Gegenstände oder Personen wird in m² Absorptionsfläche angegeben. Die äquivalente Absorptionsfläche von mehreren flächenhaften Absorbern mit dem Absorptionsgrad α_i und Einzelflächen F_i ist gegeben durch

$$A = \Sigma\ \alpha_i F_i,$$

wenn diese Flächen wenigstens in der Größenordnung von einigen Quadratmetern liegen. Um überschlagsmäßig die für eine bestimmte optimale Nachhallzeit noch zusätzlich in einen Raum einzubringenden Absorptionsflächen zu errechnen, wird zunächst die vorhandene Absorptionsfläche bestimmt, möglichst durch eine Messung, und dann nach der Sabine-Formel die benötigte Absorptionsfläche berechnet.

Die Differenz beider muß dann noch mit zusätzlichen Absorptionsmaterialien in den Raum eingebracht werden. Die günstigsten Nachhallzeiten für die einzelnen Raumgruppen liegen etwa bei:

Klassenzimmer und Kinos	0,8 s
Vortragssäle	1,0–1,2 s
Sprechtheater	1,3–1,5 s
Opertheater	1,4–1,6 s
Konzertsäle	1,8–2,0 s
Kirchen	2,0 s

Die Angaben beziehen sich auf die besetzten Räume. Für eine gute Raumakustik ist die Raumform, besonders bei größeren Räumen, von entscheidendem Einfluß. Deswegen ist es wenig sinnvoll, bei Neubauten von Auditorien den beratenden Akustiker erst hinzuzuziehen, wenn der Rohbau schon fertig ist.

7.5 Haustechnische Anlagen, Schächte und Kanäle

DIN 4109 Bl. 2 Ziffer 5 schreibt vor, daß die Lautstärke von Geräuschen, die von haustechnischen Gemeinschaftsanlagen oder Maschineneinrichtungen gewerblicher Betriebe herrühren, in benachbarten Wohn-, Schlaf- und Arbeitsräumen, gemessen in Raummitte, nicht höher als 30 dB(A) (früher 30 DIN-Phon) sein darf. Für Anlagen, die nur in der Zeit von 7 bis 22 Uhr in Betrieb sind, darf diese Lautstärke ausnahmsweise bis 40 dB(A) betragen.

Haustechnische Anlagen, die Lärmstörungen in benachbarten Wohnungen verursachen können, sind in der Hauptsache: sanitäre Installationen, Heizungsanlagen, Aufzüge, Lüftungsanlagen, Müllschluckanlagen.

Sanitäre Anlagen: Geräuscherzeuger sind im wesentlichen Wasserzapfhähne, Abortspülvorrichtungen, Badewannen durch Ein- und Auslaufgeräusche, auch Geschirrspüler und Waschmaschinen seien in diesem Zusammenhang genannt. Wasserzapfhähne, Druckspüler und dgl., unter dem Sammelbegriff Armaturen zusammengefaßt, können je nach Konstruktion laut oder leise sein. Strömungstechnisch ungünstige Konstruktionen und lose sitzende Ventile erzeugen unnötige Störgeräusche. Um die akustische Qualität von Armaturen und Geräten der Wasserinstallation vor dem Einbau prüfen zu können, ist in DIN 52218 ein Verfahren zur Prüfung ihres Geräuschverhaltens im Laboratorium genormt worden, das die Geräuschabgabe unter vergleichbaren Bedingungen zu messen gestattet. Der in dB(A) gemessene Armaturengeräuschpegel entspricht im Mittel etwa dem Wert, der für die untersuchten Armaturen bei den gleichen Werten des Fließdruckes und des Durchflusses in ausgeführten Wohnbauten in Massivbauweise auftritt, wenn die Armatur im Bad oder in der

Küche einer Wohnung betätigt und der A-Schallpegel in benachbarten fremden Wohnräumen gemessen wird.

Nachfolgende Empfehlungen können für geräuscharme sanitäre Anlagen gegeben werden:

❶ Man verwende nur Armaturen, für die der Hersteller ein Prüfzeugnis nach DIN 52218 beibringen kann.

❷ Armaturengeräusche hängen vom Wasserdruck ab. Er sollte so klein wie möglich sein. Andernfalls ist der Einbau von geräuscharmen Druckminderern zu empfehlen.

❸ Weite Rohrleitungen sind geräuschmäßig günstiger als enge.

❹ Die Schallübertragung durch Wasserleitungsrohre kann herabgesetzt werden, wenn an den Durchtrittsstellen durch Decken und Wände und in den Befestigungsschellen elastische Zwischenlagen aus Gummi, Kork oder Filz eingefügt werden. Das gleiche gilt für die Rohre der Zentralheizungen.

❺ Bei den Spülanlagen in Aborten sollte man möglichst keine Druckspüler, sondern Saugspüler verwenden, die wesentlich leiser sind.

❻ Unter Badewannenfüßen, Duschwannen und Abortbecken sollten körperschalldämmende Unterlagen angebracht werden, ebenso unter Geschirrspülern, Waschmaschinen, Wäscheschleudern und dgl., sofern sie nicht schon vom Hersteller mit federnden Füßen ausgerüstet sind. Zwischen Badewannen- und Duschwannenrändern und Mauerwerk sollten weichelastische Materialien eingebracht werden.

❼ In der Wand verlegte Rohre sollten mit körperschalldämmenden Stoffen lückenlos ummantelt sein oder in Sammelschächten auf federnd befestigten Sammelschienen verlegt werden.

Heizungsanlagen: Um Körperschallübertragungen aus Heizungsanlagen in Wohn- und Arbeitsräume zu verringern, soll in Räumen zum Lagern von festen Brennstoffen und zum Heizen ein schwerer, besonders tieffrequent abgestimmter schwimmender Estrich verlegt werden. Kessel müssen auf besonderen, von den übrigen Bauteilen und vom Estrich getrennten Fundamenten stehen. Bei Rohrleitungen ist eine starre Befestigung an Decken oder Wänden zu vermeiden.

Decken über Heizungsräumen sollen zur Erhöhung des Luftschallschutzes einen schwimmenden Estrich nach DIN 4109 Bl. 3, *Tab. 1,* enthalten.

Bei Öl- und Gasfeuerungen ist das Brennergeräusch zu berücksichtigen, das vorwiegend tieffrequente Anteile enthält. Als Abhilfe haben sich zwei Möglichkeiten bewährt: entweder ein völlig selbsttragender Schornstein, der vom übrigen Baukörper getrennt ist, oder ein geeigneter Schalldämpfer für tiefe Frequenzen in der Schornsteinzuführung (Fuchs).

Selbst Zimmeröfen dürfen keine Verbindung mit der Rohdecke haben. Falls sie nicht auf einem schwimmenden Estrich stehen, müssen sie für sich auf ein Stück schwimmenden Estrichs gestellt werden.

Bei *Müllwurfanlagen* soll der innere Schacht körperschallgedämmt vom Bauwerk errichtet werden. Es sind möglichst dröhnarme Stoffe zu verwenden.

Bleche sind mit einer schalldämpfenden Schicht zu versehen. Der obere Schachtabschluß wird zweckmäßig schallschluckend ausgeführt.

Auffangbehälter müssen auf einem schwimmenden Estrich stehen und durch Wände und Decken abgegrenzt sein, die den Anforderungen an Wohnungstrennwände und -decken entsprechen. Sind Prallplatten vorgesehen, so müssen diese federnd und körperschalldämmend befestigt sein.

Die Lärmabwehr bei *Aufzügen* ist sehr viel einfacher, wenn der Aufzugsschacht von vornherein körperschallisoliert, also getrennt vom übrigen Gebäude, hochgeführt wird. Die Aufzugsmaschinen müssen auf einem elastisch gelagerten Fundament stehen, die starke Schlaggeräusche erzeugenden Schaltrelais müssen in schalldichten Kapselungen untergebracht werden, die wiederum körperschalldämmend aufzustellen sind. Es gibt heute schon sehr geräuscharm schließende Fahrstuhltüren! Zur Fahrkorbführung sind gummibereifte Räder zu benutzen.

Lüftungsanlagen: Die Lüfteraggregate sind körperschall- und schwingungsisoliert aufzustellen. In die Zuluft- und Abluftkanäle sind Schalldämpfer einzuschalten, die so dimensioniert sein müssen, daß die in VDI-Richtlinie 2081 geforderten Höchstlautstärken eingehalten werden. Liegen mehrere nebeneinander befindliche Räume an dem gleichen Kanal, so muß durch Einbau von sog. Telefonieschalldämpfern dafür gesorgt werden, daß die Schalldämmung der Zimmertrennwände nicht durch Schallübertragung über den Kanal verringert wird.

Schächte und Kanäle: Schächte für die Entlüftung von sanitären Räumen bereiten immer dann keine Schwierigkeiten, wenn für jeden derartigen Raum ein Einzelschacht vorhanden ist. Einzelschächte müssen genommen werden, wenn Kanal- oder Öffnungsquerschnitte die Abmessungen 13,5 cm × 20 cm überschreiten oder die Kanäle keine schallabsorbierenden Wände haben.

Bei Sammelschachtanlagen können am gleichen Schacht in jedem zweiten Geschoß Anschlüsse vorgesehen werden, wenn die Kanäle innerhalb der obigen Querschnittsgrenzen schallabsorbierende Innenwände wie unverputztes Mauerwerk, Formstücke aus Bims- oder Ziegelsplittbeton und dgl. aufweisen. In jedem Geschoß ist bei Sammelschachtanlagen ein Anschluß möglich, wenn sie nach DIN 18017 ausgeführt sind oder wenn sie mit schallgedämpftem Luftansaugkasten und Motorlüftung ausgerüstet sind.

Auch für die Nachprüfung der Schalldämmung von Schächten und Kanälen sind im Zweifelsfalle Eignungsprüfungen vorgesehen.

7.6 Grundrißplanung

Grundsätzlich dürfen bei der Grundrißplanung keine Räume mit geräuschvollen Armaturen und Geräten Wand an Wand mit Wohn- oder Schlafräumen der Nachbarwohnung liegen. Wenn sich dies in Sonderfällen nicht umgehen läßt, müssen Armaturen, Rohrleitungen und sanitäre Objekte an einer besonderen, körperschallmäßig getrennten Wand installiert werden. Rohrverbindungen zu dieser Montagewand müssen aus elastischem Material bestehen.

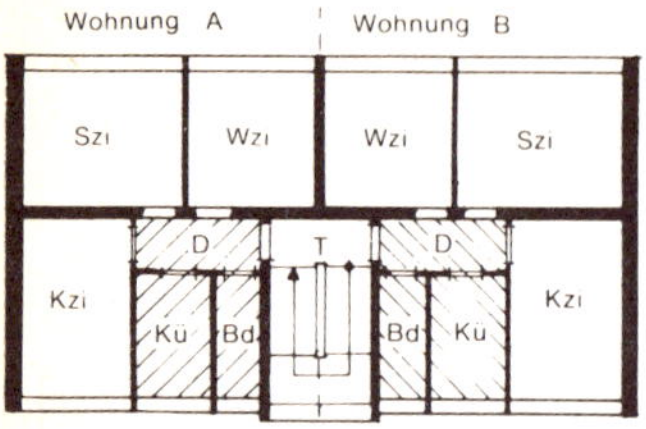

Abb. 7.16: In bezug auf Schallschutz zweckmäßige Anordnung von Wohnräumen in Mehrgeschoßbauten

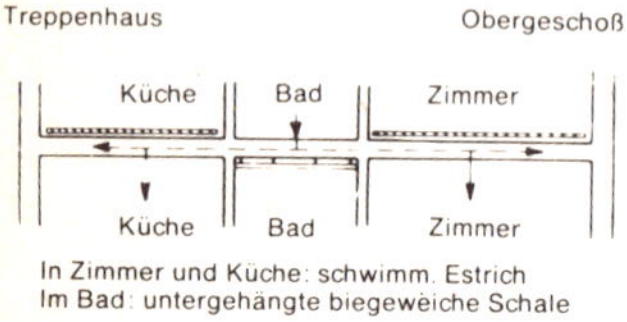

Abb. 7.17: Beispiel für unzweckmäßige Trittschallschutzmaßnahmen

Abb. 7.16 zeigt an einem einfachen Beispiel, wie man bei Geschoßhäusern üblicher Bauart die Badezimmer und Küchen möglichst am Treppenhaus angeordnet und selbstverständlich in den verschiedenen Stockwerken übereinander. Dies ist kein Problem, solange nur zwei Wohnungen in jedem Geschoß am gleichen Treppenhaus liegen. Aber auch bei mehr als zwei Wohnungen je Stockwerk müssen geeignete Raumgruppierungen gefunden werden. Schlafzimmer sind niemals an Treppenhauswände zu legen.

Beim *Trittschall* ist zu bedenken, daß er bei mangelhaftem *Trittschallschutz* nicht nur in den senkrecht unterhalb liegenden Raum abgestrahlt wird, sondern auf dem Wege über die Körperschalleitung auch in den diagonal darunter gelegenen. *Abb. 7.17* zeigt ein Beispiel, wie man durch ungünstige Anordnung von schwimmenden Estrichen und Unterdecken trotz hohen Aufwandes keinen ausreichenden Trittschallschutz erzielt.

7.7 Fachliteratur

7.7.1 Normen, VDI-Richtlinien

Ein * bedeutet, daß das Normblatt oder die Richtlinie im Entwurf vorliegt.

DIN 1320	10. 69	Akustik; Grundbegriffe
DIN 4109	9. 62	Schallschutz im Hochbau
		Bl. 1 –; Begriffe
		Bl. 2 –; Anforderungen
		Bl. 3 –; Ausführungsbeispiele
		Bl. 4 –; Schwimmende Estriche auf Massivdecken, Richtlinien für die Ausführung
		Bl. 5 (4. 63) –; Erläuterungen
DIN 18005*		Schallschutz im Städtebau
		Teil 1 (4. 82) –; Berechnungs- und Bewertungs-Grundlagen
		Teil 2 (1. 76) –; Richtlinien für die schalltechnische Bestandsaufnahme
DIN 18041	10. 68	Hörsamkeit in kleinen bis mittelgroßen Räumen
DIN 18164	6. 79	Schaumstoffe als Dämmstoffe für das Bauwesen
		Teil 2 –; Dämmstoffe für die Trittschalldämmung
DIN 18165		Faserdämmstoffe für das Bauwesen
		Teil 2 (1. 75) –; Dämmstoffe für die Trittschalldämmung
		Teil 2* (4. 81) –; Dämmstoffe für die Trittschalldämmung
DIN 45630	12. 71	Grundlagen der Schallmessung
		Teil 1 –; Physikalische und subjektive Größen von Schall

DIN 52210		Bauakustische Prüfungen, Luft- und Trittschalldämmung Teil 1 (7. 75) –; Meßverfahren Teil 2 (8. 81) –; Prüfstände für Schalldämmessungen an Bauteilen Teil 2 A1, Änderung 1* Teil 3 (8. 81) –; Eignungs-, Güte-, und Baumuster-Prüfungen Teil 4 (7. 75) –; Ermittlung von Einzahlangaben Teil 4 (8. 82)* –; Ermittlung von Einzahlangaben Teil 5 (10. 76) –; Messung der Luftschalldämmung von Fenstern und Außenwänden am Bau Teil 6 (4. 80) –; Bestimmung der Schachtpegeldifferenz Teil 7 (8. 82)* –; Bestimmung des Schall-Längsdämmaßes Teil 100 (2. 80)* –; Änderungen und Ergänzungen zu DIN 52210, Teile 2 und 3, für die Prüfung der Luftschalldämmung von Fenstern und Scheiben für Fenster
DIN 52212	1. 61	Bauakustische Prüfungen; Bestimmung des Schallabsorptionsgrades im Hallraum
DIN 52214	9. 76	–; Bestimmung der dynamischen Steifigkeit von Dämmschichten für schwimmende Estriche
DIN 52217	9. 71	–; Flankenübertragung
DIN 52217	8. 82*	–; Flankenübertragung
DIN 52218		–; Prüfung des Geräuschverhaltens von Armaturen und Geräten der Wasserinstallation im Laboratorium Teil 1 (12. 76) –; –; Meßverfahren und Prüfanordnung
DIN 52221	5. 80	–; Körperschallmessungen bei haustechnischen Anlagen
VDI-Richtlinien		
2058	6. 73	Beurteilung von Arbeitslärm in der Nachbarschaft
2081	3. 83	Geräuscherzeugung und Lärmminderung in raumlufttechnischen Anlagen
2566	6. 71	Lärmminderung an Aufzugsanlagen
2571	8. 76	Schallabstrahlung von Industriebauten
2718	6. 75*	Schallschutz im Städtebau
2719	10. 73	Schalldämmung von Fenstern
2719	9. 83*	
3726	11. 81*	Schallschutz bei Gaststätten und Kegelbahnen

7.7.2 Fachbücher

G. Hartmann, Praktische Akustik, Band 1: Einführung; Band 2: Raum- und Bauakustik. R. Oldenbourg Verlag, München–Wien 1964/1968.

W. Furrer, A. Lauber, Raum- und Bauakustik, Lärmabwehr. Birkhäuser Verlag, Basel und Stuttgart 1972.

K. Gösele, W. Schüle, Schall, Wärme, Feuchtigkeit. Grundlagen, Erfahrungen und prakt. Hinweise für den Hochbau. Bauverlag GmbH, Wiesbaden–Berlin 1972.

G. Kurtze, Physik und Technik der Lärmbekämpfung. G. Braun, Karlsruhe 1975.

H. Schmidt, Schalltechnisches Taschenbuch. VDI-Verlag, Düsseldorf 1976.

Deutscher Normenausschuß (DNA), Schallabsorptionsgrad-Tabelle 1968. Beuth-Vertrieb GmbH, Berlin.

K. Volkart, Die Luftschalldämmung von Wänden aus Gipsbauplatten. Das Baugewerbe, Nr. 23/1970.

AGI-Arbeitsblätter der Arbeitsgemeinschaft Industriebau e. V., Curt R. Vincentz Verlag, Hannover.

Abbildungsnachweis zu Kapitel 7:

Abb. 1: VDI-Richtlinie 2571
Abb. 2: DIN 52210
Abb. 3, 4, 5, 6, 7, 10 bis 13: DIN 4109
Abb. 8, 9: DIN 52217

8 Baulicher Wärme- und Brandschutz

Der Wärmeschutz hat bei Bauten, die dem dauernden Aufenthalt von Menschen dienen, für deren Gesundheit besondere Bedeutung. Ausreichender Wärmeschutz ist Voraussetzung für gesunde und behagliche Räume und hält die Instandhaltungskosten gering, da durch ihn Frostschäden an Wasserleitungen und Schäden durch Tauwasserbildungen vermieden werden.

Um ausreichenden Wärmeschutz in Wohn- und Arbeitsräumen sicherzustellen, sind in DIN 4108 Mindestwerte für den Wärmeschutz von Wänden, Decken und Dächern festgelegt und die erforderlichen Wärmeschutzmaßnahmen ausführlich erläutert.

Schon bei der Planung lassen sich Wärmeschutzmaßnahmen berücksichtigen; dadurch kann man den Wärmebedarf beeinflussen. Hierzu gehören eine überlegte Grundrißplanung, ausreichender Windschutz des Gebäudes, Vermeidung übergroßer Fensterflächen sowie eine gute Wärmedämmung der Außenwände.

Die Hauptaufgabe des Wärmeschutzes im Hochbau besteht daher darin, ein der Gebäudenutzung angepaßtes optimales Raumklima unter wechselnden außenklimatischen Einflüssen im Winter und im Sommer zu schaffen.

Den Umfassungswänden und Decken eines Bauwerks kommt also beim Wärmeschutz, neben der Tragfähigkeit derselben, dem Feuchtigkeitsschutz, dem Brand- und Schallschutz, eine besondere Bedeutung zu.

8.1 Kenngrößen des stationären Wärmeschutzes

Wärmemenge Q (Energie, Arbeit) J = Joule
1 Joule entspricht der Arbeit, die verrichtet wird, wenn der Angriffspunkt der Kraft 1 N (Newton) in Kraftrichtung um 1 m verschoben wird.

Alte Definition: *Wärmeeinheit*
Die Einheit der Wärmemenge ist die Kilokalorie (kcal); sie entspricht der Wärmemenge, die erforderlich ist, um 1 kg Wasser (bei atmosphärischem Druck) um 1 Grad – d.h. von 14,5 °C auf 15,5 °C zu erwärmen.

Beim stationären Zustand gilt folgende Gleichung für den Wärmedurchgang:

$$Q = \frac{A}{s} \cdot \lambda \, (\vartheta_{oi} - \vartheta_{oa}) \cdot t \text{ (J)} \qquad (1)$$

Wenn die Wandoberfläche A = 1 m², die Wanddicke s = 1 m, die Temperaturdifferenz $(\vartheta_{oi} - \vartheta_{oa})$ = 1 K und die Zeit t = 1 sec beträgt, dann ergibt sich aus Gleichung (1), daß:

$Q = \lambda$ bzw. $\lambda = Q$ ist.

λ ist eine Stoff- bzw. Materialkonstante und wird als Wärmeleitfähigkeit bezeichnet.

Tab. 8.1: Begriffe zum Wärmeschutz

Zeichen – Begriffe – Einheiten – Formeln – Auszug aus DIN 4108, Teil 1, Tabelle 1 und Tabelle 2

	Zeichen	Begriff	Einheit Si neu	alt	Formeln
Allgemeine Größen	S A V m ϱ t	Dicke (Schichtdicke) Fläche Volumen Masse (Gewicht) Dichte Zeit	m m^2 m^3 kg kg/m^3 h, s	m m^2 m^3 kg kg/m^3 h	Indizes: S = Sättigung i = innen a = außen R = Reziprokwert γ = Rechenwert o = Laborwert m = Mittelwert
Wärmeschutztechnische Größen	ϑ_i ϑ_a $\Delta\vartheta$	Temperatur (Raum) Temperatur (außen) Temperatur-Differenz	°C °C K	°C °C °C	$\Delta\vartheta = \vartheta_i - \vartheta_a$
	λ Λ $\frac{1}{\Lambda}$ $(R\lambda)$	Wärmeleitfähigkeit Wärmedurchlaß-Koeffizient Wärmedurchlaß-Widerstand	W/m K W/m^2 K m^2 K/W	kcal/m h grd. kcal/m^2 h grd. m^2 h grd./kcal	$\frac{1}{\Lambda} = \frac{S_1}{\lambda_1} + \frac{S_2}{\lambda_2} \cdots + \frac{S_n}{\lambda_n}$
	α	Wärmeübergangs-Koeffizient	$W/m^2 \cdot K$	kcal/m^2 h grd.	$\frac{1}{k} = \frac{1}{\alpha_i} + \frac{1}{\Lambda} + \frac{1}{\alpha_a}$ $k = \frac{1}{\frac{1}{\alpha_i} + \frac{1}{\Lambda} + \frac{1}{\alpha_a}}$
	$\frac{1}{\alpha_i}$ (R_i) $\frac{1}{\alpha_a}$ (R_a)	Wärmeübergangs-Widerstand innen / außen	$m^2 \cdot K/W$	m^2 h grd./kcal	
	k $\frac{1}{k}$ (R_k)	Wärmedurchgangs-Koeffizient Wärmedurchgangs-Widerstand	W/m^2 K $m^2 \cdot K/W$	kcal/m^2 h grd. m^2 h grd./kcal	
	q Q C	Wärmestromdichte Wärmemenge spezifische Wärmekapazität	W/m^2 W · s¹) J/(kg · K)	 kcal/h kcal/kg grad.	$q = k(\vartheta_{Li} - \vartheta_{La})$
	p ps φ	Wasserdampfteildruck Wasserdampfsättigungsdruck relative Luftfeuchte (r. F.)	Pa (N/m^2) Pa (N/m^2) %		ps Sättigungsdampfdruck 1 kp/m^2 = 9,81 N/m^2 = ~ 10 N/m^2 1 N/m^2 = 1 Pa (Pascal)
	μ	Wasserdampf-Diffusions-Widerstandszahl	1		
	Δ	Wasserdampf-Diffusions-Durchlaß-Koeffizient	kg/(m^2 · h · Pa)		
	$1/\Delta$, $R\delta$	Wasserdampf-Diffusions-Durchlaß-Widerstand	(m^2 · h · Pa) / kg		

¹) 1 W · S = 1J = 1 N · m

Fortsetzung der Tab. 8.1: Begriffe zum Wärmeschutz

Zeichen – Begriffe – Einheiten – Formeln – Auszug aus DIN 4108, Teil 1, Tabelle 1 und Tabelle 2

	Zeichen	Begriff	Einheit Si neu	alt	Formeln
Wärmeschutztechnische Größen	δ	Wasserdampf-Diffusionsleit-Koeffizient	kg/(m · h · Pa)		
	s_d	Diffusionsäquivalente Luftschichtdicke	m		
	A	Wärmetauschende Umfassungsfläche eines Bauwerks	m^2		$A = A_W + A_F + A_{DL} + A_D + A_G$
	A_{DL}	Flächen von Decken, die Aufenthaltsräume nach unten gegen die Außenluft abgrenzen	m^2		
	A_D	Fläche wärmegedämmter Dächer und Decken unter nicht ausgebauten Dachgeschossen	m^2		
	A_G	Grundfläche des Gebäudes, sofern sie nicht an die Außenluft grenzt	m^2		
	k_m	mittlerer Wärmedurchgangs-Koeffizient der wärmetauschenden Umfassungsflächen	$W/m^2 K$		$k_m = \frac{k_W A_W + k_F A_F + k_{DL} A_{DL} + 0{,}8\, k_D A_D + 0{,}5\, k_G A_G}{A}$
	k_{DL} k_D k_G	Wärmedurchgangskoeffizient: der Fläche A_{DL} der Fläche A_D der Fläche A_G	$W/m^2 K$ $W/m^2 K$ $W/m^2 K$		

Grundbegriffe zur Wärmedämmung	Beziehungen der alten zu den neuen Si-Einheiten
λ = Wärmeleit-Koeffizient	$1 \frac{kcal}{m\,h\,grd.} = \frac{1{,}163\,W}{m\,K}$
Λ = Wärmedurchlaß-Koeffizient k = Wärmedurchgangs-Koeffizient α = Wärmeübergangs-Koeffizient	$1 \frac{kcal}{m^2\,h\,grd.} = \frac{1{,}163\,W}{m^2\,K}$
$1/\Lambda$ = Wärmedurchlaß-Widerstand $1/k$ = Wärmedurchgangs-Widerstand $1/\alpha$ = Wärmeübergangs-Widerstand	$1 \frac{m^2\,h\,grd.}{kcal} = \frac{m^2\,K}{0{,}860\,W}$

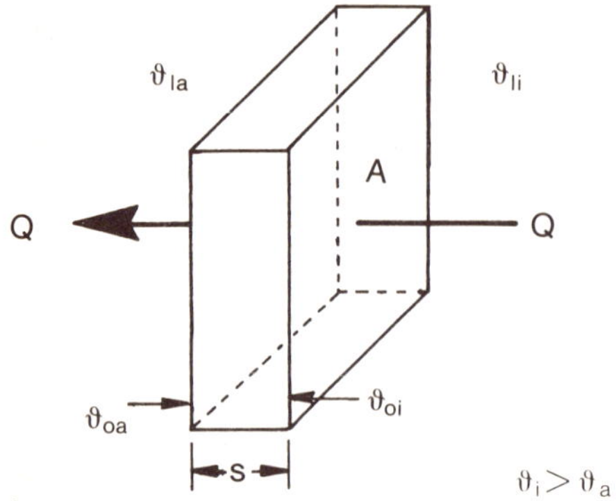

A = Wandfläche (m²)
s = Wanddicke (m)
λ = Wärmeleitfähigkeit des Baustoffs (W/mK)
t = Zeit (s)
ϑ_{oa} = Oberflächentemperatur der Wand außen
ϑ_{oi} = Oberflächentemperatur der Wand innen
Q = die Wand durchdringende Wärmemenge (J)
ϑ_{la} = Temperatur der Außenluft
ϑ_{li} = Temperatur der Innenluft

Abb. 8.1: Schemaskizze für den Wärmedurchgang

Die *Wärmedämmung* eines Bauteils wird ausgedrückt durch die *Wärmeleitfähigkeit* (λ) und durch den *Wärmedurchlaßwiderstand* (1/Λ).

Wärmeleitzahlen
(Wärmeleitkoeffizienten) (λ)

Die Wärmeleitzahlen der verschiedenen Baustoffe sind durch Messungen ermittelt. Bei zunehmender Feuchtigkeit steigt die Wärmeleitzahl bzw. der Wärmeleitkoeffizient an, d.h. die Wärmedämmung wird schlechter.

In der DIN 4108, Teil 2, sind die Wärmeleitkoeffizienten angegeben, die für die praktische Berechnung Gültigkeit haben. Zur Berechnung der Wärmedämmung von Bauteilen verwendet man daher Rechenwerte der Wärmeleitzahlen λ_R. Durch diese λ_R-Werte werden z.B. bei Mauerwerk die unterschiedliche Wärmeleitfähigkeit der Steine und des Fugenmörtels sowie die unterschiedliche Wärmeleitfähigkeit der Steine und des Fugenmörtels sowie der praktische Feuchtegehalt der Wand berücksichtigt.

Der Wärmeleitkoeffizient λ_R in W/m K (kcal/m h grd.) ist eine Stoffkonstante, die angibt, welche Wärmemenge in kJ stündlich durch 1 m² einer 1 m dicken Stoffschicht (Bauteilschicht) durchfließt, wenn das Temperaturgefälle zwischen beiden Oberflächen 1 K beträgt.

Wärmedurchlaßkoeffizient
(Wärmedurchlaßzahl) Λ in W/m²K (kcal/m² h grd).

Der Wärmedurchlaßkoeffizient Λ gibt an, welche Wärmemenge in kJ stündlich durch 1 m² einer Stoff(Bauteil)schicht von s(m) Dicke hindurchfließt, wenn das Temperaturgefälle zwischen beiden Oberflächen 1 K beträgt:

$$\Lambda = \frac{\lambda}{s} \text{ (W/m}^2\text{ K) (kcal/m}^2\text{h grd.)}$$

Wärmedurchlaßwiderstand 1/Λ, auch als Wärmedämmwert bezeichnet, in m² K/W (m² grd./Kcal) ist der Kehr- oder Reziprokwert des Wärmedurchlaßkoeffizienten λ und gibt den Widerstand einer Baustoffschicht gegen das Durchströmen von Wärme an. Der Wärmedurchlaßwiderstand 1/Λ ist abhängig von der Dicke (s) des Bauteils in m und seinem Wärmeleitvermögen, das durch die Wärmeleitfähigkeit (λ_R) gekennzeichnet wird.

Für eine einschichtige Wand gilt die Gleichung:

$$(2) \quad \frac{1}{\Lambda} = \frac{s}{\lambda_R} \text{ (m}^2\text{ K/W)}$$

für eine mehrschichtige Wand:

$$(3)\quad \frac{1}{\Lambda} = \frac{s_1}{\lambda_{R1}} + \frac{s_2}{\lambda_{R2}} + \cdots \frac{s_n}{\lambda_{Rn}} = \sum \frac{s_n}{\lambda_{Rn}} \; (m^2\,K/W)$$

Bei einer Wand aus mehreren Schichten Baustoffen *(Abb. 8.3)* ergibt sich der Wärmedurchlaßwiderstand aus der Summe der Teilwiderstände der einzelnen Schichten.

Aus der Gleichung (3) errechnet sich der Wärmedurchlaßkoeffizient Λ mit:

$$(4)\quad \Lambda = \frac{1}{\sum \frac{s}{\lambda}} \; (W/m^2\,K)$$

Je größer die Dicke (s) einer Wand und je kleiner das Wärmeleitvermögen (λ) ist, desto größer ist deren Wärmedurchlaßwiderstand $1/\Lambda$.

Der Durchlaßwiderstand $1/\Lambda$ ist die entscheidende Größe für die Beurteilung eines Bauteils, denn er enthält zwei wesentliche Einflußgrößen:
die Wanddicke (s) in m und
die Materialkonstante (λ_R).

Wärmeübergangskoeffizient
α in W/m^2K ($kcal/m^2hgrd.$)

Der Wärmeübergangskoeffizient (α) gibt an, welche Wärmemenge in kJ stündlich zwischen einer Bauteiloberfläche von 1 m² und der angrenzenden Luft übertragen wird, wenn zwischen beiden ein Temperaturunterschied von 1 K besteht.

(Bezeichnung für außen = α_a und für innen = α_i)

Wärmeübergangswiderstand
$1/\alpha$ in $m^2\,K/W$ ($m^2hgrd./kcal$)

Der Wärmeübergangswiderstand ($1/\alpha$) ist der Kehrwert des Wärmeübergangskoeffizienten α und der Luftgrenzschicht gegen den Wärmeübergang aus der Luft zum Bauteil und umgekehrt.

Wärmedurchgangskoeffizient
k in W/m^2K ($kcal/m^2\,h\,grd.$) (Wärmedurchgangszahl)
gibt an, welche Wärmemenge (W) stündlich durch 1 m² einer Bauteiloberfläche hindurchgeht bei einem Temperaturunterschied der beiderseits angrenzenden Luft von 1 K. Der Wärmedurchgangskoeffizient (k) ist ausschlaggebend für die Bewertung der Wärmedichtigkeit eines Bauteils. Der Wärmedurchgang erfolgt durch:

den Wärmeübergang von der Raumluft an die innere Oberfläche der Wand,

den Wärmedurchlaß durch die Wand und

den Wärmeübergang von der äußeren Oberfläche an die Außenluft.

In der k-Zahl sind die Werte der Wärmeübergangszahlen (α innen und außen) mitenthalten.

Wärmedurchgangswiderstand
$1/k$ in $m^2\,K/W$ ($m^2hgrd./kcal$)

Während k die Wärmemenge bezeichnet, die durch die Wand verlorengeht, ist $1/k$ der Widerstand, den die Wand dem Wärmedurchgang entgegensetzt, der Wärmedurchgangswiderstand. Der Wärmedurchgangswiderstand $1/k$ ergibt sich aus dem Wärmedurchlaßwiderstand $1/\Lambda$ eines ein- oder mehrschichtigen Bauteils zuzüglich der beiden Wärmeübergangswiderstände $1/\alpha_i$ und $1/\alpha_a$.

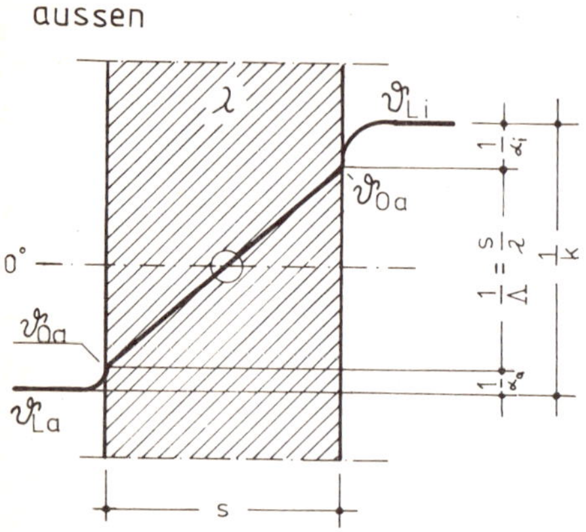

s	Dicke des Baustoffes
λ	Wärmeleitzahl des Baustoffes
1/α	Wärmeübergangswiderstände (innen und außen)
1/Λ	Wärmedurchlaßwiderstand
1/k	Wärmedurchgangswiderstand

Abb. 8.2: Gesamter Wärmedurchgangswiderstand einer einschichtigen Wand

Der Unterschied zwischen dem Wärmedurchgangswiderstand 1/k und dem Wärmedurchlaßwiderstand 1/Λ besteht demnach darin, daß in dem ersteren auch die Wärmeübergangswiderstände 1/α zu beiden Seiten (innen und außen) enthalten sind.

Die Wärmedurchgangszahl k errechnet sich aus der Gleichung:

$$\frac{1}{k} = \frac{1}{\alpha_i} + \sum \frac{s_n}{\lambda_n} + \frac{1}{\alpha_a} \tag{5}$$

$$k = \frac{1}{\frac{1}{\alpha_i} + \sum \frac{s_n}{\lambda_n} + \frac{1}{\alpha_a}} \tag{6}$$

In der Heizungstechnik rechnet man nicht mit den Wärmedurchlaßwiderständen 1/Λ, sondern mit den k-Werten, weil diese Auskunft über die Wärmeverluste geben.

Kleine k-Werte bedeuten geringe Wärmedurchgänge; sie sind deshalb vorteilhaft.

Große 1/k-Werte bedeuten großen Widerstand gegen Wärmeverluste und sind deshalb gleichermaßen vorteilhaft.

8.1.1 Gleichungen für die Wärmeschutzberechnungen

I. *Berechnung des Wärmedurchlaßwiderstandes* 1/Λ erfolgt bei:

a) *einschichtigen* Bauteilen nach Gleichung (7)

$$\frac{1}{\Lambda} = \frac{s}{\lambda_R} \tag{7}$$

$\frac{1}{\Lambda}$ in m^2 K/W
s in m
λ_R in W/m K

b) *mehrschichtigen* Bauteilen nach Gleichung (8)

$$\frac{1}{\Lambda} = \frac{s_1}{\lambda_{R1}} + \frac{s_2}{\lambda_{R2}} + \frac{s_3}{\lambda_{R3}} + \cdots + \frac{s_n}{\lambda_{Rn}} \tag{8}$$

$\frac{1}{\Lambda}$ in m^2 K/W
$s_1 \cdots s_n$ in m
$\lambda_{R1} \cdots \lambda_{Rn}$ in W/m K

II. *Berechnung des Wärmedurchgangswiderstandes* 1/k

Der Wärmedurchgangswiderstand 1/k eines Bauteils (auch als Reziprokwert von k als R_k bezeichnet) wird durch Addieren der Wärmeübergangswiderstände $1/\alpha_i$ und $1/\alpha_a$ (auch als Reziprokwert von α_i und α_a als R_i und R_a bezeichnet) zu 1/Λ nach Gleichung (9) berechnet:

$$(9)\quad \frac{1}{k} = \frac{1}{\alpha_i} + \frac{1}{\Lambda} + \frac{1}{\alpha_a}$$

$\frac{1}{k}$, $\frac{1}{\alpha_i}$, $\frac{1}{\alpha_a}$, $\frac{1}{\Lambda}$ in m^2 K/W

III. *Berechnung des Wärmedurchgangskoeffizienten* k

Der Wärmedurchgangskoeffizient k eines Bauteils errechnet sich als Reziprokwert aus der Gleichung (10) wie folgt:

$$(10)\quad k = \frac{1}{\frac{1}{\alpha_i} + \frac{1}{\Lambda} + \frac{1}{\alpha_a}}$$

k in W/m^2 K

$\frac{1}{\alpha_i}$, $\frac{1}{\Lambda}$, $\frac{1}{\alpha_a}$ m^2 K/W

IV. *Bauteile mit nebeneinander liegenden Bereichen*

Der mittlere Wärmedurchgangskoeffizient k für ein Bauteil, das aus mehreren, nebeneinander liegenden Bereichen mit verschiedenen Wärmedurchgangskoeffizienten k_1, k_2 ... k_n besteht, wird entsprechend ihren Flächenanteilen A_1/A, A_2/A ... A_n/A nach Gleichung (11) berechnet:

$$(11)\quad k = k_1 \cdot \frac{A_1}{A} + k_2 \cdot \frac{A_2}{A} + \cdots k_n \cdot \frac{A_n}{A}$$

k und $k_1 \cdots k_n$ W/m^2 K

A und $A_1 \cdots A_n$ m^2

wobei A die Summe der Flächenanteile $A_1 + A_2 + \ldots + A_n$ der Bauteilbereiche bedeutet.

V. *Wärmestromdichteberechnung*

Durch eine Außenwand, an deren innerer Seite Luft mit der Temperatur ϑ_{Li} und an deren Außenseite Luft mit der Temperatur ϑ_{La} angrenzt, fließt im Beharrungszustand ein Wärmestrom mit der Dichte q.

Die Berechnung der Wärmestromdichte q erfolgt nach der Gleichung (12)

$$(12)\quad q = k \cdot (\vartheta_{Li} - \vartheta_{La})$$

q in W/m^2

k in W/m^2 K

ϑ_{Li}, ϑ_{La} in °C

VI. *Temperaturberechnungen:*

der Innenoberfläche ϑ_{oi}

$$(13)\quad \vartheta_{oi} = \vartheta_{Li} - \frac{1}{\alpha_i} \cdot q$$

ϑ_{oi} in °C Temperatur der Innenoberfläche

ϑ_{Li} in °C Temperatur der Innenluft

$1/\alpha_i$ in m^2 K/W

der Außenoberfläche ϑ_{oa}

$$(14)\quad \vartheta_{oa} = \vartheta_{La} + \frac{1}{\alpha_a} \cdot q$$

ϑ_{oa} in °C Temperatur der Außenoberfläche

ϑ_{La} in °C Temperatur der Außenluft

$1/\alpha_a$ in m^2 K/W

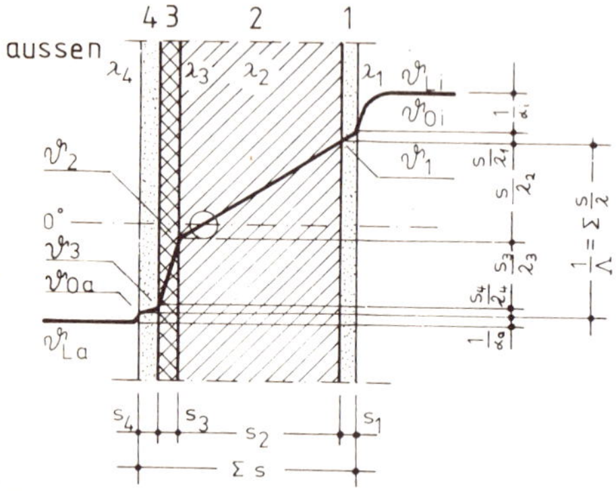

Abb. 8.3: Gesamter Wärmedurchgangswiderstand einer mehrschichtigen Wand

der Schichtentrennflächen $\vartheta_1, \vartheta_2 \cdots \vartheta_n$

(15) $$\vartheta_1 = \vartheta_{oi} - \frac{1}{\Lambda_1} \cdot q$$

(16) $$\vartheta_2 = \vartheta_1 - \frac{1}{\Lambda_2} \cdot q$$

(17) $$\vartheta_n = \vartheta_{n-1} - \frac{1}{\Lambda_n} \cdot q$$

$\left.\begin{matrix}\vartheta_1 \cdots \vartheta_n \\ \vartheta_{oi} \cdots \vartheta_{n-1}\end{matrix}\right\}$ °C
$1/\Lambda \cdots 1/\Lambda_{n-1}$ in $m^2\,K/W$
q in W/m^2

Die Temperaturen $\vartheta_1, \vartheta_2 \ldots \vartheta_n$ nach jeweils der ersten bis n-ten Schicht können nach den Gleichungen (15), (16) ... (17) ermittelt werden.

VII. *Rechenbeispiel für die Ermittlung des Temperaturverlaufs in einer 4schaligen Außenwand mit nach außen liegender Dämmschicht*

Wandaufbau von innen nach außen

1. Innenputz (Kalkmörtel)
2. Ziegelmauerwerk (HLz)
3. Holzwolleleichtbauplatten (HWL)
4. Außenputz (Kalkzementmörtel)

	s m	λ_R	s/Λ
1.	0,015	0,870	0,017
2.	0,240	0,500	0,480
3.	0,025	0,093	0,270
4.	0,020	0,870	0,023
	$+\left(\frac{1}{\alpha_i} + \frac{1}{\alpha_a}\right) =$		0,170

$1/k = 0{,}960\ m^2\,K/W$
$k = 1{,}04\ W/m^2\,K$

$\vartheta_{Li} = +20\,°C$
$\vartheta_{La} = -10\,°C$

1. $q = (\vartheta_{Li} - \vartheta_{La}) \cdot k$
$= [+20-(-10)] \cdot 1{,}04 = 31{,}2\ W/m^2$

2. $\vartheta_{oi} = \vartheta_{Li} - \frac{1}{\alpha_i} \cdot q$
$= 20 - 0{,}13 \cdot 31{,}2 = +15{,}9\,°C$

3. $\vartheta_{oa} = \vartheta_{La} + \frac{1}{\alpha_a} \cdot q$
$= -10 + 0{,}4 \cdot 31{,}2 = -8{,}7\,°C$

4. $\vartheta_1 = \vartheta_{oi} - \frac{1}{\Lambda_1} \cdot q$
$= +15{,}9 - 0{,}017 \cdot 31{,}2 = +15{,}4\,°C$

5. $\vartheta_2 = \vartheta_1 - \frac{1}{\Lambda_2} \cdot q$
$= +15{,}4 - 0{,}48 \cdot 31{,}2 = +0{,}4\,°C$

6. $\vartheta_3 = \vartheta_2 - \frac{1}{\Lambda_3} \cdot q$

$= +0{,}4 - 0{,}27 \cdot 31{,}2 = -8{,}0\,°C$

7. $\vartheta_{oa} = \vartheta_3 - \frac{1}{\Lambda_4} \cdot q$

$= -8{,}0 - 0{,}023 \cdot 31{,}2 = -8{,}7\,°C$

8. $\vartheta_{La} = \vartheta_{oa} - \frac{1}{\alpha_a} \cdot q$

$= -8{,}7 - 0{,}04 \cdot 31{,}2 = -10\,°C$

VIII. *Verhinderung von Tauwasserbildung auf den Innenflächen von Außenwänden*

Der notwendige Wärmedurchlaßwiderstand $1/\Lambda$, um Tauwasserbildung an der Innenseite von Außenwänden zu verhindern, wird nach folgender Gleichung berechnet:

$$\frac{1}{\Lambda} = \frac{1}{\alpha_i} \cdot \frac{\vartheta_{Li} - \vartheta_{La}}{\vartheta_{Li} - \vartheta_s} - \left(\frac{1}{\alpha_i} + \frac{1}{\alpha_a}\right) \quad (18)$$

Der zugehörige Wärmedurchlaßkoeffizient k errechnet sich hieraus zu:

$$k = \frac{\vartheta_{Li} - \vartheta_s}{(\vartheta_{Li} - \vartheta_{La}) \cdot \frac{1}{\alpha_i}} \quad (19)$$

Die Taupunkttemperatur ϑ_s ist der *Tab. 8.11* zu entnehmen.

Zur Verhinderung von Tauwasserbildung ist es erforderlich, daß nach *Tab. 8.5* gemäß DIN 4108, Teil 2, die Mindestwerte des Wärmedurchlaßwiderstandes $(1/\Lambda)$ nicht unter- und die Maximalwerte der Wärmedurchgangskoeffizienten (k) nicht überschritten werden. Die Berechnung dieser Werte kann nach vorstehenden beiden Gleichungen unter folgenden Annahmen erfolgen:

einer Raumlufttemperatur ϑ_{Li} von + 20 °C und 50 % r. F.

einer Taupunkttemperatur ϑ_s von + 9,3 °C

einer Außentemperatur ϑ_{La} von − 10 °C

einem inneren Wärmeübergangskoeffizienten $\alpha_i = 8\ W/m^2\,K$

einem inneren Wärmeübergangswiderstand $\frac{1}{\alpha_i} = 0{,}13\ m^2\,K/W$

einem äußeren Wärmeübergangswiderstand $\frac{1}{\alpha_a} = 0{,}04\ m^2\,K/W$

errechnet sich der Wärmedurchlaßwideraus Gleichung (18) mit:

$$\frac{1}{\Lambda} = 0{,}13 \cdot \frac{20-(-10)}{20-9{,}3} - (0{,}13 + 0{,}04)$$

$$= \underline{0{,}19\ m^2\,K/W}$$

und der Wärmedurchgangskoeffizient aus Gleichung (19) mit:

$$k = \frac{8 \cdot (10{,}7)}{20-(-10)} = \frac{85{,}6}{30} = \underline{2{,}85\ W/m^2\,K}$$

Aus den vorstehend errechneten Werten für $1/\Lambda$ und k ergibt sich:

Der Wert für $1/\Lambda$ wurde mit 0,19 m² K/W errechnet; es soll jedoch der Mindestwert von 0,55 m² K/W *nicht* unterschritten werden.

Der Wert k wurde mit 2,85 W/m² K errechnet, der ebenfalls nach *Tab. 8.5* den Maximalwert von 1,39 W/m² K nicht überschreiten soll.

Im vorliegenden Beispiel sind die quantitativen Forderungen des Wärmeschutzes nicht erfüllt.

IX. *Diffusionsberechnungen* (Diffusionstechnische Größen)

Wasserdampf-Diffusionsdurchlaßwiderstand $(1/\Delta)$ einer Baustoffschicht wird für eine Bezugstemperatur von

10 °C nach folgender Gleichung berechnet:

(20) $1/\Delta = 1{,}5 \cdot 10^6 \cdot \mu \cdot s$

$1/\Delta$ in m^2 h Pa/kg

$R_D \cdot \frac{T}{D} \approx 1{,}5 \cdot 10^6$ in m h Pa/kg

s in m μ dimensionslos

Wenn das Bauteil aus mehreren hintereinander angeordneten Schichten besteht, so wird der Diffusionswiderstand $1/\Delta$ aus den Dicken s_1, s_2 ... s_n der einzelnen Bauteilschichten und ihrer Wasserdampf-Diffusionswiderstandszahlen gemäß folgender Gleichung ermittelt:

(21) $1/\Delta = 1{,}5 \cdot 10^6 \cdot (\mu_1 \cdot s_1 + \mu_2 \cdot s_2 \cdot \cdot \cdot \cdot \mu_n \cdot s_n)$

$1/\Delta$ in m^2 h Pa/kg

Wasserdampfdiffusionsäquivalente Luftschichtdicke (s_d)

Diese wird aus der Dicke (s) und der Wasserdampf-Diffusionswiderstandszahl (μ) des Baustoffs nach folgender Gleichung berechnet:

(22) $s_d = \mu \cdot s$

s_d in m
s in m
μ dimensionslos

Wasserdampfteildruck (p)

Dieser wird aus der rel. Luftfeuchte und dem Wasserdampfsättigungsdruck (p_s) bei der Temperatur (s. *Tab. 8.18* Wasserdampfsättigungsdruck) wie folgt berechnet:

(23) $p = \varphi p_s$

p in P_a

Die relative Luftfeuchte φ ist als Dezimalbruch in die obige Gleichung einzusetzen.

Wasserdampf-Diffusionsstromdichte (i)

Die Diffusionsstromdichte (i) mit der Dichte (i) im Beharrungszustand wird nach der Gleichung (24) berechnet:

(24) $i = \frac{p_i - p_a}{1/\Delta}$

i in $kg/m^2 \cdot h$
p_i u. p_a in Pa
$1/\Delta$ in m^2 h Pa/kg

8.2 Baulicher Wärmeschutz

Grundlagen des Wärmeschutzes

Allgemeine Regeln:

Der Wärmeschutz eines Raumes ist von folgenden Faktoren abhängig:

- dem Wärmedurchlaßwiderstand $(\frac{1}{\Lambda})$ bzw. den Wärmedurchlaßkoeffizienten (k) der Wände und Decken, Fenster und Türen sowie deren Anteil an den wärmeübertragenden Umfassungsflächen,
- bei mehrschichtigen Bauteilen von der Anordnung der einzelnen Schichten in der Gesamtwand sowie der Wärmespeicherfähigkeit der Bauteile,
- der Energiedurchlässigkeit, Größe und Lage der Fenster zur Himmelsrichtung,
- der Luftdurchlässigkeit von Bauteilen, vor allem der Umfassungsbauteile, sowie
- der Lüftung.

Berücksichtigung des Wärmeschutzes bei der Planung von Gebäuden

- *Durch die Wahl der Lage eines Gebäudes* kann der Wärmeverbrauch erheblich verringert werden (Windschutz durch benachbarte Bebauung und Baumanpflanzungen sowie Ausrichtung der Fenster zur winterlichen Sonneneinstrahlung).

- *Gebäudeform und Gliederung;* jede Vergrößerung der Außenflächen eines Gebäudes im Verhältnis zum Gebäudevolumen erhöht den spezifischen Wärmeverbrauch.
- *Energieeinsparung bei der Beheizung* eines Gebäudes durch ausreichende Wärmedämmung der raumabschließenden Bauteile.
- *Anordnung der Räume zueinander* beeinflußt den Heizwärmeverbrauch. Räume mit etwa gleicher Raumtemperatur sollten möglichst aneinandergrenzen oder übereinanderliegen.
- *Anordnungen von Windfängen* bei Hauseingängen.
- *Eine Vergrößerung der Fensterflächen* kann zu einem erhöhten Wärmeverbrauch führen, jedoch können bei nach südlichen Richtungen angeordnete Fensterflächen durch Sonneneinstrahlung Wärmeverluste erheblich vermindert werden.
- *Bei ausgebauten Dachräumen* mit Abseitenwänden sollte die Wärmedämmung der Dachschrägen stets bis zum Dachfuß heruntergeführt werden.

Anforderungen an den winterlichen Wärmeschutz

Die in der DIN 4108 an Wände, Decken und Dächer gestellten Anforderungen des Wärmeschutzes beziehen sich entweder auf

den Wärmedurchlaßwiderstand ($1/\Lambda$) oder auf

den Wärmedurchgangskoeffizienten (k).

Nach *Tab. 8.5* bzw. *Tab. 8.6* werden gemäß DIN 4108, Teil 2, für die einzelnen Bauteile:

Mindestwerte des Wärmedurchlaßwiderstandes ($1/\Lambda$) gefordert, die nicht *unterschritten* werden dürfen (z.B. für Wände), bzw.

Höchstwerte der Wärmedurchgangskoeffizienten (k), die nicht *überschritten* werden dürfen *(z.B. Fenster).*

Die Anforderungen der DIN 4108 gelten für Aufenthaltsräume in Hochbauten sowie für andere Räume, die ihrem Nutzungszweck entsprechend auf normale Innentemperaturen von mindestens + 19 °C beheizt werden. Hierbei wird unterschieden zwischen Wänden mit normalen Gewichten von $\geqq$ 300 kg/m² *(Tab. 8.5)* sowie leichten Wänden mit Gewichten $\leqq$ 300 kg/m² *(Tab. 8.6).* Für Außenwände mit Gewichten < 300 kg/m² werden erhöhte Wärmedurchlaßwiderstände gefordert.

Zusätzliche Anforderungen für Außenwände, Decken unter nicht ausgebauten Dachräumen und Dächer mit einer flächenbezogenen Gesamtmasse unter 300 kg/m² (leichte Bauteile) sind in *Tab. 8.6* enthalten. Diese Anforderungen gelten nicht für den Bereich von Wärmebrücken.

Sie gelten bei Holzbauteilen (Tafelbauart) für den Gefachbereich.

Die Anforderungen nach *Tab. 8.6* gelten auch als erfüllt, wenn im Gefachbereich des Bauteils der Wärmedurchlaßwiderstand $1/\Lambda \geqq 1{,}75\ m^2 \cdot K/W$ bzw. der Wärmedurchgangskoeffizient $k \leqq 0{,}52\ W/m^2 \cdot K$ (Bauteile mit nicht hinterlüfteter Außenhaut) oder $\leqq 0{,}51\ W/m^2 \cdot K$ (Bauteile mit hinterlüfteter Außenhaut) beträgt.

8.2.1 Wärmedämmung

Die Dämmwirkung von Baustoffen beruht in erster Linie auf ihrem Porengehalt. Deshalb kann man im allgemeinen auch aus der Rohdichte auf die Wärmedämmfähigkeit schließen. Viele kleine gleichmäßig verteilte Poren sind besser als wenige verhältnismäßig große Hohlräume.

Feuchtigkeit in den Baustoffen setzt deren natürlichen Wärmeschutz je nach dem Durchfeuchtungsgrad erheblich herab, da Wasser die Wärme 25mal besser leitet als die aus den Poren verdrängte Luft.

Der Feuchtigkeitsgehalt der Luft soll im fertigen Haus nicht zu hoch liegen. In Küchen, Bädern und Waschküchen muß die unvermeidbare Wasserdampfentwicklung durch Wrasenrohre oder Luftklappen in den Fenstern unmittelbar abgeleitet werden, wobei diese nicht nur regulierbar, sondern auch gänzlich absperrbar sein müssen, damit im Winter keine zu großen Wärmeverluste auftreten. Um Feuchtigkeitsschäden zu vermeiden, ist es besonders wichtig, daß sämtliche Räume einer Wohnung unmittelbar beheizt werden können, da sonst Schäden unvermeidbar sind. Aber auch in beheizten Räumen kann ein solcher Tauwasserniederschlag auftreten, wenn die Wärmedämmung der Außenwände zu gering ist. Bei der Beurteilung neuer Bau- und Dämmstoffe sollte man unter allen Umständen den eventuellen Feuchtigkeitsgehalt berücksichtigen.

8.2.1.1 Mindestwärmeschutz

Um einen ausreichenden Wärmeschutz in Wohn- und Arbeitsräumen sicherzustellen, sind in der DIN 4108 *Mindestwerte* für den Wärmeschutz von Wänden, Decken und Dächern festgelegt und die erforderlichen Wärmeschutzmaßnahmen ausführlich erläutert.

Zur Berechnung der Wärmedämmung dürfen nur Rechenwerte der Wärmeleitzahlen (λ_R) von Bau- und Dämmstoffen *(Tab. 8.10)* benutzt werden und keine Meßwerte.

Der Mindestwärmeschutz beruht auf der Forderung, die Bildung von Tauwasser auf der Innenseite der Außenwände zu verhüten.

Da die Tauwasserbildung von der jeweiligen Wärmedämmung des betreffenden Bauteils abhängig ist, muß diese dem vorhandenen Temperaturgefälle entsprechend berechnet werden.

Tab. 8.2: Klassifikation von Räumen mit einer Lufttemperatur zwischen + 18 und 20 °C nach ihrer rel. Luftfeuchte

Bei einer rel. Luftfeuchte:	Bezeichnet als:	1 Torr ≈ 1,33 ·10² Pa Bei einem Dampfdruck: Torr	Pa
unter 50 %	trocken	unter 8	unter 1064
von 50–60 %	normalfeucht	von 8–10	von 1064–1330
über 60–75 %	feucht	über 10–12,5	über 1330–1662,5
über 75 %	naß	über 12,5	über 1662,5

Für alle Räume, insbesondere die mit anderen Innentemperaturen, gilt als Wertmesser der gegebene Dampfdruck.

Tab. 8.3: Klimafaktoren

Raumart	Raumluft-temperatur °C		Oberflächen-temperatur innen °C		Luftfeuchte relativ %		Luftbewegung maximal m/s	
	Sommer	Winter	So.	Wi.	So.	Wi.	So.	Wi.
Wohnzimmer	22–25	19–22						
Arbeitszimmer	22–24	19–22						
Schlafzimmer	19–22	17–20						
WC	19–22	17–20	2–3 °C					
Flur	19–22	17–20	unter der		40–60	40–50	0,2–0,4	≦ 0,2
Bad	22–25	20–23	Lufttemperatur					
Küche	20–22	18–20						
Treppenhaus	18–20	16–18						

Tab. 8.4: Norm-Außentemperaturen für Städte mit mehr als 20 000 Einwohnern – Auszug aus DIN 4701 (3.78)

Nr.	Stadt	Norm-Außen-temperatur °C	Nr.	Stadt	Norm-Außen-temperatur °C
1	Bochum		17	Eckernförde	
2	Bonn	–10	18	Flensburg	–10 W¹)
3	Heidelberg		19	Kiel	
4	Aachen		20	Arnsberg	
5	Detmold	–12	21	Celle	–12 W
6	Dortmund		22	Bremen und Hamburg	
7	Augsburg		23	Peine	
8	Hersfeld	–14	24	Braunschweig	–14 W
9	Bad Kissingen		25	Sigmaringen	
10	Tübingen		26	Villingen (Schwarzwald)	
11	Bamberg	–16	27	Freudenstadt	–16 W
12	Elmshorn		28	Mittenwald	
13	Metten-Niederbayern		29	Feldberg (Schwarzwald)	
14	Garmisch-Partenkirchen	–18	30	Hof/Saale	–18 W
15	Hollenstein		31	Selb	
16	Oberstdorf	–20	32	Wendelstein (Mittelfranken)	–20 W
				Zugspitze	–24 W

¹) Windstarke Gegend

Der Mindestwärmeschutz stellt die unterste zulässige Grenze des bautechnischen Wärmeschutzes dar und erfüllt gerade eben die Forderungen, die in wärmetechnischer Beziehung gestellt werden müssen. Der Mindestwärmeschutz gewährleistet bei Außenwänden eine innere Wandoberflächentemperatur von ca. 13 °C.

Bei einem Raumklima von z. B. + 20 °C und 60 % rel. Luftfeuchte beträgt der

Tab. 8.5: **Mindestwerte der Wärmedurchlaß-Widerstände $1/\Lambda$ und Maximalwerte der Wärmedurchgangs-Koeffizienten k von Bauteilen $\geqq 300\ kg/m^2$ mit Ausnahme leichter Bauteile nach Tabelle in DIN 4108, Teil 2 (8. 81)**

Spalte				Mindestwerte		Maximalwerte	
				2.1	2.2	3.1	3.2
Zeile		Bauteile		Wärmedurchlaß-Widerstand $1/\Lambda$		Wärmedurchgangs-Koeffizient k	
				im Mittel	an der ungünstigsten Stelle	im Mittel	an der ungünstigsten Stelle
				$m^2 \cdot K/W$		$W/m^2 K$	
1	1.1	Außenwände[1])	allgemein	0,55		1,39; 1,32[2])	
	1.2		für kleinflächige Einzelbauteile (z. B. Pfeiler) bei Gebäuden mit einer Höhe des Erdgeschoßfußbodens (1. Nutzgeschoß) $\leq$ 500 m über NN	0,47		1,56; 1,47[2])	
2	2.1	Wohnungstrennwände[3]) und Wände zwischen fremden Arbeitsräumen	in nicht zentralbeheizten Gebäuden	0,25		1,96	
	2.2		in zentralbeheizten Gebäuden[4])	0,07		3,03	
3		Treppenraumwände[5])		0,25		1,96	
4	4.1	Wohnungstrenndecken[3]) und Decken zwischen fremden Arbeitsräumen[6])[7])	allgemein	0,35		1,64[8]); 1,45[9])	
	4.2		in zentralbeheizten Bürogebäuden[4])	0,17		2,33[8]); 1,96[9])	
5	5.1	Unterer Abschluß nicht unterkellerter Aufenthaltsräume	unmittelbar an das Erdreich grenzend	0,90		0,93	
	5.2		über einen nicht belüfteten Hohlraum an das Erdreich grenzend			0,81	
6		Decken unter nicht ausgebauten Dachräumen[6])[10])		0,90	0,45	0,90	1,52
7		Kellerdecken[6])[11])		0,90	0,45	0,81	1,27
8	8.1	Decken, die Aufenthaltsräume gegen die Außenluft abgrenzen[6])	nach unten[12])	1,75	1,30	0,51; 0,50[2])	0,66; 0,65[2])
	8.2		nach oben[13])[14])	1,10	0,80	0,79	1,03

[1]) bis [14]) siehe Seite 381

Fußnoten zu Tab. 8.5

[1]) Die Zeile 1 gilt auch für Wände, die Aufenthaltsräume gegen Bodenräume, Durchfahrten, offene Hausflure, Garagen (auch beheizte) oder dergleichen abschließen oder an das Erdreich angrenzen. Zeile 1 gilt nicht für Abseitenwände, wenn die Dachschräge bis zum Dachfuß gedämmt ist (siehe Abschn. 4.2.1.8).

[2]) Dieser Wert gilt für Bauteile mit hinterlüfteter Außenhaut.

[3]) Wohnungstrennwände und Trenndecken sind Bauteile, die Wohnungen voneinander oder von fremden Arbeitsräumen trennen.

[4]) Als zentralbeheizt im Sinne dieser Norm gelten Gebäude, deren Räume an eine gemeinsame Heizzentrale angeschlossen sind, von der ihnen die Wärme mittels Wasser, Dampf oder Luft unmittelbar zugeführt wird.

[5]) Die Zeile 3 gilt auch für Wände, die Aufenthaltsräume von fremden, dauernd unbeheizten Räumen trennen, wie abgeschlossenen Hausfluren, Kellerräumen, Ställen, Lagerräumen usw. Die Anforderung nach Zeile 3 gilt nur für geschlossene, eingebaute Treppenräume; sonst gilt Zeile 1.

[6]) Bei schwimmenden Estrichen ist für den rechnerischen Nachweis der Wärmedämmung die Dicke der Dämmschicht im belasteten Zustand anzusetzen.
Bei Fußboden- oder Deckenheizungen müssen die Mindestanforderungen an den Wärmedurchlaßwiderstand durch die Deckenkonstruktion unter- bzw. oberhalb der Ebenen der Heizfläche (Unter- bzw. Oberkante Heizrohr) eingehalten werden. Es wird empfohlen, die Wärmedurchlaßwiderstände $1/\Lambda$ über diese Mindestanforderungen hinaus zu erhöhen.

[7]) Die Zeile 4 gilt auch für Decken unter Räumen zwischen gedämmten Dachschrägen und Abseitenwänden bei ausgebauten Dachräumen.

[8]) Für Wärmestromverlauf von unten nach oben.

[9]) Für Wärmestromverlauf von oben nach unten.

[10]) Die Zeile 6 gilt auch für Decken, die unter einem belüfteten Raum liegen, der nur bekriechbar oder noch niedriger ist, sowie für Decken unter belüfteten Räumen zwischen Dachschrägen und Abseitenwänden bei ausgebauten Dachräumen (bezüglich der erforderlichen Belüftung siehe DIN 4108, Teil 3.

[11]) Die Zeile 7 gilt auch für Decken, die Aufenthaltsräume gegen abgeschlossene, unbeheizte Hausflure o. ä. abschließen.

[12]) Die Zeile 8.1 gilt auch für Decken, die Aufenthaltsräume gegen Garagen (auch beheizte), Durchfahrten (auch verschließbare) und belüftete Kriechkeller abgrenzen.

[13]) Siehe auch DIN 18530 (Vornorm).

[14]) Zum Beispiel Dächer und Decken unter Terrassen.

Taupunkt auf der inneren Wandoberfläche $t_s = +12\,^\circ C$ und bei einem Raumklima von $+20\,^\circ C$ und 50% rel. Luftfeuchte $t_s = +9{,}2\,^\circ C$.

Die praktischen Erfahrungen haben leider immer wieder gezeigt, daß die in der DIN 4108 vorgeschriebenen Mindestforderungen für den Wärmeschutz von Hochbauten keineswegs ausreichend sind.

Beim Mindestwärmeschutz wird etwa eine innere Oberflächentemperatur der Außenwände von etwa 13 bis 14 °C erreicht, die jedoch nicht als behaglich empfunden wird, wenn man die rechnerische Wintertemperatur mit $+20\,^\circ C$ und 60% rel. Luftfeuchte und einem Taupunkt $t_s = +12\,^\circ C$ zugrunde legt bzw. $+20\,^\circ C$ und 50% rel. Luftfeuchte mit $t_s = +9{,}2\,^\circ C$.

Die innere Wandoberflächentemperatur ist jedoch um so *größer,* je besser diese gedämmt ist und um so *niedriger* kann dann auch die Raumlufttemperatur sein, um die Wärmeabgabe auszugleichen, die der menschliche Körper an die kalten Raumbegrenzungen (Wände) abstrahlt. Diese Abstrahlungs-

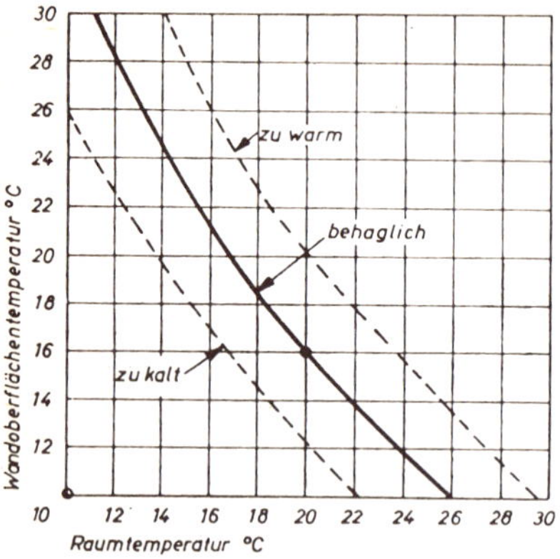

Abb. 8.4: Raumtemperatur-Behaglichkeitskurve

menge ist um so größer, je kälter die innere Wandoberfläche der Außenwände ist.

Die Behaglichkeit in beheizten Räumen ist individuell unterschiedlich. Das Behaglichkeitsgefühl ist eine Relation zwischen Raumlufttemperatur und Wandoberflächentemperatur. Siehe die Raumtemperatur- und Luftfeuchte-Behaglichkeitskurve *(Abb. 8.4* und *8.5)*.

Die Temperatur der Raumluft

müßte bei einer Wandoberflächentemperatur
von + 16 °C = + 20 °C
von + 14 °C = + 22 °C
von + 12 °C = + 24 °C
von + 10 °C = + 26 °C
betragen *(Abb 8.4)*.

Die Oberflächentemperatur von Wänden, Decken und Fußböden sollte mindestens + 17 °C oder mehr betragen, was jedoch nur durch eine erheblich höhere Wärmedämmung zu erreichen ist.

Hierdurch würde nicht nur eine größere Wohnbehaglichkeit, sondern auch ein wirtschaftlicher Heizkostenaufwand erreicht. Es wäre ideal, wenn die Oberflächentemperatur der Innenfläche von Außenwänden fast der Raumtemperatur von + 20 °C entsprechen würde, was jedoch praktisch kaum zu erreichen ist.

Erreichbar wäre jedoch eine volle Angleichung an die Behaglichkeitskurve *(Abb. 8.4)*, was bedeutet, daß eine Oberflächentemperatur von 16 bis 17 °C erreicht werden müßte.

Die erforderlichen Mindestdämmwerte nach DIN 4108 sind nur gedacht für Räume mit geringer rel. Luftfeuchtigkeit von etwa 55 bis 60 % und normaler Raumtemperatur von 20 °C. Bei höheren rel. Luftfeuchtigkeiten und höheren Temperaturen reichen diese Werte auf keinen Fall mehr aus. 70 % rel. Luftfeuchte sind in einem Raum von + 20 °C noch annehmbar. Aus *Abb. 8.5* ist zu erkennen, daß eine hohe Luftfeuchte bei niedrigen Temperaturen noch als behaglich empfunden wird; bei hohen Temperaturen wird jedoch eine geringe Luftfeuchte schon als schwül empfunden.

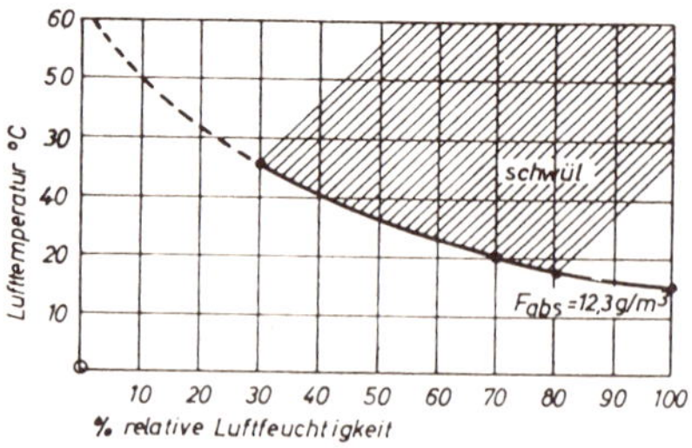

Abb. 8.5: Luftfeuchte-Behaglichkeitskurve

Tab. 8.6: Mindestwerte der Wärmedurchlaßwiderstände 1/Λ und Maximalwerte der Wärmedurchgangskoeffizienten k für Außenwände, Decken unter nicht ausgebauten Dachräumen und Dächer mit einer flächenbezogenen Gesamtmasse *unter* 300 kg/m² – leichte Bauteile –.

Flächenbezogene Masse der raumseitigen Bauteilschichten[1]) [2])	Wärmedurchlaßwiderstand des Bauteils 1/Λ [1]) [2])	Wärmedurchgangskoeffizient des Bauteils k[1]) [2]) W/m² K	
		Bauteile mit nicht hinterlüfteter Außenhaut	Bauteile mit hinterlüfteter Außenhaut
kg/m²	m² · K/W		
0	1,75	0,52	0,51
20	1,40	0,64	0,62
50	1,10	0,79	0,76
100	0,80	1,03	0,99
150	0,65	1,22	1,16
200	0,60	1,30	1,23
300	0,55	1,39	1,32

[1]) Als flächenbezogene Masse sind in Rechnung zu stellen:
- bei Bauteilen mit Dämmschicht die Masse derjenigen Schichten, die zwischen der raumseitigen Bauteiloberfläche und der Dämmschicht angeordnet sind. Als Dämmschicht gilt hier eine Schicht mit $\lambda_R \leqq 0{,}1$ W/(m · K) und $1/\Lambda \geqq 0{,}25$ m² · K/W,
- bei Bauteilen ohne Dämmschicht (z. B. Mauerwerk) die Gesamtmasse des Bauteils.

Werden die Anforderungen nach Tab. 8.2 bereits von einer oder mehreren Schichten des Bauteils – und zwar unabhängig von ihrer Lage – (z. B. bei Vernachlässigung der Masse und des Wärmedurchlaßwiderstandes einer Dämmschicht) erfüllt, so braucht kein weiterer Nachweis geführt zu werden.
Holz und Werkstoffe dürfen näherungsweise mit dem 2fachen Wert ihrer Masse in Rechnung gestellt werden.

[2]) Zwischenwerte dürfen geradlinig interpoliert werden.

8.2.2 Bauphysikalische Beanspruchung von Außenwänden

Die wichtigsten Aufgaben der Außenwandbauteile in bauphysikalischer Hinsicht sind folgende:

1. Abgabe der Baufeuchte,
2. Schutz gegen Klimaeinflüsse von außen (Schlagregen, Kälte und Wärme),
3. Dämmung abfließender Raumwärme im Winter und Einströmen der Wärme im Sommer,
4. Schutz gegen Feuchtigkeit von innen (Wasserdampfdiffusion).

Bei diesen Beanspruchungen handelt es sich vorwiegend um den Transport von Wärme und Feuchtigkeit.

8.2.2.1 Wärme

Die Arten des Wärmetransportes bzw. der Wärmeübertragung sind

Wärmeleitung, die abhängig ist von der Baustoffart; dichte Baustoffe sind gute, poröse dagegen schlechte Wärmeleiter.

Tab. 8.7: Wärmedurchlaßwiderstände 1/Λ von Luftschichten[1]) – Rechenwerte

Lage der Luftschicht	Dicke der Luftschicht mm	Wärmedurchlaßwiderstand 1/Λ m² · K/W
lotrecht	10 bis 20	0,14
	über 20 bis 500	0,17
waagerecht	10 bis 500	0,17

[1]) Die Werte gelten für Luftschichten, die nicht mit der Außenluft in Verbindung stehen, und für Luftschichten bei mehrschaligem Mauerwerk nach DIN 1053, Teil 1

Tab. 8.8: Wärmeübergangs-Koeffizienten und -Widerstände[1)][2)] nach DIN 4108, Teil 4 (8. 81)

Nr. der Bauteile		Bauteile[3)]		Wärmeübergangs-Koeffizient W/m² K α_i	α_a	Widerstand m² K/W $\frac{1}{\alpha_i}$	$\frac{1}{\alpha_a}$	m² K/W $\frac{1}{\alpha_i}+\frac{1}{\alpha_a}$
1	Wände	Einschaliges Außenmauerwerk sowie 2schalig mit Luftschicht nach DIN 1053, Teil 1		8	23	0,13	0,04	0,17
2	Wände	Außenwände mit „hinterlüfteter" Außenhaut und Dachschrägen (nicht wärmegedämmt)		8	12		0,08[4)]	0,21
3	Wände	Wohnungstrennwände, Treppenraumwände, Wände zwischen fremden Arbeitsräumen, Trennwände zu dauernd unbeheizten Räumen, Abseitenwände zum wärmegedämmten Dachraum		8	8		0,13[5)]	0,26
4	Wände	Wände an das Erdreich grenzend		8	∞		0	0,13
5	Decken	Decken oder Dachschrägen, die Aufenthaltsräume nach oben gegen die Außenluft abgrenzen		8	23	0,13	0,04	0,17
6	Decken	Decken unter nicht ausgebauten Dachräumen unter Spitzböden oder unter belüfteten Räumen (z. B. belüftete Dachschrägen)		8	12		0,08[4)]	0,21
7	Decken	Wohnungstrenndecken und Decken zwischen fremden Arbeitsräumen	Wärmestrom von unten nach oben	8	8	0,13	0,13[5)]	0,26
	Decken		Wärmestrom von oben nach unten	6	6	0,17	0,17[5)]	0,34
8	Decken	Kellerdecken		6	6	0,17	0,17[5)]	0,34
9	Decken	Decken, die Aufenthaltsräume nach unten gegen die Außenluft abgrenzen		6	23		0,04	0,21
10	Decken	Unterer Abschluß nicht unterkellerter Aufenthaltsräume (an das Erdreich grenzend)		8	∞		0	0,13

¹) Vereinfachend kann in allen Fällen mit $1/\alpha_i$ = 0,13 m² K/W sowie mit $1/\alpha_a$ = 0,04 m² K/W gerechnet werden, außer den Zeilen 4 und 10.

²) Bei der Überprüfung eines Bauteils auf Oberflächenkondensation oder innere Kondensation ist an der Innenseite in allen Fällen mit $1/\alpha_i$ = 0,17 m² K/W zu rechnen.

³) Lage der Bauteile im Bild.

⁴) Diese Werte sind auch bei der Berechnung des Wärmedurchgangswiderstandes 1/k von Rippen neben belüfteten Gefachen anzuwenden, gemäß DIN 4108 (8.81) Teil 2, Abschn. 5.2.6.

⁵) Bei innenliegendem Bauteil ist zu beiden Seiten mit demselben Wärmeübergangswert zu rechnen.

Lage der Bauteile gemäß Tab. 8.8

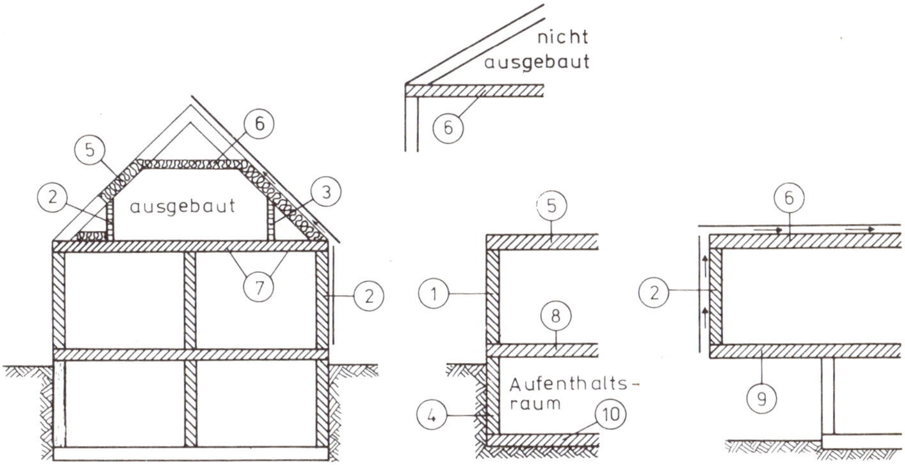

Die lfd. Nummern entsprechen den Zeilen-Nummern in Tab. 8.8

Tab. 8.9: Wärmedurchlaß-Widerstände (Wärmeleit-Widerstände) $1/\Lambda$ (R_λ) von Fußböden und Decken nach DIN 4701 (3.78)

Einschalige Massivdecken, Unterseite verputzt (Maße in mm)

Bild Nr.	Bezeichnung und Darstellung		Dicke mm	Wärmeleit-Widerstand $1/\Lambda$ (R_λ) $m^2\,K/W$	Decken-gewicht kg/m^2
	1		2	3	4
	Stahlbetonplatten nach DIN 1045				
1		aus Kiesbeton	125	0,08	320
			150	0,10	380
			175	0,10	440
			200	0,11	500
			225	0,13	560
			250	0,14	620

Forts. Tab. 8.9

Bild Nr.	Bezeichnung und Darstellung		Dicke mm	Wärmeleit-Widerstand 1/Λ (Rλ) m² K/W	Deckengewicht kg/m²
2		aus Ziegelsplittbeton	125	0,14	270
			150	0,16	320
			175	0,18	370
			200	0,21	420
			225	0,23	470
			250	0,26	520
	Stahlsteindecken nach DIN 1046				
3	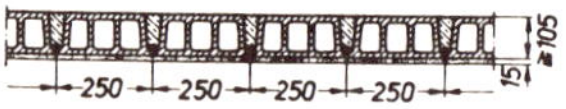	aus Lochziegeln nach DIN 4159, ohne Quersteg	105	0,15	160
			120	0,16	180
			140	0,16	205
4	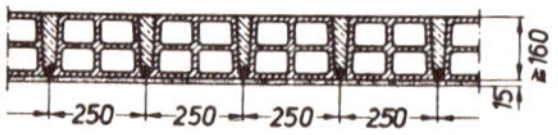	aus Lochziegeln nach DIN 4159, mit Quersteg	160	0,22	230
			180	0,24	260
			200	0,25	290
			225	0,26	320
			250	0,28	350
			280	0,29	370
	Stahlbetonrippendecken nach DIN 1045				
5	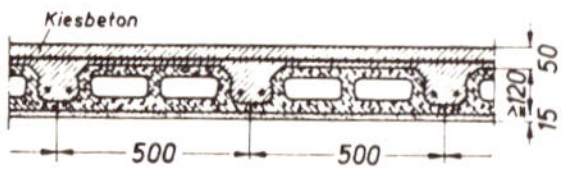	mit Hohlkörpern aus Leichtbeton nach DIN 4158 (Bims-, Steinkohlenschlacke, Ziegelsplitt) ohne Quersteg	120 + 50	0,24	270
			140 + 50	0,25	285
			160 + 50	0,26	305
			180 + 50	0,27	320
			200 + 50	0,28	340
			220 + 50	0,28	360
			250 + 50	0,30	380
			280 + 50	0,31	400
			320 + 50	0,32	430

Forts. Tab. 8.9

Bild Nr.	Bezeichnung und Darstellung			Dicke mm	Wärmeleit-Widerstand $1/\Lambda$ (R_λ) m^2 K/W	Deckengewicht kg/m^2
6	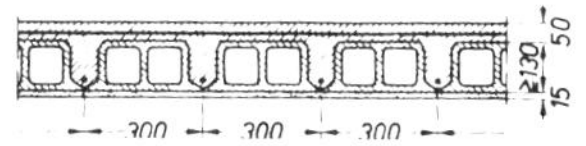	aus Loch-ziegeln nach DIN 4160	ohne Quersteg	130 + 50	0,20	280
				150 + 50	0,21	300
				170 + 50	0,22	320
7	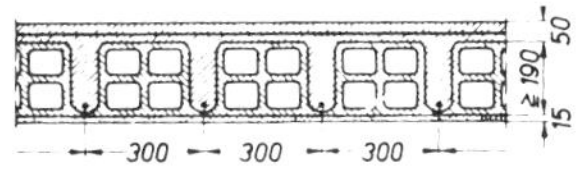		mit Quersteg	190 + 50	0,28	350
				210 + 50	0,29	380
				230 + 50	0,30	400
				250 + 50	0,31	420
				270 + 50	0,32	440

Stahlbeton-Fertigbalkendecke nach DIN 4233

Bild Nr.	Bezeichnung und Darstellung		Dicke mm	Wärmeleit-Widerstand	Deckengewicht
8	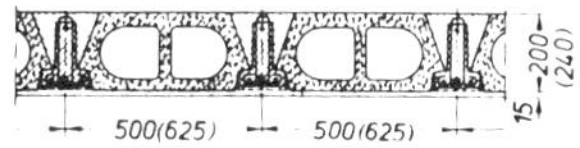	mit Füllkörpern aus Leichtbeton (Bims-, Steinkohlen-schlacke, Ziegelsplitt) ohne Quersteg	200	0,22	220
			240	0,28	270

Holzbalkendecke

Bild Nr.	Bezeichnung und Darstellung				
9	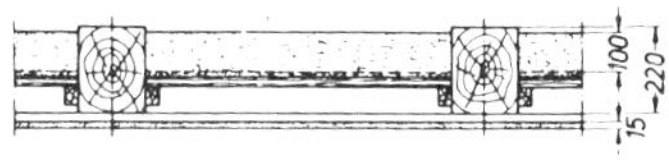	mit Stakung, Lehmglattstrich und Lehmschüttung	Putzträger: Lattung und Rohrgewebe		0,43
10	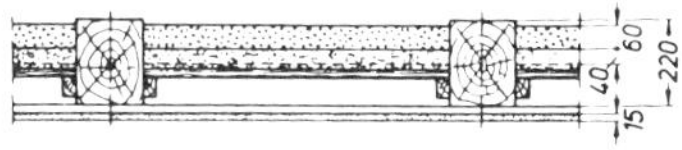	mit Stakung, Lehmglattstrich, Lehm- und Koks-ascheschüttung			0,69
11	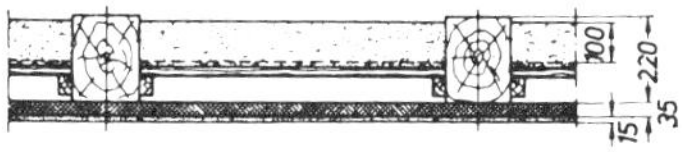	mit Stakung, Lehmglattstrich und Lehmschüttung	Putzträger: Holzwolle-Leichtbau-platten 35 mm		0,82
12	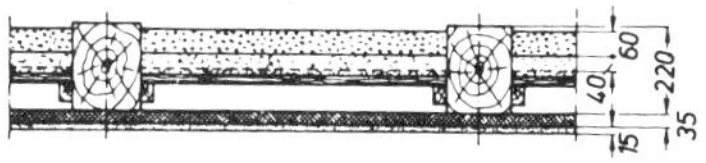	mit Stakung, Lehmglattstrich, Lehm- und Koks-ascheschüttung			1,08

Tab. 8.10: Rechenwerte der Wärmeleitfähigkeit λ_R einiger Baustoffe und Richtwerte der Wasserdampf-Diffusionswiderstandszahlen, Auszug aus DIN 4108, Teil 4 (8. 81)

Zeile Baustoffart	Rohdichte oder Rohdichteklasse[1] [2]) kg/m³	Rechenwert der Wärmeleitfähigkeit λ_R W/m K	Richtwert der Wasserdampf-Diffusionswiderstandszahl μ[3])
1 Putze, Mörtel			
Kalkmörtel, Kalkzementmörtel	(1800)	0,87	15/35
Zementmörtel und Zementestrich	(2000)	1,40	15/35
Kalkgips-, Gipsmörtel	(1400)	0,70	10
Gipsputz ohne Zuschlag	(1200)	0,35	10
2 Mauerwerk aus Mauerziegeln nach DIN 105			
Vollklinker	(2000)	0,96	50/100
Hochlochklinker	(1800)	0,81	50/100
Vollziegel, Lochziegel, hochfeste Ziegel	1200	0,50	
	1400	0,58	
	1600	0,68	5/10
	1800	0,81	
	2000	0,96	
Leichthochlochziegel nach DIN 105, Teil 2, Typ A und B	700	0,36	
	800	0,39	
	900	0,42	5/10
	1000	0,45	
Leichthochlochziegel nach DIN 105, Teil 2, Typ W 1	700	0,30	
	800	0,33	
	900	0,36	5/10
	1000	0,39	
3 Mauerwerk aus Kalksandsteinen nach DIN 106			
	1000	0,50	5/10
	1200	0,56	
	1400	0,70	
	1600	0,79	
	1800	0,99	
	2000	1,1	15/25
	2200	1,3	
Mauerwerk aus Hüttensteinen nach DIN 398	1000	0,47	
	1200	0,52	
	1400	0,58	
	1600	0,64	70/100
	1800	0,70	
	2000	0,76	

Forts. Tab. 8.10

Zeile Baustoffart	Rohdichte oder Rohdichte-klasse[1]) [2]) kg/m³	Rechenwert der Wärme-leitfähigkeit λ_R W/m K	Richtwert der Wasser-dampf-Diffu-sionswider-standszahl μ[3])
Mauerwerk aus Gasbeton-Blocksteinen nach DIN 4165	500	0,22	
	600	0,24	
	700	0,27	5/10
	800	0,29	
Mauerwerk aus Betonsteinen	600	0,35	
Lochsteine aus Leichtbeton nach DIN 18149	700	0,40	
	800	0,47	5/10
	900	0,56	
	1000	0,65	
	1200	0,77	
	1400	0,91	
	1600	1,0	10/15
Vollsteine aus Leichtbeton nach DIN 18152	500	0,32	
	600	0,34	
	700	0,37	
	800	0,40	
	900	0,43	5/10
	1000	0,46	
	1200	0,54	
	1400	0,63	
	1600	0,74	
	1800	0,87	10/15
	2000	0,99	
4 Holz- und Holzwerkstoffe[5])			
Holz:			
Fichte, Kiefer, Tanne	(600)	0,13	
Buche, Eiche	(800)	0,20	40
Holzwerkstoffe:			
Sperrholz nach DIN 68705, Teil 2–4	(800)	0,15	50/400
Spanplatten:			
Flachpreßplatten nach DIN 68761 und 68763	(700)	0,13	50/100
Strangpreßplatten nach DIN 68764 (Vollplatten ohne Beplankung)	(700)	0,17	20
Holzfaserplatten:			
Harte Holzfaserplatten nach DIN 68750 und 68754	(1000)	0,17	70
Poröse Holzfaserplatten nach DIN 68750	$\leqq$ 200	0,045	5
Bitumen-Holzfaserplatten nach DIN 68752	$\leqq$ 300	0,056	
5 Wärmedämmstoffe			
Holzwolle-Leichtbauplatten nach DIN 1101[4])			
Plattendicke $\geqq$ 25 mm	(360–480)	0,093	2/5
Plattendicke = 15 mm	(570)	0,15	

Forts. Tab. 8.10

Zeile	Baustoffart	Rohdichte oder Rohdichteklasse[1]) [2]) kg/m³	Rechenwert der Wärmeleitfähigkeit λ_R W/m K	Richtwert der Wasserdampf-Diffusionswiderstandszahl μ[3])
	Mehrschicht-Leichtbauplatten nach DIN 1104			
	aus Schaumkunststoffplatten nach DIN 18164			
	mit Beschichtungen aus mineral. gebund. Holzwolle			
	Schaumkunststoffplatte	(≧ 15)	0,040	
	Holzwolleschichten (Einzelschichten)			20/70
	Dicke ≧ 10 – < 25 mm	(460–650)	0,15	
	Dicke ≧ 25 mm	(360–460)	0,093	
	Holzwolleschichten (Einzelschichten) mit Dicken < 10 mm dürfen zur Berechnung des Wärmedurchlaßwiderstandes 1/Λ nicht berücksichtigt werden (s. DIN 1104)	(800)		
	Korkdämmstoffe:			
	Korkplatten nach DIN 18161, Teil 1			
	Wärmeleitfähigkeitsgruppe 045		0,045	
	Wärmeleitfähigkeitsgruppe 050	(80 bis 500)	0,050	5/10
	Wärmeleitfähigkeitsgruppe 055		0,055	
	Mineralische und pflanzliche Faserdämmstoffe nach DIN 18165			
	Wärmeleitfähigkeitsgruppe 035		0,035	
	Wärmeleitfähigkeitsgruppe 040		0,040	
	Wärmeleitfähigkeitsgruppe 045	(8–500)	0,045	1
	Wärmeleitfähigkeitsgruppe 050		0,050	
	Schaumglas nach DIN 18174:			
	Wärmeleitfähigkeitsgruppe 045		0,045	
	Wärmeleitfähigkeitsgruppe 050		0,050	praktisch
	Wärmeleitfähigkeitsgruppe 055	(100–150)	0,055	dampfdicht
	Wärmeleitfähigkeitsgruppe 060		0,060	
	Polyurethan (PUR)-Hartschaum:			
	Wärmeleitfähigkeitsgruppe 020		0,020	
	Wärmeleitfähigkeitsgruppe 025		0,025	
	Wärmeleitfähigkeitsgruppe 030	(≧ 30)	0,030	10/100
	Wärmeleitfähigkeitsgruppe 033		0,035	

6 Beläge, Abdichtstoffe – Abdichtbahnen:

Baustoffart	Rohdichte	λ_R	μ
Linoleum nach DIN 18171	(1000)	0,17	
Korklinoleum	(700)	0,081	
Linoleum-Verbundbeläge nach DIN 18173	(100)	0,12	
Kunststoffbeläge, z. B. auch PVC	(1500)	0,23	
Bitumendachbahnen nach DIN 52128	(1200)	0,17	10 000/80 000
Nackte Bitumendachbahnen nach DIN 52129	(1200)	0,17	2 000/20 000
Glasvlies Bitumendachbahnen nach DIN 52143			20 000/60 000

Forts. Tab. 8.10

Zeile Baustoffart	Rohdichte oder Rohdichteklasse[1]) [2]) kg/m³	Rechenwert der Wärmeleitfähigkeit λ_R W/m K	Richtwert der Wasserdampf-Diffusionswiderstandszahl μ[3])
7 Sonstige Baustoffe:			
Fliesen	(2000)	1,0	
Glas	(2500)	0,80	
Natursteine:			
Kristalline metamorphe Gesteine (Granit, Basalt, Marmor)	(2800)	3,5	
Sedimentsteine (Sandstein, Muschelkalk, Nagelfluh)	(2600)	2,3	
Vulkanische porige Natursteine	(1600)	0,55	
Metalle:			
Stahl		60	
Kupfer		380	
Aluminium		200	

[1]) Die in Klammern angegebenen Rohdichtewerte dienen nur zur Ermittlung der flächenbezogenen Masse, z. B. für den Nachweis des sommerlichen Wärmeschutzes.
[2]) Die bei den Steinen genannten Rohdichten sind Klassenbezeichnungen nach den entsprechenden Stoffnormen.
[3]) Es ist jeweils der für die Baukonstruktion ungünstigere Wert einzusetzen. Bezüglich der Anwendung der μ-Werte siehe DIN 4108, Teil 3, und Beispiele in DIN 4108, Teil 5.
[4]) Platten der Dicken < 15 mm dürfen wärmeschutztechnisch nicht berücksichtigt werden.
[5]) Die angegebenen Rechenwerte der Wärmeleitfähigkeit λ_R gelten für Holz quer zur Faser, für Holzwerkstoffe senkrecht zur Plattenebene. Für Holz in Faserrichtung sowie für Holzwerkstoffe in Plattenebene ist näherungsweise der 2,2fache Wert einzusetzen, wenn kein genauerer Nachweis erfolgt.

Wärmemitführung (Konvektion), sie erfolgt durch die Luft oder das Wasser.

Wärmestrahlung beinhaltet die Wärmeabgabe von Körpern unterschiedlicher Temperatur, die durch das Medium Luft voneinander getrennt sind. Der Wärmeaustausch erfolgt vom Körper mit der höheren zum Körper mit der niederen Temperatur.

8.2.2.2 Feuchtigkeit

Feuchtigkeit in flüssiger Form

Die meisten Baustoffe enthalten Feuchtigkeit in flüssiger Form, d. h. Wasser; dieses zieht sich durch die vorhandenen Kapillarkräfte immer dorthin, wo es *relativ* trocken ist. Stoffe, die keine Kapillaren enthalten (z. B. Glasfasermatten o. ä.), transportieren dieses Wasser nicht. In porigen Stoffen wie Ziegel, Mörtel, Gips u. a. bewegt sich das Wasser dauernd, es sind dies Baustoffe, die mit Klein- oder Kleinsthohlräumen durchsetzt und mit Luft gefüllt sind.

8.2.2.3 Feuchtigkeit in Dampfform

Der Feuchtigkeitsgehalt der Luft, bezeichnet als Wasserdampf, wird in Gramm je Kubikmeter Luft (g/m³) oder als Wasserdampfdruck in p_a N/m² berechnet. Warme Luft kann mehr Was-

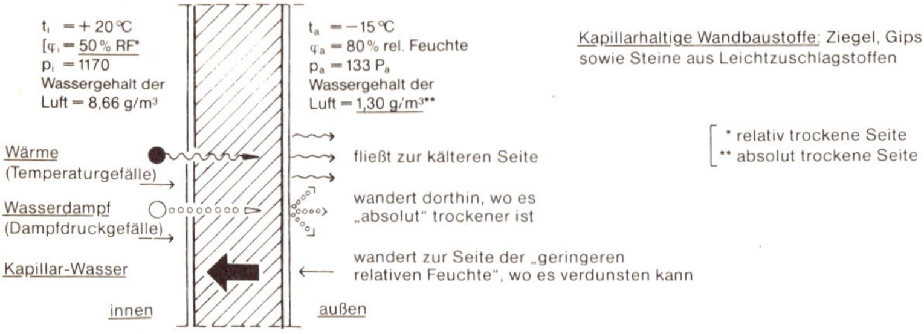

Abb. 8.6: Außenwand aus kapillarhaltigen Baustoffen – Bewegungsrichtungen der Wärmeströme

serdampf aufnehmen als kalte Luft. Die Wasserdampfmenge in Gramm, die in 1 m³ Luft enthalten ist, bezeichnet man als Wasserdampfkonzentration; diese ist im Winter in der warmen Raumluft i. allg. größer als in der kalten Außenluft. Der Wasserdampf folgt stets dem Dampfdruckgefälle (so wie die Wärme dem Temperaturgefälle) und wandert also von den Stellen, wo er in großer Menge vorhanden und wo infolgedessen der Dampfdruck hoch ist, zu den Stellen, wo er in geringerer Menge mit niederem Dampfdruck vorhanden ist. Diese Bewegung bezeichnet man als ,,Diffusion''.

Der Wasserdampf diffundiert dorthin, wo es *absolut* trockener ist.

Die Wasserdampfdiffusion erfolgt nicht nur in der Luft, sondern auch durch Bau- und Dämmstoffe hindurch, von Pore zu Pore in Richtung des Druck- und Temperaturgefälles, obgleich die Dampfdiffusion auch bei Temperaturausgleich erfolgen kann.

In der kalten Jahreszeit wandern Wärme sowohl wie Wasserdampf in gleiche Richtung, von der warmen zur kalten Seite, d. h. von innen nach außen.

8.2.2.4 Bewegungsrichtungen

Die Bewegungsrichtung von Wärme und Feuchtigkeit in Außenwänden ist in *Abb. 8.6* dargestellt.

Wärmestrom und Wasserdampfdiffusion verlaufen in gleicher Richtung von innen nach außen und folgen damit dem Temperaturgefälle von der höheren Raumtemperatur zur niedrigeren Außentemperatur.

Auch die *Dampfdiffusion* folgt dem Dampfdruckgefälle, da im beheizten Innenraum auch der Dampfdruck höher ist als draußen.

Die Bewegungsrichtung *flüssiger Feuchtigkeit* in Baustoffen durch Kapillarwirkung hat häufig eine der Dampfdiffusion gegenläufige Richtung.

Bei kapillarhaltigen Stoffen wird wesentlich mehr *flüssige* Feuchtigkeit transportiert als *dampfförmige* in entgegengesetzter Richtung. Die kapillare Wasserbewegung kann in ungünstigen Fällen die Dampfdiffusion verstärken, was stets dann der Fall ist, wenn die Luft auf der kalten Seite sowohl ,,relativ'' als auch ,,absolut'' trockener ist.

Im Sommer, bei hohen Außenlufttemperaturen, kann jedoch die Bewegungsrichtung und der Bewegungsverlauf von Wärme und Feuchtigkeit genau umgekehrt verlaufen, d.h. von außen nach innen.

Im Sommer entstehen auf der Sonnenseite, insbesondere bei Außenwandelementen aus Leichtzuschlagstoffen, Übertemperaturen, die einen verstärkten Wärmefluß nach innen bewirken, wodurch eine Oberflächentemperatur von +60°C entstehen kann, so daß dadurch ein starkes Temperaturgefälle entsteht. Ein Teil dieser Wärme strahlt jedoch wieder in die Außenluft zurück, die um etwa 30°C kälter ist.

Da die Dampfdruckdifferenz gering ist, wird auch die Wasserdampfdiffusion nur schwach sein, und da im Sommer die Fenster meist geöffnet sind, wird auch die Dampfdruckdifferenz gleich Null sein.

Aus diesem Grunde sind auch in der Tabelle „Rechnerische Ermittlung der Wärmedämmung – des Temperatur- und Diffusionsverlaufs von Außenwänden" die Klimabedingungen „II Sommer" innen und außen als „gleich" angenommen. Da die relative Luftfeuchte innen sowohl wie außen ebenfalls als gleich angenommen wurde, wird der Feuchtigkeitskern des Kapillarwassers in der Außenwand nach beiden Wandoberflächen (innen und außen) ziehen und dort allmählich verdunsten.

8.2.3 Tauwasser (Kondenswasser)

Feuchtigkeit, die sich aus der Luft an Bauteilen niederschlägt, wenn sich die Luft unter ihren Taupunkt abkühlt.

Die Einwirkung von *Tauwasser* auf Baukonstruktionen soll so begrenzt werden, daß Schäden (z.B. unzulässige Minderung des Wärmeschutzes, Pilzbildung, Korrosion) vermieden werden.

Da die Temperatur der inneren Wandoberfläche von der Wärmedämmung und der Raumlufttemperatur abhängt, ist auch die Tauwasserbildung auf der inneren Wandoberfläche eine Frage ausreichender Wärmedämmung.

Die Mindestwerte des Wärmedurchlaßwiderstandes sind nach DIN 4108, Teil 2, gemäß Tab. 5, so festgelegt, daß bei normalen Raumlufttemperaturen und relativen Luftfeuchtigkeiten sowie bei richtiger Heizung und Lüftung Tauwasserschäden vermieden werden.

Hinsichtlich der Tauwasserbildung sind folgende Bauteile oder Räume gefährdet:

Außenwände mit nicht ausreichender Wärmedämmung in dauernd beheizten Räumen, insbesondere Wandecken von Außenwänden,

Räume, wie Küchen und Bäder, die naturgemäß eine hohe Luftfeuchtigkeit besitzen. Hier kann Abhilfe nur durch verbesserte Wärmedämmung und eine ausreichende Lüftung geschaffen werden.

Anforderungen
nach DIN 4108 (8. 81), Teil 3

Eine Tauwasserbildung in Bauteilen ist unschädlich, wenn durch Erhöhung des Feuchtegehaltes der Bau- und Dämmstoffe der Wärmeschutz und die Standsicherheit der Bauteile nicht gefährdet werden. Diese Voraussetzungen liegen vor, wenn folgende Bedingungen erfüllt sind:

1. Wenn das während der Tauperiode im Bauteilinneren anfallende Tauwasser während der Verdunstungsperiode an die Umgebung wieder abgegeben wird.

2. Wenn die mit Tauwasser in Berührung kommenden Baustoffe nicht geschädigt werden (durch Pilzbefall oder Korrosion).

3. Wenn die ausfallende Tauwassermasse bei Dach- und Wandkonstruktionen insgesamt 1,0 kg/m² nicht überschreitet.

Dies gilt nicht für 4. und 5.

4. Wenn Tauwasser an Berührungsflächen von kapillar, nicht wasseraufnahmefähigen Schichten auftritt, so darf zur Begrenzung des Ablaufens oder Abtropfens eine Tauwassermasse von 0,5 kg/m² nicht überschritten werden (z. B. Berührungsflächen von Faserdämmstoff- oder Luftschichten einerseits und Dampfsperr- oder Betonschichten andererseits).

5. Bei Holz ist eine Erhöhung des massebezogenen Feuchtegehaltes um mehr als 0,5 %, bei Holzwerkstoffen um mehr als 3 % unzulässig (Holzwolle-Leichtbauplatten nach DIN 1101 und Mehrschicht-Leichtbauplatten aus Schaumkunststoffen und Holzwolle nach DIN 1104, Teil 1, sind hiervon ausgenommen).

8.2.3.1 Klimabedingungen für die Berechnung des Tauwassers

In nicht klimatisierten Wohn- und Bürogebäuden sind der Berechnung folgende Annahmen zugrunde zu legen:

Tauperiode

Außenklima
−10 °C und 80 % relative Luftfeuchte
Innenklima
+ 20 °C und 50 % relative Luftfeuchte
Dauer
1440 Stunden (60 Tage)

Verdunstungsperiode

Außenklima
+ 12 °C und 70 % relative Luftfeuchte
Innenklima
+ 12 °C und 70 % relative Luftfeuchte
Klima im Tauwasserbereich
+ 12 °C und 100 % relative Luftfeuchte
Dauer
2160 Stunden (90 Tage)

Angaben zur Berechnung der Tauwassermasse

Die Berechnung ist nach DIN 4108, Teil 5, durchzuführen. Für Bauteile mit *ausreichendem* Wärmeschutz ist unter den vorstehend aufgeführten Klimabedingungen kein rechnerischer Nachweis des Tauwasserausfalls infolge Dampfdiffusion erforderlich.

8.2.3.2 Taupunkt

Die Taupunkttemperatur hängt nur von der Temperatur und der relat. Feuchte der Luft ab. Eine Raumluft von 20 °C mit 50 % rel. Feuchte hat z. B. eine Taupunkttemperatur von 9,3 °C. Wird in diese Luft ein Gegenstand gebracht, dessen Oberflächentemperatur geringer als 9,3 °C ist, so schlägt sich an der Oberfläche Tauwasser nieder.

Das gilt aber nur für die Oberflächentemperatur. Für die Beurteilung, ob im Wandquerschnitt Wasserdampf kondensiert, ist die Frage, an welcher Stelle im Wandquerschnitt Wasserdampf kondensiert, ohne jede Bedeutung.

Gefährdete Bauteile oder Räume hinsichtlich der Tauwasserbildung auf der Bauteiloberfläche sind:

- *Außenwände mit nicht ausreichender Wärmedämmung* in dauernd beheizten Räumen.
- *Räume mit sehr hoher Luftfeuchtigkeit* (Küchen, Bäder). Abhilfe nur durch ausreichend gute Lüftung.
- Außenwände mit ausreichender Wärmedämmung während des Aufhei-

Tab. 8.11: Taupunkttemperatur der Luft (aus: „Wärmeschutz nach Maß", Betonverlag GmbH, Düsseldorf)

Lufttemperatur ϑ °C	Taupunkttemperatur ϑ_S [1]) in °C bei einer relativen Luftfeuchte von													
	30 %	35 %	40 %	45 %	50 %	55 %	60 %	65 %	70 %	75 %	80 %	85 %	90 %	95 %
30	10,5	12,9	14,9	16,8	18,4	20,0	21,4	22,7	23,9	25,1	26,2	27,2	28,2	29,1
29	9,7	12,0	14,0	15,9	17,5	19,0	20,4	21,7	23,0	24,1	25,2	26,2	27,2	28,1
28	8,8	11,1	13,1	15,0	16,6	18,1	19,5	20,8	22,0	23,2	24,2	25,2	26,2	27,1
27	8,0	10,2	12,2	14,1	15,7	17,2	18,6	19,9	21,1	22,2	23,3	24,3	25,2	26,1
26	7,1	9,4	11,4	13,2	14,8	16,3	17,6	18,9	20,1	21,2	22,3	23,3	24,2	25,1
25	6,2	8,5	10,5	12,2	13,9	15,3	16,7	18,0	19,1	20,3	21,3	22,3	23,2	24,1
24	5,4	7,6	9,6	11,3	12,9	14,4	15,8	17,0	18,2	19,3	20,3	21,3	22,3	23,1
23	4,5	6,7	8,7	10,4	12,0	13,5	14,8	16,1	17,2	18,3	19,4	20,3	21,3	22,2
22	3,6	5,9	7,8	9,5	11,1	12,5	13,9	15,1	16,3	17,4	18,4	19,4	20,3	21,2
21	2,8	5,0	6,9	8,6	10,2	11,6	12,9	14,2	15,3	16,4	17,4	18,4	19,3	20,2
20	1,9	4,1	6,0	7,7	9,3	10,7	12,0	13,2	14,4	15,4	16,4	17,4	18,3	19,2
19	1,0	3,2	5,1	6,8	8,3	9,8	11,1	12,3	13,4	14,5	15,5	16,4	17,3	18,2
18	0,2	2,3	4,2	5,9	7,4	8,8	10,1	11,3	12,5	13,5	14,5	15,4	16,3	17,2
17	–0,6	1,4	3,3	5,0	6,5	7,9	9,2	10,4	11,5	12,5	13,5	14,5	15,3	16,2
16	–1,4	0,5	2,4	4,1	5,6	7,0	8,2	9,4	10,5	11,6	12,6	13,5	14,4	15,2
15	–2,2	–0,3	1,5	3,2	4,7	6,1	7,3	8,5	9,6	10,6	11,6	12,5	13,4	14,2
14	–2,9	–1,0	0,6	2,3	3,7	5,1	6,4	7,5	8,6	9,6	10,6	11,5	12,4	13,2
13	–3,7	–1,9	–0,1	1,3	2,8	4,2	5,5	6,6	7,7	8,7	9,6	10,5	11,4	12,2
12	–4,5	–2,6	–1,0	0,4	1,9	3,2	4,5	5,7	6,7	7,7	8,7	9,6	10,4	11,2
11	–5,2	–3,4	–1,8	–0,4	1,0	2,3	3,5	4,7	5,8	6,7	7,7	8,6	9,4	10,2
10	–6,0	–4,2	–2,6	–1,2	0,1	1,4	2,6	3,7	4,8	5,8	6,7	7,6	8,4	9,2

[1]) Näherungsweise darf gradlinig interpoliert werden

zens dieser Räume, da die Raumlufttemperatur beim Aufheizen schneller ansteigt als die Oberflächentemperatur der Außenbauteile; es kann aber hierbei der Fall eintreten, daß kurzfristig die Temperatur der Außenbauteile (Wände) unterhalb der Taupunkttemperatur der Raumluft liegt.

Für die Berechnung des höchstzulässigen Wärmedurchgangs-Koeffizienten (k) *(Tab. 8.5)* zwecks Verhinderung von Tauwasserbildung auf der Bauteiloberfläche dient die Gleichung:

$$k_{zul} = \frac{\alpha_i (\vartheta_i - \vartheta_s)}{\Delta\vartheta} \quad \text{(Gleichg. 19)}$$

bei folgenden Klimabedingungen:
Temperatur der Raumluft $\vartheta_{Li} = +20\,°C$ nach einer relat. Luftfeuchte $\varphi = 50\,\%$ r. F. ergibt sich nach *Tab. 8.11* eine Taupunkttemperatur von $\vartheta_s = 9{,}3\,°C$.

Nimmt man eine Außenlufttemperatur ϑ_{La} mit – 10 °C an und einen Wärmeübergangs-Koeffizienten α_i von 8 W/m² K an, so errechnet sich der k_{zul}-Wert mit:

$$k_{zul} = \frac{8(20-9{,}3)}{(20-(-10))} = 2{,}85 \text{ W/m}^2\text{ K}$$

Nach *Tab. 8.11* – Taupunkttemperatur der Luft – liegt der errechnete Wert von k_{zul} mit 2,85 W/m² K deutlich über dem nach DIN 4108 zulässigen k-Wert von 1,39 W/m² K.

8.2.3.3 Kritische Bereiche der Wärmedämmung

sind die Wandecken von Außenwänden, da hier stärkere Wärmeverluste stattfinden. Die Wirkung von Wärmebrücken ist abhängig von der Wärmeleitfähigkeit der einzelnen Materialien, aus denen die Wand besteht, sowie von ihrem konstruktiven Aufbau. Hierunter ist zu verstehen, ob es sich um einen einschaligen Wandaufbau aus nur einem Baustoff (z. B. Ziegel-, Kalksandsteine oder Betonsteinmauerwerk) handelt oder um einen mehrschichtigen Wandaufbau, bei dem die einzelnen Schichten von innen nach außen, d. h. hintereinander in Richtung der Wanddicke, oder ob die einzelnen verschiedenen Materialien neben- oder/und übereinander in Richtung des Wandverlaufs eingebaut sind, z. B. bei Ausfachungen zwischen Beton oder Stahlpfeilern, *s. Abb. 8.10.*

Einschichtige Mauerecke *(Abb. 8.7)*

Zu jeder Innenwand-Eckfläche von der Breite der Wandstärke (s) gehört auf der gegenüberliegenden Außenwandfläche eine Zone mit der doppelten Breite (2s). Die äußere wärmeabgebende Fläche ist danach doppelt so groß wie die innere wärmezuführende Fläche; das bedeutet, daß in Wandecken stärkere Wärmeverluste auftreten.

Die Oberflächentemperatur der Wandinnenseite ist hier niedriger als an anderen Stellen, so daß in diesem Bereich

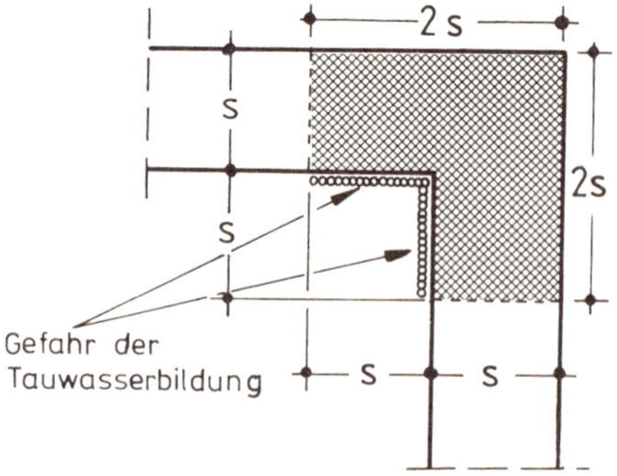

Abb. 8.7: Einschichtige Mauerecke

eher Kondens-, d.h. Tauwasserbildung auftritt, die durch eine erhöhte Wärmedämmung vermieden werden kann. Bei einschaligen Wänden ist diese oft schwieriger zu bewerkstelligen als bei mehrschichtigen Wänden.

Das gleiche Problem der Wärmebrücken tritt auch sehr häufig in den Bereichen von Deckenauflagern, Ringankern und Balkonauskragungen sowie bei Tür- und Fensterstürzen auf, was oft bei der Konstruktionsplanung nicht oder nicht ausreichend bedacht wird.

In der *Holzbau-, insbesondere bei der Holztafelbauweise* treten infolge der guten Wärmedämmung von Holz bzw. Holzwerkstoffen sowie der sorgfältigen Fertigung und Planung im Werk nur selten und relativ geringe Probleme bezügl. Wärmebrücken auf.

Mehrschichtige Außenwandecken

In *Abb. 8.8*[1]) ist eine mehrschichtige Außenwandecke in Holztafelbauweise schematisch dargestellt, die verdeutlichen soll, welche innenseitigen Oberflächentemperaturen bei Außenluft-Temperaturen von −15°C und einer Raumluft-Temperatur von 20°C auftreten. Diese Temperaturen sind in der schematischen Darstellung der *Abb. 8.8* eingetragen und veranschaulichen den Einfluß der stoffbedingten Wärmebrücken (Holzstiele), in deren Bereich die innere Oberflächentemperatur auf 15°C abfällt, sowie der geometrie- und stoffbedingten Wärmebrücke (Ecke), wo

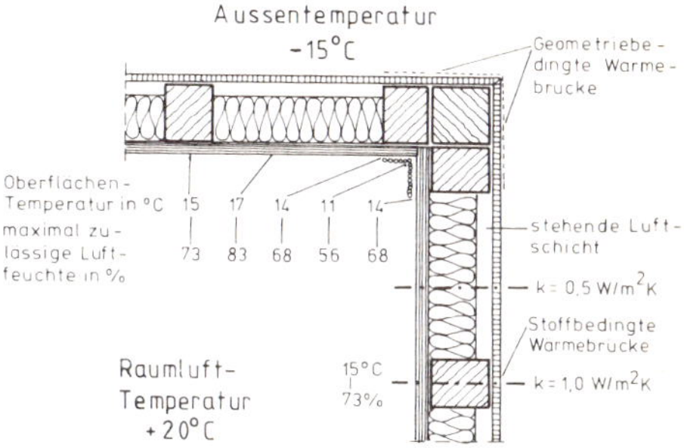

Abb. 8.8: Außenwandecke in Holztafelbauweise mit Wärmebrücke[1])

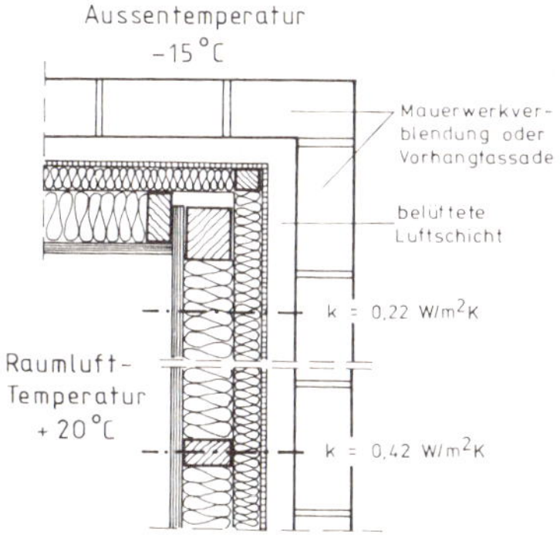

Abb. 8.9: Außenwandecke in Holztafelbauweise ohne Wärmebrücke

die Oberflächentemperaturen nur noch 14° und 11°C betragen.

Die in der schematischen Darstellung der Außenwandecke unter den Oberflächentemperaturen angegebenen %-Werte der relativen Luftfeuchtigkeit sind Maximalwerte, die nicht überschritten werden dürfen, wenn sich an diesen Stellen kein Tauwasser niederschlagen soll. In der Wandecke, wo die Oberflächentemperatur nur noch 11°C beträgt, darf die relative Raumluftfeuchte 56% nicht überschreiten, um Tauwasserbildung zu vermeiden.

[1]) entnommen der BMF-Rundschau Heft 1, Jahrg. 81 des Bundesverbandes MONTAGEBAU u. FERTIGHÄUSER e.V. Hamburg

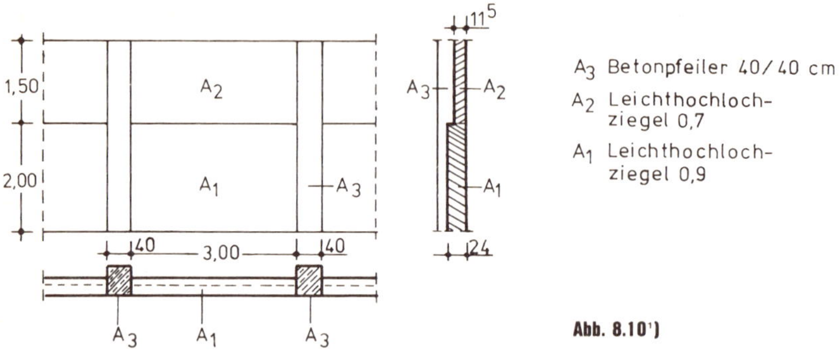

Abb. 8.10[1])

In *Abb. 8.9* ist ebenfalls eine Außenwandecke in Holztafelbauweise dargestellt, die in zweierlei Hinsicht eine Abwandlung erfahren hat:
einmal durch die Verblendung mit einer ½ Stein starken Mauerwerkschale und einer 4 bis 5 cm breiten belüfteten Luftschicht zwischen der Holztafelbauwand und der Verblendschale. Eine solche Maßnahme würde sich auch bei dem vorherigen Beispiel verbessernd auswirken. Zum anderen ist der Wandaufbau anders konzipiert als bei dem vorherigen Beispiel, wodurch sich die Wärmedämmung erheblich verbessert. Hier wurden zwei Lagen Mineralwolle eingebaut, von denen die zweite dünnere Lage auf der Außenseite des Wandelementes so angeordnet wurde, daß diese vor den Elementstielen liegt – diese also überdeckt – wodurch keine Wärmebrücke entsteht, so daß die k-Werte sich erheblich gegenüber dem Beispiel in *Abb. 8.8* verbessern konnten:
Im Bereich der Gefache von k = 0,5 auf k = 0,22 W/m² K und im Bereich der Stiele von k = 1,0 auf k = 0,42 W/m² K.
Die Auswirkung der Verblendschale wurde unberücksichtigt gelassen.

8.2.3.4 Ursachen der Tauwasserbildung

Fertighäuser in Holztafelbauweise haben nicht nur eine hervorragende Wärmedämmung, sondern auch den Vorteil, daß deren Hersteller einer regelmäßigen staatlichen und eigenen Gütekontrolle unterliegen. Dennoch zeigten sich auch hier in wenigen Einzelfällen feuchte Flecken infolge von Tauwasserbildung mit nachfolgendem Schimmelbefall.

Die Ursache dieser Tauwasserbildung kann also nicht auf mangelhafte Wärmedämmung der betreffenden Wandelemente zurückgeführt werden, noch auf mangelhafte Ausführungsqualität.

Bei Wänden mit neben- und/oder übereinander angeordneten Teilflächen aus unterschiedlichen Baustoffen und/oder verschiedenen Dicken, müssen die einzelnen Teilflächen (A) und deren Wärmedurchlaßwiderstände ($1/\Lambda$) ermittelt werden.

Bezogen auf den Wandausschnitt nach *Abb. 8.10*[1]) kann der Wärmedurchlaßwiderstand ($1/\Lambda$) der gesamten Wand

[1]) Entnommen: HBI Handbuch, Beton-Verlag

annäherungsweise aus nachstehender Gleichung gemittelt werden:

$$1/\Lambda = \frac{A_1 + A_2 + A_3 + \ldots}{\frac{A_1}{1/\Lambda_1} + \frac{A_2}{1/\Lambda_2} + \frac{A_3 \ldots}{1/\Lambda_3}}$$

Nach neuesten Versuchen hat sich jedoch herausgestellt, daß dieses Verfahren der Mittelwert-Berechnung gemäß vorstehender Gleichung mit dem tatsächlichen Wärmefluß nur unvollkommen übereinstimmt. Die Praxis hat gezeigt, daß in den Bauteilen mit geringerer Wärmedämmung (z. B. Beton) als in den angrenzenden Wandbereichen, ein Ausgleich der Flächenteile mit geringerer Wärmedämmung durch hohe $1/\Lambda$-Werte in den Nachbarbereichen nur bedingt möglich ist.

Berechnung des Wärmedurchlaß-Widerstandes von Wänden

Bei mehrschichtigen Wänden mit *hintereinander* liegenden Schichten wird der Wärmedurchlaß-Widerstand $1/\Lambda$ aus der Summe der Einzeldurchlaß-Widerstände der einzelnen Schichten gemäß Gleichung (8) berechnet.

Bei Wänden oder Fertigbauteilen mit *nebeneinanderliegenden* Bereichen unterschiedlicher Baustoffe und Dicken mit verschiedenen Wärmedurchgangs-Koeffizienten (k) muß entsprechend ihren Flächenanteilen A_1/A, A_2/A ... usw. nach Gleichung (11) berechnet werden.

Durchgehende Luftschichten müssen nach *Tab. 8.7* bei der Ermittlung des Gesamtwärmedurchlaß-Widerstandes mit berücksichtigt werden.

Neuere Versuche haben jedoch gezeigt, daß die Methode der Mittelung mit dem tatsächlichen Wärmefluß nicht ganz übereinstimmt, da es nur bedingt möglich ist, Bereiche mit geringerer Wärmedämmung durch erhöhte Wärmedämmung in den Nachbarbereichen zu kompensieren: z. B. der Bereich der Stahlbetonpfeiler (beim Massivbau) zu den angrenzenden Feldbereichen und dem Bereich der Holzstiele (bei der Holztafelbauweise) zu den angrenzenden Fachwerkfeldern mit deren erhöhter Wärmedämmung.

Die Bildung von Tauwasser an Bauteilen hängt davon ab, wie groß die Temperaturdifferenz zwischen der Raumluft und den inneren Oberflächen dieser Bauteile ist und ferner in hohem Maße von der Höhe der relativen Luftfeuchte des Raumes.

Die Oberflächen der Außenbauteile sind im Winter kälter als die Raumluft.

Die Größe des Temperaturunterschieds ist abhängig:

- von dem Temperaturunterschied zwischen Raum- und Außenluft,
- vom Wärmeschutz der betreffenden Bauteile (Wand, Decke usw.) und
- von der Stärke und Intensität der Luftbewegung in unmittelbarer Nähe der Außenbauteile.

So paradox dies klingen mag: Übertriebene Wärmeschutzmaßnahmen können sogar unangenehme Folgen haben, denn übertrieben abgedichtete Räume (Fenster, Türen usw.) stören den *notwendigen* Austausch an Frischluft empfindlich, deren Folgen dann feuchte Stellen und Schimmelpilzbildung sind. Nur in ganz seltenen Fällen sind Schimmelpilzbildung und feuchte Stellen auf baulich konstruktive Fehler oder Män-

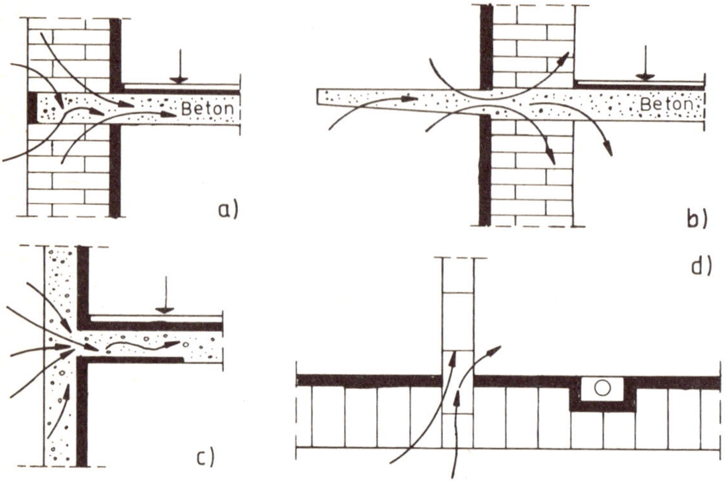

Abb. 8.11: Wärmebrücken bei Außenwänden mit Innen- und Außendämmung

gel zurückzuführen. Grund ist in der Regel mangelnde Lüftung und unzureichende Beheizung. Vom Schimmel betroffen werden deshalb in erster Linie Bäder, Küchen, Hauswirtschaftsräume (Naßräume) und die häufig viel zu kleinen Schlafzimmer.

Die häufigsten Fehler, die hier gemacht werden, sind:

- deckenhoch geflieste Wände, insbesondere in Bädern, Duschräumen, Küchen usw. und zu allem Übel dann noch ein diffusionsdichter Deckenanstrich,
- geschlossene Schrankwände oder andere größere Möbelstücke unmittelbar an Außenwänden, sie verringern die Luftbewegung hinter diesen Möbeln, so daß eine mehr oder weniger stehende Luftschicht entsteht, welche die Oberflächentemperatur des Bauteils absenkt,
- Fenster, die sich nur kippen oder nicht ganz öffnen lassen,
- das Fehlen atmungsaktiver Wände in Schlafzimmern führt schnell zu nassen Stellen, an denen sich dann leicht Schimmel bildet.

8.2.3.5 Wärmebrücken bei Außenwänden mit Innen- und Außendämmung

Theoretisch ließen sich Wärmebrücken dann vermeiden, wenn man den gesamten Baukörper von außen mit einer Wärmedämmung versehen würde. Aber leider sind in der Praxis Wärmebrücken nicht immer zu vermeiden.

Eine der schlimmsten Wärmebrücken sind die aus Massivdecken auskragenden Balkonplatten (*Abb. 8.11*, Detail b). Eine Ummantelung der auskragenden Balkonplatten mit einer Dämmplatte ist nicht einfach und nicht einwandfrei durchzuführen. Will man deshalb die Wärmedämmung auf der Innenseite der Außenwände aufbringen, so sind Wärmebrücken am Deckenauflager auch nicht ganz zu vermeiden, selbst wenn die Deckenstirnfläche gedämmt wird.

Auch in die Außenwand einbindende Zwischenwände bilden bei der Innendämmung zwangsläufig eine Wärmebrücke *(Abb. 8.11,* Detail d) über die in die Außenwand einbindende Zwischenwand.

Um diese Art von Wärmebrücken in ihrer Auswirkung zu reduzieren, ist es ratsam, für solche Zwischenwände ein Steinmaterial mit einer möglichst geringen Wärmeleitfähigkeit (λ) zu verwenden.

Besonders unangenehme und großflächige Wärmebrücken entstehen dann, wenn man die Betongeschoßdecken unmittelbar in Ziegelsichtmauerwerk – als architektonische Flächengliederung – einmünden läßt. Die zusätzliche Dämmung eines solchen Deckenrandstreifens (Deckenstirn) ist keinesfalls ausreichend *(Abb. 8.11,* Detail a).

8.2.4 Schlagregenschutz

Bei Schlagregenbeanspruchung kann Wasser in die Außenwandbauteile infolge Kapillarwirkung eindringen; außerdem kann durch den Staudruck des Windes durch Spalten, Risse und fehlerhafte Stellen Wasser in die Konstruktion geleitet werden.

Die Wasseraufnahme der Bauteile ist abhängig von der Saugfähigkeit der Baustoffoberfläche (z.B. Außenputz, Ziegelsichtoberfläche usw.). Die Saugfähigkeit eines Baustoffes ist definiert durch den Wasseraufnahme-Koeffizienten (w).

$$w = \frac{W}{\sqrt{t}} \ (\text{kg/m}^2\ \text{s}^{0,5}),$$

wobei W die Wasseraufnahme in kg/m² und t die Zeit in s bedeutet.

Beispiele einiger Wasseraufnahme-Koeffizienten von Baustoffen (nach *Künzel* und *Schwarz*):

Baustoffe	in kg/m² $s^{0,5}$
Vollziegel	0,37 – 0,5
Kalksandvollsteine KSV	0,07 – 0,14
Gasbeton	0,04 – 0,12
Kalkzementputz	0,035 – 0,07
Zementputz	0,035 – 0,05
Kunststoffdispersions-Beschichtung	$8{,}10^{-5}$–$32{,}10^{-5}$

Die Beanspruchung von Gebäuden durch Schlagregen wird definiert durch die Beanspruchungsgruppen I, II und III. Die Wahl der Beanspruchungsgruppen ist im Einzelfall unter Berücksichtigung der klimatischen Bedingungen – Wind und Regen – sowie der örtlichen Lage und der Gebäudeart jeweils festzulegen.

Beanspruchungsgruppe I
(geringe Schlagregenbeanspruchung)

Gebiete mit Jahresniederschlagsmengen unter 600 mm und besonders windgeschützte Lagen.

Beanspruchungsgruppe II
(mittlere Schlagregenbeanspruchung)

Gebiete mit Jahresniederschlagsmengen von 600 bis 800 mm und windgeschützte Lagen.

Tab. 8.12: Beispiele für die Zuordnung von genormten Wandbauarten und Beanspruchungsgruppen nach DIN 4108

Spalte	1	2	3
Zeile	Beanspruchungsgruppe I *geringe Schlagregenbeanspruchung*	Beanspruchungsgruppe II *mittlere Schlagregenbeanspruchung*	Beanspruchungsgruppe III *starke Schlagregenbeanspruchung*
1	Mit Außenputz *ohne besondere Anforderung an den Schlagregenschutz* nach DIN 18550, Teil 1 (z. Z. noch Entwurf), verputzte	Mit *wasserhemmendem Außenputz* nach DIN 18550, Teil 1 (z. Z. noch Entwurf), oder einem Kunstharzputz*) verputzte	Mit *wasserabweisendem Außenputz* nach DIN 18550, Teil 1 (z. Z. noch Entwurf), oder einem Kunstharzputz*) verputzte
	– Außenwände aus Mauerwerk, Wandbauplatten, Beton o. ä. – Holzwolle-Leichtbauplatten, ausgeführt nach DIN 1102 (mit Fugenbewehrung) – Mehrschicht-Leichtbauplatten, ausgeführt nach DIN 1104, Teil 2 (mit ganzflächiger Bewehrung)	– Außenwände aus Mauerwerk, Wandbauplatten, Beton o. ä. – Holzwolle-Leichtbauplatten, ausgeführt nach DIN 1102 (mit Fugenbewehrung) oder Mehrschicht-Leichtbauplatten mit zu verputzenden Holzwolleschichten der Dicken $\geqq$ 15 mm, ausgeführt nach DIN 1104, Teil 2 (mit ganzflächiger Bewehrung) – Mehrschicht-Leichtbauplatten mit zu verputzenden Holzwolleschichten der Dicken $<$ 15 mm, ausgeführt nach DIN 1104, Teil 2 (mit ganzflächiger Bewehrung), unter Verwendung von Werkmörtel nach DIN 18557 (z. Z. noch Entwurf)	
2	Einschaliges Sichtmauerwerk nach DIN 1053, Teil 1, 31 cm dick[1])	Einschaliges Sichtmauerwerk nach DIN 1053, Teil 1, 37,5 cm dick[1])	Zweischaliges Verblendmauerwerk *mit Luftschicht* nach DIN 1053, Teil 1[2]) Zweischaliges Verblendmauerwerk *ohne Luftschicht* nach DIN 1053, Teil 1, mit Vormauersteinen
3		Außenwände mit angemörtelten Bekleidungen nach DIN 18515	Außenwände mit angemauerten Bekleidungen mit Unterputz nach DIN 18515 und mit wasserabweisendem Fugenmörtel[3]) Außenwände mit angemörtelten Bekleidungen mit Unterputz nach DIN 18515 und mit wasserabweisendem Fugenmörtel[3])
4			Außenwände mit gefügedichter Betonaußenschicht nach DIN 1045 und DIN 4219, Teil 1 und Teil 2
5			Wände mit hinterlüfteten Außenwandbekleidungen nach DIN 18515 und mit Bekleidungen nach DIN 18516, Teil 1 und Teil 2[4])
6		Außenwände in Holzbauart unter Beachtung von DIN 68800, Teil 2, mit 11,5 cm dicker Mauerwerks-Vorsatzschale[5])	Außenwände in Holzbauart unter Beachtung von DIN 68800, Teil 2, a) mit vorgesetzter Bekleidung nach DIN 18516, Teil 1 und Teil 2[4]) oder b) mit 11,5 cm dicker Mauerwerks-Vorsatzschale mit Luftschicht [5]) [6])

Tab. 8.12 a: Beispiele für die Zuordnung von Fugenabdichtungsarten und Beanspruchungsgruppen

Spalte	1	2	3	4
Zeile	Fugenart	Beanspruchungsgruppe I *geringe Schlagregen-beanspruchung*	Beanspruchungsgruppe II *mittlere Schlagregen-beanspruchung*	Beanspruchungsgruppe III *starke Schlagregen-beanspruchung*
1				Konstruktive Fugenausbildung[7])
2	Vertikalfugen			Fugen nach DIN 18540, Teil 1[7])
3		Offene, schwellenförmige Fugen, Schwellenhöhe $h \geqq 60$ mm (siehe Abbildung)	Offene, schwellenförmige Fugen, Schwellenhöhe $h \geqq 80$ mm (siehe Abbildung)	Offene, schwellenförmige Fugen, Schwellenhöhe $h \geqq 100$ mm (siehe Abbildung)
4	Horizontal-fugen			Fugen nach DIN 18540, Teil 1, mit zusätzlichen konstruktiven Maßnahmen, z. B. mit Schwelle $h \geqq 50$ mm

*) Eine Norm ist in Vorbereitung.

[1]) Übernimmt eine zusätzlich vorhandene Wärmedämmschicht den erforderlichen Wärmeschutz allein, so kann das Mauerwerk in die nächsthöhere Beanspruchungsgruppe eingeordnet werden.

[2]) Die Luftschicht muß nach DIN 1053, Teil 1, ausgebildet werden. Eine Verfüllung des Zwischenraumes als Kerndämmung darf nur nach hierfür vorgesehenen Normen durchgeführt werden oder bedarf eines besonderen Nachweises der Brauchbarkeit, z. B. durch allgemeine bauaufsichtliche Zulassung.

[3]) Wasserabweisende Fugenmörtel müssen einen Wasseraufnahme-Koeffizienten $\omega \leqq 0{,}5$ kg/(m² · h$^{1/2}$) aufweisen, ermittelt nach DIN 52617 (z. Z. noch Entwurf).

[4]) Z. Z. noch Entwürfe, es gelten z. Z. die „Richtlinien für Fassadenbekleidungen mit und ohne Unterkonstruktion".

[5]) Durch konstruktive Maßnahmen (z. B. Abdichtung des Wandfußpunktes, Ablauföffnungen in der Vorsatzschale) ist dafür zu sorgen, daß die hinter der Vorsatzschale auftretende Feuchte von den Holzteilen ferngehalten und abgeleitet wird (über Ausführungsbeispiele ist ein Beiblatt zu DIN 68800, Teil 2, in Vorbereitung).

[6]) Die Luftschicht muß mindestens 4 cm dick sein. Die Vorsatzschale ist unten und oben mit Lüftungsöffnungen zu versehen, die jeweils eine Fläche von mindestens 150 cm² auf etwa 20 m² Wandfläche haben. Bezüglich ausreichender Belüftung für den Tauwasserschutz siehe DIN 68800, Teil 2.
Für den Nachweis des Wärmeschutzes und der Tauwasserbildung an der raumseitigen Oberfläche dürfen jedoch die Luftschicht und die Vorsatzschale nicht in Ansatz gebracht werden.

[7]) Fugen nach DIN 18540, Teil 1, dürfen nicht bei Bauten im Bergsenkungsgebiet verwendet werden. Bei Setzungsfugen ist die Verwendung nur dann zulässig, wenn die Verformungen bei der Bemessung der Fugenmaße berücksichtigt werden.

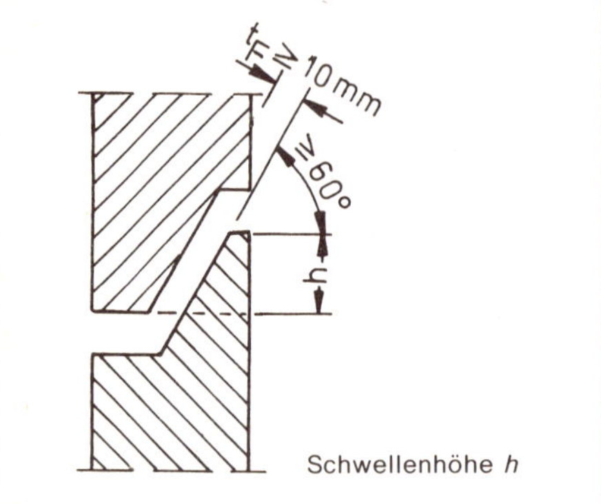

Abb. zu Tab. 8.12a

Beanspruchungsgruppe III (starke Schlagregenbeanspruchung)

Gebiete mit Jahresniederschlagsmengen über 800 mm, windreiche Gebiete auch mit geringeren Niederschlagsmengen (z.B. Küstengebiete, Mittel- und Hochgebirgslagen) sowie Hochhäuser und Häuser in exponierter Lage.

8.3 Wärmespeicherfähigkeit der Bauteile

Die Erwärmung der Räume eines Gebäudes infolge Sonneneinstrahlung und interner Wärmequellen ist um so geringer, je speicherfähiger (schwerer) die betreffenden Bauteile, insbesondere die Innenschichten mehrschaliger Außenwände sind.

Werden die Bauteile auf der Raumseite mit wärmedämmenden Schichten abgedeckt, dann wird die Wirksamkeit der Wärmespeicherfähigkeit verringert oder sogar ganz aufgehoben.

Eine gute Wärmedämmung bedeutet noch nicht zwangsläufig auch einen guten sommerlichen Wärmeschutz. Wichtig ist es, daß in den Sommermonaten von der Sonne eingestrahlte Wärme in den Wänden gespeichert und erst dann an die Raumluft abgeleitet wird, wenn draußen wieder kühlere Temperaturen herrschen.

Während die Wärmedämmschicht hauptsächlich die Aufgabe hat, den *Wärmedurchgang* einer Außenwand auf ein tragbares Maß zu reduzieren, gewinnt das Wärmespeichervermögen erst an Bedeutung, wenn die Innentemperatur nicht mehr konstant gehalten werden kann, was im Winter eigentlich nur noch bei unregelmäßig genutzten Räumen vorkommt und an Bedeutung verliert, während der sommerliche Wärmeschutz nur auf der Grundlage unstationärer Verhältnisse zu verwirklichen ist.

Bei dem stationären (winterlichen) Wärmeschutz geht man davon aus, daß die Außen- sowie Innentemperaturen der in Betracht kommenden Räume bei winterlichen Außentemperaturen und zentral beheizten Räumen lange Zeit konstant sind, zumindest für 24 Stunden. Wenn jedoch zeitweilig aussetzend geheizt wird, oder im Zeitraum von 24 Stunden die Außentemperaturen erheblich schwanken, so stellen sich in den Außenwänden instationäre Temperaturverhältnisse ein; dieser Zustand tritt jedoch vorwiegend nur bei sommerlichem Wärmeschutz ein.

8.3.1 Wärmeleiteigenschaften nichttransparenter Außenbauteile bei instationären Randbedingungen

Zur Vermeidung ungünstiger Einflüsse, die aus der Wärmeleitung nichttransparenter Außenbauteile bei instationären Randbedingungen resultieren, ist für diese Bauteile eine ausreichende Wärmedämmung vorzusehen sowie unter Umständen eine zweckentsprechende Schichtenfolge zu wählen.

Außenliegende Wärmedämmschichten und *innenliegende* speicherfähige Schichten wirken sich in der Regel günstig aus.

Wärmespeicherung

Die Erwärmung einer Außenwand in den Sommermonaten und die Wärmeströmung in den angrenzenden Raum errechnet sich aus der Gleichung:

$$\vartheta_{SL} = \vartheta_a + \frac{\alpha_s \cdot i}{\alpha_a}$$

ϑ_{SL} = Sonnenlufttemperatur
α_s = Absorptionszahl
i = globale Sonneneinstrahlung

Temperaturamplitudenverhältnis (TAV)

In den Sommermonaten treten große Schwankungen der Außentemperaturen (ϑ_a) zwischen Tag und Nacht sowie bei Besonnung und Beschattung auf; um unter solchen interstationären Außenverhältnissen angenehme Innenraumtemperaturen erreichen zu können, ist es erforderlich, durch die Außenwandbauteile die Temperaturschwankungen zwischen außen und innen weitgehend zu dämpfen (Temperaturamplitudenverhältnis TAV), so daß diese sich auf der Raumseite nur noch in geringem Umfang auswirken können *(s. Abb. 8.12).*

Die Berechnung des TAV ist sehr umständlich und kompliziert, besonders bei mehrschichtigen Bauteilen. Für Außenwände ist deshalb ein Temperaturamplitudenverhältnis von:

$$TAV = \frac{\hat{\vartheta}_{oi}}{\hat{\vartheta}_{oa}} \leqq 0{,}15 - 0{,}20$$

anzustreben, das aussagt, daß nur noch 15 bis 20 % der Temperaturschwankungen von der äußeren Wandoberfläche ϑ_{oa} auf die innere Wandoberfläche ϑ_{oi} übertragen werden. In der neuen DIN 4108 (8.81) sind keine TAV-Werte angegeben, sondern nur allgemeine Hinweise, z. B. daß:

Dämmstoffschichten erheblich wirksamer sind, wenn sie auf der Außenseite einer Außenwand statt auf der Innenseite angebracht werden,

eine dunkle Farbgebung der Außenbauteile zu höheren Temperaturen als eine helle Farbgebung an der Außenoberfläche führen kann,

große Fensterflächen ohne Sonnenschutzmaßnahmen und

zu geringe Anteile innenliegender wärmespeichernder Bauteile eine zu hohe Erwärmung der Räume zur Folge haben.

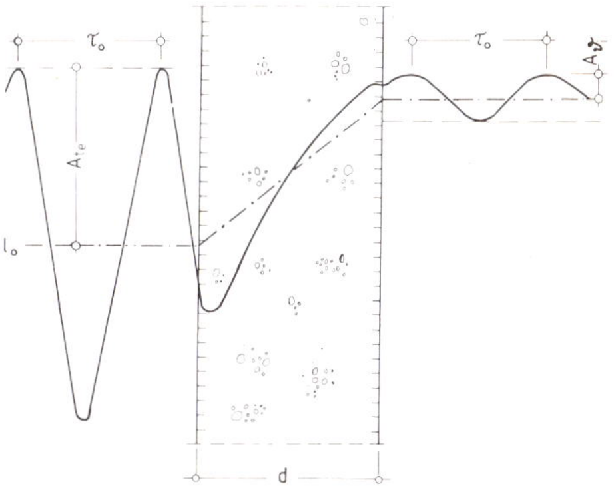

Abb. 8.12: Temperaturamplitudenverlauf (TAV)

8.3.2 Wärmeschutzforderungen an Gesamtgebäude

Nach dem Gesetz zur Einsparung von Energie in Gebäuden (Energieeinsparungsgesetz EnEG) sind Gebäude so zu entwerfen und auszuführen, und heizungs- und belüftungstechnische Anlagen so zu installieren und zu betreiben, daß Energieverluste möglichst vermieden werden. Zu diesem Gesetz trat die Wärmeschutzverordnung in Kraft, die einen energiesparenden Wärmeschutz bei Gebäuden beinhaltet. Hierin werden Anforderungen zur Begrenzung der Wärmeverluste bei Gebäuden mit normalen Innentemperaturen festgelegt.

Die in *Tab. 8.13* angegebenen maximalen mittleren Wärmedurchgangskoeffizienten $k_{m,max}$ in Abhängigkeit vom Verhältnis A/V dürfen nicht überschritten werden. Wobei A/V das Verhältnis der wärmetauschenden Umfassungsfläche eines Bauwerkes zum Volumen des Bauwerkes bedeutet.

Der mittlere k-Wert k_m der wärmetauschenden Umfassungsfläche eines Gebäudes wird nach der Formel:

$$k_m = \frac{k_W \cdot A_W + k_F \cdot A_F + k_{DL} \cdot A_{DL} + 0{,}8 k_D \cdot A_D + 0{,}5 k_D \cdot A_D}{A}$$

ermittelt, wobei die Indizes: W = Wand, F = Fenster, D = Dach und G = Grundfläche (z. B. Kellerdecke) bedeuten.

Da Keller- und Dachspeicherräume höhere Temperaturen aufweisen und somit der Wärmeabfluß zu diesen Räumen geringer ist als bei solchen Bauteilen, die unmittelbar an die Außenluft angrenzen, wird dies durch die Faktoren 0,5 und 0,8 berücksichtigt.

Die zur Einhaltung der $k_{m,max}$-Werte notwendigen Wärmedämm-Maßnahmen an den einzelnen Bauteilen, wie Außenwände, Fenster usw. sind austauschbar; so ist es z. B. ohne weiteres zulässig, hohe k-Werte der Außenwände durch niedrige k-Werte bei Decken und Dächern zu kompensieren und umgekehrt.

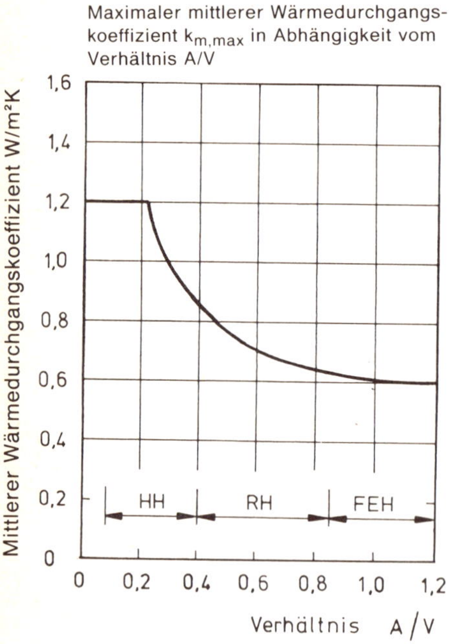

Abb. 8.13

Gebäudeform

Gebäudeform und Gebäudemasse sind von großem Einfluß auf den Wärmever-

Tab. 8.13

A/V[1]) in m^{-1}	$K_{m,max}$[1]) in W/m²K
≦ 0,22	1,20
0,30	1,00
0,40	0,86
0,50	0,78
0,60	0,73
0,70	0,69
0,80	0,66
0,90	0,63
1,00	0,62
1,10	0,60
≧ 1,20	-

HH = Hochhaus
RH = Reihenhaus
FEH = Freistehendes Einfamilienhaus

[1]) Zwischenwerte sind nach folgender Gleichung zu ermitteln:

$$k_{m,max} = 0{,}45 + 0{,}165 \cdot \frac{1}{A/V} \text{ in W/m}^2\text{ K}$$

lust des Gesamtgebäudes. Als allgemeine Regel gilt: Je kleiner der Quotient A/V, desto geringer ist der spezifische Wärmeverlust des Gebäudes. Große und kompakte Gebäude haben ein kleines A/V-Verhältnis. Der Quotient A/V wird größer, je kleiner und je mehr gegliedert ein Baukörper ist.

An nachstehenden zwei Beispielen wird der Einfluß des A/V-Verhältnisses auf den Wärmeverlust des gesamten Gebäudes erläutert.

Beispiel 1:

Reihenhaus, langgestreckter eingeschossiger Baukörper

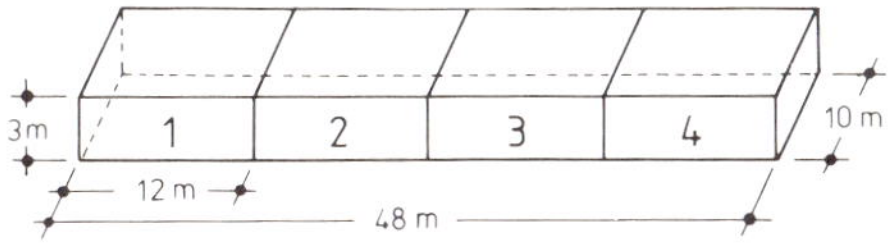

Volumen des Baukörpers:
$V = 48 \cdot 10 \cdot 3 = 1440 \text{ m}^3$

Umfassungsfläche des Baukörpers:
$A = 2\,(48 \cdot 10) + 2\,(48 \cdot 3) + 2\,(10 \cdot 3) = 1308 \text{ m}^2$
$A = 1308 \text{ m}^2$

Verhältnis $A/V = 1308 : 1440 = 0{,}91 \text{ m}^{-1}$

$$k_{m,max} = 0{,}45 + 0{,}165 \cdot \frac{1}{0{,}91} = 0{,}63 \text{ W/m}^2\text{K}$$

Beispiel 2:

Hochhaus, kompakter viergeschossiger Baukörper

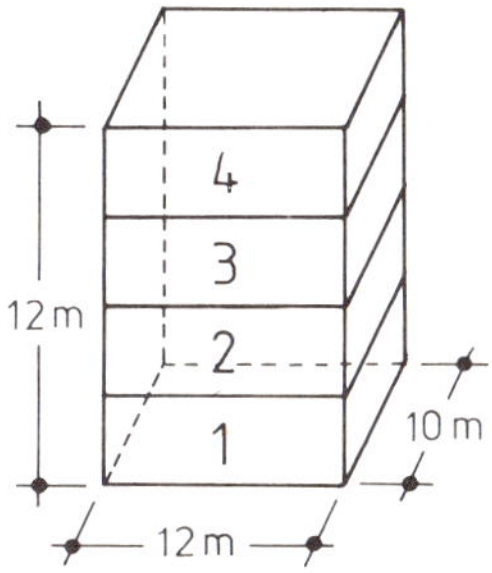

Volumen des Baukörpers:
$V = 12 \cdot 10 \cdot 12 = 1440 \text{ m}^3$

Umfassungsfläche des Baukörpers:
$A = 2\,(10 \cdot 12) + 2\,(12 \cdot 12) + 2\,(10 \cdot 12) = 768 \text{ m}^2$

$A = 768 \text{ m}^2$
Verhältnis $A/V = 768 : 1440 = 0{,}53 \text{ m}^{-1}$

$$k_{m,max} = 0{,}45 + 0{,}165 \cdot \frac{1}{0{,}53} = 0{,}76 \text{ W/m}^2\text{K}$$

Danach ergibt sich:

A_1	= 1308 m²	Umfassungsfläche aus Beispiel 1
$-A_2$	= 768 m²	Umfassungsfläche
	540 m²	aus Beispiel 2

Danach sind die Umfassungsflächen von Beispiel 2 gegenüber denen von Beispiel 1 um 540 m² bzw. um 41,3 % kleiner geworden.

Tab. 8.14: Maximale Wärmedurchgangskoeffizienten für einzelne Außenbauteile

	Bauteile	maxim. Wärmedurchgangs-Koeffizient W/m²K
1	Außenwände einschl. Fenster u. Fenstertüren	
1.1	Gebäude, deren Grundriß[1]) von einem Quadrat mit einer Seitenlänge von 15 m umschrieben werden kann. Abb. 1	$k_{m,W+F} \leqq 1{,}15$[2])
1.2	Gebäude, deren Grundriß[1]) nicht vollständig von einem Quadrat mit 15 m Seitenlänge umschrieben werden kann. Abb. 2	$k_{m,W+F} \leqq 1{,}25$
1.3	Gebäude, deren Grundriß[1]) ein Quadrat mit einer Seitenlänge von 15 m umschreibt. Abb. 3	$k_{m,W+F} \leqq 1{,}50$
2	Decken unter nicht ausgebauten Dachräumen und Decken, die Räume nach oben u. unten gegen die Außenluft abgrenzen	$k_D \leqq 0{,}45$
3	Kellerdecken sowie Wände und Decken gegen unbeheizte Räume	$K_G \leqq 0{,}80$
4	Decken u. Wände, die an das Erdreich grenzen	$K_G \leqq 0{,}90$

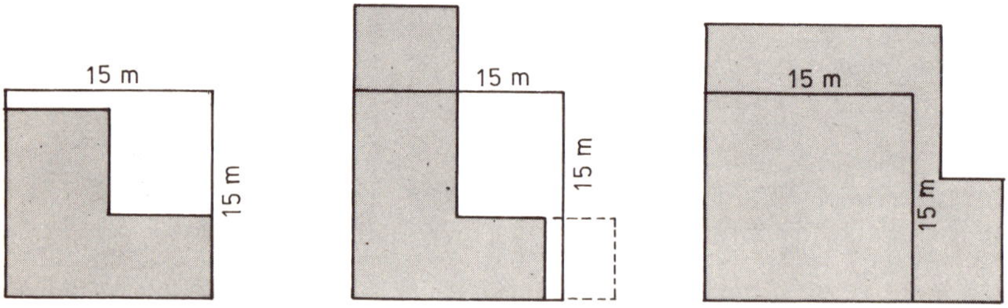

1 2 3

[1]) Für die Einordnung in die Zeilen 1.1 bis 1.3 ist das Vollgeschoß zugrunde zu legen, das den kleinsten Wert $k_{m,W+F}$ ergibt. Bei geschoßweise unterschiedlichen äußeren Grundrißabmessungen darf geschoßweise verfahren werden.

[2]) Wird für Gebäude nach Zeile 1.1 bis zu 3 Vollgeschossen in Zeile 2 $k_D \leqq 0{,}24$ W/m²K und in Zeile 3 oder 4 $k_G \leqq 0{,}45$ W/m²K gewählt, darf in Zeile 1.1 $k_{m,W+F} \leqq 1.55$ W/m²K gesetzt werden.

Daraus ergibt sich grundsätzlich: je kleiner der Quotient A/V ist, desto niedriger ist der spezifische Wärmeverlust des betreffenden Gebäudes.

Berechnungsverfahren zur Ermittlung der Wärmedämmung, des Temperaturverlaufs und der Wasserdampfdiffusion von Außenwänden.

Zur Ermittlung der bauphysikalischen Eigenschaften von Außenbauteilen (Wände u. Decken) wurde in Anlehnung an die DIN 4108 Teil 1 (8.81) die nachstehend erläuterte *Tab.* entwickelt.

Die Tabelle ist in drei Gruppen aufgegliedert und zwar:

Wärmedämmung (Spalten 1–5)
Temperaturabfall (Spalten 6–11) und
Dampfdiffusion (Spalten 12–16).

In den senkrechten Spalten 1 bis 16 sind alle erforderlichen bauphysikalischen Daten des zu untersuchenden Bauteils enthalten:

Tab. 8.14 a

Spalte 1	Nr. der waagerechten Zeilen
Spalte 2	Schichtenfolge des Wandaufbaues von innen nach außen,
Spalte 3	Dicke der Schichten (s) in m
Spalte 4	Wärmeleitfähigkeit λ der einzelnen Schichten, diese Werte sind der *Tab. 8.10* zu entnehmen,
Spalte 5	Wärmedurchlaßwiderstände $(\frac{s}{\lambda})$, errechnet aus den Quotienten der Spalten 3:4

Die Summe aller $\frac{s}{\lambda}$-Werte in Spalte 5 ohne die Luftgrenzschichten $1/\alpha_i$ und $1/\alpha_a$ ergibt den Wärmedurchlaßwiderstand $1/\Lambda$; einschließlich der Luftgrenzschichten den Wärmedurchgangswiderstand 1/k.

Spalten 6 und 7	Temperaturabfall pro Schicht; errechnet aus der Formel $\Delta\vartheta = q \cdot \frac{s}{\lambda}$
Spalten 8 bis 11	Hieraus errechnen sich die jeweiligen Grenzflächentemperaturen.
Spalte 12	Sattdampfdruck p_s; die zu den Temperaturen in Spalte 10 zugeordneten Sattdampfdrücke sind der *Tab. 8.18* zu entnehmen.
Spalte 13	Wirklicher Dampfdruck p
Spalte 14	Hierin sind die für die einzelnen Wandschichten gültigen Wasserdampfdiffusionswiderstandsfaktoren μ aus der *Tab. 8.10* eingetragen und in
Spalte 15	die Diffusionswiderstände $\mu \cdot s$ aus Spalten 3 · 14 errechnet.
Spalte 16	Hier sind die Summen der Wasserdampfdiffusionswiderstände für die jeweiligen Schichten errechnet und eingetragen.

Im unteren Teil des Tabellenblattes sind die Winter- und Sommerbedingungen für die Berechnung der Kondensation und Desorption eingetragen, gemäß den Angaben der DIN 4108 Teil 5.

Kondensationsebene

Die in den *Abb. 8.14–8.16* u. *8.18–8.19* unter (b) dargestellten Wandquerschnitte sind im Maßstab der Wasserdampfdiffusionswiderstände ($\mu \cdot s$) gezeichnet. Hierin ist der Verlauf des Sättigungsdampfdrucks (p_s) eingezeichnet, den man aus dem Temperaturverlauf und den zugehörigen (p_s)-Werten aus der *Tab. 8.18* Wasserdampfsättigungsdruck erhält.

Die Wasserdampfübergangswiderstände an den Wandoberflächen dürfen bei den meisten Bauteilen vernachlässigt werden. Daraus ergibt sich, daß der vorhandene Dampfdruck (p) an den Wandoberflächen – innen und außen – gleich dem Dampfdruck der angrenzenden Luft ist.

Die Verbindungslinie zwischen (p_i) und (p_a) auf dem Wandquerschnitt ergibt den Verlauf des vorhandenen Dampfdrucks (p) im Bauteil. Sofern diese Gerade (p) die Sattdampfkurve (p_s) nicht berührt, ist die Bauteilkonstruktion in Ordnung *(s. Abb. 8.14b, 8.15b)*. Es ist dann die eindiffundierende Wasserdampfmenge gleich der ausdiffundierenden, so daß eine Kondensatausscheidung im Wandquerschnitt nicht auftritt.

Wenn jedoch die Verbindungslinie (p_i) und (p_a) = Dampfteildrucklinie (p) die Sattdampfkurve (p_s) schneidet *(Abb. 8.16b)*, so wird diese Verbindungslinie nicht eingezeichnet bzw. nur dünn oder punktiert dargestellt, weil der vorhandene Dampfteildruck (p) niemals größer sein kann als der Sättigungsdampfdruck (p_s).

Die *Fläche*, die durch die Überschneidung der beiden Dampfdrucklinien (p) und (p_s) entsteht, gibt jedoch nicht den Bereich an, in dem Wasserdampf kondensiert.

8.4 Außenwände

Bauphysikalische Eigenschaften – Berechnungsbeispiele und Abbildungen.

Die Variationsmöglichkeiten für den Schichtenaufbau von Außenwänden sind praktisch unbegrenzt, sie zu gruppieren ist schwierig, wenn man auf gleichartiges Verhalten schließen will; hierfür sind nicht allein die Baustoffarten der einzelnen Schichten sowie deren Dicke und Lage, sondern auch die bauphysikalischen Eigenschaften dieser einzelnen Baustoffe von Bedeutung.

8.4.1 Einschalige Außenwände

ohne Putz – aus Vollziegel –

Steinmaterial zeigt in diffusionstechnischer Hinsicht keine Probleme. Wenn man den Diffusionsverlauf einer ein-

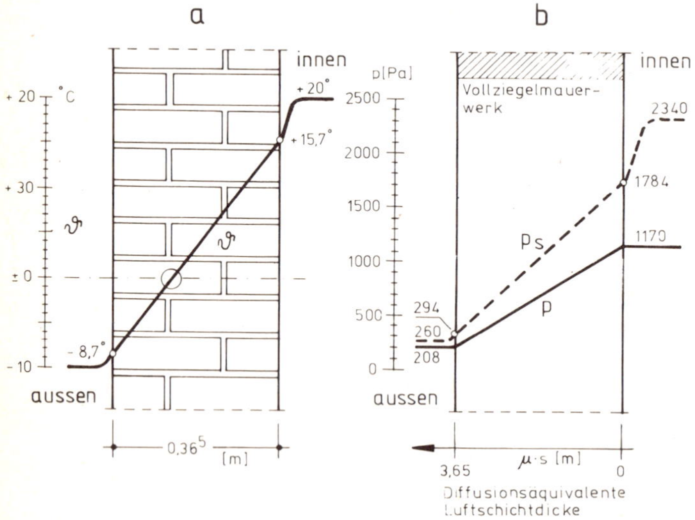

Abb. 8.14: Einschalige Vollziegel-Außenwand – ohne Innen- und Außenputz
a = Temperaturverlust
b = Dampfdruckverlauf

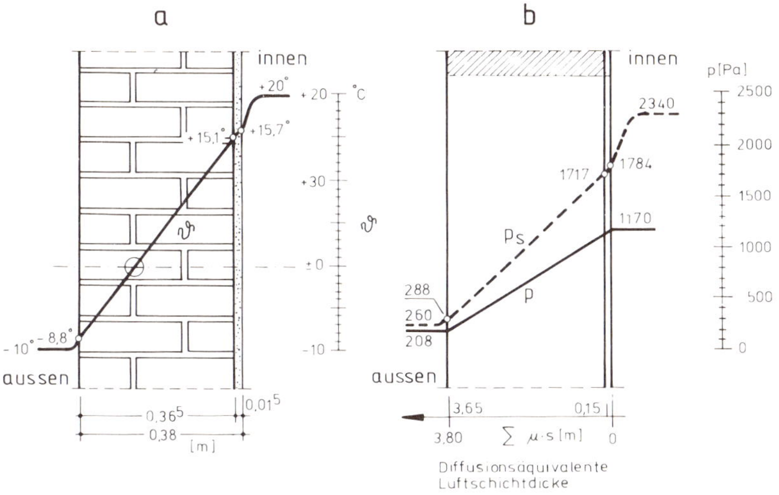

Abb. 8.15: Einschalige Vollziegel-Außenwand mit Innenputz a = Temperaturverlauf, b = Dampfdruckverlauf

schaligen Ziegelaußenwand – ohne Innen- und Außenputz – betrachtet, dann erkennt man, daß der gleichmäßige Temperaturabfall ϑ von innen nach außen *(Abb. 8.14a)* sowie der gleichförmige Verlauf der Sättigungsdampfdruckkurve p_s und der einschalige Wandaufbau auch einen linearen Verlauf des Dampfteildruckabfalls zur Folge hat und an keiner Stelle durch den Sättigungsdampfdruck zum Ausknicken gebracht wird.

Hier kann demzufolge auch kein Kondensatausfall auftreten; im ungünstigsten Fall nur dann, wenn im Innenraum – aus welchen Gründen auch immer – eine außergewöhnlich hohe rel. Luftfeuchte auftreten würde.

8.4.1.1 Einschalige Außenwand mit Innenputz

Bringt man auf der Innenseite einer solchen Wand einen Kalkmörtelputz auf *(Abb. 8.15)*, dann zeigt sich auch hier ein fast identischer Verlauf der Temperatur ϑ, des Sättigungsdampfdrucks p_s und des linearen Dampfteildruckabfalls p; auch hier wird die linear verlaufende Dampfteildruckkurve durch die p_s-Kurve nicht zum Ausknicken gebracht, so daß auch hier kein Kondensatausfall auftreten kann.

Eine einschalige Außenwand mit einer relativ dampfdichten Beschichtung und geringer Wärmedämmung auf der Innenseite der Außenwand – z. B. Fliesen – bremst den Diffusionsvorgang so stark ab, daß *kein* Ausknicken der Sattdampfkurve (p_s) eintreten kann und somit auch kein Kondensatausfall im Inneren des Mauerwerks. Wohl kann sich auf der inneren Wandoberfläche bei hoher Raumluftfeuchtigkeit Tauwasser bilden, das jedoch durch gutes Lüften schnell wieder zu beseitigen ist.

8.4.1.2 Einschalige Außenwand mit Außenputz

Ganz anders dagegen wirkt sich ein Kalkzementmörtelputz mit einem relativ dampfdichten Quarzsandanstrich auf der Außenseite einer Außenwand aus *(Abb. 8.16)*. Hier wird die Situation entscheidend verändert, was auch durch eine Bekleidung aus dichtem Material wie Klinker, Naturstein oder Glasmosaik der Fall sein würde. In dem Diffusionsschema der *Abb. 8.16b* ist dies auch deutlich erkennbar durch das Ausknicken der Sättigungsdampfdrucklinie (p_s) und die damit verbundene Ausbildung einer Kondensebene hinter der äußeren Putzschicht. Bei sehr dampfdichten Baustoffen kann die Kondensatbildung erheblich sein. Diese Kondensatfeuchtigkeit kann bei Frosteinwirkung zu den bekannten Frostabsprengungen führen.

8.4.1.3 Mehrschalige Außenwände mit Luftschicht

Doppelschaliges Mauerwerk mit durchgehender Luftschicht (Luftschichtmauerwerk) wird vorwiegend dort ausgeführt, wo die Außenschale hohen Witterungsbeanspruchungen durch Wind und Regen ausgesetzt ist, z.B. in Küstengebieten.

Bei dieser Konstruktionsart dient die äußere Schale als sogen. Regenschürze, und bei richtiger Ausführung ist sichergestellt, daß die innere Wandschale trocken und der Wärmeschutz erhalten bleibt. Dabei ist es wichtig, die Luftschicht zwischen Innen- und Außenschale durch Lüftungsöffnungen mit der Außenluft zu verbinden, wobei die äußere Schale bei der Ermittlung des Wärmedurchlaßwiderstandes ($1/\Lambda$) nicht mitgerechnet werden darf. Die Tempe-

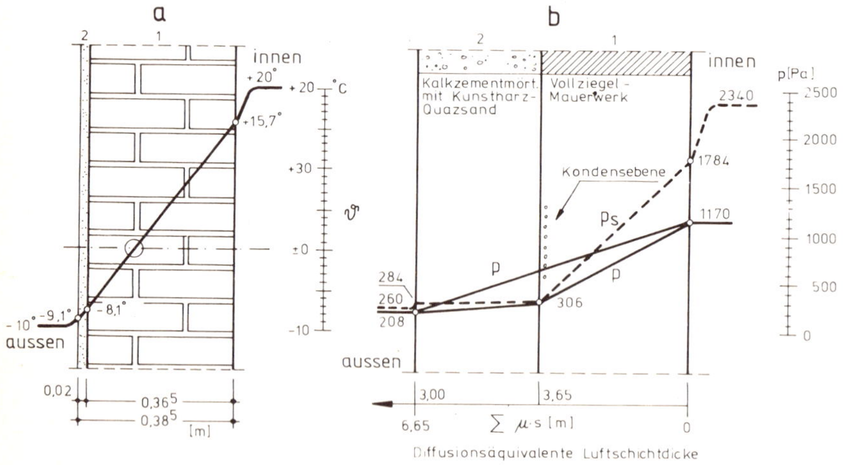

Abb. 8.16: Einschalige Außenwand mit Außenputz

Tab. 8.15 (Erläuterungen s. S. 409)

Rechnerische Ermittlung der Wärmedämmung – des Temperatur- und Diffusionsverlaufs von Außenwänden (zu Abb. 8.15) Bauteil: Einschalige Wand mit Innenputz

Wärmedämmung					Temperaturabfall						Dampfdiffusion			
1	2	3	4	5	6	7	8 9	10	11	12	13	14	15	16
Zeile	Wandaufbau (Schichtenfolge) von innen nach außen	Schichtdicke s	Wärmeleitzahl λ	Wärmedurchlaß-Widerstand $\frac{s}{\lambda}$	Temperaturabfall $\Delta\vartheta$ aus: $q \cdot \frac{s}{\lambda}$		Temperatur an den Grenzflächen		Grenzflächen	Sättigungsdampfdruck Ps	Wirklicher Dampfdruck Pw	μ Wasserdampfdiffusionswiderstandsfaktor	$\mu \cdot s$ Wasserdampfdiffusionswiderstand	$\Sigma\mu \cdot s$
		m	W/mK	m² K/W	q	°C	aus	°C		P_a	P_a			
	Raumluft							+ 20	ϑ_{Li}	2340	1170			
	Randzone		$1/\alpha_i$ =	0,130	× 32,7	= 4,3	+ 20 − 4,3							
1	Innenputz (Kalkmörtel)	0,015	0,870	0,017	× 32,7	= 0,6	+ 15,7 − 0,6	+ 15,7	ϑ_{oi}	1784		10	0,15	0,15
2	Vollziegelmauerwerk	0,365	0,500	0,730	× 32,7	= 23,9	+ 15,1 − 23,9	+ 15,1	ϑ_1	1717		10	3,65	3,80
								− 8,8	ϑ_{oa}	288				
3					×	=	− 8,8 − 1,3						3,80	
								− 10	ϑ_{La}	260	208			
4					×	=								
5					×	=								
6					×	=								
	Randzone		$1/\alpha_a$ =	0,040	× 32,7	= 1,30								
	Außenluft													

$1/k = 0{,}92$	m² K/W
$k = 1{,}09$	W/m² K
$1/\Lambda = 0{,}75$	m² K/W
$q = k \cdot (\vartheta_{Li} - \vartheta_{La}) = 32{,}7$ W/m²	

$$\Delta\vartheta = q \cdot \frac{s}{\lambda}$$

$$q = 1{,}09 \cdot [20 - (-10)] = 32{,}7$$

I Winter		II Sommer	
+ 20 °C;	P_{Si} = 2340 P_a	+ 12 °C;	P_{Si} = 1403 P_a
50 %;	P_{Di} = 1170 P_a	70 %;	P_{Di} = 982 P_a
− 10 °C;	P_{Sa} = 260 P_a	+ 12 °C;	P_{Sa} = 1403 P_a
80 %;	P_{Da} = 208 P_a	70 %;	P_{Da} = 982 P_a

I Winterbedingungen: für 2 Monate = 1440 Std.

II Sommerbedingungen: für 3 Monate = 2160 Std.

Forts. Tab. 8.15 (Erläuterungen s. S. 409)

Rechnerische Ermittlung der Wärmedämmung – des Temperatur- und Diffusionsverlaufs von Außenwänden (zu Abb. 8.16) Bauteil: Einschalige Wand mit Außenputz

Wärmedämmung					Temperaturabfall						Dampfdiffusion				
1	2	3	4	5	6	7	8	9	10	11	12	13	14	15	16
Zeile	Wandaufbau (Schichtenfolge) von innen nach außen	Schichtdicke s	Wärmeleitzahl λ	Wärmedurchlaß-Widerstand $\frac{s}{\lambda}$	Temperaturabfall $\Delta\vartheta$ aus: $q \cdot \frac{s}{\lambda}$		Temperatur an den Grenzflächen			Grenzflächen	Sättigungsdampfdruck	Wirklicher Dampfdruck	μ Wasserdampfdiffusionswiderstandsfaktor	$\mu \cdot s$ Wasserdampfdiffusionswiderstand	$\Sigma\mu \cdot s$
		m	W/mK	m² K/W							Ps	Pw			
	Raumluft				q	°C	aus		°C		P_a	P_a			
	Randzone		$1/\alpha_i$	= 0,130	× 32,7	= 4,3	+ 20	− 4,3	+ 20	ϑ_{Li}	2340	1170			
1	Vollziegelmauerwerk	0,365	0,500	0,730	× 32,7	= 23,8	+ 15,7	− 23,8	+ 15,7	ϑ_{oi}	1784		10	3,65	3,65
2	Außenputz (Kalkzementmörtel mit Kunstharzquarzsand)	0,020	0,870	0,023	× 32,7	= 0,7	− 8,1	− 0,7	− 8,1	ϑ_1	306		150	3,00	6,65
3					×	=	− 8,8	− 1,3	− 8,8	ϑ_{oa}	284				
4					×	=			− 10	ϑ_{La}	266	208			
5					×	=									
6					×	=									
	Randzone		$1/\alpha_a$	= 0,040	× 32,7	= 1,3									
	Außenluft														

$1/k = 0{,}92$	m² K/W
$k = 1{,}09$	W/m² K
$1/\Lambda = 0{,}75$	m² K/W
$q = k \cdot (\vartheta_{Li} - \vartheta_{La}) = 32{,}7$ W/m²	

$$\Delta\vartheta = q \cdot \frac{s}{\lambda}$$

$$q = 1{,}09 \cdot [+20 - (-10)] = 32{,}7$$

I Winter		II Sommer	
+ 20 °C;	P_{Si} = 2340 P_a	+ 12 °C;	P_{Si} = 1403 P_a
50 %;	P_{Di} = 1170 P_a	70 %;	P_{Di} = 982 P_a
− 10 °C;	P_{Sa} = 260 P_a	+ 12 °C;	P_{Sa} = 1403 P_a
80 %;	P_{Da} = 208 P_a	70 %;	P_{Da} = 982 P_a

I Winterbedingungen: für 2 Monate = 1440 Std.

II Sommerbedingungen: für 3 Monate = 2160 Std.

ratur in der Luftschicht kann natürlich nicht die gleiche sein wie die der Außenluft. Maximal kann der Temperaturunterschied bis 8°C betragen. Bauphysikalisch können diese Wände daher als *einschalige* Wände eingestuft werden.

Zu a: Diffusionstechnisch ist die Wandausbildung nach *Abb. 8.17a* sowie Ausbildungen, bei denen ½ Stein starke Verblendschale durch hinterlüftete Vorhangfassaden ersetzt wurde, unbedenklich. Der in die Luftschicht eindiffundierende Wasserdampfstrom wird durch die in der Vorsatzschale vorhandenen Entlüftungsöffnungen nach außen abgeführt.

Die Außenschalen sind nach DIN 1053 gemäß den vorstehend aufgeführten bauphysikalischen Regeln jeweils unten und oben mit Lüftungsöffnungen zu versehen.

Zu b: Der Wandaufbau nach *Abb. 8.17b* ist identisch mit dem unter *8.17a* und unterscheidet sich von diesem nur dadurch, daß sich hier auf der Außenfläche der inneren Wandschale zusätzlich noch eine Dämmschicht befindet, die zu einer Erhöhung der Wärmedämmung der Wand beiträgt. Diffusionstechnisch wäre hier nur dann eine Verschlechterung zu erwarten, wenn auf der Dämmschichtseite, die der Luftschicht zugekehrt ist, zusätzlich noch eine Dichtungsschicht oder Folie mit großem Diffusionswiderstand aufgebracht würde.

Zu c: Im Beispiel *Abb. 8.17c* befindet sich auf der Außenfläche der inneren Wandschale zusätzlich eine Dampfsperre in Form einer Dichtfolie bzw. ein Sperrputz mit einem Dicht- oder Bitumenanstrich.

Wird die alte Grundkonzeption des Luftschichtmauerwerks dadurch verändert, daß auf der äußeren Seite der inneren Wandschale zusätzlich eine Dampfsperre mit einem hohen Diffusions-

Abb. 8.17 a: Luftschichtmauerwerk – normal –

Abb. 8.17 b: Luftschichtmauerwerk mit Dämmung auf der Außenfläche der Innenschale

Abb. 8.17 c: Luftschichtmauerwerk mit Dampfsperre auf der Außenfläche Innenschale

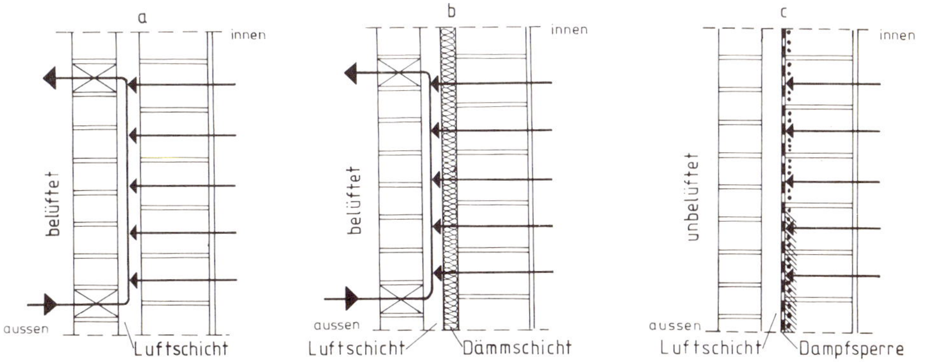

widerstand aufgebracht wird, dann ist die dampfdiffusionstechnische Funktion des Luftschichtmauerwerks so gestört, daß hinter der Dampfsperre eine Kondenswasserbildung nicht mehr auszuschließen ist.

Die in der Baupraxis jahrzehntelang falsch verstandene Maßnahme, einen Schwarzanstrich oder Dichtungsputz als sogenannten „Regenschutz" auf der äußeren Seite der inneren Wandschale anzubringen, führte dazu, daß sich hinter der Dampfsperre ein Kondenswasserstau bilden und zu einer Durchfeuchtung der inneren Wandschale führen konnte.

Auch die häufig praktizierte Ausfüllung des Luftschichtraumes mit einem Wärmedämmstoff in der Erwartung, dadurch eine verbesserte Wärmedämmung zu erreichen, ist nicht ohne Problematik, weil u.a. auch nicht auszuschließen ist, daß Schlagregen durch die ½ Stein starke Verblendschale in die mit Dämmstoff ausgefüllte Luftschicht eindringen kann.

8.4.1.4 Bauphysikalische Regeln

Einschichtige Wandaufbauten lassen im allgemeinen keine Kondensation in der Wand erwarten.

Kondensationen in der Wand werden vermieden, wenn von der warmen Seite (innen) nicht mehr Wasserdampf zufließt als nach der kalten Seite (außen) abströmen kann.

Grundsätzlich ist anzustreben, daß der Wärmedurchlaßwiderstand ($1/\Lambda$) der einzelnen Schichten (mehrschichtiger Bauteile) von innen nach außen zunimmt und der Dampfdiffusionswiderstand (μ) dieser Schichten von innen nach außen abnimmt.

Bei Räumen mit hoher relativer Luftfeuchtigkeit muß bei schon geringem Temperaturabfall nach außen mit Kondensation gerechnet werden.

Eine Kondensation kann vermieden werden durch:

- die Erhöhung der Wärmedämmung der Wand,
- eine geeignete Anordnung der Wandschichten (dampfbremsende Wirkung) oder
- Dampfdiffusionssperrschichten, die möglichst in der Nähe der inneren Oberfläche der Bauteile anzuordnen sind.

Bei hinterlüfteten Fassaden und Luftschichtmauerwerk soll die Luftschicht mindestens 4–5 cm betragen.

Die Außenschalen sind nach DIN 1053 jeweils unten und oben mit Lüftungsöffnungen zu versehen – das gilt auch für die Brüstungsbereiche der Außenschalen.

Bei großen Öffnungsflächen der Luftschicht zur Außenluft mit 15–20 cm² Öffnungsfläche je m² Bauteilfläche wird der von innen diffundierende Wasserdampf durch diese Öffnungen direkt abgeleitet. Es findet keine Kondensation weder in der inneren Schale noch in der davor angebrachten Wärmedämmschicht statt. Eine wärmedämmende Wirkung der Luftschicht und der Vorhangfassade kann jedoch hier nicht in Rechnung gesetzt werden.

Bei kleinen Öffnungsflächen der Luftschicht zur Atmosphäre hin – 150 cm² je 20 m² Bauteilfläche – ist mit Kondensation innerhalb der Wärmedämmschicht zu rechnen, jedoch ist diese im allgemeinen nicht kritisch. Dafür darf aber die Wärmedämmung der Luftschicht und der Außenschale wärmetechnisch mitgerechnet werden.

8.4.1.5 Ziegelmauerwerk mit verschiedener Lage der Dämmschicht

Bei den heutigen Außenwänden werden vorwiegend mehrschalige Wandkonstruktionen verwendet, wobei es natürlich nicht zu vermeiden ist, Stoffe unterschiedlicher Eigenschaften nebeneinander anzuordnen; hierbei ist nicht nur die Schicht an sich von Bedeutung, sondern vor allem deren Lage innerhalb der Wandkonstruktion.

In den auf *Seite 427* dargestellten Außenwandkonstruktionen wurde der Temperatur- und Dampfdiffusionsverlauf an drei verschiedenen Vollziegel-Außenwänden mit verschieden angeordneten Dämmschichtlagen und zwei verschiedenen Dämmschichtarten ermittelt. Die Dämmschichten wurden in folgender Reihenfolge angeordnet:

1. Dämmschicht auf der Innenseite (Innendämmung)
2. Dämmschicht auf der Außenseite (Außendämmung)
3. Dämmschicht in der Mitte (Kerndämmung)

Folgende Baustoffe wurden der Ermittlung zugrunde gelegt:

Vollziegel
mit: λ_R = 0,58 W/m K μ = 10

Mineralfaser-Dämmplatte
mit: λ_R = 0,035 W/m K μ = 3

PUR-Hartschaumplatte
mit: λ_R = 0,04 W/m K μ = 24

(λ_R = Rechenwert der Wärmeleitfähigkeit
μ = Diffusionswiderstandszahl [Dimensionslos])

Der Wärmedurchlaßwiderstand ($1/\Lambda$) sowie der Wärmedurchgangskoeffizient (k) sind bei allen drei Wänden gleich.

Auf *Seite 427* ist in jedem der drei Wandbeispiele 1 bis 3 der Wandaufbau und der Temperaturverlauf im normalen Maßstab vorgestellt, während die zugehörigen Teilbilder a 1–3 und b 1–3 im Diffusionsmaßstab ($\Sigma\mu \cdot s$) dargestellt sind.

An den drei Teilbildern a 1–3 wurde als Wärmedämmstoff eine Mineralfaserdämmplatte mit einem Diffusionswiderstandsfaktor μ = 3 angenommen und in den drei Teilbildern b 1–3 eine Polyurethan-(PUR-)Hartschaumplatte mit einem Diffusionswiderstandsfaktor von μ = 24.

Zusammenfassung der Ergebnisse zu Abb. 8.18

Bei allen drei Wandausbildungen ist jeweils der in den Dämmschichten charakteristische starke Temperaturabfall festzustellen, dem ein gleich starker Abfall der Sättigungsdampfdruckkurve entspricht, da diese ihrerseits vom Temperaturverlauf abhängig ist.

Innendämmung

Bei Verwendung der Mineralfaserdämmplatte (*Teilbild 1a*) mit geringem Diffusionswiderstand ist der Abfall der Sättigungsdampfdrucklinie besonders steil und somit auch die Ausknickungsgefahr der Dampfteildrucklinie vorhanden, mit Kondenswasserbildung als Folge.

Bei der Dämmung mit einer Polyurethan-(PUR-)Hartschaumplatte *(Teilbild 1b*) ergibt sich das gleiche Bild, jedoch ist die Ausknickung hier geringer und somit auch die Kondensatbildung. Beide Teilbilder 1a und 1b zeigen, daß es bei beiden Dämmstoffarten Kondensat in der Wand geben wird. Die anfallende Kondensatmenge ist jedoch bei der Mineralfaserdämmung größer als bei der Dämmung mit PUR-Hartschaum.

Die Frostgrenze reicht hier bis zur Grenzschicht zwischen Ziegelmauerwerk und Dämmschichtplatte.

Der Wasserausfall wird hier um so größer, je *dichter* die Außenschale und je *poröser* die Dämmschicht ist.

Ein solcher Wandaufbau ist bauphysikalisch unbefriedigend. Wenn dieser Wandaufbau funktionieren soll, muß auf der Innenseite der Dämmschicht eine wirksame Dampfbremse eingebaut werden. Anders wäre dies, wenn gemäß Wandaufbau 1b der Dämmstoff diffusionsdichte PUR-Schaum und die äußere Wandschale porös und wenn möglich auch kapillar wäre, dann würde kein Kondenswasser ausfallen. Bei dichten Dämmstoffen bleiben jedoch immer die Stöße, d.h. die Fugen der Dämmplatten ein Problem, weswegen man aus diesem Grunde besser zu einer Sperrfolie als Dampfbremse greift.

Außendämmung

Bei *Außendämmung* tritt bei keiner der beiden Dämmstoffarten ein Kondenswasserausfall auf (siehe Detail 2a und 2b).

Der Verlauf der Sättigungsdrucklinie läßt erkennen, daß diese die Dampfteildrucklinie nicht berührt und somit auch kein Ausknicken der Dampfteildrucklinie erfolgen kann und somit auch keine Kondensatbildung.

Bringt man jedoch auf der äußeren Dämmschicht eine dichte Beschichtung oder Bekleidung auf, dann würde sich das günstige Verhalten ins Gegenteil umwandeln. Da aber die außenliegende Dämmschicht – gleich welcher Art – nicht ungeschützt der Witterung ausgesetzt werden kann, müßte hier eine hinterlüftete Vorhangfassade analog der *Abb. 8.17b* „Luftschichtmauerwerk mit Dämmschicht auf der Außenfläche der Innenschale" angebracht werden.

Hier reicht die Frostgrenze noch nicht bis zur Mitte der 5 cm dicken Dämmschichtplatte.

In diesem Wandbeispiel wurden die gleichen Baustoffe verwendet, jedoch wurde hier die Dämmschicht *außen* angeordnet, während die Ziegelwandschale innen liegt.

Kerndämmung

Bei der *Kerndämmung* liegt die Dämmschicht in der Mitte zwischen zwei 0,115 m dickem Ziegelmauernwerk. Auch bei der Kerndämmung tritt bei beiden Dämmstoffarten Kondensatausfall auf;

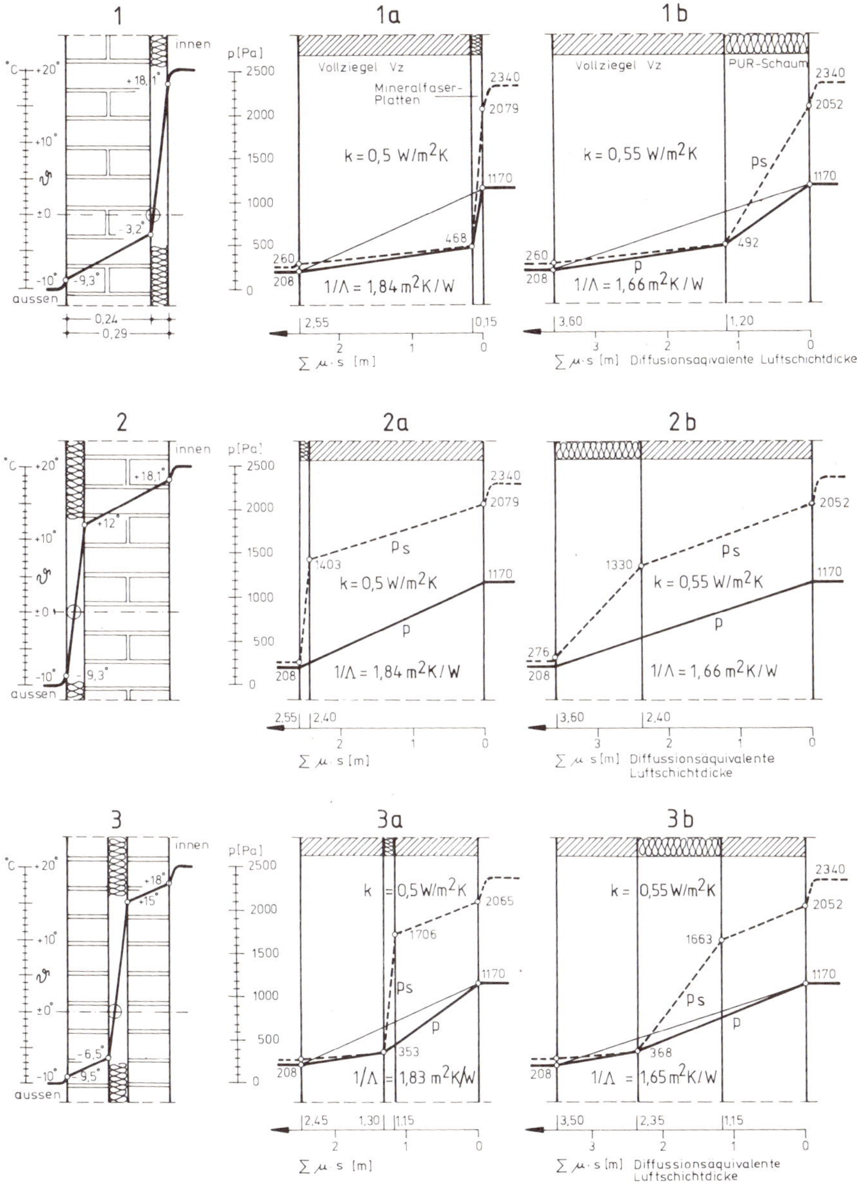

Abb. 8.18: Außenmauerwerk mit Dämmschichten in verschiedener Lage

Tauwasserausfall und Tauwasserverdunstung (nach DIN 4108, Teil 5)

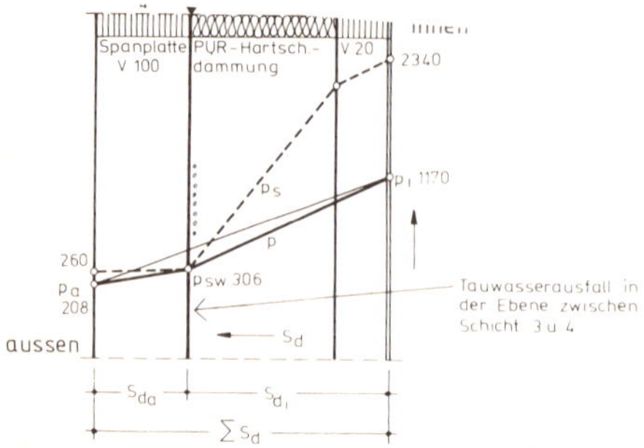

I Tauwasserausfall

Schichtenfolge von innen nach außen

1. GKB Gipskarton	=	0,08	s_{di}
2. V20 Spanplatte	=	0,95	
3. PUR-Hartschaum-Dämmplatte	=	3,00	
$\sum s_{di}$	=	4,03	
4. V 100 Spanplatte	=	1,90 s_{da}	

Die Diffusionsstromdichte i_a von der Tauwasserebene zum Freien ist:	Die Diffusionsstromdichte i_i vom Raum in das Bauteil ist:

zwar zeigt sich, daß auch hier bei Verwendung der Mineralfaserplatten der Feuchtigkeitsausfall größer ist als bei den PUR-Schaumplatten, jedoch die Gesamtmengen bei beiden Platten insgesamt geringer geworden sind.

Die Frostgrenze liegt in etwa im ersten Viertel der in der Mitte liegenden Dämmschichtplatte.

Diese Anordnung der Dämmschicht findet meist Anwendung bei Beton-Fertigelementen. Die K-Ebene liegt hier in der Grenzfläche zwischen der Außenwandschale und der Dämmschicht. Die Frostgrenze reicht bis in die Mitte der Wand und Mitte der Dämmschicht. Wenn dieser Wandaufbau funktionieren soll, muß eine Dampfbremse in der Grenzfläche zwischen der Innenwandschale und der Dämmschicht vorgesehen werden.

8.4.1.5 Zusammenfassung zur Lage der Dämmschichten in Außenwänden

● Die *ungünstigste* Lage für eine Dämmschicht ist die Innenseite einer Außenwand.

● Je mehr eine Dämmschicht nach außen verlegt wird, desto geringer wird der Kondensatanfall, daher ist

Tab. 8.16: Einfluß der Lage der Wärmedämmschicht auf die Wandeigenschaften

Nr.	Wandeigenschaften	Anordnung der Wärmedämmschichten *innen*	*außen*
1	Massive Außenwand	*nicht* temperaturgeschützt: friert im Winter völlig durch, heizt sich im Sommer sehr stark auf	*gut* temperaturgeschützt: friert im Winter nicht durch, heizt sich im Sommer nicht auf
2	Dampfbremse	*unbedingt* erforderlich bei porösen Dämmstoffen, bei dichten Dämmstoffen nicht unbedingt erforderlich	nicht erforderlich
3	Wärmespeicherfähigkeiten	*keine* Raum wird schnell aufgeheizt Raum kühlt schnell ab	*große* Raum heizt sich langsam auf Raum kühlt nur langsam ab

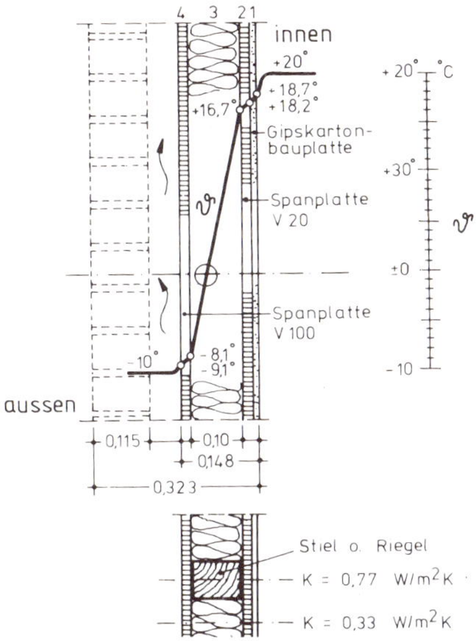

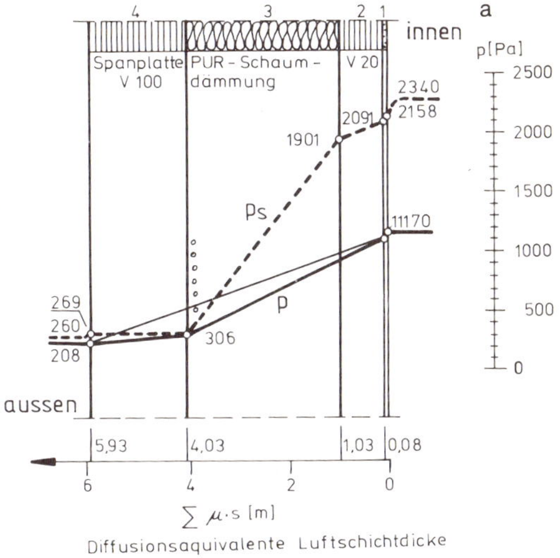

● die günstigste Lage für eine Dämmschicht die Außenseite einer Außenwand.

● Das günstige Verhalten einer außen liegenden Dämmschicht sollte nicht durch einen dichten Wetterschutz (Beschichtung) auf der Dämmschicht zunichte gemacht werden. Statt dessen sollte

● eine hinterlüftete Vorhangfassade (Wetterschürze) vor der Dämmschicht angebracht werden.

Abb. 8.19: Außenwand in Holztafelbauweise mit PUR-Hartschaumdämmung

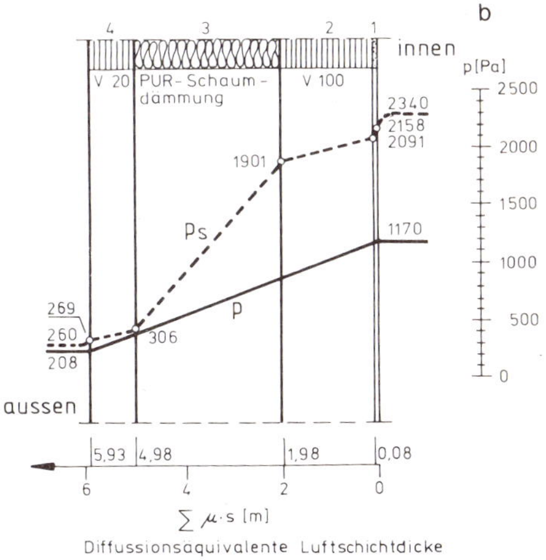

8.4.2 Wände in Holztafelbauweise

Die Entwicklung des Fertighausbaus und insbesondere der Fertigung von Wand- und Deckenelementen in Holztafelbauweise macht es notwendig, auch kurz auf das bauphysikalische Verhalten von Außenwänden in Holztafelbauweise einzugehen.

Tauwassermasse:

$1/\Delta_i = 1{,}5 \cdot 4{,}03 \cdot 10^6$
$= 6{,}05 \cdot 10^6\ m^2 \cdot h \cdot Pa/kg$

$1/\Delta_a = 1{,}5 \cdot 1{,}9 \cdot 10^6$
$= 2{,}85 \cdot 10^6\ m^2 \cdot h \cdot Pa/kg$

p_i = 1170 Pa Dampfdruck – innen

p_{sw} = 306 Pa Dampfdruck – Tauwasserebene

P_a = 208 Pa Dampfdruck außen

$$i_i = \frac{p_i - p_{sw}}{1/\Delta_i} = \frac{1170-306}{6{,}05} = 143$$

$$i_a = \frac{p_{sw} - p_a}{1/\Delta_a} = \frac{306-208}{2{,}85} = 34{,}4$$

$i_i - i_a = 143 - 34{,}4$
$= 108{,}6\ kg/m^2 \cdot h$

W_T = Tauwassermasse
t_T = Dauer der Tauperiode = 1440 h
i = Diffusionsstromdichte $kg/m^2 \cdot h$
s_d = Luftschichtdicke

Die Tauwassermenge W_T, die während der Tauperiode in der Ebene ausfällt, berechnet sich wie folgt:

$W_T = t_T \cdot (i_i - i_a)$
$W_T = 1440 \cdot 108{,}6 \cdot 10^{-6}$
$W_T = 0{,}16\ kg/m^2$

Wasserdampfdiffusion während der Verdunstung nach Tauwasserausfall in einer Ebene des Bauteils

II Verdunstungsperiode

Die verdunstende Wassermasse W_V, die während der Verdunstungsperiode aus dem Bauteil abgeführt werden kann, berechnet sich wie folgt:

$W_V = t_v \cdot (i_i + i_a)$

Verdunstende Wassermasse:

$1/\Delta_i = 1{,}5 \cdot 4{,}03 \cdot 10^6$
$= 6{,}05 \cdot 10^6\ m^2 \cdot h \cdot Pa/kg$

$1/\Delta_a = 1{,}5 \cdot 1{,}90 \cdot 10^6$
$= 2{,}85 \cdot 10^6\ m^2 \cdot h \cdot Pa/kg$

$p_i = p_a = 982$ Pa

p_{sw} = 1403 Pa

t_v = Dauer der Verdunstungsperiode = 2160 h

$$i_i = \frac{p_{sw} - p_i}{1/\Delta_i} = \frac{1403-982}{6{,}05} = 70{,}0$$

$$i_a = \frac{p_{sw} - p_a}{1/\Delta_a} = \frac{1403-982}{2{,}85} = 148{,}0$$

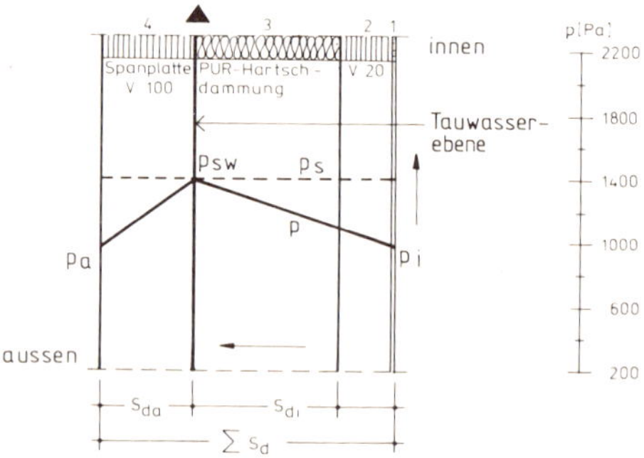

Der *Tab. 8.17* sind der Gesamtaufbau des Wandelementes sowie alle bauphysikalischen Daten wie Wärmedurchlaßwiderstand, Wärmedurchgangskoeffizient und der Temperaturverlauf in den einzelnen Wandschichten zu entnehmen. In den Spalten 11 bis 16 „Dampfdiffusion" sind die bauphysikalischen Daten enthalten, die zur graphischen Darstellung des Dampfdiffusionsverlaufs notwendig waren.

Auf Seite 8.17 wurde nach DIN 4108, Teil 5 (8. 81), der Tauwasserausfall sowie die Tauwasserverdunstung errechnet.

Tab. 8.17

Rechnerische Ermittlung der Wärmedämmung – des Temperatur- und Diffusionsverlaufs von Außenwänden

Bauteil: Außenwand in „Holztafelbauweise" mit PUR-Hartschaumdämmung

Wärmedämmung					Temperaturabfall						Dampfdiffusion				
1	2	3	4	5	6	7	8	9	10	11	12	13	14	15	16
Zeile	Wandaufbau (Schichtenfolge) von innen nach außen	Schichtdicke s	Wärmeleitzahl λ	Wärmedurchlaß-Widerstand $\frac{s}{\lambda}$	Temperaturabfall $\Delta\vartheta$ aus: $q \cdot \frac{s}{\lambda}$		Temperatur an den Grenzflächen			Grenzflächen	Sättigungsdampfdruck Ps	Wirklicher Dampfdruck Pw	μ Wasserdampfdiffusionswiderstandsfaktor	$\mu \cdot s$ Wasserdampfdiffusionswiderstand	$\Sigma\mu \cdot s$
		m	W/mK	m² K/W	q	°C	aus		°C		P_a	P_a			
	Raumluft								+ 20	ϑ_{Li}	2340	1170			
	Randzone		$1/\alpha_i$	= 0,13	× 9,9	= 1,3	+ 20	− 1,3							
1	Gipskartonbauplatte GKB	0,010	0,21	0,05	× 9,9	= 0,5	+ 18,7	− 0,5	+ 18,7	ϑ_{oi}	2158		8	0,08	0,08
									+ 18,2	ϑ_1	2091				
2	Spanplatte V 20	0,019	0,13	0,15	× 9,9	= 1,5	+ 18,2	− 1,5					50	0,95	1,03
3	PUR-Schaum-Dämmstoff	0,100	0,04	2,50	× 9,9	= 24,7	+ 16,7	− 24,7	+ 16,7	ϑ_2	1901		30	3,00	4,03
									− 8,0	ϑ_3	310				
4	Spanplatte V 100	0,019	0,13	0,15	× 9,9	= 1,5	− 8,0	− 1,5					100	1,90	5,93
									− 9,5	ϑ_{oa}	272				
5					×	=	− 9,5	− 0,8						5,93	
									− 10,3	ϑ_{La}	260	208			
6					×	=									
	Randzone		$1/\alpha_a$	= 0,08	× 9,9	= 0,8									
	Außenluft														

$1/k = 3{,}06$	m² · K/W
$k = 0{,}33$	W/m² K
$1/\Lambda = 2{,}85$	m² · K/W
$q = k \cdot (\vartheta_{Li} - \vartheta_{La}) = 9{,}9$ W/m²	

$\Delta\vartheta = q \cdot \frac{s}{\lambda}$

$q = [+20 - (-10)] \cdot 0{,}33 = 30 \cdot 0{,}33 = 9{,}9$

I Winter
+ 20 °C; P_{Si} = 2340 P_a
50 %; P_{Di} = 1170 P_a
− 10 °C; P_{Sa} = 260 P_a
80 %; P_{Da} = 208 P_a

II Sommer
+ 12 °C; P_{Si} = 1403 P_a
70 %; P_{Di} = 982 P_a
+ 12 °C; P_{Sa} = 1403 P_a
70 %; P_{Da} = 982 P_a

I Winterbedingungen: für 2 Monate = 1440 Std.

II Sommerbedingungen: für 3 Monate = 2160 Std.

Die während der Tauperiode in den Sommermonaten verdunstende Wassermasse errechnet sich aus der Gleichung:

$$W_V = t_v \cdot (i_i + i_a)$$
$$= 2160 \cdot (70 + 1480) \cdot 10^{-6}$$
$$= 470880 \cdot 10^{-6}$$
$$W_V = 0{,}47 \text{ kg/m}^2$$

Ergebnis:

nach DIN 4108, Teil 3, ist bei Holzwerkstoffen eine Erhöhung des massebezogenen Feuchtegehaltes um mehr als 3 % unzulässig.

Danach:

zul. $W_T = 0{,}03 \cdot 0{,}019 \cdot 700 = 0{,}399 \text{ kg/m}^2 > W_T = 0{,}16 \text{ kg/m}^2$,

Tab. 8.18: Wasserdampfsättigungsdruck bei Temperaturen von 20,9 bis –10,9 °C

	Wasserdampfsättigungsdruck Pa									
Temperatur °C	,0	,1	,2	,3	,4	,5	,6	,7	,8	,9
20	2340	2354	2369	2384	2399	2413	2428	2443	2457	2473
19	2197	2212	2227	2241	2254	2268	2283	2297	2310	2324
18	2065	2079	2091	2105	2119	2132	2145	2158	2172	2185
17	1937	1950	1963	1976	1988	2001	2014	2027	2039	2052
16	1818	1830	1841	1854	1866	1878	1889	1901	1914	1926
15	1706	1717	1729	1739	1750	1762	1773	1784	1795	1806
14	1599	1610	1621	1631	1642	1653	1663	1674	1684	1695
13	1498	1508	1518	1528	1538	1548	1559	1569	1578	1588
12	1403	1413	1422	1431	1441	1451	1460	1470	1479	1488
11	1312	1321	1330	1340	1349	1358	1367	1375	1385	1394
10	1228	1237	1245	1254	1262	1270	1279	1287	1296	1304
9	1148	1156	1163	1171	1179	1187	1195	1203	1211	1218
8	1073	1081	1088	1096	1103	1110	1117	1125	1133	1140
7	1002	1008	1016	1023	1030	1038	1045	1052	1059	1066
6	935	942	949	955	961	968	975	982	988	995
5	872	878	884	890	896	902	907	913	919	925
4	813	819	825	831	837	843	849	854	861	866
3	759	765	770	776	781	787	793	798	803	808
2	705	710	716	721	727	732	737	743	748	753
1	657	662	667	672	677	682	687	691	696	700
0	611	616	621	626	630	635	640	645	648	653
– 0	611	605	600	595	592	587	582	577	572	567
– 1	562	557	552	547	543	538	534	531	527	522
– 2	517	514	509	505	501	496	492	489	484	480
– 3	476	472	468	464	461	456	452	448	444	440
– 4	437	433	430	426	423	419	415	412	408	405
– 5	401	398	395	391	388	385	382	379	375	372
– 6	368	365	362	359	356	353	350	347	343	340
– 7	337	336	333	330	327	324	321	318	315	312
– 8	310	306	304	301	298	296	294	291	288	286
– 9	284	281	279	276	274	272	269	267	264	262
–10	260	258	255	253	251	249	246	244	242	239

also ist nach DIN 4108, Teil 3, die Tauwasserbildung *„unschädlich"*, da W_T < zul. W_T und W_V > W_T ist.

Auf der *Abb. 8.19* – „Außenwand in Holztafelbauweise" – ist aus dem Diffusionsdiagramm – Detail a – zu erkennen, daß hier auf der Innenseite der nach außen hin angeordneten Spanplatte V 100 zwischen dieser und der PUR-Hartschaumdämmung Kondensatausfall auftreten kann. Im Diffusionsdiagramm (Detail a) zeigt sich das am Ausknicken der Dampfdrucklinie (p), da der vorhandene Dampfdruck niemals größer als der Sättigungsdampfdruck (p_s) sein kann.

Im vorliegenden Beispiel wurde die Kondensation dadurch begünstigt, daß

Tab. 8.19: Feuchtigkeitsgehalt der Luft bei verschiedenen Wärmeständen und Feuchtigkeitsgraden

Wärmestand der Luft	Feuchtigkeitsgehalt in g/m³ bei einem Feuchtigkeitsgrad von 100 %	90 %	80 %	70 %	60 %	50 %	40 %	30 %
a	b	c	d	e	f	g	h	i
- 20°	1,10	0,99	0,88	0,77	0,66	0,55	0,44	0,33
- 19°	1,19	1,07	0,95	0,83	0,71	0,59	0,48	0,36
- 18°	1,29	1,16	1,03	0,90	0,77	0,65	0,52	0,39
- 17°	1,39	1,25	1,11	0,97	0,83	0,69	0,56	0,42
- 16°	1,50	1,35	1,20	1,05	0,90	0,75	0,60	0,45
- 15°	1,62	1,46	1,30	1,14	0,97	0,81	0,65	0,49
- 14°	1,75	1,58	1,40	1,23	1,05	0,88	0,70	0,53
- 13°	1,88	1,69	1,50	1,32	1,13	0,94	0,75	0,56
- 12°	2,03	1,83	1,62	1,42	1,22	1,02	0,81	0,61
- 11°	2,19	1,97	1,75	1,53	1,31	1,10	0,88	0,66
- 10°	2,37	2,13	1,90	1,66	1,42	1,19	0,95	0,71
- 9°	2,57	2,31	2,06	1,80	1,54	1,29	1,03	0,77
- 8°	2,77	2,49	2,22	1,94	1,66	1,39	1,11	0,83
- 7°	2,97	2,67	2,38	2,08	1,78	1,49	1,19	0,89
- 6°	3,19	2,87	2,55	2,23	1,91	1,60	1,28	0,96
- 5°	3,42	3,03	2,74	2,39	2,05	1,71	1,37	1,03
- 4°	3,68	3,31	2,94	2,58	2,21	1,84	1,47	1,10
- 3°	3,94	3,55	3,15	2,76	2,36	1,97	1,58	1,18
- 2°	4,24	3,82	3,39	2,97	2,54	2,12	1,70	1,27
- 1°	4,53	4,08	3,62	3,17	2,72	2,27	1,81	1,36
0°	4,85	4,37	3,88	3,40	2,91	2,43	1,94	1,46
+ 1°	5,20	4,68	4,16	3,64	3,12	2,60	2,08	1,56
+ 2°	5,57	5,01	4,46	3,90	3,34	2,78	2,23	1,67
+ 3°	5,95	5,36	4,76	4,16	3,57	2,97	2,38	1,78
+ 4°	6,37	5,73	5,10	4,46	3,82	3,18	2,55	1,91
+ 5°	6,81	6,13	5,45	4,77	4,08	3,40	2,72	2,04
+ 6°	7,27	6,54	5,82	5,09	4,36	3,63	2,91	2,18
+ 7°	7,76	6,98	6,21	5,43	4,66	3,88	3,10	2,33
+ 8°	8,29	7,46	6,63	5,80	4,97	4,14	3,32	2,49
+ 9°	8,84	7,95	7,07	6,19	5,30	4,42	3,54	2,65
+ 10°	9,42	8,50	7,55	6,61	5,66	4,72	3,78	2,83

Forts. Tab. 8.19

Wärmestand der Luft	Feuchtigkeitsgehalt in g/m³ bei einem Feuchtigkeitsgrad von 100 %	90 %	80 %	70 %	60 %	50 %	40 %	30 %
a	b	c	d	e	f	g	h	i
+11°	10,03	9,02	8,02	7,02	6,02	5,02	4,01	3,01
+12°	10,68	9,61	8,54	7,48	6,41	5,34	4,27	3,20
+13°	11,36	10,23	9,09	7,95	6,82	5,68	4,54	3,41
+14°	12,09	10,88	9,68	8,46	7,26	6,05	4,84	3,63
+15°	12,85	11,57	10,28	8,99	7,71	6,42	5,14	3,85
+16°	13,66	12,90	10,93	9,56	8,20	6,83	5,46	4,10
+17°	14,50	13,05	11,60	10,15	8,70	7,25	5,80	4,35
+18°	15,39	13,85	12,31	10,77	9,24	7,70	6,16	4,62
+19°	16,33	14,70	13,06	11,43	9,80	8,17	6,54	4,90
+20°	17,32	15,59	13,86	12,13	10,40	8,66	6,93	5,20
+21°	18,36	16,52	14,69	12,85	11,02	9,18	7,34	5,51
+22°	19,45	17,50	15,55	13,61	11,67	9,73	7,78	5,84
+23°	20,60	18,54	16,48	14,42	12,36	10,30	8,24	6,18
+24°	21,80	19,62	17,44	15,26	13,08	10,90	8,72	6,54
+25°	23,07	20,76	18,45	16,15	13,84	11,53	9,23	6,92
+26°	24,40	21,96	19,52	17,08	14,64	12,20	9,76	7,32
+27°	25,80	23,22	20,64	18,06	15,48	12,90	10,32	7,74
+28°	27,27	24,53	21,80	19,07	16,36	13,63	10,91	8,18
+29°	28,79	25,91	23,02	20,16	17,27	14,40	11,52	8,64
+30°	30,40	27,36	24,32	21,28	18,24	15,20	12,16	9,12
+31°	32,09	28,88	25,68	22,47	19,26	16,05	12,84	9,63
+32°	33,84	30,46	27,07	23,69	20,30	16,92	13,54	10,16
+33°	35,68	32,11	28,53	24,98	21,40	17,84	14,27	10,71
+34°	37,70	33,93	30,16	26,39	22,62	18,85	15,08	11,31
+35°	39,64	35,69	31,71	27,75	23,79	19,83	15,86	11,90
+36°	41,75	37,58	33,40	29,22	25,05	20,88	16,70	12,53
+37°	43,95	39,55	35,15	30,76	26,38	21,98	17,58	13,18
+38°	46,25	41,62	37,00	32,38	27,75	23,12	18,50	13,88
+39°	48,65	43,79	38,91	34,05	29,19	24,32	19,46	14,60
+40°	51,16	46,18	41,04	35,91	30,79	25,66	20,52	15,39

hier eine Spanplatte V 100 mit großem Diffusionswiderstand ($\mu = 100$) als äußere Beplankung angeordnet wurde, während für die innere Beplankung eine Spanplatte V 20 mit einem niedrigeren Diffusionswiderstand ($\mu = 50$) Verwendung fand.

Grundsätzlich sind derartige mehrschichtige Querschnitte, wie in dem hier gewählten Beispiel, gefährdet, bei denen die Wasserdampfdurchlässigkeit der einzelnen Schichten von innen nach außen nicht ausreichend zunimmt. Hierzu gehören besonders nachfolgende unbelüftete und beiderseitig beplankte Querschnitte:

- Außenwände mit direkt auf die Außenbeplankung aufgebrachtem und dampfundurchlässigem Wetterschutz oder

- wo das wasserdampfdurchlässigere Beplankungsmaterial (V20) auf der Innenseite angebracht wird, wie im vorliegenden Beispiel.

Im vorliegenden Beispiel *(Abb. 8.19)* könnte die Kondensatbildung durch folgende Maßnahmen verhindert werden *(Abb. 8.19b)*:

- entweder durch Austausch der beiden Spanplatten, indem die dampfdichtere Spanplatte V100 nach *innen* an die Stelle der V20 und die dampfdurchlässigere Spanplatte V20 nach *außen* an die Stelle der dampfdichteren Spanplatte V100 verlegt wird,

- oder durch Anbringen einer Dampfsperrfolie zwischen der inneren Beplankung und der Gipskartonplatte.

8.4.3 Wandbaustoffe

8.4.3.1 Traditionelle Baustoffe

...sind die Ziegelsteine, Gips und Holz sowie Kork als Dämmstoff, die schon seit Jahrhunderten als Baustoffe verwendet wurden und mit deren bauphysikalischen Eigenschaften man vertraut war.

Beim Ziegel und auch beim Gips ist im Verlauf der Trocknung die Feuchtigkeit gleichmäßiger verteilt als beispielsweise im Gasbeton. Dies ist dadurch bedingt, daß beim Ziegel ein Feuchtigkeitsausgleich durch kapillaren Wassertransport auch bei *geringen* Feuchtigkeitsgehalten möglich ist.

Verputzte Ziegelwände nehmen überdies wesentlich weniger Wasser auf als die *unverputzten*, wohingegen die Wiedergabe des aufgenommenen Wassers bei Ziegelmauerwerk, verputzt wie unverputzt, etwa gleich schnell erfolgt *(Abb. 8.6)*, obgleich auch hier der Diffusionswiderstand des Putzes größer ist als der des Ziegelmaterials; dies wirkt sich jedoch hier nicht merklich aus, da beim Ziegel die Feuchtigkeit vorwiegend durch *Kapillarwirkung* nach außen transportiert wird. Auch Holz arbeitet stark kapillar.

8.4.3.2 Moderne Baustoffe

Aus der Vielzahl der heutigen modernen Baustoffe seien hier vier Arten herausgestellt, die u.a. beim mehrschichtigen Wandaufbau Anwendung finden.

Diese sind u.a.:

der Gasbeton (μ = 5/10; λ = 0,14/0,23)
der Normalbeton (μ = 70/150; λ = 2,1)
poröse Dämmstoffe (Holzwolle-Leichtbauplatten) (μ = 2/5; λ = 0,093/0,15)
Dampfbremsen (Dachpappen usw.) (μ = 2000/20000; λ = 0,17)

8.4.3.3 Gasbeton

Dieser hat die Eigenschaft, Feuchtigkeit schnell und intensiv aufzunehmen, sie jedoch nur zögernd wieder abzugeben. Er neigt dazu, wie die Praxis zeigt, größere Feuchtigkeitsmengen zurückzuhalten. Ein Verputzen von Gasbeton verstärkt diese Neigung noch.

Bei Gasbeton können unterhalb des kritischen Feuchtigkeitsgehaltes (15 bis 20%) größere Feuchtigkeitsunterschiede auftreten, die sich nicht durch Kapillarleitung ausgleichen, sondern die nur sehr langsam durch Dampfdiffusion abgebaut werden.

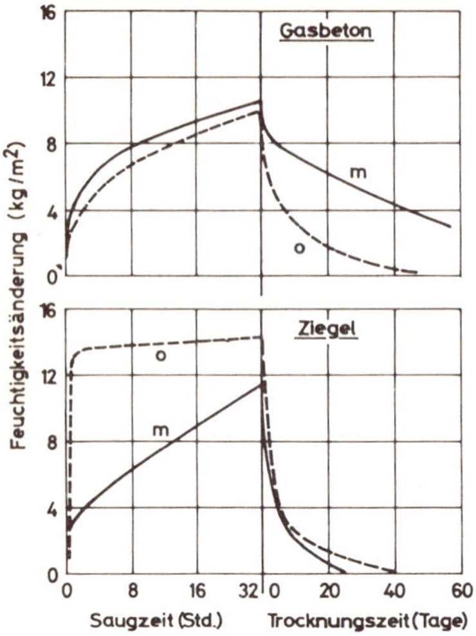

Abb. 8.20: Zeitliche Verläufe der kapillaren Wasseraufnahme und anschließenden Trocknung bei konstanten Bedingungen (25 °C, 55 % r. F.) von unverputzten (o) und verputzten (m) Gasbeton- und Ziegelproben.

Das unterschiedliche Trocknungsverhalten von verputzten Gasbeton- und Ziegelwänden im Vergleich zu unverputzten Wänden ist eine Folge des relativ hohen Feuchtigkeitsgehaltes und eine charakteristische Eigenschaft des Gasbetons *(Abb. 8.20)* und erklärt auch das unterschiedliche Austrocknen von verputzten Gasbeton- und Ziegelwänden im Vergleich zu unverputzten Wänden. Bei Gasbetonwänden ist die Wasseraufnahme derjenigen Wände mit Putz und derjenigen ohne Putz etwa gleich groß *(Abb. – 8.20* „Saugzeit in Stunden", links oben).

Die Wiedergabe der aufgenommenen Feuchtigkeit jedoch wird durch den Putz erheblich verzögert, wie es die gleiche Abbildung rechts oben – „Trocknungszeit in Tagen" – eindeutig ausweist.

Dies ist darauf zurückzuführen, daß Putz einen höheren Diffusionswiderstand besitzt als Gasbeton.

Diese Eigenschaften des Gasbetons erfordern eine schwierige Behandlung der Gasbetonmaterialien innerhalb der Wand- oder Deckenkonstruktion. Bei schweren diffusionstechnischen Beanspruchungen von Bauteilen hält Eichler deshalb Gasbeton für *ungeeignet.* Die Praxis hat festgestellt, daß der Feuchtigkeitsgehalt im Gasbeton um so größer ist, je dichter er verputzt oder mit einem je dichteren Material er verkleidet wird, so z. B. das häufige Verkleiden mit Verblendern aus Klinkermaterial oder dichter Keramik, in der fälschlichen Annahme, dadurch die Hintermauerung vor Schlagregendurchfeuchtungen zu schützen.

Da Gasbeton eine große Wasseraufnahmefähigkeit besitzt, aufgenommene Feuchtigkeit jedoch nur sehr schwer wieder abgibt, muß der Wetterschutz auf Gasbeton deshalb noch mehr als bei anderen Baustoffen dampfdurchlässig sein. Mit den üblichen Mörtelputzen ist dieses Problem nicht zu lösen, da Gasbeton ein ganz besonderer Baustoff ist, der besondere Wetterschutzschichten erforderlich macht.

8.4.3.4 Schwerbeton

Die Schwerbetonwand ist dicht, und demzufolge wird der Wärmestrom schnell transportiert, d. h. die *Wärmeleitung ist groß* und die Wärmedämmung schlecht.

Das *Diffusionsleitvermögen* ist im Gegensatz zum Wärmeleitvermögen *gering* und demzufolge der Wasserdampf-Diffusionswiderstand groß. Der Wasserdampf wird gebremst.

Dichte Schwerbetonwände sind demzufolge schon kleine Dampfbremsen. Eine Wand aus diesem Schwerbetonmaterial wäre daher für Wohnraumwände ungeeignet, weil durch die schnelle Wärmeableitung keine ausreichende Wärmedämmung erzielt werden kann; außerdem wird der Wasserdampf, der auf die kalte Betonwand auftrifft, abgekühlt und als Tauwasser ausgefällt, falls der Taupunkt des Wasserdampf-Luft-Gemisches unterschritten wird.

8.4.3.5 Wärmedämmstoff

Hier gibt es solche, die den Wasserdampf fast ungehindert durchlassen, und solche, die ihn stark bremsen bis hin zur Dampfsperrung. Die Werte nachstehender Wärmedämmstoffe sind von 1 bis 5 in der Reihenfolge ihrer Wasserdampfdurchlässigkeit bis zur Wasserdampfundurchlässigkeit (D-Sperre) aufgeführt (siehe oben):

Der Typ 2 ,,Holzwolle-Leichtbauplatte", ein poriger Wärmedämmstoff, dämmt den Wärmestrom, setzt jedoch dem Hindurchdiffundieren des Wasserdampfes kaum Widerstand entgegen, was dann ebenfalls gefährlich ist, weil in einer solchen Dämmschicht fast das gesamte Temperaturgefälle abgebaut wird. Der Wasserdampf kann nun ohne Behinderung bis zur kalten Seite der Oberfläche der Dämmschicht vordringen, wo dann ebenfalls Tauwasser ausfällt, sobald der Taupunkt des Wasserdampf-Luft-Gemisches unterschritten wird. Diese Gefahr, daß sich auf der kalten Seite des Dämmstoffes Tauwasserbildung einstellt, ist bei allen porigen durchlässigen Dämmstoffen gegeben. Bei den Dämmstoffen mit einem entsprechend hohen μ-Wert wird der Wasserdampf abgebremst.

8.4.3.6 Dampfbremsen

Wie bereits in Abschn. ,,Feuchtigkeit in Dampfform" erläutert, versteht man unter Wasserdampfdiffusion einen Vorgang, bei dem ein Teil des Raumluftwasserdampfes durch die Außenwandbauteile zur Außenluft wandert. Der Umfang der Dampfdiffusion ist abhängig vom Widerstand der Wandbauteile, die diese der Diffusion entgegensetzen. Der Diffusionswiderstand ist abhängig von den jeweiligen Wandbaustoffen: Je größer das Raumgewicht eines Baustoffes ist, desto größer ist auch sein Diffusionswiderstand.

Man bezeichnet diejenige Zahl als Diffusionswiderstandsfaktor μ, die angibt,

porige u. durchlässige Dämmstoffe

1. Mineralfasermatten	μ = etwa	1;	λ = 0,035
2. Holzwolle-Leichtbauplatten	μ = etwa	2/5;	λ = 0,09
3. Korkplatten	μ = etwa	5/10;	λ = 0,045–0,055
4. PUR-Hartschaum	μ = etwa	30/100;	λ = 0,02–0,035
5. Schaumglas	μ = etwa	∞;	λ = 0,045–0,060

um wievielmal der Diffusionswiderstand in der jeweiligen Baustoffschicht größer ist als in einer Luftschicht gleicher Stärke (Diffusionswiderstand einer Luftschicht = 1). Der Diffusionswiderstandsfaktor μ ist eine Materialeigenschaft. Der Diffusionswiderstand $\mu \cdot s$ einer Schicht ist das Produkt aus dem Diffusionswiderstandsfaktor μ und der Schichtdicke s des Baustoffes in m.

Bitumendachpappen und Bitumenemulsionen haben die größten Widerstandsfaktoren und wirken deswegen als *Dampfsperre.*

Solange der Wasserdampf der Raumluft durch die Wandbauteile zur Außenluft diffundieren kann, ist die Wasserdampfdiffusion ungefährlich. Erst wenn im Inneren der Außenwand an einer Stelle der Taupunkt des hier vorhandenen Wasserdampf-Luft-Gemisches unterschritten wird, bildet sich dort Tauwasser, welches zur Durchfeuchtung der Wand und zur Verringerung ihres Wärmeschutzes führt.

Der Ausdruck ,,Dampfsperre" wird von den Physikern beanstandet, da Wasserdampf durch fast alle Stoffe hindurchdringt, wenn auch nur an Stellen undichter Fugen; man sollte deshalb besser den Begriff Dampfbremse verwenden, zumal ja der Diffusionswiderstandsfaktor μ Aufschluß über die Größe der Abbremswirkung gibt.

Derartige Dampfbremsen, an falscher Stelle eingebaut, können zu erheblichem Wasserdampfausfall (Tauwasserbildung) führen, wenn der Diffusionsstrom behindert wird.

8.4.3.7 Außenverkleidungen von Wänden

Verkleidungen aus *dampfdichtem Material* (z.B. Klinker, Naturstein, Glas usw.) mit *großem Fugenanteil* (z.B. Glasmosaik) auf der Wandaußenseite wirken kaum als Dampfbremse. Wenn aus konstruktiven Gründen die Dämmung auf der Innenseite angebracht würde, kann schon bei geringer Raumluftfeuchte Kondenswasser im Wandinneren ausfallen.

Bekleidet man z.B. eine Ziegelwand außenseitig mit einer dichten Keramik oder Klinkern, so zeigt sich bei der Diffusionsberechnung, daß hinter der Keramik bzw. Klinkern Kondenswasser ausfällt.

In der Praxis wird jedoch häufig das durch die Berechnung festgestellte Wasser nicht vorgefunden, obgleich die Berechnung richtig ist. Dies ist darauf zurückzuführen, daß der ständige kapillare Wassertransport innerhalb des Ziegelsteinmauerwerks und der Mörtelfugen in der Diffusionsberechnung nicht erfaßt ist und auch nur schwer erfaßt werden kann.

Bei Gasbeton sieht die Sache jedoch anders aus, hier ist das in der Diffusionsberechnung ermittelte Wasser auch hinter der dichten Verblendung (Klinker, Keramik oder dgl.) tatsächlich festzustellen und oft in noch größerem Umfang, als es die Diffusionsberechnung ausweist, und zwar dann, wenn die Gasbetonsteine naß eingebaut oder während der Bauzeit durchnäßt wurden. Dies hat seine Ursache darin, daß beim Gasbeton der kapillare Wassertransport wegfällt.

Verkleidungen aus *dampfdichtem Material mit geringem Fugenanteil* (Naturstein) auf der Außenseite wirken als Dampfbremse. Hier ist es nötig, eine Dampfbremse auch auf der Innenseite einzubauen.

Hinterlüftete Verkleidungen und Vorsatzschalen *aus dampfdichtem Material* sind als idealer Wandaufbau zu betrachten, da diese Arten der Verkleidung gleichzeitig die Funktion einer wirksamen Regenschürze gegen Schlagregen übernehmen. Der Wandaufbau ist also zweischalig. Die Hinterlüftung erfolgt mit Außenluft unter Anordnung bestimmter Lüftungsquerschnitte; sie gewährleistet eine gute Austrocknung der Wand. Da die Außenschale genau so kalt (oder durch Unterkühlung noch kälter) werden kann wie die Außenluft, sind sowohl die Außenschale als auch die Luftschicht für die Berechnung der Wärmedämmung des Gesamtwandquerschnittes nicht mit zu berücksichtigen. Eine zusätzliche Dampfsperre ist bei einer hinterlüfteten Verkleidung bzw. Vorsatzschale nicht erforderlich.

Material für Dampfbremsschichten

Reinbitumen oder Reinteerpech;

Mischungen von Bitumen oder Teerpech mit mäßigen Mengen von Fasern bzw. Steinmehlen;

Dachpappen und andere bituminöse Bahnen, jedoch keine Asphaltpapiere oder nackte Pappen;

Kunststoffe in Bahnen, auch in Papieren oder Pappen einkaschiert;

Metallfolien bis zu 0,2 mm Dicke, meist gegen chemische Einwirkungen mit Bitumen abgedeckt.

Da heiß oder kalt aufgetragene Bitumenanstriche meist nicht genügend porendicht sind, wird man bei allen höheren Anforderungen eine ausgleichende, porenabriegelnde Schicht – meist Dachpappe – einlegen müssen.

Bei sehr niedrigen Anforderungen können aber Lack- oder Ölfarbenanstriche (weniger eignen sich Binderfarben) genügen.

8.5 Dämmstoffe

Die Wirkung der Dämmstoffe beruht auf dem Vorhandensein ruhender Luftteilchen. Alle porösen oder aufgelockerten Baustoffe zeigen daher eine gute Wärmedämmwirkung, die um so größer ist, je zahlreicher und kleiner diese Poren sind. Die Dämmwirkung poröser Baustoffe besteht jedoch nur so lange, wie diese trocken und deren Poren mit Luft und nicht mit Wasser gefüllt sind, da Wasser die Wärme 25mal besser als Luft leitet.

Wärmedämmstoffe sind daher trocken einzubauen und trockenzuhalten.

Wärme- bzw. Kältedämmstoffe verhindern zwar den Abfluß der Wärme bzw. das Eindringen von Kälte, haben aber ihrer geringen Masse wegen ein nur geringes Speichervermögen. Ein gutes Speichervermögen jedoch gleicht Schwankungen der Wärme- bzw. Kälteerzeugung aus.

8.5.1 Stoffgruppen

anorganische

Porenbeton oder Schaumglas, ferner Matten und Filze aus Mineral- oder Glasfaser usw.

Diese Stoffe brennen nicht und sind außerdem resistent gegen Fäulnis.

organische

Kork-, Holzfaser-, Torf- und Kokosfaserplatten.

Diese Stoffe neigen zur Aufnahme von Feuchtigkeit und sind fäulnisgefährdet.

künstlich-organische

Hierbei handelt es sich um Dämmstoffe, die aus Plasten hergestellt sind, wie Polystyrol, Polyurethan, Schaum u. a.

organisch-anorganische Gemische

Organische Zuschlag- oder Füllstoffe mit anorganischen Bindemitteln, wie Holzbeton, Steinwolle mit Kunstharzbindemittel u. a.

8.5.2 Verhalten gegen Feuchtigkeit

Feuchtigkeit beeinflußt die Funktionstüchtigkeit der Wärmedämmstoffe entscheidend. Ein Stoff nimmt Feuchtigkeit in unterschiedlicher Weise auf und gibt sie auch wieder ab (Feuchteabsorption und Feuchtedesorption). Bestimmte Stoffe nehmen die Feuchtigkeit sehr schnell auf, geben sie aber sehr langsam, unter bestimmten Umständen oft überhaupt nicht wieder ab.

Die Aufnahme der Feuchtigkeit ist abhängig von folgenden Stoffeigenschaften:

der Hygroskopizität,
der Dampfdurchlässigkeit,
der Kapillarität und
der Porosität.

Hygroskopizität

Hygroskopische Stoffe haben die Fähigkeit, Feuchtigkeit in Dampfform aus der Luft aufzunehmen. Der Feuchtigkeitsgehalt solcher Stoffe hängt deshalb weitgehend von der relativen Luftfeuchte ab (vorwiegend organische Stoffe, wie Holz, Torf usw.).

Dampfdurchlässigkeit

Eindringender Wasserdampf kann in dem jeweiligen Stoff kondensieren und Diffusionskondensat bilden; Dampfsperrschichten auf der Seite des höheren Dampfdrucks be- oder verhindern die Kondensatbildung, Stoffe mit hohem Diffusionswiderstand (μ-Wert) bremsen oder sperren das Eindringen von Wasserdampf ab.

Kapillarität

Kapillarhaltige Stoffe nehmen Feuchtigkeit durch ihr kapillares Saugvermögen auf, wobei Stoffe mit feineren Kapillaren die Feuchtigkeit stärker und schneller aufsaugen als solche mit gröberen Kapillaren (aktive Wasseraufnahme). Dem nur ,,scheinbaren'' Nachteil einer schnellen Wasseraufnahme steht jedoch positiv die ebenso schnelle Wiederabgabe des Wassers bei veränderten Klimabedingungen gegenüber (Ziegel, Gips, Kunstharzschäume auf Harnstoff-Formaldehydbasis).

Porosität

Berührt Wasser einen Stoff, so kann es durch seine Benetzungskräfte in offene oder größere Poren eindringen und diese füllen. Da sich der Stoff selbst hierbei passiv verhält, spricht man von einer passiven Wasseraufnahme. Für einen Dämmstoff, der auf diese Art Wasser aufnimmt, ist dies eine negative Eigenschaft, zumal ein solcher Dämmstoff sich auch passiv verhält bei der Wiedergabe der aufgenommenen Feuchtigkeit an die Oberfläche.

Die Feuchtigkeit ruht in den Poren und bleibt unter entsprechenden klimatischen Bedingungen jahrelang im Stoff erhalten.

Hat der Stoff überhaupt keine kapillaren Saugkräfte, dann ist der Feuchtigkeitsabbau nur dadurch möglich, daß das Wasser in den Stoffporen in Wasserdampf übergeführt wird und dem Dampfdruckgefälle folgend an den Stoffoberflächen ausdiffundiert, vorausgesetzt, daß keine dichten, dampfsperrenden Schichten oder Beschichtungen dies behindern. Dämmstoffe dieser Art sind deshalb nicht unbrauchbar, sie müssen nur sorgfältig gegen Feuchtigkeit geschützt werden und haben daher einen begrenzten Anwendungsbereich.

8.5.3 Verhalten einiger Bau- und Dämmstoffe

Die Feuchtigkeitsaufnahme und Feuchtigkeitsabgabe (Absorption und Desorption) einzelner Bau- und Dämmstoffe erfolgt in der Praxis nicht nur auf einem der beschriebenen Wege, sondern auf mehreren zugleich, daher auch das unterschiedliche feuchtigkeitstechnische Verhalten der Baustoffe.

Holz und Holzfaserstoffe sind stark hygroskopisch und kapillarhaltig: Zwischen der Luft und dem Feuchtegehalt des Stoffes stellt sich eine *Gleichgewichtsfeuchte* ein. Dieser ständige Wechsel von Feuchteaufnahme und Feuchteabgabe bedingt das Quellen und Schwinden.

Schlacke und Bims sind ebenfalls hygroskopisch und nehmen Wasser kapillar auf. Aus diesen Leichtzuschlagstoffen hergestellte Betone müssen daher gegen Niederschlagswasser geschützt werden. Sie geben aber die aufgenommene Feuchtigkeit schnell wieder ab und haben in der Praxis trotz ihrer hygroskopischen Eigenschaft geringe Feuchtigkeitsgehalte.

Ziegel und Gips sind kapillarintensive Stoffe und nehmen aktiv Feuchtigkeit auf und geben sie ebenso schnell fast restlos wieder ab.

Faserdämmstoffe (aus organischen Fasern) haben infolge ihrer besonderen Gefügestruktur auch ein besonderes feuchtigkeitstechnisches Verhalten. Die organischen Fasern besitzen Kapillare, während die Hohlräume zwischen den Fasern offene Poren bilden.

Ein typischer Vertreter dieser Dämmstoffart sind z. B. Holzwolleleichtbauplatten. Wasser, das in die Hohlräume zwischen den Fasern eingedrungen ist, kann die Platte nicht mit Hilfe der den Fasern innewohnenden Kapillarkräfte nach außen transportieren. Vielmehr wird dieses Wasser durch die Fasern vor der Berührung mit bewegter Luft geschützt und dadurch die Verdunstung erschwert. Dies begünstigt die Verrottung der organischen Fasern.

Solche Platten müssen davor geschützt werden, daß Feuchtigkeit in die Hohlräume eindringt.

Porenbeton (Gasbeton)

Alle Porenbetone haben nur ein ganz geringes kapillares Saugvermögen, da etwa 70 bis 80 % der Poren ein geschlossenes Gefüge haben, dennoch nehmen sie Feuchtigkeit relativ leicht auf, jedoch nicht bzw. nur in geringem Umfang durch Kapillarwirkung (s. unter Porosität). Die Feuchtigkeit kann nur in Form von Wasserdampf den Baustoff wieder verlassen, sofern ein entsprechendes Dampfdruckgefälle und dampfdiffusionsdurchlässige Oberflächen vorhanden sind. Der Austrocknungsprozeß auf diesem Wege dauert deshalb sehr lange.

Von der Feuchtigkeitsabgabe (Desorption) hängt aber die Funktion der Wärmedämmung ab, so daß die Auswanderung des Wasserdampfes nicht durch dampfbremsende Schichten oder Anstriche auf den Oberflächen behindert werden darf. Das Unvermögen von Porenbeton, aufgenommenes Wasser, so wie dies beim Ziegel oder Gips der Fall ist, schnell wieder abzugeben, macht sich selbstverständlich bei dickeren Außenwandmaterialien deutlicher bemerkbar als bei dünneren.

8.5.4 Dämmstoffarten

Faserdämmstoffe

nach DIN 18165 (1. 75) Teil 1, für den Wärmeschutz,
nach DIN 18165 (4. 81) Teil 2, für die Trittschalldämmung.

Rohstoffe

Mineralische Faserdämmstoffe sind aus einer silikatischen Schmelze (z. B. Glas-, Gesteins- oder Schlackenschmelze) gewonnene Fasern.

Tab. 8.20: Lieferformen, Beschichtung, Profilierung

Lieferform	Faserverbindung	Beschichtung oder Umhüllung¹)	Verbindung einer Beschichtung oder Umhüllung mit den Fasern	Lieferart
Bahnen²)	keine	keine		gerollt (ggf. mit Zwischenlaufpapier)
Matten	keine oder durch Bindemittel oder	keine oder z. B.	versteppt	
Filze	durch Vernadeln	Papier, Kunststoffe oder		
	durch Bindemittel,	Metallfolien,	verklebt	
Platten	Verschmelzen oder Vernadeln	Drahtgeflecht		eben

¹) Beschichtungen und Umhüllungen können von wesentlichem Einfluß auf die Eigenschaften der Erzeugnisse sein (z. B. auf das Brandverhalten)

²) nur für den Wärmeschutz

Tab. 8.21: Anwendungstypen nach DIN 18165, Teil 1

Zeile	Typenzeichen	Verwendung im Bauwerk
1	W	Wärmedämmstoffe, nicht druckbeansprucht, z. B. in Wänden und belüfteten Dächern
2	WZ	Wärmedämmstoffe mit leichter Zusammendrückbarkeit, z. B. in Wand- und Deckenhohlräumen
3	WD	Wärmedämmstoffe, druckbeansprucht, z. B. unter druckverteilenden Böden (ohne Trittschallanforderung) und in unbelüfteten Dächern unter der Dachhaut
4	WV	Wärmedämmstoffe mit Beanspruchung auf Abriß- und Scherfestigkeit, z. B. für angesetzte Vorsatzschalen ohne Unterkonstruktion

Pflanzliche Faserdämmstoffe sind Pflanzenfasern aus Kokosfasern, Holzfasern, chemisch und mechanisch aufbereitet, und Torffasern.

Lieferform, Beschichtung, Profilierung

Faserdämmstoffe werden nach *Tab. 8.20* in Form von Bahnen, Matten, Filzen und Platten hergestellt. Platten können an den Oberflächen oder/und Kanten Profilierungen haben.

Nach der Verwendbarkeit der Faserdämmstoffe für die Wärmedämmung werden die in *Tab. 8.21* aufgeführten Anwendungstypen mit den entsprechenden Typenkurzzeichen unterschieden.

Beschreibung und Kennzeichen

Faserdämmstoffe nach DIN 18165 sind wie folgt zu beschreiben:

Stoffart, Anwendungszweck und Lieferform;
Typenzeichen;
DIN-Nummer;
etwaige Sondereigenschaften;
etwaige Beschichtungen oder Umhüllungen;
Nenndicke, Länge und Breite;
Wärmeleitfähigkeitsgruppen.

Tab. 8.22: Vorzugsmaße

Lieferform	Breiten und Längen in mm	Nenndicken d[1]) in mm
Platten	50 x 1000	40
		60
Bahnen		80
Matten	1000 x 5000	100
Filze		120

[1]) Die Dicken beziehen sich auf den Faserdämmstoff einschließlich etwaiger Beschichtung oder Umhüllung (Tab. 8.20)

Tab. 8.23: Wärmeleitfähigkeitsgruppen

Gruppe	Anforderungen an die Wärmeleitfähigkeit λ_R W/m K
035	$\leqq$ 0,035
040	$\leqq$ 0,040
045	$\leqq$ 0,045
050	$\leqq$ 0,050

> *Beispiel:*
>
> Mineralfaser-Wärmedämmplatte W
> nach DIN 18165
> nichtbrennbar, Baustoffklasse A 2
> nach DIN 18165
> 40 mm, 1000 x 500 mm
> Wärmeleitfähigkeitsgruppe 0,35

Rohdichte

An die Rohdichte der Faserdämmstoffe wird keine Anforderung gestellt.

Bei den Anwendungstypen WD und WV braucht diese nicht geprüft zu werden.

8.5.5 Schaumkunststoffe nach DIN 18164, Teil 1

Stoffarten

Die Norm DIN 18164, Teil 1, gilt für harte Schaumstoffe gemäß DIN 7726.

In dieser Norm werden Dämmstoffe aus
Phenolharz-(PF-)Hartschaum
Polystyrol-(PS-)Hartschaum
Polyurethan-(PUR-)Hartschaum
behandelt.

Tab. 8.24: Maße

Lieferform	Nennlängen und Nennbreiten in mm	Nenndicken d in mm
		20
Platten (P)	1000 x 500	30
		40
		50
		60
Bahnen (B)	5000 x 1000	80
		100

Tab. 8.25: Anwendungstypen und Rohdichten nach DIN 18164

	Typen-Kurzzeichen	Verwendung im Bauwerk	Rohdichte in trockenem Zustand			
			Phenolharz-Hartschaum	Polystyrol-Hartschaum		Polyurethan-Hartschaum
				Partikelschaum	Extruderschaum	
			kg/m³ mindestens	kg/m³ mindestens	kg/m³ mindestens	kg/m³ mindestens
1	W	Wärmedämmstoffe nicht druckbelastet, z. B. in Wänden und belüfteten Dächern	30	15	25	30
2	WD	Wärmedämmstoffe, druckbelastet, z. B. unter druckverteilenden Böden (ohne Trittschallanforderung) und in unbelüfteten Dächern unter der Dachhaut	35	20		
3	WS	Wärmedämmstoffe mit erhöhter Belastbarkeit für Sondereinsatzgebiete, z. B. Parkdecks		30	30	

Herstellungsart und Lieferform

Schaumstoffe nach dieser Norm werden nach folgenden Herstellungsarten gefertigt:

Blockware:

Platten oder Bahnen, aus Blöcken in Nennmaßen geschnitten.

Bandware:

Platten oder Bahnen, die in kontinuierlichem Band gefertigt und dann auf Nennmaße geschnitten werden.

Automatenplatten:

Platten, die unmittelbar in Nennmaßen gefertigt werden.

Die Platten oder Bahnen können ein- oder mehrseitig beschichtet sein. Diese Beschichtungen können aus Pappe, Papier, Glasvlies, Besandungen, Kunststoff oder Metallfolien bestehen.

Sie können an den Oberflächen und/oder Kanten profiliert sein.

Anwendungstypen und Rohdichten

Nach der Verwendbarkeit der Schaumstoffe für die Wärmedämmung im Bauwerk werden die in *Tab. 8.25* aufgeführten Anwendungstypen mit dem entsprechenden Typkurzzeichen unterschieden.

Tab. 8.26: Wärmeleitfähigkeitsgruppen

Gruppe	Anforderungen an die Wärmeleitfähigkeit λ_Z¹) W/m K
020	$\leqq$ 0,020
025	$\leqq$ 0,025
030	$\leqq$ 0,030
035	$\leqq$ 0,035
040	$\leqq$ 0,040
045²)	$\leqq$ 0,045

¹) Wärmeleitfähigkeit λ_Z nach DIN 52612, Teil 2
²) Diese Gruppe darf nur für PF-Hartschaum in Anspruch genommen werden

Bezeichnung

Wärmedämmschaumstoffe sind in folgender Reihenfolge zu bezeichnen:

DIN-Nummer 18164
Stoffart und Lieferform
Typkurzzeichen
Wärmeleitfähigkeitsgruppe
Nenndicke
Brandverhalten nach DIN 4102, Teil 2

> *Beispiel:*
>
> Bezeichnung eines Wärmedämmstoffes aus PUR-Hartschaumplatte, Anwendungstyp WD, Wärmeleitfähigkeitsgruppe 0,30, 50 mm dick, normalentflammbar Baustoffklasse B2 nach DIN 4102, Teil 1:
> *Wärmedämmstoff DIN 18164 – PUR P – WD – 0,30-50-B 2*

8.5.6 Mehrschicht-Leichtbauplatten aus Schaumkunststoffen und Holzwolle nach DIN 1104, Teil 1 und Teil 2

Begriff

Mehrschicht-Leichtbauplatten nach DIN 1104 bestehen aus:

Zweischichtplatten

aus Schaumkunststoffplatten und einseitiger Beschichtung und

Dreischichtplatten

aus Schaumkunststoffplatten und beidseitiger Beschichtung aus mineralisch gebundener Holzwolle *(Tab. 8.27).*

Maße, Kurzzeichen und Flächengewichte

Hierfür gelten die Anforderungen nachstehender *Tab. 8.27* nach DIN 1104.

Tab. 8.27: Maße, Kurzzeichen und Flächengewichte

Kurzzeichen	Dicke[1] mm	Breite mm	Länge mm	Anzahl der Schichten	Schichtdicke in mm			Flächengewicht[4] Mittelwert kg/m²
					Holzwolleschicht i. M.	Schaum-Kunststoffplatte	Holzwolleschicht i. M.	
M 15/2	15	500[2]	2000[2]	2	5[3]	10	–	4,1
M 25/2	25					20	–	4,3
M 35/2	35					30	–	4,5
M 25/3	25			3	5[3]	15	5[3]	8,1
M 35/3	35					25		8,3
M 50/3	50					40		8,6
M 75/3	75					65		9,1

[1]) Vorzugsdicken. Andere Dicken und/oder im Aufbau abweichende Schichtdicken sind zu vereinbaren, die Holzwolleschicht muß hierbei im Mittel mindestens 5 mm dick sein.
[2]) Vorzugsweise andere Breiten und Längen sind zu vereinbaren.
[3]) Die Holzwolleschicht muß die Schaumkunststoffplatte vollflächig abdecken.
[4]) Einzelwerte dürfen die zulässigen Mittelwerte um höchstens 15 % überschreiten.

8.5.6.1 Gipskarton-Verbundplatten nach DIN 18184 (vgl. Kap. 4.3.6)

Begriff

Gipskarton-Verbundplatten (VB) nach DIN 18184 finden als Wand- und Deckenbekleidungen Verwendung; sie bestehen aus Gipskarton-Bauplatten und damit werksmäßig verbundenen Dämmstoffen aus:

Polystyrol-Hartschaum (PS) oder
Polyurethan-Hartschaum (PUR).

Zwischen Gipskarton-Bauplatten und Dämmstoffplatten können dampfbremsende Schichten angeordnet werden. Um dichte Fugenstöße zu erzielen, weist die Dämmschicht einseitig oder zweiseitig einen Überstand auf *(Abb. 8.21)*.

Maße

Länge und Breite der Gipskarton-Verbundplatten richten sich nach den Maßen der verwendeten Gipskarton-Verbundplatten. Als Regelmaße gelten (ohne Überstände):

Breite 1250 mm ± 3 mm
Länge 2500 mm ± 10 mm

Bezeichnung

Bezeichnung einer Gipskartonplatte (VB) der Baustoffklasse B 1 (schwerentflammbar) nach DIN 4102, Teil 1, bestehend aus einer Gipskarton-Bauplatte mit einer Dicke s_1 = 12,5 mm und einer Polystyrol-Hartschaumplatte (PS) mit einer Dicke s_2 = 30 mm (Kurzzeichen VBPS – 12,5 – 30 – B 1):

Gipskarton-Verbundplatte
DIN 18184 – VBPS – 12,5 – 30 – B 1

Brandverhalten

Gipskarton-Verbundplatten nach DIN 18184 sind nach DIN 4102, Teil 1, Baustoffe der Baustoffklasse B2 (normal

Tab. 8.28: Schichtdicken für Verbundplatten

Gipskartonplatte Nenndicke s_1 mm	Dämmschicht Nenndicke s_2 mm
9,5	20
	30
12,5	20
	30
	40
	50
	60

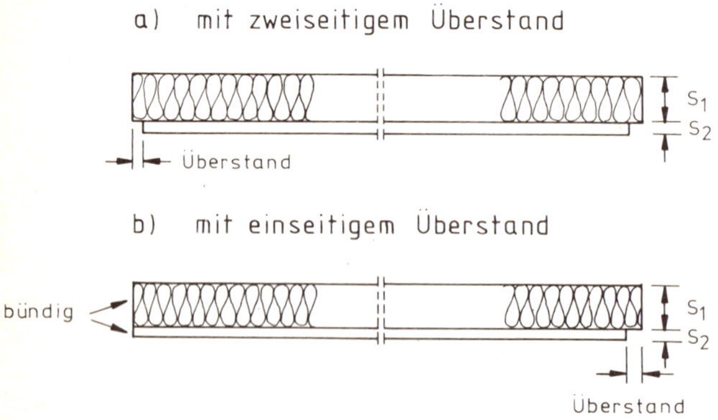

Abb. 8.21: Schnitt durch Gipskarton-Verbundplatten

entflammbar). Sie gelten als Baustoffe der Baustoffklasse B1 (schwerentflammbar), wenn hierfür ein Prüfzeichen vom Institut für Bautechnik, Berlin, erteilt worden ist.

8.5.7 Überwiegend anorganische Dämmstoffe

Kieselgur

Aus Kieselsäure bestehende winzige Panzer von Algen (Diatomeen). Fundort: Lüneburger Heide. Weißes bis graues Pulver. Wird vor der Verwendung geglüht und ist dann rosa bis rot gefärbt. Meist gemahlen im Handel. Saugt Feuchtigkeit auf und widersteht hohen Temperaturen und chemischen Einflüssen, fäulnis-, säure- und laugenfest; hitzebeständig bis 800 °C. In der Industrie findet Kieselgur als Füllstoff für die Flüssigkeitsabsorption umfangreiche Verwendung. Mit Bindemitteln zum Ummanteln von Rohren (Wärme- und Kälteschutz) und Stahl (Feuerschutz). Lose zum Füllen von Zwischendecken (Schallschutz) und Doppelwänden, z.B. von Eiskellern und Kühlräumen, beim Verarbeiten besteht Silicosegefahr. Diatomitsteine sind Kieselgurhartbrandsteine für Kesselanlagen, Feuerungsanlagen, Verbrennungskammern usw.

Blähglimmer

Ein Al-Mg-Silicat, Markenname Vermiculite. Bei 1200 °C aufgeblähte Glimmerabfälle; er wird mehlfein, gemischtkörnig und grobkörnig (bis Ø 15 mm) geliefert, ist unbrennbar und schmilzt erst bei 1300–1400 °C. Säure- und laugenfest und ungezieferfrei. Blähglimmer kann als lose Füllung zu Schall- und Wärmeschutzzwecken Verwendung finden, er kann aber auch mit Bindemitteln (z.B. Kalk, Zement und Gips) zu schallschluckendem oder wärmedämmendem Putz und zu Leichtbeton verarbeitet werden (80–150 kg/m³).

Blähton

(Markenname Leca) ist ein gebrannter Leichtzuschlag. Fetter und kalkarmer Blähton wird in einem Spezialofen bei so hohen Temperaturen gebrannt, daß das Material stark aufbläht. Blähton besitzt eine charakteristische kugelige Form; Sortierung nach Korngrößen. Die meisten Lecakörner schwimmen, da es keine durchgehenden Hohlräume und saugenden Kapillaren gibt, die die aufgenommene Feuchtigkeit durch das Material hindurch transportieren. (Raumgewicht lose eingelaufen i. M. 330 kg/m³.) Leca ist ein ausgezeichneter Leichtbetonzuschlagstoff für die Herstellung von Leichtbetonsteinen, Leichtbauelementen und Fertigteilen (s. Leichtbetonsteine). Blähton ist seit 1952 in die DIN 18151 und 18152 als geeigneter Zuschlagstoff aufgenommen.

Bims

Ein helles, schaumiges Auswurfgestein von Vulkanen (in Deutschland im Neuwieder Becken). Grubenfeuchter, ungesiebter Bims hat eine Rohdichte von 800 kg/m³. Getrockneter und entschieferter Bims hat eine Rohdichte von 300 kg/m³. Der Bimskies wird im allgemeinen mit Zement (auch Kalk) zu Steinen, Platten usw. verarbeitet (s. Leichtbetonsteine).

Perlite (Perlstein)

kommt in der Natur als vulkanisches, glasiges Gestein vor. Es besteht aus etwa 75% Siliciumdioxid (SiO_2) und wird bei über 1000°C Temperatur expandiert. Perlite findet Verwendung als Zuschlagstoff für Wärmedämmplatten sowie für Wärmedämm- und Antikondensputze. Ferner als wärme- und schalldämmende Schüttung unter schwimmenden Estrichen und Installationswandschlitzen. Hyperlite (hydrophob) nimmt keine Feuchtigkeit auf.

Porenbeton (Gasbeton)

hat, ausgehend von Schweden, eine große Bedeutung erlangt (Firmennamen Siporex, Ytong, Hebel u.a.). Porenbeton (auch Blähbeton) wird hergestellt aus feinkörnigem gemahlenem Quarzsand mit gemahlenem Branntkalk und/oder Zement unter Zugabe von Wasser und Alu-Pulver (als Treibmittel), dampfgehärtet.

Styropor-Leichtbeton

Als Zuschlag bzw. als Füllstoff werden hier vorwiegend 60–80 Raum-% Schaumpolystyrol-Styroporkügelchen von 1–6 mm Ø zugesetzt, ohne eigene Festigkeit.

Dämmstoffe auf Gipsbasis

Gipsdielen, Gipsplatten und Gipskartonplatten (GKP), oft mit pflanzlichen (Schilf, Holzwolle, Kokosfaser) oder mineralischen (Bims, Schlacke) Leichtfüllstoffen versetzt.

Porengipsplatten durch Zusatz von Treibmittel. Gipskartonbauplatte F (GKF) bei Bauteilen mit Anforderungen an den Brandschutz. In der Praxis als ,,Feuerschutzplatte" bezeichnet. Plattenkern muß frei von brennbaren Zuschlagstoffen sein, mit einem Zusatz von Glasseiderovings.

GKP-Wandelemente bestehen aus einem Rahmen und Ständerwerk mit beidseitiger Beplankung aus GKP und sind mit einem Dämmstoff ausgefüllt, z.B. Wabenkörper, Hartschaum, Glasfaserplatten.

Schaumkies

ist ein zu Perlen aufgeschäumtes Glas in den Korngrößen von Ø 0,2–3,0, 3–7 und 7–15 mm. Mit organischen oder mineralischen Bindemitteln werden hieraus Platten oder Formkörper hergestellt; auch für Leichtbeton oder wärmedämmende Putze.

In den USA wird von dem Foamglas-Hersteller aus diesem Glasperlenmaterial eine *Dachdämmplatte* ,,Celramik" hergestellt, die durch einen bitumenverträglichen Plastikkitt zusammengehalten wird. Diese Platten sind dampfdurchlässig, jedoch nicht hygroskopisch.

Bei einem in der Bundesrepublik entwickelten GFK-Fassadenelement handelt es sich um ein ausgeschäumtes raumabschließendes Wandelement in Sandwichkonstruktion. Der Hohlraum zwischen zwei glasfaserverstärkten Polyesterdeckschichten ist mit einem Polyesterharz ausgeschäumt. Besondere Festigkeit und ein hervorragendes Brandverhalten wird durch den Kern aus Polyesterschaum-Leichtbeton mit Schaumkies erzielt, der als Magerstoff zugesetzt wird. Dieser mineralische Zuschlagstoff verleiht dem Element eine Feuerwiderstandsdauer von über 120 min (eingestuft in die Feuerwiderstandsklasse F60; Dicke der Platten zwischen 70 und 150 mm; Raumgewicht *zwischen 200 und 300 kg/m³*; Wärmeleitfähigkeit 0,06 bis 0,07 W/m K).

Schaumglas

Seit 1938 in den USA als Foamglas hergestellt. Es gibt Schaumglas mit geschlossenzelligen und offenzelligen Poren. PC-Foamglas hat eine geschlossenzellige Struktur aus Mikroglaszellen, wirkt daher nicht kapillar und ist gleichzeitig dampfsperrend; es fault nicht, schimmelt nicht und ist absolut ungezieferfest. Stagnierendes Wasser kann in geringen Mengen zu einer Korrosion des Stoffes durch Hydrolyse führen. Schaumglas muß daher, wie jeder andere Dämmstoff, trocken verlegt und vor Regen geschützt werden.

Faserdämmstoffe
(Mineral- und Glasfaser)

Für anorganisches Material hat sich der Oberbegriff *„Mineralfasern"* eingebürgert. Die Länge der Fasern ist unterschiedlich; sie hängt ab von der Festigkeit des Materials und vom Faserdurchmesser. Die Elastizität aller mineralischen Fasern ist gering. Der Vorzug der mineralischen Fasern liegt in deren Unbrennbarkeit und der Resistenz gegen Fäulnis.

„Anorganische" Fasern sind aus Naturstein und silikathaltigem Mergel geschmolzen (Basaltfasern, Steinwolle, Sillanfasern), ferner Schlackenwolle und Glasfasern. Dieses Material wird in Form von Matten, Filzen, Rollfilzen und weichen, halbsteifen, festen und besonders steifen Platten geliefert.

Die DIN 18165, Teil 1 und Teil 2 (1. 75) – „Faserdämmstoffe für das Bauwesen" – legt u. a. fest:

Arten: a) *mineralische:* Glas-, Stein-, Hochofenschlacken oder Hüttenfasern,

b) *pflanzliche:* Kokosfasern, Seegras, Torffasern, Holzfasern, Holzfaserplatten siehe DIN 68750;

ferner:

die DIN 18165, Teil 1 (1. 75) – „Dämmstoffe für die Wärmedämmung" –

in Tabelle 1 *Anwendungstypen:* Typkurzzeichen, Verwendung im Bauwerk;

in Tabelle 2 *Lieferformen:* Lieferform, Faserverbindung, Beschichtung oder Umhüllung, Verbindung einer Beschichtung oder Umhüllung mit den Fasern, Lieferart;

in Tabelle 3 *Vorzugsmaße:* Lieferform, Breiten und Längen, Nenndicken;

in Tabelle 4 *Zulässige Maßabweichungen:* Breiten und Längen, Dicken;

in Tabelle 5 *Wärmeleitfähigkeitsgruppen:* Gruppe, Anforderungen an die Wärmeleitfähigkeit;

die DIN 18165, Teil 2 (1. 75) – „Dämmstoffe für die Trittschalldämmung" –

in Tabelle 1 *Lieferformen:* Lieferform, Faserbindung, Beschichtung, Verbindung der Beschichtung mit den Fasern, Lieferart;

in Tabelle 2 *Maße:* Lieferform, Vorzugsbreiten und Längen, Dicken;

in Tabelle 3 *Zulässige Maßabweichungen* für Längen und Breiten;
in Tabelle 4 *Zulässige Maßabweichungen* für die Dicken;
in Tabelle 5 *Dämmschichtgruppen:* Dämmschichtgruppe, dynamische Steifigkeit.

Der Begriff „Mineralfaser" umfaßt heute nicht nur Schlacke- und Steinwolle-, sondern auch die Glasfaserproduktion. Der größte Teil der Mineralfasermattenprodukte besteht heute aus Glasfaser; aus Steinwollefasermaterial dort, wo Temperaturbeständigkeit gefordert wird.

Glasseide

wird hauptsächlich für feuerhemmende Vorhänge und Wandbespannungen (Theaterbau) oder auch für Staub-, Rauch- und Flüssigkeitsfilter verwendet, da sie chemisch widerstandsfähig und hoch hitzebeständig ist. Weiterhin dient Glasseide zur Festigkeitserhöhung in Kunststoffteilen.

Wärmedämmstoffe aus Plasten

Aus den Plasten werden hochwertige Wärmedämmstoffe mit vielseitiger Anwendungsmöglichkeit hergestellt. Vorwiegend werden sie in Form von Hartschäumen eingesetzt und können außerordentlich unterschiedliche Stoffeigenschaften haben. Polyurethanschaum kann offen- oder geschlossenzellig sein; er kann weich, halbhart oder hart hergestellt werden. Aus diesem Stoffmaterial können Wärmedämmplatten, Ortverschäumungen sowie selbsttragende Leichtbauteile und auch komplette Raumzellen gefertigt werden. Lose (in Flocken) kann dieses Material für Stopfisolierungen Verwendung finden. Den ersten Rang unter den Kunstharzschäumen nehmen zweifellos die extrudierten Schaumpolystyrolhartschäume ein.

Schaumpolystyrol ist beständig gegen verdünnte und starke Säuren (ausgenommen konzentrierte Salpeter-, Phosphor- und rauchende Salpetersäure); ferner gegen starke Alkalien, Salze, Seewasser und Pflanzenöle; nicht beständig gegen: Benzin, Benzol, Chlorwasserstoffe, Aceton, Äther, Ester und Ketone.

Anwendungsgebiete im Bausektor

als Dämmstoffe in Form von Platten, kaschiert und unkaschiert, und als Wanddämmstoff für Fertigelemente für Kühlräume.

8.5.8 Dämmstoffe im Industriebereich

An Dämmstoffen und Isolierungen im Industriebereich kommen u. a. folgende Materialien in Betracht:

Feste Schalen zur vereinfachten und zeitsparenden Dämmung von Rohren aller Art zum Wärme- und Kälteschutz (siehe auch unter Kieselgur).

Monoblockplatten für den Wärmeschutz und Gerätebau bei höheren Temperaturen.

Fassadenbekleidungen mit Wärmeschutz für Industriebauten, Faulbehälterbekleidungen, Kühlzellen und Großkühlzellen usw. Dämmplatten für Bauakustik und Klimatechnik.

Selbsttragende hinterlüftete doppelschalige Wandkonstruktionen mit Wärmedämmung für große Spannweiten im Industrie- und Hochhausbau.

Auf den Anwendungsbereich der Schall- und Wärmedämmstoffe, wie Platten, Matten, feste Schalen und loses Material, im *industriellen Sektor* wurde z. T. im Abschnitt 8.5.1 „anorganische Dämmstoffe" in den einzelnen Absätzen hingewiesen.

Da die Normung auf diesem Gebiet erst angefangen hat und demzufolge noch nicht abgeschlossen ist, können im augenblicklichen Zeitpunkt keine Hinweise auf die Norm gegeben werden. Entsprechende Hinweise und Informationen sind bei den Herstellerfirmen einzuholen.

8.5.9 Überwiegend organische Dämmstoffe

Beim Verarbeiten der vielseitigen organischen Dämmstoffe sind stets die Anweisungen der Lieferfirma zu beachten. Befestigen durch Nägel und Schrauben ist möglichst zu vermeiden, da diese Wärme- und Schallbrücken abgeben.

Holzwerkstoffe s. Abschn. 2.6.

Kork

Naturkork (Rinde der Korkeiche in ganzen Stücken), z. T. zu größeren Stücken zusammengesetzt, durch Stahlbänder zusammengehaltene Platten. Fast nur gegen Körperschall und Erschütterungen (Maschinenschwingungen) gebraucht. σ_d = 5 bis 120 N/cm².

Erzeugnisse aus *Korkschrot* und Bindemitteln in Platten- oder Schalenform. Man verwendet Korkschrot in natürlichem oder expandiertem Zustand. Man unterscheidet folgende Sorten:

Preßkorkplatten werden aus Korkschrot ohne oder mit Bindemitteln zu Blöcken zusammengepreßt und gebacken (Backkork). Aus den Blöcken werden dann die gewünschten Dicken herausgeschnitten. Hierbei unterscheidet man

Platten für Körperschalldämmung; zur waagerechten und senkrechten Abdämmung von Fundamentklötzen leichterer Maschinen, als Unterlage für Stahlträger und für die Streifendämmung (Seitendämmung) luftschalldämmender Doppelwände. *Fußbodenplatten* sind Preßkorkplatten aus besonders ausgesuchtem hochwertigen Korkschrot (hell oder dunkel, je nach Dauer der Backzeit). Korkfußbodenplatten haben ein festes, nicht abbröckelndes Gefüge, sie sind zäh biegsam und nachgiebig. In Dicken von 5, 6, 8 und 10 mm (z. B. Korkett, Suberit u. a.). Zur Verbesserung der Wärme- und Trittschalldämmung verwendet man dünne Preßkorkplatten als *Linoleumunterlage* in Dicken von 2,5, 3, 3,5, 4, 4,5, 5, 6, 8 und 10 mm.

Blähkorkplatten. Durch Erhitzen werden aus dem Kork leichte, flüchtige Bestandteile unter gleichzeitigem Expandieren der Zellen ausgetrieben. Zu unterscheiden sind:

Tongebundene Platten (Wärmekork). Der geblähte Korkschrot wird mit Tonmilch oder Tonpech gebunden; für den Wärmeschutz. Rohdichte 230–300 kg/m³; Wärmeleitfähigkeit λ_R = 0,06–0,07 W/m K; Abmessungen: 1,00 x 0,25 m; in Dicken von 20, 25, 30, 35, 40, 50, 60, 70, 80, 90 und 100 mm (z. B. Expansit-Wärmekork, Korkisolit u. a.).

Hartpechgebundene Platten (Kältekork). Der geblähte Korkschrot wird mit Hartpech gebunden. Die Platten sind wasser- und fäulnisfest sowie geruchlos; für Kälteschutz. Rohdichte 155–160 kg/m³; Wärmeleitfähigkeit λ_R = 0,05–0,052 W/m K; Abmessungen: 1,00 x 0,25 m; in Dicken von 20 und 25 mm; und ferner: 1,00 x 0,50 m; in Dicken von 30 bis 160 mm (z. B. Algostat, Korkisolit u. a.). *Platten ohne fremde Bindemittel.*

Bitumenimprägnierte Korkplatten. Expansit ,,S'' Dachdämmplatten, in Dicken von 20–80 mm. Gute Festigkeit und unempfindlich gegen Heißklebemassen als Wärmedämmung bei Flachdächern; Abmessungen: 1,00 x 0,50 m. Rohdichte 180 kg/m³; Wärmeleitfähigkeit λ_R = 0,05 W/m K.

Vollgeblähter Korkschrot kann ohne fremde Bindemittel zu Platten gebunden werden. Die Platten werden für Wärme- und Kälteschutz verwendet. Rohdichte 120 kg/m³; Wärmeleitfähigkeit λ_R = 0,04–0,05 W/m K; Abmessungen: 1,00 x 0,50 m; in Dicken von 20–160 mm (z. B. Vollexpansit u. a.).

Gewebe-Bauplatten

Gewebe aus Hanf usw., z. T. Filzzwischenlagen und getränkt. Gegen Körperschall bei schwerer Belastung durch Maschinen, Stützenfüße, Träger. Auch zur Stoßdämpfung unter Eisenbahnschienen.

Schilfrohrplatten

werden in Größen von 2,00 x 0,50, 2,00 x 1,00 und 2,00 x 1,50 m und in Dicken von 20 und 50 mm hergestellt. *Schilfrohr-Leichtbauplatten* in Größen von 2,50 x 1,00, 2,50 x 1,25 und 2,50 x 1,50 m und in Dicken von 20, 25 und 50 mm. Die Platten lassen sich auch sehr gut für Rundungen verwenden.

Kokosfaser

Als Beimengung zu Gipsdielen; Kokosfaser zwischen Bitumenpapier gesteppt als schalldämmende Matte für schwimmenden Estrich; mit Bitumen zu Filz gebunden in Bahnen und Streifen.

8.6 Brandschutz

8.6.1 Die maßgebenden Vorschriften

für den baulichen Brandschutz sind in der DIN 4102, Teile 1–8 – ,,Brandverhalten von Baustoffen und Bauteilen'' – aufgeführt. Diese 8 Teile enthalten folgende Begriffe, Anforderungen und Prüfungen:

Teil 1 (9. 77)	Baustoffe
Teil 2 (9. 77)	Bauteile
Teil 3 (9. 77)	Brandwände und nichttragende Außenwände
Teil 4 (3. 81)	Zusammenstellung und Anwendung klassifizierter Baustoffe, Bauteile und Sonderbauteile
Teil 5 (9. 77)	Feuerschutzabschlüsse, Abschlüsse in Fahrschachtwänden und gegen Feuer widerstandsfähige Verglasungen
Teil 6 (9. 77)	Lüftungsleitungen
Teil 7 (9. 77)	Bedachungen
Teil 8 (9. 77)	(z. Z. noch Entwurf) Kleinprüfstand

In der DIN 4102 sind keine Anforderungen an den *vorbeugenden* baulichen Brandschutz enthalten, in Abhängigkeit von der Gebäudeart und Gebäudenutzung. Für den Hochbausektor sind daher in den Landesbauordnungen sowie in ergänzenden Verordnungen und Richtlinien derartige Anforderungen festgelegt, wobei darauf zu achten ist, daß in den einzelnen Bundesländern die an den baulichen Brandschutz zu stellenden Anforderungen im Detail oft voneinander abweichen.

Anhand der DIN 4102 ist das Brandverhalten von *Baustoffen* und *Bauteilen* zu bestimmen. Außer den Begriffsbestimmungen werden hier Anforderungen festgelegt, die an *Baustoffe* zu stellen sind, um sie einer bestimmten *Baustoffklasse*, sowie *Bauteile*, um diese einer bestimmten *Feuerwiderstandsklasse* zuordnen zu können.

Besonders wichtig ist für die Bauplanung Teil 4 der DIN 4102, da hierin Baustoffe und Bauteile enthalten sind, die ohne besonderen Nachweis des Brandverhaltens verwendet werden dürfen. Bei Baustoffen und Bauteilen, die dort nicht aufgeführt sind, muß durch ein Prüfzeugnis einer öffentlich anerkannten Prüfstelle das Brandverhalten nach DIN 4102 nachgewiesen werden.

8.6.2 Klassifizierung von Baustoffen und Bauteilen nach DIN 4102, Teil 4

I Klassifizierte *Baustoffe*
Baustoffklasse A
Baustoffklasse B

II Klassifizierte *Bauteile*
Feuerwiderstandsklassen von:

1. Wänden
2. Decken
3. Dächern
4. Balken und Trägern
5. Verbindungen zwischen Holzbauteilen
6. Zuggliedern
7. Stützen (mit und ohne Ummantelung)
8. Treppen

Tab. 8.29

Baustoffklasse	Bauaufsichtliche Benennung
A	**nichtbrennbare Baustoffe**
A 1	
A 2	
B	**brennbare Baustoffe**
B 1	schwerentflammbare Baustoffe
B 2	normalentflammbare Baustoffe
B 3	leichtentflammbare Baustoffe

III Klassifizierte *Sonderbauteile*

1. Brandwände
2. Nichttragende Außenwände (W)
3. Feuerschutzabschlüsse (T)
4. Verglasungen der Feuerwiderstandsklassen (G und F)
5. Lüftungs- und Installationsschächte (L)

Die in dieser Norm DIN 4102, Teil 4, angegebenen Baustoffklassen gelten nur für die genannten Baustoffe oder Baustoffverbunde. Nichtgenannte Verbunde, z.B. mit anderen brennbaren oder nichtbrennbaren Baustoffen, können ein anderes Brandverhalten und damit eine andere Baustoffklasse besitzen. Die Baustoffklassen nicht genannter Baustoffe oder Baustoffverbunde sind nach DIN 4102, Teil 1, nachzuweisen.

Zu I Klassifizierte *Baustoffe*

Die Baustoffe werden nach ihrem Brandverhalten in die Baustoffklassen A und B eingeteilt *(Tab. 8.29)*.

Baustoffklasse A
(nichtbrennbare Baustoffe)

Zur *Baustoffklasse A 1* gehören alle mineralischen Baustoffe wie Sand und Kies, alle Steine, Mörtel und Betone sowie Ziegel, Glas, Steinzeug, keramische Platten und Metalle.

Baustoffe der Klasse A 2 bedürfen z. Z. in jedem Falle eines besonderen Nachweises.

Baustoffklasse B
(brennbare Baustoffe)

Der *Baustoffklasse B 1* (schwerentflammbare Baustoffe) sind folgende Baustoffe zugeordnet:

1. Holzwolle-Leichtbauplatten (HWL) nach DIN 1101
2. Gipskartonplatten nach DIN 18180
3. Asbestpappe und Asbestpapier nach DIN 3752
4. Rohre und Formstücke aus PVC hart
5. Fußbodenbeläge:
   PVC-Beläge nach DIN 16951 und
   Vinyl-Asbestplatten nach DIN 16950
   Linol-Beläge nach DIN 18171 und 18173
   Eichen-Parkett nach DIN 280.
6. Mehrschicht-Leichtbauplatten aus Schaumkunststoffen und Holzwolle nach DIN 1104, Teil 1
7. Tafeln aus PVC hart nach DIN 8062
8. Tafeln aus gegossenem Polymethylacrylat mit einer Dicke $\geqq$ 2 mm
9. Fußbodenbeläge aus PVC-Belägen nach DIN 16951/52,
   Vinyl-Asbestplatten nach DIN 16950,
   Linoleum-Belägen nach DIN 18171 und 18173
10. Asphalt
11. Dachpappen und Dichtungsbahnen nach DIN 18190, 52128, 52130, 52131, 52140 und 52143

Zur *Baustoffklasse B 2* (normalentflammbare Baustoffe) gehören:

1. Holz sowie genormte Holzwerkstoffe mit einer Rohdichte $\varrho \geqq 400$ kg/m³ und einer Dicke > 2 mm oder mit einer Rohdichte $\varrho \geqq 230$ kg/m³ und einer Dicke > 5 mm
2. genormte Holzwerkstoffe mit einer Dicke > 2 mm, die vollflächig mit Holzfurnieren oder mit Schichtpreßstoffplatten nach DIN 16926 beschichtet sind
3. kunststoffbeschichtete Flachpreßplatten nach DIN 68765, Dicke $\geqq$ 4 mm
4. kunststoffbeschichtete Holzfaserplatten nach DIN 68751, Dicke $\geqq$ 3 mm
5. Gipskartonverbundplatten nach DIN 18184

Zur Baustoffklasse B 3 (leichtentflammbare Baustoffe):

Brennbare Baustoffe, die weder in der Klasse B 1 noch in der Klasse B 2 einzuordnen sind, gelten als Baustoffe der Klasse B 3.

Die Baustoffklasse muß durch Prüfzeugnis bzw. Prüfzeichen auf der Grundlage von Brandversuchen nach dieser Norm nachgewiesen werden.

Alle Baustoffe, die im Anlieferungszustand auf die Baustelle nach dieser Norm geprüft werden können, müssen ihrem Brandverhalten entsprechend wie folgt gekennzeichnet sein:

DIN 4102 – A 1
DIN 4102 – A 2
DIN 4102 – B 1
DIN 4102 – B 2
DIN 4102 – B 3 (leichtentflammbar)

Die Kennzeichnung ist auf den Baustoffen oder – wenn dies nicht möglich – auf oder an der Verpackung deutlich lesbar und dauerhaft anzubringen.

Von der Kennzeichnungspflicht sind ausgenommen:
alle Baustoffe der Klasse A 1, die in der DIN 4102, Teil 4, aufgeführt sind, sowie folgende Baustoffe der Klasse B 2:

Holz und Holzwerkstoffplatten > 400 kg/m³ Rohdichte und > 2 mm Dicke oder mit einer Rohdichte ≧ 230 kg/m³ und einer Dicke ≧ 5 mm.

Baustoffe, die zur Klasse A 1 und A 2 gehören, sowie diejenigen, die den Klassen B 1 und B 3 zugehören, sind der DIN 4102, Teil 4, zu entnehmen.

Zu II Klassifizierte *Bauteile*

1. Wände

Aus der Sicht des Brandschutzes wird unterschieden zwischen nichttragenden und tragenden sowie raumabschließenden und nichtraumabschließenden Wänden.

Nichttragende Wände sind scheibenartige Bauteile, die auch im Brandfall *nur* durch ihr Eigengewicht beansprucht werden und auch nicht zur Knickaussteifung tragender Wände herangezogen werden.

Tragende Wände sind scheibenartige Bauteile, die überwiegend auf Druck beansprucht werden, zur Aufnahme senkrechter Lasten (Deckenlasten) sowie waagerechter Windlasten.

Aussteifende Wände, die zur Knickaussteifung tragender Wände dienen, sind hinsichtlich des Brandschutzes wie tragende Wände zu bemessen.

Raumabschließende Wände sind Wände z. B. in Rettungswegen, Treppenraumwände, Wohnungstrenn- und Brandwände. Sie sollen ein Brandübergreifen von einem Raum zum anderen verhindern. Sie werden nur einseitig vom Brand beansprucht. Ferner gelten als raumabschließende Wände Außenwandscheiben mit einer Breite > 1,0 m. Raumabschließende Wände können tragende und nichttragende Wände sein.

Nichtraumabschließende Wände sind tragende Wände, die zweiseitig – im Falle teilweise oder ganz freistehender Wandscheiben auch drei- oder vierseitig – vom Brand beansprucht werden.

Aussteifende Wände sind Wände, die zur Aussteifung „tragender Wände" dienen; sie sind wie tragende Wände zu bemessen.

Zweischalige Wände. Die Angaben in der DIN 4102 beziehen sich nicht auf den Feuerwiderstand einer einzelnen Wandschale, sondern auf den der gesamten zweischaligen Wand.

Stürze, Balken und Unterzüge über Wandöffnungen, Fenstern und Türen sind für eine ≧ dreiseitige Brandbeanspruchung zu bemessen.

Stützen müssen bei einer ein- bis vierseitigen Brandbeanspruchung F 30 sein.

Bekleidungen. Durch die in der DIN 4102 klassifizierten Wände ist die Anordnung zusätzlicher Bekleidungen zulässig – nicht jedoch solche aus Stahlblech.

Steckdosen, Schalter- und Verteilerdosen dürfen bei raumabschließenden Wänden in Holztafelbauart nicht unmittelbar gegenüberliegend eingebaut werden. Diese Einschränkung gilt nicht für Wände aus Mauerwerk oder Beton mit einer Gesamtdicke ≧ 140 mm. Bei

Wänden in Holztafelbauart dürfen Steck-, Schalter- und Verteilerdosen jedoch eingebaut werden, sofern diese nicht unmittelbar gegenüberliegen und die brandschutztechnisch notwendige Dämmschicht im Bereich solcher Dosen noch $\geqq$ 30 mm dick ist.

2. und 3. Decken und Dächer

Hier ist zu unterscheiden zwischen Decken aus:

a) nichtbrennbaren Baustoffen der Baustoffklasse A

b) und brennbaren Baustoffen der Baustoffklasse B

Zu a) Feuerwiderstandsklassen von:

1. Stahlbeton- und Spannbetonplatten aus Normalbeton
2. Stahlbetonhohldielen und Gasbetonplatten
3. Stahlbeton- und Spannbetondecken aus Fertigteilen und Normalbeton
4. Stahlbeton- und Spannbetonrippendecken aus Normalbeton ohne Zwischenbauteile
5. Stahlbeton- und Spannbeton-Plattenbalkendecken aus Normalbeton
6. Stahlbeton- und Spannbeton-Balkendecken sowie entsprechende Rippendecken, jeweils aus Normalbeton mit Zwischenbauteilen
7. Stahlsteindecken

Zu b) Feuerwiderstandsklassen von:

Holztafeldecken
Holzbalkendecken
Dächer aus Holz und Holzwerkstoffen

Zu III Klassifizierte *Sonderbauteile*

1. Brandwände (W)

sind Wände zur Trennung oder Abgrenzung von Brandabschnitten, die dazu bestimmt sind, die Ausbreitung von Feuer auf andere Gebäude oder Gebäudeabschnitte zu verhindern.

Brandwände müssen aus nichtbrennbaren Baustoffen der Klasse A nach DIN 4102, Teil 1, bestehen und mindestens die Anforderungen der Feuerwiderstandsklasse F 90 erfüllen.

Brandwände mit höherer Feuerwiderstandsdauer sind Brandwände, die – abweichend von den Anforderungen der Feuerwiderstandsklasse F 90 – die Anforderungen der F 120 oder F 180 erfüllen.

Brandwände können ein- und zweischalig hergestellt werden.

2. Abschlüsse von Fahrschachtwänden der F-Klasse F 90

Als Feuerschutzabschlüsse mit bestimmter Feuerwiderstandsklasse nach DIN 4102, Teil 4, gelten:

Stahltüren T 30 – 1 nach DIN 18082, Teil 1
Als Abschlüsse in Fahrschachtwänden der Feuerwiderstandsklasse F 90 nach DIN 4102, Teil 5, gelten:
Flügel- und Falttüren nach DIN 18090, Horizontal- und Vertikal-Schiebetüren nach DIN 18091 und Vertikal-Schiebetüren nach DIN 18092.

3. Verglasungen (G)

Verglasungen der Feuerwiderstandsklasse F nach DIN 4102, Teil 2, und G nach DIN 4102, Teil 5, bedürfen z. Z. in jedem Fall eines besonderen Nachweises.

4. Lüftungsleitungen (L)

Lüftungsleitungen sollen nach DIN 4102, Teil 6, den Feuerwiderstandsklassen L

Tab. 8.30: Nach DIN 4102, Teil 2 und Teil 3

Feuerwiderstandsklassen Bauteile allgemein	nichttragende Außenwände	Feuerschutz-abschlüsse (Türen, Tore)	gegen Feuer widerstandsfähige Verglasungen	Feuerwider-stands-dauer in min	Bauaufsichtliche Benennung
F 30	W 30	T 30	G 30	≧ 30	feuerhemmend
F 60	W 60	T 60	G 60	≧ 60	
F 90	W 90	T 90	G 90	≧ 90	feuerbeständig
F 120	W 120	T 120	G 120	≧ 120	
F 180	W 180	T 180	G 180	≧ 180	hoch-feuerbeständig

30 bis L 120 zugeordnet werden können, das setzt voraus, daß Decken, Balken, Träger usw., an denen Lüftungsleitungen befestigt oder aufgelagert werden, mindestens der entsprechenden Feuerwiderstandsklasse F 30 bis F 120 angehören.

8.6.3 Feuerwiderstandsklassen

Begriffe

Das Brandverhalten von Bauteilen wird durch die Feuerwiderstandsdauer gekennzeichnet. Die Feuerwiderstandsdauer ist die Mindestdauer in Minuten, während derer ein Bauteil seine festgelegten Funktionen (z.B. raumabschließenden oder tragenden) nicht verlieren darf. Die Bauteile werden entsprechend der Feuerwiderstandsdauer in folgende Feuerwiderstandsklassen eingestuft:

Bezeichnungen

Feuerwiderstandsklasse
- F allgemeine Bauteile
- W nichttragende Außenwände, Schürzen und Brüstungen
- T Feuerschutzabschlüsse, selbstabschließende Türen, Tore, Klappen
- G gegen Feuer widerstandsfähige Verglasungen
- L Lüftungsleitungen

Anforderungen an Bauteile der Feuerwiderstandsklassen

F 30 Raumabschließende Bauteile müssen während einer Prüfdauer von mindestens 30 Minuten den Durchgang des Feuers verhindern.

F 60 Zur Einreihung in die Feuerwiderstandsklasse F 60 müssen Bauteile die Anforderungen nach F 30 während einer Prüfdauer von mindestens 60 Minuten entsprechend ihrer Aufgabe erfüllen.

F 90 Zur Einreihung in die Feuerwiderstandsklasse F 90 müssen Bauteile die Anforderungen nach F 30 während einer Prüfdauer von mindestens 90 Minuten entsprechend ihrer Aufgabe erfüllen.

F 120 F 180 Zur Einreihung in die Feuerwiderstandsklassen F 120 und F 180 müssen Bauteile die Anforderungen nach F 30 während einer Prüfdauer von mindestens 120 bzw. 180 Minuten entsprechend ihrer Aufgabe erfüllen.

8.6.4 Nachweis der Feuerwiderstandsklassen

Mit Brandversuchen

Die Feuerwiderstandsdauer von Bauteilen muß durch ein Prüfzeugnis auf Grund von Brandversuchen nachgewiesen werden. Für die Einstufung in eine Feuerwiderstandsklasse ist das ungünstigste Ergebnis von Prüfungen an mindestens zwei Probekörpern maßgebend.

Ohne Brandversuche

sind die in DIN 4104, Teil 2, genannten Brandwände und nichttragenden Außenwände ohne Nachweis nach Abschn. 3.1 in die dort angegebene Feuerwiderstandsklasse einzureihen.

Anforderungen an Bauteile der Feuerwiderstandsklasse F 30

Raumabschließende Bauteile müssen während einer Prüfdauer von mindestens 30 Minuten den Durchgang des Feuers verhindern.

Tragende Bauteile dürfen während einer Prüfdauer von mindestens 30 Minuten unter ihrer rechnerisch zulässigen Gebrauchslast und

nichttragende Bauteile unter ihrer Eigenlast nicht zusammenbrechen. Zu den nichttragenden *Außenwänden* rechnen auch:

a) brüstungshohe, nichtraumabschließende, nichttragende Außenwandelemente – Brüstungen und

Tab. 8.31: Klassifizierung von Bauteilen – Beispiele für Feuerwiderstandsklassen F 30 und F 90

Feuer-widerstands-klasse	Baustoffklasse wesentliche Teile[1])	Baustoffklasse übrige Bestandteile	Benennung[2]) Bauteile der	Kurzbezeichnung	Bauaufsichtliche Benennung
F 30	B	B	Feuerwiderstandsklasse F 30	F 30-B	feuerhemmend
	A	B	Feuerwiderstandsklasse F 30 und in den wesentlichen Bestandteilen aus nicht brennbaren Baustoffen[1])	F 30-AB	feuerhemmend und in den tragenden Teilen aus nichtbrennbaren Baustoffen
	A	A	Feuerwiderstandsklasse F 30 und aus nichtbrennbaren Baustoffen	F 30-A	feuerhemmend und aus nichtbrennbaren Baustoffen
F 90	A	B	Feuerwiderstandsklasse F 90 und in den wesentlichen Bestandteilen aus nichtbrennbaren Baustoffen	F 90-AB	feuerbeständig
	A	A	Feuerwiderstandsklasse F 90 und aus nichtbrennbaren Baustoffen	F 90-A	feuerbeständig und aus nichtbrennbaren Baustoffen

[1]) Zu den wesentlichen Teilen gehören:

a) alle tragenden oder aussteifenden Teile, bei nichttragenden Bauteilen auch die Bauteile, die deren Standsicherheit bewirken (z. B. Rahmenkonstruktionen von nichttragenden Wänden);

b) bei raumabschließenden Bauteilen eine in Bauteilebene durchgehende Schicht, die bei der Prüfung nach dieser Norm nicht zerstört werden darf. Bei Decken muß diese Schicht eine Gesamtdicke von mindestens 50 mm besitzen; Hohlräume im Innern dieser Schicht sind zulässig.

b) schürzenartige, nichtraumabschließende, nichttragende Außenwandelemente – Schürzen.

Nichtraumabschließende tragende Wände dürfen während einer Prüfdauer von mindestens 30 Minuten unter ihrer rechnerisch zulässigen Gebrauchslast bei gleichzeitig zweiseitiger Temperaturbeanspruchung nicht zusammenbrechen. Dies gilt insbesondere für Innenwandscheiben, Innenwände mit Öffnungen, die nicht durch Feuerschutzabschlüsse mindestens der vergleichbaren Feuerwiderstandsklasse geschlossen sind und für Außenwandscheiben bis 1,0 m Breite.

Die brandschutztechnische Klassifizierung der Bauteile und die Zuordnung der bauaufsichtlichen Benennung und der Bauteile nach DIN 4102, Teil 2, ist aus der *Tab. 8.31* zu ersehen.

Bei der Beurteilung des Brandverhaltens der Baustoffe können Oberflächen-Deckschichten oder andere Oberflächen-Behandlungen außer Betracht bleiben.

Diese Benennung betrifft nur die Feuerwiderstandsfähigkeit des Bauteils; die bauaufsichtlichen Anforderungen an Baustoffe für den Ausbau, die in Verbindung mit dem Bauteil stehen, werden hiervon nicht berührt.

Die Benennung von Holzbauteilen und Holzkonstruktionen[1])

lautet stets F ...-B
vorwiegend F 30-B
in einigen Fällen F 60-B und
in Sonderfällen auch F 90-B

Bei Mischkonstruktionen, bei denen die tragenden Teile oder die raumabschließende Schicht bzw. Bekleidung aus Baustoffen der Klasse A und B bestehen, lautet die Benennung ebenfalls F...-B.

Im übrigen werden bei der Benennung nur die Baustoffe berücksichtigt, die für die Klassifizierung notwendig sind; so verliert z. B. ein Bauteil, das aus Baustoffen der Klasse A besteht und z. B. der Benennung F 90-A angehört, seine Benennung nicht, wenn nachträglich noch eine *Bekleidung* aus Baustoffen der Klasse B angebracht wird.

So verlieren also beispielsweise Stahlbetondecken mit der Benennung F 90-A ihre Benennung nicht, wenn nachträglich eine Deckenuntersichtbekleidung aus Holz angebracht wird.

Auch bleibt die Benennung einer Holzwand mit F 30-B ebenfalls bestehen, wenn diese nachträglich durch eine Schicht aus Baustoffen der Klasse A verkleidet wird. In diesen beiden Fällen muß jedoch feststehen, daß eine solche Bekleidung die Widerstandsfähigkeit nicht negativ beeinflußt.

Folgende Benennungen in bauaufsichtlichen Vorschriften entsprechen den in DIN 4102, Teil 2, Abschn. 8.8.2, *Tab. 2*, angegebenen Benennungen:

Feuerhemmend

Feuerhemmend . . . . F 30-B
Feuerhemmend und in den tragenden Teilen aus nichtbrennbaren Baustoffen . . . . F 30-AB
Feuerhemmend und aus nichtbrennbaren Baustoffen . . . . F 30-A

[1]) *Kordina Mayer-Ottens:* „Holz-Brandschutz-Handbuch"

Tab. 8.32: Mindestdicke von Wänden F 30-A bis F 180-A nach DIN 4102, Teil 4

Wände aus: Mauerziegeln nach DIN 105 Kalksandsteinen nach DIN 106 Hüttensteinen nach DIN 398	Feuerwiderstandsklassen F 30-A	F 60-A	F 90-A	F 120-A	F 180-A
a) nichttragende Wände	115	115	115	140	175
()¹) Mindestdicke d in mm	(71)	(71)	(115)	(115)	(140)
b) tragende Wände	115	115	115	140	175
()¹) Mindestdicke d in mm $\sigma \leqq 0{,}3\ N/mm^2$	(115)	(115)	(115)	(115)	(140)
geschoßhohe Ziegelfertigbauteile	115	115	115	165	165
nach DIN 1053, Teil 4 (nichttragende Wände)	(115)	(115)	(115)	(150)	(150)
geschoßhohe Ziegelfertigbauteile	115	165	165	190	240
nach DIN 1053, Teil 4 (tragende Wände)	(115)	(115)	(165)	(165)	(190)

¹) Die ()-Werte gelten für Wände mit beidseitigem Putz von 15 mm Dicke

Feuerbeständig

Feuerbeständig . . . . F 90-A
Feuerbeständig und in den wesentlichen Teilen aus nichtbrennbaren Baustoffen . . . . F 90-AB
Feuerbeständig und aus nichtbrennbaren Baustoffen . . . . F 90-A
Holz-Bauteile und -Konstruktionen der FWK $\geqq$ F 30 erfüllen damit die Anforderungen, die bauaufsichtlich unter den Begriff *feuerhemmend* fallen.

Holz-Bauteile und -Konstruktionen, die stets nur die Benennung F ...-B erhalten, können derartige Bauteile und Konstruktionen den vorstehend angeführten Begriffen F 30-B bis F 90-A nicht zugeordnet werden.

Einflußgrößen auf die Feuerwiderstandsdauer

Nach DIN 4102, Teil 4 (3. 81), Anhang A 1, hängt die Feuerwiderstandsdauer und Feuerwiderstandsklasse eines Bauteils im wesentlichen von folgenden Einflüssen ab:

1. Art der Brandbeanspruchung (ein- oder mehrseitig),
2. verwendeter Baustoff oder Baustoffverbund,
3. Querschnittsabmessungen des Bauteils,
4. bauliche Ausbildung (Anschlüsse, Auflager, Verbindungsmittel usw.),
5. statisches System (statisch bestimmte oder unbestimmte Lagerung usw.),
6. Ausnutzungsgrad der Festigkeiten der verwendeten Baustoffe infolge äußerer Lasten,
7. Anordnung von Bekleidungen (Ummantelungen, Putze, Unterdecken, Vorsatzschalen etc.).

8.7 Wände

Feuerwiderstandsklassen von Wänden aus Mauerwerk und Wandbauplatten.

8.7.1 Mindestwanddicke

von tragenden und nichttragenden, raumabschließenden und nichtraumabschließenden Wänden aus *(Tab. 8.32)*:

Mauerziegeln nach DIN 105
Kalksandsteinen nach DIN 106
Hüttensteinen nach DIN 398

Tab. 8.33: Mindestdicken ein- oder zweischaliger nichttragender Wände aus Gipskartonbauplatten F mit Stielen und/oder Riegeln aus Holz sowie Mindestrohdichte der Dämmschicht nach DIN 4102, Teil 4

Einschalige Ausführung

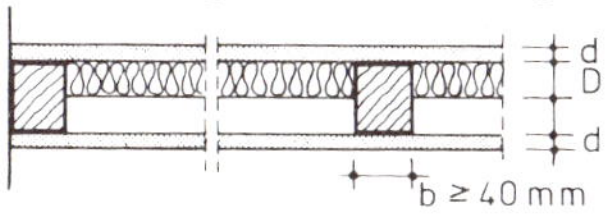

Zweischalige Ausführung

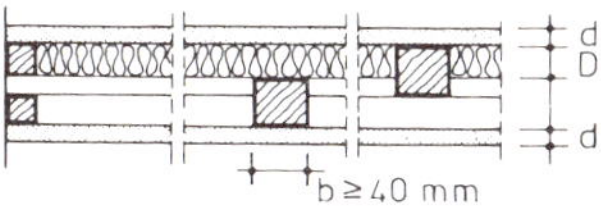

	Feuerwiderstandsklasse		
	Benennung		
	F 30-B	F 60-B	F 90-B
Mindestbekleidungsdicke d in mm	12,5[1])	2 x 12,5[2])	2 x 12,5
Mindestdämmschichtdicke D in mm/Mindestrohdichte ϱ in kg/m³ bei Verwendung einer Dämmschicht nach DIN 18165, Teil 1	40/40	40/40	80/100

[1]) Alternativ auch 18 mm GKB oder ≧ 2 x 9,5 mm GKB
[2]) Alternativ auch 25 mm

8.7.2 Gipskartonbauplatten

In allen Gipskartonbauplatten-Wänden sind plattenförmige Dämmschichten aus Mineralfasern der Baustoffklasse A zur Verbesserung des Feuerwiderstandes erforderlich, deren Schmelzpunkt ≧ 1000 °C betragen muß. Diese Dämmschichten sind zwischen den Stielen stramm einzupassen und gegen Herausfallen zu sichern. Fugen von stumpfgestoßenen Dämmschichten müssen dicht sein. Brandschutztechnisch am günstigsten sind ungestoßene oder zweilagig mit versetzten Stößen eingebaute Dämmschichten.

8.7.3 Wände in Holztafelbauart

Die nachstehend aufgeführten Angaben gelten für einschalige tragende und nichttragende Wände aus Holztafeln. Die Beplankungen und Bekleidungen der Stiele oder Rippen können bestehen aus:

Nadelholzbrettern nach DIN 68122 / 123 / 126 und DIN 4072
Sperrholz nach DIN 68705, Teil 3 und Teil 5
Holzfaserplatten nach DIN 68754, Teil 1
Spanplatten nach DIN 68763
Holzwolleleichtbauplatten (HWL) nach DIN 1101 (mit Putz nach DIN 18550, Teil 2)
Gipskartonbauplatten B und F nach DIN 18180
Asbestzementplatten nach DIN 274, Teil 4

Sämtliche Bretter und Platten müssen eine geschlossene Fläche bilden. Die Holzwerkstoffplatten-Rohdichte muß ≧ 600 kg/m³ betragen.

Holzstiele (Rippen)

Die Mindestbreite und -dicke bei *nichttragenden* Wänden muß 40 x 40 mm, bei *tragenden* Wänden ≧ 40 x 80 mm betragen. Wenn auf einen Stiel (Rippe) Beplankungen oder Bekleidungen gestoßen werden, ist die Rippenbreite auf 60 mm zu vergrößern. Bei aneinandergestellten Stielen muß die Stielbreite ≧ 40 mm betragen. Die Achsabstände der Stiele müssen 625 mm sein.

Die Stiele (Rippen) müssen aus Bauschnittholz nach DIN 4074, Teil 1, Schnittklasse S oder A, bestehen.

Bei nichttragenden Wänden dürfen die Stiele auch aus Spanplatten mit einer Rohdichte ≧ 600 kg/m³ bestehen, wenn die Bekleidungen ebenfalls aus Spanplatten bestehen und mit den Rippen verleimt sind. Sofern die Rippen aus mehreren Schichten zusammengesetzt sind, sind diese ebenfalls miteinander zu verleimen.

Fugen und Stöße, insbesondere von brandschutztechnisch notwendigen Beplankungen und Bekleidungen müssen dicht sein. Bei mehrlagigen Beplankungen sind die Fugen auf der Beplankungsseite zu versetzen. Stöße von Beplankungen dürfen nur auf Holzrippen ausgeführt werden.

Anschlüsse an angrenzende Massiv-Bauteile sind dicht auszuführen gemäß *Abb. 8.22.*

Anschlüsse an angrenzende *Holztafeln* sind dicht gemäß *Abb. 8.23* auszuführen (keine durchgehenden Wärmebrücken). Als Dichtungen dürfen außer Mineralfaser-Dämmstoffen der Baustoffklasse A auch andere Dichtungen aus Baustoffen der Klasse A verwendet werden.

Innerhalb von Holzhäusern in Holztafelbauweise sind Anschlüsse gemäß *Abb. 8.23* auszuführen. Wichtig ist, daß der Anschluß stets an einem Stiel (Rippe) erfolgt, siehe *Abb. 8.23,* Detail 3.

Sofern raumabschließende Wände aus Holztafeln an durchlaufenden Decken aus Holztafeln angeschlossen werden sollen, müssen zur Vermeidung eines frühzeitigen Durchbrandes oberhalb des oberen Rähms dicht anschließende Querbalken zwischen den Deckenbeplankungen angeordnet werden *(Abb. 8.23,* Detail 2).

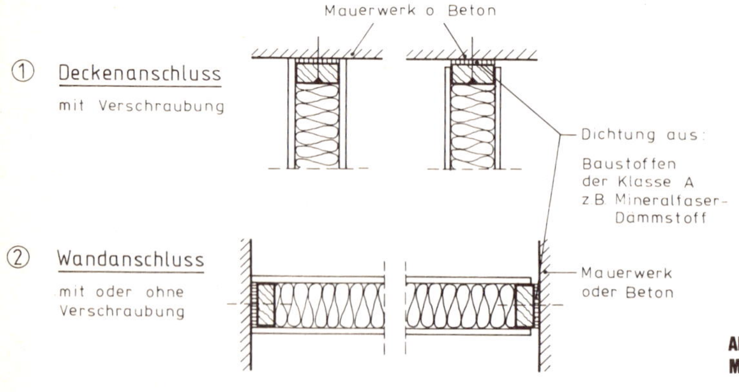

Abb. 8.22: Anschlüsse an Massivbauteile (Schema)

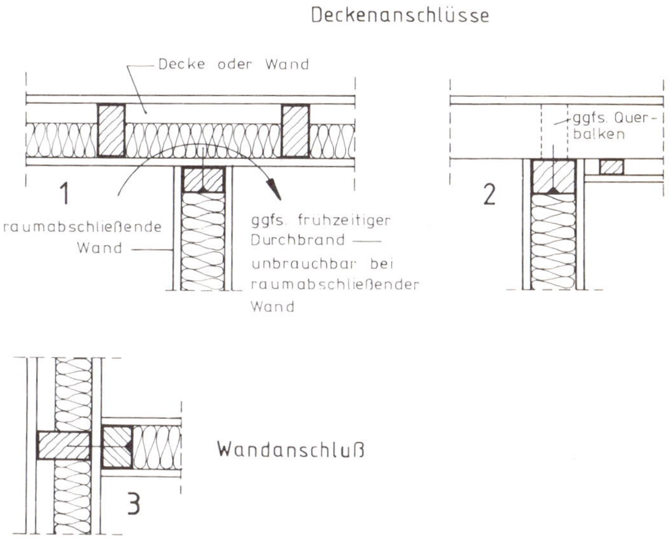

Abb. 8.23: Wandanschlüsse bei Holzhäusern[1])

Befestigungsmittel

Beplankungen oder Bekleidungen müssen durch Schrauben, Nägel, Klammern oder durch Verleimung befestigt werden. Bei Gipskarton-Bauplatten dürfen nur Schrauben, Nägel oder Klammern verwendet werden; das Ansetzen mit Ansetzbindern ist *nicht* zulässig. Nach DIN 18181 müssen Gipskarton-Bauplatten eine geschlossene Fläche besitzen. Die Verspachtelung der Fugen und die Befestigung der Schrauben müssen nach DIN 18181 erfolgen.

Dämmschichten

In allen raumabschließenden Wänden von Häusern in Holztafelbauart sind Dämmschichten zur Verbesserung des Feuerwiderstandes notwendig. Sie müssen nach DIN 18165, Teil 1 (1. 75), aus Mineralfasern mit einem Schmelzpunkt über 1000°C bestehen und der Baustoffklasse A nach DIN 4102, Teil 1, angehören. Mindestdicken und Mindestrohdichten der Dämmschicht sind den Angaben der *Tab. 8.33* zu entnehmen.

Feste plattenförmige Mineralfaserdämmschichten sind durch strammes Einpassen (Stauchung bis etwa 1 cm) zwischen den Balken oder Rippen gegen Herausfallen zu sichern. Der lichte Balken- oder Rippenabstand muß ≦ 625 mm sein.

Weiche mattenförmige Mineralfaserdämmstoffe dürfen verwendet werden, wenn sie auf Maschendraht gesteppt sind, der durch Nagelung (Abstand ≦

[1]) nach DIN 4102, Teil 4

100 mm) an den Holzrippen zu befestigen ist.

Dämmschichten aus Holzwolle-Leichtbauplatten sind an allen Rippenrändern durch Holzleisten ≧ 25/25 mm zu befestigen. Fugen von stumpf aneinandergestoßenen Dämmschichten müssen dicht sein. Brandschutztechnisch am günstigsten sind ungestoßene oder zweilagig mit versetzten Stößen eingebaute Dämmschichten. Mattenförmige Dämmschichten müssen eine Fugenüberlappung ≧ 100 mm besitzen.

8.7.4 DIN 4102, Teil 4, Tab. 47

Nach Tab. 8.34 ist in Wänden aus Holztafeln brandschutztechnisch keine Dämmschicht notwendig. Hinsichtlich Dämmschicht-Art, -Dicke, -Befestigung usw. bestehen keine Bedingungen.

Klassifizierte Wände dürfen mit und ohne Dämmschicht ausgeführt werden; falls eine Dämmschicht angeordnet wird, muß diese mindestens der Baustoffklasse B 2 nach DIN 4102, Teil 4, angehören.

Tab. 8.34: Tragende, nichtraumabschließende[1]) Wände aus Holztafeln; DIN 4102, Teil 4 (Tab. 47)

Zeile (Variante)	Konstruktionsmerkmale	Holzrippen Mindestabmessungen	zulässige Spannung	Beplankung(en) und Bekleidung(en) Mindestdicke von Holzwerkstoffplatten (Mindestrohdichte ϱ = 600 kg/m³)	Gipskarton-Bauplatten F (GKF)		Feuerwiderstandsklasse-Benennung
		$b_1 \times d_1$	σ_D	d_2	d_2	d_3	
		mm × mm	N/mm²	mm	mm	mm	
1	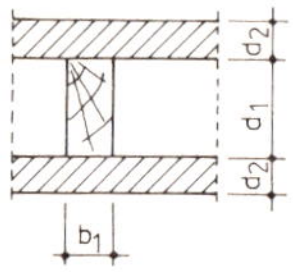	50 × 80	2,5	25 oder 2 × 16			F 30-B
2		100 × 100	1,25	16			
3		40 × 80	2,5		18		
4		50 × 80	2,5		15[2])		
5		100 × 100	2,5		12,5[3])		
6	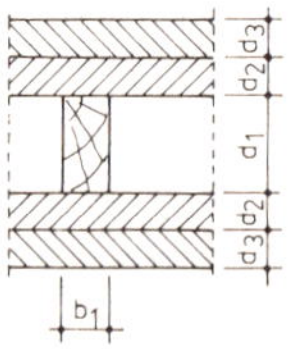	40 × 80	2,5	8		12,5[3])	
7		40 × 80	2,5	13		9,5[4])	
8		40 × 80	2,5		12,5	9,5[4])	
9		40 × 80	2,5	22		15[2])	F 60-B
10		50 × 80	2,5		15	12,5[3])	

[2]) Anstelle von 15 mm dicken GFK-Platten dürfen auch GKB-Platten mit $d \geqq$ 18 mm verwendet werden.
[3]) Anstelle von 12,5 mm dicken GKF-Platten dürfen auch GKB-Platten mit $d \geqq$ 15 mm oder $d \geqq$ 2 x 9,5 mm verwendet werden.
[4]) Anstelle von GKF-Platten dürfen auch GKB-Platten verwendet werden.

Tab. 8.35: Raumabschließende[1]) Außenwände aus Holztafeln F 30-B, DIN 4102, Teil 4 (Tab. 47)

Zeile (Variante)	Konstruktionsmerkmale	Holzrippen	Innen-Beplankung(en) oder Bekleidung(en) nach Abschnitt 4.11.4 aus			Dämmschicht nach Abschnitt 4.11.5 aus			Außen-Beplankung oder Bekleidung nach Abschnitt 4.11.4 aus		
	Abkürzungen: MF = Mineralfaser-Platten oder -Matten; HWL = Holzwolle-Leichtbauplatten	nach den Abschnitten 4.11.2 und 4.11.3	Holzwerkstoff-platten (Mindestrohdichte $\varrho = 800$ kg/m³ Mindestdicke	Gipskarton-Bauplatten F (GKF)		Mineralfaser-Platten oder -Matten dicke	Mindest-roh-dichte	Holzwolle-Leichtbau-platten dicke	Brettern oder Holzwerkstoff-platten mit $\varrho - 800$ kg/m³ Mindestdicke	Asbest-zement-platten	Putz auf Holz-wolle-Leicht-bauplatten $d \geqq 25$ mm
		$b_1 \times d_1$ und zul σ_D	d_2	d_2	d_3	D	ϱ	D	d_4	d_4	d_4
			mm	mm	mm	mm	kg/m³	mm	mm	mm	mm
1		$b_1 \times d_1 \geqq 40$ mm × 80 mm[6]) $\sigma_D \leqq 2{,}5$ N/mm²	13			80	30		13[2])		
2			13			40	50		13[2])		
3			13					25	13[2])		
4				12,5[4])		80	30		13[2])		
5				12,5[4])		40	50		13[2])		
6				12,5[4])				25	13[2])		
7			16			80	100			6	
8			16					50		6	
9				15[4])		80	100			6	
10				15[4])				50		6	
11			13			80	30				15[3])
12			13			40	50				15[3])
13			13					25			15[3])
14				12,5[4])		80	30				15[3])
15				12,5[4])		40	50				15[3])
16				12,5[4])				25			15[3])

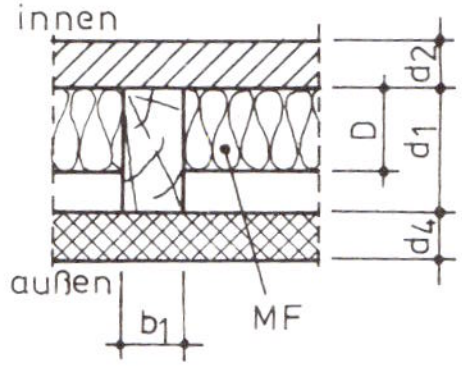

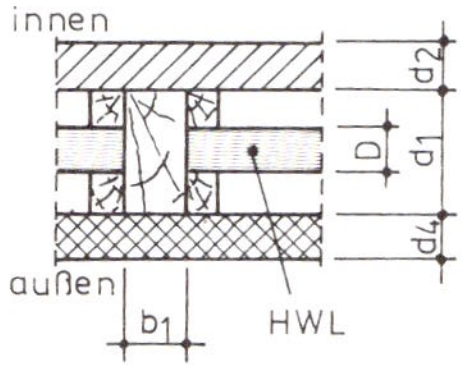

Forts. Tab. 8.35

Zeile (Variante)	Konstruktionsmerkmale Abkürzungen: MF = Mineralfaser-Platten oder -Matten HWL = Holzwolle-Leichtbauplatten	Holzrippen nach den Abschnitten 4.11.2 und 4.11.3	Innen-Beplankung(en) oder Bekleidung(en) nach Abschnitt 4.11.4 aus: Holzwerkstoffplatten (Mindestrohdichte ϱ = 800 kg/m³) Mindestdicke	Gipskarton-Bauplatten F (GKF)		Dämmschicht nach Abschnitt 4.11.5 aus: Mineralfaser-Platten oder -Matten dicke	Mindestrohdichte	Holzwolle-Leichtbauplatten dicke	Außen-Beplankung oder Bekleidung nach Abschnitt 4.11.4 aus: Brettern oder Holzwerkstoffplatten mit ϱ – 800 kg/m³ Mindestdicke	Asbestzementplatten	Putz auf Holzwolle-Leichtbauplatten $d \geqq 25$ mm
		$b_1 \times d_1$ und zul σ_D	d_2	d_2	d_3	D	ϱ	D	d_4	d_4	d_4
			mm	mm	mm	mm	kg/m³	mm	mm	mm	mm
17	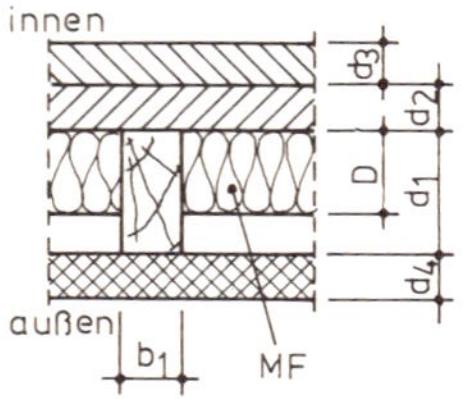	$b_1 \times d_1 \geqq 40$ mm × 80 mm[6] $\sigma_D \leqq 2{,}5$ N/mm²	10		9,5	80	30		13[2]		
18			10		9,5	40	50		13[2]		
19			10		9,5			25	13[2]		
20				12,5	9,5[5]	80	30		13[2]		
21				12,5	9,5[5]	40	50		13[2]		
22				12,5	9,5[5]			25	13[2]		
23			13		9,5	80	100			6	
24			13		9,5			50		6	
25	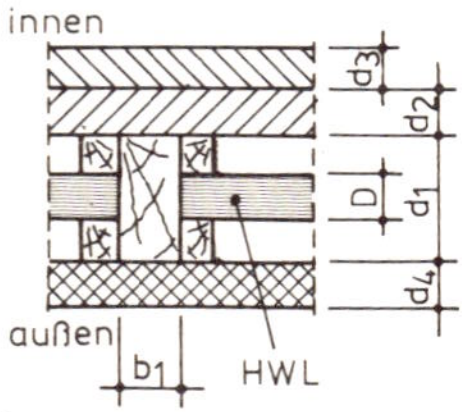			12,5	9,5[5]	80	100			6	
26				12,5	9,5[5]			50		6	
27			8		12,5	80	30				15[3]
28			8		12,5	40	50				15[3]
29			8		12,5			25			15[3]
30				12,5	9,5[5]	80	30				15[3]
31				12,5	9,5[5]	40	50				15[3]
32				12,5	9,5[5]			25			15[3]

[1]) Wegen tragender nichtraumabschließender Außenwände (Außenwände – auch Bereiche zwischen zwei Öffnungen – mit einer Breite $\leqq$ 1,0 m) siehe Tabelle 47.

[2]) Bei Verwendung von vorgesetztem Mauerwerk nach DIN 1053, Teil 1, mit $d \geqq 115$ mm dürfen auch Holzwerkstoffplatten mit $d_4 \geqq 4$ mm verwendet werden. Bei profilierten Brettern ist d_4 an der dünnsten Stelle zu messen, siehe Bild 29.

[3]) d_4 = Mindestputzdicke; der Putz muß DIN 18 550, Teil 2 (z. Z. noch Entwurf), entsprechen.

[4]) Es dürfen auch GKB-Platten mit $d \geqq 18$ mm oder $d \geqq 2 \times 9{,}5$ mm verwendet werden.

[5]) Es dürfen auch GKB-Platten verwendet werden.

[6]) Bei nichttragenden Wänden muß $b_1 \times d_1 \geqq 40$ mm × 40 mm sein.

8.7.5 Vorsatzschalen (hinterlüftet)

Die Feuerwiderstandsdauer der Außenwände von *Fertighäusern in Holztafelbauart* kann durch hinterlüftete Vorsatzschalen verbessert werden. Die Größe der Verbesserung hängt wesentlich vom *Baustoff* und von der *Dicke* der Vorsatzschale ab. Am größten ist die Verbesserung durch Vorsatzschalen aus Mauerwerk mit einer Dicke aus ≧ 115 mm, wodurch bereits eine Feuerwiderstandsdauer von ≧ 90 Min. erreicht wird. Auch Vorsatzschalen aus Holzwerkstoffplatten können erhebliche Verbesserungen bringen, wohingegen solche aus Aluminium, Kunststoff oder Asbestzement die Feuerwiderstandsdauer nur um etwa fünf Minuten verbessern.

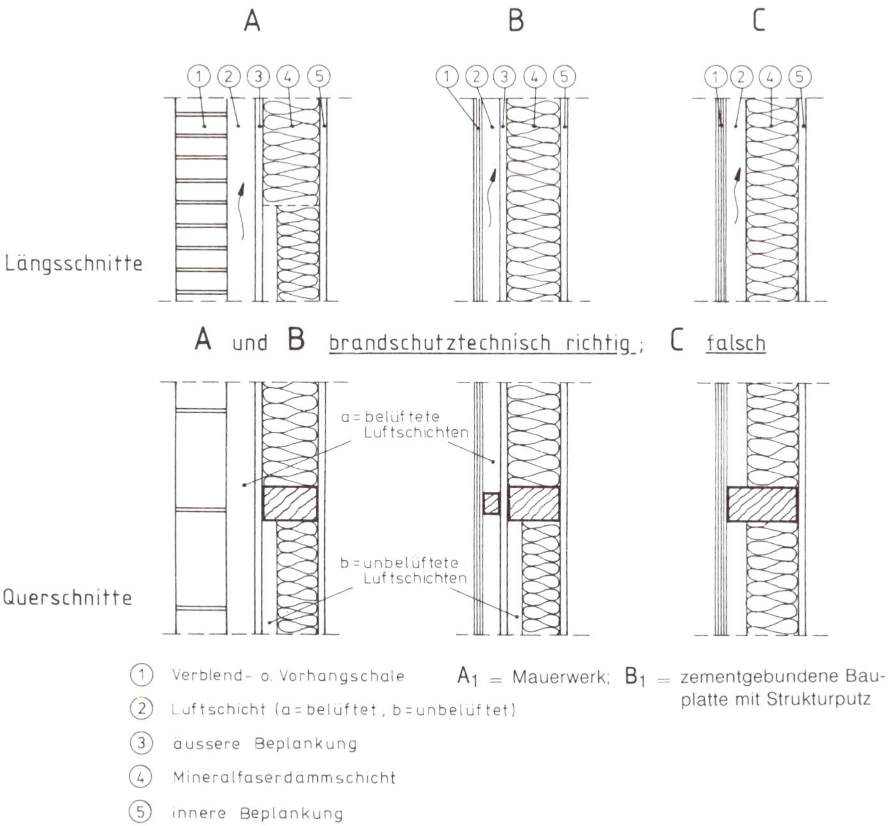

Abb. 8.24: Vorsatzschalen und Beplankungen belüfteter Wände

Bei Außenwänden in Holztafelbauart darf die äußere Beplankung (3) wegen der Gefahr des Durchbrandes im Belüftungsbereich infolge der Knickaussteifung der Holzrippen (Stiele) nicht weggelassen oder verändert werden. Bei Vorsatzschalen aus Mauerwerk kann jedoch die Dicke der außenliegenden Beplankung auf ≧ 4 mm verringert werden.

Außenwände von Fertighäusern in Holztafelbauweise mit Vorsatzschalen aus Mauerwerk (Ziegelsteinen, Kalksandsteinen oder Betonfertigteilen) können gemäß den Angaben in den *Tab. 8.34* und *8.35* dennoch nur nach F 30 bis F 60 eingestuft werden, weil das Versagen der Tragfähigkeit bei Brandbeanspruchung von innen maßgebend ist.

8.8 Decken und Dächer aus Holz und Holzwerkstoffen

Decken aus Holztafeln

Geltungsbereich bei einseitiger Brandbeanspruchung von unten oder oben. Nach DIN 4102, Teil 2 und Teil 4, können die in den Abbildungen 8.25, 8.26 und 8.27 dargestellten Bauarten unterschieden werden:

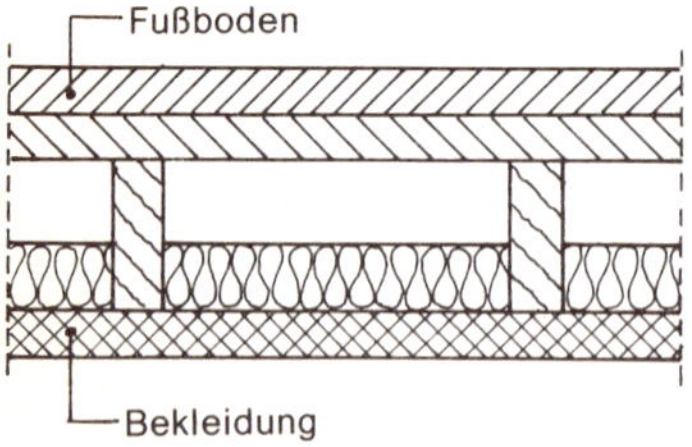

Abb. 8.25 Decken mit verdeckt angeordneten Holzbalken oder Holzrippen

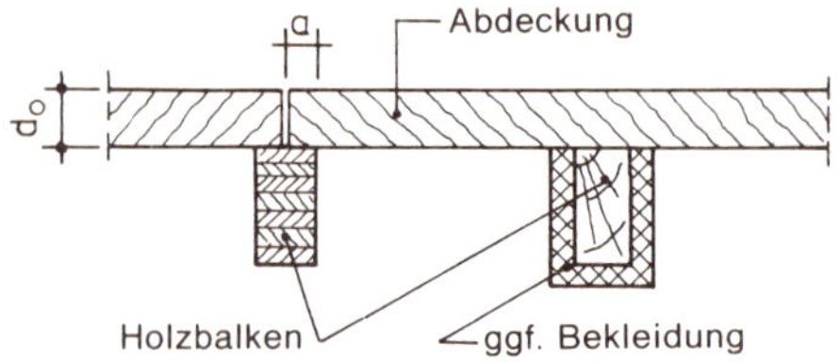

Abb. 8.26: Decken mit vollständig freiliegenden Holzbalken

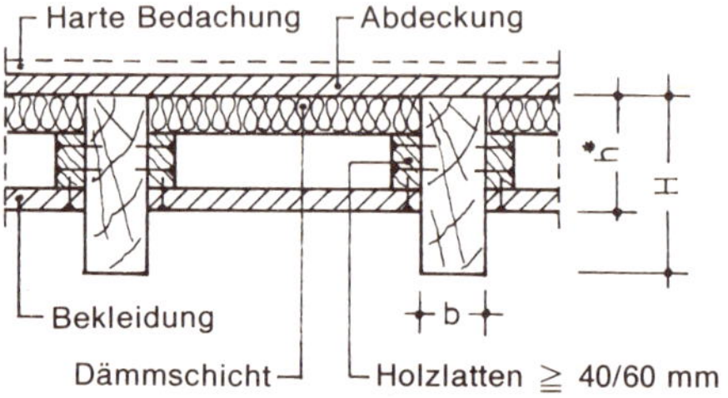

Abb. 8.27: Decken und Dächer mit teilweise sichtbaren Holzbalken

Die *Deckenbalken* oder *Holzrippen*

müssen aus Bauschnittholz der Schnittklasse S oder A bestehen, und die Rippenbreite muß aus brandschutztechnischen Gründen mindestens 40 mm betragen (Vollholz oder Brettschichtholz).

Die Decken unter a) mit verdeckt angeordneten Holzbalken werden vorwiegend in Holzhäusern (Fertighäuser in Holztafelbauweise) verwendet.

Beplankungen und Bekleidungen

Als *untere* Beplankungen bzw. Bekleidungen können verwendet werden:

Spanplatten nach DIN 68763
Gipskartonplatten B und F nach DIN 18180

Gipskarton-Putzträgerplatten GKP nach DIN 18180
Holzwolle-Leichtbauplatten (HWL) nach DIN 1101
Deckenplatten aus Gips nach DIN 18169
Drahtputzdecken nach DIN 4121

Als *obere* Beplankungen können Verwendung finden:

Sperrholzplatten nach DIN 68705, Teil 3 und Teil 4
Spanplatten nach DIN 68763
gespundete Nadelholzbretter nach DIN 4072

Für Holzbalkendecken mit *verdeckten* Balken dürfen hiervon abweichend:

zwischen der oberen Beplankung und den Holzbalken (Holzrippen) *Querhölzer* angeordnet und

anstelle der notwendigen Dämmschicht können auch Einschubböden mit Lehmschlag in einer Dicke $d = 60$ mm verwendet werden.

Notwendige Dämmschichten

Ist in Decken aus Holztafeln aus brandschutztechnischen Gründen eine Dämmschicht notwendig, so muß diese folgende Bedingungen erfüllen:

Brandschutztechnisch notwendige Dämmschichten müssen aus Mineralfasern nach DIN 18165, Teil 1 (1. 75), Abschn. 2.1, bestehen, der Baustoffklasse A nach DIN 4102, Teil 1, angehören und einen Schmelzpunkt $\geqq$ 1000 °C besitzen.

Plattenförmige Mineralfaser-Dämmschichten sind durch strammes Einpressen zwischen den Balken (Rippen) und durch Anleimen an denselben gegen Herausfallen zu sichern.

Mattenförmige Mineralfaser-Dämmschichten dürfen auch verwendet werden, wenn sie auf Maschendraht gesteppt sind, der durch Nagelung in Abständen von $\geqq$ 100 mm an den Balken zu befestigen ist.

Fugen von stumpfgestoßenen Dämmschichten müssen *dicht* sein. Ungestoßene Dämmschichten sind am günstigsten oder zweilagig mit versetzten Stößen eingebaute Dämmschichten.

Mindestdicke und Mindestrohdichte der Dämmschicht sind der DIN 4102, Teil 4, zu entnehmen.

Nicht immer ist bei Decken aus Holztafeln aus brandschutztechnischen Gründen eine Dämmschicht erforderlich.

In den *Tab. 51* und *52* der DIN 4102, Teil 4, sind entsprechende Hinweise zu finden. In den Fällen, wo keine Dämmschicht erforderlich ist *(Tab. 52* der DIN 4102), bestehen auch hinsichtlich der Dämmschicht-Art, -Dicke, -Befestigung usw. keine Bedingungen.

Decken unter b) mit vollständig freiliegenden Holzbalken

sind Holzbalkendecken, bei denen die Balken von drei Seiten der Brandbeanspruchung ausgesetzt sind. Über Decken aus Holz und Holzwerkstoffen mit freiliegenden Holzbalken liegen bisher nur wenig Versuchserfahrungen vor, weil derartige Lösungen vorwiegend bei Hallendächern verwendet wurden, an die nur selten die Forderung F 30 gestellt wird.

In jüngster Zeit werden derartige Decken auch bei Wohnhäusern angewendet, so daß künftig die Forderung zum Nachweis für F 30 häufiger gestellt werden wird.

Holzbalkendecken mit schwimmendem Estrich oder schwimmendem Fußboden müssen beplankt sein mit:

Spanplatten nach DIN 68763
gespundeten Brettern aus Nadelholz nach DIN 4072
Profilbrettern mit Schattennut nach DIN 68126
Fasebrettern aus Nadelholz nach DIN 68122

Die *Spanplatten* müssen eine Rohdichte $\geqq$ 600 kg/m³ besitzen und in den Fugen quer zu den Holzbalken Nut und Federverbindungen aufweisen.

Ein schwimmender Estrich- oder Fußboden ist von oben zum Schutz gegen Brandbeanspruchung vorzusehen.

Die *Dämmschicht* unter Estrich- oder Fußböden muß aus Mineralfasern nach DIN 18165, Teil 2 (1. 75), bestehen, mindestens der Baustoffklasse B 2 angehören und eine Rohdichte $\geqq$ 30 kg/m³ besitzen.

Decken unter c) Holzbalkendecken mit teilweise freiliegenden Holzbalken sind Decken, deren Balken nur im unteren Bereich von drei Seiten der Brandbeanspruchung ausgesetzt sind.

Derartige Decken werden auch vorzugsweise bei raumabschließenden *Dächern* angewendet, die nur einer einseitigen Brandbeanspruchung ausgesetzt sind.

Als *Bekleidung* kommen in Betracht:

Spanplatten nach DIN 68763
Gipskartonplatten B und F nach DIN 18180
Holzwolle-Leichtbauplatten (HWL) nach DIN 1101

Alle Platten müssen eine geschlossene Fläche haben und mit ihren Längsrändern dicht an die Holzbalken anschließen. Querfugen von Gipskartonplatten sind nach DIN 18181 zu verspachteln. Sinngemäß gilt dies auch für dichtgestoßene Holzwolle-Leichtbauplatten (HWL). Spanplatten müssen eine Rohdichte von 600 kg/m³ besitzen und sind in Querfugen mit Nut und Feder oder einem Falz dicht zu stoßen. Bei mehrlagigen Bekleidungen sind die Stöße zu versetzen.

Als *Beplankungen* können Verwendung finden:

Sperrholzplatten nach DIN 68705, Teil 3 und Teil 4
Spanplatten nach DIN 68763
gespundete Bretter aus Nadelholz

Die Ausführung dieser Holzbalkendecken mit *teilweise* freiliegenden Balken erfolgt:

mit *notwendiger* Dämmschicht und
mit *nicht notwendiger* Dämmschicht.

In Holzbalkendecken mit *notwendiger* Dämmschicht muß letztere aus Mineralfasern nach DIN 18165, Teil 1, bestehen, der Baustoffklasse A angehören und einen Schmelzpunkt $\geqq$ 1000 °C aufweisen. Die Dämmschicht muß plattenförmig sein, dicht durch strammes Einpressen (Stauchen) eingebaut und durch Holzlatten $\geqq$ 40/60 mm befestigt werden.

Fugen von stumpfgestoßenen Dämmschichten müssen dicht sein. Brandschutztechnisch am besten sind ungestoßene oder zweilagig mit versetzten Stößen eingebaute Dämmschichten.

Lage der Dämmschichten in Decken

1. Die Dämmschicht füllt die Deckenkassette voll aus,
2. sie liegt auf der unteren Deckenbeplankung auf,
3. oder unmittelbar unter der oberen Deckenbeplankung,
4. oder frei in der Mitte der Deckenkassette auf Holzleisten, die an den Rippen befestigt sind,
5. Lattung zwischen Rippen und Bekleidung,
6. schwimmender Estrich und schwimmender Fußboden.

Siehe hierzu die *Abb. 8.28,* Detailpunkte 1–5

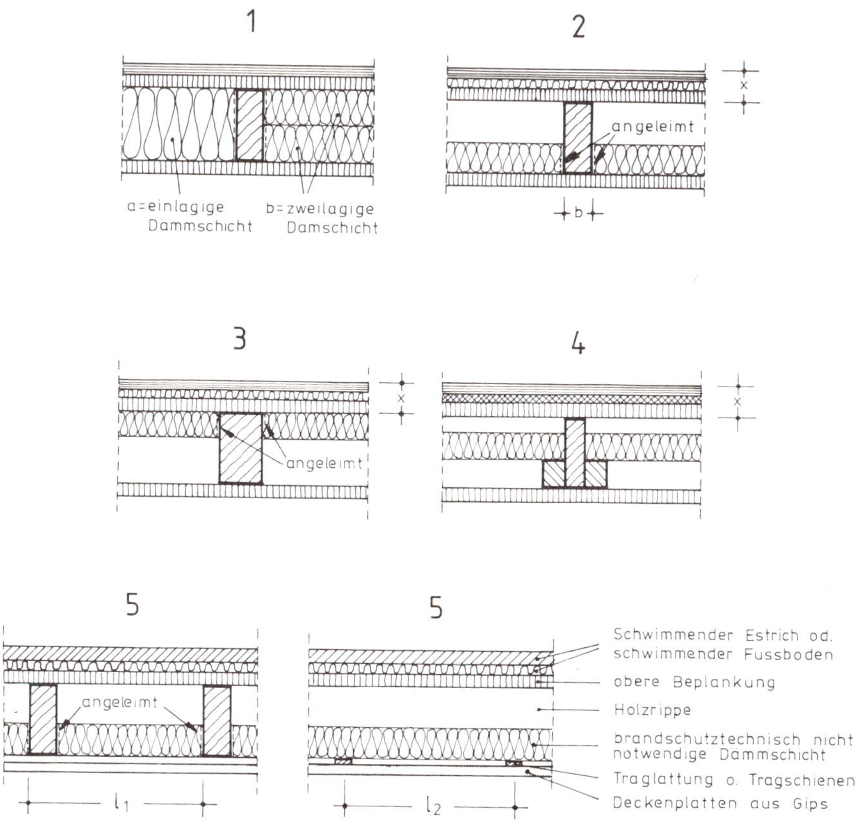

Abb. 8.28: Decken aus Holztafeln – Anordnung von Dämmschichten

Zu 1

Wird der gesamte Deckenhohlraum mit Dämmschichten aus Mineralfasern voll ausgefüllt, dann wird nicht nur der Feuerwiderstand bei Brandbeanspruchung von *unten,* sondern auch bei Brandbeanspruchung von *oben* verbessert. Dadurch kann ggf. an der Dicke der oberen Beplankung oder des Fußbodens gespart werden, *s. Abb. 8.28* Detail 1.

Fugen von stumpf gestoßenen Dämmplatten müssen dicht sein, siehe 1a.

Brandschutztechnisch am günstigsten sind *ungestoßene* oder *zweilagig mit versetzten Stößen* eingebaute Dämmschichtplatten, *s. Abb. 8.28* Detail 1b.

Zu 2

Bei raumabschließenden Decken der Feuerwiderstandsklasse ≧ F 30 ist zum Schutz gegen *Brandbeanspruchung von oben* stets ein schwimmender Estrich oder schwimmender Fußboden erforderlich; dieser schützt die obere tragende Beplankung gegen vorzeitiges Versagen und somit ein Durchbrechen oder Durchschlagen von Einzellasten durch die Decke, die beim Versagen der oberen Beplankung meist auch die Deckenunterseite durchschlagen, womit dann der Raumabschluß verlorengeht.

Je dicker die obere Beplankung oder der darauf befindliche schwimmende Fußboden (Detail 2) und je dicker und raumausfüllender die Dämmschicht ausgeführt wird, desto später tritt ein Durchschlagen der Unterdecke auf.

Zu 3 und 4

Soll die Dämmschicht nach oben oder bis unmittelbar unter die obere Deckenbeplankung verschoben werden, dann ist dies nur möglich, wenn gleichzeitig die Holzrippen (Deckenbalken) verbreitert (Detail 3), oder durch Holzleisten (Dachlatten) (Detail 4) verstärkt werden.

Zu 5

Sofern an der Deckenunterseite zwischen den Rippen und der Bekleidung eine Lattung angeordnet ist und die Mineralfaser-Dämmschicht hierauf *dicht* verlegt wird, darf das Anleimen an den Holzrippen bei *plattenförmigen* Dämmschichten und der Maschendraht bei *mattenförmigen* Dämmschichten entfallen *(s. Abb. 8.26).*

Schwimmende Estriche und schwimmende Fußböden

Zum Schutz gegen Brandbeanspruchung von oben ist nach DIN 4102 Teil 4 Abschn. 5.1.5.1 ein schwimmender Estrich oder schwimmender Fußboden erforderlich.

Auf den Einbau kann verzichtet werden, wenn die obere Beplankung:

a) aus ≧ 19 mm dicken Spanplatten mit einer Rohdichte ≧ 600 kg/m³ oder aus ≧ 21 mm dicken gespundeten Brettern aus Nadelholz besteht und

b) keine Verkehrslasten > 1,0 kN/m² zu tragen hat.

Breite der Holzrippen

Diese muß stets b ≧ 40 mm betragen. Bei breiteren Rippen wird im allgemeinen eine Verbesserung der Feuerwiderstandsdauer erreicht, in jedem Falle jedoch eine Verbesserung der aussteifenden Wirkung der Decken.

Spannweite und Dicke der Beplankung und Bekleidungen

Je dicker die Beplankung bzw. Bekleidung ist, desto größer ist der Feuerwiderstand und je kleiner die Spannweite der Rippen ist, desto später fallen die mehrlagigen Bekleidungs- und Beplankungsschichten ab.

Alle Platten und Bretter müssen eine geschlossene Fläche besitzen. Die Rohdichte der Holzwerkstoffplatten muß $\geqq$ 600 kg/m³ sein.

Alle Platten und Bretter sind auf Holzrippen dicht zu stoßen. Eine Ausnahme hiervon bilden jeweils dicht gestoßene Längsränder von gespundeten Brettern sowie die Längsränder von Gipskartonplatten, wenn Fugen nach DIN 18181 verspachtelt sind. Dies gilt sinngemäß auch für die Ränder von Holzwolle-Leichtbauplatten. Ränder von Holzwerkstoffplatten, deren Stöße nicht auf Holzrippen liegen, sind mit Nut und Feder oder einem Falz dicht zu stoßen.

8.9 Fachliteratur
8.9.1 Wärmeschutz
8.9.1.1 Normen

DIN-Nr.	(Ausgabe)	
105	(7. 69)	Mauerziegel; Voll- und Lochziegel
		Bl. 2 (1. 72) –; Leichtziegel
106	(4. 69)	Bl. 1 Kalksandsteine; Voll-, Loch- und Hohlblocksteine
1101	(4. 70)	Holzwolle-Leichtbauplatten; Maße, Anforderungen, Prüfung
1102	(4. 70)	–; Richtlinien für die Verarbeitung
1341	(11. 71)	Wärmeübertragung; Grundbegriffe, Einheiten, Kenngrößen
4108	(8. 81)	Regeln für die Berechnung des Wärmebedarfs
4165	(2. 59)	Wandbausteine aus dampfgehärtetem Gas- und Schaumbeton
4166	(2. 59)	Wandbauplatten aus dampfgehärtetem Gas- und Schaumbeton
4223	(9. 58)	Bewehrte Dach- und Deckenplatten aus dampfgehärtetem Gas- und Schaumbeton
4701	(3. 78)	Heizungen; Regeln für die Berechnung des Wärmebedarfs von Gebäuden
18164	(8. 66)	Schaumkunststoffe als Dämmstoffe für den Hochbau; Abmessungen, Eigenschaften, Prüfung
		Bl. 1 (6. 71) –; Dämmstoffe für die Wärmedämmung
		Bl. 2 (6. 71) –; – für die Trittschalldämmung
18165	(3. 63)	Faserdämmstoffe für den Hochbau; Abmessungen, Eigenschaften, Prüfung
18380	(12. 58)	VOB, Teil C; Zentralheizungs-, Lüftungs- und zentrale Warmwasserbereitungsanlagen
18421	(2. 61)	–; Wärmedämmungsarbeiten

8.9.2.1 Bücher und andere Veröffentlichungen

Veröffentlichungen des Instituts für Schall- und Wärmeforschung der Technischen Hochschule in Stuttgart.

F. Eichler: „Bauphysikal. Entwurfslehre 1 und 2". Verlagsges. Rud. Müller, Köln-Braunsfeld.

Seiffert: „Wasserdampfdiffusion im Bauwesen". Bauverlag.

Haferland: „Das diffusionstechn. Verhalten mehrschichtiger Außenwände". Bauverlag.

Anlage zu Fachliteratur

1. „Hbl-Handbuch" – Mauerwerksbau mit Betonbausteinen, Betonverlag 1980
2. „Wärmeschutz nach Maß" – Bundesverband der Zementindustrie, Köln 1982
3. „Wasserdampfdiffusion" – *G. Wiese* – Teubner-Verlag 1975
4. „Neuer baulicher Wärmeschutz" – *H. Hebgen* – Vieweg Verlag 1978
5. „Informationsdienst Holz" – Entwicklungsgemeinschaft Holzbau, Heft 79
6. BMF-Rundschau „Bauen mit Fertigteilen", Heft 1.81 und Heft 22.75

Abbildungsnachweis zu Kapitel 8:

Abb. 4 und 5: *Moritz;* Richtig und falsch im Wärmeschutz
Abb. 6: *Eichler;* Bauphysikalische Entwurfslehre
Abb. 7: *Künzel;* Gasbeton

8.9.2 Brandschutz

8.9.2.1 Normen

DIN-Normen

4074 Teil 1	Bauholz für Holzbauteile; Gütebedingungen für Bauschnittholz (Nadelholz)
4102 T 1–4	Brandverhalten von Baustoffen und Bauteilen
68122	Fasebretter aus Nadelholz
68123	Stülpschalungsbretter aus Nadelholz
68126 Teil 1	Profilbretter mit Schattennut
68705 Teil 3	Sperrholz; Baufurnierplatten; (Gütebedingungen)
68705 Teil 5	Sperrholz; Baufurnierholz aus Buche
68754 Teil 1	Harte und mittelharte Holzfaserplatten für das Bauwesen; Holzwerkstoffklasse 20
68763	Spanplatten; Flachpreßplatten für das Bauwesen; Begriff, Eigenschaften, Prüfung, Überwachung
1052	Holzbauwerke
1053	Mauerwerk
18550	Putz
18169	Deckenplatten aus Gips
18180	Gipskartonplatten – Arten, Anforderungen
18181	Gipskartonplatten – Richtlinien für die Verarbeitung
18183	Leichtwände: aus Gipskartonplatten und Gipskarton-Wandbautafeln
18184	Gipskarton-Verbundplatten

8.9.2.2 Bücher und andere Veröffentlichungen

Kordina, Meyer-Ottens: Holz-Brandschutz-Handbuch, Verlag Deutsche Gesellschaft für Holzforschung e. V. (1983)

Kordina, Meyer-Ottens: Beton-Brandschutzhandbuch, Beton-Verlag GmbH, Düsseldorf (1981)

Kordina, Meyer-Ottens: Brandverhalten von Gasbetonbauteilen – Erläuterungen zu DIN 4102 Teil 4 (1981) Bundesverband Gasbetonindustrie e. V., Wiesbaden

Deppe, H.J.: Zur Herstellung nichtbrennbarer Holzspanwerkstoffe (Baustoffklasse A 2 DIN 4102) Bauen mit Holz, 1980, Heft 12

9 Sperrstoffe und Kitte

Im Bauwesen werden die als besonders dickschichtiger Schutz gegen Feuchtigkeit und chemische Einwirkungen anderer Art speziell im Fundament- und Dachbereich eingesetzten Materialien zusammenfassend als Sperrstoffe bezeichnet, während man im Fassadenbereich eher von Anstrichen und Beschichtungen spricht. Man darf sie auf keinen Fall mit den Wärme/Kälte-Dämmstoffen oder mit den Isolierungen gegen Elektrizität verwechseln, obwohl gerade der Begriff der „Isolierung" auch für die hier behandelten Schutzstoffe in der Praxis sehr häufig angewendet wird. Besser ist dann auf jeden Fall die Bezeichnung „Dichtungs-" oder „Abdichtungsstoffe" für diese Gruppe, um eine klare Abgrenzung zu erhalten.

Gerade die Fernhaltung von Wasser oder auch oftmals „nur" von Wasserdampf vom Baukörper bzw. umgekehrt das Festhalten des Wassers und seiner Lösungen in Behältern ist eine der wichtigsten Aufgaben im Bausektor. Eine falsche oder unsachgemäß ausgeführte Abdichtung kann die größten Bauwerke gefährden und Millionenkosten für die Reparatur erfordern. Schon ein einzelner Nagel in einer wasserdruckhaltenden Sperrschicht kann die gesamte Abdichtung nutzlos werden lassen.

In den letzten Jahren haben sich jedoch gerade auf diesem Gebiet erhebliche Veränderungen ergeben, und zwar nicht nur technisch, sondern auch in den Normen und der Nomenklatur. Um mit letzterer zu beginnen: wir müssen von den vertraut gewordenen „bituminösen Stoffen" wieder Abschied nehmen, denn der Arbeitsschutz mit seinen Vorbehalten gegen Teere und Peche will eine klar erkennbare Abgrenzung gegen Bitumen. Nichtsdestotrotz bleiben Bitumen und für Einzelbereiche vielleicht auch Peche nach wie vor wichtige Rohstoffe. Das zeigt für Abdichtungen der zehnteilige Entwurf der neuen DIN 18195, aber auch im Dachschutz wie im Straßen- und Wasserbau dominiert immer noch Bitumen. Daneben sind erwartungsgemäß Kunstharze vor allem als lösemittelfrei verarbeitete millimeterdicke Beschichtungen und fertige Folien weiter im Vordringen. Allgemein rückläufig ist die Heißverarbeitung, von den Bereichen des Straßen-, und teilweise des Wasserbaues, abgesehen.

Kitte und Klebstoffe haben in diesem Kapitel nur insoweit ihre Berechtigung, als sie echte Abdichtungsaufgaben erfüllen und nicht im Zusammenhang mit schutzbedürftigen Untergründen aus didaktischer Zweckmäßigkeit an anderer Stelle behandelt werden. So wird hier also nur ein begrenzter Teil besprochen werden.

9.1 Bitumen und Pech

Die seit 1957 gültige DIN 55946 wird nach Abschluß der bereits längere Zeit laufenden Überarbeitung in Kürze in zwei Teilen I und II mit dem Obertitel „Bitumen und Stoffe aus Bitumen sowie Stoffe aus Steinkohlenteerpech" herauskommen, die Gelbdrucke liegen bereits vor. Im Teil I „Bitumen und Stoffe aus Bitumen" erscheinen als gleichwertige Gruppen Bitumen – Bitumenhaltige Bindemittel – Asphalte – Bitumen-Bahnen. Die Bitumen werden in Destillationsbitumen, Oxidationsbitumen (bisherige geblasene Bitumen) und Fällungsbitumen unterteilt, anwendungsmäßig in Straßenbau- und Industrie-Bitumen. Unter den neugeschaffenen Begriff der bitumenhaltigen Bindemittel fallen Bitumenlösungen, Bitumenemulsionen und polymermodifizierte Bitumen. In allen Fällen – und das ist das wichtigste hieran – wird größter Wert darauf gelegt, daß alle Bitumenprodukte aus Erdölrückständen oder der Natur stammen und absolut frei von teer- oder pechartigen Anteilen sind. Der Begriff Asphalt bleibt mit der Unterteilung in Naturasphalt, wie z. B. Trinidad Epuré oder Gilsonit, und technischen Asphalt, also synthetische Mischungen aus der Fabrik, erhalten. Gerade in bezug auf das Wort „Asphalt" differiert allerdings der Gebrauch in den verschiedenen Sprachstämmen, so daß man sich im ausländischen Schrifttum jeweils überzeugen muß, was wirklich gemeint ist. Das wird in Zukunft auch wieder für den Begriff „bituminös" gelten, wie vor 1945.

Teil II mit dem Untertitel „Zubereitungen aus Steinkohlenteerpech" wird eine Reihe völlig neuer, daneben auch abgeänderter Bezeichnungen enthalten. Dabei treten einige Merkwürdigkeiten auf, z. B. gibt es keine Teere mehr; aus Straßenteer wird Straßenpech, aus Kaltteer wird Kaltpechlösung oder aus Teeremulsion eine Pechemulsion. Das Gegenstück zum synthetischen Asphalt ist das „Steinkohlenteer-Spezialpech mit Mineralstoffen". In Wirklichkeit hat sich jedoch in der Herstellung nichts geändert: Zuerst fallen jeweils – das gilt auch für die seltenen Typen, die nicht aus der Steinkohle stammen, wie etwa Birkenholzteer, Braunkohlenteerpech oder Stearinpech u. dgl. – die mehr oder weniger flüssigen Teere an, und aus ihnen verbleibt bei weiterer Destillation das feste, oft sprödharte Pech. Aber über die Peche, die nicht aus der Steinkohle stammen, scheint man sich in der Neufassung der DIN ohnehin auszuschweigen.

Chemisch hat sich selbstverständlich nichts geändert. Die Bitumen sind weitgehend aliphatisch, also mit unterschiedlich verzweigter Kettenstruktur und nur wenig Ringmolekülen, während die Peche, speziell die Steinkohlenteerpeche, stark aromatischen Aufbau besitzen, also aus ringförmigen und oft vielfach miteinander verflochtenen Molekülen bestehen. Gerade in diesem

Tab. 9.1: Unterscheidungsmerkmale von Bitumen und Pechen

Bitumen	Peche
plastischer	spröder
benzin- und benzollöslich	nur benzollöslich
Dichte um 1,0	Dichte 1,1 bis 1,2
Zersetzung erst über 250 °C	Zersetzung ab 180 °C
mit wenig Rußbildung	mit starker Rußbildung
	wasser- und dampfdichter
	u. U. kanzerogen

Tab. 9.2: Typenübersicht für die verschiedenen Bitumen und Peche

Sortenbezeichnung	Pen. 25 °C 1/10 mm	EP m RuK °C	EP K-S. °C	BP °C	Duktil. 25 °C cm
Destillationsbitumen					
B 300	250–320	27– 37	16– 24	unter –20	zu weich
B 200	160–220	37– 44	24– 30	unter –15	über 100
B 80	70–100	44– 49	30– 35	unter –10	über 100
B 65	50– 75	49– 54	35– 40	unter – 8	über 100
B 45	35– 50	54– 59	40– 45	unter – 6	über 40
B 25	20– 30	59– 67	45– 53	unter – 4	über 15
B 15	10– 20	67– 72	53– 58	unter + 3	über 5
Untergruppe Hochvakuumbitumen					
HVB 85/ 95	4– 11	85– 95	70– 80	um 10–20	zu fest
HVB 95/105	2– 7	95–105	80– 90	über +20	zu fest
HVB 130/140	1– 3	130–140	110–120	zu hart	zu fest
Oxidationsbitumen					
75/30	25– 35	70– 80	55– 65	unter –12	um 4
85/25	20– 30	80– 90	63– 73	unter –10	um 3
85/40	35– 45	80– 90	60– 72	unter –20	um 3
100/25	20– 30	95–105	75– 88	unter –20	um 3
105/15	10– 20	100–110	80– 90	unter – 8	um 2
115/15	10– 20	110–120	90–100	unter –10	um 2
135/10	5– 12	130–140	110–120	0 bis 10	0–1
Steinkohlenteerpeche*)					
weich	30– 70	50– 65	40– 55	–5 bis + 8	10–15
mittelhart	5– 10	72– 88	60– 75	über 20	zu hart
hart	unt. 3	105–125	90–110	zu hart	zu hart
gefluxtes Hartpech	5– 40	60– 90	45– 75	–10 bis + 10	unüblich

*) Anm.: Im Gegensatz zu den typisierten Bitumen ist die Einteilung der Peche nicht festgelegt, sondern es sind hier die in etwa vorkommenden Grenzen eingesetzt und Erfahrungswerte des Verfassers.

Bereich stecken die kanzerogenen Stoffe. Auf diesen Unterschieden im Molekülaufbau basieren auch die differierenden Typmerkmale zwischen Bitumen und Pechen, die für ihren jeweiligen Einsatz ausschlaggebend sind oder waren. Sie sind in der *Tab. 9.1* aufgelistet:

Beiden Stoffklassen gemeinsam – wenn auch unterschiedlich ausgeprägt – ist der thermoplastische Charakter, der auf dem typischen Vielstoffsystem beruht. Man hat im Lauf der Jahrzehnte viele Hunderte von Einzelverbindungen aus Bitumen und Teer isoliert. Ihr Anteil schwankt zwischen Bruchteilen von Milliprozenten und wirtschaftlich gewinnbaren Mengen von 5 und mehr Prozent, wie Phenol und seine Homologen, Pyridine, Naphthalin und Anthracen oder Naphthensäuren. Auf diesem Umstand beruht auch die nur zu oft übersehene wesentliche Tatsache, daß infolge wechselnder Zusammensetzung trotz gleicher physikalischer Konstanten oftmals unterschiedliches anwendungstechnisches Verhalten, z. B. in Lösungen, auftreten kann.

9.1.1 Vorkommen, Herstellung, Eigenschaften und Lieferformen

9.1.1.1 Bitumen und Asphalte

Vorkommen

Die Grundstoffe des Bitumens finden sich vor allem im Erdöl, daneben in den eigentlichen Asphalten (Asphaltsee auf Trinidad) und in den sog. Asphaltgesteinen, wie dem Asphaltkalkstein aus dem Vorwohler Lager. Bei zunehmender Aufbereitung von Ölschiefer fallen auch dort Bitumengrundstoffe an.

Herstellung

Bei der destillativen Aufarbeitung des Erdöls fällt ein je nach der geographischen Herkunft sowohl nach Menge (5 bis max. 80 %) wie auch nach Eigenschaften (Plastizität, Schwefel- und Sauerstoffgehalt, Anteil an Ringverbindungen und dgl.) recht unterschiedlicher Rückstand an: das weiche braunschwarze rohe Erdölbitumen.

Die aus direkter Destillation je nach der Endtemperatur in verschiedener Härte anfallenden Sorten werden als „Destillationsbitumen" bezeichnet und nach der jeweiligen mittleren Penetration (Eindringtiefe einer Nadel unter definierter Belastung in bestimmter Zeit in $^{1}/_{10}$ mm) gemäß DIN 1995 als B 300 bis B 15 angeboten. Je kleiner also die Zahl, desto härter das Bitumen. In der Typenübersicht in *Tab. 9.2* sind dazu noch der Erweichungs- und Brechpunkt wie auch die sog. Duktilität angegeben. Dabei wird für Bitumen üblicherweise der Erweichungspunkt „mit Ring und Kugel" (RuK) bestimmt, für Peche dagegen die Methode „nach *Kraemer* und *Sarnow*" (K.-S.) verwandt. Wendet man beide Arten auf das gleiche Produkt an, so ergibt „der Kraemer-Sarnow" immer höhere Werte, wobei die Differenz je nach Plastizitätskurve zwischen etwa 8 bis max. 20 °C schwankt.

Wird die Destillation unter Vakuum fortgesetzt, so erhält man noch härtere Bitumen mit höherem Erweichungspunkt und mehr harzartigem Charakter, die bislang als sog. „Hochvakuumbitumen", abgekürzt HVB, eine eigene Gruppe bildeten, in Zukunft aber als Untergruppe zu den Destillationsbitumen gerechnet werden. Als Typenbezeichnung gilt vorerst weiter die Eingrenzung des Erweichungspunktes RuK, also etwa HVB 85/95.

Die heute auf dem Markt angebotenen Hochvakuumbitumen sind jedoch überwiegend zumindest teilweise angeblasene Typen und besitzen dann speziell für die Lackherstellung nicht mehr die herausragende Eignung wie „echte" Hochvakuumsorten alter Provenienz. Hierauf muß der Lackproduzent besonders achten.

Vermischt man Destillationsbitumen mit Mineralöl (10–30 %) und bläst unter Zusatz von Katalysatoren bei Temperaturen über 250 °C Luft ein, so findet teilweise unter Oxidation ein Abbau größerer Moleküle (Cracken), teilweise aber auch gleichzeitig eine Aneinanderlagerung kleinerer Moleküle oder von Bruchstücken statt (Polymerisation). Die dabei erhaltenen, bisher als „geblasene Bitumen" bezeichneten Sorten sollen nach der neuen Norm Oxidationsbitumen heißen. Da als Ergebnis der Blasung oder Oxidation die Zahl mittelgroßer Moleküle abnimmt, während kleinere und größere (bis hin zu ursprünglich nicht vorhandenen Molgewichten) zunehmen, wird die Spanne zwischen Erweichungs- und Brechpunkt, also die Plastizität, merklich vergrößert. Es entsteht aber auch durch diesen primären Oxidationsschub eine gewisse chemische Instabilität, die sich in leichterer Weiteroxidation an der Luft (Kreidung, Versprödung) und Nachdickung in Lösung (Lacke) sowie Empfindlichkeit gegen Überhitzung kundtut, so daß mehr Kenntnisse und Vorsicht für die Verarbeitung notwendig sind.

Für die Typisierung verwendet man eine Kombination aus EP und Penetration, z. B. 85/25, d. h. Erweichungspunkt (EP) um 85 °C, Penetration um 25/10 mm. Während, wie schon erwähnt, gleiche physikalische bzw. technologische Kenndaten nicht gleiches chemisches Verhalten absichern, besteht immer ein bestimmter Zusammenhang verschiedener solcher Werte unter sich, wie die Typenübersicht an einigen wichtigen Beispielen erkennen läßt. Über die dort aufgeführten Daten hinaus gibt es je nach Verwendung noch wesentlich mehr physikalische Kennwerte, die aber meist keine so allgemeine Bedeutung haben. Zu berücksichtigen ist, daß alle diese Prüfmethoden sog. „Konventionsverfahren" sind, bei denen also nur die strikte Einhaltung aller äußeren Umstände im Prüfungsablauf annähernde Übereinstimmung der Ergebnisse und damit Vergleichbarkeit gewährleistet, die noch vom Ausführenden beeinflußt werden kann. Hierin liegt ein wesentlicher Unterschied zu üblichen chemischen und physikalischen Methoden.

Die sonstigen Typen, z. B. Fällungs-, Extrakt-, Crack- oder die helleren Albino-Bitumen kommen nur in sehr geringen Mengen vor und fallen dazu noch teilweise so wechselnd an, daß keine allgemeingültige Einteilung existiert. Für den üblichen Gebrauch sind sie praktisch ohne Bedeutung.

Von den Naturasphalten besitzt der Trinidad Epuré infolge besonderer Stabilität der Vermischung Bindemittel/Feinstmehl Bedeutung für den Straßenbau. Andere Arten, wie der Gilsonit, Raffaelit aus Argentinien, Barbadosmanjak und Grahamit spielen nur für spezielle Lacke, teilweise in Kombination mit Kunstharzen und vorzugsweise auf dem Sektor Korrosionsschutz – auch als Einbrennlacke – eine Rolle.

Eigenschaften

Als Thermoplaste durchlaufen Bitumen alle Stadien vom springharten über den weichplastischen bis zum flüssigen Zustand. Viele zeigen dabei besondere rheologische Eigenschaften. Die Temperaturbereiche dieser verschiedenen Zustände können auch sehr unterschiedlich liegen, wie aus der Übersicht der Typen ersichtlich ist.

Bitumen sind gut beständig und auch relativ dicht gegen Wasser (weniger dagegen gegen Wasserdampf, besonders erhitzten), Salze und deren Lösungen sowie gegen Säuren und Laugen bis zu mittleren Konzentrationen. Je weicher – z. B. durch erhöhte Temperaturen – desto leichter werden sie angegriffen und durchdrungen. Stark oxidierende Medien setzen die Konzentrationsgrenze der Beständigkeit herab (Chlor, Königswasser, Bleichlauge usw.). Abgesehen von unterschiedlicher Kreidungsneigung sind Bitumen auch hervorragend witterungsbeständig.

Gering ist demgegenüber die Beständigkeit gegen die meisten flüssigen organischen Stoffe, soweit sie nicht wasserverdünnt einwirken (wie Essigsäure, Milch-, Zitronensäure u. ä.). Fast alle sog. Lösungsmittel, aber auch Mineral- und Speise- und erst recht Teeröle sowie unverdünnte organische Säuren und Basen wirken teilweise sehr stark aggressiv.

Sehr wichtig ist, daß keinesfalls eine beliebige Verträglichkeit zwischen Bitumen und Teeren bzw. Pechen besteht. Ganz im Gegenteil können beim Zusammentreffen beider Arten – sowohl in heißflüssiger Schmelze wie auch in Lösung als Anstriche und u. U. sogar bei anhaltender Berührung in festem Zustand, z. B. Heißbitumen auf Pechgrundierung oder umgekehrt – irreversible Schädigungen durch Fällung oder Öl(= Weichmacher-)wanderung eintreten. Es kann daher nicht genug davor gewarnt werden, unbekannte „bituminöse", d. h. „schwarze" Stoffe jedweder Art beliebig zu mischen oder in anderer Weise zu kombinieren.

Schließlich ist noch zu erwähnen, daß Bitumen sowohl ein guter Wärme- wie auch elektrischer Isolator ist, worauf viele seiner Anwendungen, die auch im Baubereich liegen, zurückzuführen sind.

Lieferform

Die Lieferung erfolgt praktisch immer nach den in der Übersicht aufgeführten Typen, die in Analysentafeln der einzelnen Firmen noch weiter definiert sind.

Größere Mengen, beispielsweise für den Straßenbau oder zu den verarbeitenden Firmen, werden schmelzflüssig in isolierten Straßen- oder Eisenbahn-Tankwagen angeliefert; sonst kommen die weicheren Typen in Blechtrommeln (Naturasphalt auch in Holztrommeln), die härteren in Blocks zum Versand.

Eine besondere fertige Mischung aus sehr bindemittelarmem Naturasphalt mit B 45 oder B 25 ist der Mastix, der mit 12, 16 und 22 % Bindemittel für Dichtungs- und Verlegezwecke geliefert wird.

9.1.1.2 Teere und Peche

Herstellung

Die Gewinnung der Teere erfolgt bei verschiedenen pyrogenen Prozessen, wovon am wichtigsten die Steinkohleverkokung mit dem Anfall von Steinkohlen-Rohteer ist.

Hierzu gehören auch die wenigen im Ausland noch vorhandenen Koksgaswerke, früher Hauptquelle für Teer. Die aus Schwelverfahren – speziell auf dem Braunkohlensektor – anfallenden Schwelteere, deren Menge ohnehin nicht groß ist, sind zwar für die Isolierung einzelner Inhaltsstoffe interessant, besitzen aber für den Sperrstoffbereich keine Bedeutung.

Durch die Weiterdestillation resultieren aus den Teeren die Peche; dazwischen liegen die „getoppten" Teere mit erhöhtem Siedebeginn und die sog. „präparierten Teere" für besondere Anwendungen. Das sind meistens mit hochsiedenden Teerölen zurückgestellte („gefluxte“) Weichpeche. Die Peche werden üblicherweise nach dem Erweichungspunktbereich in Weich- (bis etwa 50 °C), Mittelhart- oder Brikett- (bis etwa 80 °C) und Hartpeche eingeteilt. Dazu kommen die durch Rückfluxung härterer Typen mit Öl plastifizierten Flux- oder Sonderpeche (teilweise noch mit Kohleaufschluß, dadurch jedoch überempfindlich geworden) und die besonders reinen und harten Elektrodenpeche.

Mit feinen Mineralfüllstoffen angereicherte Teere und Peche sollten wegen der Verwechslungsgefahr niemals als Asphalte bezeichnet werden; ebenso unqualifiziert ist der Ausdruck „Teerasphalt“ (vergl. in 9.1.1.1 über Gefahren bei der Vermischung von Bitumen mit Teer).

Eigenschaften

Steinkohlenteer und -pech hat einen typischen Geruch, auch wenn die wertvollen Phenole und Homologen ebenso wie die basischen Heterocyclen (Pyridin etc.) entzogen worden sind. Im Bruch ist Pech mehr schwarz, Bitumen eher braun. Die Beständigkeiten sind dem Bitumen ähnlich, vorteilhaft ist aber die Unlösbarkeit in Benzin und Mineralölen, wobei allerdings dünne Schichten (Anstriche) durch Entzug kleiner Mengen Öle nach längerer Einwirkung doch durchlässig werden können, auch wenn sie nicht gelöst werden. Ebenso ist der Diffusionswiderstandskoeffizient für Wasserdampf um eine Zehnerpotenz größer als bei Bitumen, so daß Pech für entsprechende Abdichtungen vorteilhafter sein kann, weil es weniger Feuchtigkeit diffundieren läßt. Weiterhin hat Pech gewisse pilz- und fäulnisabweisende Eigenschaften. Nachteilig sind die erwähnte Kanzerogenität und der ausgeprägte Geruch, der sich besonders bei Heißverarbeitung störend bemerkbar macht, sowie die geringere Plastizität. Anstriche mit einfachen Pechlösungen, die nicht nach besonderen Verfahren hergestellt sind (es gibt deren verschiedene), verlieren bei längerer Sonneneinwirkung bald ihren Schutzwert durch Bildung zuerst feiner, aber rasch breiter und tiefer werdender Risse – durch Oxidation und Schrumpfung der jeweils obersten oxidierten Schicht –, die als Aderung oder Narbung („Krokodilshaut“) bezeichnet werden.

9.1.1.3 Kombinationen mit Kunststoffen

Mit der Verbreitung der Kunststoffe ergab sich die Frage, ob Kombinationen zwischen diesen und Bitumen oder Pech möglich und sowohl technisch wie wirtschaftlich sinnvoll sind. Die Verwendung mit trocknenden Ölen sowie Natur- und Kunstharzen modifizierter Bitumen- und Pechlacke gab dabei bereits Anhaltspunkte. Dort lagen besonders gute Erfolge auf dem Gebiet des Korrosionsschutzes vor. Als Kombinationsmöglichkeiten mit hochmolekularen Kunststoffen kommen die Einarbeitung von Thermoplasten in Heißmassen und Anstrichmittel wie die Herstellung kaltverarbeitbarer Mischungen mit reaktiv härtenden Typen in Frage.

Allgemein ist es wesentlich einfacher, Teere bzw. Peche mit solchen Kunststoffen zu kombinieren als Bitumen, da sich die größere Lösefähigkeit der aromatischen Kohlenwasserstoffe positiv auswirkt. Bitumen nimmt meist nur geringere Mengen, vor allem thermoplastischer Kettenpolymerer, wie Natur- oder SB- bzw. SBA-Kunstkautschuk, Polyäthylen und -propylen oder auch Butyl- bzw. Isobutylkautschuk, auf.

Die Verarbeitung derartiger Mischungen erfolgt entweder schmelzflüssig (auf Dächern; aber auch im Straßenbau liegen günstige Ergebnisse vor, besonders bei Dehnungsfugen-Vergußmassen) oder als Dispersionen (allgemeine Abdichtung). In Lösemitteln stört die rasche Viskositätszunahme bei Überschreiten schon geringer Prozentgehalte – man denke nur an Gummilösungen. Am meisten verbreitet sind sie heute jedoch in den diversen Bitumenfolien und -schweißbahnen. Seit kurzem gibt es übrigens auch einen Entwurf für „Bau- und Prüfgrundsätze" des IfBT in Berlin für Spritz- und Spachtelmassen auf Basis kunststoffmodifizierter Bitumen. Die dort aufgestellten Anforderungen erscheinen allerdings manchen Fachleuten als überzogen und man diskutiert noch einzelne der vorgesehenen Prüfungen. Auch die „Flachdach-Richtlinien" des Zentralverbands des Deutschen Dachdeckerhandwerks in Verbindung mit der Bundesfachabteilung Bauwerksabdichtung im Hauptverband der Deutschen Bauindustrie, auf die noch im Abschnitt Dachabdichtungen eingegangen wird, befassen sich mit Anforderungen und Prüfungen kunststoffmodifizierter Bitumenbahnen.

Teere oder Peche werden seltener in gleicher Weise mit Kunststoff modifiziert (eine Ausnahme bilden die öl- und benzinbeständigen Heißvergußmassen für Fugen); hier herrscht die Kombination mit Epoxiden oder Polyurethanen und entsprechend kaltflüssige Verarbeitung als Zweikomponentenmaterial vor. Bei Verwendung von Teer und flüssigen Kunststoff-Rohstoffen ergeben sich sogar kaltverarbeitbare lösemittelfreie Typen für Dickbeschichtungen oder Vergußmassen.

Je nach dem Verhältnis von Teer oder Pech zu Kunststoff sind die ausreagierten Massen mehr plastisch oder elastisch, auszuwählen nach den dafür vorgesehenen Aufgaben. Als optimal gilt eine Kombination von Teer (oder Pech) zu Kunststoff um 1:1, ohne Anrechnung verstärkender Füllstoffe und eventueller Lösemittel. Einsatz von Pech macht sich durch größere Sprödigkeit bemerkbar, andererseits sollten keine Teere mit zu niedrigem Siedebeginn (auf keinen Fall unter 200 °C) verwendet werden, weil sonst bei Bewitterung und noch mehr bei höherer Temperaturbeanspruchung zunehmende Verhärtung infolge Ölverlust zu erwarten ist. Relativ ölhaltige Teere können überdies ausschwitzen oder eine Art Ölwanderung zeitigen.

Für diese Kombinationen werden auch sog. „helle" Teere angeboten, die eigentlich mehr Cumaron-Inden-Harze o. ä. sind, um heller pigmentierbare Mischungen erzielen zu können – normal lassen sich nur rotbraune, olivgrüne und schmutziggraue Töne erzielen, außerdem ist Einarbeitung von Aluminiumbronze möglich –, aber Plastizität, chemische Widerstandsfähigkeit und selbst Witterungsbeständigkeit sind nicht so gut wie die von „schwarzen" Teeren.

Vergleichbare Kombinationen mit Bitumen haben trotz vieler Patente bis heute keinen wirklichen Durchbruch errungen. Entweder ist der Anteil an Bitumen relativ gering, so daß er zwar noch merkbar plastifiziert, aber nicht spürbar verbilligt, zumal teurere Spezial-Epoxide mit aliphatischer Note benötigt werden, oder es werden doch aromatische Mischungsvermittler gebraucht. Und letztlich gibt es keine so fließfähigen Bitumen wie Teere, so daß heiß oder zumindest warm (über 50° C) bzw. mit Lösemitteln gearbeitet werden muß.

9.1.2 Verarbeitung

Bitumen und Pech können heiß, d.h. schmelzflüssig, ebenso wie kalt in gelöster oder dispergierter Form verarbeitet werden. Der Lösung oder Dispergierung im Herstellungsprozeß geht aber im allgemeinen auch ein Schmelzvorgang voran, nur selten wird über mechanische Zerkleinerung gearbeitet. Bei jeder Form der Verarbeitung müssen die Eigenheiten eines Vielstoffgemischs wie auch gewisse physikalische Unterschiede zu dem zu schützenden Untergrund beachtet werden.

Wenn man Bitumen oder Pech mit Lösungsmitteln verschiedener Lösungsintensität, Polarität und Funktionalität behandelt, so erhält man einzelne Stoffgruppen, die sich bei Wiedervermischung nicht mehr dem ursprünglichen Material äquivalent verhalten. Der komplexe Aufbau von harzumhüllten Kernen („Micellen") in einem gestuft viskosen Ölmedium ist unterschiedlich empfindlich gegen Eingriffe wie Erhitzen und Lösen, weshalb auch aus manchen Typen z. B. keine Lacke oder Dispersionen erhältlich sind oder andere zum Zerfall bei Überhitzung neigen. Zahl und Bezeichnung der isolierten Gruppen schwanken je nach Methode, aber zumindest kann man grundsätzlich doch drei deutlich verschiedene Moleküler festhalten:

- die gerüstbildenden, fast unschmelzbaren und nicht echt lösbaren höchstmolekularen Anteile mit hohem Kohlenstoffgehalt (Asphaltene, Carbene, „freier Kohlenstoff"),
- die schmelz- und lösbaren mittelgroßen Moleküle mit besonders guter Klebfähigkeit (Harze) und
- die umhüllenden, verbindenden und gleichzeitig weichmachenden fließfähigen Öle von relativ niedrigem Molegewicht (Petrolene, Maltene bzw. Teeröle).

Die am stärksten plastifizierten Typen, sowohl auf der Bitumen- wie auch auf der Pechseite, sind durch hohe Anteile von a) und c) gekennzeichnet und besitzen demgemäß geringere Harzanteile, was sich auf ihre Klebfreudigkeit etwas negativ auswirkt. Ebenso ist ihre Anfälligkeit gegen die chemische Störung des vorhandenen Gleichgewichts dadurch größer: Sonderpeche beispielsweise sind in den seltensten Fällen noch in Lösung zu bringen.

Eine andere zu berücksichtigende Eigenschaft ist die Empfindlichkeit gegen andauernde Druckeinwirkung. Bitumina zeigen teilweise echtes, zum Teil auch pseudoelastisches Verhalten. Dickere Schichten können plötzlich und kurz auftretenden Drücken relativ gut standhalten, bei dauernder selbst geringer Belastung verschieben sich die Molekülgruppen gegeneinander und die Schicht gibt laufend weiter nach. Man spricht vom „kalten Fluß", der selbst bei ungünstig aufgebautem Gußasphalt bemerkbar werden kann. An geneigten Flächen kann sich diese Tatsache selbst ohne Belastung und bei verhältnismäßig geringer Neigung als „Schieben" mit Falten- und Gardinenbildung auswirken, wobei die Temperaturgrenze für diesen Effekt vom EP abhängt. Bestimmte verstärkende „Füllstoffe" (die hier also alles andere als nur „Füllung" sind) vermögen dieser Erscheinung sehr entgegenzuwirken; allerdings darf im allgemeinen die Schichtstärke dabei nicht zu groß werden. Insbesondere mit Tonmineralien stabilisierte Dispersionen können Filme ergeben, die auch an senkrechten Flächen bis zu 150 °C standfest sind, soweit kein äußerer Druck ausgeübt wird.

Schließlich ist noch ganz allgemein die unterschiedliche thermische Ausdehnung zwischen bituminösen Stoffen und den üblichen Untergründen zu beachten. In vielen Fällen vermag die gute Plastizität diese Differenzen aus der beanspruchten Richtung in eine andere umzulenken, aber es ist dafür auch wiederum die Art der anorganischen Zuschlagstoffe wichtig. Ferner können sowohl eingelegte Gewebe wie auch der Auftrag in mehreren Schichten zu einem Abbau möglicher Spannungen bei rasch wechselnden Temperaturen beitragen. Bei der Verwendung heißflüssiger Fugenvergußmassen erfolgt durch die Abkühlung in der schmalen und tiefen Fuge ein Einsinken der Oberfläche, das durch den sog. Nachverguß ausgeglichen werden muß, um gerade an den Kanten unnötige zusätzliche Zugbelastung zu vermeiden. Aber auch in speziellen anderen Fällen können solche Hilfsmaßnahmen sehr nützlich sein.

Sehr wertvolle Hinweise zu den verschiedenen Formen der Verarbeitung – heiß, kalt oder Folien- bzw. Bahnen-Verlegung – findet man in Teil 3 der DIN 18195. Auch die Neufassung 1982 der AIB der Deutschen Bundesbahn enthält beachtenswerte Passagen zum Thema Verarbeitung. Wenn nachfolgend nicht immer wieder darauf hingewiesen wird, so sind doch z. B. angegebene Temperaturen oder Verbrauchswerte zumindest mit den dortigen Angaben abgestimmt.

9.1.2.1 Heißverarbeitung

Je höher eine Heißmasse erhitzt wird, desto dünnflüssiger wird sie: eine starke Verleitung für den Verarbeiter zum Überhitzen! Aber gleichzeitig steigt der Dampfdruck der Öle, die Masse riecht und versprödet, und in gewissen Fällen kann sogar bereits wie beim Verblasen eine Crackung und gänzliche Veränderung eintreten. Dabei ist es bei gefüllten oder gar kunststoffhaltigen bituminösen Massen sehr schwer, die vorhandene Temperatur ohne Thermometer abzuschätzen. Pechmassen sind noch empfindlicher als Erdölbitumen. Es ist daher unverantwortlich, wenn bei der Verarbeitung von Heißmassen keine einwandfreie Temperaturkontrolle durchgeführt wird. Als – jedoch nur ganz grobe – Anhaltswerte können folgende Verarbeitungstemperaturen gelten:

einfache Teerklebemassen	um 120 °C
Sonderpeche	um 150–180 °C
ungefüllte Bitumen	um 150–210 °C
gefüllte oder anders präparierte Bitumenmassen	um 170–220 °C

Die in den einzelnen Bereichen anzuwendenden Typen entnimmt man zweckmäßig den einschlägigen Vorschriften bzw. läßt sich von erfahrenen Herstellern oder Verarbeitern beraten, wenn es – wie wohl weitgehend in der Zukunft für den Pechsektor – in Normen und anderen offiziellen Unterlagen keine Hinweise gibt.

Beim Auftragen von Heißmassen insbesondere auf saugfähigen Untergrund ist immer eine Grundierung mit einem dünnflüssigen, gut penetrierenden und daher ungefüllten Anstrich anzuwenden, damit Reste von Staub und Feuchtigkeit gebunden werden und eine Haftung auch an den Kapillareingängen erfolgt. Heißmassen sollen zwar nicht überhitzt, aber auch nicht zu kalt verarbeitet werden, weil dann durch den zusätzlichen Abschreckungseffekt an dem noch kälteren Untergrund eine Haftung kaum noch möglich ist.

Auch Gußasphalt darf keineswegs beliebig hoch erhitzt werden, wie vielleicht aus dem Ausdruck „kochen" geschlossen werden könnte, sondern auch hier liegt die Grenze bei 240–260 °C, und weiteres Erhitzen ist gerade wegen der dünnen Verteilung des Bindemittels auf dem gröberen Gestein mit Sicherheit mit einer endgültigen Schädigung des Bitumens verbunden.

Die Heißverarbeitung wird neben Straßen- und Wasserbau vor allem im Tiefbau für Abdichtungen und Verklebungen sowie im Hochbau zusätzlich zu diesen eben genannten Anwendungen für Schutzspachtelungen (Säurebau) und Fugenverguß eingesetzt. Dacheindeckungen zählen dabei selbstverständlich zur Gruppe Abdichtung oder Verklebung, je nach Arbeitsweise. Schließlich gibt es noch die Imprägnierung (Papier, Gewebe usw.) und die Folienherstellung.

Arbeitsmäßig kommen Bürste und Besen („Teerbesen") wie auch Vergießen und anschließendes Verziehen mit dem Rakel oder direktes Einrollen von z. B. Schweißbahnen vor, im Straßenbau auch Spritzen. Beim Spachteln wird mit Kelle und Traufel gearbeitet; die Fugen werden regelrecht aus kleinen Kännchen oder maschinell unter Druck aus Düsen vergossen.

Für die mechanische Verstärkung und eventuelle Verbesserung der thermischen Stabilität gibt es drei bereits an verschiedenen Stellen erwähnte Möglichkeiten:

- Einlegen von Geweben auf der Baustelle oder Verwendung derselben oder auch von Pappe- oder Kunststoffbahnen bei der Vorfertigung (Folien, Bahnenware),
- durch Einarbeiten geeigneter verstärkender Zuschläge (sog. „Füllstoffe") können bestimmte Eigenschaften erheblich verbessert werden. In Frage kommen kugelige, schuppige und gestreckte Typen, die in jedem Falle wasserbeständig und auch nichtwas-

serleitend sein müssen. Schließlich als dritte

■ die starke Auffüllung mit nicht nur feinem, sondern auch grobkörnigem Material in Form von Unterlagsmassen oder Gußasphalt (Asphaltestrich).

Gußasphalt soll in keinem Fall mehr als 10% Bitumen enthalten, auch wenn er sich nicht sehr leicht verarbeiten läßt. Die besten, nur maschinell herstellbaren Sorten enthalten sogar nur 7% Bindemittel. Durch „fettere" Einstellungen werden die Druck- und Standfestigkeit geschwächt und die Gefahr von Riß- und Blasenbildung heraufbeschworen. Sehr bedeutsam sind auch die richtige Korngrößen-Zusammenstellung (Sieblinie) und die Verwendung kantigen Materials als Zuschlag. Gußasphalt wird für Unterböden, Estriche, Feuchtigkeitssperren, säurefeste Beläge sowie Geh- und Fahrbahnen eingesetzt.

9.1.2.2 Kaltverarbeitung

Kalt verarbeitbar sind Lösungen und Dispersionen von Bitumen oder Pech und dazu die daraus abgeleiteten stark verdickten Spachtelmassen (früher als Kaltkitte bekannt). Lösungen und Dispersionen dienen als sehr untergeordnete Dichtungsmittel in Form mehrfacher Anstriche, vorwiegend aber als Schutz gegen chemische Einwirkungen für Metalle, Holz und zementgebundene Baustoffe. In beiden Fällen können auch in diese kaltflüssigen Schutzstoffe noch feine Mehlstoffe (Quarzmehl, Schiefermehl, Talkum und dgl.) eingearbeitet werden, wodurch die Dichtigkeit und Wetterbeständigkeit verbessert wird, wenn nicht der Anteil gegenüber dem Bindemittel zu hoch liegt, wodurch das Gegenteil bewirkt wird. Besonders beliebt ist Mikroasbest, der aber nicht völlig säurefest ist.

In den Lösungen liegen im Grunde nicht die einzelnen Moleküle getrennt vor, sondern die Micellen bleiben erhalten, und nur die ölige Phase befindet sich in echter Lösung. Bei den Dispersionen (oft unrichtig als Emulsionen bezeichnet) sind die dispergierten Einzelteilchen noch wesentlich größer als die Micellen in der Lösung; sie haben Durchmesser von einigen Hundertstel bis Tausendstel von Millimetern und sind unter dem Mikroskop deutlich unterscheidbar. Allgemein ist das Wasser die äußere Phase, umgekehrte Dispersionen (Wasser-in-Öl-Typ) sind selten oder umgeschlagen und nicht brauchbar.

Lösungen sind feuergefährlich (Kennzeichnung und Sicherheitsvorschriften beachten!), ihre Lösemittel sind u.U. gesundheitsgefährdend (solche Typen müssen deutlich außen nach der Arbeitsstoff-Verordnung gekennzeichnet und mit Sicherheitshinweisen versehen sein) oder können geruchlich bei der Verarbeitung stören. Für Dispersionen trifft dies alles nicht zu, sie sind aber frostempfindlich – bei Lagerung und Verarbeitung – und brauchen eine Mindesttemperatur von ca. 5–10°C, um einen dichten und beständigen Schutzfilm zu bilden.

Bei der Applikation von Lösungen soll der Untergrund im allgemeinen trocken sein (es gibt aber Zusätze, die das Aufstreichen auf mäßig feuchten Grund ermöglichen); Dispersionen erfordern umgekehrt ein Vornässen saugfähiger Flächen vor dem Auftrag. Der Dispersionsfilm muß aber auch einmal völlig durchtrocknen, um stabil zu werden, vorher bleibt er re-emulgierbar, kann also beispielsweise von Regen abgewaschen werden.

Kaltverarbeitbar sind auch die lösemittelarmen oder -freien Teer/Kunststoff-Kombinationen, die einkomponentig mit feuchtigkeitshärtenden Polyurethanen oder überwiegend zweikomponentig auf dem Markt sind. Sie sind meistens gefüllt und lassen teilweise so dicke Schichten erreichen, daß man sie, zumal mit eingelegten Geweben, auch als Druckwasserdichtung einsetzen könnte. Obwohl erfolgreiche Anwendungen aus der Praxis bekannt sind, befürchtet man Undichtigkeiten infolge von Verarbeitungsfehlern, die bei vorgefertigten Bahnen praktisch ausgeschlossen sind.

Die Verarbeitung der Lacke und Dispersionen erfolgt mit Pinsel, Rolle oder dem Spritzgerät, wobei selbstverständlich Airless-Verfahren oder Flammspritzen (z. B. Korel-Methode, siehe Literaturverzeichnis) einbezogen sind.

Die im Straßenbau verwendeten Lösungen werden aus alter Zeit als „Kaltbitumen", die Dispersionen als „Kaltasphalt" bezeichnet. Die erstgenannte Type wird für kalteinbaufähige Makadammassen (auch Asphaltfeinbeton und lagerfähiges Mischgut) verwendet, wobei der ländliche Wegebau im Vordergrund steht. Bei den Dispersionen unterscheidet man unstabile („U .."), halbstabile („H ..") und stabile („S ..") Typen. Durch eine zugesetzte Zahl wird der ungefähre Bitumengehalt angegeben.

„K" danach weist auf kationische Typen hin. Die stabilen Sorten verfilmen nur durch Verdunstung und sind dann wasserfest. Sie werden heute zur Versiegelung alter Decken und für Schlämmen bevorzugt. Die halbstabilen dienen zur Herstellung von lagerfähigem Kaltmischgut, während die instabilen vor allem zur Oberflächenbehandlung und diversen Formen der klein- und großflächigen Ausbesserung verwendet werden. Der Vorteil gerade der unstabilen liegt im momentanen Brechvorgang mit sofortiger Regenbeständigkeit, wozu bei den kationischen noch die Haftung auch auf inaktiven (sauren) Splittarten hinzukommt. Mit dem Pinsel oder dgl. lassen sie sich nicht verarbeiten und kommen daher in anderen Bereichen nicht vor.

Die verdickten Typen werden entweder als dickschichtige Spachtelungen (z. B. Dachkitt) oder als Verfüllungen für Fugen und vergleichbare Hohlräume eingesetzt (Kaltfugenkitte und neuartige Muffendichtungen, teilweise auch wieder mit Zement verstärkt). Teerepoxide können sogar als sog. Einstreubeläge oder direkt mit Sand aufgefüllt in tragfähigen Schichten von etlichen Millimetern Dicke verarbeitet werden und ergeben dichte Schutz- und Abdeckungsbeläge.

9.1.2.3 Trägereinlagen

Höher beanspruchte Abdichtungen, nicht nur gegen Druckwasser, sondern auch bereits gegen nicht-drückendes Wasser (DIN 18 195, Teil 5) sollen durch

Trägereinlagen verstärkt sein. Diese können in verschiedener Form vorkommen, angefangen von der altbekannten nackten Bitumenbahn über diverse Typen von Dichtungsbahnen bis zu den Bitumen-Schweißbahnen. Eine Übersicht mit Angabe der für die einzelnen Typen gültigen Norm gibt die Tab. 3.6 im derzeitigen DIN-Entwurf 18195, Teil 2 (Stoffe). Während die einfacheren Arten dem alten Modell der Verstärkung ähnlich sind, stellen die Schweißbahnen selbst eine Abdichtung dar, die nur mit entsprechenden Hilfsmitteln auf dem jeweiligen Untergrund befestigt werden muß.

Als Einlagen kommen Rohfilz, Jute, Glasfaservlies und Glasfasergewebe, Polyestervlies und Metallfolien, wie Kupfer oder Aluminium, vor. Aus den Buchstaben der Bahnentypen kann man das Einlagematerial entnehmen (R, J, G, PETP, Cu oder Al), ebenso wie das Gewicht (in gr/m²) bzw. bei den Metallfolien die Dicke (0,1 = 0,1 mm bzw. 100 Mikron) und die anwendungsmäßige Bestimmung: D = Dichtungsbahn, DD = Dachdichtungsbahn, S = Schweißbahn, mit einer Zusatzzahl für die Dicke in Millimeter. Aus der früheren „nackten Pappe" ist die „nackte Bitumenbahn" geworden, aber sie waren und sind nicht „nackt", sondern bitumengetränkt. Den Begriff der Pappe einschließlich der Dachpappe gibt es überhaupt nicht mehr; ungetränkte Rohfilzbahnen dürfen nicht verwendet werden. Schweißbahnen haben den Vorteil, die Klebemasse bereits auf einer Seite mitzubringen, so daß das gefährliche Hantieren mit heißem, flüssigem Bitumen auf dem Dach oder im Tiefbau entfällt.

9.1.3 Anwendung von Bitumen und Pech

9.1.3.1 Abdichtungen

Abdichtungen sollen Bauwerke bzw. Bauwerksteile gegen Wasser in allen seinen auftretenden Formen schützen, wobei im Rahmen der Behälterabdichtungen und vergleichbarer Aufgaben auch wässerige Lösungen einschl. Säuren und Laugen erfaßt werden, soweit die Beständigkeit der Rohstoffe ausreicht. Daher kommt auch kaum eine Abdichtung gegen organische Flüssigkeiten in Frage, für die allenfalls Kunststoffe Verwendung finden.

Das Wasser kann dabei in sehr verschiedenen Formen und mit differenzierter Wirkung auftreten. Man unterscheidet einerseits zwischen ober- und unterirdischem Wasser, andererseits zwischen Druck- (Stau- oder Grundwasser) und drucklosem Wasser (Niederschläge, nichtstauendes Sicker- und Brauchwasser) sowie Luft- bzw. Bodenfeuchtigkeit. Zum drucklosen Wasser zählt auch das periodische Auftreten von kondensierender Feuchtigkeit in Innen-, sog. Naßräumen. In den Teilen 4 bis 6 der DIN 18195 sowie in der AIB finden sich sehr genaue Definitionen.

Der Schutz von Dächern wird in diesem Kapitel in einem späteren Abschnitt behandelt, Dampfsperren dagegen in Kap. 8.

Eine der wesentlichsten Voraussetzungen für die sachgerechte Ausbildung von Abdichtungen ist die Anordnung an jeweils der der Feuchtigkeit zugewandten Seite: bei Grund- und Sickerwasser also von außen, bei Naßräumen oder Behältern etc. dagegen von innen. Muß von diesem Prinzip aus besonderen Gründen abgewichen werden, so sind stets aufwendige zusätzliche Maßnahmen erforderlich, wenn trotzdem der Abdichtungszweck einwandfrei erreicht werden soll. Bestehen definierte Grenzen für die Höhe des einwirkenden Wassers (z.B. Grundwasser), so ist der Rand der Abdichtung grundsätzlich ausreichend höherzulegen, um gegen die in diesem Bereich starke Luft- oder Erdfeuchtigkeit eine Übergangszone zu erhalten.

Bei der Verwendung von Bitumen oder Pech in der Dichtungstechnik sind die spezifischen Eigenschaften wie insbesondere Plastizität und Wärmeabhängigkeit, also Druck- und Temperaturempfindlichkeit, zu berücksichtigen. Bitumen, das man auch als „feste Flüssigkeit" bezeichnen könnte, braucht stets einen Träger. Dies kann entweder das zu schützende Bauwerk selber sein oder aber eine entsprechende Einlage. Im ersteren Fall ist die Oberflächenbeschaffenheit wichtig: nachträgliche und sich bewegende Risse können sehr schnell zu Schäden in der Dichtung führen, weshalb u.a. jetzt in DIN 18195 von den Abdichtungsmaterialien eine Rißüberbrückbarkeit bis zu 2 mm (Teil 5) bzw. 5 mm (Teil 6) gefordert wird. Ähnlich können Hohlstellen Durchbrüche verursachen und sind deshalb zu vermeiden. Andererseits ist die Dicke zumindest trägerloser Schichten wegen der Fließneigung begrenzt, wodurch sich auch der stärkere Trend zu Bahnen aller Art erklärt.

Schon bei Abdichtungen gegen nichtdrückendes Wasser nach Teil 5 der DIN 18195 sind je nach Beanspruchung zwei

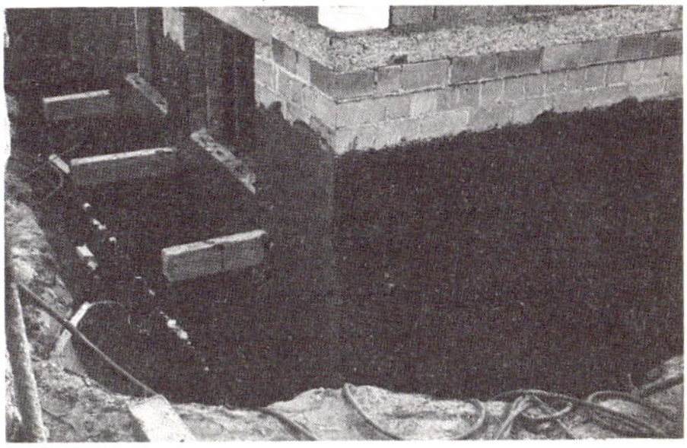

Abb. 9.1: Abdichtung eines Hausfundamentes mit kaltstreichbarer Bitumenlösung mit Verstärkerstoffen gegen nichtdrückendes Wasser

bis drei Lagen nackter Bitumenbahnen oder ein bis zwei Lagen Bitumen-Dichtungs- oder Schweißbahnen zu verwenden, die nach dem Bürstenstreich-, Flämm-, Gieß- oder Gieß- und Einwalz-Verfahren mit ungefülltem oder auch gefülltem Heißbitumen verklebt werden. Gegen Druckwasser kann sich die Zahl der Lagen je nach der Eintauchtiefe – bezogen auf den Bemessungswasserstand – auf vier bis fünf bzw. drei Schweißbahnen erhöhen (Teil 6 der DIN 18195). Die Temperaturbeständigkeit der verwendeten Materialien, besonders auch der Klebemassen, muß mindestens um 30 °C über der möglichen Höchsttemperatur am Objekt liegen. Auch die pro Quadratmeter zu verbrauchenden Mindestmengen sind vorgeschrieben. In der AIB der Bundesbahn sind teilweise geringfügige Abweichungen hinsichtlich Lagenzahl und Kleber-Mindestmenge vorhanden, die sich aus der stärkeren Beschränkung auf bestimmte Objekte ergeben.

Abdichtungen für höhere Beanspruchungen, also u.a. grundsätzlich gegen Druckwasser, müssen eingepreßt sein, wobei der ausgeübte Flächendruck mindestens 10 kN/m² betragen muß. Eine Ausnahme bilden Aufbauten aus nackten Bitumenbahnen mit einer Zwischenlage einer Metallfolie und die Schweißbahnen, weil bei letzten durch die direkte Verschweißung von Bahn zu Bahn keine Gefahren für Undichtigkeiten bestehen. Alle Bahnen müssen jeweils an den Nähten und Stößen um 10, an Anschlüssen um 15 cm sich überdecken. Nicht zu verwechseln mit der notwendigen Einpressung ist die gegenteilige Beschränkung einer eventuellen Druckbelastung. Diese ist je nach dem Aufbau auf 0,6 bis 1,5 MN/m² begrenzt; bei evtl. höherer Belastung sind besondere Berechnungen vorgeschrieben, wofür noch ein Beiblatt zur Norm in Vorbereitung ist.

Ein Sonderfall ist die Abdichtung gegen aufsteigende Feuchtigkeit in Wänden, für die im allgemeinen eine genügend hoch über der Erdoberkante eingelegte einlagige Abdichtung genügt. Demgegenüber sind alle heute vorgeschlagenen Methoden zur nachträglichen Abdichtung bei Fehlen oder Versagen einer solchen vorbeschriebenen Einlage nur als Notbehelf anzusehen und dabei noch sehr aufwendig.

Am meisten gefährdet sind die Abdichtungsmaßnahmen im Bereich von Fugen, insbesondere Bewegungsfugen, sowie an Durchdringungen, Übergängen und Abschlüssen. Nicht ohne Grund befassen sich im Rahmen der DIN 18195 die Teile 8 und 9 ausführlich mit der Lösung dieser Aufgaben, ebenso wie sie auch in der AIB mehrere Seiten lang ausführlich abgehandelt werden. In beiden Fällen wird zwischen Fugen des Typs I und II unterschieden. I sind Fugen für langsam ablaufende bzw. einmalige oder selten wiederholte Bewegungen, wie Setzungen oder jahreszeitliche Temperaturschwankungen, sie befinden sich in der Regel unter der Geländeoberfläche; II sind dagegen Fugen für schnell ablaufende oder häufig wiederholte Bewegungen, z. B. durch Verkehrslasten oder den Tagestemperaturablauf. Gerade für die Darstellung solcher Abdichtungen sind eindeutige Symbole für die zeichnerische Darstellung eminent wichtig.

Behälterabdichtungen werden sowohl mit mehrlagigen Dichtungsbahnen wie auch mit Schweißbahnen (mindestens zweilagig) ausgeführt. Daneben kommen auch in Anlehnung an den sog. Säurebau entsprechend stabilisierte Spachtelmassen vor, auf denen ggf. Fliesen oder Platten verlegt werden. Auch mehrfache Aufträge reaktiv härtender, heute oft schon elastifizierter lösemittelfreier Beschichtungen kommen vor, obwohl sie im Augenblick noch nicht durch eine Norm abgesichert sind, im Gegensatz zu den im Abschn. 9.2 folgenden Kunststoff-Folien.

Bei allen Abläufen oder Feuchtraum-Innenabdichtungen ist stets auf eine genügend hohe Aufkantung an den Wänden und die einwandfreie Abführung des Wassers zu achten. Allgemein ist bei der Abführung von (drucklosem) Wasser für ein ausreichendes Gefälle Sorge zu tragen. 2 % gelten dabei als Minimum; je nach den örtlichen Gegebenheiten kann ein stärkeres Gefälle günstig sein. Bewährt ist für diesen Bereich in Bodenflächen auch die Anwendung von Asphaltmastix, entweder zweilagig oder nur einlagig mit direkt darüber aufgebrachter Schutzschicht aus Gußasphalt. Selbstverständlich ist auch hier eine Mindestneigung zur Wasserabführung einzuplanen.

Solche Schutzschichten sind im übrigen für viele Abdichtungen auch in anderen Fällen zweckmäßig oder sogar notwendig. Nach Teil 10 der DIN 18195 sollen sie vor schädigenden Einflüssen statischer, dynamischer oder thermischer Art schützen. Sie können dabei u. U. zugleich Nutzschichten des Bauwerks bilden. Man unterscheidet feste Schutzschichten aus Mauerwerk, Ortbeton, Mörtel oder Platten und weiche wie Gußasphalt oder Bitumen-Dichtungsbahnen. Etwas anderes sind die in dem gleichen Teil behandelten Schutzmaßnahmen, die sich auf den vorübergehenden Schutz der Abdichtung während der Bauarbeiten beziehen. Dazu gehört der Schutz gegen lösende oder andersgeartete aggressive Stoffe ebenso wie der Schutz gegen mechanische Beschädigungen.

Für den einfachsten Bereich der Abdichtungsskala gegen Luft- und Bodenfeuchtigkeit kommen neben den verschiedenen Bahnentypen, alle einlagig mit einem Deckaufstrich, vor allen Dingen kalt und heiß verarbeitbare Anstriche und Spachtelmassen in Frage. Dennoch ist immer auf die gegenseitige Überlappung und eine genügende Höhe der Abdichtung über der obersten Feuchtigkeitsgrenze zu sehen. In diesem Sektor kreuzt sich die Anwendung als sog. Sperrschicht mit vielen üblichen Anstrichen, die – speziell als Teil des sog. Bautenschutzes – in diesem Buch an anderer Stelle genauer abgehandelt werden. Hinzuweisen ist aber auch noch auf die sog. Dichtschlämme, die mit einer Zulassung des Instituts für Bautechnik auch für die Abdichtung gegen nichtdrückendes Wasser unterhalb der Erdoberfläche eingesetzt werden darf. Wieweit demgegenüber in Zukunft noch eine Chance für die Anerkennung eines druckwasserdichten Betons nach DIN 1045, evtl. kombiniert mit sog. hydrophobierenden Zusatzmitteln, zur Anwendung gegen nichtdrückendes Wasser oder zumindest Bodenfeuchtigkeit besteht, ist sehr zweifelhaft.

Als grundsätzliche Hinweise für die Erzielung einwandfreier Abdichtungen, gleichgültig welcher Beanspruchung, seien aber noch genannt: die Vermeidung von Unebenheiten, insbesondere scharfen Graten und Kanten in der Unterlage, das Verbot, Platten, Fliesen oder ähnliche Einzelteile ohne eigenen zusätzlichen Träger direkt an eine bituminöse Abdichtung anzuhängen und schließlich der Grundsatz, nacheinander errichtete Bauwerke auch bei engster baulicher Verknüpfung niemals in der Abdichtung zusammenzulegen, sondern sie jeweils unabhängig voneinander abzudichten.

9.1.3.2 Dachabdichtungen

Die Dachabdichtung ist eine Form der Abdichtung gegen Feuchtigkeit, die zufolge besonderer Verhältnisse von den zuvor besprochenen teilweise abweicht, so daß eine getrennte Behandlung notwendig erscheint.

Man unterscheidet grundsätzlich zwischen wasserableitenden (nur für geneigte Dächer, Schiefer, Ziegel und

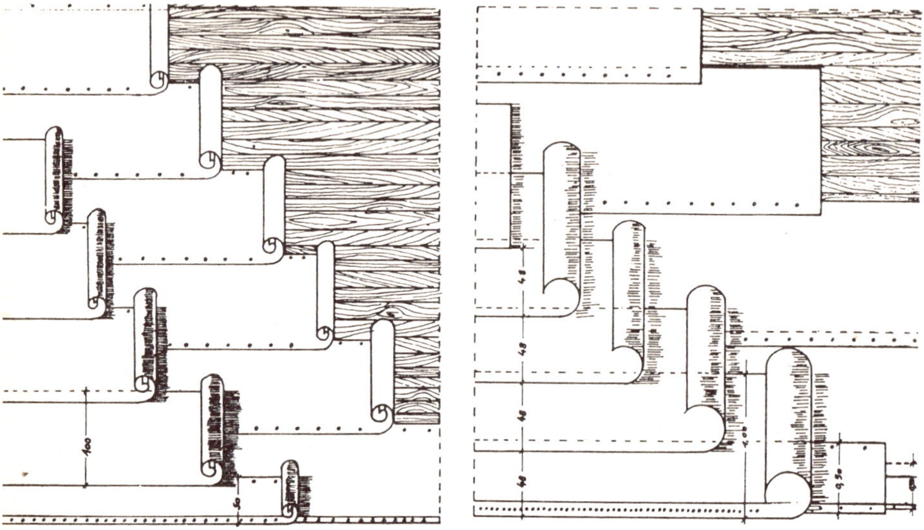

a: Normale Deckung (2- oder mehrlagig): Die untere Lage wird genagelt. Danach Beendigung restlicher Arbeiten auf dem Dach. Anschließend wird die obere Lage voll verklebt und an der Oberkante genagelt.

b: Verbanddeckung (englische oder Schachteldeckung): Verlegung in einem Arbeitsgang; untere Lage in Normaldeckung, darüber doppellagige Verbanddeckung.

Abb. 9.2: Dacheindeckungen

dgl.) und wasserabweisenden Eindeckungen (Dachbahnen, Kunststoffdachbahnen, Spachtelungen), die vor allem für Flachdächer eine bedeutende Rolle spielen. Die erstgenannten werden hier nicht behandelt.

Wasserabweisende Abdichtungen können auf Schalungen (Holz) genagelt oder auf Kompaktträger (Beton u. ä.) geklebt werden. Sie sollen wie auch die anderen Abdichtungen prinzipiell mehrlagig sein, wobei die Lagen untereinander verklebt (verschweißt) oder – bei Spachtelungen – miteinander sozusagen verwirkt werden.

Die verschiedenen möglichen Aufbauformen zweilagiger Dachabdichtungen sind *Abb. 9.2* mit dem zugehörigen Text zu entnehmen. Die früher auch in Deutschland vorkommenden Kiespreßdächer – im Ausland werden sie teilweise noch eingebaut – entsprechen heute nicht mehr den Richtlinien. Um für besondere Fälle ihren Aufbau darzustellen, ist dieser trotzdem unter d) in die Übersicht aufgenommen.

Die Bahnen werden bei Dächern bis zu 10° Neigung meist parallel zur Traufe, bei steileren dagegen senkrecht zu ihr verlegt. Die hin und wieder ausgeführte kreuzweise Deckung entspricht nicht den Regeln und birgt gewisse Gefahren.

Bei den Flachdachkonstruktionen unterscheidet man zwischen dem belüfte-

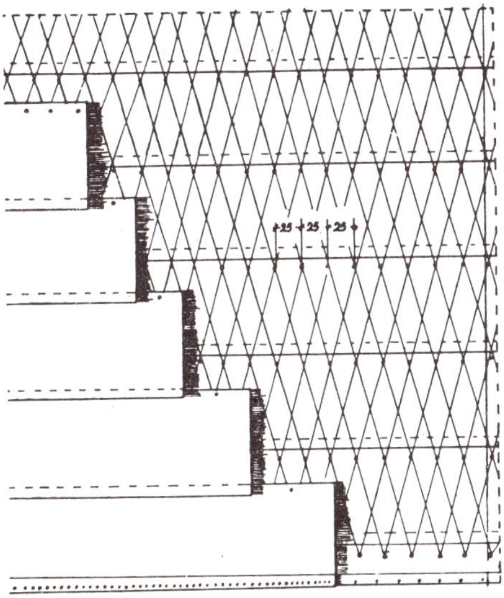

c: Sturmdeckung: Wie bei Normaldeckung, nur untere Lage stärker vernagelt und durch rautenförmige Verspannung fester mit dem Dach verbunden.

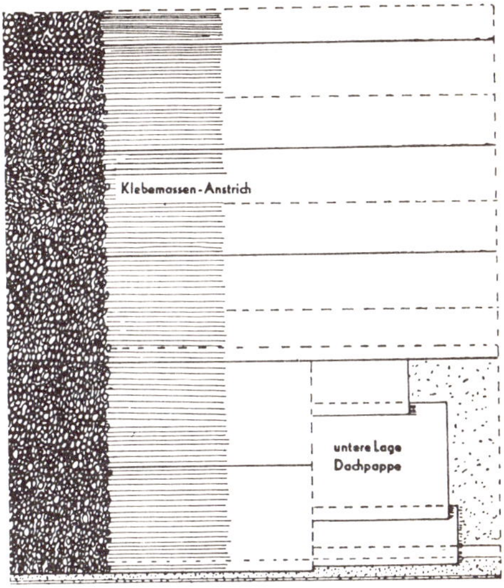

d: Kiespreßdach: Früher weit verbreitet, im benachbarten Ausland noch heute sehr gebräuchlich; Abschluß mit grobem Rundkies von 10 bis 20 mm Ø in einer Dicke von 3 bis 5 cm

ten (Kalt-) und dem nichtdurchlüfteten (Warm-)Dach. Beide besitzen, wenn auch an verschiedener Stelle angeordnet, eine Wärmedämmschicht (Hartschaum, Kork, Schaumglas) und die eigentliche Abdichtung. Beim nichtbelüfteten Dach kommen noch eine Dampfdruckausgleichsschicht (einseitig grob auf der Unterseite bestreute Dachbahn, Lochglasvlies-Bitumenbahn und selten noch Falz- oder Wellenbahn, teilweise auch als Kombination der Entlüftung mit der Wärmedämmung) und eine Dampfsperre hinzu (neben anderen Bahnen vorzugsweise bitumenkaschierte Metall- oder Kunststoffbahnen).

Wärmetechnisch wirksame Tragkonstruktionen bedingen Abweichungen im Aufbau. Belüftete Dächer sind in ihrem Trägerteil besonders starken Temperaturwechseln ausgesetzt, was sowohl bei der Fugenbemessung wie auch bei der Auswahl der Dachabdichtung einzukalkulieren ist.

Beim Kleben der Dachbahnen ist immer ein kaltflüssiger Voranstrich zu verwenden, der jedoch vor Aufbringen der heißen Klebemasse gut abgelüftet sein muß (sonst Blasenbildung!). Die Klebung kann mit Bürsten („Teerbesen") erfolgen, wobei sowohl Untergrund wie auch Unterseite der Bahn bestrichen und vor zuweitgehender Abkühlung ausgerollt werden müssen, oder im Gieß- und Einrollverfahren. Bei diesem wird die heiße Klebemasse direkt wulstartig vor der ausgerollten Bahn ausgegossen. Beim Aufkleben auf eine Unterlage von Lochbahnen als Dampfdruckausgleich erzielen gleichzeitig die durch die Löcher an den Untergrund gelangenden Anteile der Klebemasse deren punktförmige Verbindung mit der Unterkonstruktion.

Gerade auf dem Gebiet der Flachdächer haben sich neben den verschiedenen Bitumendachbahnen – auch hier spielen die in 9.1.3.1 beschriebenen Schweißbahnen eine bedeutende Rolle – Spachtelungen mit Bitumendispersionen (also kalt verarbeitet) wie mit spezifisch eingestellten Heißmassen unter Einlagerung von Glas- oder Kunststoffgeweben ein interessantes Anwendungsgebiet errungen. Als besonderer Vorteil dieser Ausführungsart gilt das völlige Fehlen von Nähten oder Fugen und den damit nun einmal immer verbundenen sofortigen oder späteren Fehlerquellen. Bei entsprechender Gestaltung können auch Dehnungsfugen in der Dachkonstruktion sowie Randabschlüsse und Einlässe oder ähnliche Durchbrüche absolut sicher und dauerhaft gedichtet werden. Die Elastizität zur Überbrückung von Bewegungen einschließlich Rissen des Untergrundes und ohne Temperaturbeständigkeit erfordern praktisch von solchen Typen immer die Einarbeitung von Kunststoffanteilen wechselnder Natur und dementsprechend unterschiedliche prozentuale Anteile, was bei der Verarbeitung einzukalkulieren ist.

Allgemein unterliegen dichte Stoffe mit thermoplastischem Charakter auf niemals feuchtigkeitsfreien Untergründen der Gefahr der Blasenbildung, und es

Abb. 9.3: Flachdachabdichtung mit faserhaltiger Bitumendispersion und Kunststoffträgereinlage

ist deshalb auf weitgehenden Ausschluß von Feuchtigkeit bei der Verarbeitung zu achten. Man versucht daher zur Verringerung der Oberflächentemperaturen wie auch gelegentlich aus ästhetischen Gründen manchmal, die ,,Schwarzdächer" durch farbige oder aluminiumhaltige, sog. ,,Silber"-Anstriche aufzuhellen. Diese Maßnahme kann nur Erfolg haben, wenn das Bindemittel dieser Anstriche mit dem bituminösen Untergrund einwandfrei harmoniert. Vielfach sind farbige Splitte oder Kiese, ggf. mit farblosen niedrigviskosen Sprühlacken auf dem Untergrund gebunden, vorzuziehen.

Ein unbestrittenes Reservat von Bitumen und zum kleinen Teil auch noch Pech sind die allgemein kalt verarbeiteten Pflege- und Ausbesserungsmassen, wie Dachlacke und Kaltbeschichtungen, noch heute als Dachkitte angeboten. Viele dieser Massen, speziell für ältere und vom Rohstoff her vergleichsweise einfache Abdichtungen sind gleichfalls kunststoffhaltig und ermöglichen dadurch besser, die Gebrauchsdauer erheblich zu verlängern.

9.1.3.3 Anwendung im Straßen-, Flugplatz- und Wasserbau

Es ist durchaus berechtigt, nicht nur die Verwendung von Bitumen im Wasserbau, sondern ebenso im Straßen- und Flugplatzbau unter dem Aspekt der Abdichtung gegen Feuchtigkeit zu betrachten. Dem – wasserdurchlässigen – Pflaster folgte zunächst die wassergebundene Makadamstraße, in der der Name ihres Erfinders MacAdam bis heute weiterlebt. Nach vorübergehenden Versuchen mit Ölen zur Staubbindung und der ersten Teeremulsion im Jahre 1907 hat sich im Verlauf von über 70 Jahren eine breitgefächerte Skala von Bitumen-Produkten und -Bauweisen entwickelt, die hier nur ganz kurz gestreift werden kann.

Die Verfahren zur Bodenverfestigung mit Bitumen wie auch die eigentlichen stabilen Tragschichten gehören strenggenommen nicht zu den Dichtungen, da sie keine exakte Dichtwirkung besitzen. Die verschiedenen Asphalt-Makadambauweisen, die offiziell schon zu den Deckenbauweisen zählen, spielen heute eine mindestens ebenso große Rolle als „obere Tragschicht". Sie gehören zu den Kompressionsdecken, die ihre endgültige Verdichtung und damit ggf. Dichtigkeit erst unter entsprechender Kompression erhalten. Die einzelnen Typenbezeichnungen deuten die jeweilige Arbeitsweise an: Tränk-, Streu-, Misch- oder Mörtelmakadam.

Ebensowenig hohlraumarm wie die Makadamsorten ist der Asphaltbinder als Zwischenschicht zwischen Trag- und Deckschicht. Bei sachgerechter Ausführung dagegen schon vom hohlraumarmen Aufbau und der Verwendung feiner Sande mit genügend „klebfähigem" Bitumenbindemittel her tatsächlich dichtend sind die diversen Arten des Asphaltbetons (der nur vom Aufbau des Zuschlagstoffkorns seinen Namen bezieht und kein Körnchen Zement enthält), des Gußasphalts und der Mastix-Eingußdecken. Gerade Gußasphalt spielt heute auch außerhalb von Stadtstraßen, u.a. auf Stahl- wie Betonbrücken, eine wichtige Rolle.

Ganz besonders als Abdichtung ist der speziell auf Brückenbauwerken unter den Deckschichten als Schutz für die tragende Konstruktion verwendete Asphaltmastix anzusehen. In der jüngsten Entwicklung wird er teilweise durch Schweißbahnen ersetzt oder auch durch weniger plastische und mehr elastifizierte, relativ dünne Beschichtungen aus Kombinationen von Bitumen oder Teer mit sog. Reaktionskunststoffen bzw. aus unmodifiziertem Kunststoff der Epoxid- und/oder Polyurethan-Reihe.

Hinweise hierzu und teilweise auch Anforderungen findet man in Anweisungen der Länder Berlin und Hessen.

Eine vergleichbare Dichtigkeit erwartet man von den verschiedenen Oberflächenschutzschichten, bei denen üblicherweise ein bindemittelreiches Bitumen kalt (vergl. die Typbesprechung in 9.1.2.2) oder seltener auch warm in vergleichsweise dünner Schicht aufgebracht und mit rohem oder leicht bitumierten Splitt oder Kies abgedeckt wird. Insofern können sogenannte „offene Beläge" durchaus dichtende Funktion haben. Das gilt auch für die diversen ähnlichen Verfahren zur Überholung älterer bzw. Reparatur schadhafter Deckenbeläge.

Ursprünglich war verständlicherweise Bitumen auch der hauptsächlich verwendete Baustoff für den Flugplatzbau. Aufgrund von Erfahrungen und abweichenden Anforderungen haben sich aber nur bestimmte Bauweisen durchgesetzt und daneben andere Baustoffe eingeführt. Die nachträgliche Kompression im Straßenverkehr fehlt weitgehend – selbst bei hoher Flugdichte –, die Einzelradlasten sind erheblich größer, und es treten spezifische Pressungen an der Oberfläche auf. Als Deckschichten sind demzufolge nur dichte – hohlraumarme – und standfeste Bauweisen, vorzugsweise Asphaltbetondecken, dauerhaft. Beim Einbau neuer bitumengebundener Decken auf alten nichtflexiblen Unterbauten (Beton) muß besondere Sorge getragen werden, daß sich Fugen, Risse und speziell bewegliche Risse nicht in den neuen Oberbau übertragen.

Weitere Einschränkungen rühren von der Hitzeempfindlichkeit des Bitumens (man denke an die Strahltriebwerke, die bei den ersten Flugzeugen dieser Art sogar teilweise einen Neigungswinkel zum Boden hin besaßen) und seiner Öl- und Benzinlöslichkeit her. Sowohl im Straßen- wie im Flugplatzbau (und neuerdings auch im Wasserbau) gibt es Stellen, die derartigen lösenden Angriffen vorwiegend ausgesetzt sind: Garagen, Autobushaltestellen, Lkw-Abstellplätze oder Wasch- und Betankungsfelder auf Flugfeldern und die Wasserwechselzonen in Schleusen u.ä. Bauwerken gehören hierzu. Da ein von Benzin oder Öl aufgeweichter Asphalt seine Dichtwirkung verliert, hat man sowohl die Einarbeitung ölfester Kunststoffe (z.B. sog. Kunstkautschuke) wie auch den entsprechenden Oberflächenschutz, wobei sich Polyurethane auf Asphalt gut eignen, erprobt. Auch Teere als Bindemittel, die ja als nahezu benzin- und ölbeständig anzusprechen sind, wurden eingesetzt, haben sich aber nur als kunststoffvergütete Fugenvergußmassen, über die in einem späteren Abschnitt noch gesprochen wird, bewährt.

In allen Fällen ist bei den besprochenen Bauweisen der Zuschlagstoff der tragende Teil, dem bei der völlig andersartigen Beanspruchung von Straßen- und Flugplatzbefestigungen gegenüber den Abdichtungen des Hochbaues in bezug auf Druckbelastung wesentlich mehr Aufmerksamkeit entgegengebracht werden muß als dort. Man verwendet die festesten Natur- und Kunststeine und erstrebt eine gute Verkeilung, auch bei Kompressionsdecken. Ein Überschuß an plastischem Bindemittel führt zum Schieben und zu Wellen. Auch Blasenbildung ist bei Feuchtigkeit im Untergrund (z.B. auch bei Asphaltbelägen auf Betonunterbauten, wie Brücken) ähnlich wie bei Dacheindeckungen durchaus nicht unbekannt und ebenso unerwünscht.

Im Wasserbau steht neben der dichtenden Wirkung bituminös gebundener Sperrschichten gleichwertig der Schutz gegen Erosion, denn es handelt sich vorwiegend um Abgrenzungen, wie Uferbefestigungen, wobei von Fall zu Fall die eine oder andere Richtung dominiert. Von der Zusammensetzung her ähneln die Bauweisen mehr dem Straßenbau, weshalb auch überwiegend Probleme wie Einspannung und Einpressung aus der Abdichtung im Hoch- und Tiefbau fehlen. Typische Aufgaben sind Talsperren, Pumpspeicherbecken, Schiffahrtskanäle und Deiche. Dagegen gehört die Verwendung im Hafen- und Schleusenbau in den Bereich des Korrosionsschutzes und geht überwiegend andere anwendungstechnische Wege.

Eingesetzt wird vor allem Asphaltbeton, im Ausland auch in stärkerem Umfang der sog. Sandasphalt (ein hohlraumarmes Gemisch aus Natur- und Brechsand, Füller und Bitumen B 45 bis B 80) und wiederum Gußasphalt.

Eine Zwischenstellung zwischen dem eigentlichen Fugenverguß, der ganz allgemein sowohl bei Arbeits- wie Bewegungs-(Dehnungs-)fugen eine wichtige dichtende Funktion, vorzugsweise auch gegen Feuchtigkeit, besitzt, und der bituminösen Flächendichtung nehmen die Verfahren des Setzstein- und Schüttsteinvergusses ein. In beiden Fällen verbindet ein Mastixverguß die Einzelelemente der Natursteine oder Betonblöcke zu einem geschlossenen Körper dichtender Natur. Diese Bauweise hat sich im Schutz gegen das Meer gut bewährt.

9.2 Kunststoffe für den Abdichtungssektor

9.2.1 Bahnen bzw. Folien

Wenn man im Zusammenhang mit Abdichtungen von Kunststoffen spricht, so stehen zunächst die verschiedenen Folien und Bahnen im Vordergrund, aber für etliche Bereiche auch die modernen lösemittelfreien Reaktionskunststoffe, bei deren Anwendung, u.a. in Verbindung mit reißfesten Einlagen, auch der Ausdruck einer Folienherstellung in situ auftaucht. Für fabrikfertige Bahnen sind Polyisobutylen (PIB), Polyvinylchlorid (PVC), Ethylencopolymere (EC) sowie in Spezialfällen Butadien-Styrol-, Polychloropren und Nitrilkautschuk-Mischungen die wesentlichen Ausgangsstoffe. Als Reaktionskunststoffe sind Epoxide, Polyurethane und ungesättigte Polyester sowie Polymethylmethacrylate zu nennen. Nicht noch einmal behandelt werden sollen die Kunststoff-Einlagen für Bitumenbahnen.

In der DIN 18195 sind im Teil 2 – und damit anwendungsmäßig für alle anderen Teile mit eingeschlossen – nur Kunststoff-Dichtungsbahnen der Typen PIB, PVC weich, bitumenbeständig oder nicht bitumenbeständig, und ECB, d.h. EC mit Bitumen kombiniert (wohlgemerkt in der Masse und nicht etwa schichtenweise) aufgeführt. Die gleichen Materialien gibt auch die neue AIB vor. In den für verschiedene Beanspruchungen und Abdichtungsaufgaben vorhandenen Teilen sind aber die Mindestschichtdicken der Bahnen nicht völlig gleich, denn neben 1,5 und 2 mm werden in der Norm auch PVC-Bahnen von nur 1,2 mm Dicke als Mindestmaß erwähnt.

Außer den nicht-bitumenverträglichen PVC-weich-Bahnen können alle anderen mit heiß-verarbeitbaren Bitumenklebemassen im Bürstenstreich- oder Flämmverfahren verlegt werden. Die nicht-bitumenverträglichen PVC-Bahnen oder andere zu Planen werksseitig vorgefertigte Typen können ohne oder mit Auflast mit mechanischer Befestigung lose verlegt werden. Für die Naht- und Stoßverbindungen kommen je nach Material außer dem Verkleben mit Bitumen das Quell-, Warmgas- und Heizelement-Schweißen in Frage. Weitere Einzelheiten, z. B. über Zahl der Bahnen für verschiedene Einsätze, können den einschlägigen Stellen von Norm und AIB entnommen werden; die für die verschiedenen Typen von Bahnen maßgeblichen Normen findet der Leser im Literaturverzeichnis. Dazu gehört auch die einfache oder doppelte Anwendung von Schutzbahnen.

Bei Dacheindeckungen mit Kunststoffbahnen hat es neben Erfolgen auch immer wieder Mißerfolge gegeben. Das beruht in diesem Sektor nicht vorzugsweise auf fehlerhafter Konstruktion oder Verarbeitung – die natürlich in allen Bereichen zu Mißerfolgen führen können – sondern auf den besonderen Umweltbedingungen auf Dächern. Einerseits sind dies die u. U. starken thermischen Bewegungen des Untergrundes, die dann übergroße Spannungen in der Dacheindeckung erzeugen, und andererseits die extrem starken Witterungsbeanspruchungen, wie UV-Strahlung, Hitze-Kälte-Wechsel und Trocken-Naß-Wechsel, die sich teilweise gegenseitig überlagern. Die überwiegend plastische ECB-Bahn hat hier relativ gut abgeschnitten. Das schließt nicht aus, daß auch mit anderen Kunststoffbahnen gute Ergebnisse erzielbar sind, wird doch gerade für diesen Bereich laufend an der Entwicklung von verbessertem Ausgangsmaterial weitergearbeitet.

9.2.2 Beschichtungen

Während es für die Dichtungsbahnen auf Kunststoff-Basis bereits eine größere Zahl von Normen gibt (vgl. Literaturverzeichnis), trifft das für die Möglichkeiten der Abdichtung durch Kunststoff-Beschichtungen nicht in dieser Form zu. Vielmehr hat man sich bei dem Aufbau der DIN 18195 bewußt von der Anwendung von Beschichtungen distanziert, und zwar mit der Begründung, daß bei der Verarbeitung und eben wegen fehlender eindeutiger Normung für genau beschriebene und prüfbare Produkte die Gefahr von Mängeln und Fehlern zu groß sei. Im Gegensatz zu den überwiegend thermoplastischen Rohstoffen des Folien- und Bahnen-Sektors kommen für Beschichtungen mit wirklicher Nutzbarkeit als Abdichtung eigentlich nur die sog. Reaktionskunststoffe in Frage, die sich lösemittelfrei aus zwei nach der Mischung auf der Baustelle reagierenden Komponenten aufbauen lassen. Die Grundtypen wurden bereits genannt: Epoxide (EP), Polyurethane (PUR), ungesättigte Polyester (UP) und Polymethylmethacrylate (PMMA).

Zwar werden auch teilweise lösemittelhaltige einkomponentige Beschichtungen – außer auf Bitumenbasis – auf der Grundlage von z. B. Vinylpolymerisaten oder Chlorkautschuk angeboten, jedoch ist gerade auf saugfähigem Untergrund wegen der Gefahr vorübergehender Aufnahme von Lösemittelresten, die dann später zu Blasen und Fehlstellen führen können, besondere Vorsicht mit solchen Beschichtungen geboten. Nur wenn von der Zusammensetzung und von den Untergrundverhältnissen her sichergestellt ist, daß keine nennenswerten Anteile von Lösemitteln vor der Filmbildung in den Beton oder einen vergleichbaren saugfähigen Beschichtungsträger abwandern und dort festgehalten werden können – was u.a. auch eine angemessene Begrenzung der Schichtdicke im Verhältnis zum Lösemittelgehalt verlangt –, sollte man derartige Materialien verwenden. Die Einlage von reißfesten, dehnfähigen Geweben (keine Vliese, die unter Umständen eine Schichtentrennung im Anstrich bewirken!) kann hier wie erst recht bei den lösemittelfreien Beschichtungen einen Ausgleich und eine erwünschte Verstärkung bedeuten.

Grundsätzlich muß eine Trennung gemacht werden zwischen Beschichtungen zum Schutz des Untergrundes, z.B. Beton, und einer echten Abdichtung mit deren spezifischen Aufgaben. Es ist aber sowohl durch Laborprüfungen wie aus der Praxis erwiesen, daß sich insbesondere mit lösemittelfreien Dickbeschichtungen schon ohne, ganz sicher aber mit den erwähnten verstärkenden Gewebe-Einlagen einwandfrei sperrende Abdichtungen im Sinne der Normen wie auch der Beschreibungen in den vorangehenden Abschnitten herstellen lassen. Nicht ohne Grund spricht man in diesem Zusammenhang von in-situ-Folien, d.h., der auf dem Objekt hergestellte Film hat in seiner Art die Eigenschaft einer vorgefertigten Folie oder Bahn. Dabei ist die direkte Verbindung mit dem Untergrund sogar ein Vorteil, dem eben nur das Fehlen eindeutiger Klassifizierung durch Normen oder Zulassung mit Prüfzeichen, wie bei den Dichtschlämmen, derzeit noch entgegensteht.

Abb. 9.4: Betonschutz im Wasserbau mit lösemittelarmer Teer-Epoxid-Kombination

Prinzipiell ist auch das Problem der Rißüberbrückung, das in dem Entwurf der DIN 18195 eine bedeutsame Rolle spielt, mit solchen Beschichtungen heute bereits lösbar. Es gibt elastifizierte Beschichtungsstoffe sowohl ein- wie zweikomponentig und für Schichtdicken von 0,4 bis zu 3 und mehr Millimeter, von denen natürlich nur die dickeren als Abdichtungen in Frage kommen, während die dünneren in den Bereich der Verschönerungs- und Schutzstoffe gehören.

Für Abdichtungen sperrender Natur in der Horizontalen besteht darüber hinaus die Möglichkeit, durch geeignete Zuschläge zu den Kunststoff-Bindemitteln – Sand oder Kies, bei gleichzeitiger Abriebbeanspruchung auch mit Hartstoffen wie Korund, Siliziumkarbid oder dgl. gemischt – selbsttragende Dichtungsflächen herzustellen. Diese können fest mit dem Untergrund verbunden („Verbundestrich") oder bei Dicken von mehr als 15 Millimeter auch freitragend („schwimmend") auf einer Trennschicht angeordnet sein, so daß Einwirkungen auf den Untergrund nicht übertragen werden.

Auch die schon erwähnten unterschiedlichen Entwicklungen zum Schutz von Beton (oder auch Stahl) als Brückenkonstruktion unter dem Asphalt gehören hierzu. Neben Bitumen- oder Kunststoffbahnen werden sehr differierende Systeme, von sozusagen verstärkten Versiegelungen über millimeterdicke elastifizierte Beschichtungen bis zu dem vorangehenden Absatz nahekommenden Kunststoff-Estrichen, erprobt, und man muß abwarten, was sich auf Dauer am sichersten erweisen wird. Hierbei strebt man im allgemeinen eine schubfeste Verbindung zwischen Abdichtung und Asphaltschicht an. Von besonderer Bedeutung ist dabei für die Kunststoffe die Hitze-Einwirkung beim Asphaltieren, die weder örtliche Undichtigkeiten noch eine gesamte Versprödung, speziell bei den elastifizierten Typen, bewirken darf. Gerade dieses Beispiel zeigt, wie weitreichend der Begriff der Abdichtung heute gesehen werden muß.

9.3 Kitte und Klebstoffe

Schon im letzten Absatz der Einleitung wurde auf die notwendige Beschränkung und Abstimmung mit anderen Kapiteln dieses Buches für diesen letzten Teil des Abdichtungsbereiches hingewiesen. Neben kittartigen und Klebstoffen, die nur sozusagen gleichzeitig mit anderen Funktionen auch abdichtend wirken, sind vorwiegend die verschiedenen Materialien zur Abdichtung von Dehnungsfugen und vergleichbaren durch laufende Größenänderungen gekennzeichneten Öffnungen zwischen zwei Bauwerksteilen zu betrachten.

9.3.1 Kitte allgemein

In manchen Fällen verwendet man auch heute noch als zusätzliche Sicherheitsmaßnahme bei Abdichtungen der in den vorherigen Abschnitten behandelten Methoden für Übergänge, Kanten, Ecken und Kehlen pastöse Schutzmassen, die dann auch als Kitte bezeichnet werden. Das gilt besonders für die Dachdeckung. Allerdings darf man dann nicht unter „Dachkitt" eine Dichtungsmasse verstehen, die lediglich in dickerer Schicht als ein sog. Dachlack zur Auffrischung alter Pappen und sonstiger bituminöser Dichtungshäute dienen soll. Vielmehr sollen derartige Dachkitte möglichst wenig Lösungsmittel enthalten und dauerplastisch sein, so daß sie effektiv Aufgaben der Abdichtung übernehmen können.

Ebenso stark dichtende Aufgaben sind den für die Verfugung von Plattenbelägen verwendeten Kitten gestellt. Sicher gehört unter einen Plattenbelag noch eine echte flüssigkeitsdichte Isolierung aus Bitumen oder Folien, aber nichtsdestoweniger bedeutet eine Durchlässigkeit der Fugenkitte bereits eine erhebliche Wertminderung für den Plattenbelag, auch wenn die Isolierung darunter hält. Zum Einsatz gelangen hier heiß vergießbare Bitumenkitte, Wasserglastypen und die unterschiedlichsten Sorten von Kunststoffen. Seit vielen Jahren bekannt sind die säurehärtenden Formaldehydharze; aber auch Polyester und Epoxide werden heute mit guten Erfolgen verarbeitet, wobei sogar wasserabwaschbare Typen auf dem Markt sind.

Sowohl Bitumen wie neuerdings auch Kunststoffe werden zum Abdichten von Muffen bei Rohrleitungen verwendet. Mittelpunkt der Dichtung ist heute allerdings überwiegend der Rollring aus elastischem, teilweise sogar geschäumtem Material; aber Muffenkitte spielen dennoch eine beträchtliche Rolle, teils allein, vorwiegend aber als Hilfsstoffe, um Unebenheiten der Rohre auszugleichen oder für glatten Lauf des Wassers zu sorgen. Die gestellten Anforderungen sind dabei erheblich angewachsen, und neben die DIN-Normen für die heiß verarbeitbaren ud kaltplastischen Typen sind für weitere Sorten sog. „Vorläufige Bau- und Prüfgrundsätze" getreten, nach denen Zulassungen erteilt werden.

Ein gegenüber dem guten alten Leinölfensterkitt sehr diffizil gewordenes Gebiet sind die Abdichtungsstoffe für Verglasungen aller Art. Hierüber wird jedoch im Kapitel „Glas" berichtet.

9.3.2 Dehnungsfugenabdichtung

Eine selbst heute in ihrer Bedeutung für den dauerhaften Bestand großer Betonbauwerke noch unterschätzte Funktion stellt die sorgfältige und lange haltbare Abdichtung von Dehnungs- bzw. Bewegungsfugen dar. Zwar kann man die Verwendung einbetonierter Fugenbänder sowohl für Arbeits- wie für Dehnungsfugen als zum Stand der Technik gehörig ansehen und die bestmögliche Anwendung voraussetzen, aber gerade hier ist auch die Möglichkeit von Fehlern beim Einbau infolge der oft handwerklich sehr schwierigen Situation auf der Baustelle immer noch groß. Unabhängig von daher resultierenden Undichtigkeiten ist aber stets eine weitere Abdichtung an der Außenseite unerläßlich, und bei Fertigteilbauten müssen Dichtungsmassen die Fugenabdichtung ganz allein übernehmen, da ein Einbetonieren von Fugenbändern von der Sache her nicht möglich ist. Deshalb sollte auch der mitdenkende Konstrukteur in jedem Fall Fugen von vornherein so gestalten, daß später die Dichtungsmassen in ihnen auch gegen Druck von innen oder außen soviel Unterstützung finden, daß sie diesem standhalten können, was für eine Dichtungsmasse als solche allein durch die Haftung an zwei glatten Parallelflächen in den meisten Fällen eine klare Überbeanspruchung bedeutet.

Klassisch waren die bituminösen und auf thermoplastischen Kunststoffen basierenden Typen. Im dauernden Wechsel zwischen Dehnung und Stauchung können sie jedoch selten lange standhalten, soweit nicht, wie auf den Straßen und Autobahnen, immer wieder eine Nachpressung erfolgt. Typisch sind für diese Arten die Einrisse in der Dichtungsmasse selber, weniger am Rand. Bei den dann kommenden weichmacherfreien vollelastischen Typen – Polysulfid, Siliconkautschuk, Polyurethan

– war es umgekehrt. Infolge des Aufbaues großer Zugspannungen an den Haftflächen rissen sie weit eher von den Fugenwänden ab, während Einrisse nur bei mangelhafter Verarbeitung (Mischung) auftraten.

Aus diesen divergierenden Ergebnissen leitete man die heute gebräuchlichen Typen ab, die mehr oder weniger immer eine Mittelstellung zwischen plastischem und elastischem Charakter besitzen. Je nachdem, welche Note überwiegt, spricht man von „plasto-elastischen" oder „elasto-plastischen" Massen. Bitumen mit Natur- oder Kunstkautschuk für normale und Teer mit ölbeständigen Kunststoffen für verstärkte Öl- und Benzinbeanspruchung, z. B. auf Flugplätzen, in Tanklagern, Garagen und an Autobushaltestellen, sind die üblichen Materialien auf dem Verkehrssektor.

Im Hoch- und Tiefbau bietet sich allein von den verschiedenen Kunststoffen her ein breites Sortiment mit vielen Variationsmöglichkeiten an. Gleichgültig, ob sie ein- oder zweikomponentig verarbeitet werden, enthalten sie immer weichmachende Anteile. Die plastische Komponente, die bei den kautschukhaltigen Bitumenmassen vom Bindemittel herrührt und damit automatisch dominiert, wird hier von den Weichmachern eingebracht und hängt in ihrem Ausmaß von deren Menge und ggf. chemischer Natur ab. Gut bewährt haben sich die zweikomponentigen Polysulfide (meist unter dem Produktnamen „Thiokol" bekannt), aber auch zweikomponentige Polyurethantypen einschließlich ihrer Teerkombination stehen ihnen besonders als säure- und wasserbeständig nur wenig nach, wobei man auf die angegebenen Dehnfähigkeiten achten soll.

Abb. 9.5: Dehnungsfugenverschluß mit Polyurethan-Dichtungsmasse in einer Kläranlage

Einkomponentig sind Silikonkautschuke und bestimmte Formen von Polyurethanen und neuerdings auch Polysulfid. In allen diesen Fällen handelt es sich jedoch in Wirklichkeit um verkappte reaktive Typen, d. h. die zweite Komponente, überwiegend zumindest primär Feuchtigkeit, die bestimmte Reaktionen auslöst, wird aus der Umgebung, sei es Berührungsfläche oder Luft, aufgenommen. Der Verfestigungsmechanismus ist also prinzipiell gleichartig dem der zweikomponentig eingebrachten Typen, aber in einigen Fällen, ganz besonders bei den einkomponentigen Polysulfiden, stark verlangsamt. Das muß dann einkalkuliert werden, wenn während dieser Zeit bereits Bewegungen auf die Dichtmasse einwirken können, weil dadurch ggf. die Reaktion so stark gestört wird, daß sie nicht mehr den normalen Endpunkt erreicht, also von vornherein Mängel vorgegeben sind.

Schließlich gibt es noch Acrylatkitte auf Lösemittel- oder auch Dispersionsbasis und Polyisobutylen- und Butylkautschuk-Massen. Sie sind sämtlich einkomponentig und zeigen infolge der Verdunstung des Lösemittels oder Wassers ein entsprechendes Schwinden. Da sie weniger dehnfähig sind – sie gleichen mehr den früheren rein plastischen Typen –, kommen sie nur bedingt für wirkliche Dehnungsfugen in Frage, eher für Anschluß- oder Mauerwerksfugen.

Voraussetzung für eine andauernde Abdichtungsfähigkeit ist gute Haftung und richtige Bemessung der Fugen in Relation zu den auftretenden Bewegungen, also Dehnungen und Stauchungen. Für ersteres ist eine passende und intensive Grundierung wichtig, für das zweite das Verhältnis von Breite zu Tiefe und insgesamt zum Fugenabstand. Zur einwandfreien Verarbeitung gehört neben richtiger Mischung (der Zweikomponenten-Massen) insbesondere die Vermeidung der sog. Dreiseiten-Haftung, also der festen Verbindung mit dem Hinterfüllungsmaterial.

Neben den auf der Baustelle verarbeiteten Kitten gibt es auch noch sog. Fugenprofile. Das sind vorgeformte bandförmige Profile, die hochelastisch sind und nach Einpressen in die Fuge sich durch seitliche Querrippen in derselben durch Anpreßdruck verankern. Manchmal versucht man, die Dichtung, die naturgemäß davon abhängt, daß auch bei stärkster Öffnung der Fuge – also bei größter Kälte – noch genügend elastischer Druck im Profil vorhanden ist, durch Ankleben an den Fugenwandungen abzusichern. Während Druck aus dem Fugenhintergrund die Dichtung verbessert, kann Druck von außen unter Umständen die Dichtwirkung aufheben. Man kann also derartige Profile nur als Dichtung gegen drucklose Beanspruchung betrachten.

Eine andere Entwicklung unter Anwendung vorgefertigter Kunststoffprofile sind die Fugendichtungsbänder. Sie haben nichts mit den einbetonierten Fugenbändern zu tun, sondern es gibt sie bislang im wesentlichen nur auf Polysulfid-Grundlage, und sie werden mit praktisch dem gleichen Frischmaterial über die Fugen nach außen geklebt, aus dem sie hergestellt sind. Sie ermöglichen z. B. schadhafte Fugen, aus denen das alte Dichtungsmaterial schwer zu entfernen ist, zu sanieren, indem man sie auf die gesäuberten und vorbehandelten Ränder, die eventuell angefast werden, mit soviel Bewegungsspielraum aufklebt, daß die Dehnungen auf jeden Fall aufgenommen werden. Man kann damit aber auch breitere Risse abdichten, ohne sie vorher zu Fugen aufschneiden zu müssen. Und letztlich werden sie auch bereits als alleinige Fugenabdichtung über entsprechend vorgefüllten Fugen vorgeschlagen. Selbstverständlich sind auch diese Fugenbänder nur als Abdichtung gegen drucklose Feuchtigkeit verwendbar, allenfalls bei weitherziger Auslegung noch gegen Sickerwasser.

9.3.3 Klebstoffe

Der Großteil der Klebstoffe dient in erster Linie der Verbindung verschiedener Werkstoffe und nicht der Abdichtung. Diese Produkte sind unter den entsprechenden Rubriken der Rohstoffe bzw. der verklebten Materialien zu finden. Nur bei Verklebungen relativ kleiner Einzelteile auf größeren Flächen spielt auch die Dichtwirkung eine nicht zu übersehende Rolle. Hierin gehören also vor allen Dingen die verschiedenen Parkettkleber auf bituminöser oder Kunststoffgrundlage. Bitumentypen nimmt man praktisch nur noch für Stabparkett mit Nut und Feder. Für die anderen Parkettsorten kommen Dispersionskleber auf Basis hochmolekularer Thermoplaste oder Lösungsmittelkleber von mehr harzartigen Kunststoffen in Frage. In beiden Fällen muß erst die offene Zeit abgewartet und dann verlegt werden, da ein Entweichen der Lösungsmittel durch die schmalen Fugen zwischen den Hölzern nicht mehr möglich ist. Die Klebmasse muß also hohe Adhäsion und guten inneren Zusammenhalt haben, woraus sich auch die Eignung für die Dichtungswirkung ergibt.

Soweit die an anderen Stellen besprochenen Klebstoffe sich als Festfilme zwischen feuchtigkeitsdurchlässigen Werkstoffen als dichte, undurchlässige Schichten befinden, können sie selbstverständlich gleichzeitig dichtende Aufgaben erfüllen. Von der gesamten Natur der Verklebung her kann es sich dabei aber grundsätzlich immer nur um drucklose Dichtung handeln und niemals um Dichtung gegen drückende Feuchtigkeit. Dieser Hinweis mag die Angaben über Zusammenhänge zwischen Klebstoffen und Abdichtungen schließen.

9.4 Fachliteratur

9.4.1 Normen

DIN	1995	12. 80	Bituminöses Bindemittel für den Straßenbau, Anforderungen
DIN	1996	70–80	Prüfung bituminöser Massen für den Straßenbau und verwandte Gebiete, Teil 1–19
DIN	E 16729	8. 82	Kunststoff-Dachbahnen, Dachbahnen aus ECB, Anforderungen, Prüfungen
DIN	16732	5. 76	Kunststoff-Dachbahnen, Dachbahnen aus ECB, einseitig kaschiert (T 1), nicht kaschiert (T 2), jeweils Anforderungen, Prüfungen
DIN	16920	6. 81	Klebstoff-Verarbeitung, Begriffe
DIN	16935	5. 71	PIB-Bahnen für Bautenabdichtungen; Anforderungen, Prüfung
DIN	16937	5. 71	PVCweich-Bahnen für Bautenabdichtungen, bitumenbeständig, Anforderungen, Prüfung
DIN	16938	5. 71	PVCweich-Bahnen für Bautenabdichtungen, nicht bitumenbeständig, Anforderungen, Prüfung
DIN	E 18190		Bauwerksabdichtungen: T 1 Allgemeines, Begriffe, T 2 Stoffe, T 3 Verarbeitung der Stoffe, T 4 Abdichtungen gegen Bodenfeuchtigkeit, Ausführung und Bemessung, T 5 Abdichtungen gegen nichtdrückendes Wasser, Ausführung und

			Bemessung, T 6 Abdichtungen gegen von außen drückendes Wasser, Ausführung und Bemessung, T 8 Abdichtungen über Bewegungsfugen, T 9 Durchdringungen, Übergänge, Abschlüsse, T 10 Schutzschichten und Schutzmaßnahmen (T 7 fehlt noch)
DIN	52121	3. 77*	Teerdachbahnen mit Rohfilzeinlage, Bezeichnung, Anforderungen
DIN	52122	5. 77*	Teertränkmassen für Rohfilzbahnen, Begriff, Anforderungen, Prüfung
DIN	52123	3. 77	T 1 und 2, Prüfung von bituminösen Bahnen
DIN	52126	3. 77*	Nackte Teerbahnen, Begriff, Bezeichnung, Anforderungen
DIN	52128	3. 77	Bitumendachbahnen mit Rohfilzeinlage, Begriff, Bezeichnung, Anforderungen
DIN	52129	3. 77	Nackte Bitumenbahnen, Begriff, Bezeichnung, Anforderungen
DIN	52130	9. 78	Bitumen-Dachdichtungsbahnen, Begriff, Bezeichnung, Anforderungen
DIN	52131	9. 78	Bitumen-Schweißbahnen, Begriff, Bezeichnung, Anforderungen
DIN	52136	2. 67*	Steinkohlenteere als Dachanstrichstoffe, Anforderungen, Prüfung
DIN	52138	10. 75*	Klebemassen für Teerdachbahnen, Steinkohlenteererzeugnisse, Begriff, Anforderungen
DIN	52139	11. 75*	wie vor, Prüfung
DIN	52140	3. 77*	Teer-Sonderdachbahnen und Teer-Bitumendachbahnen, Begriff, Bezeichnung, Anforderungen
DIN	52143	7. 80	Glasvlies-Bitumendachbahnen, Begriff, Bezeichnung, Anforderungen
DIN	53150	4. 71	Prüfung von Anstrichstoffen und ähnlichen Beschichtungsstoffen, Bestimmung des Trockengrades von Anstrichstoffen
DIN	53168	3. 82	wie vor, Bestimmung der Beständigkeit gegen Chemikalien
DIN	53172	4. 77	Prüfung von Lösemitttteln für Anstrichstoffe, Abdampfrückstand
DIN	53209	11. 70	Bezeichnung des Blasengrades von Anstrichen
DIN	53210	2. 78	Bezeichnung des Rostgrades von Anstrichen
DIN	53211	4. 74	Prüfung von Anstrichstoffen: Auslaufzeit mit dem Becher
DIN	53215	9. 67	wie vor, Bestimmung des Festkörpergehaltes von bituminösen Anstrichstoffen
DIN	53226	4. 70	wie vor, Probenahme
DIN	53260	5. 82	Prüfung von Glutinleimen
DIN	55945	4. 78	Bl. 1, Anstrichstoffe, Begriffe (in Überarbeitung)
DIN	E 55946	2. 82	T 1 und 2, Bitumen und Stoffe aus Bitumen, Begriffe bzw. Zubereitungen aus Steinkohlenteerpech, Begriffe
DIN	55947	8. 73	Anstrichstoffe und Kunststoffe, gemeinsame Begriffe
DIN	66100	2. 78	Körnungen, Korngrößen zur Kennzeichnung von Kornklassen und Korngruppen
DIN	68141	9. 69	Holzverbindungen, Prüfung von Leimen und Leimverbindungen für tragende Holzbauteile, Gütebedingungen
DIN	68601	3. 74	Holzverleimung, Begriffe

* Diese Normen wurden im Februar 1982 vorerst ersatzlos zurückgezogen; es ist ungewiß, ob irgendwann zumindest für einige davon neue Normen herausgegeben werden.

Ein Teil der für den Anstrichbereich wesentlichen Normen und weitere hier nicht aufgeführte aus diesem Bereich sind im DIN-Taschenbuch 30 ,,Anstrichstoffe und ähnliche Beschichtungsstoffe, Pigmente" zusammengestellt und inhaltsmäßig völlig ausgedruckt, entsprechend gilt dies für die Normen aus dem Bitumen- und Teerbereich im DIN-Taschenbuch 163 ,,Bituminöse Stoffe" und für den großen Sektor der Verleimung im DIN-Taschenbuch 31 ,,Holz".

Eine Übersicht über *französische Bitumen-Normen* findet sich in ,,Bitume actualités" 73/1981, Heft 3, S. 2.

Schließlich ist noch auf die zahlreichen Technischen Vorschriften und Richtlinien der Forschungsgesellschaft für das Straßen- und Verkehrswesen (Brüderstraße 53, D-5060 Berg. Gladbach 1) hinzuweisen, die speziell den Straßenbau betreffen und von denen hier besonders zu erwähnen ist ,,Technische Lieferbedingungen für bituminöse Fugenvergußmassen", kurz TL bitFug 82, vom Bundesministerium für Verkehr September 1982 verbindlich eingeführt.

9.4.2 Bücher und andere Veröffentlichungen

„Asphalt Pavements for Airports", The Asphalt Institute, MS-11 College Park Maryland, USA, Juni 1963

„Bitumen und Asphalt", Taschenbuch, Arbeitsgemeinschaft der Bitumen-Industrie, Bauverlag, Wiesbaden–Berlin

Depke: Bitumen- und Teerlacke (einschließlich der Kunststoff-Kombinationen), Verlag Colomb, 1970

Braun/Metelmann/Thun/Vordermeier: „Die Berechnung bituminöser Bauwerksabdichtungen", Arbeitsgemeinschaft der Bitumen-Industrie e. V. (Arbit) 1976, Mittelweg 13, Hamburg 13

Girnau/Haack: „Tunnelabdichtungen", Schriftenreihe Forschung und Praxis, U-Verkehr und unterirdisches Bauen, Band 6, STUVA e. V., Düsseldorf, 1969

Hummel: „Die Abdichtung von Hochbauten gegen Grundfeuchtigkeit durch Anstriche", Max Lipfert Verlagsgesellschaft, Berlin

Lufsky: „Bauwerksabdichtungen", Teubner-Verlag, Stuttgart, 1975

Mallison: „40 Jahre Teerforschung", Verlag Straßenbau, Chemie und Technik, Heidelberg, 1956

Marcusson: „Die natürlichen und künstlichen Asphalte", Verlag Engelmann, Leipzig, 1921

Moritz: „Flachdach-Handbuch", Bau-Verlag, Wiesbaden–Berlin, 1975

Wagner: „Taschenbuch des chemischen Bautenschutzes", Wissenschaftliche Verlagsgesellschaft, Stuttgart, 1956

ABC der Dachbahnen und Flachdach-Richtlinien (Jan. 82), zu erhalten über Zentralverband des Deutschen Dachdeckerhandwerks, Köln

AIB – Vorschrift für die Abdichtung von Ingenieurbauten, 1982, Schriftenstelle der Deutschen Bundesbahn

Arbit-Schriftenreihe „Bitumen", besonders Bd. 33 „Abdichtung mit Bitumen" von Emig/Arndt, 1976, Arbit, Mittelweg 13, Hamburg 13

Beratungsstelle für Naturasphalt, Braunschweig: „Verwendung von Asphalt im Hochbau" und Naturasphalt-Merkblätter

„Bitumen", monatliche Zeitschrift der Arbit, Mittelweg 13, Hamburg 13

Deutsche Gesellschaft für Erd- und Grundbau (Essen), Arbeitskreis 8 b: „Empfehlungen für die Ausführung von Asphaltarbeiten im Wasserbau"

Forschungsgesellschaft für das Straßen- und Verkehrswesen, Köln, „Die Straße von A bis Z" (vgl. letzten Abs. in 9.4.1)

Schriftenreihe der Bundesfachabteilung Abdichtung gegen Feuchtigkeit, Bd. 2: „Abdichtung von Ingenieurbauwerken", Wiesbaden

Wegweiser für die Abdichtung gegen Feuchtigkeit, Fachgruppe Feuchtigkeitsabdichtung der Wirtschaftsgruppe Bauindustrie, Verlag Elsner, Darmstadt

10 Eisen- und Stahlwerkstoffe

Die Herstellung und Verarbeitung von Stahl und Eisen haben im Laufe der Jahrhunderte eine derartige Entwicklung erfahren, daß dieses Material zum wichtigsten und meistverwendeten metallischen Werkstoff unserer Zeit wurde. Auch aus dem Bauwesen sind Stahl und Eisen nicht mehr wegzudenken. Manche Bauaufgaben konnten überhaupt nur gestellt werden, weil es Stahl gibt. Brücken mit gewaltigen Spannweiten, kühne Wasserbau-Anlagen, stützenlos überspannte riesige Hallenräume, schwerstbelastete Industriebauten, Büro- und Wohnhäuser mit einer Vielzahl von Stockwerken – das sind einige hervorstechende Beispiele für die Unentbehrlichkeit des Baustoffes Stahl.

Sind derartige, aus dem Rahmen des Alltäglichen herausfallende, außergewöhnliche Bauvorhaben ohne Stahl überhaupt nicht ausführbar, so möchte man aber auch im allgemeinen Bauwesen nicht auf Stahl verzichten, und zwar für die Funktionen des Tragens ebenso wie für die mannigfachen Aufgaben des Ausbaues.

Bei Stahlskelettbauten und Stahlbindern, bei Stahlträgerdecken, bei Stahlstützen und -unterzügen z.B. ist der Stahl häufig alleiniges Tragelement; bei entsprechenden Bauteilen aus Stahlbeton ist der Stahl ein wesentlicher Teil des Tragkörpers.

Ausbauteile, die mit Vorteil aus Stahl und Eisen hergestellt werden, sind u.a. Putzträger und Kantenschutzleisten, Rohrleitungen, Fassadenelemente, Dachdeckungen, Antennen- und Blitzschutzanlagen, Heizungskessel und Heizkörper, Führungsschienen für Aufzüge usw., Badewannen und Spülbecken, Zargen, Fenster, Türen und Tore (z.B. für Garagen), Treppen, Geländer, Gitter, Zäune, Müllschlucker und Mülleimer-Boxen, Briefkästen, Baubeschläge, Schlösser und Schlüssel.

10.1 Eisensorten

Das Element Eisen kommt in seiner reinen Form für eine technische Verwertung nur relativ selten in Betracht.

Das technische Eisen, das uns in mancherlei Formen begegnet, ist eine Legierung, die zwar vorwiegend aus dem Element Eisen besteht, außerdem aber weitere Elemente metallischer Art (Mangan, Kupfer, Nickel, Chrom, Wolfram u.a.) oder nichtmetallischer Art (Kohlenstoff, Silicium, Phosphor, Schwefel u.a.) in mehr oder weniger großen Mengen enthält. Einige dieser Stoffe werden dem Eisen absichtlich zugesetzt, z.B. Nickel, Chrom, Wolfram usw. Andere dieser Stoffe gelangen in das Enderzeugnis, weil sie Bestandteile der Erze oder des zur Verhüttung notwendigen Brennstoffs waren, z.B. Kohlenstoff, Mangan, Phosphor, Schwefel, Silicium usw.; dabei sind manche dieser Begleitelemente erwünscht, manche sind unerwünscht.

Durch die zusätzlichen Bestandteile können dem Werkstoff Eigenschaften verliehen werden, die ihn für den jeweiligen Verwendungszweck geeignet machen. So werden Festigkeitseigenschaften, Verformbarkeit, Schmelztemperatur, elektrisches und magnetisches Verhalten oft schon durch geringe Beimengungen in einschneidender Weise beeinflußt. Das wichtigste zusätzliche Element in Stahl und Eisen ist der *Kohlenstoff.* Seine Einwirkung auf die Verformbarkeit ist so tiefgreifend, daß die Größe des Kohlenstoffgehalts zum Maßstab für die Einteilung der Stahl- und Eisensorten werden konnte.

10.1.1 Roheisen

Roheisen wird im Hochofen aus Erzen mit „Zuschlägen" (meistens Kalkstein) und Koks erschmolzen. Es enthält mehr als 1,7 % Kohlenstoff und verträgt keine mechanische Formgebung in warmem oder kaltem Zustand.

Weißes Roheisen

Kohlenstoff mit einem Teil des Eisens chemisch gebunden. Bruch silberweiß. Hart, spröde, dickflüssig. Dient in erster Linie als Übergangserzeugnis für die Herstellung von Stahl und Temperguß.

Graues Roheisen

Kohlenstoff als Graphit ausgeschieden. Bruch grau. Weicher und zäher, dünnflüssig. Wird z. T. ebenfalls in Stahl umgewandelt, wird aber auch unmittelbar zur Erzeugung von Gußteilen verwendet.

10.1.2 Gußeisen

Als Gußeisen bezeichnet man Eisen-Kohlenstoff-Legierungen mit etwa 2,0 bis 4,0 % C, deren endgültige Form durch Gießen oder evtl. spanabhebendes Arbeiten erreicht wird. Neben Kohlenstoff enthält Gußeisen noch andere Elemente, z. B. Silicium mit erheblich hohen Anteilen und evtl. andere Legierungsbestandteile. Nach dem Fertigungsverfahren unterscheidet man zwischen Gußeisen erster und zweiter Schmelzung. Gußeisen erster Schmelzung wird unmittelbar vom Hochofen aus, zum Teil unter Einschaltung eines Mischers in die Form gegossen. Gußeisen zweiter Schmelzung gewinnt man durch Schmelzen von Roheisen, Schrott, Gußbruch und entsprechenden Legierungszusätzen im Kupolofen.

Eine weitere Unterscheidung ist das Bruchaussehen. Dabei unterscheidet man zwischen grauem und weißem Gußeisen. Grauguß hat eine graue Bruchfläche, die durch den Anteil an Graphit bedingt ist. Gußeisen mit weißer Bruchfläche bezeichnet man auch als Hartguß, dieser Guß ist graphitfrei. Enthält die Bruchfläche grau- und weißgefleckte Bereiche, spricht man von meliertem Gußeisen. Das bekannteste Unterscheidungsmerkmal eines Eisen-Gußwerkstoffes ist die Form, die der im Gefüge enthaltene Graphit hat. Hierbei gliedert man das Gußeisen in eine Ausführung mit Lamellengraphit (GG) und in einen Typ mit Kugelgraphit (GGG).

10.1.2.1 Gußeisen mit Lamellengraphit (DIN 1691)

Das früher als Grauguß bezeichnete Gußeisen mit Lamellengraphit ist ein Eisen-Kohlenstoff-Gußwerkstoff, der in der Regel mehr als 2 % C enthält. Der größere Teil dieses Kohlenstoffes ist als lamellarer Graphit im Gefüge des Gußeisens enthalten und gibt dem Gußbruch eine graue Farbe. Der lamellenförmige Graphit unterbricht das metallische Gefüge der Grundmasse und hat zusätzlich auch eine Kerbwirkung. Form und Größe des Graphitanteils sind daher für die Festigkeit des Gußeisens mit Lamellengraphit ausschlaggebend. Die Festigkeit dieses Gußeisens wird auch von dem Gefüge der Grundmasse beeinflußt. Unlegiertes Gußeisen mit Lamellengraphit hat bei gleichmäßig und fein verteiltem Graphit die besten mechanischen Eigenschaften. Feinste Graphitausbildung wird erzielt, wenn das Gußeisen so zusammengesetzt ist, daß es an der Grenze zum Hartguß liegt, also eine fast weiße Bruchfläche aufweist. Durch Legieren kann man die Eigenschaften von Gußeisen mit Lamellengraphit verbessern und für bestimmte Bedarfsfälle gezielt variieren. Die wichtigsten Legierungsbestandteile sind Silicium, Mangan, Phosphor, Schwefel sowie Nickel und Chrom. Hochhitzebeständiger Guß erfordert einen hohen Chromanteil, während laugenbeständiger Guß bevorzugt mit Nickel legiert wird. Gußeisen mit Lamellengraphit hat eine außerordentlich gute Dämpfungsfähigkeit, es eignet sich daher gut für Maschinen aller Art, Kurbelwellen, Schwungräder, aber auch für Heizkörper, Baumaschinen und Kraftfahrzeugteile. Auch die Korrosionsbeständigkeit des Gußeisens mit Lamellengraphit ist als gut zu bezeichnen, da die Gußhaut Oxide und Silikate enthält. Das Gefüge von Gußeisen mit Lamellengraphit kann man durch Warmbehandlung beeinflussen, es läßt sich ähnlich wie Stahl härten und vergüten, bei 500 bis 600°C läßt sich Gußeisen mit Lamellengraphit spannungsfrei glühen.

10.1.2.2 Gußeisen mit Kugelgraphit (DIN 1693)

Durch eine kugelförmige Ausbildung des Graphits wird die bei Gußeisen durch die Graphiteinlagerungen bedingte Kerbwirkung verringert. Auch durch Legierungszusätze und Wärmebehandlung können die Eigenschaften der Gußeisensorten mit Kugelgraphit innerhalb weiter Grenzen geändert und variiert werden. Gußeisen mit Kugelgraphit (GGG, Guß-Graphit-Globular) ist ein Eisen-Kohlenstoff-Gußwerkstoff mit in der Regel mehr als 2 % C, dessen größerer Teil als kugeliger Graphit im Gefüge enthalten ist. Es wird aus Sonderroheisen und Stahlschrott im Kupolofen geschmolzen und im Elektroofen verfeinert. Die kugelige Ausbildung des Graphits wird meistens durch einen Zusatz von einigen 100stel % Magnesium erreicht, das in der Gießpfanne zugesetzt wird. Anschließend wird die Schmelze mit Ferrosilicium geimpft. Im Vergleich zu Gußeisen mit Lamellengraphit sind bei Gußeisen mit Kugelgraphit hohe Zugfestigkeitswerte und hohe Bruchdehnungswerte erreichbar. Die Dämpfungsfähigkeit von Gußeisen mit Kugelgraphit liegt etwa in der Mitte zwischen der von Gußeisen mit Lamellengraphit und der von Stahlguß. Gußeisen mit Kugelgraphit ist gut zerspanbar und läßt sich unter Beachtung des großen C-Gehaltes schweißen. Es hat eine größere Verschleißfestigkeit und einen höheren Korrosionswiderstand als Gußeisen mit Lamellengraphit. Im Vergleich zum Gußeisen mit Lamellengraphit zeichnet sich Gußeisen mit Kugelgraphit besonders durch seine mehr stahlähnlichen Eigenschaften und auch durch seine höhere Zunderbeständigkeit aus. Die wichtigsten Einsatzgebiete dieses Gußeisens sind Armaturen, Walzen, Gesenke, Getriebegehäuse, Kurbelwellen, Rohre, Holzbearbeitungswerkzeuge und zahlreiche andere hochbeanspruchte Gußteile.

10.1.3 Temperguß (DIN 1692)

Als Temperguß bezeichnet man einen sogenannten untereutektischen Eisen-Kohlenstoff-Gußwerkstoff, dessen Kohlenstoff im Temperrohguß in gebundener Form als Eisenkarbid vorliegt. Durch das Tempern (eine Wärmebehandlung) zerfallen dann die Karbide unter Abscheiden von Temperkohle. Man unterscheidet zwei Gruppen von Temperwerkstoffen, den entkohlendgeglühten oder weißen Temperguß (GTW) und den nicht entkohlendgeglühten schwarzen Temperguß (GTS). Die Bezeichnungen schwarzer und weißer Temperguß wurden nach dem Bruchaussehen der fertig getemperten Gußstücke vorgenommen. Weißer Temperguß mit seinem höheren Kohlenstoffgehalt wird unmittelbar aus dem Kupolofen erschmolzen. Dagegen erfordert schwarzer Temperguß mit seinem geringeren Kohlenstoffgehalt ein anschließendes Überhitzen und ein genaues Einstellen der chemischen Zusammensetzung in Flammöfen, Drehtrommelöfen oder in Elektroöfen.

Der Temperguß nimmt unter den Eisen-Kohlenstoff-Gußwerkstoffen eine Mittelstellung ein zwischen den Gußeisen mit Lamellengraphit und dem Stahlguß. Er läßt sich gut gießen und hat Gebrauchseigenschaften, die an die Eigenschaften von Stahlguß heranreichen. Temperguß hat eine verhältnismäßig hohe Zähigkeit und ist schlagunempfindlich. Ein großer Teil der Tempergußerzeugung wird in der Fahrzeugindustrie eingesetzt. Zum Beispiel Bremstrommeln, Radnaben, Lenk- und Differentialgehäuse, Nockenwellen, Kurbelwellen und andere Bauteile werden aus Temperguß gefertigt. Weitere Anwendungsgebiete sind Fittingsrohrstücke, Isolatorenkappen, Schlüssel, Schlösser und Beschlagteile. Temperguß läßt sich gut zerspanen, ist schweißbar, und seine Eigenschaften sind in gewissen Grenzen durch Warmbehandlungen noch zu verbessern.

10.2 Stahl

Stahl ist alles ohne Vorbehandlung schmiedbare Eisen. Der Kohlenstoffgehalt liegt *unter* 1,7 %. Auf Grund seiner Bildsamkeit läßt sich Stahl in Wärme und in der Kälte durch Walzen, Pressen und Schmieden in beliebige Formen überführen. Er ist außerordentlich fest und zäh. Er wird in schmelzflüssigem Zustand hergestellt durch Entkohlung von Roheisen, Verbrennung von Verunreinigungen und gegebenenfalls Beimengung erwünschter Nebenbestandteile.

10.2.1 Herstellung und Bezeichnung

Der Stahlerzeugung dienen zur Zeit hauptsächlich drei Gruppen von Verfahren:

▷ Das Windfrischen im Konverter, auch Birne genannt, in Gestalt des *Bessemerverfahrens* (saures Futter aus Quarz und Ton für phosphorfreies Roheisen) und des *Thomasverfahrens* (basisches Futter aus

Dolomit und Teer für phosphorhaltiges Roheisen); die anfallende Schlacke wird gemahlen (Thomasmehl) als Düngemittel verwendet.

- Das Herdfrischen in Gestalt des *Siemens-Martin-Verfahrens* und des *Elektrostahlverfahrens*.
- Frischverfahren besonderer Art, die sich aus der Anwendung von Sauerstoff ergeben (z.B. *Blasstahlverfahren)*.

Die Herstellungsart kann durch Buchstaben gekennzeichnet werden, die der Bezeichnung der Stahlsorten zugesetzt werden. Es bedeuten: M = Siemens-Martin-Stahl, T = Thomasstahl, W = nach Sonderverfahren erblasener Stahl, R = beruhigter Stahl, RR = besonders beruhigter Stahl, U = unberuhigter Stahl. Diese Buchstaben sind, wenn auf die Erschmelzungs- und Vergießungsart hingewiesen werden soll, vor die Stahlsortenbezeichnung zu setzen, z.B. M U St 37–2 ist ein Stahl St 37 der Gütegruppe 2, erschmolzen im Siemens-Martin-Verfahren, unberuhigt vergossen. Steht dagegen das U hinter der Stahlsortenbezeichnung, so bezieht sich das auf den Behandlungszustand; ein solches U bedeutet warmgewalzt, unbehandelt, während der Buchstabe N normalgeglüht bedeutet. Die Abkantbarkeit eines Stahles wird durch den Buchstaben Q unmittelbar vor der eigentlichen Stahlsortenbezeichnung angegeben.

10.2.2 Stahlsorten

Für das Bauwesen kommen die meisten der in DIN 17100 „Allgemeine Baustähle" aufgeführten Stahlsorten sowie die in DIN 1045 enthaltenen Bewehrungsstähle in Frage. Einige weitere Stahlsorten sind nach DIN 17111 Nietstähle, DIN 1623 Feinblech, DIN 1629 Stähle für nahtlose Rohre beschrieben.

Nach DIN 17100 gilt allgemein, daß die Stähle weder kalt- noch rotbrüchig sein dürfen. Sie müssen sich beim Faltversuch um die bei den einzelnen Sorten angegebenen Dorndurchmesser um 180° ohne Anrisse auf der Zugseite biegen lassen. Walzerzeugnisse sollen eine walztechnisch glatte Oberfläche haben. Auf die Eignung der Stahlsorten für die verschiedenen Schweißverfahren wird nach der Erörterung der einzelnen Sorten eingegangen.

10.2.2.1 Stähle für Feinbleche

Bei den Feinblech-Stahlsorten kommt es weniger auf Festigkeit als auf Oberflächenbeschaffenheit, Ziehfähigkeit und dgl. an. Einige Beispiele: St I 23 wird für gewöhnliche Schwarzblechteile verwendet; bei St III 23 wird die Eignung zum Emaillieren, Verzinken und Verbleien gewährleistet. Für Feinblechstähle ist die DIN 1623, Bl. 1 bis 3, verbindlich.

10.2.2.2 Betonstahl

Für Betonstahl ist DIN 488, Bl. 1–6, maßgebend. Betonstahl ist ein Stabstahl mit kreisförmigem oder nahezu kreisförmigem Kernquerschnitt, der zur Bewehrung von Beton (Stahlbeton) geeignet ist. Geschweißte Betonstahlmatten sind eine vorgefertigte Bewehrung aus sich kreuzenden, glatten, profilierten oder gerippten Bewehrungsstäben, die an den Kreuzungsstellen durch Widerstandspunktschweißung scherfest miteinander verbunden sind.

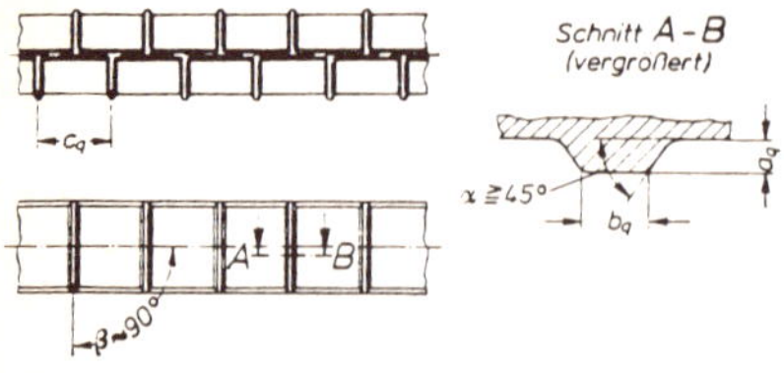

Abb. 10.1: Betonrippenstahl

Nicht geschweißte Betonstahlmatten sind eine vorgefertigte Bewehrung aus sich kreuzenden Betonrippenstählen, die an den Kreuzungsstellen nicht scherfest, jedoch unverschieblich durch steife Knoten miteinander verbunden sind.

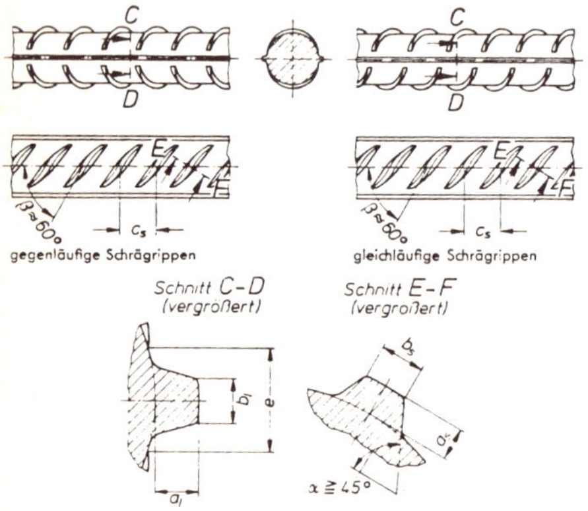

Abb. 10.2: Betonrippenstahl BSt 42/50 RU mit gegen- und gleichläufigen Schrägrippen

Betonstahl (Sorteneigenschaften und -einteilung s. *Tab. 10.1)*

■ Unbehandelter (naturharter) Betonstahl (Kurzzeichen U) hat seine Festigkeitseigenschaften aufgrund seiner chemischen Zusammensetzung.

■ Kaltverformter Betonstahl (Kurzzeichen K) erhält seine Festigkeitseigenschaften durch Kaltverformung, z.B. Ziehen, Verdrehen oder Recken des naturharten Ausgangsmaterials.

■ Betonrundstahl mit glatter Oberfläche (Kurzzeichen G).

■ Betonrippenstahl (Kurzzeichen R) mit rechtwinklig oder schräg zur Stabachse verlaufenden Rippen (Quer- bzw.

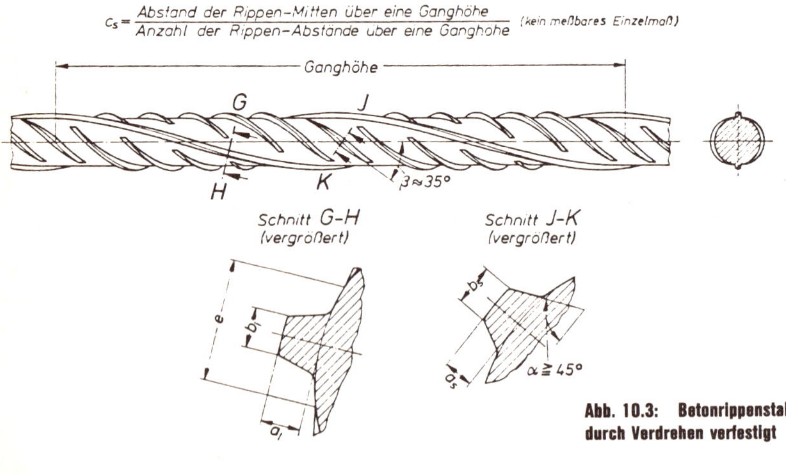

Abb. 10.3: Betonrippenstahl BSt 42/50 RK, durch Verdrehen verfestigt

Schrägrippen) sowie mit oder ohne Längsrippen.

■ Profilierter Betonstahl (Kurzzeichen P) für die Herstellung von geschweißten Betonstahlmatten.

Die nach der Norm DIN 488 festgelegten Abmessungen von Betonrund- und -rippenstahl sind in *Tab. 10.2* aufgeführt.

Beim Betonrundstahl BSt 22/34 GU soll der Querschnitt möglichst kreisförmig sein.

Der Kernquerschnitt von Betonrippenstählen soll ebenfalls möglichst kreisförmig sein. Die Stäbe müssen Quer- oder Schrägrippen haben; die Flanken der Rippen sollen möglichst steil, jedenfalls nicht flacher als 45° geneigt und am Übergang zum Stabkern ausgerundet sein.

Beim Betonrippenstahl BSt 22/34 RU müssen die Querrippen annähernd rechtwinklig zur Stabachse verlaufen, gleichmäßig über die ganze Länge des Stabes verteilt sein und über den ganzen Umfang des Stabes reichen *(Abb. 10.1)*. Die Querrippen dürfen durch zwei sich gegenüberliegende Längsrippen verbunden und die so erzeugten Querrippenhälften gegeneinander versetzt sein.

Beim Betonrippenstahl BSt 42/50 RU und BSt 42/50 RK *(Abb. 10.2)* müssen die Stäbe einander gegenüberliegende Reihen mit in ihrem Längsschnitt sichelförmige Schrägrippen haben.

Tab. 10.1: Sorteneinteilung und Eigenschaften der Betonstähle nach DIN 488

Stahlsorte Kurzname	Werkstoffnummer	Kurzzeichen[1])	Form und Herstellungsart	Verwendung als	Nenndurchmesser d mm	Streckgrenze βs N/mm² min.	Zugfestigkeit βz N/mm² min.
BSt 22/34 GU	1.0003	I G	Rundstahl, glatt, unbehandelt	Betonstabstahl	5 bis 28	220	340
BSt 22/34 RU	1.0005	I R	Rippenstahl mit Querrippen, unbehandelt		6 bis 40	220	340
BSt 42/50 RU	1.0433	III U	Rippenstahl mit Schrägrippen, unbehandelt		6 bis 28	420	500
BSt 42/50 RK	1.0431	III K	Rippenstahl mit Schrägrippen, kaltverformt		6 bis 28	420	500
BSt 50/55 GK	1.0464	IV G	Rundstahl, glatt, kaltverformt	Betonstahlmatte	4 bis 12	500	550
BSt 50/55 PK	1.0465	IV P	Profilierter Stahl, kaltverformt		4 bis 12	500	550
BSt 50/55 RK	1.0466	IV R	Rippenstahl mit Schrägrippen, kaltverformt		4 bis 12	500	550

[1]) Für Zeichnungen und statische Berechnungen

Tab. 10.2: Betonrundstahl und Betonrippenstahl, Nenndurchmesser, Nennumfang, Nennquerschnitt und Gewicht (nach DIN 488)

Nenndurchmesser d Beton- rundstahl BSt 22/34 GU	 Betonrippenstahl BSt 22/34 RU	 BSt 42/50 RU BSt 42/50 RK	Nenn- umfang u cm	Nenn- querschnitt F_e[1]) cm^2) −5 %[2])	Gewicht g kg/m
1	2	3	4	5	6
5	–	–	1,57	0,196	0,154
6	6	6	1,89	0,283	0,222
8	8	8	2,51	0,503	0,395
10	10	10	3,14	0,785	0,617
12	12	12	3,77	1,13	0,888
14	14	14	4,40	1,54	1,21
16	16	16	5,03	2,01	1,58
18	18	18	5,65	2,54	2,00
20	20	20	6,28	3,14	2,47
22	22	22	6,91	3,80	2,98
25	25	25	7,85	4,91	3,85
28	28	28	8,80	6,16	4,83
–	32	–	10,05	8,04	6,31
–	36	–	11,31	10,2	7,99
–	40	–	12,57	12,6	9,87

[1]) Für die Ermittlung des Nennquerschnitts gilt DIN 488 Blatt 3, Abschnitt 1
[2]) Zulässige Abweichung

Tab. 10.3: Durch Ziehen bzw. durch Ziehen und Kaltwalzen hergestellte Stäbe (nach DIN 488)

Nenn- durchmesser d mm	Nenn- querschnitt cm^2 5 %	Gewicht kg/m
4,0	0,126	0,099
4,5	0,159	0,125
5,0	0,196	0,154
5,5	0,238	0,187
6,0	0,283	0,222
6,5	0,332	0,260
7,0	0,385	0,302
7,5	0,442	0,347
8,0	0,503	0,395
8,5	0,567	0,445
9,0	0,636	0,499
9,5	0,709	0,556
10,0	0,785	0,617
10,5	0,866	0,680
11,0	0,950	0,746
11,5	1,039	0,815
12,0	1,131	0,888

Stäbe mit gleichläufig angeordneten Schrägrippen müssen mindestens eine Längsrippe haben. Die Schrägrippen dürfen in etwa vorhandene Längsrippen nicht einbinden. Die Schrägrippen sollen bei kaltgerecktem Stahl um etwa 60°, bei durch Verdrehen verfestigtem Stahl um etwa 45° gegen die Stabachse geneigt verlaufen.

Zur Unterscheidung von unbehandeltem Betonrippenstahl BSt 42/50 RU ist kaltverformter Betonrippenstahl BSt 42/50 RK um die Längsachse verwunden, und zwar kaltgereckter Stahl mit einer Schlaglänge von etwa 100 d, durch Verdrehen verfestiger Stahl *(Abb. 10.3)* mit einer Schlaglänge von etwa 10 bis 12 d.

Betonstahlmatten

In der gesamten Bauindustrie haben Betonstahlmatten heute einen erheblichen Marktanteil. Insbesondere die geschweißten Betonstahlmatten konnten sich entscheidend durchsetzen. Geschweißte Betonstahlmatten dürfen nur aus Stäben der Betonstahlsorten BSt 50/55 GK, BSt 50/55 PK oder BSt 50/55 RK hergestellt werden. Sie bestehen aus glatten (G), profilierten (P) oder gerippten (R) Stäben mit Durchmessern bis zu 12 mm. Die Stäbe werden durch maschinelle Widerstandspunktschweißung an den Kreuzungsstellen miteinander verbunden. Kaltverformter Betonrippenstahl BSt 50/55 RK ist verwunden; und zwar hat kaltgereckter Stahl eine Schlaglänge von etwa 100 d, durch Verdrehen verfestigter Stahl eine Schlaglänge von 10 bis 12 d.

Die Längsstäbe bis 12 mm Durchmesser sind entweder Einfachstäbe oder Doppelstäbe aus zwei nebeneinander liegenden Stäben gleichen Durchmessers. Die Querstäbe sind stets Einfachstäbe.

Als Längs- bzw. Querstababstand gilt der Achsabstand der Stäbe.

Die Mattenlänge bzw. Mattenbreite ist gleich der größten Länge der Längs- bzw. Querstäbe.

Die Längs- bzw. Querstabüberstände sind die Längen der Stabteile, die über die Stabmitte der äußersten Quer- bzw. Längsstäbe einer Matte überstehen.

An den Längsrändern der Matten darf der Stahlquerschnitt im Übergreifungsbereich bis auf die Hälfte des Stahlquerschnitts des übrigen Mattenbereichs verringert werden (Matten mit Randsparzone).

Nenndurchmesser, Nennquerschnitt und Gewicht sind für durch Ziehen bzw. durch Ziehen und Kaltwalzen hergestellte Stäbe in *Tab. 10.3* angegeben. Die Stäbe können glatt (BSt 50/55 GK), profiliert (BSt 50/55 PK) oder gerippt (BSt 50/55 RK) sein.

Auf den profilierten oder gerippten Stählen sind drei oder mehr gleichmäßig über Stabumfang und Stablänge verteilte Profil- oder Rippenreihen kalt einzuwalzen. Die erhabenen Oberflächenteile müssen einen Winkel von 45 bis 60° mit der Stabachse bilden.

Mattenarten

Listenmatten sind Betonstahlmatten, deren Stababstände, Stabdurchmesser und Mattenabmessungen vom Besteller angegeben werden.

Die Stababstände und Stabdurchmesser sind für eine Matte in der jeweiligen Mattenrichtung gleich.

Die Mattenbreite soll nicht größer sein als 2,45 m bei Straßentransport bzw. 2,65 m bei Bahntransport; die Mattenlänge soll im allgemeinen nicht größer als 12,00 m sein.

Die Stäbe einer Mattenrichtung sind gleich lang.

Lagermatten sind Betonstahlmatten, deren Stababstände, Stabdurchmesser und Mattenabmessungen vom Hersteller festgelegt sind. Sie werden nur aus profilierten oder gerippten Stäben hergestellt. Die Mattenlänge beträgt bei allen Lagermatten mindestens 5,00 m, die Mattenbreite mindestens 2,15 m.

Zeichnungsmatten sind von Listen- oder Lagermatten abweichende Betonstahlmatten, deren Aufbau sich nach einer Zeichnung richtet.

Für den Mattenaufbau müssen die Nennmaße der Stababstände und Stabdurchmesser in folgender Reihenfolge angegeben werden: Längsstababstand – Querstabstand – Längsstabdurchmesser – Querstabdurchmesser.

Die äußeren Abmessungen sind durch die Mattenlänge und Mattenbreite sowie gegebenenfalls durch die Angabe der Überstände zu bezeichnen.

Für *geschweißte Betonstahlmatten* z. B. aus Rippenstählen ist in der Mattenliste und den Verlegeunterlagen der Hinweis „Geschweißte Betonstahlmatten aus Betonrippenstahl" erforderlich.

Nicht geschweißte Betonstahlmatten dürfen nur aus Betonstählen BSt 50/55 RK werkmäßig hergestellt werden. Die Einzelstäbe sind an den Kreuzungsstellen durch nicht geschweißte Knoten zu verbinden.

Nenndurchmesser, Nennquerschnitt und Gewicht sowie Abmessungen und Abstände der Rippen müssen DIN 488 entsprechen. Die Matten werden als Listenmatten, Lagermatten und Zeichnungsmatten geliefert. Für nicht geschweißte Betonstahlmatten aus Rippenstählen ist in der Mattenliste und den Verlegeunterlagen der Hinweis „Nicht geschweißte Betonstahlmatten aus Rippenstählen" erforderlich.

10.2.2.3 Schmiedestahl

Schmiedestahl (auch geschmiedeter Stahl genannt) ist Flußstahl, der durch Schmieden in seine Gebrauchsform gebracht wurde. Er wird z. B. verwendet für Lagerrollen und Gelenkbolzen im Hoch- und Brückenbau.

Vergütungsstahl C35, nach DIN 17200, ist in den Hochbau-Vorschriften für Lagerteile und Gelenke vorgesehen. Die Bezeichnung bezieht sich auf den Kohlenstoffgehalt von rund 0,35 % und auf die Vergütung durch Härten mit nachfolgendem Anlassen. Je nach Probendicke ist die Mindestzugfestigkeit 550 bis 650 N/mm² und die Höchstzugfestigkeit 650 bis 800 N/mm².

10.2.2.4 Stahlguß für allgemeine Verwendungszwecke (DIN 1681)

Unter den Begriff „Stahlguß für allgemeine Verwendungszwecke" fallen die gegossenen, unlegierten oder niedrig legierten Stähle, deren Sorteneinteilung im wesentlichen auf den mechanischen Eigenschaften bei Raumtemperatur beruht.

10.2.2.5 Nichtrostende Stähle (DIN 17440)

Nichtrostende Stähle haben im allgemeinen einen Chromgehalt von mindestens 12 % und einen Kohlenstoffgehalt von höchstens 1,2 %. Sie zeichnen sich durch besondere Korrosionsbeständigkeit aus. Vor allem sind es Chrom- und Chrom-Nickel-Stähle. Zur Erzielung bestimmter Eigenschaften können diese Stähle auch noch weitere Legierungszusätze haben. Die Stähle kann man durch Schmieden oder Walzen zu Stangen, Profilen, Bändern, Blechen, Drähten, nahtlosen Rohren und plattierten Blechen warm umformen. Für Sonderzwecke verwendet man nichtrostende Chrom-Nickel-Stähle, bei denen durch eine Ausscheidungshärtung besonders hohe Festigkeiten erreicht werden können. Nichtrostende Stähle gliedert man in martensitische, ferritische und austhenitische Sorten. Folgende „Rostfrei"-Qualitäten sind für das Bauwesen besonders geeignet:

Werkstoff 1.4401

In Industrieatmosphäre oder Meeresnähe sollte wegen seiner absoluten Korrosionsbeständigkeit dieser Werkstoff verwendet werden. Es ist ein Stahl, dem neben 16,5 bis 18,5% Chrom und 10,5 bis 13,5% Nickel noch 2 bis 2,5% Molybdän hinzulegiert sind. Das Hinzulegieren von Molybdän erhöht die Korrosionsbeständigkeit.

Werkstoff 1.4301

Ein Stahl mit ca. 18% Chrom und ca. 10% Nickel. Dieser Stahl eignet sich zum Einsatz in normaler Atmosphäre. Er ist aufgrund seines geringeren Kohlenstoffgehaltes ohne Nachbehandlung schweißbar.

Werkstoff 1.4300

Ein Rostfrei-Werkstoff in ähnlicher Zusammenstellung wie 1.4301. Für nicht zu schweißende Konstruktionen geeignet. Sein Kohlenstoffgehalt macht eine Behandlung nach dem Schweißen erforderlich, die z. B. an großen Bauteilen nur schwierig vorzunehmen ist.

Werkstoff 1.4571

Für Versetzanker von Natur- und Kunststeinplatten sowie Betonfertigteilverbindungen verwendet man diesen Werkstoff, der einen Stahl mit 16,5 bis 18,5% Chrom, 10,5 bis 13,5% Nickel und 2 bis 2,5% Molybdän bezeichnet. Durch die Stabilisierung mit Titan ist dieser Stahl gut schweißbar und von erhöhter Festigkeit. (Diesen Chrom-Nickel-Stählen ist gemeinsam, daß sie nicht magnetisierbar sind.)

Werkstoff 1.4016

Dieser Werkstoff ist als reiner Chrom-Stahl magnetisierbar und sollte wegen seiner geringeren Korrosionsbeständigkeit nur im Innenausbau von Gebäuden verwendet werden.

In der Naturstein- und Betonfertigteilindustrie ist „Rostfrei" als Werkstoff für Verankerungen nicht mehr wegzudenken. Die Empfehlungen des Natursteinverbandes wie der Betonfertigteilhersteller und der Studiengemeinschaft für Fertigbau weisen rostfreien Stahl als einwandfrei geeignetes Material für die Verankerung von hinterlüfteten Natursteinfassaden und mehrschichtigen Betonfertigteilen aus. Hier macht es der rostfreie Stahl erst möglich, bauphysikalische Erfordernisse in die Praxis umzusetzen. So können z. B. mit Baustahlgewebematten, Streckmetall und Bindedraht aus „Rostfrei" auch hinterlüftete keramische Vorhangfassaden erstellt werden.

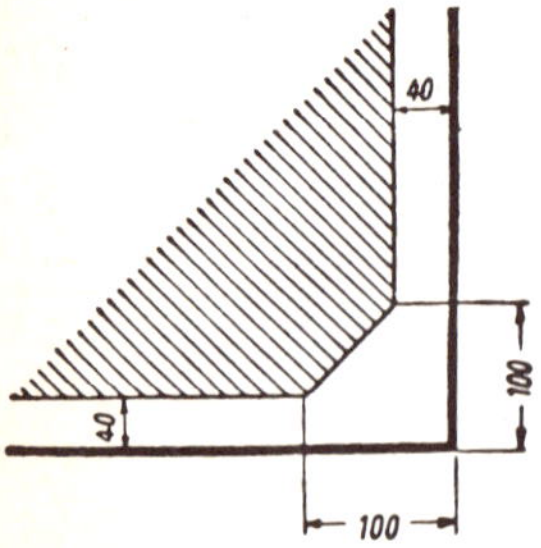

Abb. 10.4: Dickenmessung bei Blechen. Meßpunkte in der schraffierten Fläche

10.2.3 Technologische Daten

Zulässige Spannungen

Maßgebend sind: für Stahlhochbauten DIN 18800 und DIN 18801, für Krane und Kranbahnen DIN 15018 und DIN 15019, für stählerne Straßenbrücken DIN 1073, für stählerne Eisenbahnbrücken die BE-Vorschriften der Bundesbahn-DS 804, für Stahlleichtbau und Stahlrohrbau im Hochbau DIN 4115, für geschweißte vollwandige Straßenbrücken DIN 4101, für Bauwerke aus Stahlbeton DIN 1045, für Bauwerke aus Spannbeton DIN 4227.

Elastizitätsmodul und Wärmedehnzahl

Der Elastizitätsmodul E ist eine gedachte Spannung, die als Maßstab für den Widerstand des Werkstoffs gegen Formänderung aus Zug- oder Druckbeanspruchung dient. Je größer E, desto größer dieser Widerstand und desto kleiner die Formänderung. E beträgt für Grauguß 100000 N/mm², für Stahl jeder Art (auch geschmiedeten Stahl und Stahlguß) 210000 N/mm².

Die Wärmedehnzahl α_t ist das Verhältnis der linearen Längenänderung zur ursprünglichen Länge bei einer Temperaturdifferenz von 1° K (Differenzen werden in Kelvin ausgegeben). Sie beträgt für Grauguß 0,000010; für Stahl jeder Art (auch geschmiedeten Stahl und Stahlguß) 0,000012.

10.2.4 Prüfung

Die Prüfungen von Eisen und Stahl sind in zahlreichen Normvorschriften festgelegt und erstrecken sich – von Sonderprüfungen für den Maschinenbau abgesehen – auf Zugfestigkeit, Streckgrenze und Bruchdehnung, Zähigkeit im kalten (Faltversuch, Kaltbiegeprobe für Betonstahl) und rotwarmen Zustand (Rotbruchversuch), Sprödigkeit (Kerbschlagprobe), Biegefestigkeit und Durchbiegung (Gußeisen), Brinellhärte, Bearbeitbarkeit, Schweißbarkeit, Stauchfähigkeit (Nietstahl), Korrosionsbeständigkeit. Die Prüfung des Baustahls für die Abnahme geschieht auf Kosten des Bestellers.

Der Werkstoff wird den Verarbeitungsstätten, d. h. der Werkstatt bzw. der Baustelle, bereits in gegossenem, gewalztem, gepreßtem, geschmiedetem oder gezogenem Zustand geliefert. Die Lieferungen sind auf eventuelle Fehler zu kontrollieren. Zu äußerlich sichtbaren Fehlern gehören

bei *Profilstahl:* Risse zwischen Steg und Flansch, gewellter Steg, nicht voller Querschnitt;

bei *Blech* und *Breitflachstahl:* Blasen, Risse, Unebenheiten, größere Vertiefungen durch eingewalzte Schlacke. Blechdicken sind in ausreichendem Abstand von der Kante zu messen *(Abb. 10.4);*

bei *Gußstücken:* unebene Oberfläche, Gußnähte und Anhängsel, Risse, ausgekittete Löcher, verschweißte Fehlstellen.

10.2.5 Formgebung und Verarbeitung

In der Werkstatt und auf der Baustelle ist folgendes zu beachten:

Verschiedene Stahlsorten sind getrennt zu lagern.

Bearbeitungen, insbesondere Biegungen und Kröpfungen, sind nur in kaltem oder rotwarmem Zustand, nie in Blauwärme vorzunehmen. Abschrecken ist verboten.

Fugen bei Nietungen und Verschraubungen müssen bereits beim Zusammenbau dicht schließen.

Niet- und Schraubenlöcher müssen gebohrt, bei Belag- und dünnen Behälterblechen dürfen sie gestanzt werden.

Niete sind möglichst maschinell zu schlagen.

Einzelteile sind so zu bearbeiten, daß sie genau zusammenpassen. Zusammenzwängen ist verboten. Heftschweißungen dürfen nur in spannungslosem Zustand gelegt werden.

10.2.5.1 Verbindungsmöglichkeiten

Verbindungsmöglichkeiten sind Niete, Schrauben, Kleber und Schweißungen.

Niete

Bei Nieten ist zu unterscheiden zwischen warm und kalt geschlagenen Nieten; kalt geschlagene Niete sollten nur bei sehr kleinen Durchmessern, z. B. bei Verkleidungsblechen, verwendet werden.

Schrauben

Bei Schrauben unterscheidet man rohe Schrauben, Paßschrauben und hochfeste Schrauben. Rohe Schrauben sollen zur Übertragung von Scherkräften nicht herangezogen werden, sondern nur dem Zusammenschluß der verbundenen Teile dienen. Für gedrehte Paßschrauben werden die Löcher nach dem Zusammenbau aufgerieben; diese Schrauben übertragen, ebenso wie Niete, die Kräfte durch Lochleibungs- und Scherbeanspruchung. Im Gegensatz hierzu werden bei hochfesten Schrauben, in den sogenannten HV-Verbindungen (HV = hochfest, vorgespannt) die Kräfte durch Reibung übertragen. Die Berührungsflächen der verbundenen Teile werden sandgestrahlt und nicht mit Zwischenanstrich versehen. Die Schrauben sitzen mit Spiel in ihren Löchern und werden mit Drehmomentschlüsseln vorgespannt.

Kleber

In neuerer Zeit hat das Kleben von Verbindungen im Stahlbau Bedeutung erlangt. Besonders günstig scheint die Zusammenwirkung von Klebverbindungen mit HV-Schrauben zu sein.

Schweißen

Bei den Schweißverbindungen unterscheidet man zwischen zwei Hauptarten: dem Gasschmelzschweißen (auch Autogenschweißen genannt) und dem Elektroschweißen. Innerhalb des Elektroschweißens wird zwischen der elektrischen Widerstandsschweißung und der Lichtbogenschweißung unterschieden.

Bei der *Gasschmelzschweißung* wird vorzugsweise Acetylen als Brenngas verwendet. Sorgfältig zu achten ist auf richtiges Einstellen der Schweißflamme, das an dem stark leuchtenden, hellgelben, länglichen Flammenkern am Brennermundstück zu erkennen ist. Bei Acetylenüberschuß (Aufkohlungsgefahr) verliert der Kern seine scharfe Umgrenzung und bildet einen längeren Schleier, bei Sauerstoffüberschuß (Verbrennungsgefahr) zeigt sich ein zwar scharfer, aber kurzer und dunklerer Kern.

Die *elektrische Widerstandsschweißung,* auch Preßschweißung genannt, kommt in Frage als Stoßverbindung für Betonstahl und für sonstigen Rund- und Vierkantstahl sowie für Schienen; auch die *Punktschweißung* zur Verbindung von Blechen, von Breitflachstählen und Flachstählen ist eine Widerstandsschweißung.

Bei der *Lichtbogenschweißung* wird Elektrodenwerkstoff (man unterscheidet nackte und umhüllte Elektroden) in die entsprechend vorbereiteten Nahtstellen eingeschmolzen. Meist werden umhüllte Elektroden verwendet. Erwünscht ist auch heute noch, die Nähte in waagerechter Schweißlage auszuführen, doch ist dies nicht mehr so nötig wie früher. Auch senkrechte Nähte, sogenannte Stehnähte, oder Überkopfnähte können heute einwandfrei ausgeführt werden. Für solche Nähte sind umhüllte Elektroden kleinen Durchmessers zu verwenden. Die Herstellung von Schweißungen ist für größere Stahlbauten an bestimmte Voraussetzungen geknüpft. Die Werkstätten müssen dann hierfür zugelassen sein, über geprüfte und zugelassene Schweißingenieure sowie über Durchstrahlungseinrichtungen (Röntgenanlagen) verfügen. Für Handwerksbetriebe genügt der sogenannte „Kleine Nachweis" zum Schweißen von Stahlhochbauten in begrenztem Umfang.

Eine besondere Art von Schweißverbindungen wird namentlich für Schienenstöße verwendet, das *Thermitschweißverfahren.* Hierbei wird ein Gemenge aus Aluminium- und Roteisensteinpulver innerhalb einer feuerfesten trichterähnlichen Form entzündet, aus der das geschmolzene Eisen zwischen und um die zu verbindenden Schienenenden läuft und diese zusammenschließt.

Für alle Schweißungen gilt, daß die zu verschweißenden Oberflächen frei sein müssen von Rost, Zunder, Öl, Farbe und Schmutz. Ferner müssen die Augen der Schweißer gegen das grelle Licht durch Schutzbrillen mit farbigen Gläsern geschützt werden.

10.2.5.2 Härten

Beim Härten von Stahl in der Bauschmiede, das durch Abschrecken in Wasser, in Öl oder im Kaltluftstrom erfolgt, ist die Abschreckhärte durch „Anlassen", d.h. nachträgliches Erwärmen auf 200 bis 315 °C, zu mildern. Die Anlaßhärte ist an der Anlauffarbe zu erkennen. Gelb (200 °C) = glashart, rot = hart, rotblau = mittelhart, dunkelblau = zähhart, hellblau (315 °C) = zähweich.

10.3 Korrosionsschutzverfahren

Korrosion

Unter Korrosion (Rostung) versteht man nach DIN 50900 die von der Oberfläche ausgehende, durch unbeabsichtigte chemische oder elektrochemische Einflüsse (Angriff) hervorgerufene Veränderung der Oberfläche eines Werkstoffes. Nicht nur metallische, sondern auch nichtmetallische Werkstoffe wie Holz, Beton, Gestein unterliegen der Korrosion. Die Zerstörung durch mechanische Einflüsse nennt man Erosion (Abnutzung, Verschleiß). Beide Vorgänge können gleichzeitig ablaufen.

Die eigentliche Ursache der Korrosion ist das Bestreben der unedlen Metalle, in den Zustand mit geringstem Energiegehalt (meist Oxidform) zurückzukehren.

Die einzelnen Faktoren und die Beanspruchung, die zu einer Zerstörung führen, sind mannigfaltig. Die wichtigsten Einflüsse, die zerstörend auf Metalle wirken, sind atmosphärische Luft und deren Verunreinigungen, ferner Wasser, Gase, Erdboden, Chemikalien (Laugen, Säuren u.a.). Sie können allein oder auch zusammen wirken.

Korrosionsschutzgerechte Gestaltung von Stahlkonstruktionen

Ein ausschlaggebender Faktor im Korrosionsschutz ist die korrosionsschutzgerechte Gestaltung von Stahlkonstruktionen durch den Konstrukteur.

Durch eine zweckmäßige Werkstoffauswahl und -kombination durch den Konstrukteur ließe sich der Schutz vieler Objekte mit wesentlich größerer Sicherheit und geringeren Kosten durchführen.

Verwendung wetterfester Stähle

Als wetterfeste Baustähle gelten nach üblichem Sprachgebrauch solche niedriglegierten Stahlsorten, die ohne Korrosionsschutz verwendet werden können, da sie an der Atmosphäre eine beständige Rostschicht bilden. Die geringen Legierungsgehalte von etwa 0,5 % Kupfer, etwa 0,8 % Chrom, etwa 0,5 % Nickel und gegebenenfalls etwa 0,1 % Phosphor sind die Grundlage dieser Beständigkeit gegen Witterungseinflüsse. Dabei sind einige Voraussetzungen zu beachten:

❶ Die Atmosphäre darf keine Stoffe enthalten, die sich bildende Deckschichten beeinträchtigen.

❷ Die Oberflächen der Werkstoffe müssen dem natürlichen Witterungswechsel ausgesetzt sein; der Fall von Dauerbefeuchtung darf nicht gegeben sein.

Die Wetterfestigkeit der leichtlegierten Stähle läßt sich auf stabile Deckschichten zurückführen. Auf der Stahloberfläche bilden sich mit der Zeit schützende, unlösliche basische Sulfate, Hydroxide, Carbonate, Phosphate und Silikate des Kupfers, Nickels und des Chroms. Im Rost unlegierter Stähle läuft unter der für das Rosten in Industrieluft mitverantwortlichen SO_2-Einwirkung dagegen ein katalytischer Vorgang ab, bei dem H^+-Ionen frei werden, die ein weiteres Auflösen des Eisens bewirken. Die Nickel- und Kupfergehalte in leichtlegierten Stählen können nämlich im Gegensatz zu unlegierten Stählen das SO_2 in Form schwerlöslicher komplexer Verbindungen auffangen und dadurch die Eisenauflösung, die bei unlegierten

Tab. 10.4: Werkstoffe in der Technik

Art der Werkstoffe	Korrosionsschutz *unbedingt* erforderl.	Korrosionsschutz *bedingt*) erforderl.*	Korrosionsschutz *nicht* erforderl.
Metallisch			
Stahl	X		
feuerverzinkter Stahl		X	
emaillierter Stahl			X
Edelstahl			X
Kupfer			X
Messing			X
Aluminium		X	
Nichtmetallisch			
Asbestzement			X
Beton			X
Holz	X		

*) gegenüber Laugen u. gelegentlich zur Verbesserung des Aussehens

Tab. 10.5: Korrosionsgeschwindigkeit von Stahl

Ort	Korrosionsgeschwindigkeit mm/Jahr
mäßig besiedelte Gebiete	0,02 ... 0,05
Wohnbezirke von Großstädten	0,05 ... 0,10
große Industriestädte	0,08 ... 0,15
in der Nähe der Meeresküste	0,06 ... 0,17
Süßwasser	0,05 ... 0,10
Salzwasser, aggressives Wasser	0,15 ... 0,20

Nach F. Ritter: Korrosionstabellen metallischer Werkstoffe, Springer-Verlag, Berlin 1968

Stählen zwangsweise zu einer Zerstörung der Oberfläche führt, verhindern. Bei wetterfesten Stählen dichten die Korrosionsprodukte die Poren des Primärrostes so weit, daß weder SO_2 noch sonstige aggressive Gase oder Wässer in nennenswertem Umfang auf die Stahloberfläche gelangen können. Auf diese Weise kommt die Korrosion nach einiger Zeit auf natürliche Weise zum Stillstand.

Die Erfahrung zeigt, daß der Prozeß der Deckschichtenbildung nach etwa eineinhalb bis drei Jahren abgeschlossen ist.

Anstrich leichtlegierter Stähle

Wird aus optischen oder anderen Gründen ein Anstrich auf wetterfesten Stahl aufgebracht, so kann mit einer erhöhten Lebensdauer des Anstriches gerechnet werden.

Wetterfeste Stähle ohne Anstrich

können nicht bei starker Korrosionsbelastung (chemische Anlagen), starker Wasserbeanspruchung (Wasserbehälter, im Schatten von Kühltürmen) und starker Chlorideinwirkung (unmittelbar am Meer) eingesetzt werden.

Einige spezifische Ursachen für Korrosionsschäden in der Bautechnik sind: Rauchgase (wegen ihres Gehaltes an Schwefelsäure), Abgase von chemischen Werken, Raffinerien, Kokereien, Kraftwerken; Schlacken und Schlackensand, die bei einem Gehalt an Schwefelverbindungen u. a. in Verbindung mit Feuchtigkeit Stahl angreifen können; Magnesiamörtel (Steinholzfußböden) aufgrund ihres Gehaltes an Magnesiumchlorid; frischer Gipsmörtel (Cal-

Tab. 10.6: Korrosionsschutzverfahren

Korrosionsschutz		
aktiv: durch Planung	aktiv: durch Eingreifen in den Korrosionsvorgang	passiv: durch Fernhalten angreifender Stoffe von der Stahloberfläche
zweckmäßige Gestaltung der Konstruktion zweckmäßige Auswahl der Werkstoffe	Entfernung } angreifen- Beeinflussung } der Stoffe Eingriff in den elektrochemischen Vorgang	künstliche Deck- und Schutzschichten metallische und nichtmetallische Überzüge

ciumsulfat); Schwitzwasserbildung an Rohren und Behältern, die von kaltem Wasser durchflossen werden; aggressive Böden (z. B. Moor-, Ton- und viele aufgeschüttete Böden), Wässer und Abwässer bei einem Gehalt an aggressiven Stoffen (z. B. Chloride, Sulfate, Kohlensäure); Fremdströme (vagabundierende Ströme, z. B. bei schlechter Stromrückleitung, bei elektrischen Bahnen); hygroskopische Stäube (z. B. Düngemittel); Kontaktkorrosion, d. h. Berührung eines edleren Metalles mit einem unedleren, z. B. Kupfer mit Zink bei Zutritt eines Elektrolyten. Hierbei wird das unedlere Metall zerstört.

Eine Übersicht über die wichtigsten Werkstoffe in bezug auf den erforderlichen Korrosionsschutz gibt *Tab. 10.4.*

Über die Höhe der Korrosionsverluste sind in der Fachliteratur Werte angegeben, die auf Gewichtsverlust (Geldverlust) oder Dickenabnahme bezogen sind (siehe *Tab. 10.5).* Die starken Schwankungen dieser Angaben sind bedingt durch die Schwierigkeit der Ermittlung und die verwendeten unterschiedlichen Bezugsgrößen. Näheres darüber ist den im Abschn. 10.5.2 aufgeführten Fachbüchern zu entnehmen.

Aufgabe des Korrosionsschutzes ist die Verhinderung der Umwandlung des metallischen Eisens in die Ionenform und schließlich in Eisenverbindungen (Korrosionsprodukte), um die ebenmäßige, narben- und lochförmige Korrosionsform zu verhüten. Nach der Definition, wie sie von *H. Klas* und *H. Steinrath* gegeben wurde, können die Korrosionsschutzverfahren in aktive und passive unterteilt werden *(Tab. 10.6* und *10.7).* Im Rahmen dieses Buches interessiert jedoch nur der passive Korrosionsschutz. Eine Übersicht über die einzelnen Verfahren des passiven Korrosionsschutzes bringt *Tab. 10.7.* Von diesen Verfahren wiederum haben für das Bauwesen lediglich die metallischen und nichtmetallischen Überzüge besondere Bedeutung.

10.3.1 Anorganische Überzüge

Glühen

Beim Glühen werden beständige Überzüge durch Oxidbildung bei hohen Temperaturen erzeugt. Hauptsächlich wird diese Methode zum Schutz von Kleineisenteilen verwendet. Die Temperaturen liegen zwischen 100 °C und 400 °C. Die Überzüge werden meist mit Ölen und Fetten nachbehandelt. Der Schutzwert ist nur beschränkt; für viele Fälle, wie Baubeschläge u. a., aber ausreichend.

Tab. 10.7: Passive Korrosionsschutzverfahren

Überzugsarten	Überzug mit	technische Verfahren, z. B.
anorganische Überzüge	Oxidschichten Phosphatschichten	Glühen; Brünieren Schwermetallphosphatschichten: Bonder- oder Atramentverfahren
metallische Überzüge	Schmelztauchmetall galvanischen Metallschichten Diffusions-Metallüberzügen Metallplattierung aufgespritztem Metall	Feuerverzinkung, Verzinnung Verchromung, Vernickelung Inkromierung, Sherardisieren Plattierungen mit Edelstahl, Kupfer, Silber Spritzmetallisierung mit Zink, Aluminium
nichtmetallische anorganische Überzüge	Silicaten Zementleim	Emaillierung Aufspritzen
nichtmetallische organische Überzüge	bituminösen Massen Gummi Kunststoffen Anstrichen	Bitumen- oder Teerisolation von Rohren Gummierung von Behältern Wirbelsintern, Flammspritzen Kunstharz-, Leinölfarben-, Chlorkautschukanstriche usw.

Brünieren

Hierbei werden oxidische Überzüge durch Sudverfahren erzeugt. Durch Reaktion von Metallen in Salzschmelzen (z. B. Soda-Salpeter), in wäßrigen Salzlösungen (Natriumhydroxid) mit sauerstoffabgebenden Mitteln (Salpetersäure, Eisenchloridlösungen u. a.) lassen sich viele Metalle mit dichten, festhaftenden Oxid- bzw. Salzschichten überziehen. Die Überzüge werden meist mit Ölen und Fetten, seltener mit farblosen Anstrichstoffen nachbehandelt. Der Schutzwert ist dann für viele Anforderungen ausreichend.

Schwermetallphosphatschichten

Sie sind bekannt als Coslettieren, Parkern, Bondern, Atramentieren: Erzeugung einer schwerlöslichen Phosphatschicht durch Lösungen, die Phosphorsäure, Schwermetallphosphate und Beschleuniger enthalten. Die erhaltenen Überzüge sind grau bis grauschwarz; die Schichtdicke beträgt je nach Verfahren meist 3 bis 15 μm.

Da die Phosphatschicht infolge ihrer Saugfähigkeit eine gute Verankerungsfläche für Öle, Fette, Anstriche usw. bietet, stellt sie in erster Linie einen verbesserten Haftgrund dar und hemmt die Unterrostung.

Phosphatschichten finden u.a. hauptsächlich Anwendung zum Schutz von Stahlfenstern sowie bei feuerverzinkten Stahlteilen zur Erhöhung der Haftung nachfolgender Anstriche und zur Vermeidung der Weißrostbildung.

10.3.2 Metallische Überzüge

Schmelztauchmetallüberzüge

Eine einfache Art, metallische Überzüge zu erzeugen, ist, das zu schützende Teil in ein Bad von flüssigem Zink, Zinn oder Aluminium zu tauchen. Für jedes der Verfahren sind die Oberflächen durch Beizen vorher gut zu säubern und jeweils besondere Maßnahmen bei der Durchführung zu beachten. Man kann mit dem Tauchschmelzverfahren gleichmäßige und gut wirkende Überzüge erreichen. Die entstehenden Überzüge sind gewöhnlich aus mehreren Schichten aufgebaut und entsprechen jeweils den Phasen der binären Systeme: Überzugsmetall – Grundmetall. Es findet am Grundwerkstoff eine Legierungsbildung statt.

Zinküberzüge auf Drähten, Blechen, Haushaltsgegenständen, Konstruktions- und anderen Teilen haben große Bedeutung erlangt, weil das Zink dem Eisen guten Korrosionsschutz gewährleistet. Die Verzinkung erfolgt durch Eintauchen der gebeizten Gegenstände in geschmolzenes Zink (etwa 450 °C). Es ist ein altes, bewährtes Verfahren, das viele neue Anwendungsmöglichkeiten gefunden hat und auch in Kombination mit Anstrichen (Duplexsystem) angewendet wird.

Galvanische (elektrolytische) Metallüberzüge

Galvanische Überzüge werden aufgebracht, um einen Werkstoff gegen korrodierende Einflüsse zu schützen oder das Aussehen zu verbessern. Für die Überzüge werden Zink, Zinn, Blei, Cadmium, Nickel, Chrom, Kupfer und andere Metalle (auch Edelmetalle und Legierungen) verwendet. Eine Voraussetzung für gute Schutzwirkung ist, daß die aufgebrachten Überzüge dicht sind und nicht verletzt werden. Das Werkstück verhält sich dann so, als ob es aus dem reinen Überzugsmetall bestände. Stärkeren Angriffen halten derartige Schichten jedoch nicht sicher und nicht dauernd stand.

Aufgespritzte Metallüberzüge

Unter Spritzmetallisierung versteht man die Bildung einer Schutzschicht durch Aufschleudern geschmolzener Metallteilchen auf den zu schützenden, durch Sandstrahlung gesäuberten und aufgerauhten Gegenstand. Das Metallspritzen erfolgt mit pistolenförmig ausgebildeten Apparaten, meist aus dem drahtförmigen, selten aus dem pulverförmigen oder flüssigen Zustand.

Die Güte von Metallspritzschichten hängt weitgehend von deren Gefüge, Dicke, Zustand der Haftfläche, Spritzabstand und Preßluftdruck ab. Für das Metallspritzen eignen sich u.a. Stahl, Aluminium, Zinn, Blei, Kupfer, Cadmium sowie deren Legierungen. Für den Korrosionsschutz großer Objekte wird meist Aluminium oder Zink eingesetzt. Es ist bei dem derzeitigen Stand der Kenntnisse nicht ohne weiteres möglich, ein bestimmtes Metall zu empfehlen, da immer noch allein die Praxis über die Schutzwirkung gültige Auskunft geben kann.

Elektrochemisch ist *Zink* ein guter Schutz für Stahl, da es in der Spannungsreihe der Metalle gegenüber Eisen unedler ist. Bei sehr aggressiven

Umweltbedingungen und großen mechanischen Angriffen wird Aluminium verwendet. Die Schichtdicke beträgt 50 bis 200 µm.

10.3.3 Nichtmetallische anorganische Überzüge

Silicatüberzüge (Emaillierung)

Das Email als Oberflächenmaterial für Metalle ist schon lange bekannt. Die hohe Beständigkeit des Emails gegen aggressive Einflüsse macht es als Oberflächenschutz für Metalle sehr geeignet. Gegen Säuren und Laugen sind Spezialemails in Anwendung. Chemisch gesehen handelt es sich bei Email um getrübte Gläser wechselnder Zusammensetzung. Das gebeizte Gut wird nacheinander mit mehreren Schichten von Emailpulver (Fritte) durch Tauchen oder Pudern überzogen und jede Schicht für sich bis zum Sintern gebrannt (800 bis 1100 °C). In England und Amerika werden Eisenbahnwagen und Häuser aus emailliertem Stahlblech hergestellt. In Deutschland wird es in neuerer Zeit für Panels viel eingesetzt. Weit verbreitet ist die Anwendung für Küchengeräte, Einrichtungen in der Nahrungsmittelindustrie und im Gärungsgewerbe.

Zementleimbeschichtungen

Es ist bekannt, daß Stahleinlagen im Beton nicht rosten. Das ist auf die alkalische Reaktion des Zements zurückzuführen. Hierdurch wird Stahl in einen inaktiven Zustand versetzt, in dem er nicht rostet. Einbetonieren, Einschlämmen oder Spritzen mit Zementleim und Zementmörtel von Stahlteilen beim Stahlskelettbau hat sich allgemein bewährt, wenn die aufgebrachte Schicht fest haftet und einwandfrei hergestellt wurde. Auf einen einmaligen Anstrich der Teile, zweckmäßig schon beim Lieferwerk, sollte jedoch nicht verzichtet werden. Diese Technik hat sich allgemein bewährt. So war z.B. ein nach 40 Jahren bei Umbauten der Berliner Hochbahn freigelegter Anstrich noch in gutem Zustand.

10.3.4 Nichtmetallische organische Überzüge

10.3.4.1 Bituminöse Überzüge

Bituminöse Stoffe (Teer, Bitumen, Asphalt) werden im geschmolzenen Zustand mit Bürsten oder Spezialspritzgeräten aufgebracht, z. B. auf Stahlteile im Stahlwasserbau, oder es werden gußeiserne Rohre in geschmolzenen Teer getaucht. Bei Stahlrohren wird durch ein Band aus Glasvlies, das durch geschmolzenes Bitumen gelaufen ist, eine bituminöse Schicht (Rohrisolation) aufgebracht.

10.3.4.2 Kunststoffüberzüge

Kunststoffe finden für den Korrosionsschutz von Stahl steigende Anwendung. Nach der Verarbeitungstechnik ist zu unterscheiden zwischen Flammspritzen, Wirbelsintern, dem Auftrag von Dispersionen, Plastisolen, Organosolen und Kaschierungen. Die durch Flammspritzen und Wirbelsintern erhaltenen Überzüge dienen vorwiegend dem Schutz von Maschinenteilen, chemischen Apparaturen, zum Auskleiden von Behältern, Wannen, Gefäßen usw. Für das Bauwesen haben an Bedeutung gewonnen:

Überzüge mit Kunststoffdispersionen

Derartige Überzüge treten häufig in Wettbewerb mit Anstrichen, Einbrennlackierungen, Folienauskleidungen, Emaillierung und anderen Schutzverfahren.

Als Grundstoffe werden Kunststoffe in feiner Pulverform verwendet, die sich zu einer Dispersion aufschwemmen lassen. Sie dürfen jedoch dabei keinen klebenden oder leimartigen Charakter besitzen. Fast alle Thermoplaste können zu Dispersionen verarbeitet werden. Hierzu werden hauptsächlich Polyäthylen, Polyvinylchlorid, ferner Teflon, Hostaflon und Polyamid herangezogen. Als Dispersionsflüssigkeit wird meist eine Kombination verschiedener Lösungsmittel benutzt. Auch bei diesem Verfahren ist eine fettfreie, metallisch reine Oberfläche Voraussetzung, die ein gewisses Aufrauhungsprofil zur Verbesserung der Haftung aufweisen muß. Das Auftragen der Dispersion erfolgt meist mit Spritzpistole, bei kleineren Werkstücken auch durch Tauchen bzw. Fluten.

Die erforderliche Schichtdicke ist verschieden. Bei glatten Dünnblechen sind 40 bis 80 µm, bei Behälterauskleidungen 200 bis 250 µm erforderlich. Analog den Schutzanstrichen empfiehlt es sich, die Gesamtschichtdicke in mehrmaligem Auftrag (200 µm etwa in vier Schichten zu 50 µm) aufzubringen. Dadurch werden eine bessere Haftung erzielt und die Poren der einzelnen Schichten abgedeckt. Zum Glattschmelzen der einzelnen Dispersionsschichten werden die Teile in noch nassem Zustand (damit das Pulver nicht abfällt) in einen Umluft- oder Infrarottrocknungsofen gebracht. Die erforderliche Temperatur liegt z.B. für Polyäthylendispersionen bei 110 bis 125°C. Die Weiterverarbeitung der mit einer Kunststoffdispersionsschicht überzogenen Teile ist in gewissen Grenzen möglich (z.B. Falzungen bei Blechen).

Kunststoffdispersionsüberzüge sind ausreichend beständig gegen anorganische Säuren und Laugen, Wasser, wäßrige Salzlösungen und organische Verbindungen, soweit sie nicht quellen.

Anwendungsgebiete sind Schutz von Rohrleitungen, z.B. Luttenrohre für Gruben mit salzhaltigen Wässern, Emballagen, Kleinteile usw.

Plastisole und Oganosole

Plastisole sind gelieferte Kunstharz-Weichmacher-Gemische; die Kunstharzteilchen sind im Weichmacher dispergiert. Die ähnlich aufgebauten Organosole enthalten neben Kunstharz und Weichmacher noch Lösungsmittel. Bei Erwärmung sintern die Teilchen zu einem festen Film zusammen. Die zu schützenden Teile werden mit der pastenähnlichen bis flüssigen Masse im Tauch-, Spritz- oder Streichverfahren überzogen. Hierbei findet eine Gelierung statt, d.h., der Weichmacher oder das Lösungsmittel und die Kunstharzpartikelchen verschmelzen miteinander, wobei es sich nicht um eine chemische, sondern um eine chemisch-physikalische Reaktion, vergleichbar mit einer Quellung, handelt.

Schutzschichten dieser Art eignen sich für Stahlteile, z.B. Handgriffe, Stahlbleche und feuerverzinkte Stahlbleche für Isolationen, Hallenverkleidungen, Dacheindeckungen.

Folienkaschierung

Eine weitere Möglichkeit ist das Kaschieren von Stahl, Aluminium usw. mit Kunststoffolien aus z. B. Vinylharzpolymerisaten, Polyäthylen u. a. Die Kanten der Bleche, die ungeschützt sind, müssen durch Anstriche, Wachsüberzüge o. ä. geschützt werden. Kunststoffkaschierte Bleche können durch Tiefziehen, Bördeln, Stanzen, Schneiden, Prägen usw. weiterverarbeitet werden. Punktschweißen, Hart- und Weichlöten sind jedoch nur bedingt, Nieten und Falznähte dagegen möglich. Die Temperaturbeständigkeit liegt je nach Verarbeitung und Art der Kaschierung zwischen 60 und 120 °C. Die Überzüge sind kratz-, verschleiß- und abriebfest. Die Beständigkeit gegen Wasser, verschiedene Chemikalien und allgemeine Korrosionsbelastung ist sehr gut.

Die Kunststoffkaschierung wird für Röhren, Maschinengehäuse, Fassaden- und Dachelemente, Tanks, Wandbekleidungen usw. angewendet.

10.3.5 Schutzanstriche

Wenn es sich um den Schutz großer Objekte handelt, ist meistens keines der bisher besprochenen Oberflächenschutzverfahren anwendbar, da sie entweder zu teuer oder technisch nicht durchführbar sind. Deshalb ist der Korrosionsschutz durch Anstrich (häufig nach vorheriger Feuerverzinkung) im Stahlhochbau, Brücken-, Großmaschinen-, Schiffbau usw. die fast ausschließlich angewendete Methode, wobei der Anstrich (in neuerer Zeit vielfach auch als Beschichtung bezeichnet) nicht nur dem Korrosionsschutz, sondern auch der Verschönerung der Oberfläche dient.

Maßgebend für den Korrosionsschutz von Stahlbauten durch Beschichtungen und Überzüge ist die DIN 55928.

Die Bezeichnung „Rostschutzanstrich" ist an sich abwegig, weil nicht der Rost, sondern der Stahl geschützt und eine Rostentwicklung gerade verhindert werden soll. Richtiger ist daher die Bezeichnung Schutzanstrich. (Über Aufbau und Zusammensetzung von Anstrichstoffen siehe Kap. 12.)

Um einen haltbaren und wirksamen Anstrich zu erzielen, müssen sämtliche nachfolgend aufgeführten Faktoren, entsprechend den jeweiligen Vorschriften und Anforderungen, berücksichtigt werden:

- ▷ Zustand der zu schützenden Oberfläche,
- ▷ Zusammensetzung der Anstrichstoffe,
- ▷ Auftragsweise der Anstrichstoffe,
- ▷ Witterungsbedingungen bei der Verarbeitung der Anstrichstoffe und
- ▷ Schichtdicke des Anstrichaufbaues.

Schon die Nichtbeachtung nur eines der Einflußfaktoren stellt die Haltbarkeit in Frage. So wird z. B. ein hochwertiger Anstrichstoff in zu dünner Schicht oder auf schlecht entrostetem Untergrund versagen; ebenso muß selbst ein hochwertiger Anstrichstoff zu schlechten Ergebnissen führen, wenn er für den Anwendungszweck ungeeignet ist: z. B. Chlorkautschukanstrich, der bei 200 °C eingesetzt wird, aber nur bis 80 °C beständig ist.

Was ein guter und rechtzeitig erneuerter Korrosionsschutzanstrich vermag, zeigt das Beispiel der ersten europäischen Eisenbahnbrücke in Coalbrockdale (England) aus dem Jahre 1777, die heute noch in Betrieb ist. Auch der Zustand des Eiffelturms beweist, daß ein den Verhältnissen angepaßter Anstrich bei entsprechender Überholung einen befriedigenden Korrosionsschutz darstellt.

10.3.5.1 Untergrundvorbehandlung

Wichtigste Voraussetzung für gutes Haften und gute Schutzwirkung eines Anstriches ist völlige Sauberkeit des Untergrundes. Jede Stahlfläche ist aufgrund ihrer chemischen Beschaffenheit, ihrer Herstellung und ihrer Beanspruchung vor der Schutzbehandlung von zusammenhängenden oder unterbrochenen Schichten überlagert oder verschmutzt. Hierbei lassen sich artfremde und arteigene Schichten unterscheiden. Zu den artfremden Schichten gehören anhaftendes Wasser, Schichten von Seifen, von feinstverteilten festen Stoffen (Staub), von pflanzlichen, tierischen, mineralischen Ölen und Fetten, absorbierte Gasfilme, alte Anstriche u.a. Bei den arteigenen Schichten handelt es sich um solche, die durch Oxidation oder andere chemische Veränderungen der Stahloberfläche entstehen (Rost, Walzhaut).

Artfremde Schichten können durch Abwaschen, Abkochen, Abspritzen mit alkalischen Mitteln (Soda, Natriumhydroxid, Phosphaten und dgl. oder deren Kombinationen) sowie mit Lösungsmitteln (Benzin, Trichloräthylen, Perchloräthylen, Tetrachlorkohlenstoff, Dampfstrahlentfettung usw.) entfernt werden. Eine Fläche ist dann fettfrei, wenn aufgespritztes Wasser keine Perlen bildet, sondern verläuft. Diese einfachen Verfahren sind im allgemeinen nur dann anwendbar, wenn unter der Schmutz-, Fett- oder Ölschicht bereits der blanke Stahl vorliegt.

Die Entfernung der arteigenen Schichten erfolgt

a) durch mechanische Verfahren von Hand (Schaber, Drahtbürste, Spachtel) oder maschinell (rotierende Drahtbürste, Drahtnadeldruckluftpistole, Schleifscheiben, Schleifgeräte mit Schleifpapier);

b) durch Sandstrahlen

c) durch Flammstrahlen (Sauerstoff-Acetylen-Gebläse);

d) durch chemische Verfahren mit Hilfe von Säuren (Salzsäure, Schwefelsäure u.a. in stationären Becken), durch Pasten oder Rostumwandler (in der Wirkung problematisch);

e) durch Abwittern (nur für die Walzhaut); anschließend Reinigen nach a, b, c oder d).

Die mit vielen Versprechungen immer wieder angebotenen Anstrichstoffe und Rostumwandler, die auch ohne Entrostung eine gute Haltbarkeit gewährleisten sollen, haben sich bisher in der Praxis immer noch als problematisch erwiesen.

Die Wahl der Entrostungs- und Reinigungsart hängt einmal von der Art und Form des zu reinigenden und zu entrostenden Gegenstandes, zum anderen von der Beschaffenheit des Untergrundes und der Art des aufzubringenden Anstrichstoffes ab. Alle schwer zugänglichen Konstruktionsteile (Winkel, Ecken, Niete) sind besonders sorgfältig zu behandeln, da dort die Korrosionsgefahr besonders groß ist. Die Methoden zur Reinigung und Entrostung sollen möglichst einfach ausführbar, wirtschaftlich und unbedingt betriebssicher sein.

Das Aussehen der gereinigten oder entrosteten Flächen hängt ab von dem angewandten Verfahren, der aufgewendeten Zeit und Sorgfalt. Zur Definition des Aussehens wurden sogenannte *Entrostungsgrade* eingeführt.

Entrostungsgrad 1
= Reinigung und Entrostung mit teilweise verbleibendem Anstrich
Entrostungsgrad 2
= metallisch reine Entrostung (wolkig)
Entrostungsgrad 3
= metallisch blanke Entrostung.

Der jeweils erforderliche Entrostungsgrad ist abhängig vom Zustand der Oberfläche, der jeweiligen Korrosionsbelastung und dem aufzubringenden Anstrichstoff.

10.3.5.2 Anstrichaufbau

Schichtdicke

Die wichtigste Voraussetzung für die Wirksamkeit eines Schutzanstrichs ist eine ausreichende Schichtdicke. Aufgrund von Vorschriften oder bei Ausschreibungen werden in der Praxis daher folgende Mindestschichtdicken bei verschiedenen Beanspruchungen gefordert:

Landluft	125 µm
Stadt- und Industrieluft	150 µm
Seeluft	200 µm
aggressive Industrieluft	250 µm
aggressive Flüssigkeiten	350 µm

Die Messung der Schichtdicke kann auf Stahluntergrund zerstörungsfrei mit Hilfe entsprechender Meßgeräte (z.B. Elcometer, Mikrotest und Permaskop) vorgenommen werden.

Grund- und Deckanstriche

Ein Korrosionsschutzsystem besteht in der Regel aus zwei Grund- und zwei Deckanstrichen. Die Grundanstriche haben die Aufgabe, die Rostbildung zu verhindern, während die Deckanstriche die korrosionsverhindernde Wirkung der Grundanstriche auf möglichst lange Zeit erhalten sollen, d.h., sie müssen die Grundanstriche vor allen äußeren Einflüssen schützen. Zur Verbesserung der Haftung auf glatten Untergründen kann eine *Haftgrundierung* (Washprimer) auf Basis von Phosphorsäure/Zinktetraoxychromat/Polyvinylbutyral aufgebracht werden; gleichzeitig wird dadurch eine Unterrostung verhindert.

Die Wirkung der Grundanstriche besteht darin, daß sie das Eisen durch Passivierung schützen. Dementsprechend wirken z.B. die Pigmente Bleimennige, Bleicyanamid, Zinkstaub oder Zinkchromat. Bei den Bleipigmenten entsteht durch die Bleiseifenbildung mit Leinöl noch eine zusätzliche Schutzwirkung. Grundanstriche sollen so zusammengesetzt und aufgebaut sein, daß ihre Schutzwirkung auch dann noch anhält, wenn die Deckschichten durch mechanische Einflüsse verletzt sind oder infolge von Alterung anfangen abzublättern.

10.3.6 Hochwertigere Beschichtungen

Auf dem Sektor Korrosionsschutz ist seit einiger Zeit ein Tendenzumschwung festzustellen. Aus Wirtschaftlichkeitsgründen werden hochwertigere und dadurch teure Anstrichsysteme bevorzugt, wenn sie eine längere Lebensdauer im Vergleich zu den konventionellen Anstrichsystemen haben und dadurch die jährlich aufzuwendenden Kosten für den Korrosionsschutz reduziert werden. Ferner werden hierdurch die betrieblichen Behinderungen durch Korrosionsschutzarbeiten seltener und die Umweltbelastung geringer.

Hochwertige Anstrichstoffe mit einem höheren Kilopreis bedingen jedoch nicht immer einen höheren Preis für den Quadratmeter Anstrichaufbau. So ist z.B. ein dreifacher Aufbau auf dickschichtiger Anstrichstoffbasis im Vergleich zu einem vierfachen normalschichtigen Anstrichaufbau trotz des höheren Kilopreises in der Gesamtkostenrechnung, d.h. Einschluß der Verarbeitungskosten, preislich gleich. Der dickschichtige Anstrich hat bei entsprechender Einstellung bei drei Anstrichen die Schichtdicke eines vierfachen normalschichtigen Anstriches.

10.3.7 Dickschichtige Beschichtungen

Seitdem der Einfluß der Schichtdicke auf die Korrosionsschutzwirkung bekannt ist, haben Dickschichtsysteme steigende Bedeutung erlangt.

Dickschichtsysteme sind Anstrichstoffe, die im Vergleich zu üblichen Anstrichstoffen dick aufgetragen werden können, an senkrechten Flächen nicht laufen, gut durchtrocknen, eine hohe Trockenschichtdicke ergeben und trotzdem leicht verarbeitbar sind. Neben dem erhöhten Korrosionsschutz bieten diese Systeme eine Reihe anstrichtechnischer Vorteile:

- ▷ schnelles Aufbringen der Anstriche
- ▷ Einsparung von Arbeitszeit
- ▷ kürzere Arbeitszeit bei der Ausführung von Terminarbeiten

Die Industrie liefert dickschichtige Grundanstriche auf Bleimennige-, Zinkchromat- und Zinkstaubbasis sowie dickschichtige Deckanstriche mit den verschiedensten Bindemitteln.

Die dickschichtigen Systeme werden aber auch auf der Baustelle für Ausbesserungsarbeiten, besonders aber auch für Neuanstriche, verwendet. Die für den Korrosionsschutz erforderliche Schichtdicke von 160 bis 180 μm für Überwasseranstriche und 200 bis 250 μm für Unterwasseranstriche wird hierbei nicht in – wie bisher üblich – vier, sondern in zwei bis drei Arbeitsgängen erzielt, oder es werden drei bzw. vier Arbeitsgänge ausgeführt und damit die Schichtdicke erhöht. Hierdurch wird die Lebensdauer des Anstrichaufbaues erhöht.

Bindemittel und Pigmente

Für den Korrosionsschutz werden zahlreiche Typen von Anstrichstoffen verwendet, die sich zum Teil in ihren Eigenschaften und damit in ihren Anwendungsmöglichkeiten überschneiden, teilweise aber auch ergänzen. Um einen schnellen Überblick zu ermöglichen, sind die Einsatzgebiete und einige Zusammensetzungen dafür geeigneter Anstrichstoffe in *Tab. 10.8* zusammengestellt.

Tab. 10.8: Korrosionsschutzbeschichtungsstoffe
Schematische Darstellung der Einsatzgebiete der Bindemittel bzw. Pigmente

Beschichtungen für atmosphärische Beanspruchung			Beschichtungen für chemische Beanspruchung			Beschichtungen für thermische Beanspruchung		
Bindemittel	Pigmente		Bindemittel	Pigmente		Bindemittel	Pigmente	
Leinöl	Aluminium	DB	Chlor- kautschuk	Zinkoxid	GB DB	Phenolharze	Eisenoxid	GB DB
Leinöl- Alkydharz	Bleimennige	GB	Cyklo- kautschuk	Titandioxid	GB DB	Siliconharze	Eisenglimmer	DB
Bituminöse Stoffe	Bleiweiß	DB	Vinylharz	Siliciumkarbid	GB DB	Cumaronharze	Zinkoxid	GB DB
Teer-Bitumen- Asphalt	Calciumplumbat	GB	Polyurethane (DD)[1]	Graphit	GB DB	Alkalisilicat	Graphit	GB DB
	Eisenoxid	GB DB	Epoxidharz[1]	Eisenoxid	GB DB		Zinkstaub	DB
	Eisenglimmer	DB	Polyester (ungesättigt)	Eisenglimmer	DB		Aluminium	GB
	Zinkstaub	GB	Polychloropren	Bleistaub	DB			
	Zinkoxid	GB DB	Chlorsulfoniertes Polyäthylen	Edelstahlpulver	DB			
	Zinkchromat	GB	Chloriertes Polyäthylen					
	Titandioxid	GB DB	Chloriertes Polypropylen					
	Bleisilicochromat	GB DB						

[1]) auch in Kombination mit Teer
GB = Einsatz in Grundbeschichtungen
DB = Einsatz in Deckbeschichtungen
(Die Bindemittel können meist für Grund- und Deckbeschichtungen verwandt werden.)

Tab. 10.9: Anwendungsgebiet von Korrosionsschutzgrundanstrichen nach T. van der Klis[1])

Art des Grundanstriches	Atmosphäre							
	Ländliche	See	Industrie	Aggress. Industrie	Hohe Luftfeuchtigkeit innen und außen	Lfd. Eintauchen in Wasser	Lfd. Eintauchen in Meerwasser	Erdboden
1. Bleimennige/Leinöl	+	+	+	–	–	–	–	–
2. Bleimennige-Eisenoxid-Zinkchromat/Alkydharz	+	+	+	–	–	–	–	–
3. Zinkchromat-Zinkoxid/Eisenoxid/Alkydharz	+	–	–	–	–	–	–	–
4. Zinkchromat-Bleimennige-Eisenoxid/Öl-Phenolharz	+	+	+	–	–	–	–	–
5. Eisenoxid-Zinkchromat/Alkydharz	+	–	–	–	–	–	–	–
6. Bituminöse Ölverkochung	–	–	–	–	+	–	–	+
7. Zinktetraoxidchromat/Epoxidharz-Polyamid	+	+	+	+	+	–	–	–
8. Bleimennige/Öl-Phenolharz	+	+	+	+	+	+	+	–
9. Zinkchromat/Öl-Phenolharz	–	–	–	–	–	–	–	–
10. Bleisilicochromat/Öl-Phenolharz	+	+	+	–	–	–	–	–
11. Bleimennige/Alkydharz	+	+	+	–	–	–	–	–
12. Bleichromat-Zinkoxid-Bleimennige/Alkydharz	+	+	+	–	–	–	–	–
13. Zinkchromat-Zinkoxid-Eisenoxid/Chlorkautschuk	–	+	+	+	+	+	+	–
14. Bleimennige/Phenolharzdispersion	+	+	+	+	+	–	–	–
15. Zinkchromat/Phenolharzdispersion	+	+	+	+	+	–	–	–
16. Aluminium/Vinylharz	–	–	–	+	–	–	–	–
17. Zinkstaub/Polystyrol	+	+	+	–	+	–	–	–
18. Zinkstaub/Chlorkautschuk	+	+	+	+	+	–	–	–
19. Zinkstaub/Epoxidharz (2 Komponenten)	+	+	+	+	+	–	+	–
20. Zinkstaub/Silicat (2 Komponenten) (Zinksilicat)	+	+	+	+	+	+	+	–

+ = geeignet – = nicht geeignet

[1]) „Oppervlaktebehandelingen van constructiestaal", T. van der Kils, S. 119.
Een uitgave van de Verenging voor Oppervlaktetechnieken van Metalen en de Stichting Staalcentrum Nederland (1969).

Die hauptsächlichsten in Korrosionsschutzanstrichstoffen eingesetzten Pigmente sind in *Tab. 10.9* zusammengestellt, wobei ihre Anwendung für Grund- oder Deckanstriche berücksichtigt wurde. Die tabellarischen Übersichten der Bindemittel bzw. der Pigmente können jedoch nur eine allgemeine Übersicht geben. In vielen Fällen sind Kombinationen der verschiedenen Bindemittel (z. B. Chlorkautschuk mit Alkydharz) oder verschiedener Pigmente (z. B. Eisenoxidrot mit Zinkchromat) gebräuchlich, wobei zur Vereinfachung nicht berücksichtigt wurde, daß die Pigmente häufig auch noch mit inerten Stoffen (z. B. Schwerspat bei Bleimennige) kombiniert werden.

Anstricharbeiten sollen nicht bei Lufttemperaturen unter + 5°C oder unter einer Temperatur von 3°C des Untergrundes durchgeführt werden. Um die Gefahr einer Kondenswasser-

(Schwitzwasser-)Bildung zu vermeiden, darf nur 3°C oberhalb des Taupunktes gearbeitet werden. Auch bei hohen Außentemperaturen und direkter Sonnenbestrahlung sollten Anstricharbeiten vermieden werden.

10.3.7.1 Anstrichausführung

Die Anstrichschicht darf vor dem Auftrag der nächsten Schicht nicht mehr klebrig, sondern muß gut und hart durchgetrocknet sein. Besondere Aufmerksamkeit erfordern die Innenflächen, z.B. von Kastenträgern, die schwer erreichbaren Ecken und Winkel von Konstruktionen, die Knotenbleche mit Nieten, Schrauben und Schweißnähten.

Die Anstricharbeiten sind so zu steuern, daß der frische Anstrich vor Beanspruchung durch Feuchtigkeit (Regen, Nebel, Kondensat), Flugaschebefall, chemische Einflüsse usw., die ältere Anstriche weniger angreifen, geschützt wird. Die auf frische Anstriche einwirkenden Umweltbedingungen beeinflussen die Haltbarkeit entscheidend; die ersten Wochen nach dem Auftrag sind daher für den Anstrich eine besonders kritische Zeit. Für einen haltbaren Anstrich ist ein trockener Untergrund eine unerläßliche Vorbedingung. Häufig ist auf dem Untergrund (Eisen) niedergeschlagenes Wasser die Ursache für Unterrostungen. Er braucht hierbei nicht etwa tropfnaß zu sein, es genügen schon in Poren befindliche geringe Mengen Kondenswasser, die an trockenen Tagen von der Taubildung am Morgen zurückbleiben. Es ist daher wichtig, mit den Anstricharbeiten erst dann zu beginnen, wenn auch die vom Tau herrührende Feuchtigkeit getrocknet ist. Bei feuchten Flächen, die durch die Eigenart des Objektes nicht trocken werden, sind Spezialanstrichstoffe zu verwenden. Bei eintretendem Nebel, Regenwetter oder bei chemischer Beanspruchung (z.B. überlaufendes Füllgut, Salzbefall) müssen die Anstricharbeiten so lange unterbrochen werden, bis der Untergrund wieder vollkommen trocken ist.

10.4 Eisen und Stahl als Handelsware

Werkstoffe, die bei der Abnahme den Bedingungen entsprechen, erhalten einen Prüfungsstempel, der durch einen weißen Ölfarbenring augenfällig zu kennzeichnen ist. Nicht vertragsmäßig befundene Teile sind so zu bezeichnen, daß sie als abgelehnt zu erkennen sind, ohne für andere Zwecke unbrauchbar zu werden.

Form- und Stabstahl werden in Normwalzlängen, die je nach Profilart und -abmessungen zwischen 2 und 15 m liegen, geliefert; Bleche in Normalgrößen nach Liste. Für Längen außerhalb der Normallängen werden Aufpreise berechnet, ferner für besondere Güten, Abmessungen, Mindermengen, Signieren u. dgl.

Die für das Bauwesen wichtigsten Stahlerzeugnisse sind:

Formstahl

I-Träger von 80 mm Höhe an; hierzu gehören:
Schmale I-Träger (früher als Normalprofile bezeichnet), mittelbreite I-Träger (I-Profile der sog. Europäischen Reihe), breite I-Träger (bisher Breitflanschträger genannt).

Stabstahl

Rund- und Vierkantstahl, Flachstahl, Winkelstahl (gleichschenklig und ungleichschenklig), T-Stahl und Z-Stahl, I-Träger und ⊔-Stahl unter 80 mm Höhe, Sechskantstahl, Halbrundstahl usw.

Bleche

Grobblech: Baubleche, Buckel- und Tonnenbleche usw. von 4,76 mm Dicke an; Belagbleche wie Riffel-, Tränen-, Warzenblech von 3 mm Kerndicke an.

Mittelblech: Bleche mit 3,0 bis 4,75 mm Dicke.

Feinblech: Schwarzblech, Emaillierblech, Ziehblech, Stanzblech usw. unter 3 mm Dicke.

Breitflachstahl (früher Universaleisen genannt).

Rohre aus Stahl, nahtlos, längs- oder spiralgeschweißt; für Konstruktionsteile und Leitungen (für Leitungen auch gußeiserne Rohre).

Sonstige Stahl- und Eisenerzeugnisse

Bandstahl und Bandstahlprofile (z.B. C-Profile), Spundwandprofile, Kranschienen, Eisenbahnschienen, Ankerschienen, Kantenschutzprofile, Spezialprofile u.a. für Laden- und Schaufensterbau, Sprossen für Kitt- und kittlose Verglasung, Wellblech und Pfannenbleche, verzinkte Flachbleche, Streckmetall und Rippenstreckmetall, gelochte Bleche und Waffelbleche, Trapezbleche, Draht und Drahtgeflechte, Drahtseile, Ketten, Nägel, Niete, Schrauben, Befestigungsschellen, Dachrinnen und Rinnenhalter, Stahlbauelemente (Tür- und Fensterzargen, Fenster, Türen und Tore, Fußbodenplatten und Gitterroste, Fassaden- und Brüstungselemente, Rolladen und Scherengitter usw.), Fitschen und sonstige Tür- und Fensterbeschläge, Schlösser und Schlüssel, Stahlguß- und Schmiedestücke (z.B. für Auflager und Gelenke).

10.5 Fachliteratur

10.5.1 Normen

Ein * bedeutet, daß die Norm im Entwurf vorliegt.

DIN	488		T. 1 (4. 72) Betonstahl; Begriffe, Eigenschaften, Werkkennzeichen
			T. 2 (4. 72) –; Betonstabstahl, Abmessungen
			T. 3 (4. 72) –; Betonstabstahl, Prüfungen
			T. 4 (4. 72) –; Betonstahlmatten, Aufbau
			T. 5 (4. 72) –; Betonstahlmatten, Prüfung
			T. 6* (8. 74) –; Überwachung (Güteüberwachung)
DIN	1045	12. 78	Beton- und Stahlbetonbau; Bemessung und Ausführung (Diese Norm ersetzt die zurückgezogenen Normen DIN 1046, 1047, 4028, 4030, 4163, 4225, 4229, 4233 und 4420)
DIN	1073	7. 74	Berechnungsgrundlagen für stählerne Straßenbrücken
DIN	1624	7. 77	Flachzeug aus Stahl

DIN 1629	8. 82*	T. 1–4 Nahtlose Rohre aus unlegierten Stählen für Leitungen, Apparate und Behälter; technische Lieferbedingungen
DIN 1681	6. 67	Stahlguß für allgemeine Verwendungszwecke; Gütevorschriften
DIN 1691	8. 64	Gußeisen mit Lamellengraphit (Grauguß) Bbl. (8. 64) –; Erläuterungen über die Festigkeitseigenschaften in Gußstücken
DIN 1692	1. 82	Temperguß; Begriff, Eigenschaften
DIN 1693		T. 1 (10. 73) Gußeisen mit Kugelgraphit; Werkstoffsorten, unlegiert und niedriglegiert T. 2 (10. 77) –; unlegiert und niedriglegiert; Eigenschaften im angegossenen Probestück
DIN 1694	10. 66	Austenitisches Gußeisen
DIN 1910	6. 81*	T. 1 (8. 77) Schweißen; Begriffe, Einteilung der Schweißverfahren T. 2 (8. 77) –; Schweißen von Metallen, Verfahren T. 4 (8. 79) –; Schutzgasschweißen, Verfahren T. 5 (9. 80) –; Widerstandsschweißen, Verfahren
DIN 4101	7. 74	Geschweißte stählerne Straßenbrücken, Berechnung und bauliche Durchbildung
DIN 4102	5. 81	Brandverhalten von Baustoffen und Bauteilen
DIN 4115	1. 59	Stahlleichtbau und Stahlrohrbau im Hochbau; Richtlinien für die Zulassung, Ausführung, Bemessung
DIN 4227	12. 79	T. 1 Spannbeton; Bauteile aus Normalbeton mit beschränkter oder voller Verspannung
DIN 8522	9. 80	Fertigungsverfahren der Autogen-Technik, Übersicht
DIN 8565	3. 77	Korrosionsschutz von Stahlbauten durch thermisches Spritzen von Zink und Aluminium; Allgemeine Grundsätze
DIN 17100	1. 80	Allgemeine Baustähle; Gütevorschriften
DIN 17111	9. 80	Kohlenstoffarme unlegierte Stähle für Schrauben, Muttern und Niete; Technische Lieferbedingungen
DIN 17200	12. 69	Vergütungsstähle; Eigenschaften
DIN 17440	12. 72	Nichtrostende Stähle; Gütevorschriften
DIN 17445	2. 69	Nichtrostender Stahlguß; Gütevorschriften
DIN 18331	10. 79	VOB, Teil C; Beton- und Stahlbetonarbeiten
DIN 18335	10. 79	–; Stahlbauarbeiten
DIN 18360	10. 79	–; Metallbauarbeiten, Schlosserarbeiten
DIN 18364	10. 79	–; Oberflächenschutzarbeiten an Stahl und an Aluminium
DIN 50900	4. 82	Korrosion der Metalle; Begriffe; Allgemeine Begriffe für den Korrosionsschutz durch anorganische Schichten; Begriffe
DIN 50902	7. 75	Behandlung von Metalloberflächen
DIN 50960	6. 81	Korrosionsschutz; Galvanische Überzüge, Kurzzeichen und allgemeine Angaben
DIN 53281	9. 79	Prüfung von Metallklebstoffen und Metallklebungen
DIN 55928		Korrosionsschutz von Stahlbauten durch Beschichtungen und Überzüge T. 1 (11. 76) Allgemeines T. 2 (10. 79) Korrosionsschutzgerechte Gestaltung T. 3 (11. 78) Planung der Korrosionsschutzarbeiten T. 4 (1. 77) Vorbereitung und Prüfung der Oberflächen T. 5 (3. 80) Beschichtungsstoffe u. Schutzsysteme T. 6 (11. 78) Ausführung und Überwachung der Korrosionsschutzarbeiten T. 7 (2. 80) Technische Regeln für Kontrollflächen T. 8 (3. 80) Korrosionsschutz von tragenden dünnwandigen Bauteilen

10.5.2 Sonstige Vorschriften, Bücher und andere Veröffentlichungen

Vorschriften der Deutschen Bundesbahn:

Technische Lieferbedingungen (TL) Nr. 91 802 für Formstahl, Stabstahl, Breitflachstahl, Bandstahl, Grob- und Mittelblech, Flußstahl unlegiert, geschmiedet oder gewalzt (11. 71)
TL Nr. 918 164 Stahlmaste für Fahrleitungen und 110-kV-Bahnstromleitungen (7. 59)
TL Nr. 918 385 für Anstrichstoffe und Alkalisilikat-Grundlage mit Zinkstaub für Reibflächen von HV-Verbindungen (5. 72)
DS 804 Vorschrift für Eisenbahnbrücken und sonstige Ingenieurbauwerke (VEI) (1. 83)

Ergänzungsbestimmungen zu DIN 1078 für Verbundträger-Eisenbahnbrücken (10. 59)
Schutzanstrich von Stahlkonstruktionen: Stahl-Eisen-Betriebsblätter Nr. 104 210–58, 104 224–58, 104 230–58 und 104 231–58; herausgegeben vom Verein Deutscher Eisenhüttenleute, Düsseldorf
Stahlfibel, Verlag Stahleisen, Düsseldorf
Gemeinfaßliche Darstellung des Eisenhüttenwesens, Verlag Stahleisen, Düsseldorf
L. Bierner: „Rostschutzhandbuch". Curt R. Vincentz Verlag, Hannover, 1960
H. Klas und H. Steinrath: „Die Korrosion des Eisens und ihre Verhütung". Verlag Stahleisen mbH., Düsseldorf, 1956
K. A. van Oeteren: „Korrosionsschutz durch Anstrichstoffe". Wissenschaftliche Verlagsgesellschaft mbH., Stuttgart, 1961
K. A. van Oeteren: „Konstruktion und Korrosionsschutz". Curt R. Vincentz Verlag, Hannover, 1966
F. Tödt: „Korrosion und Korrosionsschutz". Verlag Walter de Gruyter, Berlin, 1961
W. Wiederholt und *I. Elze:* „Taschenbuch des Metallschutzes". Wissenschaftliche Verlagsgesellschaft mbH., Stuttgart, 1960

Abbildungsnachweis zu Kapitel 10:

Abb. 1, 2, 3: DIN 488

11 Nichteisenmetalle

11.1 Kupfer und Kupferlegierungen

Kupfer, das rote Metall mit dem chemischen Symbol Cu, steht im periodischen System der Elemente in der ersten Nebengruppe über Silber und Gold. Mit diesen Edelmetallen hat das Kupfer Ähnlichkeiten. So sind Kupfer und Gold die beiden einzigen farbigen metallischen Elemente, Kupfer und Silber die besten Leiter für Wärme und Elektrizität.

Das Gewinnen von Kupfer erfolgt hüttentechnisch und naßmetallurgisch aus Erz. Die besonderen Eigenschaften dieses Metalles haben zu seiner breiten Anwendung im Bauwesen geführt, sei es als Reinkupfer oder als eine der zahlreichen Legierungen.

11.1.1 Eigenschaften

Reines Kupfer ≧ 99,9 % hat folgende Eigenschaften:

Ordnungszahl	29
Atomgewicht	63,542
Gitterstruktur	kubisch flächenzentriert
Dichte bei 20 °C	8,959
Schmelzpunkt	1083 °C
Siedepunkt	2350 bis 2595 °C
Wärmeleitfähigkeit bei 20 °C	372 W/K m
Linearer Wärmeausdehnungskoeffizient bei 20 °C	$16{,}8 \cdot 10^{-6}$ 1/K
Spezifische Wärme von 0 bis 100 °C	0,38 J/g · K
Schmelzwärme	214 J/g
Spez. elektrische Leitfähigkeit bei 20 °C	64,5 m/Ω · mm²
Spez. elektrischer Widerstand bei 20 °C	0,017241 Ω · mm²/m
Brinellhärte, 2,5 mm-Kugel	50 als Richtwert
Bruchdehnung gegossen geglüht kaltgezogen	 25 bis 15 % 50 bis 30 % 4 bis 2 %
Zugfestigkeit	200 N/mm²
Elastizitätsmodul bei 20 °C für Knetmaterial	100 000 bis 130 000 N/mm²

11.1.2 Formgebung und Bearbeitung

Reinkupfer kann durch Gieß-, spanlose, spanabhebende und verbindende Verfahren geformt und verformt sowie dekorativ und funktionell oberflächenbehandelt und beschichtet werden. Das Galvanoformen hat im Baubereich nur Bedeutung beim Herstellen von Reliefplatten, Nachbilden antiker Elemente sowie im Bereich der Innenausstattung.

11.1.2.1 Spanabhebende Formgebung

Durch Drehen, Hobeln, Bohren, Fräsen, Sägen, Reiben, Räumen und Schleifen ist Reinkupfer schlecht, sind Kupferlegierungen gut bis sehr gut verform- und bearbeitbar.

Nicht legiertes Kupfer hat eine hohe Zähigkeit und große Dehnung. Diese Eigenschaften, verbunden mit einer relativ niedrigen Festigkeit, führen zu einem schlechten Zerspanverhalten. Bei niedrigen Schnittkräften neigt der Werkstoff zur Aufbauschneidenbildung. Außerdem bilden sich sehr lange Flachwendel- oder Wirrspäne, die schwierig abzuführen sind. Abwandernde Teile der Aufbauschneide und Späne, die den Spanfluß stören, erschweren das Herstellen spanbarer Oberflächen. Voraussetzung für gute, glatte Oberflächenqualitäten sind eine scharfe Werkzeugschneide, gute Spanabfuhr und, um eine Aufbauschneidenbildung weitgehend zu vermeiden, ausreichendes Schmieren und Kühlen mit Schneidflüssigkeit.

Als Werkzeuge werden Schnellstahl und Hartmetall sowie mit Hartmetall, zum Beispiel durch CVD, beschichtete Werkzeugwerkstoffe verwendet. Für besonders hohe Ansprüche an die Oberflächenqualität und zum Einhalten sehr enger Toleranzen sind auch Diamantwerkzeuge üblich. Der Bildung von Aufbauschneiden kann durch große Spanwinkel, scharfe Schneiden und polierte Oberflächen entgegengewirkt werden.

Zum Vermindern der Reibung und zum Abführen der Reibungswärme sind Kühl- und Schmiermittel erforderlich. Sie müssen frei von Schwefel sein, weil sonst Verfärbungen auftreten, die zu Korrosion führen.

Schon geringe Zulegierungen von Tellur oder Blei als Spanbrecher verbessern die Zerspanbarkeit des Kupfers.

Kupfer-Zink-Legierungen sind gut, Kupfer-Nickel-Zink-Legierungen nur mäßig spanabhebend zu bearbeiten. Sie sollten deshalb nur im mehr oder weniger kaltverfestigten Zustand bearbeitet werden.

11.1.2.2 Spanlose Formgebung

Warmumformung

Kupfer hat eine hohe Plastizität ohne einen für das Verarbeiten kritischen Temperaturbereich. Daher kann es in einem breiten Temperaturbereich gewalzt, gepreßt und geschmiedet werden. Vorzugsweise werden diese Arbeiten zwischen 800 und 900 °C und nicht über 1000 °C durchgeführt. Beim Verarbeiten > 1000 °C kann das Material durch Oxidation der Korngrenzen verbrennen, außerdem entstehen zu hohe Metallverluste durch Zunder.

Kupfer-Zink-Legierungen zeigen das beste Umformverhalten bei Gehalten von 70 % Cu. Unter 63 % Cu nimmt die Umformbarkeit rasch ab. Kupfer-Zink-Legierungen mit 56 % Cu sind oberhalb 600 °C jedoch ausgezeichnet umformbar. Kupfer-Nickel-Zink-Legierungen zeigen ein sehr unterschiedliches Warmformverhalten. Die α-Legierungen sind begrenzt warmverformbar. Sie werden überwiegend stranggepreßt. $\alpha + \beta$-Legierungen lassen sich sehr gut warmumformen. Die Warmformgebungstemperatur liegt zwischen 600 und 950 °C.

Kaltumformung

Kupfer ist sehr duktil. Deshalb kann es besonders gut durch Walzen, Ziehen, Prägen, Stauchen, Pressen und Drücken kalt umgeformt werden. Da Kupfer nur begrenzt spanabhebend bearbeitet werden kann, spielt die Kaltumformung durch Biegen, Formstanzen und Tiefziehen eine besondere Rolle. Durch Umformen bei Raumtemperatur verfestigt sich Kupfer. Auch die Härte steigt an, während die Dehnung abnimmt. Obwohl der Umformbereich beim Kupfer meist größer als bei anderen Metallen ist, empfiehlt sich bei starken Querschnittsabnahmen das Zwischenglühen.

Die beste Umformbarkeit zeigt eine Kupfer-Zink-Legierung mit 70% Cu. Durch Kaltumformung werden einige Eigenschaften des Werkstoffes beeinflußt: Die Abmessungen werden genauer, die Oberflächengüte besser und vor allem nehmen die Festigkeitswerte erheblich zu. Für die Kupfer-Nickel-Zink-Legierungen gilt in etwa das gleiche. Die bleifreien Legierungen lassen sich besonders gut drücken. Für die gesamte Werkstoffgruppe sind die gleichen Werkzeugarten einzusetzen.

11.1.2.3 Wärmebehandlung

Das Weichglühen des durch Kaltumformung verfestigten Kupfers, der Kupfer-Zink- und der Kupfer-Nickel-Zink-Legierungen erfolgt innerhalb eines breiten Temperaturbereiches. Die Mindesttemperatur wird durch den Grad der Umformung und durch etwa vorhandene Begleitelemente bestimmt. Die Glühzeit spielt eine wesentliche Rolle.

Kupfer großer Reinheit geht bereits bei $< 100\,^{\circ}C$ und langer Glühdauer in den weichen Zustand über. Praktisch liegt die Mindestglühtemperatur bei 200 °C. Schon kleine Gehalte von Silber, Arsen und Nickel setzen die Rekristallisationstemperatur des Kupfers erheblich hinauf. Übliche Glühtemperaturen für Kupfer liegen zwischen 400 und 500 °C. Wird eine blanke Oberfläche gewünscht, dann erfolgt das Glühen in nicht oxidierender Atmosphäre. Art und Geschwindigkeit des Abkühlens sind beim Kupfer von untergeordneter Bedeutung. Das Abschrecken in Wasser nach oxidierendem Glühen ist praktisch, weil dadurch Schmutz und Zunder beseitigt und anschließendes Beizen und Reinigen erleichtert bis ausgeschlossen werden. Außerdem kühlt der Werkstoff schnell ab, oxidiert nicht durch Luftsauerstoff und kann ohne Zeitverlust weiterverarbeitet werden.

Für Kupfer-Zink-Legierungen liegt die Weichglühtemperatur bei 450 bis 600 °C. Zwischen 300 und 450 °C kann auf gezielte Härte geglüht werden. Zwecks Vermeiden von Spannungsrißkorrosion muß man den Werkstoff entspannen. Dies erfolgt zwischen 250 und 300 °C. Für Kupfer-Nickel-Zink-Legierungen liegt der Temperaturbereich für rekristallisierende Zwischen- und Fertigglühbehandlungen zwischen 580 und 650 °C. Bei bleihaltigen Legierungen liegen die Glühtemperaturen zwischen 580 und 600 °C. Die erforderliche Weichglühtemperatur steigt mit dem Nickelgehalt der Legierung. Spannungsarm geglüht wird während etwa 1 h mit 250 bis 300 °C.

11.1.2.4 Verbindungsarbeiten

Nieten ist für Kupfer, die Kupfer-Zink- und die Kupfer-Nickel-Zink-Legierungen ein zuverlässiges Verbindungsverfahren. In der Regel werden die Niete kalt geschlagen = Hammernietung oder gequetscht = Quetsch- oder Preßnietung.

Schrauben ist das gegebene Verbindungsverfahren dann, wenn die Verbindung wieder lösbar sein soll. Schraubenwerkstoffe sind Kupfer, die niedriglegierten Werkstoffe CuTeP, CuSP und CuNi2Si sowie Kupfer-Zink-Legierungen.

Falzen wird überwiegend beim Dachdecken in Falztechnik eingesetzt.

Kleben wird für Kupfer als wärmearmes Fügeverfahren angewendet. Klebschichten haben eine hohe Isolierwirkung. Auch die gängigen Kupfer-Zink- und die Kupfer-Nickel-Zink-Legierungen sind durch Klebtechnik zu verbinden.

Zum Weichlöten von Kupfer kommen Zinn-Blei-Lote mit 50 bis 60 % Zinn in Frage. Für Lötungen an Trinkwasserleitungen und insgesamt Versorgungsanlagen des tierischen und menschlichen Bereiches müssen bleifreie Lotmetalle verwendet werden. Das Weichlöten der Kupfer-Zink-Legierungen erfolgt mit antimonarmen Loten, das Weichlöten der Kupfer-Nickel-Zink-Legierungen mit Blei-Zinn-Loten. Beide Legierungsgruppen erfordern beim Löten Flußmitteleinsatz.

Zum Hartlöten von Kupfer werden Messinglote verwendet. Größere Bedeutung haben silberhaltige Hartlote bekommen. Sie arbeiten mit niedrigerer Temperatur, mindern die Gefahr der Grobkornbildung und gestatten höhere Lötgeschwindigkeiten. Weit verbreitet ist das flußmittelfreie Hartlöten von Kupfer mit P-haltigen Loten. Für autogene Lötverfahren sind sauerstofffreie Kupfersorten vorzusehen. Durch Hartlöten können die durch Kaltumformung erzielten höheren Festigkeitswerte verlorengehen. Cadmium enthaltende Lote werden für den Lebensmittel- und Trinkwasserbereich durch silberhaltige Lotmetalle ersetzt.

Kupfer-Zink-Legierungen werden mit silberhaltigen Loten hartgelötet. Zum Hartlöten von Kupfer-Nickel-Zink-Legierungen kommen Silberlote in Frage. Als Flußmittel sind die üblichen Kupfer- und Messingschweißpulver geeignet.

Schweißverfahren der üblichen Art sind bei Kupfer und seinen Legierungen anwendbar. Bei den Kupfer-Zink-Legierungen ist ein Überhitzen zu vermeiden, weil sonst durch Ausdampfen von Zink Porenbildung im Werkstoff eintritt. Kupfer-Nickel-Zink-Legierungen lassen sich wegen ihrer geringen Leitfähigkeit besonders gut widerstandsschweißen.

11.1.3 Korrosionsverhalten

Kupfer ist bei Abschirmung gegen Luft und Sauerstoff praktisch beständig. In Gegenwart von Luft kann jedoch Korrosion auftreten. Im Baugewerbe verdient vor allem die atmosphärische Korrosion Beachtung. Kupfer ist gegen Wettereinflüsse sehr beständig. Auf seiner Oberfläche bildet sich ein gleichmäßiger Oxidfilm, der, im Gegensatz zum Rost auf Eisen, keine Feuchtigkeit aufnimmt und daher das Metall wirksam gegen weiteren Angriff schützt. Wird Kupfer längere Zeit Luft oder Wasser ausgesetzt, dann wandelt sich dieser Oberflächenfilm, je nach den Einwirkungsbedingungen, in mineralische Verbindungen um. Ein bekanntes Beispiel für solche Veränderungen und Verbindungen ist die Patina auf Kupferdächern. Kupferteile werden im Baugewerbe auch poliert eingesetzt. Wird poliertes Kupfer reiner und trockener Luft ausgesetzt, dann überzieht es sich mit einem dünnen Kupfer(I)-oxidfilm. Obwohl dieser Film unsichtbar ist, erhöht er den Widerstand des Kupfers gegen spätere Angriffe der Luft, die durch zum Beispiel Industrieabgase verunreinigt ist. Die Entwicklung einer solchen schützenden Oxidschicht kann durch Erwärmen auf 150 °C erheblich beschleunigt werden. In Sulfid enthaltender Umgebung, zum Beispiel in der Nähe von Hüttenwerken und Chemiebetrieben, bilden sich auf Kupfer Anlauffarben. Die fleischrote Eigenfarbe des Kupfers verändert sich fortschreitend von rötlich-grün über blau und grau hin zu einem stumpfen Schwarz, das typisch für Sulfidkorrosion ist.

Die Korrosionsbeständigkeit der α-Kupfer-Zink-Legierungen ähnelt der des reinen Kupfers. Bei den Legierungen mit > 20 % Zink kann Korrosion in Form von Entzinkung auftreten. Die Beständigkeit der ternären Kupfer-Nickel-Zink-Legierungen ist wesentlich besser als die der binären Kupfer-Zink-Legierungen. Kupfer-Nickel-Zink-Legierungen neigen nicht zum Entzinken und sind unempfindlich gegen Spannungsrißkorrosion. Die Anlaufbeständigkeit nimmt zu mit steigendem Nickelgehalt der Legierung. Alle Legierungen sind beständig gegen Wasser. Sie laufen bei Temperaturen > 450 °C an.

11.1.4 Oberflächenbehandlung

Die Oberflächenbehandlung des Kupfers, der Kupfer-Zink- und der Kupfer-Nickel-Zink-Legierungen dient dem Ziel, die Oberfläche zu säubern, metallisch rein zu machen, ihr eine andere Farbe zu verleihen, sie funktionell zu verändern. Für das Baugewerbe sind die folgenden Möglichkeiten von Bedeutung.

Beizen

Das Beizen erfolgt in kalter, mit Wasser 1:10 bis 1:20 verdünnter Schwefelsäure. Durch Hochführen der Badtemperatur auf 30 bis 40 °C wird ein rascherer Beizangriff erzielt. Schwefelsäure löst nur die Oberflächenoxide ab, greift das Metall jedoch nicht an. Werden eine stärkere Abtragung und Glanz gewünscht, dann wird der Schwefelsäure Salpetersäure oder Kaliumdichromat in geringen Mengen zugegeben. Nach jedem Beizen wird gründlich mit Wasser gespült. Will man bei Fertigteilen noch reinere als durch Beizen erreichbare Oberflächen mit metallblankem Aussehen erzielen, dann wendet man das

Brennen

an. Glanzbrennen sind Lösungen aus einem Gemisch von Salpetersäure, Schwefelsäure und etwas Glanzruß und Kochsalz. Mit Ammoniumpersulfat kann Kupfer ebenfalls glänzend gebeizt werden, auch Kupfer-Zink-Legierungen. Diese Bäder sind in ihrer Anwendung handlicher, weil sie keine schädlichen Dämpfe freigeben. Die Badkonzentration beträgt etwa 85 bis 125 g/l Ammoniumpersulfat. Die Betriebstemperatur liegt bei 18 bis 35 °C.

Die Wasserstoffperoxid enthaltenden Beizen und Brennen für Kupfer und Kupferlegierungen entwickeln keine Stickoxide. Daher lösen sie immer mehr die Salpetersäure enthaltenden Formulierungen ab.

Tab. 11.1: Verarbeiten, Verbinden und Oberflächenbehandlung von Kupfer; DKI Berlin und H. Benninghoff

Kurzzeichen	Gießbarkeit	Kaltumformung	Warmumformung	Zerspanbarkeit*)	Verbindungsarbeiten Weichlöten	Hartlöten	Gasschweißen	Schutzgasschweißen	Widerstandsschweißen	Oberflächenbehandlung mechanisches Polieren	elektrochem. Polieren	Galvanisierbarkeit	Eignung für das Färben
Kupfersorte													
E-Cu58	–	sehr gut	sehr gut	schlecht	sehr gut	gut	schlecht	mittel	schlecht	sehr gut	sehr gut	sehr gut	sehr gut
E-Cu57	–	sehr gut	sehr gut	schlecht	sehr gut	gut	schlecht	mittel	schlecht	sehr gut	sehr gut	sehr gut	sehr gut
OF-Cu	–	sehr gut	sehr gut	schlecht	sehr gut	sehr gut	gut	gut	schlecht	sehr gut	sehr gut	sehr gut	sehr gut
SE-Cu	–	sehr gut	sehr gut	schlecht	sehr gut	sehr gut	gut	gut	schlecht	sehr gut	sehr gut	sehr gut	sehr gut
SW-Cu	–	sehr gut	sehr gut	schlecht	sehr gut	sehr gut	gut	gut	schlecht	sehr gut	sehr gut	sehr gut	sehr gut
SF-Cu	–	sehr gut	sehr gut	schlecht	sehr gut	sehr gut	sehr gut	sehr gut	mittel	sehr gut	sehr gut	sehr gut	sehr gut
Guß-Kupfer													
G-Cu	gut	–	–	schlecht	gut	mittel	gut	gut	mittel	sehr gut	sehr gut	sehr gut	sehr gut
G-CuL45	gut	–	–	schlecht	gut	mittel	mittel	gut	schlecht	sehr gut	sehr gut	sehr gut	sehr gut
G-CuL50	gut	–	–	schlecht	gut	mittel	schlecht	mittel	schlecht	sehr gut	sehr gut	sehr gut	sehr gut
G-SCuL50	gut	–	–	schlecht	gut	gut	sehr gut	sehr gut	schlecht	sehr gut	sehr gut	sehr gut	sehr gut

*) Eine sehr gute Zerspanbarkeit bewirken bereits geringe Legierungszusätze von Tellur oder Schwefel

Polieren

wird oft irrtümlich als ein spanabhebendes Bearbeiten definiert. Diese Endbehandlung erfolgt auf Polierscheiben oder Polierwalzen mit festen oder flüssigen Poliermitteln. Man kann jede Bauform, auch großflächige Konstruktionen wie Fassadenpaneele und Türbekleidungen auf Hochglanz polieren. Auf der Baustelle setzt man über flexible Wellen angetriebene Polierscheiben ein. Die Poliermittel werden dem zu polierenden Werkstoff angepaßt.

Metallüberzüge

übernehmen dekorative und schützende Aufgaben. Im Baugewerbe ist das Vernickeln, Verchromen und mit Edelmetallen Überziehen von Teilen des Sanitärbereiches üblich. Mit Brauchwasser in Kontakt kommende Leitungen, Boiler und Armaturen werden verzinnt.

Färbungen

sind zum Teil Nachahmungen von dekorativen Korrosionserscheinungen und zum Teil Effekte, die dem neuen Bauteil das Aussehen eines antiken Altteiles verleihen. Kupfer und die Kupferwerkstoffe lassen sich chemisch in einer breiten Palette von Tönungen färben. Braun, Schwarz und Grün sind die häufigsten Farbgebungen. Obwohl das Erreichen und Einhalten eines bestimmten Farbeffektes Geschick und Erfahrung fordert, ist das Färben großer Montagen auf der Baustelle mit einfachen Mitteln möglich. Auch Reparaturfärben ist auf der Baustelle durchführbar. Wenn ein Auftraggeber für ein mit Kupfer neueingedecktes Dach gleich eine ansprechende Grünpatina verlangt, dann wird die Fläche mit einer Lösung besprüht, die für eine gleichmäßige Patinabildung in kurzer Zeit sorgt. Es werden aber auch patinierte Kupferbleche angeboten, so daß das Dach sofort „patiniert" ist.

Lackieren

Deckende Lackierungen werden für Kupfer und seine Legierungen so gut wie gar nicht verwendet, denn diese edlen Werkstoffe sollen mit ihren Eigenfärbungen zur Geltung kommen. Dagegen sind farblose Lackschichten dort angebracht, wo eine Verfärbungskorrosion verhindert werden soll. Hauptforderung an farblose Lacke sind, daß sie nicht vergilben und eine wasserklare Schicht bieten. Die Lackhaftung auf dem Werkstoff kann nur gut sein, wenn die Werkstoffoberfläche fett-, schmutz- und oxidfrei ist.

11.1.5 Kupfererzeugnisse

Im Baugewerbe wird nicht nur reines Kupfer verwendet, sondern auch Kupfer-Zink-Legierungen – frühere Bezeichnung Messing – sowie Kupfer-Nickel-Zink-Legierungen – frühere Bezeichnung Neusilber. Die hochkupferhaltigen Messingsorten werden mit Tombak bezeichnet.

Kupfer ist im Baugewerbe der ideale Rohrwerkstoff für Kalt- und Warmwasserinstallationen, in Gasanlagen und Fußbodenheizungen. Kupfer wird in Blech- und Bandform zum Eindecken von Dächern verwendet sowie für Innenverkleidungen von Wänden und als Fassadenpaneele.

Kupfer-Zink-Legierungen werden im Bauwesen für Armaturen aller Art, Beleuchtungskörper, Fassadenprofile und -verkleidungen, als Zierbleche, Fensterbeschläge, -gitter und -griffe, Fittings für Installationen, Handläufe für Geländer, Armaturen und Beschlagteile verwendet. Kupfer-Nickel-Zink-Legierungen wählt man überwiegend für den Innenausbau: Vitrinen, Kleiderablagen, Treppengeländer, Wandverkleidungen und alles, was der Innenarchitektur das gewisse Etwas verleiht.

11.2 Aluminium und Aluminiumlegierungen

Im Laufe der knapp hundertjährigen Periode der industriellen Erzeugung des Aluminiums eroberte sich dieses Metall ein breites Anwendegebiet wie kein zweites. Besonders der Bausektor profitiert von den hervorragenden Eigenschaften dieses leichten Werkstoffes mit silberweißer Farbe.

11.2.1 Eigenschaften

Die Eigenschaften von reinem Aluminium sind:

Ordnungszahl	13
Atomgewicht	26,95
Gitterstruktur	kubisch flächenzentriert
Dichte bei 20 °C	2,698
Schmelzpunkt	660,24 °C
Siedepunkt	≈ 2 500 °C
Wärmeleitfähigkeit bei 20 °C	231 W/K m
linearer Wärmeausdehnungskoeffizient bei 20 °C	$23{,}86 \cdot 10^{-6}$ 1/K
spezifische Wärme von 0 bis 100 °C	0,896 J/g · K
Schmelzwärme	397 J/g
spez. elektrische Leitfähigkeit bei 20 °C	40 m/Ω · mm²
spez. elektrischer Widerstand bei 20 °C	0,0265 Ω · mm²/m
Brinellhärte weich	20 bis 25
Brinellhärte hart	35 bis 43
Bruchdehnung	33 bis 35 %
Zugfestigkeit	40 bis 160 N/mm²
Elastizitätsmodul bei 20 °C	72 000 N/mm²

11.2.2 Formgebung und Bearbeitung

Aluminium und Aluminiumlegierungen können spanabhebend, spanlos und verbindend be- und verarbeitet sowie oberflächenbehandelt und beschichtet werden.

11.2.2.1 Spanabhebende Formgebung

Aluminium und seine Legierungen lassen sich spanabhebend wesentlich leichter als Stahl, Kupfer-Zink-Legierungen und Bronze bearbeiten. Um diesen werkstoffbedingten Vorteil auch wirtschaftlich voll nutzen zu können, müssen Werkzeuge und Maschinen die zulässigen hohen Schnittgeschwindigkeiten ermöglichen.

Je nach dem Reinheitsgrad des Aluminiums und in Abhängigkeit von der Zusammensetzung der verschiedenen Legierungen verhalten sich Leichtmetalle auf Aluminiumbasis auch verschieden. Rein- und Reinstaluminium und die nicht aushärtbaren Legierungen in weichem Zustand schmieren und müssen mit großem Spanwinkel bearbeitet werden. In hartem Zustand lassen sich diese und die ausgehärteten Legierungen sehr gut bearbeiten. Bei Gußlegierungen liegen die Verhältnisse ähnlich. Die Späne des Aluminiums bilden keine Brandgefahr wie beim Magnesium.

Zum *Sägen* werden eine größere Zahnteilung als für Stahl und eine gute Ausrundung des Zahngrundes verlangt, damit sich die Zähne nicht mit Spänen zusetzen.

Durch *Hobeln* und *Stoßen* ist wegen der zu langsamen Arbeitsweise der Maschinen ein wirtschaftliches Bearbeiten nicht möglich.

Beim *Fräsen* gilt, wie für Sägen, daß Fräser für Leichtmetall eine erheblich größere Zahnteilung und somit weniger Zähne als Fräser für die Stahlbearbeitung haben müssen.

Für das Bearbeiten durch *Drehen* wurden spezielle Aluminiumlegierungen entwickelt. Sie haben für das Baugewerbe nur sekundäre Bedeutung.

Zum *Bohren* werden Spiralbohrer mit einem Spitzenwinkel von 140° und einen Drallwinkel von 40 bis 45° eingesetzt.

Formgebendes *Schleifen* wird beim Aluminium kaum angewendet. Sinngemäß übernimmt solche Bearbeitungsaufgaben das Feinstdrehen mit Diamantwerkzeug.

11.2.2.2 Spanlose Formgebung

Aluminium zeigt in den Zuständen gegossen, kaltverformt, warmverformt oder ausgehärtet unterschiedliche Eigenschaften. Die niedrigsten Festigkeitswerte weist Guß auf. Sie können durch Walzen, Strecken, Pressen, Ziehen, Schmieden und Stauchen erhöht werden.

Warmverformung

Die Festigkeit der Aluminiumwerkstoffe nimmt bei steigender Temperatur ab. Die Plastizität steigt erheblich an. Aus diesem Grund kann in der Wärme mit geringem Energieaufwand gearbeitet werden. Gußlegierungen verformen sich schwerer als Knetlegierungen. Als oberste Temperaturgrenze für ein Warmverformen gilt der Schmelzpunkt des niedrigst schmelzenden Legierungspartners.

Kaltverformung

Grundsätzlich gilt: Je weicher der Werkstoff ist, desto besser läßt er sich verformen, desto geringer ist aber auch die Endfestigkeit. Die Ausgangsfestigkeit im Anlieferzustand muß also so gewählt werden, daß die vorgesehene Bearbeitung eben noch durchführbar ist.

11.2.2.3 Wärmebehandlung

Die durch Kaltverformen oder Aushärten entstandene Zunahme der Festigkeit kann durch eine Wärmebehandlung rückgängig gemacht werden. Weichglühen wird dann erforderlich, wenn ein Werkstoff, dessen Kaltverformungsvermögen erschöpft ist, noch weiter verformt werden muß. Dieses Glühen erfolgt, je nach Zusammensetzung der Legierung, zwischen 300 und 450 °C. Eine Glühbehandlung erweicht die aushärtbaren Werkstoffe nicht endgültig. Ein Erhöhen der Festigkeit ist nur durch weiteres Kaltverformen möglich. Bei aushärtbaren Legierungen läßt sich die Ausgangsfestigkeit durch erneutes Aushärten zurückgewinnen.

11.2.2.4 Verbindungsarbeiten

Schweißen

Beim Schweißen von Aluminiumwerkstoffen sind folgende Punkte zu beachten:

- Auf der Aluminiumoberfläche bildet sich durch Luftsauerstoff bereits bei Raumtemperatur ein hauchdünner, festhaftender und sehr dichter Oxidfilm. Auch bei gewolltem Beschädigen oder Entfernen bildet sich dieser Film immer und rasch wieder neu. Bei erhöhten Temperaturen ist die Oxidation rascher und der Film dicker. Der Schmelzpunkt der Oxidschicht liegt bei etwa 2060 °C, so daß nach dem Entfernen vor dem Schweißen das Neubilden durch Anwenden von Flußmittel verhindert wird.
- Die Wärmeleitfähigkeit des Aluminiums ist etwa 3fach höher als die von Eisen. Die Wärmezufuhr beim Schweißen muß deshalb so erfolgen, daß einmal keine zu rasche Wärmeableitung und zum anderen kein Wärmestau entstehen können. Außerdem muß sich ein ausreichendes Schmelzbad bilden und das zu schweißende Stück genügend vorgewärmt sein.
- Die Warmfestigkeit ist gering. Deshalb dürfen die vorgewärmten Teile zwischen Vorwärmen und Abkühlen nach dem Schweißen nicht bewegt werden.

Autogenschweißen, Lichtbogen-, Schutzgas- und Widerstandsschweißen sind die für Aluminiumwerkstoffe üblichen Verfahren.

Löten

Bei sehr geringer Materialdicke, zum Verbinden von Teilen unterschiedlicher Dicke, zum Verbinden von ausgehärteten Teilen, zum Verbinden von Aluminium mit anderen Metallen und dann, wenn ein Verziehen der Teile beim Schweißen zu befürchten ist, wird Löten vorgezogen. Sonst hat Schweißen Vorrang. Hartgelötet wird zwischen 450 und 600 °C. Die verwendeten Hartlote bestehen überwiegend aus Aluminium. Die Lötverbindungen sind von hoher Festigkeit und hochkorrosionsbeständig. Reinaluminium und niedriglegierte Werkstoffe sind gut, höherlegierte Werkstoffe nur bedingt hartlötbar. Es müssen Flußmittel verwendet werden.

Nieten

Nieten ist eine zuverlässige Methode zum Verbinden mechanisch höher beanspruchter Bauteile. Nietverbindungen werden besonders bei hochfesten und ausgehärteten Legierungen verwendet, bei denen Löten und Schweißen durch die entstehenden hohen Temperaturen die Festigkeit mindern. Im Gegensatz zum Stahlniet, der warm eingeschlagen wird, nietet man Aluminium kalt. Beim Aluminiumniet wird die Kraft dadurch übertragen, daß der Niet die Bohrung voll ausfüllt und die Nietkraft durch Lochlaibungsdruck und Scherkraft übertragen wird. Beim Stahlniet erfolgt die Kraftübertragung durch Klemmreibung.

Kleben

Zum Kleben sind Schmelzkleber, Lösemittelkleber und Reaktionskleber anwendbar. Die metallisch reingemachte Klebfläche muß unmittelbar nach dieser Vorbehandlung verklebt werden, damit ein erneutes Oxidieren nicht möglich wird. Der Kleber wird durch Streichen,

Spachteln, Spritzen, Walzen, Tauchen oder als Folie aufgebracht. Das Härten erfolgt mit oder ohne Druck bei Raumtemperatur oder mit Wärme. Reaktionskleber stehen auch als Zweikomponentenprodukte zur Verfügung. Sie werden erst kurz vor dem Anwenden vermischt. Klebverbundene Bauteile sollen möglichst so konstruiert sein, daß sie nur auf Schub und Druck beansprucht sind. Biegebeanspruchung ist zu meiden.

11.2.3 Korrosionsverhalten

Aluminium ist ein sehr reaktionsfreudiges und leicht oxidierbares Metall, aber trotzdem ein in reiner wie auch legierter Form recht korrosionsbeständiger Werkstoff. Diese wertvolle Eigenschaft ist auf das rasche Bilden eines natürlichen Oxidfilms bei Sauerstoffeinwirkung zurückzuführen. Der Film schützt das darunter liegende Metall gegen weitere stärke Angriffe. Da dieser Oxidfilm passivierend auf den metallischen Werkstoff wirkt, ist auch ein gewisser Schutz gegen schwach saure und neutrale Elektrolyte gegeben, der auf Grund der Stellung des Aluminiums in der Spannungsreihe zunächst nicht erwartet wird. Reinaluminium und alle kupferfreien Legierungen besitzen eine ausgezeichnete Beständigkeit gegen atmosphärische und chemische Einflüsse, so daß Aluminiumwerkstoffe durch diese Eigenschaften, verbunden mit dem niederen Gewicht und der guten Ver- und Bearbeitbarkeit viele Anwendemöglichkeiten im Bauwesen haben.

Für den Schutz gegen Korrosion gilt folgendes:

■ Schutz gegen Korrosion kann in der Regel entfallen bei offenen, leicht zugänglichen Konstruktionen, die einer Schwitzwasserbildung nicht ausgesetzt sind; Konstruktionen, die unter Einwirkung von normaler Land- und Stadtatmosphäre stehen; bei ausschließlichem Einsatz von kupferfreien und plattierten Legierungen. Dies gilt für geschlossene Bauten und für Bauten im Freien.

■ In allen anderen Fällen ist unabhängig von der verwendeten Legierung ein Schutz durch Anstrich notwendig.

11.2.4 Oberflächenbehandlung

Schleifen dient in erster Linie dem Entfernen kleiner Oberflächenfehler und zum Einebnen von Riefen. Die weichen Werkstoffe schmieren leicht und bedürfen einer sorgfältigen Behandlung. Auch plattierte Werkstoffe sind mit Vorsicht zu schleifen, damit die aufplattierte Schicht nicht durchgeschliffen wird. Magnesium enthaltende Legierungen lassen sich am besten schleifen und polieren.

Auch beim *Polieren* gelten diese Richtlinien. Es ist unbedingt darauf zu achten, daß die Werkzeuge ausschließlich für Aluminium und nicht auch noch für andere Metalle mitverwendet werden. Wurde zum Beispiel ein Werkzeug vor seinem Einsatz auf Aluminium für Kupfer verwendet, dann drücken sich Kupferpartikeln in die Aluminiumoberfläche und verursachen dort Korrosion.

Strahlen ist ein reinigendes Bearbeiten. Es wird auch zum Erzeugen von Satineffekten dann eingesetzt, wenn die betrieblichen Verhältnisse ein Mattbeizen nicht gestatten oder wenn auf der Baustelle mattiert werden muß. Auch bei Reparaturen wird gestrahlt. Gestrahlte

Flächen sind ein guter Haftgrund für Anstriche.

Beim *Beizen* in sauren oder alkalischen Lösungen werden von der Aluminiumoberfläche Schmutz, Fett, Öl und vor allem das natürlich gebildete Oxid entfernt. Beizlösungen werden durch Tauchen, Fluten, Sprühen und Spritzen angewendet oder durch Aufstreichen, wenn die Beizlösung pastös eingedickt ist. Pasten haben auf der Baustelle Bedeutung, weil sie keine Anlagen benötigen und auch auf großflächigen Teilen genutzt werden können. Gebeiztes Aluminium ist weiß bis silberfarben. Durch die chemische Zusammensetzung der Beizlösung wird die Oberfläche des gebeizten Teiles matt bis blank.

Die natürliche Oxidschicht bietet einen leichten Schutz gegen Korrosion. Verständlicherweise lag der Gedanke nahe, diese Schutzwirkung dadurch zu erhöhen, daß man die nur dünne natürliche Schicht künstlich verstärkt. Die heute üblichen *Oxidationsverfahren* sind eine logische Weiterentwicklung von oxidbildenden Behandlungen mit dem Ziel, gelenkt Oxidschichten zu erhalten. Die einfachste Verstärkung der Oxidschicht wird durch Behandlung in kochendem Wasser oder in Sattdampf erhalten. Es folgen die Verfahren der chemischen und die der elektrolytischen anodischen Oxidation. Während durch *chemische Oxidation* die natürliche Oxidschicht auf 1 bis 2 µm verstärkt wird, ist ein Verstärken durch elektrolytische anodische Oxidation auf ein Vielfaches möglich. Die *anodische Oxidation* führt zu Schichten für den Schutz gegen Korrosion, die gleichzeitig ein guter Haftgrund für organische Überzüge sind. Beim Anwenden speziell formulierter Badlösungen werden Schichten mit besonders hoher Härte und gutem tribologischen Verhalten gebildet. Sie sind gegen Reibbeanspruchung beständiger als die Normalschichten. Alle diese Schichten lassen sich mit Farbstoffen und Metallsalzlösungen einfärben. Beispiele sind Fensterrahmen, Wandpaneele und Teile für die Innenarchitektur in Bronze-, Messing-, Neusilber-, Gold- und Schwarztönen. Auch Modefarben werden angeboten. Spezielle Anodisierverfahren führen gleich zu farbigen Oxidschichten.

Chromatiert wird in Lösungen aus Chromsäure und Chromaten. Die hauchdünnen Filme sind gute Haftvermittler für organische Schichten. Sie haben messinggelbe, bläuliche oder grüne Eigenfärbung.

Durch *Phosphatieren* wird Schutz gegen Korrosion erreicht. Die Schichten sind auch ein guter Haftvermittler für Anstriche.

Obwohl Aluminium weitaus beständiger als ungeschützer Stahl ist, werden im Baugewerbe doch Legierungen, vor allem kupferhaltige, verwendet, die weniger korrosionsbeständig sind und daher eine schützende Oberflächenbehandlung fordern. *Lackieren* ist ein für das Baufach wichtiges Beschichtungsverfahren. Da neben dem Schutz gegen Korrosion oft auch noch dekorative Effekte gewünscht werden, sind folgende Richtlinien beachtenswert: Universalanstrichmittel für Aluminium gibt es nicht. Die Wahl richtet sich nach den gewünschten dekorativen und schützenden Aufgaben sowie auch nach dem

Gebrauchszweck und der damit zu erwartenden Beanspruchung. Durch die dem Aluminium eigene glatte und dichte Oxidhaut ist eine Vorbehandlung und Grundierung notwendig. Vorbehandlungen sind Beizen, Chromatieren, Phosphatieren, Oxidieren oder Grundieren mit einem Reaktionsanstrich. Grundierungen auf Zinkchromatbasis sind anwendbar, wirken schützend, haftvermittelnd und decken gut. Als Deckanstriche sind alle bleifreien Produkte anwendbar.

11.2.5 Aluminiumerzeugnisse

Die wichtigsten Aluminiumwerkstoffe für das Baugewerbe sind:

Für Dachdeckungen und Wandpaneele werden Band, profiliertes Band und Blech aus Al99, 5AlMn oder AlMg1 und AlMg2, meist ohne Oberflächenbehandlung, verwendet.

Die normale Legierung für Profile aller Art, die in der Architektur fast immer anodisiert eingesetzt werden, ist AlMgSi 0,5. In Sonderfällen wird auch AlMg3 oder AlMgSi1 verwendet.

Dekorativ zu anodisierendes Blech besteht meist aus Al99,5 oder AlMg3.

Sowohl für Profile als auch für Bleche soll Eloxalqualität dann eingesetzt werden, wenn man an das dekorative Aussehen Ansprüche stellt.

Die für den Ingenieurbau wichtigste Legierung ist AlMgSi1 F32, die in ihrer Festigkeit etwa dem Stahl St37 entspricht, und AlZnMg1 F36.

Im Baugewerbe werden Halbzeuge verwendet, die aus Aluminiumwerkstoffen bestehen und mit anderen Metallen, zum Beispiel mit Kupfer oder Nickel, plattiert sind. Umgekehrt wird Aluminium als Plattiermetall anderen Metallen aufgetragen. Durch diese Verbundwerkstoffe verbindet man die meist höhere Festigkeit des Kernmaterials mit schützenden und/oder dekorativen Eigenschaften des Überzugs. Galvanisch aufgebrachte Metallbeschichtungen sind möglich, haben jedoch im Baufach keine große Bedeutung.

Aluminiumblech und -band wird auch in mit Plast oder Lack vorbeschichteter Ausführung geliefert und als Fassadenpaneele und Wandbekleidungen eingesetzt. Noch ziemlich neu sind die gleichen Halbzeuge mit emaillierter Sichtseite. Emailliertes Aluminiumblech setzt sich in Deutschland nur langsam durch, obwohl gerade Email besonders wirkungsvoll schützt und durch die vielseitigen Möglichkeiten der Farbgebung dekorativ ist.

11.3 Blei und Bleilegierungen

Blei ist ein Element aus der Gruppe der schweren NE-Metalle. Es hat bläulichweiße Eigenfärbung und überzieht sich in Luft rasch mit einem dünnen Bleioxidfilm, der sehr fest haftet und das Metall gegen weitere Oxidation schützt.

11.3.1 Eigenschaften

Reines Blei hat folgende Eigenschaften:

Ordnungszahl	82
Atomgewicht	207,21
Dichte bei 20 °C	11,344
Schmelzpunkt	327,4 °C
Siedepunkt	1750 °C
Wärmeleitfähigkeit bei 20 °C	35,3 W/K m

linearer Wärmeausdehnungskoeffizient bei 20 °C	$29{,}0 \cdot 10^{-6}$ 1/K
spezifische Wärme von 0 bis 100 °C	0,128 J/g·K
Schmelzwärme	24,1 J/g
spez. elektrische Leitfähigkeit bei 20 °C	4,82 m/Ω · mm²
spez. elektrischer Widerstand bei 20 °C	0,21 Ω · mm²/m
Brinellhärte	39
Bruchdehnung	60 %
Zugfestigkeit	14 N/mm²
Elastizitätsmodul bei 20 °C	19600 N/mm²

Reines Blei ist sehr korrosionsbeständig. Bei niederen Temperaturen neigt es zu Rekristallisation. Um dieser entgegenzuwirken, legiert man geringe Mengen Kupfer zu. Blei ist das weichste Schwermetall. Daher läßt es sich besonders gut be- und verarbeiten. Wegen der Weichheit und niederen Rekristallisationstemperatur liegt die kritische Temperatur, bei der Kriechen eintritt, weit unter Raumtemperatur; Stillstand bei etwa –180 °C. Für Wasserleitungsrohre ist eine Kriechgeschwindigkeit von 0,1 bis $1 \cdot 10^{-4}$ % zulässig.

Für das Baugewerbe ist ganz besonders die Korrosionsbeständigkeit des Bleis wichtig, die diesem Baustoff in seinen vielfältigen Halbzeugformen weitgehende Anwendungsgebiete erschlossen hat. Die ausgezeichnete Korrosionsbeständigkeit beruht auf der raschen Bildung von Oberflächenfilmen, die, je nach dem Umgebungsmedium, unterschiedliche chemische Zusammensetzung haben. Gegenüber nur wenigen Stoffen verhält sich Blei nicht so günstig. Es wird zum Beispiel von Trinkwasser dann angegriffen, wenn dieses weich ist und einen besonders hohen Gehalt an Sauerstoff und Kohlendioxid hat. Für solche Bedarfsfälle setzt man Zinnmantelrohre ein. Wegen seines schützenden Oxidfilmes ist Blei in der Atmosphäre sehr beständig. Die Korrosionsbeständigkeit wird durch Legierungselemente beeinflußt. Kupfer allein oder Tellur mit etwa 0,03 bis 1 % verbessern die Korrosionsbeständigkeit.

Die Größe der Bleikristalle führt zu der so sehr gefürchteten interkristallinen Korrosion, meist bei Dauerbeanspruchung. Der Kontakt von Blei mit Beton und Mörtel kann zu Korrosion führen. Deshalb werden erdverlegte Rohre und Bleibleche, die in Betonbehälter und Betonsilos als Auskleidung eingearbeitet sind, auf der mit dem Beton in Kontakt kommenden Fläche isoliert. Bevorzugtes Isoliermaterial ist Asphalt.

11.3.2 Formgebung und Bearbeiten

Blei ist weich, auch die Hartbleisorten. Daher kann es auf der Baustelle leicht geschnitten, gebogen und gefalzt werden. Fügeverfahren sind Falzen, Kleben und überwiegend Hartlöten (siehe Abschnitt 11.7.5).

11.3.3 Bleierzeugnisse

Bleiblech in den gewalzten Sorten (Gattungen) Hüttenblei 99,00 % und 99,94 % sowie Feinblei 99,985 % und 99,99 % ist mit Dicken zwischen 0,5 und 15 mm streifenförmig als Rollen oder in Tafeln auf dem Markt. Es wird zum Einfassen von Schornsteinen und Dachhauben benutzt, zum Auslegen von Dachkehlen, Brüstungen, Gesimsen und Fensterbänken.

Die Vorteile des Bleirohres sind seine einfache Ver- und Bearbeitbarkeit an der Baustelle, besonders die gute Biegefähigkeit. Korrosion und Verkrusten treten unter normalen Umständen nicht auf. Bei Reparaturarbeiten können schadhafte Rohrteile an Ort und Stelle herausgeschnitten und durch neue Stücke, die man zwischenlötet, ersetzt werden.

Unter 11.3.1 wurde auf die Reaktionsempfindlichkeit des Bleis gegenüber weichem Trinkwasser hingewiesen. Trifft es zu, daß Trinkwasser eine Carbonathärte von 7° oder mehr DH, einen pH-Wert von 7 oder mehr, eine ausreichende Menge gelösten Kalk und eine nicht zu hohe Menge aggressiver Kohlensäure enthält, dann greift dies nach unseren derzeitigen Kenntnissen Bleirohr nicht an. Wasser, das diese Forderungen erfüllt, erzeugt auf der ständig durchfluteten Rohrinnenseite eine harte und äußerst beständige Schutzschicht aus Bleicarbonaten. Chlorid, Nitrat und Ammoniumsalze, die in üblichen Mengen im Gebrauchswasser enthalten sind, greifen Blei ebenfalls nicht an.

Mit Hartblei- und Bleisparrohren erzielt man die mehrfache Drucksicherheit gegenüber Normalrohren mit dem Vorteil, daß man ohne Gefährdung der Drucksicherheit die bisher üblichen Wanddicken um etwa ein Drittel mindern kann. Dadurch beträgt das Stückgewicht nur fast die Hälfte. Rohre aus Normalblei werden aus Hüttenblei 99,9 % hergestellt oder aus Kupferblei 99,9 %. Hartbleirohre sind aus einer Legierung von Hüttenweichblei 99,9 % mit 0,75 bis 1,25 % Antimon und 0,02 bis 0,05 % Arsen. Das Verlegen von Bleirohren erfolgt nach den handwerklichen Gepflogenheiten. Beim Verlegen hinter Fliesen ist eine gegen Korrosion schützende Gipseinschlämmung zu empfehlen.

Ergeben Wasseruntersuchungen, daß ein Trinkwasser vermutlich besonders aggressiv wirken wird, dann wendet man als Rohrleitung Mantelrohre an: das sind Bleirohre, die in ein mit dem äußeren Bleirohr fest verbundenes Zinnrohr mit 0,5 bis 1 mm Wanddicke eingearbeitet sind. Das Zusammenfügen beider Rohre erfolgt durch ein spezielles Verfahren. Bei Lötarbeiten zum Verbinden von Mantelrohren darf nur mit 50%igem Kolophoniumzinn gearbeitet werden, um ein Verflüssigen des Zinninletts zu vermeiden.

Bleiwolle wird zum Dichten von Muffenverbindungen auf kaltem Wege an Stelle von Gießblei verwendet. Sie wird aus reinstem Hüttenblei hergestellt und besteht aus vielen einzelnen geschnittenen Fäden, die in Zöpfen geliefert werden. Bleiwolle wird in mehreren Lagen auf die Hanfdichtung gestemmt. Sobald der Klang beim Verstemmen metallisch wird, ist die Dichtung in Ordnung. Gegenüber einem Bedarf von 1,35 kg Gießblei zum Dichten von 100 mm NW sind nur 0,9 kg Bleiwolle erforderlich.

11.4 Magnesium und Magnesiumlegierungen

Magnesium ist das leichteste für Konstruktionszwecke einzusetzende Metall. Es kommt, wie Aluminium, nur in Form von Verbindungen in der Natur vor. Es liegt nur knappe fünfzig Jahre zurück, seit Magnesium zu Halbzeuglegierungen und Bauteilen verarbeitet wird.

11.4.1 Eigenschaften

Reines Magnesium hat folgende Eigenschaften:

Ordnungszahl	12
Atomgewicht	24,32
Gitterstruktur	hexagonal mit nahezu dichtester Kugelpackung
Dichte bei 20 °C	1,74
Schmelzpunkt	650 °C
Siedepunkt	1097 °C
Wärmeleitfähigkeit bei 20 °C	157 W/K m
linearer Wärmeausdehnungskoeffizient bei 20 °C	$25{,}5 \cdot 10^{-6}$ 1/K
spezifische Wärme von 0 bis 100 °C	0,102 J/g · K
Schmelzwärme	208 J/g
spez. elektrische Leitfähigkeit bei 20 °C	22,4 m/$\Omega \cdot mm^2$
spez. elektrischer Widerstand bei 20 °C	0,043 $\Omega \cdot mm^2/m$
Brinellhärte, 2,5 mm-Kugel	35 als Richtwert
Bruchdehnung	10 %
Elastizitätsmodul	29 000 N/mm²

11.4.2 Formgebung und Bearbeitung

Magnesium und Magnesiumlegierungen können durch Gieß-, spanlose, spanabhebende und verbindende Verfahren geformt und verformt sowie dekorativ und funktionell oberflächenbehandelt und beschichtet werden. Beim spanabhebenden Bearbeiten müssen Späne und Schleifstaub ständig vom Arbeitsplatz entfernt werden, weil wegen der Reaktionsintensität des Magnesiums mit Luftsauerstoff Brandgefahr besteht.

11.4.3 Besonderheiten der Magnesiumwerkstoffe

Einige Besonderheiten der Magnesiumwerkstoffe zeigen sich bevorzugt beim Verschweißen.

Warmrißbildung ist darauf zurückzuführen, daß die auftretenden Schweißspannungen größer sein können als die relativ geringe Warmfestigkeit des Magnesiumteiles. Oft festzustellende Gußlunker erschweren ein einwandfreies Verschweißen, unterbinden es oft sogar vollständig. Magnesiumwerkstoffe haben gegenüber Stahl eine wesentlich höhere spezifische Wärme und latente Schmelzwärme sowie eine ein Mehrfaches betragende Wärmeleitfähigkeit, die eine erhöhte Wärmezufuhr dann notwendig machen, wenn geschweißt werden soll. Ein gutes und gleichmäßiges Vorwärmen ist vor dem Schweißen notwendig. Wegen der großen Affinität zu Sauerstoff und Stickstoff werden dauerhafte Schweißverbindungen nur dann erzielt, wenn spezielle Flußmittel auf sorgfältig entoxidierter Schweißstelle verwendet wurden und ein guter Werkstofffluß in der Schweiße sichergestellt war.

Aber auch andere Eigenschaften der Magnesiumwerkstoffe sind als Besonderheiten unbedingt zu berücksichtigen: Wegen der geringen Kerbzähigkeit müssen scharfe Werkstoffquerschnitte, insbesondere an hochbeanspruchten Werkstückstellen, vermieden werden.

Der Elastizitätsmodul zeigt einen erheblich kleineren Wert als der von Stahl. Die elastische Formänderungsarbeit ist bei gleicher Last entsprechend größer. Bei auf Stoß und Schlag beanspruchten Bauteilen ergeben sich wesentliche Vorteile. Andererseits muß das Trägheitsmoment durch konstruktive Maßnahmen vergrößert bzw. die Knicklänge möglichst klein gehalten werden. Kombinierte Montagebauweise Stahl/Magnesium erfordert ein Berücksichtigen der unterschiedlichen Wärmeausdehnungskoeffizienten. Zu konzentrierte Kräfteeinleitungen müssen bei Magnesiumwerkstoffen vermieden werden.

11.4.4 Bauteile aus Gußlegierungen

Sind die mechanischen Ansprüche an ein Bauteil nicht zu hoch gestellt, dann wird man für Konstruktionen bevorzugt Gußteile einsetzen, weil man sie spanabhebend gut bearbeiten kann. Werden Gewichtseinsparungen angestrebt, dann müssen die in Randzonen zu befürchtenden Randspannungen durch Wülste gemindert werden. Gießtechnisch sollte man beachten, daß das Verlegen der Auswulstung in das Innere des Gußstückes dem Gießer die leichtere Entnahme des Modells aus der Form ermöglicht.

11.4.5 Bauteile aus Knetlegierungen

Durch die Vielzahl der zur Verfügung stehenden Preßprofile ist der Bauingenieur in der Lage, gewichtsparende Konstruktionen zu planen. Es gibt Tausende verschiedenartige Profile, die durch Nieten, Schrauben, Schweißen und Löten zu verbinden sind.

11.4.6 Formgebung und Bearbeitung

Magnesiumwerkstoffe können durch Gieß-, spanlose, spanabhebende und verbindende Verfahren geformt und verformt sowie oberflächenbehandelt und beschichtet werden.

11.4.6.1 Spanabhebende Formgebung

Magnesiumwerkstoffe sind mit allen üblichen Werkzeugsorten spanabhebend sehr gut zu bearbeiten. Die gute Zerspanbarkeit hat den Magnesiumwerkstoffen überhaupt zu ihrem wirtschaftlichen Erfolg verholfen. Ein einwandfreies Zerspanen ist nur gewährleistet, wenn der Konstrukteur am Werkstück ausreichende Spannmöglichkeiten vorgesehen hat und ein Durchfedern beim Bearbeiten nicht auftritt.

11.4.6.2 Spanlose Formgebung

Stranggepreßte und gewalzte Halbzeuge sind die im Baugewerbe bevorzugt verwendeten Magnesiumteile. Gußstücke haben im Bauwesen keine Anwendungen, wenn von einigen wenigen Sonderfällen abgesehen wird.

11.4.7 Wärmebehandlung

Wärmebehandlung wird bei Gußstücken durchgeführt, um die mechanischen Eigenschaften zu verbessern, Spannungen zu mindern und die spanlose Formgebung zu erhöhen. Vor allem strebt man durch Wärmebehandlung eine größere Streckgrenze, Zugfestigkeit und Dehnung an. Außerdem führt Wärmebehandlung zum Homogenisieren des Gefüges. Sperrige Konstruktionen werden spannungsfrei geglüht, verzogene Bauteile durch Wärmebehandlung nachgerichtet. Vor dem Schweißen wird erwärmt, um Spannungsunterschiede auszugleichen und die Schweißarbeit zu erleichtern.

11.4.8 Oberflächenbehandlung

Magnesium überzieht sich in Luft durch den Sauerstoff mit einem grauweißen Oxidfilm, der die Oberfläche zwar geringfügig schützt, jedoch keineswegs dekorativ wirkt. Je nach ihrem Verwendungszweck werden Magnesiumkonstruktionen durch eine Oberflächenbehandlung dekorativ oder/und funktionell behandelt.

Beizen

Beizverfahren basieren überwiegend auf Chromatlösungen. Das BS-Verfahren (= Bichromat-Salpetersäure-Verfahren) arbeitet mit 20%iger Salpetersäure, der 200 g/100 l Kaliumdichromat zugesetzt werden, bei 60 bis 80°C und 15 bis 40 s Behandlungsdauer. Nach dem Beizen, das zu einer messinggelben Verfärbung der Oberfläche führt, wird in fließendem Wasser gründlich gespült und danach getrocknet. Beim BA-Verfahren (= Bichromat-Alaun-Verfahren) werden ebenfalls messingfarbene Schutzfilme erhalten, die jedoch korrosionsbeständiger als die BS-Schichten sind. Das BA-Verfahren arbeitet wirtschaftlicher als das BS-Verfahren. Eine Modifizierung des BA-Verfahrens ist das BSA-Verfahren (= Bichromat-Salpetersäure-Alaun-Verfahren). Bei sonst gleichen Verfahrensbedingungen wie beim BA-Verfahren wird in kalter Beizlösung aus 2,5 bis 6% Dichromat, 0,5 bis 1,5% Chromalaun und 0,4 bis 1% Salpetersäure gearbeitet. Diese drei Verfahren bilden korrosionsbeständige Filme. Die korrosionshemmende Wirkung kann erhöht werden, wenn die Behandlung des Magnesiums in den Lösungen elektrolytisch erfolgt. Diese Technik wird besonders im Ausland bevorzugt, wo man auf dem Gebiet der Magnesiumanwendung als Bauwerkstoff mehr Interesse zeigt und auch über größere Praxiserfahrungen verfügt als in Deutschland.

Weitere ähnliche Verfahren erzeugen graue, grauschwarze bis tiefschwarze Schichten, deren korrosionshemmende Wirkung von der Magnesiumlegierung abhängt.

Färbende Beizverfahren werden auch eingesetzt, wenn Bauteilen ein dekoratives Aussehen gegeben werden soll. Solche Behandlungen erzeugen braune, schwarze und andersfarbene Tönungen, ohne jedoch immer gleichzeitig besondere korrosionshemmende Eigenschaften anzubieten. Das Weißbeizen wird eingesetzt, wenn Fertigteile eine gleichmäßig hell aussehende Oberfläche erhalten sollen.

Anodisieren

Analog den Anodisierverfahren für Aluminium besteht für Magnesiumwerkstoffe eine Reihe von technischen Behandlungsverfahren. Von ihnen kann jedoch keinesfalls die gleiche Schutzwirkung erwartet werden, wie man sie vom Aluminium und den Eloxalverfahren her kennt. Die anodisch auf Magnesium erzeugte Oxidschicht ist poröser, weil der Volumenkoeffizient für MgO nur 0,85 (Al vergleichsweise 1,38) beträgt. Bisher bekannt gewordene Erfahrungen auf diesem Gebiet zeigen, daß eine ausreichende Schutzwirkung nur bei einem Volumenkoeffizienten von > 1 erwartet werden kann. Durch diese zu ungünstige Porosität der Oxidfilme auf Magnesium haben angreifende Mittel leichter als beim Aluminium die Möglichkeit eines Vordringens zum Basiswerkstoff. Ein Versiegeln der Oxidschichten auf Magnesium ist also dann von besonders ausschlaggebender Bedeutung, wenn an einen ausreichenden Schutz gegen Korrosion gedacht wird. Außerdem haben Oxidschichten auf Magnesium nicht die hohe Härte wie jene auf Aluminium, so daß auch die Abriebfestigkeit des Magnesiums nicht wesentlich verbessert wird. Als Vorbehandlung vor dem Beschichten mit Lack oder Kunststoff kommt den anodisch formierten Oxidschichten große Bedeutung zu, denn sie sind ein ausgezeichneter Haft- und Verankerungsgrund für den Schichtstoff.

Fluoridschichten werden auf Magnesiumwerkstoffen durch elektrolytische Behandlung in nahezu gesättigtem Ammoniumfluorid erhalten.

Lackieren

Wenn Magnesiumoberflächen entfettet und mit einem Chromatfilm oder anodisch formierten Oxidfilm bedeckt sind, dann können sie ohne weiteres mit beliebigen Beschichtungsstoffen mit allen üblichen Auftragetechniken beaufschlagt werden. Mennige und Bleiweiß dürfen als Grundierung nicht mit Magnesium in Berührung kommen. Titanweiß und Zinkchromat sind üblich. Als Deckanstrich eignen sich alle gängigen Lacksorten.

11.4.9 Magnesiumerzeugnisse

Bauprofile werden aus Knetlegierungen gefertigt und stehen in allen im Baugewerbe erforderlichen Querschnittsformen, außerdem als Blech, Band und Rohr sowie als Draht zur Verfügung.

11.5 Zink

Zink ist eines der wichtigsten NE-Metalle. Es wird als Hütten- und Feinzink durch Röstung, Reduktion, thermisch und elektrolytisch gewonnen. In Deutschland entfallen 30 % des Verbrauchs auf Blech, davon der größere Teil im Baugewerbe.

11.5.1 Eigenschaften

Reines Zink hat folgende Eigenschaften:

Ordnungszahl	30
Atomgewicht	65,38
Dichte bei 20 °C	7,134
Schmelzpunkt	419,5 °C
Siedepunkt	908,5 °C
Wärmeleitfähigkeit bei 20 °C	113 W/K m
linearer Wärmeausdehnungskoeffizient bei 20 °C	$83{,}3 \cdot 10^{-6}$ 1/K
spezifische Wärme von 0 bis 100 °C	0,388 J/g · K
Schmelzwärme	96 J/g
spez. elektrische Leitfähigkeit bei 20 °C	17,7 m/Ω · mm²
spez. elektrischer Widerstand bei 20 °C	0,057 Ω · mm²/m
Brinellhärte	28 bis 40
Bruchdehnung	35 %
Zugfestigkeit	150 N/mm²
Elastizitätsmodul bei 20 °C	130 000 N/mm²

Zink ist weißlich gefärbt. Es unterscheidet sich in seinem Aussehen von den anderen weißen Metallen Aluminium, Zinn und Silber durch einen bläulichen, dem Chrom ähnlichen Schimmer.

11.5.2 Formgebung und Bearbeitung

Zink wird durch Walzen zu Blech und Band geformt, zu Profilen, Stabmaterial, Rohren und Draht durch Pressen. Die Halbzeuge sind spanabhebend und spanlos verformbar.

11.5.2.1 Spanabhebende Formgebung

Spanabhebende Bearbeitungsverfahren sind nur bei Zinkdruckguß üblich. Da das Baugewerbe Druckgußteile – wie z. B. Armaturen und Sanitärbedarf – einbaufertig geliefert bekommt, werden die spanabhebenden Verfahren nicht näher besprochen.

11.5.2.2 Spanlose Formgebung

Die spanlose Formgebung von Zinkhalbzeug weist gegenüber gleichen Bearbeitungen an anderen Metallen einige Unterschiede auf. Diese sind durch den atomaren Aufbau des Zinks bedingt, der die Verformungsvorgänge nicht so günstig wie zum Beispiel bei Kupfer verlaufen läßt.

Die Biegefähigkeit von Zinkblech und -band hängt von der Walzrichtung ab. Rißfreie Biegungen sind mit senkrecht zur Walzrichtung liegenden Biegekanten möglich. Bei Blech liegt immer die lange Seite in Walzrichtung. Wegen der besseren Biegefähigkeit senkrecht zur Walzrichtung wird deshalb zum Beispiel beim Fertigen von Dachrinnen die 1-m-Länge bevorzugt. Wenn die Biegekanten einen ausreichend großen Radius aufweisen, zum Beispiel bei Blech und Band R $\geqq$ 2 bis 3 x Blechdicke bei Dicken bis etwa 2 mm, dann lassen sich Biegen, Abkanten und ähnliche Verformungen einwandfrei auch in der 2-m-Länge eines Normalbleches durchführen. Scharfkantige Biegungen sind an Blech mit < 0,5 mm Dicke ohne Rücksicht auf die Walzrichtung möglich. Bei Temperaturen unter 10 °C wird die Verformbarkeit schlechter. Daher sollten an Frosttagen auf Baustellen möglichst keine verformenden Arbeiten durchgeführt werden. Sind sie dringend notwendig, dann werden die zu verformenden Bleche mit streichender Flamme auf Handtemperatur vorgewärmt. Die Biegefähigkeit des Zinks ist von der Reinheit des Materials mit abhängig.

11.5.2.3 Verbindungsarbeiten

Halbzeug aus Zink kann durch Schrauben, Nieten, Falzen, Schweißen, Löten und Kleben miteinander und mit anderen Werkstoffen verbunden werden.

Löten von reinem Zink ist für das Baugewerbe das wichtigste Verfahren. Zink wird nur weichgelötet. Schweißen hat an Bedeutung verloren, weil die Weichlöttechnik so weit fortgeschritten ist, daß Schweißen keine technischen Vorteile mehr bietet.

Beim Verschrauben und Vernieten von Zink werden Schrauben und Niete aus Aluminium oder verzinktem Stahl verwendet.

Kleben hat noch immer nicht die technische Bedeutung erlangt wie beim Aluminium. Klebverbindungen sind möglich, wenn die verwendeten Kleber bei niederen Temperaturen und mit geringem Druck aushärten.

11.5.2.4 Wärmebehandlung

Wärmebehandlung wird nur bei Druckgußteilen erforderlich und hat daher für den Bausektor keine Bedeutung.

11.5.3 Korrosionsverhalten

Die umfangreichen Anwendungen von Zinkblech und -band im Bauwesen sind darauf zurückzuführen, daß Zink in der Atmosphäre eine dichte und festhaftende Deckschicht bekommt, die dem Werkstoff Schutz gegen Korrosion verleiht. Das gleiche Verhalten zeigen Zinküberzüge.

Häufig werden auftretende Korrosionsschäden unter Blechabdeckungen festgestellt. Dort angesammeltes Schwitzwasser kann wegen der ungenügenden Belüftung keine schützende Deckschicht bilden. Ständiger Kontakt mit Mörtel, Beton und Gips, die nicht vollständig ausgetrocknet sind, führen zu Korrosion des Zinks. Von Dächern ablaufendes Regenwasser enthält oft Auslaugungen aus Pappe und Holz, die zum Teil ebenfalls auf Zink korrodierend wirken. In trockenen Innenräumen verändert sich Zink nicht oder nur sehr langsam. Küchenluft, die oft Verbrennungsgase aus Feuerungsanlagen mitführt, sowie die durch Kochvorgänge entstehende Luftfeuchtigkeit führen zu Korrosion. Wasser hat in Abhängigkeit von seiner chemischen Zusammensetzung einen mehr oder weniger negativen Einfluß auf Zink. Gegenüber normalem Leitungswasser ist Zink beständig, weil Leitungswasser von Natur aus die die Schutzschicht bildenden Elemente enthält. Warmwasser führt zu narbigem Korrosionsangriff im Temperaturbereich zwischen 70 und 85°C. Grundsätzlich nimmt die Beständigkeit des Zinks in Wasser mit abnehmender Härte ab. Normales Leitungswasser greift Zink weniger an als Talsperren-, Küsten- und Gipswasser.

Reinzink wird von Wasserdampf wenig, legiertes Zink stark angegriffen. In Seewasser bilden sich zunächst schützende Filme, die aber von den im Seewasser enthaltenen Chloridionen durchdrungen werden und schließlich zu partieller Korrosion führen. Gegen Seewasser kann Zink zum Beispiel durch Chromatieren, Phosphatieren oder Lackieren geschützt werden. In den Tropen bildet sich durch starke Temperaturunterschiede im Tag-Nacht-Zyklus Schwitzwasser. Dieses ist in seiner Aggressivität dem destillierten Wasser gleichzusetzen. Es korrodiert Zink stark. Daher sind Schutzmaßnahmen erforderlich.

Für den Schutz gegen Korrosion sind chemische, elektrochemische und weitere beschichtende Verfahren üblich. Soweit sie das Baugewerbe betreffen, werden sie nachfolgend besprochen.

11.5.4 Oberflächenbehandlung

Gebürstet wird mit Fibrebürsten, nicht mit Stahl oder Metall, weil diese Kontaktkorrosion verursachen. Politur erhält man mit Tuchscheiben und Polierpaste. Dabei ist zu beachten, daß die Oberflächentemperatur des Zinks nicht zu hoch steigt; es entstehen leicht Anschmelzzonen mit nicht wieder zu beseitigenden Flecken.

Zum Reinigen sind organische Lösemittel, Emulgatoren und schwach alkalische Lösungen anzuwenden.

Metallüberzüge werden bevorzugt galvanisch aufgebracht. Sie haben im Bauwesen jedoch nur für Beschläge und Sanitärteile Bedeutung, die fertig angeliefert werden.

Nichtmetallische Überzüge sind im Baufach die wichtigsten schützenden Schichten. Durch Chromatieren wird ein dünner Film erhalten. In Deutschland ist das Phosphatieren verbreiteter als das Chromatieren. Obwohl beide Filmtypen chemisch unterschiedlich aufgebaut sind, erfüllen sie gleiche Schutzaufgaben. Beide Verfahren arbeiten als Tauch-, Spritz- und Streichprozeß. Obwohl die Filme für sich allein schon einen guten Schutz gegen Korrosion bieten, sind sie doch überwiegend Haft- und Verankerungsgrund für nachfolgende organische Beschichtungen aus Lack und Kunststoff. Kombinationen von Phosphatschicht und Chromatfilm sind üblich, weil sie einen noch besseren Schutz als die einfachschichtigen Ausführungen bieten. Schichtfolgen Phosphatierung + Chromatierung + Lack/Kunststoff bieten das Optimum an Schutzwirkung.

Anstriche werden als System mit Grundier- und Deckanstrich aufgebracht. Die Grundierungen enthalten Chromate oder/und Phosphate, die beim Berühren mit der Zinkfläche einen Film erzeugen mit ähnlichen Schutzeigenschaften wie Chromat- und Phosphatfilme. Bei geringer Beanspruchung wendet man lufttrocknende Lacke an. Größer ist das Gebiet der ofentrocknenden Lacksorten, obwohl hohe Temperaturen nachteilige Folgen für das Zink haben sollen. Während die deutsche Fachliteratur Temperaturen von nicht mehr als 120 °C nennt, liest man in ausländischen Berichten, daß auch Temperaturen > 120 °C zulässig sind. Neben den üblichen Lackauftrageverfahren können auch elektrostatische und elektrophoretische Verfahren sowie das Pulverbeschichten angewendet werden. Beim Beschichten mit Pulverlack muß die Aufschmelztemperatur dem wärmeempfindlichen Werkstoff Zink angepaßt werden. Bei flachen Bauteilen erfolgt das Beschichten mit Flüssiglack durch Tauchen oder Aufwalzen. Gleiche Gesichtspunkte sind auch beim Beschichten feuerverzinkter Teile zu beachten, die man auch mit zinkpigmentierten Anstrichen versieht, mit denen partielle Unterbrechungen in der Zinkschicht repariert oder gealterte Zinkschichten erneut aktiviert werden.

11.5.5 Zinkerzeugnisse

Das Baugewerbe benötigt Zink seit mehr als hundert Jahren für Dacheindeckungen, Dachrinnen, Fallrohre und Abdeckungen von Gesimsen. Haupthalbzeug ist das Blech.

11.5.6 Titanzink

Bandgewalztes Titanzink hat als Baumetall seit Anfang der 60er Jahre das früher übliche, paketgewalzte Zinkblech weitestgehend abgelöst. Durch fortschrittliche Fertigungsverfahren und Verwenden hochwertiger Ausgangsstoffe hat es zahlreiche gute Eigenschaften, durch die seine Anwendungsgebiete zunehmen.

11.5.6.1 Eigenschaften

Titanzink ist legiertes Zink und basiert auf elektrolytisch gewonnenem Feinzink 99,995 %. Es enthält als Legierungsbestandteile zum Beispiel Titan und weist folgende wichtige Merkmale auf: verbesserte Dauerstandfestigkeit, geringe Wärmedehnung, gleichmäßiger feinkörniger Gefügeaufbau, sehr gute Verarbeitbarkeit unabhängig von der Walzrichtung, geminderte Kaltsprödigkeit, erhöhte Rekristallisationsgrenze, d. h., Grobkornbildung erst bei Temperaturen über 300 °C, was bei Lötarbeiten entscheidend ist.

Wärmedehnung	0,02 mm/m °C
0,2-Grenze	100 N/mm²
Zugfestigkeit	150 N/mm²
Bruchdehnung	40 %
Brinellhärte	40

11.5.6.2 Verarbeitungstechnik

Titanzink ist einfach zu verarbeiten. Es ist unabhängig von der Walzrichtung allen Bauformen anzupassen. Umformarbeiten am kalten Metall bei Temperaturen unter 5 °C erfordern Vorwärmen.

Titanzink wird weichgelötet. Lot ist Blei-Zinn-Weichlot mit 40 % Zinn (Abschn. 11.7), weil damit optimale Spaltfüllung, gutes Benetzen und hohe Festigkeit erreicht werden.

Das Aufkleben von Fensterbänken, Mauerabdeckungen, Wandanschlüssen und ähnlichen Bauteilen aus Titanzink hat sich inzwischen bewährt. Als Kleber wird eine weich-plastische Masse auf Bitumenbasis verwendet, die Gehalte an rasch verdunstenden Lösemitteln, Haftharze, Haftvermittler, UV-Absorber, Antioxidantien und Füllstoffe enthält.

11.5.6.3 Korrosionsverhalten

Die für Zink typische Eigenschaft der Schutzschichtbildung in Atmosphäre bewirkt pflegeloses Verhalten und eine überdurchschnittliche Lebensdauer. Die Schutzschicht heilt nach einer Beschädigung selbst wieder, so daß Dauerschaden nicht entstehen kann. Schützende Schichten können wie beim Zink erzeugt oder aufgetragen werden.

11.5.6.4 Titanzink-Erzeugnisse

Titanzink steht zur Verfügung als Bänder in Coils, Tafeln, fertige Bauelemente, Fensterzargen, Solarkollektoreindeckrahmen und zahlreichen vorbereiteten Teilen, die lediglich auf der Baustelle zusammengefügt werden müssen.

11.6 Zinn

Zinn ist ein silberweißes Metall mit den folgenden Eigenschaften:

11.6.1 Eigenschaften

Ordnungszahl	50
Atomgewicht	118,70
Dichte bei 20 °C	7,285
Schmelzpunkt	231,9 °C
Siedepunkt	2507 °C
Wärmeleitfähigkeit bei 20 °C	66 W/K m
linearer Wärmeausdehnungskoeffizient bei 20 °C	$27 \cdot 10^{-6}$ 1/K
spezifische Wärme von 0 bis 100 °C	0,2265 J/g · K
Schmelzwärme	58 J/g
spez. elektrische Leitfähigkeit bei 20 °C	8,0 m/Ω · mm²

spez. elektrischer Widerstand bei 20 °C	0,115 Ω · mm²/m
Brinellhärte	4 bis 6 als Richtwert
Bruchdehnung	40 %
Zugfestigkeit	28 N/mm²
Elastizitätsmodul bei 20 °C	55 000 N/mm²

Zinn ist in reinem Zustand silberweiß. Der naturgegebene Glanz geht auch durch langes Lagern nicht verloren. Die Zugfestigkeit kann durch Zulegieren von Blei und Kupfer erhöht werden. Sie nimmt bei zunehmender Nutzungstemperatur ab und beträgt bei zum Beispiel 180 °C nur noch 20 % des Ausgangswertes.

Da Zinn ein geschmeidiges Metall ist, kann es im kalten Zustand gut gehämmert, gezogen und gewalzt werden. Warmformgebung ist nicht üblich, weil der Werkstoff bereits bei 200 °C brüchig und spröde wird und schließlich zerfällt. Eine unbedingt zu beachtende Empfindlichkeit besteht gegen Kälte. Reines Zinn zerpulvert bei $<$ 13,2 °C. Durch Zulegieren von Antimon und/oder Bismut wird diese Kälteempfindlichkeit gemindert bis aufgehoben.

Da Zinn nur wenig unedler als Wasserstoff ist, hat es sehr gute Beständigkeit in der Atmosphäre und gegen die meisten Nahrungs- und Genußmittel, auch Wasser.

11.6.2 Zinnerzeugnisse

Wegen seiner Beständigkeit gegen weiches und säurehaltiges Wasser wird Zinn als Rohrwerkstoff für Leitungen verwendet. Als Blech dient es zum Auskleiden von Behältern, als Folie Isolierzwecken und in Form von Lotmetall (Abschn. 11.7.1) zum Löten.

11.7 Lotmetalle

Zum Herstellen von Lötverbindungen werden Lote bzw. Lotmetalle verwendet. Ihre Zusammensetzung richtet sich nach der Lötaufgabe. Lötverbindungen werden durch Erwärmen der Lötstelle auf eine Temperatur erhalten, bei der das verbindende Metall, das Lot(metall), schmilzt, die zu verbindenden Werkstoffe jedoch im ursprünglich starren Zustand bleiben. Nachdem das Lotmetall ebenfalls fest geworden ist, besteht eine innige Verbindung zwischen Basis- und Lotmetall. Die Kräfte der Lötverbindung werden durch Kapillarwirkung feinster Zerklüftungen in der Werkstückoberfläche und auch durch molekulare Anziehungskräfte erklärt. An der Grenzfläche Basismetall/Lotmetall tritt Legierungsbildung ein. Diese wirkt festigkeitsfördernd auf die Lötverbindung. Die durch Löten zu verbindenden Flächen und das Lotmetall selbst müssen metallisch rein sein, um die genannten Erscheinungen und Kräfte voll wirksam werden zu lassen. Zum Entfernen von Oxidschichten und zum Vermeiden der Neuoxidation werden Flußmittel angewendet.

11.7.1 Weichlote

Lötzinn ist das wichtigste Weichlot. Es besteht aus Zinn und Blei. Die Anteile dieser beiden Legierungskomponenten bestimmen den Schmelzpunkt *(Abb. 11.1)*. Lötzinn wird für Lötverbindungen mit zum Beispiel Weißblech, Kupfer-Zink-Legierungen, Zink, Blei, verzinktem und verbleitem Blech eingesetzt. Für das Löten von Teilen, die mit Lebensmitteln in Kontakt kommen, ist Lötzinn mit 90 % Zinn notwendig. Lötzinn mit Gehalten von 40 bis 50 % Zinn verläuft beim Erwärmen besonders leicht und gleichmäßig. Für Eisenwerkstoffe und Schwermetalle gibt es neben Zinnloten Zinklote mit bis zu 98 % Zinkanteil, Bleilote mit bis zu 98,5 % Bleianteil und Silber-Blei-Lote mit 97 % Blei plus Silber, Calcium und Cadmium als Legierungselemente. Diese Lotmetalle werden auch Wischlot genannt. Weichlote werden in Draht-, Stangen-, Blättchen-, Folien-, Band- und Sonderformen geliefert. Sie enthalten auf Wunsch einen Flußmittelkern.

11.7.2 Hartlote

Hartlote, die als silberfreier Werkstoff auch Schlaglote genannt werden, sind Kupferlegierungen, die zum Beispiel bei der Zusammensetzung mit 42 bis 54 % Kupfer einen Schmelzpunkt zwischen 700 und 900 °C haben. Durch Zulegieren von Nickel kann dieses Schmelzintervall wesentlich erhöht werden, außerdem zeigen nickelhaltige Hartlötverbindungen höhere Festigkeiten und Warmfestigkeiten als nickelfreie.

Hartlote werden beim Löten von Stahl, Kupfer-Zink-Legierungen, Bronzen und Kupfer-Nickel-Zink-Legierungen sowie weiteren Kupferwerkstoffen verwendet. Ihre Eigenschaften sollen weitgehend den zu verlötenden Werkstoffen angepaßt werden. Es hat zum Beispiel keinen Wert, eine besonders harte Lötverbindung an weichen Werkstoffen oder eine besonders weiche an harten Werkstoffen erzielen zu wollen.

11.7.3 Silberlote

Diese dienen dem Verlöten von Kupfer, Bronzen und Kupfer-Zink-Legierungen mit > 58 % Kupfer. Durch den Silberanteil erzielt man einen niederen Schmelzpunkt und vermeidet dadurch ein Verspröden der Lötverbindung. Silberlote sind mit Silbergehalten bis 50 % handelsüblich. Bevorzugte Lieferformen sind Streifen und Körner bzw. Granulat.

11.7.4 Sonderlote

Im Baugewerbe sind auch an Aluminiumkonstruktionen Lötverbindungen möglich. Die Aluminiumlote bestehen aus Aluminium, Zink, Zinn, Cadmium und Phosphor. Sie führen zu einer besonders korrosionsbeständigen Lötverbindung. Schnellote sind Weichlote mit extrem niederen Schmelzpunkten von 60 bis 145 °C. Sie enthalten Cadmium und Bismut. Ein Beispiel für diese Lote ist das Woods'sche Metall mit 12,5 %

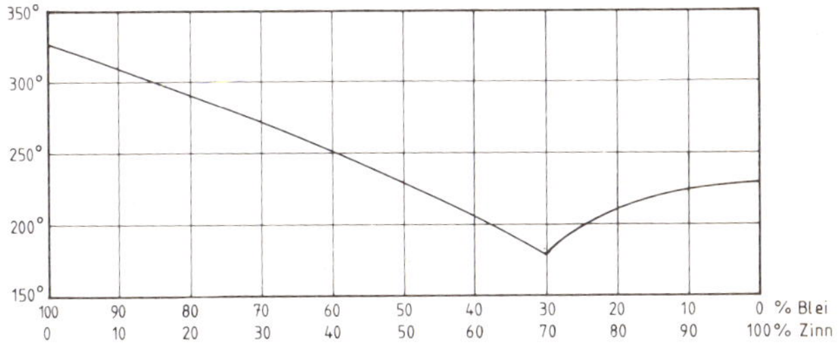

Abb. 11.1: Schmelzpunkte von Blei-Zinn-Legierungen

Zinn, 25 % Blei, 12,5 % Cadmium, 50 % Bismut und einem Schmelzpunkt um 60 °C.

11.7.5 Lötverfahren

Allen Lötverfahren gemeinsam ist die Notwendigkeit, die Verbindungsstellen entweder mit einem Lötkolben, auf elektrischem Wege durch Widerstand oder Induktion, im offenen Feuer einer Gasflamme oder in einem Ofen vorzuwärmen.

11.7.5.1 Weichlöten

Da eine Lötverbindung gut haften und halten soll, müssen die zu verbindenden Oberflächen metallisch rein sein. Oxidschichten werden vor dem Löten mechanisch oder chemisch entfernt. Damit durch die beim Löten entstehende Hitze eine erneute Oxidbildung nicht erfolgen kann, wird mit Löthilfsmitteln, zum Beispiel Lötwasser, gearbeitet. Lötzinn in Form von Hohldraht enthält als Kern ein gebrauchsfertiges Lötwasser, das pastös angemengt wurde und während des Lötvorgangs in einem dem Lötprozeß genau angepaßten und dosierten Mengenverhältnis mit dem Lotmetall auf die zu lötende Stelle fließt.

Zum Weichlöten benutzt man Kupferkolben. Die klassische Form ist der Kolben mit dachförmiger Schrägung. Für Sonderaufgaben wird die Kolbenform dem zu lötenden Objekt angepaßt. Das Erwärmen erfolgt durch Einlegen in ein Holzkohlefeuer, Einhängen in eine Gasflamme, elektrisches Beheizen oder durch direkte Wärmezufuhr mit gasgespeister Flamme in einer Vorrichtung, die aus Lötkolben und Heizquelle kombiniert ist. Die Arbeitsbahn des Lötkolbens muß sauber (= metallisch blank) sein. Beim Anwenden von Lötlampen wird die Lötstelle direkt durch die Flamme, also nicht durch einen Überträger wie beim Lötkolben, erwärmt. Unter gleichzeitigem Anwenden von Druckluft ist es möglich, das abgeschmolzene Lotmetall vor der Flamme herzutreiben. Dies ermöglicht ein rasches, sauberes und vor allem gleichmäßiges Arbeiten. Größere Flächen, zum Beispiel Verbindungen von Rohrleitungen, werden durch Tauchen der Lötstelle in flüssiges Lotmetall behandelt. Diese Arbeitsweise ist besonders wirtschaftlich.

11.7.5.2 Hartlöten

Beim Hartlöten verwendet man Schweißpulver in Form von feinstem Glas- oder Quarzmehl bzw. Borax, der die Lötstelle mit einem Glasfluß, der Metalloxide löst, überzieht.

Beim Hartlöten auf der Baustelle arbeitet man mit Geräten, die den Ausrüstungen beim Schweißen sehr ähnlich sind. Für das Baugewerbe hat das Induktionslöten Bedeutung für solche Teile erlangt, die durch ihre große Abmessung nicht vollständig vorgewärmt werden können oder dürfen, oder die sich beim vollständigen Erwärmen verziehen. Durch Anlegen von Wechselstrom mit hoher Frequenz erwärmen sich die Bauteile, falls erforderlich auch partiell gelenkt und begrenzt.

Leichtmetalle werden bei 540 bis 600 °C gelötet. Wegen des niederen Schmelzpunktes von Aluminium muß das Erwärmen äußerst vorsichtig erfolgen.

11.8 Fachliteratur

11.8.1 Normen

Wegen der Vielzahl der Normen werden nur die allgemeinen Normausgaben aufgeführt. Der Gesamtkatalog des DIN-Werkes bietet eine komplette Jahresübersicht sämtlicher Normen. Als Arbeits- und Informationshilfe sollte stets die neueste Ausgabe der betreffenden Norm konsultiert werden, da das Normenwerk ständig dem Stand der Technik angeglichen wird.

DIN 1700	Nichteisenmetalle: Systematik und Kurzzeichen
DIN 1704	Zinn
DIN 1706	Zink
DIN 1707	Weichlote für Schwermetalle: Zusammensetzung, Verwendung, technische Lieferbedingungen
DIN 1712	Blatt 1: Aluminium – Reinst- und Hüttenaluminium
	Blatt 3: Reinst- und Reinaluminium in Halbzeug
DIN 1718	Kupferlegierungen: Begriffe
DIN 1719	Blei
DIN 1725	Blatt 1: Aluminiumlegierungen: Knetlegierungen
	Blatt 2: –: Gußlegierungen, Sandguß, Kokillenguß, Druckguß
	Blatt 3: Vorlegierungen
DIN 1729	Blatt 1: Magnesium: Knetlegierungen
	Blatt 2: –: Gußlegierungen, Sandguß, Kokillenguß, Druckguß
DIN 1742	Zinn-Druckgußlegierungen, -Druckgußstücke
DIN 1743	Blätter 1/2: Feinzink-Gußlegierungen
DIN 1787	Kupfer, Halbzeug
DIN 1910	Blatt 1: Schweißen; Begriff, Einteilung der Schweißverfahren
	Blatt 2: Schweißen von Metallen; Verfahren
	Blatt 3: – – Kunststoffen; Verfahren
	Blatt 4: Schutzgasschweißen; Verfahren
	Blatt 5: Widerstandsschweißen; Verfahren
DIN 8505	Löten metallischer Werkstoffe; Begriffe, Benennungen
DIN 9715	Halbzeug aus Magnesium; Festigkeitseigenschaften
DIN 17600	Blatt 1: Terminologie der NE-Metalle
	Blatt 2: Erzeugnisse aus NE-Metallen
DIN 17641	Blei-Antimon-Legierungen (Hartblei)

11.8.2 Bücher

Akademischer Verein Hütte: Taschenbuch der Werkstoffkunde, 4.Aufl. 1967, Wilhelm Ernst & Sohn, Berlin und München.

Dubbel Taschenbuch für den Maschinenbau, 14. Aufl. 1981, Springer, Berlin.

W. Wosnizok: Werkstoffe kurz und übersichtlich, 5. Aufl. 1973, Deutscher Verlag für Grundstoffindustrie, Leipzig.

W. Schatt: Einführung in die Werkstoffwissenschaft, 2. Aufl. 1975, Deutscher Verlag für Grundstoffindustrie, Leipzig.

B. Ilschner: Werkstoffwissenschaften, 1. Aufl. 1982, Springer, Berlin.

Bargel-Schulze: Werkstoffkunde, 1. Aufl. 1978, Hermann Schroedel Verlag, Hannover.

B. R. Schlenker: Einführung in die strukturorientierte Werkstoffkunde, 1. Aufl. 1975, Oldenbourg, München.

R. Laska, C. Felsch: Werkstoffkunde für Ingenieure, 1. Aufl. 1981, Vieweg, Braunschweig.

E. Hornbogen: Werkstoffe, 2. Aufl. 1979, Springer, Berlin.

11 Nichteisenmetalle

H. Göner, S. Marx: Aluminium-Handbuch, 1. Aufl. 1971, Verlag Technik, Berlin; SNTL, Prag; Müszaki Nönyvkiadó, Budapest; WNT, Warschau.

W. Hufnagel: Aluminium-Taschenbuch, 14. Aufl., 1984, Aluminium-Verlag, Düsseldorf.

Deutsches Kupfer-Institut: Kupfer, 2. Aufl. 1982, DKI, Berlin.

Deutsches Kupfer-Institut: Kupfer und Kupferlegierungen, Werkstoffe, 1982, DKI, Berlin.

Deutsches Kupfer-Institut: Kupfer-Zink-Legierungen (Messing und Sondermessing), 2. Aufl. 1966, DKI, Berlin.

Deutsches Kupfer-Institut: Legierungen des Kupfers mit Zinn, Nickel, Blei und anderen Metallen, 1. Aufl. 1965, DKI, Berlin.

Deutsches Kupfer-Institut: Kupfer und Kupferlegierungen im Bauwesen, Loseblattsammlung, die ständig aktualisiert wird, DKI, Berlin.

H.J. Johnen: Zink-Taschenbuch, 2. Aufl. 1981, Metall-Verlag, Heidelberg.

Zinkberatung: Titanzink im Bauwesen, 2. Aufl. 1977, Zinkberatung, Düsseldorf.

B.F. Müller: Zinn-Taschenbuch, 2. Aufl., 1981, Metall-Verlag, Heidelberg.

12 Anstrichstoffe

In den vorangegangenen Teilen sind bereits an verschiedenen Stellen Anstrichstoffe behandelt worden, wie z.B. Holzkonservierungsmittel oder Korrosionsschutzfarben. Die genannten Anstrichmittel haben den Zweck, ihren jeweiligen Untergrund, also einmal das Holz und einmal das Metall, gegen vorzeitige Zerstörung zu schützen. Auf die wirtschaftliche Bedeutung dieser Aufgabe kann zwar nicht eindringlich genug hingewiesen werden, andererseits hat der Bauanstrich eine zweite wichtige Aufgabe, nämlich das mit dem Anstrich versehene Gut zu verschönern und seiner Umgebung harmonisch anzupassen. Im folgenden Teil werden solche Anstrichstoffe besprochen, die beide Aufgaben gleichzeitig erfüllen.

Der Wert eines Anstrichs ist auch abhängig von der Zeit, die zu seiner Ausführung zur Verfügung steht. Jede einzelne Anstrichschicht benötigt eine bestimmte Zeit zur An- und Durchtrocknung. Der Gebrauchswert ist nur dann zu erreichen, wenn die erprobten Trocknungszeiten zwischen den einzelnen Anstrichaufträgen und nach der Fertigstellung eingehalten werden. Zu frühe Beanspruchung – sei es durch die Witterung, sei sie mechanisch – muß baldige Zerstörung zur Folge haben. Auch bringt die Einsparung eines Anstrichs keine Vorteile, da die Schutzwirkung u.a. von der Gesamttrockenfilmdicke abhängig ist.

Wenn auch die richtige Auswahl oder doch der sachgemäße Einsatz der Anstrichstoffe letzten Endes von der mit den Malerarbeiten beauftragten Firma zu verantworten ist, so sollte der Bautechniker selbst soviel von diesem Spezialgebiet verstehen, daß er dem Maler hinsichtlich Arbeitszeit, Beschaffenheit des Untergrundes usw. die nötigen Voraussetzungen für eine ordentliche Arbeit bieten und Vorschriften in bezug auf die zu verwendenden Materialien machen kann.

Welche Anstrichstoffe sind nun in der Regel auf den Baustellen anzutreffen?

Inzwischen werden fast alle Anstrichfarben streichfertig geliefert. Der Bautechniker sollte wissen, daß z.B. alle Wandfarben im allgemeinen weiß angeliefert werden, die der Malermeister auf die gewünschten Farbtöne mit Buntpigmentpasten abtönt. Im Neubau mit noch alkalisch reagierenden Putzflächen kann nicht jeder Farbton erzielt werden, da nicht alle Buntpigmente alkalibeständig sind. Man muß sich daher auf das vom Maler abgegebene Urteil verlassen. Der Bautechniker kann aber auch dafür sorgen, daß die Vorhandwerker des Malers ihre Arbeit so weit fertiggestellt haben, daß die Malerarbeiten zügig abgewickelt werden können. Nur durch Teamarbeit, an der alle am Bau Beteiligten teilhaben, kann eine haltbare Malerarbeit gelingen.

12.1 Bindemittel

Wie der Name sagt, haben die Bindemittel die Aufgabe, die Pigmentteilchen sowohl untereinander als auch mit dem Untergrund fest zu verbinden. Die Bindung erfolgt durch die Umwandlung der ursprünglich flüssigen Bindemittelphase in den festen Zustand. Dieser Übergang kann physikalisch durch Abdampfen (Verdunsten) der Lösungs- und Verteilungsmittel (z. B. bei Spritlacken) oder auf chemischem Wege durch Oxidation, Polyaddition, Polykondensation oder Polymerisation erfolgen. Meist werden beide Trocknungsarten, also physikalische und chemische Trocknung, parallel zueinander auftreten, da alle üblichen Anstrichmittel Lösungsmittel enthalten, die verdunsten, während z. B. die trocknenden Ölanteile oxidativ durch den Sauerstoff der Luft trocknen.

An die Bindemittel werden folgende Anforderungen gestellt:

Außenanstriche: Witterungsbeständigkeit, die alle atmosphärischen Einwirkungen einschließt, zugleich aber gleichmäßigen Glanz und Farbton erwarten läßt, gegebenenfalls auch Beständigkeit gegen Chemikalien bzw. Chemikaliendämpfe.

Innenanstriche: Beständigkeit gegen Haushaltsreinigungsmittel (bei Lackierungen), Reinigungsfähigkeit (Überwaschen bei Wandanstrichen), möglichst geringe Vergilbungstendenz, Dauerglanz und mechanische Festigkeit.

Von *Anstrichen auf Holzoberflächen* erwartet man zusätzlich eine langanhaltende Elastizität (Dehnbarkeit) des Anstrichfilms.

Die Anstrichbindemittel können wie folgt eingeteilt werden:

12.1.1 Wäßrige Bindemittel

Mineralische Bindemittel

Kalk, Weißzement-Kalkhydrat-Gemisch, Farben-Wasserglas (Silikatfarbenbindemittel).

Organische Bindemittel

Leime: Vorwiegend Celluloseleime und -kleister (Methylcellulose und Celluloseglykolate). Kasein und Stärke haben kaum noch Bedeutung.

Dispersionen: Feinste Verteilung von z. B. Polyvinylacetat, Polyvinylpropionat, Polyacrylsäureester und deren Mischpolymerisate oder Styrol-Butadien-Mischpolymerisate in Wasser, stabilisiert durch spezifische Zusätze.

(Mit Wasser verdünnbare Alkydharze, Melaminharze, Phenol- und Epoxidharze haben nur Bedeutung für die industrielle Lackierung von metallischen Untergründen, Elektrotauchlackierung.)

12.1.2 Harzbindemittel

Spirituslacke: Alkoholische Lösungen von Kolophoniumderivaten, Schellack und Kunstharzen.

Nitrocelluloselacke: Zaponlacke, Lösungen von Nitrocellulose in Estern, Ketonen, Alkoholen usw. mit Weichmachergehalt.

Harzlacke: Lösungen von ölfreien Kunst- und Naturharzen in Lacklösemitteln oder Wasser.

Kautschukabkömmlinge: Lösungen von Chlorkautschuk, Cyclokautschuk, Chloroprenkautschuk, chlorsulfoniertes Polyäthylen usw.

Vinylharzpolymerisate: Polyvinylacetat, Polyvinylacetale, Polyvinylchlorid-Mischpolymerisate, Polyvinyläther usw., in entsprechenden Lösungsmitteln gelöst.

Reaktionslack-Bindemittel: Polyurethanlacke (DD-Lacke), säurehärtende Harnstoff- und Melaminharze, kälte- oder hitzehärtende Epoxidharze.

Bituminöse Anstrichmittel: Asphalt- und Bitumenlacke usw.

12.1.3 Ölbindemittel

Trocknende Öle

Leinöl: lange Zeit vorwiegend als Firnis Bindemittel für Anstrichfarben vieler Art. Inzwischen meist veredelt (z. B. als Standöl) in Kombination mit Kunstharzen Bindemittel für Kunstharzlacke (siehe: Öllacke).

Zu den trocknenden Ölen, die aber lediglich zur Lackherstellung dienen, zählen weiterhin: Holzöl und Oiticicaöl (als schnelltrocknende Öle), Sojabohnenöl, Safloröl, Ricinenöl (als abgewandeltes Ricinusöl), Tallöl usw.

Nichttrocknende Öle

Ricinusöl, Erdnußöl, Cocosöl usw., die fast ausschließlich zur Herstellung von nichttrocknenden Alkydharzen Verwendung finden.

Öllacke

Gemische von trocknenden Ölen mit Naturharzen oder Kunstharzen. Die größte Bedeutung auf dem Bautenlacksektor haben inzwischen jedoch die Kunstharzlacke auf Alkydharzbasis erlangt. Durch erprobte Auswahl trocknender Öle wie Leinöl, Sojaöl, Ricinenöl oder spezifischer Fettsäuren kann man die von der Praxis geforderten Eigenschaften steuern. Gegenüber den klassischen Öllacken trocknen die Alkydharzlacke schneller, ergeben härtere Filme bei hoher Dauerelastizität und zeigen langjährige Haltbarkeit. Die seit Jahren mit Erfolg verwendeten Fensteranstrichsysteme (oft als feuchtigkeitsregulierend bezeichnet) basieren vom Grundanstrich bis zur Schlußlackierung gleichfalls auf Alkydharzbindemitteln.

12.2 Pigmente

12.2.1 Eigenschaften

Bei den Pigmenten handelt es sich um natürliche oder künstliche, vorwiegend anorganische Farbpulver. Die feinvermahlenen Teilchen sind im Wasser und den in der Anstrichtechnik gebräuchlichen Lacklösungsmitteln unlöslich und werden in den Bindemitteln dispergiert zur Anwendung gebracht. Entscheidend für die Einsatzmöglichkeiten der einzelnen Pigmente sind folgende Eigenschaften:

Farbton

Die Vielzahl der Farbtöne ist nach verschiedenen Systemen geordnet. Neben einer Reihe von älteren Einteilungen *(Ostwald, Baumann-Prase)* stehen moderne, von denen das System der DIN-Farbenkarte (DIN 6164) und das RAL 840 HR „Farbhauptregister" besonders genannt seien.

Lichtbeständigkeit

Weiß- und Buntpigmente, speziell für den Außenanstrich, müssen lichtbeständig (lichtecht) sein. Hierunter versteht man die Beibehaltung der Farbtönung nach Einwirkungen natürlichen oder künstlichen Lichtes. Nicht lichtechte Pigmente zeigen nach mehr oder weniger langer Zeit der Sonnenbestrahlung leichte oder starke Farbtonveränderungen. Für Außenanstriche sollten daher nur lichtechte Pigmente zur Verwendung kommen, damit die angestrebte optische Wirkung auf die Dauer gewährleistet bleibt. Das bedeutet zwar eine Beschränkung auf bestimmte Farbtönungen; die verfügbaren Pigmente ergeben jedoch eine hinreichend mannigfaltige Skala. Die Lichtbeständigkeit von pigmentierten Anstrichen ist auch von der Art des verwendeten Bindemittels abhängig, da letzteres ebenfalls durch die Belichtung beeinflußt werden kann, wobei u. U. eine Vergilbung eintritt. Die normale Vergilbung eines Bindemittels wird manchmal irrtümlich als Farbtonveränderung des Pigmentes angesehen.

Verträglichkeit mit anderen Anstrichstoffbestandteilen,

d. h. mit anderen Pigmenten oder Bindemitteln oder Hilfsstoffen, muß vorliegen, um z. B. Eindickungen oder sonstige Veränderungen des flüssigen Anstrichstoffes oder des trockenen Anstrichs zu vermeiden.

Verträglichkeit mit dem Anstrichuntergrund

bedeutet, daß für die Verwendung auf Beton oder Putzflächen die Pigmente kalk- bzw. zementbeständig sein müssen, vor allem, wenn diese Untergründe noch alkalisch reagieren. Bei nicht alkalibeständigen Pigmenten treten Entfärbungen oder Zersetzungen auf. Inzwischen sind alle Pigmente hinsichtlich ihrer Einsatzmöglichkeit entsprechend gekennzeichnet.

Zum Abtönen von Dispersions-, Öl- oder Lackfarben werden fast ausschließlich Buntpigmente in Pastenform (meist in Tuben im Handel) verwendet.

12.3 Lösungsmittel und Hilfsstoffe

12.3.1 Lösungs- und Verdünnungsmittel

Benzinkohlenwasserstoffe: Lackbenzin, Kristallöl, Testbenzin.

Benzolkohlenwasserstoffe: Toluol, Xylol, Solventnaphtha usw.

Hydrierte Kohlenwasserstoffe: Dekalin, Tetralin.

Terpentinöle: Balsamterpentinöl, Holzterpentinöl, Dipenten.

Ferner Alkohole, Ester, Ketone usw.

12.3.2 Trockenstoffe

Diese Produkte kommen meist gelöst als Sikkative in den Handel und dienen vorwiegend der Trocknungsbeschleunigung oxidativ trocknender ölhaltiger Anstrichstoffe.

12.3.3 Hilfsstoffe

Weitere Hilfsmittel wie Mattierungsmittel, Quellkörper, Verlaufmittel, Hautverhinderungsmittel und dgl. werden ausschließlich von der Lackindustrie verwendet und kommen nicht auf die Baustelle.

12.4 Anstrichtechniken

12.4.1 Kalktechnik

Weißkalk + Wasser + kalkbeständige Pigmente (höchstens 5 %). Die Technik ist ausschließlich auf Putz, am besten auf frischem Kalkputz, anzuwenden. Kalkfarbe muß dünn gestrichen werden, da der Anstrich sonst abblättert. Zur Erhöhung der Wetterbeständigkeit können Leinölfirnis, Kasein, Quark oder Magermilch (Kalkkaseintechnik) in geringen Mengen zugesetzt werden.

Für künstlerische Zwecke (Fresko, Sgraffito) wird auf frischem, nach besonderen Rezepten hergestelltem Putz gemalt oder gefärbter Putzmörtel gekratzt.

Veredelte Kalktechnik

Außer den normalen Kalkfarben sind für Anstriche die genannten „veredelten Kalkfarben" geeignet. Sie enthalten entweder hydraulisch abbindende Zusätze oder es erfolgt die Beigabe von Kunstharzdispersionen. Die Anstriche sind beständiger als die der einfachen Kalkfarbe. Sie werden auch als „Zweistoff-Schlämmanstrichmittel" bezeichnet.

12.4.2 Zementtechnik

In analoger Weise kann auch der weiße Portlandzement mit Kalkzusatz (Dyx-Außen) für weiße oder pastellfarbige Schlämmanstriche verwendet werden. Die Anstriche sind wisch- und waschfest, sie beeinträchtigen die Wasserdampf- und Gasdurchlässigkeit der Mauer nicht und haben sich auch auf unverputztem Mauerwerk bewährt.

12.4.3 Wasserglastechnik (Silikatfarbentechnik)

Wasserglasanstriche kommen in erster Linie für saugfähige Gründe, wie trocken abgebundenen Kalk- und Zementputz, aber auch für Kunststein, Zink und Glas in Betracht. Bei dem Bindemittel handelt es sich um eine glasklare Lösung, die in der Hauptsache aus Wasserglas, freier Kieselsäure und anderen Stoffen, die Silikate zu bilden vermögen, besteht. Mit den dazugehörigen speziellen Weiß- und Buntpigmenten verbinden sie sich durch Verkieselung unlösbar mit dem Untergrund. Wasserglasanstriche sind wetterbeständig sowie beständig gegen Rauchgase und chemische Dämpfe. Der Anstrichfilm verhindert das Eindringen der Feuchtigkeit von außen, läßt jedoch die Maueratmung zu.

Reste von Silikatfarben, die sich der Maler selbst angesetzt hat und die übrigbleiben, sind nach Stunden nicht mehr streichbar, da die Massen im Gebinde erstarren. Es sind auch streichfertige Silikatfarben im Handel, die durch Zusätze so stabilisiert sind, daß sie nicht mehr im Gebinde eindicken. Anstrichstoffe dieser Art werden teils als „Dispersionssilikatfarbe" oder als „Organsilikatfarbe" bezeichnet.

Jeder zu streichende Untergrund muß fest, sauber, trocken und saugend sein. In der Regel genügen ein Voranstrich (Grundanstrich) und ein Deckanstrich.

Wegen des hohen Bindevermögens des silikatischen Bindemittels können außer Weiß- und Pastelltönen auch starkfarbige Töne gewählt werden.

12.4.4 Leimtechnik

Pigmente (in erster Linie Kreide) + Wasser + Celluloseleim. Die Anstriche sind nach dem Trocknen matt, wischfest, aber wasserlöslich. Die Technik ist daher nur für Innenanstriche brauchbar. Der Untergrund muß trocken sein; vor allem kommen Putzflächen in Betracht. Auch alte Tapeten können überstrichen werden. Für feuchte Räume (Küchen, Badezimmer, Waschküchen) ist diese Technik nicht geeignet. Die Anstriche sind nur begrenzt haltbar.

12.4.5 Dispersionsfarbentechnik

Anstriche mit Dispersionsfarben sind seit mehr als 40 Jahren bekannt; sie haben im Laufe der Zeit eine solche Bedeutung gewonnen, daß sie aus den heutigen Paletten der Anstrichstoffe nicht mehr wegzudenken sind. Ihre Eignung beruht nicht zuletzt darauf, daß es kaum einen Untergrund gibt – sowohl innen als auch außen –, der nicht mit Dispersionsfarben gestrichen werden kann. Hierzu kommt noch die große Mannigfaltigkeit der möglichen Oberflächeneffekte, die erzielt werden können. Den mineralischen Anstrichstoffen (Kalk/Weißzement, Wasserglas) sind matte, grobkörnige Flächen eigen; bei den Dispersionsfarben dagegen kann man zwischen matten und seidenglänzenden bis hochglänzenden Oberflächeneffekten variieren. Zusätzlich ergeben sich nicht nur glatte Flächen, sondern auch, je nach Ausführung, strukturierende Flächen, und durch die Anwendung der Dispersionskunststoffe werden Flächen mit dekorativen Effekten erzielt, welche früher nur Spezialmörteln vorbehalten waren. Grundsätzlich jedoch handelt es sich um Anstrichbindemittel, die einen zusammenhängenden Film bilden, was für die Schutzwirkung von Bedeutung ist. Bei der Regelausführung, die zum matten, samtartigen Oberflächeneffekt führt, bildet sich eine gleichmäßige zusammenhängende Schicht, die auch allen ästhetischen Ansprüchen gerecht wird. Die Wetterbeständigkeit ist längst nachgewiesen; in der Farbwahl gibt es keine Beschränkung, so daß auch bei der farbigen Gestaltung der Außenflächen allen gestalterischen Vorstellungen entsprochen werden kann.

Anstrich- und anwendungstechnische Eigenschaften

Die auf synthetischen Rohstoffen wie Polyvinylacetat, Polyvinylpropionat, Acrylsäureester und deren Mischpolymerisate oder Styrol-Butadien (Kunstkautschuk-Latex) basierenden Bindemittel ergeben elastische und gegen schwache Säuren oder Alkalien beständige Anstrichfilme. Die trockenen Anstrichfilme sind porös und durchlässig für Wasserdampf und andere Gase.

Da, unabhängig von der Art des dispergierten Kunststoffes (oder Kunstharzes), anwendungstechnisch keine großen Unterschiede bestehen, ist es für die Praxis ohne besondere Bedeutung, ob der Bindemittelanteil aus einem oder aus mehreren der vorerwähnten Rohstoffe besteht. Alle Kunststoffdispersionen sind vollsynthetische Produkte, die keine natürlichen, trocknenden Anstrichöle enthalten.

Für den Anstrich mit Dispersionsfarben auf Außenflächen gilt folgende Grundregel:

Beim Außenanstrich ist auf lange Sicht hin eine ausreichende Trockenfilmdicke für die Haltbarkeit, für die Klarheit des Farbtons und für die gleichmäßige Oberfläche bestimmend.

Die von den Herstellerfirmen der Dispersionsfarben angegebenen Verbrauchsmengen sollen deshalb nicht unterschritten werden. Bei sehr exponiert gelegenen, klimatisch besonders stark beanspruchten Objekten (z.B. an der Küste, im Gebirge, in Industriegebieten) wird sogar ein dritter Deckanstrich empfohlen.

Dispersionsfarben werden in folgenden Varianten geliefert:

1. *Nichtpigmentierte Dispersionen:*

1.1 *Dispersionsbinder,* bei denen dem Verbraucher die Auswahl und Menge der färbenden Bestandteile (Weiß- und Buntpigmente) überlassen bleibt und mit denen er sich selbst streichfertige Dispersionsfarben herstellt. Von dieser Möglichkeit wird vom Malerhandwerk kaum noch Gebrauch gemacht.

1.2 *Dünnflüssige und feinteilige Dispersionen,* die im wesentlichen für farblose und/oder schwach lasierende Grundierungen (Grundier- und Festigungsmittel) und für farblose Schutz- und Glanzüberzüge zu verwenden sind, die jedoch auch pigmentierten Dispersionsfarben zugesetzt werden können. Außerdem gibt es Spezialmittel für Grundierungen, die wanderungsfähige lösliche Eisensalze binden, um dadurch störende Braunfleckigkeit des nachfolgenden Dispersionsfarbenanstriches zu unterbinden.

2. *Streichfähige oder pastenförmige Dispersionsfarben:*

2.1 *Innenfarben:*

Um u.a. auch einen Qualitätsverfall der Innendispersionsfarben zu verhindern, wurde 1976 die DIN 53778 „Kunststoff-Dispersionsfarben für innen" in Kraft gesetzt. Sie ist damit Bestandteil der VOB, Teil C / DIN 18363 „Anstricharbeiten".

Da bei Aufträgen der öffentlichen Hand immer und bei Privataufträgen in der Regel die VOB zugrunde gelegt wird, sind bei Innenanstrichen nur Dispersionsfarben der Güteklasse „waschbeständig" oder „scheuerbeständig" nach DIN 53778 zugelassen. Die früher zugelassenen „wischbeständigen" Anstrichstoffe sind in der neuen DIN-Norm nicht mehr vorhanden. Man unterscheidet demnach folgende Qualitätsstufen:

1. Wandfarbe, wischbeständig (Dispersionsfarbe, wischbeständig, oder Binderfarbe, wischbeständig, ist nicht mehr erlaubt),

2. Wandfarbe, waschbeständig (der Zusatz „nach VOB" darf nicht mehr geführt werden),

3. Dispersionsfarbe, waschbeständig, nach DIN 53778,

4. Dispersionsfarbe, scheuerbeständig, nach DIN 53778.

Die waschbeständigen Innendispersionsfarben werden bei der Kennzeichnung mit dem Zusatzbuchstaben „W" versehen, die scheuerbeständigen Dispersionsfarben mit dem Buchstaben „S". Die DIN 53778 sieht für Dispersionsfarben folgende Glanzstufen vor:

HG = hochglänzend, G = glänzend,
SG = seidenglänzend,
SM = seidenmatt, M = matt.

Als besondere Variante der Innenfarben sollen noch die „flüssigen Rauhfaserfarben“ erwähnt werden. Dieses sind wasch- bis scheuerfest abgebundene Innenfarben mit Zusatz von Holzspänen, die die Struktur einer Rauhfasertapete wiedergeben sollen. Diese Wandfarben können durch Rollen oder spezielle Airless-Spritzgeräte aufgebracht werden.

2.2 *Außenfarben:*

2.2.1 *Fassadenfarben, matt,* die in der Regel die Standardausführungen von Fassadenbeschichtungen darstellen.

2.2.2 *Fassadenfüllfarben,* das sind mit Quarzmehl angereicherte Fassadenfarben, die oft als füllender Zwischenanstrich bei rauhen Untergründen oder als Haftvermittler für seidenglänzende und Hochglanz-Dispersionsfarben dienen.

2.2.3 *Kautschuk-Latex-Farben.* Diese Dispersionsfarben auf Styrol-Butadien-Mischpolymerisat-Basis werden hier und da noch angeboten, haben aber an Bedeutung verloren. Sie können matt, seiden- oder hochglänzend auftrocknen.

Der Begriff „Latexfarbe“ kann sich auf Kunststoff-Dispersionsfarben aller Art beziehen.

2.2.4 *Latexfarbe, seidenglänzend,* für außen und innen.

2.2.5 *Dispersionshochglanzfarbe*

Diese letztgenannten Farben werden besonders für strapazierfähige Innen- und Außenflächen verwendet.

2.2.6 *Dispersionslacke* auf Acrylat-Basis sind lösungsmittelfrei, wasserverdünnbar und ergeben schnelltrocknende, glänzende, wetterbeständige Anstriche auf Holz, Metall, Putz- und Beton-Untergründen. Sie erreichen jedoch nicht die Härte von oxidativ trocknenden Kunstharz-Filmen aufgrund ihres thermoplastischen Verhaltens.

3. *Dispersionsputze:*

3.1 *Dispersionsstreichputze* sind Dispersionsfassadenfarben mit einem Gehalt an Feinquarz. Hierdurch lassen sich putzähnliche Flächen erzielen. Je nach Untergrund können Streichputze die gleiche Funktion wie Fassadenfüllfarben übernehmen. Das Abtönen auf weitere Farbtöne wird mit bunten Abtönpasten vorgenommen.

3.2 *Dispersionskunststoffputze* sind mit Kunststoffgranulaten oder farbigen mineralischen Splitten gefüllte Dispersionen für dickschichtige Anstriche auf Mauerwerk; sie enthalten weder Kalk noch Zement.

3.2.1 *Dispersionsreibeputze* werden mit der Glättkelle aufgetragen und anschließend mit einem Glättspan strukturiert, wobei das grobe Korn die „Wurmpunkt“-Struktur erzeugt. Wenn notwendig, erfolgt ein Schlußanstrich mit Fassadenfarbe, die je nach Belieben farbig abgetönt werden kann.

3.2.2 *Dispersionsspritzputze* werden mit allen üblichen Plastikpistolen (Hoch- und Niederdruck) und Putzanwurfgeräten gespritzt.

3.2.3 Insbesondere *Natursteinputze* enthalten weiße bzw. farbige grobe Kunststoffgranulate oder Natursteinsplitte und werden in verschiedensten Farbtönen geliefert. Diese Putze werden mit rostfreien Stahlglättkellen oder Kunststoffkellen aufgetragen, kreisrund abgescheibt und in einer Richtung abgeglättet.

4. *Dispersionsplastikmassen:*

4.1 *Plastikmassen, matt:* Matte Plastikmassen werden für hochwertige plastische Innenanstriche verwendet. Je nach Auftragstechnik können die verschiedensten dekorativen Effekte erzielt werden. Um die matte Fläche haltbarer zu gestalten, wird diese oft mit hochglänzenden Lackfarben oder seidenglänzenden Dispersionsfarben überstrichen. In den meisten Fällen ist das ohne einen absperrenden Zwischenanstrich möglich.

4.2 *Dispersionsplastikmassen, seidenglänzend und glänzend:* Diese Plastikmassen werden für innen und für außen verwendet. Der Hauptverwendungszweck dieser Massen ist für strapazierfähige plastische Anstriche in Fluren, Schulen, Treppenhäusern usw.

Plastikmassen werden generell mit Rolle, Deckenbürste u.a. gleichmäßig dick aufgetragen und mit geeigneten Strukturwerkzeugen modelliert.

5. *Wandspachtelmassen:* Wandspachtel sind mit speziellen Füllstoffen stark angereicherte Dispersionsfarben mit spachtelartiger Konsistenz und dienen zum Glätten rauher Innenflächen. Wandspachtelmassen besitzen eine wischfeste Oberfläche und sind trocken schleifbar. Wandspachtelmassen müssen mit geeigneten Deckfarben überstrichen werden.

6. *Dispersionsarmierungsfarben* sind pigmentierte, kunststoffaserhaltige Dispersionsfarben in z.T. pastoser Form, die zur Überbrückung von Haar- und Schwindrissen in Putzen dienen, jedoch nicht geeignet zum Überbrücken von Setzrissen sind.

7. *Dispersionsvollton- und -abtönfarben* sind mit speziellen säure- und alkaliechten Buntpigmenten pigmentierte Dispersionsfarben, die für innen und außen geeignet sind. Sie werden verwendet zum Abtönen aller wäßrigen Anstrichstoffe, wie Dispersionsfarben, Latex- und Leimfarben, sowie von Kunststoffputzen. Vollton- und Abtönfarben sind wetterfest abgebunden, somit rein verstreichbar und untereinander und mit Weiß in jedem Verhältnis mischbar.

Im Handel befinden sich zahlreiche in der Qualität sehr unterschiedliche Spezialerzeugnisse, die wegen der ständigen Weiterentwicklung nicht alle erwähnt werden können.

8. *Dispersionskleber:*

Seit längerem werden nicht nur Farben, Plastikmassen und Putze auf Dispersionsbasis hergestellt, sondern auch Kleber für verschiedenste Anwendungen. Eine kurze Übersicht über die wichtigsten Klebertypen und ihre Anwendungen:

Textiltapetenkleber (Wandbelagkleber)

Es handelt sich hierbei um transparent auftrocknende Kunstharz-Dispersionen ohne Füllstoffzusatz.

Die Hauptanwendungsgebiete sind: Verkleben von textilen Tapeten und Wandbelägen, PVC-Folien mit Geweberückseite, PVC-Schaumbeläge und Vinyltapeten. Außerdem werden Textiltapetenkleber als verstärkender Zusatz für Spezial-Tapetenkleister verwendet.

Die folgenden Klebertypen bestehen aus mehr oder weniger mit speziellen Füllstoffen und Pigmenten gefüllte, für ihren jeweiligen Anwendungszweck geeignete Kunstharz-Dispersionen.

Styroporkleber (Hartschaumkleber) werden zum Kleben von Styroporplatten und anderen Dämmstoffen (Polystyrol-Hartschaum, Dämmplatten aus Glaswolle usw.) für Wände und Decken verwendet.

Untertapetenkleber sind geeignet zum Verkleben von Untertapeten aus Polystyrol-Hartschaum bis 5 mm Dicke, extrudiertem Polystyrol-Hartschaum, genoppter Wollfilzpappe und Polystyrol-Hartschaum mit Filzpappenoberfläche.

Korktapetenkleber dienen zum Verkleben von Korktapeten und sind daher mit den entsprechenden Pigmenten zusätzlich eingefärbt.

Fliesenkleber werden benötigt zum Verkleben von Fliesen, Mosaiken und Fliesenelementen aus Keramik, Hart-PVC oder Polystyrol und Vinylasbest-Wandplatten. Wegen der Außenanwendung ist es ratsam, die Hinweise der Hersteller zu beachten.

Universalkleber. Mit diesen Materialien können Teppichzuschnitte und Fliesen aller Art, Nadelfilm, Haargarn, Sisal, PVC-Filz, PVC-Zuschnitte und -Fliesen, Linoleum, Parkett, Wandfliesen aus Kunststoff und Keramik, Kachelfolien, Dämmplatten, Holz usw. verklebt werden.

Bei der Vielzahl der Anwendungsbereiche, Untergründe und zu verklebenden Objekte ist es in jedem Fall ratsam, genau die Merkblätter der jeweiligen Hersteller zu beachten, um Mißerfolge zu vermeiden.

9. *Grundiermittel für Dispersionsfarben:*

Im Zusammenhang mit Dispersionsfarben sollen auch die Grundiermittel für Dispersionsfarben besprochen werden, obwohl diese zum größten Teil nicht auf Dispersionsbasis aufgebaut sind.

Da an Dispersionsfarben immer größere Anforderungen gestellt werden, soll auf die Wichtigkeit eines fachgerechten Anstrichaufbaus mit Dispersionsfarben hingewiesen werden, wozu auch der gezielte Einsatz von Grundiermitteln gehört.

Man unterscheidet zwei Arten von Grundiermitteln:

1. Grundiermittel auf Dispersionsbasis, wie schon in 1.2 besprochen.
2. Grundiermittel auf Basis gelöster Kunstharze.

Zu 1.: Grundiermittel auf Dispersionsbasis bestehen aus speziellen feinteiligen Dispersionen, die hauptsächlich die Oberfläche des Untergrundes verfestigen. Sie werden verwendet zum Grundieren und Absperren problemloser Innen- und Außenflächen, zum Isolieren von Wasserrändern, Ölflecken, Bitumenanstrichen usw. und zum Überziehen von matten Dispersionsfarbenanstrichen, Plastikanstrichen, Malereien und Tapeten sowie zur Veredelung von Leimfarben.

Bei Gefahr brauner Fleckenbildung durch Eisensalze werden spezielle eisenbindende Grundiermittel verwendet.

Zu 2.: Grundiermittel auf Basis gelöster Kunstharze finden dort Verwendung, wo eine Grundierung mit feinteiligen Dispersionen nicht mehr ausreicht, d.h. wo eine Tiefenwirkung verlangt wird. Die gelösten Kunstharze, die zum größten Teil unverseifbar sind, haben die Eigenschaft, tief in die Poren des Untergrundes einzudringen und somit den Untergrund zu verfestigen und die Saugfähigkeit des Untergrundes herabzusetzen, um ein „Aufbrennen" nachfolgender Dispersionsfarbenanstriche zu vermeiden.

So werden mit diesen Materialien stark saugende Gips- und Fertigputze sowie stark poröse oder gar in der Oberfläche mürbe Putze, Asbestzement, Beton- und Gasbetonflächen, auch alte abgebürstete Kalk- und Mineralfarbanstriche, behandelt. Je nach Saugfähigkeit des Untergrundes werden lösungsmittelhaltige Grundiermittel mit dem vom Hersteller angegebenen Verdünnungsmittel verdünnt.

Wichtig ist, daß Grundiermittel nicht glänzend auf der Fläche stehenbleiben dürfen, da sonst die Haftung nachfolgender Anstriche herabgesetzt wird.

12.4.6 Ölfarbentechnik

Bei der Ölfarbentechnik ist das Bindemittel vornehmlich Leinölfirnis.

Wegen seiner Dünnflüssigkeit lassen sich z.B. mürbe oder rieselnde Putzoberflächen festigen, da das Leinöl tief in den Untergrund eindringt. Hierbei ist allerdings die relativ langsame Durchtrocknung zu beachten, die ein baldiges Überstreichen z.B. mit Dispersionsfarben unmöglich macht. Man wird in solchen Fällen schnelltrocknenden speziellen Putzfestigungsmitteln auf Basis gelöster Kunstharze den Vorzug geben.

Leinöl ist für frische kalk- oder zementhaltige Untergründe ungeeignet, da es durch die Alkalität der mineralischen Bindestoffe verseift wird. Erst wenn diese Untergründe chemisch neutral reagieren, ist eine Überstreichbarkeit möglich.

Die inzwischen üblichen konfektionierten Anstrichstoffe, vorwiegend auf Basis von Kunstharzen in Kombination mit trocknenden pflanzlichen Ölen, haben die Ölfarbentechnik sowohl aus technischen als auch aus wirtschaftlichen Gründen verdrängt. Die Dispersionsfarben sind vielfach wegen ihrer umfangreicheren Anwendbarkeit (z.B. für Innenputzflächen und Fassaden) an die Stelle des Leinöls, das die Ölfarbentechnik ermöglichte, getreten.

12.4.7 Lacktechnik

Hierbei ist zwischen Klarlacken und Lackfarben zu unterscheiden. Während der Klarlack unpigmentiert zur Anwendung kommt und dadurch z.B. die Maserung des Holzes durchscheinen läßt, handelt es sich bei den Lackfarben um Abreibungen von hochwertigen Pigmenten mit den verschiedensten Lackbindemitteln. Lackanstriche sind spiegelartig glatt, hart und reinigungsfähig. Sie werden in allen Glanzgraden von glänzend bis matt geliefert. Von Außenlacken wird zusätzliche Wetterbeständigkeit gefordert.

Die in Lackfarben angewandten Bindemittel können ölfrei (D/D-, Nitrolacke usw.) oder auf Basis von trocknenden Ölen und Kunstharzen hergestellt sein. Deckende Anstriche ergeben haltbarere Außenanstrichfilme als solche mit farblosen Lacken.

12.4.8 Lasurtechnik

Holzschützende Lasuren sind Holzschutzmittel im Sinne der DIN 68800, die Alkydharzbindemittel und Buntpigmente enthalten. Sie schützen das Holz gleichzeitig gegen Licht- und Witterungseinflüsse. Vorteile: witterungsbeständige Anfärbung, einfache Nachpflege.

12.4.9 Beiztechnik

Bei diesem Verfahren wird das Holz eingefärbt, ohne daß seine Maserung verdeckt wird. Voraussetzung ist eine harzfreie Oberfläche (Entharzen mit Lauge oder Lösungsmitteln, z. B. Nitroverdünnung). Man unterscheidet:

Chemisches Beizen: Gerbstoffe geben in Verbindung mit Metallsalzen licht- und wasserbeständige Töne.

Farbbeizen: Lichtbeständige, meist wasserlösliche Farbstoffe. Diese dürfen nicht mit chemischen Beizen gemischt werden.

Anschließend erfolgt das Lackieren in der Regel mit Harz- oder Nitrolacken (Mattinen, Mattierungen, Polituren usw.) in zwei bis drei Schichten.

12.5 Anstrichuntergründe

Vor dem Aufbringen von Anstrichfarben sollen alle Anstrichgründe sauber, trocken, fettfrei, rostfrei, fest und (nach Möglichkeit) chemisch neutral sein. Alte, rissige oder abplatzende Anstrichschichten sind zu entfernen, wozu ausreichende Mittel zur Verfügung stehen.

Man kann die Anstrichuntergründe wie folgt einteilen:

Mineralische Untergründe: Beton (einschließlich Gasbeton); Putzflächen aus Mörtel der Gruppen I bis V lt. DIN 18550; zementhaltige Bauplatten, z. B. Asbestzement und andere; Gipsbauplatten; Natursteine; Kunststeine (Ziegel, Kalksand-, Zement- bzw. Betonsteine).

Metallische Untergründe: Stahlflächen, Zink und verzinktes Stahlblech, Aluminiumlegierungen, Kupfer, Messing, Chrom usw.

Organische Untergründe: Vollholz, Sperrholz (Tischlerplatten) mit und ohne Edelfurniere, Holzfaserplatten (harte oder poröse), Holzspanplatten, Tapeten, Karton, z. B. Gipskartonplatten, Kunststoffe usw.

12.5.1 Mineralische Untergründe

Betonflächen, die Reste von Entschalungsmitteln (Schalöle) aufweisen, müssen sorgfältig gereinigt werden, da diese Mittel u. U. eine Dauerhaftung von Anstrichen verhindern. Entsprechende Mittel (z. B. Haushaltsdetergentien) stehen zur Verfügung. Mürbe oder sandende Oberflächen können durch Spezial-Grundiermittel gefestigt werden. Wegen der langanhaltenden Alkalität des Betons wird man ausschließlich unverseifbare Anstrichmittel verwenden: z. B. Weißzementfarben, Silikatfarben und vor allem Dispersionsfarben. Ölhaltige Anstrichmittel neigen zur Verseifung auf frischem Beton.

Putzflächen und *zementhaltige Bauplatten* reagieren gleichfalls über längere Zeit alkalisch, dem man aber durch die zweimalige Behandlung mit Fluaten abhelfen kann. Fluate sind nur wirksam auf alkalisch reagierenden Untergründen; sie können auch auf allen Putzuntergründen als Pilzgifte (vor allem Zinkfluate) verwendet werden, wobei aber ein gründliches Nachwaschen erforderlich ist.

Alte, mürbe Putze lassen sich durch Spezial-Putzfestigungsmittel festigen. Ist die Putzschale jedoch bis zum Putzträger zerstört, so muß ein Neuputz erfolgen. Hierbei gilt die gleiche Regel wie hinsichtlich der Verwendung der einzelnen Anstrichmittel bei Beton. Zu beachten ist jedoch, daß vor allem auf Außenputzen nur wasserdampfdurchlässige Anstriche ausgeführt werden dürfen. Nicht wasserdampfdiffusionsfähige (nicht atmende) Anstrichfilme behindern den Feuchtigkeitsausgleich innerhalb des vorhandenen Mauerwerkes.

Neuputze der Mörtelgruppe I sollen nur dann gestrichen werden, wenn ein bestimmter Carbonatisierungsgrad erreicht ist. Sind in der Bauplanung bereits Putzanstriche vorgesehen, so sollten nur Putzmörtel der Gruppen I b oder II (hydraulische Kalk-, hochhydraulische Kalk- oder Kalkzementmörtel; *s. Kap. 5)* verwendet werden, da die hydraulische Abbindung des Mörtels eine schnellere Überstreichbarkeit ermöglicht.

Auftretende Rißbildungen an Altputzen, z. B. von Schwindrissen, lassen sich überdecken durch faserhaltige Dispersionsfarben (sogenannte Armierungspasten) oder durch Glasfaservliese bzw. Kunstfasergewebe. In kritischen Fällen wird die Hinzuziehung von Werkstoffberatern der Dispersionsfarben herstellenden Fachindustrie empfohlen.

Natur- oder Kunststeine können gleichfalls gestrichen werden. Hierbei sind folgende Grundregeln zu beachten: Vornehmlich wird gerne Ziegelmauerwerk oder Kalksandsteinmauerwerk überstrichen. Alle Steine müssen frostbeständig und frei von Salzen sein, die zu Ausblühungen führen. Vormauerziegel und Klinker müssen so vermauert sein, daß eine Fläche sichtbar bleibt, die frei von Rissen, Kantenbeschädigungen und Deformierungen ist. Es ist weiter auf volle Vermörtelung der Fugen zu achten. Die Verfugung muß haftanschlußdicht, genügend tief und im Gefüge geschlossen sein. Rissige Steine oder Ziegel mit starker Schmolzbildung sind durch andere zu ersetzen, da weder die Risse noch die großporigen Schmolzöffnungen durch Anstriche oder Schlämmputze überdeckt werden können. Hohlräume im Fugensystem des Mauerwerks kann Rißbildung oder Abplatzen des Anstrichs zur Folge haben, da die Verfugung allein die im Mauerwerk hervorgerufenen Zwängungs- und Eigenspannungen nicht aufnehmen kann. Nichtsaugende Steine (z. B. Klinker) sind als Anstrichuntergrund ungeeignet, z. B. für Kalkfarben und Weißzement. Alle Anstriche auf Steinmauerwerk müssen wasserdampfdurchlässig sein, damit auf der Innenschale anfallendes Kondenswasser als Dampf nach außen entweichen kann. Bei Gipsplattenwänden ist stets ein Grundanstrich erforderlich, der eine gleichmäßige Saugfähigkeit des Untergrundes gewährleistet und zugleich als Haftbrücke zwischen Untergrund und Anstrich dient.

Hydrophobierung von Außenputzflächen oder Sichtmauerwerk. Zur Hydrophobierung von Putzflächen (z. B. farbige Edelputze), Kalksandstein- oder Ziegelmauerwerk sowie Gasbeton stehen vornehmlich in organischen Lösungsmitteln gelöste Siliconpräparate zur Verfügung. Diese Mittel sind nur wirksam auf saugenden Untergründen, auf die sie ausschließlich durch Besprühen (nicht durch Streichen mit Bürsten oder Pinsel) aufgebracht werden dürfen. Bei stark saugenden Untergründen ist eine mehrfache Behandlung möglich. Die Wirkungsweise besteht darin, daß Wasserfeuchtigkeit nicht eindringen kann, die Wasserdampfdifffusion dagegen in beiden Richtungen nicht unterbunden wird.

12.5.2 Metallische Untergründe

Dieses Gebiet ist ausführlich im Abschn. 10 behandelt.

12.5.3 Organische Untergründe

Holz

Holz bedarf in den meisten Fällen des Schutzes durch irgendwelche Überzüge, vor allem alle Holzflächen, die der Bewitterung ausgesetzt sind. Holz ist als Anstrichträger jedoch nur verwendbar, wenn es folgende Eigenschaften aufweist: Feuchtigkeitsgehalt in bestimmten Grenzen bzw. in Abhängigkeit von der vorgesehenen Anstrichtechnik; es muß frei sein von Zerstörungen durch Insekten oder Pilze; es dürfen keine ausschwitzenden Stoffe, wie Harze, Wachse, Öle usw., auf der Oberfläche vorhanden sein. Mörtelreste, Staub und sonstige Verschmutzungen sind vor dem Anstrich zu entfernen.

Holzfeuchtigkeit. Der Holzfeuchtigkeitsgehalt beträgt für:

Leinölfarben und ölhaltige Lacke	15–17 %
Reaktionslacke, z. B. säurehärtende, DD-Lacke, Epoxidharzlacke	10–12 %

Ergänzung: Alle sogenannten Tropenhölzer, z. B. Teak, Kambala, Afzelia, Niangon, Tola branca, Palisander, Makassar, Iroko, Yang (als Laubhölzer) und Brasilkiefer (Parana-Pine) (als Nadelholz), sollen max. 12 % Feuchtigkeitsgehalt aufweisen, unabhängig von der Art des Anstrichmittels.

Höhere Holzfeuchtigkeit bedingt an Außenholzwerk das Abplatzen der Anstrichfilme, meist nach vorangegangener Blasenbildung durch Wasserdampfentwicklung.

Pilz- und Insektenbefall. Meist ist Pilzbefall anzutreffen. Bei Nadelholz (vornehmlich Kiefernarten) tritt der Befall von Bläuepilzen auf. Zur Vorbeugung und/oder Bekämpfung wird daher die Anwendung von bläuewidrigen, öligen Holzschutzmitteln, die zugleich eine grundierende Wirkung aufweisen, durch Tauchen empfohlen. Alle Bauhölzer, die nur Kernholz aufweisen, bedürfen keinerlei Behandlung mit bläuewidrigen Holzschutzmitteln, da das Kernholz nicht von Bläuepilzen befallen wird.

Ausschwitzende Harze usw. sind vor jeglicher Behandlung durch Nitrolackverdünnung zu entfernen.

Weder Fenster noch Außentüren (Balkontüren), Verschalungen usw. sollen unvorbehandelt an den Bau angeliefert werden. Hierbei ist weiter zu beachten, daß die Vorbehandlung *allseitig* zu erfolgen hat, da nur hierdurch ein ausreichender Wetterschutz gewährleistet ist.

Harzgallen in Nadelhölzern sind auszubrennen, vorhandene Äste müssen mit Isolierlack überstrichen werden, da sie Inhaltsstoffe enthalten, die weiße oder hellgetönte Anstriche mit der Zeit braun verfärben.

Auswahl der Anstrichmittel. Für Außenholzwerk vornehmlich folgende Anstrichmittel: Alkydharzlacke, DD- und Speziallacke sowie bestimmte Dispersionsfarben bzw. Dispersionslacke, sofern sie als für Außenanstriche geeignet gekennzeichnet sind. Ölfreie Anstrichmittel, z.B. Nitrolacke, sind für außen wegen Nichtwetterbeständigkeit ungeeignet.

Für Innenholzwerk alle Anstrichmittel wie vor, außerdem alle Nitro- und sonstigen Harzlacke. Für Türen, Holzverkleidungen und Möbel (speziell Tischplatten) dürfen nur wasser- und alkoholfeste Lacke verwendet werden. Für Anstriche in Zweckräumen, wie Küchen, Badezimmern und anderen Feuchträumen, sind wasserbeständige Anstrichmittel auszuwählen, die in Form von Lacken und Lackfarben verschiedenster Art zur Verfügung stehen. Auch chemikalienbeständige Lacke und Lackfarben sind für Holzflächen im Handel.

Schichtdicke und Haltbarkeit. Die Haltbarkeit eines jeden Anstrichs ist auch abhängig von der Schichtdicke (Trockenfilmdicke), die meist nur durch eine Folge von Anstrichen zu erzielen ist. Während man bei einem einfachen Möbelstück meist mit zwei Schichten auskommt, erzielbar durch sogenannte Nitromattinen, wird man bei Außenanstrichen mindestens drei Anstriche ausführen (außer der Holzschutzmittelvorbehandlung), während das Innenfenster (Innenseite des Außenfensters) vier Anstriche erhalten soll, da dort auch der Feuchtigkeitsanfall auftritt und u.U. durch Kondenswasser länger anhält als an Außenflächen. Für diese Flächen nur wetterbeständige Anstrichmittel verwenden! Es ist falsch, die Fensterinnenseite aus Sparsamkeitsgründen mit sogenanntem Innenlack zu lackieren. Nur Außenlacke dürfen auf diese Flächen, da sie – wie das Außenfenster – starken Volumenveränderungen durch stetigen Feuchtigkeitswechsel im Holz ausgesetzt sind, gestrichen werden, da Innenlacke im allgemeinen nicht die ausreichende Elastizität (Dehnbarkeit) aufweisen.

Tapeten, Pappe (z.B. Karton an Gipskartonplatten)

Die auf Decken und Wänden angebrachten Tapeten, bedruckt oder unbedruckt als Makulaturen (z.B. Rauhfasermakulatur), werden vorwiegend mit Dispersionsfarben gestrichen. Mancherorts werden sie auch mit Mattlackfarben gestrichen, was sich aber lediglich in Altbauten mit erheblichen Mauerdicken bewährt hat. Die Verwendung von Dispersionsfarben hat den Vorteil der späteren Überstreichbarkeit, ohne daß der Altanstrich durch Abwaschen entfernt werden muß. Stark saugende Gipskartonplatten werden wie Tapeten behandelt, wobei aber die starke Saugwirkung durch haftungsvermittelnde Grundierfarben beseitigt werden muß. Sie sind stets mit einem die Saugfähigkeit des Kartons und der verspachtelten Fugen egalisierenden Grundanstrich zu versehen.

12.5.4 Fußböden

Das Lackieren von Holzböden wird bei Verwendung von sogenannten Reaktionslacken (z. B. DD-Lack, säurehärtende Reaktionslacke) als „Versiegelung" bezeichnet (s. Abschn. 13.6). Die Schutzwirkung wird aber nur bei mindestens 2 Lackschichten und anschließender Pflege mit Pflegemitteln erreicht. Versiegelungslacke können aber auch auf Alkydharzen, Nitrocellulose oder Einkomponenten-Polyurethan basieren. In Fabrikationsräumen, Lagerhallen oder Kellerräumen, in denen Heizöltanks lagern, werden die Böden (und angrenzenden Wandflächen in Sockelhöhe) oft mit ölbeständigen, wasserfesten und zugleich abriebfesten Anstrichmitteln behandelt. Für solche Zwecke stehen sowohl Spezial-Dispersionsfarben als auch Lackfarben auf Basis von Chlorkautschuk und andere Synthesekautschuke sowie Polyurethan (DD) zur Verfügung. Die Heizölbeständigkeit muß testiert sein.

12.6 Anstrichtechnische Möglichkeiten für verschiedene Untergründe

12.6.1 Anstriche für außen

(Siehe hierzu die *Tabellen 12.1 bis 12.6)*.

12.6.2 Anstriche für innen

Treppenhaus

Decken und Wände: Vor allem Innenwandfarben auf Dispersionsbasis für glatte oder strukturierte Anstriche. Meist sind ein Grund- und zwei Deckanstriche (besonders bei Erneuerungsanstrichen) erforderlich. Dispersionsfarbenanstriche können auch als waschbeständig ausgeführt werden. Treppenhauswände lassen sich auch mit Edelmattöl-, Mattlack- und Hartplastikfarben oder in Latex-Glättetechnik (neben möglicher Tapezierung) behandeln.

Sockelflächen: Falls bereits vorhanden, kann ein strapazierfähiger Hartplastikanstrich mit rauher Oberfläche, ähnlich wie ein Quarzspritzputz, ratsam sein; besonders dort empfehlenswert, wo viele Kinder im Hause sind.

Holztreppen: Bei alten Holzstufen ist ein deckender Anstrich angebracht; sonst ist eine mehrfache farblose Lackierung (auch als Zweikomponenten-Versiegelungslackierung) zu empfehlen. Stoßtritte sollten aus Sicherheitsgründen andersfarbig abgesetzt werden; hierfür eignen sich vorwiegend Kunstharzlackfarben.

Treppengeländer aus Holz: Beizen, farbige Lackierung oder Holzschutzlasur und abschließend farblose Lackierung mit Kunstharzlack. Handläufe sollten

Tab. 12.1: Anstrichstoffe und ihre Eignung auf den verschiedenen Anstrichuntergründen

Lfd. Nr.	Art des Anstrichstoffes	Putz		Beton		Ziegel (ohne Klinker)		Kalk-sand-stein		Asbest-zement		Gips		Europ. Holz		Tropen-holz	
		A	I	A	I	A	I	A	I	A	I	A	I	A	I	A	I
1	Kalkfarbe	+	+	○	○	+	+	+	+	–	–	–	–	–	–	–	–
2	Weißzementfarbe	+	+	+	+	+	+	+	+	+	+	–	–	–	–	–	–
3	Silikatfarbe ohne Zusätze	+	+	+	+	+	+	+	+	+	+	–	–	–	–	–	–
4	Dispersions-(Organ-) Silikatfarbe	+	+	+	+	+	+	+	+	+	+	–	–	–	–	–	–
5	Dispersionsfarbe (siehe hierzu Sondertabelle)	+	+	+	+	+	+	+	+	+	+	+	+	○	○	○	○ (eventuell Spezialsorten)
6	Zelluloseleim	–	+	–	+	–	+	–	+	–	+	–	+	–	–	–	–
7	Leinölfarbe*)	+	+	+	+	+	+	+	+	+	+	+	+	+	+	○	○
8	Öllacke oder Öllackfarben*)	+	+	+	+	+	+	+	+	+	+	+	+	+	+	○	○
9	Alkydharzlacke und -lackfarben*)	+	+	+	+	+	+	+	+	+	+	+	+	+	+	+	+
10	ölfreie Polymerisat-harzlackfarben	+	+	+	+	+	+	○	○	+	+	+	+	–	–	–	–
11	Grundier-Harzlösungen (Tiefgrund) Polymerisatharzlösung	+	+	+	+	+	+	+	+	+	+	+	+	–	–	–	–
12	Spritlacke aus Schellack usw., farblos	–	–	–	–	–	–	–	–	–	–	–	–	○	+	○	+
13	Nitrolacke, farblos	–	–	–	–	–	–	–	–	–	–	–	–	○	+	○	+
14	2-Komponenten-Lacke, z. B. DD- und Polyurethanlacke	+	+	+	+	+	+	+	+	+	+	+	+	+	+	+	+
15	Säurehärtende Reaktionslacke	–	–	–	–	–	–	–	–	–	–	–	–	+	+	+	+
16	Epoxidharzlacke	–	–	+	+	+	+	–	–	–	–	–	○	+	+	+	+
17	Kautschukabkömmlinge, z. B. Chlor-kautschuklacke	○	○	+	+	+	+	–	–	○	+	–	○	–	–	–	–

Zeichenerklärung:

A = Außenflächen
I = Innenflächen
+ = geeignet
○ = bedingt geeignet
– = ungeeignet
*) nur auf chemisch neutralen Untergründen

Tab. 12.2: Anstrich von mineralischen Untergründen, aufgeteilt nach Mörtelgruppen lt. DIN 18550, bisher nicht gestrichen

Untergrund	Vorbehandlung	Grundierung	Zwischenarbeit	1. Deckanstrich	2. Deckanstrich oder Schlußanstrich
Putze aus **Mörtelgruppe I** a) Außenflächen	Staub und Schmutz abbürsten; Putzschäden mit passendem Mörtel beseitigen	Kalkfarbe, weiß oder leicht getönt, **oder:** Weißzementfarbe **oder:** Silikatfarben-Fixativ **oder:** Organ-Silikatfarbe, verdünnt, **oder:** farblose Dispersionsgrundierung	Kalkfarbe wie vor **oder:** Weißzementfarbe (nur erforderlich bei dunklem Untergrund bzw. bei nicht ausreichend gedeckter Fläche)	Kalkfarbe wie vor; Weißzementfarbe; Silikatfarbe, weiß oder getönt, nach Vorschrift; Organ-Silikatfarbe; Streichputz auf Dispersionsbasis, verdünnt mit Grundiermittel	Silikatfarbe wie vor; Organ-Silikatfarbe wie vor; Streichputz wie vor, wenig bis unverdünnt
b) Innenflächen	Staub und Schmutz abbürsten; Putzschäden mit passendem Mörtel beseitigen	wie Außenflächen, jedoch ohne Kalkfarben, die genau wie Weißzementfarbe oder Silikatfarben nicht auf gipshaltigen Putzen verwendet werden können			
Putze aus **Mörtelgruppe II** (Hochhydr. Kalkmörtel, Kalkzementmörtel) und **Mörtelgruppe III** (Zementmörtel) a) Außenflächen	Staub und Schmutz abbürsten, Nachputzstellen fluatieren und nachwaschen	Weißzementfarbe **oder:** Silikatfarben-Fixativ **oder:** Organ-Silikatfarbe, verdünnt, **oder:** wahlweise mit wäßriger oder lackartiger Grundierlösung (Tiefgrund) **oder:** eisenbindende Grundiermittel	eventuell bei unebener Fläche Ausgleich Dispersionsfüllfarben	Weißzementfarbe **oder:** Silikatfarbe **oder:** Organ-Silikatfarbe **oder:** Dispersions-Fassadenfarben, matt oder glänzend, **oder:** Strukturputze **oder:** Reibeputze **oder:** Spritzputze **oder:** Kunststoffputze, glatt oder strukturiert; Dispersions-Armierungsfarben **oder:** Dispersionsfarben, fungizid	genau wie 1. Deckanstrich
b) Innenflächen	Staub und Schmutz abbürsten, Nachputzstellen fluatieren und nachwaschen	wie Außenflächen; Weißzementfarbe speziell geeignet für Sichtbeton oder rauhe Putz-Oberflächen in Eingangshallen, Fluren, Treppenhäusern usw. von Schulen, Verwaltungsgebäuden usw. (für Sichtbeton und Gasbeton siehe Sondertabelle)			

Tab. 12.3: Anstriche auf Sichtbeton, deckend, lasierend, farblos, und auf Gasbeton, deckend, bisher ungestrichen

Untergrund	Vorbehandlung	Grundierung	Zwischenarbeit	1. Deckanstrich	2. Deckanstrich
Außenflächen Sichtbeton a) deckender Anstrich	Staub, lose Mörtelteile, Schmutz, Trennmittelreste entfernen	Kunststofflackfarbe gering verdünnt, mit der Lammfellrolle auftragen	entfällt	entfällt	Kunststofflackfarbe im Farbton des Betons, unverdünnt mit der Lammfellrolle satt auftragen
b) lasierender Anstrich	Staub, lose Mörtelteile, Schmutz, Trennmittelreste entfernen	Kunststofflack, farblos (z. B. auf Acrylbasis), verdünnt im Rollverfahren auftragen	entfällt	entfällt	Kunststofflackfarbe, weiß, gemischt mit Kunststofflack, farblos bis zum Lasureffekt, auf Beton getönt, im Rollverfahren
c) farblose Lackierung	Staub, lose Mörtelteile, Schmutz, Trennmittelreste entfernen	Kunststofflack, farblos (z. B. auf Acrylbasis), verdünnt im Rollverfahren satt auftragen	entfällt	entfällt	wie Grundierung, je nach Saugwirkung des Betons gering verdünnt
Außenflächen Gasbeton a) Industriebauten	Die Wandplatten gründlich entstauben und mit Siliconharzlösung satt tränken, im Sprühverfahren	entfällt	mit Dispersionsspachtel unebene Stellen ausgleichen	Dispersionsfarbe, weiß oder getönt, matt oder seidenglänzend, streichen	wie vor, jedoch ist die Spritztechnik vorzuziehen
b) Innenflächen mit hoher Luftfeuchtigkeitsbelastung	Staub und Fremdkörper entfernen	Dispersion, farblos, mit Wasser verdünnt	Dispersions-Spachtelmasse und geringer Zementzusatz zur Glättung, plan schleifen	Abdichten mit Kunststofflacklösung	Kunststofflackfarbe, zweimaliger Auftrag
c) Chemikalienbeständige Anstriche	Staub und Fremdkörper entfernen	Dispersion, farblos, mit Wasser verdünnt	Dispersions-Spachtelmasse und geringer Zementzusatz zur Glättung, plan schleifen	mit 2-Komponenten-Reaktionslack, verdünnt, grundieren	zweimaliger Auftrag einer Reaktionslackfarbe

Ergänzung zu Gasbeton: Auch für Wandplatten oder für geklebtes Blockmaterial sowie für vermörteltes Gasbeton-Mauerwerk im Wohnungsbau stehen Leistungsbeschreibungen der Lack- und Farbenindustrie zur Verfügung.
Auch stellt die Lack- und Farbenindustrie für das Befestigen (Verkleben) von keramischen Wandplatten oder Glasmosaik auf Gasbeton geeignete Grundier- und Klebemittel zur Verfügung.

Tab. 12.4: Anstrichtechnische Behandlung von gerissenen Putz- oder Betonflächen

Untergrund-Rißart	Vorbehandlung	Grundierung	Zwischenarbeit	1. Deckanstrich	2. Deckanstrich
Haarrisse, netzartige Schwindrisse im Oberputz oder Beton	Imprägniermittel bzw. Tiefgrundmittel auf Kunstharzbasis 1- bis 2mal satt	faserhaltige weiße Dispersionsfarbe, eventuell vorher farblose Grundierung mit Dickschicht-Dispersion	wie Grundierung, eventuell leicht strukturiert	Dispersionsfarbe, weiß oder getönt, matt, seidenglänzend oder hochglänzend	wie 1. Deckanstrich für seidenglänzend oder hochglänzend **oder:** Kunststoffputz
Setzrisse, Bodenfugenrisse, Bergschädenrisse, thermische Risse usw.	Staub, Schmutz oder Altanstriche restlos entfernen, eventuell durch Abbeizen oder Sandstrahlen	Imprägniermittel auf Kunstharzbasis, eventuell verdünnt	stärkere, d. h. breitere Risse keilförmig erweitern und grundieren, dann ausfüllen mit elastischem Dichtstoff; in Spezial-Armierungsfarbe wird Trevira-Gewebe (40 cm breit) eingelegt, bis der Kleber durchdringt	wiederum Armierungsfarbe	zweimal Dispersionsfarbe, matt, seiden- oder hochglänzend **oder:** Kunststoffputz

Dieses Anstrichsystem basiert auf dem Patent Nr. 1.272.803 in der Bundesrepublik für Herbol-Werke, Köln. Dort weitere technische Auskünfte in schwierigen Fällen einholen.

Tab. 12.5: Anstrich von neuen Außenfenstern aus Holz (verschiedene Möglichkeiten des Anstrichaufbaus)

Holzart	Vorbehandlung	Grundierung	1. Zwischenanstrich	2. Zwischenanstrich	Schlußanstrich
A) deckender Anstrich					
Nadelholz und bestimmte Tropenhölzer, wie Mahagoni, Sipo usw.	Imprägnieren durch Tauchen (Holzfeuchte max. 15 %)	Holzschutzmittel, fungizid (Tauchen oder Streichen)	Fenstergrund, weiß oder getönt, speziell für Holzwerk, matt	Fenstergrund, weiß oder getönt, speziell für Holzwerk	Außenlackfarbe, weiß oder getönt, hoch- oder seidenglänzend
	oder:	Holzschutzmittel, fungizid (Tauchen oder Streichen)	Fenstergrund, weiß oder getönt, seidenglänzend	Fenstergrund wie vor (Zwischenschliff)	Fenstergrund wie vor
	oder:	Holzschutzmittel, fungizid (Tauchen oder Streichen)	Fensterlack, weiß oder getönt, hochglänzend	Fensterlack wie vor (Zwischenschliff)	Fensterlack wie vor
	oder: Spezialausführung: Vor der Verleimung, Tauchimprägnierung (pilz- und insektenwidrig)		nach der Verleimung: weiß angefärbtes Holzschutzmittel, fungizid, durch Tauchen, auch Verkitten usw.	Fenstergrund, weiß oder getönt	Außenlackfarbe, weiß oder getönt, hoch- oder seidenglänzend
tropische Laubhölzer	fette Oberflächen mit Nitroverdünnung abwaschen, schleifen (Holzfeuchte max. 12 %)	eventuell Isolieranstrich mit Reaktionslack, um trocknungsverzögernde Inhaltsstoffe unwirksam zu machen	Fenstergrund, weiß oder getönt (am besten Tauchen)	Fenstergrund, weiß oder getönt	Außenlackfarbe, weiß oder getönt, hoch- oder seidenglänzend
B) lasierender Anstrich					
Nadelholz	schleifen	vor dem Einbau in Bläueschutzgrundanstrichmittel tauchen	vor dem Einbau mit Lasuranstrichmittel streichen	nach dem Einbau Lasuranstrichmittel, matt oder seidenglänzend	Lasuranstrichmittel, matt, seidenglänzend oder hochglänzend
tropische Laubhölzer	vor Einbau in Faserrichtung schleifen, fette Oberflächen mit Nitroverdünnung abwaschen	zweimal mit Lasuranstrichmittel			Lasuranstrichmittel, matt, seidenglänzend oder hochglänzend
C) farblose Lackierung					
Nadelhölzer	vor dem Einbau: Holzschutzmittel, fungizid	Alkydharzlack, farblos (Außenlack)	nach dem Einbau: wie vor	wie vor	wie vor
Laubhölzer		Alkydharzlack, farblos (Außenlack)	nach dem Einbau: wie vor	wie vor	wie vor

Tab. 12.6: Anstrichtechnische Behandlung von Holzwerk in Innenräumen,
z. B. Türen mit Futter und Bekleidungen, eingebaute Wandschränke, Täfelungen, Verschalungen usw.

Art der Oberflächenbehandlung	Anstrichaufbau
1. deckender Anstrich (herkömmlicher Aufbau)	grundieren (Öl- oder Lackfarben); zweimalige Spachtelung; schleifen; vorlackieren; schleifen; schlußlackieren, weiß oder getönt, hochglänzend oder seidenglänzend
(neuartiger Aufbau)	abporen mit Spachtelkitt (Porenfüllspachtel); Dickschichtanstrich mit Streich- oder Spritzfüller (liegend auftragen); schleifen; schlußlackieren, weiß oder getönt, hoch- oder seidenglänzend
2. lasierender Anstrich	grundieren mit Nitroschnellschliffgrund; lasieren mit angefärbtem Transparent-Seidenglanzlack oder Leinölfirnis verdünnt; lackieren mit Glanz- oder Seidenglanzlack, transparent
3. gebeizte Flächen	wässern; schleifen; beizen mit Wasser- oder Doppelbeize; Transparentlackierung mit Reaktionslacken oder Nitromattine, zwei- bis dreimal
4. farblose, offenporige Lackierung	schleifen; zweimal mit Transparent-Seidenglanzlack, farblos
5. farblose, widerstandsfähige, offenporige Lackierung	schleifen; zwei- bis dreimal lackieren mit Zwei- oder Einkomponentenlack oder mit säurehärtendem Reaktionslack
6. geschlossenporige, farblose Lackierung	schleifen; abziehen mit Transparentspachtel; zweimal lackieren mit Transparent-Seidenglanzlack oder mit Reaktionslack wie 5.
7. wie vor	wässern; schleifen; grundieren mit Nitroschnellschliffgrund; Poren füllen mit Porenfüllpulver in Porenfüllflüssigkeit angeteigt; einreiben; zweimal spritzen mit Nitromattlack (Nitrospritzmattierung oder -streichmattierung)

stets in Poliertechnik ausgeführt werden, weil andere Lackarten schweißanfällig sind.

Treppengeländer aus Metall (meist Stahl): Hier ist ein vierfacher Lackanstrich erforderlich, da auch in Treppenhäusern, je nach Witterung, starke Kondensfeuchtigkeit auftreten kann.

Feuchträume

Küchen, Waschküchen, Badezimmer, Duschen, Toiletten: Wenn ausreichende Lüftungsmöglichkeiten vorhanden sind, können Decken und Wände mit Dispersionsfarben gestrichen werden; andernfalls kann zweimal mit Silikatfarbe (nur für gipsfreie Putze) oder mit Innenwandfarbe gestrichen werden. Speziell für Spülküchen wird die Verwendung schimmelwidriger Dispersionsfarben empfohlen. Von Schimmel befallene Flächen, z. B. in Backstuben, können durch Spezialkonservierungsmittel saniert werden. Auch Fluate sind zur Pilzabtötung verwendbar. Auf jeden Fall sollte man nur „atmende" Anstriche ausführen lassen.

Für Sockelflächen kommen, vor allem bei mechanischer Beanspruchung, Hartplastikanstriche, Kunststoffputze oder ähnlich strapazierfähige Beschichtungen in Betracht.

Das Holzwerk von Türen, Fenstern usw. wird wie üblich dreimal mit Kunstharzlackfarben behandelt. Farblose Lackierung ist nicht zu empfehlen, da sie anfälliger ist als ein deckender Anstrich.

Wohnräume

Decken werden inzwischen vorwiegend mit Innenwandfarbe gestrichen, die sowohl für Putzflächen als auch für Tapeten (Rauhfaser) geeignet sind und die bei Erneuerungsanstrichen nicht unbedingt wieder abgewaschen werden müssen. In der Regel genügen zwei Anstriche; nur bei stark saugenden Untergründen kann eine farblose Grundierung erforderlich sein.

Schallschluckplatten dürfen nur mit porösen Innenwandfarben gestrichen werden, weil Porenverstopfung durch dichte Anstriche die Schallschluckwirkung aufhebt.

Wenn nicht tapeziert werden soll, empfiehlt sich bei Zimmerwänden ein Dispersionsfarbenanstrich auf Putz oder auf Rauhfasertapete.

Kälteisolierung ist mit Hilfe von geschlossenporigen Schaumstoffmaterialien möglich.

Bei Gefahr der Mauerdurchfeuchtung können spezielle Untertapeten direkt auf das Mauerwerk aufgebracht und dann entsprechend übertapeziert bzw. überstrichen werden.

Weiteres Holzwerk

Türen (mit Futter und Bekleidung), Sockel, Paneele, Fußleisten usw. können farblos oder deckend behandelt werden.

Für die meist dreimalige farblose Lackierung werden im allgemeinen Nitromattlacke (sogenannte Mattinen oder Mattierungen), Nitroseidenglanzlacke oder Hochglanzlacke verwendet. Sie können auch auf Holzwerk aufgebracht werden, das zuvor mit wäßrigen Beizen behandelt wurde.

Weiterhin kommen auch farblose Alkydharzlacke (hoch-, seidenglänzend oder matt) in Betracht. Zwischen Grundierung und nachfolgender Lackierung kann ein Anstrich mit Öl-, Dispersions- oder Lacklasur erfolgen, um dem Holz eine bestimmte, meist dunklere Tönung durch Verwendung lasierender Pigmente zu geben. (Gebeizt wird nur das rohe Holz, um die Holzfaser anzufärben; Lasuren werden dagegen immer erst nach erfolgter Grundierung aufgebracht.)

Auch 2-Komponenten-Reaktionslacke auf Basis von säurehärtenden Harzen oder von DD-Lacken können für farblose Lackierung von Holzwerk verwendet werden.

Deckende Anstriche können auf bisher ungestrichenem Holz, wie es die *Tabelle* zeigt, ausgeführt werden.

Bei Erneuerungsanstrichen kommt man im allgemeinen mit einem Vor- und einem Schlußanstrich aus. Fehlstellen werden nur beigespachtelt.

Heizkörper

Bei werkseitig aufgebrachter Grundierung genügen meist zwei Deckanstriche mit speziellen Heizkörperlackfarben, die auch höheren Temperaturen standhalten können.

Bei Erneuerungsanstrichen müssen abgeplatzte, versprödete Schichten zuvor restlos entfernt werden.

In Feuchträumen empfiehlt sich ein-zweifacher Grundanstrich mit Mennige/Kunstharzfarben und darüber zwei Deckanstriche mit Heizkörperlacken.

Es ist vielfach üblich, Heizkörper in Neubauten vor der Montage durch Fluten allseitig zu beschichten.

Wärmedämmung

Zu den Techniken des Malerhandwerks gehört auch die Ausführung von Wärmedämmungs-Maßnahmen an Außenfassaden-Flächen. Dieser sog. Vollwärmeschutz ermöglicht optimale Wärmedämmung und dadurch Heizkostenersparnis durch verringerten Energiebedarf. Das ist die Technik: 1. Aufkleben von Polystyrol-Hartschaumplatten oder mineralfaserhaltigen Dämmplatten mit zementhaltigem Spezial-Kunststoffkleber; 2. Aufbringen einer Kunststoffkleberschicht, in die Glasseiden-Armierungsgewebe eingebettet wird; 3. Aufziehen von 1 bis 2 Schichten Kunstharzputzmörtel, weiß oder getönt, glatt oder strukturiert, witterungsbeständig.

12.7 Anstrichfehler und Anstrichschäden

Abblättern ist die weitere Folge ungenügender Filmelastizität, verbunden mit ungenügender Verankerung der Anstrichschichten. Unterrostung bei Metallen oder Pilzbefall des Holzes können zum Abblättern führen.

Ausblühungen beruhen meist auf teilwasserlöslichen Stoffen (z. B. Calciumhydroxid) in mineralischen Untergründen wie Beton, Kunststeinmauerwerk und Putzen bei zu hohem Feuchtigkeitsgehalt. Die beste Bekämpfung ist das Erkennen und Beseitigen der Ursache.

Blasenbildung ist meist durch Feuchtigkeit im Untergrund bedingt. Sie tritt immer dann auf, wenn die Untergrundfeuchtigkeit verdampft oder wenn in einzelnen Anstrichschichten Lösungsmittel durch Erwärmung des Anstrichs zur schnellen Verdunstung gezwungen wird.

Durchschlagen oder *Durchbluten* tritt bei Untergründen auf, die Bitumen, Rauchgase (Nikotin), lösliche Farbstoffe usw. enthalten.

Hauch- und *Schleierbildung* kann durch atmosphärische Niederschläge auf den Film insbesondere während der Trocknung auftreten. Daneben kann aber auch durch Austreten von Strukturöl aus dem Untergrund Holz die Oberfläche milchig getrübt werden.

Kreiden beruht auf der Verwitterung des Bindemittels in den obersten Filmschichten. Es tritt bei mageren Bindemitteln eher auf als bei fetten.

Reißen des Anstriches bedeutet oft einen Verstoß gegen die Anstrichregel „unten mager, oben fett", also ein magerer Deckanstrich auf zu fettem Untergrund. Rißbildung kann ferner durch ungenügende Durchtrocknung der Grundanstriche und durch Dehnung des Untergrundes, die der Lackfilm nicht mitmacht, auftreten. – Im Verlauf der Bewitterung wird die Filmzerstörung oftmals mit Rißbildung einsetzen. Die Anstriche haben dann ihre Elastizität verloren bzw. waren von vornherein nicht dehnbar genug eingestellt.

Runzelbildung. Die Gefahr der Runzelbildung nimmt mit der Trocknungsgeschwindigkeit und der Schichtdicke des jeweiligen Lackes zu. Besonders stark neigen Lacke mit hohem Ölgehalt dazu.

Schimmelbildung ist auf allen Untergründen bei zu hoher Raum- oder Objektfeuchtigkeit möglich. Zur Vorbeugung und Bekämpfung stehen Holzschutzmittel und schimmelwidrige Dispersionsfarben zur Verfügung.

Vergilbung tritt auf bei oxidativ trocknenden Ölen bei Lichtabschluß oder im diffusen Licht. Aber auch einige Lackharze neigen zur Vergilbung im direkten Licht.

Wegschlagen des Glanzes kann durch zu starkes Absinken des Bindemittels in den porösen Untergrund auftreten. Es kann aber auch in Fehlern in der Lackrezeptur (ungenügende Benetzung der Pigmente usw.) begründet sein.

Zusammenkriechen von Anstrichen kann durch Unterschiede in der Oberflächenspannung bedingt sein. Sie tritt auf bei Ölfarben auf zu feuchtem, bei Leim- und Dispersionsfarben auf zu fettigem Untergrund.

12.8 Fachliteratur

12.8.1 Normen

DIN 1960	Verdingungsordnung für Bauleistungen, Teil A: Allgemeine Bestimmungen für die Vergabe von Bauleistungen (VOB)
DIN 1961	Verdingungsordnung für Bauleistungen, Teil B: Allgemeine Vertragsbedingungen für die Ausführung von Bauleistungen (VOB)
DIN 18363	VOB/Teil C, Allg. techn. Vorschriften / Anstricharbeiten
DIN 18364	VOB/Teil C, Allg. techn. Vorschriften / Korrosionsschutzarbeiten an Stahl- und Aluminiumbauten
DIN 18365	VOB/Teil C, Allg. techn. Vorschriften / Bodenbelagarbeiten
DIN 18366	VOB/Teil C, Allg. techn. Vorschriften / Tapezierarbeiten
DIN 55925	Richtlinien für Anstriche auf Putz und Holz
DIN 55928	Korrosionsschutz von Stahlbauten durch Beschichtungen und Überzüge, Teil 1–9
DIN 55945	Anstrichstoffe und ähnliche Beschichtungsstoffe, Begriffe. Dazu: „Teil 13, Ergänzungen"
DIN 55947	Anstrichstoffe und Kunststoffe. Gemeinsame Begriffe
	RAL-Regelwerke
	RAL-Farbregister (Stand 1981)
DIN 840 HR	Hauptregister mit rund 160 Original-RAL-Farben;
	außerdem sind die RAL-Übersichtskarten (nach den Farbregistern, für verschiedene einfache Vergleichszwecke) zu haben unter den Bezeichnungen F1 – F3, F12 sowie K1, K5 und RAL (DIN 2403) = Farbkarte „Kennfarben für Rohrleitungen".
	Deutsche Bundesbahn: an die Stelle der Richtlinie DS 807, kurz RoSt genannt (Technische Vorschriften für den Rostschutz an Stahlbauwerken), ist die DIN 55928, Teile 1–8 und Beiblatt 1 (Rostskala) zu Teil 4, getreten.

Weitere technische Vorschriften und Lieferbedingungen sind herausgegeben worden von:
Verein Deutscher Ingenieure (VDI),
Verein Deutscher Eisenhüttenfachleute (VDEh), Unterausschuß Rostschutzanstriche,
Abwassertechn. Vereinigung e. V., Bonn,
Rheinisch-Westfälische Elektrizitätswerke AG,
Deutsche Bundespost (PIZ, Posttechnisches Zentralamt, Darmstadt),
Bundesministerium für Verkehr, Bonn, Abt. Wasserbau.

Der Bundesausschuß Farbe und Sachwertschutz, D-6000 Frankfurt (Main) 1, Börsenplatz 1, der auch fachliche Auskünfte erteilt, hat in Zusammenarbeit mit dem Hauptverband des deutschen Maler- und Lackiererhandwerks die folgenden ,,BFS-Merkblätter" veröffentlicht. Sie werden bei Erfordernis jeweils neu bearbeitet, so daß die gesamte Merkblattsammlung stets dem Stand der Technik entspricht.

Merkblatt 1 – Außenanstriche auf Beton und Betonfertigteilen mit geschlossenem Gefüge

Merkblatt 2 – Außenanstriche auf Kalksandstein-Mauerwerk

Merkblatt 3 – Lasierende Behandlung von Außenverkleidungen, Fenstern und Außentüren aus Holz (Neubearbeitung Mai 1980)

Merkblatt 4 – Zinkstaub-Anstrichmittel und Anstriche auf Zinkstaub-Grundieranstrichen

Merkblatt 5 – Anstriche auf Zink und verzinktem Stahl

Merkblatt 6 – Anstriche auf Bauteilen aus Aluminium

Merkblatt 7 – Prüfrichtlinien für Tapeten vor der Verarbeitung

Merkblatt 8 – Beschichtungen, Tapezier- und Klebearbeiten auf Betonflächen mit geschlossenem Gefüge, innen

Merkblatt 9 – Beschichtungen auf Außenputzen

Merkblatt 10 – Beschichtungen, Tapezier- und Klebearbeiten auf Innenputzen

Merkblatt 11 – Beschichtungen außen und innen, einschl. Tapezier- und Klebearbeiten, auf Gasbeton-Elementen

Merkblatt 12 – Verarbeitung und Oberflächenbehandlung von Gipskartonplatten in der Innenausbautechnik – Stand 1972

Merkblatt 13 – Beschichtungen auf Ziegelsichtmauerwerk – Neubearbeitung 1975

Merkblatt 14 – Beschichtungen auf Asbestzement – Neubearbeitung 1975

Merkblatt 15 – Brandschutzbeschichtungen auf Holzbaustoffen und Stahlbauteilen

Merkblatt 16 – Technische Richtlinien für Tapezierarbeiten; Teil I: Stoffe

Merkblatt 16 – Technische Richtlinien für Tapezierarbeiten; Teil II: Untergründe und Verarbeitungshinweise für Tapezierarbeiten, Leistungsbeschreibungen

Merkblatt 17 – Beschichtungen, Tapezier- und Klebearbeiten auf Wänden aus ,,Wandbauplatten aus Gips"

Merkblatt 18 – Beschichtungen auf Fenster und Außentüren; Fensterwartung (Stand Mai 1980)

Merkblatt 19 – Risse in Außenputzen und ihre Überbrückung mit Beschichtungssystemen und Armierungen

Merkblatt 20 – Beurteilen des Untergrundes für Beschichtungs- und Tapezierarbeiten; Maßnahmen zur Beseitigung von Schäden

---

Merkblatt A – Schönheitsreparaturen und was dazu gehört – für Vermieter, Mieter und Maler- und Lackierbetriebe

Merkblatt B – Leistungsverzeichnis für die Ausschreibung von Anstrich- und Tapezierarbeiten mit Leistungsbeschreibungen für Regelleistungen

Merkblatt C – Anwendungsmöglichkeiten und Eigenschaften von Beschichtungen (Anstrichen), Tapeten und Belägen

12.8.2 Bücher und andere Veröffentlichungen

G. Achterberg/K. Gatz: ,,Architektur – farbig". Verlag Georg D. W. Callwey, München 1966

Brasholz/Waldau/Wallenfang: ,,Lexikon der Anstrichtechnik", Band 2: Anwendung, 2. Aufl. Verlag Georg D. W. Callwey, München 1982

V. d. Damerau/Grottendieck: ,,Kommentar zur VOB / Teil C; Anstricharbeiten (DIN 18363)". Verlagsgesellschaft Rudolf Müller, Köln, 3. Aufl. 1961

Fußeder/Wenninger/Beck: ,,Holzoberflächenbehandlung. Beizen – Mattieren – Polieren". Hans Rösler Verlag, Augsburg, 3. Aufl. 1964

Gatz/Wallenfang: ,,Farbige Bauten". Verlag Georg D. W. Callwey, München, 2. Aufl. 1961 (vergriffen)

W. Hart: „Handbuch der Verlegetechnik". Deutsche Verlagsanstalt GmbH, Stuttgart 1966

E. Karsten: „Lackrohstoff-Tabellen". Curt R. Vincentz Verlag, Hannover, 4. Aufl. 1967

K.A. van Oeteren: „Korrosionsschutz durch Anstrichstoffe". Wissensch. Verlagsgesellschaft, Stuttgart 1961

K.A. van Oeteren: „Konstruktion und Korrosionsschutz". Curt R. Vincentz Verlag, Hannover 1966

F. Reinhardt: „Tapezierfibel". Verlagsanstalt A. Koch, Stuttgart

Rupflin/Halmburger: „Malereien an Fassaden". Verlag Georg D.W. Callwey, München 1966

Sponsel/Wallenfang/Waldau: „Lexikon der Anstrichtechnik", Band 1, Grundlagen, 6. Aufl. Verlag Georg D.W. Callwey, München, 1981

Gerhard P. Wahl: „Handbuch der Tapezier- und Klebetechniken". Deutsche Verlagsanstalt GmbH, Stuttgart 1968

H. Wulf: „Große Farbwarenkunde". Verlagsgesellsch. Rudolf Müller, Köln-Braunsfeld, 8. Aufl. 1974

Gerhard P. Wahl: „Handbuch der Bautenschutztechniken". Deutsche Verlagsanstalt, Stuttgart 1970

13 Kunststoffe

13.1 Das Kunststoffgebiet

Kunststoffrohstoffe, die auch Kunstharze genannt werden, sind Großprodukte der Chemischen Industrie. Die großen Moleküle dieser synthetischen organischen Werkstoffe (s. Abschn. 13.2) haben ein Gerüst aus mehreren hundert bis tausend fadenförmig oder räumlich vernetzten (s. Abschn. 13.3), chemisch miteinander oder wenigen anderen Elementen (O, N) verbundenen Kohlenstoff-(C-)Atomen. Ausgangsprodukte für die Kunststoffsynthese sind einfache reaktionsfähige Kohlenstoffverbindungen (Monomere). Diese werden überwiegend „petrochemisch" durch chemische Abwandlung benzinähnlicher Kohlenwasserstoffe (C-H-Verbindungen) aus Erdöl („Naphta"-Fraktion) oder Erdgas, zu einem zur Zeit geringen Anteil aus Produkten der Kohlechemie, hergestellt. Sauerstoff (O) und Stickstoff (N) stammen aus Wasser und Luft, Chlor (Cl), das u.a. in dem wichtigen Baukunststoff Polyvinylchlorid (PVC) enthalten ist, wird aus Kochsalz (NaCl) durch Elektrolyse gewonnen. Auch Produkte der Cellulose-Chemie und die halborganischen Silicone (s. Abschn. 13.6.6) gehören zu den Kunststoffen; desgleichen die zahlreichen Synthesekautschukarten für weichgummiartige Erzeugnisse. Bestimmte Kunststoffrohstoffe werden zu Synthesefasern verarbeitet. Deren Herstellung und Anwendung im Textilbereich ist ein Wirtschaftsgebiet für sich mit eigener Technik. Aufbau und Verhalten der Kunststoffe im allgemeinen werden in 13.2 und 13.3, die wichtigsten einzelnen Kunststoffgruppen in 13.4 und 13.5 behandelt.

„Flüssigkunststoffe" nennt man in der Bauchemie einerseits Kunstharze, die als sahneartige Dispersionen in Wasser fein verteilt oder auch gelöst angeliefert werden, andererseits lösemittelfreie flüssige „Reaktionsharze". Diese sind Kunststoffvorprodukte, die bei der Verarbeitung durch chemische Reaktion mit bestimmten Reaktionsmitteln aushärten. Flüssigkunststoffe sind für Bindemittel oder Bindemittelzusätze im Bauwesen vielfältig brauchbar (s. Abschn. 13.6). Andererseits sind die flüssigen, bei oder wenig über Raumtemperatur chemisch aushärtenden Reaktionsharze *(Abb. 13.7)*, spezifisch geeignet für die Fertigung von Bauteilen aus glasfaserverstärkten Kunststoffen (GFK) durch schichtweises Einbetten („Laminieren") von Textilglas-Fasermatten oder -Geweben in die Harz-Matrix. Für solche bei geringer Wanddicke hochfesten Verbundwerkstoff-Erzeugnisse gibt es vielfältige, für Kleinserien mehr handwerkliche, andererseits aber auch weitgehend automatisierte Verfahren.

Die meisten Kunststoffe sind bei der Synthese oder der Aufbereitung der Syntheseprodukte zu Formmassen so einstellbar, daß die bei Raumtemperatur festen, pulvrigen oder körnigen Rohstoffe im Temperaturbereich zwischen 100 °C und 300 °C unter Druck fließend spanlos formbar werden, ein Verhalten, von dem Bezeichnungen der ganzen Werkstoffgruppe wie Plaste (DDR), Plastics u. ä. herrühren. Dieses Verhalten ist in der Tat spezifisch für Kunststoffe.

Auf ihm beruhen die außerordentlich vielfältigen Verfahren (Warmpressen, Spritzgießen, Hohlkörperblasen, Rotationsformen, Extrudieren, Kalandrieren) wirtschaftlicher Massenfertigung von Formteilen, profilförmigen oder flächigen Halbzeugen in der industriellen Kunststoffverarbeitung. Die Formmassen enthalten außer den Syntheseprodukten auch Verarbeitungshilfsstoffe (Katalysatoren, Gleitmittel, Stabilisatoren), Pigmente, Zuschläge zur Verbesserung bestimmter Eigenschaften, gegebenenfalls auch Weichmacher. Mit physikalischen oder chemischen Treibmitteln, die bei der Verarbeitung wirksam werden, stellt man Kunstharz-Schaumstoffe (s. Abschn. 13.5.3) her.

Ein vom Rohstoffhersteller als geformtes Halbzeug geliefertes Produkt ist das Acrylglas; ältere nur als Halbzeug verfügbare Erzeugnisse sind Vulkanfiber, Celluloid, Zellglas, Kunsthorn. Erzeugnisse der kunststoffverarbeitenden Industrie – Bahnen, Platten, Rohre, Profile, Bauelemente aus Kunststoffen –, die für das Bauwesen von Bedeutung sind, werden in 13.5 behandelt.

13.2 Aufbau, Eigenschaften und Anwendungsbereich

Der Aufbau der Moleküle synthetischer organischer Werkstoffe als vielteilige (polymere) Verbindungen mit ausgedehnten faden- oder netzförmigen Gerüsten chemisch aneinander gebundener Atome, ihre „makromolekulare" Struktur gleicht im Prinzip dem Molekülbau natürlicher organischer Werkstoffe wie Holz, Horn, Tier- und Pflanzenfasern, Naturgummi. Dementsprechend sind Kunststoffe (ähnlich wie organische Naturstoffe) Werkstoffe geringer Dichte, in allen Graden von Steifigkeit oder Schmiegsamkeit verfügbar, wenig wärmeleitend, elektrisch isolierend, korrosions- und wasserbeständig. Solche Eigenschaften sind bei der Kunststoffentwicklung „nach Maß" unserer technischen Bedürfnisse höher gezüchtet worden. Im Gegensatz zu Naturstoffen faulen Kunststoffe nicht und werden auch meist von Schädlingen nicht angegriffen; ihre glatten, dichten Oberflächen sind hygienisch und leicht sauberzuhalten. Die Witterungsbeständigkeit von Kunststoffen ist unterschiedlich und auch von der an sich meist beliebig möglichen Einfärbung abhängig.

Wie alle rein organischen Baustoffe sind ungefüllte Kunststoffe „brennbar", entspr. Haupt-Baustoffklasse B nach DIN 4102. Soweit sie nicht flammhemmend ausgerüstet oder, wie z. B. PVC vom chemischen Aufbau her, in die Klasse B 1 „schwer entflammbar" fallen, sind für das Bauwesen zugelassene Kunststofferzeugnisse „normal entflammbar" (Kl. B 2), ähnlich wie Holz. Verbundbaustoffe aus Kunststoffen und mineralischen Stoffen können die Anforderungen Kl. A 2 an nichtbrennbare Baustoffe erfüllen. Manche unter Verwendung von Kunststoffen hergestellte Bauteile erreichen > 30 min bis > 90 min Feuerwiderstandsdauer. Solche Bauteile sind „feuerhemmend", ihre Verwendung für feuerbeständig (F 90) auszuführende Wände bedarf auch bei hoher Feuerwiderstandsdauer der Genehmigung im Einzelfall.

Das Verhalten von Kunststoffen im Gebrauchsbereich ist stärker temperaturabhängig als das anorganischer Werkstoffe. Der hohe Wärmeausdehnungskoeffizient ungefüllter Kunststoffe um 10^{-4}/K muß vor allem für Außenanwendungen konstruktiv berücksichtigt werden, zur Vermeidung übermäßiger Erwärmung durch Sonneneinstrahlung sind helle Farben zweckmäßig. Mit Zuschlägen oder Verstärkungsmitteln kann die Wärmeausdehnung von Kunststoffen der von Beton oder Leichtmetallen angeglichen werden.

Manche thermoplastischen Kunststoffe (s. Abschn. 13.3.1) verspröden bei Frosttemperaturen. Für Beanspruchung bei Temperaturen oberhalb von etwa 70 °C, die allerdings im Bauwesen nur selten, z. B. für Warmwasserheizungs- und Abwasserleitungen, vorkommen, ist nur eine begrenzte Anzahl von Kunststoffen brauchbar.

Für die vielseitigen Anwendungen von Kunststofferzeugnissen im Bautenschutz im weitesten Sinne und für den technischen und gestalterischen Ausbau sind bauphysikalische Eigenschaften, wie das einstellbare gemischt elasto-plastische Verhalten von Fugendichtungsmassen, die Dämmwirkung von Schaumkunststoffen, die Sperrwirkung schmiegsamer Kunststoffdichtungs- und -dachbahnen, Korrosions- und Abnutzungsbeständigkeit, weiter auch die spezifischen Formgebungsmöglichkeiten durchgehend gefärbter, kurzfristig zu erneuernde Farbanstriche nicht erfordernder Kunststofferzeugnisse wichtiger als ihre mechanische Belastbarkeit. Kosten und Energie einsparende Baumaßnahmen bei der Anwendung von Kunststoffen unter diesen Gesichtspunkten sind – außer im Neubau – insbesondere auch für die Sanierung und Erhaltung der Altbausubstanz von wesentlicher Bedeutung.

Zweckmäßig gestaltete Erzeugnisse aus unverstärkten harten Kunststoffen mit Kurzzeitfestigkeitswerten bis 10^2 N/mm² für den Außengebrauch sind geeignet, Wind- und Schneelasten anzunehmen. Die Festigkeitswerte durch Glas- oder Kohlenstoff-Fasern, Gewebeeinlagen oder bestimmte Mineralien „verstärkter" Kunststoffe können erheblich höher als die von Baustahl liegen. Die Steifigkeit von Kunststoffen mit E-Modulwerten um 10^3 N/mm² für unverstärkte, 10^4 N/mm² für im Bauwesen verwendete verstärkte Kunststoffe ist vergleichsweise gering, *(Abb. 13.1)*. Selbsttragende Bauelemente aus Kunststoffen müssen durch räumliche Gestaltung (Profilierung) oder durch Sandwichbauweisen mit leichten Stützkernen versteift werden, um so mehr, als bei den gegenüber herkömmlichen Baustoffen vielfach höheren Preisen der Kunststoffe nur dünnwandige Ausführungen wirtschaftlich sein können. Auch die Kerbempfindlichkeit und die gegenüber den Kurzzeitkennwerten wesentlich geringeren Zeitstandfestigkeiten von Kunststoffen müssen bei solchen Konstruktionen berücksichtigt werden. Rechenwerte für die Dimensionierung von Kunststoffbauteilen sind Zeitstanddiagrammen oder -tabellen zu entnehmen, die für alle wichtigen Kunststoffe zur Verfügung stehen.

Für das Traggerüst vielgeschossiger Hochbauten kommen Kunststoffe aus konstruktiven, wirtschaftlichen und

Sicherheitsgründen nicht in Betracht, wohl aber für raumabschließende Brüstungs- und Fassadenelemente im Systembau, Lichtwände und -dächer. Profile und räumlich geformte Elemente für die Außenhaut von Kaltfassaden sind ein im Ausland mehr als bei uns vertretenes Anwendungsgebiet. Kunststofffenster haben am deutschen Fenstermarkt mit zur Zeit rund 40 % etwa den gleichen Anteil wie Holzfenster mit weiterhin steigender Tendenz.

Überwiegend zugbeanspruchte Faltflächen-, Schalen- und Kuppelkonstruktionen für weitspannende leichte, meist lichtdurchlässige Tragwerke aus oder mit Kunststoffelementen sind in zahlreichen Formen entwickelt und auch gebaut worden. Anwendungsbereiche sind Ausstellungs- und Sportbauten, Großgewächshäuser, Markt- und Fabrikhallendächer, metallfreie Umhüllungen für Stationen der Radar- und Nachrichtentechnik. Eine besondere Form sind luftgetragene Hallen aus kunststoffbeschichteten Chemiefasergeweben (pneumatische Konstruktionen, 13.5.8). Leichte Kunststoffraumelemente in herkömmlicheren Formen haben praktische Bedeutung für das Bauen unter extremen Umweltbedingungen und für temporäre Bauten. Zu Sanitärzellen aus Kunststoff s. 13.5.12.

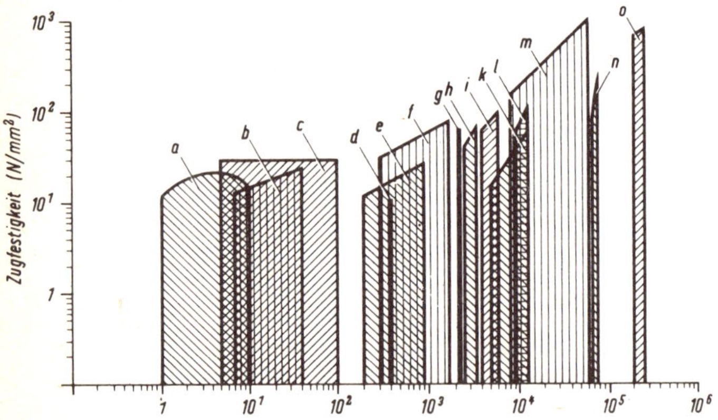

Abb. 13.1: Zugfestigkeits- und Elastizitätsmodul-Bereiche gummielastischer bis stahlelastischer Werkstoffe

gummielastische Stoffe:	a Weichgummi, b Weich-PVC, c Polyurethan-Elastomere;
teilkristalline unverstärkte Thermoplaste:	d Polytetrafluorethylen, e Polyethylene, f Polyamide;
Thermoplaste im Glaszustand:	g Polycarbonat, h Polystyrol, PVC hart, Acrylglas;
Hydratcelluloseschichtstoff:	i Vulkanfiber;
klassische Preß- und Schichtpreßstoffe:	k Preßstoffe DIN 7708, l Hartpapier, Hartgewebe;
glasfaserverstärkte Kunststoffe:	m Glasseiden-Matten, -Gewebe oder -Rovings mit UP- oder EP-Harzmatrix;
Metalle:	n Aluminium, o Stahl.

(aus Saechtling, Kunststoff-Taschenbuch, s. 22. Ausgabe 1983)

13.3 Einteilung

Für die Verarbeitung und Anwendung von Kunststoffen sind vor allem die unterschiedlichen Veränderungen ihres mechanischen Verhaltens mit der Temperatur von Bedeutung, die auf grundsätzlichen Unterschieden der Molekülgestalt beruhen. Danach teilt man (DIN 7724) Kunststoffe in die Hauptgruppen der Thermoplaste oder Plastomeren, der Duroplaste oder Duromeren und der Elastomeren ein.

13.3.1 Thermoplaste (Plastomere)

haben fadenförmige Makromoleküle, die bei jeder Temperaturerhöhung schließlich in sich und gegeneinander bis zur Fließbarkeit des Kunststoffes beweglich werden, bei jedem Abkühlen sich eng verfilzt (amorph) oder teilweise gebündelt (kristallin) zusammenlagern (13.3.4). Thermoplastische Kunststoffe können – soweit nicht der bei übermäßiger Temperaturbeanspruchung einsetzende chemische Abbau Grenzen setzt – wiederholt und kontinuierlich warm-fließbar geformt werden; die Erzeugnisse erstarren durch Abkühlen. Amorphe thermoplastische Kunststoffe durchlaufen unterhalb des Fließ-Temperaturbereichs einen gummielastischen Zustandsbereich, in dem Halbzeug (Rohre, Profile, Tafeln) mit geringen Kräften, z.B. durch Biegen von Hand, maschinell durch Saugen (Vakuum) oder Blasen, weitgehend umgeformt werden kann. Solche Formungen müssen durch Abkühlen unter Spannung fixiert werden; sie gehen beim Wiedererwärmen in den gummielastischen Zustandsbereich, also bei niedrigeren Temperaturen als die der thermoplastischen Urformung des Rohstoffes, zurück. Thermoplastische Kunststoffe können geschweißt werden.

Baustellenverfahren sind u.a. das Stumpfschweißen von PE- und PP-Rohren (13.5.4) nach Aufheizen der Schweißflächen durch einen zwischenliegenden Schweißspiegel auf 200–300 °C, das Überlappschweißen von Baudichtungs- und Dachbahnen (13.5.2/8) mit Warmgas- oder Heizkeilgeräten. Beim Extruderschweißen wird ein fließbarer extrudierter Massestrang in die Schweißnaht eingebracht. Beim sogenannten „Quellschweißen" werden Kunststoffbahnen nach Anlösen mittels eines in die Überlappung eingeführten Lösemittels unter Anrolldruck unlösbar verbunden.

Dem Vorteil vielseitiger Verarbeitbarkeit von Thermoplasten steht als Nachteil die entsprechende Temperaturabhängigkeit des mechanischen Verhaltens gegenüber; die Temperaturgrenzen störender Versteifung oder Erweichung liegen bei den zahlreichen Kunststoffen dieser Gruppe allerdings sehr unterschiedlich und werden immer mehr erweitert. Die einzelnen thermoplastischen Kunststoffe bieten eine reiche Skala nach Härte-, Zug- und Biegefestigkeit, Schlagzähigkeit und Dehnbarkeit verschiedener Werkstoffe. Einige sind infolge ihres besonderen molekularen Baus bereits bei Gebrauchstemperaturen gummiweich oder können (Polyvinylchlorid) durch Zusatz nichtflüchtiger Lösungsmittel als „Weichmacher" gummielastisch eingestellt werden, s. dazu 13.3.3.

13.3.2 Duroplaste

(neuere Bezeichnung Duromere) werden als flüssige, schmelzbare, in der Wärme fließbar erweichende Vorprodukte angeliefert, die beim Formungsvorgang durch eine chemische Reaktion, bei der räumlich eng vernetzte Makromoleküle entstehen, „aushärten". Ausgehärtete Duroplaste sind durchweg glasig hart; ihre mechanischen Eigenschaften sind, da die räumlichen Netzbindungen nur durch chemischen Abbau zerstört werden können, im gesamten Gebrauchsbereich wenig temperaturabhängig. Diesem Vorteil stehen als Nachteile die beschränkten Möglichkeiten einmaliger Formung – Duroplaste sind nicht warm umformbar und nicht schweißbar – und eine gewisse Sprödigkeit der ausgehärteten Kunstharze gegenüber.

Die Sprödigkeit wird durch Zuschläge oder Harzträger (Füllstoffe) vermindert, je nach „Typ" (Typentafeln DIN 7708 und DIN 16911–16913; *s. Tab. 13.2)* und Verarbeitungsverfahren Gesteins- oder Holzmehl, Fasern, Faserstränge, Schnitzel oder Bahnen. Ältere Duroplaste von der Art der ersten, bereits um 1910 durch Totalsynthese aufgebauten Kunststoffe („Bakelite") brauchen als gefüllte Formmassen zum blasenfreien Aushärten erheblichen Druck bei hoher Temperatur und können deshalb (im Warmpreßverfahren) nur auf Werkstücke beschränkter Größe verarbeitet werden. Freizügiger lassen sich die drucklos ohne Abspaltung flüchtiger Nebenprodukte aushärtenden „Reaktionsharze" verarbeiten (s. Abschn. 13.1 und 13.6.2).

Das unterschiedliche Verhalten thermoplastischer und duroplastischer Kunststoffe läßt sich mit dem von Glas und Keramik vergleichen; allerdings liegen die Verarbeitungstemperaturen für die anorganischen Erzeugnisse wesentlich höher. Das im Ofen erschmolzene mineralische Glas erhärtet beim Abkühlen; der Glasbläser kann es durch erneutes Erwärmen wieder formbar machen. Keramische Werkstoffe dagegen härten beim Brennen aus, so daß sie nicht mehr nachgeformt werden können. Das Aushärten kalthärtender Duroplaste entspricht dem Abbinden von Beton. Beton ist auch insofern ein guter Vergleichswerkstoff, als seine Festigkeit keineswegs vom abbindenden Zement allein, sondern sehr wesentlich auch von Zuschlagstoffen und gegebenenfalls von der Bewehrung mitbestimmt wird.

In die Zwischengruppe „Thermoelaste" werden harte Kunststoffe eingereiht, die bei höherer Temperatur zwar thermoelastisch warm formbar, aber nicht fließbar werden. Zu diesen gehört z.B. das gegossene, sehr hochmolekulare Acrylglas.

13.3.3 Elastomere

werden polymere Werkstoffe in gummielastischem Zustand genannt, deren Makromolekülfäden in größeren Abständen untereinander vernetzt sind. Durchweg chemische Netzbindungen verhindern, daß die Fadenmoleküle bei höheren Temperaturen gegeneinandergleiten, d.h., daß der Stoff fließbar wird. Dadurch unterscheiden sich solche elastomeren Stoffe grundsätzlich von weich eingestellten Thermoplasten entspr. Abschn. 13.3.1. Vulkanisierter Natur- und Synthesekautschuk sind Elastomere, die in der Bautechnik z. B. für weitgehend temperaturunabhängig gummielastische Auflager von Betonbauteilen und für Fugendichtungsprofile genutzt werden.

Sogenannte „thermoplastische Elastomere" sind Thermoplaste, die infolge anteiliger temperaturstandfester Bindungen in der Makromolekülstruktur über einen weiten Temperaturbereich (bis etwa 100 °C) gummielastisch standfest sind. Sie ermöglichen die Einsparung des für herkömmliche Weichgummi-Erzeugnisse erforderlichen Arbeitsgangs der chemischen Vernetzung (Vulkanisation) nach der Formung durch z. B. Spritzgießen oder Extrudieren.

Sehr weitmaschig vernetzt sind elastoplastische oder plastoelastische, meist aus mehreren Komponenten hergestellte Fugendichtungsmassen, die einerseits eine gewisse Standfestigkeit aufweisen, andererseits Spannungen aus Bauwerksbewegungen allmählich abbauen sollen.

13.3.4 Weitere Einteilungsmöglichkeiten

die für den Anwender im einzelnen von geringerem Belang sind, ergeben sich aus der Herkunft der polymeren Werkstoffe (Erdöl- oder Kohlechemie, organische Naturstoffe), den Syntheseverfahren der Polymerisation, Polykondensation oder Polyaddition, mit denen aus den flüssigen oder gasförmigen Monomeren Makromoleküle aufgebaut werden, und deren chemischem Grundcharakter. Dieser bestimmt u. a. das Ausmaß der Korrosions- und Lösemittelbeständigkeit einzelner Kunststoffe; er ist daher der Anordnung der *Tab. 13.1* bis *13.3* zugrunde gelegt. Allerdings kann er durch das *Copolymerisation* genannte Verfahren der Synthese eines Polymeren aus verschiedenen monomeren Grundstoffen oder durch die der Metallegierung entsprechende Mischung verschiedener Polymerer *(Polyblends* oder *Alloys)* erheblich modifiziert sein.

Wichtig für das mechanische Verhalten thermoplastischer Kunststoffe ist die Regelmäßigkeit der Anordnung (Taktizität) der Grundeinheiten im Makromolekül. Bei bestimmten Ordnungsgraden können Kunststoffe in Teilbereichen kristallisieren. *Teilkristalline Kunststoffe* sind zäh, fest, in dickeren Schichten nicht glasklar. Bei Beanspruchung durch zunehmend höhere Temperaturen folgt einem gewissen Absinken der Festigkeit bis zur Schmelztemperatur der Kristallite bei dieser der unmittelbare Übergang in eine zähflüssige, thermoplastisch formbare Schmelze. Thermoplaste mit geringerem molekularen Ordnungsgrad sind die bei tieferen Temperaturen harten, transparenten, *glasig amorphen Kunststoffe.* Sie werden in einem „Glasübergangs"-Temperaturbereich von wenigen Graden gummielastisch weich, bei weiterer Temperaturerhöhung ohne scharfen Grenzübergang schließlich thermoplastisch formbar. Entsprechende Hinweise für die einzelnen Kunststoffe finden sich in der Spalte „Kennzeichnung" der *Tab. 13.1.*

Tab. 13.1: Thermoplaste (Thermoplast und Duroplast)

Technische Bezeichnung	Kurzzeichen	Chemischer Grundbaustein	Rohstoff-Handelsnamen	Kennzeichnung	Anwendungen im Bauwesen
Polyethylen	PE	$-CH_2-CH_2-$	Baylon, Hostalen, Lupolen, Vestolen	PE-LD, ≧ 0,92; PE-HD, ≦ 0,96; teilkristallin; je nach Dichte schmiegsam bis hart; korrosions- und kältefest	Wetterschutz- und Feuchtigkeitssperr-Folien, Baudichtungsbahnen, Versorgungsleitungen, Kanalisations-Großrohrleitungen, Eltisolierung (HF-Antennenkabel) chemisch vernetzt (PEV); Heizungs- und Hausinstallationsrohre; chloriert (PEC): Dach- und Dichtungsbahnen
Ethylen-Copolymere	ECB EVA	Cop. mit Bitumen mit Vinylacetat u. a.	Lucobit, Levapren, Wacker Cop. VAE	schmiegsam weich	Dichtungs- und Dachbahnen, Dichtungsprofile
Polypropylen	PP	$-CH_2-CH(R)-$	Hostalen PP, Novolen, Vestolen P	härter und temperaturstandfester, weniger kältefest, sonst ähnlich PE	temperaturstandfeste Formteile, Hausentwässerungsrohre,
Polybuten-1	PB	R in PP: CH_3, PB: C_2H_5	Shell PB		Fußbodenheizungs- und Hausinstallationsrohre: PP-Cop., PB
Polyisobutylen	PIB	$-CH_2-C(CH_3)(CH_3)-$ (mit H_3C und CH_3)	Oppanol B	je nach Sorte weichgummiartig bis plastisch	Baudichtungsbahnen, Dachbeläge, Dichtungsbänder
Polymethylpenten	TPX	$-CH_2-CH-$ mit $CH_2-CH(CH_3)-CH_3$	TPX	glasklar, zäh	für Innenverglasungen
Polystyrol	PS	$-CH_2-CH(C_6H_5)-$	Hostyren, Vestyron	hart, glasklar, etwas spröd	Schaumstoffe für Wärmeschutz (Hostapor, Roofmate, Styropor, Styrodur, Styrofoam, Vestypor) und Erdbau (Styromull)
Copolymerisate	{ SB, SAN, ABS }	mit Butadien (B), Acrylnitril (AN oder A)	SAN: Luran; ABS: Novodur, Terluran	zäher als PS; gut warmformbar	Gehäuse, Schutzhelme, Geräteteile, HT-Abflußrohre
	ASA	mit AN + Acrylester	Luran S	gut witterungsbeständig	sonst wie ABS
Polyvinylchlorid	PVC(u)	$-CH_2-CH(Cl)-$	Hostalit, Solvic, Trovidur, Vestolit, Vinnol, Vinoflex	hart, korrosionsfest, gut warmformbar und schweißbar	wichtigster Rohrleitungswerkstoff, auch für Fittings u. a. Formstücke, Brunnenbau, Dränrohre, Elektrorohre, Rolladenprofile
Polyvinylchlorid, nachchloriert	PVCC	höherer Chlorgehalt	Trovidur HT	ähnlich PVC	warmgehende Chemie-, Abfluß- und Hausinstallationsrohre
Polyblends	PVC erhöht schlagzäh	mit elastifizierenden Zusätzen	Hostalit Z, Vestolit HI, Vinnol H 315/65	schlagzäher als PVC, auch bei tiefen Temperaturen	Fenster, Fassadenverkleidungen, Lichtplatten und -bahnen (gewellt), Dachrinnen, Möbeldeckfolien

weichgestellt	weich PVC-P	„plastifiziert“	Produktennamen	der Weichmacher leder- bis weichgummiartig	Wasserbeckenauskleidungen, Fußbodenbelage, Dekorations- und Polsterfolien, Bauprofile u. a.
Polyvinylfluorid	PVF	$-CH_2-CH(F)-$	Tedlar (USA)	korrosions- und wetterfest, glasklar	dünne Folie zur Bekleidung von Außenwänden und Dächern, ds. u. ä. Cop. Solarkollektoren – (Zwischen-)Abdeckungen
Polytetrafluorethylen	PTFE	$-CF_2-CF_2-$	Hostaflon, Teflon	äußerst korrosions- und temperaturstandfest	Betonfertigteil-Auflager, GF-verstärkte Zeltdächer; Cop. ETFE: transparente Membrandächer
Polyvinylacetat	PVAC	$-CH_2-CH(OOCH_3)-$	Mowilith, Vinnapas	glasklar; bildet geschmeidige Filme	PVAC u. Copolymerisate sind Grundstoffe für Klebstoffe und Anstrichmittel, meist als wäßrige Dispersion (Latex)
Polymethylmethacrylat (Acrylglas)	PMMA	$-CH_2-C(CH_3)(OOCH_3)-$	Deglas, Plexiglas, Resartglas, Perspex, Degadur, Plexilith	hart, brillant, glasklar, „gegossenes“ Acrylglas nur warm umformbar flüssiges monomeres MMA	Lichtwände, -decken, und -dächer, Lichtkuppeln, Brüstungen, Sanitärobjekte, Leuchten Bindemittel für Kunstmarmor, Reaktionsharz-Estrich und -Fahrbahn-Mörtel
Polyoxymethylen und verwandte Polyacetale	POM	$-CH_2-O-$	Delrin, Hostaform, Ultraform	weitgehend kristalline Kunststoffe, zähfest, hornartig bis hart, gut wärmestandfest	Diese u. ä. Kunststoffe (z. B. mod. PPO Noryl) sind „engineering plastics“ für Armaturen, Maschinenbedienungs- und Funktionsteile u. dgl. PA: statisch belastbare Dübel
Polyamide	PA	$-NH-(CH_2)x-CO-$ u. ä.	Durethan, Ultramid, Vestamid		
Polyterephthalate E = ethylen- B = butylen-	PETP PBTP	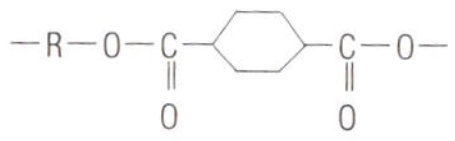	Arnite, Pocan, Ultradur, Vestodur	wärmestandfeste dünne Folie: Hostaphan	Trägerfolie für bituminöse Dichtungsbahnen, Elektrofolien, technische Formteile
Polycarbonat	PC	$-R-O-C(=O)-O-$	Makrolon, Lexan	glasklar; wärme-, stand- und bruchfest	bruchfeste Verglasungen, Straßenlampen, Gewächshäuser, Elektrofolien
Celluloseester: Celluloseacetat Celluloseacetobutyrat Celluloseacetopropionat	CA CAB CAP	} Veresterung natürlicher Cellulose aus Holz oder Baumwolle mit den betr. Säuren	Cellidor	glasklar, zähfest, verschieden harte Einstellungen	Formstücke für Bau- und Möbelbeschläge; CAB auch für Rohre, Lichtwände und Oberlichte; Elektrofolien
Celluloseether: Methylcellulose Carboxymethylcellulose	MC CMC	} Veretherung von Cellulose	Culminal, Metylan, Relatin, Tylose	wasserlösliche Bindemittel	Tapetenkleister, Malerleim, Innenputz

Tab. 13.2: Duroplaste und Elastomere[1]) (Thermoplast und Duroplast)

Technische Bezeichnung der Kunstharz-Gruppe	Kurz-zeichen	Chemischer Aufbau, Verarbeitungsart	Lieferform, Typ, Handelsname [2])	Kennzeichnung	Anwendungen im Bauwesen
Phenol-Formaldehyd-Harze (Phenoplaste)	PF	Novolak, Resol: schmelzbare, z. T. lösliche Zwischenprodukte aus Phenolen und Formaldehyd; Aushärtung unter Druck und Hitze, Spezialharze kalt mit Säuren; Resit: ausgehärteter Phenoplast	Technische Harze	feste, spirituslösliche oder flüssige, beschränkt mit Wasser verdünnbare Harze	Heißleime für wetterfestes Schicht- und Sperrholz, Bindemittel für Hartfaserplatten, Schaumkunststoffe;
			speziell:	Phenol-Resorcinharze	wasser- und wetterfeste Montageleime
			Preßmassen DIN 7708:		
			Typ 11 Typ 31	Füllstoff Gesteinsmehl Füllstoff Holzmehl	Formteile für Elektroinstallation und Armaturen, Typ 11 besonders wärmestandfest
			Typen 51 bis 84	mit Fasern, Schnitzeln, Strängen, Bahnen aus Papier oder Textilien	Preßstoffteile für besondere mechanische Beanspruchungen, z. B. Lagerschalen
			Werzalit	mit Holz-Spänen oder -Schnitzeln	Außen- und Innen-Wandverkleidungen, Brüstungen
			Schichtpreßstoffe Hp 2061–2062 Hgw 2081–2083 Durofol, PAG-Holz	Technisches Halbzeug: Hartpapier Hartgewebe Preßschichtholz mit hohem Holzgehalt	u. a.: Schalttafeln u. a. elektrotechnische Einrichtungen; Maschinenteile, z. B. Lager und Zahnräder; Stadionbänke, Bestuhlungen, Fassadenbekleidungen
Harnstoff-Formaldehyd-Harze Melamin-Formaldehyd-Harze (gemeinsamer Name: Aminoplaste)	UF MF	wasserlösliche Vorprodukte aus Harnstoff bzw. Melamin und Formaldehyd; Aushärtung unter Druck und Hitze oder kalt mit schwach sauren Katalysatoren	Technische Harze	fest als Brocken oder Pulver, oft wäßrige Lösungen	Feucht- bis wasserfeste Kalt- und Heißleime. UF: Spanplatten-Bindemittel, Ortschaum für Wärmeschutz, MF: offenporiger Schaum, z. B. für Schallschutz
			Preßmassen: (DIN 7708): UF Typ 131	Füllstoff, kurzfaseriger Zellstoff, etwas weniger wasserfest als Typ 31	hellfarbige Formteile für Elektroinstallation, Möbelbau, Beschläge
			MF Typ 152	gut wasserfest	u. a. auch für Anstalts-Eßgeschirre
			andere Typen (bis 181)	verschiedene Füllstoffe	kriechstromfeste Installationsteile
			Dekorationsplatte, Typ A: u. a. Formica, Getalit, Resopal, Ultrapas	Hartpapier mit PF-gebundenem Kern. MF-gebunden, farbig dessinierten Deckschichten	Innen- und Außenwand-Bekleidungen, Tür- und Möbelbeläge (auch Holzwerkstoff-Deckschichten)

Ungesättigte Polyester	UP	UP (Polyester in Styrol gelöst + Katalysatoren).	UP: Leguval, Palatal, Polyleit, Vestopal;	Die flüssigen oder aufgeschmolzenen Mischungen müssen, ggf. mit Zuschlägen oder Verstärkungsmaterial, in einer begrenzten „Topfzeit" verarbeitet werden. Ausgehärtet sind EP noch korrosions- und wärmestandfester als UP	Bindemittel für Kunstharz-Beton und -Estrichmassen, Betonwaren, Fassadenplatten, Kunstmarmor, konstruktiv belastbare Metall-, Stein- und Beton-Klebungen, Injektionen und Beschichtungen für Bauwerks-Sanierungen, im Gemisch mit Glasfasern zum Auskleiden von Tiefbauten im Faser-Harz-Spritzverfahren
Epoxidharze	EP	EP (+ Aminhärter) sind Kunstharzvorprodukte, die nach Vermischen aufeinander abgestimmter Komponenten ohne Druck kalt oder warm vernetzen, d. h. aushärten	EP: Araldit, Beckopox, Epikote, Epoxin, Eurepox, Grilonit, Hostapox, Lekutherm, Rütapox;		
u. ä. drucklos härtende „Reaktionsharze"		auch GF-verstärkte Preßmassen (DIN 16911/3)			
Glasfaserverstärkte Kunststoffe (30–80 % Glasgehalt)	GFK, meistens GF–UP	Kunstharze wie vorstehend, Verstärkung; Glasfaser-Stränge (Rovings), -Matten, -Gewebe	Licht-Platten und -Bahnen: z. B. Filon, Lamilux, Owellan, Polydet, Scobalit	Längs- oder quergewellte durchscheinende Tafeln mit Faserstruktur; Formstücke, Rohre, Profile	Lichtwände und -dächer, Oberlichte, Verbundbauelemente, Bauprofile, weite Rohre, Grünfuttersilos, Heizöl- und Wärmespeicher-Tanks
Polyurethane, vernetzte	PUR	Vorprodukte Desmophene (Polyalkohole) Desmodure (Polyisocyanate), reagieren miteinander zu harten oder weichelastisch vernetzten Erzeugnissen	vielfältige Produktgruppen mit jeweils spezifischer Verarbeitungstechnik, Systemnamen u. a.: Harte Integral-Schaum-Bauteile: Baydur Halbharte techn. Schaumstoff-Erzeugnisse: Bayflex, Sylomer Hartschaum-Dämmstoff: Baymer, Elastopor Beschichtungsmassen: Baygal, Baysport, Elastocoat Klebstoffe: Desmocoll		Integralschaum-Bauteile, techn. Schall- und Erschütterungsschutz, Wärmedämm-Schaumstoff-Platten und -Ortschäume, Bindemittel für Estrich- u. a. Beschichtungsmassen, elastische Sportstättenbeläge, weiche Polsterschäume (Moltopren), gummielastische Werkstoffe (Vulkollan)
Silicone	SI	$-O-\overset{R}{\underset{R}{Si}}-O-$	Baysilon, Silopren, Silastik, Si-Kautschuk	im Gebrauchszustand äußerst temperaturstandfeste, wasserabweisende Spezial-Erzeugnisse	Silicon-Harze: Schornstein-Lack, Silicon-Kautschuk: Elektroisolierung, Fugendichtungen, Silane, Siloxane und Siliconate: wasserabweisende Bauten-Schutzmittel

[1]) Elastomere sind einige PUR- und SI-Produkte, ferner vulkanisierte Synthesekautschuke, wie Polychloropren (CR), Nitrilkautschuk (NBR), Polysulfidkautschuk (Thiokol)

[2]) Rohstoffhandelsnamen für Phenoplaste und Aminoplaste werden nicht aufgeführt, da diese überwiegend unter technischen (Typ-)Bezeichnungen gehandelt werden. Historisch bekannte Namen sind: Bakelite, insbesondere für PF-Produkte, Pollopas für UF-Preßmassen, Melopas, Resopal und Ultrapas für MF-Produkte. Vgl. auch Vorbemerkung zu Abschn. 13.4.1.

13.4 Einzelne wichtige Kunststoffe
13.4.1 Namen, Eigenschaften, Anwendungen

Die hier und in den folgenden Abschnitten oder Beispielen genannten Handelsnamen von Kunststoffen oder Kunststofferzeugnissen sind in der Regel eingetragene, gesetzlich geschützte Warenzeichen. Dieser allgemeine Hinweis tritt an Stelle der Kennzeichnung jedes einzelnen Namens.

13.4.2 Erkennen von Kunststoffen

Unmittelbar sind Erzeugnisse aus verschiedenen Kunststoffen oft nicht leicht zu unterscheiden. Dem Erfahrenen kann neben anderen Kennzeichen die Dichte und das Verhalten eines Stoffes beim Erhitzen oder Anzünden Hinweise auf die Kunststoffart geben.

Vorbemerkungen zur Tabelle 13.3

Alle in der Tabelle aufgeführten Kennzeichen können durch Beimischungen (Füllstoffe, Pigmente, Weichmacher) und bei Copolymerisaten oder Polyblends erheblich verändert sein. Ein sicheres Urteil ermöglicht nur vollständige, fachmännische Analyse.

Reaktionen an bekannten Kunststoffen einüben, solche zum Vergleich der Erscheinungen bereithalten!

Kleine Späne, höchstens streichholzdick, verwenden; Glühröhrchen bleistiftdick, etwa 6 cm lang, mit Probe in der Sparflamme des Bunsenbrenners langsam und vorsichtig erhitzen, zum Entzünden kleine Probe mit Spachtel oder Pinzette in kleine Flamme halten!

Zur Bestimmung der Reaktion der Schwaden zunächst einen Streifen angefeuchteten Lackmuspapiers in das obere Ende des Glühröhrchens einführen (alkalisch = blau, sauer = rot); dann gegebenenfalls einen Streifen Kongopapier (stark sauer = blau) oder *p*H-Papier!

Angaben für hier nicht aufgeführte Kunststoffe und weitere einfache Bestimmungsreaktionen enthält: Saechtling, Kunststoff-Bestimmungstafel, 8. Auflage, München 1979.

Erläuterungen:

Spalte 1: Anordnung wie in *Tab. 13.1* und *13.2*. Siehe dort weitere Eigenschaften.

Spalte 3: s = Probe schmilzt, z = Probe zersetzt sich.

Spalte 4: a = alkalisch, n = neutral, s = sauer, ss = stark sauer.

Spalte 5: O = Probe entzündet sich bei der Prüfung nicht.
I = Probe entzündet sich, erlischt außerhalb der Flamme
II = Probe entzündet sich, brennt außerhalb der Flamme weiter

13.5 Anwendungen von Kunststofferzeugnissen*)
13.5.1 Baustelleneinrichtung

Baustellenschutz, Traglufthallen

Folien aus PE oder Weich-PVC werden zum Abdecken von Baustoffen und als Rohbauverglasung gebraucht. Als Baustellenschutz im Schlechtwetterbau, z.B. für Autobahnen und im Winterbau, gebraucht man Folienzelte und Traglufthallen (s. Abschn. 13.5.8).

Kunststoff-Schalungen

Sperrholz-Schalungselemente mit phenolharzvergüteten Oberflächen sind vielfach wiederverwendbar, desgleichen Formschalungen aus glasfaserverstärktem Kunststoff oder flexible Schalungen aus PUR o. ä. Elastomeren für tief strukturierten Sichtbeton. Mehrere Systeme verwenden PS-Schaumstoff-Schalungsteile, auch als verlorene Schalung zur Wärmedämmung (s. Abschn. 13.5.3). Schaumstoffklötze für Aussparungen sind späterhin leicht entfernbar.

13.5.2 Abdichtung gegen drückendes und nichtdrückendes Wasser

Dichtungsbahnen (Sperrstoffe)

Im Autobahnbau deckt man das Erdplanum mit 0,1 bis 0,2 mm dicker PE- oder PVC-Folie ab, die mit Spezialkaltklebstoffen überlappt verklebt wird, um es gegen Aufweichen durch Niederschläge zu schützen. Andererseits ist diese oder als Gleitschicht unter der Betondecke verlegte profilierte Folie auch eine Sperre gegen aufsteigende Feuchtigkeit und trägt zum Frostschutz bei.

Beidseitig etwa 1,2 mm dick mit Bitumen beschichtete Polyesterfolien (Afraplan, Rubofan) von 0,03 mm Dicke gehören zu den bituminösen Dichtstoffen. Diese werden in herkömmlicher Art verlegt, die 10 cm breiten Überlappungen mit Heißbitumen geklebt.

Mineralisch gefüllte, 1,5 bis 2 mm dicke *Kunststoff-Dichtungsbahnen* für den Ingenieurbau werden durch Schweißen der Überlappungen zu einer auch gegen drückendes Wasser dichtstehenden homogenen Dichtung verbunden.

Sie werden gefertigt aus
ECB nach DIN 16729 (Carbofol, Delifol, Extrubit, Hey'di, o.c. Plan, Organat);
PEC (Alkorflex), EVAC (Alwitra);
PIB nach DIN 16935 (Rhepanol B, für den Säurebau ORG);
PVC weich bitumenbeständig nach DIN 16937, nicht bitumenbeständig nach DIN 16938 (Alkorplan, Delifol, Guttagena, Pegulan, Rhenofol, Trocal, Wolfin).

Die Bahnen sind dehnfähig, widerstandsfähig gegen aggressive Wässer, alterungsbeständig und verrottungsfest. Nach DIN 18195 Bauwerksdichtung, Teil 6, normgerecht verlegte ECB-, PIB- und PVCw-Bahnen sind für Abdichtungen gegen drückendes Wasser zugelassen. Für die Auskleidung von Deponien zum Grundwasserschutz sind die besonderen Bau- und Prüfgrundsätze des Instituts für Bautechnik (IfBt) und Richtlinien der Bundesländer zu beachten.

Kunststoffbahnen werden in *einer* Lage verlegt; je nach Aufgabe der Abdichtung lose, mit Heißbitumen (85/25) stellenweise geheftet oder auch vollflächig geklebt. Das Anhaften von Vormauerung oder Estrich an der Dichtung wird durch Auflegen einer Schutzbahn ver-

*) Für Rohstoff-Kurzzeichen vergleiche Übersichten des Abschn. 13.3.4. Nur in Einzelfällen können Produktnamen genannt und Erzeugnisse näher beschrieben werden; genauere Auskünfte durch das Institut für das Bauen mit Kunststoffen e. V., Darmstadt, Osannstraße 37 (Dokumentation), sowie Gesamtverband kunststoffverarbeitende Industrie e. V., Frankfurt am Main, Am Hauptbahnhof 12 (Lieferantennachweis).

Tab. 13.3: Erkennen von Kunststoffen

1	2	3	4	5	6	7
Stoffart	Rohdichte g/m³	Erhitzen in Röhrchen Probe	Schwaden	Anzündbarkeit	Verhalten in der Flamme Flamme	Geruch der Schwaden
Thermoplaste						
Polyethylen	0,92–0,96	s, leicht, farblos	n	II, tropft brennend ab	leuchtend, mit blauem Kern	nach Paraffin (gelöschte Kerze)
Polypropylen	0,91					
Polyisobutylen	0,93	s, schäumt braun	n	II	leuchtend	etwas nach verbranntem Gummi
min. gefüllt	1,7					
Polystyrol	1,05	s, z, verdampft schwach gelb	n	II	leuchtend, stark rußend	typisch süßlich (Leuchtgas)
ABS-Cop.	1,1	z, braun	n (s)	II	wie PS	wie PS + Gummi
Polyvinylchlorid hart,	1,39	z, dunkel, braun	ss	I	grün gesäumt	Salzsäure und Beigeruch
schlagzähe Polyblends	1,35–1,30					
PVC weich	1,35–1,2	z, dunkelbraun	ss	I oder II	ggf. leuchtend	wie PVC + Weichmacher
Polyvinylfluorid	1,38–1,57 pigmentiert	z bei starkem Erhitzen	ss	I/II	sprühend	stechend (Flußsäure!)
Polytetrafluorethylen	> 2	z bei Rotglut	(ss)	O	brennt nicht, verkohlt nicht	–
Polymethylmethacrylat	1,18	z, verdampft knisternd	n	II	leuchtend, wenig rußend	typisch fruchtartig (Ester)
Polyoxymethylen	1,4	s, z	n	II, schmilzt ab	bläulich	Formaldehyd
Polyamide	1,1	s, schwer, z	(a)	I, blasig fadenziehend	bläulich, mit gelbem Rand	nach verbranntem Horn
Polycarbonat	1,20	s, zäh, farblos	n (s)	O/I, verkohlt blasig	leuchtend, rußend	etwas phenolartig
Polyterephthalate	1,4	s, z	n	II	gelb-orange	süßlich
Celluloseacetat	1,25–1,35	s, z	s	II, tropft verkohlt	gelb-grün, Funken	verbr. Papier + Essigsäure
Celluloseacetobutyrat und -propionat	1,15–1,25	s, z	s	II, tropft brennend ab	dunkelgelb, Funken	entsprechende Säure + verbranntes Papier
Celluloid	1,38	z, heftig	ss	verbrennt heftig	hell, braune Dämpfe	Stickoxide + Kampfer
Zellglas	1,4–1,5	z	n	II	hell	verbranntes Papier

Forts. Tab. 13.3

Duroplaste[1]) und Elastomere						
Phenoplaste, füllstoffhaltig	1,4–1,9	z, springt	n (a)	O/I[2])	rußend[2])	Phenol, Formaldehyd
Aminoplaste, füllstoffhaltig	etwa 1,5	z, springt, Dunkelfärbung	a	O[2])	verkohlt	Ammoniak, Amine, widerlicher Beigeruch
Polyesterharz, ungefüllt[3])	1,1	z, s, evtl. weißer Beschlag	n (s)	I[5])	gelb, leuchtend, rußend	scharf + wie PS
Epoxidharz, ungefüllt	1,2	z, s, evtl. weißer Beschlag	n oder a	I[5])	leuchtend, rußend	gering, evtl. Amin oder Phenol
Polyurethan, vernetzt	1,26	z, s	a	I[5])	leuchtend	typisch stechend (Isocyanate)
Silicone	etwa 1,3	–	–	O[4])	–	–

[1]) ausgehärtet;
[2]) Schichtpreßstoffe mit organischen Harzträgern können langsam weiterbrennen;
[3]) glasfaserverstärkte Kunststoffe (d = 1,4–2,0) ähnlich, brennen (evtl. I), ohne zu erweichen;
[4]) in starker Flamme weiße Asche (SiO_2-Gerüst);
[5]) stark gefüllt nicht anzündbar.

hütet. Stöße und Nähte werden 5 cm überlappt, nach Anquellen mit einem Lösungsmittel kalt oder mit Heißluft- oder Heizkeil-Apparaten geschweißt. Das ergibt homogene druckwasserdichte Verbindungen. Würde eine Folienüberlappung fälschlich mit Heißbitumen geklebt, so entstünde eine bituminöse Dichtung, die eingepreßt werden müßte. Nicht bitumenverträgliche PVC-Weichfolien werden u.a. nach Arbeitsvorschriften für Ingenieurbauten (AIB) der Bundesbahn im Tunnelbau verwendet. Sie werden auf PVC-bekleidete Tellerscheiben aufgeschweißt, mit denen auch eine Vlies-Unterlage zur Ableitung des Bergwassers im spritzbetonierten Tunnelausbruch befestigt wird.

10 m breite, 2,5 bis 3 mm dicke „Schlegel-Platten" aus PE-HD, die am Verlegeort durch maschinelles Extrusionsschweißen überlappt verbunden werden, sind ein Abdichtungsmaterial für schwerst beanspruchte Großobjekte wie Deponien, Absatzbecken für Chemikalien, Schiffahrtskanäle u. dgl. Spezielle Weich-PVC- u.a. Bahnen sind für die Abdichtung von Raffinerie-Tanklagern und Heizöl-Auffangwannen zugelassen. Schwimmbecken und Wasserbehälter werden mit lose verlegten elastischen Hüllen aus PVC-Folien ausgekleidet. Die Quellschweißnähte werden zusätzlich mit Flüssigkunststoff abgedichtet, Anschlüsse und Durchbrüche zugentlastet ausgeführt.

Abdichtungsfolien aus chlorsulfoniertem Polyethylen (Hypalon) und aus Butyl-, Chloropren- und EPDM-Synthesekautschuk werden ähnlich verlegt. Nicht schweißbare Überlappungen zwischen

a) Allgemeines Gütezeichen für EPS, PUR-, PF-Schaumstoffe (mit Ü auf Etikett) der Gütegemeinschaft Hartschaum e. V., Mannheimer Str. 97, 6000 Frankfurt/M.

b) DIN-Überwachungszeichen der Überwachungsgemeinschaft Polyurethan-Hartschaum. Kriegerstr. 17, 7000 Stuttgart.

c) Gütezeichen für die Produktionsüberwachung von UF-Ortschaum nach DIN 18159, Teil 2 der Gütegemeinschaft Aminoplast-Montageschaum e. V., Anschrift wie a).

Abb. 13.2: Güte- und Überwachungszeichen für Kunststoff-Schaumstoffe

werkstattmäßig zusammenvulkanisierten größeren Planen werden durch Klebebänder gedichtet.

Faserharzspritzverfahren

Mit Spezialgeräten, die aus einzelnen Düsen flüssige Reaktionsharze (UP) und bis 40 mm lange gehäckselte Glasfasern derart verspritzen, daß sie sich im Sprühstrahl vermischen, stellt man im Tunnel- und Stollenbau feste GFK-Auskleidungen her.

Fugendichtungen

aus PVC weich sind Dehn- und Arbeitsfugenbänder für den Betontiefbau. Dehn-, Gleit- und Abdeckprofile für Außenwandfugen im Hochbau und Profile für kittlose Druckverglasung werden aus Chloropren- oder EPDM-Synthesekautschuk hergestellt. Für Fassadendichtungen gebraucht man weiter stark verformbare, imprägnierte oder gefüllte Kunststoffbänder (PUR-Schaumstoffe) und Mehrkomponentenmassen aus Synthesekautschuken (Thiokol, SI-Kautschuk).

13.5.3 Wärme- und Schalldämmung, Flächendränung, Strukturschaumformteile

Zur Wärme- und Schalldämmung (Grundlagen s. Kap. 7 und 8) gebrauchte, überwiegend nicht brennbare (A 2) Glasfaser- und Steinwolleplatten und -formstücke sind mit Phenolharz wasserabweisend gebunden.

Die für das Bauwesen zugelassenen Hartschaum-Kunststoffe der Brandschutzklassen B 2 und B 1 nach DIN 4102 müssen nach DIN 18164 und DIN 18159 güteüberwacht und durch ein vom RAL zugelassenes Gütezeichen *(Abb. 13.2)* sowie weitere Angaben nach Vorschrift gekennzeichnet sein.

Bahnen und Platten für die Wärmedämmung nach DIN 18164, Teil 1,

aus Polystyrol-Partikelschaum („EPS dämmstark", RG 15...30 kg/m³), Polystyrol-Extruderschaum (RG 25... > 30 kg/m³), Polyurethan- und Polyisocyanurat-Hartschaum (PUR, RG > 30 kg/m³) für die in der folgenden Tafel angegebenen Verwendungen im Bauwerk müssen mit Etiketten der Lieferpackungen versehen sein, die in vorgeschriebener Anordnung Nenndicke, Format, Menge, Güteschutztyp und Wärmeleitfähigkeitsgruppe enthalten, und weiter – vorzugsweise an der Stirnseite – durch farbige Streifen wie folgt gekennzeichnet sein:

Vom Block geschnittene oder Bandware mit Schäumhaut und formgeschäumte Automaten-Platten mit Überlappungs- oder Haken-Randfalz aus *EPS-Hartschaum* werden für Außenwand-Wärmedämmung (Fassadenvollwärmeschutz durch „Thermohaut"-Systeme mit Spezial-Klebmasse, -Armierung und -Außenputz) und Dachdämmung am meisten angewandt. EPS-Randfalz- und Extruder-Schaumplatten sind für die Kerndämmung zweischaligen Mauerwerks ohne Luftschicht zugelassen, spezielle Anwendungsbereiche der *Extruderplatten* mit minimaler Wasseraufnahme sind Perimeterdämmung im Erdreich und Umkehr-Flachdach.

Hohe Wärmedämmung erbringen in verschiedenen Systemen angebotene *Schalungssteine*, das sind maschinell gefertigte Hohlblocksteine, in deren

Tab. 13.4: Güteüberwachte marktübliche Erzeugnisse

DIN 18164, Teil 1						**DIN 4102**	
Typ-zeichen	Verwendung im Bauwerk	Güteschutz-Typ¹)	Farbstreifen-Kennzeichnung	Mindest-Rohdichte kg/m³	WLG²)	B 2	B 1
W	nicht druckbelastet, z. B. in Wänden und belüfteten Dächern⁴)	PS 15 SE	blau-rot-blau	15	040	–	x
		PF 30 (SE)⁴)	weiß-(rot)³)	30	040	x	x
WD	druckbelastet, z. B. unter druckverteilenden Böden (ohne Trittschallanforderung) und in unbelüfteten Dächern unter der Dachhaut	PS 20 SE	schwarz-rot	20	040	–	x
		PUR 30: WD	schwarz, schwarz kaschiert: weiß	30	030	x	
		WD/M⁵) (SE)	schwarz-rot³)	30	025	x	x
WS	Wärmedämmstoffe mit erhöhter Belastbarbarkeit für Sondereinsatzgebiete⁶)	PS 30 SE	schwarz-rot-schwarz	30	040⁷)	–	x
		PUR 30: WDS (SE)	schwarz-(rot)³)-violett	30	030	x	x
		WDS/M⁵) (SE)	schwarz-(rot)³)-violett	30	020	x	x
		PF 35 (SE)	schwarz-(rot)³)	35	040	x	x
		45 (SE)	schwarz-(rot)³)	45	040	x	x
		65 (SE)	schwarz-(rot)²)-braun	65	040	x	x

¹) Das Etikett für (z. B. mit Bitumenbahn) nachbeschichteten Hartschaum enthält zusätzlich Angaben über Art und Dicke der Kaschierung.

²) WLG = Wärmeleitfähigkeitsgruppe nach DIN 18164 entspricht dem Rechenwert der Wärmeleitfähigkeit λ_R in W/m K.

³) (SE) bzw. (rot) zusätzliche Rollstempel-Kennzeichnung für „schwer entflammbare" (B 1) Einstellung mit Angabe der Prüfzeichennummer.

⁴) Zusätzliche Angabe im Etikett: „Nicht unter Estrichen".

⁵) Mit beidseitig gasdiffusionsdichten metallischen Deckschichten.

⁶) Alle güteüberwachten Hartschaumstoffe des Typs WS erfüllen zugleich die Anforderungen der Anwendungstypen WD nach DIN 18164/1, Tabelle 1, PF-Schaumstoffe sind auch als WD-Typen auf dem Markt.

⁷) Extruderplatten mit Schäumhaut auch 030.

entsprechend versetzten Hohlräumen die Hartschaum-Wärmedämmschicht integriert ist.

PUR-Hartschaum wird vielfältig, auch in Verbundelementen, für technische Wärmedämmung im Bereich von −100 °C bis + 100 °C gebraucht. Ein weiterer Hauptanwendungsbereich von – auch kaschierten – Platten und Formstücken ist das Flachdach. PUR ist kurzzeitig bis 250 °C heißbitumenbeständig. Das gleiche gilt für den im Ausland mehr als bei uns gebräuchlichen Phenolharz-PF-Schaum. Der – gegenüber EPS – höhere Preis von PUR-Hartschaum wird durch die höheren Wärmedämmwerte (s. WLG in der Tabelle) ausgeglichen, die durch das im Schaum verbleibende Treibgas erreicht werden.

Weitere Anwendungsgebiete, für die auch spezielle (Verbund-)Elemente und Systeme insbesondere mit PS- oder PUR-Schäumen angeboten werden, sind u. a. hinterlüftete Fassaden, leichte Trapez- und Sheddächer, Steildachdämmung über den Sparren (mit angeformten Dachlatten, s. Abschn. 13.5.8), zwischen und unter diesen, Wärmedämmung von Geschoßdecken (auch für Fußbodenheizung), Rohrleitungs-Dämmschalen, frostschützende Planumabdeckung im Straßen- und Gleisbau.

Dämmstoff für die Trittschalldämmung nach DIN 18164, Teil 2,

ist durch Walken oder andere Verfahren elastifizierter „PST-SE"-Partikelschaum. Dieser Güteschutztyp T ist durch grün-rote Farbstreifen und ein Etikett mit grüner Schrift zu kennzeichnen, das u. a. Angaben über die Nenndicke ohne und nach Vorbelastung, die Steifigkeitsgruppe (30...10, entspr. der dynamischen Steifigkeit in MN/m³) und den Wärmedurchlaßwiderstand $1/\Lambda$ enthalten muß.

Die Anforderungen der Norm werden auch von nicht allgemein zugelassenen, in Dämmkonstruktionen für Fußbodenheizungen verwendeten elastisch eingestellten PUR- und PE-Schaumstoffen erfüllt. Im Ingenieurbau gebraucht man offenzellige PUR-Schaumstoffe zur Schall-Absorption, speziell zellige Elastomere zum Schall- und Erschütterungs-Umweltschutz bei Fundamenten, dem Gleisbau auf Brücken und in U-Bahn-Anlagen.

Ortschäume im Bauwesen nach DIN 18159

Polyurethan-Ortschaum (DIN 18159, Teil 1) wird durch maschinelles Vergießen oder Versprühen der im Mischkopf zusammengeführten flüssigen Diisocyanat- und Diol-Komponenten *(s. Tab. 13.2)* hergestellt, die zusammen rasch zu einem auf fast allen Bauwerkstoffen fest haftenden (dadurch auch als Dampfsperre wirksamen) geschlossenzelligen PUR-Hartschaum chemisch aushärten.

Für das PUR-Ortschäumen sind nur praktisch und theoretisch geschulte Verarbeiter zugelassen. Es erfordert exakte Einstellung und Einhaltung der Rezepturen und Arbeitsweise für die jeweiligen Umgebungsbedingungen, völlig trockene Untergründe und für das Spritzen im Freien trockenes, ruhiges Wetter. Die DIN-Norm gilt auch für die technische Wärme- und Kältedämmung, nicht allein für das – nach DIN 4122 – gegen Oberflächenwasser abdichtende und zugleich wärmedämmende, nach DIN 4102 gegen Flugfeuer und strahlende Wärme widerstandsfähige PUR-Spritzschaumdach (RG 60...90 kg/m³, λ_R 0,030 W/mK). Dieses bedarf der gesonderten allgemeinen bauaufsichtlichen Zulassung, die in Deutschland für je ein System der Bayer AG und der Elastogran-PUR-Systeme GmbH erteilt worden ist. Die wärmedämmende Sanierung großer Hallen-Leichtdächer ist ein Hauptanwendungsbereich.

Harnstoff-Formaldehydharz-Ortschaum (DIN 18159, Teil 2)
entsteht schlagsahneartig durch Verwirbeln einer wäßrigen Harnstoffharzlösung mit einer Schäummittel-Härter-Lösung im Kopf des Spritzgerätes. Dieser fördert den Schaum zum drucklosen Füllen von Hohlräumen. Er erstarrt durch chemische Aushärtung und Verdunsten des Wassers offenporig (daher auch schalldämmend), mechanisch nicht belastbar (RG ca. 12 kg/m³, λ_R 0,045 W/mK). Anwendungsgebiete sind das Ausschäumen von Installationsschächten, Bauwerksschlitzen und zweischaligen Wänden, in der Landwirtschaft die Beschichtung und Befestigung arider Böden zur (Re-)Kultivierung und für die erdelose Pflanzenzucht (Plastoponik).

Zur Güteüberwachung von Ortschäumen sind – nach Nachweis der fachlichen Eignung des Verarbeiters – auf jeder Baustelle Eigenüberwachungs-Protokolle über die Verarbeitungsbedingungen und über die Ergebnisse bei der Verarbeitung auszuführender Prüfungen an geschäumten Proben zu führen und dem Bauherrn als nachprüfbare „Baustellenbescheinigung“ auszuhändigen.

Ein dem Ortschäumen ähnliches Verfahren der Hohlraumdämmung zweischaliger Wände ist das *Einblasen von EPS-Partikeln* mit 3–6 mm Durchmesser mit einem Injektorgebläse (λ_R = 0,045 W/mK).

Zur Flächendränung und -filterung
im Erdbau und in Systemen zur Dachbegrünung sind porös wasserdurchlässig gebundene leichte Dränplatten und Formelemente aus EPS-Schaumstoffpartikeln in Gebrauch. Dränmatten bestehen aus hohlraumbildend ineinander verkrallten PP- oder PETP-Drähten, meist abgedeckt mit einem Filtervlies aus korrosionsbeständigen Chemiefasern auf gleicher stofflicher Grundlage. Als „Geotextilien“ verhindern Chemiefaservliese Ausschlämmen feinteiliger Bodenbestandteile. Für Schrägdach-Unterziehbahnen werden sie wasserundurchlässig, aber nicht dampfbremsend eingestellt.

Struktur- oder Integralschaum-Formteile
werden aus PUR im Reaktions-, aus schlagfesten Styrol-Polymeren im Thermoplast-Schaumguß in allseits geschlossenen Formwerkzeugen hergestellt. In ihnen ist ein zelliger Schaumstoffkern mit einer dichten Außenhaut aus dem gleichen Kunststoff integral verschmolzen.

Bei geringem Raumgewicht (d_R meist um 0,6 g/cm³) sind sie biegesteif belastbar. Serienmäßig gefertigte Bauteile

a) der Gütegemeinschaft Kunststoffrohre e. V. für alle Rohrarten

b) der Gütegemeinschaft flexible Dränrohre in Verbindung mit a)

c) und d) von Gütegemeinschaften für Entsorgungsgegenstände

Abb. 13.3: Gütezeichen des Qualitätsverbandes Kunststofferzeugnisse e. V., Dyroffstraße 2, 5300 Bonn

sind u. a. wärmedämmende Dachgullys und Lichtkuppelaufsatzkränze aus PUR-Strukturschaum, weitere Anwendungen sind Korpusse und andere Großformteile für den Möbelbau.

13.5.4 Versorgungs-, Entsorgungs- und Schutzrohrleitungen

Kunststoffrohre für alle Anwendungszwecke mit Außendurchmessern bis 1000 mm und für Drücke bis 10 bzw. 16 atü aus Polyethylen sind durch DIN 8072 bis 8076, aus Polyvinylchlorid durch DIN 8061/8063, aus Polypropylen durch DIN 8077/8078 genormt; für GFK-Rohre gelten DIN 16964 bis 16967. Technische Lieferbedingungen sind u. a. DIN 19532 für Trinkwasserversorgungsleitungen aus PVC hart, DIN 19533 für solche aus PE hart und weich, DIN 19531, 19535, 19560, 19561 für Rohre und Formstücke für Abwasserleitungen innerhalb von Gebäuden aus PVC, PE hart, PP, ABS und ASA, DIN 19534 für erdverlegte Grundleitungen aus PVC hart.

Das Gütezeichen des Kunststoff-Rohrvereins *(Abb. 13.3.a)* garantiert normgerechte Qualität.

Für Trinkwasserleitungen wird es ergänzt durch das Überwachungszeichen des DVGW, der auch Merkblätter für die Verlegung von Kunststoffrohren herausgegeben hat. Hausabflußrohre bzw. -formstücke müssen vom Prüfausschuß für Grundstückentwässerungsgegenstände zugelassen sein und dessen Prüfzeichen tragen.

Vorteile der Kunststoffrohre für die Trinkwasserversorgung sind ihr geringes Gewicht, ihre Korrosionsbeständigkeit außen und innen (sie setzen sich nicht zu), ihre Frostsicherheit und ihre leichte Verlegbarkeit. PE-Rohre (schwarz) in großen Längen werden wie Kabel von der Trommel abgerollt, PVC-Rohre (Normfarbe Dunkelgrau) mit klebbaren oder selbstdichtenden Steckverbindungen geliefert.

Biegsame Rohrstränge aus ≧ 60 °C dauerdruckstandfesten, hygienisch einwandfreien PE-V-, PP- oder PB-Rohren lose in gewellten PE-Schutz- und Dämmrohren und speziellen Steck- und Klemmfittings an Verteiler- und Anschlußstellen werden in „Rohr-in-Rohr"-Systemen der Kalt- und Warmwasser-Hausinstallation verwandt. Starre PVC-C-Rohre werden mit Klebe-Steckfittings ähnlich wie herkömmliche Hauswasserleitungen installiert.

In der Hausentwässerung sind Abfall- und Sammelleitungen meist aus hellgrauen KA-PVC-hart-Steckmuffenrohren DN 40 bis 150. Für heißwasserbeständige Anschlußleitungen müssen „HT"-Rohre und Formstücke aus PP, ABS, ASA oder PVCC mit Steckmuffen-Fittings aus gleichem Material verwendet werden. Geschweißte PE-Rohr-Abflußsysteme kommen für Hochhäuser, Institute u.a. technisch genutzte Gebäude in Betracht. Hängedachrinnen nach DIN 18461 werden aus erhöht schlagzähem PVC hergestellt.

Erdverlegt werden normgemäße PVC-Kanalrohre (rotbraun bis NW 500). Großkanalrohre aus PE-Profilen (Spiraleen), PVC oder GFK gewickelt, Schleudergußrohre aus Kunstharzbeton sind bis 3,5 m Durchmesser verfügbar. Solche Großrohre sowie mit Reaktionsharz getränkte, unter Warmwasserdruck als anliegendes Innenrohr aushärtende Schläuche (Insituformverfahren) dienen auch zum „Relining" schadhafter älterer Abflußkanäle.

Erdverlegte Gasleitungen nach DVGW-Vorschriften aus PVC (gelb) bis NW 200 und 1 bar Gasdruck geklebt, aus PE hart (schwarz) geschweißt bis 4 bar, werden für Erd- oder Stadtgas zugelassen, das weitgehend frei von Benzolkohlenwasserstoffen ist. Weiter sind üblich Elektroisolierrohre auch für Feuchträume (VDE-Prüfzeichen), Rohrpostleitungen aus PVC (DIN 6660 bis 6663), Kabelschutzrohre nach Post-Normen.

Geschlitzte Dränrohre aus PE und gerillte flexible Dränrohre aus PVC hart (DIN 1187) haben die Dränagetechnik wesentlich vereinfacht *(Abb. 13.3.b)*. Entsprechende Sickerrohre (meist blau) dienen zur Ableitung von Sicker- und Oberflächenwasser im Straßenbau und in Deponien. Auch im Kläranlagenbau finden korrosionsbeständige Kunststoffe vielfältige Anwendung.

13.5.5 Heizungsanlagen

Heizöllagerbehälter und Warmwasserspeicher

Im Wickelverfahren hergestellte einwandige Glasfaser-Polyesterharz-(GF-UP-)Heizöllagerbehälter mit > 0,3 m^3 Inhalt, meist zylindrisch mit eingeklebten gepreßten Böden und Domstutzen, sind für Erdverlegung zugelassen und haben sich bestens bewährt, sind jedoch durch die Vorschrift der Funktionsprüfung alle fünf Jahre unter Entleerung des Tanks gegenüber korrosionsgeschützten Stahltanks und Kellertanks wirtschaftlich benachteiligt. Die Entleerung entfällt bei GF-UP-(Kugel-)Tanks mit PVC-Innentank, Vakuumtestraum und Leckanzeiger.

Weit verbreitet sind hinsichtlich Werkstoff und Ausführung nach TRbF-Richtlinien bauartzugelassene, im Blasverfahren hergestellte Heizöl-Kellertanks aus hochmolekularem Polyethylen oder Polyamid mit 750 bis 5000 l Inhalt. Diese sind – wie GFK-Kellertanks aus formgepreßten Halbschalen – so gestaltet, daß sie durch 80-cm-Normaltüren transportiert und in der vorgefertigten Ölauffangwanne im Keller zu Batterien bis 10000 l Inhalt zusammengefaßt aufgestellt werden können. Neuere Modelle sind durch Formgebung versteift, so daß sie die früher üblichen Stahlband-Bandagen nicht mehr benötigen.

a) Hersteller und Verarbeiter typisierter Kunststoff-Formmassen, Falkenauer Str. 2, 6451 Mainhausen 1

b) Glasfaserverstärkte Polyesterplatten, Am Hauptbahnhof 12, 6000 Frankfurt/Main 1

Abb. 13.4: Gütezeichen der RAL-Gütegemeinschaften

Im gleichen Verfahren wie die Heizöltanks hergestellte Kunststoffbehälter werden, mit entsprechenden Einbauten und PUR-Schaum-Wärmedämmung ausgerüstet, als Wärmepuffer-Speicher oder Warmwasser-Boiler/Speicher im drucklosen Betrieb in energiesparenden Heizungs- und Warmwasserbereitungssystemen gebraucht. Warmwasserführende Behälterteile werden aus bis 95°C Spitzentemperatur belastbarem Polypropylen geblasen.

Fußbodenheizungsrohre und -systeme

Güteüberwachte Fußbodenheizungsrohre (Überwachungszeichen *Abb. 13.4.b)* für eine Lebensdauer über 50 Jahre bei Vollast, 16 x 2 mm bis 20 x 2 mm in Standardlängen von 100 bis 120 m für Heizkreise ohne unzugängliche Rohrverbindungen aus (nach verschiedenen Verfahren) vernetztem Polyethylen (VEP oder PE-V), hochwärmestabilisiertem Polybuten-l (PB) oder Polypropylen-Copolymerisat (PPC) werden zur Verlegung durch geschulte Heizungsinstallationsfirmen nach verschiedenen Systemen von den System-Inhabern mit allem Zubehör geliefert.

Verlegeplatten, meist aus Kunststoff geformt, werden oberseitig mit Vorrichtungen zur (vor Verletzungen schützenden) Führung und Festlegung der Heizrohrleitung ausgestattet, unterseitig werden Trittschall- und Wärmedämm-Schaumstoffschichten (s. Abschn. 13.5.3) angearbeitet. Ab Rohdecke ist eine Fußbodenheizung mit unterseitiger Wärme- und Trittschalldämmung und wärmeverteilendem schwimmenden Estrich über den Heizregistern 90–130 mm dick. „Klimaböden" für den Altbau aus vollflächig verlegten, von zahlreichen Kanälen durchzogenen flachen PP-Cop.-Elementen benötigen weniger als die halbe Aufbauhöhe. *PB-Heizleitungsrohre* in einem gewellten PE-Schutzrohr werden direkt auf die Rohbetondecke oder Dämmung im Estrich verlegt.

Flächige Wärmeaustauscher und Solarkollektoren

Für den Erd-Wärmepumpenbetrieb sind im Erdboden verlegte PE-Rohrbatterien als Wärmesammler Pilotanlagen. Flächige, längs von Kanälen für ein flüssiges Wärmeübertragungsmedium durchzogene Solarabsorber aus schwarzem Polypropylen werden als Vielfachhohlkammerprofile extrudiert oder mit Zu- und Ablauf blasgeformt. Ihre Korrosionsbeständigkeit ermöglicht, sie für die Erwärmung von (chlorhaltigem) Schwimmbad- oder von Brauchwasser im unmittelbaren Durchfluß einzusetzen, andererseits sind sie für geschlossene Systeme mit Leerlauftemperaturen über dem Siedepunkt des Wassers nicht brauchbar. PP-Welldach-Absorberelemente für Wärmepumpenbetrieb mit rückseitig angeformten Durchflußkanälen sind produktionsreif.

Acrylglas und andere transparente Kunststoffe als Abdeckung, PVC für Rahmen, PUR-Schaum für die rückwärtige Wärmedämmung sind Bauelemente von Sonnenkollektoren. Mit rückseitig geschwärzten PMMA-Stegdoppelplatten oder hochleistungsfähigen, mit glasklarer Deckschicht und schwarz pigmentierten Stegen und Rückflächen aus Polycarbonat ko-extrudierten Hohlstegelementen werden Luft-Solarkollektor- und Absorberdächer eingedeckt. Die Warmluft kann zur Trocknung landwirtschaftlicher Produkte, für Luftheizung von Industriehallen oder, über Luft-Wasser-Wärmetauscher, zur Brauchwassererwärmung und für sonstige Heizsysteme genutzt werden.

13.5.6 Elektroinstallation

Isolierung und Ummantelung elektrischer Leitungen

Hierfür dienen überwiegend die alterungsbeständigen, korrosionsfesten und wasserfesten Massen aus weichgestelltem Polyvinylchlorid nach VDE 0207. Dieses VDE-mäßige Leitungsmaterial ist durch Y, solches mit PE-Isolierung durch YY im Kurzzeichen gekennzeichnet. Eingeputzte Steigleitungen NYIF und NYIFY haben wesentlich zur Senkung der Installationskosten beigetragen.

Für Feuchtraumverlegung und im Freien ist die Mantelleitung NYM ohne weitere Umhüllung brauchbar. Elektroinstallationsrohre aus Kunststoff sind durch VDE 0605 zugelassen.

Installationsmaterial

aller Art, soweit es dunkelfarbig aus PF-, hellfarbig aus UF/MF-Formmassen hergestellt ist, trägt neben dem VDE-Zeichen das Typüberwachungszeichen des Kunststoffverarbeiters nach *Abb. 13.4.a.*

Technische Leuchten

z.B. Langfeld-Röhrenleuchten für Feuchträume, korrosionsgefährdete industrielle und landwirtschaftliche Betriebsräume haben Schalen aus GFK und Abdeckungen aus Acrylglas. Straßenleuchten haben bruchfeste Abdeckungen aus PC und Masten aus GFK. Die weitgehende Kunststoffanwendung für bewegliche Leuchten ist allgemein bekannt.

13.5.7 Fassaden- und Wandbauelemente

Wellplatten und -bahnen

aus PVC, Acrylglas, PC, GFK werden längs oder quer gewellt in Asbestzement, Wellblech-, Spundwand- und Spezialprofilen transparent oder opak in baugerechten Formaten geliefert. Für GFK-Platten von 1,0 mm und 1,3 mm Dicke bestehen Gütebedingungen, welche Abmessungen, Toleranzen, Tragfähigkeit und Witterungsbeständigkeit festlegen. Platten und Bahnen mit dem entsprechenden RAL-Gütezeichen *(Abb. 13.4.b)* entsprechen diesen Bedingungen.

Lichtwandelemente

Stegdoppel- und Stegdreifachplatten aus PVC (Isobelec), PMMA (Plexiglas, Vedril, Vitredil) und PC (Cartoplast, Lexan, Makrolon). Stegdoppelplatten,

8–40 mm dick, mit 1–1,5 mm Deckschicht- und Stegdicken, noch mehr die neueren, durch Mittelgurt und Formgebung (Gewölbewirkung) versteiften 3–16 mm dicken Stegdreifachplatten mit 0,7–0,3 mm Materialdicke sind sehr leicht und mit ihren Luftkammern gut wärmedämmend. Für solche Platten wie auch für gleichartige Elemente mit angeformten Steckverbindungen in 300 mm bis 3 m Einbaubreite (Everlite, Oltmanns, Rodeca u. a.) stehen Leichtmetall-Montagesets zum (ggf. zusätzlichen) Einbau in Industrie- und Sporthallen (ballwurfsicher), Gewächshäusern u. a. großflächigen Verglasungen zur Verfügung. Diffus lichtdurchlässige, wärmedämmende „Kapillar"-Platten haben einen Kern aus senkrecht stehenden glasklaren PC-Kapillarröhrchen zwischen PC- oder Glasdeckschichten. Einfachscheiben aus PMMA oder PC, auch kratzfest beschichtet und durchscheinend oder farbig ornamentiert, sind Materialien für vandalismussichere Verglasungen (z. B. von Telefonzellen oder Wartehallen), bei größerer Dicke, evtl. auch mehrschichtig, einbruch- bis schußsicher.

Profile und räumlich geformte Elemente

aus erhöht schlagzähem PVC oder GF-UP eignen sich für hinterlüftete Fassadenverkleidungen vielstöckiger Gebäude. Systeme mit Kassetten- oder Sechseckprofilierungen wie auch die doppelt diagonalgefalteten Polyfalt-Elemente mit Montagezubehör gewährleisten dichte Überlappung und die der hohen Wärmeausdehnung wegen erforderliche gegenseitige Beweglichkeit der Elemente.

Verbundelemente

Sandwichplatten mit Kern aus Schaumkunststoff und profilierte Stahlblech- oder Leichtmetall-Deckschichten (z. B. Hoesch-Isowand) eignen sich für weitgespannte Leichttragwerke. *Kunststoffbeschichtete Bleche* (Platal, Senziplast, Thyssen-Color), ein oder beidseitig bis zu 1850 mm Breite bandbeschichtet („coil coated"), die tiefziehfähig sind, werden für Außen- und Innenwandmontagesysteme, Dachdeckungen und Korrosionsschutzbauten gebraucht. Je nach Beanspruchung werden Beschichtungen von 30 bis 400 µm Dicke aus Reaktionsharzen, Fluorkunststoffen und/oder PVC weich aufgebracht. Für nachträglichen Korrosionsschutz von Blechen und Kunststoffen.

13.5.8 Dachelemente und -beläge

Lichtdächer aus biegesteifen und biegeweichen Kunststoffen

Die unter 13.5.7 beschriebenen Wellplatten und Lichtwandelemente werden auch für Lichtdächer vom Terrassenvordach bis zum Hallendach verwendet.

Doppelt gewölbte GFK-Dachplatten (Scobalit Gigant) und -Hutprofile 62,5 x 31 cm überbrücken Spannweiten bis 10 m. Mit ähnlichen in mehreren Richtungen geformten Elementen kann man Gewächshäuser, Garagen und dergleichen freitragend bauen. Durch biaxiale Reckung verfestigtes Plexiglas ist für große Tribünen-Überdachungen (Olympiastadion München u. a.) geeignet. Gütegesichertes Material für zugbeanspruchte biegeunsteife Überdachungen – Membrandächer, durchscheinende Zelte, pneumatische Konstruktionen von der serienmäßigen Lagerhalle über Radoms bis zu (im Sommer zu öffnenden) Groß-Schwimmbädern – sind mit Kunststoff, meist Weich-PVC, beschichtete hochfeste Chemiefasergewebe. Extreme Ansprüche an Witterungsbeständigkeit erfüllen PTFE-beschichtete Glasgewebe. Transparente, hoch reißfeste „Hostaflon-ET"-Folien aus einem Fluorkunststoff-Cop. bieten neuartige Möglichkeiten UV-durchlässiger, aber wärmerückstrahlender Abdeckungen von Gewächshäusern und Schwimmhallen.

Dachbelichtung

Ein- oder mehrschalige runde oder quadratische Lichtkuppeln bis 2 m Durchmesser oder Seitenlänge, 1 bis 10 m breite Lichtbänder in (zusammensetzbar) beliebiger Länge sind Handelsware. Dazu werden wärmegedämmte Aufsatzkränze aus GF-UP oder PUR-Integralschaum, motorisch oder pneumatisch betätigte Aggregate für Lüftungsöffnung und für automatisches Aufgehen als Rauch- und Wärmeabzug (RWA) im Brandfall angeboten. GF-UP-Kuppeln werden auch in die Dachdichtung eingeklebt.

Wohnraum-Dachfenster mit Systemrahmen aus GF-UP, PPO, PUR mit Stahlkern und Vorrichtungen zum Feststellen des Fensters in mehreren Gebrauchs- und Putzstellungen gibt es in verschiedenen Ausführungen.

Flachdach-Dichtung

Polymer-Bitumenbahnen sind durch Vergütung mit Kunststoffen elastisch, schmiegsam, dehnfähig, solche mit Polyestervlies-Träger (Trevira-Spun-Roof) zudem hoch reißfest. Mit heißluftgeschweißten Überlappungen bieten solche Bahnen hohe Sicherheit in der nach den Regeln für bituminöse Dachdichtungen für sie vorgeschriebenen mindestens zweilagigen Verlegung.

Überwiegend genormte (DIN 16729 bis 16734, zur Überwachung siehe DIN 16725) Dachbahnen auf Basis der thermoplastischen Kunststoffe ECB, PEC, EVA, PIB, Weich-PVC (Handelsnamen siehe 13.5.2 Dichtungsbahnen) sowie der Synthesekautschuk-Elastomeren chlorsulfoniertes Polyethylen (CSM, Delifol, Hypalon), EPDM- und Butyl-(IIR-)Kautschuk (Buna AP, Keltan) werden nach normativen Regeln des Dachdeckerhandwerks einlagig verlegt.*) ECB-, PIB-, CSM-Bahnen werden nur vlieskaschiert oder faserverstärkt, PEC-, PVC-, EPDM-Bahnen je nach Anwendungszweck auch unverstärkt ohne Kaschierung, EVA- und IIR-Bahnen nur so geliefert. Im Streichverfahren hergestellte PVC-beschichtete Gewebebahnen (Sarnafil) sind eine Sonderproduktgruppe. Außer bei PIB mit konfektioniertem Dichtrand werden mit verschiedenen Schweiß- und „hot-bonding"-Verfahren Planen für die Verlegung größerer Flächen in der Werkstatt vorgefertigt, so daß auf dem Dach nur noch wenige Überlappungen durch – maschinell zu handhabende – Heiß- oder Quellschweißungen, bei EPDM- und IIR-Bahnen auch mittels (Schmelz-)Klebebändern abzudichten sind. Vollflächige

*) Werkstoffblätter und Verlegehinweise der „Technischen Arbeitsgruppe Kunststoff- und Kautschukbahnen" (TAKK) durch Geschäftsführung beim IBK, Osannstraße 37, 6100 Darmstadt.

Verklebung z. B. mit Heißbitumen wäre sinnwidrig, weil dabei die Fähigkeit der Bahnen nicht genutzt würde, Dachbewegungen elastisch aufzunehmen. Sofern, für Leichtdächer ohne Auflast, geklebt werden soll, klebt man streifenweise mit elastifizierten Spezialklebstoffen. Zunehmend wird für Leichtdächer abstandsweise mechanische Fixierung der Kunststoff-Dichtung mit selbstschneidenden Schrauben, (Kunststoff-)Spreizdübeln u. ä. Elementen angewandt, die durch die Wärmedämmung hindurch in die Konstruktion eingreifen und ihrerseits mit Kunststoff überschweißt werden. Für massive Warmdächer mit Auflast ist lose Planenverlegung über oder – im Umkehrdach – unter der Wärmedämmung (mit Glasvlieszwischenlagen zur Verhinderung von Haftung und/oder chemischer Einwirkung) die Regel. Kunststoff-Formteile für Dachdurchdringungen, mit PUR-Schaum wärmegedämmte Gullys, kunststoffbeschichtete Bleche u. a. Elemente für Randabschlüsse und Anschlüsse stehen für alle Systeme zur Verfügung.

Zur Flachdach-Dämmdichtung siehe Abschn. 13.5.3.

Für das Steildach

sind Unterdach-Elemente zur Verlegung über den Sparren verschiedener Konstruktionen auf dem Markt (Braas-Studiodach, Linitherm, Polytec, Thermotekt), die mehrere Arbeitsgänge des Dachdeckers einsparen. Die PUR- oder EPS-Wärmedämmung ist in diesen Elementen beidseitig mit Alu-Folien oder wetterfest kunstharzgebundenen Holzspanplatten beplankt, an die oberseitig durchlochte Alu-Dachlatten oder Dachlatten auf Höckern angearbeitet sind.

a) für Dachbahnen (PVC weich, trägerlos, nicht bitumenbeständig) der Gütegemeinschaft Kunststoff-Baubahnen e. V., Fellnerstr. 5, 6000 Frankfurt/Main 1. (Solche u. a. Dachbahnen können auch durch Hinweis auf Einzel-Überwachung nach DIN gekennzeichnet sein.)

b) Prüf- und Überwachungszeichen des Süddeutschen Kunststoffzentrums, Frankfurter Str. 15, 8700 Würzburg, u. a. für Dachelemente, Membranbahnen, Fußbodenheizungsrohre, Fugendichtungsmassen.

Abb. 13.5: Prüf- und Überwachungszeichen

Als Hilfsprodukte für das Steildach stehen dem Dachdecker Kunststoff-Formteile mit Durchdringungen für Dachantennen und Dunstrohre für verschiedene Dachneigungen zum Eindecken im Verbund mit allen üblichen Eindeckungsmaterialien zur Verfügung, desgl. entsprechende Dunst-, Gauben- und Klarsicht-Zusatzelemente.

13.5.9 Fenster und Türen

Kunststoffenster

Fensterhohlprofile aus erhöht schlagzähem PVC werden in Deutschland in 60 verschiedenen Systemen extrudiert. Sie unterscheiden sich voneinander u. a. in der Gestaltung und Anordnung von zwei oder drei Hohlkammern zur Führung der (meist handelsüblichen) Beschläge und zur Aufnahme von Stahl- oder Leichtmetallverstärkungen für Rahmenlängen über 1 m einerseits, der

Wasserabführung nach außen andererseits, sowie durch die Ausbildung von Mittel- und/oder Anschlagdichtungen und der Glaseindichtung mit EPDM-Synthesekautschuk oder Silikonen. Ein PVC-Fensterprofil wird mit wärmedämmendem massivem Kern aus kunstharzgebundenem Blähsilikat und GFK-Stab-Verstärkung gefertigt, ein weiteres besteht aus PVC-hart-Strukturschaumprofilen auf Alu-Hohlprofilkern, vier Systeme aus PUR-Integralschaum um ein Stahl- oder Leichtmetall-Tragprofil.

Im PVC-Fensterbaubetrieb werden die Eck- und Kreuzstöße der auf Gehrung zugeschnittenen Profile maschinell verschweißt, die der anderen Kunststoffensterarten durch eingeklebte Winkelstücke verbunden. Zu jedem System gehören Reihen verschiedener T-, Z- und L-Profile. Diese ermöglichen die Fertigung von PVC-Blendrahmen und -Flügeln jeder Gestaltung (auch Rundformen), Größe und Öffnungsart, welche Anforderungen an Standfestigkeit, Schlagregensicherheit, Fugendurchlässigkeit und Wärmeschutz nach DIN 4108 für alle Beanspruchungsgruppen A bis D und an Schallschutz für alle Lärmpegelgruppen 0 bis V nach DIN 4109 erfüllen können. Die RAL-Gütezeichen *(Abb. 13.6)* kennzeichnen hohe Qualität von Kunststoffensterprofilen und Kunststoffenstern, deren Funktionsüberwachung beim Institut für Fenstertechnik in Rosenheim liegt.

Doppelflügelige PVC-Kastenfenster mit äußeren einfach und inneren isolierverglasten Flügeln und Raumbelüftungsvorrichtungen im Kasten bieten eine wirtschaftlich rationelle Lösung

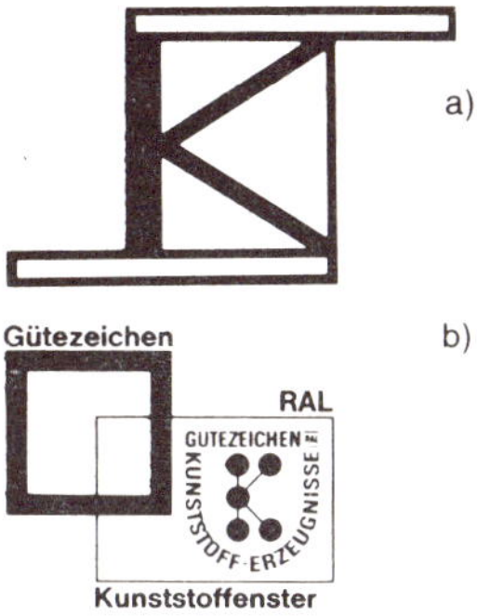

a) Prüfzeichen der Gütegemeinschaft Kunststoffensterprofile, Dyroffstr. 2, 5300 Bonn

b) Gütezeichen der Gütegemeinschaft Kunststoffenster, Bockenheimer Landstr. 12, 6000 Frankfurt/M.

Abb. 13.6 Qualitätssicherung RAL RG 716

der Aufgabe hoher Wärme- und Schalldämmung zugleich. Für den Altbau gibt es auf noch brauchbare Holzzargen aufsetzbare Austauschfenster sowie solche mit schmalen Profilen und aufsetzbaren Sprossen zur stilistischen Anpassung.

Weiße PVC-Fenster haben sich in mehr als dreißigjährigem Gebrauch als ohne Anstrich witterungsbeständig erwiesen, massiv durchgefärbte sind das nur mit ausgewählten Pigment-Ansätzen. Beliebige Farbgebung und Strukturierung der Sichtflächen ermöglicht deren Beschichtung mit PMMA durch Ko-Extrusion oder Kaschierung sowie die Kombination von PVC- und farbig eloxierten Alu-Profilen. Ganz-Aluminiumfenster erfordern, um erhöhten Wärmeschutzanforderungen zu genügen, geteilte, durch einen wärmedämmenden Kunststoffsteg (z.B. aus PA) oder eingeschäumtes PUR verbundene Alu-Profile.

Fensterzubehör

Wärme und Schall dämmende Rolladenkästen werden serienmäßig mit Formteilen aus EPS, PVC- oder PUR-

Strukturschaum, auch aus PVC-hart-Hohlprofilen gefertigt. Gleitlager aus Polyamid erleichtern die Betätigung des Rolladen-„Panzers", der heute durchweg aus leichten, verzugsfreien (evtl. wärmedämmend strukturgeschäumten) PVC-Profilen besteht. Im „Komplett"-Kunststoffenster sind Rolladenkasten und -Führungsschienen aus PVC-Profilen in das Fensterelement integriert. Dem Sonnenschutz dienen senkrechte Lamellenstores und Rollos aus (metallbedampften) Kunststofffolien.

Türen und Tore

Gleichartige, zweckgerecht verstärkte PVC-Profilsysteme wie für Fenster sind für vollverglaste Terrassentüren aller Konstruktionsarten und, mit entsprechenden PVC- oder anderen Füllungen, einbruchsichere Haustüren in Gebrauch. Zimmertüren werden mit Decks aus PVC-Möbelfolie mit Holzstrukturbild oder dekorativem Schichtpreßstoff und Kernen aus Schaumstoff oder Kunststofflamellen gefertigt, Montagezargen-Einbausets aus PVC-hart-Integralschaum.

Wärmegedämmte Hallenrolltore bis 7 m Breite stellt man aus Stahlhohllamellen her, die mit PUR ausgeschäumt sind. Pendeltüren bis zum Format 6 × 6 m aus glasklaren, ggf. durch Netzgewebe verstärkten, flexiblen, 1 cm dicken Weich-PVC-Platten.

13.5.10 Ausbau-Halbzeuge

Profile

aus verschiedenen Kunststoffen haben, z. B. für Fußboden-, Decken- oder (eingebaute) Gardinenleisten, abgehängte Gitterdecken, aus Weich-PVC für Treppenstufenbeläge, -kanten und -handläufe, vielfältige Anwendungsgebiete im Innenausbau.

Dekorative Schichtpreßstoffe

als DKS-Platten, DIN 16929, Typ A, mit geschichtetem Phenolharz-Hartpapierkern und dekorativen Melaminharz-Deckschichten in vielen Designs sind kratz- und schnittfest, leicht sauberzuhalten und widerstandsfähig gegen Desinfektionsmittel u. a. Chemikalien. Sie sind schwer entflammbar (B 1 nach DIN 4102) und beeinträchtigen, in 0,5 mm Dicke aufgebracht, die Feuerwiderstandsdauer von Bauteilen nicht. Großanwendungen sind Wandbekleidungen, Einbauten und sonstige Ausstattung für Krankenhäuser und andere öffentliche Gebäude sowie die allgemeine Raum-, insbesondere Küchenausstattung. Für weniger beanspruchte Bauteile verwendet man dabei Holzspanplatten (13.6.4) mit gleichartig dessinierten Melaminharz-Deckschichten. Schichtpreßstoff-Arbeitsplatten für gewerblichen und Haushaltsgebrauch gibt es auch mit Einbauformungen für Becken; weitere Formteile sind Fensterbankprofile und Geländerfüllungen. Für Feuchtraum- und Außengebrauch, auch Fassadenbekleidungen ist neben DKS-Platten der wetter- und wasserfest abgebundene und beschichtete Holzspanpreßstoff Werzalit in Gebrauch. Formgepreßtes, phenolharzgebundenes Preßschichtholz (PAG-Holz) eignet sich für Verwendung im Freien und in Feuchträumen (Sitzbänke für Stadien und Schwimmbäder). Serienmäßig in einem Stück gefertigte, gütegesicherte Sitzschalen aus anderen Kunststoffen haben vor allem für Objektbestuhlungen und Gartenmöbel, (struktur-)geschäumte Tragkörper für Polstermöbel einen großen Markt. Für Möbel- und Baubeschläge werden Kunststoffe seit eh und je als Griff- und Schmuckteile, zunehmend auch funktionell verwendet.

13.5.11 Fußbodenbeläge*)

Hochbeanspruchte gewerbliche Räume und Freiflächen werden mit fugenlosen Gieß- oder Spachtelböden aus Kunstharzmassen ausgestattet, die im Abschnitt 13.6 behandelt werden. 4–10 mm dicke Gummibeläge (meist genoppt oder geriffelt) sind Spezialbeläge für verkehrsmäßig (auch durch Transportfahrzeuge) stärkst beanspruchte Böden, z. B. in Flughäfen. Im sonstigen Objekt- und Wohnbereich werden – neben Parkett – bei vorwiegenden Ansprüchen an Strapazierfähigkeit, hygienischer Sauberkeit, Beständigkeit gegen Nässe und Chemikalien (außer Treibstoffen, mineralischen und fetten Ölen) bevorzugt „Elastic“-Beläge (Linoleum, PVC-Beläge, Flexplatten), bei vorwiegenden Komfort-Anforderungen textile Beläge verlegt.

Für alle Innenraumbeläge gilt, daß ihre dauerhafte Gebrauchstüchtigkeit entscheidend vom fachgerechten Aufbau des Unterbodens (VOB, DIN 18353, Estricharbeiten) und – soweit sie nicht für den Do-it-yourself-Bereich hergerichtet sind – von der Verlegetechnik (VOB, DIN 18365, Bodenbelagsarbeiten) abhängt. Die Unterböden müssen bautrocken, bei nicht unterkellerten Räumen gegen Bodenfeuchtigkeit isoliert und porenfrei, Holzuntergründe von unten belüftet sein. Von unten andringender Wasser- oder Klebstoff-Lösungsmitteldampf führt mit Sicherheit zu Schäden. Textil-Spezialbeläge für Außengebrauch (Tennisböden, Schwimmbadumrandungen) sind wasserdurchlässig.

Aufgrund der weitgehend in DIN-Normen festgeschriebenen Eigenschaftsanforderungen für verschiedene Bodenbelagsarten und -typen werden Bodenbeläge klassifiziert und – zum Teil mit RAL-Testat oder Eignungs-Siegel des Deutschen Teppich-Instituts – durch Symbole gekennzeichnet hinsichtlich ihrer Eignung für den mehr von Kriterien des Gebrauchskomforts bestimmten Ruhe- und Wohnbereich mit leichter bis mäßiger und Arbeitsbereiche mit stärkerer bis höchster mechanischer Beanspruchung. Zusatzsymbole oder Zahlenwerte kennzeichnen Stuhlrollen-, Treppen-, Feuchtraum-Eignung, antistatisches Verhalten, Schwerentflammbarkeit (Spezialprüfung für B 1 nach DIN 4102) sowie den Beitrag des Belags zum Trittschall- und Wärmeschutz, der bei Teppichböden beträchtlich sein kann, bei Belägen über Fußbodenheizungen allerdings Grenzwerte von 0,10 bis 0,17 m^2h/K nicht überschreiten darf.

---

*) Wegen des großen Umfanges dieses Gebietes können die zahlreichen Handelsnamen der verschiedenen Fußbodenbelaghersteller hier nicht aufgeführt werden. Auskünfte erteilt der Verband der deutschen Bodenbelags-, Kunststoff-Folien- und Beschichtungsindustrie e. V., Fellnerstraße 5, 6000 Frankfurt/Main 1

Linoleum,

einer der ältesten Kunststoffe, wird durch Aufwalzen des ursprünglich nur aus zu „Linoxin" oxidierten Leinöls, heute auch aus Polyesterharzen im Gemisch mit Kork-Mehl oder -Schrot und Füll- und Farbstoffen bestehenden Linoleum-Zements auf Jutebahnen hergestellt.

Fußbodenlinoleum wird in 2 bis 4 mm dicken Bahnen von 200 cm Breite oder zu Platten zugeschnitten geliefert; außer in gedeckten Unifarben auch in streifigen (Jaspé) oder marmorartigen Musterungen. Verbundbeläge mit Korkment-Rücklage (Dicke 4 bis 6 mm) sind gut schall- und wärmedämmend. Möbel- und Wandtafellinoleum sind 1 bis 1,5 mm dick.

Linoleum ist je nach Dicke mehr oder weniger federnd, trittschalldämmend, fußwarm, keimfrei, zigarettenfest und leicht zu pflegen: gründliche Reinigung in größeren Zeitabständen mit neutralen Waschmitteln, nicht Soda oder Schmierseife (Linoxyn wird von stärkeren Laugen angelöst), nachher mit Bohnermasse (nicht mit Öl) behandeln.

Homogene Weich-PVC-Massivbeläge

werden in beliebig hellen Pastelltönen einfarbig, durch Vermischen unterschiedlicher Anteile im Herstellungsgang als durchgehend richtungsorientiert Ton in Ton gewolkte Bahnen oder abgepreßte richtungsfrei marmorierte, auch durch transluzente Einschlüsse und Flächen-Prägungen belebte oder mit echten Intarsien ausgestaltete Tafeln in 1,5–2,5 mm Dicke bzw. daraus geschnittene Fliesen gefertigt. Der aufwendige Herstellungsgang dieser – da durchweg aus dem gleichen hochwertigen Material bestehend – höchst strapazierfähigen Massivbeläge begrenzt ihre Anwendung im wesentlichen auf einerseits technische und Naßräume, für welche die Verschweißbarkeit zu verläßlich dichtstehenden Bodenflächen oder -wannen von Bedeutung ist, andererseits als elegante Empfangshallen- oder Gaststättenbeläge. Durch Zumischung besonderer Anteile leitfähig marmorierte PVC-Massivbeläge werden in Datenverarbeitungsanlagen, Operationssälen und Sprengstoffbetrieben verlegt.

Heterogene PVC-Massivbelagsbahnen werden aus einer gemusterten Oberschicht und einer höher gefüllten PVC-Tragschicht flächig zusammengeschweißt.

Weich-PVC-Beläge auf Trägerschichten

in 1–2 mm dicken, 2–4 m breiten Bahnen werden hergestellt durch Aufwalzen oder Aufstreichen von (auch aufschäumenden) Weich-PVC-Massen auf rollfähige Faservlies- oder Filzträgerbahnen mit folgender Dessinierung durch Mehrfarben-Druck- und Prägewerke, meist auch einem glasklaren Nutzschicht-Schlußstrich. Besondere Bedeutung für den Wohnbereich, über Küche und Badezimmer hinaus, haben die hohen Gehkomfort und gute Trittschalldämmung bietenden, mit kachelartigen, Naturstoffe nachstellenden oder frei strukturierten Dessins von hoher technischer und gestalterischer Qualität ausgestatteten, chemisch geprägten

Cushioned Vinyls CV-Schaumbeläge

in 2–4 mm Dicke. Die raumbreit gelieferten Belagsbahnen werden in der Regel unverklebt verlegt. Sie bestehen aus mehreren, durch Glasfasergewebe oder Vliese stabilisierten Schaumstoff- und/oder Glattstrichschichten. Den Druckfarben für den obersten unter einer glasklaren Nutzschicht liegenden Strich aus treibmittelhaltiger PVC-Masse werden chemisch wirksame Schäumhemmer anteilig so zugesetzt, daß beim letzten Ausgelatinieren eine dem Druckbild exakt entsprechende Tiefenprägung entsteht.

PVC-Beläge sind schwer entflammbar, wasser- und weitgehend chemikalienbeständig, sie bedürfen keiner Erhaltungspflege. Bei der Naßreinigung mit beliebigen Putzmitteln empfiehlt sich, dem Wischwasser eine Wisch-Wasch-Emulsion zuzusetzen oder den Boden mit einem PVC-Polierwachs nachzubehandeln, um Anhaften von Schmutz zu verhüten.

Flexplatten

sind Fußbodenfliesen (meist 25 × 25 cm, 1,6 bis 2,5 mm dick) aus kurzen Mineralfasern, Füll- und Farbstoffen, die unterschiedlich hart mit Vinyl- und Cumaronharzen abgebunden sind. Die einfarbig oder marmoriert lieferbaren Fliesen werden beim Erwärmen weich und können so Krümmungen angepaßt werden; sie werden mit Bitumenklebern verlegt. Die preiswerten, trittfesten Beläge sind für stark begangene Räume wie Eingangshallen und Flure gut, wegen ihrer Härte und Klangresonanz für Wohnräume weniger geeignet.

Textile Kunststoffbeläge

werden im Tufting-Verfahren durch Einbinden eines als offener, aufgeschnittener Flor (Velour) oder unaufgeschnitten (Schlingen- oder Noppenware) die Lauffläche bildenden Synthesefasermaterials in ein Grundgewebe, als preiswerte Nadelfilzböden durch Vernadeln mehrerer in Spezialmaschinen erzeugten Fasergelege unter Aufrichten des offenen Flors großindustriell gefertigt. In jedem Fall wird das Flormaterial, dessen „Polhöhe" von einigen Millimetern bis zu mehreren Zentimetern bei flauschigem Langflorvelour gehen kann, durch Kunststoff- oder Synthesekautschuk-Latex im Grundmaterial verankert. Je nach Art und Beanspruchung werden die Beläge weiter mit Zweitrücken, Schaumstoffrücklagen und Gleitschutzrückschichten ausgestattet. Teppichböden bis 5 m Breite werden oft lose verlegt oder verspannt, dabei werden die Bahnen ggf. durch rückseitige Klebestreifen verbunden. Unter den Klebbelägen gibt es Nadelfilzböden als Fliesen mit rückseitiger Selbstklebeschicht. Textile Verbundbeläge haben Trittschallschutz-Verbesserungsmaße 20 bis > 30 dB.

Textilbeläge werden mit Staubsauger und Teppichbesen saubergehalten, sie können – unter Ausschluß stark alkalischer Reinigungsmittel – auch feucht behandelt werden. Für gründliche Reinigung in größeren Zeitabständen gibt es Spezial-Trockenschaumshampoons.

13.5.12 Sanitäre Objekte, Sanitärzellen, Installationswände

Badewannen, Duschwannen, Waschbecken und Bidets aus Acrylglas oder glasfaserverstärkten Kunststoffen sind bewährt. Daß der Umfang ihrer Verwendung in verschiedenen Ländern unterschiedlich ist, beruht vorwiegend auf unterschiedlichen wirtschaftlichen Voraussetzungen. Aus GFK oder Acrylglas mit rückseitig aufgespritzter GFK-Verstärkung werden Sanitärzellen serienmäßig gefertigt, die Bade- oder Duschwanne, Waschbecken, Bidet oder WC zu einer Einbaueinheit zusammenfassen.

Monozellen sind vor allem für Großobjekte (Wohnheime, Krankenhäuser) im Gebrauch. Baukastensysteme mit Einzelelementen ermöglichen vielseitige Kombinationen für den Wohnungsbau, die Altbauerneuerung und auch für Großsanitäranlagen.

Installationswände mit allen Anschlüssen werden selbsttragend aus PUR-Hartschaumstoff oder Kunststoffleichtbeton (s. Abschn. 13.6.3) gefertigt, indem die vorbereiteten Installationsteile umschäumt werden. Klosettspülkästen mit geräuscharmem, auch Spar-System werden aus PVC u. a., Klosettsitze aus zahlreichen Kunststoffen hergestellt.

13.6 Bauchemische Kunststoffprodukte

Die Bauhilfsstoffe herstellenden bauchemischen Firmen führen Sortimente von Zusatzmitteln zur Verbesserung von Verarbeitbarkeit und Eigenschaften mineralischer Baustoffe, Bautenschutzmitteln und Bindemittelzubereitungen auf Kunststoffbasis mit einer Fülle von Einzelprodukten. Überwiegend sind diese einerseits auf den jeweiligen Anwendungszweck eingestellte wäßrige Dispersionen thermoplastischer Kunststoffe, andererseits flüssige Vorprodukte chemisch aushärtender Reaktionsharze. Während die Anwendung der Dispersionen kaum Probleme bietet, härten Reaktionsharze nur beim richtigen Mischungsverhältnis der Komponenten unter bestimmten Verarbeitungsbedingungen vollständig aus. Diesbezügliche Vorschriften der Lieferfirmen müssen exakt eingehalten werden. Schwierige Fälle des Bautenschutzes oder konstruktiver Anwendungen von Reaktionsharzbindemitteln erfordern Beratung oder Ausführung durch den erfahrenen Spezialisten.

13.6.1 Dispersionen als Beton- und Putzmörtelzusätze

Kunstharzdispersionen

sind beständige, sahneartige Aufschwemmungen von Kunstharzteilchen mit 0,002 bis 0,0002 mm Durchmesser in Wasser mit + 50–70 % Feststoffgehalt. Dispersionen oder Latices (Einzahl: Latex) von thermoplastischen Kunststoffen und Synthesekautschuken entstehen unmittelbar bei der Emulsionspolymerisation der in Wasser feinverteilten flüssigen Monomeren. Für Kleingebinde werden sie in Kunststoff- oder kunststoffbeschichtete Behälter abgefüllt, die dicht verschlossen und kühl zu lagern sind, Eisenfässer sind nicht geeignet. Manche Dispersionen brechen bei Frost. Die klumpigen Ausfällungen wie auch Verdunstungskrusten sind nicht wieder aufrührbar. Hingegen gibt es redispergierbare Dispersionstrockenpulver.

Dispersionen sind mit Wasser verdünnbar, daher, soweit sie für pH 12 bis 13 alkalibeständig sind, auch in jedem Verhältnis mit mineralischen Bindemitteln für Mörtel und Beton gemischt zu verarbeiten und hoch füllbar. Sie binden durch Verklebung der Feststoffteilchen bei Wasserentzug oberhalb ihrer Erweichungstemperatur physikalisch ab. Diese wird, ggf. durch Weichmacherzusätze, so eingestellt, daß Dispersionen noch bei kühlem Wetter verarbeitbar sein können; keinesfalls sind sie es bei Frost. Ähnliche Wirkung wie Weichmacher haben 3 bis 10 % (auf Festpolymerisat gerechnet) jeweils geeignete Lösemittel, die zudem das Einschlagen von Luft beim Einmischen der zähen Dispersionen und damit Poren verhüten helfen (eventuell auch Antischaummittel-Zusätze).

Zementmörtel

wird mit 5 bis 30 % Festpolymerisat (auf Zement gerechnet) (K/Z-Wert 0,05 bis 0,3) modifiziert. Bei der Einstellung des K/Z- und des Wasser-Zement-Wertes nach den allgemeinen Regeln der Betontechnik ist das Dispersionswasser zu berücksichtigen, um dessen Menge das Anmachwasser zu vermindern ist. Zähe Kittmörtel (z. B. als „Dünnbett"-Kleber für Fliesen und Baukeramik) werden mit Dispersionstrockenpulver modifiziert.

Kunststoffzusätze machen Beton zäher und dichter, so daß seine Beständigkeit gegen Abnutzung, insbesondere durch rollende Lasten, gegen kurzfristige Durchfeuchtung, auch gegen Öl und Treibstoffe verbessert wird. Dem entspricht die Anwendung des modifizierten Betons für Estrichbeläge. Konstruktionsbeton darf nicht mit Dispersionen modifiziert werden.

Wasserlagerung beim Erhärten und weitere ständige Durchfeuchtung führt zu Quellungen und Festigkeitsminderungen. Für Wasserbehälter, Grundwasserabdichtung und dgl. ist deshalb Beton mit Dispersions-Zusätzen nicht geeignet. Für

Haftbrücken

zwischen Alt- und Neubeton werden an Zement und Kunststoffdispersion angereicherte Einschlämm-Massen verwendet, auf die feucht weiterbetoniert wird.

Putzmörtel

Für Fassadenbekleidungen werden Zementmörtel als Edelputze und Waschputze mit steigenden Anteilen von Kunststoffdispersionen modifiziert. Streich- und Reibeputze mit Dispersionen als alleinigem Bindemittel bilden einen Übergang zu den Anstrichstoffen. Auch gipshaltige Innenputze werden durch Dispersionszusatz verbessert. Dispersions-Spachtelputze sind nach den allgemeinen Handwerksregeln möglichst dünn, auf Außenwand-Dämmsysteme z. B. 4–6 mm dick, aufzutragen; nicht in praller Sonne.

Durch Kunstharzbindemittel werden Putze, die auch durch Faserfüllung verstärkt sein können, weniger schwindrißanfällig, gut wasserbeständig bzw. wasser- und damit auch schmutzabweisend; sie bleiben aber wasserdampfdurchlässig.

Dispersionskunstharze,

die sich als Betonzusatz und für Außenputz eignen, müssen gegen Verseifung im alkalischen Milieu unter Witterungseinfluß langzeitig beständig sein. Das trifft zu z. B. für Copolymerisat-Dispersionen von Vinylchlorid mit Vinylpropionat (Propiofan) und mit Vinyllaurat (Vinnapas T 53), von Ethylacrylat mit Methacrylat (Plextol B 500 n), weiter für Butadien-Copolymerisate (Litex) und für Polychloropren-Latex (Baypren), der zum Elastifizieren von Beton dient. Polyvinylacetat-Dispersionen sind für Außenputz und im sonstigen alkalischen Bereich nicht brauchbar, wohl aber solche aus Vinylacetat-Copolymerisaten (Mowiton). Anstriche von „grünem" Beton mit Dispersionen auf PVC-Basis (Vilit) regeln Austrocknen und Schwindung und verzögern die Karbonisierung.

Andersartig sind Epoxidharz-Dispersionen, die vom Verarbeiter aus Epoxidharz mit Emulgator und einem wenig wasserempfindlichen Härter selbst hergestellt werden. Unmittelbar danach beginnen sie chemisch auszuhärten, so daß sie innerhalb bestimmter Topfzeit verarbeitet sein müssen; danach sind, was äußerlich nicht erkennbar ist, die Dispersionen unbrauchbar. Sie werden für Anstriche und Haftbrücken auf feuchtem Beton und zur Vergütung von Zement-Beton-Mörteln verwendet.

13.6.2 Reaktionsharzmörtel und -beton

Reaktionsharze

sind in mehreren Komponenten angelieferte Kunstharzvorprodukte, die nach Vermischen in vorgeschriebener Menge miteinander unter Bildung des Kunstharzes reagieren. Die Reaktion *(Abb. 13.7)* beginnt langsam; das flüssige Gemisch kann innerhalb der vom Hersteller angegebenen „Topfzeit" verarbeitet werden. Vor dem Einsetzen der unter starker Erwärmung zum Erstarren führenden Hauptreaktion muß die Verarbeitung beendet sein.

Reaktionsharze bzw. daraus hergestellte Mörtelmassen werden auf Topfzeiten von einigen Minuten bis Stunden und dementsprechende Härtungszeiten im Bereich von Stunden eingestellt, nach denen Erzeugnisse entformt und begangen werden können. Mit dem vollständigen Ablauf der Aushärtungsreaktion wird das Erzeugnis innerhalb einiger Tage zunächst mechanisch,

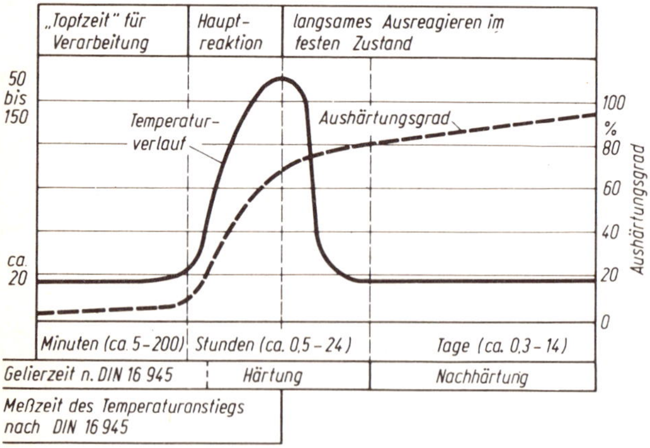

Die Temperatur- und Zeitangaben sind größenordnungsmäßig aufzufassen. Die Maximaltemperatur beim Aushärten und die Hauptreaktionszeit hängen nicht nur vom Harzsystem ab, sondern wesentlich auch vom Füllstoffgehalt und der Schichtdicke des Erzeugnisses.

(Aus Saechting, Kunststoff-Taschenbuch, 22. Ausgabe, 1983)

Abb. 13.7: Verlauf der Kalthärtung von Reaktionsharzen

schließlich chemisch voll belastbar. Weitere Nachhärtung oder Nachschwindung erfolgt nicht. Bei Temperaturerhöhung um zehn Grad können sich die Zeiten für die einzelnen Phasen des Reaktionsablaufes auf die Hälfte verkürzen, bei Temperaturerniedrigung entsprechend verlängern; unterhalb einer Grenztemperatur bleibt die Härtungsreaktion aus.

Kunstharzbeton mit 10 bis 15% Reaktionsharz-Bindemittel hat Werte der Größenordnung:

Druckfestigkeit	90–150 N/mm²
Biegefestigkeit	30– 40 N/mm²
Abrieb	6,2 cm³/50 cm²
Ausdehnungs-koeffizient	2×10^{-6}

Reaktionsharze sind mehrfach teurer als hydraulische Bindemittel. Wirtschaftlich sind sie für Zwecke, bei denen ihre besonderen Eigenschaften voll genutzt werden können, etwa wie folgt:

a) *Reaktionsharz-Beton*
(5 bis 15 Gew.-% Bindemittel)
zur Schnellreparatur von Altbeton (Kantenausbrüche, Fahrbahn-, Fassadenschäden), EP- und MMA-„Sandstein" zur Restaurierung und Reproduktion von Baudenkmälern,

für Betonfertigteile wie Fassadenplatten, Deckschichten von Brüstungselementen, dünnwandige Schleudergußrohre bis 3,5 m Durchmesser, Abwasserschächte, serienmäßig gefertigte Entwässerungsgegenstände (Straßengullys, Ablaufrinnen) und Kellerfenster, Maschinenfundamente.

b) *Reaktionsharz-Klebemörtel*
(10 bis 30 Gew.-% Bindemittel) zur kraftschlüssigen Verbindung von großen Betonfertigteilen für technische Bauwerke, von Beton mit Stahl und von Stahlbauteilen untereinander, als Haftbrücken zwischen Alt- und Neubeton.

Die rasch abbindenden Reaktionsharzmörtel können den Baufortschritt bei Großbauten um ein Vielfaches beschleunigen; sie ermöglichen exaktes Arbeiten mit dünnen Fugen.

c) *Reaktionsharz-Estrichmassen*
(10 bis 40 Gew.-% Bindemittel), mörtelartig bis verfließend, mit harten Zuschlagstoffen wie Korund, Carborundum, Quarzit,

für mechanisch und chemisch höchst beanspruchbare, mehrschichtig aufgebrachte Industriebodenbeläge bis etwa 10 mm Dicke, für gleitsichere (Brücken-)Fahrbahn- und Flugplatzbeläge auf festem, erforderlichenfalls durch Absäuern, Sandstrahlen oder Flammstrahlen vorbereiteten Untergrund.

d) *Reaktionsharz-Beschichtungsmassen*
(30 bis 50 Gew.-% Bindemittel), vergießbar oder thixotrop haftend eingestellt,

für Dünnschichtbeläge von 0,5 bis 1,5 mm Dicke, für Wasserbauten, Kläranlagen, Schwimmbecken und dgl., als Bindemittel für dekorative Steinsplitt-Fassadenbeläge, zum Verankern von Stahl in Beton.

e) *Reaktionsharz-Versiegelungen* (Bindemittelgehalt über 50 %, auch lösemittelhaltig)

zur Abdichtung und Erhöhung des Verschleißwiderstandes von Holz- und Betonböden.

f) *Sanierung und Langzeitschutz korrosionsgefährdeter Stahlbeton-Bauwerke*

mit auf diese Aufgaben hinsichtlich Freilegung der Schadstellen (Bewehrung), Vorbereitung, Auftragsart und Schichtenfolge spezifisch abgestimmten Systemen aus Reaktionsharzen mit mehr oder weniger Zuschlagstoffen.

Die einzelnen Gruppen von Reaktionsharzen haben folgende besondere Eigenschaften und Anwendungsgebiete:

Methacrylat-Zweikomponentenmassen (Degadur, Plexilith/Pleximon) aus einem Pulver, das auch die mineralischen Zuschläge enthält, und flüssigem Methacrylat in abgemessenen Portionen mit 15 bis 20 Min. Topfzeit härten auch bei Frosttemperaturen innerhalb einer Stunde voll belastbar aus. Sie dienen zur Reparatur kleinerer Oberflächen- und Kantenschäden von Autobahnen und Betonfertigteilen, für Straßenmarkierungen und Industrieestriche. Aus selbstverlaufend eingestellten Lösungen von Polymethacrylat in dem leichtflüssigen monomeren Methacrylat mit Füllstoffen stellt man harte Bodenbeläge, vor allem für Lebensmittelbetriebe her. Infolge der Löslichkeit des Polymeren im Monomeren binden die Methacrylatsysteme an bereits ausgehärtetes gleichartiges Material an.

Die in späterhin einpolymerisierendem Styrol gelösten *ungesättigten Polyesterharze* (UP) brauchen zum Aushärten bei Raumtemperatur Polymerisationskatalysator und Beschleuniger (nacheinander zuzugeben, bei unmittelbarer Vermischung der Zusätze Explosionsgefahr; zuweilen werden zwei mit je einem der Zusätze vorgemischte Komponenten geliefert). UP sind die für Kunstharzbetonwaren und -bauteile überwiegend gebrauchten Reaktionsharze. Nässe und alkalische Reaktion stören das Aushärten; deshalb Zuschlagstoffe scharf trocknen. Ungefüllt schrumpfen UP beim Aushärten um 7 bis 8 %, mit Füllstoffen weniger. Ausgehärtet sind sie gegen Wasser, saure angreifende Medien, Treibstoffe und Mineralöl beständig.

Die flüssigen *Epoxidharze* (EP) härten bei Raumtemperatur mit Verbindungen, die reaktionsfähige Amingruppen besitzen, unter geringer Schrumpfung aus. Einfache Amine sind giftig und ätzend (Haut- und Augenschutz!); der Ablauf der Härtungsreaktion ist stark temperaturabhängig; er kann durch Wasser und Luft beeinträchtigt werden. Modifizierte Aminhärter sind weniger unangenehm im Gebrauch, und unter ihnen gibt es „Nullgradhärter" für tiefe Temperaturen und „maskierte" Härter, mit denen die Reaktion auch auf feuchtem Untergrund, selbst unter Wasser, abläuft (s. Abschn. 13.6.1 EP-Harzdispersionen). Mit Polyaminoamid-Addukten (Versamiden) erhält man elastischere, allerdings auch weniger korrosionsbeständige Produkte. Für Straßen- und Brückenbeläge werden die Harze mit Teer modifiziert.

Mit den mechanisch und vor allem im alkalischen Bereich in ihrer Korrosionsbeständigkeit höchstwertigen EP-Harzen kann man schwierigste Probleme des Ingenieurbaus und der Korrosionsschutztechnik lösen; allerdings sind sie teurer als UP-Harze. Mit EP-Harzinjektionen werden Risse in Betonbauten unter Wasserverdrängung kraftschlüssig ausgebessert.

Bemühungen um die Entwicklung technisch und wirtschaftlich optimaler Verbundbaustoffe („composites“) durch Kombination von Reaktionsharz- und hydraulischen Bindemitteln sind in allen Industriestaaten im Gange. Im Schrifttum sind die Abkürzungen PC = Polymer Concrete, PIC = Polymer Impregnated Concrete, PCC = Polymer Cement Concrete und CC = Cement Concrete gebräuchlich.

Vernetzende Polyurethane (PUR) lassen sich gummielastisch einstellen, z.B. für Beläge für Sportstätten, Laufbahnen und Pferderennbahnen (Tartan, Rekortan, Elastan), u.a. gefüllt mit Gummischnitzeln aus Altreifen. Einkomponentige flüssige PUR- und EP-Vorprodukte, die durch Luftfeuchtigkeit abbinden, gibt es für das „Seamless-Flooring“-Verfahren des Gießens von Bodenbelägen mit eingestreuten Farbchips.

13.6.3 Kunststoffleichtbetone

Polystyrolschaumstoffbeton aus EPS-Kugeln, 1,5–2,8 mm Ø (bei RG > 0,5 mit Sandzumischung), und hydraulischem Bindemittel ist ein Haufwerksbeton, der bei üblichen Raumgewichten 300–800 kg/m³ Biegezugfestigkeit 0,5–1 N/mm², Würfeldruckfestigkeit 0,5–5 N/mm², Wärmeleitzahl-Rechenwerte 0,1–0,29 W/m K aufweist. Er wird – mit Zusatzanlagen zum Aufschäumen des EPS – wie anderer Zementbeton verarbeitet und kann auch gepumpt werden. Mit RG < 300 kg/m³ wird er als Dämmputz und Dämmörtel gebraucht.

Reaktionsharz-Hartschaumbeton-Formteile mit RG 250 bis 600 kg/m³, Druckfestigkeiten 1–4 N/mm² und Wärmeleitzahlen um 0,06–0,08 W/m K werden so hergestellt, daß Schüttungen mineralischer Leichtzuschlagstoffe (Blähton, Blähglas) in Schalungen mit schäumfähigen UP-Harz- oder PUR-Ansätzen umschäumt werden. Deckschichten für Sandwichelemente können im gleichen Arbeitsgang angeschäumt werden. Anwendungsgebiete sind große (bewehrte) Elemente für Fertigbausysteme, Sanitärwände und Raumzellen für installiert zur Baustelle gelieferte Sanitärräume.

Kunststoffleichtbeton ist je nach Raumgewicht und Zusammensetzung, schwerentflammbar (B 1) bis nicht brennbar (A 2), die Bauteile haben hohe Feuerwiderstandsdauer.

13.6.4 Holzleime und Bindemittel für Holzwerkstoffe

Polyvinylacetat als sahnige, wäßrige Dispersion (Latex), sogenannter weißer Leim (Mowicoll, Ponal), der lediglich durch Verdunsten des Wassers abbindet, wird im Möbelbau überwiegend gebraucht. Die Feuchtfestigkeit und Wärmefestigkeit der Leimverbindungen ist beschränkt.

Harnstoff-Formaldehydharzleim (Kaurit) als Pulver oder Leimlösung angeliefert, mit Kalthärter feucht-, aber nicht wetterbeständig abbindend, wird im Holzleimbau am meisten gebraucht. *Phenol-Resorcin-Montageleime* geben wetterfeste Verbindungen. Sie sind für bauaufsichtlich überwachte geleimte Träger zugelassen. Reine Phenolharze sind für Kaltleimung nicht geeignet; der dafür erforderliche stark saure Härter würde das Holz angreifen.

Für die *Heißverleimung von Sperrholz* nach DIN 68705 verwendet man folgende Leimgrundstoffe:

- IF 20 – Innensperrholz: Harnstoffharz;
- IW 67 – Sperrholz für Räume erhöhter Luftfeuchtigkeit: melaminverstärkte Harnstoffharze;
- A 100 – Kalt- und heißwasserbeständiges, beschränkt wetterbeständiges Sperrholz: Melaminharz;
- AW 100 – Außensperrholz: Phenol- oder Phenolresorcinharz.

Entsprechend gekennzeichnete Sperrhölzer sind nach DIN 68705, Blatt 3, güteüberwacht.

Holzfaserhartplatten, nach DIN 68750/68751 güteüberwacht, sind mit Phenolharzen gebunden. *Holzspanplatten* V 20 für Innengebrauch sind mit Harnstoffharz (Urecoll), begrenzt wetterbeständige Spanplatten V 100 mit Melaminharz (Kauramin), Phenol- oder Phenolresorcinharz abgebunden. Diese Holzwerkstoffe sind bei entsprechender Kennzeichnung nach DIN 68761, Blatt 3, güteüberwacht. Zur Kennzeichnung von Innenausbau-Spanplatten gehört nach ETB-Richtlinien der Hinweis auf die Emissionsklasse „E 1“, d. h. die Gewährleistung, daß sie im Prüfraum nicht mehr als unter der physischen Wahrnehmbarkeit liegenden 0,1 ppm Formaldehyd an die Luft abgeben. Dieser Wert wird mit speziellen Leimharzen von unbeschichteten wie auch durch Beschichtung höher emittierender Spanplatten mit Melaminharz-Deckschichten (Abschnitt 13.5.10) erreicht.

Die Feucht- bis Wetterfestigkeit der Kunstharz-Holzbindemittel hat den Holzleimbau und sonstigen Holzbau sehr gefördert. Die vorstehend beschriebenen Holzwerkstoffe sind nach der Ergänzung zu DIN 1052 über Holzhäuser in Tafelbauart für tragende und aussteifende Bauteile zugelassen.

13.6.5 Sonstige Klebstoffe

Dispersionsklebstoffe

Vor allem Copolymerisate (Acronale), die mehr oder weniger geschmeidige Klebfilme ergeben, sind für Verklebungen von Werkstoffen geeignet, von denen mindestens einer so porös ist, daß das Dispersionswasser absickern und abdunsten kann. Verarbeitungstechnisch (keine Lösemittel, feuchtes Arbeiten möglich) sind sie sehr angenehm.

„Baukleber“

enthalten pulverförmig vorgemischt oder als Einzelkomponenten hydraulische Bindemittel und dispergierbare bzw. dispergierte Kunstharze nach Abschn. 13.6.1. Das Kunstharzbindemittel zieht rasch an; Klebkraft und Härte im Endzustand werden durch das langsamer abbindende hydraulische Bindemittel erhöht. Die Kleber binden auf den meisten (porösen) Baumaterialien gut an; gefüllt sind sie als Spachtelmassen brauchbar.

Kontaktklebstoffe

sind Lösungen von weichen Kunstharzen oder Synthesekautschuk (meist Polychloropren), die zum Verkleben dichter Werkstoffe miteinander beidseitig aufgestrichen werden und dann, damit es keine Blasen gibt, so lange abdunsten müssen, bis aus der Klebstoffschicht beim Betupfen mit dem Finger keine Fäden mehr gezogen werden können. Bringt man dann die beiden Klebeflächen zusammen, so haften die Klebeteile sofort unverrückbar aneinander; durch kurzes, aber kräftiges Andrücken ($p = 0{,}5\ N/mm^2$) von Hand oder in der Presse wird die Klebung vollflächig. Man verwendet Kontaktkleber für Fußbodenbelag und Bauplatten auf beliebigen Untergründen. Die elastisch bleibenden Klebfilme können unterschiedliches Arbeiten verschiedener Werkstoffe in gewissem Umfang aufnehmen. Wenn Spannungen in der Verklebung zu erwarten sind, z. B. bei wechselnden Temperaturen ausgesetzten Schichtstoffplatten-Bekleidungen, muß dem Klebstoff ein Härter zugesetzt und sorgfältig auf ganzflächige Verklebung geachtet werden. Für scherbeanspruchte Klebungen auf begrenzter Fläche sind diese Klebstoffe jedoch nicht geeignet.

Reaktionsharzklebstoffe

entsprechen in ihrem Aufbau aus gleichartigen Kunstharz-Vorprodukten den unter Abschn. 13.6.2 behandelten Reaktionsharzerzeugnissen. In entsprechend abgewandelter Einstellung sind diese drucklos härtenden lösemittelfreien Klebstoffe zur festen Verbindung auch nicht offenporiger Materialien untereinander geeignet, z. B. zum Verkleben von Schaumstoffen mit geschlossenen Poren untereinander und auf dichten Untergründen. Fliesen-Kleber und -Fugenausschlämmassen aus EP-Harzen, die im Verarbeitungszustand mit Wasser emulgierbar sind, sind höchster Beanspruchung gewachsen.

13.6.6 Silikon-Bautenschutzmittel

Silicone (SI) sind eine Stoffgruppe gemischt anorganisch-organischen chemischen Aufbaus. Das Siliconmolekül enthält ein Gerüst aus SiO-Gruppen, die den Silicaten verwandt sind; dieses ist aber mit organischen Kohlenwasserstoffgruppen bekleidet. Bei der Hydrophobierung mineralischer Baustoffe werden SiO-Gruppen in den Porenwandungen an den mineralischen Baustoff gebunden, so daß die organischen Gruppen nach außen gerichtet sind. Durch deren wasserabstoßendes Verhalten werden senkrechte Bauteile gegen Benetzung durch Wasser, auch gegen Schlagregen geschützt. Sie bilden aber keinen abdichtenden Film; die Wände bleiben diffusionsaktiv.

Siliconate

sind wasserlösliche, mit Wasser verdünnbare, salzartige Vorprodukte, deren wasserabweisende Wirkung sich etwa 24 Stunden nach dem Auftrag auf die Fassade durch Reaktion des Alkalisalzes mit der Kohlensäure der Luft und weitere Wasserabspaltung entwickelt.

Frische Siliconate reagieren alkalisch (nicht ins Auge oder Gesicht bringen, Fensterrahmen und Glasscheiben abdecken). Sie erfordern gut saugfähigen Untergrund; Putz muß einigermaßen abgebunden sein. Die vorgeschriebenen Konzentrationen und Auftragsmengen sind genau einzuhalten. Zuviel Siliconat verstopft die Poren und kann, insbesondere auf weniger saugfähigem Untergrund, zu Abblätterungen und Ausblühungen führen. Deshalb ist auch mehrfacher Siliconatauftrag nicht möglich. Durch Regen innerhalb der ersten 24 Stunden kann Siliconat wieder ausgewaschen werden.

Silane und Siloxane

sind niedermolekulare bis fast makromolekulare organische SI-Verbindungen, die, in Alkohol oder Benzin gelöst, gut den Untergrund benetzen und die SiO-Gruppe durch Ester-Verseifung und Weiterpolymerisation zum Silikon im alkalischen Milieu verankern. Anwendungen: Hydrophobierung von Bauwerken jeder Art, auch Tausalzschutz von Brückenbauwerken, durch Zusatz wasserdispergierbar gefahrlose Hydrophobierung von Baustoffen in der Fabrik.

Siliconharzlösungen

in Benzinkohlenwasserstoffen lassen sich auf allen Untergründen auch im mehrfachen Auftrag und zu Nachimprägnierungen verwenden. Die wasserabweisende Wirkung setzt mit dem Verdunsten des Lösemittels ein.

Silicon-Fassadenimprägnierungen müssen gleichmäßig satt sein; das erreicht man mit Sprühgeräten besser als mit Malerquasten. Die verschiedene Saugfähigkeit nebeneinander verwendeter Baustoffe, z. B. von Klinkersteinen und Fugenmörtel, muß berücksichtigt werden. Die wasserabweisende Imprägnierung ist schmutzabweisend; sich ablagernder Schmutz wird nicht kapillar in die Poren eingesaugt, sondern von Niederschlägen abgewaschen. Ungleichmäßige, örtlich ungenügende Imprägnierung führt zu häßlichen Schmutzflecken. Gute Siliconierung erfordert den erfahrenen Verarbeiter.

Siliconemulsionen und -pulver

werden Putzen und Anstrichmitteln zugesetzt, um Fassaden von vornherein dauerhaft wasserabweisend zu machen.

Silikonkautschuk

wird mit hellfarbigen Füllstoffen zu Ein- oder Zweikomponenten-Dichtungsmassen verarbeitet, die auf mineralischen Untergründen ohne Primer haften, witterungs- und wasserbeständig, hochgummielastisch dehnfähig vernetzen. Anwendung vor allem im Glasbau, zum Eindichten von Fensterscheiben und im Sanitärbereich.

Von den Silikonen zu unterscheiden sind die monomolekularen niedrigviskosen *Kieselsäureester,* die hochkonzentriert zur Konservierung von Naturstein-Bauwerken durch Tiefenimprägnierung gebraucht werden. Sie scheiden unter Aufspaltung der Esterbindung im Stein Kieselgel (SiO_2aq) als verfestigendes Zusatzbindemittel ab, ohne daß dabei – wie bei der Verwendung von Wasserglas – steinschädigendes Alkalicarbonat entsteht.

14 Glas

Die Kunst des Glasmachens ist ein uraltes Vermächtnis des nahen Orients. Ehe man jedoch den spröden Stoff als Fensterglas nutzbar machen konnte, vergingen fast 5000 Jahre. Die Römer haben das Verdienst, die ersten Glasfenster in ihren Bauten verwendet zu haben. In Nordfrankreich und am Niederrhein – mit Köln als Mittelpunkt – brachten sie eine eigene leistungsfähige Glasindustrie in Gang, die zur Keimzelle einer selbständigen nordeuropäischen Glasindustrie wurde. Bis 1938 war Deutschland nach den USA und der UdSSR der drittgrößte Glaserzeuger der Welt.

14.1 Herstellung und Zusammensetzung

Glas wird aus einem Gemenge von folgender Zusammensetzung erschmolzen:

Quarzsand SiO_2
Kalkstein $CaCO_3$
Feldspat $K_2O \cdot Al_2O_3 \cdot 6SiO_2$
Dolomit $CaMgCO_3$
Glaubersalz Na_2SO_4
Pottasche K_2CO_3
Soda Na_2CO_3
Borax $Na_2B_4O_7 \cdot 10H_2O$

Es ist in seiner überwiegenden Masse ein nicht kristalliner, anorganischer, spröder und vorwiegend oxidischer Werkstoff.

Durch Art und Menge der eingeschmolzenen Rohstoffe werden die Art und Eigenschaften des Glases bestimmt. Glas hat ein breites Schmelzintervall (Transformationsbereich), also keinen scharf definierten Schmelzpunkt wie ein Kristall.

Zusätze: Wird ein Teil des oben angeführten Kalkpulvers ($CaCO_3$) durch Bleiglätte (PbO) ersetzt, dann entstehen stark lichtbrechende Gläser (Bleikristall). Stark bleihaltige Gläser finden Verwendung für Verglasungen von Schauöffnungen in Röntgen-, Isotopen- und Kernspaltungslaboratorien.

Farbiges Glas wird erzielt durch schwache Metalloxidzusätze:

Kupferoxid – Grün

Kobaltoxid – sattes Blau

Gold – tiefes Rubinrot

Chromoxid – kräftiges Gelbgrün

Eisengehalt im Sand führt zu einer Braun-Grün-Färbung durch Bildung von Eisensilikat.

Trübes (undurchsichtiges) Glas entsteht durch sich im Glas bildende Kristalle durch Zusätze von:

Flußspat – Opalglas
Zinnoxid – Milchglas
Kieselfluornatrium – Alabasterglas u. a.

Quarz (SiO_2) schmilzt sehr schwer, erst bei 1620 °C wird er zähflüssig und verdampft, ohne vorher merklich flüssiger geworden zu sein. Der Glassand muß daher reichlich mit einem *Flußmittel* versetzt werden. Ein solches Flußmittel ist vorwiegend Soda (Na_2CO_3); es schmilzt bei etwa 850 °C; das Gemisch aus Sand und Soda schon eher. Art und Menge der Rohstoffe bestimmen die Eigenschaften der Gläser. Der CO_2-Gehalt in den Zuschlagstoffen spielt schmelztechnisch eine sehr wichtige Rolle. Außerdem ist ein kräftiger Zuschlag von Glasscherben wichtig, weil dadurch die Schmelzung erheblich erleichtert und beschleunigt wird.

Das Rohstoffgemenge wird in feingemahlenem und gemischtem Zustand in die Schmelzwanne gebracht, wo es zunächst *sintert* und sich Alkali- und Erdalkalimetalle sowie Doppelkarbonate bilden, die anschließend aufschmelzen und unter lebhafter Gasentwicklung (aus der Kohlensäure) den restlichen Quarzsand lösen. Hierzu sind etwa 1400 °C erforderlich. Am Ende dieser *Rauhschmelze* liegt eine schmierige und blasenreiche Schmelze vor. Im Verlauf des anschließenden Läutervorgangs, der *Blankschmelze,* wird die Schmelze von allen sichtbaren Einschlüssen, insbesondere den Gasblasen, befreit. Dies geschieht durch Zugabe von Läuterungsmitteln sowie durch das Durchblasen von Luft. Durch die aufsteigenden Blasen entsteht gleichzeitig eine mechanische Mischwirkung und Homogenisierung der Glasmasse.

Bei etwa 1400 °C ist die Läuterungstemperatur erreicht und die Schmelzmasse endgültig rein und klar und reines fertiges Glas; nur ist die Masse noch zu dünnflüssig und muß erst abkühlen (abstehen) bis auf etwa 1200 °C.

Bei 1400 °C ist Glas etwa 13500mal zäher als H_2O. Bei 1000 °C ist Glas etwa 2000000mal zäher als H_2O.

14.1.1 Arten der Flachglasherstellung

14.1.2 Entglasung

Bei 1000 °C hat Glas die geeignete Zähigkeit zur Verarbeitung, jedoch auch das Bestreben bei dieser Temperatur zu entglasen, d. h. zu kristallisieren. Durch geeignete Gemengezusammenstellung sowie durch schnelle Verarbeitung und sofortige Kühlung kann dies verhindert werden.

Sobald die Schmelzmasse bei der Verarbeitung (Formgebung) mit kühleren Fremdkörpern (Eisen o. ä.) in Berührung kommt, tritt dieser Entglasungsprozeß ein. Es ist deshalb auch nicht möglich, klare und verzerrungsfreie Glastafeln durch Ausgießen auf einer glatten Stahlunterlage zu erzeugen (Rohglas).

Abschluß der Herstellung bildet im allgemeinen die Kühlung, d. h. die allmähliche Herabsetzung der Temperatur der Ofenhitze bis auf Zimmertemperatur.

14.1.3 Glasblasen und Strecken

Die älteste Art der Scheiben-(Flachglas-)Herstellung ist das *Glasblasen* und *Strecken;* sie wurde noch bis etwa 1920 ausgeübt. Dieses Verfahren, mit dem nur begrenzte Scheibengrößen hergestellt werden konnten, wurde zu Beginn der 20er Jahre durch maschinelle Verfahren, „das Glasziehen“, abgelöst.

14.1.4 Glasziehen

Bei etwa 1000 °C hat Glas die Zähigkeit wie Honig und auch die gleiche Oberflächenspannung, das heißt das Bestreben, sich beim Herausheben aus der Glasmasse zu einem dünnen Faden zusammenzuziehen. Im Gegensatz zum Honig erstarrt das heißflüssige Glas jedoch ziemlich rasch, wenn es abgekühlt wird.

Diese Eigenschaft ist der Kernpunkt des Glasziehens.

Senkt man nun in die flüssige Glasschmelze ein ausgestanztes sogenanntes Fangblech und zieht daran die sich anhängende Glasmasse durch eine Schamotte-Schlitzdüse langsam hoch, unter gleichzeitiger Kühlung dicht über dem Glasspiegel, so bleibt die gesamte Masse zwar noch weich, ist aber schon fest genug, um die Kontraktionskräfte zu überwinden.

Das Glasband steigt nun als endloses Band aus der Wanne. Zur Kühlung verwendet man kalte Luft oder kaltes Wasser, das man in Kühlrohren dicht vor dem Glasband vorbeiführt. Wichtig ist nun, daß das Glas im Augenblick der Erstarrung von keinem kühleren Körper berührt wird wegen Entglasungsgefahr.

Der ganze Vorgang spielt sich in wenigen Sekunden ab, weshalb das Glas auch blank und klar bleibt. Je schneller das Glas gezogen wird, desto dünner wird es und desto kürzer kann auch die Kühlzeit sein.

Beim Glasziehen unterscheidet man zwei Verfahren:

Im *Fourcault*-Verfahren wird das Glasband als endloses Band im sogenannten Kühlschacht senkrecht nach oben gezogen, wobei es weiter abkühlt und am oberen Ende auf der Schneidbühne in Tafeln auf die gewünschten Längen abgeschnitten wird.

Im *Libbey-Owens*-Verfahren wird das Glasband ohne Ziehdüse frei aus der Glasoberfläche gezogen, um dann dicht über der Glasoberfläche und Kühlzone waagerecht über eine Walze in einen waagerecht verlaufenden Kühltunnel umgelenkt zu werden.

14.1.5 Das Float-Verfahren

Die neue Technik des *Float*-Verfahrens läßt die Glasschmelze nach dem Prinzip der überlaufenden Wanne mit etwa 1100 °C auf die ebene Oberfläche einer Zinkmetallschmelze auflaufen, wo es ein Band bildet, das mit etwa 600 °C in einen Kühlkanal auf Laufrollen weitergeführt wird. Die Glasdicke (nicht unter 1,2 mm) wird durch die Zugkraft der Leitrollen bestimmt. Die große Leistungsfähigkeit dieses in den 50er Jahren aufgekommenen Float-Verfahrens mit einer Tagesproduktion von 600 t je Anlage sowie einer nicht unerheblichen Produktionsvereinfachung führte dazu, daß sich dies neue Verfahren schnell durchsetzte.

14.2 Flachgläser

Allgemeine Daten

Rohdichte	2500 kg/m³
Wärmeleitzahl	0,8 W/m²K (0,69 kcal/m² h °C)
Erweichungspunkt	600 °C
Lichtdurchlässigkeit:	
sichtbares Licht	ca. 90 %
Infrarot-Strahlen	ca. 80 %
UV-Strahlen	ca. 50 %
Absorption	1–2 %
Reflexion	3–4 %
Härte	6–7 der Mohs-Skala

14.2.1 Fensterglas

Die DIN 1249 (8. 52) – Tafelglas – wurde zurückgezogen; die darin aufgeführten Begriffe werden jedoch noch weiter benutzt. Seit etwa 1925 wurde Fensterglas als endloses Band gezogen und in Tafeln geschnitten. Es hat beiderseits ebene, feuerblanke Oberflächen. Seit Mitte der 50er Jahre wird Fensterglas kaum noch gezogen, sondern im Float-Verfahren hergestellt.

Die Fertigung von gezogenem Fensterglas wurde eingestellt bzw. stark reduziert.

Zulässige Fehler. Schwache Streifen in Ziehrichtung, kleine Blasen, Wellen, Schlieren und kleine Knoten. Mögliche Ziehstreifen sollen in der fertigen Verglasung waagerecht laufen; es ist deshalb wichtig, bei der Bestellung der Scheiben anzugeben, ob es sich um Scheiben „liegenden" oder „stehenden" Formates handelt.

Härte. Gutes Bauglas darf sich mit einer guten Stahlspitze nicht ritzen lassen.

Dicke. Sie wird mit einer Spezial-Stahllehre nachgeprüft. Man kann die Dicke von Tafelglas auch dadurch nachprüfen, daß man 10 Scheiben aufeinanderlegt und aus der Gesamtdicke das Mittel errechnet.

Schneiden. Beim Schneiden von Glas wird mit einem Diamanten oder Stahlrädchen unter leichtem Druck eine Ritzlinie über die Glasfläche geführt. Bei behutsamem Anheben, notfalls unter leichtem Beklopfen, springt das Glas in der Ritzlinie. Wenig bekannt ist die erstaunliche Tatsache, daß diese Ritzung sozusagen „vernarben" kann. Läßt man zwischen Ritzen und Abbrechen eine Zeit vergehen, dann springt das Glas nicht mehr.

Güteklassen. Fensterglas wird in zwei verschiedenen Sorten geliefert, die sich vor allem auf die Güte der Durchsicht beziehen:

VA – Verarbeitungsqualität
(vereinzelte kl. Mängel, wie Schlieren, Wellen, Blasen, Kratzer, die nicht auffallen)

V – Verglasungsqualität
(mit gleichen Fehlern, jedoch stärker sichtbar)

Nach DIN 1259 (8. 71) ist:

Gartenblankglas ein fast farbloses *Fensterglas* mit feuerpolierten Oberflächen für Gewächshäuser und Frühbeete

Gartenklarglas ein fast farbloses *Gußglas* (genörpelt), lichtstreuend (s. DIN 11525)

Nach DIN 11515 (8. 78) ist:

Gartenblankglas ein *Fensterglas* mit erkennbaren Fehlern für Gewächshäuser u. dgl.

Nach DIN 11526 (8. 78) ist:

Gartenklarglas ein Rohglas (einseitig genörpelt) mit guter Lichtverteilung.

14.2.2 Kristallspiegelglas

Spiegelglas ist gegossenes und gewalztes Glas, das auf beiden Seiten plangeschliffen und anschließend poliert wird, sowie aus der Floatglas-Produktion (Metallbadverfahren). Im

Handel als Kristallspiegelglas[1]). Es ist völlig wellenfrei, gänzlich eben und bietet somit eine vollkommen klare, verzerrungsfreie Durchsicht.

Spiegelglas wird heute ausschließlich im Float-Verfahren hergestellt, ohne weitere zusätzliche Nachbehandlung (Schleifen und Polieren).

Normales Spiegelglas in den Dicken 4 und darunter, 5, 6, 8, 10, 12, 15, 19 mm. Dickes Spiegelglas siehe ,,polierte Platten".

Güteklassen: Verglasungsqualität (V)
Verglasungsqualität zum Belegen (VZB)
Belegequalität für hohe Ansprüche (AV)

Tab. 14.1a: Schalldämmaß R_w

Glasdicke in mm	Schalldämmmaß R_w
6	30 dB
8	32 dB
10	34 dB
12	35 dB

Tab. 14.1b: Maximale Liefergrößen

Dicke in mm	Maße in cm
4	318 × 600
5	318 × 600
6	318 × 600
8	318 × 750
10	318 × 900
12	318 × 900
15	318 × 600
19	282 × 450

14.2.3 Spiegelrohglas

Spiegelrohglas gibt es in Dicken von 6, 8, 10, 12 mm.

Anwendung: Spiegelglas für Verglasung repräsentativer Gebäude, Schaufenster, im Innenausbau und gesamten Möbelbau (auch farbig); für senkrechte Verglasung in Fabriken, Ausstellungshallen u. dgl., für Auflegeplatten usw.

14.2.4 Drahtspiegelglas (Dravel)

Drahtspiegelglas ist Kristallspiegelglas mit viereckigem punktgeschweißtem Drahtnetz, mit einem Abstand von 12 mm und einer Drahtdicke von 0,5 bis 0,6 mm (feuerhemmend). Anwendung vorzugsweise als Verglasung in feuerbeständigen Bauteilen, Aufzugsschächten u.ä. Maximale Abmessungen ca. 510 × 240, 510 × 225 cm.

Lichtdurchlässigkeit ca. 88 %.

14.3 Gußglas

Gußglas ist der übergeordnete Sammelbegriff für mehr oder weniger strukturierte und stets nur beschränkt durchsichtige Flachglasarten gleicher Herstellung und unterschiedlicher Funktion.

Mittels Schöpfkelle oder auch nach dem Prinzip der überlaufenden Wanne wird die zähe Glasschmelze auf ein Walzenpaar gegossen, von diesem erfaßt und zu einem Glasband von bestimmter Dicke und Breite geformt. Durch Verwendung geprägter Walzen kann man ein Strukturglas und durch Einführen eines Drahtnetzes ein blankes oder strukturiertes Gußdrahtglas herstellen.

Ohne Drahteinlage als Rohglas, Ornamentglas und Gartenklarglas (genörpelt). Alle Arten gibt es in Weiß und viele auch in Farben.

[1]) Spiegelglas ist auch unter der Bezeichnung ,,Kristallspiegelglas" im Handel, um damit zum Ausdruck zu bringen, daß es sich hierbei um eine hochwertige Glasqualität handelt, die den gleichen Glanz hat wie Bleikristall.

Tab. 14.1

	Lichtstreuung	Mittlere Lichtdurchlässigkeit
Drahtglas (glatt)	gering	82 %
Drahtornamentglas	stark	76–88 %
Rohglas (gerippt)	stark	5 mm 84–92 % 7 mm 86–92 %
Ornamentglas und Kathedralglas	gering bis stark, je nach Oberflächenbeschaffenheit	bis 92 %
Gartenklarglas (genörpelt)	ausreichend stark	bis 92 %, je nach Dicke

14.3.1 Lichtstreuung der einzelnen Gußglasarten und mittlere Lichtdurchlässigkeit

Lichtstreuung und Lichtlenkung der einzelnen Gußgläser sind unterschiedlich und abhängig von der mehr oder weniger starken Strukturierung der Oberflächen. Das Gleiche gilt auch für die Minderung der Durchsicht.

14.3.2 Rohglas, gerippt oder gehämmert

Glasdicken[1]): ca. 4–10 mm; Verwendung wie Ornamentglas. Durch die größeren Herstellungsgrößen und die stärkere Glasdicke eignet Rohglas sich besonders für großflächige Verglasungen.

Oberfläche nicht ganz glatt, daher nicht klar durchsichtig. Die Rückseite kann strukturiert sein.

14.3.3 Kathedral- und Ornamentglas

Ornamentglas ist die allgemeine Bezeichnung für Gläser mit ein- oder zweiseitiger Strukturierung. Kathedralglas ist die besondere Form eines Ornamentglases.

Glasdicken: 3 bis 4, einige Muster 4 bis 6 mm; Maximalgrößen: bis 120 × 201 cm, einige Muster bis 150 × 201 cm. Die Gläser eignen sich für Verglasungen jeglicher Art, bei denen die Durchsicht behindert werden soll und trotzdem eine gute Lichtdurchlässigkeit gefordert wird.

14.3.4 Drahtglas

Glasdicken: 7 bis 9 mm; Maximalgrößen: bis 200 × 450 cm. Geeignet für Dach- und Industrieverglasungen; zugelassen für Verglasung in feuerbeständigen Bauteilen gemäß DIN 4102. Durch die Drahteinlage wirkt es splitterbindend und einbruchhemmend.

14.3.5 Drahtornamentglas

Glasdicken: 7 bis 9 mm; Maximalgrößen: bis 200 × 450 cm. Drahtornamentglas verbindet die Sicherheitseigenschaften des Drahtglases mit einem besonders dekorativen Aussehen und der Undurchsichtigkeit des Ornamentglases.

14.3.6 Welldrahtglas

Gewelltes Drahtglas, das den großgewellten Wellasbestzementplatten entspricht. Die obere Seite (Himmelseite) ist glatt, feuerpoliert, die untere zur besseren Lichtverteilung gerippt. Es wird für die Herstellung von Oberlichten und Lichtbändern bei Wellasbestzement-Dachdeckungen verwendet.

[1]) Dicken und Abmessungen aus Glasfibel.

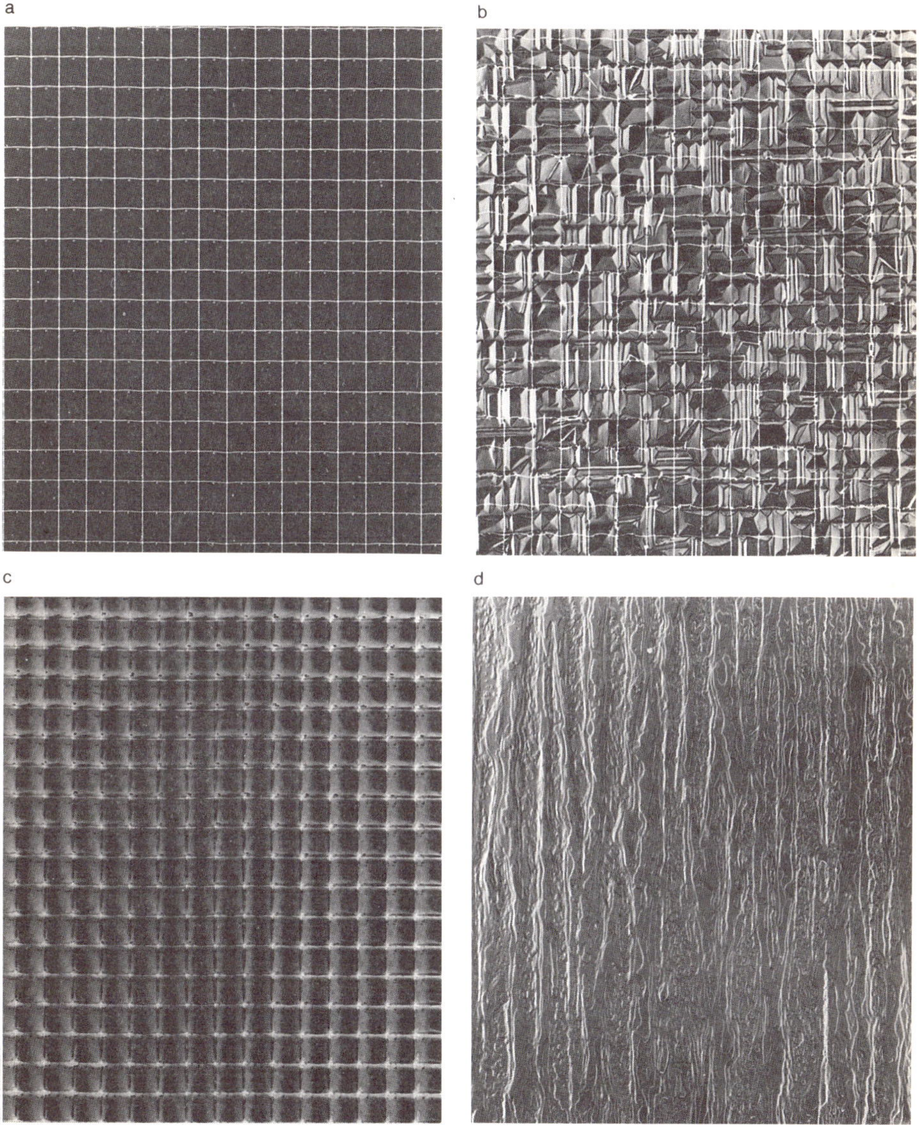

a: Drahtglas
b: Drahtornamentglas

c: Ornamentglas pyramidal fine
d: Ornamentglas

Abb. 14.1: Gußglassorten

14.4 Sondergläser
14.4.1 Farb- und Antikgläser

Farb- und Antikgläser werden auch heute noch im Mundblasverfahren hergestellt, denn nur dadurch wird der antike Charakter erzielt, Oberflächenstruktur und Schlieren. Die Färbung der Glasschmelzen erfolgt meist durch Zusatz geringer Mengen von Metalloxid.

Anwendung:
Bei der Verglasung von Türfüllungen, im Möbelbau, von Vitrinen usw. Antikgläser können auch im Gußglasverfahren hergestellt werden.

14.4.2 Getrübtes Glas

Getrübtes Glas wird durch kristallbildende Zusätze zur Glasschmelze erzielt (Opal- und Alabasterglas). Zur Milchglasherstellung verwendet man Zinnoxid und zur Herstellung von Beinglas Knochenasche.

Milch- und Opalgläser sind nicht durchsichtige, jedoch meist gut durchscheinende und leicht streuende Gläser.

14.4.3 Milchglas

ist ein in der Masse oder in der Überfangschicht durchgefärbtes Glas, das am Tage in der Ansicht porzellanweiß erscheint, bei Beleuchtung aber noch 20 bis 30 % Licht durchläßt.

14.4.4 Opalglas

ist ein in der Masse oder in der Überfangschicht durch Fluor durchgefärbtes Glas, das vorwiegend für Beleuchtungskörper verwendet wird.

14.4.5 Überfangglas

wird aus Klarglas mit einer einseitigen, dünnen, gefärbten Glasschicht (Überfangschicht) hergestellt.

14.5 Sicherheitsgläser
14.5.1 Sicherheitsgläser, ein- und mehrscheibig

Unter Sicherheitsgläsern sind Flachgläser zu verstehen, die nach unterschiedlichen Konstruktionsmethoden hergestellt sind und auch verschiedenen Sicherheitszwecken dienen, sie sollen Schutz bieten gegen:

Splitterbildung (bei Fenster-, Geländer- und Balkonbrüstungen),

Einbruch und Diebstahl (mit und ohne Alarmeinrichtung),

Beschuß und gegen

Hitze.

14.5.2 Drahtglas

Durch die Drahtnetzeinlage wirkt dieses splitterbindend und einbruchhemmend (s. Abschn. 14.2.4); zugelassen für Verglasungen in feuerbeständigen Bauteilen gemäß DIN 4102, dabei auch feuerhemmende Wirkung gemäß G 60 (s. Abschn. 14.8).

14.5.3 Verbund-Sicherheitsglas (VSG)

ist ein splitterbindendes Glas, das aus zwei oder mehreren, durch hochelastische, wasserhelle Kunstharzzwischenschichten zusammengeklebten Glasscheiben besteht. Wird die Scheibe zerstört, dann haften die Bruchstücke fest an der Zwischenschicht, so daß keine losen scharfkantigen, Verletzungen verursachende Splitter entstehen können (spannungsfrei). Drei oder mehr Glasscheiben mit hochelastischen Zwischenschichten ergeben eine besondere Sicherheitsverglasung.

Verbund-Sicherheitsglas findet im Hochbau vorwiegend für folgende Fälle Verwendung: Fensterverglasung mit erhöhter Sicherheit, Türfüllungen, Trennwände, Vitrinen, Treppenbrüstungen.

Bei zweischichtigen Verbundgläsern mit nur einer Kunstharzzwischenschicht ist eine nachträgliche Bearbeitung in Form von Schneiden, Bohren und Kantenbearbeitung möglich. Verbund-Sicherheitsglas muß zweiseitig mit dem Glasschneider angeschnitten, vorsichtig angebrochen und die Folie mit der Rasierklinge getrennt werden. *Lichtdurchlässigkeit* bei durchsichtigem Verbund-Sicherheitsglas je nach Dicke des Glases 88 bis 90 %.

Für erhöhte Schutzwirkung kommen in Betracht: einbruchhemmendes Verbund-Sicherheitsglas, Drahtsicherheitsglas (auch mit Anschluß an elektrische Alarmanlagen).

14.5.4 Sicherheit durch Alarmgabe

Für die Sicherheit gegen Einbruch und Angriff nimmt die Möglichkeit der Alarmgabe einen wichtigen Platz ein. Man unterscheidet hier zwei alarmgebende Systeme:

Alarmsystem durch Drahteinlage und Alarmsystem mit eingebauter Alarmschleife in einer Scheibenecke *(Abb. 14.2)*.

Das System mit *Alarmdraht* ist ein alarmgebendes Verbund-Sicherheitsglas (VSG), mit auf der Folienlage zwischen den Scheiben mäanderförmig verlegten Silber- oder Kupferdrahtes, der mit der Alarmanlage verbunden ist. Bei Zerstörung der Scheibe und Zerreißen der Drahteinlage wird Alarm ausgelöst (Kinon-Contracrime, Sigla u.a.).

Bei dem System *Leiterschleife* ist in einer oberen Ecke des vorgespannten Einzelglases (ESG) eine Leiterschleife eingebrannt, die mit der Alarmanlage verbunden ist. Bei Zerstörung des Glases wird die Alarmschleife unterbrochen und Alarm ausgelöst. Verglasungen mit Alarmgabe sind auch als Iso-

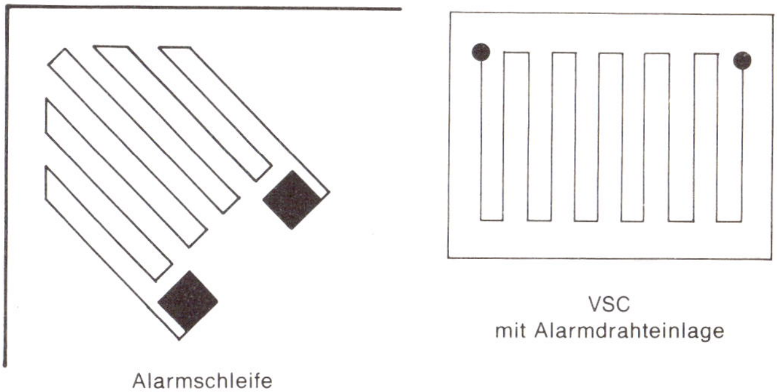

Abb. 14.2

liergläser mit zusätzlichen Wärme- und schalldämmenden Eigenschaften lieferbar.

In Teil 1 der DIN 52290 sind die Begriffe der *„angriffshemmenden Verglasung"* erläutert und durch Kennbuchstaben mit A, B, C und D klassifiziert, Tab. 14.2.

14.5.5 Beschußhemmung

Der Schutz von Menschen und Gütern gewinnt zunehmend an Bedeutung und schafft damit ein erhöhtes Bedürfnis nach Sicherheit. Die Sicherheit gegen Angriff umfaßt:

Beschußhemmung,

Einbruchhemmung und

Alarmgabe.

Die Einteilung der *Beschußklassen* geschieht in Anlehnung an die international bestehende und für die Bundesrepublik Deutschland gültige Norm 52290, Teil 1 u. 2. Für die *Einbruchhemmung* ist die *DIN 52290,* (Teil 3 u. 4), *seit Juli 1984 gültig.*

Die *Beschußhemmung* ist in Beschußklassen C 1–C 5 eingestuft, Tab. 14.4.

Tab. 14.2: Auszug aus der DIN 52290, Teil 1

Kennbuchstabe	Definition nach DIN 52290	Prüfung nach Norm
A	durchwurfhemmende Verglasung, wenn sie das Durchdringen von geworfenen oder geschleuderten Gegenständen verhindert	z. Z. keine Siehe DIN 52290, Teil 3 u. 4
B	durchbruchhemmende Verglasung, wenn zur Herstellung einer nutzbaren Öffnung eine zeitliche Verzögerung eintritt	z. Z. keine Siehe DIN 52290, Teil 3 u. 4
C	durchschußhemmende Verglasung, wenn das Durchdringen von Geschossen behindert wird	DIN 52290, Teil 2
D	sprengwirkungshemmende Verglasung, wenn sie einem bestimmten Stoßwellendruck Widerstand entgegensetzt	z. Z. keine

Tab. 14.3: Auszug aus der DIN 52290, Teil 2 / Tab. 1

Erläuterung der Prüfbedingungen

Beanspruchungsart	Kaliber	Geschoß			
		Geschoßart*)	Masse des Geschosses g	V 2,5 Geschwindigkeit V 2,5 m/s	Schußentfernung m
1	9 mm x 19	VMR/Wk	8,00 ± 0,10	355 bis 365	3
2	357 Magnum	VMKS/Wk	10,25 ± 0,10	415 ± bis 425	3
3	44 Magnum	VMF/Wk	15,55 ± 0,10	435 bis 445	3
4	7,62 mm x 51	VMS/Wk	9,45 ± 0,10	785 bis 795	10
5	7,62 mm x 51	VMS/Hk	9,75 ± 0,10	800 bis 810	25

*) VMR/Wk: Vollmantel-Rundkopfgeschoß mit Weichkern
VMF/Wk: Vollmantel-Flachkopfgeschoß mit Weichkern
VMKS/Wk: Vollmantel-Kegelspitzkopfgeschoß mit Weichkern
VMS/Wk: Vollmantel-Spitzkopfgeschoß mit Weichkern
VMS/Hk: Vollmantel-Spitzkopfgeschoß mit Hartkern

Tab. 14.4: Auszug aus der DIN 52290, Teil 2 / Tab. 2

Einteilung von angriffhemmenden Verglasungen in Widerstandsklassen gegen Durchschuß

Beanspruchungsart	Widerstandsklassen gegen Durchschuß	
	kein Durchschuß, splitterfrei	kein Durchschuß, splitterfrei
1	C 1 - SF[1])	C 1 - SA[2])
2	C 2 - SF	C 2 - SA
3	C 3 - SF	C 3 - SA
4	C 4 - SF	C 4 - SA
5	C 5 - SF	C 5 - SA

[1]) SA = Splitterabgang
[2]) SF = kein Splitterabgang

Die *Einbruchhemmung* in die Stufen A–D, Tab. 14.2.

In den Typenübersichten dieser Gläser wird aus verständlichen Gründen der Aufbau der Typen nicht bekanntgegeben, sondern nur verschlüsselt durch Typen-Nummern.

Angriffhemmende Verglasungen

Begriffe, Prüfung auf Durchschußhemmung und Klassifizierung nach DIN 52290 (5. 81).

In Teil 2 der DIN 52290, *Tab. 2,* sind die Begriffe *„angriffhemmende Verglasungen in Widerstandsklassen gegen Durchschuß"* nach der Beanspruchungsart 1 bis 5 definiert.

Feststellung der Widerstandsklasse gegen Durchbruch

Auf Grund der Beanspruchungsart und der Anzahl der ausgeführten Axtschläge wird für jede Probe die Widerstandsklasse gegen Durchbruch nach *Tab. 14.5* festgestellt.

Die für die drei Proben ermittelte niedrigste Widerstandsklasse gegen Durchbruch wird dem geprüften Verglasungstyp zugeordnet.

Nach *Tab. 14.5* gibt es drei Widerstandsklassen gegen Durchbruch. Die Widerstandsklasse steigt mit zunehmender Beanspruchung (höhere Beanspruchungsart).

Feststellung der Widerstandsklasse gegen Durchwurf

Auf Grund der Beanspruchungsart und der Auswertung wird für jede Probe die Widerstandsklasse gegen Durchwurf nach *Tab. 14.6* festgestellt.

Die für die drei Proben festgestellte niedrigste Widerstandsklasse gegen Durchwurf wird dem geprüften Verglasungstyp zugeordnet.

Tab. 14.5: Auszug aus der DIN 52290, Teil 3 / Tab. 2

Einteilung von durchbruchhemmenden Verglasungen in Widerstandsklassen gegen Durchbruch

Kennzahl für Beanspruchungsart	Axtschläge mindestens	Widerstandsklasse gegen Durchbruch
1	30 bis 50	B 1
2	über 50 bis 70	B 2
3	über 70	B 3

Tab. 14.6: Auszug aus der DIN 52290, Teil 4 / Tab. 2

Einteilung von angriffhemmenden Verglasungen in Widerstandsklassen gegen Durchwurf

Kennzahl für Beanspruchungsart	Widerstandsklasse gegen Durchwurf
	Keine Probe von der Kugel durchschlagen oder aus dem Rahmen herausgezogen
1	A 1
2	A 2
3	A 3

Nach *Tab. 14.6* gibt es drei Widerstandsklassen gegen Durchwurf. Die Widerstandsklasse steigt mit zunehmender Beanspruchung (höhere Beanspruchungsart).

14.5.6 Einscheiben-Sicherheitsglas (ESG)

Einscheiben-Sicherheitsglas (vorgespanntes Glas) wird aus Spiegelglas hergestellt. Vorgespanntes Glas gehört zu den interessantesten technologischen Erzeugnissen. Normales Glas ist ein sehr spröder Körper, der keine erheblichen Formveränderungen verträgt und daher auch nicht biegsam ist. Die Druckfestigkeit des Glases ist sogar größer als die von Beton und Stahl, die Zugfestigkeit jedoch äußerst gering. Den Ausgleich zwischen Druck- und Zugfestigkeit (die Vorspannung des Glases) erreicht man dadurch, daß die einbaufertig hergerichteten Scheiben bis etwa 700 °C erhitzt und auf beiden Seiten in ganzer Fläche mit Kaltluft abgeschreckt werden. Die Oberflächenschichten stehen dann unter Druckspannung, der Kern der Scheiben unter Zugspannungen. Hierdurch wird erreicht:

Steigerung der Biegefestigkeit auf das 5fache,
hohes Biegungs-, Federungs- und Verwindungsvermögen,
Unempfindlichkeit gegen schroffsten Temperaturwechsel von über $\pm 200\,°C$,
eine Schlagfestigkeit, die nur mit größter Gewalt überwunden wird,
keine scharfen und größeren Scherben bei Zertrümmerung, sondern Zerfall in rundliche Krümel.

Die Scheiben können nicht mehr bearbeitet werden und sind deshalb nach Maß zu bestellen. *Verwendung:* im Hochbau für Ganzglastüren ohne jegliche Rahmen, für Vitrinen, Ganzglaskabinen, Treppengeländer, Balkonbrüstungen, Treppenstufen, Ganzglastische usw. Maximalabmessungen: 240 x 343 cm und 200 x 450 cm.

Für die Herstellung von Einscheiben-Sicherheitsglas (ESG) (vorgespanntes Glas) werden verarbeitet:

Spiegelglas,
klar durchsichtig und gefärbt in Dicken von 4 bis 15 mm;

Strukturglas
ohne Drahteinlage für sichthemmende, lichtstreuende und dekorative Verglasungen in Dicken von 5 bis 12 mm;

emailliertes Glas
mit eingebrannter farbiger Emailleschicht.

14.6 Isoliergläser

14.6.1 Arten und Aufbau

Isolierglas besteht aus zwei oder mehr Glasscheiben, die jeweils durch einen abgeschlossenen und entfeuchteten Scheibenzwischenraum (SZR) voneinander getrennt sind. Die zwei oder mehr Scheiben werden über hohle metallische Abstandshalter fest miteinander durch eine organische Dichtungs- und Versiegelungsmasse gasdicht verbunden. Die Füllung der hohlen Abstandsprofile mit einem feuchtigkeitsabsorbierenden Trockenmittel bietet eine zusätzliche Sicherheit zur Trockenhaltung der Scheibenzwischenräume.

Das Kombinationsprinzip von entfeuchteter Luft zwischen zwei oder mehr Glasscheiben verhindert das Beschlagen zwischen den Scheiben.

Bei unterschiedlichen Glasdicken muß die dünnste in der Mitte der Einheit angeordnet werden.

Die Scheibenabstände bewegen sich zwischen 12; 10; 8,5 und 6,5 mm.

Bei den Isolierglaseinheiten unterscheidet man zwei Systeme:

- ▷ die Verbindung über einen metallischen Abstandshalter durch organische Haftmittel und
- ▷ die direkte Verschmelzung der einander gegenüberliegenden Glasränder (Ganzglasdoppelscheiben Gado) *(Abb. 14.3, 1–2)*.

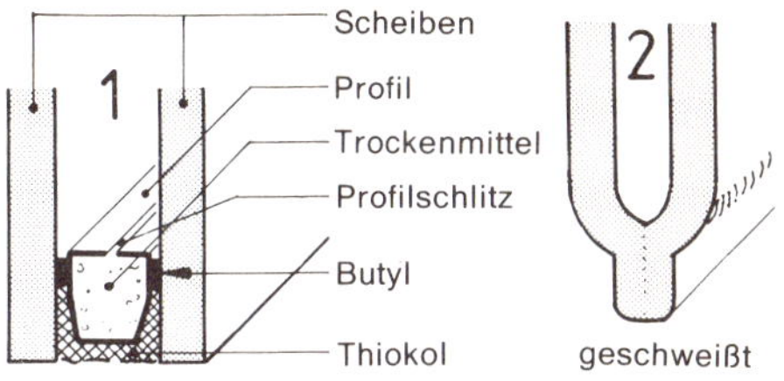

Abb. 14.3: Verbindungsarten der Isolierglasscheiben

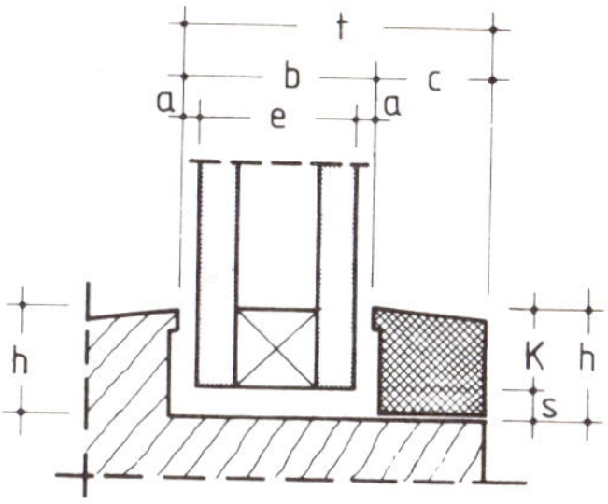

Abb. 14.4: Bemessung der Glasfalze

Legende zu Abb. 14.4

t	Gesamtfalzbreite	b + c		
b	Glasfalzbreite	e + 2a		
h	Glasfalz höher S + K	bei 2500 mm Kantenlänge min. 18 mm über 2500 mm Kantenlänge min. 20 mm		
c	Auflagebreite der Glasleiste	c bei Holz min. 14 mm		
e	Glaselementdicke	Glasdicken + Scheibenzwischenraum		
k	Glaseinstand	⅔ der Falzhöhe	min. 13 mm max. 20 mm	
s	Falzluft	⅓ der Glasfalzhöhe (DIN 18361 3.1.7) mind. jedoch 5 mm		
a	Dichtstoffvorlage	nach DIN 18545		
		längste Kante der Einheit	Dicke der Dichtstoffvorlage an jeder Seite	
		bis 2500 mm	3 mm	Bei Kunststofffenstern sind die Maße um 1 mm zu erhöhen
		bis 4000 mm	4 mm	
		über 4000 mm	5 mm	

14.6.2 Fensterherstellung

Bei der konstruktiven Ausbildung der Fensterrahmen, der Falze und der Verglasung müssen die nachstehend angeführten Richtlinien und DIN-Normen beachtet werden:

Technische Richtlinien für Verglasungsarbeiten:

1. Allgemeine Technische Vorschriften (ATV) der VOB, Teil C:
   DIN 18361 (10. 70) Verglasungsarbeiten
   DIN 18056 Fensterwände
   DIN 18545, Teil 1, Abdichten von Verglasungen
2. Verglasungsempfehlungen der Herstellerfirmen

Klotzung: Nach DIN 18361, Ziffer 3.1.8, müssen die Scheiben geklotzt werden. Die Klotzbreite muß mind. 1–2 mm breiter als die Elementdicke sein. Empfehlenswert ist es, die Klotzbreite der Glasfalzbreite anzupassen.

Als *Dichtsysteme* bei Metall- und Kunststoffrahmen bzw. Metallrahmen mit Kunststoffummantelung sollten nach den heutigen technischen Erkenntnissen nur noch solche mit freiem Falzraum *(Abb. 14.5)* sowie mit entsprechender Entwässerung und Entlüftung Anwendung finden.

Die seitlichen Dichtstoffvorlagen (a) *(Abb. 14.4)* werden mit Vorlegeband (Schaumstoff) und einer elastischen Versiegelung abgedichtet.

Für Holzfenster sind Dichtsysteme mit vollsatter Falzausbildung noch zugelassen.

Umrüstung von Holzrahmenfenstern mit Einfachverglasung auf Zweischeiben-Isolierglas

Bei einer nachträglichen *Umrüstung* (Modernisierung) von Holzrahmenfenstern mit Einfachverglasung auf ein wärmedämmendes Zweischeiben-Isolierglaselement wird dasselbe verglast mittels zweier Neoprene-Lippendichtungen in ein spezielles Alu-Rahmenelement *(Abb. 14.6 und 14.7).*

Beim Einbau des neuen Isolierglaselementes muß der äußere Steg am Alu-Rahmen des Isolierglas-Elementes in den Kittfalz des Holzrahmens greifen, wo er mit Holzschrauben festgeschraubt wird.

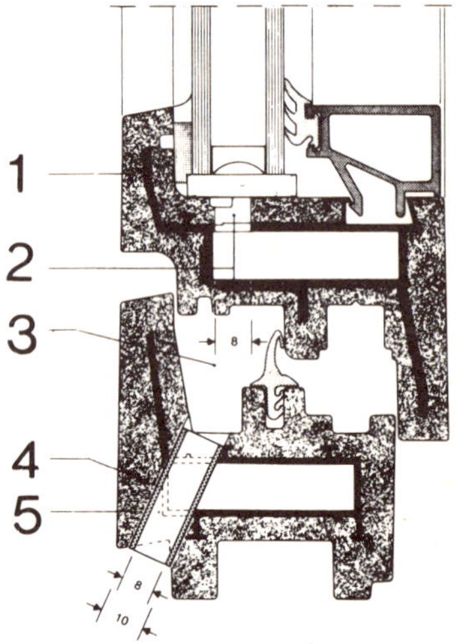

1 = Alu Flügelrahmenprofil
2 = Bohrung Ø 8 mm
3 = Wirbelkammer
4 = Entwässerung, Bohrung Ø 10 mm, Schablone, Kst. Röhrchen ER Ø innen 8 mm
5 = Blendrahmenprofil

Abb. 14.5: Blendrahmenentwässerung und Glasfalz-Be- und -Entlüftung

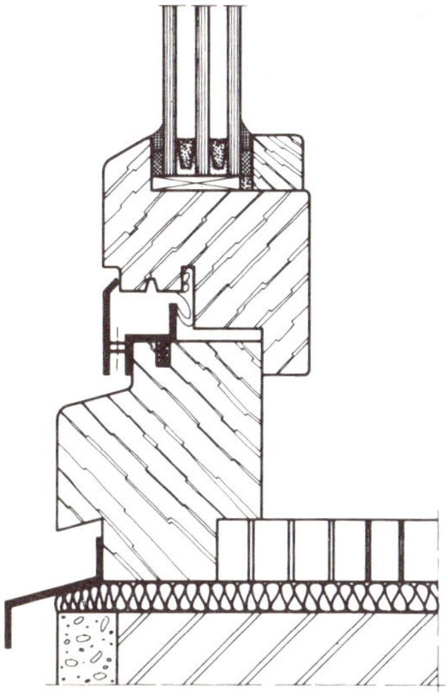

Abb. 14.6: Holzfenster

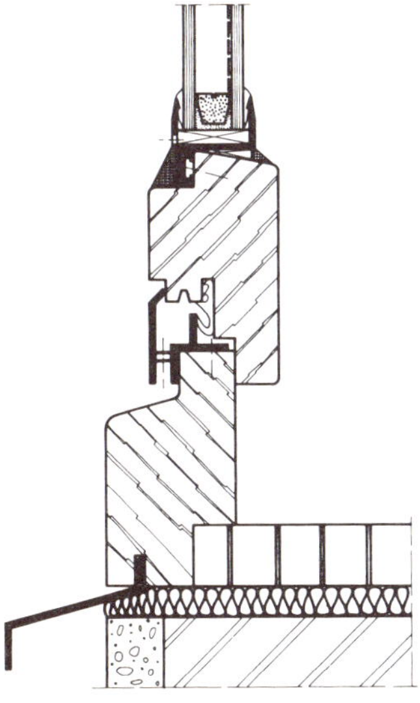

Abb. 14.7: Holzfenster

14.6.3 Wärmeschutz

Die schon seit langem geforderte Erhöhung des Wärmeschutzes für Wohn- und Arbeitsräume veranlaßte die Glasindustrie dazu, die nicht mehr ausreichende Wärmedämmung einfach verglaster Fenster durch Entwicklung von Isoliergläsern zu verbessern.

Die Wärmeschutzverordnung vom 11. 8. 1977 hat inzwischen zur Pflicht gemacht, daß außenliegende Fenster und Fenstertüren von beheizten Räumen mindestens mit Isolier- oder Doppelverglasungen auszuführen sind.

Der Wärmedurchgang dieser Bauteile darf 3,5 W/m² K (3,0 kcal/m² h°C) nicht überschreiten.

Inzwischen geht der Trend vom Zweischeiben- zum Dreischeiben-Isolierglas – was im skandinavischen Raum schon zur Regel geworden ist – mit verringertem Scheibenzwischenraum, um mit normaler Falzbreite auszukommen.

Weitere Verbesserungen werden erzielt durch Veränderung der Luftfüllung zwischen den Scheiben durch eine Ausfüllung mit CO_2- oder Edelgas und durch Aufbringen einer wärmereflektierenden Beschichtung auf der dem Luftzwischenraum zugewandten Seite der Innenscheibe.

Gado-Ganzglas-Isolierscheiben bestehen aus zwei Glastafeln, die am Rand – Glas auf Glas – miteinander verschweißt sind. Die homogene Randverbindung von *Gado* ist völlig dampfdiffusionsdicht, daher kann im Scheibeninneren kein Beschlagen auftreten. Zwischen den Glastafeln befindet sich speziell aufbereitete Luft (CO_2).

14.6.4 Wärmedämmende Isoliergläser

Clima-Plus GL 324

ist eine dreischeibige Isoliereinheit für übliche Fensterrahmenfalze. Eine Spezialfüllung beider Scheibenzwischenräume ermöglicht die hohe Wärmedämmung.

Die Lichtdurchlässigkeit beträgt 72 %.

Clima-Plus GLS 1,4

ist ein zweischeibiges Isolierglas mit einer emissionsarmen und wärmereflektierenden Beschichtung auf einer dem Scheibenzwischenraum zugewandten Oberfläche. Hierdurch wird bewirkt, daß die Wärmestrahlung aus dem Raum kaum die Verglasung durchdringen kann, wogegen die Sonnenstrahlung von außen in hohem Maße durchgelassen wird.

Die Lichtdurchlässigkeit beträgt 60 %.

Climalit-Organic

ist eine Zwei- oder Dreischeiben-Isolierglaseinheit nach dem Prinzip Glas – Zwischenraum – Glas mit zwei oder drei Einzelscheiben zu einer Einheit in einem Rahmen verbunden, wobei Kombinationen unterschiedlicher Glasarten möglich sind, z. B. Kristallspiegelglas, Einscheiben-Sicherheitsglas, Gußglas, Sonnenschutzglas o. a. Diese Scheiben werden wahlweise im Abstand von 12,0, 10,5, 8,5 oder 6,5 mm durch einen metallischen Abstandshalter über zwei organische Dichtungs- und Versiegelungsmassen (Zwei-Barrieren-System) fest miteinander verbunden.

Für die hohe Dichtigkeit gegen das Eindringen von Feuchtigkeit sorgt eine spezielle organische Dichtungsmasse; eine weitere organische Versiegelungsmasse bietet zusätzlichen Schutz gegen eindringende Feuchtigkeit.

Um den niedrigen Taupunkt von mindestens –60 °C zu erhalten, wird das Hohlprofil des metallischen Abstandshalters mit einem hochaktiven feuchtigkeitsabsorbierenden Trockenmittel gefüllt.

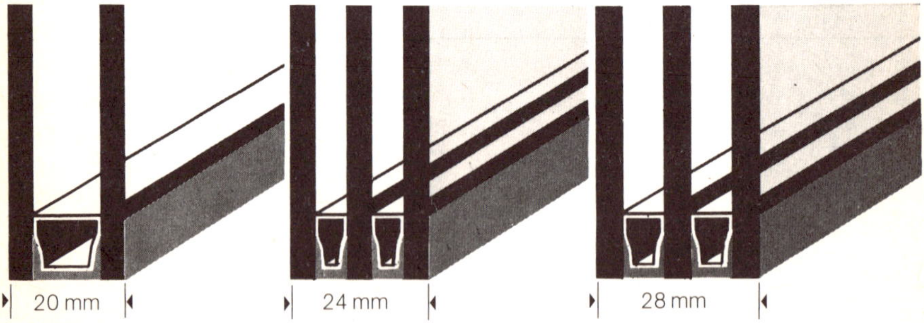

Normales Isolierglas
k = 3,0 W/m² K

CLIMAPLUS GL 324
k = 1,9 W/m² K

CLIMAPLUS GL 328
k = 1,7 W/m² K

Abb. 14.8

Tab. 14.7: Wärmedämmende Isoliergläser

Nr.	Bezeichnung der Glasart	Äußere Scheibe mm	Scheibenanzahl 1	2	3	Innere Scheibe mm	Elementdicke mm	Lichtdurchlässigkeit %	Wärmedurchgang in W/m² K	in kcal/m² h °C	Schalldämmmaß in R_m dB
1	Normalglas (Einfachscheibe) 1 Schb.	1						80	5,8	(5,0)	
2	Clima-Plus GL 324 3 Schb.	4	6 6,5	4 oder 3	6 6,5	4	24	70	1,9	(1,6)	32
3	Clima-Plus 2 Schb. Clima-Plus „N" 2 Schb.	4	SZR 12,0 mm 15			4	~ 20	60	1,6	1,4	32
4	Climalit-Organic 2 Schb.	4–12	SZR unter-schiedl.		8 bis 20	4–12	16 bis 36	78	3,4 2,2 2,1	2,0 (1,9) (1,8)	
5	Climalit-Organic-plus	4	Für Fenster aus Holz m. Isolierglas			4	24	78	2,8	2,4	

Climalit-Organic in dreischeibigem Aufbau verbessert den Wärmeschutz. Die Scheibenzwischenräume werden normalerweise gleich gewählt.

Climalit-Organic-Plus

Fenster mit Einfachglas können durch dieses Glaselement zu einem modernen, wärmedämmenden Bauelement umgestaltet werden. Dieses Glaselement ist ein neues Verglasungssystem aus: Climalit-Organic verglast mittels zweier Neoprene-Lippendichtungen in ein spezielles Alu-Rahmenelement.

Tab. 14.8: k-Wert-Tabelle für Climalit-Organic mit dreischeibigem Aufbau

SZR mm	k-Wert W/m² K	(kcal/m² h °C)
2 × 6,5 = 13	2,4	(2,0)
2 × 8,5 = 17	2,2	(1,9)
2 × 12,0 = 24	2,1	(1,8)

14.6.5 Schallschutz

Räume, die extremen Schalleinflüssen ausgesetzt sind, müssen nach außen schalltechnisch abgeschirmt werden. Verglasungen als Teil der Außenfassade müssen ebenso wie die Rahmen- und Wandkonstruktionen diesen Anforderungen genügen. Um eine gute Schalldämmung des gesamten Fensters zu erzielen, muß die Abdichtung des Fensterrahmens zum Baukörper einwandfrei durchgeführt sein. Ebenso kommt bei beweglichen Fenstern der

Abdichtung zwischen Flügel und Blendrahmen entscheidende Bedeutung zu. Es sollte deshalb mindestens *eine* elastische Dichtung im Rahmenfalz eingebaut sein.

Auch für Fenster gilt, daß mit wachsendem Gewicht des dämmenden Bauteils die Schalldämmung wächst. Als Bezugswert kann gelten, daß die Dämmwirkung einer Einfachverglasung von 6 mm Dicke etwa der einer normalen Isolierverglasung entspricht (R_w = 25 dB).

Die bewertete Schalldämmzahl konventioneller Isoliergläser beträgt 30 dB.

Nach DIN 4109 (9. 75) „Richtlinien für bauliche Maßnahmen zum Schutz gegen Außenlärm" (Ergänzende Bestimmungen) werden die Fenster in fünf Schallschutzklassen eingeteilt *(Tab. 14.10)*.

Tab. 14.9: Wärmedurchgangskoeffizient für Verglasungen (k_V) und für Fenster und Fenstertüren einschließlich Rahmen (k_F) nach DIN 4108 (8. 81), Teil 4

Spalte	1	2	3	4	5	6	7
Zeile	Beschreibung der Verglasung	Verglasung[1]) k_V W/m² K	Fenster und Fenstertüren einschließlich Rahmen k_F für Rahmenmaterialgruppe[2]) W/m² K				
			1	2,1	2,2	2,3	3[3])
1	Einfachverglasung	5,8			5,2		
2	Isolierglas mit ≧ 6 bis ≦ 8 mm Luftzwischenraum	3,4	2,9	3,2	3,3	3,6[4])	4,1[4])
3	Isolierglas mit > 8 bis ≦ 10 mm Luftzwischenraum	3,2	2,8	3,0	3,2	3,4	4,0[4])
4	Isolierglas mit > 10 bis ≦ 16 mm Luftzwischenraum	3,0	2,6	2,9	3,1	3,3	3,8[4])
5	Isolierglas mit zweimal ≧ 6 bis ≦ 8 mm Luftzwischenraum	2,4	2,2	2,5	2,6	2,9	3,4
6	Isolierglas mit zweimal > 8 bis ≦ 10 mm Luftzwischenraum	2,2	2,1	2,3	2,5	2,7	3,3
7	Isolierglas mit zweimal > 10 bis ≦ 16 mm Luftzwischenraum	2,1	2,0	2,3	2,4	2,7	3,2
8	Doppelverglasung mit 20 bis 100 mm Scheibenabstand	2,8	2,5	2,7	2,9	3,2	3,7[4])
9	Doppelverglasung aus Einfachglas und Isolierglas (Luftzwischenraum 10 bis 16 mm) mit 20 bis 100 mm Scheibenabstand	2,0	1,9	2,2	2,4	2,6	3,1
10	Doppelverglasung aus zwei Isolierglaseinheiten (Luftzwischenraum 10 bis 16 mm) mit 20 bis 100 mm Scheibenabstand	1,4	1,5	1,8	1,9	2,2	2,7

Tab. 14.10: Mindestwerte der Luftschalldämmung

		Aufenthaltsräume in Wohnungen, Hotels und Unterrichtsräumen		
Lärmpegelbereich	Maßgeblicher Außenlärmpegel in dB	Außenwände R_w in dB	Fenster R_w in dB	Schallschutzklasse
0	≦ 50	30	25	1
I	51 – 55	30	25	1
II	56 – 60	35	30	2
III	61 – 65	40	35	3
IV	66 – 70	45	40	4
V	> 70	50	45	5

Spezielle Schallschutzgläser (Contrasonor, Phonstop) erreichen ein bewertetes Schallschutzmaß von $R_w = 38 - 45$ dB. Kombinationen mit Sicherheits- und Sonnenschutzgläsern sind möglich.

14.7 Sonnenschutzgläser

Die sommerliche Innenraumtemperatur wird am stärksten von der Einstrahlungsintensität der Sonne beeinflußt, was jedoch nicht immer erwünscht ist. Temperaturschwankungen im Raum durch Sonneneinstrahlung können wesentlich größer sein als die, welche durch Wärmeverlust im Winter entstehen.

Eine Abschirmung der Wärme durch Sonneneinstrahlung ist nicht immer durch Vordächer, Rollos, Markisen oder dgl. möglich bzw. erwünscht, so daß hier eine Minderung der Sonneneinstrahlung durch die Scheiben erfolgen muß.

Fußnoten zu Tab. 14.9

[1]) Bei Fenstern mit einem Rahmenanteil von nicht mehr als 5 % (z. B. Schaufensteranlagen) kann für den Wärmedurchgangskoeffizienten k_F der Wärmedurchgangskoeffizient k_V der Verglasung gesetzt werden.

[2]) Die Einstufung von Fensterrahmen in die Rahmenmaterialgruppen 1 bis 3 ist wie folgt vorzunehmen:

Gruppe 1 Fenster mit Rahmen aus Holz, Kunststoff (siehe Anmerkung) und Holzkombinationen (z. B. Holzrahmen mit Aluminiumbekleidung) ohne besonderen Nachweis oder wenn der Wärmedurchgangskoeffizient des Rahmens mit $k_R \leqq 2{,}0$ W/m² K aufgrund von Prüfzeugnissen nachgewiesen worden ist.
Anmerkung: In die Gruppe 1 sind Profile für Kunststoff-Fenster nur dann einzuordnen, wenn die Profilausbildung vom Kunststoff bestimmt wird und eventuell vorhandene Metalleinlagen nur der Aussteifung dienen.

Gruppe 2.1 Fenster mit Rahmen aus wärmegedämmten Metall- oder Betonprofilen, wenn der Wärmedurchgangskoeffizient des Rahmens mit $k_R < 2{,}8$ W/m² K aufgrund von Prüfzeugnissen nachgewiesen worden ist.

Gruppe 2.2 Fenster mit Rahmen aus wärmegedämmten Metall- oder Betonprofilen, wenn der Wärmedurchgangskoeffizient des Rahmens mit $3{,}5 \geqq k_R \geqq 2{,}8$ W/m² K aufgrund von Prüfzeugnissen nachgewiesen worden ist.

Gruppe 2.3 Fenster mit Rahmen aus wärmegedämmten Metall- oder Betonprofilen, wenn der Wärmedurchgangskoeffizient des Rahmens mit $4{,}5 \geqq k_R \geqq 3{,}5$ W/m² k aufgrund von Prüfzeugnissen nachgewiesen worden ist.

Gruppe 3 Fenster mit Rahmen aus Beton, Stahl und Aluminium sowie wärmegedämmten Metallprofilen, die nicht in die Rahmenmaterialgruppen 2.1 bis 2.3 eingestuft werden können, ohne besonderen Nachweis.

[3]) Bei Verglasungen mit einem Rahmenanteil ≦ 15 % dürfen in der Rahmenmaterialgruppe 3 (Spalte 7, ausgenommen Zeile 1) die k_F-Werte um 0,5 W/m² K herabgesetzt werden.

[4]) Aufgrund bisheriger Regelungen darf bei diesen Werten bis auf weiteres mit $k_F = 3{,}5$ W/m² K gerechnet werden.

Zur Minderung der Strahlungsdurchlässigkeit (Transmission) einer Verglasung können drei grundlegende physikalische Phänomene einzeln oder gemeinsam genutzt werden, und zwar:

die Absorption,
die Reflektion und
die Diffusion.

14.7.1 Wärmeschutzgläser (absorbierend und reflektierend)

sind gegossene oder gewalzte Gläser mit bestimmter Eigenfarbe (grau, bronze, grün); beiderseitig feuerblank. Durch Zusatz von Eisenoxiden wird ein großer Teil der Ultrarot- oder Infrarotstrahlen (Wärmestrahlen) im Glas zurückgehalten. Die Sonnenschutzwirkung beruht fast ausschließlich auf der Absorption eines Teiles der ultraroten Strahlen. Die Tönung des Glases ist, von außen betrachtet, deutlich zu sehen, im Raum selbst dagegen nicht wahrnehmbar.

Wärmeabsorbierende Gläser haben die Eigenschaft, den ultraroten Teil des Sonnenspektrums stärker zu absorbieren, als dies normale Gläser tun, d. h., es wird mehr Wärme aufgenommen und gespeichert und weniger hindurchgelassen. Dabei erwärmen sie sich stark, so daß ein ausreichender Spielraum zwischen Scheibenrand und Falz vorhanden sein muß (5 mm genügen). Die Abmessungen dürfen nicht zu groß sein. Folgende Maße sollen nicht überschritten werden:

drahtfreies Glas:	vom Produkt abhängig
Drahtglas:	bis 75 x 280 cm

Die mit diesen Gläsern verglasten Räume bleiben kühler, vorausgesetzt, daß Außenseiten und Innenseiten ausreichend belüftet werden.

Bei *Absorptionsgläsern* ist die äußere Glasscheibe ein in ihrer Masse durchgefärbtes Glas, dessen Wirksamkeit auch von der Dicke abhängig ist.

Typisches Absorptionsglas ist z. B. *Parsol*.

Parsol ist ein in der Masse eingefärbtes Kristallspiegelglas. Seine hohe *Absorption* der Wärmestrahlung vermindert die Transmission. Die im Glas gespeicherte Wärme wird konvektiv als Sekundärstrahlung, vorzugsweise nach außen, abgegeben. Parsol zeigt bei einem geringen Wärmedurchgang eine hohe Lichttransmission.

Bevorzugte Anwendungsgebiete sind: Arbeitsräume, Labors, Krankenhäuser und OP-Räume, Lebensmittelbetriebe, Speise- und Vorratsräume, Ateliers usw.

Wegen der interessanten Farbe wird es auch für dekorative Verglasungen benutzt. Die Eigenfarbe wirkt um so intensiver, je dicker das Glas ist.

Isolierglas-Einheiten, die nach außen mit einer Scheibe Sonnenschutzglas *Parsol* verglast sind, bieten neben der erhöhten Wärmedämmung gegenüber einer Einfachverglasung einen zusätzlichen Schutz vor unerwünschter Sonneneinstrahlung.

Bei der *Absorption* verbleibt die eingestrahlte Energie zunächst durch Wechselwirkung im Glas, das sich erwärmt. Es setzt Sekundäremission und Konvektion ein, die diese Energie wieder abführt.

14.7.2 Reflexionsgläser

Bei Reflexionsgläsern wird durch eine erhöhte *Reflexion* der Eintritt eines wesentlichen Anteils der Strahlungsenergie, und zwar durch eine spezielle Oberflächenbeschichtung (Metall oder Metalloxid), in die Verglasung und in den Raum verhindert. Eine völlige Trennung beider Prinzipien ist in der Praxis weder möglich noch notwendig, da jedes Sonnenschutzglas eine Kombination beider Phänomene darstellt.

Parelio, ein mit Metalloxiden beschichtetes Sonnenschutzglas aus Kristallspiegelglas, mindert die Wärmeenergie des Sonnenlichts vorwiegend durch *Reflexion,* verhindert weitgehend die Transmission und damit die Erwärmung des Innenraumes.

Einsatz von *Parsol* bzw. *Parelio* in Isolierglas-Einheiten: Isolierglas-Einheiten, kombiniert mit Parsol bzw. Parelio, sind mit der Sonnenschutzscheibe nach *außen* einzusetzen. Bei zusätzlichen Sonnenschutzvorrichtungen auf der Raumseite muß die freie Luftzirkulation gesichert sein.

Tab. 14.11: Isolierglas – Parsol-Sonnenschutzverglasung

Glasart	Glasdicke mm	Lichtdurchlässigkeit %	UV-Transmission %	Gesamt-Energiedurchgang %
bronze	6 + 6	46	12	45
	8 + 6	36	8	38
	10 + 8	28	6	34
	12 + 10	23	4	28
grau	6 + 6	40	13	45
	8 + 6	32	10	38
	10 + 8	23	7	34
	12 + 10	21	5	29
grün	6 + 6	69	15	45
	8 + 6	65	13	39
	10 + 8	60	11	36
	12 + 10	58	10	33

Wärmeleitung (k-Wert) ist in den Angaben mit enthalten.

Wärmereflektierende Gläser werden als Verbundgläser, als Einscheiben-Sicherheitsgläser und als Doppelgläser mit Luftschicht hergestellt.

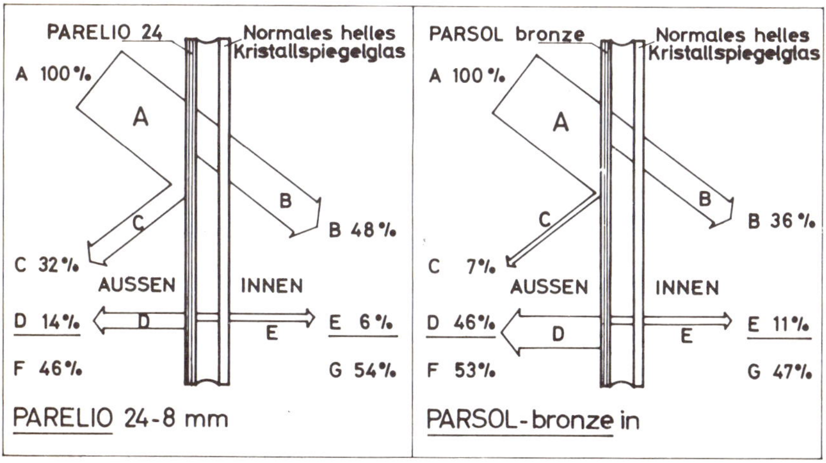

Abb. 14.9: Lichtdurchlässigkeit bei Sonnenschutzglas

Tab. 14.12: Funktionstabelle: Sonnenschutzgläser mit 12 mm SZR

Glasart	Glasdicke mm	Elementdicke mm	Lichtdurchlässigkeit %	UV-Durchlässigkeit %	Gesamt-Energiedurchgang %	Energiereflexion %	k-Wert W/m² K	kcal/m² h °C	
Normales Glas	6 + 6	24	82	ca. 50	72		5,8	(5,0)	Absorptionsgläser
Parsol (bronze)	6 + 6	24	45	12	45		3,0	(2,6)	
Eliotherm (grün)	8 + 6	26	46	5	33		1,9	(1,6)	Reflexionsgläser
Parelio 24	6 + 6	24	56	17	54		3,0	(2,6)	
Infrastop	6 + 4	24	30	11	23		1,4	(1,2)	
Stralio (drahtarmiert)	7	7	50	33	39		2,7	(2,23)	
Thermolux			62	Sonnenschutzglas, undurchsichtig, lichtstreuend				Diffusionsglas	
Albarino	4 – 5	4 – 5	91,5	Hohe Transmission für Sonnenkollektoren				Transmissionsglas	

14.7.3 Stralio

Sonnenschutz-Drahtglas ist ein Sonnenstrahlen reflektierendes drahtarmiertes Gußglas, das auf der einen Seite mit Metalloxiden beschichtet ist. Bei der Anwendung ist darauf zu achten, daß die beschichtete Seite nach außen verglast wird.

Lichtdurchlässigkeit wird auf 55 %, die UV-Durchlässigkeit auf 33 % beschränkt; die Energiereflexion beträgt 21 %, Glasdicke ca. 7 mm.

14.7.4 Doppelgläser mit Luftschicht

Infrastop-Sonnenschutzgläser mit erhöhter Wärmedämmwirkung sind Doppelgläser mit Luftschicht. Durch innenseitige Aufdampfung bzw. Beschichtung o.a. Metallverbindungen auf die Außenscheiben werden im Sommer die langwelligen Wärmestrahlen reflektiert, wodurch Wärmebelästigung durch Sonneneinstrahlung vermieden wird. Im Winter hält die Beschichtung die Heizungswärme fest (z.B. Parelio, Cudo-Gold und Cudo-Auresin, Eliotherm).

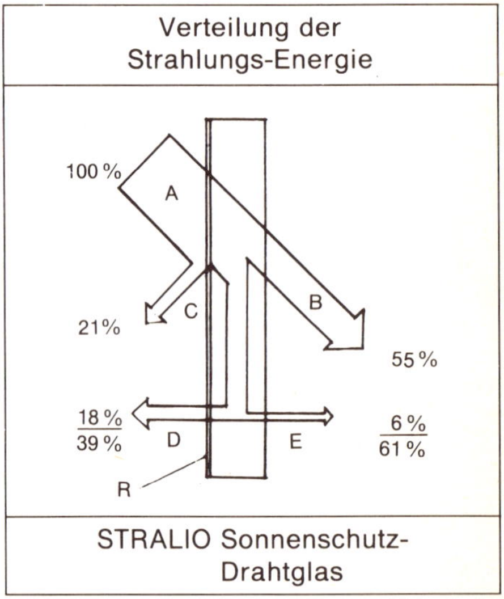

A Einfall
B Transmission
C Reflexion
D Abstrahlung und Konvektion nach außen
E Abstrahlung und Konvektion nach innen
B + E Gesamt-Energiedurchgang
C + D Gesamt-Strahlungsreflexion
R Reflexionsschicht

Abb. 14.10: Lichtdurchlässigkeit bei Sonnenschutz-Drahtglas

14.7.5 Thermolux (lichtstreuendes Glas)

ist ein Verbundglas. Der Zwischenraum zwischen beiden Scheiben ist hier nicht mit Luft, sondern mit einer 1,5 bis 3 mm dicken Lage Glasgespinst (auch farbig) ausgefüllt, dessen Fasern in bestimmten Winkeln gelagert sind. Durch einen Verbundrand wird die Glasfaserschicht zwischen den beiden Scheiben luftdicht eingeschlossen. Thermolux ist nicht durchsichtig, gibt aber ein *diffuses* neutrales Licht und verhindert weitgehend das Ausbleichen von Farben und Stoffen. Es bietet besonders Schutz vor Wärmeeinstrahlung und vermindert Wärmeverluste.

Thermolux wird aus folgenden Glassorten hergestellt: Fensterglas, Kristallspiegelglas, Guß- und Drahtglas. Thermolux darf weder nachgeschnitten noch nachgearbeitet werden.

Ein Thermolux-Element in Verbindung mit Isolierglas ergibt bei einem Luftzwischenraum von 12 mm einen Wärmedurchgang von: k = 2,6 W/m² K (k = 2,2 kcal/m² h °C).

Thermolux k-Spezial: k = 1,16 – 2,9 W/m² K (k = 1,0 – 2,5 kcal/m² h °C).

Schalldämmung R_m = 35 dB.

Lichtdurchlässigkeit: 50 – 60 %.

14.7.6 Albarino

Sonnenkollektor-Glas ist ein Gußglas mit sehr hoher Transmission und speziell für die Verglasung von Sonnenkollektoren entwickelt worden. Es schützt den Absorber, ohne die Sonneneinstrahlung zu beeinträchtigen. Lichtdurchlässigkeit beträgt 91,5 % gegenüber 82 % bei normalem weißen Glas. Glasdicke 4–5 mm.

14.8 Brandschutzgläser

Nach DIN 4102 (9. 77), Brandverhalten von Baustoffen und Bauteilen, gehört Glas als nicht brennbarer Baustoff der Klasse A 1 an. Dennoch kann es im Brandschutz nicht ohne besondere Maßnahmen Verwendung finden, da es bei Erhitzung springt und dann eine Sicherung gegen den Durchtritt des Feuers nicht mehr gewährleistet ist.

Die DIN 4102 regelt in Teil 2 und Teil 5 die Anforderungen an die Verglasungen für

Verglasungen der G-Klassen = feuerwiderstandsfähige Verglasungen,

Verglasungen der F-Klassen = allgemeine Bauteile.

14.8.1 Verglasungen der G-Klassen

Verglasungen der Feuerwiderstandsklasse G sind nach DIN 4102, Teil 5, Abschn. 7, alle lichtdurchlässigen Bauteile in Wänden entsprechend ihrer Feuerwiderstandsklassen G 30, G 60 ... bis G 180 (die Zahlen geben die Feuerwiderstandsdauer in Minuten an) dazu bestimmt, den direkten Flammen- und Brandgasdurchtritt, nicht aber den Durchtritt der Wärmestrahlung zu verhindern. Auf der vom Feuer abgekehrten Seite der Verglasungen der Feuerwiderstandsklasse G dürfen keine Flammen auftreten; zwar können Rauch und Flammen abgehalten werden, jedoch kann die Brandhitze voll durch die Verglasung durchdringen und Teppichböden, Vorhänge, Möbel etc. zur Entzündung bringen, so daß Rettungs- und Fluchtwege versperrt werden.

Die Anwendungsmöglichkeit von Gläsern der Feuerwiderstandsklasse G ist demzufolge beschränkt.

Drahtglas

Drahtspiegel- und Drahtgußglas mit punktgeschweißtem Drahtnetz, 12 x 12 mm, in Dicken von 7 bis 9 mm mit einer Fläche von 1,6 m² und Abmessungen bis 250 x 60 cm sind ausreichend widerstandsfähig gegen Feuereinwirkung gemäß DIN 4102 der Klasse G 60. Für die Verglasung in feuerbeständigen Wänden sind die „besonderen Bestimmungen" zu berücksichtigen, die dem Zulassungsbescheid für Gußglas mit Drahteinlage zur Verglasung von Öffnungen in feuerbeständigen Wänden beigefügt sind.

Spezialgläser

sind Gläser, die durch eine besondere Zusammensetzung eine geringe Wärmeausdehnung und eine hohe Erweichungstemperatur besitzen (Pyran-Borosilikatglas).

14.8.2 Verglasungen der F-Klassen

Verglasungen der Feuerwiderstandsklasse F unterscheiden sich von denen der Feuerwiderstandsklasse G durch eine zum Teil längere Standzeit in der Hitze und durch eine Verhinderung des Strahlungs- und Wärmedurchtritts.

Durch die Neuentwicklung des Brandschutzglases *Contraflam* wurde auf dem Brandschutzsektor ein echtes Brandschutzglas mit Hitzeschildfunktion geschaffen. Dieses Brandschutzglas ist absolut rauch- und flammendicht und verhindert zusätzlich den Strahlungs- und Wärmedurchtritt; es besteht aus zwei Scheiben *Sekurit* ESG-Sicherheitsglas *(Abb. 14.12)*, deren Zwischenraum mit einer glasklaren Gel-Schicht ausgefüllt ist, die im Brandfalle die Hitze und Wärmestrahlung absorbiert. Das Brandschutzglas *Contraflam* mit Hitzeschildfunktion (F-Glas) hat demnach alle Anforderungskriterien nach DIN 4102, Teil 2, als Bauteil der Feuerwiderstandsklasse F 30 bis F 90 zu erfüllen.

Contraflam F 30 besteht aus zwei 6-mm-ESG-Scheiben Sekurit-Sicherheitsglas,

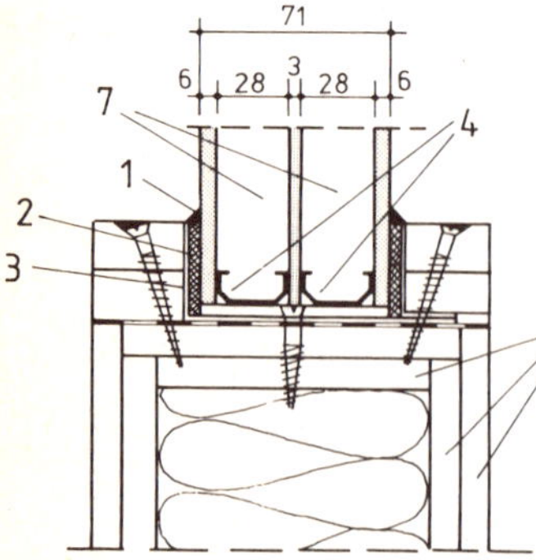

1 Versiegelung
2 Keramisches Verlegeband
3 Stahlblechwinkel
4 Edelstahl-Abstandshalter
5 Zweischeiben-, Einscheiben-Sicherheitsglas „Sekurit", 6 mm
6 Scheibe, Kristallspiegelglas „Planilux", 3 mm
7 Gelfüllung
8 Gipskartonplatten

Abb. 14.11: Contraflam F 90, Typ A, Zulassgs.-Nr. Z-19.14-89

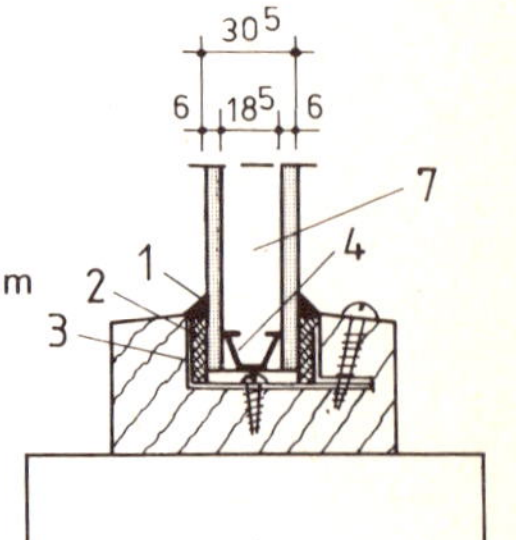

Abb. 14.12: Contraflam F 30, Typ B, Zulassgs.-Nr. Z-19.14-97

Tab. 14.13:

Typ	Klasse nach DIN 4102, Teil 2	Dicke mm	Gewicht kg/m²	Zugelassene Maximalgröße cm x cm	Lichtdurchlässigkeit %	Schalldämmung R_w in dB
Contraflam 30	F 30	31	50	120x180	87	44
Contraflam 60	F 60	41	65	120x180	85	48
Contraflam 90	F 90	72	100	120x180	84	51

miteinander durch einen Edelstahlabstandshalter verbunden und mit einer Zwischenlage aus einer glasklaren Gelschicht, die im Brandfalle die Hitze und Wärmestrahlung absorbiert.

Contraflam F 90 besteht aus zwei 6-mm-ESG-Scheiben Sekurit-Sicherheitsglas, innen- und außenseitig, sowie einer dritten Scheibe aus Kristallspiegelglas Planilux, 3 mm dick, zwischen den beiden Außenscheiben sowie zwei Gelfüllungen von je 28 mm.

Weitere Brandschutzgläser der F-Klasse sind:

Pyrostop, Typ 1/30, bestehend aus vier Scheiben mit anorganischen Brandschutzzwischenlagen, die bei Hitze aufschäumen (Klasse F 30).

Pyrostop, Typ 3/90, bestehend aus drei Pyrostop-Verbundglaseinheiten, die zusammen die F-90-Klasse erreichen.

14.9 Profilglas

Profilglas ist ein U-förmig ausgebildetes Gußglas mit einseitiger Oberflächenstruktur, das mit und ohne Drahteinlage hergestellt wird. Es ist aufgrund seines Querschnittes hochbelastbar und besonders für sprossenlose Verglasung geeignet.

Es wird stehend versetzt und findet sowohl als Außen- und Innen- als auch als Deckenverglasung Verwendung. Neben der einschaligen ist auch eine zweischalige Verlegung möglich; letztere bietet außerdem den Vorteil einer sehr guten Schall- und Wärmedämmung.

Die Profilglas-Typen finden sowohl bei Wohn-, Büro- und Industriegebäuden als auch bei Hotel-, Sanatorien-, Schul- und Turnhallenbauten Anwendung.

Die in verschiedenen Breiten lieferbaren Profilgläser können schnell und problemlos in die umlaufenden Metallprofile eingebaut werden, wobei darauf zu achten ist, daß Zwängungen ausgeschlossen werden.

Abmessungen:

Breite der Profilgläser	230–500 mm
Einbaulänge	bis 6000 mm
Profilhöhe	41–60 mm
Glasdicke	6–7 mm

Bauphysikalische Daten:

Wärmedurchgangskoeffizient k =
5,8 einschalig 2,7 zweischalig W/m² K
Schalldämmaß R_m =
23 einschalig 37 zweischalig dB
Lichtdurchlässigkeit
89 einschalig 81 zweischalig %

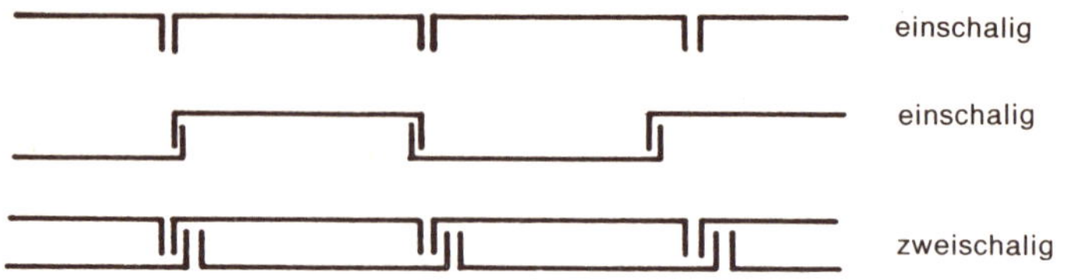

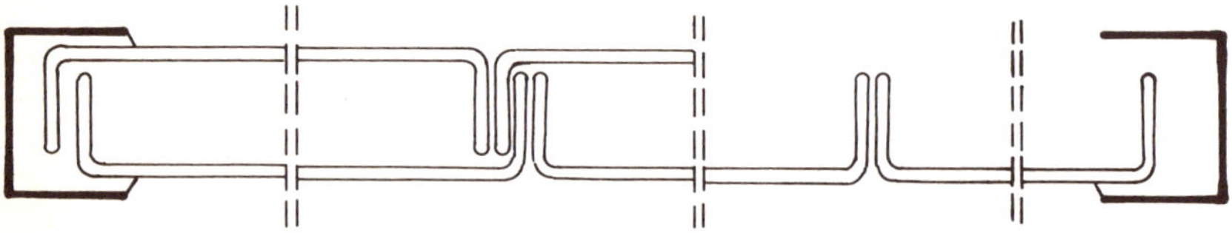

Abb. 14.13: Profilbauglas. Ein- und zweischalige Verglasung

14.10 Preßglas nach DIN 18175 (5. 77)

Folgende Arten von Preßgläsern finden im Bauwesen Verwendung: Glasbausteine (als Hohl- und Vollbausteine), Betongläser und Glasdachziegel.

14.10.1 Glasbausteine

In Außenwänden und für Glasbausteinfenster werden wegen ihrer Schwitzsicherheit meistens hohle Glasbausteine verwendet. Glashohlsteine wurden früher geblasen. Die heute vorwiegend verwendeten Bausteine werden aus zwei einzeln gepreßten Hälften in heißem Zustand luftdicht aufeinandergepreßt (verschweißt). Hierdurch entsteht beim Abkühlen ein luftverdünnter Raum, wodurch ein guter Wärme- und Schallschutz sowie Schwitzsicherheit erreicht werden. Die Bausteine werden entweder quadratisch oder länglich in Mauersteinform hergestellt. Die Oberflächenausbildung ist entweder gleichlaufend gerippt, gekreuzt gerippt, mit Prismen versehen oder wie Ornamentglas gemustert.

Durch Einfärbung der Glasmasse oder der Innenseiten der Glashohlsteine bzw. einer Beschichtung von Außen- oder Innenseiten kann zusätzlich noch eine dekorative Farbwirkung und Strahlenschutzwirkung erzielt werden.

Für Zwischenwände und Glasbausteinfenster, bei denen die Schwitzsicherheit nicht erforderlich ist, verwendet man volle Glasbausteine, die den Glasbeton-

Tab. 14.14: Maße, Masse, Druckfestigkeiten nach DIN 18175 (5. 77)

Länge l ±2 mm	Breite b ±2 mm	Höhe h ±2 mm	Masse kg min.	Druckfestigkeit MN/m² min.
115	115	80	1,0	7,5
190	190	80	2,2	7,5
240	115	80	1,8	6,0
240	240	80	3,5	7,5
300	90	100	2,4	6,0
300	196	100	4,5	6,0
300	300	100	6,7	7,5
Ø 190		80	2,1	7,5

Glasvollstein

Glashohlstein

Glashohlstein

Abb. 14.14: Glasbausteine

steinen sehr ähnlich sind. Die Steine werden glatt oder mit Ornamentglasoberfläche hergestellt; in der Mittelfläche haben sie Vertiefungen *(Abb. 14.4)*.

Glasbausteinwände sind nichttragende Wände aus Glasbausteinen mit bewehrten oder unbewehrten Mörtelfugen; sie sind nach DIN 4242 ,,Glasbausteinwände", ,,Ausführung und Bemessung", herzustellen.

Glasbausteinwände dienen als Außen- und Innenwände, die außer durch ihr Eigengewicht nicht belastet werden dürfen; sie müssen so an die angrenzenden Bauteile angeschlossen werden, daß sie durch Zwängungskräfte nicht beansprucht werden, zur Vermeidung von Zwängungen sind seitlich und oben Dehn- und Gleitfugen anzuordnen und mit dauerelastischen, nicht verwitternden Stoffen auszufüllen. Die Dehnfugen müssen mind. 10 mm breit sein.

Glasbausteine sind in der Reihenfolge DIN-Nr., Länge, Breite und Höhe zu bezeichnen:

Glasbaustein, DIN 18175 – 240 x 150 x 80

14.10.2 Betongläser nach DIN 4243 (3. 78)

Hierunter sind gepreßte Glaskörper zu verstehen, die an der Unterseite eine Musterung zur besseren Lichtverteilung besitzen. Die Oberseite hat als Gleitschutz teilweise eine unebene Oberfläche. Bauteile aus Glasstahlbeton dürfen nur als Abschluß gegen die Außenluft für begehbare Oberlichte und Abdeckungen von Lichtschächten mit einer Verkehrslast von 5 kN/m² (500 kp/m²) und im allgemeinen nur für überwiegend auf Biegung beanspruchte Teile verwendet werden.

Tab. 14.15: Abmessungen und Masse der Betongläser nach DIN 4243 (3.78)

Format l b h mm	Form		Masse kg mind.
A 160/160/30	□	quadratisch	1,6
		voll	1,8
A 200/200/22			
B 220/220/100	□	quadratisch	
		hohl	4,4
C 117/117/60	□	quadratisch	
		offen	1,2
D Ø 117/60	○	kreisförmig	
		offen	0,9

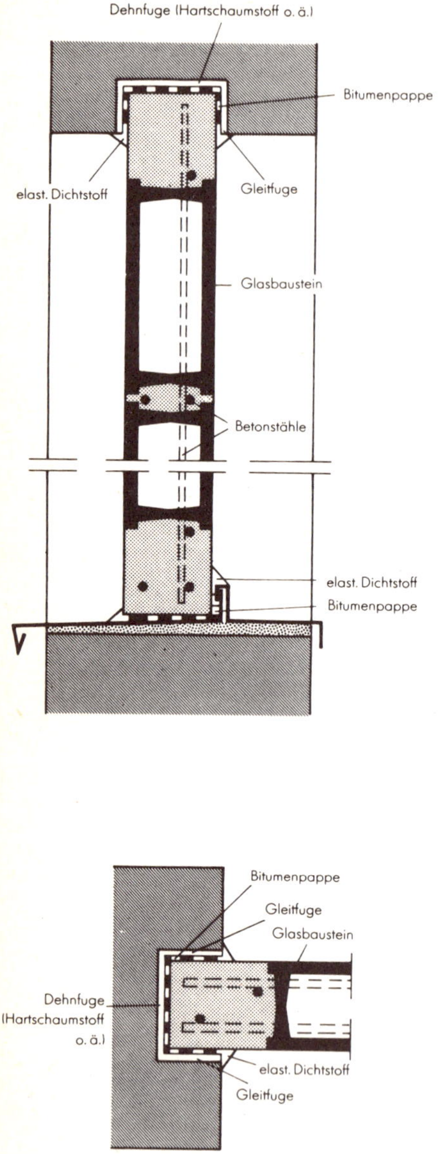

Abb. 14.15: Einbau in einen dreiseitigen Bauwerksschlitz

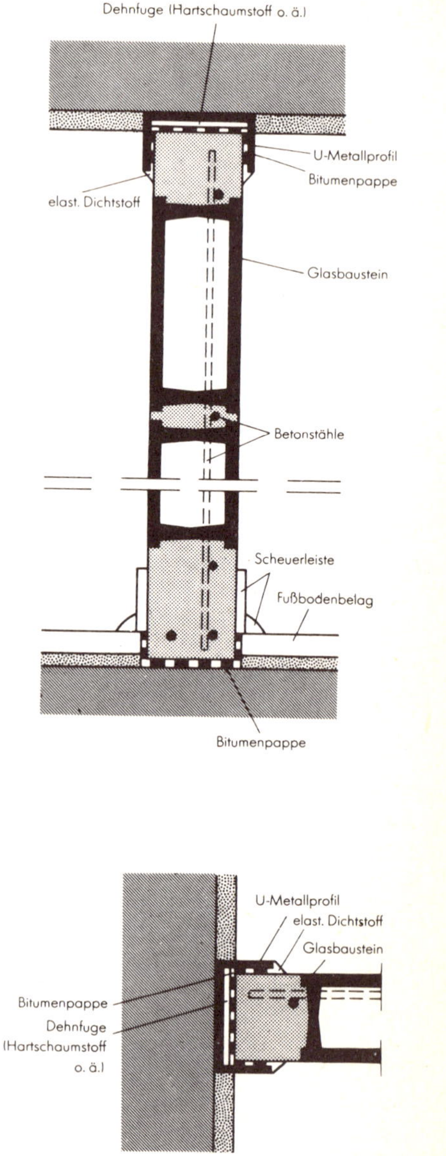

Abb. 14.16: Innen-Trennwand mit dreiseitiger Halterung in U-Metallprofilen

Abb. 14.17: Betongläser

Werden Tragwerke aus Glasstahlbeton in Sonderfällen befahren, so dürfen zur Herstellung nur Betongläser nach DIN 4243, Tab. 1, Form C und D, verwendet werden *(Tab. 14.15).* Die Betongläser werden bei diesen Konstruktionen nur als Füllkörper betrachtet und dürfen *nicht* zur Druckübertragung herangezogen werden.

14.10.3 Glasdachsteine

sind gepreßte, lichtdurchlässige Dachziegel aus Glas mit glatter, feuerpolierter Oberfläche. Im Bauwesen finden sie Verwendung in Form von Pfannen, Flachziegeln, Falzziegeln usw. Über 100 verschiedene Formen werden hergestellt. Glasdachziegel entsprechen in Form und Bezeichnung den üblichen Tonziegeln. Als Vermörtelung kommt auch bei Glasdachziegeln Kalkmörtel zur Verwendung (DIN 18338) (1971).

14.11 Glasbauelemente

Unter Glasbauelementen versteht man Verbundeinheiten aus Polycolorglas, Dämmschicht und Blech- bzw. Asbestzement- oder Rigipsplattenrückwand, die als einbaufertige Füllelemente für den Skelettbau Verwendung finden. Einbaudicke etwa 40 bis 55 mm, je nach Verwendungszweck.

Das hierbei verwendete Glas ist ein einseitig emailliertes, undurchsichtiges und vorgespanntes Spiegelroh- oder Spiegelglas. Die thermische und mechanische Widerstandsfähigkeit beträgt infolge der Vorspannung das Vier- bis Fünffache des normalen Flachglases. Maximalabmessung: 200 x 300 cm.

14.12 Glasvorhangfassaden

Außer den Glasbauelementen finden auch hinterlüftete Vorhangfassaden aus Glas Anwendung. Eine Neuentwicklung stellt die „Ganzglas-Vorhangfassade" System *Beck-Erlang* dar. Diese vorgehängte *Glashaut* kann zweierlei Funktionen erfüllen:

einmal als Schalldämmung gegen Straßenlärm, siehe den Sonderdruck aus „Wärme – Kälte – Schall" 2/1973 der Grünzweig und Hartmann und Glasfaser AG, und zum anderen auch als Sicherung und Korrosionsschutz zur Werterhaltung älterer Bauwerke.

Als Gläser werden hierzu Sicherheitsgläser wie Sekurit, Sekurit aus Parsol, Parelio und Emaillit verwendet.

14.13 Glasfasern (Glasfiber)

Glas in Form von Glasfäden sowie Glaswolle nehmen bereits seit etlichen Jahren im Bausektor einen bedeutenden Platz ein. Nach dem Schleuder-, dem Düsenzieh- oder Düsenblasverfahren werden endlose Fasern und Fäden hergestellt, deren Dicke meist 5–9 µm beträgt.

Glasfasergewebe, auf Webmaschinen hergestellte Bahnen aus Glasseide, dienen zur Bewehrung von Kunststoffen und Anstrichen oder aus Glasstapelfasern als Einlage für bituminöse Dichtungsbahnen zur Wärmedämmung; ferner Glasvlieseinlagen zwischen Scheiben, z.B. Thermolux-Isolierglas.

14.14 Glaswolle (Glaswatte)

wird aus Glas oder auch Gesteinen (Mineralwolle) zu feinen Fäden oder Fasern ausgezogen oder durch Düsen geblasen, im Aussehen der Baumwollwatte ähnlich, dient zur Schall- und Wärmedämmung und hat sehr geringe Wärmeleitfähigkeit.

Lieferformen:

Lose Glas- oder Mineralwolle,	
Matten,	Glaswolle auf Wellpappe oder Drahtgeflecht versteppt;
Glasfilzmatten,	mit Bitumenpapier oder Alu-Folie kaschiert;
Glasfilzplatten,	durch Kunstharz zu weichen bis steifen Platten gebunden;
Glasvliese,	zwischen bituminierten Dichtungs- und Dachbahnen.

14.15 Schaumglas als Dämmstoff für das Bauwesen

Schaumglas (Foamglas) ist nach DIN 18174 (1. 81) ein aus Silikat-Glas durch Zugabe von Treibmitteln (Alu-Pulver und Kohlenstoff) fabrikmäßig aufgeschäumter und geschlossenzelliger Dämmstoff ohne Kapillarverbindung. Nach DIN 52615, Teil 1, müssen Schaumglasplatten dampfdicht sein.

Schaumglasplatten werden aus Blöcken geschnitten oder als Platten gefertigt, die unbeschichtet oder beschichtet geliefert werden können.

Die Beschichtungen können aus Papier, Pappe, Dach- und Dichtungsbahnen, Kunststoff oder Metallfolien bestehen.

Eigenschaften:

Chemikalien- und feuchtigkeitsbeständiger Wärmedämmstoff.

Brandverhalten: Unbeschichtete Schaumglasplatten müssen der Baustoffklasse A 1 (nicht brennbar) gemäß DIN 4102 entsprechen.

Druckfestigkeit: 0,5 bis 0,7 N/mm².
Wärmeleitfähigkeit: 0,045 bis 0,060 W/m² K.
Rohdichte (ohne Beschichtung): 100 bis 150 kg/m³.

14.16 Glasfehler und chemische Beständigkeit

Glas ist gegen fast alle Chemikalien beständig. Durch geeignete Zusammensetzung des Glases und durch Erhöhung des Siliziumgehaltes (SiO_2) ist dessen Widerstandsfähigkeit gegen Chemikalien zu beeinflussen.

Flußsäure (HF) greift Glas besonders stark an. Beim Fluatieren (Magnesiumsilicofluorid bzw. Aluminiumsilicofluorid) und bei der Durchführung von Holzschutzarbeiten mit Mitteln auf Flußsäurebasis (Bifluoride, Hydrogenfluorid) sind die in der Nähe befindlichen Glasscheiben durch Einfetten oder Abdecken zu schützen.

Erblinden des Glases entsteht auf dessen Oberfläche durch Feuchtigkeit, die das Glas angreift.

Entglasung tritt durch eine Kristallstrukturbildung im Glas auf, die als unerwünschte Trübung in Erscheinung tritt.

Blasen im Glas bilden sich durch Luft- oder Gaseinschlüsse im Glasinneren.

Schlieren entstehen beim Ziehen des Glases aus der Schmelze und durch ungleichmäßige Glaszusammensetzung.

Die natürliche Verwitterung von Glas unter atmosphärischen Einwirkungen spielt bei dem heutigen Stand der Glastechnik und der Güte der üblichen Erzeugnisse kaum eine Rolle. Jedoch ist längere Einwirkung von Feuchtigkeit bei ungenügendem Luftzutritt der ärgste Glasfeind. Unter diesen Einflüssen neigt nämlich die alkalische Soda im Glas zum Ausblühen, wodurch sich ein Belag bildet und das Glas blind wird.

Dieser Schaden tritt meistens ein, wenn das Glas in einer Papierhülle in feuchten Räumen lagert oder wenn bei Kälte ausgelieferte Scheiben in warmen Räumen stehen, so daß sich bildendes Schwitzwasser schwer verdunsten kann. Auch von feuchtwarmer Luft in Gewächshäusern, Wäschereien und Ställen, zumal wenn diese sauer oder basisch reagiert, wird nicht genügend wetterbeständiges Glas in Mitleidenschaft gezogen.

Wo also Glas für besonders warme und feuchte Räume verwendet werden soll, wird man es auf seine Wetterbeständigkeit hin prüfen müssen. Dies geschieht derart, daß man von den zur Probe eingereichten Scheiben je einen Streifen in einen geschlossenen Behälter hängt, in dem eine Schale mit konzentrierter Salzsäure (HCl) aufgestellt ist. Nach einigen Tagen sieht man dann auf dem Glasstreifen einen weißen, mehlartigen Belag von zersetztem Glas. Dasjenige Probestück, bei dem sich der geringste Belag zeigt, ist das beständigste.

14.17 Fachliteratur
14.17.1 Normen

Ein * bedeutet, daß das Normblatt im Entwurf vorliegt.

DIN-Nr.	(Ausgabe)	
1249	9. 67	Tafelglas; Dicken, Sorten, Prüfung, Maßangaben
		Bl. 1* (9. 71) Fensterglas und Dickglas; Dicken, Sorten, Anforderungen, Prüfung
		Bl. 2* (9. 71) –; Begriffe für Fehler
1259	7. 71	Bl. 1 (7. 71) Glas; Begriffe für Glasarten
		Bl. 2 (7. 71) –; Begriffe für Glaserzeugnisse
4102	3. 81	Bl. 2–4: Brandverhalten von Baustoffen und Bauteilen
4242	1. 79	Glasbaustein-Wände; Ausführung und Bemessung
4243	3. 78	Betongläser

11525	8. 77	Gartenblankglas
11526	8. 78	Gartenklarglas
18055	10. 81	Fenster
18056	9. 65	Fensterwände
18170	4. 70	Glasfliesen
18174	1. 81	Schaumglas als Dämmstoff
18175	9. 77	Glasbausteine, gepreßt; Maße, Güteeigenschaft, Prüfung
18190	7. 75	Dichtungsbahnen mit Glasgewebe
18338	12. 58	VOB, Teil C; Dachdeckungsarbeiten
18361	10. 79	–; Verglasungsarbeiten
18545		Abdichten von Verglasungen mit Dichtstoffen
52290	5. 81	Teil 1 und 2: Angriffhemmende Verglasungen
	6. 84	Teil 3 und 4

14.17.2 Bücher und andere Veröffentlichungen

Glasindustrie: „Glas im Bau", techn. Leitfaden, 5. Aufl. 1976
Vegla, Vereinigte Glaswerke GmbH: „Techn. Informationen"

Schlagwortregister

A

B

C

D

E

F

G

H

I

K

L

M

N

O

P

Q

R

S

T

U

V

W